Katrin Sommer, Judith Wambach-Laicher, Peter Pfeifer (Hrsg.)

Konkrete Fachdidaktik Chemie

Grundlagen für das Lernen und Lehren im Chemieunterricht

Friedrich Aulis

Unter **www.friedrich-verlag.de** finden Sie Materialien zum Buch als Download.
Bitte geben Sie den achtstelligen Download-Code in das Suchfeld ein:
d62969kf

Bibliografische Information der Deutschen Nationalbibliothek
Die Deutsche Nationalbibliothek verzeichnet diese Publikation in der Deutschen Nationalbibliografie; detaillierte bibliografische Daten sind im Internet über http://dnb.d-nb.de abrufbar.

Impressum

Katrin Sommer, Judith Wambach-Laicher, Peter Pfeifer (Hrsg.)
Konkrete Fachdidaktik Chemie
Grundlagen für das Lernen und Lehren im Chemieunterricht

3. Auflage

Friedrich Verlag GmbH
Luisenstraße 9
D-30159 Hannover

www.friedrich-verlag.de

Redaktion: Sebastian Thede, München
Illustrationen: SchwabScantechnik, Göttingen
Realisation SchwabScantechnik, Göttingen / Friedrich Verlag, Hannover
Druck: Beltz Grafische Betriebe GmbH, Neustädter Str. 1–4, 99947 Bad Langensalza
Printed in Germany

Für Fragen oder Hinweise zur Produktsicherheit unserer Publikationen wenden Sie sich bitte an folgende E-Mail-Adresse: produktsicherheit@friedrich-verlag.de.
Unsere Produkte erfüllen die Anforderungen der EU-Produktsicherheitsverordnung (GPSR).

ISBN (print): 978-3-7614-2969-3
ISBN (E-Book): 978-3-7614-2970-9

Katrin Sommer, Judith Wambach-Laicher, Peter Pfeifer (Hrsg.)

Konkrete Fachdidaktik Chemie

Grundlagen für das Lernen und Lehren im Chemieunterricht

FRIEDRICH Aulis

Inhalt

Vorwort

Fachdidaktisches Grundwissen ist eine unverzichtbare Voraussetzung erfolgreichen Unterrichtens. Deshalb gehört die Fachdidaktik ebenso wie die Fachwissenschaft zu einer fundierten Ausbildung der Chemielehrkräfte. Diese beginnt im Studium an der Hochschule, wird intensiviert in der Ausbildung im Referendariat und endet nicht für die im Beruf stehenden Kolleginnen und Kollegen. Es gibt immer wieder Anlässe, zuverlässiges fachdidaktisches Grundwissen griffbereit zu haben und Anregungen für einen nachhaltigen, lernförderlichen Chemieunterricht zu finden. Dieses Buch möge dafür ein steter Begleiter sein. Es kann als Lehrbuch verstanden werden, um sich mit den verschiedenen fachdidaktischen Grundbegriffen, Konzepten und schulpraktischen Herausforderungen vertraut zu machen. Darüber hinaus bietet das Gestaltungselement „Vertiefung" eine über den Grundtext hinausgehende Auseinandersetzung an, in einer „Anregung" finden sich empfehlenswerte Literaturhinweise und weiterführende Ideen. Und schließlich mag das Buch als Nachschlagewerk zum Einsatz kommen.

Dieses Lehrbuch konnte auf einem verlässlichen Fundament aufbauen: die 2002 in dritter Auflage erschienene „Konkrete Fachdidaktik Chemie" – freilich in anderer verlegerischer und herausgeberischer Verantwortung als das neue Werk. In der Zwischenzeit haben sich die Wissenschaftsdisziplin Didaktik der Chemie und die Anforderungen an den Chemieunterricht massiv verändert. Damit war eine grundlegende Neubearbeitung des eingeführten Titels unerlässlich.

Diese Herausforderung konnte dank engagierter und kompetenter Expertinnen und Experten aus der ersten und zweiten Phase der Chemielehrerausbildung gemeistert werden. Wir bedanken uns bei diesen 44 Autorinnen und Autoren für die stets angenehme Kommunikation, den konstruktiven Umgang im Review-Prozess und die beeindruckende Termintreue, sodass dieses Werk Wirklichkeit werden konnte.

Für das Verlegen eines Buches bedarf es aber auch einer professionellen Unterstützung seitens des Verlages. Wir sind dankbar, dass wir das durch die Programmleiterin des Friedrich-Verlages, Frau Dr. Gabriela Holzmann, erfahren durften. Sie hat uns konstruktiv, zielführend und menschlich im ganzen Prozess begleitet. Ein besonderer Dank gilt Herrn Dr. Sebastian Thede, der als Lektor das Buch in Form gebracht hat. Er hat mit außergewöhnlichem Engagement, tiefer Sorgfalt und hervorragendem Kommunikationsmanagement die Manuskripte der Autorinnen und Autoren bearbeitet und auch für die zahlreichen Sonderwünsche Lösungen gefunden. Wir können seine Leistung nicht hoch genug würdigen.

Last but not least möchten wir uns bei Frau Alina Hegemann, Sekretärin am Lehrstuhl für Didaktik der Chemie der Ruhr-Universität Bochum, bedanken. Sie hat stets den Überblick über den Stand der eingereichten Manuskripte gewahrt, vielfältige Prozesse unterstützt, die Kommunikation mit allen Autorinnen und Autoren gepflegt und entscheidend zur Realisierung des Stichwortverzeichnisses beigetragen. Wir wissen diesen besonderen Einsatz sehr zu schätzen!

Bochum und Neuss im Juni 2018
Katrin Sommer
Judith Wambach-Laicher
Peter Pfeifer

1 Chemiedidaktik, die Berufswissenschaft für Lehrende im Fach Chemie

Inhaltliche Schwerpunkte

- Die Chemiedidaktik ist die Berufswissenschaft aller Lehrenden im Fach Chemie. Sie stellt die Grundkenntnisse für chemiebezogene Lehr-Lern-Prozesse im schulischen und außerschulischen Bereich bereit. Es wird der gesamte Spannungsbogen von Schule, Hochschule und Öffentlichkeit bedient.
- Chemiedidaktik ist auf das Engste mit der Fachwissenschaft Chemie und den Bildungswissenschaften verknüpft.
- Die Schwerpunkte der chemiedidaktischen Studien zielen auf eine professionelle Kompetenz im Vermittlungsprozess.

Didaktik ist gemeinhin die Wissenschaft vom Lehren und Lernen. Sie geht zurück auf J. A. Comenius (1592–1670), dessen Schrift *Didactica magna* weite Verbreitung fand (Vertiefung 1). Auf das Lehren an Schulen und damit auf die Tätigkeit von Lehrpersonen bezogen, spricht man auch von Unterrichten. Wie auch immer die beiden Begriffe gegeneinander abgegrenzt werden, ist festzuhalten, dass Lehren ein intentionaler Begriff ist – bezogen auf das Lernen. Unterrichten und schulisches Lernen sind nicht beliebig, sondern an einen Bildungsauftrag gebunden (Trautmann & Wischer 2016).

Fachdidaktik ist die Wissenschaft vom fachspezifischen Lehren und Lernen innerhalb und außerhalb der Schule. Somit ist die Chemiedidaktik die Wissenschaft mit der zentralen Aufgabe, Inhalte und Methoden der Chemie für Bildungs- und Erziehungsaufgaben zu erschließen und im unterrichtlichen Handeln erfolgreich werden zu lassen. Wenngleich sich die Aufgaben der Chemiedidaktik auch auf Hochschuldidaktik, Erwachsenenbildung und außerschulische Lernorte erstrecken, steht dennoch das schulisch institutionalisierte Lehren und Lernen im Vordergrund (Pfeifer 2002).

Die Grundlagen für einen erfolgreichen Chemieunterricht in den verschiedenen Altersstufen, der sich in Unterrichtsqualität und Lernerfolg ausdrückt, sind im Zusammenwirken von fachlicher, bildungswissenschaftlicher und fachdidaktischer Kompetenz der Lehrperson zu sehen (Aebli 1983; Baumert & Kunter 2006; Hammer 1983). Es resultiert ein breites Spektrum von Professionswissen und Handlungsmöglichkeiten. Die Grundlagen dieser Kompetenzen werden in einem wissenschaftlichen Studium sowie im Rahmen des Berufseinstieges (Vorbereitungsdienst, Referendariat) gelegt und in der eigenverantwortlichen Berufstätigkeit einschließlich der Wahrnehmung von Weiterbildungsmaßnahmen weiterentwickelt. Zusätzlich zu dieser Professionalisierung der Lehrperson müssen noch persönliche Haltungen wie Engagement und Orientierung an Werten einer freiheitlich-demokratischen Grundordnung hinzukommen. „Erfolgreiche Lehrer haben nicht nur eine Leidenschaft für das Fach, sondern auch ... für die Schüler und ihren Beruf." (Zierer 2016, S. 35)

Das komplexe Geschehen, das den Lernprozess in den verschiedenen Schularten und -stufen bestimmt, macht es erforderlich, dass die Chemiedidaktik mit jenen Wissenschaften im Austausch steht, deren Forschungsergebnisse und -methoden maßgeblich in didaktische Entscheidungen einfließen (Abb. 1). Sie erfüllt eine Brückenfunktion zwischen der Fachwissenschaft Chemie und den Bildungswissenschaften.

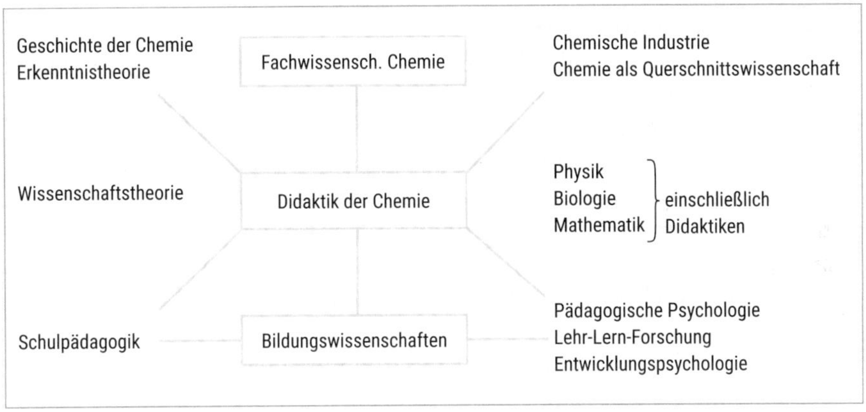

Abb. 1: Fachdidaktik Chemie und Bezugswissenschaften (verändert nach Köhnlein 1977)

Mit der interdisziplinären Position der Chemiedidaktik wird sie nicht nur einem komplexen Aufgabenprofil gerecht. Sie kann auch auf einen erforderlichen Wandel im Hinblick auf Bildungsziele und Qualifikationsanforderungen reagieren, indem sie auf gesellschaftliche Veränderungen, Veränderungen in den Lebensgrundlagen und auf technologische Entwicklungen eingeht.

V

Vertiefung 1: Historische Definition des Begriffes Didaktik

In der Einleitung zur *Didactica magna* von Comenius wird eine Definition des Begriffes Didaktik gegeben. In der deutschen Übersetzung heißt es: „Große Unterrichtslehre, in welcher eine allgemein gültige Kunst, alle alles zu lehren, dargestellt wird"; und „[a]n die Leser" gewandt schreibt Comenius: „Didaktik bedeutet die Kunst zu lehren" (Comenius, bearbeitet von Altenmüller 1913). Er fährt dann fort: „Ich wage eine große Didaktik zu verheißen, d. h. eine allgemein gültige Kunst, allen alles zu lehren, und zwar zuverlässig zu lehren, sodass der Erfolg nicht ausbleiben kann, und bequem zu lehren, ... und gründlich zu lehren, nicht oberflächlich und zum Scheine, sondern so, dass die Schülerinnen und Schüler zur wahren Wissenschaft, zu milden Sitten und zu ungeheuchelter Frömmigkeit geführt werden" (Comenius 1913). Er ist überzeugt, dass diese „Lehr- und Lernkunst" bisher unbekannt war. Weil die Schulen so „voll von Arbeit und Mühsal, von Irrtümern und Fehlern" waren, gelangten nur „außerordentlich Begabte zu einer gründlichen Bildung".

Es ist interessant, der Definition des Comenius eine moderne gegenüberzustellen, so wie es Klafki formuliert hat: „Didaktik ist die Theorie der Bildungsinhalte, ihrer Struktur und Auswahl." Aufgabe der Didaktik ist die „Auswahl und Konzentration der Lehrinhalte auf das Exemplarische hin im Sinne des Elementaren als das doppelseitig Erschließende" (Köck & Ott 1979).

Schwerpunkte chemiedidaktischer Studien

Im Chemieunterricht vollzieht sich die Umsetzung von Zielen, Inhalten, Denkweisen und Fachmethoden der Chemie in Lernstrukturen. Dafür ist die Fachdidaktik Chemie die Bezugswissenschaft. Eine erste Vorstellung über die vielfältigen Anforderungen zur Umsetzung in Lernstrukturen kann man am simplen Beispiel „Laborbrenner in Betrieb" gewinnen. Je nach Zielsetzung rücken unterschiedliche Inhalte in den Fokus. In Abbildung 2 sind diese Inhalte ausdifferenziert. Für Studierende und Referendare des Lehramtes Chemie sind deshalb folgende fachdidaktischen Kenntnisse und Fähigkeiten essenziell:

- Begründung der Ziele und Inhalte des Chemieunterrichts mit Bezügen zu den Bildungsstandards und Basiskonzepten
- Kenntnis der Kriterien für die Auswahl und Strukturierung von Inhaltsbereichen für die verschiedenen Schulstufen
- Fähigkeit der Umsetzung fachlicher Inhalte auf ein bestimmtes Niveau und Kenntnis der dafür notwendigen Bedingungen
- Kenntnis der Vermittlungsformen und Fähigkeit, Chemieunterricht für eine bestimmte Adressatengruppe theoriegeleitet und kompetenzorientiert zu planen, durchzuführen und auszuwerten
- Experimente als Mittel der Erkenntnisgewinnung fundiert im Unterricht einzusetzen und Schlüsselexperimente durchzuführen

- Einschätzung der Lernenden hinsichtlich Vorwissen, kognitiver Entwicklung, Interessen und Motivation
- chemisches Wissen verständlich und zeitgemäß, interessant und an Kontexten orientiert aufzubereiten und zu kommunizieren
- Schülerleistungen erheben und transparent beurteilen können
- Ergebnisse und Methoden fachdidaktischer Forschung und von Schulleistungstests zu reflektieren
- Beitrag zur Anbahnung von Schlüsselqualifikationen (z. B. Umgang mit digitalen Medien) leisten.

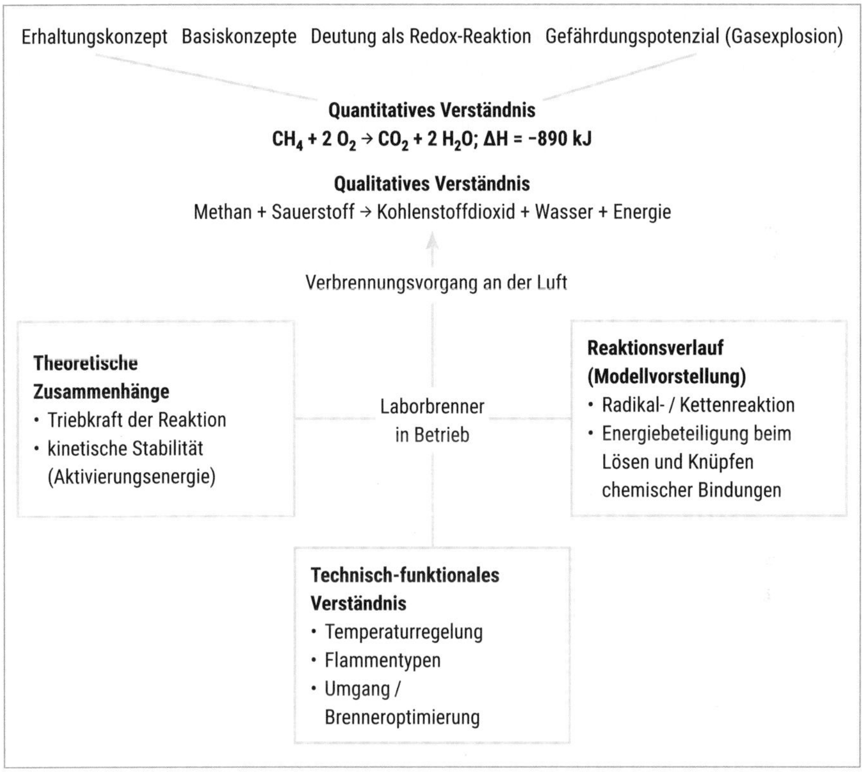

Abb. 2: Der Laborbrenner in Betrieb – ein komplexes und vielschichtiges Anforderungsprofil

Literatur

Aebli, H. (1983). *Zwölf Grundformen des Lehrens.* Stuttgart: Klett-Cotta.

Baumert, J. & Kunter, M. (2006). Professionelle Kompetenz von Lehrkräften. In *Zeitschrift für Erziehungswissenschaft,* **9**, S. 469 – 520.

Comenius, J. A. (1913). *Didactica magna* (bearb. von V. W. Altenmüller). Paderborn: Schöningh.

Grosschedel, J., Harms, U., Glowinski, I. & Waldmann, M. (2014). Professionswissen angehender Biologielehrkräfte. In *Der mathematische und naturwissenschaftliche Unterricht*, **67** (6/7), S. 457–462.

Hammer, H.O. (Hrsg.) (1983). *Denkschrift zur Lehrerbildung für den Chemieunterricht in den Altersstufen der 10- bis 15-Jährigen*. Frankfurt: GDCh.

Köck, P. & Ott, H. (1979). Wörterbuch für Erziehung und Unterricht. Donauwörth: Auer.

Köhnlein, W. (1977). Thesen zur Stellung der Didaktik der Physik in der Universität. In H. Dahncke (Hrsg.), *Zur Didaktik der Physik und Chemie. Probleme und Perspektiven*. Hannover: GDCP.

Meyer, H. (2001). *Türklinkendidaktik*. Berlin: Cornelsen.

Pfeifer, P. (2002). Chemiedidaktik, die Berufswissenschaft des Lehrers. In P. Pfeifer, B. Lutz & H. J. Bader (Hrsg.), *Konkrete Fachdidaktik Chemie* (S. 7–9). (3. Auflage). München: Oldenbourg.

Trautmann, M. & Wischer, B. (2016). Lehren. In A. Feindt, W. Herget, M. Trautmann, B. Wischer & K. Zierer (Hrsg.), *Friedrich Jahresheft XXXIV, Lehren* (S. 4–7). Seelze: Friedrich.

Zierer, K. (2016). Alles nur eine Frage der Technik? In A. Feindt, W. Herget, M. Trautmann, B. Wischer & K. Zierer (Hrsg.), *Friedrich Jahresheft XXXIV, Lehren* (S. 34–35). Seelze: Friedrich.

2 Fachliche Grundlagen des Chemieunterrichts: Die Basiskonzepte der Chemie

Inhaltliche Schwerpunkte

- Chemieverständnis zeigt sich in der Verknüpfung von Wissen und Handeln.
- Basiskonzepte sind Erklärungsmuster der Chemie, die sich auf Grundbegriffe und Konzepte stützen.
- Zentral für das Chemieverständnis sind die Basiskonzepte Stoff-Teilchen-Konzept, Struktur-Eigenschafts-Konzept, Donator-Akzeptor-Konzept, Energiekonzept und Gleichgewichtskonzept.

2.1 Basiskonzepte und Chemieverständnis

Ein wesentliches Ziel des Chemieunterrichts an allgemeinbildenden Schulen ist es, den Schülerinnen und Schülern ein vielseitiges und anschlussfähiges **Chemieverständnis** zu vermitteln. Es zeigt sich in der Verknüpfung von Wissen und Handeln, also im Sinne von Kompetenzen. Sie befähigen die Lernenden, Aufgaben zu lösen und Probleme zu bearbeiten – sowohl in fachlichen als auch in lebensweltlichen Kontexten. Es muss sichtbar werden, in welchen Bereichen, in welchem Ausmaß und in welcher Vielfalt sich chemische Sachverhalte zeigen. Die Schülerinnen und Schüler sollen die Schule mit einem Bestand an Kenntnissen und Kompetenzen verlassen, die fachwissenschaftlich anschlussfähig sind und für ihr Leben relevant sein können. Dazu gehören auch die Fähigkeiten, zu prognostizieren, produktiv zu handeln und Folgen abschätzen zu können. Mit all diesen Kompetenzen ausgestattet, verfügen die Schülerinnen und Schüler über einen wichtigen Baustein zur „naturwissenschaftlichen Grundbildung" (scientific literacy) (vgl. Kap. 5.1): „Naturwissenschaftliche Grundbildung ist die Fähigkeit, naturwissenschaftliches Wissen anzuwenden, naturwissenschaftliche Fragen zu erkennen und aus Belegen Schlussfolgerungen zu ziehen, um Entscheidungen zu verstehen und zu treffen, die die natürliche Welt und die durch menschliches Handeln an ihr vorgenommenen Veränderungen betreffen“ (Deutsches PISA-Konsortium 2001).

Für das Chemieverständnis sind die Konzepte der Fachwissenschaft von zentraler Bedeutung. Der Chemieunterricht muss vor den Erkenntnissen der Fachwissenschaft bestehen können und für neuere Entwicklungen offen sein. Die Fachwissenschaft Chemie gründet sich auf einer stabilen Basis an Fachwissen. Es wird gemeinhin als Grundwissen bezeichnet und resultiert aus Fachwissen im engeren Sinn (deklaratives Wissen) und fachmethodischem Wissen (prozedurales Wissen). Beide Komponenten sind für den Aufbau von Chemieverständnis unverzichtbar, sie sind einander komplementär. In dieser Geschlossenheit fördern sie bei den Schülerinnen und Schülern Denk- und Handlungsfähigkeit im Chemieunterricht und darüber hinaus in der Lebenswirklichkeit.

Das Herausarbeiten einer klaren Struktur chemischen Grundwissens ist von hohem Rang, zumal das Wissenschaftsgebäude der Chemie hochgradig differenziert ist – sowohl im wissenschaftlich forschenden als auch im technisch-industriellen Bereich. Darauf weist schon die Einteilung in Organische, Anorganische, Physikalische, Technische und Theoretische Chemie hin, wie sie an Universitäten üblich ist. Hinzu kommt, dass Forschung und Entwicklung zunehmend interdisziplinär angelegt sind und zu einer Vernetzung mit anderen Wissenschaften führen. Umso wichtiger ist es, dass Unterricht, Studium und Ausbildung an klar strukturiertem und didaktisch tragfähigem Grundwissen ansetzen können, wie es durch das Konstrukt „Allgemeine Chemie“ repräsentiert wird (Christen & Meyer 1997). Hielte sich die didaktische Struktur des Chemieunterrichts an die oben genannten Teildisziplinen, so würde eine bloße Abbilddidaktik resultieren, was nicht Ziel des Chemieunterrichts sein darf.

In Abbildung 1 sind Grundbegriffe und Konzepte der **Allgemeinen Chemie** zusammengestellt, welche die Naturwissenschaft Chemie trotz ihrer großen, kaum zu überblickenden Vielfalt an Substanzen und Reaktionen auf ihre Grundlagen zurückführt und damit besser lehrbar macht. Wichtige zusammengehörige Wissensbereiche sind zu Kästen im Sinne von Wissensbausteinen geordnet, die wiederum untereinander in Beziehung stehen.

Basis einer Allgemeinen Chemie ist zweifellos die **Atomtheorie**. Sie beinhaltet klassische Grundbegriffe, Elektrische Natur der Materie, Quantentheorie und Atombau; darauf baut das **Konzept der Chemischen Bindung** auf. Beide zusammen münden ein in das **Periodensystem der Elemente** (PSE) (vgl. Kap. 6.6.2). In dessen Aussagen über Periodizitäten der Elemente sind auch die Eigenschaften der Elementsubstanzen integriert. Das PSE ist auf zwei Ebenen aussagekräftig: zum einen auf atomarer Ebene, zum anderen

Atomtheorie

Atome, Moleküle
Dalton
Satz von Avogadro
Elemente, Verbindungen
Atommassen
Mol-Konzept

Elektrische Natur der Materie (Elektronen-Protonen-Neutronen-Modell)
Atomkern
Ordnungszahl
Isotope
Größe von Atomen
Coulomb'sches Gesetz
Ionen

Atomare Struktur
Natur des Lichts
Energieniveaus
Quantenzahlen
Orbitale

Bindung und Strukturen
Warum Bildungen entstehen
Unterschiedlichkeit in Bindungsstärke, Polarität und Richtung
Periodizität im Bindungsverhältnis

Periodizität von
- atomaren Strukturen
- Ionisationsenergie
- Pauli-Prinzip

PSE

Periodizität von Elementeigenschaften
Elementgruppen im PSE

Phasenänderungen
- kondensierte Phasen
- Verdampfungswärmen
- Schmelz- und Siedetemperatur
- Lösungen

Kinetische Gastheorie/ gasförmiger Zustand

Natur chemischer Reaktionen
Erhaltung der Masse
Stöchiometrie
Gleichungen
Reaktionstypen, z. B. Redox-Reaktion, Säure-Base-Reaktion
Energieumsätze

Stoffsystematik (Verbindungsklassen)
Organische Chemie
Anorganische Chemie
Metallorganische Chemie
Makromolekulare Chemie

Zur Vertiefung:

Reaktionsenergie
1. und 2. Hauptsatz
Richtung von Reaktionen
Enthalpie
Entropie
Gibbs-Helmholtz-Gleichung

Reaktionsgeschwindigkeit
- Stoßtheorie
- Aktivierungsenergie
- Boltzmann-Verteilung
- Reaktionsmechanismen
- Katalyse

Dynamisches Gleichgewicht
Le Chatelier-Prinzip
Gleichgewichtskonstante
Löslichkeit

Thematische Schwerpunkte – eine Auswahl
Salze, Kohlenwasserstoffe, Farbstoffe und Pigmente, Kunststoffe, Makromolekulare Verbindungen; Biochemie

Abb. 1: Konzepte der Allgemeinen Chemie – fachwissenschaftliches Basiswissen (abgeändert nach Keller 1973)

auf der Ebene konkret erfahrbarer Stoffeigenschaften. An den ca. 100 chemischen Elementen werden die theoretisch-modellhaften Konzepte von Atombau und chemischer Bindung empirisch belegt (Meyer 2014). Das PSE dient nicht nur als Ordnungssystem der Stoffsystematik, sondern ist zugleich Erklärungsbasis und Prognoseinstrument. Das wird noch verstärkt durch den Bezug zur **chemischen Reaktion** generell und zur Vielfalt der Reaktionen speziell. Keine andere Naturwissenschaft verfügt über solch ein vollendet angelegtes Ordnungssystem. Es ist ein Alleinstellungsmerkmal der Naturwissenschaft Chemie. Auch noch heute ist es ein wichtiger Antrieb für wissenschaftliche Aktivitäten. Untrennbar verbunden mit dem Konzept der chemischen Reaktion ist die Energiebeteiligung. Die Frage „Warum finden chemische Reaktionen überhaupt statt?“ ist ohne das **Energiekonzept** nicht zu beantworten.

Aus den Grundbegriffen (z. B. Atomkern, Atomhülle, Atomradius) und Konzepten (z. B. Atombau) der Allgemeinen Chemie lassen sich Denkschemata ableiten, mit denen chemische Sachverhalte erklärt werden können. Diese grundlegenden Denkschemata werden im Verständnis der Bildungsstandards als **Basiskonzepte** bezeichnet. Basiskonzepte sind Erklärungsmuster der Chemie (Parchmann & Kaufmann 2006; Rehm & Stäudel 2012). Zugleich bieten die Basiskonzepte eine überschaubare Anzahl von grundlegenden Einsichten für das Lehren und Lernen der Chemie. Für den mittleren Schulabschluss sind vier Basiskonzepte essenziell:

- das Stoff-Teilchen-Konzept
- das Struktur-Eigenschafts-Konzept
- das Konzept Chemische Reaktion
- das Konzept Energetische Betrachtung bei Stoffumwandlungen

In der gymnasialen Oberstufe sind folgende Schwerpunkte gesetzt: Das Basiskonzept Chemische Reaktion fokussiert auf das Donator-Akzeptor-Konzept, und das Konzept Energetische Betrachtung bei Stoffumwandlungen wird zum Energiekonzept erweitert. Mit dem Gleichgewichtskonzept kommt ein fünftes Basiskonzept hinzu.

Die Basiskonzepte entspringen der Fachwissenschaft Chemie und dienen als fachliche Grundlage, um das Wesen der Chemie für Lehr-Lern-Prozesse zu identifizieren. Ihre Umsetzung mündet ein in **chemiedidaktische Leitlinien** (vgl. Kap. 6.) – mit dem Ziel, durchgängiges Chemieverständnis im Chemieunterricht aufzubauen.

2.2 Basiskonzept Stoff-Teilchen-Konzept

2.2.1 Der Begriff Stoff – eine fachdidaktische Auseinandersetzung

Voraussetzung für das Verständnis des Stoff-Teilchen-Konzeptes ist die Klärung der Schlüsselbegriffe Stoff und Teilchen. Bereits die **fachliche Auseinandersetzung** mit dem **Stoffbegriff der Chemie** erweist sich als nicht trivial (Anregung). Daran ändert auch das Austauschen des Begriffs Stoff durch die Begriffe Substanz, Materie oder materielle Objekte nichts Grundsätzliches (Beyer 1989). Als Signal für die Schwierigkeiten, die beim Bemühen auftreten, den Begriff Stoff eindeutig und umfassend zu definieren, sind die Versuche der Normenkommissionen IUPAC, DIN und EU zu werten (Rehm & Stäudel 2012). Ungeachtet dessen, sind die Beschreibung und Charakterisierung eines Stoffes von zentraler Bedeutung. Dazu dienen sowohl makroskopische bzw. phänomenologische Eigenschaften (spezifische Stoffeigenschaften) als auch Daten und Eigenschaften auf submikroskopischer Ebene (z. B. Strukturdaten) (Janich 1994; Leerhof et al. 2003).

A

Anregung

Für eine grundlegende wissenschaftstheoretische Auseinandersetzung mit dem Stoffbegriff in der Chemie ist P. Janich (1994) zu empfehlen.

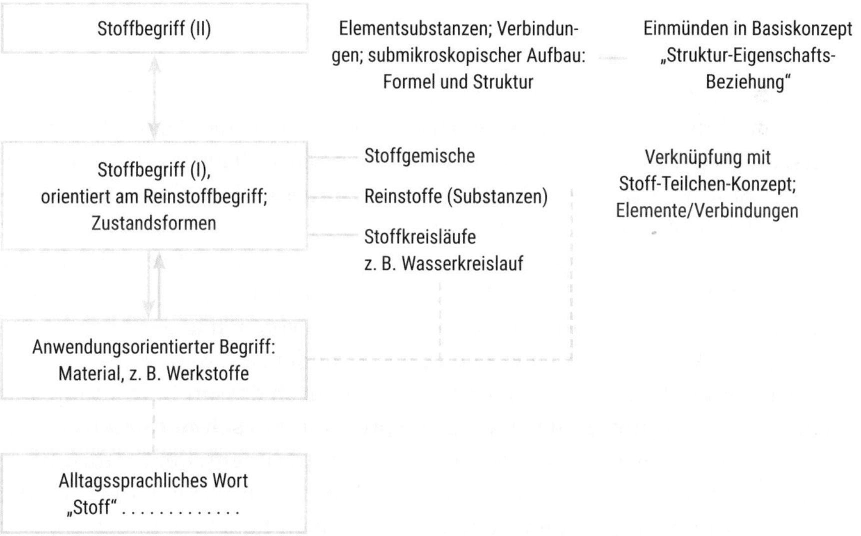

Abb. 2: Die fachdidaktische Auseinandersetzung mit dem Stoffbegriff (Pfeifer & Sommer 2012)

Die **fachdidaktische** Auseinandersetzung (Pfeifer & Sommer 2012) mit dem Stoffbegriff setzt am **Sammelbegriff Stoff** an, der in der Alltagssprache verankert, aber unspezifisch ist. Ein wichtiger Zwischenschritt zur Annäherung an den Stoffbegriff – im Sinne einer konkreten Stoffperspektive – kann mit dem **Materialbegriff** gelingen. Materialien – primär Feststoffe – lassen sich aufgrund unterschiedlicher Kriterien einteilen (Tab. 1). Dabei stehen keine chemisch-strukturellen Aspekte, sondern funktionelle Kriterien, wie Eigenschaften, Verwendung, Wirkung, Entstehung, im Blickpunkt. Dadurch werden andere Naturwissenschaften bzw. Perspektiven mit einbezogen.

Einteilungskriterien	Beispiele
Besondere Eigenschaften von Materialien	Elektrische Leitfähigkeit: Leiter, Isolatoren Härte: Mohs'sche Härteskala
Verwendung, Funktion	Werkstoffe, Brennstoffe, Nährstoffe, Farbstoffe
Wirkung, physiologische	Arzneistoffe, Giftstoffe
Entstehung	Naturstoffe, Technische Materialien

Tab. 1: Materialklassen – Stoffbegegnungen in Alltag, Technik, Natur

A

Anregung

Eine grundlegende Auseinandersetzung mit dem Materialbegriff ist in Publikationen von Pfeifer & Sommer (2012) sowie im Themenheft Neue Materialien (Sieve et al. 2016) zu finden.

Sobald konkrete Stoffe auf ihre Eigenschaften untersucht werden, rückt die Unterscheidung von Stoffgemischen und Reinstoffen in den Fokus des Unterrichts. Der Begriff **Reinstoff** ist eine wesentliche Grundlage für die Ausschärfung des Stoffbegriffs in der Chemie, er ist **zentraler Teil eines Ordnungssystems für Stoffe**. Der Reinstoff bezeichnet einen Stoff, der nicht weiter mit physikalischen Trennverfahren (z. B. Chromatographie) auftrennbar ist. Er weist konstante physikalische Stoffeigenschaften auf. Wichtig ist, dass der Reinstoff-Begriff in der Chemie sich grundlegend von den in der Alltagssprache üblichen Reinstoff-Vorstellungen unterscheidet (vgl. Kap. 9.2).

Die Auseinandersetzung mit dem Reinstoff durch dessen Gewinnung und Charakterisierung unter Anwendung entsprechender **Fachmethoden** ermöglicht den Lernenden einerseits wichtige (auch experimentelle) Erfahrungen. Andererseits lassen sich auf der Basis von Reinstoffen Wege in die Chemie, z. B. zur Einführung der chemischen Reaktion (vgl. Kap. 2.4), finden. Dieser Schwerpunkt skizziert einen methodischen Weg im Anfangsunterricht. Die

Begegnung von Reinstoffbegriff und chemischer Reaktion führt schließlich zur Unterscheidung zwischen Element und Verbindung.

Die methodische Auseinandersetzung mit der Vielfalt stofflicher Erscheinungen führt zu einem Ordnungssystem (Abb. 3) und demzufolge zu einer weiteren Reflexion über den Stoffbegriff. Der Begriff Stoff ist polyvalent, das heißt, er reicht vom definierten Reinstoff über homogene Mischungen (z. B. Luft, Meerwasser ...) bis hin zu heterogenen Materialsystemen (z. B. Stahlbeton). Es wird deutlich, dass es sich bei dem Begriff Stoff um einen differenziert zu handhabenden Oberbegriff handelt. Die in einer Hierarchie geordneten Begriffe können durch Handlungsregeln zur Trennung, Identifizierung und Herstellung im Sinne von Fachmethoden klar definiert werden (Schummer 1995). Somit wird ein bewusster Wechsel von Alltagserfahrungen hin zu einer Auswahl von Fachmethoden zur Stoffuntersuchung vollzogen. Die in der Begriffshierarchie ausgewiesenen Stoffarten sind operational fundiert, sodass dieses Begriffswissen eng mit entsprechenden Untersuchungsmethoden verknüpft ist. Gegenstand der Untersuchungen sind stets Stoffproben der zu untersuchenden Dinge, Materialien und Reaktionsprodukte. Dabei spielen Vergleich und Reproduzierbarkeit der Experimentalbefunde eine besondere Rolle. Wer diese Wissensstrukturen aufgibt, verliert an Unterscheidungsmöglichkeiten, was zu Fehlvorstellungen führt. Als besonders schwerwiegend erweist sich die Fehlvorstellung, dass chemische Verbindungen etwa als Elementgemische angesprochen werden. Die Begriffe Chemische Verbindung und Element sind im Sinne von Schlüsselbegriffen unverzichtbare Grundbegriffe, ganz gleich, welche didaktische Diskussion geführt wird.

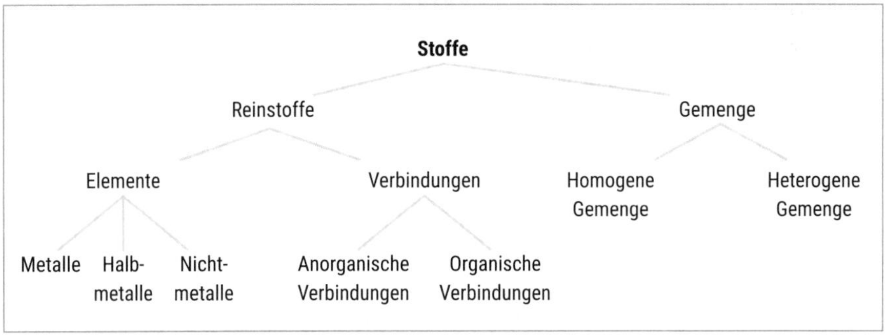

Abb. 3: Überblick über Stoffarten (Häusler 1994)

2.2.2 Der Teilchenbegriff

Für den diskontinuierlichen Aufbau der Materie – begründet auf der Atomtheorie (vgl. Dalton, Avogadro), der kinetischen Gastheorie von Maxwell (1831–1879) und Boltzmann (1844–1906) sowie der Bindungslehre – hat sich der Begriff Teilchen bewährt. Der Begriff Teilchen ist nicht nur auf eine statische Betrachtung (diskrete Natur der Materie) zu beschränken, vielmehr sind mit den Teilchen weitere fundamentale Einsichten zur quantenmechanischen Natur der Materie und damit zum physikalisch-chemischen Weltbild möglich (dynamische Natur der Materie; Wechselwirkungen zwischen Teilchen der Materie) (Schnitker 2016).

Bei der frühen Einführung des Teilchenbegriffs wird nicht zwischen Atomen, Molekülen und Ionen unterschieden. Es handelt sich um einen Sammelbegriff (Beyer 1989) – aus didaktischer Sicht um einen Übergangsbegriff, der das Kriterium der Anschlussfähigkeit (vgl. Kap. 3.4) erfüllt (Vertiefung 1). Der Begriff kleinste Teilchen wird vermieden, weil Überschneidungen mit dem Begriff Elementarteilchen nicht auszuschließen sind (Eilks 2007).

V

Vertiefung 1: Darstellung von Bausteinen auf atomarer Ebene

Umstritten ist, wie Teilchen im Sinne von Bausteinen auf atomarer Ebene ikonisch dargestellt werden. Die häufig getroffene Wahl der dreidimensionalen Kugel bzw. der zweidimensionalen Kreisform gilt nur dann als anschlussfähig, wenn im Hinblick auf den weiterführenden Chemieunterricht Atome und Ionen auf diese Weise bildhaft dargestellt werden. Als weitere Visualisierungsmöglichkeiten für Moleküle werden auch Dreieck (z. B. Wasser-Molekül), Rechteck, Quadrat, Ellipse etc. bzw. deren dreidimensionale Ausformungen vorgeschlagen. Sie sollen vor allem der Fehlvorstellung entgegenwirken, dass sämtliche Teilchen kugelförmig seien. Der Darstellung eines Wasser-Teilchens als Dreiecksfläche (Abb. 4) kann viel Positives abgewonnen werden. Sie erweist sich in dieser Form als anschlussfähig: In diese Dreiecksfläche lässt sich die Struktur des Wassermoleküls integrieren – sei es als Konstitutionsformel oder als Modell davon (Habelitz-Tkotz 2006). Die Dreiecksfläche fungiert sozusagen als Platzhalter.

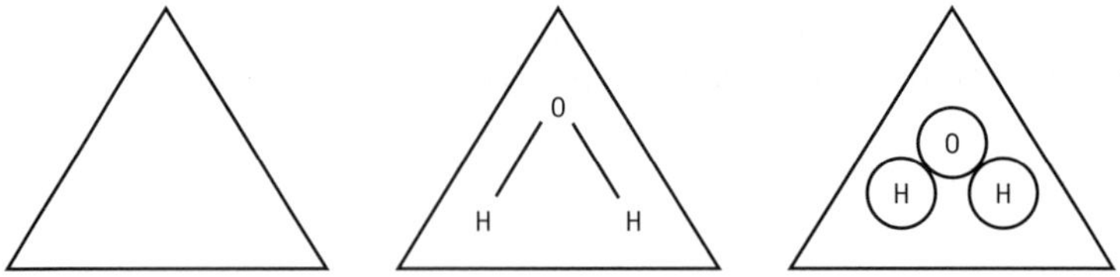

Abb. 4: „Dreieckige" Wasser-Teilchen – Platzhalter für Molekülmodelle (vgl. auch Habelitz-Tkotz 2006)

2.2.3 Das Zwiedenken in der Chemie – Herzstück des Stoff-Teilchen-Konzeptes

Im Stoff-Teilchen-Konzept sind zwei Begriffe in Beziehung gesetzt, welche die konkrete Erfahrungswelt – die **Stoffe** – einerseits und die Modellwelt der atomaren Struktur – die **Teilchen** – andererseits repräsentieren. Die Zusammengehörigkeit beider Sichtweisen macht das für die Chemie typische **Zwiedenken** nach Christen (1984) aus. In dieser Verknüpfung von Stoff und Teilchen liefert die Fachwissenschaft Chemie dem Chemieunterricht ein Schlüsselkonzept, das sich als ein Rückgrat für das Lehren und Lernen im Chemieunterricht erweist. Exemplarisch für die Anwendung des Stoff-Teilchen-Konzeptes lässt sich das Verdampfungsdiagramm von Wasser interpretieren (Abb. 5). Es wird deutlich, dass das Wassermolekül über die Zustandsformen hinweg unverändert bleibt. Eis, Wasser als Flüssigkeit und Wasserdampf repräsentieren verschiedene Zustandsformen der chemischen Verbindung „Wasser". Der Fehlvorstellung, dass Wasserteilchen mit Wassertröpfchen gleichgesetzt werden, ist entgegenzuwirken. Schließlich handelt es sich bei den Teilchen nicht um eine minimale Stoffportion.

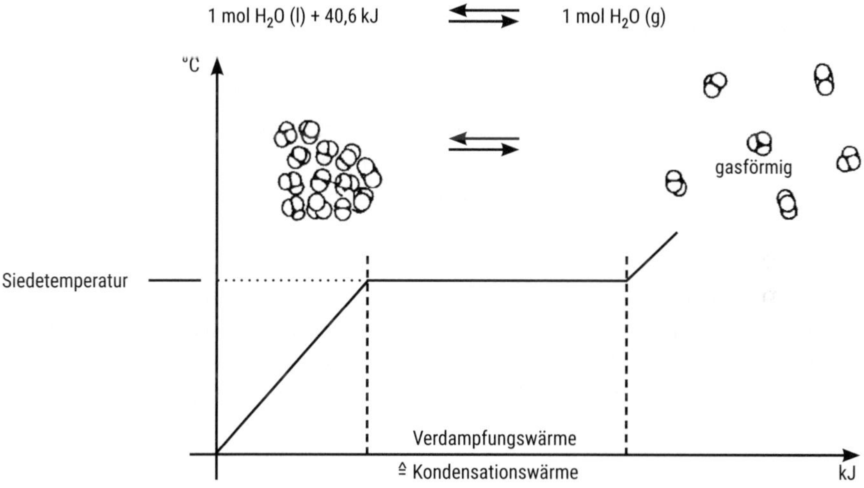

Abb. 5: Verdampfungsdiagramm von Wasser – kombiniert mit Teilchen-Modell und Energie-Konzept

Vor dem Hintergrund des Stoff-Teilchen-Konzeptes bedarf der **Elementbegriff** einer spezifischen Analyse. Elemente sind im begrifflichen Kontext Reinstoffe, die sich nicht weiter in andere Stoffe zerlegen lassen (Abb. 3). Zur Verdeutlichung der **Stoffebene** wird auch von Elementsubstanzen gesprochen. Ohne das Wissen um das „stoffliche Standbein" zum Elementbegriff können die Leistungen, die bei der Isolierung von Elementen (vgl. Seltene Erden, Meyer 2014) erbracht wurden, nicht entsprechend gewürdigt werden. Soll der Elementbegriff aber auf **Teilchenebene** definiert werden, ist die Atomtheorie – einschließlich der Elementarteilchen als Atombausteine – einzubeziehen. In der Rückbindung zum Elementbegriff wird ein wesentlicher Beitrag zum Verständnis des Stoff-Teilchen-Konzeptes geleistet. Es gilt, beide Definitionen dauerhaft in Beziehung zu bringen – die Elementsubstanzen mit ihren stofflichen Qualitäten und Quantitäten einerseits und deren Bausteine, die Atome, andererseits. Dabei spielt die chemische Fachsprache (vgl. Kap. 9.1) eine zentrale Rolle. So können chemische Symbole einerseits die Elementsubstanz, beispielsweise H für Wasserstoff (mit all seinen physikalischen und chemischen Eigenschaften), meinen, andererseits kann das Symbol aber auch ein Wasserstoff-Atom oder 1 mol Wasserstoff-Atome ausdrücken. Dieses Zwiedenken findet auch bei der quantitativen Interpretation von chemischen Gleichungen seine Anwendung (vgl. Kap. 6.4.1).

Das Stoff-Teilchen-Konzept wird benötigt

- für die Spezifizierung des Stoffbegriffes (Vertiefung 2),
- für das Bewusstmachen des Erhaltungskonzeptes (u. a. Gesetz von der Erhaltung der Masse),
- als Grundlage für die Einführung von Atomen, Molekülen und Ionen,
- für den Zugang zum Mol-Konzept,
- für die chemische Fachsprache (empirische Formel, Gleichungen),
- für das Verständnis von Reaktionen als Umgruppierung von Atomen,
- für die Interpretation von Phasenübergängen,
- als Grundlage der Reihung der Elemente im Periodensystem entsprechend der Kernladungszahl ihrer Atome.

Das umrissene Grundwissen muss im Unterricht so strukturiert werden, dass Schlüsselbegriffe und (theoretische) Konzepte auf unterschiedlichen Deutungsebenen (Abstraktionsniveaus) erschlossen und ihre Leistungsfähigkeit aus dem jeweiligen Blickwinkel unter Beweis gestellt werden können.

V

Vertiefung 2: Edelmetall Gold – Nano-Gold

Im Zusammenhang mit dem Stoff-Teilchen-Konzept ist zu prüfen, ob und wie unter der Stoffperspektive der Chemie auch die **nanostrukturierten Systeme** Eingang in die Stoffsystematik finden können (z. B. Mikroemulsionen, Nanomaterialien, mikrobiologische Funktionseinheiten). Sie erschließen den Bereich zwischen der atomaren Dimension (Picometer) und der lichtoptisch zugänglichen Dimension (Micrometer). So zeigt Nano-Gold als Suspension eine intensiv rote Farbe und ist im Gegensatz zum Edelmetall-Charakter einer Goldportion als Katalysator hochaktiv. Materialien mit Nanostruktur besitzen ein großes Verhältnis zwischen

Oberfläche und Volumen, was zu besonderen Eigenschaften führt. Die Forschung über nanostrukturierte Systeme hat großen Einfluss auf die Kolloidchemie, die Katalysatorforschung und auf die Materialwissenschaft.

2.3 Basiskonzept Struktur-Eigenschafts-Konzept

Das Erkennen der wechselseitigen Beziehungen zwischen Struktur und Eigenschaften einer Substanz stellt einen wesentlichen Bereich von Chemieverständnis dar.

2.3.1 Der Strukturbegriff

Der **Strukturbegriff** ist in der Alltagssprache verankert, wenn ein Muster, z. B. die Maserung einer Holzoberfläche, beschrieben wird. Der Strukturbegriff in der Chemie ist grundsätzlich in der submikroskopischen Ebene angesiedelt, wie die Bezeichnungen Teilchen-Struktur, Molekül-Struktur etc. verdeutlichen. Allerdings ist der Strukturbegriff – ebenso wie der Teilchenbegriff – ein Sammelbegriff und bedarf einer Differenzierung (Abb. 6):

- Aufklärung der Struktur als Erkenntnisprozess
- formelmäßige und modellhafte Charakterisierung der Struktur einer Substanz; Differenzierung des Strukturbegriffs in der Organischen Chemie nach Konstitution, Konfiguration und Konformation
- besonders typische Strukturmerkmale, z. B. als funktionelle Gruppe(n), als Elementarzelle bei Festkörpern, herausstellen
- Herstellen der Beziehung zwischen Struktur und Eigenschaften – sowohl auf stofflich-phänomenologischer Ebene, wie z. B. Löslichkeit, Farbigkeit, Werkstoffeigenschaften, als auch auf submikroskopischer Ebene, wie z. B. Schlüsselbruchstücke in der Massenspektrometrie, chemische Verschiebung bei NMR-Analysen, Strukturelemente und Absorptionsbanden

Mit dem Strukturbegriff trifft man auf ein zentrales Forschungsfeld der Chemie: die **Strukturaufklärung**, die in Abb. 6 vereinfacht dargestellt ist. Dieses Forschungsfeld treibt die Wissenschaft Chemie voran – von der reinen Strukturaufklärung als Voraussetzung für die Synthese und Produktion von neuen Stoffen. Dieses Ziel lässt sich nur durch die Anwendung grundlegender Denk- und Arbeitsweisen der Chemie erreichen. Der Forschungsprozess der Strukturaufklärung setzt die Verfügbarkeit einer definierten Portion der Substanz (möglichst als Reinstoff) voraus. Auf der Basis einer quantitativen Ana-

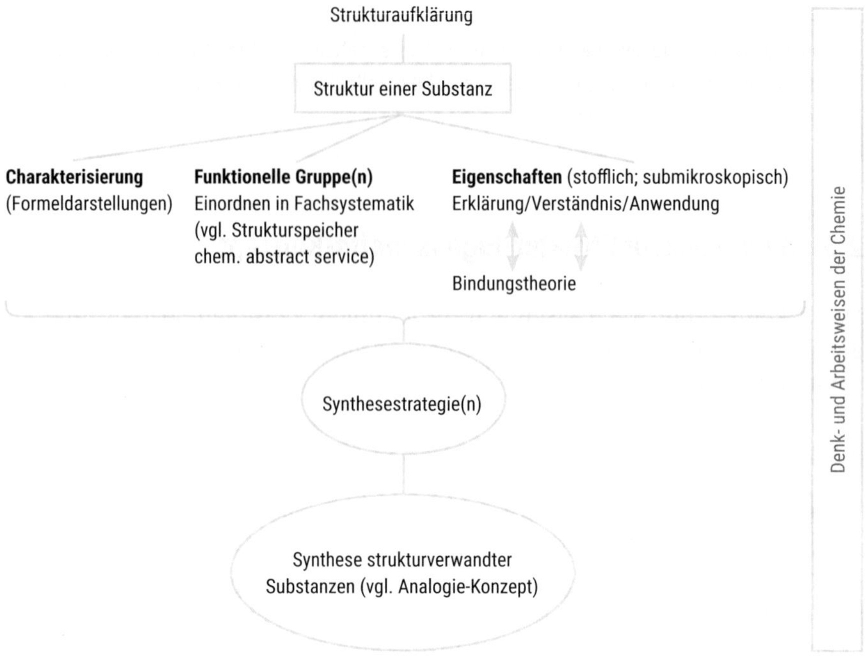

Abb. 6: Erschließen des Strukturbegriffes – eine Kernkompetenz der Naturwissenschaft Chemie

lyse werden die empirische Formel und gegebenenfalls die Molekülformel ermittelt. Als gängiges Beispiel für den Chemieunterricht sei auf die Strukturaufklärung von Ethanol verwiesen. Die Strukturaufklärung im engeren Sinn richtet sich auf die Festkörperstruktur einerseits und auf die Konstitution (Konnektivität der Atome), Konfiguration und Konformation der Moleküle andererseits. Dazu bedient man sich eines Bündels klassischer und moderner Fachmethoden der instrumentellen Analytischen Chemie (MS, NMR, Röntgenstrukturanalyse etc.).

Der Strukturvorschlag für eine Substanz findet häufig seine Bestätigung durch die Ableitung einer erfolgreichen Synthesestrategie. Schließlich wird die ermittelte Struktur einer Substanz bindungstheoretisch diskutiert, d. h., es werden Aussagen zum Bindungstyp soweit eindeutig möglich abgeleitet (vgl. Atombindung, Ionenbindung, Metallbindung). Es resultieren Kenntnis und Verständnis sowohl der Teilchen- als auch der Stoffeigenschaften einer Substanz. Mit der Kenntnis der Struktur einer Substanz ist nicht etwa der Erkenntnisprozess abgeschlossen. Stattdessen weitet sich der Blick hin zu Syntheseleistungen, indem die chemischen Eigenschaften der Substanz unter diesem Schlaglicht untersucht werden, z. B. die Substanz als Ziel- und Ausgangsstoff für Synthesen sowie Weitung des Blickfeldes durch Synthese strukturanaloger Verbindungen (Vertiefung 3). Es wird deutlich, dass die Chemie trotz der engen Beziehung von Struktur und Eigenschaft nicht etwa von vornherein für einen Stoff mit bestimmten Eigenschaften einen definierten Syntheseplan parat hätte - auch eine wichtige Erkenntnis für den Chemieunterricht. Das in Abbildung 6 vereinfacht dargestellte Forschungsfeld der Strukturaufklärung bietet zugleich für den Chemieunterricht einen didaktisch-methodischen Weg der Auseinandersetzung mit dem Strukturbegriff auf verschiedenen Ebenen und mit verschiedenen Zielsetzungen.

V

Vertiefung 3: Historischer Einstieg in die Organische Chemie

Der viel zitierte historische Einstieg in die organische Chemie wird dem Basiskonzept der Struktur-Eigenschafts-Beziehung voll gerecht: Die Synthese von Harnstoff aus Ammoniumcyanat durch F. Wöhler im Jahre 1828. Beide Substanzen besitzen zwar die gleiche Summenformel (Elementarformel) H_4N_2CO, sie unterscheiden sich aber in ihren Eigenschaften. Das ist die Folge unterschiedlicher Struktur – Ammoniumcyanat ist ein Salz, Harnstoff eine kovalente Verbindung, das Diamid der Kohlensäure.

2.3.2 Die wechselseitige Beziehung von Struktur und Eigenschaft

Die Bindungslehre ist die Grundlage für einen belastbaren Strukturbegriff in der Chemie. Sie ist damit von zentraler Bedeutung für das Stoff-Teilchen- sowie das Struktur-Eigenschafts-Konzept (Pfeifer 2007; Scheffel et al. 2010; Wambach 1996). Das Struktur-Eigenschafts-Konzept liefert auf der Basis der Bindungslehre Einsichten zur Klassifikation von Stoffen auf struktureller Basis. Christen (1984) unterscheidet Metalle, Salze, flüchtige Stoffe, diamantartige und makromolekulare Stoffe; Wambach (1996) präsentiert einen Klassifikationsvorschlag für Festkörper (Tab. 2).

Bindungstyp	Strukturtyp/Kristallgefüge	Beispiele mit typischen Eigenschaften
metallische Bindung	Kugelpackungen aus Kationen / Elektronengas	
	Kubisch-innenzentriert (dichteste Packung): Wolfram-Typ	W, K
	kubisch-flächenzentriert: Kupfer-Typ	Au, Cu, Al
	hexagonal-dichtest: Magnesium-Typ	Mg

Bindungstyp	Strukturtyp/Kristallgefüge	Beispiele mit typischen Eigenschaften
Ionenbindung	Ionengitter aus Kationen und Anionen	
	Zinkblende-Typ	ZnS
	Fluorit-Typ, Rutil-Typ	CaF_2, TiO_2
	Natriumchlorid-Typ	$Na^+ Cl^-$
kovalente Bindung	Atomgitter	
	diamantartig	Elementmodifikationen: Diamant, (C), Silicium, Germanium, Verbindungen: SiC, AlN, BeO
	graphitartig	Elementmodifikation: Graphit (C)
	Fullerene	
	Molekülgitter	Iod (I_2), Alkane, Trockeneis
Wasserstoffbrücken-Bindung	Molekülgitter mit Dipol-Dipol-Wechselwirkung	Eis, Eisessig
Van-der-Waals-Kräfte bzw. London-Kräfte (schwache Bindungskräfte)	Molekülgitter bei Alkanen	festes Methan

Tab. 2: Festkörper mit Atomen, Molekülen und Ionen als Bausteine (Wambach 1996)

Der vorgestellte Klassifikationsvorschlag darf nicht als starres Begriffssystem aufgefasst werden. Trotz der Übereinstimmung zweier Substanzen hinsichtlich Bindungstyp und Struktur (Begriff: Strukturanalogie) können sie sich in ihren Eigenschaften deutlich unterscheiden. Das geht auf ihre Elementarzusammensetzung zurück. Als Beispiel für die Strukturanalogie seien die beiden Ionenverbindungen Natriumchlorid und Magnesiumoxid betrachtet. Beide kristallisieren im gleichen Gittertyp (Natriumchlorid-Typ). Dennoch liegen Welten zwischen den Substanzeigenschaften von Magnesiumoxid (High-Tech-Keramik) und Natriumchlorid (in Wasser löslicher Mineralstoff). Dem Potenzial der Anorganischen Chemie steht das der Organischen Chemie nicht nach (Graulich & Schreiner 2011) (Vertiefung 4).

V

Vertiefung 4: Beispiele für Struktur-Eigenschafts-Beziehungen mit Praxisrelevanz

Ein klassisches Beispiel für Struktur-Eigenschafts-Beziehung ist die Verbindung Diammino-dichloroplatinat(II). Seit fast vierzig Jahren wird das cis-Isomere (**Cisplatin**) dieses quadratisch-planaren Komplexmoleküls als Antitumormittel verwendet (Abb. 7).

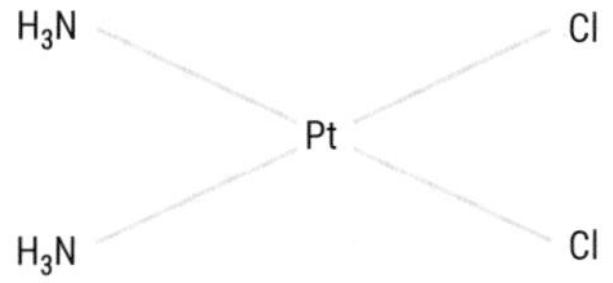

Abb. 7: Das cis-Isomere der Verbindung Diammino-dichloroplatinat(II): Cisplatin

Auf molekularer Ebene tritt eine Wechselwirkung mit der DNS ein, in deren Folge es zum programmierten Zelltod kommt. Die Eigenschaft von Cisplatin hat den Anstoß für intensive Forschungen auf diesem Gebiet der Antitumormedikamente gegeben. Grundsätzlich orientiert sich die medizinische Chemie am Konzept der Struktur-Eigenschafts-Beziehungen (structure-activity-relationship, SAR). Das Konzept geht auf die Arbeiten von P. Ehrlich (Nobelpreis 1908) über Salvarsan, einer Organoarsenverbindung gegen Syphilis, zurück (Alderden et al. 2006; Metzler-Nolte 2006).

Ein negatives Beispiel für die Ambivalenz einer Struktur-Eigenschafts-Beziehung ist das Medikament **Contergan** (Thalidomid). Das eine Konfigurationsisomere ist tatsächlich ein wirksames Schlafmittel; das der L-Reihe zugehörige Isomere hingegen wirkt fruchtschädigend. Im Zusammenhang mit der Erforschung von Antitumorwirkstoffen aber gewinnt gerade dieses Isomere, das die Zellteilung in einem bestimmten Entwicklungsstadium unterbindet, aktuelles Interesse. Es kann zum Aushungern eines Tumors (anti-Angiogenese) eingesetzt werden (Nosse 2006).

Die Transferfähigkeit des Struktur-Eigenschafts-Konzeptes lässt sich nicht nur an Einzelmolekülen, sondern auch an **Molekülassoziationen** zeigen. Deren strukturelle Einheiten liegen viele Größenordnungen über dem Einzelmolekül. In Form von Seifen oder anderen waschaktiven Substanzen begegnen uns täglich **amphiphile Moleküle** (Rehage 2005; Irmer 2016). Sie verbinden zwei Eigenschaften miteinander, nämlich das Bestreben, sich in Wasser, aber auch in Öl, zu lösen. Die Ursache liegt in der Struktur, da eine polare Gruppe mit einem apolaren Molekülteil (häufig eine Kohlenwasserstoffkette) verbunden ist. Amphiphile Moleküle reichern sich an der Grenzfläche zwischen Luft und Wasser an und erniedrigen die Oberflächenspannung. Im Wasser selbst bilden sie ab bestimmten Konzentrationen kleine Aggregate (Mizellen), in denen öllösliche Substanzen aufgenommen werden können. Auf diesem Effekt beruht ihre Verwendung als waschaktive Substanzen. Diese Substanzen können auch Öl in Wasser bzw. Wasser in Öl emulgieren: Es entsteht eine Öl-in-Wasser- oder eine Wasser-in-Öl-Emulsion. Derartige Prozesse sind sowohl in der Lebensmitteltechnologie als auch im Kosmetikbereich und in der Pharmazie (z. B. Herstellung von Salben) wichtig.

2.4 Vom Basiskonzept Chemische Reaktion zum Donator-Akzeptor-Konzept

2.4.1 Systematisierung chemischer Reaktionen

Die Begegnung mit der Vielzahl und Vielfalt chemischer Reaktionen bringt die Notwendigkeit mit sich, sie zu ordnen und zu systematisieren. Es lässt sich eine Vielzahl an Kriterien identifizieren, die zur Klassifikation und Systematisierung chemischer Reaktionen herangezogen werden können (Tab. 3).

	Kriterien	Einteilung in
1	phänomenologische Gesichtspunkte	Farbreaktion, Fällungsreaktion ...
2	stoffliche Natur der Reaktionspartner und der Reaktionsprodukte	Reaktionen der Alkalimetalle mit Halogenen, Salzbildungsreaktionen
3	Energiebilanz	exotherm, endotherm
4	Energieartbeteiligung	photochemische Reaktion, elektrochemische Reaktion
5	Reaktionsphase	Gasreaktionen, Solvensreaktionen, Festkörperreaktionen
6	strukturelle Änderungen der Edukte gegenüber dem Produkt	Additionsreaktion, Eliminierungsreaktion, Substitutionsreaktion, Isomerisierungsreaktion, Polyreaktion
7	Übertragung und Austausch von Teilchen (Donator-Akzeptor-Prinzip)	Elektronentransfer (Redox-Reaktion), Protonentransfer (Säure-Base-Reaktion), Ligandenaustausch
8	Zeitlicher Verlauf von chemischen Reaktionen (Kinetik)	schnell – langsam, Katalyse, Reaktionen 1., 2. ... Ordnung
9	Triebkraft der Reaktion (Thermodynamik)	Gleichgewichtsreaktion, exergonisch, endergonisch
10	elektronischer Charakter des Reagenzes (Komplementarität von Reagenz und Substrat)	komplementäres System „elektrophil – nucleophil"

Tab. 3: Klassifikation chemischer Reaktionen – Kriterien und Beispiele

Die Kriterien (1) bis (5) betrachten chemische Reaktionen aus der Stoffperspektive (makroskopische Ebene); die anderen Kriterien erfordern, chemische Reaktionen auch vonseiten der Teilchenperspektive (submikroskopische Ebene) zu interpretieren. Dafür sind grundlegende Kenntnisse über die Art der Teilchen (Atome, Ionen, Moleküle) und über die zwischen ihnen wirkenden Kräfte unverzichtbar. In Verknüpfung mit der Frage, warum überhaupt chemische Reaktionen eintreten, lassen sich weitere Kriterien (u. a. (9)) identifizieren. Insgesamt gesehen, trägt die systematische Ordnung wesentlich zum Chemieverständnis bei, wie die Vielzahl und Vielfalt chemischer Reaktionen geordnet und verstanden werden kann. Verstehen heißt in diesem Fall, Prinzipien zu erkennen und die jeweiligen Einzelfälle zuordnen zu können, also eine Basis zu finden, die zugleich auch Prognosen zulässt (vgl. Kap. 9.2).

Mit sichtbar werdenden Basiskonzepten und Ordnungskriterien lösen wir uns einerseits von nur schwer überschaubarer stofflicher Vielfalt. Andererseits darf die Bedeutung dieser konkreten Vielfalt nicht verkannt werden, denn sie ist das produktive Arbeitsfeld der Chemie – im Unterricht, im Labor und in der Industrie. Die Reaktionen der chemischen Elemente – geordnet in Haupt- und Nebengruppen des PSE, als Bausteine von Naturstoffen und synthetischen Materialien – bilden zusammen mit theoriefundierten und modellgestützten Deutungen eine leistungsfähige Wissensbasis. Davon muss der Chemieunterricht an weiterführenden Schulen einen nachhaltig wirkenden Eindruck vermitteln.

Von den wissenschaftlich besonders tragfähigen Konzepten zum Verständnis chemischer Reaktionen kommt im Hinblick auf die Bildungsstandards den Redox-Reaktionen und Säure-Base-Reaktionen besondere Bedeutung zu. Diesen Reaktionstypen liegen **Donator-Akzeptor-Beziehungen** zu Grunde, die nicht nur wissenschaftlich hoch relevant, sondern zugleich in unserer Lebenswelt weit verbreitet sind; sie gelten für das Chemieverständnis als unverzichtbar.

2.4.2 Redox-Reaktionen als Beispiel für chemische Reaktionen

Aus wissenschaftlicher Sicht hat sich heute das Kriterium einer Elektronenübertragung (Elektronen-Transferkonzept) zwischen den Reaktionspartnern durchgesetzt (Vertiefung 5). Es handelt sich um Reaktionen, bei denen zwischen den Reaktionspartnern Elektronen übertragen werden. Es wird unterschieden zwischen Elektronendonatoren (Reduktionsmittel) und Elektronenakzeptoren (Oxidationsmittel). Damit dieses Konzept greifen kann, bedarf es des Grundwissens über Atombau, Periodensystem der Elemente und über chemische Bindung. Die Leistungsfähigkeit dieses Konzeptes wird gestützt durch quantitative Aussagen mit weitem Anwendungspotenzial (Redoxpotenziale, Redox-Titrationen, Elektrochemie, Berechnungen zur Freien Energie chemischer Reaktionen). **Redox-Reaktionen**, also die Koppelung von Reduktion und Oxidation in einer chemischen Reaktion, haben aber auch im Alltag (Rossow & Flint 2015), in der Natur und in der Technik eine hohe Bedeutung (Abb. 8).

Abb. 8: Die wissenschaftliche Basis der Redox-Reaktionen in Alltag, Natur, Technik

Das Element Sauerstoff und seine Reaktionen liefern einen wichtigen Zugang zum Redox-Konzept (Vertiefung 5). Konkret sind die Phänomene im Umfeld des Verbrennungsvorganges (Parchmann & Schmidt 2003; Freienberg et al. 2007) zu nennen. Es ist das Verdienst von Lavoisier Ende des 18. Jahrhunderts, die Begriffe „Oxygenium, Oxyd (jetzt: Oxid) und Oxydation (jetzt Oxidation)" eingeführt zu haben. Auf dieser begrifflichen Basis konnte letztlich die spekulative Phlogistontheorie widerlegt und der Schritt in die moderne Chemie vollzogen werden. Der zum Oxidationsbegriff gegenläufige Begriff Reduktion entstammt der Metallurgie. Mit der wissenschaftlichen Fundierung des Redox-Konzeptes wurden auch quantitative Ansätze entwickelt, z. B. Nernst'sche Gleichung.

V

Vertiefung 5: Genetische Entwicklung des Redox-Konzeptes

Das **Sauerstoff-Übertragungskonzept** sieht vor, dass bei der Oxidation Sauerstoff aufgenommen und bei der Reduktion Sauerstoff abgegeben wird. Im Vordergrund steht der stoffliche Umsatz der Reaktion. Der Begriff Sauerstoff wird nicht näher differenziert. Dabei kann der Sauerstoff direkt als Edukt (1) oder in einer Verbindung (2) zur Reaktion kommen:

(1) Verbrennung von Ethanol – Oxide als Reaktionsprodukte

$H_3C\text{-}CH_2OH + 3\ O_2 \rightarrow 3\ H_2O + 2\ CO_2 + \text{Energie}$

(2) Redox-Reaktion zwischen Ethanol und Kupfer(II)-oxid – Reduktion von Kupfer(II)-oxid

$H_3C\text{-}CH_2OH + CuO \rightarrow H_3C\text{-}CHO + H_2O + Cu$

Beim **Wasserstoff-Übertragungskonzept** stehen die Aufnahme und die Abgabe von Wasserstoff im Mittelpunkt. Formal sieht die Oxidation (Dehydrierung) die Abgabe von Wasserstoffatomen, die Reduktion (Hydierung) die Aufnahme von Wasserstoffatomen (3) vor.

(3) Hydrierung des Zwischenproduktes Acetaldehyd (A. dehydrogenatus) zu Ethanol, ein Teilschritt der alkoholischen Gärung
$H_3C\text{-}CHO + 2 <H> \rightarrow H_3C\text{-}CH_2OH$

Das Redox-Konzept erfährt durch die Einführung von Oxidationszahlen (**Oxidationszahlen-Konzept**) eine wichtige Erweiterung. Die Oxidationszahlen ermöglichen es, eine Veränderung in der Verteilung der Bindungselektronen zwischen den Reaktionspartnern zu erkennen. Dadurch lassen sich auch Reaktionen zwischen Neutralmolekülen als Redox-Reaktion interpretieren, bei denen keine unmittelbare Elektronenübertragung stattfindet. Als Beispiele seien die Verbrennung von Methan (4) oder die Verbrennung von Wasserstoff an der Luft genannt:

	-IV +I		0		+IV -II		+I -II	
(4)	CH_4	+	$2\ O_2$	→	CO_2	+	$2\ H_2O$	+ Energie
	Methan	+	Sauerstoff	→	Kohlenstoffdioxid	+	Wasser	

Das Redox-Konzept wird heute als **Elektronen-Transferkonzept** verstanden. Dabei wird die Abgabe von Elektronen als Oxidation, die Aufnahme von Elektronen als Reduktion bezeichnet, wie das Beispiel der Reaktion von Isopropanol (Reduktionsmittel) mit saurer Dichromat-Lösung (Oxidationsmittel) veranschaulicht (5, 6):
(5) Oxidation: $H_3C\text{-}CHOH\text{-}CH_3 + 2\ H_2O \rightarrow H_3C\text{-}CO\text{-}CH_3 + 2\ H_3O^+ + 2e^-$
(6) Reduktion: $Cr_2O_7^{\ 2-} + 14\ H^+ + 6\ e^- \rightarrow 2\ Cr^{3+} + 7\ H_2O$

Für die unterrichtspraktische Nutzung des genetischen Weges ist es wichtig, dass sich die beiden Teilkonzepte in das weiterreichende Elektronentransferkonzept widerspruchsfrei integrieren lassen. Das setzt voraus, dass die mit der Einführung des Elek-tronen-Transferkonzeptes verbundene kognitionspsychologische Umstrukturierung didaktisch und methodisch sorgfältig erarbeitet wird (Sieve 2015).

2.4.3 Säure-Base-Reaktionen als Beispiel für chemische Reaktionen

Die Begriffe Säure und Base können auf verschiedenen Erklärungsebenen angesiedelt sein (Abb. 9). Jede Ebene entspricht einem (theoretisch) fundierten Konzept aus der Sicht der jeweiligen Zeit. Daraus ergibt sich eine historisch-genetische Abfolge von den phänomenologischen Grundlagen (der Begriff Säure ist aus dem Alltag diesbezüglich belegt – vgl. Kap. 8) über Teilaspekte bis hin zu den heute gültigen Säure-Base-Konzepten auf der Grundlage von Donator-Akzeptor-Wechselwirkungen (Pfeifer 2003) (Vertiefung 6).

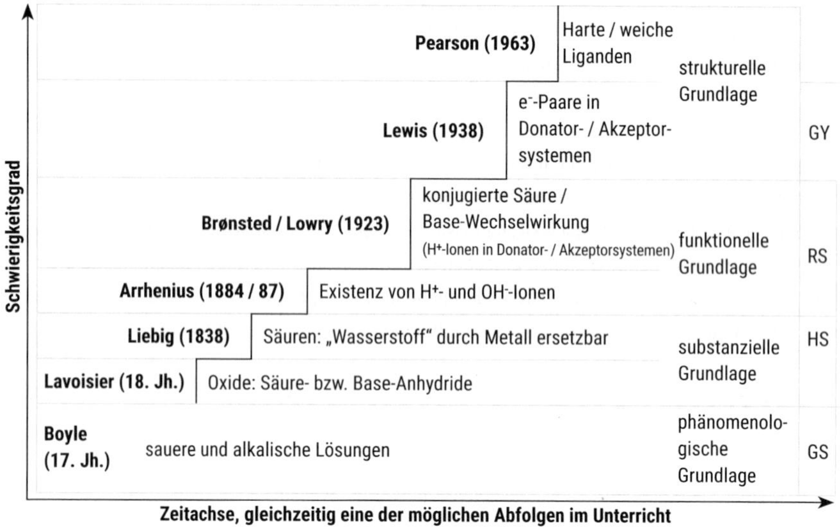

Abb. 9: Historisch-genetische Abfolge der Säure-Base-Konzepte

V

Vertiefung 6: Historisch-genetische Abfolge der Säure-Base-Konzepte – auch im Unterricht?

Betrachtet man diese Abfolge, so lassen sich an ihr wichtige Stationen der Begriffsbildung im Themenfeld Säure-Base festmachen. Jeder der eingeführten Begriffe durchläuft eine Weiterentwicklung, erfährt eine Ausschärfung und mündet in quantitative Aussagen, wie bei den Begriffen Säurestärke und pH-Wert.

Von zentraler Bedeutung ist das Brönsted-Konzept. Es bezieht erstmals Anionen und Kationen als Säuren und Basen ein. Die Säure- bzw. Basenstärke ist stets in Relation zum Partner zu beurteilen. Für den Chemieunterricht ist stets das Wassermolekül Partner in den konjugierten Säure-Base-Systemen. Die Schülerinnen und Schüler müssen demnach den Konzeptwechsel von der stofflichen Ebene (z. B. sind Säuren Wasserstoffverbindungen) hin zur Teilchenebene (Molekül oder Ion als Protonendonator) vollziehen.

Für den Chemieunterricht erweist sich das Säure-Base-Konzept nach Brönsted als leistungs- und anschlussfähig. Es öffnet den Weg zu weiteren wissenschaftlich geforderten Konzepten. Zugleich ist es für wesentliche Kontexte aus der Lebenswirklichkeit Erklärungs- und Handlungsebene. Es ist prägend für das Profil des gesamten Chemieunterrichts (Abb. 10) (Vertiefung 7).

Abb. 10: Die wissenschaftliche Basis der Säure-Base-Reaktionen in Alltag, Natur, Technik

V

Vertiefung 7: Thematische Schwerpunkte Säuren und Basen an der Schnittstelle Mittel- zur Oberstufe

1. Tragfähige Säure-Base-Definition nach Brönsted

- Säuren in wässriger Lösung – Beispiel: Salzsäure
- Basen in wässriger Lösung – Beispiel: Natronlauge
- Säuren- und Basenstärken (starke und schwache Säuren) einschließlich MWG → pKs-Wert
- Ionenprodukt des Wassers → pH-Wert / Indikatoren
- Quantitative Analyse / Neutralisation / Indikatoren: Acidimetrie, Alkalimetrie
- Pufferlösungen
- Säure oder Base? Eine Sache des Partners!

2. Herstellung von Säuren und Basen – Prinzip und Beispiele

- Säuren – Säurelösungen, u. a. Säureanhydride, mehrprotonige Säuren
- Basen – Laugen, u. a. Base-Anhydride, z. B. Calciumhydroxid aus Calciumoxid
- Flüchtige Säuren, z. B. CO_2, SO_2, und Basen, z. B. NH_3
- Anion- und Kationsäuren

3. Ausgewählte Eigenschaften

- Reaktion von Metallen mit verdünnten Säuren, konzentrierten Säuren, wasserfreien Säuren
- amphoteres Verhalten
- Gemeinsamkeit macht stark: Beeinflussung der oxidierenden oder reduzierenden Wirkung durch die Acidität des Reaktionsmediums
- Salzbildung durch Reaktion von Säurelösungen mit Metalloxiden sowie durch Reaktion von Laugen mit Nichtmetalloxiden

2.4.4 Das Zusammenspiel von Säure-Base-Reaktionen und Redox-Reaktionen

Bei vielen Reaktionen sind Redox-Prozesse eng mit Säure-Base-Reaktionen verknüpft. Es gibt sogar Säure-Base-Reaktionen, die man auch als Redox-Reaktionen interpretieren kann. Besonders eng ist die Beziehung zwischen Säure-Base-Konzept und Redox-Konzept, wenn die Eigenschaften verdünnter Säuren, also von Säurelösungen, thematisiert werden. Dem Lösen einer Säure in Wasser liegt eine Protolyse zugrunde, konkret der Protonenübergang vom Säuremolekül zum Wassermolekül, der zur Bildung von Oxonium-Ionen führt. Die Eigenschaften einer Säurelösung werden von den Oxonium-Ionen bestimmt, also auch die Reaktion von Säurelösungen mit unedlen Metallen: Eine Säurelösung reagiert mit dem unedlen Metall Zink unter Wasserstoffentwicklung. Dieser Reaktion liegt eine Redox-Reaktion zugrunde.

Reduktion

$$Zn + 2\,H_3O^+ \rightleftharpoons Zn^{2+} + 2\,H_2O + H_2$$

Oxidation

Weitere Beispiele sind Redox-Reaktionen von Kaliumpermanganat in saurer oder alkalischer Lösung, vgl. Manganometrie.

2.5 Vom Basiskonzept Energetische Betrachtungen bei Stoffumwandlungen zum Energie-Konzept

Das Basiskonzept Energie muss vor dem Hintergrund der Bildungsstandards für den mittleren Schulabschluss differenziert werden: Während für die Sekundarstufe I der Fokus ausschließlich auf „energetischen Betrachtungen bei Stoffumwandlungen" liegt, wird das Basiskonzept „Energie" in der Sekundarstufe II umfassender betrachtet.

Ungeachtet dessen, wird aus Schüleräußerungen oder Presseberichten deutlich, dass der Begriff Energie in seiner vielfältigen Verwendung im und durch den Alltag besetzt ist. Für den Fachunterricht in den naturwissenschaftlichen Fächern bzw. für die Fachperspektive Chemie besteht die didaktische Herausforderung darin, ein in sich schlüssiges Energiekonzept im Unterricht in permanenter Auseinandersetzung mit gebräuchlichen Energievorstellungen des täglichen Lebens aufzubauen. Es muss also immer wieder ein Paradigmenwechsel vollzogen werden. Folgenden Begriffen kommt eine zentrale Rolle zu: Energieformen (Synonym: Energiearten) und ihre Umwandlung, Energiefluss und Energietransport, Energieerhaltung als Beitrag zum Erhaltungskonzept, Energieträger (fossil – regenerativ) sowie Energieentwertung. Diese Schwerpunkte werden zur Energiequadriga (Starauschek 2008; Hadinek et al. 2016) zusammengefasst (Abb. 11).

Grundlegend ist eine Auseinandersetzung mit dem Begriff **Energie**. Viele Schulbücher charakterisieren Energie im Zusammenhang mit Arbeit: „Energie ist die Fähigkeit, Arbeit zu leisten.“ Um den Eindruck zu vermeiden, dass das quasi unbegrenzt und unabhängig von Systembedingungen geschehen kann, sollte man die Definition erweitern: „Ein Objekt oder System besitzt für uns nutzbare Energie, wenn es in der Lage ist, an einem anderen Objekt oder System Arbeit zu leisten oder Wärme zu übertragen“ (Schmidkunz & Parchmann 2011, S. 2). Energie bedeutet also die Fähigkeit, Arbeit zu verrichten. Es sei an dieser Stelle darauf hingewiesen, dass der Energiebegriff nicht mit dem Leistungsbegriff (in Watt angegeben) gleichzusetzen ist.

Energieumwandlung	↔	Energietransport
↕		↕
Energieerhaltung	↔	Energieentwertung

Abb. 11: Die Energiequadriga (vgl. Starauschek 2008; Hadinek et al. 2016)

Die Betonung der für uns nutzbaren Energie stellt eine Brücke zur **Energieerhaltung** her. Eine wichtige Verständigungsgrundlage für Diskussionen über dieses Prinzip sind die verschiedenen Energiegrößen. Die Energiegrößen Energie, Arbeit und Wärmemenge (Vertiefung 8) werden als physikalische Größen gleicher Art angesehen. Als gleichwertige Einheiten gelten dafür das Joule (J), die Wattsekunde (Ws) und das Newtonmeter (Nm). Es gilt: 1 Joule = 1 Wattsekunde = 1 Newtonmeter. Ein Joule ist diejenige Energie, die benötigt wird, um einen Körper mit der Masse von 100 g (z. B. eine Tafel Schokolade) einen Meter hoch zu heben.

V

Vertiefung 8: Temperatur – Wärmemenge – Wärmekapazität

Bei den Begriffen Temperatur und Wärmemenge stehen sich Alltags- und Fachsprache (vgl. Kap. 9.1) entgegen. Im Alltag verstehen wir unter Wärme ein subjektives Empfinden in enger Beziehung zur Temperatur. Die Temperatur ist eine Aussage zu dem Wärmezustand eines Stoffes oder eines Systems; die Wärme ist eine Energieform, die einem Stoff oder einem System zugefügt (oder abgeführt) wird. Wenn zwei Stoffen in der gleichen Zeiteinheit die gleiche Wärmemenge zugeführt wird, so können die beiden Stoffe am Ende eine unterschiedliche Temperatur aufweisen. Das bedeutet, dass zur Erhöhung der Temperatur der beiden Stoffe um ein Grad eine unterschiedliche Wärmemenge erforderlich ist. Für die Wärmemenge wird häufig noch die veraltete Einheit Kalorie (cal) bzw. Kilokalorie (kcal) verwendet, vor allem dann, wenn der Energiegehalt von Lebensmitteln betrachtet wird. Eine Kalorie (cal) entspricht derjenigen Wärmemenge, die benötigt wird, um 1 ml Wasser von 14,5 °C auf 15,5 °C zu erwärmen, sie entspricht 4,186 Joule. Die Wärmemenge, die erforderlich ist, um einen Stoff um ein Grad Celsius (1 °C) zu erwärmen, wird als spezifische Wärmekapazität bezeichnet (Tab. 4). Für den Energiehaushalt auf der Erde ist die hohe Wärmekapazität besonders wichtig, da Wasser in der Lage ist, Energie zu speichern und schrittweise wieder freizusetzen.

Substanz	Spezifische Wärmekapazität in [J/g]
Wasser	4,186
Ethanol	2,332
Eisen	0,439
Kupfer	0,381

Tab. 4: Wärmekapazitäten verschiedener Stoffe

Energie kann nicht geschaffen, aber auch nicht vernichtet werden. Energiearten können ineinander umgewandelt werden (**Energieumwandlung**). Zum Verständnis des Energiekonzeptes sind deshalb die Kenntnis wichtiger Energieformen und Energieformumwandlungen (Tab. 5) von besonderer Bedeutung (Häusler 1994); die dargestellten Beispiele zeigen die besondere Rolle energetischer Aspekte bei chemischen Reaktionen.

Energieform	Umwandlung	andere Energieform
chemische Energie	z. B. Verbrennen von Methan; Wärmepflaster	Wärmeenergie
Wärmeenergie	Übertragung auf Wasser und Erzeugung von Wasserdampf; Wasserdampf verrichtet an Turbinen Ausdehnungsarbeit	mechanische Energie der Turbine
mechanische Energie der Turbine	Generator	elektrische Energie
elektrische Energie	Lampendraht wird zum Glühen gebracht und eine LED zum Leuchten	elektromagnetische Strahlungsenergie in Form von Licht und Wärmeenergie

Tab. 5: Umwandlung von Energieformen

Bei jeder chemischen Reaktion ist Energie in irgendeiner Form beteiligt. Die Energiefreisetzung oder Energiespeicherung ist für den Energiehaushalt fundamental. Durch exotherme chemische Umsetzungen kann **Energie** in verschiedenen **Formen** freigesetzt werden: Wärmeenergie (exotherme chemische Reaktionen), Lichtenergie (Chemilumineszenz) und weitere elektromagnetische Strahlungsenergie (IR-Strahlung), elektrische Energie (Batterien), mechanische Energie (Explosion). Kernenergie wird bei Atomkernspaltung und Kernfusion frei. Umgekehrt kann durch Zufuhr der genannten Energien zu einem bestimmten chemischen System eine Umsetzung ausgelöst werden. Dazu gehören Photoreaktionen, Elektrolysen und schließlich thermische oder mechanische Aktivierungsenergie. Die bei einer chemischen Reaktion unter konstantem Druck auftretende Wärme wird als die Änderung der Enthalpie des Systems, ΔH bezeichnet. Wenn Wärme freigesetzt wird, nimmt die Enthalpie des Systems ab, und ΔH ist negativ: exotherme Reaktion. Bei einer endothermen Reaktion wird vom System Wärme aufgenommen, ΔH wird positiv. Die Reaktionswärme bezieht sich auf den Umsatz einer stöchiometrischen Einheit der Reaktion, z. B. auf 1 mol Edukt. Sie hängt auch vom Zustand der Edukte und Produkte ab, z. B. ob Wasser als Wasserdampf oder als Flüssigkeit in die Berechnung eingeht. Zugleich bietet jedes Beispiel Gelegenheit, die Entwertung von Energie zu thematisieren.

Mit dem Schritt zur quantitativen Betrachtung des Energieumsatzes bei chemischen Reaktionen ist der Bezug zum Molkonzept und damit zur Modellebene der Teilchen (Stoff-Teilchen-Konzept) vollzogen. Auf dieser Ebene lassen sich eine Reihe wichtiger Begriffe und Vorstellungen in enger Beziehung zum Erhaltungskonzept (bezogen auf Teilchen und Energie) zur Geltung bringen: Wärme und Teilchenbewegung, Bindungsenergie (einschließlich der Differenzierungen), Ionisierungsenergie (einschließlich Quantelung der Energie – Energiestufen), Wechselwirkung von Teilchen untereinander und deren Verknüpfung (z. B. im Born-Haber-Kreisprozess, bei Lösungsvorgängen etc.) sowie Wechselwirkung von Lichtquanten und Teilchen.

2.6 Basiskonzept Chemisches Gleichgewicht

Bislang erwartet man, dass eine chemische Reaktion im Sinne der Reaktionsgleichung von links nach rechts abläuft, von einer Rückreaktion im gleichen Reaktionssystem ist nicht die Rede. Die exotherm oder endotherm verlaufende Reaktion kommt zum Stillstand, wenn die Edukte stöchiometrisch in die Produkte umgesetzt worden sind. Auf der submikroskopischen Ebene bedeutet das, dass sich sämtliche Teilchen zu neuen Einheiten (Entitäten) umgruppiert haben. Nun der Konzeptwechsel: Experimentalbefunde zeigen bei vielen Reaktionen (in einem abgeschlossenen Gefäß), die offensichtlich abgelaufen, also zum Stillstand gekommen sind, dass noch Edukte im Reaktionsraum vorhanden sind bzw. die Produktausbeute nicht der theoretischen Erwartung entspricht. Dieser Zustand – so der Denkansatz – wird erreicht, wenn gegenüber der Hin- auch eine Rückreaktion mit derselben Reaktionsgeschwindigkeit in Betracht gezogen wird. Dieser dynamische Zustand, bei dem, phänomenologisch betrachtet, die Reaktion beendet ist, wird als **Chemisches Gleichgewicht** bezeichnet. Die Reaktion, die sich auf den Gleichgewichtszustand zubewegt, wird als spontan bezeichnet – unabhängig von der tatsächlichen Reaktionsgeschwindigkeit. Diese kann von einem Katalysator beeinflusst werden, die Lage des Gleichgewichtes jedoch nicht. Mit dem Konzept Chemisches Gleichgewicht (Dickerson et al. 1988) wird das Basiskonzept Chemische Reaktion nicht nur fundamental erweitert, sondern unter Einbeziehung der Basiskonzepte Stoff-Teilchen sowie Energie aus einem neuen Blickwinkel betrachtet. Am Beispiel der Synthese von Wasser aus Wasserstoff und Sauerstoff wird deutlich, dass eine spontane Reaktion nur im Beisein eines Katalysators (z. B. Platin) messbar schnell abläuft (z. B. Döberein'sches Feuerzeug oder in der Brennstoffzelle). Zu einer merklichen Rückreaktion kommt es erst bei sehr hohen Temperaturen.

Eine mathematische Behandlung des chemischen Gleichgewichtes durch die Norweger Guldberg und Waage führte 1864 zum **Massenwirkungsgesetz** – wenig später von W. Ostwald bestätigt. Grundlage des Massenwirkungsgesetzes ist der Konzentrationsbegriff, nicht die Masse der Stoffe. Im Gleichgewichtszustand besitzt das Verhältnis der Konzentrationen der Produkte zu den Edukten einen für die Reaktion charakteristischen Wert: Gleichgewichtskonstante, K. Für eine allgemeine Reaktion a A + b B (Doppelpfeil) c C + d D (A, B = Edukte; C, D = Produkte; a, b, c, d = Koeffizienten) gilt das Massenwirkungsgesetz wie folgt: $K = [C]^c\,[D]^d / [A]^a\,[B]^b$. Diese gut verständliche Ableitung des Massenwirkungsgesetzes wird gegenüber der theoretisch fundierten Ableitung auf thermodynamischer Basis bevorzugt. Die Gleichgewichtskonstante sagt nichts über den tatsächlichen Mechanismus der Reaktion aus.

Das **Le Chateliersche Prinzip** beschreibt das Verhalten von Gleichgewichtssystemen qualitativ. Das Prinzip ist eine zusammenfassende Beschreibung eines im Gleichgewicht befindlichen Systems bezüglich unterschiedlicher Einflussnahmen. Zugleich eröffnet es auch die Möglichkeit, auf Stoffkonzentrationen im Gleichgewichtssystem und damit auf die Ausbeute von Produkten Einfluss zu nehmen. Von besonderem didaktischen Rang ist die Möglichkeit, Prognosen über die Steuerung einer chemischen Reaktion abzugeben. Die Aussagen erlangen die Funktion von Hypothesen und können experimentell überprüft werden.

Neben der Anwendung des chemischen Gleichgewichtes auf Phasenübergänge kann es auch auf Gasphasenreaktionen und Reaktionen in Lösungen angewandt werden. Von besonderer Bedeutung sind die **Säure-Base-Gleichgewichte** in wässrigen Lösungen, sie lassen Aussagen über die Säure- und Basenstärke (anhand der Säure- bzw. Basenkonstante) zu. Diese Konstanten bilden die Grundlage für die Ordnung von Säuren und Basen nach ihrer Stärke. Weiterhin erschließt sie den Zugang zum **pH-Wert** und zur Wirkung von Puffersystemen.

Literatur

Alderden, R. A., Hall, M. D. & Hambley, T. W. (2006). The discovery and development of cisplatin. In *Chemical Education,* **83** (5), S. 728–734.

Beyer, L. (1989). *Anorganische Chemie. Grundkurs.* Berlin: VEB.

Christen, H. R. (1984). *Chemie* (12. Aufl.). Frankfurt a. M.: Salle + Sauerländer.

Christen, H. R. & Meyer, G. (1997). *Grundlagen der Allgemeinen und Anorganischen Chemie.* Frankfurt a. M.: Salle + Sauerländer.

Deutsches PISA-Konsortium (Hrsg.) (2001). *Internationales und Nationales Rahmenkonzept für die Erfassung von naturwissenschaftlicher Grundbildung in PISA.* Opladen: Leske + Budrich.

Dickerson, R.E., Gray, H.B., Darensbourg, M.Y. & Darensbourg, D.J. (1988). *Prinzipien der Chemie.* Berlin: de Gruyter.

Eilks, I. (2007). Neue Wege zum Teilchenkonzept. In *Unterricht Chemie,* **18** (100/101), S. 23–27.

Freienberg, J., Kandt, W., Schmidt, S. & Parchmann, I. (2007). Verbrennung verstehen. In *Unterricht Chemie,* **18** (100/101), S. 70–75.

Graulich, N. & Schreiner, P.R. (2011). Struktur-Eigenschafts-Beziehungen in der Organischen Chemie. In *CHEMKON,* **18** (3), S. 109–114.

Habelitz-Tkotz, W. (2006). *Alles Teilchen – oder was? Unterricht Chemie,* **17** (94/95), S. 20–25.

Hadinek, D., Wessnigk, S. & Neumann, K (2016). *Neue Wege zur Energie. In Der mathematische und naturwissenschaftliche Unterricht,* **69** (5), S. 292–299.

Häusler, K. (1994). *Chemie kompakt.* München: Oldenbourg.

Irmer, E. (Hrsg.) (2016). Vom Tensid zur Biomembran. In *Praxis der Naturwissenschaften-Chemie,* **65** (2), S. 4–32.

Janich, P. (1994). Probleme der Bestimmung von Grundbegriffen der Chemie. In P. Janich (Hrsg.), *Philosophische Perspektiven der Chemie.* (S. 20 ff.). Mannheim: Spektrum.

Keller, G. (1973). Chemical Education Material Study. In *Chemieunterricht,* **4** (2), S. 34–52.

Leerhof, G., Kienast, S., Möllering, J. & Eilks, I. (2003). Der Stoffbegriff und die Stoffeigenschaften. In *Der mathematische und naturwissenschaftliche Unterricht,* **56** (5), S. 301–304.

Metzler-Nolte, N. (2006). Medizinische Organometallchemie. In *Nachrichten aus der Chemie,* **54**, S. 966–970.

Meyer, G. (2014). Die chemischen Elemente – Bausteine der Materie. In *Unterricht Chemie,* **25** (143), S. 7–10.

Nosse, B. (2006). Tumortherapie im Umbruch. In *Chemie in unserer Zeit,* **40**, S. 164–173.

Parchmann, I. & Schmidt, S. (2003). Von erwünschten Verbrennungen und unerwünschten Folgen zum Konzept der Atome. In *Der mathematische und naturwissenschaftliche Unterricht,* **56** (4), S. 214–221.

Parchmann, I. & Kaufmann, H. (2006). Kompetenzen entwickeln. In *Unterricht Chemie,* **17** (94/95), S. 4–9.

Pfeifer, P. (2002). Chemische Theorien und Unterricht. In P. Pfeifer, B. Lutz & H.J. Bader (Hrsg.), *Konkrete Fachdidaktik Chemie.* (S. 42–45). (3. Auflage). München: Oldenbourg.

Pfeifer, P. (2007). Struktur-Eigenschafts-Konzept. In *Unterricht Chemie,* **18** (100/101), S. 36–40.

Pfeifer, P. & Sommer, K. (2012). Stoffperspektiven in der Chemie. In *Unterricht Chemie,* **23** (128), S. 45–48.

Rehage, H. (2005). Selbstorganisation von Tensiden. In *Chemie in unserer Zeit,* **39**, S. 36–44.

Rehm, M. & Stäudel, L. (2012). Grundbegriffe und Basiskonzepte der Chemie. In *Unterricht Chemie,* **23** (128), S. 2–7.

Rossow, M. & Flint, A. (2015). Redoxreaktionen und Alltag. In *Unterricht Chemie,* **26** (146), S. 8–12.

Scheffel, L., Beckhaus, R. & Parchmann, I. (2010). Struktur und Eigenschaften. In *Unterricht Chemie,* **21** (115), S. 2–7.

Schmidkunz, H. & Parchmann, I. (2011). Basiskonzept Energie. In *Unterricht Chemie,* **22** (121), S. 2–7.

Schnitker, J. (2016). Das Unsichtbare sichtbar machen. In *Der mathematische und naturwissenschaftliche Unterricht,* **69** (6), S. 392–399.

Schummer, J. (1995). Zwischen Wissenschaftstheorie und Didaktik der Chemie: Die Genese von Stoffbegriffen. In *Chimica didactica,* **21**, S. 85–110.

Sieve, B. (2015). Redoxreaktion – ein „heißes Eisen" im Chemieunterricht? In *Unterricht Chemie,* **26** (146), S. 2–7.

Sieve, B., Kremer, K. & Parchmann, I. (2016). Materialien für die Zukunft. In *Unterricht Chemie,* **27** (152), S. 2–6.

Starauschek, E. (2008). Das Thema „Energie" in der Grundschule. In D. Höttecke (Hrsg.), *Kompetenzen – Modelle – Entwicklung.* (S. 167–169). Münster: LIT.

Wambach, H. (Hrsg.) (1996). *Materialien – Handbuch Kursunterricht Chemie, Bd. 1; Atome – Bindungen – Strukturen.* Köln: Aulis.

3 Didaktische Reduktion – Elementarisierung

Inhaltliche Schwerpunkte

- Didaktische Reduktion verfolgt das Ziel, die Komplexität eines Lerninhalts zu entflechten und ihn auf ein angemessenes Abstraktionsniveau zu reduzieren.
- Didaktische Reduktion ist kein Ersatz für die Wirklichkeit, es bedeutet Wirklichkeit in der jeweiligen Orientierungssituation des Einzelnen.
- Absolute Richtpunkte der didaktischen Reduktion sind die kognitive Struktur der Schülerin oder des Schülers, die sachliche Zulässigkeit der vorgenommenen didaktischen Reduktion und deren fachliche Ausbaufähigkeit. Sie bestimmen, in ein richtiges Verhältnis zueinander gesetzt, den Wert des Unterrichts.
- Didaktische Reduktion erfordert in jedem einzelnen Fall besondere Maßnahmen, die weder schablonenhaft vorliegen noch als solche angewandt werden können. Dennoch finden sich Typen von Elementarisierungsmaßnahmen in der Literatur, die sich auch auf den Chemieunterricht übertragen lassen.

3.1 Begriffsklärung

Chemie ist ein schwieriger Lerngegenstand mit einem hohen Abstraktionsniveau. Daher können Verständnisprobleme auftreten (z. B. Merzyn 2008). Sie können unter anderem darauf zurückgeführt werden, dass die didaktische Aufbereitung eines Lerninhalts für das Verstehensniveau des Lernenden nicht oder nur teilweise geglückt ist. Es muss also eine Brücke gebaut werden zwischen den Elementen einer chemischen Grundbildung – resultierend aus Teilen der Erwachsenenkultur – und dem Lernenden. Bauelemente dieser Brücke sind didaktisch ausgewählte Lerngegenstände. Damit dieser Prozess nicht zur Einbahnstraße wird, muss er auch vom Lernenden aus gedacht werden – sei es als Individuum oder als Lerngruppe. Ganz allgemein lässt sich sagen, dass erfolgreiches Unterrichten ganz entscheidend davon abhängt, in welchem Maße es gelingt, den Lerngegenstand, das Objekt, mit den Schülerinnen und Schülern, dem Subjekt, zusammenzubringen. Die fachdidaktischen Bemühungen, einen Lerngegenstand so aufzubereiten, dass er dem Lernenden leichter – oder überhaupt erst zugänglich – wird, werden als **didaktische Reduktion**, häufig auch als Elementarisierung, bezeichnet. Auch Wissenschaft kommt ohne Elementarisierung nicht aus: Jede sich aufdrängende Analogie, jedes erdachte Modell, alle verwendeten Symbole, jede Grafik, jeder gesetzhaft formulierte Satz sind Prototypen der didaktischen Reduktion.

Der in der Didaktik allgemein verwendete Begriff **Elementararisierung** ist eng verbunden mit dem Begriff des **Elementaren**. Beide haben nicht nur den gleichen Wortstamm gemein, sondern hängen auch in ihrer Bedeutung eng zusammen. Das Elementare wird in der Fachliteratur gern als das Grundlegende, das Allgemeine, das Einfache, als Urform, Urstoff, Urkraft, Baustein, Sachkern usw. umschrieben und meint einen Sinngehalt, dessen Kenntnis und Verständnis für den Aufbau von Bildung ganz allgemein oder in einem bestimmten Bereich als unverzichtbar gilt. Das Nachdenken darüber beschäftigt die Pädagogen seit Pestalozzi. Er unterscheidet Elemente als Bestandteile der Lernobjekte nach Form und Anzahl. Klafki (1959) hat in einer historisch analysierenden Untersuchung den bisherigen Diskussionsstand zusammenfassend dargestellt und in einer Theorie der kategorialen Bildung zu systematisieren versucht. Salzmann (1982) beklagt zwar die Vernachlässigung dieser „zentrale(n) didaktisch-methodischen Frage der Elementarisierung in der Diskussion“ der 1970er- und 1980er-Jahre und ist der Auffassung, dass manche Fehlentwicklung, beispielsweise im Zusammenhang mit der „geforderten Wissenschaftsorientierung des Unterrichts aller Schularten, auch der Grundschule“, hätte korrigiert werden können, wäre das Nachdenken über dieses didaktische Kernproblem nicht so in den Hintergrund getreten. Letztlich ist aber didaktisches Reduzieren ein so zentrales Anliegen, dass es zu keinem Zeitpunkt in der Entwicklung der Fachdidaktik völlig außer Acht geraten ist. Das Elementare kann – bezogen auf die Chemie – in vielerlei Gestalt auftreten (Bauer & Bader 2002):

- als *grundlegende Einsicht* (z. B.: Die chemischen Elemente lassen sich aufgrund ihrer Eigenschaften in eine systematische Ordnung bringen)
- als *formuliertes Gesetz* (z. B. Massenwirkungsgesetz)
- als *gültige Regel* (z. B. Oktettregel)
- als *prinzipielle Erkenntnis* (z. B.: Doppelbindungen sind weniger stabil als Einfachbindungen.)
- als *Zusammenhang* nach Wirkung (z. B. Wirkung von Katalysatoren) oder Bedeutung (z. B. Bedeutung von Katalysatoren in der industriellen Synthese) oder auch

- als ganz simple *Erfahrung* (z. B.: Das Herausspritzen von Substanzen beim Erhitzen im Reagenzglas ist durch Schütteln vermeidbar.)

Es ist zunächst prinzipiell gleichgültig, ob dieses Elementare auf hoher geistiger Ebene steht, die zu erringen viel Mühe kostet, oder ob es lediglich Erfahrung bedarf. Wichtig ist vielmehr, dass dieses Elementare identifiziert werden muss. Darin erfüllt sich der didaktische Aspekt des Elementaren: Es gewinnt seine bildende Wirkung im Ringen mit ihm, im Suchen, Auffinden und letztlich im Begreifen. Alles, was die Lehrperson beitragen kann, um diesen Prozess optimal zu gestalten, nennen wir didaktische Reduktion oder Elementarisierung. Weltner (1983) unterscheidet zwischen Elementararisierung im weiteren Sinn, als dem Bemühen, „die Grundelemente, Grundgedanken und fundamentalen Ziele einer wissenschaftlichen Disziplin zu ermitteln", und einer Elementararisierung im engeren Sinn als Darstellung komplexer und abstrakter Sachverhalte in einer Weise, die für die Schülerinnen und Schüler verständlich ist.

Der häufig gebrauchte Begriff der Elementararisierung deckt sich mit dem der **didaktischen Reduktion.** Man kann immer wieder feststellen, dass Autoren zur Vermeidung von Wortwiederholungen im Text „didaktische Reduktion" neben „Elementararisierung" verwenden (z. B. Salzmann 1970; Salzmann 1982). Im Hinblick auf begriffliche Klarheit ist dieser Terminus allerdings weniger geeignet. Solange man ihn in der wörtlichen Bedeutung versteht, nämlich als „Rückführung" auf das Elementare bzw. als Verminderung der Abstraktheit und/oder Komplexität eines Lerninhalts, kann man ihn akzeptieren. Im umgangssprachlichen Verständnis ist jedoch Reduktion häufig mit der Vorstellung quantitativer Reduzierung verbunden. Das führt zu der Vorstellung, dass didaktische Reduktion auf die Menge an Lerninhalten abziele, um des Stoffdrucks Herr zu werden. Bloßes Reduzieren, Wagenschein (1956) nennt es „Ausdünnen", kann richtig verstandene didaktische Reduktion aber nie sein. Schließlich ist die mit der didaktischen Reduktion verbundene Assoziation mit dem chemischen Fachbegriff „Reduktion" der terminologischen Klarheit nicht förderlich. Während in der Physikdidaktik der Begriff „Elementarisierung" bevorzugt wird (z. B. Weltner 1983; Bleichroth 1991; Kircher et al. 2010), hat sich jedoch in der Chemiedidaktik der Begriff „didaktische Reduktion" durchgesetzt – vielleicht auch, weil der Begriff Element schon anders besetzt ist.

Der von Kattmann et al. (1997) gewählte Terminus **didaktische Rekonstruktion** wird als Partnerbegriff zur Elementarisierung verstanden. Elementarisierung gilt in dem Zusammenhang als ein Zerlegen komplexer Phänomene in elementare Sinneinheiten, die durch didaktische Rekonstruktion zu Strukturen bzw. Erklärungsmustern zusammengefügt werden, und so dem Lernenden das Verständnis erleichtern.

Schließlich wird Elementarisierung gern mit **Vereinfachung** gleichgesetzt. Dieses Synonym ist aber nicht unproblematisch, verleitet es doch dazu „Vereinfachen“ in die Nähe von „Simplifizieren“ zu rücken. Salzmann (1982) bezeichnet Vereinfachung als „didaktisches Dilemma“ und warnt vor der Gefahr zahlreicher Fehlformen, die durch die Forderung nach Kind- bzw. Schülergemäßheit oder Lebensnähe provoziert werden. Vereinfachen kann nur im Sinne von „Verwesentlichen“ verstanden werden.

Die Endung des Wortes („-ierung“) signalisiert schon, dass der Begriff nicht etwas Statisches meint, sondern einen dynamischen Vorgang beschreibt. Die prozessuale Komponente drückt sich auf zweifache Weise aus. Elementarisierung ist ein Akt didaktischer Fürsorge, der das Aufeinandertreffen von Lerngegenstand und Lernenden so zu gestalten hat, dass z. B. Problemlösen gelingen kann. Dies setzt voraus, dass die Lehrperson die Situation der Schülerin oder des Schülers erfasst.

Lern- und entwicklungspsychologische Erkenntnisse des jeweiligen Lernalters sind ebenso unabdingbare Voraussetzungen wie die Berücksichtigung des jeweiligen Lernumfeldes, der sozialen und lokalen Gegebenheiten. Dazu gehört, den Lehrstoff in einzelne sachlogisch aufeinander aufbauende, miteinander in Verbindung stehende Elemente zu zerlegen, sie in denklogische Unterrichtsschritte zu gliedern und in einer synthetisch orientierten Strategie zu einer Lerneinheit werden zu lassen.

Diese zu leistende Aufgabe bestimmt das jeweilige Handeln des Lehrenden: den Zuschnitt auf „diese“ Schülerinnen und Schüler, die Weite und den Steigungsgrad der Schritte und Stufen, die Wahl der Motivation, des Einstieges, der Anknüpfung, der Entscheidung für bestimmte Medien, Demonstrationen, Experimente, Formulierungen und Fixierungen von Ergebnissen usw. Dies alles ist ein Prozess und muss unter dieser Perspektive gesehen werden. Alle in der Literatur vorgegebenen Unterrichtsvorbereitungen, -beispiele, -protokolle und -berichte sind äußerst wertvolle Hilfen, solange sie die Lehrperson anregen, über Unterricht nachzudenken. Sie werden zu fragwürdigen Rezepten, wenn sie lediglich nachvollzogen werden.

3.2 Unterschiedliche Ansätze zur Didaktischen Reduktion

Ganz gleich auf welcher Ebene Unterricht stattfindet, in allen Bereichen existiert das gleiche Problem: Lerninhalte auf das Verstehensniveau der Zielgruppe zu transformieren, „die Abstraktheit eines Inhalts zu vermindern und seine Komplexität abzubauen, mit dem Ziel, den Inhalt für die Schülerinnen und Schüler angemessen zu vereinfachen und damit leichter verstehbar zu machen“ (Bleichroth 1991). Auch wenn alle in der Literatur (Anregung) genannten Ansätze im Kern letztlich vergleichbare Absichten verfolgen, so ist doch die Auseinandersetzung mit dem Problem vom Zugang her verschieden strukturiert. Einige sollen hier kurz dargestellt werden.

A

Anregung
Eine lesenswerte und informative Darstellung der Entwicklung des Begriffes „didaktische Reduktion" findet man bei Rösler und Schmidkunz (1996).

Hering (1959) ist der Auffassung, dass die Vereinfachung einer wissenschaftlichen Aussage den Übergang von einer differenzierteren zu einer allgemeineren Aussage gleichen Gültigkeitsumfanges darstelle, wobei deren Wahrheitsgehalt das entscheidende Kriterium sei. Diese Vereinfachung wird erreicht, indem die Anzahl der Einzelmerkmale eines Phänomens reduziert werden. Zuletzt bleiben wenige übrig, die für die Darstellung des Allgemeinen noch ausreichend, aber unverzichtbar sind:

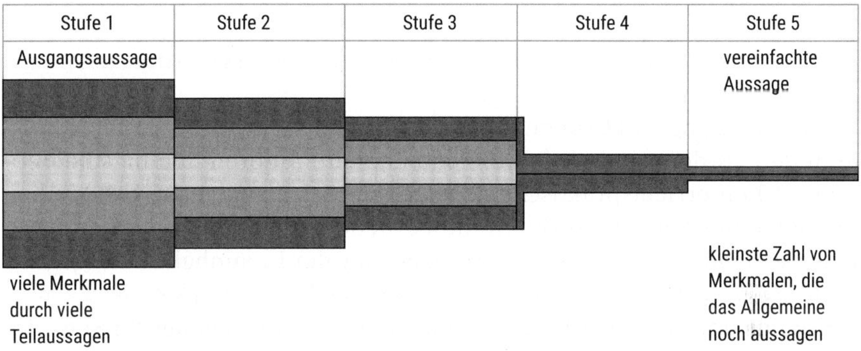

Abb. 1: Schematische Darstellung eines „Keils der Vereinfachung" nach Grüner (1967), in Rösler & Schmidkunz (1996)

Grüner (1967) greift die Gedanken Herings auf, gibt aber zu bedenken, dass im Verlauf einer Vereinfachungsreihe der Gültigkeitsumfang einer Aussage nicht immer gewahrt werden kann. Das lineare Modell Herings wird zugunsten eines Feldmodells verlassen („didaktisches Reduktionsfeld"), das eine vertikale und eine horizontale didaktische Reduktion vorsieht (Abb. 2). Die „*vertikale didaktische Reduktion* engt [...] den Gültigkeitsumfang von Stufe zu Stufe ein", „beim *horizontalen didaktischen reduzieren* bleibt der Gültigkeitsumfang gleich" (Grüner 1967). Die wissenschaftliche Aussage wird nur konkreter dargestellt – oft unter Zuhilfenahme von Analogien, Metaphern und Beispielen –

und damit leichter zugänglich gemacht. Das bedeutet: Der Umfang der Aussage wird nicht geringer, sie wird nur umgeformt und damit für den Lernenden verständlicher, angepasster und adressatenbezogener.

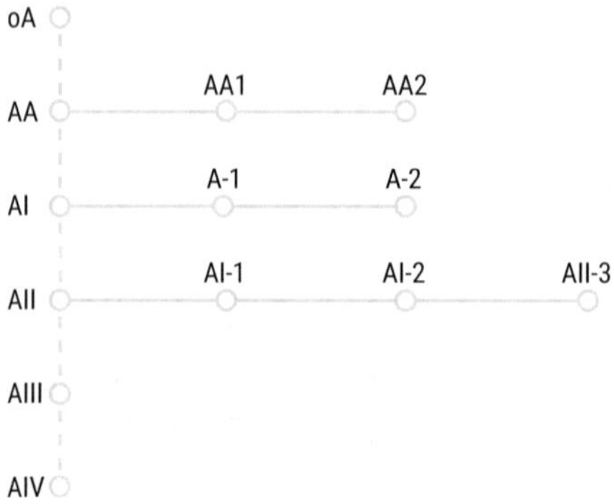

oA = oberste Aussage
AA = Ausgangsaussage
1,2 = Stufen der horizontalen Reduktion
I,II = Stufen der vertikalen Reduktion

Abb. 2: Didaktisches Reduktionsfeld (Ausschnitt) nach Grüner (1967) in Rösler & Schmidkunz (1996)

Während Hering und Grüner vorwiegend sachlich-fachliche Gesichtspunkte in den Vordergrund stellen, betonen andere Autoren bildungstheoretische und unterrichtspraktische Aspekte. Für Salzmann (1970; 1982) haben Probleme des Verstehens durch die Lernenden Priorität, denen er durch entsprechende Maßnahmen zur Aufbereitung der Lerninhalte zu begegnen sucht. So berücksichtigt er die Struktur und Mehrschichtigkeit des Lerngegenstands und seine Verflechtung mit anderen Bereichen des Wissens. Innere und äußere Differenzierung ist für Kirschner (1971) ein Ansatzpunkt, um die Fasslichkeit des Lerninhalts zu ermöglichen. Schließlich plädiert Bleichroth (1991) bei aller nötigen Beachtung fachlicher Gesichtspunkte für das Recht des Lernenden. Ein beachtenswerter Ansatz ist der von Jung (1972). Er legt eine Typologie von **Elementarisierungsmaßnahmen** vor, auf die wegen ihrer Bedeutung für den Chemieunterricht in Kapitel 3.5 gesondert eingegangen wird.

3.3 Chemiespezifische Herausforderungen

Wenn man davon ausgeht, dass didaktische Reduktion der Schülerin oder dem Schüler helfen soll, einen bestimmten Lerninhalt leichter – oder überhaupt erst – zugänglich zu machen, dann muss sich der Lehrende darüber bewusst sein bzw. bewusst werden, was *Verständnisschwierigkeiten* erzeugt und wo die Herausforderungen liegen. Zwei Aspekte seien besonders hervorgehoben: Chemie muss sprachlich unter Nutzung ikonischer Elemente gefasst werden (vgl. Kap. 9.1) und bedarf an verschiedenen Stellen mathematischer Operationen (Parchmann & Sieve 2013). Letzterer Aspekt soll im Folgenden näher ausgeführt werden.

Ausgehend von Phänomen und Objekt, sind mit ansteigendem kognitiven Anspruch die *makroskopische Ebene*, die *submikroskopische Ebene* und schließlich die *quantitativ-mathematische Modellierung* des Sachverhalts zu unterscheiden (Stichwort: Johnstone-Dreieck (vgl. Kap. 9.1)). Diese Abfolge von Verständnisebenen macht deutlich, dass ein vertieftes chemisches Verständnis auch von mathematischen Operationen geprägt ist. Allerdings ist es nicht automatisch das Highlight wissenschaftlicher Begegnung mit der Chemie, wie es die Nernst-Gleichung oder das Massenwirkungsgesetz vermuten lassen. Bereits bei der Betrachtung von Stoffeigenschaften, z. B. die Einteilung der Metalle in Leicht- und Schwermetalle, werden mathematische Aspekte (konkret: Dichte) berücksichtigt.

Da bei der Anwendung mathematischer Operationen im Chemieunterricht erhebliche Lernschwierigkeiten auftreten (Reizwort: stöchiometrisches Rechnen), könnte ein Ausweg darin gesehen werden, sich auf eine rein qualitative Ebene zurückzuziehen. Diese Art von didaktischer Reduktion wäre ein falsches Signal, denn man würde der Fachwissenschaft Chemie nicht vollumfänglich gerecht werden. Folgende chemiebezogene Inhaltsfelder kommen ohne mathematische Operationen nicht aus:

- Berechnung von Atomzahlenverhältnissen in chemischen Verbindungen aus Analysedaten
- Proportionalität und Proportionalitätsfaktoren bei stöchiometrischen Berechnungen unter Nutzung von Größengleichungen mit dem Molbegriff im Zentrum (Vertiefung 1)
- Quantitäts- und Gehaltsgrößen, z. B. Prozent- und Promille-Angaben bei Stoffgemischen
- mathematische Fassung von Gesetzen, z. B. Faraday-Gesetze, Gasgesetze, Nernst'sche Gleichung, Massenwirkungsgesetz
- Potenzrechnung und Logarithmus, beispielsweise pH-Wert, Säurestärke, Löslichkeitsprodukt

Diese Inhaltsfelder kommen vor allem in den Bereichen zur chemischen Analytik und bei der Interpretation von Reaktionsgleichungen (Vertiefung 1) zum Tragen. Erleichternd wirkt, dass Schrittfolgen und Algorithmen zur Lösung der Aufgaben anleiten.

V

Vertiefung 1: Stoffumsatz bei Gasreaktionen – Stöchiometrie exemplarisch

Aufgabe:

Dein Lehrer benötigt für ein Experiment einen Liter Kohlenstoffdioxid. Das Kohlenstoffdioxid soll durch die Reaktion von Calciumcarbonat mit Salzsäure erzeugt werden. Berechne die einzusetzende Menge an Calciumcarbonat, um 1 Liter Kohlenstoffdioxid zu erhalten (Normalbedingungen).

Für die Lösung dieser Aufgabe ist das Aufstellen der Reaktionsgleichung unerlässlich (1).

$CaCO_3 (s) + 2 HCl (aq) \rightarrow CaCl_2 (aq) + H_2O (l) + CO_2 (g)$ (1)

Ausgehend von der Reaktionsgleichung (Stoffumsatz), lassen sich folgende quantitative Zugriffe unterscheiden: Stoffmengenangabe, Massenangabe, Volumenangabe, die alle bei der Beantwortung der Aufgabe zum Tragen kommen. Die Aufgabe fokussiert nur die Beziehung zwischen dem Ausgangsstoff Calciumcarbonat und dem Reaktionsprodukt Kohlenstoffdioxid. Die notwendigen Daten für die Berechnung werden zum einen der Reaktionsgleichung (Stoffmenge – Molkonzept von entscheidender Bedeutung) entnommen sowie zum anderen auf der Grundlage der Reaktionsgleichung ermittelt (z. B. Molare Masse von Calciumcarbonat); das angestrebte Volumen von Kohlenstoffdioxid ist der Aufgabenstellung zu entnehmen.

$m (CaCO_3) / V (CO_2) = n (CaCO_3) \times M (CaCO_3) / n (CO_2) \times V_M (CO_2)$

$m (CaCO_3) = 4{,}5 g$

Diese Aufgabe gewinnt an Komplexität, wenn nach Volumen und Konzentration der eingesetzten Salzsäure gefragt wird.

3.4 Prinzipien der Didaktischen Reduktion

Abstraktionsniveaus sind im Kern beschreibbar, mehr oder minder deutlich, hinterlassen aber eine breite Unschärfe. Lernziele sowie fachbezogene Kompetenzen, von Lehrplänen oder Lehrbüchern vorgegeben, versuchen zwar, eine bestimmte Verständnisebene darzulegen, kalkulieren aber eine unvermeidbare Schwankungsbreite ein. Es ist die Aufgabe der Lehrkraft, die Abstraktionsniveaus mit ihren Unschärfen für den Lerngegenstand zu identifizieren und der jeweiligen Lerngruppe anzupassen. Folgende Prinzipien zur Elementarisierung müssen bei der Planung von erfolgreichem Unterricht berücksichtigt werden.

3.4.1 Prinzip der fachlichen Richtigkeit

Bei näherem Hinsehen lässt sich erkennen, dass sich hinter der Frage, ob eine vorgenommene didaktische Reduktion noch fachlichen Erkenntnissen entspricht oder in gewissen Teilen eher ungenau oder gar verfälschend wirkt, erhebliche Probleme verbergen.

Fachliche Richtigkeit und didaktische Reduktion hängen eng damit zusammen, auf welchem Niveau elementarisiert wird. Das anzustrebende Niveau wird durch die Adressaten (Schülerinnen und Schüler) bestimmt, für welche die didaktische Reduktion vorgenommen wird. Um den Komplex zu entwirren, wird zunächst versucht, der Forderung nach *Widerspruchsfreiheit* mit fachchemischen Erkenntnissen nachzugehen.

Die Tatsache, dass das Wissen über den chemischen Aspekt unserer Welt ständigen Revisionen unterworfen ist, dass sich heute gesicherte Erkenntnis morgen in nicht mehr voll zutreffendes Verständnis wandeln kann, entbindet nicht von der Verpflichtung bislang geltende Fakten zu respektieren. Einen Freibrief, es mit der fachlichen Richtigkeit nicht so genau halten zu müssen, weil fachliche Richtigkeit objektiv letztlich nicht existiere, gibt es nicht. Vielmehr geht es darum, ob die Lehrperson etwas vermitteln darf, obwohl er weiß, dass das mit den aktuellen Erkenntnissen nur teilweise oder nicht mehr übereinstimmt. Das betrifft beispielsweise ein Standardexperiment des Chemieunterrichts: Die Umsetzung von Schwefel und Eisen, durch das die Schülerinnen und Schüler im Anfangsunterricht auf das zentrale Phänomen der Stoffumwandlung aufmerksam gemacht werden sollen. Ziel des Versuchs ist es zumeist, den Schülerinnen und Schülern anschaulich darzustellen, dass sich die Eigenschaften von Eisen und Schwefel zwar in einem Stoffgemisch nachweisen lassen, diese jedoch verloren gehen, wenn das Gemisch erhitzt wird. Eines der erwarteten Ergebnisse, der Verlust der magnetischen Eigenschaft, tritt allerdings nie ein, denn das entstandene Eisensulfid zeigt ebenfalls magnetisches Verhalten. Eisensulfid zählt zu den berthollıden Verbindungen. Diese folgen nicht den Daltonschen Gesetzmäßigkeiten der Verbindungsstöchiometrie und widersprechen somit der Intention, den klassischen Verbindungsbegriff einzuführen (Reiners 2002). Im Sinne der fachlichen Richtigkeit sollte die Lehrperson jedoch auch die „Ausnahmen“ (magnetisches Verhalten) von der „Regel“ (neue Stoffeigenschaften) thematisieren und mit den Schülerinnen und Schülern besprechen.

Man muss sich stets bewusst sein, dass sachlich „Falsches“ der Schülerin oder dem Schüler gegenüber unehrlich ist und zudem oft erhebliche Reparaturarbeiten am Wissensstand der Lernenden erfordert, wenn es überhaupt möglich ist. Darüber hinaus kann die Einstellung des Lernenden gegenüber dem Fach, in dem ständig „Veränderungen" erfolgen, negativ beeinflusst werden.

Da die Entwicklung fachlichen Denkens der Entwicklung einer wissenschaftlichen Disziplin nicht unähnlich ist – das genetische Verfahren basiert auf dieser Tatsache –, ist gegen die Verwendung überholter Modelle nichts einzuwenden. Vollmer (1989) weist darauf hin: „Man muß den Fehler erkennen und verantworten können [...] man sollte gelegentlich die Vorläufigkeit des erreichten Kenntnisstandes betonen und dabei auch auf die Zuverlässigkeit wissenschaftlicher Theorien verweisen."

A

Anregung

Eine erkenntnistheoretische Auseinandersetzung mit der Frage „Darf man Falsches lehren?" bietet Vollmer (1989).

Das Bohrsche Atommodell (vgl. Kap. 14.7) vermag das der Schülerin oder dem Schüler zuzumutende Niveau vom Schalenaufbau der Atomhülle durchaus sachgerecht zu beschreiben, obwohl wir wissen, dass es dem heutigen Kenntnisstand nicht genügt. Um den geht es dabei auch nicht, sondern darum, dass Eigenschaften und Verhalten von Stoffen, wie zum Beispiel die Flammenfärbung durch Metalle, auf Grundlage einer verstehbaren Theorie erklärt werden können. Insbesondere der Umstand, erkennen zu müssen, dass im weiteren Verlauf des Eindringens in die Zusammenhänge das Modell nicht mehr ausreichend ist, erweitert oder gar verlassen werden muss, bedeutet nicht, „Falsches" gelehrt zu haben. Die Erkenntnis der begrenzten Erklärungsmacht von Modellen ist vielmehr eine wichtige Erfahrung für die Schülerin oder den Schüler. Vielfach diskutiert werden auch Vereinfachungen, die Vergleiche oder Hilfsvorstellungen heranziehen, die aus ganz anderen Bereichen stammen, wie es bei Animismen und Anthropomorphismen der Fall ist. **Animismus** bezeichnet eine Beseelung der unbelebten Natur mittels Analogie- und Metaphernbildung (Püttschneider & Lück 2004). Dabei soll eine Brücke zwischen der Erfahrungswelt der Schülerinnen und Schüler und dem für sie oftmals noch unbekannten Bereich der unbelebten Phänomene gebildet werden. Es wird diskutiert, ob durch den bewussten didaktischen Einsatz von Animismen im Chemieunterricht nicht falsche Vorstellungen hervorgerufen werden, deren Abbau im weiteren Verlauf erschwert ist. Sicherlich, eine Elektrode mit einer Antenne zu vergleichen oder eine Ionenbindung als Magnetwirkung zu missdeuten, hat mit Elementarisierung nur bedingt etwas zu tun. Wenn Animismen jedoch nur als Metaphern und Analogien verwendet werden, können sie durchaus einen positiven Beitrag bei der Vermittlung chemiebezogener Inhalte leisten. Sie müssen jedoch eingehend mit den Schülerinnen und Schülern besprochen werden, um die Gefahr von Fehlinterpretationen auszuschließen (Püttschneider & Lück 2004).

Das Prinzip der fachlichen Richtigkeit führt vor allem bei angestrebter Generalisierung häufig dazu, Einschränkungen zu ignorieren. Beispiel: Die Schmelze von Salzen leitet den elektrischen Strom. Ursache dafür sind die Kationen und Anionen – Grundbausteine der Salze –, die in der Schmelze frei beweglich sind und damit den Strom leiten können. Generalisierend wird dieser Prototyp „Salze sind aus Kationen und Anionen aufgebaut“ auf Metall-Nichtmetall-Verbindungen ausgedehnt. Diese Generalisierung bedarf jedoch der Einschränkung, denn eine Reihe von Metall-Nichtmetall-Verbindungen besitzt eine davon abweichende Struktur mit Molekülen als Bausteine. Als Beispiel sei wasserfreies Aluminiumchlorid erwähnt. Die Schmelze von wasserfreiem Aluminiumchlorid leitet den elektrischen Strom nicht, denn hier liegen dimere Aluminiumchlorid-Moleküle (Al_2Cl_6) vor. Damit zeigt es vom Prototyp abweichende Struktur-Eigenschafts-Beziehungen, wie viele andere Metall-Nichtmetall-Verbindungen auch.

3.4.2 Prinzip der fachlichen Ausbaufähigkeit – Forderung nach Anschlussfähigkeit

Der Grundsatz fachlicher Ausbaufähigkeit baut auf fachlicher Richtigkeit auf. Die Beachtung dieses Prinzips ist durch die bruchlose Fortführung der Erkenntnisgewinnung an das bisher Gelernte gekennzeichnet. Als typische Beispiele seien der Oxidationsbegriff und der Säure-Base-Begriff genannt (vgl. Kap. 2.4).

Lernförderlicher Unterricht sieht vor, dass Lerninhalte erweitert, vertieft oder auf höherem Niveau wieder aufgegriffen werden (vgl. Kap. 5.3). Daher wäre es didaktisch bedenklich, wenn neue, andersartige elementarisierende Maßnahmen ergriffen werden müssten. Durch die Forderung nach „Erweiterbarkeit“ (Jung 1972) soll vermieden werden, dass die Schülerinnen und Schüler in jeder Schulstufe oder gar in jeder Jahrgangsstufe umlernen müssen. Erweiterbarkeit bedeutet beispielsweise, dass grundlegende Bedeutungen eines Begriffs oder eines Modells erhalten bleiben und neue Eigenschaften, neue Begriffe und Gesetze hinzugefügt werden (Kircher et al. 2010). Dem Erstzugang muss sich der Fortgang nahtlos anschließen, wobei deutlich wird, dass Elementarisierung in die Zukunft wirken muss und sich nicht auf den augenblicklich zu bewältigenden Unterricht beschränken kann. Doch dieser Wunsch nach einem „nahtloses Anschließen“ gestaltet sich im Chemieunterricht nicht immer einfach. Denkt man nur an den Weg bis hin zum Orbitalmodell, dann muss die Schülerin oder der Schüler eine Vielzahl an Modellen durchlaufen, die nicht immer „nahtlos" aufeinander aufbauen (vgl. Kap. 14.4). Eine Voraussetzung, um überhaupt eine kontinuierliche fachliche Ausbaufähigkeit zu gewährleisten, besteht darin, dass sich der weiterführende Lehrer darüber informiert, welche elementarisierenden Maßnahmen sein Vorgänger ergriffen hat. Lässt sich ein persönlicher Kontakt herstellen, ist das Gespräch zweifelsohne ein Mittel, um Klarheit zu bekommen. Wesentlich wichtiger im kompetenzorientierten Unterricht ist aber die Diagnose des tatsächlichen Kenntnisstandes der Schülerinnen und Schüler (vgl. Kap. 12.6). Flankierend könnten auch die Hefteinträge der Schülerinnen und Schüler und das benutzte Schulbuch Aufschluss geben.

Den Idealfall von Ausbaufähigkeit erlebt der Lernende, wenn das abgelöste Konzept sich als Teilaspekt im leistungsfähigeren Konzept eingebunden findet. Beispiel: Redox-Konzept. In das leistungsfähigere Elektronen-Transferkonzept lässt sich die Sauerstoff-Übertragung bei Redox-Reaktionen widerspruchsfrei einordnen (vgl. Kap. 2.4.2).

3.4.3 Prinzip der Angemessenheit an die kognitive Struktur des Lernenden

Je nach Altersstufe sind Schülerinnen und Schüler in der Lage, verschieden komplexe Gedankengänge vollziehen zu können. Dieser Grundsatz ist jedoch keineswegs nur durch die entwicklungspsychologische Situation der Schülerin oder des Schülers allein beschreibbar. Vorkenntnisse und Vorerfahrungen, sowohl schulischer als auch außerschulischer Art, üben ebenfalls einen großen Einfluss auf die individuellen kognitiven Fähigkeiten aus. So wird beispielsweise an vielen Ganztagsschulen nachmittags ein optionaler Kurs mit chemiebezogenen Inhalten angeboten. Immer mehr Schülerinnen und Schüler besuchen darüber hinaus in ihrer Freizeit außerschulische Lernorte zu naturwissenschaftlichen Themen (z. B. Sommer et al. 2010; Risch & Engl 2015). Zudem entwickelt sich auf Videoportalen wie YouTube eine neue Art der Wissensvermittlung und Online-Nachhilfe (z. B. „The Simple Club"). Diese zunehmende Vielfalt an „Lerngelegenheiten" außerhalb des schulischen Unterrichts führt – in Bezug auf die individuellen Fähigkeiten – zu einer wachsenden Heterogenität innerhalb einer Schulklasse. Darauf muss die Lehrperson angemessen reagieren. Ein in diesem Zusammenhang zu erwähnendes Problem stellt die Verkürzung der Schulzeit in vielen Bundesländern dar. Lehrpersonen geraten häufig in einen Konflikt zwischen Auswahl der fachlichen Inhalte und kognitiven Möglichkeiten der Schülerinnen und Schüler. Dies darf jedoch nicht dazu führen, dass zentrale Inhalte des Chemieunterrichts verfrüht behandelt werden. So führt beispielsweise die zeitliche Vorverlagerung bei der Erarbeitung des Bohrschen Atommodells zu Verständnisschwierigkeiten.

Lehrpersonen sollten die Erkenntnisse der Entwicklungspsychologie beherrschen und sie unterrichtlich umzusetzen wissen (vgl. Kap. 7.1). Genauso bedeutsam sind aber auch Faktoren, die die Angemessenheit der jeweiligen Lerngruppe bedingen und die von Lehrplänen und den von diesen abhängigen Schulbüchern nicht immer berücksichtigt werden (können). Eine Lehrperson, die das Vorwissen ihrer Schülerinnen und Schüler nicht diagnostiziert und verwertet, lässt wertvolle Ansatzpunkte für eine didaktische Reduktion ungenutzt (vgl. Kap. 12.6). Entscheidet man sich dafür, einen bestimmten Teilaspekt zu Beginn der zugehörigen Lerneinheit zu unterrichten, muss man ihn anders aufarbeiten als zum Ende der Lerneinheit. Auch die Phase im Unterricht hat einen Einfluss darauf, was angemessen ist (Kircher et al. 2010) (Vertiefung 2). Von nicht minderer Bedeutung ist die Kontrolle, inwieweit eine Elementarisierung greift. Die Zerlegung eines Sachverhalts in Unterrichtsschritte und Unterrichtsstufen verliert insgesamt an Wirkung, wenn eine Phase dieser Artikulation, z. B. die der Festigung, ins Leere läuft.

V

Vertiefung 2:
Unterricht in der Chemie, der zu bald in die submikroskopische Ebene eintaucht, ehe er stoffliches Geschehen makroskopisch gründlich hat erleben lassen, ist ganz besonders anfällig für Elementarisierungen, die fachlich ungenau, missverständlich, überholt oder gar falsch sind. Besonders betroffen sind zwei Bereiche: die Arbeit mit Modellen (insbesondere strukturelle Vorstellung von Atomen und Molekülen) und die Verwendung von Analogien zur Veranschaulichung von Unanschaulichem (vgl. Kap. 14). Obwohl diese zwei Bereiche die beiden Seiten ein und derselben Sache sind, nämlich der Befriedigung des Bedürfnisses, Vorstellungen zu gewinnen, sind sie auseinanderzuhalten. Modelle und ihnen zugrundeliegende Theorien sind gewachsene, aufeinander aufbauende, revidierende oder opponierende Vorstellungen, die aus ihrer Genese heraus begreifbar und sinnvoll sind. Vielen Schülerinnen und Schülern ist jedoch nicht bewusst, dass ein Modell nicht dem tatsächlichen Sachverhalt entspricht. Box und Draper (1987) fassen den Einsatz von Modellen folgendermaßen zusammen: „Essentially, all models are wrong, but some are useful."

3.5 Maßnahmen der Didaktischen Reduktion

Es lassen sich Typen von Elementarisierungsmaßnahmen erkennen. Jung (1972) hat für die Physik eine solche Typologie vorgestellt. Sie lässt sich modifiziert auch auf die Chemie übertragen. Die folgenden Darlegungen lehnen sich deshalb an Jung an.

3.5.1 Didaktische Reduktion durch Beschränkung auf die qualitative Ebene

Theorien, Gesetzmäßigkeiten, Begriffe, Größen sind in der Chemie (wie auch in der Physik) quantitativ bestimmt und häufig durch mathematische Formulierungen und auch spezielle Maßeinheiten beschrieben. Diese Definitionen sind nicht nur hoch abstrakt, sondern auch komplex, weil sie mit anderen Größen in wechselseitiger Verbindung stehen. Chemische Vorgänge quantitativ zu erfassen, stellt deshalb nicht nur hohe Anforderungen an die Schülerin oder den Schüler, sondern auch an die didaktische Kompetenz des Lehrenden. Eine entsprechende Elementarisierungsmaßnahme besteht darin, die *quantitative Durchdringung* eines chemischen Sachverhaltes *auf der Basis einer soliden qualitativen Betrachtung* anzustreben. Qualitativ bedeutet, die bei einer chemischen Reaktion umgesetzten Stoffe in den Vordergrund zu stellen, sie anhand ihrer Eigenschaften zu identifizieren und zu benennen.

Beispiel: *Synthese einer chemischen Verbindung* aus ihren Elementen, z. B. Synthese von Kupfersulfid aus Kupfer und Schwefel (vgl. Kap. 2.4). Diese Synthese lässt sich qualitativ beschreiben:

- Kupfer reagiert mit Schwefel zu einem neuen Stoff, der sich eindeutig in seinen Eigenschaften von den Ausgangsstoffen unterscheidet.
- Die umgesetzten Stoffe lassen sich benennen: Kupfer + Schwefel → Kupfersulfid.

  Mit dem Schritt der Benennung des Reaktionsproduktes ist eine erste quantitative Betrachtung gekoppelt:
- a) Die Ausgangsstoffe reagieren in einem bestimmten Massenverhältnis zum Reaktionsprodukt.

  b) Im Reaktionsprodukt weisen der Kupfer- und der Schwefel-Anteil das gleiche konstante Massenverhältnis auf, $m_{Cu} : m_S = 4 : 1$. Diese Substanz wird als chemische Verbindung identifiziert und als Kupfersulfid benannt. Ohne diese quantitative Sichtweise kann der Schritt zur Benennung der synthetisierten chemischen Verbindung nicht vollzogen werden. Es bliebe nur der Zwischenschritt, den Stoff qualitativ zu beschreiben.
- Der Schritt zur Formelgleichung für diese Reaktion ist eine anspruchsvolle Übersetzungsleistung vom Stoff- zum Teilchenkonzept mit der Substanzformel als Atomzahlenverhältnis und vor dem Hintergrund des Gesetzes von der Erhaltung der Masse – somit eindeutig quantitativ:

  $2\,Cu + S \rightarrow Cu_2S$ + Energie

Fazit: Die Erstellung einer Reaktionsgleichung (synonym: Reaktionsschema, Symbolgleichung) ist ohne quantitativen Zugriff nicht zu leisten. Es lässt sich aber eine qualitative Basis für die beteiligten Stoffe finden, an der Interesse, Aktivitäten und quantitativ orientierte Fragen ansetzen und weiterführen.

Aus diesen Gründen ist der Vorgang der Umstellung der Wortgleichung auf die Symbolgleichung behutsam vorzunehmen; er weist Ähnlichkeiten mit dem Erlernen einer Fremdsprache auf (vgl. Kap. 9.1.3). Die Entwicklung hin zur repräsentativen Ebene der Chemie mit ihrer Formel / Symbol-Sprache ist von besonderer Bedeutung, zeichnet sich jedoch durch einen hohen Abstraktionsgrad aus. Die stufenartige Erarbeitung der Symbolgleichung lässt sich dem Kompetenzbereich „Kommunikation" („sach- und adressatengerecht präsentieren und dokumentieren") zuordnen (Abb. 3).

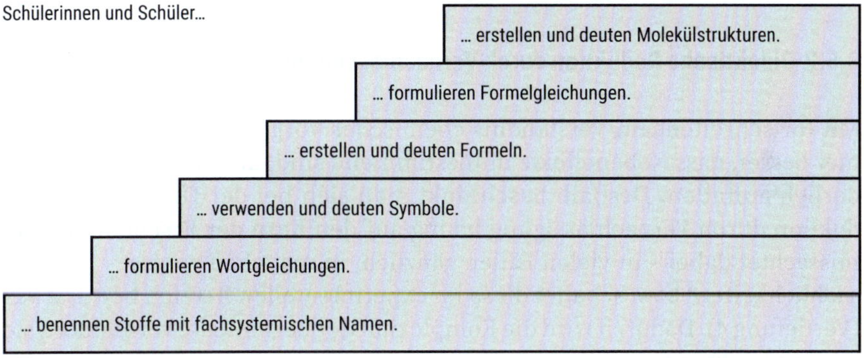

Abb. 3: Stufenartige Erarbeitung der Symbolgleichung (Ministerium für Bildung, Wissenschaft, Weiterbildung und Kultur in Rheinland-Pfalz 2014)

Der Weg zu chemischer Erkenntnis im Laufe der Geschichte zeigt, dass viele Phänomene zunächst qualitativ erkannt und beschrieben worden sind, ehe man die Frage nach den quantitativen Verhältnissen zu stellen, zu lösen oder ihnen überhaupt eine quantitative Seite abzugewinnen in der Lage war (Vertiefung 3).

V

Vertiefung 3: Oxidationstheorie vs. Phlogistontheorie

Die wichtigste wissenschaftliche Leistung von Lavoisier (1743–1794) ist die Entwicklung der auf dem Element Sauerstoff basierenden Oxidationstheorie („oxygène" = Sauerstoff). Er widerlegte die bislang herrschende Phlogistonlehre und konnte Experimentalbefunde (vgl. Scheele und Priestley: Sauerstoffdarstellung; Cavendish: Wasserstoffdarstellung sowie Verbrennungsvorgang und Atmung) widerspruchsfrei deuten (vgl. Diamantenverbrennung zu Kohlenstoffdioxid). Von fachmethodischer Seite sind die Ausschlaggebenden quantitativen Untersuchungen mit der Waage hervorzuheben. Sie führten ihn zum Gesetz von der

Erhaltung der Masse und damit zu folgender Einsicht: „Reine Luft (im heutigen Verständnis: Sauerstoff) wird bei der Verbrennung verbraucht; die Gewichtszunahme des verbrannten Körpers ist gleich der Gewichtsabnahme der Luft" (Meyer 1914). Musterbeispiel ist die Synthese und Analyse von Quecksilberoxid in einem abgeschlossenen Gasraum.
Quantifizierungen werden im Ansatz auf der qualitativen Ebene immer wieder vollzogen: Feststellungen, wie „je mehr (größer, verdünnter, heißer usw.) ... desto (heftiger, langsamer, schneller usw.)" oder auch bloße Vergleiche („verdampft schneller als; ist zäher als; reagiert heftiger als"), ja selbst mathematisch definierte Begriffe wie der pH-Wert werden zunächst qualitativ verstanden. Dieses Niveau wird als Elementarisierung auf der halb-quantitativen Ebene bezeichnet. Es stellt eine Brückenfunktion dar und sollte im Unterricht stets berücksichtigt werden.

3.5.2 Didaktische Reduktion durch Vernachlässigung

Mit fortschreitendem Verständnis chemischer Vorgänge erkannte man immer besser, dass Nebeneffekte mitbestimmend sind, die zunächst nicht sonderlich auffallen. Deshalb beschränkt man sich bei der Didaktischen Reduktion durch Vernachlässigung häufig auf den Kern der Erscheinung und missachtet dabei – in vielen Fällen gänzlich, in manchen vorerst – „Nebensächlichkeiten" bzw. schaltet diese im experimentellen Bereich bewusst aus (Vertiefung 4). Dadurch wird die Komplexität der Lerninhalte vermindert, sie werden leichter zugänglich.

Solche Vernachlässigungen sind als didaktisches Handwerkszeug ganz selbstverständlich. Dabei bleibt jedoch unberücksichtigt, dass viele Reaktionen beispielsweise nicht von selbst oder nur schwer von allein starten. Die Bedeutung der Temperatur, des Lichtes, der Konzentration, der Katalysatoren wird vernachlässigt. Ähnliches geschieht bei der Darstellung von Umsetzungen, deren Zwischenstufen unbeachtet bleiben und bei denen nur das „Ergebnis unterm Strich" Beachtung findet.

V

Vertiefung 4: Beispiele für Didaktische Reduktion durch Vernachlässigungen

Die Funktion der Schwefelsäure bleibt bei der Elektrolyse des Wassers zunächst unbeachtet. Man begründet ihre Zugabe damit, das Wasser „leitend" machen zu müssen. Auch die Tatsache, dass das Verhältnis Wasserstoff zu Sauerstoff = 2 : 1 im frisch gefüllten Hoffmann'schen Apparat nicht stimmt, weil sich das Wasser erst mit dem darin löslichen Sauerstoff sättigen muss, wird kaschiert, indem ein Vorlauf durchgeführt wird, der diesen Nebeneffekt bewusst ausschaltet. Chemisch-technische Abläufe mit ihren oft hochkomplizierten Funktionsbedingungen sind ohne Vernachlässigung kaum verstehbar. Der Hochofenprozess ist dafür ein gutes Beispiel. Die Führung des Windes, Art und Funktion der Zuschlagsstoffe, die Bildung der Schlacke usw. werden im Unterricht vernachlässigt. Dies hat vor allem unter dem Gesichtspunkt zu geschehen, wie bedeutend das einzelne Detail im Gesamtkontext der zu vermittelnden Inhalte ist. Ein Fachbegriff, etwa die „Gicht", der bei der Behandlung eines technischen Prozesses ein einziges Mal im Verlauf des gesamten Chemieunterrichts auftritt, wird wohl kaum so viel Bedeutung haben, dass er nicht verzichtbar wäre.

3.5.3 Didaktische Reduktion durch Rückgriff auf historische Erkenntnisstufen

Die Chemie ist eine Wissenschaft, die sich wandelt. Seit dem Übergang von der Alchemie zur Chemie hat es viele Theorien und Modelle gegeben. Einige waren schlicht falsch (Phlogiston-Theorie), einige wurden weiterentwickelt (Daltonsches Atommodell) und andere sind bis heute gültig (Benzolformel mit wechselnden Elektronen nach Kekulé). Die Geschichte der Chemie zeigt, dass es immer wieder Probleme in der Verständnisentwicklung gegeben hat, die in manchen Fällen eine auffällige Parallele zu den Verstehenskonflikten unserer Schülerinnen und Schüler aufweisen (z. B. bei der Oxidationstheorie – vgl. Kap. 2.4). Rückgriffe auf historische Ebenen können hilfreich sein. Sie bieten sowohl Klarheit über die Art der Verständnisschwierigkeiten (vgl. Kap. 8) als auch eine Handhabe zur didaktischen Reduktion.

Es gibt Modellvorstellungen, wie das Bohrsche Atommodell, deren Erklärungskraft für zentrale Inhalte des Chemieunterrichts ausreicht, und erste Theorien (bestimmte Säure-Base-Theorien), die sich auch aufgrund der Parallelen zu Schülervorstellungen als hilfreich erweisen. Die Verwendung historischer Stoffbezeichnung (z. B. Pottasche, Natron, Hirschhornsalz) ist der systematischen Nomenklatur sicher unterlegen, andererseits schaffen solche Trivialnamen Zugänge, zumal sie gebräuchlich sind (z. B. Bittersalz als Koniferendünger, Glaubersalz als Abführmittel, Viehsalz, Streusalz). Nichtsdestotrotz sollte stets die Beziehung zur systematischen Nomenklatur hergestellt werden können (z. B. Essigsäure – Ethansäure; Aceton – Propanon). Demgegenüber sind veraltete Maßeinheiten (Pond statt Newton oder Pfund statt Gramm bzw. Kilogramm) oder nicht mehr gebräuchliche Begriffe (Molekulargewicht statt molare Masse; spezifisches Gewicht statt Dichte; Wertigkeit) zu vermeiden – in diesen Fällen wäre ein Rückgriff auf historische Betrachtungsweisen störend.

3.5.4 Didaktische Reduktion durch Generalisierung

Generalisierung – allgemeingültige Aussagen über das Verhalten von Stoffen oder das Wirken von Kräften – sind das Ergebnis einer Folge von Erkenntnissen, die sich unter bestimmten Gesichtspunkten formulieren lassen. Sie sind einerseits notwendig, um die Vielzahl von gleichen oder doch sehr ähnlichen Phänomenen zu ordnen, andererseits verwischen sie die Schärfe der Erscheinungen und verzichten damit auf Präzision im Detail bzw. auf fachliche Richtigkeit (Vertiefung 5).

V

Vertiefung 5: Beispiele für Didaktische Reduktion durch Generalisierung

Die Löslichkeit von festen Stoffen nimmt üblicherweise mit steigender Temperatur zu. Dies ist die Grundlage des Umkristallisierens als wichtigem Reinigungsschritt. Calciumcitrat löst sich jedoch beispielsweise in Wasser mit niedriger Temperatur besser als in höher temperiertem.

Je höher der Grad der Verallgemeinerung vorangetrieben wird, umso größer ist die hinzunehmende Ungenauigkeit. Diese Einsicht ist der Schülerin oder dem Schüler nicht immer einfach zu verdeutlichen, weil es dazu ja einer großen Anzahl von im Einzelnen erkannten Fakten bedarf. Wenn nur mithilfe von Generalisierung elementarisiert wird, dann vollzieht man damit eigentlich Unzulässiges: Auf der Basis weniger – in aller Regel viel zu weniger – Erkenntnisse oder Erfahrungen werden in der Schule allgemeingültige Aussage gemacht, die nur bedingt richtig sind.

Die Chemie ist, wie eigentlich jede Wissenschaft, dazu gezwungen, die Unzahl der stofflichen Varianten, die Fülle der Erscheinungen generalisierend zu beschreiben. Das Periodensystem der Elemente, die einzelnen, zu Gruppen zusammenfassbaren Stoffe sind deutliche Beispiele für die Notwendigkeit, aber auch Brauchbarkeit von Verallgemeinerungen mit dem Vorbehalt der Pauschalisierung. Aber gerade diese Einsicht ist der Schülerin oder dem Schüler erst allmählich zu vermitteln und hier stellt sich die Frage, ob Elementararisierung durch Generalisierung dann toleriert werden kann.

3.5.5 Didaktische Reduktion durch Partikularisierung

Partikularisierung meint didaktische Reduktion durch Betrachtung zunächst eines Teilaspekts unter Zurückstellung anderer, nicht weniger wichtiger und meist erweiternder Verständnisebenen. Von dieser Möglichkeit wird insbesondere bei der Einführung von Begriffen bzw. bei der Formulierung von Gesetzmäßigkeiten Gebrauch gemacht (Vertiefung 6). Dabei gilt die Voraussetzung, dass der Gesamtaspekt dadurch nicht verschoben oder gar verfälscht wird und sich andere Teilaspekte zwanglos anschließen bzw. man in solche hineinentwickeln kann.

V

Vertiefung 6: Beispiel für Didaktische Reduktion durch Partikularisierung

Der Kalkkreislauf lässt sich wesentlich vereinfachen, wenn nicht alle Teilschritte auf einmal behandelt werden. Didaktisch sinnvoll ist es, wenn die Teilreaktionen – das Brennen von Kalk, das Löschen sowie das Abbinden mit Kohlenstoffdioxid – zunächst getrennt besprochen und dann erst in einen Zusammenhang gebracht werden.

3.5.6 Didaktische Reduktion durch Vernachlässigung begrifflicher Differenzierungen

Unter Vernachlässigung begrifflicher Differenzierungen wird das Akzeptieren von Begriffen verstanden, die in letzter Instanz nicht genügend ausdifferenziert sind (z. B. Fett als Oberbegriff statt Fette und Öle; Teilchen statt Atom, Molekül, Radikal). Die Lehrperson plant diese Vernachlässigung bewusst ein – sie muss aber auch wissen, ab wann im Unterrichtsgang eine Differenzierung des Begriffs notwendig ist und beibehalten werden muss. Ab dem Zeitpunkt sind undifferenzierte Begriffe nicht mehr tolerierbar.

Gerade in der Alltagssprache (vgl. Kap. 9.1) wird oft eine begriffliche Differenzierung vernachlässigt, wie das Beispiel „Filtern“ zeigt: Der Kaffee wird gefiltert, die Autoabgase werden gefiltert und die Dunstabzugshaube filtert den Kochdunst. Die sprachliche Gemeinsamkeit muss bei genauerer chemischer Betrachtung aufgegeben werden, denn: Die Kaffeezubereitung mit einer Kaffeemaschine nutzt die Extraktion und Filtration, die Autoabgase unterliegen im Autokatalysator einer chemischen Reaktion, und die „luftreinigende“ Wirkung der Dunstabzugshaube nutzt die Absorption an Aktivkohle.

3.6 Erläuterung an zwei Beispielen

3.6.1 Beispiel Zustandsformen

Die *physikalischen Zustandsformen* fest – flüssig – gasförmig spielen bei der Betrachtung stofflicher Eigenarten eine wichtige Rolle. Es wird auch in der Chemie üblicherweise formuliert, dass Stoffe in festem, flüssigem und gasförmigem Zustand vorkommen können. Dabei bleibt häufig unberücksichtigt, dass viele Stoffe lediglich im festen Zustand existieren. So lassen sich beispielsweise weder Cellulose noch Polyvinylchlorid unzersetzt in den dampfförmigen Zustand überführen. Durch einschränkende Formulierung (z. B. „viele Stoffe können, zeigen, verhalten sich ...") unter einschränkenden Bedingungen (z. B. Druck!) können fachlich vertretbare Aussagen getroffen werden, die im Sinne der noch zu betrachtenden fachlichen Ausbaufähigkeit geeignet sind.

Ein weiteres Beispiel stellt die Behandlung von *Phasendiagrammen* im Unterricht dar. Hier werden üblicherweise die Aggregatzustände gasförmig, flüssig und fest in Abhängigkeit der äußeren Parameter Druck und Temperatur diskutiert. Besonderheiten, wie beispielsweise überkritische Zustände, werden zunächst vernachlässigt. Eine Erweiterung der Phasendiagramme bietet sich im Sinne der fachlichen Ausbaufähigkeit zum Beispiel beim Kontext „Entkoffeinierung von Kaffee" an. Betrachtet man das (erweiterte) Phasendiagramm für Kohlenstoffdioxid (Abb. 4), so zeigt sich, dass die Verdampfungslinie, die Gas- und Flüssigphase trennt, einen definierten Endpunkt aufweist (kritischer Punkt). Er ist durch die kritische Temperatur T_c und den kritischen Druck p_c charakterisiert. An dem Punkt „verschmelzen" die beiden Phasen zu einem homogenen „überkritischen Fluid" (Leitner 2003):

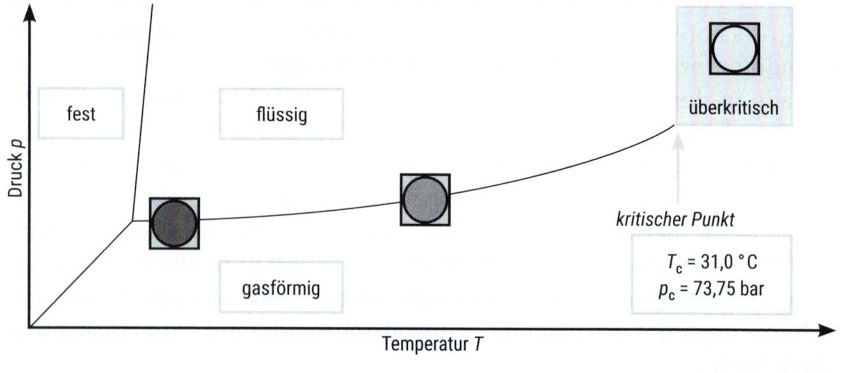

Abb. 4: Schematisches Phasendiagramm von Kohlenstoffdioxid mit kritischem Punkt (Leitner 2003, S. 33)

Die Eigenschaften von Kohlenstoffdioxid im überkritischen Aggregatzustand liegen zwischen denen von Gas und Flüssigkeit. Es ist genauso dicht wie eine Flüssigkeit, hat aber dieselbe Viskosität wie ein Gas. Überkritisches Kohlenstoffdioxid ist aufgrund seiner Fließfähigkeit eine sehr agile Substanz und kann dadurch in andere Stoffe eindringen. Aufgrund seines guten Lösungsvermögens wird es in der Industrie unter anderem als Extraktions- oder Destraktionsmittel genutzt. Das wirtschaftlich bedeutendste Verfahren ist die

Entkoffeinierung von Kaffee, bei dem den grünen Bohnen mittels überkritischen Kohlenstoffdioxids das Koffein entzogen wird (Leitner 2003).

3.6.2 Beispiel Fehlingsche Probe

Die Fehlingsche Probe wird als „einfacher Reagenzglasversuch" in der Literatur beschrieben. Als einfach kann allenfalls der technische Aufwand bezeichnet werden. Sobald jedoch die chemische Zusammensetzung des darin auszumachenden Reaktionsansatzes samt der Wechselwirkungen betrachtet wird, erkennt man, dass die Komplexität des hier ablaufenden Geschehens eine Herausforderung zur didaktischen Reduktion vor dem Hintergrund der jeweiligen Unterrichtssituation darstellt. Ein wichtiger Schritt zum Bewusstmachen der Komplexität des Reaktionssatzes ist das Bereitstellen der Reagenzlösungen nach Vorschrift. Es lassen sich vier Faktoren identifizieren, die für die Fehlingsche Probe von zentraler Bedeutung sind:

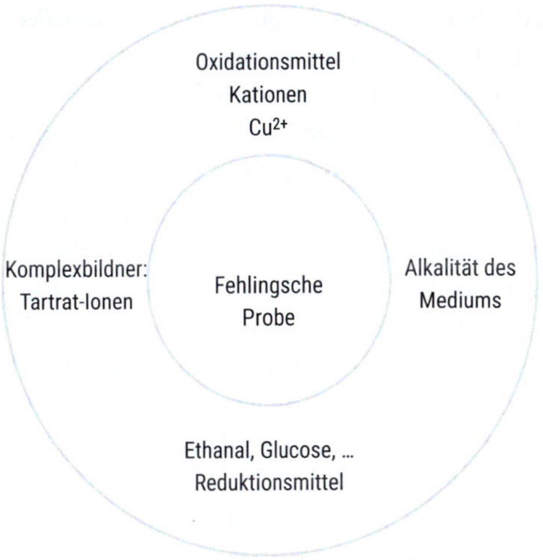

Abb. 5: Kompartimente in den Reaktionsansätzen zur Fehlingschen Probe – Faktoren der didaktischen Reduktion

Als ein Ansatz für mögliche Elementarisierungsmaßnahmen erweist sich das Thematisieren dieser vier Faktoren (Abb. 5): Zum einen das Oxidations- und das Reduktionsgeschehen, zum anderen sind es die Komplexbildungsprozesse und das alkalische Medium. Für die Oxidation sind Metall-Ionen verantwortlich, für die Reduktion stehen organische Verbindungen wie Ethanal und Glucose zur Verfügung. Begleitet werden die Redox-Reaktionen von Komplexbildungs- und Säure-Base-Reaktionen. Diese sind einerseits von (grundsätzlicher) Bedeutung für das fachgerechte Durchführen der Nachweisreaktion, andererseits bieten sie Ansätze zur Elementarisierung.

Darstellung der Elementarisierungsmaßnahmen

Als **Oxidationsmittel** der Fehlingschen Probe fungieren Kupfer(II)-Ionen. Dieser Formulierung bloßer Metall-Ionen liegt eine didaktische Reduktion zugrunde, da eigentlich Komplexe der Kupfer(II)-Ionen mit den Tartrat-Ionen vorliegen. Diese bleiben jedoch unberücksichtigt (Vernachlässigung). Dadurch lässt sich die Elektronenaufnahme am Kupfer(II)-Ion verständlich formulieren:

$Cu^{2+} + e^{-} \rightarrow Cu^{+}$

Weiterhin bleiben unberücksichtigt:

- die übrigen in der Reagenz-Lösung enthaltenen Kationen, wie z. B. Na^{+}, K^{+}, NH_4^{+}
- die Bezeichnung „Seignette Salz“ und die Formel für Natrium-Kalium-tartrat.

Mit dem Befund, dass bei positiv verlaufender Fehlingscher Probe Kupfer(II)-sulfat zu Kupfer(I)-oxid reduziert wird, stellt sich die Frage nach dem **Reduktionsmittel**. Je nach thematischem Kontext des Chemieunterrichts sind Alkanale (exemplarisch: Ethanal) und reduzierende Zucker (exemplarisch: Glucose) vorrangig zu nennen. Aber welches Reaktionsprodukt entsteht? Aus fachwissenschaftlich-struktureller Sicht bezieht man sich auf die Oxidation von Aldehyden zur entsprechenden Carbonsäure. Formal wird die funktionelle Gruppe der Aldehyde oxidiert. Dieses Reaktionsschema darf aber nicht unkritisch auf die positiv verlaufende Fehlingsche Probe mit Glucose – strukturell eine Aldose – übertragen werden. Nach Fleischer (2017) verstößt diese Generalisierung gegen die Forderung nach fachlicher Korrektheit im Chemieunterricht (vgl. Kap. 3.4.1). Analytische Untersuchungen zeigen, dass keine nennenswerten Anteile von Gluconsäure bzw. Gluconaten nachzuweisen sind. Hingegen wird als primäres Oxidationsprodukt der Glucose die Verbindung D-Glucoson (2-Ketoglucose) postuliert, welche unter den gegebenen Bedingungen Spaltungsreaktionen unterliegt. U. a. können Ameisensäure, Glykol- und Oxalsäure bzw. ihre Anionen nachgewiesen werden. Bei Glucose als Reduktionsmittel bleibt weiter außer Betracht, dass Glucose nicht nur Aldehyd, sondern auch eine Polyhydroxy-Verbindung ist und somit auch unter diesem Aspekt komplexbildend und reduzierend wirkt. Mit dem Strukturelement <-R> bei Glucose anstatt der Pentaol-Struktureinheit wird somit ein weiterer Elementarisierungsschritt (der Vernachlässigung) vorgenommen. Zugleich handelt es sich um eine Partikularisierung, da nur auf die reduzierenden Eigenschaften von Aldehyden Bezug genommen wird; der Rest der Molekülstruktur bleibt unberücksichtigt. Polyole (wie Glycerin, Sorbit) wirken ebenfalls reduzierend. Zudem werden häufig Deprotonierungsreaktionen in der alkalischen Lösung vernachlässigt.

Diskussion der Elementarisierungsmaßnahmen

Mit den Elementarisierungsmaßnahmen erlangt die verbleibende Aussage eine hervorgehobene Funktion für den Lernenden bzw. im Lernprozess. Aus Sicht der Lehrenden muss überblickt bzw. eingeschätzt werden können, in welchem Umfang bzw. auf welcher Ebene sich der Erklärungsansatz bewegt. Ein realistisch eingeschätzter Erklärungsansatz korrespondiert jahrgangsstufenkonform mit dem Grundwissen bzw. Konzepten der Allgemeinen Chemie (Bindungslehre, Basiskonzepte, Grundwissen aus Organischer Chemie). Der Schwerpunkt liegt auf dem Redox-Konzept mit Elektronenaufnahme und -abgabe sowie Struktur-Eigenschafts-Beziehungen bei Oxoverbindungen.

Es hängt nun ganz entscheidend davon ab, welcher Kompetenzbereich und welches Kompetenzniveau angestrebt werden. Die Spannweite dieser didaktischen Entscheidungen reicht vom faszinierenden Phänomen über einen exemplarischen Einblick in fachsystematische Zusammenhänge bis hin zu Expertenwissen in der Sekundarstufe II an der Schnittstelle zum Fachstudium. Dementsprechend muss die Lehrkraft in der Lage sein, das komplexe Reaktionsgeschehen dem Adressatenniveau entsprechend didaktisch zu reduzieren. Anregungen hierzu möge die abgebildete Schrittfolge an Teilreaktionen zur Fehlingschen Probe liefern.

1. Vereinfachte Formulierung der Reduktion von Metallionen in wässriger Lösung

a) $2\,Cu^{2+} + 2\,e^- \rightarrow 2\,Cu^+$

b) $2\,Cu^+ + 2\,OH^- \rightarrow Cu_2O + H_2O$

2. Oxidation von Ethanal (Acetaldehyd) zu Essigsäure

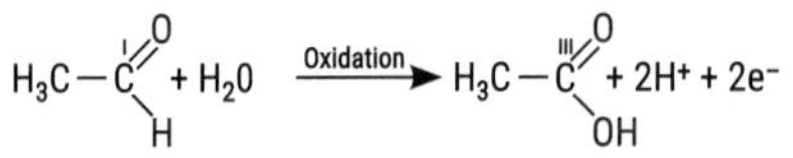

3. Reaktionsschemata in der Zusammenfassung

Ergänzend lässt sich noch berücksichtigen:

- In den stark alkalischen Reagenzlösungen existieren keine Säuremoleküle, stattdessen findet sofort die entsprechende Neutralisation statt.
- Ist das Konzept der Oxidationszahlen eingeführt, können die Oxidations- und Reduktionsvorgänge eindeutig als Elektronenübertragung interpretiert werden.

- Mit Blick auf die gymnasiale Oberstufe lässt sich eine Sequenz von Reaktionsschritten formulieren – vorausgesetzt, die Lernenden verfügen über ein elaboriertes Redox-Konzept, organisch-chemisches Grundwissen über Reaktionstypen sowie zur Komplex-Chemie. Gerade beim Fehlen der Komplexbildung im Lehrplan ist die Forderung nach Elementarisierung geboten. Orientierung zur fachwissenschaftlichen Auseinandersetzung mit Kupfer(II)-Komplexen in der Fehlingschen Lösung leisten Hörner und Klüfers (2016).

Die fachlich stimmige Behandlung der Oxidation von Glucose in der Fehlingschen Lösung ist mit einem Konzeptwechsel verbunden. Nicht an der Carbonyl-Funktion des Glucose-Moleküls setzt die Oxidation an, vielmehr ist das entscheidende Strukturelement die Endiol-Struktur, die durch das Keto-Enol-Gleichgewicht gegeben ist. Mit dieser skizzierten Problematik bietet sich zugleich eine Chance zur Teilhabe an der Erkenntnisgewinnung im Chemieunterricht: Experimentalbefund und theoretische Interpretation werden als Einheit erfahren. Die Reaktionsfolge beginnt mit Ligandenaustausch-Reaktionen bei der Bereitung der Reagenz-Lösungen und endet im Anschluss an die Redox-Reaktion mit Säure-Base-Reaktionen an der Carboxyl-Gruppe der gebildeten Säure. Die Lernwirksamkeit der dargestellten Elementarisierungsmaßnahmen kann am Beispiel der „Silberspiegel-Probe" (Tollens-Reaktion) an Traubenzucker überprüft werden. Zugleich vermag das durch Elementarisierung bzw. didaktische Reduktion zugänglich gemachte Reaktionsgeschehen den technischen Vorgang der Glasverspiegelung zu erschließen (Transferleistung).

Literatur

Bauer, H. & Bader, H.J. (2002). Elementarisierung. In P. Pfeifer, B. Lutz & H. J. Bader (Hrsg.). *Konkrete Fachdidaktik Chemie,* (S. 181–196). (3. Aufl.). München: Oldenbourg.

Bleichroth, W. (1991). Elementarisierung, das Kernstück der Unterrichtsvorbereitung. In *Naturwissenschaften im Unterricht Physik,* **2** (6), S. 4–11.

Box, G. E. & Draper, N. R. (1987). Empirical model-building and response surfaces (Vol. 424). New York: Wiley.

Fleischer, H. (2017). Fehlinterpretation der Fehling-Probe auf reduzierende Zucker – Von der Beobachtung im Chemieunterricht zur Evidenz gegen die Oxidation der Aldehydgruppen. In *CHEMKON,* **24** (1), S. 27–30.

Grüner, G. (1967). Die didaktische Reduktion als Kernstück der Didaktik. In *Die Deutsche Schule,* (7/8), S. 414–430.

Hering, D. (1959). Zur Fasslichkeit naturwissenschaftlicher und technischer Aussagen. In *Beiträge zur Theorie und Praxis der Berufsausbildung,* (2).

Hörner, Th. G. & Klüfers, P. (2016). The Species of Fehling's Solution. In *European Journal of Inorganic Chemistry,* S. 1798–1807.

Jung, W. (1972). Fachliche Zulässigkeit aus didaktischer Sicht. *Arbeitspapier zum IPN-Seminar 2,* Kiel: IPN.

Just, M. (1999). *Organische Chemie,* Bd. 2 der Reihe Chemische Schülerexperimente (S. 47). Berlin: Volk und Wissen.
Kattmann, U., Gropengießer, H & Michael, K. (1997). Das Modell der didaktischen Rekonstruktion – Ein Rahmen für naturwissenschaftliche Forschung und Entwicklung. In *Zeitschrift für Didaktik der Naturwissenschaften,* (3), S. 3–18.
Kircher, E., Girwidz, R. & Häußler, P. (2010). Elementarisierung und Didaktische Rekonstruktion. In E. Kircher, R. Girwidz & P. Häußler (Hrsg.), *Physikdidaktik – Theorie und Praxis,* (S. 115–148). Berlin: Springer.
Kirschner, O. (1971). Zum Problem der didaktischen Reduktion ingenieur- und naturwissenschaftlicher Aussagen. In *Die deutsche Berufs- und Fachschule,* S. 260–278.
Klafki, W. (1959). *Das pädagogische Problem des Elementaren und die Theorie der kategorialen Bildung.* Weinheim: Beltz.
Leitner, W. (2003). Die „bessere Lösung"? Chemische Synthese in überkritischem Kohlendioxid. In *Chemie in unserer Zeit,* **37**, S. 32–38.
Merzyn, G. (2008): *Naturwissenschaften, Mathematik, Technik – immer unbeliebter. Die Konkurrenz von Schulfächern um das Interesse der Jugend im Spiegel vielfältiger Untersuchungen.* Hohengehren: Schneider.
Meyer, E. V. (1914). *Geschichte der Chemie.* Leipzig: Veit.
Ministerium für Bildung, Wissenschaft Weiterbildung und Kultur in Rheinland-Pfalz (2014). In *Lehrpläne für die naturwissenschaftlichen Fächer für die weiterführenden Schulen in Rheinland-Pfalz.* S. 184.
Parchmann, I. & Sieve, B. (Hrsg.) (2013). Mathematisieren (Themenheft). In *Unterricht Chemie,* **24** (134), 50 Seiten.
Püttschneider, M., & Lück, G. (2004). Die Rolle des Animismus bei der Vermittlung chemischer Sachverhalte. In *CHEMKON,* **11** (4), S. 167–174.
Reiners, C. S. (2002). Auf dem (Irr-)Weg zu naturwissenschaftlichen Arbeits- und Denkweisen. In CHEMKON, **9** (3), S. 136–140.
Risch, B. & Engl, L. (2015). Landauer Experimentier(s)pass – Ein Schülerlabor öffnet seine Türen. In D. Karpa, G. Lübbecke & B. Adam (Hrsg.), *Außerschulische Lernorte. Theorie und Praxis der Schulpädagogik,* (S. 80–91). (Bd. 31). Köln: Prolog.
Rösler, H.F. & Schmidkunz, H. (1996). Die didaktische Reduktion – eine Bestandsaufnahme. In *Naturwissenschaften im Unterricht Chemie,* **7** (34), S. 4–8.
Salzmann, C. (1970). Die Vereinfachung als didaktisch-methodisches Problem. In *Pädagogische Rundschau,* **24** (2), S. 106–118.
Salzmann, C. (1982). Elementarisierung und Vereinfachung als Kernproblem des Lehr-/Lernprozesses. In *Pädagogische Rundschau,* **36** (5), S. 535–557.
Sommer, K., Russek, A. & Kleinhorst, H. (2010). KEMIE – Kinder erleben mit ihren Eltern Chemie – Didaktische Konzeption und Umsetzung eines langfristig angelegten Eltern-Kind-Projektes. In *CHEMKON,* **17** (4), S. 1–8.
Vollmer, G. (1989). Darf man falsches lehren? Eine wissenschaftstheoretische Überlegung. In *Die Naturwissenschaften,* **76**, S. 185–193.
Wagenschein, M. (1956). Zum Begriff des exemplarischen Lernens. In *Zeitschrift für Pädagogik,* (3).
Weltner, K. (1983). Elementarisierung physikalischer und technischer Sachverhalte als eine Aufgabe der Didaktik des Physikunterrichts. In *Naturwissenschaften im Unterricht – Physik/Chemie,* **31** (9), S. 303–310.

4 Experiment und Erkenntnis

Inhaltliche Schwerpunkte
- Im Erkenntnisprozess der empirischen Wissenschaft Chemie kommen Hypothese und Experiment eine zentrale Bedeutung zu. Daraus entwickelt sich ein wesentlicher Zugang zur Wissenschaftsorientierung im Chemieunterricht.
- Das Experiment ist ein planmäßig ausgelöster und durchgeführter Vorgang zum Zwecke der Beobachtung. Die Beobachtungen liefern das Material für fachspezifisches Denken.
- Der Erkenntnisgewinn ist das Ergebnis von Denken und Handeln.

4.1 Chemie: durch das Experiment eine empirische Wissenschaft

Die Naturwissenschaften haben sich aus der antiken Naturphilosophie entwickelt, indem die Frage nach dem Wie Vorrang gewann vor dem mehr spekulativen Warum (v. Meyer 1914). Die Chemie, wie wir sie heute verstehen, entwickelte sich ab dem 16. Jahrhundert zu einer Naturwissenschaft. Diese Entwicklung wurde deutlich beeinflusst durch die Lehre von Paracelsus (1493–1541), die sich auf dem Zusammenführen chemischen und medizinischen Wissens gründete: Iatrochemie. Es ist aber nicht außer Acht zu lassen, dass bereits in den Jahrhunderten vorher, im Zeitalter der Alchimisten, wichtige Erkenntnisse gewonnen wurden – seien es Labortechniken oder praktische Verfahren, z. B. zur Metallgewinnung. Darauf bezieht sich die frühe Bezeichnung „Chemie als Scheidekunst“.

A

Anregung
Für eine vertiefende Auseinandersetzung mit der Geschichte der Chemie bieten sich Ernst von Meyer (1914) sowie Otto Krätz (1990) an.

Aus der Sicht der Wissenschaftstheorie, welche die Rekonstruktion des wissenschaftlichen Vorgehens leistet, gilt die Chemie wie alle anderen Naturwissenschaften als **empirische Wissenschaft** (griechisch: empeiros = erfahren, kundig), gleichbedeutend mit Erfahrungswissenschaft (Vollmer 1990). Besonders intensiv setzen sich Janich (1994) und Schummer (1994) mit der methodischen Rekonstruktion der Chemie als Erfahrungswissenschaft auseinander, so u. a. mit der Analyse und Rekonstruktion chemischer Begriffsbildung, Typen von Theorien und Modellen in der Chemie sowie den Labormethoden. Diese wissenschaftstheoretische Aufarbeitung der Wissensbestände der Chemie schafft wichtige Grundlagen für eine Wissenschaftsorientierung im Chemieunterricht. Schummer (1995) sieht folglich Wissenschaftstheorie und Fachdidaktik als natürliche Partner.

Als Wegbereiter der experimentellen Forschung gilt Roger Bacon (1214–1294) (v. Meyer 1914). Im Mittelpunkt steht die Beziehung von Experiment und Beobachtung (Janich 1994). Der Begriff „Experiment", wie wir ihn heute verstehen, wurde von bedeutenden Naturforschern der beginnenden Neuzeit, wie z. B. Galileo Galilei (1564–1642), entwickelt (Schummer 1994). Ein **Experiment** ist ein planmäßig ausgelöster und durchgeführter Vorgang zum Zweck der Beobachtung. Dabei müssen die drei Gütekriterien für wissenschaftliches Arbeiten (Objektivität, Reliabilität und Validität) berücksichtigt werden. Das spiegelt sich u. a. in der Erfassung und Kontrolle der Parameter, die den Ablauf des Vorgangs beeinflussen, ebenso wie in der Reproduzierbarkeit (Replikation, Replizierbarkeit) aller Effekte und der Genauigkeit der gewonnenen Ergebnisse wider.

Die Wurzeln für die Entwicklung der Chemie hin zu einer empirischen Wissenschaft liegen in der Synthese von handwerklichem Können und dem Bemühen um theoretische Interpretation der Experimentalbefunde unter Verzicht auf bloße Spekulation (Kuhn 1990). Das Experiment ist sozusagen das „Werkzeug" im Erkenntnisprozess.

4.2 Wege der naturwissenschaftlichen Erkenntnisgewinnung

Ausgelöst durch Frage- oder Problemstellungen, ist es Ziel eines jeden Erkenntnisprozesses, neue Erkenntnisse über einen Sachverhalt zu gewinnen. Die Qualität der neuen Erkenntnisse reicht von Fakten und Zusammenhängen bis zu Sätzen oder Gesetzen.

Für die Naturwissenschaft Chemie kann ein Idealtyp der Erkenntnisgewinnung skizziert werden, der auch für die anderen Naturwissenschaften gilt (Abb. 1). Dabei sind Hypothese und Experiment notwendige Bestandteile und werden durch die Abfolge von induktiven und deduktiven Denkweisen (Verfahren der Logik) sowie Intuition und Kreativität (Bliersbach & Reiners 2017) getragen.

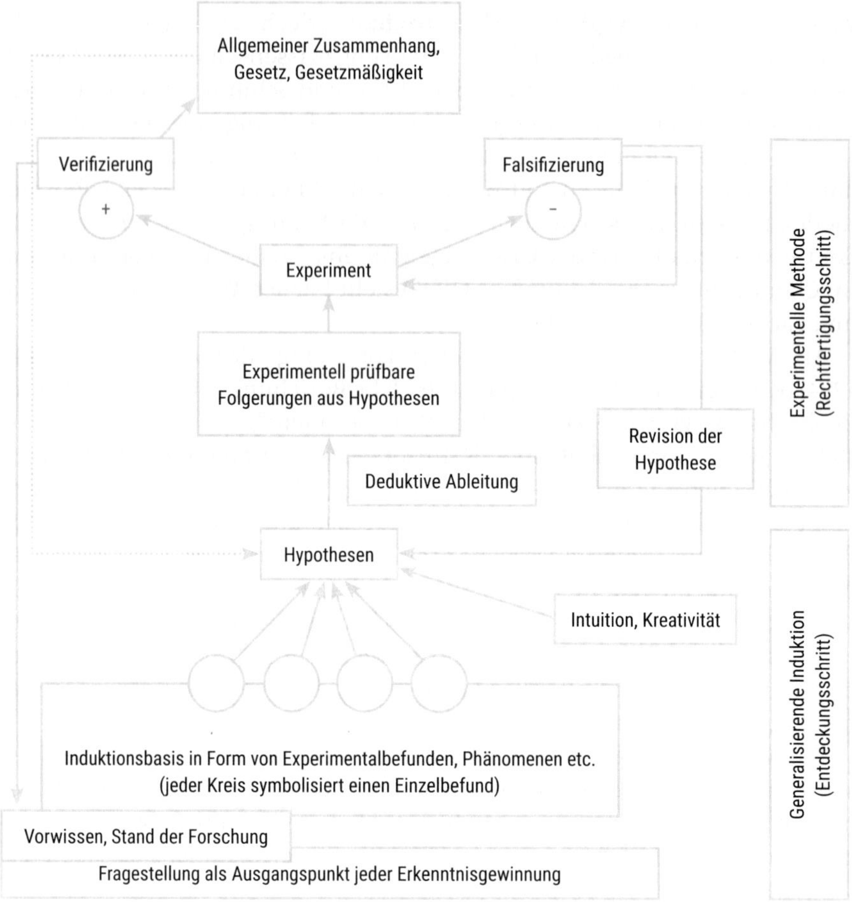

Abb. 1: Wege der naturwissenschaftlichen Erkenntnisgewinnung (verändert nach Häusler 1976)

Hypothesen sind durch wissenschaftliche Begründungen gestützt und damit von (reinen) Vermutungen abzugrenzen. Mahner & Bunge (2000) charakterisieren Hypothesen als „überlegte, explizit formulierte und prüfbare Vermutungen" (S. 76). Parthey & Wahl (1966) weisen darauf hin, dass Hypothesen „für die Erklärung von Zusammenhängen und Ereignissen des betreffenden Bereiches herangezogen werden, obwohl sie noch einen niedrigen Grad der Bestätigung besitzen" (S. 107 f.).

In der Literatur finden sich bezüglich der Prüfbarkeit von Hypothesen zwei Denkansätze: Während beispielsweise Mahner & Bunge (2000) Hypothesen direkt den Charakter von prüfbaren Vermutungen zuschreiben, differenzieren andere Autoren (u. a. Barthel 1972, Klaus & Buhr 1975, Parthey & Wahl 1966) zwischen Hypothesen und hypothetischen Aussagen: „Jede Aussage, die nicht direkt durch Effekte von Experimenten überprüfbar, deren Wahrheitswert unbekannt ist und aus der sich experimentell überprüfbare Aussagen ableiten lassen, wird Hypothese genannt. [...] Jede Einzelaussage, die durch Effekte von Experimenten überprüfbar ist und deren Wahrheitswert nicht bekannt ist, wird **hypothetische Aussage** genannt" (Barthel 1972, S. 46). Diese hypothetischen Aussagen (Synonym: experimentell überprüfbare Aussagen) werden deduktiv aus den Hypothesen abgeleitet, oder anders formuliert: Die Hypothesen werden in den hypothetischen Aussagen so konkretisiert, dass sie am Einzelfall ausgerichtet sind und experimentell überprüft werden können.

Hypothesen können verschiedene Wurzeln haben. Aus einer Induktionsbasis (z. B. beobachtete Phänomene, singuläre Experimentalbefunde) wird ein Zusammenhang gewonnen, der hypothetischen Charakter hat. Dieser Prozess wird **generalisierende Induktion** genannt (Vertiefung 1). Die Formulierung von Hypothesen kann aber auch durch einen intuitiven, kreativen Gedanken eingeleitet werden. Es lassen auch allgemeine Zusammenhänge, Gesetze, Theorie etc. die Formulierung von Hypothesen zu – vor allem mit dem Ziel einer erneuten bzw. vertiefenden Prüfung des bereits identifizierten Zusammenhangs am Einzelfall.

V

Vertiefung 1: Generalisierende Induktion und induktive Methode

Die induktive Methode geht zurück auf William Gilbert (1540–1603) und Francis Bacon (1561–1626) (Ströker 1967; Mason 1961). Es handelt sich um eine vergleichende, ordnungsschaffende Methode, deren Ziel es zunächst ist, Einzelbeobachtungen zu verallgemeinern: generalisierende Induktion.

Mit der Gültigkeit eines auf induktivem Weg gewonnenen Allsatzes setzte sich Popper seit den Dreißigerjahren des 20. Jahrhunderts auseinander. Er konnte zeigen, dass jedes auf induktivem Weg (generalisierende Induktion) erhaltene Gesetz sich jederzeit als nur beschränkt gültig erweisen kann (Kritischer Rationalismus) (Popper 1966). Die Bedeutung der generalisierenden Induktion kann demnach in der Vorbereitung kausaler Erklärungen gesehen werden. Sie führt – wie oben erwähnt – zu vorläufigen Aussagen hypothetischen Charakters.

Der Prozess der naturwissenschaftlichen Erkenntnisgewinnung ist also eng verzahnt mit den beiden Denkweisen **induktiv** und **deduktiv** aus der Logik. Diese Begriffe bezeichnen verschiedene Richtungen des Schließens: Unter **Induktion** versteht man das Schließen vom Einzelnen (z. B. Beobachtungen, Messungen ...) auf das Ganze (allgemeine Sätze, Gesetze etc.) und unter **Deduktion** die Umkehrung dieses Schlussverfahrens. Das induktive Schlussverfahren wird z. B. bei der generalisierenden Induktion zur Bildung von Hypothesen praktiziert.

Das deduktive Schlussverfahren findet sich z. B. bei der Ableitung von experimentell überprüfbaren Aussagen aus Hypothesen (= Formulierung hypothetischer Aussagen) wieder. Im Erkenntnisprozess schließt sich daran die Planung und Durchführung des Experiments (vgl. Kap. 4.3) einschließlich der Beobachtung (vgl. Kap. 4.4) an. Dabei sind alle Gütekriterien für experimentelles Arbeiten zu berücksichtigen, sodass objektiv gewonnene, reliable und valide Daten vorliegen, bevor die Deutung der Daten in Bezug auf die Hypothese erfolgt. Im Schritt der Deutung muss der Wahrheitswert der Beobachtungsdaten ggf. mit statistischen Prüfverfahren abgesichert werden, und erst dann wird ein Vergleich mit den hypothetischen Aussagen, die aus der zu überprüfenden Hypothese entstammen, vorgenommen (Parthey & Wahl 1966). Im Falle einer Verifizierung kann die Hypothese in ein Aussagesystem gleichen Wortlauts (z. B. einen allgemeinen Zusammenhang, Gesetz, Gesetzmäßigkeit) übergehen. Im Falle der Falsifizierung ist die Hypothese zu revidieren (entweder graduell geändert oder neu formuliert) und erneut zu prüfen.

Die drei Schritte – Folgerung experimentell überprüfbarer Aussagen, Durchführung des Experiments (einschließlich Planung sowie Beobachtung) und die Deutung der Ergebnisse in Bezug auf die Hypothese – werden auch als **experimentelle Methode** (Parthey & Wahl 1966, Ströker et al. 1981) bezeichnet. Synonym finden die Bezeichnungen hypothetisch-deduktive Methode (Weninger 1971, Speck 1980) oder exakte Induktion (Hartmann 1959) Anwendung.

Der wissenschaftlich bedeutungsvollste Schritt besteht in der **Deutung** des empirisch gefundenen Gesetzes durch eine Theorie (Löw 1979). Die Entdeckung der Gasgesetze und deren Deutung durch die Kinetische Gastheorie kann in eine Schrittfolge gebracht werden (Tab. 1) (Becker & Wentworth 1984). Diese Schrittfolge zeigt, dass Gesetze die allgemeingültige, idealisierte Zusammenfassung und Verallgemeinerung experimenteller Ergebnisse und Beobachtungen sind. Ein Gesetz deutet nicht, sondern formuliert den wesentlichen Zusammenhang als Satz oder als mathematische Beziehung. Durch Kenntnis der Naturgesetze sind Anwendung und Nutzung möglich; deren Deutung erfolgt durch eine Theorie, hier die Kinetische Gastheorie. Die Theorie umfasst das formulierte Gesetz einschließlich seiner Deutung und lässt Aussagen über Gültigkeits- und Anwendungsbereich zu.

allgemeine Schrittfolge	konkrete Aussagen
Zusammenstellung und Gewinnen von Daten (Datensammlung)	Messung des Drucks (p), des Volumens (V), der Temperatur (T) und der Molzahl (n) an verschiedenen Gasen.
Auswertung der Daten (Datenanalyse)/ analytisches Denken	Aufgrund der Datenanalyse sieht man, dass z. B. V mit zunehmendem p abnimmt, aber mit Erhöhung von T und n zunimmt.
Entwicklung eines Gesetzes durch synthetisches Denken mit quantitativen Aussagen	Gesetz von Boyle-Mariotte: $V \sim \frac{1}{p}$ (T = konstant) Beziehung zwischen Volumen und Molzahl: $V \sim n$ (p, T = konstant) Gesetz von Gay-Lussac/Charles: $V \sim T$ (p = konstant) Diese Gesetze können zu einer Gleichung vereinigt werden: ideales Gasgesetz $pV = nRT$
Deutung durch eine Theorie	Kinetische Gastheorie

Tab. 1: Modell für Erkenntnisgewinnung auf empirischer Basis am Beispiel der Gasgesetze

Der idealisiert dargestellte Erkenntnisprozess (Abb. 1) findet sich im Alltag des Chemikers in abgewandelter Form wieder, nicht immer sind die Untersuchungen auf die Entwicklung einer neuen Theorie ausgerichtet. Viele Detailuntersuchungen werden durchgeführt, um sie in bereits bestehende Theorien eingliedern zu können und damit möglichst viele Phänomene und Experimentalbefunde erklärbar zu machen. Für die unterrichtliche Umsetzung der Wege der naturwissenschaftlichen Erkenntnisgewinnung sei auf die Leitlinie Denk- und Arbeitsweisen der Chemie (vgl. Kap. 6.5) und auf verfahrensorientierte Konzeptionen (vgl. Kap. 10.2.2) verwiesen.

4.3 Elemente der Versuchsplanung

Die Versuchsplanung ist die Operationalisierung der naturwissenschaftlichen Forschungsfrage. Den Fragen ist gemeinsam, dass sie präzise und korrekt formuliert sind. Sie können Fakten (z. B. Welches Gas entsteht, wenn eine Brausetablette in Wasser gegeben wird?) oder Zusammenhänge erfragen (z. B. Hat der Zerteilungsgrad von Magnesium einen Einfluss auf die Geschwindigkeit der Reaktion von Magnesium mit Salzsäure?). Naturwissenschaftliche Fragen lassen sich durch Einsatz von Fachmethoden (vgl. Kap. 6.5) bearbeiten (Sommer et al. 2013; Strippel 2017; Vorholzer 2017).

Ausgangspunkt für die nun anstehende Versuchsplanung ist die Entscheidung für eine **Fachmethode** (vgl. Kap. 6.5.1), die für die Bearbeitung geeignet erscheint. Fachmethoden umfassen alle zur Verfügung stehenden fachspezifischen – also chemiespezifischen – Methoden des Experimentierens. Sie stellen das Instrumentarium für den experimentellen Erkenntnisprozess bereit. Zugleich müssen fachbereichsspezifische Methoden (vgl. Kap. 6.5.1), wie die **Variablenkontrolle**, und die Kontrolltechniken, wie die **Blindprobe** und die Bestimmung der Wiederholpräzision (Schröder 2017), bei der Versuchsplanung mit berücksichtigt werden.

Fragestellungen nach möglichen Zusammenhängen liegt die Beziehung von unabhängiger und abhängiger Variable zugrunde. Die unabhängige Variable ist ein Parameter (z. B. Temperatur, Druck, stoffliche Zusammensetzung oder Zerteilungsgrad), der ggf. einen Einfluss auf das zu messende Phänomen, die abhängige Variable, hat (Wagner 1974). Das zu messende Phänomen könnte beispielsweise der Umsatz pro Zeiteinheit oder die Reaktionsgeschwindigkeit sein. Für die Messung ist es von entscheidender Bedeutung, dass andere Parameter (Faktoren, Variablen), die das Ergebnis auch beeinflussen könnten, konstant gehalten werden. Diese Parameter werden auch als Störvariablen oder Kontrollvariablen bezeichnet. Durch das Konstanthalten dieser Variablen wird sichergestellt, dass bei der Messung nur der Einfluss der unabhängigen Variable auf die abhängige Variable untersucht wird. Das ist das Ziel der experimentellen Untersuchung, die auf dem Prinzip der isolierenden **Variablenkontrolle** (Tschirgi 1980) beruht (Anregung).

Das Prinzip sei an zwei Beispielen erläutert. Beispiel (1): Hat der Zerteilungsgrad von Magnesium einen Einfluss auf die Geschwindigkeit der Reaktion von Magnesium mit Salzsäure? Bei der Untersuchung wird nur der Zerteilungsgrad von Magnesium variiert (z. B. in Form von Pulver, Späne, Band), die übrigen Faktoren (Konzentration der Salzsäure, Temperatur der Salzsäure) werden konstant gehalten. Beispiel (2): Auf der Suche nach einer Synthesevorschrift für den Ester Linalylacetat schien die englischsprachige Zusammenfassung eines chinesischsprachigen Artikels erfolgsversprechend. Allerdings werden zu den Reaktionsbedingungen nur ungenaue Angaben gemacht (Abb. 2). In einem ersten Schritt wird exemplarisch der Einfluss der Temperatur auf die Ausbeute an Linalylacetat untersucht. In der Experimentieranordnung wird ein Parameter (die Temperatur) verändert, alle anderen Parameter bleiben konstant. Die Ergebnisse zeigen, dass eine Reaktionstemperatur zwischen 30 und 40 °C beim Konstanthalten aller übrigen Parameter die größte Ausbeute erzielt (Abb. 2) (Schuhmann & Sommer 2010). Um eine Aussage über die Bedingungen für eine größtmögliche Ausbeute des Esters

Linalylacetat treffen zu können, müssten auch die anderen Reaktionsbedingungen (siehe Zitat) noch unter Einhaltung der Variablenkontrollstrategie untersucht werden. Daraus resultiert rasch eine Vielzahl an Experimentalordnungen – vergrößert noch durch die Bestimmung der Wiederholpräzision zur Absicherung der Experimentalbefunde.

> The invention relates to a method for prepg. linalyl acetate from linalool and acetic anhydride by esterification. The esterification is carried out in the presence of catalyst under the following conditions: molar ratio of linalool:acetic anhydride = 1:(1–4), reaction temp. of 5–45 °C, atm. pressure, reaction time = 10–150 min, and para-toluenesulfonic acid is used as the catalyst with a dosage of 0.05–0.25 wt% of the total reactants.
>
> Abstract der chinesischen Synthesevorschrift für Linalylacetat

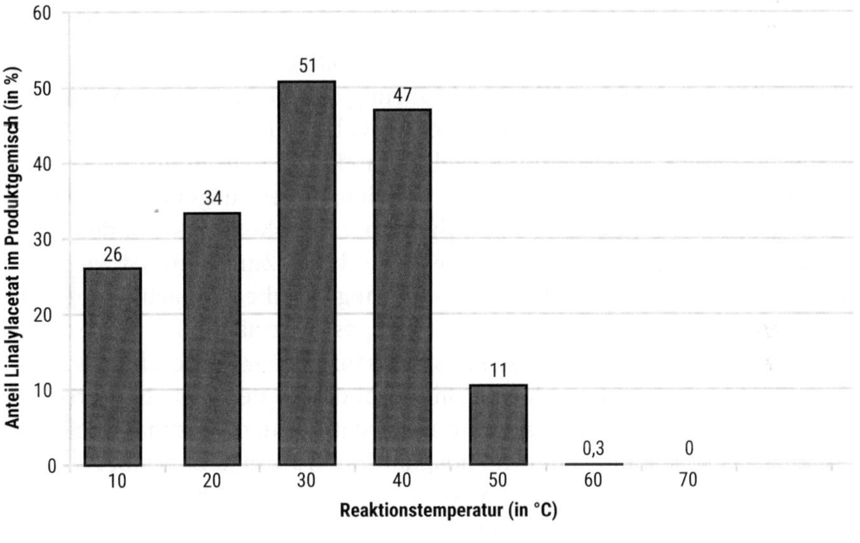

Abb. 2: Abhängigkeit der Bildung von Linalylacetat von der Reaktionstemperatur (Schülerergebnisse, Schuhmann & Sommer 2010)

A

Anregung

Vorschläge für die unterrichtspraktische Auseinandersetzung mit dem Konzept der Variablenkontrolle sind u. a. bei folgenden Autoren zu finden: Schulz et al. (2012) an biologischen Beispielen, Vorholzer (2017) an physikalischen Beispielen, Sommer et al. (2013) sowie Scheuermann & Ropohl (2017) an chemischen Beispielen.

Im schulischen Kontext liegen häufig optimale Versuchsvorschriften bereits vor, z. B. für die Untersuchung des Einflusses des Zerteilungsgrades auf die Reaktionsgeschwindigkeit. Sie sind das Ergebnis eines vorgelagerten Forschungsprozesses, bei dem die Störvariablen bereits ermittelt wurden. Im Ergebnis werden sie dezidiert angegeben, z. B. die Temperatur, bei der die Reaktion durchzuführen ist, oder die Konzentration des Reaktanten, die gewählt werden soll. Es gilt, sich aber bewusst zu sein, dass die angegebenen Parameter tatsächlich Störvariablen wären. Schließlich wird das Ergebnis eines Experiments häufig von mehreren Faktoren beeinflusst.

Bei Versuchsplanungen mit analytischer Ausrichtung ist die **Blindprobe** als entscheidende fachmethodische Kontrolltechnik zu berücksichtigen. Ziel der Blindprobe ist es, die Durchführung der Fachmethode und die daraus resultierenden Beobachtungen kennenzulernen (Jander & Blasius 1989). Zu diesem Zweck führt man die Fachmethode mit dem Reinstoff, für den die Fachmethode spezifisch sein soll, und den vorgeschlagenen Reagenzien durch (positive Blindprobe). Zugleich erlangt man Kenntnis von der Beobachtung beim positiven Verlauf der Fachmethode. Zum Kontrast wird eine negative Blindprobe empfohlen. So ist es möglich, die Beobachtungen kennenzulernen, wenn die Fachmethode nicht positiv verläuft. Beispiel: Soll der Frage nachgegangen werden, ob Phosphorsäure in der Cola enthalten ist, so bedarf es der Kenntnis durch eine Blindprobe, dass der gelbe Niederschlag nach Zugabe einer sauren Ammoniummolybdat-Lösung (Phosphat-Nachweisreagenz) das Vorhandensein von Phosphat-Ionen anzeigt. Ein gelber Niederschlag allein bei der Reaktion von Cola und Phosphat-Nachweisreagenz hätte ohne eine Blindprobe keine Aussagekraft. Gleiches gilt für die Frage nach dem Identifizieren der chemischen Natur des Gases, das entsteht, wenn eine Brausetablette in Wasser gegeben wird. Voraussetzung ist, dass mögliche Nachweise (auf Kohlenstoffdioxid, Sauerstoff, ...) durch die Blindprobe kennengelernt wurden, bevor sie für die Untersuchung ausgewählt und durchgeführt werden. Das Konzept der Blindprobe ist aber nicht nur auf das **Kennenlernen der Fachmethode** beschränkt (Jander & Blasius 1989; Sommer 2004; Stäudel et al. 2010).

Die Blindprobe wird darüber hinaus eingesetzt, um die **Reinheit** der zur Analyse benutzten Chemikalien zu überprüfen. Dadurch werden Störvariablen ausgeschalten. Als Beispiele sind die Überprüfung des pH-Wertes von Wasser als Lösemittel zu nennen, bevor darin ein Stoff gelöst und dessen pH-Wert bestimmt wird, oder die Bestimmung des Titerfaktors bei einer Titration. Die Durchführung dieser Untersuchung wird häufig auch als Leerversuch oder Kontrollversuch bezeichnet. Fällt beispielsweise eine Nachweisreaktion sehr schwach aus, dann sollte auf jeden Fall eine Blindprobe in diesem Sinne durchgeführt werden. Dabei wird ermittelt, ob nicht schon die verwendeten Reagenzien und Lösemittel diesen positiven Verlauf der Nachweisreaktion verursachen.

Die Blindprobe kommt ebenfalls zum Einsatz, wenn ein Nachweis auf einen Stoff in der Probe negativ verlaufen ist. Zwei mögliche Ursachen lassen sich diskutieren. Es besteht die Möglichkeit, dass das Reagenz „funktionsuntüchtig" ist, z. B. die Calciumhydroxid-Lösung zum Nachweis von Kohlenstoffdioxid. Die Folge ist, dass der Nachweis negativ verläuft, obwohl der nachzuweisende Stoff in der Probe enthalten ist. Die **Funktionstüchtigkeit** des Reagenz wird geprüft, indem der Nachweis wie bekannt durchgeführt wird, als Probe verwendet man aber den Reinstoff. Verläuft der Nachweis trotzdem negativ, muss das Reagenz ausgetauscht werden.

Der negative Verlauf eines Nachweises kann auch trotz der Funktionstüchtigkeit des Reagenzes zu beobachten sein. Mit einer Aufsetzmessung kann ermittelt werden, ob der Nachweis durch andere Stoffe gestört wird. In die Probe wird zusätzlich etwas von dem nachzuweisenden Stoff gegeben, sodass der Nachweis nun positiv verlaufen müsste. Fällt der Nachweis nun positiv aus, ist der gewählte Nachweis „richtig". Es lässt sich daraus schlussfolgern, dass entweder der Stoff tatsächlich nicht in der Probe enthalten oder die Konzentration des nachzuweisenden Stoffes in der Probe zu gering ist. Es ergeben sich zwei nachfolgende Aufgaben. Einerseits sollte ermittelt werden, bis zu welcher Konzentration der entsprechende Stoff mit der verwendeten Fachmethode nachgewiesen werden kann (Stichwort: **untere Nachweisgrenze**). Andererseits sollten Fachmethoden identifiziert werden, die möglicherweise empfindlicher sind und somit auch geringere Konzentrationen erfassen können. Nur wenn verschiedene Fachmethoden mit der gleichen Probe negativ verlaufen, kann mit annähernder Sicherheit geschlussfolgert werden, dass der „gesuchte" Stoff nicht in der Probe enthalten ist. Das Konzept der Blindprobe ist somit zugleich auf das Engste mit dem Konzept der Variablenkontrolle verknüpft.

4.4 Beobachtung – Material für das Denken

Es muss zwischen Beobachtungen und Wahrnehmungen unterschieden werden. **Wahrnehmungen** beziehen sich auf die Erscheinung als Ganzes, z. B. die Schönheit einer rotfarbigen Flüssigkeit, und gehen den Beobachtungen vielfach voraus. Wahrnehmungen können erste Bausteine der Erkenntnis sein (Schneider 1978). Allerdings führen erst Beobachtungen im Sinne selektiver Wahrnehmungen zu einer differenzierteren Erkenntnis (Mahner & Bunge 2000).

Die **Beobachtung** ist eine zielgerichtete, aktive Tätigkeit. In der Chemie ist die Beobachtung – im Gegensatz zur Naturbeobachtung – häufig mit der Schaffung einer künstlichen Beobachtungssituation im Experiment verbunden. Klare Beobachtungsaufgaben unterstützen das zielgerichtete Gewinnen der Beobachtungsdaten. Zugleich setzt die Beobachtung Wissen voraus; sie ist – wie das Experiment auch – **theorie**- bzw. **hypothesengeleitet**.

Die Beobachtungen liefern das Material für das Denken. Die Verarbeitung der Beobachtungsdaten im Prozess der **Deutung** führt zu Erfahrungswissen über Stoffe, chemische Reaktionen und technische Abläufe (Rossa 1975). Allerdings müssen die Beobachtungsdaten bewusst zu Vorstellungen über den beobachteten Sachverhalt verarbeitet werden. Das ist mitunter schwierig, weil die im Experiment isoliert herausgearbeiteten Beobachtungsdaten vielfach durch Theorien aus dem submikroskopischen Bereich gedeutet werden müssen.

Das geistige Verarbeiten von Beobachtungen wird durch bereits vorhandenes Wissen über Fakten, Begriffsstrukturen und Theorien der Chemie gelenkt und beeinflusst. So kann nur derjenige aus dem Aufleuchten eines in den Stromkreis eingeschalteten Glühlämpchens (Beobachtung) auf die Elektrolyteigenschaft einer Lösung (Auswertung/Deutung) schließen, der über entsprechende physikalische und chemische Kenntnisse verfügt. Beobachtungen sind für den Beobachter zugleich ein neuer Erkenntnisakt – sowohl durch das Erfassen von Beobachtungsdaten als auch die anschließende Deutung. Somit bilden im Erkenntnisakt der Beobachtung Denken und Handeln eine Einheit.

V

Vertiefung 2: Zufällige Beobachtungen

Neben systematisch herbeigeführten Beobachtungen wird in der Chemiegeschichte auch von „zufälligen Beobachtungen" gesprochen. Als Beispiel sei das Auffinden der hohen katalytischen Aktivität von Quecksilbersulfat bei der Oxidation von Naphthalin zu Phthalsäure in konzentrierter Schwefelsäure durch Sapper 1891 genannt. Diese Entdeckung entstand durch ein zerbrochenes Quecksilberthermometer im Reaktionskolben (Wagner 1974, S. 87). Zufällige Beobachtungen sind aber nur dann Anstoß zu richtungsweisenden Forschungen, wenn sich systematisch geplante Experimente anschließen. Im genannten Beispiel führten das zerbrochene Quecksilberthermometer und ein von Erkenntnisstreben geprägter Chemiker zur Entwicklung einer Synthesevorschrift von Phthalsäureanhydrid, einer wirtschaftlich wichtigen Zwischenstufe für die Indigosynthese (Suter 1971). Für den Chemieunterricht lässt sich daraus lernen, dass man für Beobachtungen, die anders sind als erwartet, „offen" sein muss.

Man unterscheidet verschiedene Beobachtungsarten (Rossa 1975; Vollmer 1980). (1) Das Ergebnis einer **direkten oder unmittelbaren Beobachtung** ist die Beschreibung von Stoffen und chemischen Erscheinungen mithilfe der fünf Sinne, z. B. löst sich Wasser nicht in Öl oder der charakteristische Geruch von Essigsäureethylester. (2) Werden Geräte benutzt, z. B. Lupe, Mikroskop oder Projektionsvorrichtungen, so spricht man von **vermittelter Beobachtung**, z. B. Identifikation von Fe_3C-Kristalliten in Stahl mithilfe des Mikroskops. (3) Da die den Chemiker interessierenden Teilchenarten und die sie betreffenden Veränderungen nie direkt beobachtet werden können, ist man gezwungen, die zu untersuchenden Substanzen z. B. durch Wechselwirkung mit verschiedenen Energieformen (Licht, Wärme, elektrische Energie ...) oder mit einem anderen Stoff zu wiederum beobachtbaren Phänomenen zu veranlassen. In diesem Fall spricht man von **indirekter Beobachtung**. Als Beispiele seien die Existenz von Ladungsträgern in Elektrolyten durch das Aufleuchten einer Glühlampe im geschlossenen Stromkreis (Rossa 1975) oder die Aufnahme eines UV-VIS-Spektrums oder eines IR-Spektrum zu nennen. Damit die auf indirektem Weg gewonnenen Beobachtungen zu weiteren Schlüssen führen können, muss der kausale Zusammenhang zwischen der Art der Einwirkung und der beobachteten Änderung bekannt sein (z. B. Röntgenstruktur-, Thermoanalyse, Elektrophorese).

Die Beobachtung im engeren Sinn liefert primär qualitative Daten, während das **Messen** quantitative Daten (Messdaten, objektive Daten) hervorbringt. Messen ist also das quantitative Beobachten oder spezifiziert: die Beobachtung quantitativer Eigenschaften (Mahner & Bunge 2000). Häufig können bereits qualitativ gewonnene Beobachtungen eines Sachverhaltes durch Messungen quantifiziert und präzisiert werden. Diese enge Beziehung zwischen Beobachten und Messen spiegelt sich in der Struktur des fachmethodischen Spiralcurriculums (Sommer et al. 2012) (vgl. Kap. 6.5) wider – vom Beobachten zum Messen.

Als Beispiele seien die Bestimmung einer Masse durch Wägen (Gesetz von der Erhaltung der Masse, Gesetz der konstanten Proportionen), Volumenmessungen für die quantitative Analyse, Bestimmung des pH-Wertes, Messen frei werdender Reaktionswärmen sowie Messen von Reaktionszeiten genannt. Diese Beispiele zeigen, dass bei den Messungen v. a. physikalische Größen ermittelt werden, von denen dann auf chemische Zusammenhänge geschlossen wird. Dabei werden Instrumente benötigt, die eine quantitative Beschreibung von Stoffeigenschaften ermöglichen (Mahner & Bunge 2000). Im Labor findet man spezifische Messinstrumente (z. B. Messzylinder, Maßkolben, Analysewaage), von denen sich manche im Alltag mit ähnlicher Form und Funktion wiederfinden (z. B. der Messbecher als vereinfachter Messzylinder). Die Leistungsfähigkeit des Messinstrumentes zeigt sich in der Genauigkeit (Präzision und Richtigkeit) des Messergebnisses. Messinstrumente und ihre Skalen verfügen über zwei Grenzen: Die untere Grenze wird durch die kleinste Einteilung gekennzeichnet, die obere Grenze wird durch den größten messbaren Wert vorgegeben.

Messungen einschließlich der Vermeidung von Messfehlern sind auf das Engste mit Fragen der Validierung (Kromidas 2011, Schröder 2017) verbunden. Eine Möglichkeit, um Messfehler zu vermeiden, ist die Bestimmung der Wiederholpräzision (mehrfache Wiederholung unter möglichst konstanten Bedingungen) und anschließende Bildung des Mittelwertes sowie die Vergleichspräzision (Reproduzierbarkeit von Messdaten unter variierenden Bedingungen, z. B. Geräte, Bearbeiter) (Kromidas 2011, Schröder 2017). Studien zu Messwiederholungen (z. B. Lubben & Millar 1996) zeigen, dass Kinder im Alter von 11 bis 15 Jahren eine Messwiederholung nicht als wichtig erachten, da hierdurch Zeit und Material verbraucht werden. Falls doch Messwiederholungen durchgeführt werden, plädieren die Kinder dafür, das Ergebnis, das am häufigsten vorkommt, als Endergebnis gelten zu lassen. Darüber hinaus sind zur Vermeidung von Messfehlern eine genaue Messvorschrift und gleiche Randbedingungen des Messvorgangs unverzichtbar (Stäudel et al. 2002) sowie eine vorherige Schätzung des erwarteten Wertes hilfreich, um fehlerhafte Messwerte leichter zu erkennen (Duit et al. 2007).

Von besonderer Bedeutung ist das **Bewerten** quantitativer Ergebnisse, v. a. bei Analysen. Da zeigt sich die enge Beziehung von Messen und Vergleichen, denn Relationen können nur durch Vergleiche ermöglicht werden (Stäudel et al. 2002). Messungen sind dann besonders aussagekräftig, wenn hypothetisch vermutete Zusammenhänge zwischen beobachteten Ereignissen und Variablen aufgezeigt werden. Man spricht in diesem Fall von Korrelationen (Abb. 3) (Wagner 1974). Die Diagramme ermöglichen eine hypothetische Voraussage auch jener Eigenschaftswerte, die noch nicht experimentell bestimmt wurden (Inter- und Extrapolation). Sie sind zugleich die Vorstufe für das Erkennen quantitativer Beziehungen (Gesetze) und geben den Anstoß zur Entwicklung theoretischer Vorstellungen (Deutung des Gesetzes) (vgl. Kap. 4.2) und damit zu kausalen Zusammenhängen.

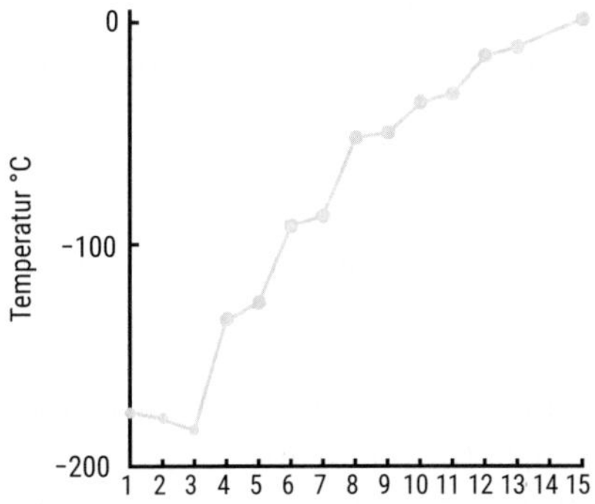

Abb. 3: Darstellung der Schmelzpunkte von unverzweigten Alkanen – aufgetragen gegen die Anzahl an Kohlenstoffatomen pro Molekül (Streitwieser & Heathcock 1980) (Hinweis: Würde man für die Schmelzpunkte der Alkane mit geradzahligem Kohlenstoffgerüst und für die Alkane mit ungeradzahligem Kohlenstoffgerüst getrennte Kurven erstellen, so läge die Schmelzpunktkurve für ungeradzahlige Alkane deutlich niedriger.)

4.5 Fachdidaktische Herausforderungen empirischer Erkenntnisgewinnung

Bei den Schülerinnen und Schülern sollen durch den Chemieunterricht Denk- und Lernprozesse in Gang kommen, die ihnen einen Einblick in den Prozess der Erkenntnisgewinnung in der Naturwissenschaft Chemie vermitteln. So wird ein Beitrag zum Kompetenzbereich Erkenntnisgewinnung geleistet (vgl. Kap. 5.2). Für die unterrichtliche Umsetzung ist die fachdidaktische Leitlinie „Denk- und Arbeitsweisen der Chemie“ (vgl. Kap. 6.5) von grundlegender Bedeutung. Dabei steht die Lehrkraft vor Herausforderungen, die bereits bei der Unterrichtsplanung zu berückichtigen sind (vgl. Kap. 10.2.2).

Der Denkweg, durch generalisierende Induktion zu Erkenntnissen zu gelangen, darf nicht „eingeschliffen“ werden.

Es ist wichtig zu wissen, dass sich Erkenntnisse, Gesetze und Theorien nicht zwingend induktiv ableiten lassen (vgl. Kap. 4.2). Wird im Chemieunterricht mit diesem scheinbar induktiven Verfahren gearbeitet, so weckt man bei den Lernenden die Vorstellung, dass Erkenntnisgewinnung schnell und einfach erfolgt. Dieser Gefahr ist man v. a. dann ausgesetzt, wenn die Anzahl der Einzelfälle (die Induktionsbasis) zu gering ist – meist in Ermangelung von Zeit. Meist leitet die Lehrkraft die Lernenden mit gezielt gewählten Beispielen in Richtung der zu „erarbeitenden“ Theorie. Im Extremfall werden einmalig und zielgerichtet Versuchsdaten zu Einzelphänomenen erhoben und dann zur allgemeinen Erkenntnis verdichtet, z. B. „Metalle + Säure → Salz +

Wasserstoff". Diese Verdichtung ist weder fachlich noch erkenntnistheoretisch statthaft, sie bedarf neuer Versuchsdaten (z. B. differenzierte Betrachtung von unedlen und edlen Metallen sowie Säuren und sauren Lösungen) einer dringenden Überprüfung. Vollmer (1990, S. 18) formuliert dazu: „Versuche nicht, von Beobachtungen, Erfahrungen, Experimenten auf allgemeine Gesetze zu schließen. Die wissenschaftstheoretische Begründung lautet: ‚Es geht nicht! Der Induktivismus ist gescheitert; Induktion gibt es weder als ein Verfahren, Neues zu finden, noch als Verfahren, Neues zu beweisen. Aber natürlich lassen wir uns durch Erfahrungen zu Hypothesenbildung anregen'" (Vollmer 1990, S. 18). Somit erscheint der weit zurückreichende Methodenstreit für oder wider induktives oder deduktives Vorgehen im Chemieunterricht gegenstandslos, denn der Erkenntnisprozess enthält sowohl induktive als auch deduktive Schritte. Sie werden über die „Hypothese" gekoppelt.

Das deduktive Verfahren ohne Bezug zu Hypothesen und den zugrunde liegenden Fragestellungen ist für wissenschaftsorientiertes Arbeiten bedeutungslos.
Dienen chemische Theorien als Ausgangsbasis (z. B. in der gymnasialen Oberstufe) schulischen Lernens, so spricht man von einem „deduktiven Verfahren". Sie werden mit der didaktischen Berechtigung praktiziert, um den Lernenden viele Einzeltatsachen logisch geordnet nahe zu bringen. Nachteilig ist dieses Vorgehen dann, wenn das theoretische Konzept ohne Klärung seiner Grundlagen dem Lernenden quasi „übergestülpt" wird. Auf diese Weise verkürzt sich der Erkenntnisprozess in unzulässiger Weise und führt zu falschen Vorstellungen, z. B. Einführung von Atomorbitalen als gegebene Tatsache. So sollte der methodische Weg nicht lauten: „Vom Hybridzustand des Kohlenstoffatoms zum Tetraedermodell des Methanmoleküls", sondern: „Wie lassen sich die experimentellen Fakten (Tetraedergestalt des Methanmoleküls mit entsprechenden Bindungswinkeln) vom Standpunkt der Orbitaltheorie aus deuten?" (Fladt 1982) Es ist darauf zu achten, dass die Auswertung experimenteller Ergebnisse stets mit Bezug auf eine eindeutig formulierte Hypothese erfolgen sollte.

Experimentalbefunde müssen nicht in allen Fällen zur anspruchsvollsten theoretischen Deutung führen.
Es gibt Bedingungen für den Chemieunterricht, unter denen es mit der Feststellung phänomenologischer Zusammenhänge (Erfahrungstatsachen) und deren Einordnung in Gesetzmäßigkeiten durchaus sein Bewenden haben kann. Das ist der Fall, wenn Erkenntnisse mit schülernahen Problemstellungen verknüpft und Fragen aus dem Alltag beantwortet werden. Als Beispiele seien die gemeinsamen und dennoch abgestuften Eigenschaften der Metal-

le, das Auffinden einer „Metallreihe“ aufgrund unterschiedlicher „Affinität“ zu Sauerstoff sowie die qualitative Formulierung der Gasgesetze zu nennen.

Ergebnisse, die eine Hypothese nicht verifizieren, sind extrem wertvoll für die Erkenntnisgewinnung.
Ein ausschließlich Hypothesen bestätigendes Vorgehen im Unterricht sorgt dafür, dass die Lernenden das Experiment nicht in seiner Bedeutung als zentrales Element der Erkenntnisgewinnung wahrnehmen können. Dem Experiment kommt dann eher das Element einer Veranschaulichung zu. Dabei gibt es vielfach Fragestellungen und Untersuchungsanlässe, bei denen Lernende die Erfahrung machen können, dass Hypothesen durch den Experimentalbefund nicht bestätigt werden können. Beispielsweise soll der Frage nachgegangen werden, welchem Emulsionstyp eine Halbfettmargarine zuzuordnen ist (Bisping 2013; Sommer et al. 2002). Die Hypothese, dass es sich bei der Halbfettmargarine aufgrund des hohen Wasseranteils in diesem Brotaufstrich (ca. 60 %) um eine Öl-in-Wasser-Emulsion handelt, bestätigten die experimentellen Ergebnisse nicht. Vielmehr scheint die Halbfettmargarine auch eine Wasser-in-Öl-Emulsion – ebenso wie die Margarine (mit einem Wasseranteil von weniger als 20 %) – zu sein. Diese Erkenntnis überrascht die Lernenden sehr und führt dazu, dass sie sehr unterschiedliche Wege zur erneuten Auseinandersetzung mit der Fragestellung einschlagen. Diese reichen von der Wiederholung des Experimentes (unter Beibehaltung der Untersuchungsmethode) über die experimentelle Überprüfung mit einer alternativen Methode – jeweils unter Beibehaltung der Hypothese bzw. hypothetischen Aussage – bis zur Verwerfung der Hypothese.

Diese Offenheit sollte sich auch bei der Planung von Versuchsdurchführungen zeigen. Wenn mit Schülerinnen und Schülern Versuche geplant werden, sollten nach Möglichkeit auch diejenigen Vorschläge einbezogen werden, von denen der Lehrende weiß, dass sie zu „keinem Ergebnis“ bzw. nicht zu dem „erwünschten“ Ergebnis führen. Jeder reproduzierbare Versuch hat ein Ergebnis, und die „negativen“ Ergebnisse sind in den Naturwissenschaften kaum weniger wichtig als die „positiven“ Ergebnisse. Wenn also die Lernenden für die Untersuchung der Wasserzerlegung Kupfer als Reaktionspartner vorschlagen, so sollte man diesem Vorschlag ruhig folgen. Die aus den Versuchen resultierende Feststellung, dass Kupfer auch bei hohen Temperaturen nicht mit Wasser reagiert, ist nicht weniger relevant als die, dass Eisen bei Temperaturen um 500 °C mit Wasser reagiert. Da diese Suche nach geeigneten Reaktionspartnern und geeigneten Apparaturen ein ganz wesentlicher Teil naturwissenschaftlicher Arbeit ist, sollte man im Unterricht nicht daran vorbeigehen. Es muss allerdings die Rahmenbedingung „Unterrichtszeit“ im Auge behalten werden (Fladt 1982).

Beobachtungsmöglichkeiten chemischer Erscheinungen müssen durch die Lehrperson planmäßig organisiert und gesichert werden.
Allen Lernenden muss ein zielgerichtetes Beobachten möglich sein. Dafür spielt die im Vorfeld stattfindende Auseinandersetzung mit Erwartungen und Vermutungen eine wichtige Rolle. Die wissenschaftliche Relevanz der Beobachtungen wird dadurch verstärkt, dass mehrere Beobachter in derselben Situation unter den gleichen Bedingungen zum selben Resultat gelangen. Das ist eine wichtige Grundlage für das Auffinden elementarer Gesetze und Zusammenhänge.

Literatur

Barthel, H. (1972). *Untersuchungen über die Entwicklung von Denkleistungen der Schüler durch Einsatz der experimentellen Methode, dargestellt an Beispielen aus dem Chemieunterricht 7. und 8. Klassen.* Dissertation, Potsdam.

Becker, R.S. & Wentworth, W.E. (1984). *Allgemeine Chemie* Bd. 1. Stuttgart: DTV.

Bisping, V. (2013). *Der Einbezug des experimentellen Vorwissens zur Generierung von Hypothesen – eine empirische Studie bei Kindern und Erwachsenen.* Unveröffentlichte Masterarbeit, Ruhr-Universität Bochum.

Bliersbach, M. & Reiners, Chr. (2017). Kreativität und Chemie? In *Chemie in unserer Zeit,* **51** (5), S. 324–331.

Duit, R., Gropengieser, H. & Stäudel, L. (Hrsg.) (2007). *Naturwissenschaftliches Arbeiten. Unterricht und Material 5–10.* Seelze: Friedrich.

Fladt, R. (1982). *Chemieunterricht in Beispielen.* Stuttgart: Klett.

Hartmann, M. (1959). *Die philosophischen Grundlagen der Naturwissenschaften.* Berlin: Gustav Fischer.

Häusler, K. (1976). Lern- und bildungstheoretische Grundlagen des Chemieunterrichts. In F. Bukatsch, W. Glöckner & L. Kotter (Hrsg.). *Fachdidaktisches Studium in der Lehrerbildung – Chemie* (S. 53–67). München: Oldenbourg.

Jander, G. & Blasius, E. (1989). *Lehrbuch der analytischen und präparativen anorganischen Chemie.* 13. Auflage. Leipzig: Hirzel.

Janich, P. (1994). Probleme der Bestimmung von Grundbegriffen der Chemie. In: P. Janich (Hrsg.), *Philosophische Perspektiven der Chemie* (S. 11–26). Mannheim: Spektrum.

Jung, W. (1979). *Aufsätze zur Didaktik der Physik und Wissenschaftstheorie.* Frankfurt: Diesterweg.

Klaus, G. & Buhr, M. (1975). *Philosophisches Wörterbuch.* Leipzig: VEB.

Krätz, O. (1990). *7000 Jahre Chemie.* München: Callwey.

Kromidas, S. (2011). *Validierung in der Analytik.* 2. überarbeitete Auflage. Weinheim: Wiley-VCH.

Kuhn, W. (1990). Ziel und Struktur physikalischer Theorien. In *Praxis der Naturwissenschaften-Physik,* **2** (39), S. 2–9.

Löw, R. (1979). Naturwissenschaft: Theorie und Geschichte. *In Chemie in unserer Zeit,* **13**, S. 82 ff.

Lubben, F. & Millar, R. (1996). Children's ideas about the reliability of experimental data. In *International Journal of Science Education,* **18** (8), S. 955–968.

Mahner, M. & Bunge, M. (2000). *Philosophische Grundlagen der Biologie.* Berlin: Springer.

Mason, S.F. (1961). *Geschichte der Naturwissenschaften.* Stuttgart: GNT.

Meyer, E. V. (1914). *Geschichte der Chemie*. Leipzig: Veit.
Parthey, H. & Wahl, D. (1966). *Die experimentelle Methode in Natur- und Gesellschaftswissenschaften*. Berlin: VEB.
Popper, K. (1966). *Die Logik der Forschung*. Tübingen: Mohr Siebeck.
Rossa, E. (1975). *Methodik Chemieunterricht*. Berlin: Volk und Wissen.
Scheuermann, H. & Ropohl, M. (2017). Abhängige Variable, unabhängige Variable, Störvariable!? In *Unterricht Chemie,* **28** (158), S. 19–23.
Schneider, H.J. (1978). *Hypothese – Experiment – Theorie*. Berlin: De Gruyter.
Schröder, Th. P. (2017). *Validierungsparameter für Schulexperimente – dargestellt an Modellexperimenten für Industrielle Prüfverfahren*. Dissertation, Ruhr-Universität Bochum (https://hss-opus.ub.ruhr-uni-bochum.de/opus4/frontdoor/index/index/docId/5399).
Schuhmann, A. & Sommer, K. (2010). Ein blaues Wunder erleben – Lavendelöl unter der chemischen Lupe. In *Unterricht Chemie,* **21** (118/119), S. 84–88.
Schulz, A., Wirtz, M. & Starauschek, E. (2012). Das Experiment in den Naturwissenschaften. In W. Rieß, M. Wirtz, B. Barzel & A. Schulz (Hrsg.), *Experimentieren im naturwissenschaftlich-naturwissenschaftlichen Unterricht* (S. 15–38). Münster: Waxmann.
Schummer, J. (1994). Die Rolle des Experiments in der Chemie. In P. Janich (Hrsg.), *Philosophische Perspektiven der Chemie* (S. 27–52). Mannheim: Spektrum.
Schummer, J. (1995). Zwischen Wissenschaftstheorie und Didaktik der Chemie: Die Genese von Stoffbegriffen. In *chimica didactica,* **21**, S. 85–110.
Sommer, K., Pfeifer, P. & Reller, A. (2002). Fettreduzierte Brotaufstriche. In *Chemie in unserer Zeit,* **36** (2), S. 2–8.
Sommer, K. (2004). *Vom Anfangsunterricht zum Hochschulpraktikum – Fachmethoden der Chemie als Leitlinie(n)*. Habilitation. Universität Erlangen-Nürnberg.
Sommer, K., Kleinhorst, H., Russek, A. & Kakoschke, A. (2012). Zur Konzeption eines fachmethodischen Spiralcurriculums. In *Der mathematische und naturwissenschaftliche Unterricht*, Fachleitertagung 2012, S. 7–13.
Sommer, K., Russek, A., Kleinhorst, H., Kakoschke, A. & Efing, N. (2013). KEMIE – Kinder erleben mit ihren Eltern Chemie. In *CHEMKON,* **20** (5), S. 209–352.
Speck, J. (Hrsg.) (1980). *Handbuch wissenschaftstheoretischer Begriffe* Bd. 2. Göttingen: Vandenhoeck & Ruprecht.
Stäudel, L., Pfeifer, P. & Sommer, K. (2010). In Standardsituationen des Unterrichts das Wesen der Naturwissenschaften erkennen. In *Unterricht Chemie,* **21** (118/119), S. 41–49.
Stäudel, L., Werber, B. & Freiman, T. (2002). *Naturwissenschaften – verstehen & anwenden*. Seelze: Friedrich.
Streitwieser, A. & Heathcock C.H: (1980). *Organische Chemie*. Weinheim: Wiley-VCH.
Strippel, C. (2017). *Naturwissenschaftliche Erkenntnisgewinnung an chemischen Inhalten vermitteln – Konzeption und empirische Untersuchung einer Ausstellung mit Experimentierstation*. Dissertation, Ruhr-Universität Bochum.
Ströker, E. (1967). *Denkwege der Chemie*. Freiburg: Alber.
Ströker, E., Püllen, K., Hahn, R. & Neugebauer, H.G. (1981). *Wissenschaftstheorie der Naturwissenschaften*. Freiburg: Alber.
Suter, H. (1971). Phthalsäureanhydrid – 100jährige Geschichte einer organischen Grundchemikalie. In *Die BASF,* **21** (5), S. 33 ff.
Tschirgi, J.E. (1980). Sensible reasoning: a hypothesis about hypotheses. In *Child Development,* **51** (1), S. 1–10.
Vollmer, G. (1980). *Sprache und Begriffsbildung im Chemieunterricht*. Frankfurt a. M.: Diesterweg.
Vollmer, G. (1990). Didaktische Konsequenzen der Wissenschaftstheorie. In *Praxis der Naturwissenschaften-Physik,* **2** (39), S. 17–20.

Vorholzer, A. (2017). Lernaufgaben zu fachmethodischen Kompetenzen. In *Der mathematische und naturwissenschaftliche Unterricht,* **70** (3), S. 83–89 plus Onlineergänzungen.

Wagner, C. (1974). *Methoden der naturwissenschaftlichen und technischen Forschung.* Mannheim: Bibliographisches Institut.

Weninger, J. (1971). Über das methodische Vorgehen in den empirischen Wissenschaften und in den empirischen Unterrichtsfächern. In *Der Chemieunterricht,* **2** (1), S. 82 ff.

5 Bildungsstandards – Kompetenzen – Lehrpläne

Inhaltliche Schwerpunkte

- Bildungsstandards beschreiben mit unterschiedlichen Zielsetzungen Anforderungen an das Lehren und Lernen.
- Kompetenzen beschreiben Bildungsziele im Sinne von Fähigkeiten und Fertigkeiten.
- Kompetenzmodelle strukturieren Merkmale von Kompetenzen und Kompetenzentwicklungen. Es gibt verschiedene Arten von Kompetenzmodellen: Kompetenzstrukturmodelle, Kompetenzstufenmodelle und Kompetenzentwicklungsmodelle.
- Aufgaben zur Kompetenzmessung müssen für verschiedene Bereiche ähnlich schwierig gestaltet sein. Schwierigkeitsbestimmende Merkmale sind Komplexität der Inhalte und die geforderten kognitiven Prozesse.
- Bildungsstandards geben in Deutschland Kompetenzbereiche und deren Operationalisierung vor.
- Die Einführung der Bildungsstandards hat zur Etablierung einer neuen curricularen Form geführt – den kompetenzorientierten Lehrplänen.

5.1 Bildungsstandards und Kompetenzbereiche

Die Ziele des Chemieunterrichts sind heute national wie international an Bildungsstandards orientiert, die die von den Schülerinnen und Schülern zu einem bestimmten Zeitpunkt zu erreichenden Kompetenzen beschreiben. Die festgelegten Kompetenzen folgen dem Grundgedanken der naturwissenschaftlichen Grundbildung als Hauptbildungsziel. Damit Bildungsstandards ihre Steuerungswirkung erfüllen können, ist es notwendig, das Erreichen der gesetzten Ziele regelmäßig zu überprüfen. Die dabei erfassten Kompetenzen werden in Kompetenzstrukturmodellen beschrieben und die Ergebnisse in Kompetenzstufenmodellen berichtet.

5.1.1 Funktionen von Standards

Die durch die PISA-Studien ausgelöste Diskussion über die Effektivität des deutschen Schulsystems hat zu einem Umdenken in der Steuerung von schulischen Bildungsprozessen geführt. Die bis dahin vorherrschende Inputsteuerung durch detaillierte Inhaltsvorgaben in den Lehrplänen wurde durch eine outputorientierte Vorgabe von angestrebten Kompetenzen abgelöst. Dieser Paradigmenwechsel hat in vielen Fächern – so auch im Fach Chemie – zur Einführung bundeseinheitlicher Bildungsstandards (KMK 2005) geführt, die wiederum eine Überarbeitung der länderspezifischen Curricula nach sich gezogen hat. Im Zusammenhang mit der Outputsteuerung hat auch der Begriff der Kompetenz an Bedeutung gewonnen. In der Regel wird dabei auf die Kompetenzdefinition nach Weinert Bezug genommen, nach der man unter **Kompetenzen** „die bei Individuen verfügbaren oder durch sie erlernbaren kognitiven Fähigkeiten und Fertigkeiten, um bestimmte Probleme zu lösen, sowie die damit verbundenen motivationalen, volitionalen und sozialen Bereitschaften und Fähigkeiten, um die Problemlösungen in variablen Situationen erfolgreich und verantwortungsvoll nutzen zu können", versteht (Weinert 2001, S. 17–31). Die Basis für den Erwerb von Kompetenzen bildet das Fachwissen, das als sogenanntes intelligentes (sinnvoll vernetztes) Wissen vorliegen sollte. Wird dieses Wissen zusammen mit fachlichen Fertigkeiten in angemessener Art und Weise in einer Handlungssituation eingesetzt, zeigt sich die Kompetenz einer Person. In Bezug auf den Unterricht bedeutet das, dass der Unterricht nicht aus reiner Stoffvermittlung bestehen kann, sondern dass der Unterricht darüber hinaus sinnvolle Anwendungsmöglichkeiten für das Fachwissen bieten muss, damit sich die Kompetenzen der Schülerinnen und Schüler entwickeln können. Von der Intelligenz grenzen sich Kompetenzen dadurch ab, dass sie immer fachbezogen und erlernbar sind, während die Intelligenz generalisierbar und (zumindest in Teilen) vererbbar ist. Daraus folgt, dass Kompetenzen sich in relativ kurzen Zeiträumen verändern können, was für die Intelligenz nicht gilt. Allerdings zeigen sich empirisch oft hohe Korrelationen zwischen fachlichen Kompetenzen und Intelligenz, da die Intelligenz den Kompetenzerwerb fächerübergreifend beeinflusst.

Bildungsstandards können in sehr unterschiedlicher Art und Weise Anforderungen sowohl an das Lehren als auch an das Lernen in Bildungseinrichtungen formulieren. Im schulischen Kontext beschreiben Bildungsstandards in der Regel ein oder mehrere Qualitäts- oder Leistungsniveaus. Sie werden daher oft als Leistungsstandards bezeichnet, die sich allerdings auf sehr unterschiedliche Kompetenzbereiche beziehen können. Maag Merki (2007) unterscheidet in diesem Zusammenhang die Merkmale Zielinhalt,

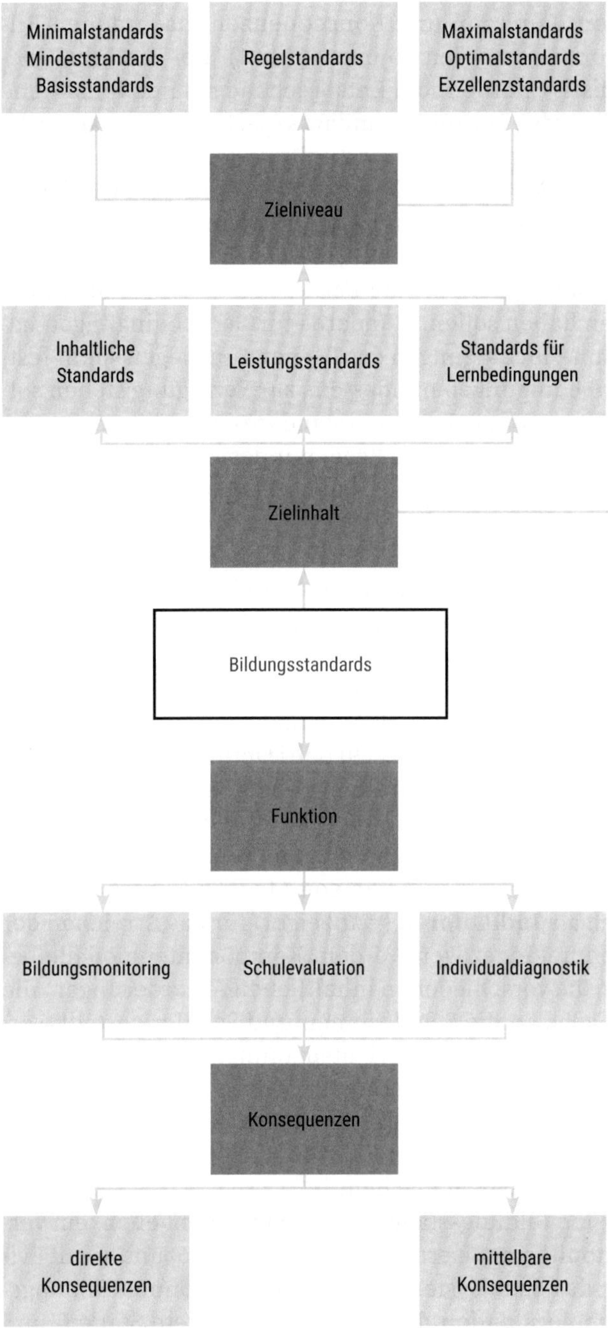

Abb. 1: Typen von Standards

Zielniveau, Indikatoren, Funktion und Konsequenzen, nach denen Bildungsstandards kategorisiert werden können (Abb. 1). Der **Zielinhalt** beschreibt, was standardisiert werden soll. Entsprechend können inhaltliche Standards (content standards), Leistungsstandards (performance standards) und Standards für Lernbedingungen (opportunity-to-learn standards) unterschieden werden (Maag Merki 2007; Criblez 2009). Während die inhaltlichen Standards festlegen, was unterrichtet werden soll und somit eher dem Prinzip der Inputorientierung entsprechen, beschreiben Leistungsstandards überprüfbare Kompetenzen, die die Lernenden zu einem festgelegten Zeitpunkt erworben haben sollen. Standards für Lernbedingungen beziehen sich auf die Rahmenbedingungen des Lernens und legen somit fest, welche Lehr- und Lernbedingungen mindestens zur Verfügung stehen sollen. Insbesondere in Bezug auf die Leistungsstandards werden verschiedene **Zielniveaus** unterschieden, die in der Regel mindestens dreistufig sind. Dabei beschreibt das erste Niveau als Basisstandard (Maag Merki 2007), Minimalstandard (Criblez et al. 2009) oder Mindeststandard (Pant et al. 2013, S. 52) ein Erwartungsniveau, das von allen Schülerinnen und Schülern erreicht werden soll. Das zweite Niveau beschreibt durch Regelstandards die Erwartungen, die von den durchschnittlichen Lernenden erfüllt werden sollen. Die Leistungen, die erbracht werden können, wenn die Lernangebote optimal ausgenutzt wurden, werden durch ein drittes Niveau beschrieben. Die zugehörigen Standards werden als Maximalstandards (Maag Merki 2007), Exzellenzstandards (Criblez et al. 2009) oder Optimalstandards (Pant et al. 2013, S. 52) bezeichnet. Die Beschreibung der verschiedenen erwarteten Kompetenzen erfolgt nach Leistungsniveaus (Stufenmodelle oder Niveaumodelle) und/oder nach Kompetenzbereichen (Komponentenmodelle oder Strukturmodelle). Die in beiden Arten von Modellen beschriebenen Anforderungen können als **Indikatoren** (= Anzeiger) für das Erreichen der geforderten Leistungen herangezogen werden. Komponentenmodelle beschreiben in der Breite die verschiedenen inhaltlichen Anforderungen, die z. B. innerhalb eines Fachs an die Schülerinnen und Schüler gestellt werden. Sie dienen unter anderem der Unterrichtsplanung, aber auch der Entwicklung valider Leistungstests. Stufenmodelle findet man hingegen häufig in der Bildungsberichterstattung. Sie fassen die Leistungen in Form von beschreibbaren Niveaustufen zusammen, um so z. B. berichtete Punktwerte fachdidaktisch interpretierbar zu machen.

Während die deutschen Bildungsstandards die **Funktion** haben, ein vergleichbares Bildungsmonitoring zu ermöglichen (KMK 2006) und somit Evidenzen zur Steuerung des Schulsystems liefern sollen, können Bildungsstandards auch der Schulevaluation dienen und so konkrete Stärken und Schwächen der Schul- und Unterrichtsbedingungen im Einzelfall aufzeigen. Wenn entsprechend ausgereifte Testinstrumente verfügbar sind, können über Standards definierte Zielniveaus auch zur Individualdiagnostik herangezogen werden. Darüber hinaus können Standards auch genutzt werden, um theoriebasierte Kompetenzmodelle empirisch prüfen zu können. Dieser Schritt sollte erfolgen, bevor die Standards eine der anderen Funktionen erhalten (Klieme et al. 2007). Bezogen auf die möglichen **Konsequenzen**, werden in der Regel zwei Verbindlichkeitsebenen unterschieden. Während high-stakes assessments direkte Konsequenzen für Personen oder Institutionen haben, werden low-stakes assessments in der Regel für die Systemevaluation bzw. Qualitätsentwicklung herangezogen und haben somit nur mittelbare Konsequenzen für die betroffenen Personen und Institutionen. Nach Klieme et al. (2007) müssen „gute“ Bildungsstandards mindestens sieben Qualitätskriterien genügen: Fachlichkeit, Fokussierung, Kumulativität, Verbindlichkeit, Differenzierung, Verständlichkeit und Realisierbarkeit (Vertiefung 1).

V

Vertiefung 1: Qualitätskriterien für Bildungsstandards (aus: Klieme et al. 2007, S. 18)

1. **Fachlichkeit:** Bildungsstandards sind jeweils auf einen bestimmten Lernbereich bezogen und arbeiten die Grundprinzipien der Disziplin bzw. des Unterrichtsfachs klar heraus.
2. **Fokussierung:** Die Standards decken nicht die gesamte Breite des Lernbereiches bzw. Faches in allen Verästelungen ab, sondern konzentrieren sich auf einen Kernbereich.
3. **Kumulativität:** Bildungsstandards beziehen sich auf die Kompetenzen, die bis zu einem bestimmten Zeitpunkt im Verlauf der Lerngeschichte aufgebaut worden sind. Damit zielen sie auf kumulatives, systematisch vernetztes Lernen.
4. **Verbindlichkeit für alle:** Sie drücken die Mindestvoraussetzungen aus, die von allen Lernern erwartet werden. Diese Mindeststandards müssen schulformübergreifend für alle Schülerinnen und Schüler gelten.
5. **Differenzierung:** Die Standards legen aber nicht nur eine Messlatte an, sondern differenzieren zwischen Kompetenzstufen, die über und unter bzw. vor und nach dem Erreichen des Mindestniveaus liegen. Sie machen so Lernentwicklungen verstehbar und ermöglichen weitere Abstufungen und Profilbildungen, die ergänzende Anforderungen in einem Land, einer Schule, einer Schulform darstellen.
6. **Verständlichkeit:** Die Bildungsstandards sind klar, knapp und nachvollziehbar formuliert.
7. **Realisierbarkeit:** Die Anforderungen stellen eine Herausforderung für die Lernenden und die Lehrenden dar, sind aber mit realistischem Aufwand erreichbar.

Während Curricula und insbesondere auch schulinterne Lehrpläne Vorgaben für die Ziele und Inhalte schulischen Lernens machen, beschreiben Bildungsstandards die Erwartungen an das Ergebnis des schulischen Lernens

(Faulstich et al. 2004). Damit Bildungsstandards auf den Unterricht wirken können, ist eine Evaluation der Unterrichtsergebnisse zwingend erforderlich. Diese Evaluation macht eine Abstimmung zwischen Bildungspolitik und Wissenschaft notwendig, die von Helmke und Hosenfeld (2004) in einem Rahmenmodell als Kreisprozess veranschaulicht wird (Abb. 2). In diesem Kreisprozess sind die Bildungsziele und die curricularen Standards Ausgangspunkt für die Entwicklung von Kompetenzmodellen in der Form von Komponentenmodellen, die die Konstruktion von Testaufgaben steuern. In der Regel werden an dieser Stelle zusätzlich bereits schwierigkeitsbestimmende Merkmale spezifiziert, um die Schwierigkeit von Aufgaben gezielt variieren zu können. Zu solchen schwierigkeitsbestimmenden Merkmalen zählen unter anderem das Aufgabenformat (z. B. offen / geschlossen), die Komplexität (z. B. Fakten, Zusammenhänge, Konzepte) oder auch die zur Lösung notwendigen kognitiven Prozesse (z. B. reproduzieren, anwenden). Die bei der Aufgabenkonstruktion getätigten Annahmen werden dann einer empirischen Prüfung mit Hilfe einer Normierungsstichprobe (eine der Zielpopulation entsprechende Stichprobe angemessener Größe) unterzogen. Die

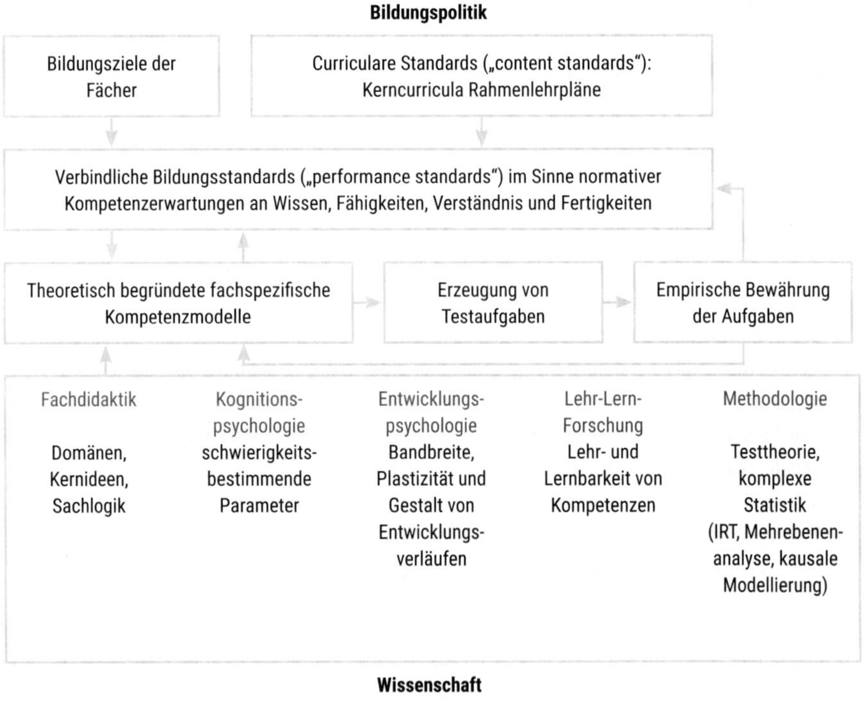

Abb. 2: Rahmenmodell zu Kompetenzmodellen und empirischen Testverfahren nach Helmke & Hosenfeld (2004, S. 62)

Ergebnisse der Evaluation fließen auf verschiedenen Wegen wieder in den Prozess ein, indem sie zum einen der Überarbeitung der theoretischen Annahmen (z. B. über die schwierigkeitsbestimmenden Merkmale) dienen, zum anderen aber auch die Kompetenzerwartungen in Relation zu den tatsächlich gefundenen Leistungen setzen (Helmke & Hosenfeld 2004).

5.1.2 Kompetenzen und Kompetenzmodelle

Die konkrete Ausformulierung und Operationalisierung von Kompetenzen innerhalb von Kompetenzmodellen muss nach Klieme (2003) zunächst fachspezifisch erfolgen. Kompetenzmodelle – unabhängig davon, ob es Komponenten- oder Stufenmodelle sind – sind daher immer zumindest in einer Dimension fachspezifisch, wie Ropohl (2010) herausstellt. Diese fachspezifische Dimension baut auf dem Theorie- und Erkenntnisstand der entsprechenden Fachdidaktik auf. So unterscheiden die deutschen Bildungsstandards z. B. Kompetenzbereiche (Fachwissen, Erkenntnisgewinnung, Kommunikation und Bewertung) und fachliche Basiskonzepte (Stoff-Teilchen-Konzept, Struktur-Eigenschafts-Konzept, chemische Reaktion, Energie; vgl. Kap. 2). Kenntnisse über die fachspezifische Kompetenzentwicklung und typische Verstehenshindernisse können in die Beschreibung von Kompetenzstufen ebenfalls einfließen. Auf dieser Grundlage werden anschließend geeignete Testaufgaben für die Überprüfung der Bildungsstandards entwickelt.

Unterschiedliche Ansichten gibt es darüber, in welchem Verhältnis Kompetenzerwartungen und Inhalte zueinander stehen. Lersch (2010) argumentiert, dass die Kompetenzorientierung zu einem neuen Unterrichtsskript führt, indem das Ziel der Entwicklung von Fähigkeiten und Fertigkeiten – gesteuert durch die Beschreibung in Bildungsstandards – das Vermitteln von Inhalten – gesteuert durch die Vorgaben in Lehrplänen – ablöst. Dubs (2005) hingegen geht davon aus, dass Kompetenzmodelle und Bildungsstandards aus den Lehrplänen abgeleitet werden können, um anschließend den Unterricht zu steuern. In Deutschland findet man derzeit die Situation vor, dass die Bildungsstandards von den einzelnen Bundesländern als Rahmenvorgabe bei der Entwicklung neuer Kerncurricula genutzt werden (vgl. Kap. 5.3). Die Bildungsstandards fließen also einerseits über die Kerncurricula in die Unterrichtsgestaltung und zum anderen in die Entwicklung von Kompetenzmodellen zur Leistungsüberprüfung ein. Darüber hinaus können aus den Kompetenzmodellen Aufgabenbeispiele abgeleitet werden, die ebenfalls auf die Unterrichtsgestaltung wirken.

Wie bereits oben erwähnt, können verschiedene Arten von Kompetenzmodellen unterschieden werden. **Kompetenzstrukturmodelle oder -komponentenmodelle** dienen dazu, die Kompetenzen in einer Domäne inhaltlich zu beschreiben. Dies kann z. B. über die Beschreibung angestrebter Kompetenzen unterschieden nach Fächern, Schulformen o. Ä. geschehen. Folglich lässt sich mithilfe von Kompetenzstrukturmodellen auch untersuchen, welche Dimensionen von Kompetenz (z. B. Kompetenzbereiche der deutschen Bildungsstandards) in einer spezifischen Domäne (z. B. im Fach Chemie zum mittleren Schulabschluss) empirisch trennbar sind.

Ein Beispiel hierfür ist das im folgenden Kapitel zur Kompetenzmessung (vgl. Kap. 5.2) noch ausführlich beschriebene Kompetenzstrukturmodell, das der Aufgabenentwicklung für die Überprüfung des Erreichens des deutschen Bildungsstandards in den Naturwissenschaften zugrunde liegt (Abb. 3). Es hat eine dreidimensionale Struktur mit den Dimensionen Kompetenzbereiche, Komplexität und kognitive Prozesse (Walpuski et al. 2008). Die Dimension Kompetenzbereiche steht für die vier Kompetenzbereiche Fachwissen, Erkenntnisgewinnung, Kommunikation und Bewertung. Die Dimension Komplexität beschreibt Umfang und Vernetzungsgrad der zu bearbeitenden Inhalte, die Dimension kognitive Prozesse die benötigten kognitiven Fähigkeiten (vgl. Kap. 5.2).

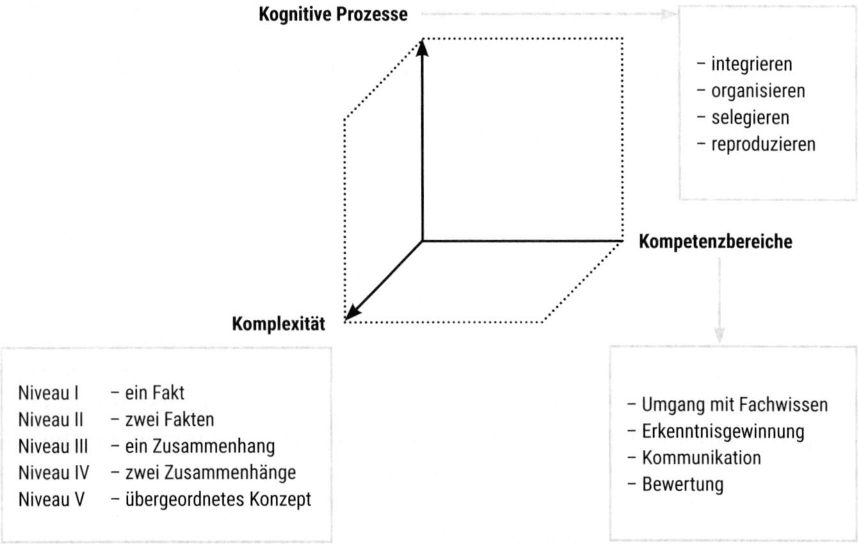

Abb. 3: Kompetenzstrukturmodell zur Überprüfung der Bildungsstandards nach Sumfleth et al. (2013)

Kompetenzstufenmodelle beschreiben hingegen für eine Domäne oder eine Dimension einer Domäne eine Graduierung von Kompetenz. Kompetenzstufen beschreiben fachbezogene Anforderungen, die Personen, die dieser Stufe zugeordnet werden, mit einer gewissen Wahrscheinlichkeit erfüllen können. Ein konkretes Beispiel folgt bei der Beschreibung der Messung von Kompetenzen (vgl. Kap. 5.2).

Der Begriff der Kompetenzstufen wird in der Literatur allerdings zum Teil kritisch diskutiert. Helmke und Hosenfeld (2004) stellen heraus, dass in der kognitiven Entwicklungspsychologie nur dann von Stufen gesprochen wird, wenn plötzlich Leistungen erbracht werden, die vorher entwicklungsbedingt nicht möglich waren. Bei kognitiven Leistungen ist dieser Stufencharakter nicht immer gegeben oder zum Teil nicht geprüft, sodass sich häufig auch die Formulierung „Kompetenzniveaus“ finden lässt. Für das Fach Chemie ist aus zahlreichen Studien bekannt (vgl. Kap. 8), dass z. B. der Wechsel von der Phänomen- auf die Teilchenebene viele Schülerinnen und Schüler vor Probleme stellt. Hier wäre ein solcher Stufencharakter denkbar. Viele Übergänge zwischen Stufen scheinen jedoch eher fließend zu sein (Vertiefung 2). Wichtig ist in diesem Zusammenhang auch zu bedenken, dass Kompetenzstufen durch probabilistische (= wahrscheinlichkeitsbasierte) Modelle beschrieben werden. Schülerinnen und Schüler, die einer bestimmten Stufe zugeschrieben werden, können keineswegs alle Anforderungen auf dieser Stufe vollständig erfüllen, vielmehr erbringen sie die geforderten Leistungen mit einer gewissen Wahrscheinlichkeit. Viele Modelle setzen dabei eine Wahrscheinlichkeit von 62,5 % voraus, so auch der Ländervergleich des IQB (Pant et al. 2013, S. 52).

Kompetenzentwicklungsmodelle als eine dritte Variante von Kompetenzmodellen dienen hingegen der Beschreibung von Veränderungen innerhalb einer Dimension über die Zeit. Die Entwicklung von Kompetenzen kann sowohl in Hinblick auf die Kompetenzstruktur als auch auf die erreichten Kompetenzniveaus beschrieben werden (Hammann 2004). Die Aufgabe der Fachdidaktiken besteht bei der Beschreibung von Kompetenzentwicklungsmodellen vor allem darin, potenzielle Entwicklungen zunächst für die einzelnen fachlichen Dimensionen theoretisch zu beschreiben und in einem weiteren Schritt empirisch zu prüfen.

V

Vertiefung 2: Normative und deskriptive Kompetenzmodelle

Kompetenzmodelle können normativer oder deskriptiver Art sein (Schecker & Parchmann 2006). Normative Kompetenzmodelle beschreiben angestrebte Kompetenzen, über die Schülerinnen und Schüler zu einem bestimmten Zeitpunkt verfügen sollen, und können folglich durch Leistungstests überprüft werden. Deskriptive Kompetenzmodelle beschreiben hingegen die Fähigkeiten von Schülerinnen und Schülern, die man aus den Leistungen in einem Test für eine Domäne oder Dimension abgeleitet hat. Während die TIMS-Studien die Leistungen der Schülerinnen und Schüler durch im Nachhinein festgelegte Kompetenzstufen beschreiben (deskriptives Modell), wurde in PISA 2000 zunächst eine Experteneinschätzung der Aufgaben in Bezug auf ihre Anforderungen vorgenommen (normativer Ansatz). Allerdings lag der Aufgabenentwicklung kein bestimmtes Modell zugrunde, sodass die Experteneinschätzung erst nach der Aufgabenentwicklung, aber vor der Ermittlung der empirischen Schwierigkeit, erfolgte. Das eigentliche Kompetenzstufenmodell im Bericht wurde jedoch im Nachhinein analog zu TIMSS deskriptiv entwickelt. Eine noch stärkere Ausprägung des normativen Ansatzes wurde bei der Vorbereitung des Ländervergleichs berücksichtigt (Walpuski et al. 2010). Hier wurde zunächst ein normatives Kompetenzmodell entwickelt, das die Kompetenzstruktur basierend auf den Bildungsstandards in Kompetenzbereichen und Kompetenzteilbereichen operationalisiert. Diese inhaltlichen Anforderungen werden im ESNaS-Modell mit den Dimensionen Komplexität und kognitive Prozesse (Ropohl 2010; Walpuski et al. 2010) gekreuzt. Die Komplexität und die kognitiven Prozesse wurden dabei für jeden Kompetenzbereich (Fachwissen, Erkenntnisgewinnung, Bewertung, Kommunikation) fachlich ausspezifiziert. Das so entstandene Kompetenzstrukturmodell diente der Entwicklung der Testaufgaben für den Ländervergleich. Um zu einer vergleichbaren Berichterstattung wie in PISA zu kommen, wurde nach der Datenerhebung zusätzlich ein deskriptives Kompetenzstufenmodell entwickelt.

5.1.3 Naturwissenschaftliche Grundbildung und Naturwissenschaftliche Kompetenzstufenmodelle

Unser tägliches Leben wird von naturwissenschaftlichen Erkenntnissen und Entwicklungen geprägt. Als Verbraucher und Wähler treffen wir täglich Entscheidungen, die eigentlich naturwissenschaftliches Wissen voraussetzen. Das gilt nicht nur für Fragen der Energiegewinnung oder des Umweltschutzes, sondern auch für eine angemessene Ernährung oder die Auswahl eines geeigneten Reinigungsmittels. Da sich gerade der Kenntnisstand in den Naturwissenschaften und in der Technik vergleichsweise schnell weiterentwickelt, ist hier ein anpassungsfähiges Grundwissen von besonderer Bedeutung. Dennoch wird naturwissenschaftliche Grundbildung häufig nicht als wichtiges Bildungsziel wahrgenommen, obwohl sie eine entscheidende Perspektive von Weltverständnis verfügbar macht (Fischer 2003). Damit ist eine naturwissenschaftliche Grundbildung gerade für alle diejenigen essenziell, die sich nicht für einen naturwissenschaftlichen Beruf entscheiden, also im weiteren Leben kaum spezifische Bildungschancen erhalten. Naturwissenschaftliche Kompetenzen sind für die berufliche Qualifikation mit Blick auf den Umgang mit Geräten, das Verstehen neuer Entwicklungen und damit das Nutzen von Karrierechancen genauso bedeutungsvoll wie für das praktische Handeln in vielen Alltagssituationen (Sicherheit, Gesundheit, Ernährung, Umweltverhalten usw.) (vgl. Kap. 6.1).

Das Verständnis von naturwissenschaftlicher Grundbildung wurde zunächst durch die US-amerikanische Diskussion geprägt (Scientific Literacy; u. a. Bybee 1997; Laugksch 2000; Shamos 1995), die in den USA und Kanada schon in den Neunzigerjahren zur normativen Formulierung von Bildungsstandards geführt hat (AAAS 1993; Online 1 & 2). Dabei kann man unterschiedliche Ausprägungen der naturwissenschaftlichen Grundbildung unterscheiden. Viele der heutigen Kompetenzstufenmodelle basieren auf den Annahmen Bybees (1997), die in Vertiefung 3 dargestellt sind.

V

Vertiefung 3: Bybees Kompetenzstufenmodell (Bybee 1997; Baumert et al. 2001)

1. *Nominelle naturwissenschaftliche Grundbildung (Nominal Scientific Literacy):*

Es liegt ein oberflächliches und schmales Wissen vor, das sich auf die Kenntnis von einigen Ausdrücken, einfachen Fakten oder Formeln beschränkt. Deren Gehalt wird aber nicht verstanden. Bei Erklärungsversuchen werden naive Theorien und Fehlvorstellungen sichtbar.

2. *Funktionale naturwissenschaftliche Grundbildung (Functional Scientific Literacy):*

Auf dieser Stufe kann in einem engen Bereich von Situationen und Tätigkeiten naturwissenschaftliches Vokabular passend benutzt werden, doch sind die Begriffe wenig durchdrungen und Zusammenhänge bleiben unverstanden.

3. *Konzeptuelle und prozedurale naturwissenschaftliche Grundbildung (Conceptual and Procedural Scientific Literacy):*

Konzepte, Prinzipien und ihre Zusammenhänge in der Disziplin werden ebenso verstanden wie grundlegende naturwissenschaftliche Denk- und Arbeitsweisen. Naturwissenschaftliche Prozesse (Untersuchungsplanung, Erklärungen formulieren und prüfen) und Konzepte werden situationsgerecht angewendet.

4. *Mehrdimensionale naturwissenschaftliche Grundbildung (Multidimensional Scientific Literacy):*

Auf dieser Ebene können Verbindungen zwischen Disziplinen hergestellt und die Besonderheiten der Naturwissenschaften, ihre Geschichte und ihre Rolle in der Kultur und Gesellschaft verstanden werden.

Diese Diskussion führte zu einer Konzeption von naturwissenschaftlicher Grundbildung, die zur Grundlage der PISA-Studien 2000 und 2003 (Baumert et al. 2001; Prenzel et al. 2007) wurde. **Naturwissenschaftliche Grundbildung** wird dort als Fähigkeit verstanden, „naturwissenschaftliches Wissen anzuwenden, naturwissenschaftliche Fragen zu erkennen und aus Belegen

Schlussfolgerungen zu ziehen, um Entscheidungen zu verstehen und zu treffen, welche die natürliche Welt und die durch menschliches Handeln an ihr vorgenommenen Veränderungen betreffen" (Online 3). Die Operationalisierung berücksichtigt drei Aspekte: Konzepte, Prozesse und Situationen. Das Herstellen von Beziehungen, das Erklären von Phänomenen und das Vorhersagen von Veränderungen können als konzeptbezogene Kompetenzen zusammengefasst werden. Demgegenüber stehen die prozessbezogenen Kompetenzen, die Vorgehensweisen naturwissenschaftlichen Arbeitens thematisieren, wie das Erkennen naturwissenschaftlicher Fragen, das Umgehen mit Evidenz, das Ziehen von Schlussfolgerungen, das Kommunizieren naturwissenschaftlicher Beschreibungen oder Argumente und das Verstehen der Besonderheiten naturwissenschaftlicher Untersuchungen und Modelle.

Eine Erweiterung dieses Konstrukts für die PISA-Studie 2006 (Prenzel et al. 2007), die ihren Hauptfokus auf den Naturwissenschaften hatte, führte zu einer Verschiebung der Schwerpunkte. Stärker betont werden jetzt Anwendungsmöglichkeiten von Kenntnissen, Reflexion von naturwissenschaftlichen Fragen, gesellschaftliche Kontexte und die Bedeutung von Einstellungen und Interessen, weil die schnelle Entwicklung des naturwissenschaftlichen Wissens es erfordert, komplexe naturwissenschaftliche Zusammenhänge zu erkennen, zu verstehen und zu erweitern (Abb. 4). Von nun an wird in den PISA-Studien der Begriff naturwissenschaftliche Grundbildung durch naturwissenschaftliche Kompetenz ersetzt. Diese Konzeption war auch noch die Grundlage von PISA 2012 (Prenzel et al. 2013).

Während Bybee (1997) die prozessbezogenen Kompetenzen den höheren Kompetenzstufen innerhalb der naturwissenschaftlichen Grundbildung zuschreibt, hierarchisiert man heute die entsprechenden Kompetenzen nicht mehr in dieser Weise, sondern betrachtet sie eher als kategorial unterschiedlich und somit nicht als Stufen, sondern als Komponenten der naturwissenschaftlichen Grundbildung. Eine Stufung der Fähigkeiten wird in allen Bereichen gleichermaßen erwartet (Pant et al. 2013). Die Ziele des Chemieunterrichts betonen vor diesem Hintergrund einerseits fachspezifische Fähigkeiten und Handlungskompetenzen, beziehen aber andererseits überfachliche Facetten wie Problemlösefähigkeit mit ein. Dieses spiegelt auch das auf alle drei Naturwissenschaften bezogene PISA-Kompetenzstufenmodell wider.

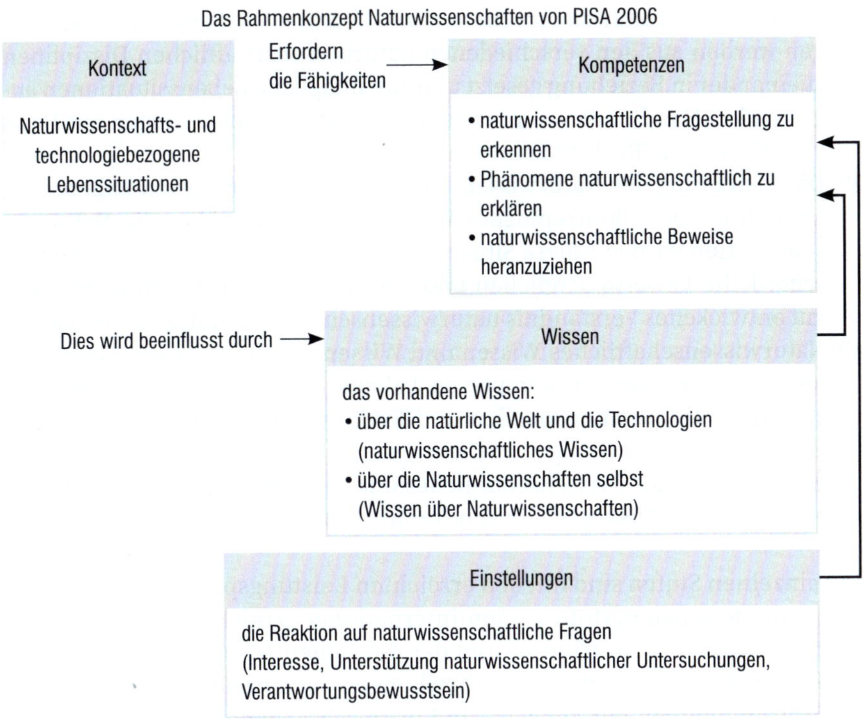

Abb. 4: Das Rahmenkonzept Naturwissenschaften von PISA 2006 (OECD 2007)

PISA-Kompetenzstufenmodell für die Naturwissenschaften

Sowohl den internationalen wie auch den nationalen Ländervergleichen liegt im Rahmen der PISA-Studien ein sechsstufiges Kompetenzstufenmodell zugrunde, wobei I das niedrigste Niveau und VI das höchste Niveau beschreibt (Prenzel et al. 2013).

I Eingeschränktes Wissen wird auf wenige bekannte Situationen angewendet. Die Erklärungen beruhen auf direkt vorliegenden Belegen.

II Angemessenes Wissen wird in bekannten Kontexten zu Erklärungen genutzt und ermöglicht Schlussfolgerungen aus einfachen Experimenten. Es wird in direkten Zusammenhängen gedacht und das Wissen in der Umgangssprache wiedergegeben.

III Eindeutig naturwissenschaftliche Fragestellungen werden in verschiedenen Kontexten erkannt und Phänomene beschrieben; einfache Modelle oder Auswertungsverfahren werden angewendet und Konzepte interpretiert. Kurze Berichte werden auf Faktenbasis erstellt und erste naturwissenschaftliche Entscheidungen getroffen.

IV Die Rolle von Naturwissenschaften und Technik wird erkannt, Erklärungen werden aus den verschiedenen naturwissenschaftlichen Disziplinen zueinander in Beziehung gesetzt und auf alltägliche Lebenssituationen angewendet. Handlungen werden reflektiert und Entscheidungen auf Basis von Wissen und Evidenz kommuniziert.

V Die Bedeutung der Naturwissenschaften wird in komplexen Lebenssituationen erkannt. Konzeptuelles Wissen und Wissen über die Naturwissenschaften wird auf diese Situationen angewendet, indem naturwissenschaftliche Beweise verglichen und bewertet werden. Hinzu kommt ein gut entwickeltes Verständnis naturwissenschaftlicher Untersuchungen.

VI Naturwissenschaftliches Wissen und Wissen über die Naturwissenschaften wird konsistent in komplexen Lebenssituationen angewendet, verschiedene Informationsquellen und Erklärungen werden zueinander in Beziehung gesetzt und genutzt, um Entscheidungen zu begründen. Weit entwickeltes naturwissenschaftliches und logisches Denkvermögen wird eingesetzt, um Lösungen für unbekannte Probleme zu finden.

Die einzelnen Stufen sind mit den erreichten Leistungspunkten verbunden, wobei die Kompetenzstufe III den international erreichten Mittelwert beschreibt, was vor dem Hintergrund der deutschen Bildungsstandards dem Regelstandard entspricht. Die Beschreibungen der einzelnen Kompetenzstufen weisen deutlich auf konzept- und prozessbezogene Kompetenzen hin, wobei letztere nur in der Kompetenzstufe I nicht vorkommen. Außerdem sei betont, dass diese Stufen explizit auf Naturwissenschaften insgesamt bezogen sind und eine fachspezifische Ausprägung weder vom Ansatz her beabsichtigt noch rückblickend explizit interpretiert wird. Dasselbe gilt für das in der Schweiz entwickelte Kompetenzmodell HarmoS Naturwissenschaften+ (Wissenschaftliches Konsortium HarmoS 2008) (Vertiefung 6 → Online-Ergänzung), mit dem von vornherein eine Kreuzung von konzept- und prozessbezogenen Kompetenzen angestrebt wurde.

Während die internationale Diskussion immer auf ein Unterrichtsfach Science fokussiert, ist in Deutschland eine Unterscheidung der drei naturwissenschaftlichen Fächer unabdingbar. Dennoch hat die Kultusministerkonferenz (KMK) die Grundlagen für eine gemeinsame Entwicklung der Standards für alle drei Fächer gelegt, indem sie in enger Abstimmung zwischen den unterschiedlichen Fachgruppen entwickelt wurden. So verständigte man sich auf die vier **Kompetenzbereiche** *Fachwissen, Erkenntnisgewinnung, Kommunikation* und *Bewertung,* wobei die konzeptbezogenen Kompetenzen überwiegend im Kompetenzbereich Fachwissen thematisiert werden und die prozessbezogenen Kompetenzen in den drei anderen Bereichen im Vordergrund stehen.

5.1.4 Bildungsstandards und Kompetenzstufen in der Chemie – Deutschland

Kompetenzbereiche

In den Bildungsstandards für den mittleren Schulabschluss im Fach Chemie (KMK 2005) werden die Ziele naturwissenschaftlicher Grundbildung chemiespezifisch für die vier Kompetenzbereiche ausdifferenziert (Tab. 1).

Kompetenzbereiche im Fach Chemie	
Fachwissen	Chemische Phänomene, Begriffe, Gesetzmäßigkeiten kennen und Basiskonzepten zuordnen
Erkenntnisgewinnung	Experimentelle und andere Untersuchungsmethoden sowie Modelle nutzen
Kommunikation	Informationen sach- und fachbezogen erschließen und austauschen
Bewertung	Chemische Sachverhalte in verschiedenen Kontexten erkennen und bewerten

Tab. 1: Kompetenzbereiche im Fach Chemie (KMK 2005)

Der Kompetenzbereich **Fachwissen** wird durch vier Basiskonzepte strukturiert, die Teilbereiche dieses Kompetenzbereichs beschreiben: Stoff-Teilchen-Beziehungen, Struktur-Eigenschafts-Beziehungen, chemische Reaktion und energetische Betrachtung bei Stoffumwandlungen (vgl. Kap. 2.). Sie lassen sich durch Aspekte, in denen beispielhaft Inhalte beschrieben werden, weiter konkretisieren. Zum Teilbereich chemische Reaktion gehören unter anderem die beiden Aspekte Säure-Base- und Redox-Reaktionen. Basiskonzepte dienen der Strukturierung von Inhalten und unterstützen einen fachsystematischen Wissensaufbau (Demuth et al. 2005). Auf diese Weise fördern sie die vertikale Vernetzung von Inhalten aus der Chemie und bieten gleichzeitig Chancen für eine horizontale Vernetzung von Inhalten über die naturwissenschaftlichen Fächer hinweg, zumal in den Bildungsstandards für alle drei Naturwissenschaften teilweise dieselben Basiskonzepte benutzt werden, wie z. B. Energie. Die Standards sind den vier Basiskonzepten zugeordnet, weisen aber erwartungsgemäß große Gemeinsamkeiten zwischen den Basiskonzepten auf (z. B. „Schülerinnen und Schüler beschreiben den Bau von Atomen mit Hilfe eines geeigneten Atommodells“ – F 1.3, Stoff-Teilchen-Beziehungen und „Schülerinnen und Schüler nutzen ein geeignetes Modell zur Deutung von Stoffeigenschaften auf Teilchenebene“ – F 2.2, Struktur-Eigenschafts-Beziehungen).

Im Kompetenzbereich **Erkenntnisgewinnung** werden die Wege betont, auf denen inhaltliche Erkenntnisse erzielt werden. Es geht also um naturwissenschaftliche Denk- und Arbeitsweisen wie experimentelle Untersuchungsmethoden (vgl. Kap. 4 & 6.5) und das Denken in Modellen (vgl. Kap. 14.1). Ausgangspunkt für einen Erkenntnisgewinnungsprozess ist eine Fragestellung, die mithilfe einer Untersuchungsmethode oder von Erklärungsmodellen beantwortet werden. Aus den Ergebnissen werden mit Blick auf die Fragestellung Schlussfolgerungen gezogen. Die Mehrheit der Standards bezieht sich auf experimentelle Untersuchungen. Dadurch wird das Modelldenken in den Hintergrund geschoben, das aber für den Chemieunterricht von essenzieller Bedeutung ist. Ein Standard weist in Richtung auf wissenschaftstheoretische Überlegungen, die international als *Nature of Science* deutlich größere Bedeutungen besitzen. Auf Basis der Standards lässt sich auch dieser Kompetenzbereich differenziert betrachten (Tabellen 2 und 3).

Erkenntnisgewinnung			
Teilbereiche	**Naturwissenschaftliche Untersuchungen**	**Naturwissenschaftliche Modellbildung**	**Wissenschafts-theoretische Reflektion**
Aspekte	Fragestellung	Funktionalität	Eigenschaften
	Hypothese	Modellanwendung	Entwicklung
	Untersuchungsdesign	Grenzen	
	Datenauswertung		

Tab. 2: Ausdifferenzierung des Kompetenzbereichs Erkenntnisgewinnung (Pant et al. 2013, S. 41)

Standards zur Erkenntnisgewinnung	**Teilbereiche/Aspekte**
Schülerinnen und Schüler ...	
erkennen und entwickeln Fragestellungen, die mithilfe chemischer Kenntnisse und Untersuchungen, insbesondere durch chemische Experimente, zu beantworten sind.	naturwissenschaftliche Untersuchungen/Fragestellung
planen geeignete Untersuchungen zur Überprüfung von Vermutungen und Hypothesen.	naturwissenschaftliche Untersuchungen/Hypothese
führen qualitative und einfache quantitative experimentelle und andere Untersuchungen durch und protokollieren diese.	naturwissenschaftliche Untersuchungen/Untersuchungsdesign und Datenauswertung
beachten beim Experimentieren Sicherheits- und Umweltaspekte.	naturwissenschaftliche Untersuchungen/Untersuchungsdesign
erheben bei Untersuchungen, insbesondere in chemischen Experimenten, relevante Daten oder recherchieren sie.	naturwissenschaftliche Untersuchungen/Datenauswertung
finden in erhobenen oder recherchierten Daten, Trends, Strukturen und Beziehungen, erklären diese und ziehen geeignete Schlussfolgerungen.	naturwissenschaftliche Untersuchungen/Datenauswertung

Standards zur Erkenntnisgewinnung	Teilbereiche/Aspekte
Schülerinnen und Schüler …	
nutzen geeignete Modelle (z. B. Atommodelle, Periodensystem der Elemente), um chemische Fragestellungen zu bearbeiten.	naturwissenschaftliche Modellbildung/alle Aspekte
zeigen exemplarisch Verknüpfungen zwischen gesellschaftlichen Entwicklungen und Erkenntnissen der Chemie auf.	wissenschaftstheoretische Reflektion/alle Aspekte

Tab. 3: Standards des Kompetenzbereichs Erkenntnisgewinnung (KMK 2005)

Eine Betrachtung der einzelnen Standards im Kompetenzbereich **Kommunikation** führt zu drei Teilbereichen, nämlich Informationen erschließen, Informationen weitergeben und Argumentieren, grundsätzlich in mündlicher und schriftlicher Form (Tab. 4 und 5). Hierbei handelt es sich weniger um aufeinanderfolgende Schritte, als um miteinanderverknüpfte Prozesse. Die zentralen Fähigkeiten beim Erschließen von Informationen sind rezeptive sprachliche Handlungen wie das zielgerichtete Recherchieren und das Auswerten von Informationsmaterial auf der Basis der Auswahl geeigneter Quellen. Demgegenüber stehen beim Weitergeben von Informationen produktive sprachliche Handlungen im Mittelpunkt, wie z. B. Beschreibung, Dokumentation, Darstellung, Erklärung oder Präsentation. Beim Argumentieren kommen die Darstellung von Positionen, das Begründen von Argumenten und das Verstehen und Prüfen von Gegenargumenten zusammen (Jiménez-Aleixandre 2008; Kulgemeyer & Schecker 2009; Zeidler 1997). In allen drei Teilbereichen spielen wiederum drei Aspekte eine entscheidende Rolle (Tab. 4). Adressaten- und Sachbezug verlangen die Beachtung des Vorwissens und der Einstellungen und Überzeugungen des Adressaten und sind eine unabdingbare Grundlage, um erfolgreich kommunizieren zu können (Bromme et al. 2004; Kirchhöfer 2004). Diese Situationsabhängigkeit bedingt auch die Wahl der Sprache, Fach- oder Alltagssprache, und einen angemessenen Wechsel zwischen beiden. Dabei ist das Erlernen der Fachsprache (vgl. Kap. 9) auch Ziel des Chemieunterrichts. Damit verbunden ist das Nutzen unterschiedlicher Darstellungsformen, wie Bilder, Zeichnungen, Tabellen, Diagramme, Formelzeichen und Gleichungen (Stäudel et al. 2008).

Kommunikation			
Teilbereiche	**Informationen erschließen**	**Informationen weitergeben**	**Argumentieren**
Aspekte	Sprache/Fachsprache		
	Darstellungsformen		
	Adressatenbezug/Sachbezug		

Tab. 4: Ausdifferenzierung des Kompetenzbereichs Kommunikation (Sumfleth et al. 2012)

Standards zur Kommunikation	Teilbereiche/Aspekte
Schülerinnen und Schüler …	
recherchieren zu einem chemischen Sachverhalt in unterschiedlichen Quellen.	Informationen erschließen/ Sprache, Darstellungsformen
wählen themenbezogene und aussagekräftige Informationen aus.	Informationen erschließen/ Fachsprache, Darstellungsformen
prüfen Darstellungen in Medien hinsichtlich ihrer fachlichen Richtigkeit.	Informationen erschließen/ Darstellungsformen
beschreiben, veranschaulichen oder erklären chemische Sachverhalte unter Verwendung der Fachsprache und/oder mithilfe von Modellen und Darstellungen.	Informationen weitergeben/ Fachsprache, Darstellungsformen
stellen Zusammenhänge zwischen chemischen Sachverhalten und Alltagserscheinungen her und übersetzen dabei bewusst Fachsprache in Alltagssprache und umgekehrt.	Informationen weitergeben/ Sprache, Fachsprache
protokollieren den Verlauf und die Ergebnisse von Untersuchungen und Diskussionen in angemessener Form.	Informationen weitergeben/ Fachsprache, Darstellungsformen
dokumentieren und präsentieren den Verlauf und die Ergebnisse ihrer Arbeit situationsgerecht und adressatenbezogen.	Informationen weitergeben/ alle Aspekte
argumentieren fachlich korrekt und folgerichtig.	Argumentieren/Sprache, Sachbezug
vertreten ihre Standpunkte zu chemischen Sachverhalten und reflektieren Einwände selbstkritisch.	Argumentieren/Sprache, Sachbezug
planen, strukturieren, reflektieren und präsentieren ihre Arbeit als Team.	Alle Teilbereiche/alle Aspekte

Tab. 5: Standards des Kompetenzbereichs Kommunikation

Die Teilbereiche im Kompetenzbereich **Bewertung** unterscheiden verschiedene Arten von Bewertungssituationen. Die drei Teilbereiche Bewertungskriterien, Handlungsoptionen und Reflexion (Tab. 6 und 7) beziehen sich auf die Schritte des Bewertungsprozesses (Bögeholz 2007). Mithilfe von Bewertungskriterien wird eine Entscheidung erreicht, die reflektiert werden kann. Bewertungskriterien können relevante Fakten oder zugehörige Werte und Normen sein, die ausgewählt und angewendet werden müssen. Mit Werten sind einerseits im Sinne der Ethik Konstrukte wie Gleichheit, Gerechtigkeit und Wohlergehen gemeint, andererseits kann Objekten auch ein ästhetischer, ökologischer oder wissenschaftlicher Wert beigemessen werden. Dagegen stellen Normen gesellschaftliche Regelungen dar. Dabei wird zwischen moralischen Normen (Eggert & Hößle 2006) und technischen Normen (DIN-Normen usw.) unterschieden. Bei den Handlungsoptionen spielt neben dem Generieren und Bewerten von Handlungsoptionen eine Übernahme der Perspektive einer anderen Person eine entscheidende Rolle. Hinzu kommt die Reflexion über mögliche Folgen für die betroffenen Personen, die auch rückblickend erfolgen kann. In allen Teilbereichen sind Bewertungen unter persönlichen, gesellschaftlichen und ethischen Aspekten denkbar.

Bewertung			
Teilbereiche	**Bewertungskriterien**	**Handlungsoptionen**	**Reflexion**
Aspekte	persönlich		
	gesellschaftlich		
	ethisch		

Tab. 6: Ausdifferenzierung des Kompetenzbereichs Bewertung (Hostenbach et al. 2011)

Standards der Bewertung	**Teilbereiche / Aspekte**
Schülerinnen und Schüler ...	
stellen Anwendungsbereiche und Berufsfelder dar, in denen chemische Kenntnisse bedeutsam sind.	Bewertungskriterien / gesellschaftlich
erkennen Fragestellungen, die einen engen Bezug zu anderen Unterrichtsfächern aufweisen und zeigen diese Bezüge auf.	Bewertungskriterien / persönlich
nutzen fachtypische und vernetzte Kenntnisse und Fertigkeiten, um lebenspraktisch bedeutsame Zusammenhänge zu erschließen.	Handlungsoptionen / persönlich, gesellschaftlich
entwickeln aktuelle, lebensweltbezogene Fragestellungen, die unter Nutzung fachwissenschaftlicher Erkenntnisse der Chemie beantwortet werden können.	Handlungsoptionen / gesellschaftlich
diskutieren und bewerten gesellschaftsrelevante Aussagen aus unterschiedlichen Perspektiven.	Reflexion / alle Aspekte
binden chemische Sachverhalte in Problemzusammenhänge ein, entwickeln Lösungsstrategien und wenden diese an.	Reflexion / gesellschaftlich

Tab. 7: Standards des Kompetenzbereichs Bewertung

Neben den Kompetenzbereichen werden in den Bildungsstandards (KMK 2005) **Anforderungsbereiche** (Tab. 8) beschrieben, die vom „Wiedergeben von Kenntnissen und Konzepten" bis zum „Reflektieren von Argumenten" reichen.

Kompetenzbereich	Anforderungsbereich I	Anforderungsbereich II	Anforderungsbereich III
Fachwissen	Kenntnisse und Konzepte zielgerichtet wiedergeben	Kenntnisse und Konzepte auswählen und anwenden	Komplexere Fragestellungen auf der Grundlage von Kenntnissen und Konzepten planmäßig und konstruktiv bearbeiten
Erkenntnisgewinnung	Bekannte Untersuchungsmethoden und Modelle beschreiben, Untersuchungen nach Anleitung duchführen	Geeignete Untersuchungsmethoden und Modelle zur Bearbeitung überschaubarer Sachverhalte auswählen und anwenden	Geeignete Untersuchungsmethoden und Modelle zur Bearbeitung komplexer Sachverhalte begründet auswählen und anpassen
Kommunikation	Bekannte Informationen in verschiedenen fachlich relevanten Darstellungsformen erfassen und wiedergeben	Informationen erfassen und in geeigneten Darstellungsformen situations- und adressatengerecht veranschaulichen	Informationen auswerten, reflektieren und für eigene Argumentationen nutzen
Bewertung	Vorgegebene Argumente zur Bewertung eines Sachverhaltes erkennen und wiedergeben	Geeignete Argumente zur Bewertung eines Sachverhaltes auswählen und nutzen	Argumente zur Bewertung eines Sachverhaltes aus verschiedenen Perspektiven abwägen und Entscheidungsprozesse reflektieren

Tab. 8: Anforderungsbereiche zu den Bildungsstandards (KMK 2005)

Beim genaueren Betrachten wird deutlich, dass die Anforderungen über zwei verschiedene Parameter gestuft werden, und zwar zum einen über die zu betrachtenden Objekte (Kenntnisse und Konzepte – komplexere Fragestellungen; bekannte – geeignete Untersuchungsmethoden und Modelle; bekannte Informationen – Informationen; vorgegebene – geeignete Argumente) und zum anderen über die Operatoren (wiedergeben – auswählen, anwenden – konstruktiv bearbeiten; nach Anleitung durchführen – auswählen, anwenden – begründet auswählen, anpassen; erfassen, wiedergeben – adressatengerecht veranschaulichen – nutzen; erkennen, wiedergeben – auswählen, nutzen – reflektieren).

5.2 Messung der Kompetenz – eine Aufgabe fachdidaktischer Forschung

5.2.1 Aufgabenentwicklung

Um im Zuge der Aufgabenentwicklung zur Überprüfung des Erreichens der Standards durch die Schülerinnen und Schüler in der Schwierigkeit ähnliche Aufgaben über die vier Kompetenzbereiche hinweg entwickeln zu können, wurde bei den Anforderungen zwischen den beiden Parametern *Komplexität* und notwendige *Kognitive Prozesse* unterschieden. Diese entsprechen den in den Anforderungsbereichen gewählten Stufungskriterien über die Objekte und die Operatoren. Beide Parameter wurden mehrfach gestuft, um kriteriengeleitet und unabhängig vom Kompetenzbereich unterschiedlich schwierige Aufgaben zu entwickeln.

Komplexität

Die Dimension Komplexität beschreibt die inhaltliche Vernetzung der Objekte oder Wissenselemente, die in den Aufgaben zu betrachten ist. Entscheidend ist nicht, wie viele Informationen in der Aufgabe enthalten sind, sondern wie viele Informationen für die richtige Lösung kognitiv verarbeitet werden müssen. Diese Dimension ist fünffach gestuft, wobei prinzipiell zwischen ein und zwei Fakten (Objekte, Wissenselemente wie z. B. einzelne Begriffe, Eigenschaften oder Variablen) und ein und zwei Zusammenhängen unterschieden wird (Sumfleth et al. 2013; Walpuski et al. 2010; Pant et al. 2013). Ein Zusammenhang besteht z. B. bei expliziten Abhängigkeiten, gegenseitigen Bedingungen oder Kausalitäten zwischen zwei Objekten. Das fünfte Niveau bildet das übergeordnete Konzept. Hier erfordert die Aufgabe den Umgang mit einem abstrakten Konstrukt, z. B. einem allgemeinen Gesetz oder Prinzip.

Die geringste Komplexität einer Aufgabe liegt also vor, wenn zu ihrer Lösung nur eine einzige Variable oder ein einziges Merkmal berücksichtigt werden muss (ein Fakt). Auf dem zweiten Komplexitätsniveau müssen zwei Variablen oder Merkmale berücksichtigt werden, die nicht in einem direkten Zusammenhang zueinander stehen (zwei Fakten). Beim dritten Komplexitätsniveau ist genau diese gegenseitige Abhängigkeit entscheidend (ein Zusammenhang). Auf dem vierten Komplexitätsniveau müssen zur Lösung einer Aufgabe zwei Zusammenhänge berücksichtigt werden (zwei Zusammenhänge). Das fünfte Komplexitätsniveau entspricht einem allgemeinen Prinzip, z. B. der Darstellung eines kompletten Erkenntnisgewinnungsprozesses (übergeordnetes Konzept).

Kognitive Prozesse

Die Dimension Kognitive Prozesse definiert, welche Art der Informationsverarbeitung (Denkprozesse beschrieben über Operatoren) die Schülerinnen und Schüler zur Bearbeitung einer Aufgabe ausführen müssen. Diese Dimension ist vierfach gestuft, d. h. die Schülerinnen und Schüler müssen bei einer Aufgabe Informationen reproduzieren, selegieren, organisieren oder integrieren (Tab. 9). Beim Reproduzieren entspricht die Struktur der in der Aufgabe gegebenen Informationen der Struktur der erwarteten Antwort. Beim Selegieren müssen relevante Informationen aus der Aufgabe ausgewählt werden, wobei die Ähnlichkeit zwischen den gegebenen Informationen und der Antwort hoch ist. Beim Organisieren werden Informationen aus der Aufgabe z. B. zeitlich oder hierarchisch nach vorgegebenen Regeln geordnet. Die Ähnlichkeit der in der Aufgabenstellung beschriebenen Situation und der erwarteten Antwort ist hoch. Demgegenüber müssen beim Integrieren Informationen aus der Aufgabe angewendet, interpretiert oder verallgemeinert werden. Die Informationen müssen also zunächst erfasst und dann auf eine andere Situation übertragen werden (Sumfleth et al. 2013; Walpuski et al. 2010; Pant et al. 2013).

Kriterien / Kognitive Prozesse	Verhältnis zwischen der in der Aufgabenstellung vorgegebenen Information und der als Antwort erwarteten Information	Notwendigkeit, Zusammenhänge herzustellen	Ähnlichkeit der Situationen in Aufgabenstellung und Lösung
Reproduzieren	Vorgabe = Antwort	nein	hoch
Selegieren	Vorgabe ≠ Antwort	nein	hoch
Organisieren	Vorgabe ≠ Antwort	ja	hoch
Integrieren	Vorgabe ≠ Antwort	ja	niedrig

Tab. 9: Detaillierte Betrachtung der kognitiven Prozesse

Kombination der schwierigkeitsbestimmenden Dimensionen

Bei der Entwicklung jeder einzelnen Testaufgabe müssen die beiden Dimensionen Komplexität und Kognitive Prozesse auf inhaltliche Beispiele aus dem jeweiligen Kompetenzbereich bezogen werden. Die Kombinationen der beiden schwierigkeitsbestimmenden Dimensionen sind in Tabelle 10 dargestellt. Die ausgegrauten Zellen stehen für Kombinationen, die nicht in Aufgaben umgesetzt wurden. Zum einen kann man einzelne Fakten nicht organisieren oder integrieren. Während man natürlich zwei Fakten organisieren also z. B. nach größer oder kleiner sortieren kann, sind Integrationsprozesse, also ein Anwenden von Fakten in neuen Kontexten, nicht möglich. Zum anderen sind

Aufgaben, in denen ein übergeordnetes Konzept reproduziert oder selegiert werden muss, sehr umständlich und deshalb unökonomisch, weil ein langer komplexer Aufgabenstamm für eine vergleichsweise triviale Antwort benötigt wird. Die mittlere Aufgabenschwierigkeit nimmt in dieser Matrix von links unten nach rechts oben zu.

Integrieren					
Organisieren					
Selegieren					
Reproduzieren					
Kognitive Prozesse / **Komplexität**	Niveau 1 1 Fakt	Niveau 2 2 Fakten	Niveau 3 1 Zusammen-hang	Niveau 4 2 Zusammen-hänge	Niveau 5 Übergeord-netes Konzept

Tab. 10: Kombination der schwierigkeitsbestimmenden Dimensionen

Ein Beispiel für eine Aufgabe mittlerer Schwierigkeit ist das folgende, veröffentlichte Aufgabenbeispiel zum Thema „Auch Metalle brennen". Es ist eine offene Aufgabe, die der Kombination *Zusammenhang integrieren* entspricht (Walpuski et al. 2013):

> Es gibt edle und unedle Metalle. Beispiele für edle Metalle sind Gold und Silber. Beispiele für unedle Metalle sind Magnesium und Zink.
>
> Unedle Metalle reagieren besonders heftig mit Sauerstoff zu Metalloxiden.
>
> Ein Stück Zink wiegt vor der Reaktion mit Sauerstoff 6,5 g. Nach der Reaktion wiegt das Reaktionsprodukt ungefähr 8,0 g.
>
> Erkläre die Massenzunahme.

Eine mögliche richtige Schülerantwort lautet im Original z. B.:

> Sauerstoff wiegt auch etwas. Nur weil es nicht sichtbar ist, heißt es nicht, dass es nichts wiegt und das sieht man dann bei Versuchen wie oben angegeben.

Einen Eindruck von falschen Antworten geben die folgenden Originalantworten (um Rechtschreibfehler korrigiert):

Es wiegt dadurch mehr, weil edle Metalle schwerer sind und wenn das dann zusammentrifft, wird es schwerer.

Luftlöcher werden beim Brennen verschmolzen.

Das Zink breitet sich bei hohen Temperaturen aus.

Die entwickelten Aufgaben wurden im ersten nationalen Ländervergleich 2012 zur Messung der ersten beiden Kompetenzbereiche, Fachwissen und Erkenntnisgewinnung, eingesetzt. Weitere veröffentlichte Aufgabenbeispiele finden sich in dem Berichtsband (Pant et al. 2013). Auf Basis der Leistungsdaten einer repräsentativen Stichprobe deutscher Schülerinnen und Schüler wurden für diese beiden Kompetenzbereiche Kompetenzstufenmodelle entwickelt. Die Überprüfung der beiden weiteren Kompetenzbereiche sollte 2018 erfolgen, wurde aber von der Kultusministerkonferenz auf einen späteren Zeitpunkt verschoben.

5.2.2 Kompetenzstufenmodelle für Fachwissen und Erkenntnisgewinnung

Zur Entwicklung der Kompetenzstufenmodelle wurden vor der eigentlichen Datenerhebung zum Ländervergleich auf der Basis national repräsentativer Stichproben von Schülerinnen und Schülern der 9. und 10. Jahrgangsstufen Normierungsstudien durchgeführt, um datenbasiert länderübergreifend die Fähigkeiten der Schülerinnen und Schüler und die Schwierigkeiten der eingesetzten Aufgaben beschreiben zu können. Für den Ländervergleich wird der in den Kompetenztests von den Schülerinnen und Schülern erreichte Mittelwert auf M = 500 Punkte mit einer Streuung von SD = 100 Punkten willkürlich festgelegt und folgt damit der PISA-Konvention (vgl. z. B. Baumert et al. 2002; Klieme 2010). Das bedeutet konkret, dass der tatsächlich erreichte Mittelwert von x Punkten als 500 Punkte definiert wird. Bei Annahme der Normalverteilung der Daten ergibt sich eine Punkteverteilung wie in Abbildung 5 dargestellt.

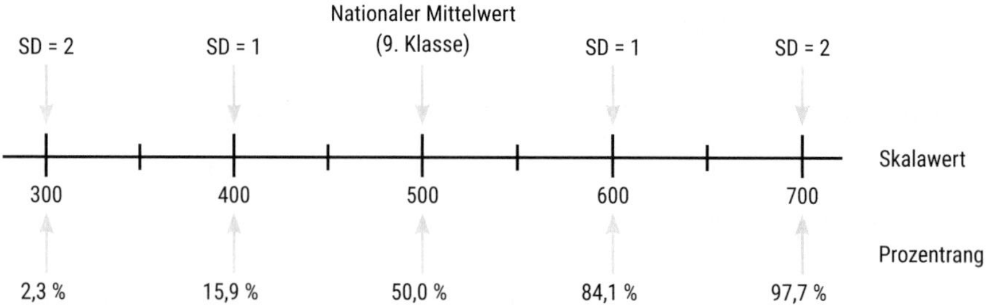

Abb. 5: Kompetenzskala mit Prozenträngen (Pant et al. 2013)

Somit liegen theoretisch immer 50 % der Gesamtpunktwerte der Schülerinnen und Schüler darunter und 50 % darüber. Die Abbildung ist auch so zu lesen, dass z. B. für Schülerinnen und Schüler mit einem Fähigkeitswert von 700 Punkten (Mittelwert plus zwei Standardabweichungen) gilt, dass ihre Leistungen besser sind als von ca. 97 % der Stichprobe. Gleichzeitig lassen sich an dieser Skala auch die Schwierigkeiten der Aufgaben ablesen, denn sehr schwierige Aufgaben liegen entsprechend bei Werten von 700 Punkten und höher.

Standardsetting

Die gemeinsame Skala für Personenfähigkeiten und Aufgabenschwierigkeiten ist hilfreich, um die Leistungsfähigkeit der Schülerinnen und Schüler konkret zu beschreiben und letztlich Kompetenzstufen festzulegen, denn man kann sich jetzt z. B. eine sehr schwere Aufgabe mit der Schwierigkeit von 700 genau anschauen und die Fähigkeiten beschreiben, die eine Person haben muss, die diese Aufgabe richtig bearbeitet. Wird dies für alle oder viele Aufgaben gemacht, so kann beschrieben werden, welche Aufgaben sich in ihren Anforderungen an die Schülerinnen und Schüler bedeutsam unterscheiden und wodurch diese Unterschiede entstehen. Auf diese Weise können die Kompetenzstufen voneinander abgegrenzt und Schwellenwerte (Cut-Scores) festgelegt werden. Der gesamte Prozess heißt Standard-Setting (Cizek 2001; Pant et al. 2010) und ist ein bewertender Vorgang. Es kann also keine „wahren" Schwellenwerte geben (Kane 2001).

Für diesen Prozess sind in der Literatur zahlreiche unterschiedliche Verfahren beschrieben (Cizek 2001). Im Rahmen der Überprüfung des Erreichens der Bildungsstandards durch die deutschen Schülerinnen und Schüler wurde die Bookmark-Methode verwendet (Mitzel et al. 2001), weil es sich um auf Standards basierende Leistungstests mit ausschließlich richtig-falsch kodierten Aufgaben handelt und die Notwendigkeit bestand, mehrere Cut-Scores pro Kompetenzskala zu setzen. Die Bookmark-Methode wurde folgendermaßen umgesetzt: Eine Gruppe von Experten erhält die nach ihrer empirischen Schwierigkeit sortierten Aufgaben. Die Experten legen zunächst in dem Aufgabenbuch individuell Schwellenwerte fest (bookmarks) und kommen dann konsensuell zur Entscheidung über die Schwellenwerte, bei denen sich die Anforderungen bedeutsam verändern. Diese Veränderungen sind Grundlagen für die inhaltliche Beschreibung der Kompetenzstufen. Die Schwellenwerte werden mehrmals mit den Beschreibungen abgeglichen und ggf. angepasst. Außerdem spielen in diesem Prozess neben den empirischen Ergebnissen, psychometrischen und fachdidaktischen Argumenten auch bildungspolitische, normative Erwägungen eine Rolle.

So handelt es sich bei den Bildungsstandards um normativ gesetzte Kompetenzerwartungen, die Regelstandards beschreiben. Das Erfüllen dieser Regelstandards entspricht dem mittleren Niveau, also der Kompetenzstufe III (Tab. 11). Darüber hinaus sollte das Kompetenzstufenmodell auch Mindest- und Optimalstandards beschreiben (Klieme et al. 2007). Deshalb wurden allen Kompetenzstufenmodellen im Rahmen von Ländervergleichen auf Basis der deutschen Bildungsstandards folgende inhaltliche Definitionen zugrunde gelegt (Köller 2010; Pant et al. 2013):

- Mindeststandards beziehen sich auf ein definiertes Minimum an Kompetenzen, das alle Schülerinnen und Schüler bis zu einem bestimmten Bildungsabschnitt erreicht haben sollten. Dieses unterschreitet die in den Publikationen der KMK festgelegten Kompetenzerwartungen der Regelstandards.
- Regelstandards beziehen sich auf Kompetenzen, die im Durchschnitt von den Schülerinnen und Schülern bis zu einem bestimmten Bildungsabschnitt erreicht werden sollen und den Veröffentlichungen der KMK-Bildungsstandards entsprechen.
- Als Regelstandard plus wird ein Leistungsbereich definiert, der über den Regelstandards liegt und als Zielperspektive für die Weiterentwicklung von Unterricht angesehen werden kann.
- Optimal- beziehungsweise Maximalstandards beziehen sich auf Leistungserwartungen, die bei sehr guten oder ausgezeichneten individuellen Lernvoraussetzungen und der Bereitstellung gelingender Lerngelegenheiten innerhalb und außerhalb der Schule erreicht werden können und die bei Weitem die Erwartungen der KMK-Bildungsstandards übertreffen.

Kompetenzstufen	Fachwissen	Erkenntnisgewinnung	
I	unter 435	unter 415	
II	435 bis 504	415 bis 489	Mindeststandard
III	505 bis 604	490 bis 559	Regelstandard
IV	605 bis 679	560 bis 639	Regelstandard plus
V	680 und darüber	640 und darüber	Optimalstandard

Tab. 11: Kompetenzstufen für die Kompetenzbereiche Fachwissen und Erkenntnisgewinnung im Fach Chemie (Pant et al. 2013)

Die inhaltliche Beschreibung der Kompetenzstufen folgt in Tabelle 12. Ein Vergleich der beschriebenen Fähigkeiten von Schülerinnen und Schülern mit den in den Bildungsstandards formulierten Kompetenzerwartungen ist nach dem oben Beschriebenen nur für die Kompetenzstufe III möglich.

Kompetenzstufen	Fachwissen Schülerinnen und Schüler können	Erkenntnisgewinnung Schülerinnen und Schüler können
I	Fakten und Phänomene identifizieren, einfache Zusammenhänge in Alltagssituationen erkennen. • Eigenschaften von Stoffen erkennen, zuordnen und unterscheiden, Verwendungsmöglichkeiten von Stoffen aus vorgegebenen Eigenschaften ableiten (Struktur-Eigenschafts- und Stoff-Teilchen-Beziehungen) • einfache Wortgleichungen ergänzen und wiedergeben (chemische Reaktion)	Einfache Versuchsanordnungen, Modelle und überprüfbare Fragestellungen erkennen, Sicherheitsregeln benennen. • einfache chemiebezogene Fragestellungen wiedergeben, notwendige Experimentiergeräte und richtige Handlungsschritte zur Durchführung von Experimenten auswählen und aus vorgegebenen Trends einfache Schlussfolgerungen ziehen (naturwissenschaftliche Untersuchungen). • einfache Teilchenmodelle (z. B. Kugelteilchenmodell) auf einfache Phänomene anwenden und geeignete Modelle auswählen, um Phänomene zu beschreiben (z. B. Teilchenbewegung) (naturwissenschaftliche Modellbildung) • elementare Bezüge zwischen Erkenntnissen der Chemie und gesellschaftlichen Entwicklungen benennen (wissenschaftstheoretische Reflexion)
II	Zusammenhänge beschreiben, auf ähnliche Situationen übertragen und zur Erklärung von Phänomenen nutzen. • einfache Beziehungen zwischen Struktur und Eigenschaft herstellen, einfache chemische Ordnungsprinzipien (z. B. Siedetemperaturen) und einfache Abstraktionen (z. B. Teilchenmodell) auf vorgegebene Beispiele anwenden (Struktur-Eigenschafts- und Stoff-Teilchen-Beziehungen) • einfache Beispiele chemischer Reaktion mit Wortgleichungen beschreiben, ihnen grundlegende Merkmale zuordnen und deren energetische Beeinflussung erkennen	Schritte der naturwissenschaftlichen Erkenntnisgewinnung erfassen sowie einfache Modelle nutzen und anwenden, Sicherheitsregeln auf konkrete Situationen anwenden. • chemiebezogene Fragestellungen in lebensweltlichen Zusammenhängen identifizieren, einfache Experimente planen, deren Eignung zur Prüfung von einfachen Hypothesen beurteilen und aus experimentellen Beobachtungen einfache Schlussfolgerungen ableiten (naturwissenschaftliche Untersuchungen) • einfache Schlussfolgerungen aus Modelldarstellungen ableiten, modellhafte Darstellungen einem chemischen Sachverhalt zuordnen und Aussagen des Dalton-Modells auf naturwissenschaftliche Fragestellungen beziehen (naturwissenschaftliche Modellbildung)

Kompetenzstufen	Fachwissen Schülerinnen und Schüler können	Erkenntnisgewinnung Schülerinnen und Schüler können
III	Basiskonzepte auf einfache Beispiele anwenden, Zusammenhänge mit einfachen Konzepten erklären. • den Aufbau der Materie auf submikroskopischer Ebene beschreiben, Phänomene auf Teilchenebene erklären, Summenformeln interpretieren, Ordnungsprinzipien (z. B. Periodensystem der Elemente) beschreiben und Schlussfolgerungen daraus ziehen (Struktur-Eigenschafts- und Stoff-Teilchen-Beziehungen) • Edukt- und Produktverhältnisse ausgleichen, die Umkehrbarkeit von Reaktionen beschrieben und Energieverläufe Reaktionen zuordnen (chemische Reaktion und Energetische Betrachtungen bei Stoffumwandlungen)	Naturwissenschaftliche Methoden und Modelle in einfachen Zusammenhängen anwenden, selbstständig über geeignete Sicherheitsmaßnahmen entscheiden. • experimentelle Fragestellungen ableiten, einfache Experimente zur Überprüfung von Hypothesen unter Berücksichtigung von Kontrollvariablen planen und verschiedene Parameter (mehrere Variablen) berücksichtigen, Versuchsreihen planen, in erhobenen Daten Strukturen finden und daraus geeignete Schlussfolgerungen ziehen (naturwissenschaftliche Untersuchungen) • Aussagen aus differenzierten Atommodellen (z. B. Schalenmodell) auf Fragestellungen beziehen, die Eignung von Modellen zur Darstellung beurteilen und Schlussfolgerungen auf Basis des Periodensystems ziehen (naturwissenschaftliche Modellbildung)
IV	Basiskonzepte selbstständig anwenden, zur Erklärung komplexer Zusammenhänge verwenden und Schlussfolgerungen aus vorgegebenen Abstraktionen ziehen. • Stoffeigenschaften aus Daten erschließen und für analytische Verfahren nutzen (Struktur-Eigenschafts- und Stoff-Teilchen-Beziehungen) • bei vorgegebenen Edukten und Produkten selbstständig Reaktionsgleichungen aufstellen und einfache stöchiometrische Berechnungen vornehmen, Reaktionstypen unterscheiden, Einflussgrößen auf den Reaktionsverlauf beurteilen und den Einsatz von Katalysatoren sowie chemische Kreisprozesse beschreiben (chemische Reaktion und energetische Betrachtungen bei Stoffumwandlungen)	Naturwissenschaftliche Methoden der Erkenntnisgewinnung begründet auswählen und in komplexen Zusammenhängen nutzen. • experimentelle Fragestellungen selbstständig entwickeln, komplexe Experimente unter Berücksichtigung von Kontrollvariablen planen und auswerten und auf Basis von komplexen Datensätzen Schlussfolgerungen ziehen (naturwissenschaftliche Untersuchungen) • mit differenzierten Atom-, Molekül- und Bindungsmodellen umgehen, modellhafte Darstellungen verschiedenen Bindungstypen zuordnen und komplexe Modelldarstellungen (z. B. Strukturmodelle) zum Ableiten von Schlussfolgerungen nutzen (naturwissenschaftliche Modellbildung)

Kompetenzstufen	Fachwissen Schülerinnen und Schüler können	Erkenntnisgewinnung Schülerinnen und Schüler können
V	Selbstständig Basiskonzepte zur Erklärung von Sachverhalten auf der Diskontinuums-ebene anwenden, lebensweltliche Phänomene und Probleme erklären und Abstraktionen vornehmen, über ein vertieftes Verständnis der Basiskonzepte verfügen. • Stoffeigenschaften für analytische Verfahren nutzen und den Aufbau der Materie auf submikroskopischer Ebene reflektieren (Struktur-Eigenschafts- und Stoff-Teilchen-Beziehungen) • Zusammenhänge selbstständig in Reaktionsgleichungen (Formelschreibweise) ausdrücken, Berechnungen zu Stoffmengen- oder Konzentrationsangaben durchführen und die Mehrstufigkeit von Reaktionsprozessen beschreiben (chemische Reaktion)	Möglichkeiten und Grenzen von Experimenten und Modellen berücksichtigen. • komplexe Experimente und Versuchsreihen unter Einbeziehung von Blindproben und Vergleichsexperimenten planen und auswerten (naturwissenschaftliche Untersuchungen) • differenzierte Atommodelle und Molekülmodelle auf neue Beispiele anwenden und Aussagen aus Modellen und Theorien ableiten (naturwissenschaftliche Modellbildung)

Tab. 12: Inhaltliche Beschreibung der Kompetenzstufen für die Kompetenzbereiche Fachwissen und Erkenntnisgewinnung im Fach Chemie (Pant et al. 2013)

5.3 Kompetenzorientierte Lehrpläne

5.3.1 Bildungsstandards konkret

Mit den Bildungsstandards im Fach Chemie für den Mittleren Schulabschluss (KMK 2005) wird das Ziel verfolgt, im Chemieunterricht der Sekundarstufe I aller 16 Bundesländer vergleichbare Kompetenzen zu erreichen und gleiche Maßstäbe für den mittleren Schulabschluss geltend zu machen. Grundlage der Bildungsstandards ist ein gemeinsames Verständnis von naturwissenschaftlicher Grundbildung. Diese Zielsetzung lässt sich in vier Kompetenzbereichen abbilden: Fachwissen, Erkenntnisgewinnung, Kommunikation und Bewertung (vgl. Kap. 5.1). In der Publikation der Bildungsstandards findet sich neben einer detaillierten Darstellung der Zielsetzungen (Standards) auch eine Konkretisierung durch Aufgabenbeispiele (Abb. 6).

Material:

Ein Auszubildender im Chemielabor füllt für den nächsten Tag folgende Lösungen ab: verdünnte Salzsäure, verdünnte Natronlauge, Natriumcarbonat-Lösung und Wasser.
Später stellt er fest, dass er die Beschriftungen der vier Flaschen vergessen hatte. Nach kurzer Überlegung findet er einen Weg, mit Hilfe von Universalindikator und einigen Reagenzgläsern die Lösungen zu identifizieren.

Sicherheitshinweis: Behandeln Sie zunächst jede Flasche so, als ob eine ätzende oder reizende Lösung enthalten wäre!

Geräte und Chemikalien:
Flaschen mit verdünnter Salzsäure, verdünnter Natriumhydroxid-Lösung, Natriumcarbonat-Lösung und Wasser, Universalindikator-Lösung, Reagenzgläser, Reagenzglasständer, Schutzbrille

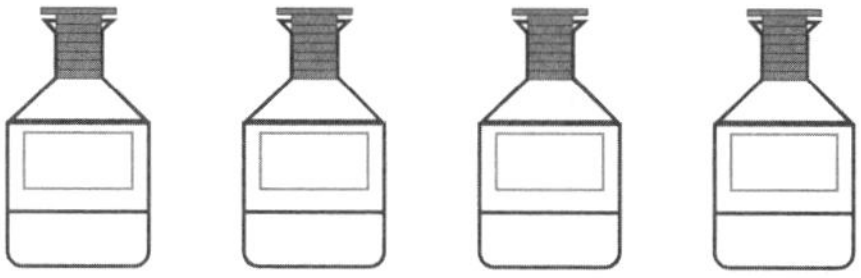

Aufgabenstellung:

2.1 Entwickeln Sie einen geeigneten Untersuchungsplan zur Identifizierung der Lösungen.

2.2 Überprüfen Sie experimentell Ihren Untersuchungsplan und notieren Sie Ihre Beobachtungen.

2.3 Beschriften Sie die Flaschen nach ihren Beobachtungen folgerichtig und ordnen Sie die entsprechenden Gefahrensymbole  und  zu.

Begründen Sie Ihre Entscheidungen.

Abb. 6: Beispielhafte Konkretisierung der Umsetzung der Standards (KMK 2005)

Ergänzend wird zu jeder Aufgabe aufgeführt, welche Standards pro Kompetenzbereich (z. B. F wie Fachwissen, F 1.1: „Die Schülerinnen und Schüler kennen bedeutsame Stoffe mit ihren typischen Eigenschaften" oder F 2.1: „Die Schülerinnen und Schüler begründen Ordnungsprinzipien für Stoffe, z. B. mit ihren typischen Eigenschaften") adressiert sind (Abb. 7). Zugleich wird verdeutlicht, dass mit einem Beispiel Beiträge zur Kompetenzentwicklung in verschiedenen Kompetenzbereichen geleistet werden können, wenngleich es Schwerpunktsetzungen gibt.

Aufgabe	erwartete Schülerleistung	AFB	Standards			
			F	E	K	B
2.1	Erstellen eines Untersuchungsplans: • Nummerieren der Flaschen mit den unbekannten Lösungen • Prüfen jeder Lösung mit Universalindikator zwecks Einteilung in saure, basische und neutrale Lösungen: a) saure Lösung: Salzsäure, b) neutrale Lösung: Wasser, c) basische Lösungen: Natriumhydroxid-Lösung, Natriumcarbonat-Lösung • mit der sauer identifizierten Lösung Prüfen der basischen Lösungen: die basische Lösung, die Gasentwicklung zeigt, ist die Natriumcarbonat-Lösung • Schlussfolgerung: die andere basische Lösung ist die Natronlauge (Natriumhydroxid-Lösung)	III	1.1 2.1	1 2	8	

Abb. 7: Erwartungshorizont zur Aufgabe 2.1 aus der Abb. 6 (KMK 2005)

Diese Bildungsstandards sind zur Grundlage einer neuen Lehrplan-Generation geworden – den kompetenzorientierten Lehrplänen. Damit ist ein Umdenken von der Vorgabe konkreter Ziele und Unterrichtsinhalte zugunsten der Darstellung erwarteter Ergebnisse erfolgt.

5.3.2 Kompetenzorientierte Lehrpläne – Grundstrukturen und Beispiele

Vorgaben und Strukturen von Lehrplänen, Fachanforderungen, Richtlinien oder vergleichbaren Dokumenten können – je nach Orientierung in der Curriculumtheorie und je nach Bundesland – unterschiedlich ausgestaltet sein. So hat man vor 2004 vorrangig drei Varianten unterschieden:

- Es gibt Lehrpläne, in denen vorrangig die Inhalte und deren zeitlicher Umfang festgelegt werden. Diese Lehrpläne werden auch als Stoffpläne, Bildungspläne, Rahmenpläne bezeichnet.
- In lernzielorientierten Lehrplänen werden Lernziele und Inhalte formuliert sowie Wege genannt, die zur Erreichung der Ziele führen (verbindlich oder als Möglichkeit).
- In curricularen Lehrplänen werden Lernziele und Lerninhalte genannt und durch Hinweise zum empfohlenen Unterrichtsverfahren und zu Lernzielkontrollen miteinander verknüpft.

Die Einführung der Bildungsstandards und deren Umsetzung in Lehrplanvorgaben haben zur Etablierung einer neuen curricularen Form geführt – den

kompetenzorientierten Lehrplänen (alternative Bezeichnungen: Kerncurricula oder Fachanforderungen). Sie lassen sich wie folgt charakterisieren: „Kompetenzorientierte Lehrpläne

- formulieren erwartete Lernergebnisse als verbindliche Standards,
- beschreiben fachbezogene Kompetenzen, die fachdidaktisch begründeten Kompetenzbereichen zugeordnet sind,
- bezeichnen die erwarteten Kompetenzen am Ende eines bestimmten Abschnittes und beschrieben so auch deren Progression,
- beschränken sich dabei auf wesentliche Inhalte und Themen und darauf bezogene Kenntnisse und Fähigkeiten, die für den weiteren Bildungsweg unverzichtbar sind,
- geben verbindliche Bezugspunkte für die Überprüfung der Lernergebnisse und der erreichten Leistungsstände in der schulischen Leistungsbewertung." (MSW NRW 2008, S. 7)

Anders als frühere Lehrpläne enthalten kompetenzorientierte Lehrpläne keine detaillierten Inhaltsvorgaben, sondern benennen Ziele und geben curriculare Orientierungen. Dennoch gibt es auch Gemeinsamkeiten im Aufbau zwischen den heutigen Plänen und vorherigen: In der Regel beginnt ein solcher Plan mit einer **Darstellung der Ziele**. Dabei werden sowohl die domänenbezogenen Ziele für alle Naturwissenschaften als auch die fachspezifischen Ziele für das Fach Chemie (vgl. Kap. 6.1) benannt. Auf diese Weise werden der Beitrag und zugleich der Auftrag des Faches Chemie deutlich. An diesen Text schließen sich die **Grundideen**, Übersichten über den Aufbau des Lehrplans und die **Darstellung der konkreten Pläne** – meist tabellarisch – an. Abschließend können noch weitere Punkte wie Prüfungsmodalitäten o. A. thematisiert werden. In verschiedenen Ländern existieren ergänzend Handreichungen o.Ä., die anhand exemplarisch aufbereiteter Themen (bis hin zu Arbeitsblättern) Hilfestellungen für die Umsetzung des Lehrplans an der eigenen Schule bzw. im eigenen Unterricht bieten.

Gemeinsam ist allen aktuell gültigen Vorgaben die Orientierung entlang der vier **Kompetenzbereiche** (Umgang mit) Fachwissen, (Methoden der) Erkenntnisgewinnung, Kommunikation und Bewertung. Das Fachwissen wiederum wird durch **Basiskonzepte** strukturiert (vgl. Kap. 2). Die Auswahl dieser Konzepte erfolgte unter zwei Leitfragen:

- Welche Konzepte sind typisch und anschlussfähig für die Chemie und bilden die Brille, mit der die Chemie Phänomene betrachtet und erklärt, charakteristisch ab?
- Welche Konzepte sind bedeutsam für den Erwerb und die Nutzung von Chemie in verschiedenen Situationen, verbunden mit dem Bildungsziel naturwissenschaftliche Grundbildung (vgl. Kap. 5.1)?

Die Basiskonzepte schlagen eine Brücke zwischen konkreten Unterrichtsthemen, wie Luft, Säuren und Basen, Mobilität der Zukunft u. v. a. m., und der wissenschaftlichen Struktur der Chemie. So spielen Struktur-Eigenschafts-Beziehungen bei der Untersuchung und Klassifizierung der schultypischen Stoffklassen ebenso eine Rolle wie später in der anorganischen, organischen und physikalischen Chemie. Zur Deutung werden Phänomene ausgewählt, mit Experimenten, Modellen und fachsprachlichen Darstellungen verbunden sowie auf Anwendungsbeispiele bezogen. Aufgabe der Lehrplankommissionen war und ist es, zu entscheiden, welche Aspekte so bedeutsam sind, und welche Reihenfolgen so sinnhaft oder gar notwendig sind, dass sie vorgegeben werden sollen, und inwiefern konkrete Inhalte oder Beispiele ebenfalls benannt werden, um deren Behandlung im Unterricht behördlich sicherzustellen. Die weitere Konkretisierung insbesondere von Inhalten und Abfolgen ist dann Aufgabe der Fachschaften an den Schulen und natürlich jeder einzelnen Lehrkraft, die die Unterrichtsgestaltung für ihre jeweilige Lerngruppe vornimmt und somit Aufgaben, Tempo etc. im Rahmen des möglichen Spielraums festlegt.

Den weiteren Ausführungen in diesem Kapitel liegt keine systematische Analyse von Lehrplänen zugrunde; diese wäre schon allein wegen der regelmäßig erfolgenden Überarbeitungen schwierig. Ziel ist es vielmehr, anhand ausgewählter Beispiele zu zeigen, wie die ländergemeinsamen Bildungsstandards als *Ziel*vorgaben in Lehrplänen aufbereitet und mit Blick auf Lern*prozesse* konkretisiert wurden. Es lassen sich unter den aktuell gültigen Plänen – am Beispiel des Chemie-Lehrplans fürs Gymnasium – zwei grundlegend unterschiedliche Ansätze identifizieren: Die Lehrpläne werden entweder primär an den Basiskonzepten und Kompetenzbereichen oder an Themen bzw. Kontexten strukturiert. Beide werden nachfolgend an Beispielen genauer ausgeführt.

Ansatz 1: Strukturierung durch Basiskonzepte und Kompetenzbereiche

Verschiedene Länder haben ihre Vorgaben entlang der Basiskonzepte und Kompetenzbereiche gestaltet. Dazu gehören bspw. Niedersachsen, Schleswig-Holstein und Baden-Württemberg.

Der niedersächsische Lehrplan wird durch die Basiskonzepte in der ersten Ebene und durch die Kompetenzbereiche in der zweiten Ebene strukturiert. Somit weisen die Tabellen alle vier Kompetenzbereiche als Aufbau für jeweils eine Doppeljahrgangsstufe aus (Tab. 13).

Basiskonzept: Struktur-Eigenschaft

Schuljahrgänge 7 und 8			
Fachwissen	Erkenntnisgewinnung	Kommunikation	Bewertung
Zwischen Stoff und Struktur besteht ein Zusammenhang Die Schülerinnen und Schüler ... • beschreiben die Aggregatzustände auf der Teilchenebene. • beschreiben das Vorhandensein identischer und für einen Stoff charakteristischer Teilchen/Bausteine als ein wesentliches Merkmal für die Eigenschaften eines Stoffes.	**Modelle einführen und anwenden** Die Schülerinnen und Schüler ... • unterscheiden zwischen Stoffebene und Teilchenebene. • erkennen den Nutzen des Teilchenmodells. • wenden ein Teilchenmodell zur Erklärung von Aggregatzustandsänderungen an.	**Fachsprache entwickeln** Die Schülerinnen und Schüler ... • beschreiben, veranschaulichen oder erklären chemische Sachverhalte mit den passenden Modellen unter Anwendung der Fachsprache.	**Chemie als bedeutsame Wissenschaft erkennen** Die Schülerinnen und Schüler ... • stellen *Bezüge zur Physik* her.
Schuljahrgänge 9 und 10			
Fachwissen	Erkenntnisgewinnung	Kommunikation	Bewertung
Stoffeigenschaften lassen sich mithilfe von Bindungsmodellen deuten Die Schülerinnen und Schüler ... • nutzen das PSE zur Erklärung von Bindungen. • erklären die Eigenschaften von Ionen- und Molekülverbindungen anhand von Bindungsmodellen. • wenden die Kenntnisse über die Elektronegativität zur Vorhersage oder Erklärung einer Bindungsart an.	**Modelle einführen und anwenden** Die Schülerinnen und Schüler ... • schließen aus elektrischen Leitfähigkeitsexperimenten auf die Beweglichkeit von Ionen. • erkennen die Funktionalität unterschiedlicher Anschauungsmodelle. • stellen Wasserstoffbrückenbindungen modellhaft da.	**Fachsprache entwickeln** Die Schülerinnen und Schüler ... • wählen themenbezogene und aussagekräftige Informationen aus. • beschreiben, veranschaulichen oder erklären chemische Sachverhalte mit den passenden Modellen unter Anwendung der Fachsprache. • wenden sicher die Begriffe Atom, Ion, Molekül, Ionenbindung, Atombindung/Elektronenpaarbindung an.	**Lebensweltliche Bedeutung der Chemie erkennen** Die Schülerinnen und Schüler ... • erkennen Lösungsvorgänge von Salzen in ihrem Alltag. • stellen *Bezüge zur Physik* (Leitfähigkeit) her.

Schuljahrgänge 9 und 10			
Fachwissen	Erkenntnisgewinnung	Kommunikation	Bewertung
• differenzieren zwischen unpolarer, polarer Atombindung/ Elektronenpaarbindung und Ionenbindung. • erklären die Wasserstoffbrückenbindung an anorganischen Stoffen. • erklären die Löslichkeit von Salzen in Wasser			

Tab. 13: Auszug aus dem Kerncurriculum Niedersachsen (Online 4)

Lehrkräfte erhalten durch diese Darstellung für Doppeljahrgangsstufen für jedes Basiskonzept eine Übersicht über die zu erreichenden Standards im jeweiligen Kompetenzbereich. Die Aufgabe der Lehrkraft – auch im Verbund als Fachschaft (vgl. Kap. 5.3.4) – ist die Operationalisierung dieser Vorgaben in Unterrichtseinheiten. Dazu müssen sie die geforderten Standards den jeweiligen Unterrichtseinheiten und Aufgaben zuordnen und begleitend zum Unterricht prüfen, inwiefern die Lernenden Anforderungen bereits erreicht haben oder Ergänzungen vorgenommen werden müssen.

Der Lehrplan von Schleswig-Holstein – als Fachanforderung bezeichnet – führt zunächst den Aufbau der prozessbezogenen Kompetenzen in den Bereichen Erkenntnisgewinnung, Kommunikation und Bewertung aus (Tab. 14). Es schließt sich die Darstellung der inhaltsbezogenen Kompetenzerwartungen zu den Basiskonzepten an (Tab. 15). Abschließend findet sich ein ebenfalls tabellarischer Überblick der verbindlich zu behandelnden Fachinhalte zu den Basiskonzepten und zugeordneten Jahrgangsstufen (Tab. 16). Diese Fachanforderungen stellen somit eine Synthese aus ursprünglich an Fachinhalten ausgerichteten Lehrplänen und kompetenzorientierten Vorgaben dar, indem sie nach wie vor einen klaren inhaltsbezogenen Schwerpunkt erkennen lassen, der nun jedoch durch die übrigen Kompetenzbereiche explizit arrondiert wird. Die Darstellung der prozessbezogenen Kompetenzen bietet, anders als in der niedersächsischen Version (Tab. 13), keine Orientierung bzw. Vorgabe bezüglich der Abfolge und inhaltlichen Zuordnung. Sie dient eher als Prüfliste, inwieweit die geforderten Aspekte auch tatsächlich in einem Schulcurriculum enthalten sind. Tabelle 16 stellt eine Möglichkeit zur Überprüfung der konzipierten Einheiten dar, während die Übersichten analog zur Tabelle 15 tatsächlich für die Planung des Curriculums herangezogen werden können.

Entwicklung von Kompetenzen im Bereich Erkenntnisgewinnung in der Sekundarstufe I	
	Die Schülerinnen und Schüler können …
Fragestellungen entwickeln	• problembezogene Fragen auf der Basis des jeweiligen Vorwissens formulieren. • erkenntnisleitende Fragen für eine Problemstellung formulieren. • aus gewonnenen Erkenntnissen neue Fragestellungen entwickeln.
Hypothesen formulieren	• zu einer gegebenen Frage eine Hypothese formulieren. • auf einer Hypothese aufbauend das weitere Vorgehen planen. • Hypothesen und Gegenhypothesen formulieren.
Untersuchungsdesigns entwickeln und anwenden	• aufbauend auf einer Hypothese ein Untersuchungsdesign entwerfen. • Untersuchungsmethoden auswählen, die der Hypothese angemessen sind und die interpretierbare Ergebnisse liefern. • gegebenenfalls Blindversuche berücksichtigen. • Beobachtungserwartungen im Hinblick auf die Hypothese formulieren. • Versuchsbeschreibungen und Zeichnungen von Versuchsaufbauten anfertigen. • Mess- und Laborgeräte sachgerecht in einer Versuchsanordnung unter Berücksichtigung der Sicherheitshinweise nutzen. • Messungen durchführen. • Abfälle ordnungsgemäß entsorgen.

Tab. 14: Entwicklung von prozessbezogenen Kompetenzen im Bereich Erkenntnisgewinnung – Auszug aus den Fachanforderungen von Schleswig-Holstein (MSB SH 2016, S. 18)

Grundlegende Zusammenhänge des Basiskonzepts	**Inhaltsbezogene Kompetenzen**	**Verbindliche Fachinhalte**
	Die Schülerinnen und Schüler …	
Jahrgang 5/6		
Eigenschaften können zur Charakterisierung und Identifizierung von Stoffen genutzt werden.	• ordnen Reinstoffe anhand ihrer charakteristischen Eigenschaftskombinationen. • nutzen charakteristische Stoffeigenschaften zur Unterscheidung bzw. Identifizierung von Reinstoffen. • beschreiben Ordnungsprinzipien für Stoffgemische und wenden sie auf geeignete, alltagsrelevante Beispiele an.	• Reinstoffe und Stoffgemische des Alltags • Stoffeigenschaften: Siede- und Schmelztemperatur, Leitfähigkeit, Dichte

Grundlegende Zusammenhänge des Basiskonzepts	Inhaltsbezogene Kompetenzen	Verbindliche Fachinhalte
	Die Schülerinnen und Schüler ...	
Jahrgang 7 bis 9 bzw. 7 bis 10		
Stoffeigenschaften können mithilfe von Bindungsmodellen gedeutet werden.	• deuten die Bindungsarten Ionenbindung, Elektronenpaarbindung und Metallbindung mithilfe des Konzepts der Elektronegativität. • erklären die spezifischen Eigenschaften von Salzen mithilfe von Ionen, Ionengittern und elektrostatischen Kräften. • erklären die spezifischen Eigenschaften von Metallen mithilfe des Konzepts der Metallbindung. • erklären Stoffeigenschaften (Löslichkeit, Mischbarkeit, Siede-, Schmelztemperaturen) anhand des Bindungstyps bzw. der zwischenmolekularen Wechselwirkungen (Van-der-Waals-Kräfte, Dipol-Dipol-Kräfte, Wasserstoffbrücken).	• Ionenbindung • Bindung in Metallen • Elektronenpaarbindung

Tab. 15: Inhaltsbezogene Kompetenzerwartungen zum Basiskonzept Struktur-Eigenschafts-Konzept – Auszug aus den Fachanforderungen von Schleswig-Holstein (MSB SH 2016, S. 22)

	Stoff-Teilchen-Konzept	Struktur-Eigenschafts-Konzept	Konzepte zur chemischen Reaktion	Energiekonzept
bereits im 5./6. Jahrgang möglich	• Stoffeigenschaften • Reinstoffe und Stoffgemische • homogene und heterogene Stoffgemische • Trennverfahren • Teilchenmodell • Aggregatzustände und Aggregatzustandsänderungen	• Reinstoffe und Stoffgemische des Alltags • Stoffeigenschaften	• Kennzeichen chemischer Reaktionen • Eigenschaften und Reaktionen der Bestandteile der Luft • Verbrennungsreaktionen	• Aggregatzustände, Siede- und Schmelztemperatur • exotherme Reaktionen • Energieverlauf bei chemischen Reaktionen • Aktivierungsenergie als Startenergie

	Stoff-Teilchen-Konzept	Struktur-Eigenschafts-Konzept	Konzepte zur chemischen Reaktion	Energiekonzept
bereits im 7. Jahrgang möglich	• Elemente und chemische Verbindungen • Atommodell nach Dalton (ohne die Aussage über die Unteilbarkeit der Atome)		• Gesetz von der Erhaltung der Masse	• Energiegehalt von Stoffen • Energiediagramme

Tab. 16: Darstellung der verbindlich zu behandelnden Inhalte – Auszug aus den Fachanforderungen von Schleswig-Holstein (MSB SH 2016, S. 26)

Ansatz 2: Strukturierung durch Kontexte oder Themen

Andere Bundesländer nutzen Kontexte oder Themen zur Strukturierung ihrer Lehrpläne. Die Lehrpläne von u. a. Rheinland-Pfalz, Bayern und Sachsen folgen diesem Format. Die Verknüpfung mit den Kompetenzbereichen und Basiskonzepten ist nachgeordnet, wie am Beispiel des Lehrplanes von Rheinland-Pfalz gezeigt wird: In dem Lehrplan werden zunächst die Ziele und Intentionen des jeweiligen Themengebietes benannt und dann die entsprechend anzubahnenden Kompetenzen sowie der Beitrag des Themengebietes zur Entwicklung der Basiskonzepte beschrieben. Das gibt der Lehrkraft die Möglichkeit zu erkennen, welche Kompetenzen mit dem jeweiligen Themenfeld weiterentwickelt werden sollen. Das ausgewählte Beispiel (Tab. 17) zeigt darüber hinaus, dass inzwischen auch Themen in Lehrpläne Einzug gehalten haben, die die Chemie auch als Industriezweig fokussieren.

TF 8: Vom Reagenzglas zum Reaktor
Stoffe zu gewinnen bzw. neu herzustellen, ist heute kaum mehr ein Problem. Eine ganze Reihe von Stoffen wird jedoch in so großen Mengen benötigt, dass ihre Herstellung die Möglichkeiten eines Labors weit überschreitet. Allerdings kann man nicht einfach dieselben Prozesse und Verfahren vom Labormaßstab auf die industriellen Verfahren übertragen. Energiekosten, Rohstoffressourcen und Umweltverträglichkeit etwa spielen bei Großverfahren eine deutlich wichtigere Rolle. Vor diesem Hintergrund werden in diesem Themenfeld die Produktionsabläufe, die Berufsbilder und die wirtschaftlichen Aspekte eines der bedeutendsten Wirtschaftszweige Deutschlands, insbesondere auch in Rheinland-Pfalz, betrachtet. Außerschulische Lernorte vermitteln dies authentisch und können mit schulischen Maßnahmen zur Berufsorientierung verknüpft werden. Bei einer Betriebserkundung nehmen Schülerinnen und Schüler neben den Produktions- und Umweltaspekten auch wirtschaftliche, soziale und berufliche Aspekte in den Blick. Sie beschäftigen sich mit

<table>
<tr><th colspan="2">TF 8: Vom Reagenzglas zum Reaktor</th></tr>
<tr><td colspan="2">Berufsbildern und Anwendungsbereichen chemischer Kenntnisse in der Industrie, um die Vielfalt der Berufe bewusst zu machen.
Die Schwerpunkte auf der Stoff- und Teilchenebene ergeben sich aus dem gewählten Unterrichtsbeispiel. Die Auswahl sollte sich an der Vermittlung technischer Abläufe orientieren und Gelegenheit bieten, Fragen der Nachhaltigkeit einzubeziehen.</td></tr>
<tr><td colspan="2">Kompetenzen:
Schülerinnen und Schüler
• stellen Produktionsprozesse schematisch dar,
• erstellen Reaktionsgleichungen zu technischen Prozessen,
• stellen Berufsbilder adressatengerecht dar, bei denen chemische Kenntnisse bedeutsam sind,
• entwickeln Kriterien, erheben Daten und werten Daten aus (z. B. Produkte, Arbeitsplätze, Wirtschaftsfaktor, Umweltrelevanz), um die Bedeutung der chemischen Industrie für Rheinland-Pfalz zu erfassen.</td></tr>
<tr><td>Beitrag zur Entwicklung der Basiskonzepte:
Auf der Stoffebene:
Technische Verfahren sind Systeme chemischer Reaktionen, von denen Teile im Kreislauf geführt werden.
Sie werden nach bestimmten Aspekten optimiert (Produktionskosten, Eduktrückgewinnung, Ausbeute, Umweltbelastung, Energieaufwand ...).
Chemische Reaktionen werden durch Variation der Reaktionsbedingungen gesteuert. (CR)
Um die Energiebilanz von technischen Verfahren zu optimieren, wird die an die Umgebung abgegebene Energie möglichst sinnvoll genutzt (Heizung durch Fernwärme, Vorwärmen der Edukte).
Um die Aktivierungsenergie herabzusetzen, werden in der Regel Katalysatoren eingesetzt. (E)</td><td>Fachbegriffe:
Ausbeute
kontinuierliche und diskontinuierliche Produktionsweise

Gegenstromprinzip
Energiebilanz

Aktivierungsenergie
Katalysator</td></tr>
</table>

Tab. 17: Das Themenfeld „Vom Reagenzglas zum Reaktor" – Auszug aus dem Lehrplan von Rheinland-Pfalz (MBWWK 2014, S. 82 f.)

5.3.3 Curriculare Entwicklungsperspektiven im Lehrplan

Unabhängig von der zugrunde gelegten Strukturierung weisen die Lehrpläne eine vergleichsweise große Einigkeit bezüglich des angestrebten Aufbaus der Konzeptentwicklungen und der Thematisierung und Abfolge von Inhalten auf. Damit stehen sie in der Tradition **spiralcurricularer Ansätze.** Merkmal spiralcurricularer Ansätze ist eine spezifische Organisationsstruktur: Sie beschreibt die Anordnung von Inhalten und Methoden, die deren Wiederkehr zu einem späteren Zeitpunkt im Unterrichtsverlauf sowie deren Ausdifferenzierung bei gleichzeitiger Erhöhung der Komplexität und Abstraktion bis hin zum Konzeptwechsel auf der höheren Ebene vorsieht. Spiralcurriculare Ansätze ermöglichen den sinnvollen Aufbau und die Verknüpfung von Lerninhalten, damit bei den Lernenden systematisch entsprechende Kompetenzen entwickelt werden können. Das Prinzip der Wiederkehr von grundlegenden Sachstrukturen auf einer höheren Lernebene ist in die Lerntheorien unter dem Begriff der konzentrischen Kreise eingegangen (Vertiefung 4).

V

Vertiefung 4: Spiralcurriculum – für methodisches Vorgehen

In der Lehrplantheorie des 19. Jahrhunderts spielt der Anordnungsgrundsatz, „daß in verschiedenen Schulstufen oder Schuljahren dieselben Inhalte ... jeweils ausführlicher, vertiefter, mit anderer Fragestellung und Zielsetzung zu behandeln sind", eine zentrale Rolle (Sandfuchs 1987, S. 61). Das wird im Prinzip der konzentrischen Kreise bildhaft ausgedrückt. Diese Idee spiegelt sich in der Unterrichtstheorie von Bruner wider, der von einer Curriculum-Spirale spricht (1970, S. 61).

Heinz Schmidkunz & Helmut Büttner (1985) nutzen die Idee des **Spiralcurriculums für die didaktische Strukturierung von chemischen Fachinhalten** (Abb. 8, Vertiefung 5), indem sie die grundlegenden Inhalte und (Basis-)Konzepte des Chemieunterrichts spiralcurricular anordnen. Gerade in der Chemie sind bestimmte Schlüsselbegriffe und theoretische Konzepte (Basiskonzepte; vgl. Kap. 2) für das Verständnis von chemischen Sachverhalten notwendig. Dazu gehören u. a. der Teilchen- bzw. der Atombegriff, das Wesen der chemischen Bindung mit einer Vorstellung der Bindungsarten, der Molekül- und der Ionenbegriff, die Wertigkeit mit den verschiedenen Interpretationsmöglichkeiten, das Konzept der Struktur-Eigenschafts-Beziehung, Donator-Akzeptor-Konzepte (wie Säure-Base-Definitionen und Redoxvorgänge), energetische Aspekte des Reaktionsablaufes. Diese Begriffe müssen auf verschiedenen Deutungsebenen, also auf Stufen von unterschiedlichem Abstraktionsniveau, angesiedelt werden. Maßgebend für das

Niveau der Stufen – oder Spiralen – ist das zugrunde gelegte Atommodell. Die gewählte Atomvorstellung erweist sich als fundamentales Element zur Deutung chemischer Vorgänge und zur Erschließung tragfähiger Begriffe. Durch das Aufwärtsschreiten – ausgehend von Stufen mit einem geringen Maß an notwendiger Abstraktion bis zu Stufen mit einem hohen Abstraktionsniveau – versucht man, Chemieverständnis systematisch aufzubauen. Der Erkenntnisprozess wird durch diesen „vertikalen Lerntransfer" (Weinert 1998) fortgesetzt. Das Wissen kann dann als gefestigt gelten, wenn die Schülerinnen und Schüler in der Lage sind, das Wissen von „höheren" Stufen mit dem zuvor erworbenen Wissen in Beziehung zu setzen.

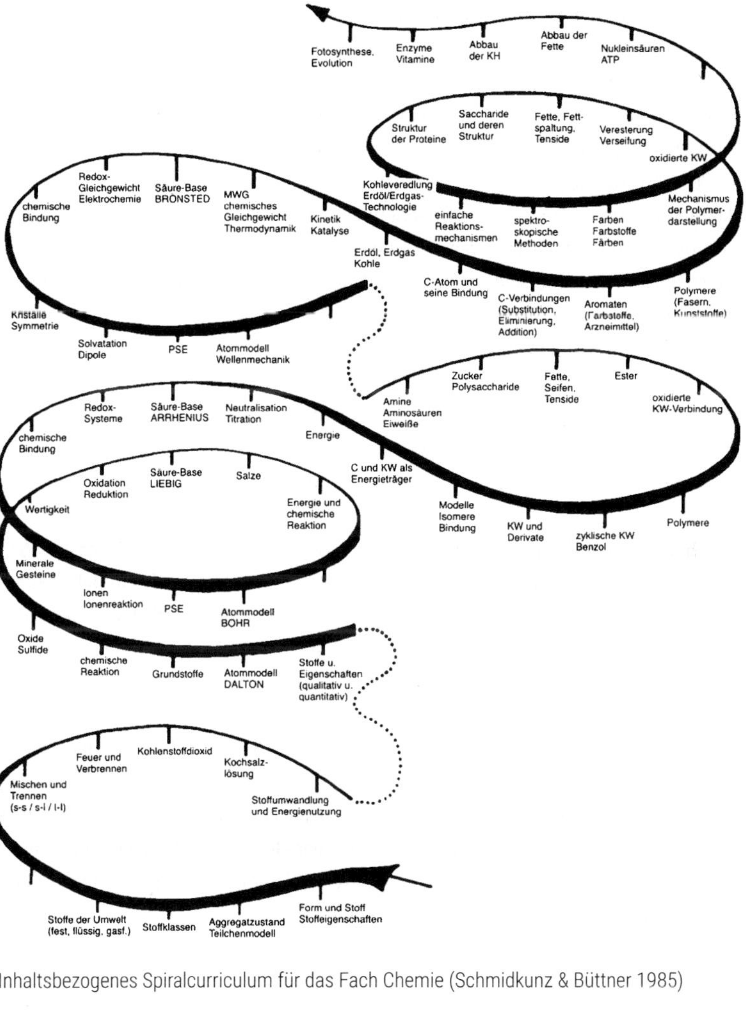

Abb. 8: Inhaltsbezogenes Spiralcurriculum für das Fach Chemie (Schmidkunz & Büttner 1985)

V

Vertiefung 5: Erläuterung des Inhaltsbezogenen Spiralcurriculum

Das grundlegende Ordnungsprinzip des inhaltsbezogenen Spiralcurriculums (Abb. 9) sieht vor, dass die zusammengehörigen Begriffe und theoretischen Konzepte jeweils an den gleichen Stellen der übereinanderliegenden Spiralen angeordnet sind.

Die **linke Seite** umfasst die Spiralelemente mit allgemeinen, anorganischen und physikalisch-chemischen Inhalten, die **rechts angeordneten Spiralen** enthalten die Inhalte aus den Bereichen der organischen Chemie und der Biochemie. Die Spiralelemente sind an zwei Stellen durch **gepunktete Linien** miteinander verbunden. Diese stellen den **Übergang von der Primarstufe zur Sekundarstufe I** und den **Übergang von der Sekundarstufe I zur Sekundarstufe II** dar.

Die unterste Spirale der linken Seite beinhaltet die Aspekte zum Fachbezug Chemie, soweit sie in den Sachunterricht der Primarstufe eingebunden werden sollten. Es handelt sich um chemisch-propädeutische Inhalte auf rein phänomenologischer Grundlage. Ein Chemieverständnis wird hier noch nicht erreicht, wohl aber eine Vorunterweisung in naturwissenschaftlichen Denkkategorien. Die zweite und dritte Spirale auf der linken Seite sind der Sekundarstufe I, also vorwiegend der 7. bis 10. Jahrgangsstufe, zuzuordnen. Die 5. und 6. Jahrgangsstufe – manchmal als Orientierungsstufe bezeichnet – könnte sowohl der ersten (Primarstufe) als auch der zweiten Spirale formal zugestellt werden. Der zweiten Spirale – also der ersten der Sekundarstufe I – liegt als Schlüsselbegriff die Atomvorstellung von Dalton zugrunde, die mit der Erarbeitung der Symbolsprache eng gekoppelt ist. Auf dieser Stufe wird bereits ein einfaches Chemieverständnis erreicht. Erweitert wird es in der dritten Spirale, die auf der Grundlage eines differenzierten Atommodells nach Rutherford-Bohr den Ionenbegriff als wesentliches Orientierungselement heranzieht.

Es folgt, noch in der Sekundarstufe I, die erste Ebene der organischen Chemie – dargestellt in der ersten Spirale auf der rechten Seite. Die Gegenstände lassen erkennen, dass es sich um eine erste Einführung in Stoffe und Stoffklassen der organischen Chemie handelt. Mit der vierten Spirale auf der linken Seite beginnen die Schwerpunkte der Sekundarstufe II, wobei die genannte Spirale vor allem Themen aus der physikalischen Chemie umfasst. Dabei wird eine wellenmechanische Atomvorstellung, die sich an Born-Schrödinger orientiert, zugrunde gelegt. Die zu behandelnden Inhalte sollten jedoch kein zu hohes Anspruchs- und Abstraktionsniveau erlangen. Die Ziele einer allgemeinbildenden Schule müssen Maßstab für Grund- und Leistungskurs in diesem Bereich bleiben. Das gilt auch für die Themen innerhalb der chemischen Thermodynamik und Kinetik. Die zweite und dritte Spirale auf der rechten Seite sind wieder der organischen Chemie im weitesten Sinne zuzurechnen. Die zweite Spirale erweitert und vertieft die Auseinandersetzung mit den Stoffklassen und ihrer Reaktionen. Die dritte Spirale erzeugt eine stärkere Verknüpfung mit Anwendungsfeldern, wie beispielsweise der technischen Chemie (Kohleveredlung, Erdöl / Erdgas-Technologie), der Biochemie (Abbau von Kohlenhydraten bzw. Fetten) oder der Farbstoffchemie.

An diese Tradition spiralcurricularer Ansätze knüpft inzwischen auch international die Forschungsrichtung der **Learning Progressions** an (Parchmann & Neumann 2016, Bernholt et al. 2018) (Anregung). Für verschiedene Basiskonzepte wurden solche curricularen Entwicklungsperspektiven oder **Lernlinien** ebenfalls ausdifferenziert (Parchmann et al. 2006) (Abb. 9). Während dem inhaltsbezogenen Spiralcurriculum die Anordnung der Fachinhalte in Bezug zu Schulstufen zugrunde liegt, bezieht sich eine Lernlinie auf ein bestimmtes Basiskonzept und zeigt die dafür angestrebten und inhaltlich anhand von Abstraktions- und Komplexitätsstufen abgeleiteten Konzeptentwicklungsschritte auf. In manchen Lehrplänen werden Entwicklungsstufen bereits näher ausgeführt (Tab. 18). Lernlinien können im Sinne von Lehrlinien ebenso wie Spiralcurricula für die Planung von Unterrichtseinheiten und für die Konzeption von Aufgaben zur Erarbeitung, Übung und Diagnose zur Anwendung kommen (Parchmann et al. 2006). Sie intendieren jedoch nicht, dass Lernende die angestrebten und aufgezeigten Entwicklungen gleichermaßen vollziehen. Aus der umfangreichen Forschung zu Schülervorstellungen und Konzeptwechseln bzw. Konzeptentwicklungen (vgl. Kap. 8) ist vielmehr bekannt, dass individuelle Lernwege (in der Physik auch als learning pathways bezeichnet (Niedderer, Goldberg & Duit 1992)) unterschiedlich verlaufen. Empirische Untersuchungen aus der fachdidaktischen Forschung liegen für verschiedene Ausprägungen und Entwicklungsprozesse vor, bis heute existiert jedoch keine vollständige Absicherung der theoretisch hergeleiteten Entwicklungen. Eine Begleitung der Lernentwicklungsstände ist daher unverzichtbar, um gezielt Unterstützung und weiterführende Instruktionen anzubieten und die intendierten Entwicklungsschritte fortwährend mit den tatsächlichen Lernlinien abzugleichen. Auch Lehrpläne geben analog Anregungen für eine curriculare Entwicklung der Basiskonzepte, wie die Tabelle 18 exemplarisch aufzeigt.

A

Anregung

Eine grundlegende Auseinandersetzung mit dem Themenfeld Learning Progressions ist bei Duncan & Hmelo-Silver (2009) zu finden.

Energieformen System – Umgebung	Energieträger, Energiespeicher Energiewandlung durch chem. Rkt. | | Formen, Austausch	Deutung über Teilchen (Bewegung, Bindungen) | | Träger, Umwandlung | | Formen, Austausch	Energiestufen- modelle | | Deutung über Teilchen | | Träger, Umwandlung | | Formen, Austausch	Steuerung, Bewertung (z. B. Katalyse) | | Energiestufen- modelle | | Deutung über Teilchen | | Träger, Umwandlung | | Formen, Austausch

- Die **Stufe 1** wird oft schon in der Grundschule thematisiert. Kinder nehmen Energie in verschiedenen Formen wahr und können erfahren, dass diese von einem „System" (Bsp. Kerze, Heizkissen) an die Umgebung abgegeben wird.

- Auf **Stufe 2** sollte verdeutlicht werden, dass diese Prozesse nicht zufällig sind, sondern dass alle Stoffe Energie beinhalten, die durch gezielte Vorgänge, wie etwa chemische Reaktionen, umgewandelt und für uns nutzbar gemacht werden kann. Durch diese Erkenntnis haben wir die Möglichkeit, Energiespeicher zu pflegen und nachhaltig zu nutzen.

- **Stufe 3** beschreitet schließlich den Weg auf die Modellebene der Atome, Moleküle und Ionenverbindungen. Je nach Bundesland wird dieser Erarbeitungsschritt in verschiedenen Klassenstufen der Sekundarstufen I und II erfolgen, wobei wohl vorrangig die Bewegungsenergie der Teilchen (später durch die Verknüpfung von Wärme und kinetischer Energie) und die Bindungsenergien im Fokus stehen. Rotation und Schwingung werden bei der Betrachtung von Infrarot- und Mikrowellenstrahlung ergänzend bedeutsam.

- **Stufe 4** geht schließlich von der qualitativen in eine (halb-)quantitative Betrachtung über, in der die Annahme konkreter Energieniveaus, also das Prinzip der Quantelung, in einfacher Form angebahnt wird. Energiestufendiagramme sind von der Erarbeitung der Ionisierungsenergie zumindest an Gymnasien bekannt.

- Auf diesen Wissensstufen bauen schließlich auf der **5. Stufe** gezielte Steuerungs- und Regelungsprozesse auf, die mit Ausnahme eines allgemeinen Katalyseverständnisses der gymnasialen Oberstufe vorbehalten bleiben.

Abb. 9: Vom modellhaften Aufbau des Basiskonzepts „Energie" zur Lehrlinie (Schmidkunz & Parchmann 2011, S. 4)

Bis Ende von Jahrgangsstufe 9	
Stufe I	**Stufe II**
Die Schülerinnen und Schüler haben das Konzept der Energie so weit entwickelt, dass sie ...	**Die Schülerinnen und Schüler haben das Konzept der Energie so weit differenziert, dass sie ...**
• chemische Reaktionen energetisch differenziert beschreiben, z. B. mit Hilfe eines Energiediagramms	• die bei chemischen Reaktionen umgesetzte Energie quantitativ einordnen
• Energie gezielt einsetzen, um den Übergang von Aggregatzuständen herbeizuführen (z. B. im Zusammenhang mit der Trennung von Stoffgemischen) • Siede- und Schmelzvorgänge energetisch beschreiben	
• erläutern, dass bei einer chemischen Reaktion immer Energie aufgenommen oder abgegeben wird	• erläutern, dass Veränderungen von Elektronenzuständen mit Energieumsätzen verbunden sind
• energetische Erscheinungen bei exothermen chemischen Reaktionen auf die Umwandlung eines Teils der in Stoffen gespeicherten Energie in Wärmeenergie zurückführen, bei endothermen Reaktionen den umgekehrten Vorgang erkennen	
• konkrete Beispiele von Oxidationen (Reaktionen mit Sauerstoff) und Reduktionen als wichtige chemische Reaktionen benennen sowie deren Energiebilanz qualitativ darstellen	• die Umwandlung von chemischer in elektrische Energie und umgekehrt von elektrischer in chemische Energie bei elektro-chemischen Phänomenen beschreiben und erklären

Tab. 18: Lernprogression für das Basiskonzept Energie – Auszug aus dem Lehrplan von Nordrhein-Westfalen (MSW NRW 2008, S. 30)

5.3.4 Herausforderungen für Lehrkräfte

Die Zielsetzung und der Aufbau der ländergemeinsamen Bildungsstandards spiegeln sich nicht nur in kompetenzorientierten Lehrplänen (vgl. Kap. 5.3.2) wider, auch die Unterrichtsgestaltung muss entsprechend diesem intendierten Aufbau gerecht werden. Das bedeutet für (angehende) Lehrkräfte eine Umorientierung:

- Mussten sie in einigen Bundesländern zuvor die konkreten Themen z.T. sogar mit genau angegebenem Stundenumfang im Unterricht umsetzen, obliegt es nun den Fachschaften an Schulen festzulegen, mit welchen Inhalten und didaktischen Konzeptionen die in den kompetenzorientierten Lehrplänen, Kerncurricula oder Fachanforderungen genannten Zielerwartungen erarbeitet werden sollen. Es müssen sogenannte **schulinterne Curricula** für die eigene Schülerschaft entwickelt werden. Dies bedeutet auf der einen Seite Austausch und intensive Planung im Vorfeld der eigenen Unterrichtsausgestaltung, auf der anderen Seite aber auch Freiheiten zur Umsetzung der eigenen Stärken und für die Ausrichtung des Unterrichts auf die jeweilige Lerngruppe und Lernsituation. Dennoch beginnt die Arbeit für die Fachschaften und die einzelnen Lehrpersonen nicht bei null. Die verschiedenen Pläne geben bereits eine über die Jahrgänge hinweg aufbauende Strukturierung vor, die letztlich zu den in den Bildungsstandards genannten Zielen für die vier Kompetenzbereiche führen soll. Sie konkretisieren die Bildungsstandards durch Standards für die verschiedenen Jahrgangsstufen und Kompetenzbereiche. In vielen Bundesländern sind auch Themenbereiche benannt und mit Standards verknüpft. Zudem bieten die Ministerien oder Landesinstitute vielfach Handreichungen an, die für einzelne Abschnitte konkrete Einheiten und Materialien vorstellen. Länder haben ferner unterschiedliche Mechanismen, die Umsetzung der Lehrpläne zu unterstützen, die von Fortbildungen bis hin zu Qualitätsmonitorings reichen. Die Vorgaben selbst weisen auch den Fachschaften an den Schulen eine zentrale Aufgabe für die gemeinsame weitere Arbeit zu, diese sollen Unterrichtabfolgen, -einheiten und ggf. sogar verbindliche Experimente oder andere zentrale Medien und Materialien sowie Maßnahmen zur Leistungsbewertung gemeinsam festlegen, um Qualität und Vergleichbarkeit über eine einzelne Lehrkraft hinweg zu unterstützen.

- Die Arbeit der Lehrperson umfasst neben der Planung und Durchführung von Unterricht auch dessen Optimierung und Weiterentwicklung; dabei darf der Austausch und die Kooperation mit Kollegen als gewinnbringend angesehen werden.
- Die Lehrkraft als Instruktionsgeber (vgl. Hatties Befunde zur „direkten Instruktion“ als sichtbare Instruktion (Hattie 2009)) und Coach wird dann besonders bedeutsam, wenn die Ziele klar und transparent aufgezeigt werden müssen – nicht nur den Lehrenden, sondern gerade auch den Lernenden (vgl. Kap. 11) – und sie beim Erwerb dieser geforderten Fähigkeiten fortlaufend unterstützt werden müssen. Ebenso sind geeignete Instrumente zur Diagnose des jeweiligen Fähigkeitsstands erforderlich, die es unterrichtsnah weiterzuentwickeln gilt – die Lehrkraft als Entwickler und (Aktions-)Forscher. Instruktion (durch die Lehrperson), Konstruktion (durch die Lernenden) und Feedback müssen ständig ineinander greifen, damit Lernen erfolgreich wird (Fach et al. 2006).
- Fachdidaktische Zeitschriften bieten für diese verschiedenen Aufgaben ebenso zahlreiche Anregungen wie Schulbuchverlage; zunehmend sind sicher auch Internetportale mit Qualitätssicherung eine Quelle, um die eigene Umsetzung zu unterstützen (vgl. Kap. 19.1).

Insgesamt bedeutet die Weiterentwicklung von früher sehr konkreten, fachinhaltlich z. T. engmaschig strukturierten Lehrplänen mit vorgegebenen zu unterrichtenden Themen hin zu an erwünschten Ergebnissen im Sinne von Kompetenzen der Lernenden orientierten Vorgaben mehr Freiheiten für Lehrkräfte, da sie die Gestaltung des Unterrichts stärker mitbestimmen können. Damit verbunden ist jedoch die Notwendigkeit einer guten Abstimmung im Kollegium und einer fortwährenden Überprüfung tatsächlicher Entwicklungsschritte in den Lerngruppen, um gezielt fördern und weiterführende Lernprozesse wirksam initiieren zu können.

Literatur

AAAS Project 2061 (1993). *Benchmarks for science literacy.* New York: Oxford University Press.

Baumert, J., Klieme, E., Neubrand, M., Prenzel, M., Schiefele, U., Schneider, W., Stanat, P., Tillmann, K.-J. & Weiß, M. (Hrsg.) (2001). *PISA 2000 – Basiskompetenzen von Schülerinnen und Schülern im internationalen Vergleich.* Opladen: Leske + Budrich.

Baumert, J., Artelt, C., Klieme, E., Neubrand, M., Prenzel, M., Schiefele, U., Schneider, W., Tillmann, K.-J. & Weiß, M. (2002). In *PISA 2000. Die Länder der Bundesrepublik Deutschland im Vergleich.* Opladen: Leske + Budrich.

Bernholt, S., Neumann, K. & Sumfleth, E. (2018). Learning Progressions. In H. Schecker, I. Parchmann & D. Krüger (Hrsg.), *Theoretische Rahmungen in der naturwissenschaftsdidaktischen Forschung.* Springer.

Bögeholz, S. (2007). Bewertungskompetenz für systematisches Entscheiden in komplexen Gestaltungssituationen Nachhaltiger Entwicklung. In D. Krüger & H. Vogt (Hrsg.), *Theorien in der biologiedidaktischen Forschung. Ein Handbuch für Lehramtsstudenten und Doktoranden.* (S. 209–220), Berlin: Springer.

Bromme, R., Jucks, R. & Rambow, R. (2004). Experten-Laien-Kommunikation im Wissensmanagement. In G. Reinmann & H. Mandl (Hrsg.), *Der Mensch im Wissensmanagement. Psychologische Konzepte zum besseren Verständnis und Umgang mit Wissen.* (S. 176–188). Göttingen: Hogrefe.

Bruner, J. (1970). *Der Prozess der Erziehung.* Berlin: Berlin-Verlag.

Bybee, R. W. (1997). Toward an understanding of scientific literacy. In W. Gräber & C. Bolte (Hrsg.), *Scientific Literacy.* (S. 37–68). Kiel: IPN.

Cizek, G. J. (Hrsg.) (2001). *Setting performance standards: concepts, methods, and perspectives.* Mahwah: Lawrence Erlbaum Associates.

Criblez, L., Oelkers, J., Reusser, K., Berner, E., Halbheer, U. & Huber, C. (2009). In *Bildungsstandards.* Seelze: Friedrich.

Demuth, R., Ralle, B. & Parchmann, I. (2005). Basiskonzepte – eine Herausforderung an den Chemieunterricht. In *CHEMKON,* **12** (2), S. 55–60.

Dubs, R. (2005). Bildungsstandards: Das Problem der schulpraktischen Umsetzung. In *Seminar,* **11** (4), S. 15–33.

Duncan, R. G. & Hmelo-Silver, C. E. (2009). Learning progressions: Aligning curriculum, instruction, and assessment. In *Journal of Research in Science Teaching,* **46** (6), S. 606–609.

Eggert, S. & Hößle, C. (2006). Bewertungskompetenz im Biologieunterricht Ein Überblick. In *Praxis der Naturwissenschaften – Biologie in der Schule,* **55** (1), S. 1–9.

Fach, M., Kandt, W. & Parchmann, I. (2006). Offene Lernaufgaben in Chemieunterricht. In *Der Mathematisch-Naturwissenschaftliche Unterricht,* **5** (59), S. 284–291.

Faulstich, D., Grau, B., Hartk, M., Meiland, A., Meyer, L., Pews-Hocke, C., Raum, B., Schmitz, S., Weiß, K.-H. & Wennig, S. (2004). *Naturwissenschaften 5/6. Arbeitsheft 1.* Berlin: Paetec.

Fischer, E. P. (2003). *Die andere Bildung: Was man von den Naturwissenschaften wissen sollte.* Berlin: Ullstein.

Hammann, M. (2004). Kompetenzentwicklungsmodelle. Merkmale und ihre Bedeutung – dargestellt anhand von Kompetenzen beim Experimentieren. In *Der mathematische und naturwissenschaftliche Unterricht,* **57** (4), S. 196–203.

Hattie, J. (2009). *Visible Learning.* London: Routledge.

Helmke, A. & Hosenfeld, I. (2004). Vergleichsarbeiten – Standards – Kompetenzstufen: Begriffliche Klärung und Perspektiven. In M. Wosnitza, A. Frey, R. Jäger, P. Nenniger (Hrsg.): *Lernprozess, Lernumgebung und Lerndiagnostik. Wissenschaftliche Beiträge zum Lernen im 21. Jahrhundert.* (S. 56–75). Landau: Empirische Pädagogik.

Hostenbach, J., Fischer, H. E., Kauertz, A., Mayer, J., Sumfleth, E. & Walpuski, M. (2011). Modellierung der Bewertungskompetenz in den Naturwissenschaften zur Evaluation der Nationalen Bildungsstandards. In *Zeitschrift für Didaktik der Naturwissenschaften,* **17,** S. 261–288.

Jiménez-Aleixandre, M.-P. (2008). Designing argumentation learning environments. In S. Erduran & M. Aleixandre (Hrsg.), *Argumentation in science education. Perspectives from classroom-based research.* (S. 91–115). Dordrecht: Springer.

Kane, M. T. (2001). Current concerns in validity theory. In *Journal of Educational Measurement,* **38,** S. 319–342.

Kirchhöfer, D. (2004). *Lernkultur Kompetenzentwicklung.* Berlin: ESM Satz und Grafik.

Klieme, E. (2003). Bildungsstandards. Ihr Beitrag zur Qualitätsentwicklung im Schulsystem. In *Die Deutsche Schule,* **95** (1), S. 10–16.

Klieme, E., Avenarius, H., Blum, W., Döbrich, P., Gruber, H., Prenzel, M. & et al. (2007). *Expertise zur Entwicklung nationaler Bildungsstandards.* Bonn: BMBF.

Klieme, E. (2010). *PISA 2009. Bilanz nach einem Jahrzehnt.* Münster: Waxmann.

KMK (2005). *Bildungsstandards im Fach Chemie für den Mittleren Schulabschluss.* Neuwied: Luchterhand.

KMK (2006). *Gesamtstrategie der Kultusministerkonferenz zum Bildungsmonitoring.* http://www.kmk.org/fileadmin/veroeffentlichungen_beschluesse/2006/2006_01_01-Gesamtstrategie-Endf.pdf (letzter Zugriff am 3.2.2011).

Köller, O. (2010). Politische und inhaltliche Rahmenbedingungen bei der Setzung von Kompetenzstufen. In O. Köller, M. Knigge & B. Tesch (Hrsg.), *Sprachliche Kompetenzen im Ländervergleich.* (S. 35–37) Münster: Waxmann.

Kulgemeyer, C. & Schecker, H. (2009). Kommunikationskompetenz in der Physik. Zur Entwicklung eines domänenspezifischen Kommunikationsbegriffs. In *Zeitschrift für Didaktik der Naturwissenschaften,* **15,** S. 131–153.

Laugksch, R. C. (2000). Scientific literacy: A conceptual overview. In *Science Education,* **84** (1), S. 71–94.

Lersch, R. (2010). Didaktik und Praxis des kompetenzfördernden Unterrichts. In K. Faulstich-Christ (Hrsg.), *Kompetenzorientierung in Theorie, Forschung und Praxis. Sekundarstufen I und II.* (S. 31–59) Immenhausen: Prolog.

Maag Merki, K. (2007). Bildungsstandards – Konzept und Begrifflichkeiten. In P. Labudde (Hrsg.), *Bildungsstandards am Gymnasium – Korsett oder Katalysator?* (S. 17–25). (1. Aufl.). Bern: h.e.p.

MBWWK RP (2014). Lehrpläne für die naturwissenschaftlichen Fächer für die weiterführenden Schulen in Rheinland-Pfalz- Biologie, Chemie, Physik – Klassenstufen 7 bis 9/10. Mainz.

Mitzel, H., Lewis, D. M., Patz, R. J. & Green, D. R. (2001). The bookmark procedure: psychological perspectives. In G.J. Cizek (Hrsg.), *Setting performance standards: concepts, methods, and perspectives.* (S. 249–281). Mahwah: Lawrence Erlbaum Associates.

MSB SH (Hrsg.) (2016). Fachanforderungen Chemie – Allgemeinbildende Schulen, Sekundarstufe I – Gymnasium, Sekundarstufe II. Kiel: Schmidt & Klaunig.

MSW NRW (Hrsg.) (2008). Kernlehrplan für das Gymnasium – Sekundarstufe I in Nordrhein-Westfalen Chemie. Frechen: Ritterbach. https://www.schulentwicklung.nrw.de/lehrplaene/upload/lehrplaene_download/gymnasium_g8/gym8_chemie.pdf (letzter Zugriff am 22.07.2017).

Niedderer, H., Goldberg, F. & Duit, R. (1992). Towards learning process studies: a review of the workshop on research in physics learning. In R. Duit, F. Goldberg & H. Niedderer (Hrsg.), *Research in physics learning: Theoretical issues and empirical studies* (S. 10–28). Kiel: IPN.

OECD (2007). *PISA 2006. Schulleistungen im internationalen Vergleich. Naturwissenschaftliche Kompetenzen für die Welt von morgen.* München: Bertelsmann.

Pant, H. A., Tiffin-Richards, S. P. & Köller, O. (2010). Standard-Setting für Kompetenztests im Large-Scale-Assessment. In *Zeitschrift für Pädagogik,* **56** (Beiheft 56), S. 175–188.

Pant, H. A., Stanat, P., Schroeders, U., Roppelt, A., Siegle, T. & Pöhlmann, C. (Hrsg.) (2013). *IQB-Ländervergleich 2012. Mathematische und naturwissenschaftliche Kompetenzen am Ende der Sekundarstufe I.* Münster: Waxmann.

Parchmann, I., Bünder, W., Demuth, R., Freienberg, J., Klüter, R. & Ralle, B. (2006). Lernlinien zur Verknüpfung von Kontextlernen du Kompetenzentwicklung. In *CHEMKON,* **13** (3), S. 124–131.

Parchmann, I. & Neumann, K. (2016). Learning Progressions – Einführung in das Symposium. In C. Maurer (Hrsg.), *Authentizität und Lernen – das Fach in der Fachdidaktik. Gesellschaft für Didaktik der Chemie und Physik, Jahrestagung in Berlin 2015* (S. 220). Universität Regensburg.

Prenzel, M., Artelt, C., Baumert, J., Blum, W., Hammann, M., Klieme, E. & Pekrun, R. (Hrsg.) (2007). In *PISA 2006. Die Ergebnisse der dritten internationalen Vergleichsstudie.* Münster: Waxmann.

Prenzel, M., Sälzer, C., Klieme, E. & Köller, O. (Hrsg.) (2013). PISA 2012. *Fortschritte und Herausforderungen in Deutschland.* Münster: Waxmann.

Ropohl, M. (2010). *Modellierung von Schülerkompetenzen im Basiskonzept Chemische Reaktion. Entwicklung und Analyse von Testaufgaben.* Berlin: Logos.

Sandfuchs, U. (1987). *Unterrichtsinhalte auswählen und anordnen.* Bad Heilbrunn: Klinkhardt.

Schecker, H. & Parchmann, I. (2006). Modellierung naturwissenschaftlicher Kompetenz. In *Zeitschrift für Didaktik der Naturwissenschaften,* **12,** S. 45–66.

Schmidkunz, H. & Büttner, D. (1985). Chemieunterricht im Spiralcurriculum; ein Grundmuster zum Aufbau, zur übersichtlichen Gestaltung und zur besseren Abstimmung des Chemieunterrichts. In *Naturwissenschaften im Unterricht-Physik/Chemie,* **33** (1), S. 19–22.

Schmidkunz, H. & Parchmann, I. (2011). Basiskonzept Energie. In *Unterricht Chemie,* **22** (121), S. 2–7.

Shamos, M. H. (1995). *The myth of scientific literacy.* New Brunswick: Rutgers

Stäudel, L., Franke-Braun, G. & Parchmann, I. (2008). Sprache, Kommunikation und Wissenserwerb im Chemieunterricht. In *Unterricht Chemie,* **19** (106/107), S. 4–9.

Sumfleth, E., Kobow, I., Tunali, N. & Walpuski, M. (2012). Fachkommunikation im Chemieunterricht. In M. Becker-Mrotzek, K. Schramm, E. Thürmann & H. J. Vollmer (Hrsg.), *Sprache im Fach. Sprachlichkeit und fachliches Lernen.* (S. 255–276). Münster: Waxmann.

Sumfleth, E., Klebba, N., Kauertz, A., Mayer, J., Fischer, H. E., Walpuski, M. & Wellnitz, N. (2013). Das Kompetenzstrukturmodell in den naturwissenschaftlichen Fächern. In H.A. Pant, P. Stanat, U. Schroeders, A. Roppelt, T. Siegle & C. Pöhlmann (Hrsg.), *IQB-Ländervergleich 2012. Mathematische und naturwissenschaftliche Kompetenzen am Ende der Sekundarstufe I.* (S. 38–41) Münster: Waxmann.

Walpuski, M., Kampa, N., Kauertz, A. & Wellnitz, N. (2008). Evaluation der Bildungsstandards in den Naturwissenschaften. In *Der mathematische und naturwissenschaftliche Unterricht,* **61** (6), S. 323–326.

Walpuski, M., Kauertz, A., Fischer, H. E., Kampa, N., Mayer, J., Sumfleth, E. & Wellnitz, N. (2010). ESNaS – Evaluation der Standards für die Naturwissenschaften in der Sekundarstufe I. In A. Gehrmann, U. Hericks & M. Lüders (Hrsg.), *Bildungsstandards und Kompetenzmodelle – Eine Verbesserung der Qualität von Schule, Unterricht und Lehrerbildung.* (S. 171–184). Bad Heilbrunn: Klinkhardt.

Walpuski, M., Sumfleth, E. & Pant, H. A. (2013). Kompetenzstufenmodelle für das Fach Chemie. In H.A. Pant, P. Stanat, U. Schroeders, A. Roppelt, T. Siegle & C. Pöhlmann (Hrsg.), *IQB-Ländervergleich 2012. Mathematische und naturwissenschaftliche Kompetenzen am Ende der Sekundarstufe I.* (S. 83–91). Münster: Waxmann.

Weinert, F.E. (1998). Neue Unterrichtskonzepte. In Bildungskongress des Bayerischen Staatsministeriums für Unterricht, Kultus, Wissenschaft und Kunst (Hrsg.), *Wissen und Werte für die Welt von morgen* (S. 101–125). München.

Weinert, F. E. (2001). Vergleichende Leistungsmessung in Schulen – eine umstrittene Selbstverständlichkeit. In F. E. Weinert (Hrsg.), *Leistungsmessungen in Schulen.* (S. 17–31). Weinheim: Beltz.

Wellnitz, N., Fischer, E. H., Kauertz, A., Mayer, J., Neumann, I., Pant, A. H., Sumfleth, E. & Walpuski, M. (2012). Evaluation der Bildungsstandards: eine fächerübergreifende Testkonzeption für den Kompetenzbereich Erkenntnisgewinnung. In *Zeitschrift für Didaktik der Naturwissenschaften,* **18,** S. 261–291.

Wissenschaftliches Konsortium HarmoS Naturwissenschaften+ (Hrsg.) (2008). *HarmoS Naturwissenschaften+ – Kompetenzmodell und Vorschläge für Bildungsstandards, Wissenschaftlicher Abschlussbericht.* Bern: CLIP.

Zeidler, D. L. (1997). The central role of fallacious thinking in science education. In *Science Education,* **81,** S. 483–496.

Online

(1) Council of Ministers of Education Canada. Pan-Canadian Protocol for Collaboration on School Curriculum. http://science.cmec.ca/framework/Pages/english/CMEC%20Eng.html (letzter Zugriff am 2.2.2016).

(2) National Science Teachers Association. Next Generation Science Standards. http://ngss.nsta.org/ (letzter Zugriff am 9.2.2016).

(3) Deutsches PISA-Konsortium (2000). Schülerleistungen im internationalen Vergleich. Eine neue Rahmenkonzeption für die Erfassung von Wissen und Fähigkeiten. www.mpib-berlin.mpg.de/Pisa/Rahmenkonzeptiondt.pdf (letzter Zugriff am 9.2.2016).

(4) Niedersächsisches Kultusministerium. Kerncurriculum für das Gymnasium Schuljahrgänge 5–10 (http://db2.nibis.de/1db/cuvo/datei/nw_gym_si_kc_druck.pdf)

6 Ziele des Chemieunterrichts und Chemiedidaktische Leitlinien

Inhaltliche Schwerpunkte

- Chemiedidaktische Leitlinien bauen auf den Basiskonzepten und den wissenschaftstheoretischen Grundlagen auf und orientieren sich an den Zielen des Chemieunterrichtes.
- Chemiedidaktische Leitlinien liefern curriculare Strukturen, setzen auf anschlussfähige Wissensbestände und machen chemische Zusammenhänge in verschiedenen Dimensionen sichtbar.
- Die fünf chemiedidaktischen Leitlinien heißen: Stoff-Struktur-Eigenschaften, Chemische Reaktion, Denk- und Arbeitsweisen der Chemie, Historische Betrachtungsweise sowie Alltagsbezug.

6.1 Fachbereichsspezifische und fachspezifische Bildungsziele

Es ist im Allgemeinen unbestritten, dass die bildende Kunst, die Musik, die Literatur, die Philosophie, die Geschichte der Ideologien und Theorien sowie Kenntnisse geschichtlicher Zusammenhänge zur Bildung gehören. Es sind die Themen, die bei Gesprächen in Gesellschaft wichtig sind. Mit Unkenntnis in Naturwissenschaften kann man dagegen sogar kokettieren, ohne an gesellschaftlicher Reputation zu verlieren (Roth 2005). Auf der anderen Seite bestimmen naturwissenschaftliche Phänomene und Sachverhalte unser Leben – angefangen bei der Photosynthese, ohne die kein Leben auf der Erde möglich wäre, über die Beziehung zwischen Rotationsachsenlage der Erdkugel und dem Wechsel der Jahreszeiten bis zur Entwicklung von wasserabweisenden Kleidungsstücken für Outdoor-Aktivitäten. Naturwissenschaften sind allgegenwärtig. Dann sollte es doch auch selbstverständlich sein, dass jeder Bürger ein Mindestmaß an **naturwissenschaftlicher Grundbildung** (vgl. Kap. 5.1) besitzt. Dieser Bildungsauftrag obliegt nahezu ausschließlich dem naturwissenschaftlichen Unterricht und damit auch dem Fach Chemie. Der Großteil der Bevölkerung wird nach Abschluss der Schullaufbahn keine Möglichkeit der Vertiefung seiner chemischen Kenntnisse mehr erfahren – es sei denn durch informelle Lerngelegenheiten. Insofern kommt dem Chemieunterricht eine zentrale Rolle zur Entwicklung einer zeitgemäßen naturwissenschaftlichen Grundbildung als essenziellem Bestandteil der Allgemeinbildung zu. Über die Vermittlung von konkretem, deklarativen Wissen hinaus streben die Naturwissenschaften weitere **(fachbereichsspezifische) Bildungsziele** an (Vertiefung 1):

- Erziehung zum logischen Denken: Bei der Lösung wissenschaftlicher Problemstellungen im naturwissenschaftlichen Unterricht muss der zu klärende, meist komplexe Sachverhalt in überschaubare, lösbare Teilprobleme zerlegt werden (analytisches Vorgehen). Das synthetische Vorgehen erfolgt dann, wenn Einzelerkenntnisse folgerichtig zu einer komplexen Aussage zusammengefügt werden und auf diese Weise das Problem gelöst ist.
- Erwerb von Schlüsselqualifikationen: Das Experiment bietet Gelegenheit, eine Vielzahl von Schlüsselqualifikationen zu erwerben. Da Schülerexperimente in der Regel in Kleingruppen (2–4 Schülerinnen und Schüler) realisiert werden, besteht die Möglichkeit, die Arbeit im Team zu erfahren und zu erlernen. Dazu zählen die Verteilung von Aufgaben (Rollen), Kooperation, Kommunikation zwischen den Teammitgliedern, Rücksichtnahme und Entscheidungsfähigkeit. Bei der Durchführung des Experiments allgemein sind Genauigkeit, Sorgfalt, Geduld gefragt; die Durchführung quantitativer Experimente zielt auf Präzision bei der Datenerhebung. Bei der Verfolgung des Experimentalablaufs wird das exakte, objektive und vorurteilsfreie Beobachten angestrebt.
- Kommunikationsfähigkeit: Es besteht die Forderung an die Lernenden, den Sachverhalt klar, präzise, sach- und fachgerecht zu kommunizieren. Nur so ist es überhaupt möglich, beobachtete Fakten in eine eindeutige wissenschaftliche Aussage zu transformieren. Dafür ist die Kenntnis und Nutzung der chemischen Fachsprache essenziell.
- Kritik- und Urteilsfähigkeit: Werbung gibt sich vielfach einen (natur-)wissenschaftlichen Anstrich. Durch eine kriteriengeleitete Auseinandersetzung mit derartigen Formaten kann die Sichtweise sowie die Kritik- und Urteilsfähigkeit geschärft werden.

V

Vertiefung 1: Hierarchie der Bildungsziele (Pfeifer 2006)

Man unterteilt die formalen Bildungsziele in **allgemeinste Bildungsziele** und **allgemeine Bildungsziele**. Letztere sind immer noch sehr allgemein, beschreiben aber die Ziele der ersten Ebene etwas detaillierter. Klafki (1980) führt im Rahmen des Konzeptes einer bildungstheoretischen Didaktik Begriffe wie „Kritik- und Urteilsfähigkeit", „Kommunikationsfähigkeit", „Fähigkeit, einen anderen Standpunkt zu vertreten, aber auch ihn aufgrund besserer

Einsicht korrigieren zu können" auf. In diese Ebene gehört auch das oft formulierte Ziel „Erziehung zum logischen Denken" (Kerschensteiner). Die Ziele der ersten und zweiten Ebene sind noch nicht auf konkrete Sach- und Fachbereiche bezogen. Sie können vor allem nicht begründen, dass ein bestimmtes Fach (z. B. Chemie) oder eine Fächergruppe (z. B. Naturwissenschaften) im Fächerkanon einer Schulform vertreten sein muss.

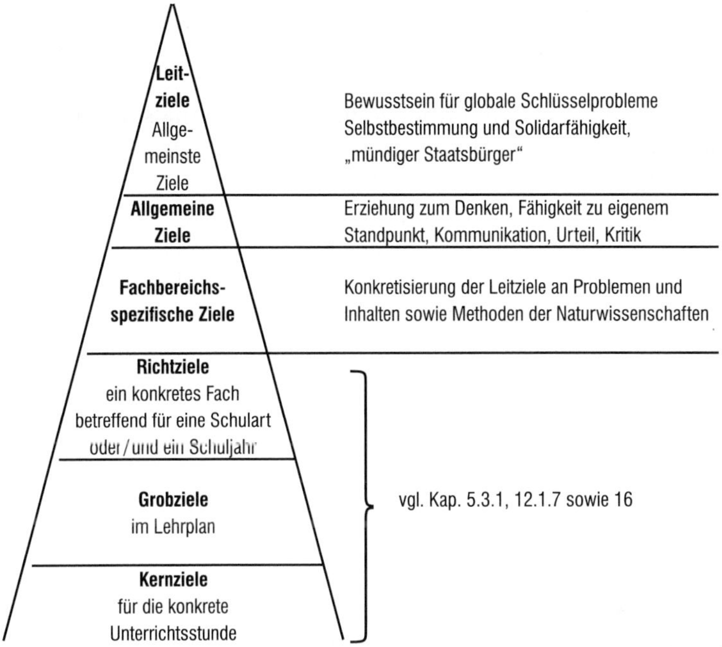

Abb. 1: Hierarchie von Bildungszielen

Auf der dritten Ebene wird eine „fachbereichsspezifische Konkretisierung" der ersten beiden Zielebenen vorgenommen und **fachbereichsspezifische Bildungsziele** formuliert. Es stellen sich Fragen wie: Was heißt Urteils- und Kritikfähigkeit im Bereich naturwissenschaftlich-technischer Erkenntnis- und Handlungszusammenhänge? Auf dieser Ebene lassen sich Argumente identifizieren, weshalb z. B. Naturwissenschaften im Fächerkanon enthalten sein müssen. Die Vertretung eines konkreten Faches im Fächerkanon, z. B. Chemie, lässt sich erst mit Zielen der vierten Ebene begründen, den **fachspezifischen Bildungszielen.** Die Zielformulierung ist noch recht abstrakt gehalten, sie haben den Charakter von Richtzielen. Sie sind als Leitideen für das jeweilige Fach in der konkreten Jahrgangsstufe einer Schulform zu verstehen und häufig in der Präambel eines Lehrplans zu finden. Auf dieser Basis lassen sich in der fünften Ebene **Grobziele** ableiten, die wesentliche Bestandteile der Lehrpläne sind (Kap. 16). In der konkreten Unterrichtsstunde soll die Lehrkraft die Vorgaben der Grobzielformulierung durch **Kernziele** präzisieren. Diese sind Lehrziele für die konkrete Unterrichtsstunde (vgl. Kap. 11 und 12.1.7), sie zielen auf die Entwicklung von Kompetenzen ab (vgl. Kap. 5.1).

Fachspezifische Bildungsziele können nur durch das konkrete Fach umgesetzt werden. Zugleich liefern diese Bildungsziele eine Legitimationsgrundlage für das Fach im Fächerkanon (Vertiefung 1).

- Das chemische Experiment ermöglicht, den **sachgemäßen Umgang mit Chemikalien** zu erlernen. Das reicht von der fachlichen Begründung von Vorsichtsmaßnahmen im Rahmen der Handhabung der Chemikalien (z. B.: Wann werden wirklich Schutzhandschuhe benötigt?) über das Kennen von Sicherheitsbestimmungen (z. B.: Welche Konzentration eines Schadstoffes birgt ein Gesundheitsrisiko?) bis zur sach- und umweltgerechten Entsorgung. Darüber hinaus sollten sich Transfermöglichkeiten für eine sachgemäße Anwendung von Chemikalien in Alltag (z. B. Umgang mit Reinigungsmitteln), Beruf (z. B. Friseurhandwerk) und Freizeit (z. B. Restaurieren von alten Möbeln) eröffnen. Das schließt auch den nachhaltigen Umgang mit Chemikalien und anderen Ressourcen mit ein.
- Die Auseinandersetzung mit chemischen Sachverhalten erfolgt auf makroskopischer und submikroskopischer Ebene (vgl. Kap. 2.2). Die **submikroskopische Ebene** setzt ein besonderes Abstraktionsvermögen voraus und fördert zugleich dessen Ausbildung. Dabei spielen Modelle als Unterrichtsmittel eine besondere Rolle (vgl. Kap. 14).
- Die Produkte der Chemie werden unter dem Aspekt der Erhöhung der Lebensqualität als selbstverständlich nachgefragt, ohne dass sie vom Verbraucher oft (noch) als solche erkannt werden. Als Beispiele seien wasserabweisende Kleidungsstücke für Outdoor-Aktivitäten, medizintechnische Produkte wie biologisch abbaubares Nahtmaterial, Herzklappen oder Zahnersatz sowie die vielfältigen Produkte im Bereich der Bauchemie wie Sanierputz, Fugendichtungsmasse oder Beton genannt. Ein wichtiges Bildungsziel ist es deshalb, die **außerordentliche Bedeutung der Chemie und ihrer Produkte** im Umfeld jedes Einzelnen, im Alltag, in der Freizeit, im (zukünftigen) Beruf und zur Lösung globaler Schlüsselprobleme bewusst zu machen. Durch die Thematisierung von innovativen, problemlösenden Entwicklungen in der Chemie kann verdeutlicht werden, dass chemische Forschung und Entwicklung weitergehen muss.
- Der Chemieunterricht kann einen Beitrag zur **chemisch-technischen Berufsorientierung** leisten. Die chemische Industrie beschäftigt in Deutsch-

land über 447.000 Menschen (VCI 2017). Durch den Chemieunterricht sind Einblicke in mögliche Arbeits- und Tätigkeitsfelder möglich.
- Die enormen Fortschritte der chemischen Analytik verschieben die Nachweisgrenzen von Stoffen in immer unvorstellbarere minimale Konzentrationsbereiche. Allerdings verunsichern Meldungen über **nachgewiesene Schadstoffe** in Wasser, Luft, Lebensmitteln, Räumen etc. die Bevölkerung unnötig, wenn nicht sachgerecht erläutert wird, wie die gefundene Konzentration einzuschätzen ist. Ein wichtiges Bildungsziel ist, die **Kritik- und Urteilsfähigkeit** der Schülerinnen und Schüler am Beispiel derartiger Meldungen auszubilden.

Die Umsetzung dieser und weiterer fachspezifischer Bildungsziele erfolgt in einem zeitgemäßen, kompetenzorientierten Chemieunterricht.

6.2 Chemiedidaktische Leitlinien – eine Begriffsklärung

Lernen im Chemieunterricht braucht Leitideen. In diesem Sinne wurden von Dierks (1989) für das Lernen im Chemieunterricht die Leitlinien *Schülervorstellungen berücksichtigen, Kommunikationsfähigkeit entwickeln und komplexes Denken üben* postuliert. Diese Leitlinien sind eher pädagogisch orientiert. Demgegenüber orientieren sich die **chemiedidaktischen Leitlinien** (Pfeifer & Lutz 1992) am Konzept einer naturwissenschaftlichen Grundbildung (scientific literacy) (vgl. Kap. 5.1), an den spezifischen Konzepten der Fachwissenschaft Chemie – eben den Basiskonzepten (vgl. Kap. 2) und an den wissenschaftstheoretischen Grundlagen (vgl. Kap. 4). Damit sind die Leitlinien für das Chemieverständnis grundlegend und finden als curriculare Strukturen ihren Niederschlag in Unterrichtskonzeptionen (vgl. Kap. 10). Von zentraler Bedeutung sind folgende chemiedidaktische Leitlinien:
- Leitlinie Stoff – Struktur – Eigenschaften
- Leitlinie Chemische Reaktion – Triebkraft und Ordnung
- Leitlinie Denk- und Arbeitsweisen der Chemie
- Leitlinie Historische Betrachtungsweise
- Leitlinie Alltagsbezug

Die Konturen dieser Leitlinien müssen immer wieder geschärft werden. Es muss sichtbar werden, in welchen Bereichen, in welchem Ausmaß und in welcher Vielfalt sich chemisches Geschehen abspielt, wie es erklärt werden kann und inwieweit wir chemischen Veränderungen in uns selbst, in unserer Umwelt und in unserer materiellen Existenz verhaftet sind. Letztlich sorgt die Verankerung dieser Leitlinien in der Fachwissenschaft Chemie und in der Lebenswirklichkeit dafür, dass sie sich weder verselbstständigen noch voneinander isolieren. Sie tragen so zu einer Produktivität im Denken und Handeln bei, wie es ein zeitgemäßer Chemieunterricht fordert. Sie werden im Folgenden mit ihren Grundideen sowie an Beispielen aus dem Chemieunterricht vorgestellt.

6.3 Leitlinie Stoff-Struktur-Eigenschaften

6.3.1 Grundidee der Leitlinie Stoff-Struktur-Eigenschaften

Das Ringen um ein Verständnis für die Eigenschaften chemischer Elemente und Verbindungen begleitet den Chemieunterricht von Anfang an. Es steht in enger Beziehung zum Wissen über Strukturen (z. B. ausgewählter Festkörper oder Molekülchemie). Allerdings kann die bloße Systematik, z. B. von Festkörperstrukturen (Atom-, Molekül-, Ionengitter; dichteste Packung etc.) oder von Molekülstrukturen nach dem Elektronenpaar-Abstoßungsmodell (Gillespie-Nyholm-Modell), ohne konkrete Bezüge zu den jeweiligen Substanzen, keine Leitlinie für den Chemieunterricht sein. Es braucht die Auseinandersetzung mit dem **Stoff** auf makroskopischer Ebene (**Eigenschaften**) wie auch auf submikroskopischer Ebene (**Struktur**). Erst dieser Wechsel der Betrachtungsweisen wird Verständnis für die Welt der Stoffe ermöglichen. Diese Idee lässt sich in der Leitlinie Stoff-Struktur-Eigenschaften zusammenfassen. Die fachliche Grundlage liefern die Basiskonzepte Stoff-Teilchen-Konzept und das Struktur-Eigenschafts-Konzept, die in der Leitlinie miteinander verknüpft sind.

Ausgangspunkt für die Umsetzung der Leitlinie (im Anfangsunterricht) ist, dass Klarheit über die Identität des Stoffes besteht. Im Idealfall handelt es sich um einen Reinstoff, dessen Stoffeigenschaften (ggf. experimentell) identifiziert werden können. Die Stoffeigenschaften reichen vom Aggregatzustand über die Löslichkeit bis zur Brennbarkeit, um nur einige Beispiele zu nennen. Die Schülerinnen und Schüler kennen den Stoff und seine Eigenschaften (makroskopische Ebene), können diese aber (noch) nicht erklären. Entsprechend dem Basiskonzept Struktur-Eigenschaftsbeziehung bedarf es eines Wechsels der Betrachtungsebene – von der makroskopischen zur submikroskopischen Ebene. (Ermittelte) **Stoffeigenschaften** können **auf struktureller Ebene** (submikroskopische Ebene) **erklärt** werden. So resultiert die hohe Schmelztemperatur des kristallinen Feststoffes Natriumchlorid aus den starken Bindungskräften zwischen Kationen und Anionen im Kristallgitter. Damit ermöglicht die Leitlinie einen Zugang zur Erklärung.

Die Erklärungsmacht unter Einbeziehung der Teilchenebene zeigt sich auch am Beispiel der Phasenübergänge. Für die Betrachtung der Phasenübergänge aus makroskopisch-thermodynamischer Sicht wäre das Teilchen-Konzept verzichtbar; für die Erklärung dieser Alltagsphänomene (z. B. Verdunsten) ist es essenziell. Das ist ein Hauptargument für die Einführung des Stoff-Teilchen-Konzepts im naturwissenschaftlichen Anfangsunterricht.

Diese enge Beziehung von Struktur und Eigenschaft ermöglicht bei Kenntnis von Struktur- und Bindungsdaten die **Prognose von Stoffeigenschaften.** Auch an dieser Stelle erfolgt ein Wechsel der Betrachtungsebene – von der submikroskopischen zur makroskopischen Ebene. Diese Denkleistung der Prognose setzt aber Vorwissen und entsprechende kognitive Fähigkeiten bei den Lernenden voraus. Sie müssen in der Lage sein bzw. dazu angeleitet werden, Kausalzusammenhänge zu erkennen und von konkreten Beispielen abstrahieren zu können. So könnte die Strukturformel eines nicht benannten Stoffes gegeben sein (Abb. 2) und die Frage aufgeworfen werden: Welche Eigenschaften könnte dieser Stoff aufweisen?

6

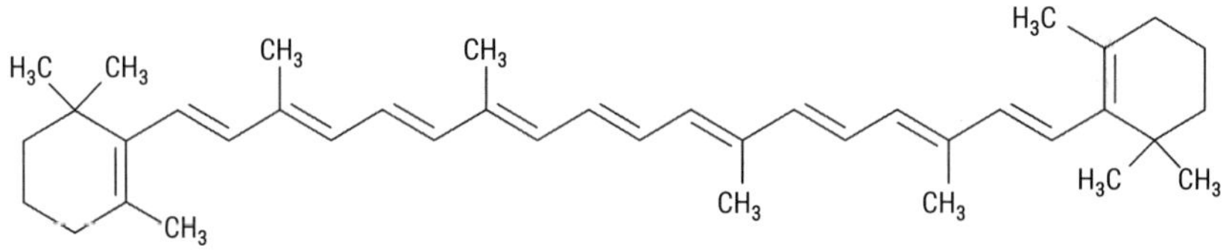

Abb. 2: Konstitutionsformel einer chemischen Verbindung

Es handelt sich um einen ungesättigten Kohlenwasserstoff, der vermutlich gut in organischen Lösemitteln, aber nicht in Wasser, löslich sein wird. Das konjugierte π-Elektronensystem lässt eine farbige Verbindung erwarten. Die aus der Summenformel berechnete Molekülmasse gibt Anlass zu der Vermutung, dass es sich um einen Feststoff handelt. Die prognostizierten Eigenschaften lassen sich experimentell bestätigen – und der Stoff wird als beta-Carotin angesprochen (Abb. 2).

Die Prognose von Stoffeigenschaften ließe sich sogar mit Anregungen für die Synthese – zumindest binärer Verbindungen – verknüpfen.

6.3.2 Erweiterung der Leitlinie Stoff-Struktur-Eigenschaften

Stoffe mit beachtlichen Produktions- und Verwendungszahlen (im Sinne von Materialien – vgl. Kap. 2.2) verlangen nach einer ganzheitlichen Betrachtung. Dabei wird die Leitlinie Stoff-Struktur-Eigenschaften um die Bereiche Isolierung, Gewinnung und Verwendung erweitert (Sommer 2000). Am Beispiel des Rohstoffes Stärke lässt sich die Strukturierung von Lerninhalten durch die erweiterte Leitlinie verdeutlichen (Abb. 3). Je nach fachlichem Niveau trägt die Leitlinie sowohl in Bezug auf die Herkunft als auch hinsichtlich der Struktur (Amylose – Amylopektin) zu einer Differenzierung bei.

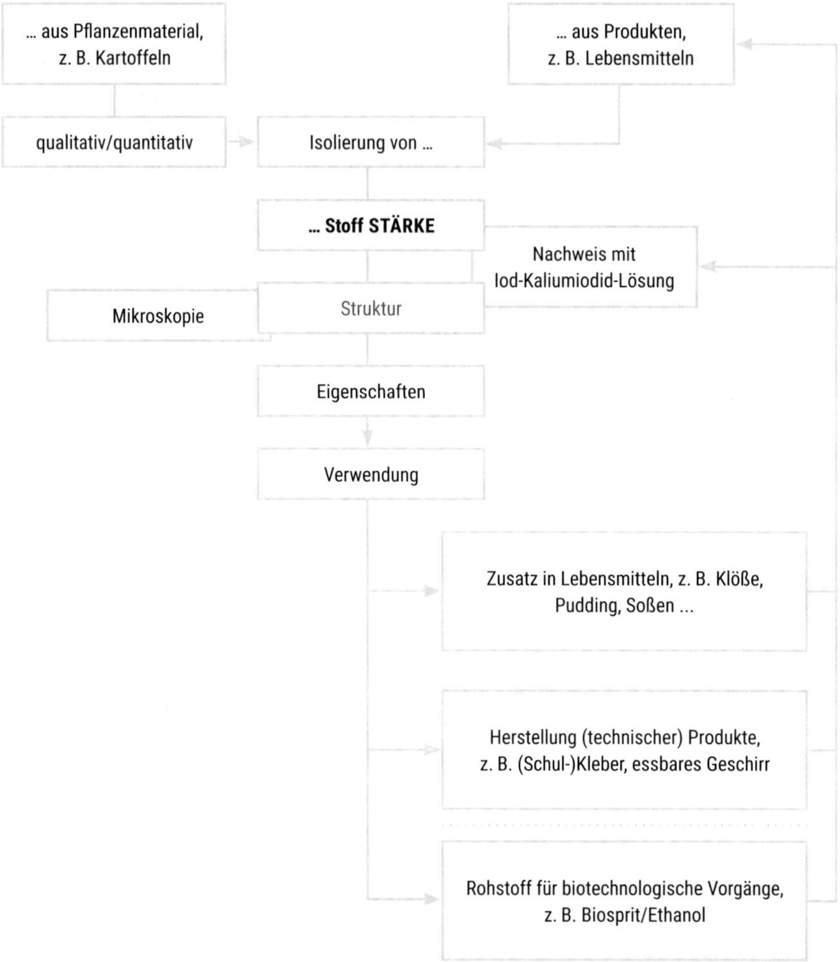

Abb. 3: Die erweiterte Leitlinie Stoff-Struktur-Eigenschaften – am Beispiel Stärke (Sommer et al. 2012)

Die ganzheitliche Betrachtung endet aber nicht bei der „Verwendung“, sondern schließt die Fragen des Recyclings ein. Das lässt sich am metallischen Werkstoff **Aluminium** exemplarisch zeigen (Abb. 4) (Sommer & Aufdemkamp 2009). (Primär-)Aluminium wird in einem zweistufigen Prozess aus Bauxit unter hohem Energieaufwand gewonnen. Allein vor diesem Hintergrund ist ein hocheffizientes Recycling von Aluminium nach der Nutzungsphase von besonderer Bedeutung. Heute werden beispielsweise 87,5 % der Aluminiumverpackungen in Deutschland stofflich wiederverwertet (Umweltbundesamt 2017), die dafür notwendigen Energiekosten betragen nur 5 % der Energiekosten, welche zur Gewinnung von Primäraluminium notwendig sind. Das gewonnene Sekundäraluminium weist die identische Struktur und identische Eigenschaften wie Primäraluminium auf; es findet kein Downcycling statt. Die Fragen nach einem stoff- und energieressourcenschonenden Umgang, der Vermeidung von Müll etc. – also die Fragen zu einem nachhaltigen Umgang mit Stoffen – sind auch Fragen, die sich die Chemie und damit auch der Chemieunterricht zu stellen haben. Somit wird die erweiterte Leitlinie Stoff-Struktur-Eigenschaften zugleich zum **Kreisprozess** (Anregung); in der Industrie wird dieser Sachverhalt mit dem Terminus „Kreislaufwirtschaft, z. B. von Aluminium" (Abb. 4) beschrieben. Materialkreisläufe, wie der von Aluminium, anderen Metallen, Papier, Glas oder PET, sensibilisieren für den nachhaltigen Umgang mit begrenzten Ressourcen. Von Bedeutung wird zunehmend die Dissipation von Materialien – also der Feinstverteilung (Reller et al. 2013), sodass diese Materialien dem Recycling nicht mehr zugänglich sind; damit ist dieses Phänomen der Idee von Materialkreisläufen gegenläufig.

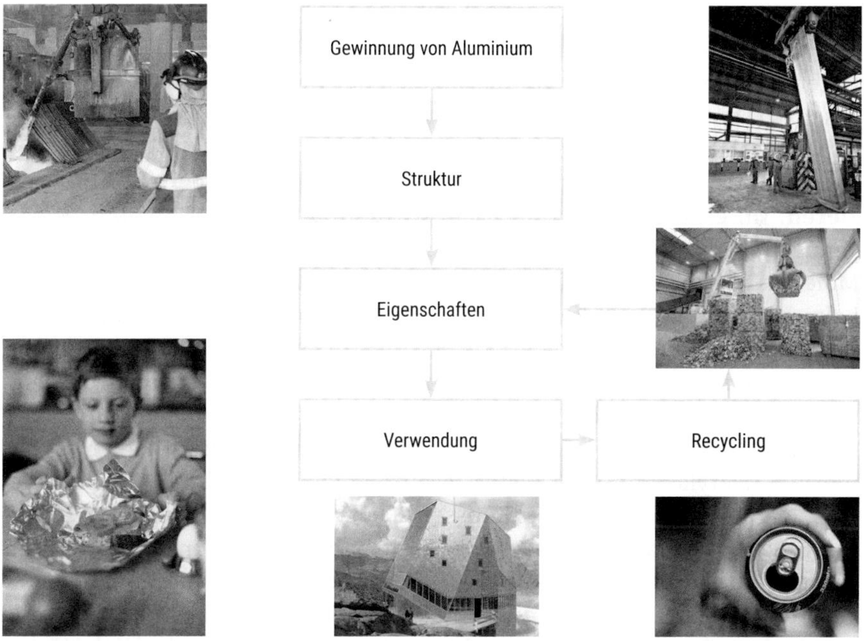

Abb. 4: Die erweiterte Leitlinie Stoff-Struktur-Eigenschaften einschließlich des Recyclings – am Beispiel Aluminium (Sommer & Aufdemkamp 2009)

A

Anregung
Eine Fundgrube für natürliche und technische Kreisläufe mit entsprechenden Modellexperimenten stellt das von Schmidkunz (1996) herausgegebene Heft der Zeitschrift „Unterricht Chemie" dar.

6.3.3 Leistungsfähigkeit und Denkanstöße

Die Leistungsfähigkeit der Leitlinie zeigt sich in der **Stoffsystematik** (vgl. Kap. 2.2). Stoffe mit identischer Grundstruktur lassen sich zu einer Gruppe zusammenfassen. Als typisches Beispiel seien Stoffe mit identischen funktionellen Gruppen genannt, die sich in homologen Reihen (z. B. der Alkane, der Alkanole) zusammenführen lassen. Zugleich wird die Prognose hinsichtlich von Eigenschaften einzelner Glieder der homologen Reihen möglich, da die Gruppierung auf struktureller Basis erfolgt. Die Leitlinie mit ihrem klaren Bezug zum Struktur-Eigenschafts-Konzept erweist sich als das Rückgrat der organischen Chemie. Das spiegelt sich auch in Lehrplankonzepten für den Chemieunterricht wider, welche die systematische Einteilung der organischen Chemie in Verbindungsklassen auf der Grundlage der funktionellen Gruppen im Blick halten - sei es durchgängig oder in exemplarischer Auswahl (vgl. Kap. 10). Die Klarheit und Transparenz fachsystematisch geprägter Unterrichtseinheiten wird von Lernenden der gymnasialen Oberstufe sehr geschätzt; aber nur, wenn sich ihnen die strukturell bedingten Zusammenhänge erschließen (Graulich & Schreiner 2011).

Die Leitlinie ermöglicht darüber hinaus, den **Strukturbegriff** zu **differenzieren.** Im einführenden Unterricht wird ein allgemeiner Strukturbegriff genügen, sodass in den meisten Fällen mit der Formulierung „Struktur des Moleküls xy" nach dessen Konstitution gefragt ist. Es zeigt sich aber bereits beim Einstieg in die Kohlenwasserstoffverbindungen, dass der allgemeine Strukturbegriff nicht ausreicht. Als Beispiel sei das „Feuerzeuggas - Gasfeuerzeug" genannt, das als Einstieg zum Thema Konstitutionsisomerie geeignet ist. Diese besondere strukturelle Betrachtung kann am Thema Alkohole (z. B. Fuselölen bei der alkoholischen Gärung) oder am Beispiel der Tautomerie - Acetylaceton und Acetessigsäureethylester sind Beispiele für Keto-Enol-Tautomerie (Pfeifer & Kotissek 2000) - weiter ausgeschärft werden.

Die Leitlinie erlangt durch ihre Geschlossenheit und die unterschiedlichen Verständnisebenen des Strukturbegriffs (je nach dem wissenschaftlichen Niveau zum Teilchenkonzept und der Aussagen zur chemischen Bindung) eine **curriculare Entwicklungsperspektive** vom (naturwissenschaftlichen) Anfangsunterricht bis zur Oberstufe. Für den Chemieunterricht (und das Chemiestudium) hat Christen (1984) durch die Ausrichtung seiner Lehrbücher an allgemeinen und tragfähigen Konzepten wie Stoff-Struktur-Eigenschaften wichtige Impulse gesetzt. Ihnen allen ist gemein, dass diese Konzepte möglicherweise zu abstrakt angelegt waren und ihre Lernwirksamkeit nicht intensiv genug durch die Vernetzung mit konkreten Fragestellungen und Kontexten aus der Lebenswirklichkeit vorangetrieben und unter Beweis gestellt wurden.

6.4 Leitlinie Chemische Reaktion

6.4.1 Grundidee der Leitlinie Chemische Reaktion

Die fachdidaktische Leitlinie Chemische Reaktion setzt dort an, wo Grundlegendes zum Begriff der chemischen Reaktion zu lernen ist: **Stoffumwandlung, Teilchenumordnung und Energiebeteiligung** (Demuth & Nerdel 2007). Für die Umsetzung dieser Leitlinie bedarf es der Basiskonzepte Stoff-Teilchen-Konzept, chemische Reaktion (in der Sekundarstufe II: Donator-Akzeptor-Konzept), energetische Betrachtung chemischer Reaktionen (in der Sekundarstufe II: Energiekonzept) und Gleichgewichtskonzept.

Auf der Grundlage der Schlüsselbegriffe Reinstoff, Element und Verbindung sowie in enger Verknüpfung mit den Energiekonzept und dem Teilchenmodell werden im Anfangsunterricht wichtige Grundlagen für das Verständnis der chemischen Reaktion geschaffen. So wird von der **stofflichen,** also der makroskopischen, **Ebene** ausgehend die Beziehung zwischen Edukt(en) und Produkt(en) geklärt. Dazu ist eine Charakterisierung der Edukte und Produkte erforderlich. Jeder chemischen Reaktion liegt zugleich ein fachmethodischer Ansatz zugrunde, der erkennen lässt, wie die Vielzahl chemischer Verbindungen zustande kommt, nämlich durch Synthese aus den Elementen (Herstellungscharakter der Chemie nach Schummer (1995)). So erfolgt die Synthese von Natriumchlorid durch die Reaktion der Elemente Natrium und Chlor. Auf makroskopischer Ebene betrachtet, lassen sich beide Edukte grundlegend in ihren Eigenschaften unterscheiden – ebenso wie das entstandene Produkt.

Des Weiteren lässt sich die Energiefreisetzung visuell sehr gut beobachten. Damit wird deutlich, dass jede chemische Reaktion mit einem **Energieumsatz** gekoppelt ist. Die Schülerinnen und Schüler erkennen, dass sich neben den stofflichen Veränderungen auch immer energetische Änderungen im Reaktionssystem vollziehen. Die gezielte Umwandlung der chemischen Energie in eine andere Energieform ist dabei von besonderem Interesse (vgl. Kap. 2.5). In der Sekundarstufe II werden die Hauptsätze der Thermodynamik erörtert und mit der Triebkraft chemischer Reaktionen verknüpft. Eng verbunden mit den energetischen Betrachtungen chemischer Reaktionen sind die Katalyse und das Konzept des chemischen Gleichgewichtes.

Mit der Zuordnung der atomaren Bausteine zu den umgesetzten Stoffen rückt die **Teilchenbetrachtung** in den Fokus (submikroskopische Ebene). Für den Anfangsunterricht bildet dabei der Atombegriff den Ausgangspunkt. Die Vorstellung diskreter Atome erschließt das Konzept der Massenerhaltung – unabhängig davon, ob isolierte Atome tatsächlich die strukturellen Bausteine der betreffenden Elemente sind. Zugleich sind Atome die Grundlage für die Ermittlung des Atomzahlenverhältnisses einer Verbindung (empirische Formel), für das Molkonzept und damit für quantitative Aussagen zur chemischen Reaktion (Vertiefung 2).

V

Vertiefung 2: Aussagekraft chemischer Reaktionsgleichungen

Die in einer chemischen Reaktion umgesetzten Stoffe – einschließlich der Energieumwandlungen – werden durch eine chemische Reaktionsgleichung (= chemische Gleichung, Reaktionsschema) wiedergegeben. In dieser bilanzierenden Form werden die Edukte und Produkte durch ihre Formeln abstrakt-symbolhaft ausgedrückt. Außerdem muss dem Gesetz von der Erhaltung der Masse und der Energie, sowie dem Molkonzept – und damit den Teilchenmengen – entsprochen werden. Somit ist eine Reaktionsgleichung mehrperspektivisch zu interpretieren, zunächst qualitativ und dann quantitativ. Die qualitative Beschreibung einer Reaktionsgleichung konzentriert sich auf die Darstellung des Stoffumsatzes (1). Quantitative Angaben betreffen die Teilchenmengen (2), den Massenumsatz (3) und die Gasvolumina (4). Der quantitative Informationsgehalt einer Reaktionsgleichung ist die Basis für stöchiometrische Berechnungen. Vervollständigt wird die Reaktionsgleichung durch Angaben zum Energieumsatz (5).

Beispiel	**H_2 (g)**	**+**	**Cl_2 (g)**	**→**	**2 HCl (g)**
1) Stoffumsatz	Wasserstoff	+	Chlor	→	Hydrogenchlorid
2) Teilchenmenge	1 Wasserstoff-Molekül	+	1 Chlor-Molekül	→	2 Hydrogenchlorid-Moleküle
(Molkonzept)	1 mol Wasserstoff-Moleküle	+	1 mol Chlor-Moleküle	→	2 mol Hydrogenchlorid-Moleküle
(3) Massenangabe	2,016 g Wasserstoff	+	70,90 g Chlor	→	72,916 g Hydrogenchlorid
(molare Masse)	2,016 g/mol Wasserstoff	+	70,90 g/mol Chlor	→	72,916 g/mol Hydrogenchlorid

(4) Volumen (Molvolumen)	22,4 l/mol Wasserstoff	+	22,4 l/mol Chlor	→ 2 × 22,4 l/mol Hydrogenchlorid
(5) Energieumsatz				ΔH= -184,74 kJ

Tab. 1: Die Aussagekraft der Reaktionsgleichung am Beispiel der Synthese von Hydrogenchlorid (Chlorwasserstoff)

Mit der Modellvorstellung von der Umgruppierung von Atomen ist aber deren Schicksal im Zuge der Umgruppierung unberücksichtigt. Soll aber auf Teilchenebene eine differenzierte Betrachtung (Abb. 5) erfolgen, bedarf es eines differenzierten Teilchenbegriffs und der mit der Teilchenumordnung gekoppelten energetischen Erscheinungen.

Der Leitlinie Chemische Reaktion wohnt eine curriculare Entwicklungsperspektive inne. Allerdings erfordert sie langfristig einen differenzierten Teilchenbegriff.

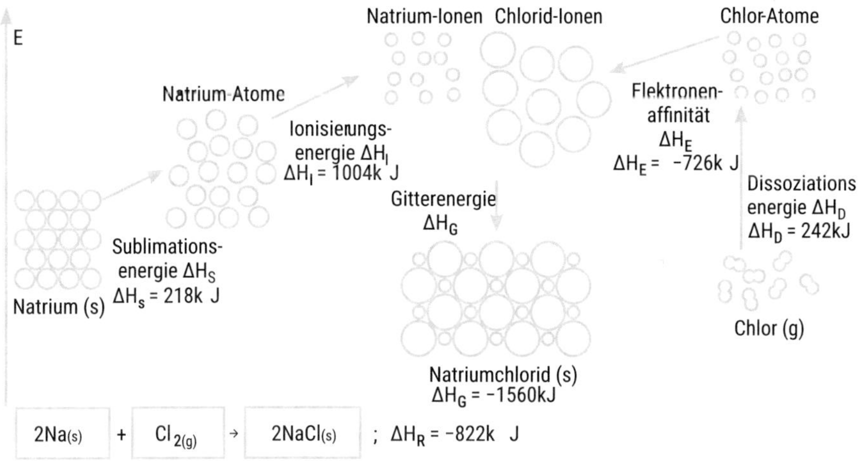

Abb. 5: Der Born-Haber-Kreisprozess: Teilchen und Teilchenumordnung sowie Teilreaktionen quantitativ betrachtet (verändert nach Tausch & Wachtendonk 2007, S. 134 f.)

6.4.2 Die chemische Reaktion im Anfangsunterricht

In der Literatur zur Didaktik und Methodik des Chemieunterrichts findet sich eine Reihe von Vorschlägen zur Einführung des Begriffs der Chemischen Reaktion (Pfeifer 2012). Wichtige Auswahlkriterien sind:

- Einfachheit in der elementaren Zusammensetzung
- repräsentative binäre Verbindungen (Vorsicht bei binären Verbindungen, die kein konstantes Atomzahlenverhältnis aufweisen, z. B. Eisen(II)-sulfid)
- Anschlussfähigkeit an weiterführende Konzepte, wie z. B. dem Redox-Konzept, Kreisprozesse, der Gewinnung von Metallen und zu chemischer Analyse im weiteren Sinn (Vertiefung 3)
- Realisierung im Experiment – im Idealfall als Schülerexperiment

Diese Kriterien werden nicht nur durch die Reaktionstypen Analyse und Synthese erfüllt (Abb. 6), sondern auch durch alternative didaktische Konzepte, wie es die Untersuchung des Verbrennungsvorganges an der Luft repräsentiert (Parchmann & Schmidt 2003).

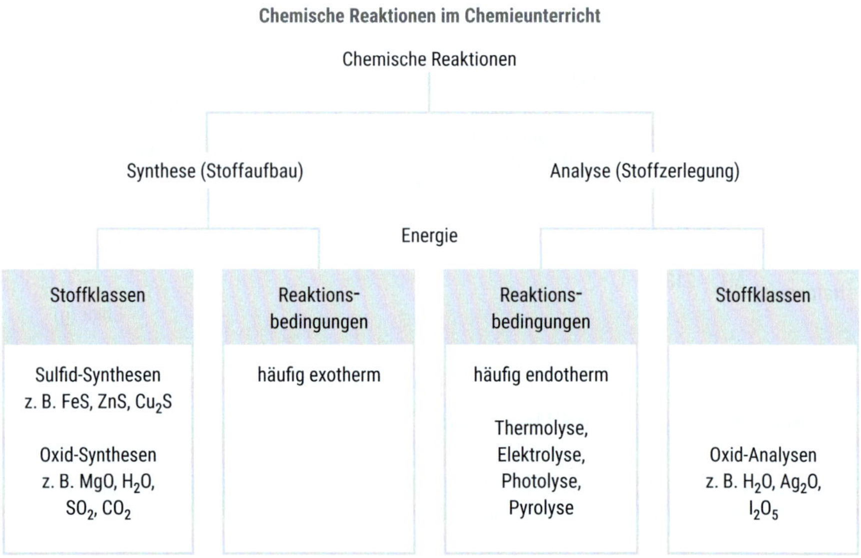

Abb. 6: Analyse und Synthese binärer Verbindungen – eine Auswahl für den Chemieunterricht (Pfeifer 2012)

Für das Verständnis des Begriffs Analyse, in diesem Zusammenhang im Sinne einer Stoffzerlegung gebraucht, ist die Erfahrung wichtig, dass der Ausgangsstoff aus den Reaktionsprodukten wieder hergestellt werden kann. Diese Einsicht in die Umkehrbarkeit chemischer Reaktionen wird durch die Modellvorstellung von der Umordnung von Atomen bei chemischen Reaktionen ganz wesentlich unterstützt (Großmann & Schwab 2008). Damit schließt sich an die Auseinandersetzung mit dem Begriff Analyse im Anfangsunterricht auch der Begriff Synthese an. Auch er geht über einfache Stoffvereinigungen, wie es z. B. bei der Bildung der Verbindung Eisensulfid aus den Elementen Eisen und Schwefel der Fall ist, hinaus. Der Begriff Synthese wird zum Hauptkriterium dafür, was die Wissenschaft Chemie antreibt, nämlich die Synthese neuer Substanzen oder (neue) Synthesen für interessante Substanzen (vgl. Naturstoffsynthesen) planvoll zu entwickeln (Vertiefung 3).

V

Vertiefung 3: Analyse – mehr als nur Stoffzerlegung

Der Begriff Analyse darf nicht unreflektiert neben dem Begriff Stoffzerlegung stehen, sondern stellt den Anlass dar, mit den Schülerinnen und Schülern einen Zugang zu analytisch-synthetischem Denken zu finden. Konkret heißt das: Aus den Reaktionsprodukten – im einfachsten Fall sind es Elementsubstanzen – wird auf die Zusammensetzung (Natur) des Ausgangsstoffes geschlossen. Mit diesem Denkschritt wird der Weg hin zum fachmethodischen Begriff der chemischen Analyse eingeschlagen. Unter einer chemischen Analyse versteht man eine Kombination von Fachmethoden, die einen Einblick in die Zusammensetzung und Struktur von Substanzen liefern.

Die im Anfangsunterricht behandelten chemischen Reaktionen (Abb. 6) erweisen sich vorzugsweise als Beispiele für Redox-Reaktionen. Unter diesem Blickwinkel können sie im weiterführenden Unterricht erneut aufgegriffen werden. Dabei spielt der Begriff der Oxidationszahl eine zentrale Rolle. Zugleich dient dieser Begriff dazu, viele schulrelevante chemische Reaktionen in drei Kategorien einzuteilen – Redox-Reaktionen, Säure-Base-Reaktionen und Ionenaustauschreaktionen (Abb. 7).

Abb. 7: Ein schulbezogenes Klassifikationsschema für anorganische Reaktionen (verändert nach Dickerson et al. 1988, S. 454)

So ergiebig das auf Elektronentransfer beruhende Redox-Konzept in wissenschaftlicher Hinsicht ist, so problematisch erweist sich dessen Einführung im Chemieunterricht der Mittelstufe weiterführender Schulen (vgl. Kap. 2.4). Deshalb wird im Anfangsunterricht nach wie vor der methodische Weg über die Oxidbildung zum Oxidationsbegriff gegangen – Kontexte aus Alltag und Technik legen diesen Schritt nahe (Rossow & Flint 2015). Wird in dieser Phase der Begriff Oxidation so definiert, als handle es sich dabei generell um die „Aufnahme von Sauerstoff", so treten alsbald Widersprüche bzw. Erklärungsdefizite auf (Barke 2006; Sieve 2015). Für die Begriffsbildung ist es besser, die Oxidbildung bzw. die Bildung einer sauerstoffreicheren Verbindung als eine Form der Oxidation zu definieren. Das bedeutet, eine zu enge und rein stoffbezogene Definition der Begriffe Oxidation und Reduktion ist zu vermeiden.

6.4.3 Leistungsfähigkeit und Denkanstöße

Eine chemische Reaktion kann – ja muss sogar – durch die **Zweigleisigkeit** dieser Leitlinie sowohl auf makroskopischer als auch auf submikroskopischer Ebene betrachtet werden. Damit ist das kontinuierliche Wechselspiel zwischen makroskopischer und submikroskopischer Ebene nicht nur bei der Leitlinie Stoff-Struktur-Eigenschaften, sondern auch bei der Leitlinie Chemische Reaktion integraler Bestandteil.

Die Reichweite der Leitlinie endet nicht mit einer exemplarisch betrachteten Reaktion, vielmehr lassen sich **Beziehungen zu anderen Reaktionen** bzw. strukturverwandten Verbindungen darstellen, wie z.B. in einem Reaktions-

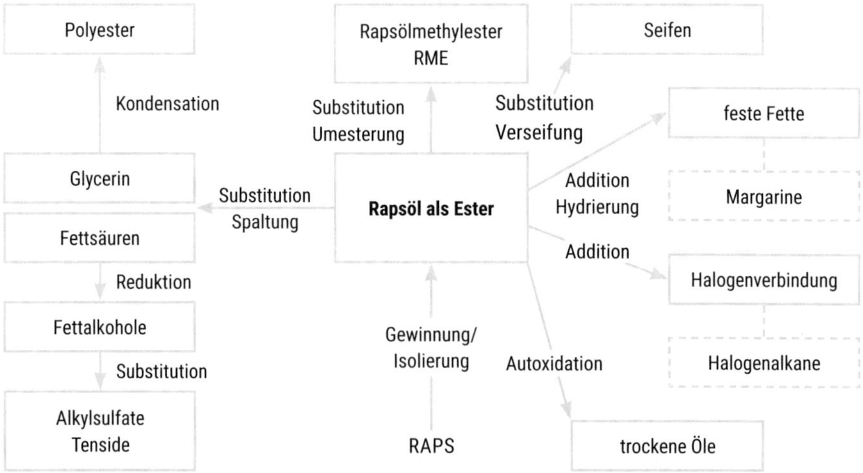

Abb. 8: Rapsöl als Ausgangspunkt eines Reaktionssterns (MSWWF 1999)

stern (Abb. 8). Darüber hinaus stehen chemische Reaktionen als gekoppelte Reaktionen (in der Biochemie), mehrstufige Synthesen (z. B. Naturstoffsynthesen) oder Teile eines Kreisprozesses miteinander in Verbindung. Besondere Bedeutung erlangen jene Reaktionsprodukte, welche als Edukte für Folgereaktionen bereitstehen.

6.5 Leitlinie Denk- und Arbeitsweisen der Chemie

6.5.1 Grundidee der Leitlinie Denk- und Arbeitsweisen der Chemie

Im Chemieunterricht rückt die Auseinandersetzung mit dem Weg der Erkenntnisgewinnung samt den dazu notwendigen Werkzeugen (Denk- und Arbeitsweisen) (vgl. Kap. 4) durch den Kompetenzbereich Erkenntnisgewinnung (vgl. Kap. 5.1.4) verstärkt in den Fokus (Becker et al. 2014). Die Lernenden sollen durch das Ineinandergreifen von Experiment und Erkenntnis erfahren, wie Wissen entsteht. An dieser Stelle sollte die Leserin oder der Leser zunächst das Kapitel 4.2 studieren. Es stellt die methodologische Grundstruktur der Erkenntnisgewinnung vor und ist im übertragenen Sinn das Basiskonzept der Erkenntnisgewinnung.

Das Wesen der Leitlinie Denk- und Arbeitsweisen der Chemie prägen folgende Elemente:

- Gliederung des Weges der Erkenntnisgewinnung in Phasen (Phasierung),
- Werkzeuge in Form von Fachmethoden (Arbeitsweisen) und naturwissenschaftlichen Denkweisen sowie
- Reflexion über den Weg der Erkenntnisgewinnung.

Diese Auswahl wird durch die Ergebnisse einer Delphi-Studie, die Osborne et al. 2003 publiziert haben (Vertiefung 5 → Online-Ergänzung), untermauert. Die Kenntnis dieser Elemente vorausgesetzt, ermöglichen sie durch ihre Berücksichtigung und Umsetzung im Unterricht einen kompetenzorientierten Experimentalunterricht.

Der **Weg der Erkenntnisgewinnung** ist mehr als nur die Umsetzung einer Versuchsdurchführung. Wie in Kapitel 4.2 dargelegt, weist die naturwissenschaftliche Erkenntnisgewinnung eine hohe Komplexität auf, die sich in der ausdifferenzierten Form nicht im Unterricht widerspiegeln kann. Deshalb wird eine didaktisch reduzierte Form des Weges der Erkenntnisgewinnung gewählt. Dazu wird der Hauptweg mit seinen **Phasen** identifiziert. Die Quellen für die Hypothesenbildung, der Weg von der Hypothese zur Versuchsplanung und die vielfältigen Rückkopplungsprozesse werden darin nicht im Detail abgebildet. Die Phasen des Hauptweges werden linear angeordnet: Frage –

Hypothese – Planung – Durchführung – Beobachtung – Auswertung. Mit der abschließenden Rückkehr zur Fragestellung wird aus einer linearen Darstellung eine zyklische, prozesshafte Darstellung. Zugleich steckt in dieser Feinheit die Option, dass der Forschungsprozess weiterbetrieben werden kann, wenn die Hypothese mit den erzielten Experimentalbefunden falsifiziert werden muss oder die Frage nicht beantwortet werden kann. Dann beginnt der Erkenntnisprozess von Neuem – durch eine neu zu formulierende Hypothese oder durch eine andere Untersuchungsmethode. Es lässt sich an verschiedenen Stellen im Forschungsprozess wieder einsetzen. Diese Chance vergibt man bei einer rein linearen Darstellung, an deren Ende die Auswertung steht.

Die vielfältig existierenden methodischen Vorschläge (Abb. 9) – einschließlich verschiedener ikonischer Darstellungen (Forscherscheibe (Weirauch et al. 2015) und Forschungszyklus (Abel et al. 2014)) sowie Strukturierungshilfen (Hübinger et al. 2009) – zur Umsetzung des Weges der Erkenntnisgewinnung greifen diese Phasierung auf. Sie strukturieren den Lernablauf in verfahrensorientierten Unterrichtskonzeptionen (vgl. Kap. 10.2).

<table>
<tr><td>Barthel (1972)</td><td colspan="4">Vorbereitung des Experiments (Problemerfassung, Hypothesenbildung, Versuchsplanung)</td><td colspan="2">Durchführung des Experiments</td><td colspan="2">Auswertung des Experiments (Deuten der Ergebnisse, In-Beziehung-Setzen mit Hypothese)</td></tr>
<tr><td>Schmidkunz & Lindemann (1976)</td><td colspan="2">Problemgewinnung</td><td colspan="2">Überlegungen zur Problemlösung</td><td colspan="2">Durchführung eines Problemlösevorschlags</td><td>Abstraktion der gewonnenen Ergebnisse</td><td>Wissenssicherung</td></tr>
<tr><td>Walpuski (2006)</td><td colspan="4">Idee/Hypothese finden</td><td colspan="2">Durchführung</td><td colspan="2">Schlussfolgerung</td></tr>
<tr><td>Neber & Anton (2008)</td><td colspan="4">Präexperimentelle Phase</td><td colspan="2">Experiment</td><td colspan="2">Postexperimentelle Phase</td></tr>
<tr><td>Nawrath et al. (2011)</td><td>Fragestellung entwickeln</td><td colspan="2">Vermutung aufstellen</td><td>Experiment planen</td><td>Versuch aufbauen</td><td>Messen</td><td>Daten aufbereiten</td><td>Schlüsse ziehen</td></tr>
</table>

Sommer et al. (2013, S. 233)	 Forschungsfrage Begründete Vermutung 	  Durchführung Beobachtung	 Auswertung und Beantwortung der Forschungsfrage
Nehring (2014)	Fragestellung und Hypothese	Planung und Durchführung	Auswertung und Reflexion

Abb. 9: Phasen des Weges der Erkenntnisgewinnung – für den Lehr-Lernprozess didaktisch reduziert (in Anlehnung an Emden & Baur 2016)

Die Durchführung des Experiments – oder der experimentellen Handlung – erfolgt unter Nutzung der Methoden des Faches Chemie und bedarf der Verwendung von Geräten, Apparaturen, Chemikalien und weiterer Hilfsmittel. Die **Fachmethoden** umfassen die **fachspezifischen** – also chemiespezifischen – **Methoden** des Experimentierens, sie können auch als **Arbeitsweisen** bezeichnet werden (Vertiefung 4). Sie stellen das Instrumentarium für den experimentellen Erkenntnisprozess bereit und liefern durch ihre Nutzung Experimentalbefunde, die das Material für das Denken schaffen. Durch sie erlangt man Kenntnis über den stofflich-strukturellen Aufbau und den stofflichen und energetischen Umsatz bei chemischen Reaktionen. Die schulrelevanten Fachmethoden lassen sich fachwissenschaftlich basiert wie folgt einteilen. Die Einteilung ist auch für die grundständige universitäre Lehre noch tragfähig (Sommer 2007):

- Methoden zur Ermittlung von Stoffeigenschaften
- Methoden zur Trennung von Stoffgemischen bis hin zum Reinstoffkonzept
- Methoden der instrumentellen Analytik
- Methoden, wie Analyse oder Synthese, auf der Basis des Begriffs der chemischen Reaktion

Der hohe Stellenwert der Fachmethoden zeigt sich darin, dass chemisches Wissen nicht von den „zur Anerkennung führenden technischen Maßnahmen der Forschung getrennt werden kann“ (Janich 1992, S. 3). Ein wichtiger Fokus für analytische Fachmethoden ist die Charakterisierung und Identifizierung von Stoffen. Nach Schummer (1995) müssen hierzu die Stoffproben durch Wechselwirkung mit experimentellen Kontexten zu einem Verhalten provoziert werden, welches als Stoffeigenschaft festgehalten wird.

In gleicher Weise verfügen die anderen naturwissenschaftlichen Fächer über fachspezifische Methoden des Experimentierens. Unbenommen von dieser Klassifikation ist die fachübergreifende Nutzung der fachspezifischen

Methoden. So wird die biologische Fachmethode des Mikroskopierens zur Untersuchung von Kristallformen auch in chemischen Kontexten angewandt.

V

Vertiefung 4: Methode – Verfahren – Arbeitstechnik

Unter einer **Methode** versteht man das prinzipielle Vorgehen zur Lösung eines Problems, z. B. die Methode der Chromatographie. Vielfach gleichbedeutend wird der Begriff **Verfahren** benutzt, wenngleich er bereits einen deutlichen Bezug zur praktischen Durchführung beinhaltet, z. B. Verfahren der Dünnschicht-, Säulen- oder Gaschromatographie. Dagegen lässt sich der Begriff **Arbeitstechnik** gegenüber den beiden genannten Begriffen klar abgrenzen. Er ist angebracht, wenn die Durchführung der Arbeitsschritte unter Angabe der Geräte und der jeweils gewählten Bedingungen so beschrieben wird, dass das Experiment im Hinblick auf seine Reproduzierbarkeit wiederholt werden kann, z. B. Vorschrift zur dünnschichtchromatographischen Trennung von Kohlenhydraten.

Die Kenntnis und Beherrschung von Fachmethoden allein genügt nicht, um wissenschaftlich erfolgreich zu arbeiten. Die Fachmethoden stehen in enger Wechselbeziehung zu den **Denkweisen.** Es handelt sich um „intellektuelle Fertigkeiten“ (Gagné 1973), die den Erkenntnisprozess vorantreiben. Das Spektrum reicht von Beobachten und Messen über Hypothesenbildung und Variablenkontrolle bis zum Experimentieren im weitesten Sinne (einschließlich der Versuchsplanung und Kontrolltechniken) (Anregung). Der fachübergreifende Charakter dieser methodologischen Elemente naturwissenschaftlicher Erkenntnisgewinnung erlaubt die Bezeichnung als **fachbereichsspezifische Methoden.** Zugleich stellt die Leitlinie Denk- und Arbeitsweisen der Chemie eine Brücke zu anderen Naturwissenschaften her.

A

Anregung

Bei Sommer et al. (2013) finden sich erprobte, konzeptionelle Vorschläge für die Auseinandersetzung mit den Denkweisen Beobachten, Messen, Hypothesenbildung, Variablenkontrolle und Klassifizieren, mit den Phasen des Weges der Erkenntnisgewinnung Fragestellung, Hypothesenbildung und Analyse & Interpretation von Daten sowie zur Reflexion von Fachmethoden.

Die Kenntnis um die Phasen des Weges der Erkenntnisgewinnung und deren Nutzung (im Sinne: doing scientific inquiry, auch als scientific inquiry bezeichnet) sollte durch ein **reflexionsbasiertes Wissen** über den naturwissenschaftlichen Erkenntnisweg (understandings about scientific inquiry, nature of scientific inquiry) ergänzt werden. Diese Auseinandersetzung ermöglicht es, die Funktion der einzelnen Schritte zu durchdringen und ihre Rolle im Erkenntnisprozess zu verstehen (Strippel et al. 2018).

A

Anregung

Einblicke in das internationale Forschungsfeld „Scientific Inquiry" sind u. a. bei F. Abd-El-Khalick et al. (2004), L. Flick & N. Lederman (2006) und B. Crawford (2014) zu finden.

6

6.5.2 Ein fachmethodisches Spiralcurriculum

Einen ersten Ansatz für die curriculare Strukturierung (vgl. Kap. 5.3) von fachbereichsspezifischen Methoden bietet das CASE-Projekt, das in deutscher Übersetzung den Titel *Naturwissenschaftlich Denken* trägt (Adey, Shayer & Yates 1993). Es verfolgt das Ziel, „möglichst konkret und einfach die in den Naturwissenschaften erforderlichen Arbeitstechniken und Denkformen zu schulen" (ebd., S. 3). Die Arbeitsblätter lassen aber Aufgabenketten mit ansteigender Komplexität erkennen, die z. B. das Prinzip der Variablenkontrolle oder den Einsatz von Modellen vermitteln sollen. Dieser Aufbau der Lernmaterialien zeigt, dass es möglich ist, fachmethodische Inhalte spiralcurricular anzuordnen.

K. Sommer, H. Kleinhorst, A. Russek und A. Kakoschke (2012) haben mit dem fachmethodischen Spiralcurriculum (Vertiefung 5) ein Analyse-Instrument für Fachmethoden entwickelt. Es bezieht sich sowohl auf die praktische Anwendung der Fachmethode als auch auf das Verständnis der Fachmethode. Damit lassen sich die notwendigen Voraussetzungen für das Aufwärtsschreiten – sprich bei einer Erhöhung der Komplexität – ebenso identifizieren wie die grundlegenden Prinzipien, auf die sich eine Fachmethode beim Abwärtsschreiten zurückführen lässt. Gerade eine höhere Komplexität der Fachmethode erschwert das Verständnis für die Prinzipien der Fachmethode, weshalb eine Rückkehr zu den grundlegenden Prinzipien unverzichtbar ist. Über diesen engen Rahmen hinaus liefert ein fachmethodisches Spiralcurriculum eine Strukturierungshilfe für Curricula, aus der die enge Wechselbeziehung zwischen Inhalt und Fachmethode deutlich wird. Schließlich entfaltet die Fachmethode ihr Potenzial erst vollständig durch die Wechselwirkung mit den Denkweisen.

V

Vertiefung 5: Struktur eines fachmethodischen Spiralcurriculums (Sommer et al. 2012)
Jeder Fachmethode liegen **Grundelemente wissenschaftlichen Arbeitens** zugrunde. Sie stellen die Basis für den korrekten Ablauf (Durchführung, Kontrolltechnik) und die Auseinandersetzung mit der Fachmethode (u. a. Leistungsfähigkeit und Grenzen) dar. Diese Grundelemente gelten für alle Fachmethoden und füllen die Spiralebene mit Inhalt (Abb. 10).
Der Hauptbestandteil dieses Spiralcurriculums sind die **Fachmethoden.** Sie werden auf der Spiralebene entsprechend der Zuordnung zu den vier Bereichen positioniert (vgl. S. 157). Entlang der Spirale nehmen die Fachmethoden an Komplexität zu. Das spiegelt sich in der Durchführung und in der höheren Leistungsfähigkeit der Fachmethode wider. Die zunehmende Komplexität von ein und derselben Fachmethode wird durch das wiederkehrende Auftreten der Fachmethode auf einer höheren Ebene der Spiralwendel veranschaulicht (Abb. 10). Dem Aufwärtsschreiten in der Spiralwendel liegt die Linie „vom sensorischen Test zur quantitativen Bestimmung" zugrunde. Während sensorischer Test und qualitativer Nachweis durch das Beobachten eher phänomenologisch-qualitative Aussagen zulassen, erzeugen halbquantitative Untersuchungen und quantitative Bestimmungen durch das Messen Daten.

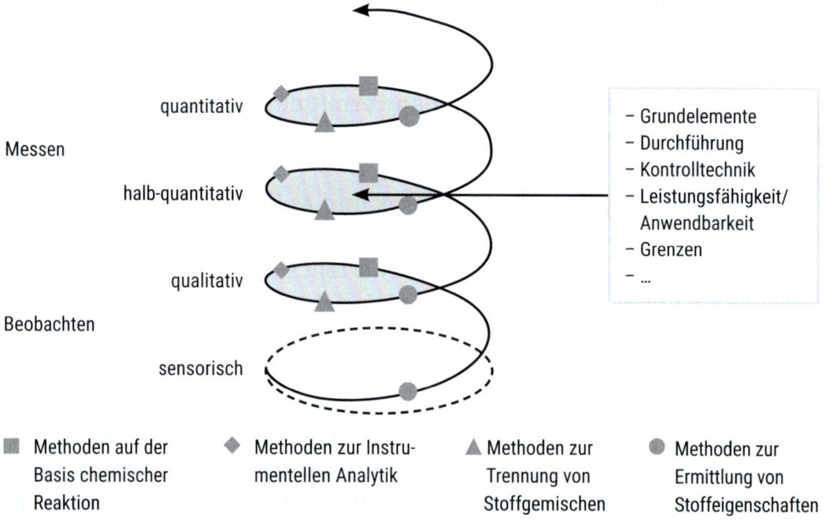

Abb. 10: Die Elemente des fachmethodischen Spiralcurriculums

Beispiel: Bestimmung von Silber auf Dekoperlen (Kluthke & Sommer 2016): Silbrig glänzende Dekorationsperlen dienen der Verzierung von Gebäck. Sie sind mit einer dünnen Metallschicht bedeckt, wie sich durch eine Prüfung der Leitfähigkeit zeigen lässt. Man kann das Metall Silber von den Perlen mit Wasser ablösen und in einem Filterpapier auffangen. Durch die Reaktion mit Salpetersäure entstehen Silber-Ionen, welche durch die Fällungsreaktion mit Chlorid-Ionen nachgewiesen werden können. Das Prinzip dieses (qualitativen) Nachweises kann auch zur Bestimmung der Schichtdicke von Silber auf den Dekorperlen genutzt werden. Bei einer halbquantitativen Bestimmung erfolgt ein optischer Vergleich der Menge des entstandenen Niederschlags an Silberchlorid mit einer Vergleichsreihe. Die quantitative Bestimmung ist mit einer Fällungstitration möglich, ihr liegt das identische Grundprinzip der Fällung von Silberchlorid zugrunde. Damit korrespondiert das Prinzip der quantitativen Bestimmung mit dem des qualitativen Nachweises – ein Ab- und Aufwärtsschreiten ist möglich.

6.5.3 Leistungsfähigkeit und Denkanstöße

Die Leitlinie Denk- und Arbeitsweisen der Chemie ermöglicht, dass Ergebnisse und Erkenntnisse der Wissenschaft Chemie nicht nur als fertige Produkte präsentiert werden, sondern der Weg der Gewinnung von Erkenntnissen aufgezeigt wird. Es wird das Wesen der Wissenschaft Chemie, ihre Methoden und Vorgehensweisen, offengelegt. Das lässt sich nur mit und durch einen **Experimentalunterricht** realisieren. Je klarer die Denk- und Arbeitsweisen (auch) zum Organisationsprinzip des Unterrichts werden, desto intensiver kann das vielseitige Instrumentarium an Methoden, Verfahren und Arbeitstechniken einerseits und Denk- und Argumentationslinien andererseits an konkreten Inhalten wirksam werden – eine klare Ausgangslage bzw. Zielangabe vorausgesetzt.

Zugleich seien folgende Dinge zu bedenken:

- Die Chemielehrkraft muss aus einem reichen Repertoire von Fachmethoden schöpfen können, da die Naturwissenschaft Chemie ihre Erkenntnisse aus der fruchtbaren Symbiose zwischen Theorie und Experiment gewinnt. Diese enge Verzahnung von Problemstellung, Theorie und experimenteller Methode ist die Hauptursache für die Wandlungsfähigkeit und Fortentwicklung der Wissenschaft Chemie. Das setzt profunde Kenntnis sowohl klassischer als auch neuerer Methoden chemischen Experimentierens voraus. Für die Chemielehrkraft ist es unerlässlich, dass sie über die Methoden ihres Faches Bescheid weiß und diese im Unterricht so einsetzen kann, dass sie den Lernprozess im Sinne der Leitlinie Denk- und Arbeitsweisen der Chemie fördern (Strippel & Sommer 2015).
- Viele in der chemischen Forschung unentbehrlichen Methoden, Verfahren und Arbeitstechniken sind jedoch nicht automatisch als Schulversuche geeignet. Eine unkritische Übernahme in die Schulchemie wäre verfehlt. Es ist den Zielen und Aufgaben des Chemieunterrichts der betreffenden

Schulart und -stufe gemäß eine adressatengerechte Auswahl an Experimenten (vgl. Kap. 13.1) zu treffen, die unter den schulischen Bedingungen realisiert werden können.

- Es besteht eine große Herausforderung, im Chemieunterricht, deutlich zu machen, dass sich auch Fachmethoden weiterentwickeln. So kann der Nachweis bestimmter Ionen im Forschungslabor nach wie vor mit klassisch-nasschemischen Verfahren erfolgen, üblicher und schneller wären aber Methoden der instrumentellen Analytik.

6.6 Leitlinie Historische Betrachtungsweise

6.6.1 Grundidee der Leitlinie Historische Betrachtungsweise

Die Geschichte der Chemie ist einerseits die Geschichte der Wissenschaft Chemie. Das umfasst die singuläre Betrachtung der Entwicklung eines Stoffes (z. B. von der Entdeckung über die Strukturaufklärung bis zur Synthese), die Entwicklung von Begriffen, Konzepten und Theorien, die Herausbildung neuer Industriezweige sowie die Kenntnis zentraler Persönlichkeiten, die sich maßgeblich um die Weiterentwicklung der Wissenschaft Chemie verdient gemacht haben. Besonders hervorzuheben ist die Epoche gegen Ende des 19. und am Anfang des 20. Jahrhunderts mit ihren bahnbrechenden Erkenntnisfortschritten in den Feldern Atombau, Radioaktivität, Röntgenstrahlen, Quantentheorie, Edelgase. Die Geschichte der Chemie liefert wichtige Beiträge zur theoretischen Fundierung chemischen Wissens. Durch die Leitlinie Historische Betrachtungsweise finden sie Eingang in den Chemieunterricht.

Die Geschichte der Chemie ermöglicht – betrachtet man sie nicht nur ergebnisorientiert – andererseits einen Einblick in die Denkweisen des Faches. So ist die Konzeption des Periodensystems der Elemente ein Paradebeispiel für naturwissenschaftliche Erkenntnisgewinnung mit generalisierender Induktion, deduktiver Ableitung und der Auswertung von Experimentalbefunden (vgl. Kap. 4.2); das Beispiel PSE ist in Kap. 6.6.2 näher ausgeführt.

6.6.2 Inhaltliche Schwerpunkte der Geschichte der Chemie

Die historische Betrachtungsweise als Leitlinie ist keine durchgängige Wissenschaftsgeschichte, sondern bezieht sich auf verschiedene inhaltliche Schwerpunkte (Jansen 2002), die im Folgenden an konkreten Beispielen näher ausgeführt werden.

(Weiter-)Entwicklung umfassender Theorien und Konzepte

Einblicke in die (Weiter-)Entwicklung theoretischer Konzepte der Chemie, wie Atomtheorie, Theorie der chemischen Bindung, Säure-Base-Konzept (vgl. Kap. 2.4), Theorie des Verbrennungsvorganges kontra Phlogistonlehre (vgl. Kap. 3.5), von der Benzolstruktur bis zum heutigen Konzept der Aromatizität (Vaupel 2011) etc. sind unverzichtbar, um ein Verständnis für gültige Theorien und Konzepte zu erlangen. Dazu gehören auch Antworten auf Fragen, wie z. B.: „Wo liegt der Ursprung eines theoretischen Konzeptes?", „Welchen Wandel hat das Konzept bis heute durchgemacht?", „Sind frühere Vorstellungen noch kompatibel mit den heutigen?", „Sind ... heute noch fachlich vertretbar?". Es entwickelt sich die Erkenntnis, dass sich Theorien häufig nicht in einfachen Kausalketten empirisch-induktiv herleiten lassen, sondern auch erfunden werden und somit spekulative Züge tragen können (vgl. Kap. 4).

Aus der didaktischen Auseinandersetzung mit Ursprung und Wandel dieser Konzepte resultiert eine historisch orientierte Leitlinie für den Chemieunterricht, die sich für das Chemieverständnis als lernförderlich erweisen kann. Die Schülerinnen und Schüler erfahren überzeugend, dass eine heute als gültig angenommene Theorie früher in Konkurrenz zu einer anderen stand und warum sich ihre Protagonisten durchsetzen konnten. Weiterführend ist die Frage, in welcher Beziehung die durchsetzungsfähige Theorie zum heutigen Verständnis steht.

Entwicklung großer Ideen der Chemie – am Beispiel des Periodensystems der Elemente (Häusler 1990)

Das Periodensystem der Elemente ist ein repräsentatives Beispiel empirischer Forschung in der Chemie. Bei der Konzeption seines Lehrbuches *Grundlagen der Chemie* (1. Auflage 1868) suchte Mendelejew nach einem Ordnungsprinzip „für das System der einfachen Körper" (= Elemente). Er vertrat die Auffassung, „daß die Größe des Molekulargewichtes die Eigenschaften eines Stoffes bestimmt". Dieses Prinzip wandte er für ein System der chemischen Elemente an. Bestärkt wurde er vor allem von der Triadenregel Döbereiners (1829), den Untersuchungen der Äquivalentgewichte durch Pettenkofer (1850), dem Prinzip der arithmetischen Reihen Dumas (1858) und dem Gesetz der Oktaven Newlands (1864). Mendelejew ordnete die Elemente nach zunehmenden Atomgewichten in vertikale Reihen, sodass die Horizontalreihen analoge Elemente enthalten. Diese wieder nach zunehmendem Atomgewicht geordnet, erhielt er die in Abbildung 11 gezeigte Zusammenstellung. Das heute vielfach verwendete stoffbezogene Periodensystem basiert auf diesen Ideen.

			Ti = 50	Zr = 90	? = 180
			V = 51	Nb = 94	Ta = 182
			Cr = 52	Mp = 96	W = 196
			Mn = 55	Rh = 104,4	Pt = 197,4
			Fe = 56	Ru = 104,4	Ir = 199
			Ni = Co = 59	Pd = 106,6	Os = 199
H = 1			Cu = 63,4	Ag =108	Hg = 200
	Be = 9,4	Mg = 24	Zn = 65,2	Cd =112	
	B = 11	Al = 27,4	? = 69	Ur = 116	Au = 197?
	C = 12	Si = 28	? = 70	Sn = 118	
	N = 14	P = 31	As = 75	Sb = 122	Bi = 210?
	O = 16	S = 32	Se = 79,4	Te = 128?	
	F = 19	Cl = 35,5	Br = 80	J = 127	
Li = 7	Na = 23	K = 39	Rb = 85,4	Cs = 133	Tl = 204
		Ca = 40	Sr = 87, 6	Ba = 137	Pb = 2ß7
		? = 45	Ce = 92		
		?Er = 56	La = 94		
		?Yt = 60	Di = 95		
		In = 75,6	Th = 119?		

Abb. 11: Mendelejews Periodensystem der Elemente – erster Bericht, 1869

Mendelejew leitete aus dem Periodensystem der Elemente allgemeinere Folgerungen ab:

1 Die nach der Größe des Atomgewichts geordneten Elemente zeigen eine stufenweise Abänderung der Eigenschaften.
2 Chemisch-analoge Elemente haben entweder übereinstimmende Atomgewichte (Pt, Ir, Os) oder nehmen innerhalb der Verwandtschaftsreihe gleich viel zu (K, Rb, Ca).
3 Das Anordnen nach den Atomgewichten entspricht der Wertigkeit der Elemente und bis zu einem gewissen Grade der Verschiedenheit im chemischen Verhalten, z. B. Li, Be, B, C, N, O, F.
4 Als das leichteste Element wird Wasserstoff ausgewählt.
5 Es lässt sich die Entdeckung noch vieler neuer Elemente vorhersehen, z. B. Analoge des Si und Al.

Wie sein erster Bericht zum Periodensystem der Elemente vom Jahre 1869 zeigt, fand Mendelejew das Periodensystem durch generalisierende Induktion (vgl. Kap. 4.2). Den Beweis für die Richtigkeit seiner Hypothese führte er durch eine scharfsinnige Deduktion, indem er noch unentdeckte Elemente sowie deren physikalische und chemische Eigenschaften vorhersagte (Tab. 2). Damit waren die Lücken zu erklären. Das Auffinden der postulierten Elemente noch zu Lebzeiten Mendelejews und die erstaunlich genaue Übereinstimmung der deduktiv vorausgesagten und tatsächlich gefundenen Eigenschaften erbrachten eine eindeutige Bestätigung seines „periodischen Gesetzes", wie er es nannte (Stork 1979). In den folgenden Jahrzehnten wurde diese geniale Leistung mehrfach bestätigt, z. B. durch die Erkenntnisse im Atombau, in der Einordnung der Edelgase und durch das Moseley'sche Gesetz. Bis heute hat das PSE nichts an wissenschaftlicher Bedeutung und didaktischem Potenzial (Kremer & Bee 2015) eingebüßt.

Mendelejews Voraussage	Nach der Entdeckung des Elementes beobachtete Eigenschaften
Atommasse ungefähr 72	Atommasse 72,59
dunkelgraues Metall mit hohem Schmelzpunkt	weißlichgraues Metall, Schmelzpunkt 958 °C
Dichte 5,5 g/cm^3	Dichte 5,36 g/cm^3
spezifische Wärme 0,073 cal/Grad	spezifische Wärme 0,076 cal/Grad
Beim Erhitzen an der Luft entsteht XO_2.	Beim Erhitzen an der Luft entsteht GeO_2
Oxid schwerflüchtig, Dichte 4,7 g/cm^3	Schmp. von GeO_2 1100 °C, Dichte 4,7 g/cm^3
Chlorid (XCl_4) ist eine leichtflüssige Flüssigkeit	$GeCl_4$ ist flüssig
(Sdp. wenig unter 100 °C), Dichte 1,9 g/cm^3	(Sdp. 83 °C), Dichte 1,88 g/cm^3

Tab. 2: Gegenüberstellung der vorausgesagten und beobachteten Eigenschaften von Germanium und einigen Germaniumverbindungen (Stork 1979)

Produkte der Chemie – auch im Spiegel wirtschaftlicher, politischer und sozialer Hintergründe

Der Chemie kommt gegenüber den anderen Naturwissenschaften eine Sonderstellung zu. Zahlreiche Produkte der Wissenschaft Chemie erfahren durch den Industriezweig der chemischen Industrie eine wirtschaftliche Verwertung. Als Beispiele seien genannt:

- Eisen: von der historischen Gewinnung im Rennofen bis zum Hochofenprozess (Sommer et al. 2011)
- Herstellung von Grundchemikalien, z. B. Soda nach Solvay-Verfahren (1862) als Grundchemikalie für Glasindustrie
- Indigo: Syntheseprodukt statt Naturprodukt dank der Aufklärung von Struktur und Synthese durch A. v. Baeyer (1880)
- Entstehung einer neuen, industriell genutzten Produktlinie, z. B. von der Benzolstruktur über die Chemie der Aromaten zur Teerfarbenindustrie (Bühl-Gramer 2016)

- Ein chemisches Produkt im Wandel des Einsatzes, z. B. Nylon: vom Fallschirmspringermaterial im Kriegseinsatz zur Beinbekleidung für Damen; Ammoniak: Sprengstoff und Düngemittel
- Das chemische Produkt – ein Zufallsprodukt, z. B. Vulkanisation von Kautschuk oder Teflon

Aus diesem Blickwinkel gewinnt die Leitlinie „Historische Betrachtungsweise" einen direkten Anschluss an die Gegenwart – die chemische Industrie ist eine der wichtigsten Säulen unserer Volkswirtschaft. Dringend empfohlen werden Exkursionen (vgl. Kap. 17.3), z. B. im Sinne von Betriebserkundungen, zu Werken der chemischen Industrie oder zu anderen Industriebereichen mit direktem Bezug zur Herstellung chemischer Produkte.

Chemiker in ihrer Zeit

Wissenschaft wird durch Menschen betrieben. Die Namen mancher Forscherpersönlichkeiten finden sich in Namensreaktionen (z. B. Fehling'sche Probe, Haber-Bosch-Prozess) oder in Begriffen bzw. Gesetzen (z. B. Nernt'sche Gleichung, Faraday-Konstante) wieder. Will man aber die Persönlichkeiten in ihrem Wirken in den Blickpunkt nehmen, so müssen auch wirtschaftspolitische, weltpolitische oder gesellschaftlich-soziale Bezüge hergestellt werden. Nur so lässt sich ein ganzheitliches Bild erzeugen. Eine fachübergreifende oder fächerverbindende Betrachtung erscheint sinnvoll.

Als thematische Schwerpunkte seien genannt:

- Leistungen früherer Forschergenerationen und akademische Schulen (J. v. Liebig)
- Chemiker in ihrer Zeit (politisches Umfeld) in Wechselwirkung mit der Ambivalenz chemischer Erkenntnisse, z. B. F. Haber (Nobel-Preis 1918 contra Giftgasbefürworter im Ersten Weltkrieg) oder A. Lavoisier (Chemiker von höchstem wissenschaftlichen Renommee contra Reichtum als Steuerpächter)
- disziplinenübergreifende Kontakte und Wertschätzung, z. B. zwischen Döbereiner und Goethe
- Konkurrenz und Rivalität unter Forschern bzw. Wissenschaftlern
- Frauen in der chemischen Forschung, z. B. Clara Immerwahr

Es können aber im Sinn der Leitlinie auch mehrere inhaltliche Schwerpunkte gemeinsam betrachtet werden, wie das Beispiel der Zeitleiste zum Themenfeld Elektrochemie (Abb. 13, siehe Online-Ergänzung) zeigt. Dabei werden die Schwerpunkte theoretische Konzepte, technische Entwicklung und Forscherpersönlichkeiten miteinander verknüpft. Diese Verzahnung erlaubt einen vielschichtigen Einblick in das Themenfeld.

6.6.3 Leistungsfähigkeit und Denkanstöße

Hauptkennzeichen der Leitlinie Historische Betrachtungsweise ist ihre **Vielseitigkeit.** Sie versieht den Chemieunterricht mit einer Qualität, welche die Gegenwart allein nicht bieten kann. Ihre Berücksichtigung liefert wichtige Beiträge zum besseren Verständnis sowohl aktueller fachlicher Entwicklungen als auch der naturwissenschaftlichen Erkenntnisgewinnung (Vertiefung 6).

V

Vertiefung 6: Geschichte der Chemie im Chemieunterricht – nicht erst heute

Erste Ansätze, die Geschichte der Chemie in den Chemieunterricht einzubeziehen, finden sich Ende des 19., zu Beginn des 20. Jahrhunderts. Zu nennen sind Capesius (1853–1919), Wilbrand (1824–1893) und Winderlich (1886–1915). Gefordert wurde, dass sich die Wege naturwissenschaftlicher Erkenntnisgewinnung in den Problemlösestrategien des Chemieunterrichts widerspiegeln (Jansen 2002). Als ein prominenter Fürsprecher dieses didaktischen Anliegens gilt W. Ostwald (Nobelpreis 1909). Und so formuliert bereits 1910 Wilhelm Ostwald im Vorwort seines Buches *Die Schule der Chemie:* „Diese Eigenschaft des selbstständigen Denkens ... anzuregen und zu entwickeln, ist wohl die wichtigste Aufgabe, [der] sich heute ein Lehrer stellen mag." (S. VIII)

Die Geschichte der Chemie ist ein fundamentaler **Bestandteil unserer Kulturgeschichte.** Allein: Die Geschichte der Gebrauchsmetalle spiegelt sich in den Bezeichnungen von Epochen wider: Kupferzeit, Bronzezeit, Eisenzeit, Siliciumzeitalter. Ein Verständnis der kulturellen Entwicklung bedarf eines fachlichen Verständnisses hinsichtlich der Zugänglichkeit der Metalle (gediegen vorkommende Metalle versus Erze) und der Herstellungsmöglichkeiten (Herstellung der Legierung Bronze; Gewinnung von Eisen über Rennöfen).

Diese Fülle an Themen und Inhalten bedeutet nicht, dass in einer eigenen Unterrichtseinheit die Geschichte der Chemie Schritt-für-Schritt abgehandelt wird. Vielmehr soll das in der Geschichte liegende Potenzial genutzt werden, um eine ganzheitliche naturwissenschaftliche Grundbildung zu erzielen, z. B. mit einem historisch ausgerichteten **Unterrichtseinstieg**, z. B. Einstiege in die organische Chemie (Heimann 2008; Kuhl & Sommer 2000) oder Einführung neuer Stoffklassen durch historische Texte im Kontext der Entdeckungsgeschichte, z. B. Aldehyde durch Döbereiner (alcoholus dehydrogenatus), einer historisch angelehnten **Erarbeitungsphase** (Harnstoffsynthese durch Wöhler (1828) und seine Mitteilung an J. v. Liebig mit der Widerlegung des Wirkens einer „vis vitalis" zur Synthese organischer Verbindungen oder historische Experimente mit ursprünglichem Text (z. B. Diamantverbrennung von

A. Lavoisier (Jahnke-Klein et al. 1994)) oder einem **Transferbeispiel** (historische Experimente mit aktuellem Bezug, z. B. Döbereiner Feuerzeug und katalytische Wasserstoffoxidation).

Historische Darstellungen der Naturwissenschaften unterliegen der Gefahr verzerrter Geschichtsdarstellungen. Historische Entwicklungen können teleologisch dargestellt werden, als hätte die Geschichte sich linear und mit dem Blick auf unseren heutigen als nahezu ideal angesehenen Ist-Zustand hin entwickelt. Hier besteht erhebliche Gefahr für historische Mythenbildung (Höttecke & Henke 2010), welche die Eigenständigkeit historischer Entwicklungen unterschätzt und die Gegenwartswissenschaft autoritär erhöht. Weitere Fallstricke sind: „Häufig werden historische Darstellungen von Wissenschaft auf Biografien großer Männer reduziert. Hier besteht gleich die Gefahr einer doppelten Verzerrung: Die Darstellung der Naturwissenschaft als reiner Männerdomäne und die Reduktion auf wenige und nur im historischen Rückblick erfolgreiche Menschen. Bei aller Achtung vor wissenschaftlichen Errungenschaften in den Naturwissenschaften, das Heldenbedürfnis sollte nicht zu groß sein und Raum für alternative Forschungsansätze, die sich nicht etabliert haben, Verlierer, Vordenker und Abweichler sein. Erst so wird Wissenschaft als Prozess authentisch darstellbar." (Höttecke & Henke 2010, S. 5).

6.7 Leitlinie Alltagsbezug

6.7.1 Grundidee der Leitlinie Alltagsbezug

In der Alltagswelt gewinnen wir vielfältige lebensweltliche Erfahrungen – Alltagswissen. Das geschieht im Umgang mit bestimmten Objekten und spezifischen Situationen, also lebensnah. Darunter sind eine Vielzahl chemischer Fakten, Zusammenhänge und Prozesse, die unter dem Begriff Alltagschemie gebündelt werden. Dementsprechend muss der Begriff **Alltagschemie** sehr weit gefasst werden: Alle chemischen Vorgänge und die davon berührten Substanzen und Materialien, die im Alltag eine Rolle spielen, sowie die Art, wie darüber gesprochen wird, sind unter Alltagschemie zu führen. Das führt weit über die klassischen Themen der Lebens- sowie Wasch- und Reinigungsmittel hinaus (Vertiefung 7).

V

Vertiefung 7: Merkmale von Kontexten

Die Einbindung von Kontexten in den Unterricht wirkt sich positiv auf affektive Schülermerkmale aus. Es ist aber unklar, welche Kontexte ausgewählt werden sollen – es fehlt an Kriterien für die Auswahl der Kontexte für den Unterricht. H. van Vorst et al. (2015) haben ein Bezugssystem zur Beschreibung und Kategorisierung von Kontexten entwickelt. In diesem Bezugssystem bilden die Merkmale Alltagsbezug und Besonderheit die beiden Pole einer Skala zur Erfassung des Bekanntheitsgrades eines Kontextes. Der Bekanntheitsgrad wird zusätzlich durch die Aktualität des Kontextes beeinflusst. Das Merkmal Alltagsbezug umfasst Objekte der unmittelbaren Lebenswelt der Schülerinnen und Schüler, mit denen sie häufig in Kontakt kommen und eigenständige Erfahrungen sammeln können. Demgegenüber beschreibt das Merkmal Besonderheit die Objekte, die nur selten oder gar nicht in der unmittelbaren Lebenswelt der Schülerinnen und Schüler vorkommen, sodass keine Primärerfahrungen möglich sind und die Objekte als fremd oder außergewöhnlich wahrgenommen werden. Das dritte Merkmal – Aktualität – speist sich aus einer erhöhten Präsenz, beispielsweise durch Bezug zur Jahreszeit oder zu einem Feiertag sowie durch Medienberichterstattung. Dieses Bezugssystem wurde empirisch geprüft. Darauf aufbauend, wurde der Anreiz von verschiedenen Kontexten, die einem der drei Merkmale zuzuordnen sind, erhoben. Dabei spielt u.a. die emotionale Valenz eine zentrale Rolle. Es zeigte sich, dass „die emotionale Valenz der Kontexte sowie (die emotionale Valenz – Anm. d. A.) des Lernens mit den Kontexten für das Merkmal Besonderheit höher eingestuft wurden als für das Merkmal Alltagsbezug. Die Aktualität der Kontexte blieb für die Bewertung unerheblich. Eine zusätzliche Beschränkung der Themenfelder auf die Themen Natur, Hobby / Freizeit / Sport und Verkehrswesen zeigte hingegen keine Effekte auf die Bewertung der emotionalen Valenz." (van Vorst 2013, S. 133 f.).

Für den Chemieunterricht ergibt sich somit eine Fülle von Kontexten. Aber: Ein ausschließlich an der Alltagschemie orientierter Chemieunterricht ist keine Alternative zu einem klar strukturierten, verständlichen und Aktivität fördernden Fachunterricht. Allerdings ist eine an Kompetenzen orientierte naturwissenschaftliche Grundbildung ohne Bezug zur Lebenswelt – und damit auch zur Alltagschemie – nicht zu erlangen. Die Mischung macht's. Hinzu kommen noch die hohe Motivationskraft und das reiche Transferpotenzial alltagsbezogener Inhalte für den Lernprozess selbst. Um die vielfach kritisierte Kluft zwischen Chemieunterricht und Lebenswelt zu überbrücken, sind Strategien gefordert, die Alltagswelt und Chemieunterricht zusammenführen. Alltagschemie ist also kein festgelegter Begriff, der einfach in den Unterricht übernommen werden könnte. Stattdessen ist durch die Forderung nach Alltagschemie ein variabler Rahmen für didaktische Entscheidungen gegeben.

6.7.2 Vielfalt von Alltagsbezügen

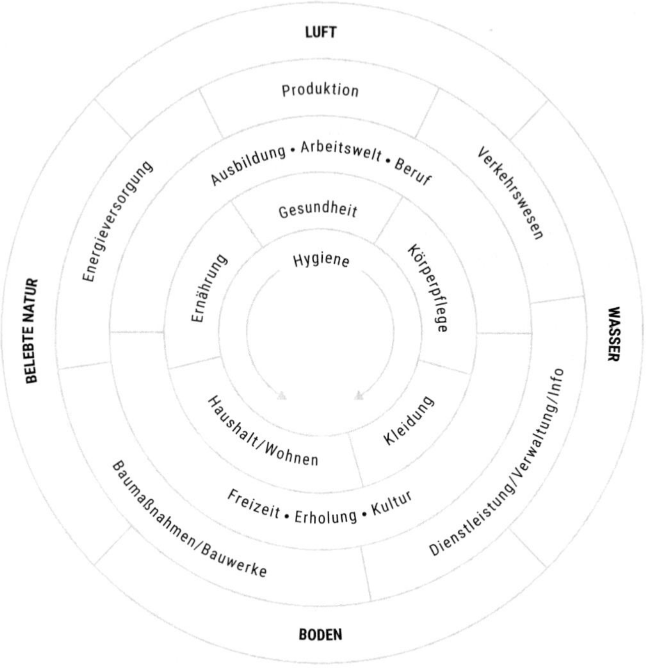

Abb. 12: Entfaltungsmodell – Ausschnitte aus der Lebenswirklichkeit als Kontexte für den Chemieunterricht

Wichtige Bereiche, in denen Erfahrungen mit Bezug zur Chemie möglich sind, zeigt Abb. 12 – beginnend (innen), bei der morgendlichen Körperhygiene, über Themen des täglichen Bedarfs (z. B. Ernährung, Körperpflege, Wohnen) und der Arbeits- und Freizeitwelt bis zu den Daseins-Bereichen des Lebens, die außen liegend die Darstellung abschließen. Es liegt in der Hand der Lehrperson, das fachliche, didaktische und methodische Potenzial dieser Bereiche der Alltagschemie für das Lehren und Lernen im Chemieunterricht zu nutzen (vgl. Kap. 10) (Anregung).

A

Anregung

Im Buch *Praktische Alltagschemie* (Sommer et al. 2011) sind zahlreiche (experimentell orientierte) Beispiele für einen zeitgemäßen Chemieunterricht zu finden.

6.7.3 Leistungsfähigkeit und Denkanstöße

Die besondere Leistungsfähigkeit dieser Leitlinie besteht darin, dass es gelingen kann, die Chemie (im Alltag) sichtbar zu machen. Damit erlangen Konzepte und Methoden der Wissenschaft Chemie einen Zugang zum Alltag – verbunden mit der Antwort auf die Frage Wofür lernen wir?: „Non scholae sed vitae discimus." Alltagsbezug ist also eine **Chance** (Lutz & Pfeifer 1989), allerdings sollten Beispiele aus dem Alltag nicht nur für einen motivierenden Einstieg in das Thema dienen. Denn sie können mehr: Alltagsprodukte könnten Eingang in den Unterricht finden, indem sie entweder als „Mittel zum Zweck" für eine anwendungsorientierte Umsetzung von chemischen Sachverhalten fungieren (z. B. Nachweis von Glucose in Kaugummi) oder ein bestimmter Inhaltsstoff des Alltagsproduktes zum Mittelpunkt des Unterrichts wird. Der Nachweis dieser Substanz in dem Alltagsprodukt könnte der Ausgangspunkt sein. Es schließt sich die Isolierung dieses Bestandteils aus dem Alltagsprodukt und eine mit Schulexperimenten realisierbare Strukturaufklärung an, die Aussagen über die Eigenschafts-Verwendungs-Beziehung zulässt – gemäß der erweiterten Leitlinie Stoff-Struktur-Eigenschaften (vgl. Kap. 6.3.2). Nur so lassen sich Fragen nach der Funktion beantworten: Warum enthält das Alltagsprodukt diesen Bestandteil? Ursache und Wirkung werden durch die Leitlinie offensichtlich, ein Weg zu kausalem Denken ist geebnet. Diese Erkenntnis erfährt im Unterricht eine wichtige Rückkopplung für den Lernprozess, wenn die Leistungsfähigkeit der Leitlinie Stoff-Struktur-Eigenschaften an einem Alltagsprodukt sichtbar wird und die Ergebnisse kommuniziert und bewertet werden. Dieser Fokus wird durch die gesetzlich vorgeschriebenen Kennzeichnungspflichten, wie z. B. die Zutatenliste und die Gefahrstoffeinordnung, noch verstärkt. Es lässt sich also fachliche Kompetenz eng mit Fragen der Sicherheit und der Lebensqualität verbinden. Alltagsbezug bringt aber auch die **Herausforderung** mit sich, der erhöhten Komplexität, die Alltagsprodukten in der Regel innewohnt, gerecht zu werden.

Literatur

Abd-El-Khalick, F., Bou Jaoude, S., Duschl, R., Lederman, N. G., Mamlok-Naaman, R., Hofstein, A., ... Tuan, H. (2004). Inquiry in science education: International perspectives. In *Science Education,* **88** (3), S. 397–419.

Abel, S., Lautner, G. & Lembens, A. (2014). Mit „Mysteries" zu Forschendem Lernen im Chemieunterricht. In *Chemie & Schule,* **29** (3), S. 20–21.

Adey, P., Shayer, M. & Yates, C. (1993). *Naturwissenschaftlich Denken.* (Übersetzung von H.A. Mund) Aachener Beiträge zur Pädagogik, Aachen: Augustinus Buchhandlung.

Barke, H.D. (2006). *Chemiedidaktik. Diagnose und Korrektur von Schülervorstellungen.* Berlin: Springer.

Barthel, H. (1972). *Untersuchungen über die Entwicklung von Denkleistungen der Schüler durch Einsatz der experimentellen Methode, dargestellt an Beispielen aus dem Chemieunterricht 7. und 8. Klassen.* Dissertation, Potsdam.

Becker, H.J., Kühlmann, J. & Parchmann, I. (2014). Der Kompetenzbereich Erkenntnisgewinnung. In *Nachrichten aus der Chemie,* **62,** S. 356–359.

Bühl-Gramer, C. (2016). Wissenschaft, Weltmarkt und nationales Prestige. In *Praxis der Naturwissenschaften-Chemie in unserer Schule,* **65** (8), S. 15–19.

Christen, H. R. (1984). *Chemie.* (12. Aufl.). Frankfurt am Main: Salle + Sauerländer.

Crawford, B.A. (2014). From inquiry to scientific practices in the science classroom. In N. Lederman & S.K. Abell (Hrsg.), *Handbook of research on science education* (S. 515–544). New York: Routledge.

Demuth, R. & Nerdel, C. (2007). Die chemische Reaktion. In *Unterricht Chemie,* **18** (100/101), S. 60–64.

Dickerson, R., Gray, H., Darensbourg, M. & Darensbourg, D. (1988). *Prinzipien der Chemie.* Berlin: de Gruyter.

Dierks, W. (1989). Leitlinien für Chemieunterricht und -lehrpläne der Sekundarstufe. *Schriftenreihe des Deutschen Vereins zur Förderung des mathematisch-naturwissenschaftlichen Unterrichts,* (41), S. 10–23.

Emden, M. & Baur, A. (2016). Effektive Lehrkräftebildung zum Experimentieren – Entwurf eines integrierten Wirkungs- und Gestaltungsmodell. In *Zeitschrift für Didaktik der Naturwissenschaften,* S. 1–19.

Flick, L. & Lederman, N. (Hrsg.) (2006). *Scientific inquiry and nature of science.* Dordrecht: Springer Netherlands.

Gagné, R.M. (1973). Science – A Process Approach. In H. Tütken & K. Spreckelsen (Hrsg.), *Naturwissenschaftlicher Unterricht in der Grundschule. Band 2: Konzeptionen und Beispiele des naturwissenschaftlichen Unterrichts.* Frankfurt am Main: Diesterweg.

Graulich, N. & Schreiner, P.R. (2011). Struktur-Eigenschafts-Beziehungen in der Organischen Chemie. In *CHEMKON,* **18** (3), S. 109–114.

Großmann, I. & Schwab, M. (2008). Silber – Silbersulfid ... und zurück. In *Unterricht Chemie,* **19** (104), S. 50–53.

Häusler, K. (Hrsg.) (1990). Themenheft „Periodensystem". In *Naturwissenschaften im Unterricht-Chemie,* **1** (5).

Heimann, R. (2008). Am Anfang war der Harnstoff. In *Unterricht Chemie,* **19** (103), S. 25–30.

Höttecke, D. & Henke, A. (2010). Über die Natur der Naturwissenschaften lehren und lernen. In *Unterricht Chemie,* **21** (118/119), S. 2–7.

Hübinger, R., Emden, M. & Sumfleth, E. (2009). *Mein Körper und ich auf Weltreise & Wasser – die vielen Gesichter eines Stoffes.* Berlin: Schering Stiftung.

Jahnke-Klein, S., Peper, R., Fickenfrerichs, H. & Kaminski, B. (1994). Diamant und Graphit – Behandlung im Anfangsunterricht. In *Chemie in der Schule,* **41** (1), S. 11–16.

Janich, P. (1992). *Grenzen der Naturwissenschaft. Erkennen als Handeln.* München: Beck.

Jansen, W. (2002). Das historisch-problemorientierte Unterrichtsverfahren – Geschichte der Chemie im Chemieunterricht. In P. Pfeifer, B. Lutz & H.J. Bader (Hrsg.), *Konkrete Fachdidaktik Chemie* (S. 211–216). (3. Aufl.). München: Oldenbourg.

Klafki, W. (1980). Die bildungstheoretische Didaktik im Rahmen kritisch-konstruktivistischer Erziehungswissenschaft. In H. Gudjons, R. Winkel, W. Klafki, W. Schulz, F. von Cube & C. Möller (Hrsg.), *Didaktische Theorien.* Braunschweig: Bergmann + Helbig.

Klahr, D. & Dunbar, K. (1988). Dual space search during scientific reasoning. In *Cognitive Science,* **12,** S. 1–48.

Kluthke, K. & Sommer, K. (2016). Silberfarbene Dekoperlen – Eine runde Sache für die Analytik. In *Chemie & Schule,* **31** (2), S. 5–11.

Kremer, M. & Bee, U. (2015). *PSE3 – Das PSE in drei Ebenen.* Stuttgart: Klett.

Kuhl, D. & Sommer, K. (2000): Experimentelle Zeitreise durch die Anfänge der Organischen Chemie. Unterrichtlich erprobte Bausteine für den Chemieunterricht. In *Unterricht Chemie,* **11** (57), S. 13–16.

Lutz, B. & Pfeifer, P. (1989). Chemie in Alltag und Chemieunterricht – Gegensatz oder Chance für ein besseres Chemieverständnis? In *Der mathematische und naturwissenschaftliche Unterricht,* **42** (5), S. 281–290.

MSWWF (Hrsg.) (1999). *Richtlinien und Lehrpläne für die Sekundarstufe II – Gymnasium/Gesamtschule in Nordrhein-Westfalen – Chemie.* Frechen: Ritterbach.

Nawrath, D., Maiseyenka, V. & Schecker, H. (2011). Experimentelle Kompetenz – Ein Modell für die Unterrichtspraxis. In *Praxis der Naturwissenschaften-Physik in der Schule,* **60** (6), S. 42–49.

Neber, H. & Anton, M. (2008). Förderung präexperimenteller epistemischer Aktivitäten im Chemieunterricht. In *Zeitschrift für Pädagogische Psychologie,* **22,** S. 143–150.

Nehring, A. (2014). *Wissenschaftliche Denk- und Arbeitsweisen im Fach Chemie.* Berlin: Logos.

Osborne, J., Collins, S., Ratcliffe, M., Millar, R. & Duschl, R. (2003). „What ideas-about-science" should be taught in school science? A Delphi study of the expert community. In *Journal of Research in Science Teaching,* **40** (7), S. 692–720.

Parchmann, I. & Schmidt, S. (2003): Von erwünschten Verbrennungen und unerwünschten Folgen zum Konzept der Atome. In *Der mathematische und naturwissenschaftliche Unterricht,* **56** (4), S. 214–221.

Pfeifer, P. & Lutz, B. (1992). Fachwissenschaft, Lebenswirklichkeit und Chemieunterricht. In P. Pfeifer, K. Häusler & B. Lutz (Hrsg.), *Konkrete Fachdidaktik Chemie* (S. 52 ff.). (1. Auflage). München: Oldenbourg.

Pfeifer, P. & Kotissek, B. (2000). Ein Farbeffekt setzt sich durch. In *Unterricht Chemie,* **11** (55), (Sonderbeilage).

Pfeifer, P. (2006). Wissen – Bildung – Kompetenzen: Die Bedeutung früherer Bildungskonzepte für die Gegenwart. In *Unterricht Chemie,* **17** (94), S. 10–13.

Pfeifer, P. (2012). Vom Anfangsunterricht zum Fachunterricht. In *Unterricht Chemie,* **23** (130/131), S. 85–87.

Reller, A., Marschall, L., Meissner, S. & Schmidt, C. (Hrsg.). (2013). *Ressourcenstrategien – Eine Einführung in den nachhaltigen Umgang mit Rohstoffen.* Darmstadt: Wissenschaftliche Buchgesellschaft.

Rossow, M. & Flint, A. (2015). Redoxreaktionen und Alltag. In *Unterricht Chemie,* **26** (146), S. 8–12.

Roth, K. (2005). Das Sinnloseste: der Zitronensäurezyklus. In *Chemie in unserer Zeit,* **39** (5), S. 348–354.

Schmidkunz, H. & Lindemann, H. (1976). *Das forschend-entwickelnde Unterrichtsverfahren.* München: Lister.

Schmidkunz, H. (Hrsg.) (1996). Kreisläufe (Themenheft). In *Unterricht Chemie,* **7** (32).

Schummer, J. (1995). Zwischen Wissenschaftstheorie und Didaktik der Chemie: Die Genese von Stoffbegriffen. In *Chimica didactica,* **21,** S. 85–110.

Sieve, B. (2015). Redoxreaktion – ein „heißes Eisen" im Chemieunterricht? In *Unterricht Chemie,* **26** (146), S. 2–7.

Sommer, K. (2000). *Substitute für Hauptnährstoffe – Neue Impulse aus der Lebensmittelchemie für einen zeitgemäßen Chemieunterricht – dargestellt am Beispiel Inulin.* Dissertation. Universität Erlangen-Nürnberg

Sommer, K. (2007). *Die Fachmethoden der Chemie – Anregungen zur Umsetzung des Kompetenzbereiches Erkenntnisgewinnung.* Köln: Aulis.

Sommer, K. & Aufdemkamp, G. (2009). Rund ums Aluminium – Schülerlabor und Tandemfortbildung. In *Chemie in unserer Zeit,* **43** (6), S. 408–416.

Sommer, K., Pfeifer, P. & Reiss, J. (2011). *Praktische Alltagschemie.* Hallbergmoos: Aulis.

Sommer, K., Kleinhorst, H., Russek, A. & Kakoschke, A. (2012). Zur Konzeption eines fachmethodischen Spiralcurriculums. *Der mathematische und naturwissenschaftliche Unterricht,* Fachleitertagung, S. 7–13.

Sommer, K., Russek, A., Kakoschke, A. & Pfeifer, P. (2012). Stärke – echt stark! Das didaktische Potential des Themas „Stärke" im naturwissenschaftlichen Anfangsunterricht. In *Unterricht Chemie,* **23** (130/131), S. 66–69.

Sommer, K., Russek, A., Kleinhorst, H., Kakoschke, A. & Efing, N. (2013). KEMIE – Kinder erleben mit ihren Eltern Chemie. In *CHEMKON,* **20** (5), S. 209–348.

Stork, H. (1979). Zum Verhältnis von Theorie und Empirie in der Chemie. In *Der Chemieunterricht,* **10** (3), S. 45–61.

Strippel, C. & Sommer, K. (2015). Teaching nature of scientific inquiry in chemistry: how do german chemistry teachers use labwork to teach NOSI? In *International Journal of Science Education,* **37** (18), S. 2965–2989.

Strippel, C., Tomala, L. & Sommer, K. (2018). A cross-subject content analysis of science textbooks using the understandings about scientific inquiry rubrics. In *RISTAL* 1, S. 66-81.

Tausch, M. & Wachtendonk, M. (2007). *Chemie 2000+.* Bamberg: C.C. Buchner.

Theune, B. & Stamme, M (2000). Lernzirkel und Stoffeigenschaften. In *Naturwissenschaften im Unterricht-Chemie,* **11** (58/59), S. 10 ff.

Umweltbundesamt (Hrsg.) (2017). *Aufkommen und Verwertung von Verpackungsabfällen in Deutschland im Jahr 2015.* Dessau-Roßlau

van Vorst, H. (2013). *Kontextmerkmale und ihr Einfluss auf das Schülerinteresse im Fach Chemie.* Berlin: Logos.

van Vorst, H., Dorschau, A., Fechner, S., Kauertz, A., Krabbe, H. & Sumfleth, E. (2015). Charakterisierung und Strukturierung von Kontexten im naturwissenschaftlichen Unterricht – Vorschlag einer theoretischen Modellierung. In *Zeitschrift für Didaktik der Naturwissenschaften,* **21,** S. 29–39.

Vaupel, E. (2011). Kekulé's Benzoltheorie und ihre Bedeutung für die chemische Industrie. In *Festschrift Kekulé's Traum* (S. 41–62). Bonn: Deutsches Museum Bonn.

VCI (Hrsg.) (2017). Auf einen Blick Chemische Industrie 2017. Frankfurt a. M. (online verfügbar unter: https://www.vci.de/vci/downloads-vci/publikation/chemische-industrie-auf-einen-blick.pdf)

Walpuski, M. (2006). *Optimierung von experimenteller Kleingruppenarbeit durch Strukturierungshilfen und Feedback.* Berlin: Logos.

Weirauch, K., Geidel, E., Hörnig, A.L. & Seefried, H. (2015). Forschen lernen in der Schule. In *Praxis der Naturwissenschaften – Chemie in der Schule,* **64** (6), S. 8–14.

7 Lern- und entwicklungspsychologische Bedingungen

7.1 Entwicklungspsychologische Voraussetzungen

Inhaltliche Schwerpunkte
- Verständnis der Bedeutsamkeit der Theorie kognitiver Entwicklung von Piaget
- Erkennen der Relevanz ergänzender Konzeptionen
- Berücksichtigung entwicklungspsychologischer Grundlagen in der Unterrichtsgestaltung

Es gehört zu den wesentlichen Elementen einer angemessenen Unterrichtsgestaltung, die entwicklungspsychologischen Voraussetzungen der unterrichteten Kinder und Jugendlichen zu kennen und zu berücksichtigen. Für den Unterricht entscheidend sind dabei die kognitiven Entwicklungsvo-raussetzungen, da Wissen leichter verankert werden kann, wenn es an den vorhandenen kognitiven Kompetenzen und dem vorhandenen Wissen anknüpft. Den Ausgangspunkt bildet dazu in diesem Kapitel die kognitive Entwicklungstheorie von Piaget, die zu den klassischen Entwicklungstheorien gehört und auch heute noch vielfältige Hinweise auf die Denkmöglichkeiten und Denkbegrenzungen im Kindes- und Jugendalter liefert. Im Anschluss wird auf weitere Konzeptionen eingegangen, die ergänzend ebenfalls Rückschlüsse auf die kognitive Entwicklung in diesen Altersabschnitten erlauben. Abschließend wird auf einige Implikationen für die Unterrichtsgestaltung eingegangen.

7.1.1 Kognitive Entwicklung nach der Konzeption von Jean Piaget

Allgemeine Grundlagen. Nach der Entwicklungstheorie von Jean Piaget entstehen im Laufe der Entwicklung zunehmend differenziertere Denkkategorien (bzw. Denkschemata), mit denen eine fortschreitend bessere Anpassung an die umgebende Realität ermöglicht wird (Piaget & Inhelder 1969). Es ist dadurch nicht nur möglich, die Umgebung zunehmend besser einzuordnen, sondern auch Erwartungen über zukünftige Ereignisse zu bilden. Als Konsequenz kommt es zu einer zunehmend besseren Adaptation an die umgebende Realität. Der treibende Motor dieser Entwicklung ist in Assimilations- und Akkommodationsprozessen zu sehen. Assimilation bedeutet dabei, dass zunächst versucht wird, die Umgebung mit den bereits vorhandenen Denkkategorien einzuordnen bzw. zu verstehen. Gelingt dies jedoch nicht, werden Akkommodationsprozesse erforderlich, die dazu führen, dass die vorhandenen Denkkategorien verändert bzw. erweitert werden. Die Erkenntnis, dass die eigene Auffassung im Widerspruch steht zur Realität (oder dass es Widersprüchlichkeiten im eigenen Denken gibt), führt zu einem kognitiven Ungleichgewicht (Disäquilibrium), das wiederhergestellt wird, indem Veränderungen im Denken vorgenommen werden. Die Denkentwicklung kann dementsprechend gefördert werden, indem Widersprüchlichkeiten zum vorhandenen Denken aufgezeigt werden, die ein Kind oder einen Jugendlichen veranlassen, sein bisheriges Denken zu verändern. So kann beispielsweise die ursprüngliche Annahme, dass gleiche Volumina von Flüssigkeiten immer gleich viel wiegen, mit den Ergebnissen von Wiegeversuchen in Widerspruch gebracht werden, um dadurch gegebenenfalls eine Suche nach den Ursachen für die unterschiedlichen Gewichte auszulösen (zusammenfassend in: Lohaus & Vierhaus 2015).

Assimilations- und Akkommodationsprozesse finden tagtäglich statt und treiben in jedem Altersabschnitt die Entwicklung voran. Man kann daher annehmen, dass die Entwicklung über die Zeit hinweg kontinuierlich voranschreitet, indem sich die vorhandenen Denkschemata nach und nach verbessern. Dennoch findet sich in der kognitiven Entwicklungstheorie nach Piaget die Annahme, dass es neben diesen kontinuierlichen Entwicklungsprozessen auch größere Entwicklungssprünge (bzw. Entwicklungsstufen) gibt. Dies wird dadurch begründet, dass es Entwicklungsphasen gibt, in denen in kurzen Zeiträumen entscheidende Weiterentwicklungen stattfinden, die das gesamte Denken beeinflussen. Unterschieden werden dabei die sensumotorische (Altersbereich von etwa 0 bis 2 Jahren), die präoperationale (von etwa 3 bis 6 Jahren), die konkret-operationale (von etwa 7 bis 11 Jahren) und die formal-operationale Entwicklungsstufe (ab etwa 12 Jahren). Der entscheidende Fortschritt, der das gesamte Denken nachhaltig beeinflusst, ist beispielsweise beim Übergang von der sensumotorischen in die präoperationale Entwicklungsstufe darin zu sehen, dass nunmehr sprachgebundenes Denken möglich ist, wodurch sich eine neue Qualität des Denkens ergibt.

Entwicklungsstufen. Da im Kontext dieses Buches vor allem die konkret-operationale und die formal-operationale Entwicklungsstufe von Bedeutung sind, soll auf diese beiden Entwicklungsstufen noch etwas genauer eingegangen werden. Beim Übergang von der präoperationalen zur konkret-operationalen Entwicklungsstufe wird das Denken zunehmend mehrdimensional und dadurch flexibler (vgl. Kap. 16.1). Es liegen nun grundlegende kognitive Kompetenzen vor, um naturwissenschaftliche Phänomene einordnen und nachvollziehen zu können. Dazu gehören beispielsweise Klassifikationskompetenzen, um Sachverhalte (auch nach mehreren Dimensionen) zu ordnen. Auch Prozesse können über verschiedene Stadien hinweg verstanden werden (z. B. einfache Regelkreise). Das Denken ist jedoch weitgehend an konkrete Abläufe und konkrete Sachverhalte gebunden und lässt noch wenig Abstraktionsfähigkeit erkennen. So wird beispielsweise ein Regelkreis zur Temperatursteuerung anhand eines konkreten Versuchsaufbaus verständlich (Vertiefung 1). Erst in der formal-operationalen Entwicklungsstufe steigt die Abstraktionsfähigkeit. Hier können nun die Elemente eines Regelkreises auch in abstrahierter Form (als Variablen) herausgearbeitet werden. Es können zunehmend auch abstrakte Prinzipien aus konkreten Beobachtungen abgeleitet werden. Auch ein systematisches Experimentieren (z. B. durch Variation einer Variablen bei Konstanthaltung aller übrigen Faktoren) wird hier verstärkt möglich, während in den früheren Entwicklungsstufen eher das Experimentieren durch Versuch und Irrtum im Vordergrund steht (Vertiefung 1).

V

Vertiefung 1: Chemiebezogene Fähigkeiten

Kinder können **in der konkret-operationalen Phase**

- Stoffe und Materialien auf der Grundlage konkreter Erfahrungen und experimenteller Handlungen klassifizieren sowie hierarchisch und in Reihe (z. B. Mohs'sche Härteskala) ordnen (vgl. Kap. 9.2),
- Reversibilität von physikalischen Prozessen (z. B. Wasserkreislauf über die Zustandsformen – vgl. Kap. 3) und einfachen chemische Reaktionen (z. B. Analyse und Synthese einer binären Verbindung) erfahren,
- experimentelle Untersuchungen nach Anleitung durchführen und mit Hilfestellungen (u. a. beim Ziehen von deduktiven Schlüssen aus Hypothesen) auch planen,
- experimentelle Daten tabellarisch und anschließend graphisch darstellen; aus den graphischen Darstellungen einfache Trends ableiten,
- einen Zugang zur Erhaltungslogik (z. B. zum Gesetz von der Erhaltung der Masse) bekommen.

Kinder und Jugendliche können **in der formal-operationalen Phase**

- allgemeine Definitionen, Gesetze und Erklärungsmodelle verstehen (z. B. Molkonzept, Säure-Base-Theorie nach Brönsted, Umgang mit isomeren Strukturen),
- die Fähigkeiten des Ordnens auf einem höheren Abstraktionsniveau anwenden (z. B. Atombau und Periodensystem),

- in Wahrscheinlichkeiten denken (z. B. wirksame Teilchenstöße als Voraussetzung für den Ablauf chemischer Reaktionen und damit für den Begriff der Reaktionsgeschwindigkeit),
- mit mathematischen Grundoperationen umgehen (z. B. Proportionalität beim Dichtekonzept, Stöchiometrie, Gasgesetze und Potenzrechnung bei den Begriffen Säurestärke und pH-Wert),
- planvoll und kombinatorisch denken mit Variablenkontrolle, korrelativ und kausal denken,
- Analogien nutzen, um Zusammenhänge zu verstehen.

Zusammenfassend lässt sich festhalten: Während in der sechsten Jahrgangsstufe nur 10 % der Schülerinnen und Schüler proportional denken und 14 % Wahrscheinlichkeitsdenken praktizieren können, sind in der zehnten Jahrgangsstufe 76 % bzw. 55 % in der Lage, die entsprechenden Fähigkeiten zu nutzen (Merzyn 2013).

Grundsätzlich geht Piaget in seiner Theorie davon aus, dass Lernende von sich aus daran interessiert sind, sich Wissen und Erkenntnisse anzueignen, um sich zunehmend besser in ihrem Lebensraum orientieren zu können. Die Umgebung kann Anregungen und Unterstützung dabei bieten, indem beispielsweise Widersprüche zum bisherigen Denken verdeutlicht werden, die der Lernende dann aufzulösen versucht. Durch die Bemühung um einen fortschreitenden Erkenntnisgewinn trägt der Lernende also aktiv zu seiner eigenen Entwicklung bei.

Im Folgenden werden wichtige ergänzende Konzeptionen dargestellt, deren Ausgangspunkte jeweils bestimmte kritisch betrachtete Aspekte der Theorie Piagets sind. Dies soll explizit so verstanden werden, dass diese Konzeptionen nicht die in Piagets Theorie angenommene kognitive Entwicklung infrage stellen. Sie sind vielmehr gerade bezüglich der Implikationen für den Unterricht als zusätzliche wichtige Impulsgeber und Wegweiser zu verstehen. So ist zu bedenken, dass die Denkfähigkeit nicht starr mit dem Lebensalter verknüpft ist, sondern dass domänenspezifisch konkret-operationale und formale-operationale Denkfähigkeiten parallel auftreten können.

7.1.2 Die Bedeutsamkeit sozialer Interaktionen

Es ist deutlich geworden, dass Piaget den primären Motor der Entwicklung des Denkens in psychischen Prozessen sieht, die durch das Kind bzw. den Jugendlichen selbst initiiert werden, um Konflikte zwischen dem eigenen Verständnis und aktuellen Erfahrungen aufzuheben. Eine stimulierende und explorationsfördernde (soziale) Umwelt unterstützt die von sich aus motivierten Heranwachsenden dabei, ihr Denken umzustrukturieren und sich neues Wissen zu erarbeiten. In einem plakativen Satz ausgedrückt, beeinflussen soziale Interaktionen die kognitive Entwicklung. Soziokulturelle Theorien räumen dagegen den sozialen Interaktionen einen noch basaleren Stellenwert bei der kognitiven Entwicklung ein. Um auch dies in einem plakativen Satz auszudrücken, gehen sie davon aus, dass soziale Interaktionen die eigentliche Grundlage für die kognitive Entwicklung darstellen.

Tätigkeiten als Wissensgrundlage. Ausgangspunkt dieser Gruppe von Theorien bilden die Konzeptionen Vygotskis (1978), der, wie auch Piaget, zu den Konstruktivisten zählt. Gemeinsam ist beiden die grundlegende Annahme, dass der Mensch sich im Laufe seiner Entwicklung ein Verständnis von der ihn umgebenden Welt konstruiert. Allerdings vertritt Piaget die Idee des individuellen, Vygotski hingegen die Idee des sozialen Konstruktivismus. Der Unterschied wird unmittelbar deutlich, wenn man sich eine der wichtigsten Grundideen Vygotskis vor Augen hält, die darin zu sehen ist, dass die Entwicklung des Denkens auf der Basis von kulturspezifischen, interpsychischen Prozessen (also zwischen Individuen) stattfindet und kein intrapsychisches Prinzip ist (also im Wesentlichen innerhalb eines Individuums stattfindet, wie in der Theorie von Piaget angenommen). Wissen entsteht Vygotski zufolge durch die Tätigkeit des Menschen und ist auf die Interaktion des Individuums und seiner sozialen Umgebung bezogen. Damit sieht Vygotski die (kognitive) Entwicklung des Menschen oder den Erwerb von Wissen immer als ein gemeinsames Werk von Individuum und sozialem Umfeld, in welchem kulturelle Wissensbestände rekonstruiert, aber gleichzeitig auch kreativ transformiert werden können. Durch den Prozess einer Internalisierung wird aus dieser sozialen, interpsychischen Funktion eine individuelle, intrapsychische Funktion. Konkret ausgedrückt, bedeutet dies, dass die interindividuellen Tätigkeiten verinnerlicht werden und der Heranwachsende im Abschluss selbstständig damit umgehen kann.

Sprache als kulturelles Werkzeug. In den Tätigkeiten werden kulturelle Werkzeuge eingesetzt. Damit sind nicht nur technische Werkzeuge einer Kultur gemeint, sondern vor allem auch psychische Werkzeuge. Das wichtigste dieser kulturellen Werkzeuge, die von Menschen in der gemeinsamen Tätigkeit genutzt werden, sieht Vygotski (1971) in der Sprache (vgl. Kap. 9). Hier wird ein deutlicher Kontrast zu der Position von Piaget sichtbar, der von dem Primat des Denkens gegenüber der Sprache ausgeht, was im Prinzip bedeutet, dass das Niveau des Denkens das Niveau der Sprache bestimmt.

Am Beispiel des sogenannten egozentrischen Sprechens wird der Unterschied zwischen Piaget und Vygotski besonders deutlich. Egozentrisches Sprechen kann vor allem im Vorschulalter (zwischen dem dritten und sechsten Lebensjahr) beobachtet werden und zeigt sich darin, dass Kinder häufig in Gesprächen die Perspektive ihres Gegenübers nicht berücksichtigen und vielmehr davon ausgehen, dass jemand anderes das gleiche Wissen und die gleichen Interessen und Bedürfnisse hat wie sie selbst. Piaget geht davon aus, dass dies die Unfähigkeit des Kindes reflektiert, die Perspektive des Partners zu berücksichtigen und dass dies am Ende der präoperationalen Phase allmählich überwunden wird. Vygotsky hingegen schreibt dem egozentrischen Sprechen in der Entwicklung große Bedeutung zu, weil es sich in diesem Altersabschnitt vom kommunikativen Sprechen trennt. Das egozentrische Sprechen dient zur Steuerung des Denkens, des Problemlösens und der Handlungsplanung und wird mit etwa sieben bis acht Jahren zum inneren Sprechen, während das kommunikative Sprechen weiterhin der Interaktion mit der sozialen Umgebung dient.

Spontane Konzepte und wissenschaftliche Konzepte. Für Vygotski stellt die Sprache als zentrales kulturelles Werkzeug also nicht einfach nur die Möglichkeit dar, miteinander zu interagieren, sondern zu konstruieren, schöpferisch tätig zu sein, aktiv Wissen über sich und die Welt aufzubauen. Aus seiner Sicht beginnen Kinder im Vorschulalter aufgrund ihrer unmittelbaren, alltäglichen Erfahrungen, allgemeine Vorstellungen zu entwickeln, die er spontane Konzepte nennt und von wissenschaftlichen Konzepten (z. B. abstrakte Begriffe und Konstrukte aus den Naturwissenschaften) abgrenzt, die Vygotsky wiederum als die wichtigsten psychologischen Werkzeuge der modernen Zivilisation betrachtet. Die Entwicklung von wissenschaftlichen Konzepten vollzieht sich vor allem durch Tätigkeiten mit kompetenteren Menschen (insbesondere durch die Vermittlung durch Lehrerinnen und Lehrer). Dabei geht es aber nicht darum, dass die spontanen Konzepte einfach durch wissenschaftliche Konzepte ersetzt werden (vgl. Kap. 8). Stattdessen soll der Prozess so gestaltet sein, dass sich wissenschaftliche Konzepte (top-to-bottom) und spontane Konzepte (bottom-to-top) sozusagen auf halbem Weg treffen und sich gegenseitig transformieren, sodass die spontanen Konzepte an Abstraktion und die wissenschaftlichen Konzepte an Konkretheit gewinnen, z. B. Entwicklung des Säure-Begriffs im Chemieunterricht von der phänomenologischen Basis bis zum Theoriekonzept.

Die Zone der proximalen Entwicklung. Hiermit sind wir am bekanntesten Kernstück der Konzeption Vygotskis angelangt: die Zone der proximalen Entwicklung, die er als „das Gebiet der noch nicht ausgereiften, jedoch reifenden Prozesse“ (1987, S. 83) bezeichnet, also das Gebiet, in welchem die obengenannten Konzepte aufeinander zuwachsen. Indem man also in der Interaktion mit dem Heranwachsenden dessen potenzielle Möglichkeiten ermittelt (was ein Heranwachsender mit Unterstützung zu leisten vermag) und gleichzeitig erfasst, zu was der Heranwachsende selbstständig fähig ist, erhält man einen angemessenen Eindruck von seinen potenziellen Kompetenzen. Die Zone der proximalen Entwicklung bezeichnet damit die Zone, innerhalb derer zu einem aktuellen Zeitpunkt eine Entwicklung durch Unterstützung möglich ist. Gerade das Konstrukt der Zone der proximalen Entwicklung unterstreicht, dass Vygotskis Konzeption weit entfernt ist von einem klassischen entwicklungspsychologischen Stufenmodell, wie sie die Theorie der kognitiven Entwicklung Piagets darstellt. Ihm geht es vielmehr um eine fortlaufende dynamische Beurteilung des Heranwachsenden in der Interaktion mit ihm, die sich dann auch nicht (nur) am aktuellen Entwicklungsniveau orientiert (denn so würde man nichts hinzulernen), sondern an dem Bereich, den ein Heranwachsender mit Unterstützung leisten kann. Der zentrale Motor der Entwicklung ist dabei die Tätigkeit, d. h. die Interaktion des Heranwachsenden mit seiner sozialen Umgebung.

Zusammenfassend kann man sagen, dass aus der Sicht Vygotskis die sprachliche Interaktion mit anderen Personen Voraussetzung für die kognitive Entwicklung ist, und dass diese Tätigkeit besonders dann erfolgreich ist, wenn die andere Person kompetenter ist und die Tätigkeit dynamisch in der Zone der proximalen Entwicklung zu halten vermag.

7.1.3 Domänenspezifische Entwicklung

Bisher ist deutlich geworden, dass Piaget in seiner Theorie davon ausgeht, dass die kognitive Entwicklung nach den von ihm beschriebenen Prinzipien allgemeingültig ist. Diese Annahme einer Allgemeingültigkeit beschränkt sich nicht nur auf die Kultur (siehe vorangehender Abschnitt), sondern auch auf den Wissensbereich (Domäne). Dies bedeutet, dass sich aus seiner Sicht ein Heranwachsender auf einer bestimmten Stufe des Denkens befindet und dass sich dies in allen Wissensbereichen gleichermaßen ausdrückt. In der Konzeption einer domänenspezifischen Entwicklung wird dagegen betont, dass der Entwicklungsstand in verschiedenen Wissensdomänen nicht gleichförmig sein muss, sondern unterschiedlich sein kann.

Intuitives Basiswissen. Die Theorie des domänenspezifischen Kernwissens geht davon aus, dass Menschen über eine besondere Lernbereitschaft für Lerninhalte verfügen, die für ihr Überleben wichtig sind. Dies gilt beispielsweise für wichtige naturwissenschaftliche Prinzipien, da ihre Kenntnis wichtig ist, um schon frühzeitig Gefahrensituationen zu vermeiden. Umfangreiche Lernerfahrungen bezüglich naturwissenschaftlicher Gesetzmäßigkeiten dürften in diesem Altersbereich noch keine Rolle gespielt haben. Daher ist zumindest davon auszugehen, dass Menschen eine angeborene Lernbereitschaft für naturwissenschaftliche Gesetzmäßigkeiten mitbringen. So ist es beispielsweise schon früh im Entwicklungsverlauf sinnvoll, sich nähernden Objekten auszuweichen, da sonst eine Kollisionsgefahr besteht.

Entwicklung privilegierter und nicht-privilegierter Wissensbereiche. Bransford et al. (1999) unterscheiden dementsprechend zwischen privilegierten und nicht-privilegierten Wissensbereichen. Während in ersteren bereits früh ein intuitives Basiswissen besteht und sich eine weitere Aneignung von Wissen relativ schnell und mit wenig umfangreichen eigenen Erfahrungen vollzieht, ist in letzteren ein explizites Lernen und eine umfangreiche Erfahrungsbildung für den Wissensaufbau nahezu unumgänglich. Neben der naturwissenschaftlichen Domäne gehört auch die psychologische Domäne zu den privilegierten Wissensbereichen, wozu beispielsweise auch der Erwerb von Sprache zu zählen ist (Chomsky 1986), die im Zentrum des vorangehenden Abschnitts stand. Diese Differenzierung von Wissensbereichen darf aber nun nicht so verstanden werden, dass im Bereich der privilegierten Wissensbereiche auf explizites Lernen verzichtet werden kann und ein Lernen quasi automatisiert erfolgt. Vielmehr ist von einer günstigen Ausgangslage für die Anreicherung von Wissen auszugehen.

Der Matthäus-Effekt domänenspezifischen Wissens. Inzwischen existiert eine große Zahl an entwicklungspsychologischen Studien, die belegen, dass allein ein hohes Ausmaß vorhandenen Wissens in einem bestimmten Bereich ein hervorragender Prädiktor dafür ist, dass sehr viel weiteres Wissen in diesem Bereich hinzugewonnen wird. Daher lässt sich der Matthäus-Effekt, nach welchem anfängliche Vorteile sich weiter ausbauen, auf diesen sehr gut belegten Sachverhalt anwenden: Experten lernen in ihrem Bereich mehr und schneller als Novizen. Die beiden Fragen, die sich stellen, sind, wie der Hinzugewinn von bereichsspezifischem Wissen am besten beschrieben werden kann, und welche Variablen hierbei als Erklärungsgrößen herangezogen werden können. Den Hinzugewinn von Wissen kann man zum einen als eine Anreicherung (Enrichment) von Wissen beschreiben: Das vorhandene bereichsspezifische Ausgangswissen von Heranwachsenden wird im Laufe der Entwicklung kontinuierlich ausdifferenziert. Zum anderen kann es durch den Hinzugewinn von Wissen zu einer Veränderung eines ursprünglich relativ kohärenten Systems von Konzepten (conceptual change, vgl. Kap. 8) kommen. Dies kann dadurch geschehen, dass neue Erkenntnisse gewonnen werden, die das ursprüngliche Denkgerüst infrage stellen und damit zu einem qualitativ anderen Denken führen.

Ein System von Konzepten kann als ein Interpretationsrahmen für neue Informationen verstanden werden, der zwar robust gegenüber vereinzelten inkongruenten Informationen ist, der aber bei zunehmender Unangemessenheit (vgl. den Piagetschen Begriff des Disäquilibriums) substanziell verändert wird, was mit einem Paradigmenwechsel in der Wissenschaft verglichen worden ist (Sodian 2012) (vgl. Kap. 9.2). Als Beispiel kann das Verständnis des Prinzips der Erdanziehungskraft dienen. Solange jüngere Kinder dies noch nicht verstanden haben, haben sie Schwierigkeiten mit der Vorstellung, dass Objekte auf der anderen Seite der Erde nicht herunterfallen, da die Erde ja eine Kugel ist. Erst der Erwerb des qualitativ neuen Interpretationsrahmens unter Einbezug der Erdanziehungskraft erlaubt die Vorstellung, dass die Erde eine Kugel ist, ohne dass Menschen, die auf der anderen Seite (also quasi unten) leben, herunterfallen.

Erklärungsgrößen der Entwicklung domänenspezifischen Wissens. Privilegierte Wissensbereiche begünstigen also den Erwerb von Basiswissen (vor allem im Bereich von Naturwissenschaft und Psychologie) (vgl. Kap. 2). Die hierdurch ebenfalls begünstigte Menge an frühzeitig bestehendem Wissen steht mit einer günstigen weiteren Entwicklung des Wissenserwerbs in diesem Bereich in Zusammenhang. Die Anreicherung und vor allem die Veränderung des Systems von Konzepten führen dazu, dass Informationen effizienter gespeichert und abgerufen werden können. Darüber hinaus zeigt sich, dass diese Entwicklung auch durch einen Anstieg in der Effizienz von kognitiven Basisprozessen, die Entwicklung und Anwendung von kognitiven Strategien sowie den Ausbau metakognitiven Wissens begleitet ist (Hasselhorn 1995). Darüber hinaus weisen Studien darauf hin, dass hierbei auch ein anhaltendes motiviertes, interessiertes Lernen von Bedeutung ist, welches mit einer erhöhten praktischen Anwendung des Wissens einhergeht (Ericsson et al. 1993).

Zusammenfassend kann man sagen, dass die Naturwissenschaften zu den privilegierten Wissensbereichen gehören, in denen der Aufbau eines Basiswissens grundsätzlich erleichtert ist. Durch Anreicherung und vor allem durch umfassende und langwierige Umstrukturierungen dieses Basiswissens wird der Erwerb weiteren bereichsspezifischen Wissens gebahnt, wobei anhaltende Motivation und Interesse ebenfalls eine wichtige Rolle spielen.

7.1.4 Der Lernende als aktiver Problemlöser

In den vergangenen Abschnitten wurde deutlich, dass Heranwachsende aktiv zu ihrer Entwicklung beitragen, indem sie ihr Denken systematisch in Einklang mit den Erfordernissen ihrer (durch Natur und Kultur geprägten) Realität bringen. Es wurde dabei insbesondere die Rolle des sozialen Kontextes betont, in dem die Entwicklung stattfindet und gefördert werden kann. Im Folgenden soll auf einen Lernansatz eingegangen werden, der das aktive Lernen und den Eigenanteil des Heranwachsenden an seiner Entwicklung betont und der gleichzeitig das Potenzial hat, auch das Lernen im sozialen Kontext zu integrieren. Es handelt sich um den Einsatz eines Problemlöseansatzes im Rahmen von Unterricht (u. a. Savery 2015).

Nicht nur im Alltag, sondern auch in der Schule stellen sich vielfältige Probleme, die mit den vorhandenen Routinen nicht unmittelbar gelöst werden können. Wie kann man beispielsweise herausfinden, ob in einer Wasserprobe Salz gelöst ist? Warten bis das Wasser verdampft ist, filtrieren oder erhitzen? Oder: Welche Flüssigkeiten sind geeignet, um den Gefrierpunkt von Wasser zu senken? Was soll variiert werden und wie soll der Effekt gemessen werden? Mit einem Problemlöseansatz lassen sich bei solchen Fragestellungen erfolgreich Lösungen finden. Da Wissen dabei nicht nur passiv rezipiert wird, sondern aktiv generiert wird, unterstützt dieses Vorgehen gleichzeitig das nachhaltige Entstehen einer Wissensbasis.

Häufig werden in einem Problemlöseansatz (vgl. Kap. 7.4) mindestens die folgenden fünf Schritte unterschieden: (a) Problemdefinition, (b) Suche nach Lösungen, (c) Bewertung von Lösungen, (d) Entscheidung für eine Lösung und (e) Bewertung des Ergebnisses. Dies bedeutet, dass zunächst einmal das *Problem verstanden* sein muss, bevor Schritte zur Problemlösung erfolgen können. Dazu gehört nicht nur die konkrete Beschreibung der Problemstellung, sondern auch des bereits vorhandenen Wissens zu dem Problem. Im nächsten Schritt folgt die Suche nach Lösungen. Dies bedeutet, dass die Lernenden mögliche *Lösungsansätze generieren,* wobei auch die bereits bekannten Techniken, Methoden sowie das bekannte Wissen einbezogen werden. Möglicherweise müssen in diesem Schritt auch Recherchen stattfinden, um Lösungsideen zu generieren. Im nächsten Schritt kommt es darauf an, die generierten *Lösungsideen zu bewerten.* Hier stellt sich die Frage, welche Lösungsidee vermutlich am ehesten umsetzbar und gleichzeitig erfolgversprechend ist. Es folgt die *Entscheidung für eine konkrete Lösung,* die dann realisiert wird. Es kommt nun darauf an, die einzelnen Teilschritte, die zur Umsetzung der Lösung erforderlich sind, zu planen und in die Tat umzusetzen. Im letzten Schritt folgt dann die *abschließende Bewertung:* Hat die ausgewählte Lösung das gewünschte Ergebnis erbracht? Falls sich das Problem auf diesem Wege nicht lösen ließ, ist gegebenenfalls ein erneutes Durchlaufen der Problemlöseschritte erforderlich (vgl. Kap. 4).

Die Rolle des Lehrenden ist darin zu sehen, dass er vor allem eine unterstützende Funktion in dem Problemlöseprozess einnimmt und (im Sinne der

Zone proximaler Entwicklung) das Problem so stellt, dass es prinzipiell den potenziellen Kompetenzen der Lernenden entspricht. Wenn die Lernenden nicht von sich aus auf ein Problem gestoßen sind, das sie lösen möchten, kann er ein Ausgangsproblem formulieren bzw. dieses in Interaktion mit den Schülerinnen und Schülern erarbeiten. Er kann weiterhin die Lösungssuche und Lösungsbewertung unterstützen (z. B. durch den Hinweis auf Techniken oder durch Hintergrundinformationen) und er kann bei der Umsetzung einer möglichen Lösung helfen. Entscheidend ist jedoch, dass die Lernenden den aktiven Part bei der Wissensaneignung übernehmen.

Bei einem problemorientierten Unterricht wird vor allem gelernt, wie Probleme in unterschiedlichen Kontexten gelöst werden können (wie man an Probleme herangeht, welche Lösungsstrategien es gibt, wie fehlende Informationen eingeholt werden können etc.). Neben dem Wissenserwerb steht also auch die Kompetenz, effektiv und in Interaktion mit anderen Schülerinnen und Schülern sowie Lehrkräften Probleme zu beschreiben, sprachlich klar zu definieren und zu lösen, im Zentrum dieses Ansatzes. In der kognitiven Entwicklungstheorie wird angenommen, dass das Erkennen von Diskrepanzen zwischen dem vorhandenen Wissen und der Realität die Entwicklung vorantreibt. Der Widerspruch wird aufgelöst, indem die Wissensstrukturen verändert werden. Dies kann durch Informationsvermittlung geschehen (z. B. durch Unterricht), während Lernende mit Maßnahmen wie dem Problemlöseansatz eigene Wege erarbeiten, um Erkenntnisse zu gewinnen, die ihre Wissensstrukturen im Sinne einer Realitätsanpassung verändern.

7.1.5 Praktische Implikationen für die Unterrichtsgestaltung

Alle dargestellten Ansätze betonen eine aktive Rolle des Kindes oder Jugendlichen in der Gestaltung der eigenen Entwicklung. Es ist dementsprechend sinnvoll, dass Schülerinnen und Schüler aktiv ihren Lernprozess gestalten. Sowohl die Ansätze von Piaget als auch von Vygotsky gehen davon aus, Problemstellungen so zu wählen, dass sie mit den vorhandenen kognitiven Kompetenzen der Heranwachsenden prinzipiell zu bewältigen sind (d. h., dass sie Widersprüche zu dem bisher vorhandenen Denken erkennen lassen und dass sie – zumindest mit Unterstützung – prinzipiell lösbar sind). Der Problemlöseansatz bietet wiederum einen potenziellen Zugang, über den Kinder und Jugendliche systematisch an die Lösung von Problemstellungen herangehen können, wobei hier auch Lernen im sozialen Kontext möglich ist. Selbstverständlich hat auch die klassische Wissensvermittlung im Rahmen von Unterricht in einer solchen Herangehensweise ihre Berechtigung, da auch Wissen notwendig ist, um Probleme zu lösen. Hier sind jedoch sicherlich unterschiedliche Quellen (z. B. Fachbücher, Internet etc.) denkbar. Abschließend ist hervorzuheben, dass der naturwissenschaftliche Bereich zu den privilegierten Wissensdomänen gehört, und damit – bei aller Wissenschaftlichkeit – lebenspraktische Bedeutsamkeit besitzt, die in einer entsprechend ausgerichteten Unterrichtsgestaltung die Wissensvermittlung trägt und erleichtern kann.

7.2 Lernen

Inhaltliche Schwerpunkte

- Lernen besteht in einer anhaltenden Veränderung von Gedächtnisinhalten. Gedächtnisinhalte unterscheiden sich in ihrer Art (Sachwissen, Handlungswissen, metakognitives Wissen oder episodisches Wissen) und in ihrer Qualität (Strukturiertheit, Automatisierung).
- Gedächtnismodelle der kognitiven Psychologie bilden die theoretische Grundlage für die Gestaltung des Lernens. Insbesondere die begrenzte Kapazität des Arbeitsgedächtnisses ist beim Lernen zu berücksichtigen.
- Durch die Konstruktion von Bedeutung werden Gedächtnisinhalte strukturiert. Durch Wiederholung werden die Verknüpfungen gestärkt und ein Zugriffsverlust vermieden.
- Die Qualität der Lernprozesse kann durch metakognitive Strategien erhöht werden. Unterricht sollte daher kontinuierlich zum Einsatz metakognitiver Strategien anregen.

Neben den vielen Zielen, die im Unterricht gleichzeitig verfolgt werden müssen, ist Lernen sicherlich eines der Hauptziele: Lehrerinnen und Lehrer sollen Schülerinnen und Schülern etwas beibringen. Schülerinnen und Schüler gehen zur Schule, um zu lernen. Klare Aufgaben für Lehrende wie Lernende, könnte man meinen. Doch sind diese Aufgaben und ihre Verteilung wirklich so klar? Was z. B. ist das, dieses Beibringen und dieses Lernen? Wer bringt hier wem etwas bei und wie? Wie wird gelernt und vor allen Dingen was? Mit diesen und verwandten Fragen beschäftigt sich dieses Kapitel. Dabei soll zunächst das Lernen unter die Lupe genommen werden. Darauf aufbauend beschäftigen wir uns damit, wie dieses Lernen zielgerichtet angeregt und gestaltet werden kann. Hier wird unterschieden, ob diese Anregung und Gestaltung durch eine lehrende Person oder durch die lernende Person selbst erfolgen.

7.2.1 Gedächtnispsychologische Grundlagen des Lernens

Lernen besteht in einer anhaltenden Veränderung von Gedächtnisinhalten aufgrund von Erfahrungen. Diese sehr allgemein gehaltene Definition des Lernens spricht einige Fragen an, die für die Beschreibung eines konkreten Lerngeschehens auf die eine oder andere Weise beantwortet werden müssen. Dies betrifft die Fragen nach der Art der Gedächtnisinhalte, nach der Art der Veränderungsprozesse und der Erfahrungen sowie nach dem Ort, in dem die Veränderungen durchgeführt und anhaltend festgehalten werden.

Wissen

Wenden wir uns zunächst der Art der Gedächtnisinhalte zu. Diese Frage wird in der Pädagogischen Psychologie wie auch in den Fachdidaktiken meist unter der Frage nach verschiedenen Wissensarten und -qualitäten behandelt (z. B. De Jong & Ferguson-Hessler 1996), wodurch Gedächtnisinhalte mit Wissen gleichgesetzt werden. Insbesondere für den Unterricht ist die Unterscheidung von Sach- und Handlungswissen relevant. **Sachwissen**, das häufig auch als deklaratives, konzeptuelles oder auch semantisches Wissen bezeichnet wird, umfasst Wissen über Begriffe, Konzepte, Klassifikationen und Prinzipien. Demgegenüber deckt **Handlungswissen**, häufig auch prozedurales Wissen genannt, Kenntnisse über Vorgehensweisen im Sinne von Algorithmen, Strategien oder Heuristiken ab. Bei einem Kuchenrezept bspw. spricht die Zutatenliste das Sachwissen an (Was ist Mehl? Welche Merkmale hat Mehl? Was unterscheidet Mehl von Zucker? Wozu braucht man Mehl? etc.), während die Beschreibung der Zubereitung Handlungswissen erfordert (Wie trennt man Eigelb von Eiweiß? Wie hält man einen Rührbesen? etc.). Für einen leckeren Kuchen reichen Sach- und Handlungswissen jedoch nicht aus. Zusätzlich ist **metakognitives Wissen** über die eigene Person (Bin ich ein erfahrener Kuchenbäcker?), die zu bewältigende Aufgabe (Beinhaltet die Zubereitung anspruchsvolle Teilschritte?) sowie die für die Bewältigung zur Verfügung stehenden Strategien und Vorgehensweisen hilfreich (Bevor ich mit dem Backen beginne, überprüfe ich, ob ich alle Zutaten im Haus habe). Im schulischen Unterricht werden zum überwiegenden Teil diese drei Wissensarten angesprochen, wobei den Löwenanteil das Sachwissen ausmachen dürfte. Weitere Wissensarten, wie das episodische Wissen, also das Wissen über persönlich erlebte Ereignisse, spielen aber auch eine Rolle, bspw. im Rahmen des Weckens von Neugier. So kann man, um im Kuchenbeispiel zu bleiben, neugierig sein, ein Kuchenrezept zu lesen, wenn man sich daran erinnert, wie der letzte autodidaktische Backversuch schiefgegangen ist.

Wissen (bzw. Gedächtnisinhalt) kann jedoch nicht nur in der Art, sondern auch hinsichtlich verschiedener qualitativer Merkmale variieren. Eines dieser qualitativen Merkmale ist der Automatisierungsgrad, mit dem das Wissen abgerufen und angewandt werden kann. Eine geringe Automatisierung geht dabei einher mit einer hohen Bewusstheit und einer guten Deklarierbarkeit dieses Wissens. Wenig automatisiertes Wissen kann demnach in Worten ausgedrückt werden und wird daher auch explizites Wissen genannt. Hoch automatisiertes, implizites Wissen wird oftmals unbewusst abgerufen und angewandt und ist deshalb auch nicht sprachlich beschreibbar. Es liegt in prozeduralisierter Form vor, drückt sich also nicht verbal, sondern durch die Ausführung einer Handlung aus. Qualitative Wissensmerkmale wie der Automatisierungsgrad stehen quer zur Dimension der Wissensarten, sprich Sach- und Handlungswissen, aber auch metakognitives und episodisches Wissen können jeweils in unterschiedlichem Ausmaß automatisiert vorliegen. Wenn z. B. ein erfahrener Konditor mit seinen Fingern fühlt, ob die Konsistenz des Teiges perfekt ist oder ob er noch Mehl hinzugeben muss, dann ist das automatisiertes, konzeptuelles Sachwissen. Die perfekte Konsistenz ist ein Merkmal des Teiges. Sie lässt sich jedoch nur sehr schwer, wenn überhaupt, mit Worten genau genug beschreiben. Der erfahrene Konditor hat das Wissen darüber „im Gefühl". Dagegen lässt sich sehr gut beschreiben, wie man z. B. bei einem rohen Ei das Eigelb vom Eiweiß trennt. Das Wissen über diese Technik ist dann wenig automatisiertes, gut beschreibbares Handlungswissen.

De Jong und Ferguson-Hessler (1996) unterscheiden noch weitere qualitative Wissensmerkmale wie die Verarbeitungstiefe, die Struktur, die Modalität und den Allgemeinheitsgrad. Auf diese werden wir im Verlauf des Kapitels weiter eingehen.

Gedächtnis

Nachdem wir die Frage, was gelernt wird, behandelt haben, widmen wir uns jetzt den Fragen nach dem wie und wo. Die Frage, wie sich ein Lernprozess beschreiben lässt, kann nur mit Blick auf die dafür notwendigen Gedächtnisstrukturen beantwortet werden. Die dafür aus der Kognitionspsychologie vorgeschlagenen Modelle lassen sich anhand dreier Dimensionen klassifizieren. Legen sie den Schwerpunkt auf die Beschreibung der Struktur des Gedächtnisses oder auf die darin stattfinden Prozesse (Struktur vs. Prozess)? Fokussieren sie die Frage, wie die Gedächtnisinhalte verändert werden oder die Frage, wie die veränderten Inhalte anhaltend festgehalten werden (Verarbeitung vs. Speicherung)? Legen sie bei der Beschreibung einen quantitativen oder einen qualitativen Maßstab an (Quantität vs. Qualität)?

a) Das 3-Speicher-Modell von Atkinson und Shiffrin

Das in den letzten drei bis vier Jahrzehnten vermutlich einflussreichste Modell stammt von Atkinson und Shiffrin (1968) und beschreibt das Gedächtnis mit Fokus auf seine Struktur und die Speicherkapazität seiner Bestandteile (Struktur, Speicherung, Quantität). Inspiriert von den damaligen Entwicklungen in der Informationstechnologie wird Lernen als der Weg von Informationen durch insgesamt drei verschiedene Speicher beschrieben. Nach diesem Modell werden alle Reize, die wir durch unsere verschiedenen Sinnesmodalitäten wahrnehmen, zunächst für kurze Zeit als Informationen im Ultrakurzzeitspeicher abgelegt. Führt man sich vor Augen, wie viele Reize wir gleichzeitig durch alle unsere Sinne wahrnehmen, ergibt sich, dass die Aufnahmekapazität des Ultrakurzzeitspeichers in Bezug auf die Anzahl von Informationen nahezu unendlich groß sein muss. Dagegen ist die Verweildauer dieser vielen Informationen im Ultrakurzzeitspeicher nur sehr kurz. Erhält eine Information nicht allerspätestens nach zehn Sekunden (besser deutlich früher) Aufmerksamkeit, verfällt sie. Wird die Aufmerksamkeit jedoch darauf gerichtet, wird die Information in den Kurzzeitspeicher überführt. Der Kurzzeitspeicher ist beim Lernen das Nadelöhr. Seine Aufnahmekapazität ist auf wenige gleichzeitig verfügbare Informationen begrenzt. Auch im Kurzzeitspeicher gilt, dass ohne Aufmerksamkeit Informationen zerfallen oder durch neu eintreffende Informationen überschrieben werden. Erhalten sie jedoch Aufmerksamkeit, bspw. indem sie wiederholt oder mit anderen Informationen verknüpft werden, können Informationen mitunter sehr lange im Kurzzeitspeicher präsent gehalten werden. Je länger Informationen im Kurzzeitspeicher verweilen, desto höher ist die Wahrscheinlichkeit, dass sie in den Langzeitspeicher überführt werden. Einmal dort angekommen, haben sie eine lebenslange Verweildauer. Und das gilt für alle dort eintreffenden Informationen, wodurch die Aufnahmekapazität des Langzeitspeichers wie bereits beim Ultrakurzzeitspeicher als nahezu unendlich groß anzunehmen ist. Diese Annahme einer lebenslangen Verweildauer aller Informationen steht in scheinbarem Kontrast zu unseren alltäglichen Erfahrungen, die auch durch Vergessen geprägt sind. Atkinson und Shiffrin schließen Vergessen jedoch auch nicht aus. Nach ihrem Modell ist Vergessen jedoch nicht der Verlust oder Zerfall der Information selbst, sondern lediglich der Verlust des Zugriffs auf diese Information. Nach diesem Modell wissen wir also mehr als wir glauben zu wissen.

Das 3-Speicher-Modell des Gedächtnisses von Atkinson und Shiffrin (1968) hat enorm viel Forschung angeregt, und viele seiner Annahmen konnten auch empirisch bestätigt werden. Nichtsdestotrotz wurde auch viel Kritik daran geübt. Ein zentraler Kritikpunkt ist, dass das Modell sich nahezu darauf beschränkt, die verschiedenen Komponenten des Gedächtnisses und ihre Speicherkapazitäten zu beschreiben, dass diese Beschreibungen jedoch nicht hinreichend sind, um Lernen umfassend zu modellieren. Insbesondere die Beschreibung des Prozesses des Lernens inklusive der Merkmale, die einen

Lernprozess erfolgreich oder weniger erfolgreich verlaufen lassen, sind mitunter relevanter als die Frage, in welchem Speicher sich eine Information gerade wohl befinden mag.

b) Das Arbeitsgedächtnismodell von Baddeley und Hitch

Als eine Antwort auf diese Kritik kann das Arbeitsgedächtnismodell von Baddeley und Hitch (1974; Baddeley 2012) angesehen werden. Dieses Modell ist eine Ausdifferenzierung des Kurzzeitspeichers von Atkinson und Shiffrin (1968). Mit der Namensänderung von Kurzzeitspeicher in Arbeitsgedächtnis machen Baddeley und Hitch deutlich, dass hier die Verarbeitung von Informationen beim Lernen stattfindet. Die erste Ausdifferenzierung besteht darin, dass Baddeley und Hitch für verschiedene Arten von Information verschiedene Speicher und Verarbeitungsprozesse im Arbeitsgedächtnis annehmen. Sie unterscheiden verbale von visuell-räumlichen Informationen. Verbale Informationen werden in der sog. phonologischen Schleife des Arbeitsgedächtnisses verfügbar gehalten, visuell-räumliche Informationen im sog. visuell-räumlichen Notizblock.

Die einfachste Form der Informationsverarbeitung beim Lernen, das Verfügbarhalten im Arbeitsgedächtnis, beschreiben Baddeley und Hitch am anschaulichsten am Beispiel verbaler Informationen in der phonologischen Schleife. Wieso sprechen sie von einer Schleife? Stellen wir uns einmal vor, Sie werden in die Speisekammer geschickt, um Mehl, Zucker, Mandeln, Rosinen, Salz, Eier und Honig zu holen. Wie stellen Sie sicher, dass Sie auf dem Weg zur Speisekammer nicht die Hälfte der Zutaten bereits vergessen haben? Die meisten werden sich die Liste innerlich in Gedanken wiederholt vorsprechen und dabei womöglich sogar einen bestimmten Rhythmus entwickeln. Dieses wiederholte innere Artikulieren in Dauerschleife ist der Speicherprozess. Er hält die Informationen in der phonologischen Schleife verfügbar. Dauert er an, erhöht er zudem die Wahrscheinlichkeit, dass die Information in den Langzeitspeicher, das Langzeitgedächtnis überführt wird. Versuchen Sie es: Sprechen Sie die oben genannten Zutaten in derselben Reihenfolge sich innerlich eintausend Mal vor. Jede Wette, dass Sie morgen und nächste Woche die Liste sofort abrufbereit, sprich gelernt, haben. „Repetitio est mater studiorum“ (Wiederholung ist die Mutter der Studien, also des Lernens). Dieser Spruch wird von Schülerinnen und Schülern gehasst. Allerdings spricht sehr viel dafür, dass er wahr ist.

Die Wiederholung hat als Mutter der Studien mächtige Verwandte. Baddeley und Hitch (1974; Baddeley 2012) deuten diese mit zwei weiteren Komponenten ihres Arbeitsgedächtnismodells an. Zum einen fügen sie später ein drittes Speichersystem, den sog. episodischen Puffer hinzu, in dem Informationen über Ereignisse, insbesondere persönlich erlebte Ereignisse, zwischengespeichert werden. Zum anderen verpassen sie ihrem Modell eine Steuereinheit, die sog. Zentrale Exekutive. Die Zentrale Exekutive steuert die drei Speichersysteme. Sie lenkt die Aufmerksamkeit auf die gerade relevanten Informationen, fungiert als Schnittstelle zum Langzeitgedächtnis, von wo sie auch Informationen ins Arbeitsgedächtnis abruft und über die Reihenfolge der einzelnen Verarbeitungsschritte entscheidet. Sie übernimmt damit metakognitive Funktionen, worauf in Kapitel 7.2.3 weiter eingegangen wird. Durch die Hinzunahme von Informationen über womöglich persönlich erlebte Ereignisse sowie die Möglichkeit, Informationen aus dem Langzeitgedächtnis in das Arbeitsgedächtnis abzurufen, ergibt sich eine weitere Art der Informationsverarbeitung beim Lernen, nämlich die Konstruktion und Zuweisung von Bedeutung zu den zu erlernenden Informationen. Die Verknüpfung zu erlernender verbaler und visuell-räumlicher Informationen mit bereits gelernten Informationen aus dem Langzeitgedächtnis sowie mit persönlich relevanten Erlebnissen kann zu einer bedeutungshaltenden Veränderung der Information und der damit verknüpften Gedächtnisinhalte und so zu einem tieferen Verständnis führen.

c) Das Modell der Verarbeitungstiefe von Craik und Lockhard
Auf die Bedeutung der zu erlernenden Informationen weisen bereits Craik und Lockhard (1972) mit ihrem Gedächtnismodell hin. Sie fokussieren dabei die Qualität des Verarbeitungsprozesses und kümmern sich wenig um quantitative oder strukturelle Aspekte (Prozess, Verarbeitung, Qualität). In ihrem levels of processing-Modell unterscheiden sie verschiedene Ebenen der Informationsverarbeitung. Auf der oberen Ebene werden Informationen nur oberflächlich und wahrnehmungsnah verarbeitet. Das bedeutet, die Verarbeitung orientiert sich bspw. am Klang eines gehörten Wortes oder an der Stelle auf der Seite, an der ein geschriebenes Wort gelesen wurde. Die Bedeutung eines Wortes spielt auf dieser oberen Verarbeitungsebene keine Rolle. Diese kommt auf der unteren, tiefen Verarbeitungsebene ins Spiel. Hier zielt die Informationsverarbeitung auf das Erkennen bzw. die Konstruktion von Bedeutung. Informationen werden kategorisiert (organisiert), mit anderen Informationen in Verbindung gebracht (elaboriert) oder von ihnen abgegrenzt (diskriminiert). Wenn man sich bspw. von Mehl nicht nur merkt, dass es ein weißes Pulver ist (Oberflächenverarbeitung), sondern sich überlegt, woraus es besteht, wozu man es verwenden kann, dass es in Brot, Kuchen und anderem Gebäck enthalten ist, wann man selbst das letzte Mal Mehl verwendet hat etc., dann verknüpft man Mehl mit einer Vielzahl von Informationen und konstruiert damit Bedeutung. Diese tiefe bedeutungshaltige Verarbeitung ist lernförderlich und das sicherlich nicht nur, weil diese Tiefenverarbeitung Zeit benötigt, die Verweildauer im Arbeitsgedächtnis erhöht und damit

den Transfer ins Langzeitgedächtnis wahrscheinlicher macht. Die tiefe Verarbeitung führt zu einer strukturierten Veränderung der Gedächtnisinhalte. Sind Gedächtnisinhalte und Wissen eingebettet in eine klare, nachvollziehbare Struktur, und ist das Wissen entsprechend verknüpft, dann unterstützt diese Struktur den Zugriff auf dieses Wissen. Je häufiger diese Struktur aktiviert und Wissen auf diesem Wege abgerufen wird (repetitio!), desto stärker wird die Struktur. Je größer die Struktur, desto mehr Wege existieren, über die das Wissen aktiviert und abgerufen werden kann. Je stärker und je größer die Struktur, desto geringer der Zugriffsverlust, sprich desto geringer ist das Vergessen.

Die Modelle von Atkinson und Shiffrin, Baddeley und Hitch sowie von Craik und Lockhard sind nicht die einzigen Gedächtnismodelle. Neuere, auch aus der Neuropsychologie angeregte Forschungen fokussieren stärker die Beschreibung der Prozesse, betonen Unterschiede des Lernens in Abhängigkeit von der Modalität von Informationen (z. B. verbal versus visuell) oder verknüpfen Lernen mit motorischen Aktivitäten. Nichtsdestotrotz sind die vorgestellten Modelle anschaulich und auch heute noch hilfreich für die Gestaltung von Lernprozessen. Aus ihnen ergeben sich instruktionspsychologische und fachdidaktische Konsequenzen, die mittlerweile gut empirisch abgesichert sind und von den modernen neuropsychologischen Modellen nicht substanziell infrage gestellt oder ergänzt werden.

7.2.2 Instruktionspsychologische Konsequenzen

Wir haben uns bislang mit dem Lernen beschäftigt. Wenden wir uns jetzt vor diesem Hintergrund dem Lehren, dem Beibringen zu. Mit dem Fokus auf den Erwerb von Sachwissen beschäftigen sich die gängigen Instruktionsmodelle hauptsächlich mit der Frage, wie mit der begrenzten Speicher- und Verarbeitungskapazität des Arbeitsgedächtnisses umgegangen werden kann. Wie kann Lehre, wie können Lernaufgaben gestaltet werden, sodass die dadurch angeregten kognitiven Prozesse die Arbeitsgedächtniskapazität des Lernenden nicht überfordern?

Cognitive Load Theory

Forschung zu dieser Frage wurde maßgeblich durch die cognitive load theory (Sweller 1988; Paas, Renkl & Sweller 2003) beeinflusst. Diese instruktionspsychologische Theorie unterscheidet drei Quellen für kognitive Belastungen des Arbeitsgedächtnisses. Intrinsische Belastung (intrinsic load) entsteht durch die Anzahl von Informationen und deren Verknüpfungen, die für die erfolgreiche Bewältigung einer Lernaufgabe gleichzeitig im Arbeitsgedächtnis präsent gehalten werden müssen (Speicherkapazität). Vereinfacht ausgedrückt, steckt dahinter die Idee, dass es bei komplexen Aufgaben kognitiv belastender ist, an alles Relevante zu denken, als bei einfachen, wenig komplexen Aufgaben. Relevante Belastung (germane load) entsteht durch die eigentlichen Lern- und Verstehensprozesse (Verarbeitungskapazität). Die Durchführung, Kontrolle und Regulation von Lernstrategien bspw. ist an sich anstrengend und belastet das Arbeitsgedächtnis zusätzlich zur intrinsischen Belastung. Irrelevante Belastung (extraneous load) schließlich entsteht durch eine didaktisch nicht optimal aufbereitete Präsentation der Lernaufgabe. Wenn bspw. im Zubereitungsteil eines Kuchenrezepts steht, es solle dem Teig der Zucker hinzugefügt werden, die Zuckermenge jedoch nicht an dieser Stelle, sondern ausschließlich in der Zutatenliste angegeben ist, dann muss man beim Lesen zwischen Zutatenliste und Zubereitungsanleitung hin- und herspringen, damit der Kuchen die richtige Süße erhält. Diese Hin- und Herspringen ist kognitiv belastend, für das eigentliche Lernen aber irrelevant. Diese Belastung könnte vermieden werden, wenn die Mengenangabe für den Zucker in der Zubereitungsanleitung integriert wäre.

Kognitives Modell des Lernens mit Multimedia

Vor dem Hintergrund der begrenzten Arbeitsgedächtniskapazität stellt sich für die Didaktik die Frage, wie Lernaufgaben gestaltet werden können, damit die damit einhergehenden kognitiven Belastungen in Summe das Arbeitsgedächtnis nicht *über*lasten. Das Grundprinzip dabei lautet, die irrelevanten Belastungen möglichst gering zu halten, damit für die relevante Belastung hinreichend Arbeitsgedächtniskapazität zur Verfügung steht. Die Forschung zu dieser Frage wurde in den letzten zwei Jahrzehnten insbesondere durch das von Mayer vorgeschlagene kognitive Modell des Lernens mit Multimedia inspiriert (Mayer 2001). Dieses Modell greift die von Baddeley und Hitch (1974) vorgeschlagene Arbeitsgedächtnisstruktur auf, indem es zwei separate Verarbeitungskanäle für entweder verbale oder visuell-räumliche Informationen mit je begrenzter Kapazität annimmt. In dieser Struktur bestimmen drei kognitive Prozesse das Lernen. Zunächst müssen relevante verbale oder visuell-räumliche Informationen im Ultrakurzzeitspeicher identifiziert und ausgewählt werden (Selektion). Danach werden in den beiden Kanälen zunächst noch getrennt die verbalen und die visuell-räumlichen Informationen zu je einer kohärenten kognitiven Repräsentation zusammengeführt (Organisation). Schließlich werden unter Hinzunahme von Vorwissen aus dem Langzeitgedächtnis die verbale und die visuell-räumliche Repräsentation in eine gemeinsame kognitive Repräsentation integriert (Integration).

Gestaltungsprinzipien für Lernaufgaben

Aus der cognitive load theory sowie dem kognitiven Modell des Lernens mit Multimedia lassen sich Prinzipien für die didaktische Gestaltung von Lernaufgaben und Lernmaterial ableiten, von denen einige sich mittlerweile empirisch hinreichend bewährt haben. Diese Prinzipien zielen darauf ab, irrelevante Belastung zu reduzieren, intrinsische und relevante Belastung optimal auf die beiden Verarbeitungskanäle des Arbeitsgedächtnisses zu verteilen sowie die lernrelevanten kognitiven Prozesse der Selektion, Organisation und Integration zu unterstützen. Zu den prominentesten Prinzipien gehören das Kontiguitätsprinzip, das Kohärenzprinzip, das Multimediaprinzip sowie das Modalitätsprinzip. Für weitere Prinzipien sei auf Mayer (2005) verwiesen. Das Kontiguitätsprinzip besagt, dass gleichzeitig zu bedenkende Informationen zeitlich und räumlich nah beieinander im Lernmaterial präsentiert werden sollten. Dies erleichtert die Selektion relevanter Informationen. Das in Kap. 7.2.1 erwähnte Zuckermengen-Beispiel verstößt gegen dieses Prinzip. Das Kohärenzprinzip besagt, dass keine irrelevanten Informationen dem Lernmaterial hinzugefügt werden sollten, um die Selektion und Organisation zu erleichtern und die Speicherkapazität nicht unnötig zu belasten. Wenn in einem Kuchenrezept bspw. erwähnt wird, dass mit genau diesem Kuchen Bill Gates im Jahre 1998 von Noël Godin beworfen wurde, ist diese Information womöglich interessant, wird aber nichts zum Gelingen des Kuchens beitragen. Das Multimediaprinzip fordert dazu auf, beide Verarbeitungskanäle des Arbeitsgedächtnisses anzusprechen. Werden im Lernmaterial die relevanten Informationen auf Texte und Bilder verteilt, fällt das Lernen leichter, als wenn alle Informationen ausschließlich textlich präsentiert werden. Wenn zudem die Textinformationen gesprochen werden, Lernende sie also hören können, statt mit den Augen lesen zu müssen, wird das Modalitätsprinzip realisiert und eine weiter optimierte Verteilung der Informationen auf den verbalen und den visuell-räumlichen Verarbeitungskanal gewährleistet. Um diese Prinzipien beim Kuchenbacken zu nutzen, könnte man, anstatt ein klassisches Kuchenrezept zu lesen, sich ein YouTube-Tutorial ansehen, bei dem eine Stimme aus dem Off das gezeigte kommentiert und erklärt.

Die genannten Prinzipien sind nur wenige Beispiele. Sie fokussieren die Gestaltung von Lernmaterial für den Erwerb von Sachwissen, beziehen sich auf zeitlich eher kurze Lernaufgaben und basieren bewusst ausschließlich auf kognitiven Prozessen (für motivationale Aspekte des Lernens, vgl. Kap. 7.3, oder den Erwerb und Umgang mit Handlungswissen, vgl. Kap. 7.4). Sie haben aber gemeinsam, dass sie auf Grundlage gedächtnispsychologischer Modelle entwickelt wurden und sich in einer Vielzahl empirischer Studien bewährt haben.

7.2.3 Selbstregulation des Lernens

Selbst eine nach allen Regeln der didaktischen Kunst gestaltete Lernaufgabe wird nicht zum Lernerfolg führen, wenn der oder die Lernende sich nicht aktiv damit auseinandersetzt. Insofern ist jedes Lernen zu einem Mindestmaß durch die lernende Person selbst gestaltet und reguliert. Nichtsdestotrotz würde man nicht bei jeder unterrichtlichen Lernphase von selbstreguliertem Lernen sprechen. Der etablierten Definition von Weinert (1982) zufolge bestimmen beim selbstregulierten Lernen Lernende selbst, „ob, was, wann, wie und worauf (S. 102)“ sie lernen. Das Was, das Wann und das Worauf ist im schulischen Unterricht oft eng vorgegeben, größere Freiheiten für Lernende bestehen eher im Ob, und vor allen Dingen im Wie. Wenden wir uns also dem Wie zu.

7

Lernstrategien

Für die Gestaltung des Lernprozesses werden verschiedene Lernstrategien propagiert, die in drei große Bereiche kategorisiert werden können. Kognitive Lernstrategien zielen direkt auf die kognitiven Prozesse des Lernens. Metakognitive Lernstrategien sollen durch Prozesse der Planung, Überwachung und Kontrolle die Qualität des kognitiven Lernstrategieeinsatzes gewährleisten. Ressourcenmanagementstrategien dienen dazu, die Bedingungen für ein gutes Lernen zu schaffen. Im Kuchenbeispiel wären kognitive Strategien alle Tätigkeiten, die direkt zur Herstellung des Teigs beitragen wie das Hinzufügen von Zucker, das Abwiegen von Mehl oder das Kneten des Teigs. Metakognitive Strategien wären z. B. das Planen der Reihenfolge der verschiedenen Arbeitsschritte, das Überprüfen, ob beim Wiegen auch kein Fehler unterlaufen ist, oder die Entscheidung, Mehl zum Teig hinzuzugeben, wenn die Konsistenz beim Kneten als zu flüssig bewertet wird. Ressourcenmanagementstrategien würden gewährleisten, dass alle Zutaten im Hause sind, dass die Arbeitsfläche in der Küche frei ist oder dass ausreichend Zeit zum Backen zur Verfügung steht.

Die kognitiven Lernstrategien lassen sich in Oberflächen- und Tiefenverarbeitungsstrategien unterteilen (vgl. Kap. 7.2.1). Oberflächenverarbeitungsstrategien, wie z. B. das reine Wiederholen, dienen dazu, Assoziationen herzustellen und zu stärken, ohne dass Verstehensprozesse angeregt werden, und führen zu einer zunehmenden Automatisierung von Wissen. Dagegen sind Tiefenverarbeitungsstrategien auf das Verstehen von Inhalten ausgerichtet und sprechen die von Mayer (2001) beschriebene Prozesse der Selektion, Organisation und Integration an. Beispiele hierfür wären die Textmarkierungsstrategie, die genutzt werden kann, um relevante Informationen in einem Text zu identifizieren und auszuwählen (Selektion), das Erstellen einer Concept-

Map, um Informationen zu organisieren, oder das selbstständige Zeichnen von Textinhalten (Integration). Viele kommerzielle Trainings zum „Lernen lernen“ setzen auf derartige Lerntechniken oder Lerntricks. Ihre Wirksamkeit lässt sich auch gedächtnispsychologisch gut begründen. Entweder sind es Strategien der Mutter der Studien (repetitio) oder aber einer ihrer Verwandten, die eine bedeutungshaltige Verarbeitung von Informationen unterstützen. Jedoch sind alle diese Strategien nur dann hilfreich, wenn sie mit hinreichender Qualität umgesetzt werden.

Metakognition

Metakognitive Strategien haben die Funktion, den Einsatz kognitiver Strategien zu planen, zu überwachen und zu regulieren (Schreiber 1998) und damit die Qualität des kognitiven Strategieeinsatzes zu gewährleisten. Lernende müssen Lernstrategien zielgerecht einsetzen. Wenn es bspw. darum geht, einen Lerninhalt zu verstehen, reicht es nicht aus, eine Wiederholungsstrategie einzusetzen. Wenn man sich für eine bestimmte Strategie entschieden hat, muss man diese ausführen und dabei sich selbst, sozusagen aus der Vogelperspektive, beobachten. Dabei muss man dann kontinuierlich bewerten, ob die Strategie richtig eingesetzt wird und ob mit diesem Strategieeinsatz die Lernfortschritte wie geplant erreicht werden. In Abhängigkeit von dieser Bewertung muss man dann entscheiden, die Strategie weiter anzuwenden oder ggfs. durch eine andere zu ersetzen. Wenn man sich im Kuchenbeispiel dazu entschieden hat, sich genau an das Rezept zu halten und dieses Schritt für Schritt abzuarbeiten, dann gilt es kontinuierlich sich zu vergewissern, dass man keinen Schritt überlesen hat, zu überprüfen, dass alle Mengen korrekt abgemessen wurden etc. Sollte man feststellen, dass man bspw. weniger Butter im Haus hat als vom Rezept gefordert, gilt es, darauf zu reagieren. Die Strategie, sich ganz genau ans Rezept zu halten, kann aufrechterhalten werden, wenn man sich bspw. bei den Nachbarn Butter leihen kann. Oder aber man reagiert durch eine Änderung der Strategie und ersetzt die fehlende Butter durch Margarine, die noch im Kühlschrank ist.

Die metakognitive Kontrolle des Strategieeinsatzes hat sich in vielen empirischen Studien als lernförderlich erwiesen (z. B. Leopold & Leutner 2015). Sie bedeutet jedoch auch eine kognitive Belastung, die zusätzlich zur kognitiven Belastung durch die direkt das Lernen und Verstehen beeinflussenden kognitiven Lernstrategien entsteht. Sie erhöht damit die relevante Belastung (germane load) des Arbeitsgedächtnisses. Jedoch sind metakognitive Strategien auf unterschiedliche kognitive Strategien in gleicher Weise anwendbar. Entsprechend lohnt sich ihr kontinuierlicher Einsatz. Durch Wiederholung können metakognitive Strategien automatisiert und dadurch die durch sie bedingte kognitive Belastung reduziert werden. Sie kontinuierlich im Unterricht anzuregen, bringt Unterricht seinem primären Ziel, Schülerinnen und Schülern etwas beizubringen, über kurz oder lang sicherlich ein Stück näher.

A

Anregung

Einen guten und leicht lesbaren Überblick über verschiedene Lerntheorien und Gedächtnismodelle erhält man bei Hoffmann, J. & Engelkamp, J. (2016), *Lern- und Gedächtnispsychologie* (2. Aufl.). Berlin: Springer. Für eine Vertiefung in die cognitive load theory und ihre didaktischen Implikationen empfiehlt sich Plass, J.L., Moreno, R. & Brünken, R. (Eds.) (2010), *Cognitive Load Theory.* New York: Cambridge University Press. Eine kurze theoretische Einführung sowie umfangreiches Praxismaterial zum selbstregulierten Lernen findet sich in Stebner, F., Schiffhauer, S., Schmeck, A., Leutner, D. & Wirth, J. (2015), *Selbstreguliertes Lernen in den Naturwissenschaften. Praxismaterial für die 5. und 6. Jahrgangsstufe.* Münster: Waxmann.

7

7.3 Lernmotivation und Interesse

Inhaltliche Schwerpunkte

- Die Qualität von Lernprozessen bemisst sich nicht nur daran, welches fachliche Wissen Schülerinnen und Schüler erwerben, sondern auch daran, inwieweit es gelingt, sie dazu zu motivieren, sich innerhalb des Unterrichts aber auch über die konkrete Lernsituation hinaus selbstbestimmt und interessiert mit den Inhalten des Unterrichtsfaches zu beschäftigen.
- Die Motivationspsychologie als Teildisziplin der Pädagogischen Psychologie befasst sich vor diesem Hintergrund mit den Beweggründen und Zielen des Lernens.
- Es existieren unterschiedliche Motivationstheorien, in denen jeweils unterschiedliche Formen der Motivation – wie u. a. die intrinsische und extrinsische Lernmotivation, die Leistungsmotivation und das Interesse – in den Blick genommen werden und ihre jeweiligen Voraussetzungen für und Auswirkungen auf das Lernen betrachtet werden.

7.3.1 Begriffsklärung: intrinsische und extrinsische Lernmotivation und Interesse

Die Qualität motivational-affektiver Prozesse ist eine wichtige Bedingung erfolgreichen Lernens. Eine ausgeprägte Lernmotivation geht unabhängig vom Lerninhalt nicht nur mit besseren Lernergebnissen einher, sondern ist auch dafür verantwortlich, dass der Lernprozess selbst von Schülerinnen und Schülern positiv wahrgenommen wird. Darüber hinaus sorgt eine hohe Lernmotivation dafür, dass sich Schülerinnen und Schüler auch außerhalb des Unterrichts aktiv, aus eigenem Antrieb und über einen längeren Zeitraum mit den Lerninhalten auseinandersetzen. Damit ist die Lernmotivation aus pädagogischer Sicht sogleich Voraussetzung und Ziel erfolgreicher Lernprozesse. In der Schul- und Unterrichtsforschung wird daher auch die Qualität und Effektivität schulischer Bildung nicht (mehr) nur an den erworbenen fachspezifischen Kenntnissen der Schülerinnen und Schüler festgemacht, sondern auch daran, inwieweit es der Lehrkraft gelingt, die Schülerinnen und Schüler kurz- und langfristig für fachspezifische Inhalte zu motivieren. Erfolgreich zu unterrichten, heißt in dieser Perspektive daher auch, motivationsfördernd zu unterrichten (Willems 2011).

Das Merkmal **Motivation** ist aus wissenschaftlicher Sicht vielschichtig und komplex und kann nicht durch eine einzige, übergreifende Theorie abgebildet werden. Den jeweiligen Bezugspunkt für die Analyse motivationaler Lernprozesse im Unterricht bilden daher unterschiedliche theoretische, pädagogisch orientierte Ansätze der Motivationspsychologie, in denen der Motivationsbegriff diverse Motivationsformen und -phänomene umfasst. Hierzu zählen u. a. Konzepte wie lern- und leistungsbezogene Zielorientierungen, extrinsische und intrinsische Form der Lernmotivation oder das Interesse (Krapp et al. 2014; Schiefele 2009). Im Folgenden werden zunächst einige zentrale motivationstheoretische Grundannahmen skizziert, bevor zwei zentrale Motivationstheorien – die Selbstbestimmungstheorie und die Person-Gegenstands-Theorie des Interesses – näher vorgestellt werden.

Mit Rheinberg und Vollmeyer (2011, S. 16) kann Motivation als „die aktivierende Ausrichtung des momentanen Lebensvollzugs auf einen positiv bewerteten Zielzustand hin“ definiert werden. Der als positiv bewertete Zielzustand bezieht sich z. B. auf das Erreichen erwünschter Konsequenzen (z. B. das Erzielen guter Noten) oder auf das Vermeiden negativer Konsequenzen (z. B. Sanktionen wegen schlechter Noten). Das Ziel kann allerdings auch sein, eine konkrete Tätigkeit, die als angenehm und freudvoll bewertet wird (z. B. ein Buch lesen, einem Problem nachgehen), durchzuführen.

Generell befassen sich motivationstheoretische Ansätze mit dem Warum und Wozu menschlichen Handelns, d. h. mit der Frage, aus welchen Beweggründen bzw. mit welchen Zielen eine Person handelt. Die Ausprägung der Motivation ist dabei stets das Resultat einer Wechselbeziehung zwischen individuellen Merkmalen einer Person (z. B. ihren Bedürfnissen, Zielen oder Kompetenzen) und den Merkmalen – oder motivationalen Anreizen – einer konkreten Situation. Motivation wird daher auch als eine Person-Umwelt-Beziehung verstanden (Krapp et al. 2014). Je nach motivationstheoretischem

Hintergrund (z. B. Leistungsmotivation, interessenbasierte Motivation) werden die motivationsrelevanten Merkmale einer Situation unterschiedlich systematisiert und definiert. So kann es z. B. besonders motivierend sein, wenn Schülerinnen und Schüler sich im Unterricht mit der Beschreibung und Erklärung von Alltagsphänomenen auseinandersetzen, wenn sie an der Themen- und/oder Methodenauswahl (mit-)beteiligt sind, wenn sie mit Inkongruenzen oder widersprüchlichen Informationen (z. B. bei der Beobachtung von Experimenten oder Naturphänomen) konfrontiert werden oder wenn sie z. B. in Kleingruppenarbeit eine Wettbewerbssituation simulieren (in Teams gemeinschaftlich Probleme analysieren und lösen, sich gegenseitig Aufgaben stellen, sich wechselseitig Inhalte vermitteln und gemeinsam einüben usw.).

Aus motivationstheoretischer Sicht kann die Lernmotivation von Schülerinnen und Schülern aus zwei unterschiedlichen Blickwinkeln heraus betrachtet werden: zum einen aus einer situationsspezifischen, d. h. auf eine konkrete Unterrichtsstunde oder eine konkrete Aufgabe innerhalb des Unterrichts bezogenen Perspektive; zum anderen aus einer situationsübergreifenden Perspektive. Motivation wird dabei entweder auf der Ebene des aktuellen Geschehens und Erlebens in einer bestimmten Situation (Englisch: state) betrachtet – hier wird auch vom Zustand der aktuellen **Motiviertheit** gesprochen – oder als zeitlich relativ überdauerndes Persönlichkeitsmerkmal angesehen (Englisch: trait). Ein solches, über konkrete Situationen hinweg auftretendes Persönlichkeitsmerkmal nennt man in der Pädagogischen Psychologie auch Disposition. In der Motivationspsychologie werden solche Dispositionen auch Motive genannt (Schiefele 2009). Für den schulischen Kontext sind beide Betrachtungsweisen – die der aktuellen Motiviertheit und die der relativ stabilen **Motive** – bedeutsam: So ist das Ausmaß dispositionaler Motivationsmerkmale von Schülerinnen und Schülern eine wesentliche Voraussetzung für den Erfolg von Lernprozessen. Ebenso ist die Förderung solcher Motivationsmerkmale ein zentrales Ziel von Lernprozessen. Aus situationsspezifischer Sicht stellt sich allerdings vor allem die Frage, durch welche konkreten, veränderbaren Gestaltungsmerkmale der Lernumgebung die Neugier der Schülerinnen und Schüler geweckt werden kann und darauf aufbauend ihre Motivation gefördert, d. h. angeregt und aufrechterhalten werden kann. Mögliche Antworten auf diese Frage werden u. a. im Kontext der beiden Motivationstheorien vorgeschlagen.

In Abbildung 1 werden die bisher skizzierten Grundannahmen vereinfacht in Form eines Modells dargestellt, in dem Bedingungen, Prozesse und Wirkungen von Motivation auf einer Zeitachse angeordnet sind. Im Zentrum steht die in der aktuellen Situation bestehende Motivation (3), die von dispositionalen Merkmalen der Person (1) und Gestaltungsmerkmalen der Situation (2) beeinflusst wird. Die aktuelle Motivation beeinflusst ihrerseits die kognitiven und motivational-affektiven Prozesse während der (Lern-)Handlung (4), welche unmittelbare, d.h. kurzfristige Effekte (5) sowie langfristige Folgen (6) nach sich ziehen. Sowohl die kurzfristigen Ergebnisse als auch die längerfristigen Folgen der Lernhandlung haben aus entwicklungspsychologischer Sicht wiederum Auswirkung auf die Struktur der Persönlichkeit.

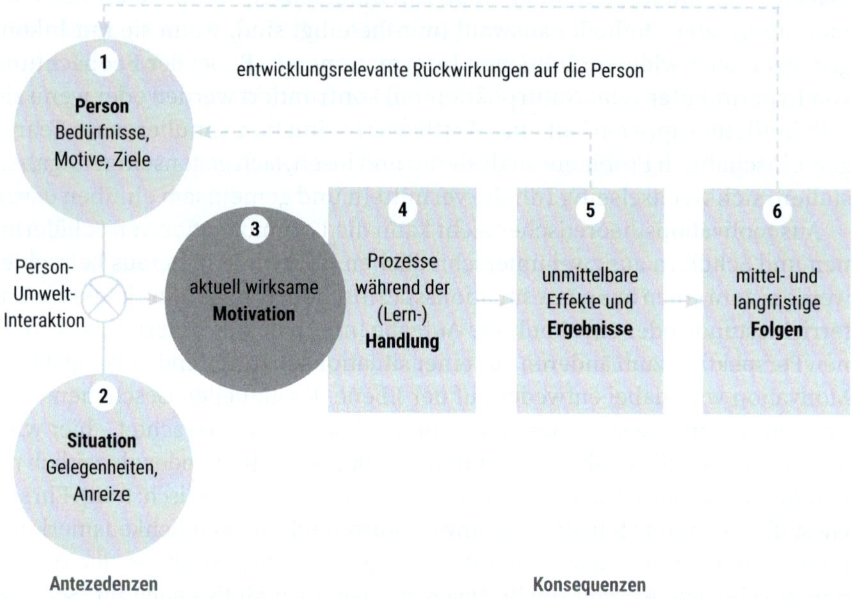

Abb. 1: Funktionsweisen der Motivation (nach Seidel & Krapp (Hrsg.) (2015), S. 195)

Schiefele und Köller (2010, S. 336) definieren das Merkmal der Lernmotivation schließlich als den „Wunsch bzw. die Absicht, bestimmte Inhalte oder Fertigkeiten zu lernen bzw. bestimmte Aufgaben auszuführen“. Offen bleibt bei dieser Begriffsbestimmung allerdings zunächst die Frage nach den von den Schülerinnen und Schülern intendierten Zielen der Lernhandlung. So kann die Absicht des Lernens beispielsweise sein, eine gute Note zu erreichen, von den Eltern gelobt zu werden oder seine eigenen Leistungsfähigkeiten anderen gegenüber zu demonstrieren. Die Lernhandlung kann jedoch auch auf das eigene thematische Interesse oder den Wunsch, das eigene Wissen zu erweitern, zurückzuführen sein. In der Motivationspsychologie werden zur Klassifizierung dieser beiden Zieldimensionen der Motivation die Begriffe extrinsische und intrinsische Lernmotivation verwendet: **Extrinsisch** motiviertes Lernen wird dabei als der Wunsch oder die Absicht aufgefasst, Lernhandlungen auszuführen, weil damit positive kurz- oder langfristige Folgen, die „außerhalb“ der Lernhandlung selbst liegen, herbeigeführt oder entsprechende negative Konsequenzen vermieden werden können. Das Lernen wird primär von außen initiiert und/oder gesteuert und weist damit einen stark instrumentellen Charakter auf. Im schulischen Kontext werden vor allem gute Leistungen (in Form von Noten) als motivierende Handlungsfolgen angesehen. Eine Form der extrinsischen Lernmotivation wird daher auch als Leistungsmotivation bezeichnet. Darunter wird der Wunsch oder die Absicht verstanden, eine Lernhandlung auszuführen, um in späteren Leistungssituationen (z. B. bei einer Prüfung) einen vorgegebenen Gütemaßstab zu erreichen bzw. zu übertreffen. Das Erreichen guter Leistungen kann dabei selbst wieder instrumentellen Charakter aufweisen, wenn beispielsweise gute Leistungen nur deshalb angestrebt werden, weil mit ihnen bestimmte längerfristige Folgen – wie z. B. der Zugang zu einem Studium – assoziiert sind.

Im Gegensatz zu den extrinsischen Formen der Lernmotivation versteht man unter einer **intrinsischen** Lernmotivation den Wunsch oder die Absicht, eine bestimmte Lernhandlung auszuführen, weil die mit der Handlung verbundene Tätigkeit als herausfordernd, interessant, spannend oder anderweitig freudvoll und zufriedenstellend empfunden wird. Intrinsisch motivierte Handlungen werden um ihrer selbst willen durchgeführt und nicht, weil ihr bestimmte Konsequenzen folgen – die Durchführung der Handlung selbst stellt so gewissermaßen eine Art Belohnung dar und der motivationale Anreiz liegt „innerhalb" der Handlung. Im Rahmen der Selbstbestimmungstheorie werden beide Formen der Motivation – die intrinsische und die extrinsische Motivation – in einer übergreifenden Theorie betrachtet, deren zentrale Annahme es ist, dass unterschiedliche Formen der extrinsischen Motivation bestehen, die sich unter bestimmten Umständen in stärker intrinsische Formen der Motivation entwickeln können.

Die Förderung der intrinsischen Motivation gilt aus pädagogischer Sicht als besonders wünschenswert, weil sich die Lernenden in der Situation nicht primär von außen gesteuert – also fremdbestimmt – fühlen, sondern Freude beim Lernen empfinden. Besonders motivierend wirkt es für Schülerinnen und Schüler, wenn sie den Alltags- und Praxisbezug des Lerninhaltes begreifen, wenn die Darbietung oder eigene Erarbeitung des Lerninhaltes – z. B. in Form von Demonstrationsexperimenten oder durch das eigene Durchführen von Experimenten – methodisch abwechslungsreich und spannend ist, oder wenn sie basierend auf eigenen Beobachtungen eigene Fragestellungen, Vermutungen und Problemlöseansätze formulieren, ausprobieren und systematisieren können. Gerade zu Beginn einer Lernhandlung kann es besonders motivierend sein, die Neugier der Schülerinnen und Schüler dadurch zu wecken, dass sie mit bestimmten Unklarheiten (z. B. ein unerwarteter oder erstaunlicher Ausgang eines Experimentes) oder Widersprüchen (z. B. in Form von unterschiedlichen Erklärungsansätzen für ein naturwissenschaftliches Phänomen) konfrontiert werden, die im Laufe der Lernhandlung sukzessive aufgelöst werden sollen. Dazu ist es nötig, dass die Schülerinnen und Schüler zunächst individuell ihre Erwartungen und Vermutungen explizieren, diese Erwartungen mit der realen Situation konfrontiert werden und schließlich Möglichkeiten der Auflösung evaluiert und systematisiert werden.

Je nachdem, welcher Aspekt der Handlung als primär belohnend empfunden wird, wird in der Motivationstheorie konzeptuell schließlich noch zwischen einer tätigkeitsbezogenen und einer gegenstandsbezogenen intrinsischen Lernmotivation unterschieden. Im ersten Fall würde eine Schülerin oder ein Schüler beispielsweise eine bestimmte Lernhandlung vor allem deshalb ausführen, weil sie die Tätigkeit – z. B. das Experimentieren, das Beobachten – als motivierend empfindet. Im zweiten Fall würde die Lernhandlung ausgeführt werden, weil sich die Schülerinnen und Schüler gern mit einem bestimmten Lerngegenstand – z. B. Chemie – beschäftigt. Die gegenstandsbezogene intrinsische Lernmotivation wird auch mit dem Begriff interessenbasierte Lernmotivation (kurz: Interesse) bezeichnet (Krapp 2005). Für den naturwissenschaftlichen Unterricht sind sowohl die gegenstandsspezifische als auch die tätigkeitsspezifische Motivation bedeutsam, da Schülerinnen und Schüler nicht nur für die Auseinandersetzung mit bestimmten fachlichen Themen motiviert werden sollen, sondern darüber hinaus auch Interesse an naturwissenschaftlichen Arbeitsweisen (z. B. Beobachten, Modellieren, Experimentieren) entwickeln sollen (Schminke et al. 2007). Empirische Studien weisen schließlich darauf hin, dass intrinsische Formen der Lernmotivation positiv mit den schulischen Leistungen assoziiert sind (Schiefele 2009).

7.3.2 Die Selbstbestimmungstheorie

In der Realität kann davon ausgegangen werden, dass Lernen nicht immer rein extrinsisch oder rein intrinsisch motiviert ist, sodass es sinnvoll ist, zwischen diesen beiden Polen weitere Motivationsformen zu differenzieren. Die Selbstbestimmungstheorie (Deci & Ryan 2000) schlägt dazu ein Motivationskontinuum vor (Abb. 2), an dessen einem Ende sich der Status der Amotivation – das völlige Fehlen von Motivation – befindet. Im Zentrum des Modells stehen vier verschiedene Stufen der extrinsischen Motivation, die sich nach dem jeweiligen Grad der wahrgenommenen Fremd- und Selbstbestimmtheit bzw. nach dem wahrgenommenen Ort der Handlungsregulation (internal vs. external) unterscheiden. Das andere Ende des Kontinuums bildet schließlich die rein intrinsische Form der Motivation. Die beiden zentralen Annahmen der Selbstbestimmungstheorie lassen sich wie folgt zusammenfassen:

Ausschlaggebend für das Auftreten einer intrinsischen Motivation ist die Befriedigung von drei psychologischen Grundbedürfnisse (basic needs): Dem

Bedürfnis nach Autonomie (Selbstbestimmtheit), Kompetenzerleben und sozialer Eingebundenheit (Vertiefung 2).

Aus fremdbestimmten Formen der extrinsischen Motivation können sich über die Prozesse der Internalisierung und Integration selbstbestimmte Formen der Motivation entwickeln. Dabei werden externale Werte und Ziele, die z. B. durch andere, für das Individuum persönlich wichtige Bezugspersonen, repräsentiert werden, von der Person selbst mehr und mehr akzeptiert und in ihre eigenen internalen Regulationsmechanismen übernommen. Auch diese Prozesse werden maßgeblich durch die Befriedigung der basic needs gefördert (Krapp 2005).

Die vier (Entwicklungs-)Stufen der extrinsischen Motivation werden wie folgt beschrieben: Die externale Regulation ist durch vollständige Fremdbestimmtheit gekennzeichnet. Entsprechend liegt der Ort der Handlungsverursachung außerhalb der Handlung selbst, sodass diese nur aufgrund von äußerem Druck oder Zwang bzw. wegen der antizipierten Konsequenzen durchgeführt wird. Auf der Stufe der introjizierten Regulation verfolgt eine Person ein Ziel, das sie zwar als notwendig anerkennt, ohne es jedoch von sich aus anzustreben (z. B. das Erreichen guter Noten, um den Ansprüchen von anderen gerecht zu werden). Auf der Stufe der identifizierten Regulation ist das eigene Handeln durch ein höheres Ausmaß an Selbstbestimmtheit und durch eine gewisse persönliche Wertschätzung des angestrebten Ziels charakterisiert. Die höchste Ausprägung einer auf Selbstbestimmtheit beruhenden extrinsischen Motivation, die integrierte Regulation, ist schließlich dadurch gekennzeichnet, dass die ehemals externalen Ziele vollständig in das eigene Selbst integriert sind. Eine Handlung wird durchgeführt, weil der angestrebte Zielzustand als persönlich wichtig und in Einklang stehend mit weiteren persönlichen Wünschen und Zielen empfunden wird. Die integrierte Regulation weist damit eine hohe Ähnlichkeit zur rein intrinsischen Motivation auf. Der konzeptuelle Unterschied beider Motivationsformen besteht allerdings darin, dass eine intrinsische Motivation nicht über die Prozesse der schrittweisen Internalisierung und Integration entstehen kann.

V

Vertiefung 2: Die basic needs im Überblick – Beispiele für die Unterrichtspraxis

Das Bedürfnis nach Autonomie äußert sich in dem Bestreben einer Person, sich selbst als eigenständig handelnd zu erleben indem z. B. Ziele und konkrete Arbeitsweisen selbst ausgewählt und reguliert werden können. Im Unterricht kann dies z. B. dadurch gefördert werden, indem den Schülerinnen und Schülern – wann immer möglich und didaktisch bzw. inhaltlich sinnvoll – Wahlmöglichkeiten und Entscheidungsfreiheiten eingeräumt werden. Solche Mitbestimmungsmöglichkeiten können sich z. B. darauf beziehen, dass Schülerinnen und Schüler bei der Auswahl von Themen oder der Schwerpunktsetzung innerhalb der Themen – z. B. in Form von Projektunterricht – mitentscheiden dürfen, dass sie bei der Bearbeitung von Aufgabenstellungen die Auswahl der Sozialform (Einzel-, Partner- oder Gruppenarbeit)

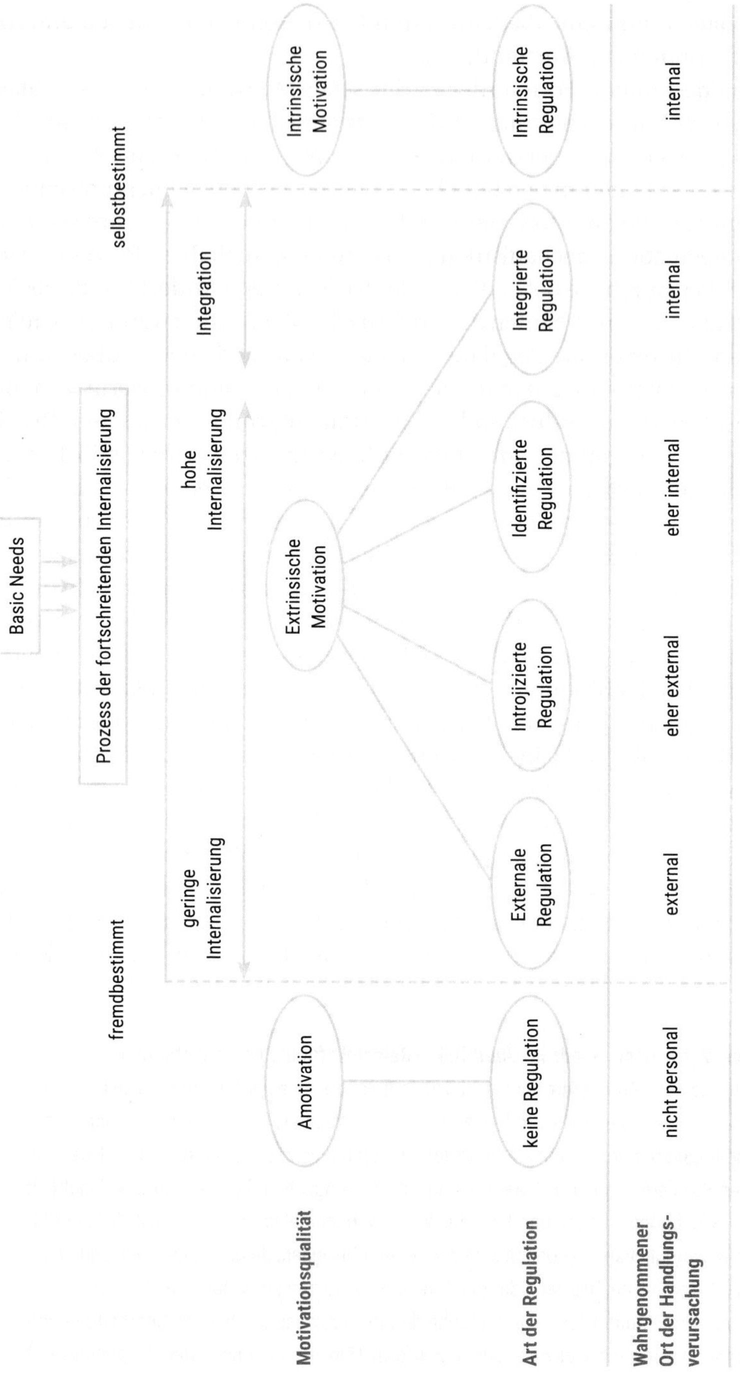

Abb. 2: Das Motivationskontinuum der Selbstbestimmungstheorie (Willems 2011, S. 29)

mitbestimmen dürfen, oder dass sie zwischen der Bearbeitung unterschiedlicher Aufgaben wählen dürfen – z. B. auch in Form von themenspezifischen Wahlstationen bei der Stationenarbeit. Die zentrale Annahme in Bezug auf solche Mitbestimmungsmöglichkeiten ist, dass die Schülerinnen und Schüler gemäß ihrer eigenen Motivation und Interessenlage spezifische Themen oder Arbeitsweisen auswählen und daher auch ausdauernd und mit größerer Freude an den Arbeitsaufträgen arbeiten. Darüber hinaus kann so auch explizit eine Mitverantwortung für den eigenen Lernprozess an die Schülerinnen und Schüler weitergegeben werden. Motivationsfördernd kann es dabei auch sein, die Schülerinnen und Schüler im Rahmen eines Reflexionsgespräches begründen zu lassen, warum sie sich für bestimmte Wahlalternativen entschieden haben – so kann der Lehrkraft und den Schülerinnen und Schülern deren Motivation bewusst werden.

In dem Bedürfnis nach Kompetenzerleben äußert sich der Wunsch, sich selbst als „wirksam" und den Anforderungen einer Situation gewachsen zu erleben. Das Erleben von Kompetenz kann im Schulunterricht z. B. durch kompetenzorientiertes Feedback und durch eine verstärkte individuelle Förderung unterstützt werden. Für den Schulunterricht erscheint es dabei zunächst hilfreich, dass die Schülerinnen und Schüler sich der eigenen Kompetenz bewusst sind und ihre Stärken kennen. Darauf aufbauend, können Lernsettings entworfen werden, die es ermöglichen, dass Schülerinnen und Schüler individuelle Erfolgserlebnisse haben – z. B., indem Problemstellungen selbstständig oder in Teamarbeit gelöst werden können. An dieser Stelle ist die Berücksichtigung individueller Kompetenzniveaus der Schülerinnen und Schüler entscheidend. Leistungsdifferenzierendes Lernmaterial, entsprechende Aufgaben mit unterschiedlichem Schwierigkeitsgrad sowie eine individuelle Bezugsnorm bei der Bewertung der Leistung können das Kompetenzerleben der Schülerinnen und Schüler maßgeblich fördern.

Das Bedürfnis der sozialen Eingebundenheit äußert sich schließlich in dem Wunsch einer Person, befriedigende Sozialkontakte aufzubauen bzw. soziale Zugehörigkeit, Anerkennung und Wertschätzung zu erfahren. Im Kontext von Schule spielen dabei vor allem die beiden Bezugsgruppen Lehrkräfte und peers eine entscheidende Rolle. Die Förderung der sozialen Eingebundenheit kann z. B. durch ein positives, fehlerfreundliches Lernklima unterstützt werden, in dem die Schülerinnen und Schüler konstruktive Rückmeldung zu ihrem Lernprozess durch die Lehrkraft erhalten. Darüber hinaus sind Lernsettings, in denen Schülerinnen und Schüler kooperativ und mit Unterstützung bzw. Beratung der Lehrkraft an einer Problemstellung arbeiten, förderlich für die soziale Eingebundenheit.

7.3.3 Die pädagogisch-psychologische Interessentheorie

Die Person-Gegenstand-Theorie des Interesses steht in enger Verbindung zur Selbstbestimmungstheorie (Krapp 2005), befasst sich aber mit der bestimmten Form der gegenstandsspezifischen intrinsischen Lernmotivation. Interesse gilt als mehrdimensionales Konstrukt, dessen besonderes Merkmal seine Gegenstandsspezifität ist. Während beispielsweise die Leistungsmotivation in jeder leistungsthematischen Situation unabhängig vom konkreten Gegenstand wirksam wird, können Interessen nicht losgelöst von solchen spezifischen Gegenständen betrachtet werden. Im Kontext Schule sind Interessengegenstände vor allem durch die Inhalte, Themen und Wissensgebiete eines Schulfaches definiert. Interessen werden konzeptuell durch zwei zentrale Komponenten charakterisiert: eine gefühlsbezogene und eine wertbezogene Komponente. Eine interessensthematische Person-Gegenstands-Beziehung zeichnet sich demnach durch eine hohe subjektive Wertschätzung oder Bedeutsamkeit aus, die eine Person für den Interessengegenstand hat – die Auseinandersetzung mit dem Gegenstand ist der Person „persönlich wichtig". Dieser Zustand kann u. a. dadurch erzeugt werden, dass der Lerngegenstand einen hohen praktischen Bezug zur Alltagswelt der Schülerinnen und Schüler oder aber einen Bezug zu den Themen anderer Fächer aufweist. Die Aufgabe der Lehrkraft ist es dabei, den Praxisbezug bzw. den fächerverbindenden Bezug deutlich zu machen. Darüber hinaus können aber auch explizit Themen aufgegriffen werden, die die Schülerinnen und Schüler als persönlich relevant für sich benennen (Schminke et al. 2007). Während der Interessenhandlung kommt es zudem zu einem positiven emotionalen Erleben auf Seiten der Schülerinnen und Schüler. Hier spielt – in Anlehnung an die theoretischen Ausführungen zur Selbstbestimmungstheorie – auch die Befriedigung der Grundbedürfnisse nach Autonomie, Kompetenz und sozialer Eingebundenheit eine entscheidende Rolle. In diesem Sinne weisen Interessen auch eine intrinsische Qualität auf. Eine weitere wesentliche Annahme der Interessentheorie ist, dass die Interessengegenstände kognitiv repräsentiert sind – d. h., Personen verfügen über ein bestimmtes Wissen über den Gegenstandsbereich, welches sich durch den Zuwachs an Wissen zunehmend ausdifferenziert (epistemische Komponente von Interessen).

Theoretisch wird zwischen einem situationsspezifisch auftretenden Interesse und einem zeitlich überdauernden, dispositionalen Interesse. Ersteres wird als situationales Interesse bezeichnet und letzteres als individuelles (persönliches) Interesse. Das situationale Interesse differenziert sich weiter in die beiden Komponenten Catch und Hold aus. Während die Catch-Komponente vor allem durch positive emotionale Zustände (Spaß, Neugier) und eine (relativ kurze) Aufmerksamkeitsfokussierung gekennzeichnet ist, zeichnet sich die Hold-Komponente durch eine stärkere Wertschätzung und eine epistemische Orientierung des Interesses aus. Empirische Befunde weisen darauf hin, dass beide Formen des situationalen Interesses ebenso wie das individuelle Interesse positiv mit dem Erleben von Autonomie, Kompetenz und sozialer Eingebundenheit verbunden sind (Lewalter & Willems 2009). Aus schulpraktischer Sicht ist die Förderung des situationalen Interesses von Schülerinnen und Schülern besonders relevant, da diese Form des Interesses besonders beeinflussbar durch die Unterrichtsgestaltung ist und damit der aktiven Förderung durch die Lehrkraft besonders zugänglich ist (Willems 2011). Darüber hinaus kann davon ausgegangen werden, dass die kontinuierliche Förderung des situationalen Interesses auch zur Ausbildung längerfristiger, fachspezifischer Interessen bei Schülerinnen und Schülern führt. So geht auch die empirische Unterrichtsforschung in der jüngeren Vergangenheit vermehrt der Frage nach, wie das situationale Interesse von Schülerinnen und Schülern mit der Qualität des Unterrichts zusammenhängt. Hier zeigt sich, dass vor allem Merkmale einer strukturierten, zielklaren und kognitiv aktivierenden Unterrichtsgestaltung positiv mit dem situationalen Interesse assoziiert sind (Willems 2011). Konkret bedeutet dies, dass Schülerinnen und Schüler insbesondere dann über ein hohes Maß an situationalem Interesse berichten, wenn der Unterricht klar strukturiert ist (z. B., indem die Lehrkraft zu Beginn der Stunde das Thema bzw. den Inhalt der Stunde kurz erläutert, dieses in den Kontext der gesamten Lerneinheit einbettet und die Inhalte bzw. zentralen Erkenntnisse der vorangegangenen Unterrichtsstunde zusammenfasst bzw. durch die Schülerinnen und Schüler zusammenfassen lässt). Darüber hinaus sollte den Schülerinnen und Schülern zu jedem Zeitpunkt im Lernprozess das Lernziel transparent sein. Als kognitiv aktivierend wird schließlich ein Unterricht bezeichnet, der den Schülerinnen und Schülern Freiräume für das eigene (praktische) Entdecken und Abwägen von Lösungswegen ermöglicht, der es ihnen gestattet, mit eigenen Vermutungen Problemlösungen anzugehen und die Anwendbarkeit unterschiedlicher Problemlösungen im Alltag zu erforschen.

7.4 Problemlösen

Inhaltliche Schwerpunkte

- Problemlösekompetenz ist ein wichtiges Bildungsziel des Chemieunterrichts; zudem wird Problemlösen als grundlegendes Gestaltungsprinzip des Chemieunterrichts betrachtet.

- Problemstellungen unterscheiden sich von Aufgaben dadurch, dass den Lernenden die zur Lösung notwendigen Schritte und Strategien zunächst unbekannt sind.
- Probleme lassen sich anhand ihrer Anforderungen und Komplexität typisieren.
- Problemlösen erfordert Verstehens-, Repräsentations-, Lösungs- und Evaluationsprozesse.

7.4.1 Definitionen: Problem und Problemlösekompetenz

Problemlösen spielt eine zentrale Rolle im Chemieunterricht: Zum einen stellt die Fähigkeit zum problemlösenden Denken und Handeln ein wichtiges **Bildungsziel** dar, das in der Hierarchie der Lernleistungen auf höchster Stufe steht (Pfeifer et al. 2003; Sumfleth 1988). Zum anderen ist Problemorientierung ein unverzichtbares **Gestaltungsprinzip** des Chemieunterrichts, das es Lehrerinnen und Lehrern ermöglicht, Unterrichtsprozesse im Sinne des Erkenntnisprozesses gezielt zu strukturieren und dabei problemlösendes Denken und Handeln zu fördern (Yerushalmi & Eylon 2014). Doch worin genau besteht Problemlösekompetenz? Welche Anforderungen werden an die Lernenden beim Problemlösen gestellt? Und: Welche Prozesse laufen hierbei ab? Um diese Fragen zu beantworten, wird zunächst geklärt, was genau unter einem „Problem" zu verstehen ist.

Ein **Problem** liegt vor, wenn die Lernenden, ausgehend von einem Anfangszustand, ein bestimmtes Ziel erreichen wollen, aber nicht wissen, ob und wie sie dieses erreichen können, da Hindernisse bzw. Störungen eingetreten sind, die das Erreichen des Ziels infrage stellen (Funke 2011). Die wesentlichen Elemente einer Problemsituation sind demnach: Anfangs- und Zielzustand, Barrieren und Strategien (Abb. 3).

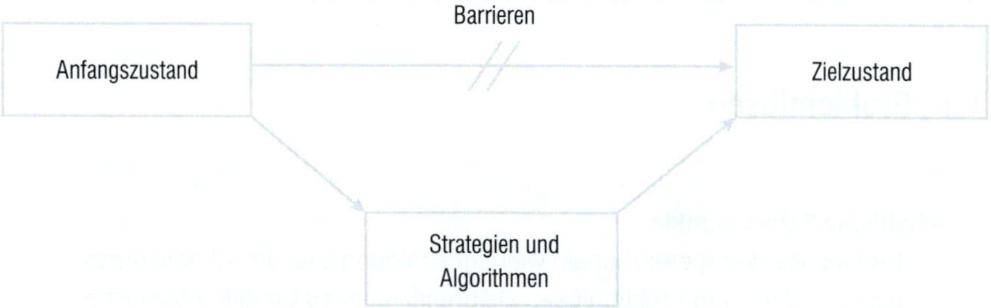

Abb. 3: Elemente einer Problemsituation

Vor dem Hintergrund dieser Definition eines Problems stellt sich die Frage, worin sich Problemstellungen von typischen **Aufgaben** im Chemieunterricht unterscheiden. Im Gegensatz zu Aufgaben sind den Lernenden bei Problemen die zur Lösung notwendigen Handlungsschritte bzw. Strategien zunächst unbekannt; sie können demnach nicht auf Routinen oder Algorithmen zurückgreifen, die etwa im Unterricht bereits erlernt worden sind. Insofern hängt die Frage, ob eine Aufgabe oder ein Problem vorliegt, vom Vorwissen der Lernenden ab (Yerushalmi & Eylon 2014).

Ausgehend von der obigen Beschreibung eines Problems, definiert die Organisation für wirtschaftliche Zusammenarbeit und Entwicklung (OECD) **Problemlösekompetenz** als die „Fähigkeit, Prozesse kognitiv zu verarbeiten, um Problemsituationen zu verstehen und zu lösen, in denen die Lösungsmethode nicht unmittelbar auf der Hand liegt. Sie umfasst die Bereitschaft, sich mit derartigen Situationen auseinanderzusetzen, um sein Potenzial als konstruktiver und reflektierender Bürger voll auszuschöpfen" (OECD 2014, S. 2). Wie in dieser Definition deutlich wird, spielen auch motivationale und volitionale Aspekte eine Rolle beim Problemlösen. Insofern sollten Problemstellungen für den Chemieunterricht genutzt werden, die möglichst authentisch, aktuell und relevant für die Lernenden sind sowie ihre Neugier erwecken können (Pfeifer et al. 2002).

7.4.2 Problemtypen

Probleme lassen sich anhand verschiedener Merkmale typisieren. Mögliche Merkmale sind die Komplexität sowie die kognitiven und situativen Anforderungen an die Lernenden. Im Folgenden werden zwei Klassifikationen für Problemtypen vorgestellt, die für den Chemieunterricht relevant sind. Grundsätzlich sei aber bemerkt, dass diese Klassifikationen keineswegs umfassend sind und alle Formen von Problemstellungen im Chemieunterricht zu beschreiben vermögen.

Eine erste Klassifikation unterscheidet zwischen analytischen und komplexen Problemen auf Basis ihrer **Komplexität** sowie des **Grades an möglicher Interaktion der Lernenden mit der Problemstellung** (Leutner et al. 2012; OECD 2014). Im Gegensatz zu analytischen Problemlösesituationen, in denen den Lernenden bereits mit Beginn des Problemlöseprozesses alle zur Lösung notwendigen Daten und Informationen zur Verfügung stehen, spielen beim komplexen Problemlösen Fähigkeiten und Fertigkeiten des Generierens dieser Daten und Informationen im Laufe des Problemlöseprozesses eine entscheidende Rolle. Mit anderen Worten: Komplexe Probleme zeichnen sich unter anderem dadurch aus, dass die Lernenden zunächst Wissen über das Problem, seine Teilprobleme und die Zusammenhänge zwischen allen Variablen durch gezieltes Interagieren mit der Problemsituation erwerben müssen (Funke 2011; Scherer 2014). Dieses Wissen kann anschließend genutzt werden, um eine Lösung des Problems zu finden. Das entscheidende Hindernis in einer solchen Problemsituation ist somit der Mangel an relevanten Daten und Informationen. Viele Problemstellungen in Chemielehrbüchern stellen analytische Probleme dar, bei denen gegebene Informationen durch schlussfolgerndes Denken zu verknüpfen sind (Rumann et al. 2010) (Vertiefung 3). Komplexe Problemstellungen erfordern hingegen interaktive Szenarien, wie z. B. Realexperimente oder Computerumgebungen (Leutner et al. 2012; Scherer 2014).

V

Vertiefung 3: Beispiel für ein komplexes Problem

Wie lassen sich 50 mL Sauerstoff bei der Zersetzung von Wasserstoffperoxid ($2\ H_2O_2 \rightarrow 2\ H_2O + O_2$) in weniger als 100 Sekunden gewinnen?

Die Lernenden explorieren die Effekte der Faktoren Stoffmengenkonzentration und Temperatur sowie des Vorhandenseins eines Katalysators auf die Geschwindigkeit der chemischen Reaktion. Dabei planen sie Experimente, in denen immer nur eine der unabhängigen Variablen systematisch variiert wird, sodass die Effekte der Reaktionsbedingungen bestimmt werden können, und führen diese durch. Im Zuge der Auswertung können die Lernenden anhand der gewonnenen Daten Zusammenhänge zwischen Variablen erkennen und beschreiben. Dieses durch Interaktion mit dem Reaktionssystem gewonnene Wissen kann genutzt werden, um eine optimale Reaktionszeit mit Hilfe spezifisch eingestellter Reaktionsbedingungen zu erreichen.

Eine zweite Klassifikation legt die **kognitiven und situativen Anforderungen der Problemsituation** zugrunde und unterscheidet drei Problemtypen: (1) Entscheidungen treffen, (2) Fehler suchen, (3) Systeme analysieren und entwerfen. Diese Problemtypen wurden im Rahmen des Programme for International Student Assessment (PISA) 2003 von der OECD konzeptualisiert (Hartig & Klieme 2006, S. 140) und später von Jonassen (2011) in einem erweiterten Problemtypen-Modell aufgegriffen. Die drei Problemtypen sind mit Beispielen in Tabelle 1 beschrieben.

Problemtyp	Beschreibung	Beispiel
Entscheidungen treffen	Begründete Auswahl einer Alternative bei gegebenen Restriktionen	Wahl zwischen Käse oder Analogkäse in Lebensmitteln unter Angabe geeigneter Argumente, basierend auf biochemischem Wissen (Heitmann & Tiemann 2011)
Fehler suchen	Diagnose und Korrektur eines fehlerhaften oder mangelhaften Systems oder Mechanismus	Korrigieren fehlerhafter Bedingungen in einem Reaktionssystem, sodass eine Zielsubstanz synthetisiert werden kann (Scherer 2014)
Systeme analysieren und entwerfen	Identifizieren von Beziehungen von Teilen eines Systems und/oder Entwerfen eines Systems, das diese Beziehungen widerspiegelt	Aufklären der Zusammensetzung und Struktur einer unbekannten chemischen Substanz mithilfe verschiedener Methoden (Harsch et al. 2002)

Tab. 1: OECD-Klassifikation von Problemtypen

7.4.3 Problemlöseprozesse

Modelle zur Beschreibung von Problemlöseprozessen unterscheiden zwischen verschiedenen Schritten bzw. Teilkompetenzen, welche die Denk- und Handlungsprozesse der Schülerinnen und Schüler beim Problemlösen beschreiben. Grundlegende Problemlösemodelle, wie sie etwa im Rahmen der PISA-Studien oder auch in der fachdidaktischen Forschung vorgeschlagen wurden, unterscheiden im Wesentlichen zwischen vier grundlegenden Prozessen (OECD 2014; Scherer 2014; Koppelt 2011): (1) Verstehen und Charakterisieren des Problems; (2) Repräsentieren des Problems bzw. der Problemstruktur; (3) Lösung des Problems durch Planen und Anwenden geeigneter Strategien; (4) Evaluieren und Kommunizieren der Problemlösung. Tabelle 2 beschreibt diese Prozesse im Detail.

Das Hauptziel der ersten beiden Schritte besteht darin, eine adäquate **mentale Repräsentation** bzw. Vorstellung des Problems zu konstruieren, die es den Schülerinnen und Schülern ermöglicht, eine Problemlösung zu erarbeiten. Dieser Prozess ist ausschlaggebend für den Problemlöseerfolg (Funke 2011), weshalb die fachdidaktische Forschung Methoden entwickelt, um Schülerinnen und Schülern zu helfen, Problemrepräsentationen durch geeignete Strategien (z. B. durch Concept-Mapping; Sumfleth et al. 2010) zu entwickeln und ggf. anzupassen bzw. zu revidieren (Konzeptwechsel). Das Entwickeln einer (mentalen) Repräsentation der Problemsituation wird als Prozess der Modellbildung verstanden (Sumfleth 1988; Jonassen 2011).

Im weiteren Verlauf des Problemlöseprozesses werden Strategien angewandt, um beispielsweise den Einfluss unabhängiger Variablen auf die abhängigen Variablen zu bestimmen. Die wohl bedeutendste Strategie im naturwissenschaftlichen Unterricht stellt dabei die der **isolierenden Variablenkontrolle** dar (Künsting et al. 2008; Schwichow et al. 2016). Hier spielt das Wissen der Lernenden über Prozeduren und Strategien eine zentrale Rolle. Schließlich sind die Prozesse des **Reflektierens** der Problemlösung sowie der **fach-, sach- und adressatengerechten Kommunikation** der Problemlösung nicht zu vernachlässigen.

Diese Prozesse sind keineswegs an einen bestimmten Kontext oder gar an das Fach Chemie gebunden sind; im Gegenteil, sie stellen fächerübergreifende Kompetenzen dar, die in verschiedenen Kontexten erworben und gefördert werden können (Friege & Lind 2003). Des Weiteren muss der Verlauf von Problemlöseprozessen nicht notwendigerweise linear sein. Schülerinnen und Schüler haben stets die Möglichkeit, zu den Anfangsschritten zurückzukehren, um beispielsweise ihre Problemrepräsentation anzupassen, nachdem sie erste Ergebnisse evaluiert haben.

Problemlöseprozess	Beschreibung
Verstehen und Charakterisieren des Problems	• Identifizieren relevanter Informationen und Entnehmen von Informationen aus verschiedenen Quellen • Vereinfachen und Beschreiben der Problemsituation; ggf. Zerlegen des Problems in Teilprobleme • Verstehen und Anwenden relevanter Basiskonzepte • Formulieren des Problems (z. B. als Problemfrage)
Formulieren und Repräsentieren des Problems	• Erstellen geeigneter Repräsentationen des Problems bzw. der Teilprobleme (z. B. unter Nutzung von Mapping-Verfahren) • Wechseln zwischen verschiedenen Repräsentationsformen (z. B. Strukturformel ↔ dreidimensionale Molekülstruktur)
Lösen des Problems	• Planen und Anwenden geeigneter Problemlösestrategien zum Erreichen eines Zielzustands bzw. der Problemlösung (z. B. isolierende Variablenkontrolle) • Planen und Ausführen naturwissenschaftlicher Experimente
Reflektieren und Kommunizieren der Problemlösung	• Evaluieren und Reflektieren der Problemlösung (Stellt das Ergebnis eine Antwort auf die Problemfrage dar? Ist die Problemlösung mit allen Informationen und Fragen vereinbar, die zur Sprache kamen?) • Kombinieren der gelösten Teilprobleme • Finden alternativer Problemlösungen • Adressaten-, fach- und sachgerechtes Kommunizieren der Problemlösung (z. B. gegenüber der Öffentlichkeit)

Tab. 2: Prozesse naturwissenschaftlichen Problemlösens

Die Kenntnis um die beschriebenen Problemlöseprozesse (Vertiefung 4) befähigt Lehrerinnen und Lehrer zum einen, konkrete Problemstellungen zu entwickeln, mit denen sich der Kompetenzstand der Lernenden erfassen lässt;

zum anderen können Lehr-Lernprozesse gezielt anhand dieser Prozesse strukturiert werden (vgl. Kap. 10.2, z. B. forschend-entwickelndes Unterrichtsverfahren). Es sei an dieser Stelle bemerkt, dass die Problemlösekompetenz aufgrund der Breite der involvierten Prozesse quer zu den Bildungsstandards des Faches Chemie steht. Neben dem Erwerb und der Festigung von Fachwissen werden auch Elemente der Erkenntnisgewinnung sowie der fachlichen Kommunikation aufgegriffen (vgl. Kap. 5.1).

V

Vertiefung 4: Welche Faktoren beeinflussen die Problemlösekompetenz?

In einer Reihe empirischer Studien konnte gezeigt werden, dass die Problemlösekompetenz von Faktoren auf Seiten der Lernenden beeinflusst wird. Diese umfassen unter anderem (Friege & Lind 2003; Zumbach et al. 2014): kognitive Grundfähigkeiten (z. B. schlussfolgendes Denken), Fach- und Strategiewissen (d. h. deklaratives und prozedurales Wissen), Arbeitsgedächtniskapazität, fachliches und fächerübergreifendes Selbstkonzept, Interesse und Motivation im fachlichen Kontext, Offenheit und Ausdauer in Problemlösesituationen, Computervertrautheit (insbesondere, wenn Probleme computerbasiert gelöst werden).

A

Anregung

Empfehlenswert sind die Bücher von **J. Koppelt** (2011) *Modellierung dynamischer Problemlösekompetenz im Chemieunterricht* und **S. Bley** (2013) *Förderung von Transferprozessen im Chemieunterricht,* die zum einen Möglichkeiten zur Beschreibung von Problemlöse- und Transferprozessen im Chemieunterricht und zum anderen Wege der Erfassung und Förderung dieser Prozesse aufzeigen. **G. M. Bodner** (2015) bietet in seinem Buchkapitel *Research on problem solving in chemistry* einen Streifzug durch die chemiedidaktische Problemlöseforschung und bereitet unterrichtliche Ansätze auf, mit denen sich Problemlösekompetenzen gezielt fördern lassen.

7

Literatur

Atkinson, R.C. & Shiffrin, R.M. (1968). Human memory: A proposed system and its control processes. In K.W. Spence & J.T. Spence (Eds.), *The Psychology of Learning and Motivation: Advances in Research and Theory* (Vol. 2). New York: Academic Press.

Baddeley, A. D. & Hitch, G.J. (1974). Working memory. In G.A. Bower (Ed.), *The Psychology of Learning and Motivation: Advances in Research and Theory* (S. 47–89). New York: Academic Press.

Baddeley, A. D. (2012). Working memory: Theories, models, and controversies. In *Annual Review of Psychology,* **63**, S. 1–29.

Bley, S. (2013). *Förderung von Transferprozessen im Chemieunterricht.* Berlin: Logos.

Bodner, G. M. (2015). Research on problem solving in chemistry. In J. García-Martínez & E. Serrano-Torregrosa (Hrsg.), *Chemistry education.* (S. 181–202). Weinheim: Wiley-VCH.

Bransford, J. D., Brown, A. L. & Cocking, R. R. (1999). *How people learn. Brain, mind, experience, and school.* Washington, DC: National Academy Press.

Chomsky, N. (1986). *Knowledge of language: Its nature, origin, and use.* New York: Praeger.

Craik, F.I.M. & Lockhard, R.S. (1972). Levels of processing: A framework for memory research. In *Journal of Verbal Learning and Verbal Behavior,* **11**, S. 671–684.

Deci, E. L., & Ryan, R. M. (2000). The „what" and „why" of goal pursuits: human needs and the self-determination of behaviour. In *Psychological Inquiry,* **11** (4), S. 227–268.

De Jong, T. & Ferguson-Hessler, M.G.M. (1996). Types and qualities of knowledge. In *Educational Psychologist,* **31**, S. 105–113.

Ericsson, K. A., Krampe, R. T. & Tesch-Römer, C. (1993). The role of deliberate practice in the acquisition of expert performance. In *Psychological review,* **100**, S. 363–406.

Friege, G. & Lind, G. (2003). Allgemeine und fachspezifische Problemlösekompetenz. In *Zeitschrift für Didaktik der Naturwissenschaften,* **9**, S. 63–74.

Funke, J. (2011). Problemlösen. In T. Betsch, J. Funke & H. Plessner: *Denken – Entscheiden, Urteilen, Problemlösen.* (S. 137–160). *Heidelberg:* Springer.

Harsch, G., Heimann, R. & Heinrich, S. (2002). Wie erzieht man Schüler zum komplexen Denken? In *CHEMKON,* **9** (1), S. 6–12.

Hartig, J., Klieme, E. (2006). Kompetenz und Kompetenzdiagnostik. In K. Schweizer (Hrsg.), *Leistung und Leistungsdiagnostik.* (S. 127–143). Heidelberg: Springer.

Hasselhorn, M. (1995). Beyond production deficiency and utilization inefficiency: Mechanisms of the emergence of strategic categorization in episodic memory tasks. In F. E. Weinert & W. Schneider (Hrsg.), *Memory performance and competencies: Issues in growth and development.* (S. 141–159). Hillsdale: Erlbaum.

Heitmann, P. & Tiemann, R. (2011). Aspekte von Bewertungskompetenz im naturwissenschaftlichen Unterricht. In *CHEMKON,* **18** (3), S. 129–133.

Hoffmann, J. & Engelkamp, J. (2016). *Lern- und Gedächtnispsychologie* (2. Aufl.). Berlin: Springer.

Jonassen, D. H. (2011). *Learning to solve problems: a handbook for designing problem-solving learning environments.* New York: Routledge.

Koppelt, J. (2011). *Modellierung dynamischer Problemlösekompetenz im Chemieunterricht.* Berlin: Mensch & Buch.

Krapp, A. (2005). Basic needs and the development of interest and intrinsic motivational orientations. In *Learning and Instruction,* **15** (5), S. 381–395.

Krapp, A., Geyer, A., & Lewalter, D. (2014). Motivation und Emotion. In T. Seidel & A. Krapp (Hrsg.), *Pädagogische Psychologie.* (S. 193–222). Weinheim: Beltz.

Künsting, J., Thillmann, H., Wirth, J., Fischer, H. E. & Leutner, D. (2008). Strategisches Experimentieren im naturwissenschaftlichen Unterricht. In *Psychologie in Erziehung und Unterricht,* **55**, S. 1–15.

Leopold, C. & Leutner, D. (2015). Improving students' science text comprehension through metacognitive self-regulation when applying learning strategies. In *Metacognition and Learning,* **10**, S. 313–346.

Leutner, D., Fleischer, J., Wirth, J., Greiff, S. & Funke, J. (2012). Analytische und dynamische Problemlösekompetenz im Lichte internationaler Schulleistungsvergleichsstudien. In *Psychologische Rundschau,* **63** (1), S. 34–42.

Lewalter, D., & Willems, A. S. (2009). Die Bedeutung des motivationsrelevanten Erlebens und des individuellen Fachinteresses für das situationale Interesse im Mathematikunterricht. In *Psychologie in Erziehung und Unterricht,* **56** (4), S. 243–257.

Lohaus, A. & Vierhaus, M. (2015). *Entwicklungspsychologie des Kindes- und Jugendalters* (3. Auflage). Heidelberg: Springer.

Mayer, R.E. (2001). *Multimedia Learning.* New York. Cambridge University Press.

Mayer, R.E. (2005). *Cambridge Handbook of Multimedia Learning.* Cambridge: Cambridge University Press.

Merzyn, G. (2013). *Naturwissenschaften, Mathematik, Technik – immer unbeliebter?* (2. Auflage). Baltmannsweiler: Schneider.

OECD (2014). *PISA 2012 Results – Creative problem solving* (Bd. 5). Paris: OECD Publishing.

OECD (2014). Sind 15-Jährige kreative Problemlöser? In *PISA im Fokus,* **38** (1).

Paas, F., Renkl, A. & Sweller, J. (2003). Cognitive load theory and instructional design: Recent developments. In *Educational Psychologist,* **38**, S. 1–4.

Pfeifer, P., Lutz, B. & Bader, H.J. (2002): *Konkrete Fachdidaktik Chemie.* (3. Aufl.). München: Oldenbourg.

Piaget, J. & Inhelder, B. (1969). *The psychology of the child.* New York: Basic Books.

Plass, J.L., Moreno, R. & Brünken, R. (Eds.) (2010). *Cognitive Load Theory.* New York: Cambridge University Press.

Rheinberg, F. & Vollmeyer, R. (2011). *Motivation.* Stuttgart: Kohlhammer.

Rumann, S., Fleischer, J., Stawitz, H., Wirth, J. & Leutner, D. (2010). Vergleich von Profilen der Naturwissenschafts- und Problemlöseaufgaben der PISA 2003-Studie. In *Zeitschrift für Didaktik der Naturwissenschaften,* **16**, S. 315–327.

Savery, J. R. (2006). Overview of problem-based learning: definitions and distinctions. In *Interdisciplinary Journal of Problem-Based Learning,* 1(1), S. 9–20.

Scherer, R. (2014). Komplexes Problemlösen im Fach Chemie. In *Zeitschrift für Politische Psychologie,* **28** (4), S. 181–192.

Schiefele, U. (2009). Motivation. In E. Wild & J. Möller (Hrsg.), *Pädagogische Psychologie.* (S. 151–177). Berlin: Springer.

Schiefele, U., & Köller, O. (2010). Intrinsische und extrinsische Motivation. In D. H. Rost (Hrsg.), *Handwörterbuch Pädagogische Psychologie.* (S. 336–344). (4. Aufl.). Weinheim: Beltz.

Schminke, M., Pfeifer, P. & Haag, L. (2007). Mehr Interesse am Chemieunterricht durch Praxisorientierung. In *Der mathematische und naturwissenschaftliche Unterricht,* **60** (3), S. 177–185.

Schreiber, B. (1998). *Selbstreguliertes Lernen.* Münster: Waxmann.

Schwichow, M., Croker, S., Zimmerman, C., Höffler, T. & Härtig, H. (2016). Teaching the control-of-variables strategy: A meta-analysis. In *Developmental Review,* **39** (1), S. 37-63.

Seidel, T. & Krapp, A. (Hrsg.) (2015). *Pädagogische Psychologie.* Weinheim: Beltz.

Sodian, B. (2012). Denken. In W. Schneider & U. Lindenberger (Hrsg.), Entwicklungspsychologie. (S. 385–411). Weinheim: Beltz.

Stebner, F., Schiffhauer, S., Schmeck, A., Leutner, D. & Wirth, J. (2015). *Selbstreguliertes Lernen in den Naturwissenschaften. Praxismaterial für die 5. und 6. Jahrgangsstufe.* Münster: Waxmann.

Sumfleth, E. (1988). *Lehr- und Lernprozesse im Chemieunterricht.* Frankfurt a. M.: Peter Lang.

Sumfleth, E., Neuroth, J. & Leutner, D. (2010). Concept Mapping – eine Lernstrategie muss man lernen. In *CHEMKON,* **17** (2), S. 66–70.

Sweller, J. (1988). Cognitive load during problem solving: Effects on learning. In *Cognitive Science,* **12**, S. 257–285.

Vygotski, L. S. (1971). *Denken und Sprechen.* Frankfurt: S. Fischer.
Vygotski, L. S. (1978). *Mind in society: The development of higher psychological processes.* Cambridge: Harvard University Press.
Vygotski, L. S. (1987). *Ausgewählte Schriften. Band 2. Arbeiten zur psychischen Entwicklung der Persönlichkeit.* Köln: Pahl-Rugenstein.
Willems, A. S. (2011). *Bedingungen des situationalen Interesses im Mathematikunterricht: Eine mehrebenenanalytische Perspektive.* Münster: Waxmann.
Yerushalmi, E. & Eylon, B.-S. (2014). Problem solving in science learning. In R. Gunstone (Hrsg.) *Encyclopedia of Science Education.* (S. 786–790). Heidelberg: Springer.
Zumbach, J., Moser, S., Unterbruner, U. & Pfligersdorffer, G. (2014). Problemorientiertes Online-Lernen im Biologieunterricht. In *Zeitschrift für Didaktik der Naturwissenschaften,* **20** (1), S. 45–56.

8 Schülervorstellungen und Konzeptwandelprozesse

Inhaltliche Schwerpunkte
- Das Vorwissen der Lernenden muss bei der Organisation des Lernprozesses berücksichtigt werden. Auf sogenannte Fehlvorstellungen oder alternative Vorstellungen kann nicht ohne Weiteres aufgebaut werden, da diese nicht kompatibel zu wissenschaftlichen Vorstellungen sind.
- Damit wissenschaftliche Vorstellungen von den Schülerinnen und Schülern angenommen werden können, muss ein sogenannter Konzeptwandel stattfinden. Es gibt verschiedene theoretische Ansätze, die beschreiben, wie ein solcher Wandel abläuft.
- Unterricht, der Konzeptwandelprozesse unterstützen soll, muss die Vorstellungen der Lernenden mit einbeziehen.

8.1 Fehlvorstellungen oder alternative Vorstellungen?

Durch die Beobachtung und Auseinandersetzung mit ihrer Umwelt entwickeln Menschen schon früh im Leben Vorstellungen darüber, wie Phänomene in ihrer Umwelt ablaufen und was die Ursachen und Auswirkungen dieser Phänomene sind. Diese Vorstellungen dienen so dazu, wahrgenommene Eindrücke zu kategorisieren, Voraussagen zu ermöglichen und Orientierung im Alltag zu bieten. Durch das wiederholte Erleben der Situationen werden Annahmen weiter bestätigt und verfestigen sich. Bei der Beobachtung eines Lagerfeuers kann beispielsweise die Vorstellung entstehen, dass bei einer Verbrennung der Brennstoff Holz vernichtet wird, es bleibt lediglich ein wenig Asche zurück. Diese Vernichtungsvorstellung wird durch erneute Beobachtung ähnlicher Situationen weiter stabilisiert (z. B. Verbrennung eines Streichholzes).

Während es im Alltag meist völlig unproblematisch und sogar nützlich ist, sich auf diese Vorstellungen zu verlassen, können im Schulkontext Schwierigkeiten auftreten, denn viele der im Kindesalter erworbenen Vorstellungen sind nicht kompatibel zu den wissenschaftlichen Konzepten, die im Unterricht vermittelt werden sollen.

In der Literatur der naturwissenschaftlichen Fachdidaktiken werden verschiedene Begriffe verwendet: Bezeichnungen wie „Vorvorstellungen" (Duit 1995, S. 4648 f.) oder „naive Vorstellungen" (Brewer 2008) werden eingesetzt, um zu betonen, dass die Vorstellungen in der Lebensphase vor dem schulischen Unterricht erworben wurden. Bei Begriffen wie „Fehlvorstellungen" (Duit 1995, S. 4648 f.) oder „alternative Vorstellungen" (Barke 2006, S. 20) soll der Unterschied zur wissenschaftlichen Vorstellung hervorgehoben werden. Synonym mit Vorstellung wird häufig, auch in diesem Kapitel, der Begriff **Konzept** für „mentale Repräsentationen von Bestandteilen der realen Welt oder abstrakten Begriffen" verwendet (Duit 1995, S. 4648).

Obwohl viele Konzepte aus wissenschaftlicher Perspektive falsch sind, wird der Begriff Fehlkonzept (bzw. Fehlvorstellung) von vielen Forschern kritisch gesehen, da er stark wertend ist. Auch objektiv falsche Vorstellungen können in bestimmten alltäglichen Kontexten produktiv genutzt werden.

Die empirische Forschung der letzten Jahrzehnte hat gezeigt, dass die Vorstellungen, die Lernende mit in den Unterricht bringen, zum Teil sehr stabil und resistent gegenüber Interventionen sind (Wandersee et al. 1994, S. 186). Sie sind häufig inkonsistent, d. h. sie erklären Phänomene nur in einem bestimmten Kontext, während sie in einem anderen nicht anwendbar sind (Watson et al. 1997, S. 437). So ist beispielsweise die weiter oben beschriebene Vernichtungsvorstellung geeignet, viele ähnliche Reaktionen plausibel zu erklären (brennende Kerzen, Verbrennung von Heizöl oder Benzin), bei der Verbrennung von Metallen kann sie aber nicht produktiv eingesetzt werden.

Alternative Vorstellungen treten in allen Altersstufen auf und sind unabhängig von den intellektuellen Fähigkeiten der Person (Wandersee et al. 1994, S. 185; Anderson 2007, S. 14).

Aus konstruktivistischer Perspektive bildet das Vorwissen die Ausgangsbasis für Lernprozesse. Üblicherweise zeigt es sich als ein Faktor, der das Lernen begünstigt (Weinert & Helmke 1993, S. 35 f.). Dabei spielt jedoch die Qualität des Vorwissens eine entscheidende Rolle. Gerade in den Naturwissenschaften zählen auch alternative Vorstellungen zum Vorwissen. Im Fach Chemie betrifft das beispielsweise im Alltag generierte Vorstellungen zum Aufbau der Materie, zur Energie oder zu chemischen Reaktionen. Diese können jedoch im Unterricht von den Lernenden häufig nicht konstruktiv eingesetzt werden, da an sie nicht angeknüpft werden kann. Alltagsvorstellungen können sich sogar schädlich auf die folgenden Lernprozesse auswirken, da sie wie ein Filter zur Selektion neuer Informationen beitragen und so beeinflussen, was im Unterricht wahrgenommen und gelernt wird (Allen 2010, S. 153; Duit 2005, S. 133). Chinn und Malhotra konnten beispielsweise zeigen, dass die bisherigen Annahmen der Lernenden stark beeinflussen, wie die Ergebnisse von Experimenten wahrgenommen werden. Lernende mit falschen Vorannahmen beobachteten bei ein und demselben Experiment andere Ergebnisse als Lernende mit korrekten Vorannahmen (Chinn & Malhotra 2002, S. 331, 338, 340). Es ist daher durchaus denkbar, dass es für einige Lernprozesse günstiger ist, über wenig Vorwissen zu verfügen, als über umfangreiches erfahrungsbasiertes Vorwissen, das erst verändert werden muss (Pintrich et al. 1993, S. 171).

Ein weiteres Problem ergibt sich auf der motivationalen Ebene: Stehen die im Unterricht vermittelten Theorien und Modelle im Widerspruch zu den bisherigen Vorstellungen, kann dies eine Kompartmentalisierung des Wissens begünstigen, d. h. die Lernenden speichern das Wissen in unterschiedlichen Schubladen (Kompartments) ab, die aber nicht in Verbindung zueinander stehen: Einerseits gibt es das bewährte Alltagswissen, das hoch plausibel, anschaulich und auf den ersten Blick auch nützlich ist. Auf der anderen Seite stehen die im Unterricht neu vermittelten Konzepte, die als kompliziert, abstrakt und wenig realitätsbezogen empfunden werden. Für eine Prüfung werden die wissenschaftlichen Konzepte zwar häufig oberflächlich gelernt, im Alltag aber weder abgerufen noch angewendet. Dieses Wissen bleibt „träge" (Renkl 2006), da es für die Lernenden zu umständlich und praxisfern wirkt. Nach Abschluss des Unterrichts wird das Schulwissen dann rasch wieder vergessen, während auf die bewährten Alltagsvorstellungen weiter zurückgegriffen wird.

8.2 Schülervorstellungen konkret

In den Didaktiken der Naturwissenschaften sind Schülervorstellungen seit mehreren Jahrzehnten ein zentrales Forschungsfeld (Anderson 2007, S. 7). Der Schwerpunkt liegt dabei zunächst auf qualitativen Studien zur Sammlung und Beschreibung von besonders häufigen Konzepten.

Nachfolgend wird ein Überblick über ausgewählte alternative Vorstellungen gegeben. Die Kategorisierung erfolgt dabei entlang der Basiskonzepte gemäß der Bildungsstandards der Kultusministerkonferenz (KMK 2005). Da an dieser Stelle keine umfassende Darstellung möglich ist, wurden Vorstellungen ausgewählt, die bei Lernenden häufig beobachtet werden und als besonders stabil gelten.

8.2.1 Alternative Vorstellungen zum Stoff-Teilchen-Konzept

Das Stoff-Teilchen-Konzept umfasst u. a. Vorstellungen zum submikroskopischen Bau von Stoffen (KMK 2005, S. 11) (vgl. Kap. 2.2). Zur Vermittlung des Aufbaus von Atomen und chemischen Bindungen werden in der Sekundarstufe verschiedene Modelle und Vorstellungen herangezogen. Ausgehend von den Ideen von Demokrit, können das Daltonsche Modell, das Bohrsche Atommodell, das Kern-Hülle-Modell nach Rutherford, das Kugelwolkenmodell, das Elektronenpaar-Abstoßungsmodell sowie ein Bindungsmodell thematisiert werden. Neben qualitativen Überlegungen zum Aufbau von Stoffen können auch quantitative Aspekte einbezogen werden wie das Gesetz zur Erhaltung der Masse oder das Gesetz der konstanten Proportionen (Demuth 2007, S. 12 f.).

Ausgangspunkt für Fehlvorstellungen in diesem Bereich ist häufig ein unklarer Stoffbegriff (Leerhoff et al. 2003b, S. 364 f.). Viele Lernende haben Probleme, zwischen Stoff und Körper zu differenzieren. So werden Objekteigenschaften wie Größe oder Form oft den Stoffen zugeordnet, nicht den Objekten. Beispielsweise kennen die Lernenden Holz aus ihrer Erfahrungswelt als guten Brennstoff, während sie Metalle wie Aluminium als nicht brennbar einstufen. Aspekte wie der Zerteilungsgrad und die Oberfläche eines Objekts werden dabei nicht in Betracht gezogen. Darüber hinaus werden Phänomene wie Licht, Wärme oder Elektrizität häufig als Stoffe interpretiert (Leerhoff et al. 2003a, S. 302).

Auch Fehlvorstellungen zum Teilchenkonzept sind gängig. Besondere Schwierigkeiten bereitet offenbar das Konzept des leeren Raumes zwischen den Teilchen. Um dieses oft als „Horror Vacui“ bezeichnete Problem zu umgehen, wird Materie als Kontinuum gesehen, oder die Teilchenvorstellung wird zwar grundsätzlich akzeptiert, aber die Teilchen werden zusätzlich in ein Kontinuum eingebettet (Fischler 1998, S. 349).

Die Verwendung des Begriffs Teilchen an sich ist in der Praxis nicht unproblematisch. Im Chemieunterricht wird er sowohl für Atome und Ionen als auch für Moleküle verwendet (Barke 2006, S. 83 ff.; Taber 2002, S. 90 ff.). Zudem wird er umgangssprachlich auch im Sinne von Körnchen oder Krümel eingesetzt, z. B. beim Filtrieren. Während für Experten der Kontext Hinweise auf die Bedeutung liefert, ist für die Lernenden oft nicht erkennbar, was gemeint ist.

8.2.2 Alternative Vorstellungen zu Struktur-Eigenschafts-Beziehungen

In den Bildungsstandards wird das Struktur-Eigenschafts-Konzept über systematische Ordnungsprinzipien für Stoffe charakterisiert (vgl. Kap. 2.3). Diese Prinzipien sind z. B. typische Eigenschaften oder Merkmale in der Zusammensetzung und Struktur der Teilchen. Ziel ist die Nutzung einer Modellvorstellung, mit der Stoffeigenschaften auf Teilchenebene gedeutet werden können (KMK 2005, S. 11). Für den Unterricht ist die Verknüpfung der submikroskopischen Ebene mit der makroskopischen Ebene zentral. Die Bestimmung der Substanzeigenschaften und ihre Begründung durch Strukturen und Bindungen ist grundlegend für vernetztes Wissen im Fach Chemie (Pfeifer 2007, S. 37 f.). Dieses Basiskonzept kann daher als „verknüpfendes Strukturierungsprinzip" betrachtet werden, als roter Faden für das Curriculum (Parchmann et al. 2010, S. 8).

Fehlvorstellungen werden im Bereich der Struktur-Eigenschaftsbeziehungen beispielsweise dann sichtbar, wenn Eigenschaften eines Stoffes direkt auf die Teilchen übertragen werden, aus denen er zusammengesetzt ist (Fischler 1998, S. 349); z. B.: „Wassermoleküle sind flüssig" und „Schwefel-atome sind gelb, Kupferatome sind rot" (Barke 2015, S. 416). Umgekehrt können auch Eigenschaften der Teilchen auf die Stoffebene übertragen werden: „Bei der Reaktion geht das Elektron vom Natrium zum Chlor" (DeJong & Taber 2007, S. 634).

Eine andere Vorstellung ordnet Eigenschaften eines Stoffes, z. B. die Farbe oder den Geschmack, selbst als Stoffe ein (Leerhoff et al. 2003a, S. 302). Dies wird an Äußerungen deutlich wie: „Beim Lösen von Zucker in Wasser verschwindet der Zucker, aber der süße Geschmack bleibt" (DeJong & Taber 2007, S. 633) oder „Säuren enthalten Säurestärke" (Sumfleth & Geisler 1999, S. 205).

8.2.3 Alternative Vorstellungen zur chemischen Reaktion

Das Basiskonzept der chemischen Reaktion beinhaltet Vorstellungen zur Stoff- und Energieumwandlung, zur Veränderung von Teilchen, zum Umbau chemischer Bindungen sowie zur formalen Darstellung chemischer Reaktionen mithilfe von Reaktionsgleichungen (KMK 2005, S. 11) (vgl. Kap. 2.4). Im Unterricht der Sekundarstufe I liegt der Fokus auf drei Aspekten: der Bildung neuer Stoffe durch Umordnung von Teilchen, der Änderung des Energiegehalts und der Veränderungen in der Hülle der Atome (Demuth & Nerdel 2007, S. 64). Da die Unterscheidung zwischen chemischen Reaktionen und physikalischen Prozessen nicht trivial ist und in der Vermittlung nicht konsistent dargestellt wird (Herdt 2014; Barke & Schmidt 2004), kann es zu Schwierigkeiten bei der Begriffsbildung kommen.

Einige der gängigsten Fehlvorstellungen zur chemischen Reaktion sollen nun kurz aufgezeigt werden:

- Reaktionsprodukte werden häufig als Gemische interpretiert (DeJong & Taber 2007, S. 633), z. B.: „Eisensulfid enthält Eisen und Schwefel."

- Stoffe können bei chemischen Reaktionen verschwinden (z. B. bei der Verbrennung).
- Stoffe werden in andere Stoffe oder in Energie verwandelt („Blei wird zu Gold").
- Die Stoffe bleiben im Grunde gleich, ändern aber einige ihrer Eigenschaften („Silber wird schwarz") (Andersson 1990, S. 56 f.).
- Die Änderung des Aggregatzustands wird als chemische Reaktion interpretiert (Costu et al. 2010, S. 6). So wird angenommen, dass beim Verdampfen von Wasser die Bindungen zwischen Sauerstoff und Wasserstoff aufgelöst werden (Marohn 2008, S. 452 ff.) (vgl. Anregung).
- Schmelzen und Lösen werden oft als Synonyme verwendet (Barker & Millar 1999, S. 647), z. B.: „Wenn man Salz in Wasser gibt, wird es flüssig."
- Das Gesetz der Massenerhaltung wird insbesondere bei offenen Systemen nicht beachtet (Barker & Millar 1999, S. 646 ff.).
- Generell werden gasförmige Stoffe kaum in die Betrachtung miteinbezogen (Watson et al. 1997, S. 438).

Reaktionen wie Verbrennungsprozesse sind aufgrund ihrer Alltagsnähe besonders geeignet, stabile alternative Vorstellungen zu erzeugen. Hier zeigt sich, wie stark kontextspezifisch diese Konzepte sind. So werden unterschiedliche Vorstellungen für die Verbrennung verschiedener Stoffe eingesetzt: brennendes Wachs „schmilzt", brennender Alkohol „verdampft" und brennendes Holz wird zu „Asche" (BouJaoude 1991, S. 698).

A

Anregung

Zur Vertiefung des Themas eignet sich der Beitrag *Schülervorstellungen zum Lösen und Sieden* von A. Marohn (2008). Die Autorin beschreibt darin die Ergebnisse einer groß angelegten Studie zur Identifizierung von Schülervorstellungen, die besonders weitreichende Bedeutung für die folgenden Lernprozesse haben. Als zentral für viele Probleme im Unterricht konnten die sogenannten „elementaren Vorstellungen" identifiziert werden. Dabei handelt es sich z. B. um Fehlvorstellungen vom Lösen und Sieden als Zerfall von Molekülen, als chemische Reaktion oder als Verschwinden von Masse (Marohn 2008, S. 452 ff.).

8.2.4 Alternative Vorstellungen zur energetischen Betrachtung bei Stoffumwandlungen

Energie spielt als zentrales Konzept in allen Naturwissenschaften eine wichtige Rolle (Schecker & Theyßen 2007, S. 82) (vgl. Kap. 2.5). Im Fach Chemie sind dabei Überlegungen zur Veränderung des Energieinhalts eines Reaktionssystems, zur Energieumwandlung sowie zum Einsatz von Katalysatoren relevant (KMK 2005, S. 12). Auch im Alltag, z. B. in den Medien, ist der Begriff Energie allgegenwärtig (Schmidkunz & Parchmann 2011, S. 3). Daher ist zu vermuten, dass Lernende bei diesem Konzept besonders stabile Alltagsvorstellungen entwickelt haben.

Die wohl häufigste Fehlvorstellung in diesem Bereich ist die Annahme, dass Energie ein Stoff ist (Barke 2006, S. 294), der verbraucht werden kann (Schecker & Theyßen 2007, S. 84), z. B.: „Die Batterie ist leer.“ Die geläufigen Begriffe Energiegewinnung und Energieverbrauch scheinen das nahezulegen. Auch die verbreitete Lehrpraxis, Energie bei Reaktionsgleichungen als „+ E“ zu notieren, kann die Vorstellung eines Energiestoffes fördern.

Eine weitere typische Vorstellung ist die Idee, dass Energie Teil jedes brennbaren Stoffes ist und bei der Verbrennung aufgebraucht wird. Diese Vorstellung ähnelt stark der Phlogistontheorie der Verbrennung (Barke 2006, S. 9 f., S. 43 f.) (Vertiefung 1).

V

Vertiefung 1: Die Phlogistontheorie der Verbrennung

Die Phlogistontheorie wurde von Georg Ernst Stahl 1697 zur Erklärung von Verbrennungsprozessen entwickelt. Stahl ging davon aus, dass alle brennbaren Substanzen eine Gemeinsamkeit haben. Sie sollen das sogenannte Phlogiston enthalten, einen Stoff, der die Verbrennung ermöglicht und dabei entweicht. Der verbleibende Rest des Stoffes (z. B. Asche) enthält kein Phlogiston mehr, ist daher nicht weiter brennbar und wirkt kleiner als der Ausgangsstoff.

Die Phlogistontheorie war sehr einflussreich und konnte erst Ende des 18. Jahrhunderts widerlegt werden. In dieser Zeit wurde das Element Sauerstoff entdeckt und Antoine de Lavoisier untersuchte quantitative Zusammenhänge bei chemischen Reaktionen. Er konnte zeigen, dass bei Verbrennungsreaktionen Sauerstoff gebunden wird (Schwenk 2000, S. 81 ff.).

8.3 Entstehung von Fehlvorstellungen

Das letzte Beispiel zeigt, dass es Parallelen zwischen aktuellen Schülervorstellungen und den Ansichten von Wissenschaftlern in früheren Zeiten geben könnte (Wandersee et al. 1994, S. 186). Beispiele dafür sind neben der erwähnten Phlogistontheorie der Verbrennung auch Vorstellungen von einer Transmutation der Stoffe und der Horror Vacui. Auch wenn diese Vorstellungen ebenfalls durch Beobachtung und Interpretation von Phänomenen entstanden sind, ist eine Gleichsetzung mit den Fehlvorstellungen der heutigen Lernenden zu stark vereinfacht. Der Wissensstatus von Experten früherer Jahrhunderte entspricht nicht dem von Novizen heute (Stavy 1990,

S. 248). Duit und Kollegen folgern darüber hinaus, dass die festgestellten Parallelen eher eine Konstruktion auf Basis des heutigen Wissens über chemische Prozesse einerseits und über alternative Vorstellungen andererseits sind (Duit et al. 1996, S. 19).

8.3.1 Alternative Vorstellungen und Sprache

Ein Teil der oben genannten alternativen Vorstellungen ist in vielen Kulturen anzutreffen. Beobachtungen der Umwelt scheinen hier übergreifend zu ähnlichen Vorstellungen zu führen (Wandersee et al. 1994, S. 185). Demgegenüber gibt es aber auch Konzepte, die durch Sprache und andere Symbolsysteme sowie durch weitere kulturtypische Artefakte (Bilder, Modelle, Filme) erzeugt werden (Vosniadou 2007, S. 62). Es gibt Hinweise darauf, dass gerade die Muttersprache besonders starke alternative Vorstellungen verursachen kann (Duit 1995, S. 4649). So können Begriffe wie Verbrennung bereits ein bestimmtes Konzept (hier: die Vernichtung eines Stoffes) implizieren. Auch umgangssprachliche Formulierungen, die in der Familie oder in nichtwissenschaftlichen Medien eingesetzt werden, können alternative Vorstellungen erzeugen. Gängige Feststellungen wie „Kupfer wird grün" können so beispielsweise eine Eigenschaftsänderung eines Stoffes statt einer chemischen Reaktion als Erklärung nahelegen (Pfundt 1981, S. 122).

In der Fachsprache gibt es zudem viele Begriffe, die auch im Alltag verwendet werden, allerdings mit leicht oder komplett anderer Bedeutung (Salz, Alkohol, Reinstoff) (vgl. Kap. 9.2). Die Unterschiede müssen im Unterricht bewusst gemacht und diskutiert werden (Sommer 2010, S. 188). Passiert das nicht, ziehen die Lernenden aufgrund ihres Vorwissens unter Umständen falsche Schlüsse (Sumfleth & Pitton 1998, S. 5).

8.3.2 Unterricht als Quelle alternativer Vorstellungen

Neben Erfahrungen, Beobachtungen und informellen Gesprächen im Alltag kann auch der Unterricht Fehlvorstellungen erzeugen. So können beispielsweise inhaltliche Vereinfachungen, die an einem Punkt im Unterrichtsverlauf das Verständnis fördern sollen, später zu Widersprüchen und neuen alternativen Vorstellungen führen. Barke nennt diese „hausgemachte Fehlvorstellungen" (Barke 2006, S. 25). Oft liegt der Ursprung solcher „instructionally derived misconceptions" (Guzzetti et al. 1993, S. 117) in sprachlichen Veranschaulichungen, die von der Lehrkraft als gut gemeinte Unterstützung eingebracht werden. Das sind z. B. Animismen oder Anthropomorphismen wie: „Die Säure frisst das Metall“ oder „Das F will das Elektron vom H haben“ oder auch umgangssprachliche Formulierungen wie: „Der Rost zerstört das Eisen“ (Leerhoff et al. 2003a, S. 302) oder: „Eine Calciumtablette enthält Calcium.“ Lehrkräfte in den Naturwissenschaften verwenden zudem oft Analogien zur Veranschaulichung („Der Stromkreislauf verhält sich im Prinzip wie ein Wasserkreislauf“). Diese Analogien bergen in der Kommunikation zwischen Experten und Novizen die Gefahr, dass das unterschiedliche Vorwissen zu verschiedenen Schlussfolgerungen führt (Sumfleth & Pitton 1998, S. 5). So kann es unter Umständen zur Bildung neuer Fehlvorstellungen kommen (Duit et al. 2001, S. 286 f.).

In einem ähnlichen Zusammenhang ist auch der Einsatz von Modellen zu betrachten (vgl. Kap. 14). Da sich viele Inhalte des Chemieunterrichts der direkten Beobachtung entziehen, werden zur Veranschaulichung häufig Modelle oder andere Medien verwendet. Beim Einsatz können Fehlvorstellungen entstehen, wenn die Lernenden den Modellcharakter nicht reflektieren und die Modelle als Tatsachen betrachten (DeJong & Taber 2007, S. 634). Im Unterricht muss insbesondere der Einsatz mehrerer Modelle mit unterschiedlichen Eigenschaften für einen Sachverhalt diskutiert und begründet werden.

Abbildungen, beispielsweise in Schulbüchern, sind ebenfalls geeignet, Fehlvorstellungen zu erzeugen (Seifert et al. 1999, S. 311). Die Fehlvorstellung, wonach beim Verdampfen von Wasser Sauerstoff und Wasserstoff entstehen, könnte beispielsweise durch eine weitverbreitete Art der Abbildung in Verbindung mit einem unklaren Teilchenbegriff entstehen: Im Anfangsunterricht werden die Aggregatzustände und die Übergänge zwischen ihnen häufig mithilfe des Kugelteilchenmodells erklärt. Beim Verdampfen werden die Teilchen mit zunehmender Entfernung voneinander dargestellt. Das wird von den Lernenden dann direkt auf die Atome im Wassermolekül übertragen (Marohn 2008, S. 455 f.).

Physische Modelle und Abbildungen sollten daher vor dem Einsatz genau geprüft und im Unterricht nicht nur auf der Inhaltsebene diskutiert werden.

8.4 Konzeptwandel – theoretische Ansätze

Damit es für die Lernenden möglich ist, wissenschaftliche Vorstellungen zu entwickeln, muss ein Konzeptwandel vollzogen werden. Schnotz beschreibt Konzeptwandelprozesse allgemein als Lernprozesse, bei denen bereits vorhandenes Wissen verändert wird. Diese Prozesse werden nötig, wenn sich das bisherige Wissen als unzulänglich erweist (Schnotz 2006, S. 77). Es gibt unterschiedliche Auffassungen (vgl. auch Vertiefung 2) darüber, wie diese Umlernprozesse genau ablaufen. Im Folgenden werden zwei besonders einflussreiche Perspektiven ausführlich dargestellt.

8.4.1 Der klassische Ansatz

Ein erster theoretischer Ansatz zum Konzeptwandel stammt von Posner und Kollegen. Die Autoren beschreiben darin ihre Vorstellung von Lernprozessen, die von der lernenden Person bewusst und rational gesteuert werden (Posner et al. 1982, S. 212). Im Verständnis von Posner et al. werden neue Vorstellungen, die z. B. im Unterricht vermittelt werden, zunächst vor dem Hintergrund der bisherigen Erfahrungen geprüft. Widerspricht eine neue Vorstellung den bisherigen bewährten Annahmen, so werden vier Kriterien angewandt: Ist die neue Vorstellung verständlich? Ist sie plausibel? Kann sie in alltäglichen Situationen fruchtbar eingesetzt werden? Besteht eine Unzufriedenheit mit der bisherigen Vorstellung? Nur dann, wenn alle diese Kriterien positiv beantwortet werden, tritt nach dem Verständnis von Posner et al. ein Konzeptwandel ein. Die lernende Person verwirft die bisherige Vorstellung und ersetzt sie durch die neue Vorstellung. Trifft nur ein Kriterium nicht zu, so wird die neue Vorstellung verworfen und die bisherige beibehalten (Posner et al. 1982, S. 214 ff.).

Dieser Ansatz hat bis heute Einfluss auf viele didaktische Interventionen. Um eine Unzufriedenheit mit bisherigen Vorstellungen zu erreichen, wurden Lehrstrategien entwickelt, die den Lernenden die Unzulänglichkeit ihrer bisherigen Vorstellung deutlich machen sollen. Sehr weit verbreitet sind etwa Experimente, die einen kognitiven Konflikt bei den Lernenden erzeugen sollen (vgl. Kap. 13). In dieser Tradition ist ein beliebter Versuch zur Einführung des Oxidationsbegriffs zu sehen: Eisenwolle wird an einer Balkenwaage befestigt und dann angezündet (Abb. 1).

Abb. 1: Balkenwaage – Instrument zur Beobachtung von Massenänderung

Die gängige alternative Vorstellung („Beim Verbrennen wird etwas zerstört") kann die beim Experiment gemessene Massenzunahme nicht erklären. Dagegen kann eine neue wissenschaftliche Interpretation die beobachtete Massenzunahme und gleichzeitig auch alle anderen Verbrennungsprozesse erklären. Hier wäre also ein Konzeptwandel die logische Konsequenz.

Leider deuten Befunde der empirischen Forschung darauf hin, dass dies nicht ganz einfach zu realisieren ist. Chinn und Kollegen erforschen seit den 1990er-Jahren, wie Menschen auf Informationen reagieren, die ihren bisherigen Vorstellungen widersprechen. Die Autoren konnten zeigen, dass der überwiegende Teil der Versuchspersonen nicht durch die neue Information überzeugt werden kann (z. B. durch das Ergebnis eines Experiments oder durch einen Text mit überraschenden Daten). Die neue Information wurde von den Versuchspersonen in der Regel nicht oder nur teilweise wahrgenommen, sie wurde uminterpretiert, als nicht relevant eingestuft oder schlicht ignoriert. Zum Teil zweifelten die Versuchspersonen auch die Validität der neuen Informationen an. Nur in seltenen Fällen kam es zu dem erwünschten Ergebnis, dass die neue Information zu einer Änderung der Vorstellung führte (Chinn & Brewer 1998, S. 635 ff.). Chi geht davon aus, dass die Revision einer Fehlvorstellung durch zusätzliche, widersprüchliche Informationen grundsätzlich nur dann möglich ist, wenn der Fehlvorstellung lediglich einfache Annahmen zugrunde liegen, die nicht besonders emotional besetzt sind. Bei Fehlvorstellungen, denen komplexe Vorannahmen zugrunde liegen, ist eine Veränderung der Vorstellung auf diesem Weg kaum möglich (Chi 2013, S. 51).

8

8.4.2 Der Kontext-Ansatz

Eine gänzlich andere Position zum Konzeptwandel vertreten Caravita und Halldén. Aus Sicht dieser Autorinnen ist ein Nebeneinander von wissenschaftlicher und alternativer Vorstellung durchaus möglich und auch sinnvoll, solange die Vorstellungen jeweils situationsadäquat angewendet werden können. Während im Alltag viele Situationen mit einer alternativen Vorstellung erfolgreich bewältigt werden können, müssen in anderen Kontexten zwingend wissenschaftliche Vorstellungen eingesetzt werden (Caravita & Halldén 1994, S. 107 f.). So ist es beispielsweise in Ordnung, von einem „warmen Wollschal" zu sprechen, wenn klar ist, dass die Wärme keine Eigenschaft des Materials ist. Konzeptwandel bedeutet aus dieser Perspektive also das Erkennen der Tragfähigkeit eines Konzeptes in bestimmten Kontexten.

Mortimer (1995) argumentiert vergleichbar: Er geht davon aus, dass jede Person über ein individuelles Repertoire von Vorstellungen verfügt, das durch persönliche Erfahrungen und Lernprozesse entstanden ist. Auch Experten und Wissenschaftler verfügen über nichtwissenschaftliche Vorstellungen, sie sind sich jedoch der Grenzen dieser Vorstellungen besser bewusst als Laien (ebd., S. 271 f.). Für dieses Nebeneinander verschiedener Vorstellungen gibt es auch empirische Hinweise: Shtulman und Valcarel (2014) haben in einer Studie die Reaktionszeit gemessen, die Versuchspersonen zur Beantwortung von Multiple Choice-Fragen benötigten. Sie stellten fest, dass die Versuchspersonen immer dann signifikant länger zur Beantwortung benötigten, wenn Fehlvorstellung und wissenschaftliche Vorstellung bei einem Item unterschiedliche Antworten erforderten. Die Autoren interpretieren das als Hinweis auf das Vorhandensein parallel existierender Vorstellungen, die unbewusst geprüft werden (ebd., S. 212 f.).

V

Vertiefung 2: Weitere theoretische Ansätze zu Konzeptwandelprozessen

Neben den beiden vorgestellten Theorien gibt es noch eine Reihe weiterer theoretischer Ansätze zu Konzeptwandelprozessen. Eine Zusammenfassung der unterschiedlichen Perspektiven findet sich etwa bei Stark (2003). Für eine intensivere Auseinandersetzung mit den theoretischen Positionen ist der erste Teil des von Vosniadou herausgegebenen *International Handbook of Research on Conceptual Change* (2013) zu empfehlen.

Besonders einflussreich sind der Rahmentheorieansatz von Vosniadou et al., der Knowledge-in-Pieces-Ansatz von di Sessa sowie der Kategorisierungsansatz von Chi et al. Die drei Ansätze haben die Annahme gemeinsam, dass Wissen in kognitiven Strukturen gespeichert wird. Konzeptwandel bedeutet nach diesem Verständnis eine Veränderung von kognitiven Strukturen.

Rahmentheorieansatz

Vosniadou und ihr Team gehen davon aus, dass Menschen von frühester Kindheit an sogenannte Rahmentheorien zu Phänomenen aus ihrer Umwelt entwickeln. Diese Rahmentheorien sind domänenspezifisch und beinhalten Grundannahmen, die folgenden Bereichen zuzuordnen sind: Physik (Verhalten von Körpern), Psychologie (Verhalten von Menschen und Tieren), Mathematik (Zahlen und Operationen) und Sprache (Wörter und Regeln) (Vosniadou 2013, S. 13 f.). Neue Erfahrungen führen zu neuen Strukturen (sogenannten mentalen Modellen) innerhalb dieser Rahmentheorien, die sich dadurch immer mehr ausdifferenzieren und umstrukturieren (Vosniadou 2013, S. 14 f.).

Ein Konzeptwandel ist nach diesem Verständnis die graduelle Änderung kognitiver Strukturen. Je nachdem, auf welcher Ebene eine solche Änderung stattfindet (Rahmentheorie oder lokales mentales Modell), ist ein Konzeptwandel weniger aufwändig und damit wahrscheinlicher bzw. sehr aufwändig und damit unwahrscheinlicher.

Knowledge-in-Pieces-Ansatz

Im Gegensatz dazu geht der Autor des Knowledge-in-Pieces-Ansatzes davon aus, dass Menschen ihre Vorstellungen zunächst in unzusammenhängenden kleinen Bausteinen erwerben, die sich erst später zu größeren Gebilden arrangieren. Der Großteil der Konzepte liegt demnach in einzelnen separaten Bausteinen vor (z. B. „wenn A, dann B"). Diese Konzepte können jeweils nur in sehr beschränkten Kontexten Anwendung finden. Für unterschiedliche Situationen können daher auch unterschiedliche Konzepte vorliegen, die zuei-nander im Widerspruch stehen, obwohl sie denselben Sachverhalt betreffen (diSessa 2006, S. 274 f.). Eine Konsistenz ist nicht zu erwarten. Aus diSessas Sicht bedeutet Konzeptwandel die Reorganisation dieser einzelnen Bausteine zu größeren konsistenten Einheiten.

Kategorisierungsansatz

Das Team um Chi analysierte eine Vielzahl von Veröffentlichungen zu Fehlvorstellungen. Das Ergebnis dieser Arbeiten war der Schluss, dass Fehlvorstellungen auf eine falsche Kategorisierung beim Wissenserwerb zurückzuführen sind. Im Verständnis der Autoren ordnen Menschen neue Erfahrungen und daraus abgeleitete Regeln in unterschiedliche ontologische Kategorien ein, z. B. die groben Kategorien Stoffe, Prozesse sowie Zustände, die durch Unterkategorien weiter ausdifferenziert werden (Chi, Slotta & deLeeuw 1994, S. 28 f.). Fehlkonzepte entstehen folglich durch eine falsche Zuweisung, z. B. wenn Energie oder Strom als Substanzen verstanden werden und ihnen damit die Eigenschaften der Kategorie Substanzen zugeordnet werden. Eine Korrektur dieser Fehlzuweisung wäre nach diesem Verständnis als Konzeptwandel zu verstehen (Chi et al. 1994, S. 27 f.). Ein Konzeptwandel erfolgt dabei innerhalb einer Überkategorie leichter als über die Kategoriengrenzen hinweg (Chi et al. 1994, S. 35 f.).

8.5 Einflussfaktoren für erfolgreiche Konzeptwandelprozesse

Im vorherigen Abschnitt wurden unterschiedliche theoretische Perspektiven zum Vorgang des Konzeptwandels genauer beschrieben. Allen Perspektiven ist gemeinsam, dass Wissen im Rahmen eines Konzeptwandels nicht neu erworben wird, sondern bereits vorhandenes Wissen in der einen oder anderen Form verändert werden muss, sei es durch eine Veränderung des Anwendungsbereichs oder durch eine Veränderung kognitiver Strukturen.

Bei den Lernenden selbst setzen Konzeptwandelprozesse besondere motivationale Bedingungen voraus. Die Notwendigkeit, einen Sachverhalt, den man eigentlich schon verstanden glaubt, neu zu überdenken und gegebenenfalls bewährte Strategien zu ändern oder zu verwerfen, stellt Lernende vor andere Herausforderungen als das Erlernen neuer Vokabeln oder die Anwendung einer neuen Formel.

Neben den individuellen Faktoren der Lernenden gibt es auch Merkmale der Lernumgebung, die sich auf Konzeptwandelprozesse positiv oder negativ auswirken können. Einige Faktoren sollen nun kurz genannt werden. Im folgenden Abschnitt werden daraus dann Schlussfolgerungen für die Gestaltung einer günstigen Lernumgebung gezogen.

Sinatra und Mason (2013) führen in ihrem Beitrag aus, wie sich die Eigenschaften der lernenden Person (z. B. Interesse, Selbstwirksamkeitserwartung, Emotionen) auf Konzeptwandelprozesse auswirken können. Diese Variablen können zumindest in begrenztem Maße durch die Unterrichtsgestaltung beeinflusst werden. Die Selbstwirksamkeitserwartung kann z. B. dadurch unterstützt werden, dass den Lernenden Erfolgserlebnisse im Unterricht ermöglicht werden. Dazu können Aufgaben mit unterschiedlichen Schwierigkeitsniveaus angeboten werden, sodass eine Über- oder Unterforderung vermieden werden kann. Auch individuelle Rückmeldungen zu den Lernfortschritten können geeignet sein, die Selbstwirksamkeitserwartung zu fördern (zusammengefasst bei Köller & Möller 2006, S. 698).

Viele Lehrkräfte sind sich bewusst darüber, dass Schülervorstellungen großen Einfluss auf die Lernprozesse und den Lernerfolg haben. Dennoch gibt es auch Hinweise darauf, dass Lehrpersonen dazu tendieren, die Wirksamkeit des eigenen Unterrichts in Bezug auf die Veränderung von unwissenschaftlichen Vorstellungen zu überschätzen. Umgekehrt wird die Stabilität der alternativen Vorstellungen häufig unterschätzt (Wilhelm 2008, S. 44 ff.). Studien zeigen aber, dass Konzeptwandelprozesse in der Regel nicht spontan verlaufen (Vosniadou et al. 2001, S. 394). Vielmehr ist davon auszugehen, dass die Veränderung grundlegender Vorstellungen Zeit braucht. Insbesondere ist es unwahrscheinlich, dass sich ein über Jahre im Alltag bewährtes alternatives Konzept durch ein Experiment oder eine einmalige Erklärung im Unterricht sofort nachhaltig verändert (Duit 1995, S. 4650).

Die Gestaltung des naturwissenschaftlichen Unterrichts scheint zudem nicht immer geeignet zu sein, alternativen Vorstellungen auf die Spur zu kommen. Studien berichten häufig von vorwiegend lehrergesteuertem Unterricht und vergleichsweise geringem Redeanteil der Lernenden, sowohl in Bezug auf die Kommunikation mit der Lehrperson als auch untereinander (zusammengefasst bei Stäudel et al. 2008, S. 5) (vgl. Kap. 9.1). Möglicherweise trägt auch das Verhalten der Lernenden dazu bei, dass Fehlvorstellungen nicht ausreichend thematisiert werden: Schülerinnen und Schüler versuchen in der Regel, durch möglichst gute (d. h. richtige) Unterrichtsbeiträge positives Feedback in Form von Lob oder guten Noten zu erreichen. Da ist es eher unwahrscheinlich, dass abweichende eigene Vorstellungen oder alternative Erklärungsmuster im Unterricht eingebracht werden. Damit verbaut eine oberflächlich erfolgreiche Schülerstrategie den Blick der Lehrkraft auf vorhandene alternative Vorstellungen und kann so dafür sorgen, dass künftige Lernprozesse erschwert werden (Sumfleth & Pitton 1998, S. 6).

Viele Schülerbeiträge sind zudem sehr knapp. Aus den Antworten, die im Extremfall nur aus einem Begriff bestehen können, kann die Lehrperson aber kaum erkennen, ob eine falsche Vorstellung zugrunde liegt oder lediglich ein falscher Begriff gewählt wurde (Sumfleth & Pitton 1998, S. 16). Umgekehrt kann auch bei richtigen Kurzantworten nicht automatisch davon ausgegangen werden, dass ein wissenschaftliches Konzept vorliegt.

8.6 Folgerungen für den Chemieunterricht

In den vergangenen Jahrzehnten wurden zahlreiche Studien durchgeführt, die mit Interventionen auf die Veränderung von Schülervorstellungen abzielten (s. Anregung). Eine direkte Ableitung förderlicher Details einer Lernumgebung ist aber vor dem Hintergrund schwierig, dass sich in jeder Studie im Schulkontext naturgemäß eine ganze Reihe von Variablen nicht kontrollieren lässt.

Es kann aber davon ausgegangen werden, dass konstruktivistisch geprägte Lernumgebungen geeignet sind, Konzeptwandelprozesse zu unterstützen. Schülervorstellungen sollten dabei als Ausgangspunkt des Unterrichts gewählt werden. Im Zentrum sollte dann die aktive Auseinandersetzung mit den eigenen Vorstellungen stehen. Diese sollten bewusst gemacht, analysiert und mit neuen Vorstellungen in Kontrast gestellt werden. Wichtig sind besonders die Phasen der Diskussion und Reflexion (zusammengefasst bei Schmidt & Parchmann 2011, S. 16). So können die Lernenden einen metakognitiven Blick auf das eigene Wissen und den eigenen Lernprozess erlangen. Im Folgenden werden Überlegungen für die Planung solcher Lernumgebungen skizziert:

Gängige alternative Vorstellungen und den Stand der Klasse kennen

Von zentraler Bedeutung für die Planung ist das Wissen der Lehrkraft darüber, welche Fehlvorstellungen bei bestimmten Themen auftreten können (Wandersee et al. 1994, S. 199). Die bestehende Forschungsliteratur kann hier wertvolle Anhaltspunkte liefern (s. Anregung). Für einige Konzepte existieren auch bereits Fragebögen zur Erhebung der Schülervorstellungen, z. B. zum Teilchenkonzept (Petermann et al. 2009). Auch eine Analyse von Schülerantworten in schriftlichen Leistungsnachweisen kann Hinweise auf systematische Fehler, Verständnisprobleme und Fehlvorstellungen geben.

Im Unterricht selbst könnten darüber hinaus Anlässe geschaffen werden, wo Vorstellungen mündlich oder schriftlich geäußert werden. Dies bietet sich beispielsweise nach der Durchführung eines Experimentes an: Die Lernenden können schildern, was sie beobachtet haben und wie sie diese Beobachtung interpretieren. Konkret sind dafür offene Fragen im Unterrichtsgespräch oder als Schreibanlass geeignet. Für die schriftliche Bearbeitung bieten sich auch Techniken wie z. B. Concept Mapping an (Francisco et al. 2002).

Um zu vermeiden, dass Lernende ihre Ideen nicht äußern, weil sie befürchten, mit schlechten Noten bestraft zu werden, sollte darauf geachtet werden, eine solche Lernphase möglichst frei von Leistungserhebungen zu halten. Auch das Klassenklima ist wichtig, da die Lernenden ihre Vorstellungen angstfrei äußern sollen und auch die Chance für eine kontroverse Diskussion gegeben sein muss. Das kann nur gelingen, wenn die Lernenden keine negativen Konsequenzen vonseiten der Lehrkraft oder der Mitschülerinnen und Mitschüler befürchten müssen.

Vorstellungen diskutieren

Nachdem die Vorstellungen identifiziert sind, ergibt sich die Möglichkeit, verschiedene Konzepte zu einem konkreten Fallbeispiel gegenüberzustellen und im Unterrichtsgespräch oder in der Kleingruppe zu diskutieren. So kann geklärt werden, in welchen Kontexten und mit welcher Reichweite die Vorstellungen sinnvoll eingesetzt werden können. Ziel ist es, eine metakonzeptuelle Sicht einzunehmen und verschiedene Vorstellungen gegeneinander abzuwägen und dann jeweils die für den Kontext angemessene zu wählen. In dieser Phase können auch weitere Informationsquellen hilfreich sein, z. B. zusätzliche Konzeptwechseltexte, die typische alternative Vorstellungen aufgreifen, sie widerlegen und die Lernenden zur Reflexion anregen (Egbers & Marohn 2013), oder Experimente, die als Grundlage für eine Diskussion dienen und die Tragweite von Vorstellungen zeigen können (z. B. Barke 2006, S. 50).

Methoden wie Choice2Learn (Marohn 2009) (vgl. Kap. 10) oder Peer Instruction (Mazur 1997) bieten hoch strukturierte und organisierte Formen der Auseinandersetzung mit alternativen Vorstellungen, die darüber hinaus weitgehend die Anonymität der Lernenden sicherstellen. Eine weitere Alternative bietet die Arbeit mit Concept Cartoons (Barke & Yitbarek 2009) (vgl. Kap. 12.6), bei der Comicfiguren stellvertretend mit unterschiedlichen (Fehl-)Vorstellungen argumentieren. Die Lernenden können die Argumente der Comicfiguren diskutieren, ohne ihre eigene Position verraten zu müssen.

Eine regelmäßige und systematische Thematisierung von alltagsbasierten und wissenschaftlichen Vorstellungen sowie ihren jeweiligen Anwendungsbereichen könnte zudem geeignet sein, um der Kompartmentalisierung des Wissens in Schul- bzw. Prüfungswissen einerseits und Alltagswissen andererseits vorzubeugen.

Einsatz von Modellen, Abbildungen und Experimenten reflektieren

Der dritte Aspekt, der bei der Unterrichtsplanung berücksichtigt werden sollte, ist der Einsatz von Modellen und Abbildungen. Im Chemieunterricht werden für einen Sachverhalt oft mehrere Modelle eingesetzt. Bei jedem Einsatz sollten daher Eigenschaften und Reichweite des konkreten Modells mit den Lernenden thematisiert werden. Auch bauliche Gegebenheiten, beispielsweise die Farbe der Kugeln und die Metallstäbe im Ionengitter, sollten besprochen werden, da nicht davon ausgegangen werden kann, dass die Lernenden automatisch erkennen, welche Teile des Modells relevant sind und welche nicht. In Bezug auf Konzeptwandelprozesse sollte zudem reflektiert werden, welche Modelle unter Berücksichtigung der kognitiven Entwicklung der Schülerinnen und Schüler im Unterricht zwingend notwendig sind, da es starke Hinweise darauf gibt, dass die häufige Revision von Modellvorstellungen hohe Ansprüche an die Lernenden stellt. Dies betrifft z. B. die Vermittlung des Teilchenkonzepts, die traditionell die historische Entwicklung nachvollzieht (Eilks et al. 2002, S. 87). Gleichzeitig stellen zu komplexe Modelle Herausforderungen an das Verständnis der Lernenden – gerade in der Sekundarstufe I (vgl. Kap. 14).

8

Dem Einsatz von Experimenten kommt im Zusammenhang mit Fehlvorstellungen eine besondere Rolle zu. Experimente können hilfreich dafür sein, die Vorstellungen der Lernenden sichtbar zu machen. Die Lernenden können beispielsweise den Ausgang eines Versuches vorhersagen, ihre Beobachtungen beschreiben oder das Ergebnis interpretieren. Alle diese Aufgaben lassen Schlüsse auf die Konzepte der Lernenden zu. Daraus kann sich eine fruchtbare Diskussion ergeben.

Nicht immer erfolgreich ist die verbreitete Strategie, kognitive Konflikte hervorzurufen: Wie die Forschung z. B. von Chinn und Kollegen zeigt (s. Abschnitt 4.8.1), wird eine bewährte alternative Vorstellung, z. B. das in 8.2.3 beschriebene Vernichtungskonzept der Verbrennung, nicht automatisch durch ein eindrucksvolles Experiment zunichte gemacht (Duit 1995, S. 4650). Begleitend müssen Angebote gemacht werden, die die Lernenden beim Aufbau neuer Vorstellungen unterstützen (Chan et al. 1997, S. 35).

Sprache sauber einsetzen

Lehrpersonen sollten darüber hinaus auf die Unterrichtssprache achten (vgl. Kap. 9.1). Anthropomorphismen (vgl. Kap. 3 und 11.6), Analogien (vgl. Kap. 14.3) und umgangssprachliche Wendungen sollten vermieden werden. Zur Planung des Unterrichtsgesprächs sind die Repräsentationsebenen chemischen Wissens (Johnstone 1991, S. 78) (vgl. Kap. 9.1) hilfreich. Für Lernende ist der Wechsel zwischen den Ebenen und die Herstellung von Zusammenhängen insbesondere im Anfangsunterricht sehr anspruchsvoll. Um

Verwirrung zu vermeiden, ist darauf zu achten, dass Begriffe ihrer Repräsentationsebene angemessen verwendet werden: z. B.: „Wasser ist ein polares Lösemittel“, „Wassermoleküle enthalten Sauerstoffatome“ sowie „Das Wassermolekül ist ein Dipol“.

8.7 Ausblick

Im Sinne einer scientific literacy sollen Lernende in die Lage versetzt werden, sich „mit naturwissenschaftlichen Ideen und Themen zu beschäftigen und sich reflektierend mit ihnen auseinanderzusetzen“ (Rönnebeck et al. 2008, S. 68). Diese Reflexion ist nur dann möglich, wenn die Lernenden einen metakonzeptuellen Blick auf ihre Alltagsvorstellungen und die in der Schule vermittelten wissenschaftlichen Konzepte erreichen können.

Im Unterricht können dazu Aufgaben eingesetzt werden, die die Anwendung wissenschaftlicher Konzepte in möglichst vielfältigen Situationen erfordern. Hier kann jeweils die Reichweite verschiedener Vorstellungen auch in konkreten alltagsnahen Kontexten reflektiert und der Nutzen eines wissenschaftlichen Konzepts für die Lernenden direkt erfahrbar gemacht werden.

A

Anregung

Einen Überblick über die Forschung zu den Vorstellungen von Lernenden und Lehrenden können die Bibliographien von Duit (2009) oder Carmichael und Driver (1990) liefern. Die Bücher *Chemiedidaktik – Diagnose und Korrektur von Schülervorstellungen* (Barke 2006) und *Chemical misconceptions – prevention, diagnosis and cure* (Taber 2002) zeigen gängige alternative Vorstellungen auf und bieten darüber hinaus Vorschläge zum Umgang mit diesen Vorstellungen im Unterricht.

Literatur

Allen, M. (2010). Learner error, affectual stimulation, and conceptual change. In *Journal of Research in Science Teaching,* **47** (2), S. 151–173.

Anderson, C. W. (2007). Perspectives on science learning. In S. K. Abell & N. G. Lederman (Hrsg.), *Handbook of Research on Science Education* (S. 3–30). Mahwah: Erlbaum.

Andersson, B. (1990). Pupils’ conceptions of matter and its transformations (age 12–16). In *Studies in Science Education,* **18**, S. 53–85.

Barke, H.-D. & Schmidt, F. K. (2004). Chemische Reaktionen und physikalische Vorgänge: mit untauglichen Schubladen zur Nulleffizienz. In *Der mathematische und naturwissenschaftliche Unterricht,* **57** (1), S. 46–54.

Barke, H.-D. (2006). *Chemiedidaktik: Diagnose und Korrektur von Schülervorstellungen.* Berlin: Springer.

Barke, H.-D. & Yitbarek, S. (2009). Concept Cartoons – Hilfen zur Diagnose und Korrektur von Schülervorstellungen. In *Der mathematische und naturwissenschaftliche Unterricht,* **62** (6), S. 364–368.

Barke, H.-D. (2015). Learners' ideas, misconceptions, and challenge. In J. García-Martínez & E. Serrano-Torregrosa (Hrsg.), *Chemistry education. Best practices, opportunities and trends* (S. 395–420). Weinheim: Wiley-VCH.

Barker, V. & Millar, R. (1999). Students' reasoning about chemical reactions: what changes occur during a context-based post-16 chemistry course? In *International Journal of Science Education,* **21** (6), S. 645–665.

BouJaoude, S. B. (1991). A study of the nature of students' understandings about the concept of burning. In *Journal of Research in Science Teaching,* **28** (8), S. 689–704.

Brewer, W. F. (2008). Naive theories of observational astronomy: Review, analysis, and theoretical implications. In S. Vosniadou (Hrsg.), *International Handbook of Research on Conceptual Change.* (S. 155–204). New York: Routledge.

Caravita, S. & Halldén, O. (1994). Re-framing the problem of conceptual change. *In Learning and Instruction,* (4), S. 89–111.

Carmichael, P. & Driver, R. (Hrsg.). (1990). *Research on students' conceptions in science: a bibliography.* Leeds: University of Leeds Centre for Studies in Science & Mathematics.

Chan, C., Burtis, J. & Bereiter, C. (1997). Knowledge building as a mediator of conflict in conceptual change. In *Cognition and Instruction,* **15** (1), S. 1–40.

Chi, M. T. H., Slotta, J. T. & deLeeuw, N. (1994). From things to processes: a theory of conceptual change for learning science concepts. In *Learning and Instruction.* (4), S. 27–43.

Chi, M. T. H. (2013). Two kinds and four sub-types of misconceived knowledge, ways to change it, and the learning outcomes. In S. Vosniadou (Hrsg.), *International Handbook of Research on Conceptual Change.* (S. 49–70). (2. Auflage). Hoboken: Taylor and Francis.

Chinn, C. A. & Brewer, W. F. (1998). An empirical test of a taxonomy of responses to anomalous data in Science. In *Journal of Research in Science Teaching,* **35** (6), S. 623–654.

Chinn, C. A. & Malhotra, B. A. (2002). Children's responses to anomalous scientific data: How is Conceptual Change impeded? In *Journal of Educational Psychology,* **94** (2), S. 327–343.

Costu, B., Ayas, A. & Niaz, M. (2010). Promoting conceptual change in first year students' understanding of evaporation. In *Chemistry Education Research and Practice,* **11**, S. 5–16.

De Jong, O. & Taber, K. S. (2007). Teaching and learning the many faces of chemistry. In S. K. Abell & N. G. Lederman (Hrsg.), *Handbook of research on science education.* (S. 631–652). Mahwah: Erlbaum.

Demuth, R. (2007). Das Stoff-Teilchen-Konzept: Entwicklung und Bedeutung von Teilchenvorstellungen in der Chemie und im Chemieunterricht. In *Unterricht Chemie,* **18** (100/101), S. 12–16.

Demuth, R. & Nerdel, C. (2007). Die chemische Reaktion: Erklärungsperspektiven für die Sekundarstufe I. In *Unterricht Chemie,* **18** (100/101), S. 60–64.

Di Sessa, A. A. (2006). A history of Conceptual Change research: threads and fault lines. In R. K. Sawyer (Hrsg.), *The Cambridge handbook of the learning sciences.* (S. 265–282). Cambridge: Cambridge University Press.

Duit, R. (1995). Preconceptions and misconceptions. In T. Husén (Hrsg.), *The international encyclopedia of education* (S. 4648–4652) (2. Auflage). Oxford: Pergamon.

8

Duit, R., Treagust, D. F. & Mansfield, H. (1996). Investigating student understanding as a prerequisite to improving teaching and learning in science and mathematics. In D. F. Treagust, R. Duit & B. J. Fraser (Hrsg.), *Improving teaching and learning in science and mathematics.* (S. 17–31). New York: Teachers College Press.

Duit, R. (2005). Alltagsvorstellungen und Lernen der Naturwissenschaften. In G. Büttner, F. Sauter & W. Schneider (Hrsg.), *Empirische Schul- und Unterrichtsforschung. Beiträge aus pädagogischer Psychologie, Erziehungswissenschaft und Fachdidaktik* (S. 127–139). Lengerich: Pabst.

Duit, R. (Hrsg.) (2009). *Bibliography – STCSE Students' and teachers' conceptions and science education: http://www.ipn.uni-kiel.de/aktuell/stcse/stcse.html Stand: 23.3.2009.*

Duit, R., Roth, W.-M., Komorek, M. & Wilbers, J. (2001). Fostering conceptual change by analogies, between Scylla and Charybdis. In *Learning and Instruction,* **11**, S. 283–303.

Egbers, M. & Marohn, A. (2013). Konzeptwechseltexte: Eine Textart zur Veränderung von Schülervorstellungen. In *CHEMKON,* **20** (3), S. 119–126.

Eilks, I., Leerhoff, G. & Möllering, J. (2002). Was ist eigentlich eine chemische Reaktion? In *Der mathematische und naturwissenschaftliche Unterricht,* **55** (2), S. 84–91.

Fischler, H. (1998). Wege zum Atombegriff I: Didaktische Anmerkungen zum Stand der Forschung. In H. Behrendt (Hrsg.), *Zur Didaktik der Physik und Chemie: Probleme und Perspektiven. Vorträge auf der Tagung für Didaktik der Physik/Chemie in Potsdam, September 1997.* (S. 349–351). Alsbach: Leuchtturm.

Francisco, J. S., Nakhleh, M., Nurrenbern, S. C. & Miller, M. L. (2002). Assessing student understanding of general chemistry with concept mapping. In *Journal of Chemical Education,* **79** (2), S. 248–257.

Guzzetti, B. J., Snyder, T. E., Glass, G. V. & Gamas, W. S. (1993). Promoting conceptual change in science: a comparative meta-analysis of instructional interventions from reading education and science education. In *Reading Research Quaterly,* **28** (2), S. 116–159.

Herdt, C. (2014). Die chemische Reaktion: Ist der Begriff noch zeitgemäß? In *Praxis der Naturwissenschaften – Chemie in der Schule,* **63** (2), S. 16–22.

Johnstone, A. H. (1991). Why is science difficult to learn? Things are seldom what they seem. In *Journal of Computer Assisted Learning,* **7**, S. 75–83.

KMK. (Hrsg.). (2005). *Bildungsstandards im Fach Chemie für den Mittleren Bildungsabschluss.* Neuwied: Luchterhand.

Köller, O., & Möller, J. (2006). Selbstwirksamkeit. In D. H. Rost (Hrsg.), *Schlüsselbegriffe. Handwörterbuch Pädagogische Psychologie.* (S. 693–699). (3. Auflage). Weinheim: Beltz.

Leerhoff, G., Kienast, S., Möllering, J. & Eilks, I. (2003a). Der Stoffbegriff und die Stoffeigenschaften – zentrale Problemfelder bei der Vermittlung der chemischen Reaktion im frühen Chemieunterricht (Teil 1). In *Der mathematische und naturwissenschaftliche Unterricht,* **56** (5), S. 301–303.

Leerhoff, G., Kienast, S., Möllering, J. & Eilks, I. (2003b). Der Stoffbegriff und die Stoffeigenschaften – zentrale Problemfelder bei der Vermittlung der chemischen Reaktion im frühen Chemieunterricht (Teil 2). In *Der mathematische und naturwissenschaftliche Unterricht,* **56** (6), S. 364–367.

Marohn, A. (2008). Schülervorstellungen zum Lösen und Sieden. In *Der mathematische und naturwissenschaftliche Unterricht,* **61** (8), S. 451–457.

Marohn, A. (2009). „Choice2learn" – Schülervorstellungen individuell erkennen und verändern. In *Praxis der Naturwissenschaften – Chemie in der Schule,* **58** (8), S. 25–29.

Mazur, E. (1997). *Peer instruction: A user's manual;* ([Nachdr.]). Upper Saddle River: Pearson/Prentice Hall.

Mortimer, E. F. (1995). Conceptual change or conceptual profile change? In *Science and Education,* **4,** S. 267–285.

Parchmann, I., Scheffel, L. & Stäudel, L. (2010). Struktur-Eigenschafts-Prinzipien: Roter Faden für den Chemieunterricht. In *Unterricht Chemie,* **21** (115), S. 8–11.

Petermann, K., Friedrich, J. & Oetken, M. (2009). Test zur Diagnose von Schülervorstellungen zum Teilchenkonzept. In *Praxis der Naturwissenschaften – Chemie in der Schule,* **58** (5), S. 41–43.

Pfeifer, P. (2007). Struktur-Eigenschafts-Konzept: Chemische Zusammenhänge erschließen, verstehen und anwenden. In *Unterricht – Chemie,* **18** (100/101), S. 36–40.

Pfundt, H. (1981). Die Diskrepanz zwischen muttersprachlichem und wissenschaftlichem „Weltbild": ein Problem der Naturwissenschaftsdidaktik. In R. Duit, W. Jung & H. Pfundt (Hrsg.), *Didaktik der Naturwissenschaften: Vol. 6. Alltagsvorstellungen und naturwissenschaftlicher Unterricht.* (S. 114–131). Köln: Aulis.

Pintrich, P. R., Marx, R. W. & Boyle, R. A. (1993). Beyond cold conceptual change: the role of motivational beliefs and classroom contextual factors in the process of conceptual change. In *Review of Educational Research,* **63** (2), S. 167–199.

Posner, G. J., Strike, K. A., Hewson, P. W. & Gertzog, W. A. (1982). Accomodation of a scientific conception: toward a theory of conceptual change. In *Science Education,* **66** (2), S. 211–227.

Renkl, A. (2006). Träges Wissen. In D. H. Rost (Hrsg.), *Schlüsselbegriffe. Handwörterbuch Pädagogische Psychologie.* (S. 778–782). (3. Auflage). Weinheim: Beltz.

Rönnebeck, S., Schöps, K., Prenzel, M. & Hammann, M. (2008). Naturwissenschaftliche Kompetenz im Ländervergleich. In M. Prenzel, C. Artelt, J. Baumert, W. Blum, M. Hammann, E. Klieme & R. Pekrun (Hrsg.), *PISA 2006 in Deutschland. Die Kompetenzen der Jugendlichen im dritten Ländervergleich.* (S. 68–94). Münster: Waxmann.

Schecker, H. & Theyßen, H. (2007). Energie: Ein Konzept in allen Naturwissenschaften. In *Naturwissenschaften im Unterricht – Chemie,* **18** (100/101), S. 82–85.

Schmidkunz, H. & Parchmann, I. (2011). Basiskonzept Energie. In *Unterricht Chemie,* **22** (121), S. 2–7.

Schmidt, S. & Parchmann, I. (2011). Schülervorstellungen: Lernhürde oder Lernchance. In *Praxis der Naturwissenschaften – Chemie in der Schule,* **60** (3), S. 15–20.

Schnotz, W. (2006). Conceptual change. In D. H. Rost (Hrsg.), *Schlüsselbegriffe. Handwörterbuch Pädagogische Psychologie.* (S. 77–82). (3. Auflage). Weinheim: Beltz.

Schwenk, E. F. (2000). *Sternstunden der frühen Chemie: Von Johann Rudolph Glauber bis Justus von Liebig* (2., überarb. Aufl., Orig.-Ausg). *Beck'sche Reihe: Vol. 1252.* München: Beck.

Seifert, S., Fischler, H. & Peuckert, J. (1999). Werden durch Schulbuchdarstellungen der Mikrowelt Fehlvorstellungen induziert? In H. Behrendt (Hrsg.), *Zur Didaktik der Physik und Chemie: Probleme und Perspektiven. Vorträge auf der Tagung für Didaktik der Physik/Chemie.* (S. 310–312). Alsbach: Leuchtturm.

Shtulman, A. & Valcarel, J. (2014). Scientific knowledge suppresses but does not supplant earlier intuitions. In *Cognition,* **124** (2), S. 209–215.

Sinatra, G. M. & Mason, L. (2013). Beyond knowledge: Learner characteristics influencing conceptual change. In S. Vosniadou (Hrsg.), *International Handbook of Research on Conceptual Change.* (S. 377–394). (2. Auflage). Hoboken: Taylor and Francis.

Sommer, K. (2010). Von der Alltagssprache zur chemischen Fachsprache. In C. Ensberg & S. Wittkowske (Hrsg.), *Fachdidaktiken als praktische Wissenschaften. Grundlagen – Positionen – Perspektiven.* (S. 183–200). Bad Heilbrunn: Klinkhardt.

Stark, R. (2003). Conceptual Change: kognitiv oder situiert? In *Zeitschrift für pädagogische Psychologie,* **17** (2), S. 133–144.

Stäudel, L., Franke-Braun, G. & Parchmann, I. (2008). Sprache, Kommunikation und Wissenserwerb im Chemieunterricht. In *Unterricht Chemie,* **19** (106/107), S. 4–9.

Stavy, R. (1990). Children's conceptions of changes in the state of matter: From liquid (or solid) to gas. In *Journal of Research in Science Teaching,* **27** (3), S. 247–266. doi:10.1002/tea.3660270308.

Sumfleth, E. & Pitton, A. (1998). Sprachliche Kommunikation im Chemieunterricht: Schülervorstellungen und ihre Bedeutung im Unterrichtsalltag. In *Zeitschrift für Didaktik der Naturwissenschaften,* **4** (2), S. 4–20.

Sumfleth, E. & Geisler, A. (1999). Veränderungen von Schülervorstellungen im Bereich Säuren und Basen. In H. Behrendt (Hrsg.), *Zur Didaktik der Physik und Chemie: Probleme und Perspektiven. Vorträge auf der Tagung für Didaktik der Physik/Chemie.* (S. 205–207). Alsbach: Leuchtturm.

Taber, K. S. (2002). *Chemical misconceptions – prevention, diagnosis and cure: Theoretical background.* (1. Auflage). Cambridge: Royal Society of Chemistry.

Vosniadou, S., Ioannides, C., Dimitrakopoulou, A. & Papademetriou, E. (2001). Designing learning environments to promote conceptual change in science. In *Learning and Instruction,* **11**, S. 381–419.

Vosniadou, S. (2007). The Cognitive-Situative Divide and the Problem of Conceptual Change. In *Educational Psychologist,* **42** (1), S. 55–66.

Vosniadou, S. (Hrsg.). (2013). *International Handbook of Research on Conceptual Change.* (2. Auflage). Hoboken: Taylor and Francis.

Vosniadou, S. (2013). Conceptual change in learning and instruction: the framework theory approach. In S. Vosniadou (Hrsg.), *International handbook of research on conceptual change.* (S. 11–30). (2. Auflage). Hoboken: Taylor and Francis.

Wandersee, J. H., Mintzes, J. J. & Novak, J. D. (1994). Research on alternative conceptions in science. In D. L. Gabel (Hrsg.), *Handbook of research on science teaching and learning. A project of the national science teachers association.* (S. 177–210). New York: Macmillan.

Watson, J. R., Prieto, T. & Dillon, J. S. (1997). Consistency of students' explanations about combustion. In *Science Education,* **81**, S. 425–444.

Weinert, F.E. & Helmke, A. (1993). Wie bereichsspezifisch verläuft die kognitive Entwicklung? In R. Duit & H. Stork (Hrsg.): *Vol. 135. IPN, Kognitive Entwicklung und Lernen der Naturwissenschaften. Tagungsband zum 20. IPN-Symposium aus Anlaß des 60. Geburtstages von Prof. Dr. Heinrich Stork.* (S. 27–44). Kiel: IPN.

Wilhelm, T. (2008). Vorstellungen von Lehrern über Schülervorstellungen. In D. Höttecke (Hrsg.), *Kompetenzen, Kompetenzmodelle, Kompetenzentwicklung. Gesellschaft für Didaktik der Chemie und Physik – Jahrestagung in Essen 2007.* (S. 44–46). Münster: LIT.

9 Fachsprache und Begriffsbildung

Inhaltliche Schwerpunkte

- Im Unterrichtsfach Chemie kommen verschiedene Sprachen zur Anwendung: Alltagssprache, Lehr-Lern-Sprache, Fachsprache (chemische Wissenschaftssprache).
- Chemische Inhalte können auf verschiedenen, unterschiedlich abstrakten Darstellungsebenen dargestellt werden: realistisch, bildlich, verbal, symbolisch, mathematisch.
- Die chemische Fachsprache umfasst eine Vielzahl eigener Zeichen (Symbole), Namen, Begriffe und Regeln. Diese müssen mit den Schülerinnen und Schülern erarbeitet werden.
- Fachbegriffe werden durch eine gedankliche Auseinandersetzung mit einem fachlichen Sachverhalt gebildet. Es werden klassifikatorische, komparative und quantitative Begriffe unterschieden. Die Begriffsbildung lässt sich durch bestimmte Bedingungen erfolgreich gestalten.

9

9.1 Sprache im Chemieunterricht

9.1.1 Sprache und die Bildungsstandards

Grundsätzlich ist das Lehren und Lernen fachlicher Inhalte immer an Sprache gebunden (Norris & Philipps 2003; Sumfleth et al. 2013; Wellington & Osborne 2009; Yore & Treagust 2006). Insofern ist Sprache basale Voraussetzung für den Erwerb aller in den Bildungsstandards festgelegter Kompetenzen (vgl. Kap. 5.1). Im Kompetenzbereich Fachwissen ist das eng verknüpft mit Begriffen und Begriffsbildung (Seah et al. 2011) (vgl. Kap. 9.2.1). Im Kompetenzbereich Kommunikation steht die angemessene Verwendung der Fachsprache im Vordergrund.

Zwei Standards aus dem Bereich Kommunikation beschäftigen sich in besonderer Weise mit der Sprachkompetenz der Schülerinnen und Schüler. K4 fokussiert auf die Fachsprache: „Die Schülerinnen und Schüler beschreiben, veranschaulichen und erklären chemische Sachverhalte unter

Verwendung der Fachsprache und/oder mit Hilfe von Modellen und Darstellungen“ (KMK 2005, S. 12). Die Nutzung der Fachsprache ist also explizit in den Bildungsstandards gefordert. K5 gibt einen Hinweis auf das Verhältnis von Fachsprache und sprachlichen Voraussetzungen der Schülerinnen und Schüler: „Die Schülerinnen und Schüler stellen Zusammenhänge zwischen chemischen Sachverhalten und Alltagserscheinungen her und übersetzen dabei bewusst Fachsprache in Alltagssprache und umgekehrt“ (KMK 2005, S. 12). Hier sei angemerkt, dass die Fachsprache zwar Teil der Verkehrssprache (hier: Deutsch) ist (Hoffmann 1985; Lemke 1990), der Begriff der Übersetzung jedoch bereits darauf hindeutet, dass das Erlernen der Fachsprache durchaus Parallelen zum Fremdsprachenerwerb aufweist. Daraus ergeben sich einige grundlegende Fragen: Was ist unter Alltagssprache und Fachsprache zu verstehen? Wie ist das Verhältnis dieser beiden zueinander und zu anderen im Chemieunterricht und in der Fachwissenschaft Chemie verwendeten Sprachen? Welche Bereiche müssen beim Erlernen der Fachsprache abgedeckt werden?

9.1.2 Sprachen im Chemieunterricht: Begriffsbestimmungen und Funktionen

Im Chemieunterricht werden verschiedene Varianten der Verkehrssprache (hier Deutsch) verwendet (Abb. 1): Chemische Fachsprache, Lehr-Lern-Sprache (auch Unterrichtssprache genannt) und Alltagssprache. Daneben umfasst die chemische Sprache auch noch den Labor-Jargon (Vertiefung 1).

Die **Fachsprache** – die **chemische Wissenschaftssprache** – stellt die formalste und exakteste verbale Ausdrucksweise für chemische Inhalte dar. Sie wird vornehmlich von ausgebildeten Chemikern im formalen Austausch verwendet (Parchmann & Venke 2008). Hierunter fallen beispielsweise wissenschaftliche Vorträge und Publikationen. Dabei erfüllt sie verschiedenste Zwecke, u. a. Verständigung und Abgrenzung (Harms & Kattmann 2013). Die Zeichen und Begriffe der chemischen Fachsprache folgen einem präskriptiven, expliziten Regelsystem, das in verschiedenen Publikationen ausformuliert und definiert ist. Darunter fallen die Publikationen der International Union of Pure and Applied Chemistry (IUPAC), des Deutschen Instituts für Normierung (DIN), der Physikalisch-Technischen Bundesanstalt (PTB) sowie das internationale Einheitssystem (SI-System) (Deutsches Institut für Normen 1986, 1992, 1994, 1999; International Union of Pure and Applied Chemistry [IUPAC] 2009; Physikalisch-Technische Bundesanstalt 2007). Die DIN-Normen DIN 32640 und DIN 32641 wurden zugunsten der IUPAC-Nomenklatur inzwischen zurückgezogen. Die chemische Fachsprache ist charakterisiert durch ihre Fachbegriffe und durch typische syntaktische und morphologische Merkmale der deutschen Sprache (Nominalstil, erweiterte Nominalphrasen, komplexe Attribute, Konditionalsätze, Passivformen, unpersönliche Ausdrucksweise, mehrgliedrige Komposita) (Rincke 2010; Sumfleth et al. 2013).

Die primäre Aufgabe der Fachsprache, z. B. der Symbole, liegt darin, „ein weltweit einheitliches Verständnis und darauf aufbauend eine international nahezu uneingeschränkte Fachkommunikation zu ermöglichen" (Parchmann & Venke 2008, S. 10). Im Unterricht können durch die Nutzung der Fachsprache – und den expliziten Hinweis auf ihre Nutzung – Begriffe für die Lernenden neu besetzt werden.

V

Vertiefung 1: Labor-Jargon

Der Labor-Jargon stellt eine informelle, für den Adressatenkreis eindeutige, Ausdrucksweise für chemische Inhalte dar. Sie wird vornehmlich im Rahmen der Labortätigkeit verwendet. Allerdings dient sie vor allem dem informellen, alltäglichen Austausch. Ihr Regelsystem, ihre Zeichen und ihre Begriffe sind tradiert und werden nicht explizit geregelt, sondern nach Bedarf wie in anderen lebendigen Sprachen auch innerhalb der Nutzergemeinschaft geändert und ergänzt. Es ist nicht Ziel des Chemieunterrichts, den Schülerinnen und Schülern die Nutzung eines Labor-Jargons zu vermitteln.

Ähnlich wie die Fachsprache und im Gegensatz zum Laborjargon wird die **Lehr-Lern-Sprache** im formellen Austausch genutzt. Allerdings ist die Nutzergruppe hier vornehmlich eine andere. Überwiegend handelt es sich um Lehrpersonen und Schülerinnen und Schüler sowie Hochschullehrende und Studierende. Die Lehr-Lern-Sprache zeichnet sich auf verbaler Ebene sowohl in grammatikalischer wie auch in lexikalischer Hinsicht durch Vielfalt aus. Das Ziel ist in beiden Bereichen, auf Dauer eine Entwicklung hin zur Fachsprache bei den Lernenden zu erzielen. Dies geschieht jedoch nicht auf Kosten der Verständlichkeit und Anwendbarkeit für die Lernenden. Daher erfolgt im lexikalischen Bereich häufig eine genetische Entwicklung von Begriffen. Definitionen sind vorläufig und müssen ausbaufähig sein. Im grammatikalischen Bereich wird der unpersönliche und passive Stil der Fachsprache vornehmlich im schriftlichen Gebrauch (z. B. im Versuchsprotokoll, vgl. Kap. 13.6) angewendet.

Die wesentliche Aufgabe der Lehr-Lern-Sprache besteht in der verbalen Vermittlung chemischer Inhalte – also dem Einführen neuer Konzepte – und der Verschiebung von Begriffen und sprachlichen Gewohnheiten von der Alltagssprache hin zur Fachsprache. Im Wechsel zwischen Alltags- und Fachsprache zeigt sich im Idealfall das Chemieverständnis (Pfeifer 2008, S. 16). Die-

ser Wechsel sollte durch die Lehr-Lern-Sprache sowohl konzeptuell als auch sprachlich vermittelt werden.
Die **Alltagssprache** unterliegt den Regeln und Gewohnheiten des alltäglichen, informellen Austausches im jeweiligen, durchaus regionalen Sprachraum. Ihre Bezeichnung chemischer Begriffe folgt der Tradition (vgl. Kap. 9.2) und dem zunächst unreflektierten Gebrauch.

Der Alltagssprache kommen im Chemieunterricht verschiedene Aufgaben zu. Sie stellt aber auch ein Mittel zur Kommunikation über chemische Inhalte dar. Die Alltagssprache kann einen Ausgangspunkt für die Auseinandersetzung mit chemischen Konzepten darstellen (z. B. deutet „Essig schmeckt sauer" bereits auf das Säure-Konzept hin). Ferner können durch die alltagssprachlichen Mittel von Metapher und Personifizierung fachliche Konzepte lebendiger und lernförderlicher kommuniziert werden (Harms & Kattmann 2013). Schließlich ist sie wichtiges Mittel zur Diskussion von und Reflexion über Alltags- und Fachkonzepte. Im Chemieunterricht kommen der Alltagssprache außerdem die Aufgaben der Handlungsorganisation und des sozialen Austausches zu. Diese Anlässe, die sich nicht auf chemische Inhalte beziehen, werden in der Alltagssprache ausgehandelt. Die anderen Sprachen im Chemieunterricht stellen für solche Anlässe keine gesonderten sprachlichen Mittel zur Verfügung.

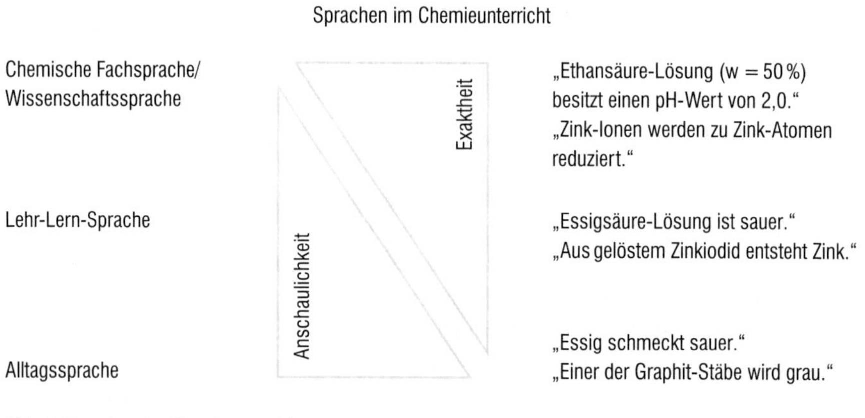

Abb. 1: Sprachen im Chemieunterricht

Im Folgenden wird im Detail auf die Besonderheiten der Verwendung von Symbolen und Formeln der chemischen Fachsprache eingegangen. Hier werden auch die Vor- und Nachteile der Verwendung einzelner Darstellungen im Unterricht beschrieben.

9.1.3 Die chemische Fachsprache in Symbolen und Formeln

Die chemische Fachsprache weist diverse Besonderheiten auf: 1. Sie nutzt Symbole, die stellvertretend für oft komplexe fachliche Konzepte stehen (z. B. „H“ als Elementsymbol für die Idee einer Einheit aus Elektron und Proton als Wasserstoffatom). 2. Sie nutzt Begriffe, die ebenfalls stellvertretend für oft komplexe fachliche Konzepte stehen (z. B. „Säure“ als Begriff für eine Stoffgruppe mit bestimmten Eigenschaften). 3. Symbole und Begriffe werden auf für die Chemie einzigartige Weise miteinander verknüpft, um Vorgänge oder weitere Konzepte zu beschreiben (z. B. die Formel „H_2“ als Wasserstoffmolekül; das Kompositum „Lewis-Säure“ als genauere Beschreibung einer Stoffgruppe).

Die sprachlichen Zeichen gliedern sich am augenfälligsten in die Begriffe und die Symbole. Auf die Begriffe wird später näher eingegangen (vgl. Kap. 9.2). Die **Symbole** lassen sich systematisch Gruppen zuordnen. Einige dieser Gruppen bestehen ausschließlich aus willkürlich definierten Symbolen, andere haben eine feste Systematik, die nahezu unbegrenzte Erweiterung erlaubt. Zu den geschlossenen Gruppen chemischer Symbole zählen:

- Elementsymbole, z. B. H, He, Li, Mg, B
- Symbole mit syntaktischer Funktion wie Reaktionspfeil, Gleichgewichtspfeil, Pluszeichen, Mesomeriepfeil
- Symbole für Stoffzustände, z. B. s(olid), l(iquid), g(aseous), aq(ueous)
- Symbole zur Kennzeichnung der elektronischen Situation in Atomen und Molekülen, z. B. der Ladung (+, –), Wertigkeit (I, II, II ...), Oxidationszahl (+II, -III ...)
- Symbole für physikalische Größen und deren Maßeinheiten, z. B. für die Stoffmenge n in mol; dabei stellt die Stoffmenge wohl die „chemischste“ unter den physikalischen Größen dar und ist erst durch die Intervention der Chemiker in das SI-System aufgenommen worden
- Symbole zur Kennzeichnung der Hybridisierung (sp, sp^2, sp^3)

Die erweiterbaren Gruppen der Symbole wird gebildet von den diversen Formelsystemen für chemische Verbindungen (Vollhardt & Schore 2011). Diese lassen sich auf Grundlage der Elementsymbole und ihrer systematischen Syntax im Rahmen dessen, was chemisch möglich ist, unbegrenzt erweitern.

Hierzu zählen beispielsweise Summen-, Konstitutions-, Raum- und Elektronenformeln (Tab. 1).

Bezeichnung	Beschreibung	Beispiel
Summenformel	Gibt die Stöchiometrie in Bezug auf die Zusammensetzung eines Stoffes wieder.	$C_2H_4O_2$
Halbstrukturformel	Gibt in der organischen Chemie bereits Aufschluss über funktionelle Gruppen und damit über Zugehörigkeit zu Stoffklassen.	CH_3COOH
Konstitutionsformel bzw. Valenzstrichformel	Gibt zusätzlich die Bindungsverhältnisse zwischen den direkt gebundenen Atomen an.	
Skelettformel	Gibt in noch stärker reduzierter Form die Bindungsverhältnisse zwischen direkt gebundenen Atomen an. Kohlenstoffatome und kohlenstoffgebundene Wasserstoffatome sind nur implizit angegeben. Ausschließlich Heteroatome werden explizit dargestellt.	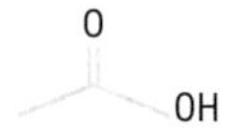
Raumformel	Gibt die Bindungsverhältnisse und die Orientierung der Atome im Raum an. Hier gibt es verschiedene Varianten. Perspektivische Formeln wie die Keil-Strich-Formeln sind möglich. Projektionsformeln wie Fischer- und Newman-Projektion sind ebenfalls eine Option.	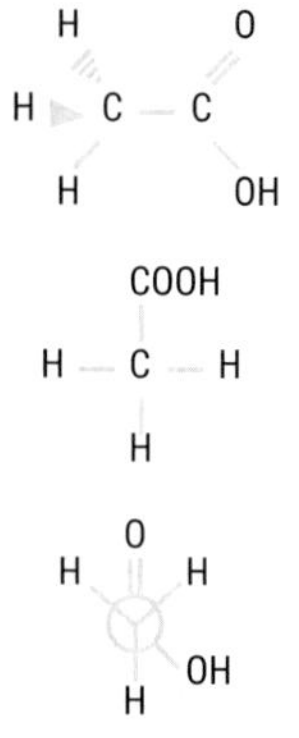
Elektronenformel	Gibt stärker die elektronische Situation der Bindung und weniger die räumliche Orientierung an.	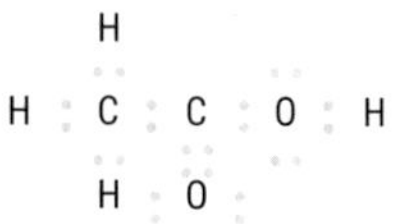

Tab. 1: Formelsysteme für chemische Verbindungen

Abschließend sei darauf hingewiesen, dass die chemische Fachsprache sich auch einer speziellen Syntax bedient. Am stärksten kommt diese wohl bei der Kommunikation über Reaktionsverläufe zum Tragen. Wenn die Aussage in der mündlichen Kommunikation lautet: Zink-Ionen werden zu Zink-Atomen reduziert und Iodid-Ionen zu Iod-Molekülen oxidiert, kann dies auf unterschiedliche Weisen schriftlich korrekt fachsprachlich ausgedrückt werden, z. B.: Zink-Ionen werden zu Zink-Atomen reduziert und Iodid-Ionen zu Iod-Molekülen oxidiert.

Zink-Ionen + Iodid-Ionen ⇌ Zink-Atome + Iod-Moleküle

$$Zn^{2+}(aq) + 2I^{-}(aq) \rightleftharpoons Zn(s) + I_2(aq)$$

Die **Reaktionsgleichung**, die mittels fachsprachlicher Zeichen und der spezifischen Syntax auf symbolisch-mathematische Weise einen Sachverhalt, hier: die ablaufenden Prozesse bei der Elektrolyse einer Zinkiodid-Lösung, wiedergibt, ist die knappste Form der fachsprachlichen Darstellung. Diese Gleichung von Beobachtungen ausgehend im Unterricht zu entwickeln, die unter Verwendung der Alltagssprache („Der eine Stab wird grau, um den anderen herum wird es braun") beschrieben werden, ist eine anspruchsvolle Aufgabe, bei der man sich weiterer Darstellungsformen bedient. Hier zeigt sich die Selbstverständlichkeit, mittels derer in der Fachsprache Sachverhalte auf eine kurze, symbolisch-mathematische Verknüpfung reduziert werden. Die Lernenden aber werden den Zugang von der in der Alltagssprache ausgedrückten Wahrnehmung des Phänomens her suchen: Der eine Stab wird grau und an dem anderen Stab wird es braun. Hier zeigt sich die enorme sprachliche Leistung, die im Chemieunterricht vollbracht werden muss.

9.1.4 Darstellungsformen fachlicher Inhalte in der Chemie

Im Rahmen dieses Kapitels wurde bereits erläutert, wie fachliche Inhalte abstrakt durch Worte/Sätze oder durch Symbole/Formeln in der Chemie dargestellt werden. Darüber hinaus bestehen weitere Möglichkeiten, fachliche Inhalte darzustellen.

Eine Einteilung in fünf Darstellungsebenen nach absteigender Abstraktheit schlägt Josef Leisen (2013) für den naturwissenschaftlich-mathematischen Unterricht vor:

- mathematisch
- symbolisch
- sprachlich
- bildlich
- gegenständlich

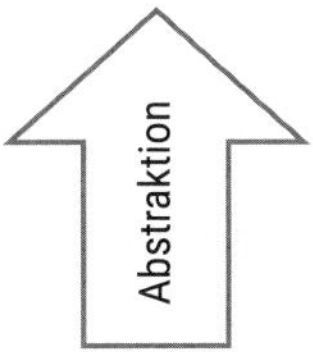

Prinzipiell sollten alle fachlichen Inhalte auf den unterschiedlichen Ebenen darstellbar sein (Vertiefung 2). Die angemessene Verwendung der Darstellungsformen und der Wechsel zwischen den Darstellungsformen stellen wichtige Instrumente für einen sprachsensiblen Chemieunterricht dar (vgl. Kap. 18.3). Die reflektierte Auseinandersetzung mit den Darstellungsformen leistet gleichzeitig einen wichtigen Beitrag zum fachlichen Lernen. Allerdings ist eine eindeutige Zuordnung einer Darstellung zu einer Ebene in manchen Fällen schwierig. Welcher Ebene ist ein mit dem Molekülbaukasten gebautes Modell der Essigsäure zuzuordnen? Die Greifbarkeit des Modells legt die gegenständliche Ebene nahe. Das Modell an sich repräsentiert jedoch eine symbolisch-formelhafte Darstellung. Entscheidend ist, dass die Lehrperson sich dieser Schwierigkeiten bewusst ist und sie im Unterricht berücksichtigt.

V

Vertiefung 2: Fachliche Inhalte auf unterschiedlichen Darstellungsebenen

Die Anwendbarkeit von Leisens (2013) Einteilung lässt sich gut an einem der in diesem Kapitel bereits verwendeten Beispielen illustrieren. Beginnt man auf der gegenständlichen Ebene, können Essig bzw. Essigsäure-Lösungen in den Unterricht mitgebracht werden. Auf der bildlichen Ebene kann z.B. ein Foto einer Essigflasche oder eine Zeichnung eines Becherglases mit Essigsäure, in die ein Stück pH-Papier getaucht wird, dargestellt werden. Auf der verbalen Ebene können die Eigenschaften des Essigs mit dem Spektrum an im Unterricht zur Verfügung stehender Sprachen (s. o.) beschrieben werden. Schließlich können die Sachverhalte symbolisch-formelhaft oder mathematisch ausgedrückt werden.

Ebene	Beispiel
mathematische Ebene	$pH = pKs - \lg[\frac{c(HA)}{c(A^-)}]$ $CH_3COOH + H_2O \rightleftharpoons CH_3COO^- + H_3O^+$
symbolisch-formelhafte Ebene	CH_3COOH 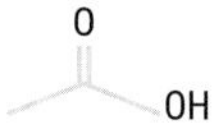
verbale Ebene	Ethansäure-Lösung (w = 50 %) besitzt einen pH-Wert von 2,0. Essigsäure-Lösung ist sauer. Essig schmeckt sauer.

Ebene	Beispiel
bildliche Ebene	
gegenständliche Ebene	Realien: Essigflaschen, Flaschen mit Essigsäure-Lösung

Eine Betrachtung entlang eines chemischen Dreiecks bzw. Tetraeders wird von den Chemiedidaktikern Alex H. Johnstone und Peter G. Mahaffy vorgeschlagen. Das chemische Dreieck nach Alex H. Johnstone (2000, 2010) basiert auf Überlegungen zur fachlichen Struktur der Wissenschaft Chemie und zur Kognitionspsychologie (Abb. 2).

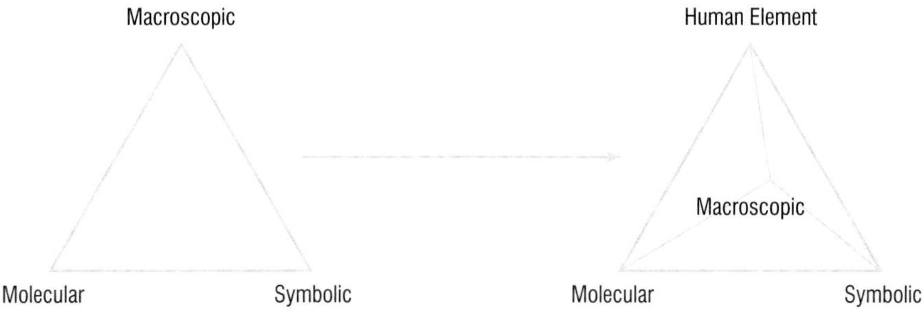

Abb. 2: Das Johnstone-Dreieck und das Mahaffy-Tetraeder

Johnstone wollte einen chemiedidaktischen Ansatz zum Umgang mit Schüler(fehl-)vorstellungen entwickeln. Nach Johnstone werden chemische Inhalte auf drei Arten betrachtet: „[It] has three components – macro and tangible; molecular and invisible; symbolic and mathematical – the three ways we look at or represent chemistry and its chemical changes“ (Johnstone, 2010, S. 24). Aus kognitionspsychologischer Sicht geht Johnstone davon aus, dass ein häufiger Wechsel zwischen diesen Ebenen für das Arbeitsgedächtnis ungünstig ist. Werden diese Ebenen im Unterricht nicht klar getrennt oder zu häufig zwischen ihnen gewechselt, steigt die Wahrscheinlichkeit von nicht adäquaten Vorstellungen der Schülerinnen und Schüler über die fachlichen Inhalte. Daher ist die Empfehlung für den Unterricht, zunächst mit der makroskopischen Ebene zu beginnen und die anderen beiden Ebenen gezielt und reflektiert einzuführen.

Das Modell von Johnstone wurde von Peter G. Mahaffy (2004, 2006) aufgegriffen und zu einem chemischen Tetraeder erweitert. Dabei werden die drei Aspekte des Johnstone-Dreiecks durch eine lebensweltliche Komponente als weiterer Eckpunkt kontextualisiert. Hierauf wird auch in der deutschen Literatur zu Schülervorstellungen verwiesen (z. B. Petermann et al. 2008) (vgl. Kap. 8). Allerdings beruht Mahaffys Entwurf nicht auf denselben fachlichen und kognitionspsychologischen Überlegungen wie bei Johnstone, sondern vielmehr auf Überlegungen zur inhaltlichen Ausgestaltung von Chemieunterricht. Mahaffy (2004, 2006) geht davon aus, dass die Einführung einer lebensweltlichen Komponente eine bessere Anknüpfung an die Erfahrungen der Schülerinnen und Schüler ermöglicht und dadurch das Vertrauen in die Chemie und das Interesse am und die Motivation im Chemieunterricht positiv beeinflusst werden.

Alle Überlegungen zur Darstellung fachlicher Inhalte im Chemieunterricht sind schlussendlich mit dem Ziel verknüpft, den Lernenden einen besseren Zugang zu diesen Inhalten zu ermöglichen. Daher gehen die Überlegungen zu Darstellungsformen auch in einen sprachfördernden und sprachsensiblen Chemieunterricht ein (vgl. Kap. 18.3).

9.2 Begriffsbildung im Chemieunterricht

9.2.1 Begriffe und Begriffsbildung

Ein **Begriff** begegnet uns auf zwei Ebenen: Die sprachliche Form des Begriffs ist das Wort, aber der Inhalt des Denkens ist der Begriff (Rossa 1975, S. 149). Der Fachbegriff spiegelt also das Ergebnis einer gedanklichen Auseinandersetzung mit einem fachlichen Gegenstand wider. Diese gedankliche Auseinandersetzung wird als **Begriffsbildung** verstanden. Dabei kommen verschiedene Denkoperationen (Vergleichen, Differenzieren, Klassifizieren, Abstrahieren, Generalisieren) zur Anwendung (vgl. Kap. 9.2.3). In diesem Prozess wird entschieden, ob der Begriff als neu und damit als bezeichnungs- und speicherwürdig erkannt wird.

Am Ende der Begriffsbildung kann der Begriff mit einer **Definition** klar beschrieben werden. Mit der Definition wird einem Symbol, einem Namen oder einem Terminus der Begriffsinhalt klar und eindeutig zugeordnet. Das Definieren umfasst deshalb sowohl das Benennen (sigmatischer Aspekt) als auch das Beschreiben des Begriffsinhaltes mit anderen Worten (semantischer Aspekt). Eine Definition enthält (1) die Unterordnung unter einen umfassenderen Begriff bzw. die Einordnung in ein größeres Gebiet und (2) die Beschreibung der Merkmale, die den Begriff von anderen Begriffen aus dem Gebiet unterscheiden. Dieser Sachverhalt sei an zwei Beispielen dargestellt:

- Die Additionsreaktion ist eine chemische Reaktion (1: Unterordnung zu umfassenderem Begriff), bei der zwei Moleküle unter Aufspaltung einer Mehrfachbildung miteinander verknüpft werden (2: Beschreibung).
- Die Diels-Alder-Reaktion ist eine thermische [4 + 2]-Cycloaddition. Cycloaddition ist der Oberbegriff mit den Merkmalen pericyclische Reaktion zwischen zwei ungesättigten Partnern und Ausbildung eines Ringes. Die unterscheidenden Merkmale gegenüber anderen Cycloadditionen sind der thermische Verlauf (ein Dien mit einem Olefin) und die Bildung eines Sechsringes.

Ein so gewonnener Begriff steht nie isoliert, sondern zu anderen Begriffen in bestimmten Beziehungen (Abb. 3):

- Subordination: Der Begriff A ist in einem anderen Begriff enthalten. Beispiel: Die Additionsreaktion ist eine chemische Reaktion, bei der zwei Moleküle unter Aufspaltung einer Mehrfachbindung miteinander verknüpft werden.
- Identität: Der Begriff A ist mit einem anderen Begriff identisch. Beide Begriffe können ohne Einschränkung in jeder Aussage ausgetauscht werden, sie sind also synonym.
  Beispiel: Die Begriffe homöopolare und kovalente Bindung können synonym verwendet werden.
- Überlappung: Der Begriff A überlappt in mindestens einem charakteristischen Merkmal mit einem anderen Begriff.

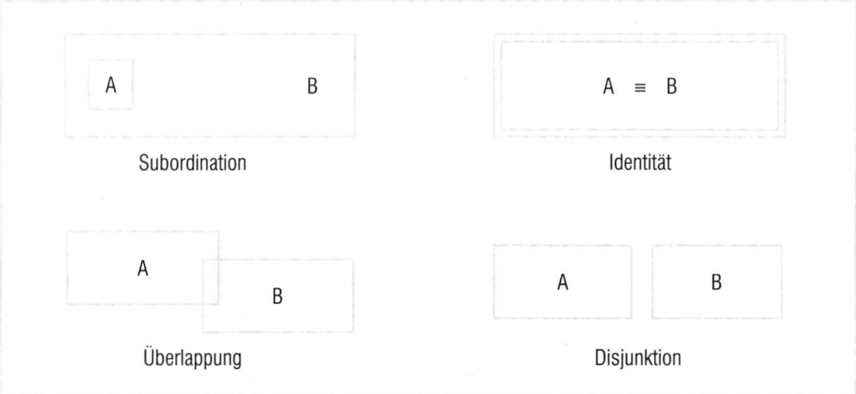

Abb. 3: Mögliche Beziehungen zwischen zwei Begriffen A und B (Pfeifer et al. 2002)

Beispiel: Die molare Bildungsenthalpie des Magnesiumoxids ist gleich der molaren Verbrennungsenthalpie des Magnesiums, wenn in der Reaktionsgleichung das Magnesium mit dem stöchiometrischen Faktor 1 eingesetzt wird.

- Disjunktion: Der Begriff A zeigt keine Übereinstimmung von charakteristischen Merkmalen zu einem anderen Begriff.
  Beispiel: Die Begriffe Metall und Nichtmetall verhalten sich disjunkt zueinander. Damit sind sie ein Gegensatzpaar.

9.2.2 Bedeutungsveränderung von Alltagsbegriffen auf dem Weg zu Fachbegriffen

Bei einer Reihe von Begriffen, z. B. Salz, Alkohol, Reinstoff und Element, stellt man sich (zu Recht) die Frage, warum diese Wörter als Fachbegriffe eingestuft werden. Denn sie gehören zum Wortschatz der Alltagssprache. Allerdings unterliegen sie auf dem Weg zum chemischen Fachbegriff einer **Bedeutungsveränderung** (Vertiefung 3). Diese Begriffe werden im Laufe des Unterrichts mit einem weiteren, anderen Begriffsinhalt ausgestattet. Dieser Begriffsinhalt erlaubt es dann, mit dem Begriff in chemischen Zusammenhängen eindeutig zu kommunizieren.

In der Alltagssprache ist mit dem Begriff Salz Kochsalz gemeint. Aus chemischer Sicht handelt es sich um die Verbindung Natriumchlorid. In der Fachsprache bezeichnet man aber mit dem Begriff Salz eine ganze Stoffklasse. Diesen Stoffen ist gemeinsam, dass sie aus Kationen und Anionen aufgebaut sind und Kristallgitter bilden. Insofern ist das Kochsalz (Natriumchlorid) nur ein Vertreter dieser Stoffklasse. Der Begriff Salz erfährt eine **Bedeutungserweiterung**. Die in der „Alltagssprache mit diesem Wort bezeichneten Objekte bilden also eine Teilmenge der in der Fachsprache damit bezeichneten Objektmenge" (Vollmer 1980, S. 54).

Dem gegenüber gibt es Begriffe, die einer **Bedeutungsverengung** unterliegen. „Die in der Fachsprache mit diesem Wort bezeichneten Objekte bilden also eine Teilmenge der in der Gemeinsprache damit bezeichneten Objektmenge" (Vollmer 1980, S. 54). Diese Veränderung des Begriffsinhaltes soll am Beispiel des Begriffes Reinstoff erläutert werden. Im Alltag ist damit ein reiner Stoff gemeint, frei von fremdartigen Stoffen und Schmutz, z. B. reine Luft, reines Wasser. In der Fachsprache bezeichnet der Reinstoff einen Stoff, der nicht weiter mit anderen physikalischen Trennverfahren auftrennbar ist (vgl. Kap. 2). Dieser Reinstoff weist konstante Stoffeigenschaften auf. Zugleich ist die Qualität des Reinstoffes ein Prädikat für den Reinheitsgrad dieser Substanz (Fischer 1996).

V

Vertiefung 3: Bedeutungsveränderung – auch der chemischen Fachsprache selbst
Interessanterweise ist auch die chemische Fachsprache selbst einer ständigen Entwicklung unterworfen. Fachbegriffe machen eine ständige Bedeutungsveränderung durch. Sie kann darin bestehen, dass (1) durch eine Erweiterung der Bedeutungsinhalt umfassender und allgemeiner wird. Herausragende Beispiele für diesen Prozess bieten die Definitionen von Säuren und Basen, z. B. nach Arrhenius, Brønsted, Lewis und Ussanowitsch oder die Definitionen von Oxidation und Reduktion. Oder der Begriffsinhalt wird (2) durch eine Verengung eingeschränkter und spezieller. So erweist sich eine große Zahl der als monomolekular beschriebenen Reaktionen bei höherer Zeitauflösung als bimolekular. (3) Durch eine Präzisierung kann der Bedeutungsinhalt genauer und detaillierter beschrieben werden. So konnte z. B. der recht diffuse Begriff „aromatisch", der im Wesentlichen durch die Reaktivität (elektrophile Substitution) bestimmt wurde, durch den Ringstromeffekt in der NMR-Spektroskopie präziser gefasst werden.

A

Anregung
Nach wie vor ein Klassiker ist die Darstellung von G. Vollmer (1980) *Sprache und Begriffsbildung im Chemieunterricht.*

9

9.2.3 Begriffsqualitäten: klassifikatorisch, komparativ, quantitativ

Man unterscheidet in der chemischen Fachsprache drei verschiedene Begriffsqualitäten (Vollmer 1980, Ströker et al. 1981). Die einfachste Form sind klassifikatorische Begriffe, bei der verschiedene Gegenstände aufgrund eines gemeinsamen, qualitativ beschriebenen Merkmals zu einer Klasse zusammengefasst werden. Bei komparativen Begriffen werden die Gegenstände einer Klasse in eine geordnete Beziehung (Ströker et al. 1981) zueinander gebracht. Die höchste Form sind quantitative Begriffe, bei denen das Ausmaß des begriffsbildenden Merkmals zahlenmäßig angegeben werden kann (vgl. Kap. 9.1.4). Alle drei Begriffsqualitäten entstehen im Zuge der Begriffsbildung. Dabei nimmt das **Ordnen** unter Nutzung verschiedener Denkoperationen eine zentrale Rolle ein. Ordnen kann durch Einordnen und Nebenordnen, durch Unterordnen und Überordnen erfolgen (Abb. 4).

Voraussetzung für diese verschiedenen Formen des Ordnens ist das Vergleichen des Neuen mit schon Bekanntem. Die Sachverhalte werden hinsichtlich ihrer Gemeinsamkeiten, aber auch Unterschiede untersucht. Auf dieser Basis ist es möglich, eine Zuordnung vorzunehmen. Das **Einordnen und Nebenordnen** führt über eine Mengenbildung zur Bildung einer Klasse. Im ein-

Abb. 4: Verschiedene Formen des Ordnens (Manthei 1984)

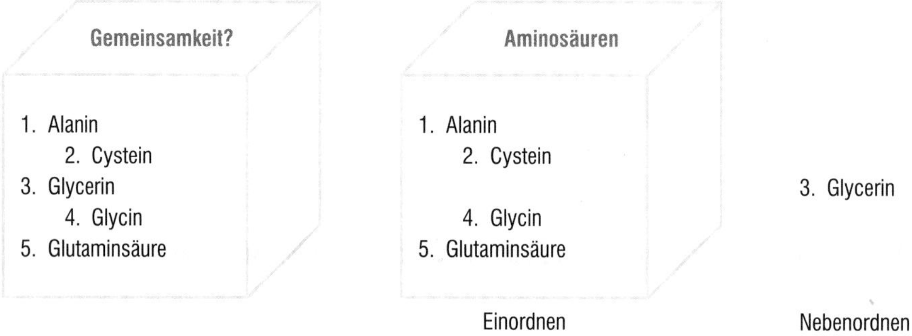

Abb. 5: Ein- und Nebenordnen (Pfeifer & Reichelt 2003)

fachsten Fall bedarf es einer einfachen Alternativentscheidung: Ist das Objekt Vertreter einer Klasse oder nicht (Abb. 5). Bei diesen Schritten kommt der Denkoperation des Typisierens/**Klassifizierens** eine besondere Bedeutung zu. Es gelingt nicht nur, Objekte einzuordnen oder auszuschließen, es gelingt vielmehr auch die Klasse hinsichtlich ihrer wesentlichen Merkmale zu charakterisieren.

Während das Ein- und Nebenordnen auf einer Ebene erfolgt, werden durch das **Unterordnen und Überordnen** verschiedene Ebenen berührt (Abb. 4). Im Ergebnis entstehen Begriffshierarchien (Abb. 6). Dabei sind vor allem die Denkoperationen des Abstrahierens – also der Vernachlässigung von unwesentlichen Merkmalen – und des Generalisierens relevant. Letzteres ist dadurch gekennzeichnet, dass die für den Sachverhalt als wesentlich identifizierten Merkmale festgelegt werden, sodass sie auch in anderen Zusammenhängen wieder auffindbar sind. Damit wird deutlich, dass das Ordnen zugleich die Grundlage für den Übergang zu komplexeren und komplizierteren Denkprozessen bildet. Die Fähigkeit zum Ordnen kann im Unterricht eingeübt und angewandt (Anregung) werden, indem die verschiedenen Formen des Ordnens – einschließlich des Umordnens vorgegebener Systeme – zur Anwendung kommen.

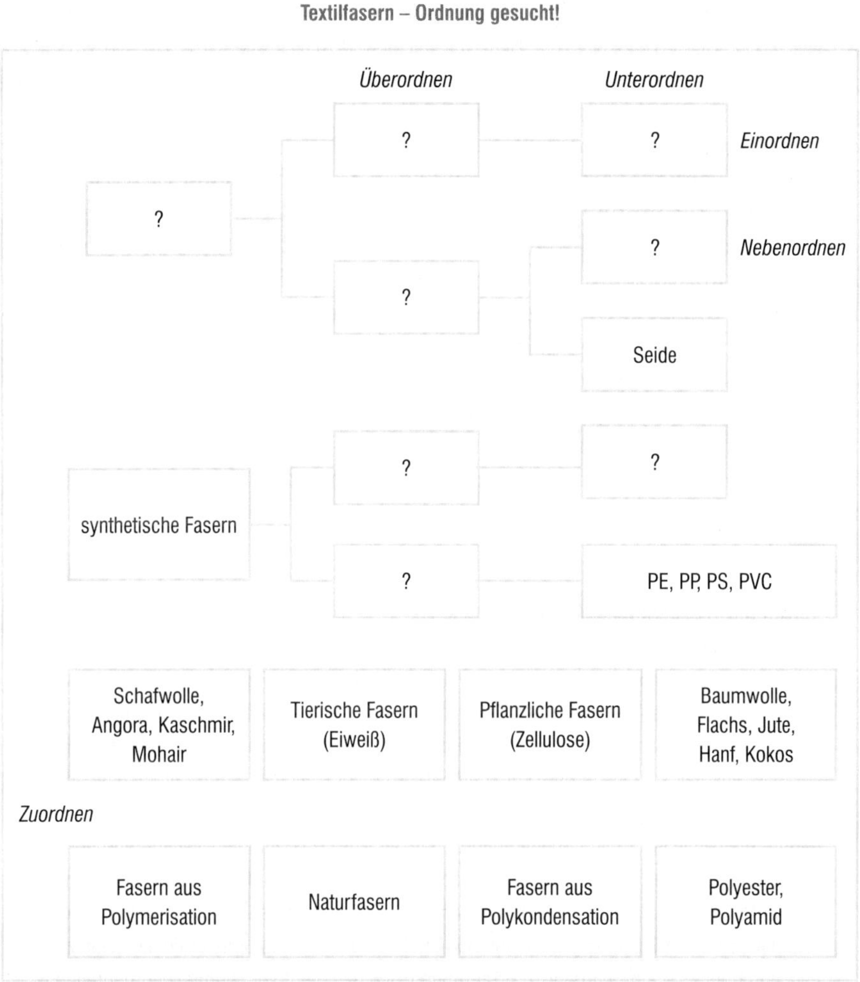

Abb. 6: Eine Begriffshierarchie als Ergebnis verschiedener Formen des Ordnens (Pfeifer & Reichelt 2003)

A

Anregung

Bei der **Literaturrecherche** kommen ebenfalls Formen des Ordnens zum Tragen. Um einen möglichst großen Pool an Treffern zu erzielen, wählt man einen Oberbegriff. Soll die Trefferzahl eingeschränkt werden, so entscheidet man sich für einen der Unterbegriffe.

Die **qualitativen oder klassifikatorischen Begriffe** bilden meist den Anfang in der Begriffsbildung. Bei der Klassifikation werden durch das Vergleichen Objekte mit gemeinsamen Merkmalen oder analogen Erscheinungen logisch zusammengefasst. Die Merkmale (Kriterien), die zur Ordnung der Mannigfaltigkeit in den Bereichen chemischer Stoffe und chemischer Reaktionen genutzt werden, können konkret-anschaulicher (z. B. Herkunft, Herstellung, Zusammensetzung, Beschaffenheit, Verwendung betreffend), empirischer oder modellhaft-theoretischer (z. B. Struktur, Funktion, Stabilität, Invarianzkonzepte betreffend) Natur sein. Die entstehenden Begriffe bezeichnen **Klassen**, wie beispielsweise Elementgruppen (Edelgase, Alkalimetalle ...), Verbindungsklassen mit gleichen funktionellen Gruppen oder Stoffsysteme, wie Metalle oder Nichtmetalle. Die sprachlichen Formen für die Begriffe – also die gewählten Wörter – sollten einfach, treffend und vielfältig einsetzbar sein sowie den empirischen Befund (Beobachtungsergebnis), der für die Zugehörigkeit zu einer bestimmten Klasse wichtig ist, berücksichtigen (Vertiefung 4).

V

Vertiefung 4: Experiment und Begriffsbildung

Die Chemie gewinnt als empirische Wissenschaft (vgl. Janich 1992; Psarros 1999) ihre Ergebnisse auf experimentellem Wege (vgl. Kap. 4). Stork (1981) bringt das mit der Bedeutung der Sprache in folgenden treffenden Zusammenhang: „Nach allem halte ich die Auffassung, im naturwissenschaftlichen Unterricht sei die Sprache weniger wichtig, für falsch. Richtig daran ist nur, daß sie eine andere Funktion hat als im sprachlichen Unterricht, insbesondere in dessen literarischem Teil. Hier ist sie das ästhetische Instrument zur nuancenreichen Schilderung menschlicher Empfindungen und Gedanken, zur Erfassung und Schilderung höchst detaillierter und vielfältig verästelter menschlicher Reaktionen auf bestimmte Situationen. Mit der Sprache im naturwissenschaftlichen Unterricht verhält es sich anders: Hier bündelt sie eine Reihe von Erfahrungen, die phänomenologisch durchaus unterschiedlich sein können, und bringt sie auf den Begriff. Erfahrungen, und das heißt vor allem experimentelle Ergebnisse, werden also [...] vorausgesetzt. Sprache kann im naturwissenschaftlichen Unterricht der Sekundarstufe I die vielfältige Erfahrung nicht ersetzen; sie muß mit ihr einhergehen" (S. 56).

So stellt sich die Frage nach dem Gemeinsamen der Stoffe Calciumcarbonat (Kalk), Kreide, Tafelkreide und Marmor (Pfeifer 2008, Voglhuber 2003). Mithilfe von experimentell gewonnenen Ergebnissen wird es möglich werden, diese Vielfalt von Stoffen zu klassifizieren. Es lässt sich durch z. B. Flammenfärbung herausfinden, dass es sich in allen Fällen um Calciumverbindungen handelt. Entsprechende Reaktionen mit sauren Lösungen und der anschließenden Identifizierung des entstehenden Gases als Kohlenstoffdioxid führt zu der Erkenntnis, dass fast alle Verbindungen Vertreter der Klasse der Carbonate sind – mit einer Ausnahme: Tafelkreide ist Calciumsulfat.
Die Stoffklasse der Sulfate kann den Carbonaten nebengeordnet werden.

Bereits auf der Ebene der Klassen ist es möglich, dass sich **Gegensatzpaare (Antonyme),** eine Besonderheit der chemischen Fachsprache, identifizieren lassen. Gegensatzpaare sind in einem Kern von Bedeutungselementen, Merkmalen identisch und unterscheiden sich nur in einem bzw. wenigen Merkmalen, dann aber extrem voneinander (Vollmer 1980, S. 75). Als Beispiele seien Säure-Base, Oxidation-Reduktion, physikalische Trennverfahren-chemische Reaktion, exotherm-endotherm genannt. Die damit im Zusammenhang stehende Fähigkeit zur Begriffsbegrenzung unter bestimmten Kriterien ist ein wichtiges Kennzeichen der Begriffsbildung im Chemieunterricht. Die im weiterführenden Unterricht wachsende Erkenntnis, dass derartigen Zuordnungen zu einer bestimmten Kategorie kein Absolutheitsanspruch eingeräumt werden kann, ist ein wesentlicher Schritt zum Chemieverständnis.

Klassen können auf unterschiedliche Weise mit anderen Klassen in Beziehung gestellt werden. Es lassen sich **Begriffsreihen** finden, wenn die klassifikatorische Ebene nicht verlassen wird (Alkane, Alkene und Alkine als Grundstrukturen für organisch-chemische Verbindungen). Wird die Ebene verlassen, so können **Begriffssequenzen** (Natrium – Alkalimetalle – Hauptgruppenelemente) oder gar **Begriffshierarchien** aufgestellt werden. Hintergrund ist, dass durch die Einordnung des Objektes in eine bestimmte Klasse eine Schlussfolgerung bezüglich benachbarter Klassen gezogen wird; häufig stehen diese Klassen als Begriffspaare miteinander in Beziehung, sodass sich daraus eine Begriffshierarchie bildet (Abb. 4). Dabei gilt, dass von unten nach oben die Kategorien weniger spezifisch sind, dafür aber über einen größeren Umfang verfügen. Deshalb bezeichnet man diese Form auch als Begriffspyramide. Diese verschiedenen Formen der Strukturierung erweisen sich als sehr lernförderlich. Untersuchungen zeigen, dass bereits Kinder im Grundschulalter davon profitieren, wenn der Lernstoff auf diese Weise strukturiert wird und dass Schülerinnen und Schüler der Mittelstufe bezüglich dieser Fähigkeit das Leistungsniveau von Erwachsenen erreichen können (Schneider 1984) (vgl. Kap. 7.1). Die Schülerinnen und Schüler erkennen die Vorteile eingeübter Strategien und versuchen, sie auch bei unterschiedlichen Lernmaterialien anzuwenden (Transfer). Besonders hervorgehoben sei an dieser Stelle nochmals das Systematisieren. Es lässt sich nicht nur auf lokales Ordnen beschränken, sondern auf verschiedenen Abstraktionsstufen wiederholen, wie typische Systematisierungskonzepte der organischen Chemie verdeutlichen:

- funktionelle Gruppen führen zu Verbindungsklassen
- Unterscheidung von Reaktionstypen nach der Knüpfung neuer Bindungen zwischen Atomen: Substitution – Addition – Eliminierung
- Wechselwirkung an reaktiven Zentren: Nucleophile – Elektrophile – Radikale
- Beeinflussung chemischer Reaktion durch den Molekülrest: elektronische / sterische Effekte

Es gibt bestimmte Begriffe, die sich für den Lernprozess als unverzichtbar und damit als „Schlüssel" für das Verständnis chemischer Zusammenhänge erweisen. Diese Begriffe bezeichnet man als **Schlüsselbegriffe**. Sie haben eine verständniseröffnende Funktion und bilden den Anker für die Erweiterung der Wissensbasis in vertikaler und horizontaler Hinsicht. Schlüsselbegriffe finden sich vielfach in den Basiskonzepten (vgl. Kap. 2) wieder.

Die **komparativen Begriffe** bilden nach den klassifikatorischen Begriffen die nächsthöhere Stufe. Sie basieren auf einem Vergleich der übereinstimmenden Merkmale und setzen die Gegenstände einer Klasse aufgrund des Vergleichs zueinander in Beziehung. Auf diese Weise erreicht man Ausschärfungen von beispielsweise „mehr oder weniger", „stärker oder schwächer". Das ist für chemische Betrachtungsweisen sehr wichtig, weil die Begriffe genauere Informationen liefern als rein klassifikatorische Begriffe. Die Beziehungen werden auf vorwiegend empirischer Grundlage gefunden und sind ein wichtiger Zwischenschritt zur Einführung quantitativer Begriffe.

Als Beispiele seien genannt:

- Härteskala für Mineralien nach Mohs, z. B. ist Quarz härter als Calcit
- Affinitätsreihe der Metalle zu Sauerstoff, z. B. lässt sich Magnesiumoxid schwerer durch Wasserstoff reduzieren als Blei(II)-oxid, Magnesium ist ein stärkeres Reduktionsmittel als Wasserstoff
- Lösungstensionsreihe der Metalle, z. B. verdrängt das jeweils unedlere Metall das edlere aus dessen Salzlösung
- starke und schwache Säuren, z. B. entwickelt die jeweils stärkere Säurelösung unter sonst gleichen Bedingungen mit einem unedlen Metall ein größeres Wasserstoffvolumen / Zeiteinheit

- Änderung des Metall- und Nichtmetallcharakters in einer Hauptgruppe oder Periode

Die **quantitativen Begriffe** stellen die höchste Form der Begriffsbildung dar (Stachelscheid 1990; Ströker et al. 1981; Sumfleth 1988). Sie verfügen über den stärksten Informationsgehalt. Die Einführung eines quantitativen Begriffs wird als Metrisierung bezeichnet. Von einer fundamentalen Metrisierung spricht man, wenn eine Größe eingeführt wird, ohne auf andere Größen zurückzugreifen. Dies ist bei den SI-Basiseinheiten der Fall (Müller-Herold 1985); in der Chemie ist das Mol die wichtigste Basiseinheit. Eine abgeleitete Metrisierung liegt vor, wenn man sich auf verfügbare quantitative Begriffe bezieht bzw. stützt. Als Beispiele seien Dichte (Masse/Volumen), Konzentration, pKs-Wert, Redoxpotenzial, Molvolumen genannt.

In den meisten Fällen ist es methodisch und didaktisch gerechtfertigt, die **Begriffsbildung** im Unterricht an der Linie **„qualitativ – halbquantitativ – quantitativ"** zu orientieren. Dieser Gesamtzusammenhang sei am Beispiel des Begriffes Oxidationsmittel erläutert (Vollmer 1980, S. 76 f.):

- klassifikatorische Begriffe: Der Begriff Oxidationsmittel wird definiert und ggf. vom Begriff Reduktionsmittel abgegrenzt.
- komparativer Begriff: Ein konkretes Oxidationsmittel lässt sich in seiner Wirksamkeit zu anderen Oxidationsmitteln in Beziehung setzen. So lässt es sich als ein stärkeres oder schwächeres Oxidationsmittel bezeichnen.
- quantitativer Begriff: Die Wirksamkeit des Oxidationsmittels wird in Form des Normalpotenzials zahlenmäßig ausgedrückt.

Eine sofortige und alleinige Einführung des quantitativen Begriffs wird unverstanden bleiben, da der Begriffsinhalt hinter dem Zahlenwert unklar ist. Deshalb ist der Zugang über die qualitative Seite unerlässlich. Erst wenn die qualitative Seite des Phänomens verstanden wurde, kann eine quantitative Betrachtung erfolgen. Dabei kommt den komparativen Begriffen eine wichtige Gelenkfunktion zu. Sie erlauben einen schrittweisen Übergang zu dem mathematisch-abstrakten Begriffsinhalt. Zahlen tragen erst dann zum Verständnis eines Phänomens bei, wenn man zuvor dessen qualitative Seite verstanden hat (Müller-Herold 1985). Selbst im fortgeschrittenen Chemieunterricht kann es hilfreich sein, immer wieder die qualitative Seite bewusst mit einzubeziehen, um die Basis für die Begriffsbildung nicht zu verlieren.

9.2.4 Bedingungen erfolgreicher Begriffsbildung

Die **Klarheit und Exaktheit** sind zwei Bedingungen für eine erfolgreiche Begriffsbildung, die bereits im „Handbuch der Schulchemie" von Kintoff und

Wagner (1961) als erste Forderung an den Chemieunterricht gestellt werden. Diese beiden Bedingungen zeigen sich beispielsweise in der Lehrsprache, welche die Lehrkraft verwendet (Vertiefung 5).

Erfolgreiche Begriffsbildung setzt des Weiteren voraus, dass der Begriff, der gedanklich durchdrungen werden soll, eine **breite Repräsentation** erfährt. Merzyn (1998, S. 244) führt diesen Aspekt an einem leicht eingängigen Beispiel aus:

> Angenommen, der Begriff Baum soll gelernt werden. Es reicht bei weitem nicht, dem Kind eine sommerliche Eiche zu zeigen und „Baum" zu sagen. Das Typische des Begriffs Baum lernt es erst, wenn ihm weitere Repräsentanten des Begriffs gezeigt werden; Beispiele, die sich in vielem vom ersten Beispiel unterscheiden und dennoch Bäume sind, etwa eine schlanke Pappel, eine Birke mit weißer Rinde, ein herbstlicher Ahorn mit bunten Blättern, eine Tanne mit Nadeln, ein Birnbaum im Winter ganz ohne Blätter. Fast nichts an der äußeren Erscheinung der zuerst gezeigten sommerlichen Eiche ist sicheres Erkennungszeichen für „Baum". Erst, wenn das Kind von Blattform, Blattfarbe und vielen anderen Eigenschaften abstrahiert, erfasst es das Wesentliche von „Baum". Werden wichtige Repräsentanten dem Kind nicht vor Augen geführt (z. B. keine Nadelbäume), erwirbt es ein unvollkommenes, zu enges Verständnis des neuen Begriffes.

Häufig ist die ungenügende Repräsentation von Begriffen eine Ursache für Lern- und Verständnisschwierigkeiten (Stork 1988). Die Situation wird verschärft, wenn es sich um eine Sequenz schwieriger, abstrakter Begriffe handelt. Die Folge ist, dass mechanisch gelernt wird und die Begriffe ihre Ankerfunktion nicht erfüllen können.

Bei der Auswahl der Repräsentanten sollte dem didaktischen Prinzip des Exemplarischen (vgl. Kap. 11) Rechnung getragen werden. Es sollten Objekte ausgewählt werden, die den Begriffsinhalt besonders ausgeprägt repräsentieren. Damit kann der Forderung Rechnung getragen werden, dass die Schülerinnen und Schüler die maßgeblichen Kriterien für die Begriffsbildung erfassen können – aus entwicklungspsychologischer Sicht (vgl. Kap. 7.1) sind sie dazu in der Lage. Stork (1981) erläutert das an einem Beispiel: „Die Siedetemperatur wird sowohl im Physik- als auch im Chemieunterricht eingeführt als die Temperatur, bei der ein Stoff vom flüssigen in den gasförmigen Zustand übergeht. Es wird gesagt, daß jeder Stoff dies bei einer bestimmten Temperatur tue; daher könne man einen Stoff an der Siedetemperatur erkennen. Demonstriert wird in der Regel nur der Siedepunkt des Wassers [...]. Die Siedetemperatur als Charakteristikum für einen Stoff hat auf diese Weise keine Chance, den Schülern vertraut und von ihnen verstanden zu werden. Wir betonen doch immer, daß man Stoffe an ihren Eigenschaften erkenne; hier ist eine günstige Gelegenheit, eine solche Erkennungsmethode zu praktizieren. [...] Die Schüler bestimmen [...] die Siedetemperatur von Aceton, Methanol, Äthanol und Isopropanol" (S. 51).

Erfolgreiche Begriffsbildung braucht **Raum und Zeit** (vgl. Kap. 7.2), um jeden neu zu erwerbenden Begriff möglichst umfassend an konkreten Beispielen zu erarbeiten, anzuwenden und mit anderen Begriffen in Beziehung bringen zu können. Das methodische Repertoire dafür ist vielfältig und wird in den Kapiteln Methoden-Werkzeuge (vgl. Kap. 12.3) und Lernaufgaben (Kap. 12.7) näher vorgestellt.

V

Vertiefung 5: Leitsätze für den Gebrauch der chemischen Fachsprache im Unterricht

Hallpap et al. (2002) haben praktikable und leicht eingängige Leitsätze für den Umgang mit der chemischen Fachsprache vor dem Hintergrund der Begriffsbildung dargestellt. Exemplarisch seien die Leitsätze genannt, welche primär die **Lehrersprache** im Fokus haben:

Merke: Schlechte Sprachgewohnheiten erschweren das gegenseitige Verständnis.

Oft lassen sich schlechte Sprachgewohnheiten, die sich bei mangelnder Konsequenz nur zu schnell bei den Schülerinnen und Schülern einschleifen, nur mit großer Mühe wieder ausmerzen. Der Schritt zur Unsachlichkeit ist dann nicht mehr weit. Beispielsweise ist die Aussage „Wasser besteht aus Wasserstoff und Sauerstoff" schlichtweg falsch; richtig wäre „Wassermoleküle bestehen aus Wasserstoffatomen und Sauerstoffatomen".

Merke: Die Fachsprache ist keine Geheimsprache, übertreibe deshalb nicht.

Unter der fachlichen Prägnanz sollte die Handhabbarkeit der Fachsprache nicht leiden. Deshalb haben auch Trivialnamen durchaus ihre Berechtigung. Beispielsweise würde die Bezeichnung von Citronensäure nach der IUPAC-Nomenklatur als 2-Hydroxy-propan-1,2,3-tricarbonsäure entsprechende Kenntnis der Nennungsregeln voraussetzen, der Trivialname dagegen ist leicht merkbar und illustrativ.

Merke: Durch die Augen und die Ohren in den Sinn.

Im Kommunikationsprozess müssen Augen und Ohren gleichermaßen geschult werden. Chemische Symbole sprechen in erster Linie das Auge an, Namen und Termini bevorzugt das Ohr. Deshalb müssen geschriebene Symbole und zugehörige gesprochene Namen und Termini miteinander verknüpft werden. Das „Buchstabieren" einer Reaktionsgleichung ist zu vermeiden.

Merke: Das Orchester spielt so gut, wie sein Dirigent ist.

Eine fundierte fachliche und fachdidaktische Ausbildung bietet eine sichere Basis für die Leitung des Orchesters. Die Fähigkeit, dem Orchester beim Spielen – oder im übertragenen Sinne, den Schülerinnen und Schülern beim Kommunizieren über chemische Sachverhalte – zuzuhören, bietet eine hilfreiche Reflexionsmöglichkeit über die eigenen Sprachgewohnheiten.

9

Literatur

Deutsches Institut für Normen. (1986). DIN 32640, (9), S. 1–10.

Deutsches Institut für Normen. (1992). DIN 32642, (5), S. 30–32.

Deutsches Institut für Normen. (1994). DIN 1304.

Deutsches Institut für Normen. (1999). DIN 32641, (8), S. 1–10.

Fischer, R. A. (1996). Wie Chemiker über Stoffe reden. In P. Janich & N. Psarros (Hrsg.), *Die Sprache der Chemie* (S. 55–64). Würzburg: Königshausen und Neumann.

Hallpap, P., Klein, O. & Lux, F. (2002). Die Fachsprache im Chemieunterricht. In P. Pfeifer, B. Lutz & H.J. Bader (Hrsg.), *Konkrete Fachdidaktik Chemie* (S. 73–89). (3. Auflage). München: Oldenbourg.

Harms, U. & Kattmann, U. (2013). Sprache. In H. Gropengießer, U. Harms, & U. Kattmann (Hrsg.), *Fachdidaktik Biologie* (S. 378–389). (9. Auflage). Hallbergmoos: Aulis.

Hoffmann, L. (1985). *Kommunikationsmittel Fachsprache: Eine Einführung.* (2. Auflage). Tübingen: Gunter Narr.

International union of pure and applied chemistry [IUPAC]. (2009). *Compendium of chemical terminology (the „Gold Book“).* (2. Auflage). Oxford: Blackwell Scientific Publications.

Janich, P. (1992). Chemie als Kulturleistung. In J. Mittelstraß & G. Stock (Hrsg.), *Chemie und Geisteswissenschaften* (S. 161–174). Berlin: Akademie.

Johnstone, A. H. (2000). Teaching of chemistry – logical or psychological. In *Chemistry education: research and practice,* **1** (1), S. 9–15.

Johnstone, A. H. (2010). You can't get there from here. In *Journal of chemical education,* **87** (1), S. 22–29.

Kintoff, W. & Wagner, A. (1961). *Handbuch der Schulchemie.* Köln: Aulis.

Leisen, J. (2013). *Handbuch Sprachförderung im Fach: Sprachsensibler Fachunterricht in der Praxis.* Stuttgart: Klett.

Lemke, J. L. (1990). *Talking science: language, learning and values.* Norwood: Ablex Publishing.

Mahaffy, P. (2004). The future shape of chemistry education. In *Chemistry Education Research and Practice,* **5** (3), S. 229–245.

Mahaffy, P. (2006). Moving chemistry education into 3D: a tetrahedral metaphor for understanding chemistry. In *Journal of chemical education,* **83** (1), S. 49–55.

Manthei, W. (1984). Die Rolle der geistigen Operationen im problemhaft-schöpferischen Unterricht. In *Wissenschaftliche Zeitung Der Humboldt-Universität Zu Berlin, Mathematisch-naturwissenschaftliche Reihe,* **33** (1), S. 31–34.

Merzyn, G. (1998). Sprache im naturwissenschaftlichen Unterricht. In *Physik in der Schule,* **36**, S. 203–205; 243–246; 284–288.

Müller-Herold, U. (1985). Vom Mythos der Zahl – Anmerkungen zum Stand der theoretischen Chemie. In *CHIMIA,* **39** (1), S. 3–10.

Norris, P. S. & Philipps, L. M. (2003). How literacy in its fundamental sense is central to scientific literacy. In *Science Education,* **87** (2), S. 224–240.

Parchmann, I. & Venke, S. (2008). Eindeutig – Zweideutig?! In *Unterricht Chemie,* **19** (106/107), S. 10–15.

Petermann, K., Friedrich, J. & Oetken, M. (2008). Das an Schülervorstellungen orientierte Unterrichtsverfahren – Inhaltliche Auseinandersetzung mit Schülervorstellungen im naturwissenschaftlichen Unterricht. In *CHEMKON,* **15** (3), S. 110–118.

Pfeifer, P., Lutz, B. & Bader, H.J. (Hrsg.) (2002). *Konkrete Fachdidaktik Chemie.* München: Oldenbourg.

Pfeifer, P. & Reichelt, R. (Hrsg.). (2003). *H_2O & Co. Organische Chemie.* München: Oldenbourg.

Pfeifer, P. (2008). Alltagssprache und Fachsprache. In *Unterricht Chemie,* **19** (106/107), S. 16–24.

Physikalisch-Technische Bundesanstalt. (2007). *Themenschwerpunkt: Das internationale Einheitensystem (SI).* 117 (2).

Psarros, N. (1999). *Die Chemie und ihre Methoden.* Weinheim: Wiley-VCH.

Rossa, E. (1975). *Methodik Chemieunterricht.* Berlin: Volk und Wissen.

Rincke, K. (2010). Alltagssprache, Fachsprache und ihre besonderen Bedeutungen für das Lernen. In *Zeitschrift für Didaktik der Naturwissenschaften,* **16**, S. 235–260.

Schneider, W. (1984). Die Entwicklung des Metagedächtnisses. In: *Umschau,* **12**, S. 378–380.

Seah, L. H., Clarke, D. J. & Hart, C. E. (2011). Unterstanding students' language use about expansion through analysing their lexicogrammatical resources. In *Science Education,* **95** (5), S. 852–876.

Sommer, K. (2007). *Die Fachmethoden der Chemie – Anregungen für die Umsetzung des Kompetenzbereichs Erkenntnisgewinnung im Unterricht.* Köln: Aulis.

Stachelscheid, K. (1990). *Problemlösender Chemieunterricht in der Sekundarstufe I – Gymnasium.* Essen: Westarp.

Ständige Konferenz der Kultusminister der Länder in der Bundesrepublik Deutschland [KMK]. (2005). Bildungsstandards im Fach Chemie für den Mittleren Schulabschluss. München: Luchterhand.

Stork, H. (1981). Ergebnisse der Lern- und Denktheorie mit deutlicher Relevanz für den Chemieunterricht, besonders in der Sekundarstufe I. In *Der Chemieunterricht,* **12** (4), S. 49–63.

Stork, H. (1988). *Zum Chemieunterricht in der Sekundarstufe I.* Kiel: IPN.

Ströker, E., Püllen, K., Hahn, R. & Neugebauer, H.G. (1981). *Wissenschaftstheorie der Naturwissenschaften.* Freiburg: Alber.

Sumfleth, E. (1988). *Lehr- und Lernprozesse im Chemieunterricht.* Frankfurt a. M.: Peter Lang.

Sumfleth, E., Kobow, I., Tunali, N. & Walpuski, M. (2013). Fachkommunikation im Chemieunterricht. In M. Becker-Mrotzek, K. Schramm, E. Thürmann & H. J. Vollmer (Hrsg.), *Sprache im Fach* (S. 255–276). Münster: Waxmann.

Voglhuber, H. (2003). Chemie mit (Tafel)-Kreide. In *Unterricht Chemie,* **14** (78), S. 45–47.

Vollhardt, K. P. C. & Schore, N. E. (2011). *Organische Chemie* (5. Auflage). Weinheim: Wiley-VCH.

Vollmer, G. (1980). *Sprache und Begriffsbildung im Chemieunterricht.* Frankfurt a. M.: Diesterweg.

Wellington, J. J. & Osborne, J. (2009). *Language and literacy in science education.* Buckingham: Open University Press.

Yore, L. D. & Treagust, D. (2006). Current realitites and future possibilities: Language and science literacy-empowering research and informing instructions. In *International Journal of Science Education,* **28** (2–3), S. 291–314.

10 Unterrichtskonzeptionen und Unterrichtsverfahren

Inhaltliche Schwerpunkte

- Unterrichtskonzeptionen und Unterrichtsverfahren sind durch eine bestimmte Konstellation aus Zielen, Inhalten, Methoden etc. gekennzeichnet; sie dienen der Unterrichtsplanung. Während bei den Unterrichtskonzeptionen der programmatische Charakter im Vordergrund steht, zeichnen sich Unterrichtsverfahren durch eine präzise Strukturierung (Artikulation) für den Unterricht aus.
- Unterrichtskonzeptionen können sich primär an der Fachwissenschaft Chemie, der Lebenswelt der Schülerinnen und Schüler, der Genese der Schülerinnen und Schüler bzw. der Interdisziplinarität orientieren.
- Das bekannteste Unterrichtsverfahren für den Chemieunterricht ist das forschend-entwickelnde Unterrichtsverfahren, das zur verfahrensorientierten Unterrichtskonzeption gehört.

10.1 Begriffsbestimmung: Unterrichtskonzeptionen und Unterrichtsverfahren

Ein Ziel erreicht man über einen Weg. Meist gibt es aber verschiedene Wege zum Ziel. Überträgt man diese allgemeingültige Aussage auf den Unterricht, so existieren durchaus verschiedene Wege, um die Ziele des Chemieunterrichts (vgl. Kap. 6) zu erreichen. Im Kontext des Unterrichts werden diese Wege als Unterrichtskonzepte bzw. Unterrichtskonzeptionen oder als Unterrichtsmethode bezeichnet. Da der Begriff Unterrichtsmethode so unspezifisch ist (Vertiefung 1), wird auf ihn an dieser Stelle verzichtet und stattdessen der Begriff Unterrichtskonzeption genutzt.

Unterrichtskonzepte bzw. **Unterrichtskonzeptionen** (Konzept = Plan, Programm; Konzeption = klar umrissene Grundvorstellung) geben Handlungsempfehlungen. Eine Konzeption ist durch eine bestimmte Konstellation von Zielen, Inhalten, Methoden und Medien gekennzeichnet (Glöckel 1992). Da die Konstellationen unterschiedlich sein können, lassen sich verschiedene

Konzeptionen unterscheiden. In der Phase der Unterrichtsplanung wird vor dem Hintergrund der Zielsetzungen des Lehrplans eine bewusste Entscheidung für oder auch gegen eine bestimmte Unterrichtskonzeption getroffen. Insofern verwundert es nicht, wenn Unterrichtskonzeptionen mehr einen werbenden, programmatischen Charakter aufweisen – sie stehen miteinander im Wettbewerb für den Einsatz im Unterricht.

Unterrichtskonzeptionen sind aber in den meisten Fällen nicht detailliert genug, um an ihnen die konkrete Planung von Unterrichtsstunden zu realisieren. Oder, um im Bildbereich der Wege zu bleiben: Mit der Unterrichtskonzeption wird nur entschieden, welcher der möglichen Wege benutzt wird; es ist aber nichts darüber bekannt, wie der Weg beschaffen ist, aus welchen Abschnitten er besteht etc. Darüber gibt erst das entsprechende **Unterrichtsverfahren** Auskunft. Ein Unterrichtsverfahren beschreibt die unterrichtliche Gestaltung des Weges zum Ziel. Es ist also wesentlich näher an der ganz konkreten, zu planenden Unterrichtsstunde. In diesem Zusammenhang wird häufig eine Beziehung zum Begriff der **Artikulation** hergestellt. Artikulation bezeichnet die Strukturierung des Lernablaufes durch Stufen bzw. Schritte oder auch Phasen (vgl. Kap. 12.1).

V

Vertiefung 1: Abgrenzung zum Begriff Unterrichtsmethode

In der bildungswissenschaftlichen Literatur findet man vielfach – auch im Kontext der Unterrichtskonzeptionen und -verfahren – die Bezeichnung (Unterrichts-)Methode. Terhart (2009a) stellt fest, dass eine begriffliche Kennzeichnung des Begriffs der **Methode** schwierig sei, da der Begriff in sehr vielen unterschiedlichen Kontexten benutzt würde: „Methode ist irgendwie überall" (S. 351). Schulz (1965) nennt dazu fünf Komplexe: 1) Methodenkonzeptionen (z. B. ganzheitlich-analytisches Verfahren, elementenhaft-synthetisches Verfahren, Projektverfahren, fachgruppenspezifisches Verfahren), 2) Artikulationsschemata, die den Unterrichtsprozess nach den vermuteten Lehrphasen der Schülerinnen und Schüler strukturieren, 3) Sozialformen, 4) Aktionsformen des Lehrens sowie 5) Urteilsformen, durch die der Lehrende zum Lernenden in ein wertendes Verhältnis tritt.

Terhart (2009a) konkretisiert den Begriff Methode: „Immer ist damit jedoch eine bestimmte Art und Weise des Vorgehens gemeint, wobei der Begriff ‚Vorgehen' ruhig auch wörtlich, d. h. im Sinne von ‚vor gehen' genommen werden kann: Mit ‚Methode' ist nämlich üblicherweise der Weg zu einem Ziel gemeint (griech. méthodos, aus meta und hodos, Weg zur Erreichung eines Ziels [...]). Man will etwas Bestimmtes erreichen (einen Ort, einen Zustand, eine Erkenntnis, ein Ergebnis materieller oder immaterieller Art), und um dies zu schaffen, wendet man bestimmte Methoden an oder aber erfindet neue. Die Weg-Metapher ist auch und gerade in pädagogischen Kontexten weit verbreitet, da Erziehung und Bildung vielfach als Prozesse vorgestellt werden, die nicht blindlings und ungerichtet, sondern mit einer bestimmten Absicht, also intentional und auf zu erreichende Ergebnisse (Ziele, Produkte) ge-

richtet durchgeführt werden. Was man wie genau erreichen will, und wie scharf man den Weg dorthin markiert und abschreitet, ist dabei noch durchaus offen – aber in jedem Fall braucht man eine Methode" (S. 351 f.).
Jank & Meyer (2002) sehen **Unterrichtsmethoden** als „die Formen und Verfahren, mit denen sich Lehrer und Schülerinnen und Schüler die sie umgebende natürliche und gesellschaftliche Umwelt aneignen" (S. 24). Nach Terhart (2009b) bezeichnet die Unterrichtsmethode „die vom Lehrer ausgewählte und praktizierte Prozessstruktur des Unterrichts, die Art und Weise, wie der Konnex von Lehren und Lernen im Kontext von Schulunterricht bzw. von Schule als Institution organisiert ist, Methodenfragen sind Verfahrensfragen. Mit Methodik [ist] die prozessuale Seite des Unterrichts gemeint, die aber nur verwirklicht wird, wenn die materiale Seite, die Lerngegenstände, Lernaufgaben also, immer schon hinzu gedacht werden" (S. 164).

Die Vielfalt der Konzeptionen und Verfahren, die für den Chemieunterricht beschrieben sind, lässt sich vier Grundideen zuordnen:
- der primären Orientierung an der Fachwissenschaft Chemie
- der primären Orientierung an der Lebenswelt
- der primären Orientierung an der Genese der Schülerinnen und Schüler
- der primären Orientierung an der Interdisziplinarität

Diese Grundideen dienen als Strukturierungselement für die Vorstellung ausgewählter Konzeptionen und (zugehöriger) Verfahren für den Chemieunterricht.

10.2 Primäre Orientierung an der Fachwissenschaft Chemie

10.2.1 Fachsystematik der Chemie als Leitmotiv (systemorientierte Konzeption)

Die Orientierung an der Systematik der Wissenschaft Chemie, oder kurz Fachsystematik, verfolgt nicht das Ziel, das Wissen und das (Denk-)System, welches in einem fünfjährigen Chemiestudium erworben wird, eins zu eins in die Köpfe der Schülerinnen und Schüler zu übertragen. Damit ist für jeden Lehrenden offensichtlich: Eine Chemiestunde ist keine Chemievorlesung.

Stattdessen: Die Lernenden sollen an ausgewählten Beispielen **Wissensstrukturen und Zusammenhänge sowie Systematisierungsansätze der Wissenschaft Chemie** (vgl. Kap. 2) kennenlernen. Es steht die Aneignung theoretisch begründeter Chemiekenntnisse im Vordergrund (vgl. Kompetenzbereich

Fachwissen). Dieses Ziel lässt sich nur erreichen, wenn dieser Chemieunterricht durchgängig inhaltliche Schwerpunkte berücksichtigt und so an der Klassifikation der Stoffe und Reaktionen orientiert ist. Beispiele für derartige fachsystematische Orientierungen sind: die Behandlung ...

- der Stoffe nach ihrer Zusammensetzung, z. B. Elemente und Verbindungen; Oxide, Sulfide, Hydroxide, Salze;
- der Stoffe nach ihren Strukturmerkmalen, z. B. Metalle, Molekülsubstanzen, Ionensubstanzen;
- der Stoffe nach Elementgruppen des Periodensystems der Elemente, z. B. Alkalimetalle, Erdalkalimetalle, Halogene, Edelgase;
- der Stoffe nach Stoffklassen in der Organischen Chemie;
- der Reaktionen nach dem Donator-Akzeptor-Prinzip, z. B. Säure-Base- oder Redoxreaktionen;
- der Reaktionstypen, z. B. Substitution, Addition, Eliminierung.

Bereits in den Lehrplänen und Rahmenrichtlinien ist hinterlegt, ob und in welcher Weise bei bestimmten Inhaltsfeldern in der entsprechenden Schulart systemorientierte Konzeptionen gewünscht sind. Das sei am Beispiel der Organischen Chemie näher ausgeführt (Vertiefung 2).

V

Vertiefung 2: Organische Chemie – fachsystematisch vs. nicht fachsystematisch

Ein fachsystematischer Ansatz im Inhaltsfeld Organische Chemie startet üblicherweise mit den Kohlenwasserstoffen. Es folgten unter der Überschrift „sauerstoffhaltige organische Verbindungen" die Stoffklasse der Alkohole, Aldehyde, Carbonsäuren und Ester sowie die Biomoleküle (Fette, Eiweiße, Kohlenhydrate) (z. B. im gymnasialen Chemielehrplan von Sachsen (Online 1) sowie von Bayern (Online 2)). Alternativ dazu werden die Biomoleküle einzelnen Stoffklassen zugeordnet (z. B. im gymnasialen Chemielehrplan von Berlin (Online 3)). Die Kohlenhydrate werden mit den Alkoholen über eine strukturelle Betrachtung der Kohlenhydrate als Polyole verknüpft. Es schließen sich die Alkansäuren und Aminosäuren an, wobei letztere wiederum als spezifische Vertreter der Carbonsäuren angesehen werden. Den Abschluss bildet die Stoffklasse der Ester, die als Reaktionsprodukt von den zuvor behandelten Alkoholen und Alkansäuren entstehen, und die Fette, die wiederum ein spezifischer Vertreter der Ester sind. Es werden also in den verschiedenen Bundesländern unterschiedliche Wege beschritten, Stoffklassen der Organischen Chemie zu thematisieren.

Es gibt aber auch Bundesländer, in denen im Chemie-Lehrplan für das Gymnasium der Sekundarstufe I explizit darauf hingewiesen wird, dass das Inhaltsfeld „Organische Chemie" in Jahrgangsstufe 9 nicht fachsystematisch zu unterrichten sei. Hier dominieren konzeptorientierte Konzeptionen (vgl. Kap. 10.2.3), wie die Struktur-Eigenschafts-Beziehung.

Grundsätzlich findet sich die Orientierung an der Fachsystematik verstärkt in den mittleren und oberen Jahrgangsstufen am Gymnasium wieder. Es gibt aber ausgewählte Themen, die auch in anderen Schulformen dem Ansatz der Fachsystematik folgen. Beispielsweise sieht der Chemie-Lehrplan in der bayerischen Realschule (Online 4) die Behandlung der Stoffe nach ihren Strukturmerkmalen (Metalle, Molekülsubstanzen, Ionensubstanzen) vor (vgl. Kap. 16.3). Und sogar in der Hauptschule findet sich vereinzelt ein Lehrplangegenstand, welcher der Fachsystematik folgt. Als Beispiel sei die Abfolge „Saure Lösungen – alkalische Lösungen – Salze" genannt (vgl. Lehrplan Bayerische Mittelschule, Physik-Chemie-Biologie, Jahrgangsstufe 8 (Online 5)). Dabei ist der Reaktionstyp der Neutralisation das verbindende Element: Durch die Reaktion von sauren Lösungen und alkalischen Lösungen ist es möglich, Salze zu gewinnen.

Die Vorteile fachsystematischer Ansätze lassen sich in zwei Aspekten zusammenfassen:

- Fachsystematik als Ordnungsprinzip angewandt, soll der Überschaubarkeit und Sicherung angeeigneten Wissens dienen. Die besondere Leistungsfähigkeit beruht auf dem Begriffslernen (vgl. Kap. 9.2). Lernende erfahren, dass ein Begriff in vielfältigen Beziehungen zu anderen Begriffen steht, er lässt sich in ein Begriffsnetz einordnen und mit Beispielen verknüpfen. Diese verbindenden Zusammenhänge sorgen für ein systematisches Wissen, welches die geeignete Basis für das Weiterlernen ist.
- Fachsystematische Ansätze verleihen dem Unterricht eine Form von Wissenschaftsorientierung, welche sich in Studiengängen mit naturwissenschaftlichen Inhalten als anschlussfähig erweist.

Als nachteilig erweisen sich folgende Aspekte:

- Der fachsystematische Zugang vermittelt zwar einen exakten Einblick in die Wissensstruktur des Faches, drängt aber alltags- und anwendungsbezogene Aspekte in den Hintergrund, wie das folgende Beispiel zeigt: Bei der Synthese von Indigo sind die Reaktionsschritte der Synthese und die Theorie seiner Farbigkeit von zentraler Bedeutung. Dagegen stellen die Verarbeitung und Farbechtheit nur technische oder praktische Probleme dar. Alltagsbezügen kommt bei fachsystematischen Konzepten, wenn überhaupt, höchstens eine untergeordnete Bedeutung zu.
- Gerade in unteren Jahrgangsstufen entsprechen die Denkwege und Vorstellungen der Schülerinnen und Schüler oft nicht denen in der Fachwissenschaft. Das wird durch ihren kognitiven Entwicklungsstand bedingt. Daraus erwächst die Gefahr, dass die Schülerinnen und Schüler den Sachverhalt nur unverstanden reproduzieren. Mängel, die einem system-

orientierten Chemieunterricht angelastet werden können, sind didaktischer Natur und erweisen sich meist als Folgen einer Überbetonung der direkten Instruktion und einer unzureichenden Beachtung der Entwicklung der Schülerinnen und Schüler.

Die Abwägung der Vor- und Nachteile fachsystematischer Konzepte verdeutlicht, dass zentrale Aspekte des Systems der Wissenschaft Chemie adressatengerecht dargeboten werden können, wenn geeignete didaktische und methodische Maßnahmen ergriffen werden. Die didaktische Reduktion (vgl. Kap. 3) und spiralcurriculare Ansätze der Begriffsentwicklung (vgl. Kap. 5.3 sowie 9.2) sind dabei essenziell.

A

Anregung

G. Merzyn (2013) bietet eine umfassende Auseinandersetzung mit der Konzeption eines fachsystematischen Unterrichts mit einem repräsentativen Literaturverzeichnis.

10.2.2 Verfahren der Chemie als Leitmotiv (verfahrensorientierte Konzeption)

Verfahrensorientierte (synonym: prozessorientierte) Konzeptionen werden mit dem Ziel eingesetzt, dass die Schülerinnen und Schüler einen Einblick erlangen in das „**Wie** werden neue Erkenntnisse gewonnen?" Dabei stehen die experimentelle Methode als eine Form der wissenschaftlichen Herangehensweise sowie die konkreten Methoden und Verfahren der Chemie, eben die Denk- und Arbeitsweisen, mit denen ein Chemiker neue Erkenntnisse gewinnt, im Mittelpunkt. In Kapitel 4 **Experiment und Erkenntnis** sind diese Grundlagen ausführlich dargestellt. Mit der chemiedidaktischen Leitlinie **Denk- und Arbeitsweisen der Chemie** (vgl. Kap. 6.5) wird die curriculare Basis für die unterrichtliche Umsetzung bereitgestellt. Häufig wird ein solcher Unterricht auch als „forschender Unterricht" bezeichnet (Anregung).

A

Anregung

T. Martius et al. (2016) gehen der Frage nach, ob die verschiedenen Konzepte des forschenden Lernens einen gemeinsamen Kern besitzen. Eine umfassende Positionsbeschreibung zum forschenden Unterricht („classroom inquiry") ist bei B.A. Crawford (2014) zu finden. A. Lazonder & R. Harmsen (2016) destillieren in ihrer umfangreichen Meta-Analyse die Effekte von Unterstützungsmaßnahmen beim Inquiry-Based-Learning heraus.

Besonders zu betonen ist die aktive Rolle der Lernenden. Sie sollen das Wissen nicht einfach übernehmen, sondern sich stärker in einen forschenden, aktiv handelnden Prozess hineinbegeben: Probleme erkennen, Lösungswege entwerfen und vorzugsweise experimentell überprüfen und dabei lernen, Lösungsstrategien anzuwenden und zu übertragen. „In der geistigen Auseinandersetzung und im Ringen mit den Problemen soll die Schülerin und der Schüler die Lösung weitgehend selbst finden; auch wenn er zu keinen brauchbaren Resultaten kommen sollte, er muß sich zumindest um eine Lösung Gedanken gemacht haben“ (Fries & Rosenberger 1970, S. 10). Die Schülerinnen und Schüler erwerben durch verfahrensorientierten Unterricht ein Handwerkszeug über das Verständnis naturwissenschaftlicher Erkenntnisgewinnung (Hammann et al. 2006). Damit ist eine Grundlage geschaffen, im Prozess des lebenslangen Lernens die Aussagekraft und Bedeutsamkeit neuer Erkenntnisse vor dem Hintergrund des methodischen Vorgehens bei deren Gewinnung zu beurteilen und zu bewerten. Verfahrensorientierte Konzeptionen tragen wesentlich zum Kompetenzerwerb in den prozessorientierten Kompetenzbereichen Erkenntnisgewinnung und Bewertung bei und blicken auf eine lange Tradition zurück (Vertiefung 3).

V

Vertiefung 3: Die Wurzeln verfahrensorientierter Konzeptionen

Der Pädagoge G. Kerschensteiner (1854–1932) erkannte die Bedeutung des empirischen Vorgehens im naturwissenschaftlichen Unterricht für die Förderung produktiven und schöpferischen Denkens (Kerschensteiner 1914). Seine Ausführungen über das naturwissenschaftliche Arbeiten im Unterricht (Häusler 1994) lassen sich durch die Formulierung von vier Stufen konkretisieren:

- Observation, in Verbindung mit Frage(n)
- Synthese, Koordination von Wissenselementen
- Analyse, kritische Prüfung der Schlussfolgerungen
- Verifikation, Kombination mit analogen Sachverhalten.

Diese Stufen stehen im Einklang mit der Abfolge von Denk- und Handlungsschritten, die Armstrong Ende des 19. Jahrhunderts als „scientific method“ für das Anliegen „How to teach chemistry“ herausgestellt hat (Brock 1992). Diese Ansätze wurden international durch den US-amerikanischen Philosophen J. Dewey geteilt und haben bis heute nicht an Aktualität verloren. Das Curriculum „Science – A Process Approach (S-APA)“ kann als der Klassiker verfah-rensorientierter Ansätze bezeichnet werden. Es ist ein systematisches Lernprogramm über naturwissenschaftliche Verfahren, konzipiert für den Elementarbereich (Gagné 1973).

Verfahrensorientierter Unterricht trägt der zentralen Stellung des Experiments im naturwissenschaftlichen Erkenntnisprozess Rechnung und ermöglicht einen konsequenten experimentellen Unterricht im Fach Chemie.

Verfahrensorientierter Unterricht schließt ein, Erkenntnistätigkeiten und Methoden als Ziel und Mittel des Unterrichts zu betrachten. Sie zu kennen und zu beherrschen, ist Voraussetzung für ihre Anwendbarkeit. Darin ist allerdings die Gefahr der Verselbständigung verborgen, wenn die Zielfunktion überbetont wird (vgl. Kap. 12.1.3).

An dieser Stelle wird die Verknüpfung zwischen Unterrichtskonzeption und Unterrichtsverfahren (vgl. Kap. 10.1) wieder aufgegriffen. Die Idee eines verfahrensorientierten Chemieunterrichts (Unterrichtskonzeption) lässt sich in verschiedenen Unterrichtsverfahren realisieren, wie die folgenden vier Beispiele zeigen.

Methodische Schritte bei der Umsetzung der experimentellen Methode

Begründer: Helmut Barthel

Grundidee: Dieser Ansatz hat das Ziel, die experimentelle Methode im Chemieunterricht umzusetzen. Dabei wird die experimentelle Methode unter Anleitung des Lehrenden zum „Nachforschen" von Erkenntnissen eingesetzt. Barthel (1972) betont: „Das Experiment, einschließlich der Experimentplanung, ist notwendiger Bestandteil der experimentellen Methode, nicht aber die experimentelle Methode selbst" (S. 36).

Der vorgeschlagene Ansatz sieht folgende methodische Schritte vor, die in der Originalliteratur ausführlich beschrieben werden:

I Vorbereitung des Experiments
- **1** Erfassen eines experimentell zu lösenden Problems
- **2** Bereitstellen und Inbeziehungsetzen von Vorwissen, das eine hypothetische Lösung des Problems zulässt
- **3** Erarbeiten einer Hypothese und / oder hypothetischer Aussagen
- **4** Planung der Experimentieranordnung: physikalisch-chemische Grundlagen, Geräte, Apparate, Apparaturen, Chemikalien, Arbeitsschutzhinweise
- **5** Formulierung der Beobachtungsaufgabe(n), lokale Kennzeichnung der Haupteffektträger, Betrachten der Ausgangsstoffe

II Durchführung des Experiments
- **6** Auslösen, Regulieren, Abbrechen der Reaktion, Beobachten der Effekte

III Auswertung des Experiments
- **7** Fixieren, Ordnen und Aussondern der beobachteten Effekte
- **8** Konfrontierung mit der hypothetischen Aussage

9 Deuten der Ergebnisse und Formulieren von Aussagen über den Wahrheitswert der Hypothese bzw. deren experimentell überprüfbare Folgerungen

10 (falls notwendig) Formulieren neuer Aufgaben, die sich bei der Diskussion des Wahrheitswerts der Hypothese bzw. deren Folgerungen ergeben

Diese Schrittfolge wurde an verschiedenen unterrichtspraktischen Beispielen in den Jahrgangsstufen 7 & 8 erprobt und empirisch untersucht. Es zeigt sich, dass durch die theoretische Vor- und Nachbereitung des (Verifizierungs-)Experiments die Schülerinnen und Schüler signifikant bessere Leistungen im Bereich des (re-)produktiven Denkens erzielen als die Probanden der Kontrollgruppe, in denen keine theoretische Vor- und Nachbereitung erfolgte (Barthel 1972).

Das forschend-entwickelnde Unterrichtsverfahren für den Chemieunterricht
Begründer: Heinz Schmidkunz und Helmut Lindemann
(Hinweis: E. Fries und R. Rosenberger (1970) entwickelten das „forschend-entwickelnde Verfahren“ für den mathematischen und naturwissenschaftlichen Unterricht. H. Schmidkunz und H. Lindemann (1976) haben dieses Verfahren konsequent für den Chemieunterricht ausdifferenziert und in allen Schulstufen (vom chemiebezogenen Sachunterricht der Primarstufe bis zum Chemieunterricht in der Sekundarstufe II erprobt.)
Grundidee: Der Begriff **„forschend“** muss hier unter didaktischem Blickwinkel gesehen werden. Er bezeichnet einen Prozess, bei dem der Lernende mit dem ihm zugänglichen Vorwissen weitgehend selbstständig mit den ihm zur Verfügung stehenden Mitteln (Geräte, Chemikalien, Materialien) unter Einbeziehung experimenteller Phasen neue Erkenntnisse gewinnt. Der Lernende durchläuft den Weg der Erkenntnisgewinnung. Forschen ist in diesem Sinne in allen Altersstufen möglich. Mit **„entwickeln“** soll zum Ausdruck gebracht werden, dass dem Lehrenden die Funktion zukommt, den forschenden Lernprozess bei Schülerinnen und Schülern einzuleiten, weiterzuführen und den Fortgang des Lernprozesses unter pädagogischen und organisatorischen Gesichtspunkten zu beeinflussen. Der Lehrende sollte bestrebt sein, die Aktivitäten auf die Seite der Lernenden zu verlagern; er selbst ist mehr Begleiter als Anleiter.

Das Verfahren ist so angelegt, dass die Lernenden ein Problem erkennen, erfassen und eine Lösung anstreben. Nach dem Lösevorgang wird ein Vergleich der Resultate mit dem Ziel Klarheit bringen, ob das Problem gelöst ist oder ob ein erneuter Löseversuch unternommen werden muss. Der didaktische Aspekt der Problemlösung fordert eine Symbolisierung (Abstraktion) und eine Wissenssicherung der gewonnenen Erkenntnisse. So wird das Unterrichtsverfahren zu einer didaktisch konzipierten **Problemlösestrategie,** die grundsätzlich in ihrer Denkstruktur auf andere – auch nicht naturwissenschaftliche – Situationen übertragen werden kann.

Struktur des Verfahrens

Das forschend-entwickelnde Unterrichtsverfahren weist eine exakte Gliederung auf. Diese Struktur stellt die Gedankenführung eines Problemlösevorgangs dar und findet auch Anlehnung beim naturwissenschaftlichen Erkenntnisprozess (vgl. Kap. 4.2).

Diese Struktur kann zugleich als Algorithmus zur Unterrichtsgestaltung aufgefasst werden, was besonders dem Berufseinsteiger sehr entgegenkommt. Er erhält damit ein sicheres Verfahren, den Unterricht zu organisieren. Durch die weitgehende Differenzierung der Denk- und Lernprozesse lassen sich Aktivitäten der Lernenden und des Lehrenden planen, zuordnen und sich der jeweiligen Unterrichtssituation anpassen. Diese Strukturierung ist die Stärke des forschend-entwickelnden Unterrichtsverfahrens (vgl. Kap. 12.4.1).

Der Ablauf der Denk- und Lernprozesse wird innerhalb des Verfahrens in fünf **Denkstufen** gegliedert: (1) Problemgewinnung, (2) Überlegungen zur Problemlösung, (3) Durchführung eines Problemlösevorschlags, (4) Abstraktion der gewonnenen Erkenntnisse, (5) Wissenssicherung (Abb. 1).

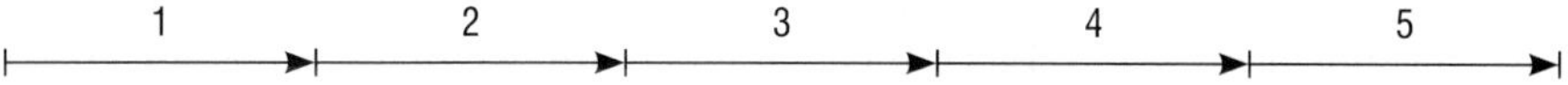

1 = Problemgewinnung
2 = Überlegungen zur Problemlösung
3 = Durchführung eines Problemlösevorschlages
4 = Abstraktion der gewonnenen Erkenntnisse
5 = Wissenssicherung

Abb. 1: Denkstufen des forschend-entwickelnden Unterrichtsverfahrens

Die Denkstufen werden in Anlehnung an Fries & Rosenberger in Denkphasen (besser Lernphasen) untergliedert. Innerhalb der Stufen werden die Phasen mit den Indizes a, b und c versehen. Die einzelnen Phasen erhalten folgende Bezeichnungen:

1a Problemgrund
1b Problemerfassung (Problemfindung; Problemstellung)
1c Problemformulierung
2a Analyse des Problems
2b Vorschläge zur Problemlösung
2c Entscheidung für einen Lösevorschlag
3a Planung des Lösevorschlags (Planung des praktischen Tuns)
3b praktische (experimentelle) Durchführung des Lösevorschlags
3c Erörterung und Zusammenfassung der Ergebnisse

4a Ikonische (grafische) Abstraktion
4b Verbale Abstraktion
4c Symbolhafte Abstraktion
5a Anwendungsbeispiele (Transfer)
5b Wiederholung des Inhalts und der Denkphasen
5c Lernzielüberprüfung

Diese Denkphasen werden nun detaillierter vorgestellt:
Die Phase der ersten Denkstufe **(1a: Problemgrund)** dient der Einführung (als Einstieg oder Anknüpfung) in den Unterricht. Wichtig ist, dass das neue Problem darin bereits enthalten ist, für die Schülerin und den Schüler nicht bewusst, dem Lehrenden natürlich bekannt. Durch Impulse und Fragen muss sich das Problem herausschälen lassen. Dazu kann ein Experiment oder ein geeignetes Medium (Video, Bild, Realobjekt, Erzählung ...) dienen. In der zweiten Phase **(1b: Problemerfassung)** soll nun den Lernenden das Problem bewusst werden. Im Idealfall sollten die Schülerinnen und Schüler selbst das Problem erkennen, was durchaus realistisch und im Unterricht häufig erreichbar ist. Sollte den Lernenden das nicht gelingen, muss der Lehrende mit Impulsen und Hilfen auf die Problematik hinweisen. Ausnahmsweise kann es zur Problemstellung durch den Lehrenden kommen. Das Bewusstsein des Problems mündet in die dritte Phase **(1c: Problemformulierung).** Hier soll das Problem (Ziel des Unterrichts) vom Lernenden klar formuliert, also verbalisiert werden. Das gilt besonders dann, wenn am Ende der Phase 1b die Formulierung nicht klar genug erschien. Diese Phase sollte nicht verlassen werden, bevor nicht allen Lernenden exakt bekannt ist, „was wir jetzt tun wollen“, z. B.: „Wir wollen untersuchen ...“

Die erste Phase der zweiten Denkstufe **(2a: Analyse des Problems)** dient vor allem dazu, das erkannte Problem mit den vorhandenen Voraussetzungen und dem Vorwissen in Beziehung zu bringen. Dazu muss in dieser Phase das Vorwissen aktiviert werden, um ggf. Hypothesen bzw. hypothetische Aussagen zu formulieren. Diese und auch die beiden anderen Phasen stellen hohe geistige Anforderungen an die Lernenden. In der zweiten Phase **(2b: Vorschläge zur Problemlösung)** werden – unter Einbeziehung des Vorwissens und weiterer Informationen – von den Lernenden Vorschläge erarbeitet. Es ist sinnvoll, alle Vorschläge, z. B. an der Tafel, zu sammeln. In der dritten Phase **(2c: Entscheidung für einen Lösevorschlag)** soll gemeinsam der beste Weg zur praktischen Lösung des Problems gesucht und die Entscheidung für einen Lösevorschlag gefällt werden. Dabei gilt es stets, die formulierten hypothetischen Aussagen im Blick zu behalten. Die Lehrkraft leistet dabei ggf. Hilfestellung. Wenn von den Lernenden ein Weg vorgeschlagen wird, der mit Sicherheit nicht zum Ziel führt, muss der Lehrende entscheiden, ob er trotzdem beschritten wird. Das könnte dann sinnvoll sein, wenn durch diesen Weg fachliche oder methodische Einsichten gewonnen werden, die für die Findung des „richtigen“ Lösungsweges hilfreich sind.

Die erste Phase der dritten Stufe **(3a: Planung des Lösevorschlags)** umfasst die genaue Planung des praktisch durchzuführenden Vorschlags – also des Experiments. Die Lernenden sollen die einzelnen Schritte und Tätigkeiten, die dazu notwendigen Geräte und Chemikalien sowie die zu beachtenden Sicherheitsvorkehrungen kennen und das auch sprachlich beschreiben können. Kennen die Schülerinnen und Schüler Chemikalien, Geräte, manuelle Tätigkeiten und Sicherheitsvorschriften nicht genau, so können in den nächsten beiden Phasen (3b und 3c) Schwierigkeiten auftreten. Es ist also Sorge zu tragen, dass völlige Klarheit über die durchzuführenden Aktivitäten geschaffen wird. Bei einer guten Planung läuft die zweite Phase **(3b: Praktische Durchführung des Lösevorschlags)** mit großer Dynamik ab, wobei die Lernenden selbstständig arbeiten. Die Ergebnisse werden in der dritten Phase **(3c: Erörterung und Zusammenfassung der Ergebnisse)** zusammengetragen, verglichen und diskutiert. Eine vorbereitete strukturierte Auswertung, z. B. tabellarisch an der Tafel, kann dabei sehr hilfreich sein. In dieser Phase wird deutlich, ob der Lösungsweg zum Erfolg führte und das Problem gelöst werden konnte. Ein wichtiges Kriterium dafür ist die Entscheidung, ob die Hypothesen bzw. hypothetischen Aussagen verifiziert werden konnten. Sollte das Problem nicht gelöst werden, muss analysiert werden, ob das Problem falsch formuliert (dann zurück zu 1c), die Hypothesen bzw. hypothetischen Aussagen falsch formuliert (dann zurück zu 2a) oder der falsche Lösevorschlag gewählt (dann zurück zu 2c) wurde.

In der ersten Phase der vierten Stufe **(4a: Ikonische Abstraktion)** wird eine einfache grafische Abstraktion vorgenommen. Das kann z. B. das Zeichnen eines Versuchsaufbaus oder das Darstellen eines Fließschemas für einen Großprozess sein. Häufig wird aber diese Phase entfallen. Unverzichtbar ist die zweite Phase **(4b: Verbale Abstraktion).** Die Lernenden wiederholen mit Worten die Vorgänge bei dem Versuch, einschließlich der gewonnenen Erkenntnisse, und versuchen – soweit das möglich ist –, Erklärungen dafür zu geben. Auch Wortgleichungen einer Reaktion können formuliert werden (Tafel, Arbeitsblatt, Hefteintrag). Der sich anschließenden dritten Phase **(4c: Symbolhafte Abstraktion)** kommt eine besondere Bedeutung zu. Die in der dritten Denkstufe durchgeführte praktische (experimentelle) Problemlösung wird hier in einer symbolhaften Darstellung festgehalten und erklärt. So wird die Gleichung einer chemischen Reaktion formuliert, die Struktur eine Verbindung angegeben oder eine Gesetzmäßigkeit abgeleitet.

In der ersten Phase der fünften Stufe **(5a: Anwendungsbeispiele)** soll die Bedeutung der gewonnenen Ergebnisse gezeigt werden (etwa im Alltag oder der industriellen Produktion). Die Verankerung des neuen Wissens in der Lebenswirklichkeit ist als Transferleistung für den Lernerfolg von entscheidender Bedeutung. Zuerst können die Lernenden auch hier Beispiele suchen. Erst dann sollte die Erweiterung mit Hilfe des Lehrenden vorgenommen werden. Denkbar ist auch das Vorführen eines Experiments, das den Transfer verdeutlicht. Die sich anschließende Phase **(5b: Wiederholung des Inhalts und der Denkphasen)** muss zwei Aspekte enthalten: Es sollten in einer Zusammenfassung die Ergebnisse – praktische wie theoretische – mit Bezug zur Problemfrage exakt wiederholt werden. Vielleicht kann ein Merksatz den Sachverhalt umfassen. Es sollte aber auch Wert auf die Reflexion des Weges der Erkenntnisgewinnung gelegt werden. Es ist also unbedingt nötig, die Wiederholung der einzelnen Denkphasen in der durchlaufenden Reihenfolge anzustreben, um die Strategie einer Problemerkennung und Problemlösung zu erfassen – schließlich folgt das forschend-entwickelnde Unterrichtsverfahren der Idee einer verfahrensorientierten Konzeption. Die letzte Phase **(5c: Lernzielkontrolle)** ist auch als weitere Möglichkeit zu betrachten, die gewonnenen Erkenntnisse zu sichern. So können Kontrollexperimente nicht nur der Schülerbeurteilung, sondern auch der Wissenssicherung dienen.

A

Anregung

Die Umsetzung des forschend-entwickelnden Unterrichtsverfahrens stellt H. Schmidkunz (1996) am Beispiel der Untersuchung der Funktionsweise einer selbst erhitzenden Getränkedose in allen Stufen und Phasen vor.

Eine Struktur – (mindestens) zwei Wege in der Unterrichtspraxis

Das Problem ist formuliert (1c) und soll nun analysiert (2a) werden. In dieser Phase ergeben sich durch unterschiedliche Lernvoraussetzungen verschiedene Wege (vgl. Kap. 12.1.1). Zwei Wege sollen am konkreten Beispiel erläutert werden: Es soll geprüft werden, ob Eisen-, Magnesium- und Kupferpulver mit Salzsäure reagiert.

- **Es ist aber kein oder kaum Vorwissen vorhanden.** Demzufolge können in (2a) keine Hypothesen formuliert werden. Der weitere Schwerpunkt im Unterrichtsablauf wird in der Phase (3) liegen, wenn die konkrete Planung (3a) der Untersuchung im Vordergrund steht – mit dem Ziel, Experimentalbefunde herbeizuführen (3b). Aus den einzelnen Experimentalbefunden wird **induktiv** auf einen Zusammenhang geschlossen (induktiver Schluss) (3c). *Die unedlen Metalle Magnesium und Eisen reagieren mit Salzsäure, das edle Metall Kupfer nicht.* Dieser Zusammenhang hat eindeutig hypothetischen Charakter und bedarf weiterer Prüfung (dann zurück zu 2a). Man kann **deduktiv** das Verhalten weiterer Einzelfälle prognostizieren und die hypothetische Aussage experimentell prüfen. *Wenn unedle Metalle mit Salzsäure reagieren, dann muss das unedle Metall Zink auch mit Salzsäure reagieren.* Oder: *Wenn edle Metalle nicht mit Salzsäure reagieren, dann darf das edle Metall Silber auch nicht mit Salzsäure reagieren.*

- **Es ist Vorwissen vorhanden.** Die Lernenden wissen, dass unedle und edle Metalle durch die Reaktion mit sauren Lösungen unterschieden werden können. In (2a) können Hypothesen bzw. hypothetische Aussagen formuliert werden; es werden Sachverhalte aus der Stufe (4) eingebracht. *Wenn das untersuchte Metall (z. B. Eisen) mit Salzsäure reagiert, dann ist es ein unedles Metall.* Diese hypothetischen Aussagen werden in einem **deduktiven Schritt** experimentell geprüft (3b) und eine Verifizierung bzw. Falsifizierung der hypothetischen Aussage vorgenommen (3c). Es sei nochmals betont, dass die Stufe vier infolge eines relativ hohen Kenntnisstandes in diesem Fall bereits in Phase 2a eingebracht wird und damit in seiner ursprünglichen Funktion entfällt.

Die Stellung des Experiments im Verfahren

Bei der Planung des Unterrichts wird dem Experiment eine genaue didaktische Funktion zugeordnet. Diese Funktion korrespondiert mit einem bestimmten didaktischen Ort (vgl. Kap. 13.4). Dieser Ort lässt sich aufgrund der Gliederung dieses Unterrichtsablaufs in Phasen mühelos identifizieren. Umgekehrt lässt sich bei einer Unterrichtsstunde nach dem forschend-entwickelnden Unterrichtsverfahren die Funktion des Experiments aufgrund seiner Position in einer bestimmten Phase sehr gut erkennen.

In der Phase (3b) wird das Experiment als Teil des Problemlösevorhabens und damit im naturwissenschaftlichen Sinne eingesetzt. Die Schülerinnen und Schüler können dadurch die eigentliche Funktion des Experiments im Erkenntnisprozess selbst erfahren. Das Experiment kann aber andere Funktionen und damit andere didaktische Orte einnehmen. So kann mit einem Experiment in der Phase (1a) auf das noch nicht erkannte Problem aufmerksam gemacht werden. Experimente können aber auch in der fünften Stufe zur Wissenssicherung eingesetzt werden, z. B. zur Unterstützung des Transfers (5a) oder mit Kontrollexperimenten (5c).

Aus der Praxis – Für die Praxis (Schmidkunz & Lindemann 1976, S. 30 f.):

- Die Umsetzung des Unterrichtsverfahrens kann unterschiedlich viel Unterrichtszeit in Anspruch nehmen. Es ist möglich, das Verfahren innerhalb einer Unterrichtsstunde zu durchlaufen. Bei ausgeprägten Phasen (z. B. der

experimentellen Phase) kann sich der einmalige Ablauf über mehrere Unterrichtsstunden erstrecken.
- Die einzelnen Phasen können je nach Unterrichtssituation ausgeprägter sein, andere wiederum werden nur kurz durchlaufen oder entfallen.
- Die Vorteile des Verfahrens werden erst spürbar, wenn man die Struktur auch während des Unterrichtsablaufs jederzeit übersieht. Je öfter man mit dem Verfahren arbeitet, desto freier wird man in der Anwendung der Struktur und kann auf spontan aufkommende Unterrichtssituationen durch Modifikation der Struktur reagieren.
- Erfahrungsgemäß ist die Wirkung des Verfahrens am größten, wenn einige Stunden hintereinander forschend-entwickelnd ablaufen, wenn sich ein neues Problem aus der Lösung des vorangegangenen Problems genetisch ergibt.
- In Stufe eins, der Problemgewinnung, wird ein Phänomen vorgestellt, das verschiedene Fragen/Probleme bei den Lernenden hervorrufen kann. Es muss bei der Unterrichtsplanung bereits entschieden werden, ob die Fokussierung auf eine der genannten Problemstellungen für die gesamte Lerngruppe vorgenommen wird, oder ob jede Kleingruppe ihrer eigenen Problemstellung nachgehen kann. Wird nur eine Problemstellung ausgewählt, so wäre eine Begründung für diese Entscheidung für die Lernenden hilfreich – sonst könnte leicht die Frage aufkommen: Warum sollte ich mir denn überhaupt etwas dazu überlegen? Es gilt also, die Schülerinnen und Schüler in der Forscherrolle ernst zu nehmen. Wird der zweite Weg gewählt, so muss vor allem die Phase der Planung und Durchführung des jeweiligen Lösevorschlags sehr gut vorbereitet werden; schließlich benötigen die verschiedenen Schülergruppen ggf. unterschiedliche Geräte und Chemikalien. Hier empfiehlt es sich, dass die einzelnen Gruppen jeweils eine Liste mit den benötigten Materialien und Chemikalien bei der Lehrperson abgeben, und in der nächsten Unterrichtsstunde die Materialien für die Gruppenarbeit bereitstehen.

Historisch-problemorientierter Unterricht

Begründer: Walter Jansen

Grundidee: Hauptziel des historisch-problemorientierten Unterrichts ist es, die Schülerinnen und Schüler jeweils ein Stück des Erkenntnisweges der Wissenschaft gehen zu lassen. Sie sollen erkennen, wie sich Vorstellungen, Ideen und Theorien entwickelten. Darüber hinaus wird den Schülerinnen und Schülern bewusst, dass Hypothesenbildung und Spekulationen wichtige Funktionen in den Naturwissenschaften haben und dass die Erkenntnisgewinnung nicht so geradlinig verläuft, wie es die Lehrbücher vermitteln.

Um diese Ziele zu erreichen, soll das in der Geschichte liegende Potenzial zur Anregung des Denk- und Handlungsbedarfs der Schülerinnen und Schüler genutzt werden (vgl. Kap. 6.6). Voraussetzung ist, dass die **Geschichte der Chemie** nicht als bloßes Anhängsel oder überflüssiger Ballast, den man beim jetzigen Stand der Wissenschaft über Bord werfen könne, betrachtet wird. Vielmehr wird versucht, einen Teil der historischen Problemsituation zu rekonstruieren. Der Schülerin und dem Schüler werden geeignete Textstellen und Experimente sowie Hilfestellungen zur Problemerfassung und zur Problemlösung an die Hand gegeben, sodass sie in der Lage sind, Teilschritte des Lösungsweges allein zu gehen (Anregung). Die Auswahl der Medien erfolgt didaktisch begründet und bedarf beispielsweise bei historischem Quellenmaterial einer didaktischen Bearbeitung. Walter Jansen et al. haben zu diesem Unterrichtsverfahren zahlreiche Unterrichtsbeispiele publiziert, eine umfangreiche Zusammenstellung findet sich bei Jansen & Matuschek-Wilken (2002).

A

Anregung

Die Aufklärung der tetraedrischen Struktur des Methanmoleküls durch van't Hoff ist eine für die gesamte organische Chemie grundlegende Erkenntnis. Sie gründet auf der Auswertung experimenteller Befunde und ist in seinen Publikationen belegt. Diese werden ausschnittsweise als history lifts (Bradley 1984) für die Umsetzung des historisch-problemorientierten Unterrichtsverfahrens genutzt (Matuschek et al. 1992; Jansen & Matuschek-Wilken 2002).

10

Das analytisch-synthetische Unterrichtsverfahren

Begründer: Ernst Holla

Grundidee: Das analytisch-synthetische Unterrichtsverfahren (Holla 1962) basiert auf grundlegenden Denkweisen in der Chemie: dem Analysieren und Synthetisieren, hier aber nicht im Sinne einer chemischen Reaktion zu verstehen. Analysieren als elementare Denk- und Arbeitsweise bedeutet das Zerlegen eines Systems in Bestandteile, Merkmale und Eigenschaften, Relationen (in-Beziehung-Bringen der Bestandteile) oder in Funktionen bzw. Funktionseinheiten. Die Bedeutung **analytisch-synthetischen Denkens** für den Chemieunterricht wird in ganz verschiedenen Situationen deutlich: beim Herausarbeiten einer Problemfrage aus einem noch nicht klar strukturierten Problemgrund, beim Erfassen komplexer Zusammenhänge, wie es bei Einsichten in Stoffkreisläufe und in deren Beeinträchtigung gefordert wird, oder beim Projektieren von Experimenten.

Beim analytisch-synthetischen Unterrichtsverfahren nimmt der **Gegenstand** eine zentrale Stellung ein und liefert das Thema der Unterrichtsstunde. Der Gegenstand kann ein (technisches) Gerät (z. B. Taschenlampenbatterie,

Bunsenbrenner, Soxhlet-Apparat (Bienholz & Sommer 2006)), ein (technischer) Vorgang oder ein komplex zusammengesetztes Produkt aus dem Alltag (z. B. Backpulver oder Rohrreiniger) sein. Ziel ist es, Verständnis für den Aufbau und die Funktions- bzw. Wirkungsweise des Gegenstandes zu erzielen. Dabei spielt das Erklären eine zentrale Rolle (Vertiefung 4).

V

Vertiefung 4: Erklären

Für fachgerechtes Unterrichten ist es wichtig, dass das Ordnen der Erfahrungen im Gegenständlichen und das sich im abstrakten Bereich abspielende analytisch-synthetische Denken eine Einheit bilden. Mit dieser Erkenntnis ist eine wichtige methodische Basis für das Erklären geschaffen. Erklären bedeutet in diesem Fall das Einordnen von Beobachtungen in allgemeine Zusammenhänge (konvergentes Denken). Die Güte einer Erklärung oder die Präzision einer Prognose wird durch die Qualität des Gesetzes oder der Theorie bestimmt, auf die Bezug genommen wird (Mohr 1978).

Aus dieser Ganzheit wird das Problem herausgeschält und durch analytisches Denken und Vorgehen die Einsicht in die hier wirkende Naturgesetzmäßigkeit gewonnen. Daraufhin werden auf synthetischem Weg die einzelnen Erkenntnisse zusammengefügt, und der Zusammenhang wird wieder hergestellt. Dieses Grundprinzip spiegelt sich auch in den Artikulationsstufen wider, was durch ein Beispiel (Abb. 2) veranschaulicht wird:

1 Problemgewinnung am Gegenstand
2 Analyse: Hier kann neben der technischen Analyse auch eine chemische Analyse unter Nutzung der Fachmethoden notwendig sein, wenn die stofflichen Komponenten des Gegenstandes ermittelt werden.
3 Analyse der Grundprobleme und deren Lösung in elementarisierter Form, Bearbeitung oder Ausblenden von Nebenproblemen
4 Synthetische Betrachtung: Diese Stufe kann variabel umgesetzt werden, beispielsweise durch den Zusammenbau des vorher zerlegten Gerätes, den Nachbau des Gerätes oder die Herstellung des zusammengesetzten Produktes. Dabei spielt der Modellversuch eine zentrale Rolle (vgl. Kap. 14.6).

Gerade die synthetische Betrachtung kann in das methodische **Prinzip des nacherfindenden Unterrichts** einmünden, wenn beispielsweise eine Destillationsapparatur (Vertiefung 5) entwickelt werden soll (vgl. Kap. 14.5).

Problemgewinnung am technischen Gerät:

Ergebnis der technischen und spezifisch chemischen **Analyse**

Frage nach dem prinzipiellen Zellenaufbau

Kohlestift oder Leitfolie	Braustein-Ruß-Gemisch	Ammonium-chlorid mit Mehlkleister eingedickt	Zink-elektrode

Erkennen der wirkenden **Prinzipien** (Verifikationsmöglichkeit durch Modellversuch)

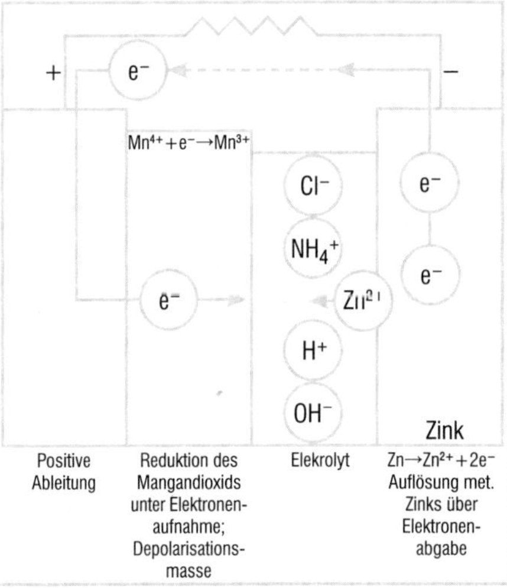

Abb. 2: Die Umsetzung des analytisch-synthetischen Unterrichtsverfahrens am Beispiel des Leclanché-Elements

V

Vertiefung 5: Prinzip des nacherfindenden Unterrichts – am Beispiel der Entwicklung einer Destillationsapparatur (Häusler et al. 1989, S. 49)

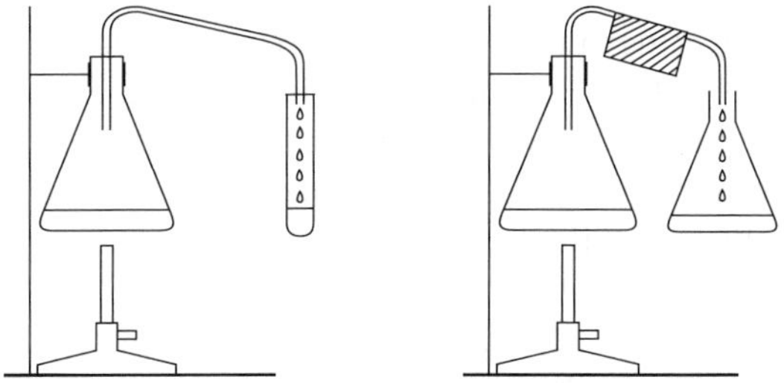

10.2.3 Konzepte der Chemie als Leitmotiv (konzeptorientierte Konzeption)

Konzeptorientierter Chemieunterricht stellt Betrachtungsweisen fundamentaler Art in den Mittelpunkt. Es sollen grundlegende Konzepte vermittelt werden (vgl. Kap. 2). Sie sind geeignet, Erscheinungen der Stoffe und Reaktionen mit unterschiedlichem Abstraktionsgrad zu erklären. Somit ist eine konsequente Ausdifferenzierung durch die einzelnen Schulstufen hindurch möglich.

Konzeptorientierung fand zunächst Anwendung im integrierten naturwissenschaftlichen Unterricht, für den eine fachsystematische Orientierung (vgl. Kap. 10.2.1) ungeeignet ist. So hat Kay Spreckelsen (1984) ein **konzeptorientiertes naturwissenschaftliches Curriculum** vorgestellt. Es ist von der Idee geprägt, dass im naturwissenschaftlichen Unterricht der Grundschule grundlegende Erfahrungen, Begriffe, Konzepte und Ideen, die die grundlegenden Strukturen der Wissenschaft darstellen, vermittelt werden sollen. Die ursprünglich für die Physik entwickelten Konzepte werden hier zusammengefasst dargestellt und mit Beispielen von Spreckelsen illustriert:

- Teilchenstrukturkonzept: Alles Materielle ist aus kleinsten Teilchen zusammengesetzt. Beispiele: die Stofflichkeit der Luft zur Interpretation bestimmter Phänomene verwenden (z. B. weshalb beim Ausgießen einer Dosenmilch keine Milch mehr aus dem unteren Loch herausfließt, wenn man das obere Loch verschließt); bestimmte Erscheinungen, z. B. das Verdunsten einer Flüssigkeit, sachgerecht in Ausdrücken der Teilchenvorstellung beschreiben (Vertiefung 6)
- Wechselwirkungskonzept: Physikalische und chemische Vorgänge lassen sich zurückführen auf Wechselwirkungen. Beispiele: Erscheinungen der unbelebten Natur unter Verwendung des Wechselwirkungskonzeptes beschreiben, d. h., die bei diesen Phänomenen untereinander in Wechselwirkung stehenden Partner identifizieren und ihr gegenseitiges Aufeinanderwirken beschreiben
- Erhaltungskonzept: Bei physikalischen und chemischen Prozessen bleiben bestimmte Größen unverändert (z. B. Masse, Energie, Impuls). Beispiele: Erkennen, dass es Größen gibt, die sich bei chemischen und physikalischen Prozessen nicht ändern (z. B. Masse, Energie); sachgerechtes Verwenden dieser Größen bei Phänomenbeschreibungen, z. B. Erhaltenbleiben der Wärmemenge unter Wärmeaustausch beim Mischen von Wasser verschiedener Temperaturen oder beim Schmelzen von Eis in einem mit warmem Wasser gefüllten Gefäß.

International sei vor allem der Ansatz „COPES – Conceptually Orientated Program in Elementary Science“ zu erwähnen. Ihm liegen fünf grundlegende

Betrachtungen zugrunde, die in Lerneinheiten aufbereitet sind (ohne Autor 1973): Einheit und Struktur des Universums (Atome, Moleküle, Kristalle, Planeten), Wirkungen und Rückwirkungen (Wechselwirkungen), Energieerhaltung, Zunahme der Entropie (Entwertung von Energie zu Wärme) und statistischer Charakter der Natur (radioaktiver Zerfall).

Seine Legitimation erfährt ein konzeptorientierter Chemieunterricht aus der unbestrittenen Erkenntnis, dass Phänomene der Chemie letztlich nur zu verstehen sind, wenn sie unter Anwendung des Teilchenkonzepts (Vertiefung 6) und geeigneter Modelle beschrieben und erklärt werden. Dieses strukturgesicherte Wissen wird besser im Gedächtnis gespeichert und ist auch leichter erinnerbar. Zugleich sind diese grundlegenden Prinzipien und Interpretationsmöglichkeiten auf viele Erscheinungen anwendbar. In diesem Zusammenhang lässt sich schließlich die Bedeutung der Basiskonzepte (vgl. Kap. 2) als strukturierende und vernetzende Konzepte hervorheben.

Kritische Stimmen zum konzeptorientierten Unterricht warnen vor einer Einengungsgefahr, einem möglichen Schematismus und einer Fessel der Kreativität. Als kritisch erweisen sich in diesem Zusammenhang die zu frühe Einführung des Teilchenmodells, die zu frühe Differenzierung des Teilchenmodells, die zu frühe Einführung theoretischer Abstraktionen und die Vorgabe fertiger unverstandener Modelle.

V

Vertiefung 6: Neue Wege zum Teilchenkonzept

Muss das Teilchenkonzept als Abfolge gängiger historischer Modelle unterrichtet werden? Bindernagel & Eilks (2009) setzen sich intensiv mit diesem Weg auseinander und stellen fest: Eine Vielzahl an Modellen verursacht in der Vorstellungs- und Begriffswelt der Lernenden Verständnisschwierigkeiten. Beispielsweise führen die kugelförmigen Teilchen, mit denen der Aufbau der Materie beschrieben wird, später häufig zu einer Verwechslung mit den (ebenfalls kugelförmigen) Atomen. Sie schlagen vor, auf die Beschreibung der Form der Teilchen zu verzichten. Ähnlich motiviert ist die Empfehlung, die Teilchen, aus denen Stoffe bestehen, als kleine und nicht als kleinste Teilchen zu bezeichnen. Ziel ist es, ein in sich kohärentes und anschlussfähiges Teilchenkonzept zu entwickeln. Die Grundaussagen sind in Eilks & Möllering (2001) sowie Eilks (2007) ausführlich dargestellt und begründet. Damit soll der Revision verschiedener (historischer) Modelle begegnet werden.

10.3 Primäre Orientierung an der Lebenswelt

Chemie ist zentraler Bestandteil unseres Lebens. Alle Nahrungsmittel sind chemische Substanzen, die Mobilität in unserem Leben gelingt durch chemische Erzeugnisse und die hochwertigen Kleidungsstücke sind ein Ergebnis chemischer Entwicklung. Vielfach werden aber die Leistungen nicht mit Chemie in Verbindung gebracht, sodass die Chemie häufig im Verborgenen bleibt. Es gilt, die Chemie sichtbar zu machen – eine Forderung, der durch die Umsetzung der fachdidaktischen Leitlinie *Alltagsbezug* (vgl. Kap. 6.7) Rechnung getragen werden kann. Dafür stehen zahlreiche Unterrichtskonzeptionen und -verfahren zur Verfügung, von denen ausgewählte hier vorgestellt werden. Es besteht kein Anspruch auf Vollständigkeit.

10.3.1 Der Spannungsbogen Chemie und Lebenswelt als Leitmotiv

Praxisorientierter Chemieunterricht

Begründer: Bernd Lutz und Peter Pfeifer

Grundidee: Praxisorientierter Chemieunterricht (Lutz & Pfeifer 1989; Pfeifer 1996) zeichnet sich durch drei Kriterien aus:

- Der Chemieunterricht ist wissenschaftsbezogen **(fachlicher Kernbestand)**
- Der Chemieunterricht nutzt und integriert Themen aus Alltag und Technik, die eine entsprechende Schülernähe und einen dem Entwicklungsstand der Schülerinnen und Schüler angemessenen Grad der Abstraktion besitzen (erfahrungs-/**anwendungsbezogener Kernbestand**).
- Das **Experiment** nimmt die zentrale Rolle bei der unterrichtlichen Gestaltung ein.

Für den Chemieunterricht ist es unverändert wichtig, chemische Begriffe, theoretische Zusammenhänge und Methoden fundiert zu erarbeiten. Dafür sind die Basiskonzepte (vgl. Kap. 2) und Schlüsselbegriffe, wie das Teilchen- und Energiekonzept sowie das Erkennen von Beziehungen zwischen Strukturen und Eigenschaften, unerlässlich. So entsteht ein strukturiertes und anschlussfähiges Wissen. Für den Lernenden erscheint diese Form wissenschaftsorientierter Auseinandersetzung jedoch einseitig und beziehungslos, da ihr die Anschlussfähigkeit an die Lebenswelt der Lernenden fehlt. Um dieser Einstellung entgegenzuwirken, muss im Chemieunterricht unbedingt der Zusammenhang mit der Lebenswelt hergestellt werden – ohne aber theoriefern oder unreflektiert zu sein. Kennzeichnend für den praxisorientierten Chemieunterricht ist, dass dem fachlichen Kernbestand **gleichberechtigt** ein erfahrungs- bzw. anwendungsbezogener Kernbestand zur Seite steht, sodass

Auswahl und Anordnung der Unterrichtsinhalte von beiden Seiten her möglich ist. Unverzichtbar ist, dass praxisorientierter Chemieunterricht zugleich zeitgemäßer Experimentalunterricht ist, der nicht nur einen Eindruck von der Vielfalt der faszinierenden Welt chemischer Phänomene, sondern auch Grundfertigkeiten im Umgang mit den Stoffen, auch des Alltags, vermittelt. Dieser Ansatz ist in zahlreichen unterrichtspraktischen Vorschlägen umgesetzt (Vertiefung 7 sowie Anregung).

V

Vertiefung 7: Praxisorientierter Chemieunterricht am Beispiel Aspartam

Der fachliche Kernbestand (Aminosäuren, Peptidbindung, Dipeptid) lässt sich mit einem erfahrungsbezogenen Kernbestand verknüpfen. Konkret stellt Aspartam (Abb. 3) einen vielfältig eingesetzten Süßstoff dar, der den Lernenden u. a. in Light-Getränken, Kaugummis oder kalorienreduzierten Lebensmitteln begegnet. Die experimentelle Erschließbarkeit der Strukturelemente von Aspartam ermöglicht einen zeitgemäßen Experimentalunterricht – von der Hydrolyse von Aspartam bis zur Identifizierung der Strukturelemente (Lutz & Pfeifer 1989b; Pfeifer & Meyer 2006). Die Erklärung der Eigenschaft „süß" des Produktes Aspartam setzt Strukturkenntnisse voraus und verdeutlicht die Notwendigkeit der Leitlinie Stoff-Struktur-Eigenschaften.

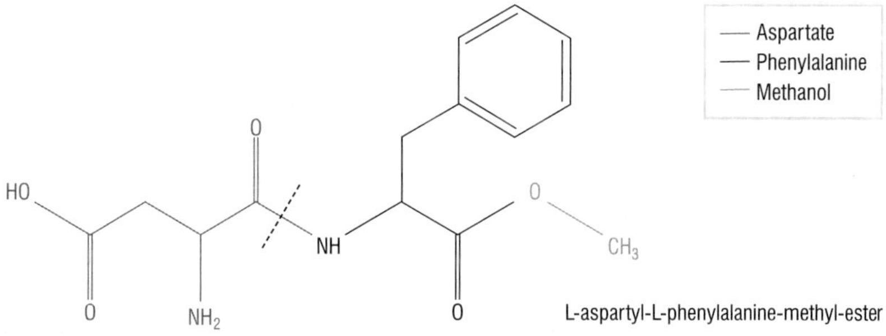

Abb. 3: Strukturformel von Aspartam

A

Anregung

Bei Lutz et al. (2001) ist eine zusammenfassende Darstellung der Konzeption und zahlreicher unterrichtspraktischer Beispiele zu finden. Letztere reichen von organischen Säuren (z. B. Isolierung und Identifizierung von Oxalsäure) über Energy Drinks (Nachweis und Bestimmung von Taurin und Coffein) bis zu Farbstoffen (aus Walnuss) und Pigmenten (z. B. Titandioxid). Das umfangreiche Literaturverzeichnis mit allen Quellen für die unterrichtspraktischen Beispiele rundet den Beitrag ab.

10

Chemie im Kontext (ChiK)

Begründer: Ilka Parchmann, Reinhard Demuth und Bernd Ralle
(Das in England erfolgreiche „Salters Chemistry Project" war ein wichtiger Auslöser für die Entwicklung von „Chemie im Kontext" in Deutschland.)
Grundidee: Kontexte als Ausgangspunkt bieten dem Lernenden Anknüpfungspunkte mit der Lebenswelt – einerseits, um die Bedeutung für die Beschäftigung mit Chemie und andererseits, um die Anwendbarkeit des erworbenen chemischen Wissens im alltäglichen Leben zu erkennen (Parchmann et al. 2008). Chemie im Kontext basiert somit auf drei Säulen:

- **Kontexte** als Ausgangspunkt des Unterrichts
- Erarbeitung zentraler **Basiskonzepte**
- Verwendung verschiedener Unterrichtsmethoden – hier im Sinne von Sozialformen

Das Ziel von Chemie im Kontext ist, dass die Lernenden durch selbstständiges Lernen und Arbeiten anwendbare Kenntnisse und Kompetenzen erwerben. „Chemie im Kontext arbeitet nach dem Prinzip ‚weniger ist mehr' bezogen auf die Inhaltsfülle, aber auch nach dem Motto ‚große Ziele mit kleinen Schritten', wenn es darum geht, die Schülerinnen und Schüler zu fördern und ihnen eigenständiges Arbeiten zuzutrauen" (Parchmann et al. 2008, S. 18).

Für die Planung und Durchführung von Unterricht nach Chemie im Kontext wird ein Vier-Phasen-Modell vorgeschlagen (Vertiefung 8). (1) In der *Phase der Begegnung* werden die Schülerinnen und Schüler mit dem Thema, z. B. durch eine Problemstellung oder einen inhaltlichen Zusammenhang, vertraut gemacht. In dieser Phase können sie bereits ihre Vorkenntnisse oder Alltagserfahrungen einbringen. (2) In der *Phase der Neugier und Planung* gilt es, zentrale Fragen aus der komplexen Thematik zu extrahieren und Untersuchungen zu planen. Diese Phase bildet eine wichtige Gelenkfunktion zwischen der ersten Phase, in der vor allem die Vorerfahrungen der Schülerinnen und Schüler einfließen, und der Fokussierung auf die fachlichen Inhalte in der dritten Phase. (3) *Die Phase der Erarbeitung und Präsentation* dient der Bearbeitung der identifizierten und geplanten Problemaspekte. (4) In der *Phase der Abstraktion und Vernetzung* werden die zentralen chemischen Aspekte miteinander in Beziehung gesetzt und allgemeingültige Zusammenhänge herausgearbeitet. So entsteht ein solides und anwendbares Wissensfundament.

V

Vertiefung 8: Chemie im Kontext am Beispiel Batterien (Parchmann et al. 2008, S. 27)

Begegnungsphase

↓

Debatte: Batterien im Alltag – Vorzüge und Probleme

↓

Neugier- und Planungsphase

Mind Map: Kriterien für die Untersuchung von Batterien

↓

Erarbeitungsphase

Lernzirkel: Untersuchung verschiedener Batterietypen

Präsentation & Diskussion: Beurteilung

↓

Vernetzungs- und Vertiefungsphase

Übungsphase: Physikalisch-chemische Größen

Übung: Wasserstoff-Auto

Für die Planung von Unterrichtseinheiten nach Chemie im Kontext gibt es zwei Zugänge: Entweder wird von den im Lehrplan festgeschriebenen Fachinhalten ausgehend ein angemessener Kontext gesucht, um den Fachinhalt sinnstiftend zu vermitteln, oder man konzipiert ausgehend vom Kontext eine Lerneinheit, in der die dazugehörigen chemischen Fachinhalte und Basiskonzepte aufgegriffen werden (Parchmann et al. 2008, S. 34 f.).

A

Anregung

Für eine vertiefende Auseinandersetzung sei auf *Chemie im Kontext – Von der Innovation zur nachhaltigen Verbreitung eines Unterrichtskonzepts* (Demuth et al. 2008) verwiesen. Darin finden sich die Konzeptionen und Ergebnisse der empirischen Begleituntersuchung ebenso wie praktische Hinweise für die Unterrichtspraxis. Die umfangreiche Publikation findet sich unter www.chik.de.

Chemie fürs Leben

Begründer: Alfred Flint

Grundidee: Stoffe aus dem Alltag dienen als Untersuchungs- und Anschauungsmaterial (Freienberg et al. 2001). Das heißt, wann immer es möglich und sinnvoll ist, werden Laborchemikalien durch **Stoffe aus dem Alltag** ersetzt (Vertiefung 9). In dem Ansatz „Chemie fürs Leben“ erhält die **experimentelle**

Auseinandersetzung (wenn möglich als Schülerexperiment) mit dem Lerngegenstand besondere Aufmerksamkeit. Flint verweist darauf, dass durch Schülerexperimente die Motivation gesteigert, sensomotorische Fähigkeiten geschult und die Behaltensleistungen erhöht werden können. Grundlegende Prinzipien und Reaktionsweisen werden zunächst auf phänomenologischer Ebene herausgearbeitet, und auch ihre Verknüpfung zu systemhaften Kenntnissen erfolgt erst auf dieser Ebene. Damit wird an das Beobachtbare angeknüpft und die Verknüpfung zur Lebenswelt gestärkt.

Ziel ist es, den Schülerinnen und Schülern zu verdeutlichen, dass Chemie und Lebenswelt untrennbar miteinander verbunden sind und in ständiger Wechselwirkung miteinander stehen. Auf diese Weise kann der allgemeinbildende Wert des Chemieunterrichts noch deutlicher herausgestellt werden.

V

Vertiefung 9: Chemie fürs Leben am Beispiel Oxi-Reiniger

Sauerstoff wird entsprechend der klassischen Laborpraxis durch thermische Zersetzung von Kaliumpermanganat oder durch katalytische Zersetzung von Wasserstoffperoxid erzeugt. Die Arbeitsgruppe von A. Flint hat diese Laborchemikalien durch einen Stoff aus dem Alltag ersetzt – den Oxi-Reiniger (Zucht et al. 2004; Rossow et al. 2009). Oxi-Reiniger enthalten Bleichmittel (bis zu 30 %) auf Sauerstoffbasis und erzielen deshalb eine bleichende Waschwirkung. Wird Oxi-Reiniger zum Zwecke der Sauerstoffgewinnung trocken erhitzt, so wird Sauerstoff in einer nennenswerten Menge freigesetzt. Der auf diese Weise gewonnene Sauerstoff kann qualitativ mit der Glimmspanprobe nachgewiesen und für verschiedene Reaktionen (z. B. Verbrennung von Holzkohle) genutzt werden; quantitative Untersuchungen bieten eine Vertiefung der Thematik an.

A. Flint et al. haben inzwischen für die zentralen Themen der Sekundarstufe I und II durchgängige Unterrichtseinheiten konzipiert und unterrichtspraktisch erprobt. Als Beispiele seien „Säuren und Laugen“, „Redoxreaktionen“, „Feuer und Flamme“ sowie „Organische Chemie“ genannt (siehe Anregung).

A

Anregung

Unter www.chemie-fuers-leben.de ist die umfangreiche Materialsammlung zu finden. Sie beinhaltet ausführlich dargestellte Unterrichtseinheiten mit Experimentiervorschriften und didaktisch-methodischen Hinweisen.

10.3.2 Der Spannungsbogen Chemie und Gesellschaft als Leitmotiv

Gesellschaftskritisch-problemorientiertes Unterrichtsverfahren

Begründer: Ingo Eilks

Grundidee: Das gesellschaftskritisch-problemorientierte Unterrichtsverfahren stellt **gesellschaftlich relevante Themen** in den Mittelpunkt der Lerneinheit (Marks et al. 2012). Damit soll neben dem sinnstiftenden Einbinden der Fachkenntnisse insbesondere die überfachlichen Kommunikations- und Bewertungskompetenz gefördert werden.

Für die Auswahl der Themen sind folgende fünf Kriterien zu berücksichtigen: Authentizität, Relevanz, eine offene Bewertungslage in Bezug auf gesellschaftlich relevante Fragen, offene Diskutierbarkeit sowie Fragestellung mit Bezug zu Chemie und Technik (Marks et al. 2012). Als geeignete Themen wären Biodiesel, Duschgel (Vertiefung 10) oder auch Klimawandel (Belova et al. 2012) zu nennen.

Die Umsetzung des Themas erfolgt in fünf Schritten, wobei in jedem Schritt bestimmte methodische Aspekte zu berücksichtigen sind (in Klammer geschrieben):

1 Zugang und Analyse der Kontroverse (Nutzung authentischer Alltagsmedien)
2 Fachliche Klärung unter Einbezug experimenteller Arbeiten (schülerorientiertes und experimentelles Lernen von Chemie)
3 Wiederaufgreifen der kontroversen Problemlage (schülerzentrierte und kooperative Lernformen)
4 Erarbeitung und Diskussion verschiedener Perspektiven (Methoden zur Strukturierung kontroverser Debatten)
5 Metareflexion (Methoden zur Provokation und Explikation individueller Meinungen)

Die methodischen Aspekte machen deutlich, dass das soziale Lernen unter Nutzung entsprechender Sozialformen eine starke Berücksichtigung findet. Exemplarisch seien Rollenspiele (siehe Anregung), Planspiele oder Lernzirkel genannt.

V

Vertiefung 10: Das gesellschaftskritisch-problemorientierte Unterrichtsverfahren am Beispiel Duschgel (Eilks 2011)

Kaufentscheidungen für ein Duschgel werden primär durch den Duft und nicht durch die eigentlichen Funktionsstoffe gefällt. In vielen Körperpflegeprodukten werden sogenannte Moschusduftstoffe eingesetzt. Während aus Gründen des Artenschutzes die Nutzung natürlicher Moschusduftstoffe verboten ist, werden derzeit synthetische polyzyklische Moschusverbindungen verwendet (mehr als 1.000 t / Jahr in der EU). Diesen Verbindungen wird allerdings eine hormonaktive Wirkung zugesprochen. Damit liegt ein Problem vor, welches den fünf Kriterien des gesellschaftskritisch-problemorientierten Unterrichtsverfahrens entspricht – und den Ausgangspunkt bildet. Die fachliche Klärung über die Inhaltsstoffe und deren Funktionen erfolgt in einem experimentell orientierten Lernzirkel (u. a. Waschwirkung von Tensiden, Gewinnung und Einteilung von Duftstoffen sowie Herstellung eines Duschgels). Die Kontroverse über die synthetischen Moschusduftstoffe wird erneut aufgegriffen und mit der Journalistenmethode bearbeitet. Von den Schülerinnen und Schülern werden Nachrichtenspots erstellt, in denen jeweils verschiedene Perspektiven (u. a. Verbraucherschutz, Kosmetikindustrie, Wasserwirtschaft sowie Umweltverbände) berücksichtigt werden. In der Abschlussreflektion bietet das gemeinsame Betrachten der Nachrichtenspots Gelegenheit zur Reflexion – über den inhaltlichen Aspekt und das Zustandekommen von Nachrichten.

A

Anregung

Kontrovers zu diskutierende Sachverhalte können im Unterricht mit einem Rollenspiel umgesetzt werden. Eine Untersuchung von Belova et al. (2014) hat gezeigt, welche **Faktoren für ein erfolgreiches Rollenspiel** zu berücksichtigen sind.

Stoffgeschichten und Kritikalität

Begründer: Armin Reller und Claudia Schmidt

Grundidee: Stoffgeschichten (Schmidt & Reller 2012; Marschall et al. 2013) bilden den **Lebenszyklus** eines Stoffes oder eines Produktes ab (vgl. Kap. 6.3.2). Sie verorten den Stoff (bzw. das Produkt) in Raum und Zeit. Dabei spielen die Herkunft bzw. der Herstellungsprozess eines Stoffes (oder Produktes) ebenso eine wichtige Rolle wie seine kulturgeschichtliche, ökologische, ökonomische und soziale Bedeutung; und auch die Frage nach Recyclingmöglichkeiten oder der Gefahr der **Dissipation** werden beleuchtet (Vertiefung 11). Es steht das narrative Moment im Mittelpunkt.

Für die narrativ dargestellten Bausteine der Stoffgeschichte müssen Daten, Fakten und Informationen gesammelt werden. Die Daten betreffen u. a. die Kriterien Geschichte / Kultur, Funktionen, Risiko, Toxizität und Bioaktivität des Kritikalitätskonzeptes. Durch die Analyse und Interpretation dieser Daten ist es möglich, den Lebenszyklus bzw. einzelne Schritte zu bewerten und Eingreifpotenziale sowie Handlungsoptionen zu erkennen. Stoffgeschichten und das Kritikalitätskonzept eignen sich besonders für einen fachübergreifenden oder fächerverbindenden (interdisziplinären) Unterricht (vgl. Kap. 10.5).

V

Vertiefung 11: Die Stoffgeschichte von Platin

Aus dem Metall Platin wurde schon von den alten Ägyptern Schmuck hergestellt. Auch heute ist Platin ein begehrtes Schmuckmetall. Seit dem 19. Jahrhundert kamen weitere Anwendungsbereiche dazu: Elektronik (z. B. Glühbirne), Autoindustrie (z. B. Dreiwegekatalysator; ca. 250 t/Jahr) und Medizin (z. B. Zytostatika; ca. 7 t/Jahr). Damit stellt sich zugleich die Frage nach dem Recycling (vgl. Kap. 6.3.2).

„Die Analyse aktueller Anwendungsgebiete und Recyclingquoten ... zeigt, dass jährlich insgesamt etwa 20 t Platin rezykliert werden, insbesondere im Bereich Platin-Schmuck und Katalysatoren. Allerdings tritt bei dem in Katalysatoren verbauten Platin das Problem auf, dass durch den alltäglichen Ausstoß von Platinpartikeln über den Auspuff der Wertstoff dissipiert. Er verliert sich in die Atmosphäre und Biosphäre, denn diese winzigen Partikel können nicht mehr eingesammelt werden" (Schmidt & Reller 2012, S. 44 f.).

10.4 Primäre Orientierung an der Genese der Schülerinnen und Schüler

10

10.4.1 Schülervorstellungen als Leitmotiv

Das an Schülervorstellungen orientierte Unterrichtsverfahren

Begründer: Jens Friedrich, Marco Oetken und Hans-Dieter Barke

Grundidee: Ziel dieses Unterrichtsverfahrens ist es, durch die inhaltliche Auseinandersetzung mit den **Schülervorstellungen** einen Konzeptwechsel (vgl. Kap. 8) zu initiieren (Petermann et al. 2008; Dörfler & Barke 2009). In der vorgeschlagenen Artikulation bilden die Schülervorstellungen den roten Faden: In der *Begegnungsphase* sollen die zur Thematik der Unterrichtseinheit existierenden Schülervorstellungen (in der Lerngruppe identifiziert und) diskutiert werden. Damit wird eine Sensibilisierung der Lernenden für das Auftreten unterschiedlicher Schülervorstellungen erreicht. Auf der Basis der *fachlichen Klärung* des Unterrichtsgegenstandes erfolgt eine inhaltliche Auseinandersetzung mit den Schülervorstellungen. Es wird das Ziel verfolgt, bei den Schülerinnen und Schülern einen kognitiven Konflikt zu erzeugen, der als Lernanlass die *Phasen der Erarbeitung* sowie der *Festigung* trägt. In diesen Stufen soll der Konzeptwechsel durch eine argumentativ geführte und wenn möglich experimentell unterstützte Widerlegung der Schülervorstellungen herbeigeführt werden (Vertiefung 12). Die abschließende *Phase des metakognitiven Rückblicks* ermöglicht es den Schülerinnen und Schülern, über die Veränderungen der individuellen Vorstellungen zu reflektieren. Damit wird die Schülerin und der Schüler zugleich sensibilisiert für die Herkunft von Lernschwierigkeiten.

V

Vertiefung 12: Das an Schülervorstellungen orientierte Unterrichtsverfahren am Beispiel des Gesetzes von der Erhaltung der Masse (Petermann et al. 2008)

Inhaltlich steht das Gesetz von der Erhaltung der Masse am Beispiel der Verbrennung von Kohlenstoff (Boyle-Versuch) im Mittelpunkt. Die existierenden Schülervorstellungen bedingen unterschiedliche Argumentationsstrategien, wie folgende zwei Beispiele zeigen:

„‚Die Masse nimmt ab, weil gasförmige Stoffe leichter sind als feste Stoffe.' (Schüler, Klasse 8)" (Petermann et al. 2008, S. 115) Es wird ein Modell genutzt, um diese Vorstellung zu widerlegen: Die Schülerinnen und Schüler stellen mit unterschiedlich farbigen Styroporkugeln (schwarz = Kohlenstoff, rot = Sauerstoff) die Reaktion auf Teilchenebene nach. Durch Wägen der modellierten Ausgangsstoffe und Reaktionsprodukte wird veranschaulicht, dass die Masse vor und nach der Reaktion identisch ist.

„‚Ich denke, die Masse nimmt ab, weil nach der Reaktion kein Kohlenstoff mehr vorhanden ist. C und O haben miteinander reagiert und es ist ein Gas entstanden, das eigentlich nichts wiegen dürfte.' (Schülerin, LK 12)" (Petermann et al. 2008, S. 115) Diese Schülervorstellung lässt sich experimentell widerlegen. Mit Hilfe einer Gaswägekugel wird verdeutlicht, dass eine mit dem Gas Kohlenstoffdioxid befüllte Kugel mehr als nur ihr Eigengewicht hat. Das Gas besitzt eine Masse.

Voraussetzung für die Umsetzung dieses Unterrichtsverfahrens ist, dass die Lehrkraft Kenntnis über die thematisch relevanten Schülervorstellungen hat. In zahlreichen empirischen Studien wurden entsprechende Erkenntnisse gewonnen – exemplarisch sei auf die Studien von H. Pfundt (Chemische Reaktion im Anfangsunterricht (1975)), A. Marohn (Lösen und Sieden) (2008a) und H.-D. Barke (Anregung) verwiesen.

A

Anregung

In dem Standardwerk von Hans-Dieter Barke (2006) findet die Leserin bzw. der Leser eine umfangreiche Sammlung empirischer Ergebnisse zu Schülervorstellungen quer durchs Curriculum. Aber auf dieser Ebene bleibt Hans-Dieter Barke nicht stehen: es werden zugleich Vorschläge für die Unterrichtspraxis zum Umgang mit den Schülervorstellungen unterbreitet.

Choice2learn
Begründer: Annette Marohn
Grundidee: In einer kooperativen Lernumgebung steht die aktive Auseinandersetzung der **Schülerinnen und Schüler** mit ihren eigenen **Vorstellungen** und mit den Vorstellungen anderer im Mittelpunkt. Ziel dieses Unterrichtsverfahrens ist es, dass sich die Schülerinnen und Schüler eigener Vorstellungen bewusst werden und durch geeignete Medien (u. a. Schülerexperimente) Veränderungen initiiert werden. Das zentrale methodische Instrument dafür bilden empirisch entwickelte Multiple-choice-Aufgaben (Vertiefung 13).

V

Vertiefung 13: Multiple-choice-Aufgaben
Annette Marohn (2008b) hat mit offenen Aufgabenformaten die Schülervorstellungen u. a. im Themenfeld Elektrochemie erhoben. Die von den Schülerinnen und Schülern formulierten Antworten lassen typische Schülervorstellungen zutage treten. Diese Vorstellungen finden Eingang in die Auswahlantworten für die Multiple-choice-Aufgaben (Abb. 4). Die alternativen Schülervorstellungen gehen davon aus, dass es sich beim Stromfluss in wässrigen Lösungen um eine Bewegung von Elektronen handelt – entweder in Form freier Elektronen (Antwort A) oder in Form von Ionen, die als „Spediteur" fungieren (Antworten B und D).

Aufgabe 3

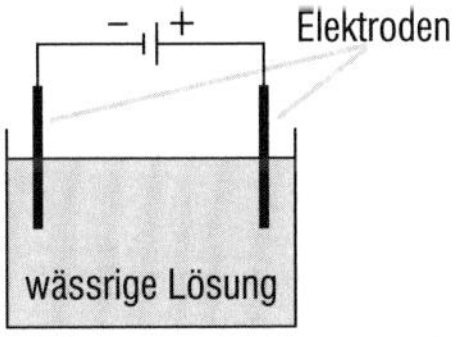

Welche der folgenden Aussagen beschreibt den Stromfluss in der wässrigen Lösung?

[A] Elektronen bewegen sich von einer Elektrode zur anderen Elektrode durch die Lösung.

[B] Ionen nehmen Elektronen an einer Elektrode auf und transportieren diese zur anderen Elektrode durch die Lösung.

[C] Positive und negative Ionen bewegen sich in entgegengesetzter Richtung durch die Lösung.

[D] Elektronen werden von einem Ion zum nächsten durch die Lösung weitergereicht.

Aufgabe 4

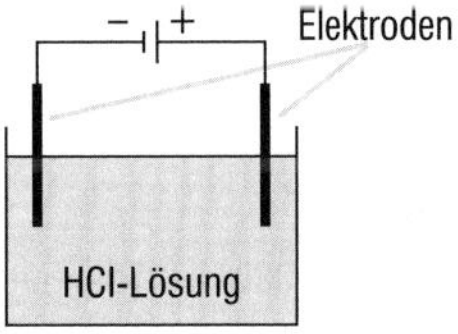

Beschreiben Sie den Stromfluss in der verdünnten Salzsäure!

Bitte begründen Sie Ihre Antwort ausführlich!

Abb. 4: Beispiel einer Multiple-choice-Aufgabe (Marohn 2008b, S. 80)

Die Auseinandersetzung erfolgt in mehreren Phasen (Marohn 2009): Nach einer *Kontextualisierung* der Aufgaben im Unterrichtsgespräch soll jede Schülerin und jeder Schüler diese Aufgabe in Einzelarbeit bearbeiten und seine Lösung begründen. Dadurch wird er sich seiner Vorstellungen – seiner Position – bewusst *(Positionierung)*. In der Phase der Kleingruppenarbeit tauschen sich die Schülerinnen und Schüler zunächst über ihre Vorstellungen (und Begründungen) aus, sodass alle Positionen vorgestellt werden; dann wird eine wissenschaftliche Lösung für die Aufgabe gesucht (später durch verschiedene Lernimpuls-Formate unterstützt) und zugleich Pro- und Kontra-Argumente für die verschiedenen Positionen ermittelt *(Argumentation/Diskurs)*. Im anschließenden Unterrichtsgespräch werden die Ergebnisse und auch die Diskussionsverläufe vorgestellt und reflektiert *(Reflexion/Klärung)*. Eine Transferaufgabe, die in Partnerarbeit zu lösen ist, dient der Festigung und ermöglicht durch den Vergleich mit der eingangs bearbeiteten Aufgabe ein Sichtbarwerden von ggf. veränderten Vorstellungen *(Anwendung)*. Treibende Kraft im Lernprozess sind die *kognitiven Konflikte*, die in den verschiedenen Phasen geschaffen werden bzw. entstehen: z. B. Widerspruch zu eigenen Vorstellungen bzw. Argumenten der Mitschülerinnen und Mitschüler, Widerspruch zu Experimentalbefunden und Sachinformationen, Widerspruch zu wissenschaftlichen Konzepten.

A

Anregung

In A. Marohn (2008b) wird der Entwicklungsprozess zur Konzeption choice2learn vorgestellt. Sie zeigt eindrucksvoll, wie empirisch fundiertes Unterrichtsmaterial entstehen kann. Weitere Beispiele für den direkten Einsatz in der Praxis sind bei Wambach & Wambach-Laicher (2012 & 2013) zu finden.

10.4.2 Genetisches Lehren als Leitmotiv

Genetisch orientierte Konzeptionen sind Ausdruck eines reformpädagogischen Unterrichts, der vom Kind ausgeht. Sie gehen zurück auf die Grundgedanken genetischen Lehrens von John Dewey (1915) und stützen sich auf Piagets Untersuchungen zur Entwicklung der Schülerin und des Schülers und seiner Denkstrukturen. Bedeutsam sind in diesem Zusammenhang seine Entwicklungsstufentheorie, das Äquilibrationsmodell und seine These von der Parallelität des gesellschaftstheoretischen und des individualhistorischen Begriffsbildungsverlaufs. Genetische Konzeptionen stehen aber auch in Verbindung mit verfahrensorientierten Konzeptionen bezüglich der Ziel und Mittelfunktion von Denk- und Arbeitsweisen, mit der Entwicklung von Denkstrukturen im Prozess ihrer Anwendung.

Genetisch-exemplarischer Unterricht

Begründer: Martin Wagenschein
Grundidee: Wagenschein (1975) charakterisiert sein Anliegen durch die Gegenüberstellung von zwei Wegen, die Kinder an die Physik heranzuführen; diese sind auch auf Chemie übertragbar: Der erste Weg wird vom Ende her geplant: von den Grundbegriffen und den mathematischen Strukturen der heutigen Physik und zielt darauf ab, sie einleuchtend zu machen. Den Anfang des zweiten Weges sucht der Lehrende zu finden, indem er zusieht, wie aus unbeeinflussten jungen Kindern durch die Begegnung mit absonderlichen Naturphänomenen ursprüngliche Ansätze physikalischen Verstehens herausgefordert werden.

„Nach Wagenschein führt genetisches Lehren ohne Bruch vom Sehen zum Verstehen, vom Nachdenken über auffällige Phänomene in die wissenschaftliche Erforschung von Sachverhalten. Zugleich hält es den Rückweg zu der Fülle der konkreten Erscheinungen offen und stärkt die Verwurzelung des Fühlens und Denkens in den lebensweltlichen Erfahrungen der Kinder." (Köhnlein 1998, S. 14 f.)

Das Wesen des genetischen Unterrichts besteht darin, dass sich Kinder (und auch Jugendliche) mit dem Gegenstandsbereich aktiv auseinandersetzen, sodass sie dessen grundlegende Ideen und Strukturen durch eigene Aktivitäten identifizieren können. Für diesen Unterricht gilt: Vorrang des Verstehens vor inhaltlicher Fülle und unangemessener zeitlicher Einschränkung. „Wenn Lernen erfolgreich sein soll, muß sein (sprachlich fixiertes) Ergebnis im Licht seiner Genese begriffen werden: Die Kinder wissen nun nicht nur etwas, sondern sie wissen auch, wie sie (gemeinsam) zu diesem Wissen gekommen sind. Genetischer Unterricht trennt die Ergebnisse nicht von ihren Entstehungsprozessen ab." (Köhnlein 1998, S. 14 f.)

Als Regeln für genetisches Lernen gelten:

- erst etwas Erstaunliches, Problematisches ..., dann in produktivem Denken Gewohntes erkennen lassen
- erst das Naturphänomen, dann das Laborphänomen
- erst qualitativ, dann quantitativ
- erst das Phänomen, dann die Theorie und die Modellvorstellung
- erst die Muttersprache, dann die Fachsprache (und wieder zurück)
- erst die Langsamen, dann die Schnellen

10.5 Primäre Orientierung an der Interdisziplinarität

Die Begriffe, die den berühmten Blick über den Tellerrand der Fachdisziplin beschreiben, sind in der pädagogischen Literatur recht vielfältig und mit unterschiedlichen Inhalten besetzt (Sandfuchs 1987, Peterßen 1999). In Anlehnung an die KMK erweisen sich die Begriffe fachübergreifend und fächerverbindend konsensfähig (Abb. 5).

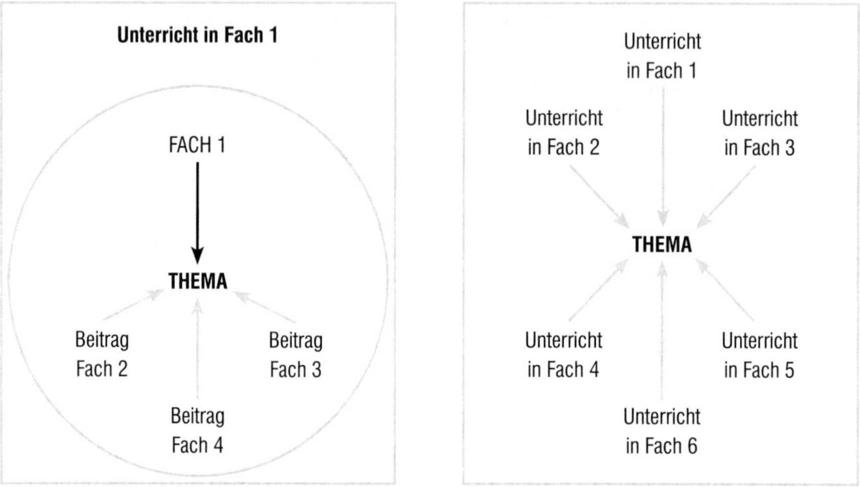

Abb. 5: Darstellung des Prinzips fachübergreifenden Unterrichts (links) und fächerverbindenden Unterrichts (rechts) (Landesinstitut für Schule und Weiterbildung o. J.)

Beim **fachübergreifenden Unterricht** steht der Inhalt eines Faches (z. B. Farben und Farbstoffe) im Vordergrund, und je nach Bedarf werden Aspekte anderer Fächer einbezogen (z. B. Biologie: Farben in der Natur, Physik: additive Farbmischung, Technik: Gewinnung von Farben – gestern und heute, Psychologie: Wirkung von Farben). Dieses Arbeiten findet gewöhnlich im Einzelfach-Unterricht statt und führt bis zum projektorientierten Fachunterricht. **Fächerverbindendes Unterrichten** wird erforderlich, wenn Schlüssel-Themen (z. B. Nachhaltigkeit, Globalisierung) betrachtet werden sollen. Hier ist fachübergreifender Unterricht allein häufig nicht leistungsfähig genug. Durch fächerverbindenden Unterricht wird die Fachstruktur aufgegeben und die beteiligten Fächer speisen ihre Fachinhalte ein, sodass eine ganzheitliche Betrachtung der Thematik möglich ist. Das ist beispielsweise beim **Projektunterricht** (Vertiefung 14) zu finden. Ziel des „fachübergreifenden“ Lernens ist die Betrachtung einer Thematik aus verschiedenen Blickwinkeln. Nur so können die Schülerinnen und Schüler ihr Wissen und Können, das sie im Chemieunterricht erwerben, als Teil ihrer Allgemeinbildung begreifen.

V

Vertiefung 14: Projektmethode

Die Projektmethode ist ein von John Dewey und William H. Kilpatrik entwickeltes Unterrichtsverfahren, „bei dem ganzheitlich und praktisch durchzuführende Arbeitsvorhaben oder unterrichtliche Gesamtthemen, meist nach einem von den Schülerinnen und Schülern selbst entworfenen Plan, konkretisiert werden. Das Ziel der Projektmethode ist die Erziehung zu Selbstständigkeit und eigener Verantwortung" (Böhm 2005, S. 512).

Schulz (1973) und Otto charakterisieren den **Projektunterricht** mit den folgenden sieben Merkmalen:

1 Bedürfnisbezogenheit: Ein Projekt wird ausgelöst und vorangetrieben vom Bedürfnis der Lernenden, eine ihnen wichtige Aufgabe zu lösen.

2 Situationsbezogenheit: Die Aufgabenstellung eines Unterrichtsprojektes muss aus der Alltagsrealität hervorgehen.

3 Interdisziplinarität: Die komplexe Lernaufgabe ist nur durch eine fächerübergreifende Betrachtungsweise zu bewältigen.

4 Selbstorganisation des Lehr-Lern-Prozesses: Sowohl die Zielsetzung als auch die Planung, Durchführung und Bewertung des Projektes werden von den Lernenden mindestens mit-, besser aber selbstbestimmt.

5 Produktorientierung: Der im Projekt realisierte Lernprozess soll sich in einem „Handlungsergebnis" ausdrücken.

6 Kollektive Realisierung: Das Projekt soll sich idealerweise in Gruppenprojekte einteilen lassen, da komplexe Fragestellungen am besten arbeitsteilig gelöst werden.

7 Gesellschaftliche Relevanz: Es besteht der emanzipatorische Anspruch, dass ausgehend von den subjektiven Bedürfnissen des Einzelnen die gesellschaftlichen Bedingungen, unter denen diese Bedürfnisse stehen, mitartikuliert und kritisiert werden.

In der schulischen Praxis gibt es in der Regel Abweichungen vom idealen Verfahren der Projektmethode. Zwei Gründe seien genannt: Zum einen gibt es oft Probleme mit der Anregung eines Problems – man denke nur an die Themen bei der in fast jedem Schulcurriculum obligatorischen Projektwoche. Zum anderen können sich die beteiligten Lehrpersonen aus der Planung und Realisierung nicht so zurückziehen, dass sie ein Gruppenmitglied wie jedes andere sind. Deshalb hat sich inzwischen der Begriff **„projektorientierten Unterrichts"** etabliert, um deutlich zu machen, dass die Grundideen der

Projektmethode (Vertiefung 14) leitend, aber nicht in allen Punkten umzusetzen sind. Unverzichtbar – auch für einen projektorientierten Unterricht – sind folgende Merkmale (Demuth 2002):

- Im Projekt muss ein Bezug zu einer real existierenden Situation (Problem) gegeben sein.
- Die Arbeit an einer gegebenen Fragestellung muss bis hin zur Zielformulierung gemeinsam geplant und in einem arbeitsteiligen Verfahren realisiert werden.
- Die Behandlung fachübergreifender Gesichtspunkte ist unerlässlich.
- Am Ende der Projektphase sollte ein Produkt das Ergebnis der Arbeit dokumentieren.
- Die Teilnehmer sollten Rechenschaft ablegen, was sie (warum) tun.

Für den Chemieunterricht hat R. Demuth (1991) einen **4-Stufen-Plan** beschrieben, der sowohl im **Projektunterricht als auch** im **projektorientierten Unterricht** umgesetzt werden kann:

1 Stufe der Anregung: Ein Mitglied der Lerngruppe oder ein Außenstehender regt ein Vorhaben an. Ein in der Lebenswelt angesiedeltes Problem ist der Anlass für die Frage: Können wir mehr darüber in Erfahrung bringen? Das ist als eine grundsätzlich offene Ausgangssituation zu betrachten. Die Gruppe setzt sich mit der Anregung auseinander, diskutiert Realisierungsmöglichkeiten und prüft, ob sie sich mit diesem Vorhaben identifizieren kann. Am Ende dieser Stufe steht der Beschluss „Wir wollen …" oder aber „Wir wollen nicht …".

2 Stufe der gemeinsamen Planung: Die Gruppe überlegt gemeinsam, wie sie die Ausgangsidee in bestimmte Aktivitäten umsetzen kann. Dabei sollen möglichst viele Aspekte der Fragestellung erfasst werden; die Fächergrenzen werden überwunden. Es wird durch die Gruppe auf der Basis des festgelegten Zieles (Präsentation des Ergebnisses der Projektarbeit – vgl. (4)) ein genauer Projektplan erarbeitet, in dem festgelegt wird, wer im Laufe des Projektes, welche Art von Tätigkeit, wie, warum, wann, wo durchführen wird. Erst dieses planvolle Handeln lässt einen Ertrag für das Lernen durch das Projekt erwachsen. Wenn bei der Planung ersichtlich wird, dass das Projekt nicht bearbeitet werden kann (z. B. aus zeitlichen Gründen, die Themenstellung überfordert die Möglichkeiten der Gruppe oder fehlende Materialien), ist es möglich, es in dieser Phase noch zu beenden.

3 Stufe der Ausführung: Die Mitglieder der Projektgruppe werden entsprechend des Projektplanes tätig. Häufig werden Untergruppen gebildet, die sich mit einem bestimmten Teilgebiet vertieft befassen. Diese Stufe ist von einem hohen Maß an Eigenaktivität gekennzeichnet. Regelmäßige Zusammentreffen der Arbeitsgruppen in der Gesamtgruppe sind unverzichtbar.

Die Arbeitsgruppen berichten über den Stand ihrer Arbeiten (wie sind sie vorgegangen, was haben sie bereits erreicht, wo gab es Schwierigkeiten, was fehlt noch) und setzen das Erreichte jeweils mit dem Projektplan in Beziehung. Diese Treffen dienen nicht nur dazu, dass das Tun ein „bewusstes Tun" bleibt, sondern gewährleisten auch den Zusammenhalt der gesamten Projektgruppe, die ja in der Projektarbeit ein gemeinsames Ergebnis ansteuert.

4 Stufe der Sicherung des Ergebnisses: Es hat sich als vorteilhaft erwiesen, in der Projektarbeit ein konkretes Produkt als Ergebnis anzusteuern. So kann beispielsweise eine Reportage (z. B. in Form einer Zeitung oder einer Ausstellung) über einen bestimmten Sachverhalt, ein fertiges und funktionsfähiges Gerät mit einer Gebrauchsanleitung (z. B. Bau und Inbetriebnahme eines Rennofens) oder ein Lebens- oder Genussmittel (z. B. Obstwein) entstehen. Das Produkt ist zugleich die ideale Messlatte für die Arbeit der Projektgruppe.

A

Anregung

Eine Fundgrube für Projektideen inkl. Umsetzung ist die Publikation von Münzinger und Frey (1989).

Eines der häufig gegen eine Projektorientierung im Chemieunterricht vorgebrachten Argumente ist, dass die Zwänge des Lehrplans für solche Freiräume keinen Platz ließen. Demgegenüber wird auch von den entschiedenen Gegnern des Projektunterrichts kaum bestritten, dass der Ansatz der Projektmethode – umgesetzt als Projekt in Reinform oder als projektorientierter Unterricht – das eigentliche Anliegen des Faches unmittelbar erfüllt und es keines zusätzlichen Freiraums bedarf. Hier wird Transfer nicht als eine in ferner Zukunft zu leistende Aufgabe definiert, sondern in der gegebenen Situation, in der Realität der Schülerin und des Schülers muss der Transfer unmittelbar geleistet werden. Hierin liegt der besondere Vorteil der Projektmethode: Sie ist ein ideales Instrument, die Naturwissenschaft wieder näher an Vorgänge außerhalb des Klassenzimmers heranzuführen, aus dem Lebensalltag der Schülerinnen und Schüler entnommene Fragestellungen zum Anlass und Ausgangspunkt des Unterrichts zu nehmen und die einschränkende fachgebundene Sicht zu verlassen. Diese Konzeption eignet sich auch für Wahldifferenzierungskurse (z. B. Angewandte Naturwissenschaften, Biotechnologie) und für Arbeitsgemeinschaften im Bereich Naturwissenschaften.

Literatur

Barke, H.-D. (2006). *Chemiedidaktik: Diagnose und Korrektur von Schülervorstellungen.* Berlin: Springer.

Barthel, H. (1972). *Untersuchungen über die Entwicklung von Denkleistungen der Schüler durch Einsatz der experimentellen Methode, dargestellt an Beispielen aus dem Chemieunterricht 7. und 8. Klassen.* Dissertation, Potsdam.

Belova, N., Stuckey, M., Feierabend, T., Marks, R., Menthe, J. & Eilks, I. (2012). Schüler über den Klimawandel diskutieren lassen. In *Unterricht Chemie,* **23** (129), S. 26–31.

Belova, N., Feierabend, T. & Eilks, I. (2014). Rollenspiele im naturwissenschaftlichen Unterricht. In *Der mathematische und naturwissenschaftliche Unterricht,* **67** (1), S. 42–48.

Bienholz, A. & Sommer, K. (2006). Teebeutel statt Soxhlet-Apparat. In *Unterricht Chemie,* **17** (95), S. 48–52.

Bindernagel, J. & Eilks, I. (2009). Lehr(er)wege zu Teilchen und Atomen. In *Unterricht Chemie,* **20** (114), S. 9–14.

Böhm, W. (2005). *Wörterbuch der Pädagogik.* Stuttgart: Alfred Kröner.

Bradley, J. (1984). History and the teaching of chemistry to the beginner. In *Journal of Chemical Education,* **22,** S. 12 ff.

Brock, W.H. (1992). *The Fontana History of Chemistry.* London: Fontana Press.

Crawford, B.A. (2014). From Inquiry to Scientific Practices in the Science Classroom. In N. Lederman & S.K. Abell (Hrsg.), *Handbook of Research on Science Education* (S. 515–544). New York: Routledge.

Demuth, R. (1991). Projektorientierter Chemieunterricht. Naturwissenschaften im Unterricht-Chemie, **2** (4), S. 4–7.

Demuth, R. (2002). Projektunterricht und projektorientierter Unterricht. In P. Pfeifer, B. Lutz & H.J. Bader (Hrsg.), *Konkrete Fachdidaktik Chemie* (S. 216–233). München: Oldenbourg.

Demuth, R., Gräsel, C., Parchmann, I. & Ralle, B. (Hrsg.) (2008). *Chemie im Kontext – Von der Innovation zur nachhaltigen Verbreitung eines Unterrichtskonzepts.* Münster: Waxmann.

Dörfler, T., Barke, H.-D. (2009). Das an Schülervorstellungen orientierte Unterrichtsverfahren: Beispiel Neutralisation. In *CHEMKON,* **16** (3), S. 141–146.

Eilks, I. & Möllering, J. (2001). Neue Wege zu einem fächerübergreifenden Verständnis des Teilchenkonzepts. In *Der mathematische und naturwissenschaftliche Unterricht,* **54** (4), S. 240–247.

Eilks, I. (2007). Neue Wege zum Teilchenkonzept. In *Unterricht Chemie,* **18** (100/101), S. 23–27.

Eilks, I. (2011). Plädoyer für eine konsequentere gesellschaftliche Orientierung des Chemie- und Physik-Unterrichts. In D. Höttecke (Hrsg.), *Naturwissenschaftliche Bildung als Beitrag zur Gestaltung partizipativer Demokratie. Gesellschaft für Didaktik der Chemie und Physik – Jahrestagung in Potsdam 2010* (S. 47–62). Münster: LIT.

Freienberg, J., Krüger, W., Lange, G. & Flint, A. (2001). „Chemie fürs Leben" auch schon in der Sekundarstufe I – geht das? In *CHEMKON,* **8** (2), S. 67–75.

Fries, E. & Rosenberger, R. (1970). *Forschender Unterricht* (2. Auflage). Frankfurt a. M.: Diesterweg.

Gagné, R.-M. (1973). Science – a process approach. In H. Tütken & K. Spreckelsen (Hrsg.), *Naturwissenschaftlicher Unterricht in der Grundschule. Band 2. Konzeptionen und Beispiele des naturwissenschaftlichen Unterrichts.* Frankfurt a. M.: Diesterweg.

Glöckel, H. (1992). *Vom Unterricht.* Bad Heilbrunn: Klinkhardt.

Hammann, M., Hoi Phan, T.T., Ehmer, M. & Bayrhuber, H. (2006). Fehlerfrei Experimentieren. In *Der mathematische und naturwissenschaftliche Unterricht,* **59** (5), S. 292–299.

Häusler, K., Lutz, B., Pfeifer, P. & Rampf, H. (1989). *Elemente der Zukunft: Chemie – Lehrerhandbuch.* München: Oldenbourg.

Häusler, K. (1994). Kerschensteiner und die Unterrichtspraxis. In *Naturwissenschaften im Unterricht-Chemie,* **5** (24), S. 8–11.

Holla, E. (1962). Das analytisch-synthetische Lernverfahren im Naturlehreunterricht. In *Die deutsche Schule,* **54,** S. 497 ff., 552 ff., 592 ff.

Jank, Werner & Meyer, Hilbert (2002). *Didaktische Modelle.* Berlin: Cornelsen Scriptor.

Jansen, W. & Matuschek-Wilken, C. (2002). Das historisch-problemorientierte Unterrichtsverfahren – Geschichte der Chemie im Chemieunterricht. In P. Pfeifer, B. Lutz & H.J. Bader (Hrsg.), *Konkrete Fachdidaktik Chemie* (S. 211–216). München: Oldenbourg.

Kerschensteiner, G. (1914). *Wesen und Wert des naturwissenschaftlichen Unterrichts.* München: Oldenbourg.

Köhnlein, W. (Hrsg.) (1998). *Der Vorrang des Verstehens – Beiträge zur Pädagogik Martin Wagenscheins.* Bad Heilbrunn: Klinkhardt.

Landesinstitut für Schule und Weiterbildung (o. J.). Fachübergreifender und fächerverbindender Unterricht in der gymnasialen Oberstufe. Soest: Verlag für Schule und Weiterbildung.

Lazonder, A.W. & Harmsen, R. (2016). Meta-analysis of inquiry-based-learning: effects of guidance. In *Review of educational research,* **86** (3), S. 681–718.

Lutz, B. & Pfeifer, P. (1989). Chemie in Alltag und Chemieunterricht – Gegensatz oder Chance für ein besseres Chemieverständnis. In *Der mathematische und naturwissenschaftliche Unterricht,* **42** (5), S. 281–290.

Lutz, B. & Pfeifer, P. (1989b). Gaukler der Süße – Aspartam – ein interessanter Zuckerersatzstoff. In *Naturwissenschaften im Unterricht – Physik/Chemie,* **37** (48), S. 16–19.

Lutz, B., Pfeifer, P. & Sommer, K. (2001). Praxisorientierter Chemieunterricht – Konzept und Beispiele. In *Praxis der Naturwissenschaften – Chemie in der Schule,* **50** (1), S. 29–36.

Marks, R., Burmeister, M., Lippel, M. & Eilks, I. (2012). Bewerten lernen – gefilterte Information und die Imitierung gesellschaftlicher Praktiken im gesellschaftskritisch-problemorientierten Chemieunterricht. In *Unterricht Chemie,* **23** (127), S. 32–36.

Marohn, A. (2008a). Schülervorstellungen zum Lösen und Sieden. In *Der mathematische und naturwissenschaftliche Unterricht,* **61** (8), S. 451–457.

Marohn, A. (2008b). „Choice2learn" – eine Konzeption zur Exploration und Veränderung von Lernervorstellungen im naturwissenschaftlichen Unterricht. In *Zeitschrift für Didaktik der Naturwissenschaften,* **14,** S. 57–83.

Marohn, A. (2009). „Choice2learn" – Schülervorstellungen individuell erkennen und verändern. In *Praxis der Naturwissenschaften – Chemie in der Schule,* **58** (8), S. 25–29.

Marschall, L., Schmidt, C. & Soentgen, J. (2013). Stoffgeschichten: Ein Instrument zur Analyse und Kommunikation. In A. Reller, L. Marschall, S. Meissner & C. Schmidt (Hrsg.), *Ressourcenstrategien* (S. 195–210). Darmstadt: Wissenschaftliche Buchgesellschaft.

Martius, T., Delvenne, L. & Schlüter, K. (2016). Forschendes Lernen – Verschiedene Konzepte, ein gemeinsamer Kern? In *Der mathematische und naturwissenschaftliche Unterricht,* **69** (4), S. 220–228.

Matuschek, C., Fickenfrerichs, H. & Peper, R. (1992). Das historisch-problemorientierte Unterrichtsverfahren am Beispiel der Einführung der tetraedrischen Struktur des Methans. In *Naturwissenschaften im Unterricht-Chemie,* **3** (13), S. 4–8.

Merzyn, G. (2013). Fachsystematischer Unterricht – eine umstrittene Konzeption. In *Der mathematische und naturwissenschaftliche Unterricht,* **66** (5), S. 265–269.

Mohr, H. (1978). Der Begriff der Erklärung in Physik und Biologie. In *Die Naturwissenschaften,* **65** (1), S. 1–6.

Münzinger, W. & Frey, K. (Hrsg.) (1989). *Chemie in Projekten.* Köln: Aulis.

Ohne Autor (1973). *COPES – Conceptually orientated program in elementary science – teacher's guide for grade six.* New York University: University Press.

Parchmann, I., Ralle, B. & Di Fuccia, D. (2008). Entwicklung und Struktur der Unterrichtskonzeption Chemie im Kontext. In R. Demuth, C. Gräsel, I. Parchmann & B. Ralle (Hrsg.), *Chemie im Kontext* (S. 9–47). Münster: Waxmann.

Petermann, K., Friedrich, J. & Oetken, M. (2008). Das an Schülervorstellungen orientierte Unterrichtsverfahren – Inhaltliche Auseinandersetzung mit Schülervorstellungen im naturwissenschaftlichen Unterricht. In *CHEMKON,* **15** (3), S. 110–118.

Peterßen, W. (1999). *Kleines Methoden-Lexikon.* München: Oldenbourg.

Pfeifer, P. (1996). Praxisorientierter Chemieunterricht. In *Unterricht Chemie,* **7** (31), S. 4–6.

Pfeifer, P. & Meyer, S. (2006). Streusüße oder Tabletten – Aspartamhaltige Produkte als Substrate für enzymatische Reaktionen. In *Unterricht Chemie,* **17** (92), S. 32–35.

Pfundt, H. (1975). Ursprüngliche Erklärungen der Schüler für chemische Vorgänge. In *Der mathematische und naturwissenschaftliche Unterricht,* **28** (3), S. 157-162.

Rossow, M., Wille, L. & Flint, A. (2009). Wichtige Hinweise: Sauerstoff aus Oxi-Reinigern – neue Testergebnisse. In *CHEMKON,* **16** (2), S. 95.

Sandfuchs, U. (1987). *Unterrichtsinhalte auswählen und anordnen.* Bad Heilbrunn: Klinkhardt.

Schmidkunz, H. & Lindemann, H. (1976). *Das Forschend-entwickelnde Unterrichtsverfahren.* München: Lister.

Schmidkunz, H. (1996). Salzhydrate als Wärmespeicher – Ein Stundenentwurf nach dem Forschend-entwickelnden Unterrichtsverfahren. In *Naturwissenschaften im Unterricht-Chemie,* **7** (32), S. 22–25.

Schmidt, C. & Reller, A. (2012). Bewerten lernen durch Stoffgeschichten und Kritikalitätsanalysen. In *Unterricht Chemie,* **23** (127), S. 44–47.

Schulz, W. (1965). Unterricht – Analyse und Planung. In P. Heimann, G. Otto & W. Schulz (Hrsg.), *Unterricht – Analyse und Planung* (S. 13–47). Hannover: Schroedel.

Schulz, W. (1973). Das Projekt. Chancen und Grenzen einer Lehr-Lern-Form in Schulunterricht und Lehrerausbildung. ULEF-Werkstattseminar 871. Basel 1973. In A. Kaiser & F.J. Kaiser (Hrsg.), *Projektstudium und Projektarbeit in der Schule* (S. 151–170). Bad Heilbrunn: Klinkhardt.

Spreckelsen, K. (1984). Strukturorientierung in der Didaktik des physikalischen Lernbereichs. In H.F. Bauer & W. Köhnlein (Hrsg.), *Problemfeld Natur und Technik* (S. 100–104). Bad Heilbrunn: Klinkhardt.

Terhart, Ewald (2009a). Methodik des Unterrichts. In S. Hellekamps, W. Plöger, W. Wittenbruch, T. Fuhr & P. Gonon (Hrsg.), *Handbuch der Erziehungswissenschaft* (Band 2, Teil 1) (S. 351–366). Paderborn: Ferdinand Schöningh. S. 351 f.

Terhart, Ewald (2009b). *Didaktik: Eine Einführung.* Stuttgart: Reclam.

Wagenschein, M. (1975). *Verstehen lehren. Genetisch, sokratisch, exemplarisch.* Weinheim: Beltz.

Wambach, H. & Wambach-Laicher, J. (Hrsg.) (2012 & 2013). *Individualisieren und Aktivieren im Chemieunterricht der Sekundarstufe II. Band I und II.* Köln: Aulis.

Zucht, U., Rossow, M., Lange, G. & Flint, A. (2004). Chemie fürs Leben – Sauerstoff aus Oxi-Reinigern. In *CHEMKON,* **11** (3), S. 131–136.

Online

(1) https://www.schule.sachsen.de/lpdb/web/downloads/lp_gy_chemie_2011.pdf?v2
(2) http://www.isb-gym8-lehrplan.de/contentserv/3.1.neu/g8.de/index.php?StoryID=26384
(3) http://bildungsserver.berlin-brandenburg.de/fileadmin/bbb/unterricht/rahmenlehrplaene/Rahmenlehrplanprojekt/amtliche_Fassung/Teil_C_Chemie_2015_11_10_WEB.pdf
(4) https://www.isb.bayern.de/schulartspezifisches/lehrplan/realschule-r6/fachprofil-ebene-2/chemie/111/
(5) https://www.isb.bayern.de/mittelschule/lehrplan/mittelschule/

10

11 Didaktische Prinzipien zur Stoffauswahl und -anordnung

Inhaltliche Schwerpunkte

- Didaktische Prinzipien sind Handlungsanweisungen für Lehrende, die zur konkreten Unterrichtsplanung eingesetzt werden, um Entscheidungen bei der Auswahl und Gliederung des zu lehrenden Stoffes zu treffen.
- Es gibt eine Vielzahl an didaktischen Prinzipien, von denen drei als grundlegend, die anderen als regulierend bezeichnet werden.
- Es muss immer eine Balance zwischen den didaktischen Prinzipien geschaffen werden, um einzelnen Prinzipien nicht zu widersprechen.
- Didaktische Regeln werden zur Konkretisierung der didaktischen Prinzipien herangezogen.

11.1 Begriffsklärung

Didaktische Prinzipien sind Grundsätze und Handlungsanweisungen, welche der Gestaltung von Unterricht dienen. In ihrer Funktion sind sie flexibler als Regeln und können an die jeweilige Situation angepasst werden. Sie bilden die Grundlage für professionelles Urteilsvermögen und unterstützen die Lehrkraft bei der Entscheidungsfindung (Glöckel 2003). Die Prinzipien gelten nicht nur für eine einzelne Unterrichtsstunde, sondern sind innerhalb der Unterrichtsplanung auf unterschiedlichen Ebenen relevant:

- Erstellung von Lehrplänen und Curricula mit Orientierung an den Bildungsstandards
- Planung von Unterrichtsreihen und Unterrichtssequenzen mit Perspektiven für Lernende
- Vorbereitung einzelner Unterrichtsstunden

In der Tabelle 1 sind wichtige Unterrichtsprinzipien beispielhaft nach Beyer (2006) und Glöckel (2003) gegenübergestellt. Es zeigt sich, dass es zahlreiche Übereinstimmungen in den inhaltlichen Grundideen gibt, wenngleich die begriffliche Form variieren kann. In der mittleren Spalte sind diese Übereinstimmungen explizit benannt und bilden die Grundlage für die Darstellung in diesem Kapitel.

Beyer (2006)	Relevante didaktische Prinzipien für Stoffauswahl und -anordnung	Glöckel (2003)
Allgemeinbildungsauftrag des Unterrichts; Strukturiertheit und Transparenz	Lernzielorientierung	Zielgemäßheit
Wissenschaftsbezug	Wissenschaftlichkeit	Sachgemäßheit bzw. Wissenschaftsorientierung
Schülerangemessenheit	Schülerangemessenheit	Schülergemäßheit bzw. Fasslichkeit
Integration von exemplarischem Lernen und Aneignung von Orientierungswissen	exemplarisches Lehren und Lernen	exemplarisches Lehren
	Anschauung	Anschauung
Erfolgsorientierung und Erfolgskontrolle	Erfolgssicherung	Erfolgssicherung
Lebensweltbezug	Lebensweltbezug	Lebensnähe
Wertbezug Problembezug Handlungsbezug	Wertbezug Problembezug Handlungsbezug	erziehender Unterricht
größtmögliche Selbsttätigkeit der Schülerinnen und Schüler	Selbsttätigkeit	Selbsttätigkeit
lernförderliches Klima	Motivation (vgl. Kap. 7.3)	Motivationshilfe
		Elementarisierung
		Ökonomie
		weitere didaktische Prinzipien (Kooperation, Gestaltung, Konzentration, Planmäßigkeit, Situationsgemäßheit)

Tab. 1: Auswahl relevanter didaktischer Prinzipien – eine Gegenüberstellung nach Beyer (2006) und Glöckel (2003)

Die Auswahl und die Anordnung des Unterrichtsstoffes sind elementare Bestandteile der Unterrichtsplanung. Während mit der Stoffauswahl festgelegt wird, welche Inhalte unterrichtet werden und in welchem Umfang, bestimmt die Anordnung die Reihenfolge der Inhalte. Die Kriterien, nach denen diese Entscheidungen durch die einzelne Lehrperson getroffen werden, werden im Folgenden detailliert vorgestellt. Die Entscheidung über die Stoffauswahl und -anordnung wird durch didaktische Prinzipien geleitet. Diese Prinzipien werden nach Glöckel (2003) in grundlegende und regulierende Prinzipien unterteilt. Dabei beziehen sich die grundlegenden Prinzipien (Zielgemäßheit, Schülergemäßheit und Wissenschaftsorientierung) auf elementare Bereiche des Unterrichts und stehen in einem Gleichgewicht zueinander. Die regulierenden Prinzipien hingegen lassen sich keinem der drei grundlegenden Prinzipien zuordnen, sondern können Aspekte jedes der drei Prinzipien enthalten. Sie sind weniger umfassend und daher wesentlich konkreter formuliert.

11.2 Prinzip der Lernzielorientierung

Die Lernzielorientierung, auch als Zielgemäßheit bezeichnet, ist das erste und bedeutsamste Prinzip für die Auswahl und Anordnung des Unterrichtsstoffes. Das Lernen ist ein situierter Prozess, der eine aktive Tätigkeit darstellt, die auf einer Verknüpfung neuer Informationen mit vorhandenem Wissen basiert (Clement & Martens 2000). Diese Verknüpfung bedarf einer Anleitung, sodass das Lehren als ein zielstrebiger Prozess bezeichnet werden kann (Gagné 1975). Ziele dienen dem Lehrenden als Planungs- und Strukturierungshilfe bei der Vorbereitung des Unterrichts. Die Festlegung der Ziele übt damit Einfluss auf die inhaltliche und methodische Gestaltung der Unterrichtssituation aus. Die Ziele, die für den Lehrenden bei der Planung des Unterrichts eine Rolle spielen, sind die Lehrziele (Vertiefung 1).

V

Vertiefung 1: Lernziel oder Lehrziel?

Ziele in Lehr-Lern-Prozessen können sowohl Lehrziele als auch Lernziele sein. Häufig werden beide Begriffe synonym verwendet, wobei der Ursprung dieser synonymen Begriffsnutzung nicht konkret identifiziert werden kann. Inhaltlich beziehen sich die beiden Begriffe aber auf unterschiedliche Intentionen im Lehr-Lern-Prozess. Ein Lernziel ist eine Zielsetzung, deren Verwirklichung vom Lernenden gewollt sein muss und vor allem beim selbstgesteuerten Lernen zum Tragen kommt. Das Lehrziel stellt hingegen eine Zielsetzung dar, die ein Lehrender in Lehr-Lern-Prozessen ansteuert (Klauer & Leutner 2012). Das heißt, dass Lehrziele diejenigen Ziele sind, welche die Lehrperson bei der Auswahl und Anordnung des Unterrichtsstoffes leiten. Die Lernenden müssen diese Lehrziele als ihre Lernziele erkennen, damit Lehr-Lern-Prozesse erfolgreich sind.

Im Rahmen der Kompetenzorientierung sind die Lernziele und ihre Erreichbarkeit sowie ihre Überprüfbarkeit leitend für die Unterrichtsplanung, Durchführung und Reflexion. Deshalb wird im Folgenden der Begriff Lernziel verwendet, obwohl im eigentlichen Sinn das Lehrziel damit beschrieben wird.

Im Unterrichtsprozess selbst erfüllen die Ziele mindestens vier Funktionen: Schwerpunktsetzung, Orientierung, Erkennung von Schwierigkeiten und damit notwendiger Zwischenschritte sowie Evaluierung der Lerneinheiten (Berck 2005). Häufig wird dem Unterrichtsprozess nicht nur ein Ziel, d. h. ein Schwerpunktlernziel, zugrunde gelegt, sondern eine Unterscheidung in Grob- und Feinziele bzw. Teilziele vorgenommen (Glöckel 2003). In der Literatur finden sich zahlreiche Auseinandersetzungen mit der korrekten Formulierung von Lernzielen.

Ein **gut formuliertes Lernziel** ist dadurch gekennzeichnet, dass es so konkret wie möglich formuliert ist. Das Ziel muss sich auf eine beobachtbare Handlung beziehen (Mager 1965; Gagné 1975). Die genaue Formulierung dient der Lehrkraft als Unterstützung, die passende Auswahl von Methoden und Inhalten auf das Ziel abzustimmen. Peterßen (2000) fordert von einem gut formulierten Lernziel, dass es so exakt wie möglich die Absicht der Lehrperson beschreibt. Dazu muss eine Operationalisierung des Ziels vorgenommen werden, d. h. es muss Operationen oder Tätigkeiten beinhalten, welche die Einschätzung darüber zulassen, ob das zu Lernende von der Schülerin oder dem Schüler gelernt wurde (Peterßen 2000). Während Grobziele so formuliert werden, dass sie viele Interpretationen des Ziels zulassen, jedoch damit schon eine Richtung vorgegeben wird, werden Feinziele (auch als Kernziele bezeichnet) so konkret formuliert, dass nur eine einzige Interpretation des Ziels möglich ist (Möller 1973, nach Peterßen 2000). Die Formulierung von Grob- und Feinzielen beinhaltet grundsätzlich die Verhaltens- und die Inhaltskomponente, welche die Anforderungsstufe des Lernziels bestimmt und damit auch die entsprechende Kompetenz zum Ausdruck bringt. Operatoren sind sowohl wichtige Hilfen zur Formulierung von Lernzielen als auch zu deren Überprüfung (vgl. Kap. 12.7 und Kap. 12.8). Zur Einschätzung der Anforderungsstufen bieten sich Taxonomien an, die eine Klassifikation von Lernzielen sowie die Hierarchisierung bezüglich ihrer Komplexität zulassen (Vertiefung 2). Für die Unterrichtspraxis hat sich die Einteilung in drei Anforderungsbereiche (Wiedergabe und Beschreibung von Sachverhalten, Anwendung des Gelernten in einem vergleichbaren Sachkontext, selbstständiges Lösen komplexer Probleme) aus den Einheitlichen Prüfungsanforderungen für das Fach Chemie (KMK 2004) bewährt.

V

Vertiefung 2: Lernzieltaxonomien

Die Taxonomien von Lernzielen dienen dem Lehrenden, die Komplexität des Ziels bei der Unterrichtsplanung einzubeziehen. Eine wichtige und immer noch gültige Charakterisierung von Lernzielen haben Bloom et al. (1972) vorgenommen, in der Ziele nach kognitiven, affektiven und psychomotorischen Zielen unterschieden werden. Die kognitiven Lernziele werden in Form von sechs Hauptkategorien definiert (Wissen, Verstehen, Anwenden, Analyse, Synthese, Bewertung), die wiederum in Subkategorien unterschiedlicher Komplexität aufgeteilt werden.

Eine andere Lernzielanordnung findet sich bei Tyler (1973). Er hat im Rahmen der behavioristischen Lernzielformulierung eine zweidimensionale Lernzielmatrix entwickelt, in welcher der Inhaltsaspekt des Ziels mit dem Verhaltensaspekt des Ziels verknüpft wird. Die Inhaltsaspekte des Lernziels werden nach Tyler durch fachwissenschaftliche Elemente vertreten und müssen je nach Themengebiet angepasst werden, während die Verhaltensaspekte unabhängig vom Inhalt sind (z. B. Fähigkeit, Daten zu interpretieren). Mit einer Zielmatrix lässt sich jedem Thema aus dem Unterrichtszusammenhang somit ein beobachtbares Verhalten zuordnen, das der Lehrperson die Evaluation über die Erreichung des Lernziels ermöglicht.

Zusammenfassend lässt sich feststellen, dass das Prinzip der Lernzielorientierung das bedeutendste für die Auswahl und Anordnung von Unterrichtsstoff beim Planungsprozess ist und stets in enger Wechselwirkung mit der Auswahl von Inhalt, Methoden, Medien, Experimenten etc. steht. Glöckel (2003) bezeichnet dieses Prinzip sogar als „Kriterium des Unterrichtserfolgs“ (S. 286).

Durch ein Lernziel wird der Fokus auf die Ergebnisse des Lernprozesses gelenkt, wie dies auch durch die Kompetenzen erfolgt (vgl. Kap. 5.1). Während ein Lernziel ein konkretes Verhalten der Schülerin oder des Schülers als Folge eines Lehr-Lern-Prozesses darstellt, beschreiben Kompetenzen „Dispositionen zur Bewältigung bestimmter Anforderungen“ (KMK 2004, S. 16). Sie werden fachspezifisch formuliert und an bestimmten Inhalten erworben und sollen die Schülerin oder den Schüler dazu befähigen, durch erworbene Fähigkeiten Situationen zu bewältigen (KMK 2004). Lernziele und Kompetenzen beschreiben einen Zielzustand, der sich in einem Verhalten oder in einer Fähigkeit spiegelt. Die Lernziele helfen bei der Planung und Durchführung der einzelnen Unterrichtsstunde, während Kompetenzen nicht in einer Unterrichtsstunde aufgebaut werden können und daher auf einen langfristigen Lehr-Lern-Prozess ausgelegt sind. Lernziele können somit als Stufen auf dem Weg zur Ausbildung einer Kompetenz beschrieben werden (Vertiefung 3) (vgl. Kap. 12.1.7).

V

Vertiefung 3: Lernziele vs. Kompetenzen

Die Beziehung von Lernzielen und Kompetenzen soll am Unterrichtsbeispiel Ester verdeutlicht werden. Das konkrete **Lernziel** der Stunde sei: Die Schülerinnen und Schüler können ihre Rechercheergebnisse zur Nomenklatur und Synthese von Estern auf die Synthese von Essigsäurepentylester anwenden und ihre Vermutung anhand der Durchführung und Deutung im Schülerexperiment überprüfen.

Zur Erreichung des Lernziels recherchieren die Schülerinnen und Schüler nach der Strukturformel und einer Synthesevorschrift und planen auf dieser Wissensgrundlage ein Experiment zur Synthese von Essigsäurepentylester. Das Experiment, auf das sich der Kurs in einer Plenumsphase einigt, wird durchgeführt, und anhand der Beobachtungen (Geruch, Flüssigkeitstropfen im Wasser) ziehen die Schülerinnen und Schüler Rückschlüsse auf den neu entstandenen Stoff.

Diese Vorgehensweise im Unterricht fördert die Entwicklung folgender **Kompetenzen** (MSW 2013):

Die Schülerinnen und Schüler ...

- benennen ausgewählte organische Verbindungen mithilfe der Regeln der systematischen Nomenklatur (IUPAC) *Umgang mit Fachwissen (UF3)*
- erläutern ausgewählte Eigenschaften organischer Verbindungen mit Wechselwirkungen zwischen den Molekülen (u. a. Wasserstoffbrücken, Van-der-Waals-Kräfte) *Umgang mit Fachwissen (UF1, UF3)*
- führen qualitative Versuche unter vorgegebener Fragestellung durch und protokollieren die Beobachtungen (u. a. zur Untersuchung der Eigenschaften organischer Verbindungen) *Erkenntnisgewinnung (E2, E4)*
- stellen anhand von Strukturformeln Vermutungen zu Eigenschaften ausgewählter Stoffe auf und schlagen geeignete Experimente zur Überprüfung vor *Erkenntnisgewinnung (E3)*

Während das Lernziel der Stunde sehr konkret die neu zu erlernenden Inhalte vorgibt, trägt es dazu bei, die aufgeführten allgemein formulierten Kompetenzen zu fördern. Es kann nicht davon ausgegangen werden, dass anhand dieser einen Unterrichtsstunde die Schülerinnen und Schüler in der Lage sind, ausgewählte organische Verbindungen mithilfe der IUPAC-Regeln zu benennen. Sie haben in dieser Stunde aber das Wissen zur Nomenklatur von Estern erworben, was einen Beitrag zur aufzubauenden Kompetenz leistet.

In bestehenden Lehr-Lern-Modellen werden die Leitfunktion der Lernziele bei der Planung des Lehr-Lern-Prozesses sowie die explizite Kommunikation des Lernziels gegenüber den Lernenden besonders hervorgehoben (Gagné 1975; Klauer & Leutner 2012; Adams & Engelmann 1996, nach Hattie 2013). Durch die Kommunikation der Lernziele gegenüber den Lernenden wird die Transparenz des Lehr-Lern-Prozesses gefördert und die

Fokussierung auf die Erreichung des Ziels angestrebt. Die Forderung besteht also darin, das Ziel explizit in bestimmten Artikulationsschritten des Lehr-Lern-Prozesses zu formulieren, um einen transparenten Lernprozess zu ermöglichen. Diese Zielorientierung kann auch in Form einer Leitfrage formuliert werden, sodass die Beantwortung dieser als Ziel der Unterrichtsstunde dargestellt wird.

11.3 Prinzip der Wissenschaftlichkeit

Im Hinblick auf die Auswahl und Anordnung des Unterrichtsstoffes wird vielfach auch der Begriff der Wissenschaftsorientierung oder Sachgemäßheit verwendet. Das Anwenden des Prinzips der Wissenschaftlichkeit heißt, dass eine Unterrichtskonzeption vor dem Hintergrund der Naturwissenschaft Chemie bestehen muss. Das Prinzip befasst sich damit, welche Inhalte ausgewählt werden, um die Schülerinnen und Schüler an ausgewählten Beispielen (vgl. exemplarisches Prinzip) in die Grundprinzipien der Chemie, in die Grundbegriffe, in Basiskonzepte sowie in naturwissenschaftliche Denk- und Arbeitsweisen einzuführen. Eine bloße Abbild-Didaktik soll verhindert werden.

Das Prinzip der Wissenschaftlichkeit garantiert, dass der ausgewählte Unterrichtsstoff dem aktuellen Wissensstand entspricht – es soll ein Umlernen bei den Lernenden vermieden werden. Allerdings darf ein Umlernen nicht mit einem Umstrukturieren verwechselt werden. Umlernen bedeutet, dass Schülerinnen und Schüler mit der Tatsache konfrontiert werden würden, dass das, was sie bislang gelernt haben, falsch wäre. Damit würde sich Unterricht selbst infrage stellen. Beim **Umstrukturieren** wird das Verständnis für ein bestimmtes Konzept erweitert, wie das Beispiel der Säure-Base-Theorien (vgl. Kap. 2.4.3) zeigt: Im Unterricht wird bei der Vermittlung von Säure-Base-Theorien häufig auf historische Erkenntnisstufen zurückgegriffen, sodass die Stoffklassen der sauren und alkalischen Lösungen zunächst mit der Theorie von Arrhenius erklärt werden. Im weiteren Verlauf erfolgt die Charakterisierung der Stoffklassen Säuren und Basen teilchenbezogen mit der Theorie von Brönstedt. Durch die Verdeutlichung der historischen Entwicklung wird bei der Anwendung dieses Vorgehens vermieden, dass die Erweiterung der Theorien als Umlernen von den Schülerinnen und Schülern verstanden wird; damit entsteht nicht der Eindruck vom Lernen falscher Theoriekonzepte. Das historisch-problemorientierte Vorgehen (vgl. Kap. 10.2.2) widerspricht nicht dem Prinzip der Wissenschaftlichkeit, sondern liefert eine Begründung der Vorstellung einzelner Theoriekonzepte.

11.4 Prinzip der Schülerangemessenheit

Das Prinzip der Schülerangemessenheit – auch als Schülergemäßheit oder Fasslichkeit bezeichnet – ist Ausdruck pädagogischer und psychologischer Erfahrung. Es spiegelt die Erkenntnis wider, dass sich die Lernenden (auch kognitiv) entwickeln (vgl. Kap. 7.1), sodass im Unterricht individuell auf den Entwicklungsstand der Schülerinnen und Schüler einzugehen ist. Durch die **Berücksichtigung des Entwicklungsstandes** der Schülerinnen und Schüler wird eine Über- oder Unterforderung der einzelnen Schülerin oder des Schülers vermieden. Zugleich fordert das Prinzip, dass der Unterrichtsstoff für die einzelne Schülerin oder den Schüler mit angemessener Anstrengung unter Einsatz seiner Fähigkeiten erfassbar sein muss, sodass auch durch Arbeit an der Leistungsgrenze der Lernenden ihre Entwicklung gefördert wird. Die Umsetzung dieses Prinzips beinhaltet die konkrete Gestaltung eines Lernarrangements und die Auswahl der damit einhergehenden Methoden und Inhalte, um das gesetzte Lernziel zu erreichen. In der Praxis ist die Heterogenität von Lerngruppen die Regel, was unter anderem mit der kognitiven Entwicklung nach Piaget begründet werden kann (vgl. Kap. 7.1). Eine Untersuchung der Fähigkeit von Gesamtschülerinnen und Gesamtschülern und Gymnasiastinnen und Gymnasiasten zu konkret-operationalem und formal-operationalem Denken hat gezeigt, dass viele Schülerinnen und Schüler bis zur 10. Jahrgangsstufe im formal-operationalen Denken überfordert sind. Zudem befinden sich sogar viele Schülerinnen und Schüler der gymnasialen Oberstufe entweder noch in der konkret-operationalen Stufe oder zwischen den beiden Denkstufen, sodass sie das formal-operationale Denken nicht vollständig zeigen (Klinger & Bormann 1978, nach Merzyn 2008).

Da viele Themen im Chemieunterricht **Abstraktion von Phänomenen** erfordern, ist insbesondere im Anfangsunterricht zu beachten, dass die Abstraktionsfähigkeit von Schülerinnen und Schülern und damit formale Denkoperationen nur eingeschränkt vorhanden sind (vgl. Kap. 7.1). Das führt zu einer kognitiven Überforderung vieler Schülerinnen und Schüler. Überforderungen, die zu Frustrationen führen, haben in der Regel eine negative Einstellung der Schülerinnen und Schüler zum Chemieunterricht zur Folge, die sich nur schwer oder gar nicht korrigieren lässt. Daher ist es von besonderer Bedeutung, die Entwicklung der Denkleistungen der Schülerinnen und Schüler in der Unterrichtsplanung bei der Auswahl der Inhalte und Methoden zu berücksichtigen. Beispielhaft für hohe Abstraktionsfähigkeit ist die Auseinandersetzung mit intermolekularen Wechselwirkungen. Die dafür benötigte Abstraktion zum Verständnis dieser Wechselwirkung übersteigt die kognitiven Fähigkeiten vieler Schülerinnen und Schüler in dem Alter. Zusätzlich zeigt sich, dass in der Didaktik passende Anschauungsmodelle fehlen, die das

Verständnis für die intermolekularen Wechselwirkungen auf submikroskopischer Ebene unterstützen.

Konkret wird das Prinzip der Schülerangemessenheit in die Unterrichtsplanung dadurch einbezogen, dass nach der Auswahl und Festlegung des Lernziels für die Schülerinnen und Schüler angemessene Inhalte und Methoden ausgewählt werden. Dazu ist es hilfreich, die Vorkenntnisse und Vorstellungen der einzelnen Schülerin oder des Schülers möglichst genau zu kennen, um den Unterrichtsstoff für die Schülerinnen und Schüler fassbar und damit verständlich zu gestalten.

Das Prinzip der Schülerangemessenheit wird in didaktischen Verfahren unterschiedlich stark vertreten. Betrachtet man den bildungstheoretischen Ansatz von Klafki, so wird deutlich, dass in diesem das Prinzip der Wissenschaftlichkeit eine wesentlich stärkere Rolle einnimmt als das Prinzip der Fasslichkeit. Hingegen findet in den lehr- und lernzielorientierten Ansätzen von Schulz, Otto und Heimann (Peterßen 2000) dieses Prinzip mit der Frage, was für die entsprechende Lerngruppe angemessen ist, Berücksichtigung.

Didaktische Prinzipien werden von einer Reihe **didaktischer Regeln** begleitet. Diese sind konkreter als die Prinzipien und sollen der Lehrkraft präzise Hinweise für die Umsetzung der didaktischen Prinzipien geben. Am Beispiel des didaktischen Prinzips der Schülerangemessenheit soll dies mit einigen didaktischen Regeln verdeutlicht werden (Köhnlein 1984):

Vom Bekannten zum Neuen

Diese didaktische Regel beinhaltet die Forderung, auf Bekanntes aus der Lebenswelt der Schülerinnen und Schüler zurückzugreifen und auf dieser Basis die Verankerung des Neuen im Bekannten zu ermöglichen. Zahlreiche Erscheinungen aus dem Alltag können als Grundlage für chemische Vorgänge genutzt werden (z. B. Rosten von Eisen, Verbrennungsvorgänge, Säuren etc.), an denen im Unterricht chemisches Grundwissen – in Form von neuem Wissen – vermittelt werden kann (Lindemann 1987).

Vom räumlich und zeitlich Nahen zum Fernen

Diese Regel zielt in besonderem Maße auf die aktuelle Erfahrungswelt der Schülerinnen und Schüler und ihre Interessenslage. Das können z. B. aktuelle Berichte zur Klimaproblematik sein. Dennoch kann die einzelne Schülerin und der einzelne Schüler keinen direkten Bezug zur eigenen Lebenswelt herstellen, weil diese Sachverhalte ihn nicht unmittelbar als Individuum betreffen.

Die zeitliche Nähe ist ebenso wichtig, sodass die Schülerinnen und Schüler auch hier ein gewisses Interesse für das Thema aufbringen können. Auch wenn die Beispiele der Hindenburg-Katastrophe oder des Beils des Ötzi in vielen Schulbüchern behandelt werden, sind es nicht unbedingt Beispiele, die für die Schülerinnen und Schüler eine zeitliche Nähe aufweisen. Das heißt, es ist ratsam, die Beispiele, die man für den Unterricht zur Veranschaulichung von Sachverhalten auswählt, kritisch vor dem Hintergrund dieser Regel zu überprüfen. Klafki spricht in diesem Zusammenhang von der Gegenwarts-Zukunfts-Bedeutung für die einzelne Schülerin oder den Schüler. Nach Klafki (1963) kommt es bei der Planung des Unterrichts darauf an, den Inhalt so zu wählen, dass dieser sowohl für die Schülerin oder den Schüler in der Gegenwart eine Bedeutung aufweist als auch für das zukünftige Leben als Mitglied einer Gesellschaft relevant ist. Inhalte, welche eine räumliche und zeitliche Nähe aufweisen, wie die Gewässeranalyse an schulnahem Fließgewässer oder Verwitterungserscheinungen an schulnahen Gebäuden, und auf zukünftige Problematiken übertragen werden können, erfüllen diese Regel. In diesem Zusammenhang ist aber Vorsicht geboten, denn gerade Jugendliche sind bei manchen Themen emotional relativ anfällig, und es sollte nicht eine Ausweglosigkeit für bestimmte Dinge prognostiziert werden. Das Ziel soll daher eine Sensibilisierung, eine ausgewogene Betrachtung von Vor- und Nachteilen sowie die Bildung eigener Standpunkte sein. Das sei am Beispiel der erneuerbaren Energien verdeutlicht: Durch die Auseinandersetzung mit erneuerbaren Energien in der Sekundarstufe II kann der Einsatz von Brennstoffzellen (PEM-Brennstoffzellen) in mobilen Fahrzeugen diskutiert werden. Im Unterricht bietet es sich an dieser Stelle an, die Vor- und Nachteile von PEM-Brennstoffzellen gegenüber Ottomotoren in Fahrzeugen zu thematisieren und den effektiven Beitrag zum Umweltschutz zu diskutieren. Das Ziel der Unterrichtssequenz soll es sein, die Schülerinnen und Schüler für das Thema zu sensibilisieren und darauf aufmerksam zu machen, dass in Bezug auf die Umweltproblematik bereits Fortschritte gemacht werden, diese jedoch noch nicht optimal sind. Die Schülerinnen und Schüler bilden anhand des erworbenen Wissens einen eigenen Standpunkt zum Einsatz der Fahrzeuge mit PEM-Brennstoffzellen; dabei soll die Lehrkraft möglichst keine Meinung vorgeben.

Vom Einfachen zum Komplizierten

Diese Regel beinhaltet, dass zunächst elementare Handlungen oder Inhalte erlernt werden müssen, um sie nach und nach zu komplexen Handlungen bzw. Wissensinhalten zu vereinen (Schmidt 1990). Der Grad der Kompliziertheit eines Sachverhaltes hängt von der Anzahl der Elemente und ihrer Relationen untereinander ab, die von den Lernenden zunächst erfasst werden müssen. Deutlich wird diese Regel bei der Betrachtung der chemischen Zeichensprache und des stöchiometrischen Rechnens. So müssen zunächst im Unterricht Grundlagen geschaffen werden (u. a. Ermitteln von Summenformeln und Bedeutung der Indizes), die zum Aufstellen von chemischen Reaktionsgleichungen genutzt werden (Schmidt 1990) (vgl. Kap. 3.5.1 und Kap. 6.4.1).

Vom Leichten zum Schwierigen

Neben dem objektiv Komplizierten sollten subjektiv bedingte Schwierigkeiten der Schülerinnen und Schüler nicht vernachlässigt werden. So kann eine objektiv einfache Aufgabe für einen Lernenden schwierig zu lösen sein, weil sie räumliches Vorstellungsvermögen erfordert, das bei ihm noch ungenügend entwickelt ist. Diese Problematik ist im Chemieanfangsunterricht nicht selten anzutreffen. Für andere Schülerinnen und Schüler kann dagegen selbst eine objektiv komplizierte Aufgabe leicht erscheinen, weil sie intuitiv das Kernproblem in kurzer Zeit erfassen. Für den Chemieunterricht kann pauschal angenommen werden, dass für Schülerinnen und Schüler die Schwierigkeiten in folgender Abstufung wachsen:

- Erfassen und Beschreiben der Phänomene
- Erklären beobachteter Phänomene auf makroskopischer Ebene
- Erklären beobachteter Phänomene auf submikroskopischer Ebene
- Begründete Voraussagen noch nicht beobachteter Phänomene

Diese vier Schwierigkeitsebenen sollen am Beispiel der Erarbeitung der elektrochemischen Spannungsreihe durch den Bau einer galvanischen Zelle detaillierter erläutert werden: Die Messung der Spannung, die in einer galvanischen Zelle entsteht, ist ein Phänomen, das die Schülerinnen und Schüler mithilfe eines Elektromotors oder eines Lämpchens phänomenologisch erfassen. Die Erklärung kann auf makroskopischer Ebene erfolgen, indem ein Spannungsmessgerät angeschlossen und gezeigt wird, dass in einer galvanischen Zelle eine messbare Spannung entsteht. Um aber das Entstehen der Spannung zu erklären, muss der Blick auf die submikroskopische Ebene gerichtet werden. Erst durch Betrachtung der Teilchenebene erkennen die Schülerinnen und Schüler, dass eine galvanische Zelle eine Redoxreaktion als Spannungsquelle nutzbar macht. Durch das Hinzuziehen der elektrochemischen Spannungsreihe können sogar begründete Aussagen zu entstehenden Spannungen in galvanischen Zellen unter Anwendung unterschiedlicher Elektroden aufgestellt werden.

Vom Konkreten zum Abstrakten

Diese didaktische Regel geht mit der vorangegangenen Regel „vom Leichten zum Schwierigen" einher. Eine wesentliche Ursache für die Unbeliebtheit des Chemieunterrichts liegt im mangelnden Verständnis für theoretische Grundkonzepte. Diese Theorien werden möglicherweise im Chemieunterricht zu einem Zeitpunkt behandelt, zu dem die entwicklungspsychologischen Voraussetzungen der Schülerinnen und Schüler das vollständige Verstehen der Theorien noch nicht zulassen. Aus diesem Grund sollten theoretische Hintergründe nur vermittelt werden, wenn es das Bemühen um tiefergehendes Verständnis im Unterricht erfordert und die Schülerinnen und Schüler dies verstehen können.

Zusammenfassend lässt sich feststellen, dass der Lehrstoff für die Schülerinnen und Schüler nur zugänglich und verständlich vermittelt werden kann, wenn folgende Bedingungen Berücksichtigung finden:

- das Vorwissen der Schülerinnen und Schüler, in dem neues Wissen verankert werden kann
- das Entwicklungsniveau der Schülerinnen und Schüler im Sinne der Entwicklungspsychologie
- die Unterrichtsmethoden und der Aufbau der Lerneinheiten
- die eingesetzten Medien und Experimente, die eine bewusste Aneignung des Lernstoffes fördern

Es ist immer eine Balance zwischen den drei aufgeführten Prinzipien zu finden, was häufig eine didaktische Gratwanderung bedeutet. Das Prinzip der Schülerangemessenheit und die damit eventuell einhergehende didaktische Reduktion können leicht in Widerspruch zum Prinzip der Wissenschaftlichkeit geraten. Dieses Prinzip fordert, dass einerseits Verständnis bei den Schülerinnen und Schülern erreicht werden soll, andererseits aber dem aktuellen Stand der Wissenschaft nicht widersprochen werden darf. Gleichzeitig müssen die beiden Prinzipien Schülerangemessenheit und Wissenschaftlichkeit bei der Formulierung des Lernziels und damit der Planung der Lerneinheiten gleichermaßen berücksichtigt werden. Da diese drei Prinzipien eine zentrale Bedeutung bei der Auswahl und Anordnung des Lernstoffes einnehmen, werden sie als grundlegende Prinzipien bezeichnet.

11.5 Prinzip des exemplarischen Lehrens und Lernens

Dieses Prinzip geht auf Wagenschein zurück (1997), der in der Auseinandersetzung mit exemplarischen Fällen tatsächlich die Einzelkristalle des Verstehens sieht. Im übertragenen Sinne kann man das Exempel als einen Impfkristall verstehen, aus dem sich tatsächlich Wissen entwickeln kann, das der Lehrende beabsichtigt.

Für die auszuwählenden Exempel gilt es, bestimmte **Merkmale** zu berücksichtigen. Das erste Merkmal bezieht sich darauf, dass das Beispiel, das aus gewählt wird, die zentrale Botschaft transportiert; damit soll das Wesentliche ausgesagt werden können. Das zweite Merkmal ist, dass das ausgewählte Beispiel stellvertretend für zahlreiche andere Fälle Allgemeingültiges demonstriert. Das dritte Merkmal stellt die Prägnanz des Allgemeinen dar. Während also das zweite Merkmal sich darauf bezieht, dass das ausgewählte Beispiel stellvertretend für viele andere Beispiele das Allgemeingültige zur Darstellung bringt, besagt das dritte Merkmal, dass dieses Allgemeingültige durch eine besondere Prägnanz hervortritt. Zusammenfassend heißt es, dass durch Anwendung des exemplarischen Prinzips nicht ein spezifischer Einzelfall gesucht wird, sondern ein Beispiel, das für eine Stoffgruppe steht und die typischen Kennzeichen der Stoffgruppe deutlich hervortreten lässt. Beispiele dafür wären:

- Natriumchlorid als typischer Vertreter der Stoffklasse der Salze
- Salzsäure als Vertreter für saure Lösungen
- Natriumhydroxidlösung als Vertreter für alkalische Lösungen
- Essigsäureethylester als Vertreter für die Stoffklasse der Ester

Während bei den meisten Beispielen der erste Vertreter in der Stoffklasse dem exemplarischen Prinzip Rechnung trägt, gestaltet es sich bei der homologen Reihe der Alkanole und Alkansäuren schwieriger. Weder Methanol noch Methansäure zeigen die typischen Eigenschaften ihrer jeweiligen Klasse, sodass auf die zweiten Vertreter – Ethanol bzw. Ethansäure – zurückgegriffen wird, wenn ein typischer Vertreter gesucht ist.

Zusammenfassend kann man feststellen, dass das Prinzip des Exemplarischen überaus wichtig bei der Wahl eines geeigneten Beispiels ist, sodass das Wesentliche und das, was stellvertretend für etwas steht, wirklich prägnant zum Vorschein gebracht wird.

11.6 Prinzip der Anschauung

Das Prinzip der Anschauung wird auch als Gegenstandsnähe, Konkretheit oder Primärerfahrung bezeichnet. Es ist eines der ältesten didaktischen Prinzipien und stellt das absolute Fundament aller Erkenntnis dar. Das Ziel dieses Prinzips ist das Erreichen von Gegenstandsnähe. Die Forderung nach Anschauung verbietet es geradezu, Lerninhalte aufzunehmen, die den Schülerinnen und Schülern weder in ihrer Erfahrungswelt zugänglich sind noch durch Hilfsmittel im Unterricht veranschaulicht werden können.

Der Begriff der Anschauung verinnerlicht eigentlich zwei verschiedene Elemente. Zum einen wird es als ein **Vorgang** verstanden, bei dem etwas zur Anschauung gebracht werden kann. Der Vorgang stellt eine Erfahrung durch sinnliche oder auch abstrakte Elemente dar, die durchaus durch unterschiedliche Beispiele erzeugt werden kann. Als Beispiele seien zu nennen:

- die Visualisierung der Polymerisationsreaktion durch das Händereichen zwischen Mickey-Mäusen und anderen Anthropomorphismen (vgl. Kap. 3.4.1 und 14.3) (Abb. 1)
- der Einsatz von Legobausteinen zur Veranschaulichung der Verhältnisformeln
- vier aufgeblasene Luftballons in einer Hand als Modell der Tetraederstruktur des Methan-Moleküls (sp^3-Hybrid-Orbitale)

Abb. 1: Beispiel für einen Anthropomorphismus (Pfeifer & Reichelt 2002, S. 103, Illustration von Detlef Seidensticker, © Cornelsen Verlag GmbH, Berlin)

Wichtig ist, bei all den möglichen Visualisierungen den Modellcharakter zu verdeutlichen. Nur dann kann von den anschaulichen Elementen abstrahiert und die Brücke zur Erklärung der zugrunde liegenden chemischen Sachverhalte geschlagen werden.

Zum anderen wird Anschauung als ein **Ergebnis** verstanden, das in Form einer Erkenntnis transportiert wird. Es soll eine innere Anschauung entstehen, d. h. eine präzise detaillierte Vorstellung von einem bestimmten Sachverhalt. Dazu ist die Sprache ein ganz wesentliches Element. Hier sei darauf hingewiesen, dass die Modellebene auch bei der inneren Anschauung eine Rolle spielt. Zum Beispiel werden bei der Betrachtung des Aufbaus eines Natriumchloridgitters Modellvorstellungen für die Natrium- und Chloridionen verwendet, welche die submikroskopische Ebene greifbar und anschaulich machen. Es ist für das Verständnis unverzichtbar, dass am Übergang zur submikroskopischen Ebene die direkte Anschauung endet und der Modellcharakter mit all seinen Möglichkeiten und Grenzen zum Tragen kommt (Steiner & Galle 1998).

11.7 Prinzip der Erfolgssicherung

Dieses Prinzip beschreibt nach Beyer (2006) die Überprüfung und den Umgang mit Ergebnissen des Lernerfolgs von Schülerinnen und Schülern. Bei der Planung muss sich die Lehrperson Maßnahmen überlegen, mit denen die Schülerinnen und Schüler unterstützt werden können, erfolgreich das Lernziel zu erreichen. Erfolgreiches Lernen wird v. a. durch „eine ausreichende Klärung und gründliche Durcharbeitung des Lernstoffes, seine Übung und Festigung, seine möglichst vielseitige Verknüpfung und Anwendung und [...] möglichst häufige[n] Rückgriff auf bereits Gelerntes“ (Beyer 2006, S. 100) bestimmt. Das Prinzip der Erfolgssicherung überschneidet sich mit vielen anderen Prinzipien wie Anschauung, Motivation, Lernzielorientierung, Schülerangemessenheit. Das ist darauf zurückzuführen, dass all diese Prinzipien auf den Lernerfolg und damit auf die Wirksamkeit des Unterrichts ausgerichtet sind. Der Unterrichtsprozess wird durch die Unterrichtsphasen (Einstieg, Erarbeitung und Sicherung, Übung, Anwendung) strukturiert und unterstützt die Lernenden beim Wissenserwerb. Die Systematisierung der Lerninhalte erfolgt dadurch, dass neues Wissen in bereits vorhandenem durch Kategorisierung und Hierarchisierung verankert wird (Assimilation). Liegt eine Vernetzung von Informationen vor, so kann Wissen leichter aktiviert und genutzt werden (Spitzer 2000). Konkret bedeutet das, dass bei der Auswahl des Unterrichtsinhalts bereits vorhandene Kenntnisse berücksichtigt werden sollen. Das Unterrichtsfach Chemie hat den Vorteil, dass ihm eine systematisierende Wissenschaft zugrunde liegt. Diese Fachsystematik bietet eine Reihe von Ordnungsprinzipien für eine sonst nicht zu bewältigende Fülle chemischer Details (vgl. Kap. 10.2.1). Zur Erfolgssicherung gehören selbstverständlich auch die Lernerfolgskontrolle und die damit verbundene Evaluierung des eigenen Lehrerfolgs. Es sollen bereits bei der Planung auf die Lernziele abgestimmte Fragen und Aufgaben vorgesehen werden, die auf die Kontrolle des Lernerfolgs abzielen (Beyer 2006).

11.8 Prinzip des Lebensweltbezugs und Prinzip des Wertbezugs

Um erfolgreiches Lernen zu fördern, sollte die Lehrperson neues Wissen auf den bisherigen Lebenserfahrungen der Schülerinnen und Schüler aufbauen (vgl. Kap. 6.7). Dieses Prinzip bezieht sich somit auf die Auswahl der Lerninhalte sowie der Methoden, mit denen neue Wissensinhalte bestmöglich mit den vorhandenen vernetzt werden. Während das Wissen im Alltag eher zufällig erworben wird, soll im Unterricht ein systematischer Wissensaufbau erfolgen, der **Bezüge zur Lebenswelt** der Schülerinnen und Schüler herstellt und das Erfahrungswissen ggf. modifiziert oder korrigiert (Beyer 2006).

Über die Alltagserfahrungen erwerben die Schülerinnen und Schüler auch Werte und Normen, die ihre einzelnen Handlungen beeinflussen. Die Werturteile entstehen aus Wertungs- und Moralprinzipien, die von Jugendlichen nicht mehr so einfach dem Elternhaus entnommen werden können, sodass diese Aufgabe als Erziehungsauftrag der Schule zugeschrieben wird. Die Schule leistet eine Unterstützungsfunktion, indem der Unterricht Angebote bietet, in denen Schülerinnen und Schüler **Werte und Normen** kritisch prüfen und darauf basierend Urteile fällen können (Beyer 2006). Der Beitrag des Faches Chemie zur Werteerziehung ist sogar im Lehrplan verankert (MSW 2013) (vgl. Kap. 5.1 und Kap. 6.1). Zahlreiche didaktische Konzeptionen (vgl. Kap. 10.3.2) bieten wertvolle Hilfestellungen bei der Umsetzung dieses Bildungszieles (Schanze & Sieve 2012).

Eine Möglichkeit zur Entwicklung von Werten und Normen bietet fachübergreifender und fächerverbindender Unterricht (vgl. Kap. 10.5), der einen Blick über das Fach hinaus ermöglicht und damit Vorerfahrungen der Schülerinnen und Schüler berücksichtigt. Fächerverbindender Unterricht dient in diesem Sinn dem Aufbau von anschlussfähigem Wissen, das Denken in Zusammenhängen ermöglicht (Killermann et al. 2008). Üblicherweise liefert der Projektunterricht dazu Themen, welche die Lebenswelt der Schülerinnen und Schüler betreffen. Beispielhaft sei das Thema Nachhaltigkeit genannt: Nachhaltigkeit findet in mehreren Fächern Unterrichtsanbindung und bezieht die Lebenswelt der Schülerinnen und Schüler stark ein. **Nachhaltigkeit** kann einerseits im Geographieunterricht Gegenstand sein. Andererseits können durch Betrachtung aus der gesellschaftlichen Perspektive (Politik, Sozialwissenschaften u. a.) heraus wichtige Aspekte für die Beurteilung des Themas erarbeitet werden. Das Fach Chemie kann zum Wissenserwerb über die Optimierung der technischen Prozesse einen Beitrag leisten. Die unterschiedlichen Perspektiven wirken vereint mit den Vorerfahrungen der Schülerin oder des Schülers auf die Ausbildung von Werten und Normen, z. B. bezüglich Klimaschutz sowie schonendem Umgang mit Energie.

11.9 Prinzip des Problembezugs, Prinzip des Handlungsbezugs, Prinzip der größtmöglichen Selbsttätigkeit der Schülerinnen und Schüler

Da diese drei Prinzipien eine starke Wechselwirkung zeigen, werden sie gebündelt vorgestellt. Der Unterricht soll die Schülerinnen und Schüler dabei unterstützen, ihr eigenes Selbst- und Weltverständnis zu entwickeln und dieses in das verantwortungsbewusste Handeln einzubeziehen. Um dieses Ziel zu erreichen, sind drei Prinzipien von wesentlicher Bedeutung: Problembezug, Handlungsbezug und größtmögliche Selbsttätigkeit der Schülerinnen und Schüler. Das **Prinzip des Problembezugs** bezieht sich vor allem auf die Fähigkeit, Probleme zu erkennen und diese kritisch und konstruktiv zu analysieren (vgl. Kap. 7.4). Um diese Fähigkeit zu verinnerlichen, muss sie bei zahlreichen Gelegenheiten im Unterricht geübt werden. Im Fach Chemie soll der Unterricht die Schülerinnen und Schüler dazu befähigen, Probleme naturwissenschaftlicher oder technischer Natur zu verstehen und auf Grundlage des erworbenen Wissens ein eigenes fundiertes Urteil zu fällen.

Das **Prinzip des Handlungsbezugs** bezieht sich auf das selbstständige Handeln der Schülerinnen und Schüler. Bei der Unterrichtsplanung soll berücksichtigt werden, dass durch die Wahl des Unterrichtsinhalts möglichst Gelegenheiten zur Förderung der Selbstbestimmungsfähigkeit gegeben werden, sodass die Schülerinnen und Schüler das komplexe Gefüge von Operationen, die ein kompetentes Handeln voraussetzen, üben. Diese Operationen sind hierarchisch aufeinander aufbauende Schritte, vom Erfassen der bestehenden Ausgangssituation und des Problems über das Auffinden vorläufiger Handlungsideen bis zum Vollzug der getroffenen Entscheidung und der Beurteilung dieser. Der Unterricht soll Gelegenheiten zu selbstbestimmten Handlungen bieten bzw. bei Vorgabe von Handlungsproblemen die Schülerinnen und Schüler begründete Handlungsentscheidungen treffen lassen; das wird häufig auch mit Lernen aus Erfahrung assoziiert.

Das im Unterricht Gelernte wird jedoch kaum ausreichen, um den im Leben bevorstehenden Problemen und Aufgaben kompetent zu begegnen. Hier wird das **Prinzip** der Bemühung um **größtmögliche Selbsttätigkeit** der Schülerinnen und Schüler wichtig. Der Unterricht soll die Schülerinnen und Schüler auf das Erlernen von Lernstrategien und das selbstständige Lösen von Problemen vorbereiten. Durch Einsatz von Fallbeispielen werden die Schülerinnen und Schüler an die Vorgehensweise bei der selbstständigen Bewältigung eines Problems herangeführt und sollen durch wiederholtes Üben das selbstständige Beurteilen und Handeln auch in außerschulischen Situationen anwenden können (Beyer 2006).

Literatur

Berck, K.-H. (2005). *Biologiedidaktik. Grundlagen und Methoden.* Wiebelsheim: Quelle & Meyer.

Beyer, K. (2006). Didaktische Prinzipien. In K. Beyer, R. Wisbert, W. Plöger, K.-U. Wasmuth & E. Anhalt (Hrsg.), *Schulpraktikum. Einführung in die theoriegeleitete Planung, Durchführung und Reflexion.* (S. 84–102). Baltmannsweiler: Schneider.

Bloom, B.S., Engelhart, M.D., Furst, E.J., Hill, W.H. & Krathwohl, D.R. (1972). *Taxonomie von Lernzielen im kognitiven Bereich* (übersetzt von Eugen Füner und Ralf Horn). Weinheim: Beltz.

Clement, U. & Martens, B. (2000). Effizienter lernen durch Multimedia? Probleme der empirischen Feststellung von Ursachen des Erfolgs. In *Zeitschrift für Pädagogik,* **46** (1), S. 97–112.

Gagné, R. (1975). *Die Bedingungen des menschlichen Lernens* (Übersetzung des amerikanischen Originals The conditions of learning). Hannover: Schroedel.

Glöckel, H. (2003). *Vom Unterricht. Lehrbuch der allgemeinen Didaktik* (4. Auflage). Bad Heilbrunn: Klinhardt.

Hattie, J. (2013). *Lernen sichtbar machen (Überarbeitete deutschsprachige Ausgabe von „Visible Learning"* besorgt von Wolfgang Beywl und Klaus Zierer). Baltmannsweiler: Schneider.

Killermann, W., Hiering, P. & Starosta, B. (2008). *Biologieunterricht heute.* Donauwörth: Auer.

Klafki, W. (1963). *Studien zur Bildungstheorie und Didaktik.* Weinheim: Beltz.

Klauer, K.J. & Leutner, D. (2012). *Lehren und Lernen. Einführung in Instruktionspsychologie.* Weinheim: Beltz.

KMK (2004). *Bildungsstandards im Fach Chemie für den mittleren Schulabschluss.* München: Wolters Kluwer.

KMK (2004). *Einheitliche Prüfungsanforderungen in der Abiturprüfung Chemie (EPA).* db2.nibis.de (letzter Zugriff am 01.02.2016).

Köhnlein, W. (1984). Zur Konzipierung eines genetischen, naturwissenschaftlich bezogenen Sachunterrichts. In H.F. Bauer & W. Köhnlein (Hrsg.), *Problemfeld Natur und Technik.* (S. 193–214). Bad Heilbrunn: Klinkhardt.

Lindemann, H. (Hrsg.) (1987). Alltagschemie (Themenheft). In *Naturwissenschaft im Unterricht – Physik/Chemie,* **35** (25).

Mager, R.F. (1965). *Lernziele und programmierter Unterricht* (Übersetzung des amerikanischen Originals: Preparing instructional objectives). Weinheim: Beltz.

Merzyn, G. (2008). *Naturwissenschaften, Mathematik, Technik – immer unbeliebter? Die Konkurrenz von Schulfächern um das Interesse der Jugend im Spiegel vielfältiger Untersuchungen.* Baltmannsweiler: Schneider.

MSW NRW (Hrsg.) (2013). *Kernlehrplan für die Sekundarstufe II. Gymnasium/Gesamtschule in Nordrhein-Westfalen.* Frechen: Ritterbach.

Peterßen, W.H. (2000). *Handbuch Unterrichtsplanung.* München: Oldenbourg.

Pfeifer, P. & Reichelt, R. (Hrsg.). (2002). *H_2O & Co. Anorganische Chemie.* München: Oldenbourg.

Schanze, S. & Sieve, B. (2012). Bewerten. In *Unterricht Chemie,* **23** (127).

Schmidt, H.-J. (1990). *Stolpersteine im Chemieunterricht.* Frankfurt am Main: Diesterweg.

Spitzer, M. (2000). *Geist im Netz. Modelle für Lernen, Denken, Handeln.* Heidelberg: Spektrum.

Steiner, D. & Galle, M. (1998). Ein Blick ins Kochsalz-Multimediatechnik zur Erkenntnisgewinnung im Chemieunterricht. In *Unterricht Chemie,* **9** (46), S. 32–34.

Tyler, R.W. (1973). *Curriculum und Unterricht (Übersetzung des Originals Basic principles of curriculum and instruction).* Düsseldorf: Pädagogischer Verlag Schwann.

Wagenschein, M. (1997). *Verstehen lehren. Genetisch – Sokratisch – Exemplarisch.* Weinheim: Beltz.

12 Unterrichtsprozessplanung und -analyse

Dieses Kapitel umfasst wesentliche Grundlagen für professionelle Planung, Steuerung, Differenzierung, Diagnose und Analyse von Chemie-Unterricht. Dabei wird der Unterricht als Prozess gesehen, als dynamisch-stringenter Vorgang auf einer Zeitschiene mit Kontinuität im Ablauf: Das Unterrichtsgeschehen soll nicht in ein zusammenhangloses Nacheinander zerfallen. Prozesse werden vorbereitet, gesteuert und gestaltet; Steuermann ist die Lehrperson in einem dynamischen Interaktionsprozess (Heimann 1962).

12.1 Kategorien von Unterricht

Inhaltliche Schwerpunkte

- Unterricht wird in sechs Kategorien nach dem Berliner Modell zerlegt. Jede Kategorie wird vom pädagogischen Verständnis für experimentellen Chemieunterricht entwickelt unter Einbezug fachdidaktischer Abschnitte aus diesem Buch.
- Bei den Kategorien Inhalt und Methoden werden die für Chemieunterricht in der Schule relevanten Trennungen von Inhalt und Unterrichtsthema sowie Methoden und Unterrichtsmethoden herausgearbeitet.
- Eine Anwendung dieser fachdidaktischen Überlegungen wird am Fachinhalt „Neutralisation von sauren und alkalischen Lösungen" entwickelt. Die gewonnenen Ergebnisse werden als kompetenzorientierte Lernsituation strukturiert.

Im Folgenden werden grundlegende Kategorien aufgedeckt, mit denen sich Unterricht beschreiben lässt, und auf Gestaltungs- und Steuermöglichkeiten analysiert. So soll ein breites und abwechslungsreiches Instrumentarium für Lehrpersonen zum Chemieunterrichten sichtbar werden. Leitlinie ist die konstruktivistische Grundidee, „nach der Wissenserwerb als aktive Konstruktion von Wissen durch die Schülerinnen und Schüler auf der Grundlage vorhandener Vorstellungen charakterisiert wird" (Heinecke 1997). „Lernen wird als Prozeß der kognitiven Entwicklung gesehen, der von bestimmten vorunterrichtlichen, also in der kognitiven Struktur bereits vorhandenen, Vorstellungen ausgehend zur naturwissenschaftlichen Sichtweise führt“ (Duit 1996, S. 147). Chemielehrpersonen gestalten und steuern die äußerlichen Unterrichtsprozesse, d. h. die Lernaktivitäten der Schülerinnen und Schüler, insbesondere die kognitiven. Dafür benötigen sie ein „multivalentes“ Materialien- und Steuerinstrumentarium.

V

Vertiefung 1: Die Bedeutung der Unterrichtsplanung

„... im Kern des Unterrichtsgeschehens [steht] die Auseinandersetzung mit einem Gegenstand, die so gestaltet ist, dass Lernen stattfindet“ (Kiper & Mischke 2006, S. 22). Lernwirksamer Unterricht wird aber erst durch – möglichst professionelle – Planung gewährleistet. „Planung muss die Ziele festlegen, die zu erzeugenden Situationen vorausdenken, Handlungsoptionen durchdenken, Effekte voraussehen und die nötigen Kontrollprozesse spezifizieren, mit deren Hilfe über Fortsetzung oder Änderungsnotwendigkeiten einer geplanten Handlung entschieden werden soll“ (Kiper & Mischke 2006, S. 23). Für die Gestaltung des Unterrichts sind diese Faktoren je einzeln sowie in ihrer strukturellen Vernetzung zu diskutieren und die teilnehmenden Personen in ihren handelnden Rollen zu arrangieren. Diese Vorgänge sind „als Prozesse im Zeitablauf zu denken, die in einer sinnvollen Reihenfolge anzulegen sind und deren Verläufe vorausgedacht werden müssen“ (Kiper & Mischke 2006, S. 10). Erfolgreicher, d. h. für jede Schülerin und jeden Schüler lernwirksamer Unterricht basiert auf routiniertem Umgang der Lehrperson mit einem möglichst reichhaltigen Gestaltungs- und Steuerinstrumentarium – es sollte von der Makro-Planung bis zu Detail-Aktivitäten im konkreten Chemieunterricht reichen –, denn jede Unterrichtssituation kann entscheidend sein, ob Lernen und Verstehen ins „Stocken“ geraten oder sogar der „rote Faden“ im Unterrichtsprozess reißt.

In einem einfachen Unterrichtsmodell beschreibt Prange den Unterricht als ein „didaktisches Dreieck“ aus Lehrperson, Schülerinnen und Schülern und Gegenstand (Kiper & Mischke 2006, S. 20; Prange 1986 S. 35 ff.) (Abb. 1).

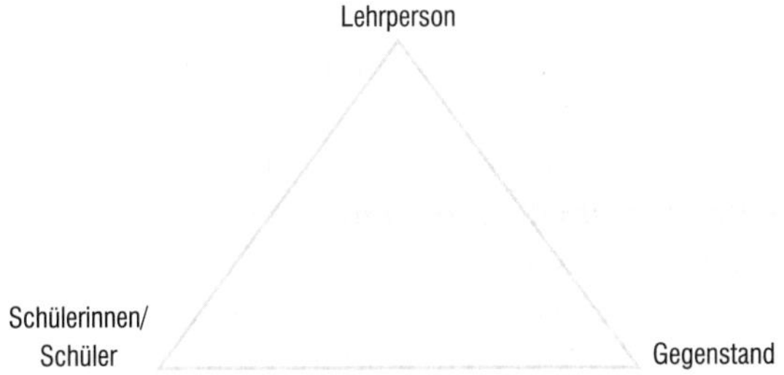

Abb. 1: Didaktisches Dreieck nach Kiper & Mischke, (2006, S. 20), Prange (1986, S. 35 ff.) und Meyer (1987, S. 132)

Hier werden Aussagen über Bezüge zwischen jeweils zwei Faktoren strukturell stets an ein Drittes gekoppelt; so ist z. B. eine Relation zwischen Lehrperson und Lernenden mit den für beide vorhandenen Bezügen auf den Gegenstand des Unterrichts mitzudenken. Glöckel (Glöckel 2003, nach Kiper & Mischke 2006) präzisiert diese Bezüge als Interaktions- und Kommunikationsprozesse und berücksichtigt dazu noch Unterrichtsmedien und Arbeitsmittel als Teile der Grundstruktur von Unterricht. Mit diesen Faktoren heißt konkreter Unterricht unter Einbezug von Intention und Situation:

- **Jemand** verfolgt eine bestimmte **Intention** (Absicht),
- dazu bringt er einen **Gegenstand** (Inhalt, Unterrichtsthema)
- in den Fragehorizont einer **Gruppe,** die
- in ganz bestimmter **Weise** (Methode, Strategie),
- unter Benutzung von **Medien** (Mittel, Materialien)
- in einer bestimmten **Situation** daran arbeitet.

Heimann et al. (1968, S. 23) ordnen diese sechs Faktoren (Kategorien) weiter in ein System von Bedingungs- und Entscheidungsfeldern (Abb. 2).

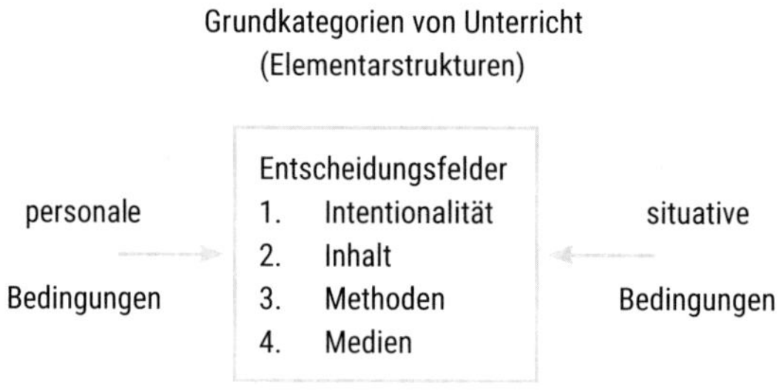

Abb. 2: Strukturanalyse von Unterricht/Berliner Modell (abgewandelt nach U. P. Lattmann (1972), S. 53)

Diese Unterrichtstheorie wird als **Berliner Modell** bezeichnet und gehört zur **Lerntheoretischen Didaktik** (Meyer 1980, S. 124; Kroner & Schauer 1997, S. 27). Vertiefend werden Grundfragen aus der Bildungstheoretischen Didaktik im Abschnitt 12.1.4.C behandelt. Die Autoren des Berliner Modells benennen für den Zusammenhang der Kategorien noch drei wichtige Prinzipien. Jede Kategorie hat zwar ihre eigenen Inhalte, Strukturen und Gesetzlichkeit, aber nicht getrennt und unabhängig, sondern in sich gegenseitiger Beeinflussung. Sie nennen dies das **Prinzip der Interdependenz** der den Unterricht konstituierenden Momente: Jede Änderung bei einzelnen Bedingungen oder jede Variation einer didaktisch-methodischen Entscheidung ist stets auf Auswirkungen in anderen Kategorien hin zu diskutieren und zu berücksichtigen. So wirken sich einzelne Änderungen bzw. Modifizierungen bei der

Inhaltswahl ganz selbstverständlich auf Medien und Materialien aus oder Abweichungen in den Intentionen auf methodische Entscheidungen und möglicherweise auch auf Inhalte. Konkretisierungen unter den personalen Bedingungen fließen ein bei Entscheidungen im Abstraktionsniveau und in der Methodenwahl. So unterscheidet sich im Chemieunterricht das Fachthema *Salz* im Anfangsunterricht auf der Phänomenebene gleich in mehreren Dimensionen von dem Thema *Salz* im Rahmen der Ionen- und Kristalllehre oder vom Thema *Salz* in einer Berufsschulklasse für das Bäcker-Handwerk.

Die Berliner Schule kennt noch zwei weitere Planungsprinzipien. Für die Unterrichtsführung fordert das **Prinzip der Variabilität** von der Lehrperson, flexibel im Unterricht reagieren zu können, um so die Lernchancen für möglichst jede Schülerin und jeden Schüler zu optimieren. Daher ist es vorteilhaft, wenn die Lehrperson nach guter Vorbereitung bzw. aus Erfahrung über ein Repertoire an Alternativen für situative Gestaltungsmöglichkeiten verfügt. Beispielhaft sollte man vom Unterrichtsplan abweichen können, wenn sich bei Lernenden Wissenslücken, Fehlvorstellungen oder kreative Ideen offenbaren, die den geplanten Verlauf infrage stellen. Nach dem **Prinzip der Kontrollierbarkeit** ist es erforderlich, Unterrichtsergebnisse zu benennen und Unterrichtserfolge zu präzisieren, um Unterrichtsplanung und -durchführung vergleichen und reflektieren zu können. Über die Beschreibung der dargelegten Kategorien und ihrer Wechselwirkungen hinaus geht es in der Fortsetzung um ein Handlungs- und Aktivitätsfeld im Unterricht, das „Erzeugen, Gestalten und Steuern von Unterrichtsprozessen mit dem Ziel der Optimierung des Lernens“ (Kiper & Mischke 2006, S. 10) beinhaltet.

12.1.1 Bedingungsanalyse – das personale Bedingungsfeld

Jeder Unterrichtsprozess wird beeinflusst von einer Vielzahl an Bedingungen (Beyer 2008, S. 315 f.). Es werden stabile, fest vorgegebene Bedingungen, z. B. Lehrpläne und örtliche Gegebenheiten (u. a. Fachräume, Ausstattung), und variable Bedingungen wie Lernmotivation, Vorwissen, Fähigkeit zum abstrakten Denken unterschieden. Aber gerade diese variablen Bedingungen sind auf Dauer beeinflussbar, und es geht vor allem darum, sie kontinuierlich und mittelfristig als Leitlinie bei Planung und (langfristiger) Durchführung zu berücksichtigen. Zudem ist erforderlich, nach diagnostischen Möglichkeiten (Beyer 2008, S. 317) zum Einbau in den Unterricht Ausschau zu halten, z. B. Schülerinnen und Schüler vor solche Aufgaben oder Arbeitssituationen stellen, in denen Art und Ausmaß der Bewältigung Indizien über vertiefende Wissensbestände und Kompetenzen liefern, möglichst mit ihren individuellen Ausprägungen. Solche Diagnosen von Lernbedingungen (vgl. Kap. 12.6) dienen dann dazu, Planungsentscheidungen auf die jeweiligen Bedingungen abzustellen und auch abzuschätzen, wie diese sich auf Lern- und Arbeitsprozesse und deren Erfolgsaussichten auswirken werden.

Vor allem das **personale Bedingungsfeld** ist wegen der Vielzahl an Mitwirkenden recht komplex und fast unüberschaubar, will denn die Lehrperson alle individuellen kognitiven, emotionalen und pragmatischen Gegebenheiten für die zu planende Chemiestunde/-einheit diagnostizieren und berücksichtigen. Aber es gibt eine Auswahl an Aspekten, die sich besonders nachhaltig auf den gemeinsamen Unterrichtsprozess und die individuellen Lernprozesse auswirken (Abb. 3). Diese gilt es abzuklären, um sie konstruktiv und positiv wirkend in Planung und Durchführung berücksichtigen zu können. Dazu gehören vor allem die Motivationslage der Schülerinnen und Schüler (vgl. Kap. 7.3), die Unterrichtsvoraussetzungen in der Klasse sowie das Vorwissen jedes Schülers (Felten & Stern 2012).

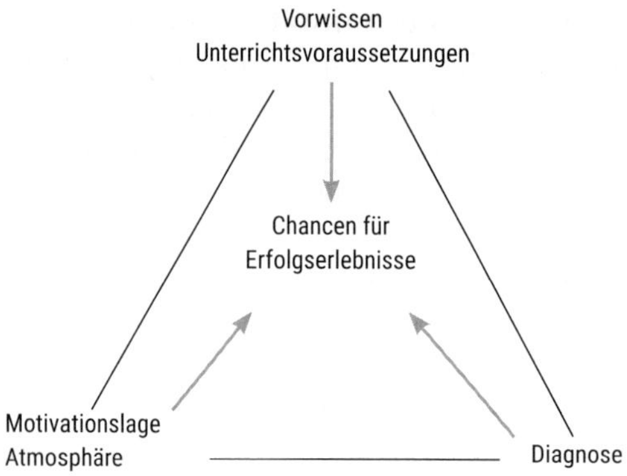

Abb. 3: Kernfaktoren in der personalen Bedingungsanalyse

J. Hattie (2013) hat über 100 Einflussgrößen analysiert, eine wichtige ist bei ihm die **Atmosphäre** in einer Lerngruppe: gegenseitiger Respekt und Wertschätzung, Fürsorge und Vertrauen zueinander; das schließt ein, dass die Lehrperson ihren Schülerinnen und Schülern etwas zutraut und ihnen **Chancen für Erfolgserlebnisse** im Unterricht ermöglicht – dies soll eine wichtige Leitlinie bei der Planung der fachlichen Arbeitsaufträge werden, sodass Schülerinnen und Schüler ihre subjektiven Erfolgserwartungen steigern können. Nach neurowissenschaftlicher Erkenntnis kommt der **Arbeitsatmosphäre** eine große Bedeutung zu, damit sich Lernerfahrungen auch als abrufbares Wissen im Langzeitgedächtnis einlagern können. „Zuständig sind neuronale Netzwerke, die dafür vorhanden sind, dass der Input (ins Arbeitsgedächtnis) kraft emotionaler Bewertung vom Arbeitsgedächtnis zum Langzeitgedächtnis weitergeleitet wird“ (Günther 2012).

Unter vielen Lernvoraussetzungen kommt es vorrangig auf den bisher erteilten Unterricht und das daraus resultierende **Vorwissen** an. „Die wichtigste Erkenntnis der Lernforschung ist, dass das Vorwissen entscheidend ist für den weiteren Lernfortschritt" (Stern 2012). Je besser demnach ein Lernender Informationen im Unterricht an sein bestehendes Wissenssystem anknüpfen kann und auch erfährt, welche Probleme mit dem neuen Wissen bearbeitet werden können, umso mehr bleibt es einer Schülerin oder einem Schüler im Gedächtnis, und er oder sie kann es im weiteren Unterrichtsverlauf zur Mitarbeit einsetzen. „Lehrende müssen Angebote machen, mit deren Hilfe die Lernenden ihr bestehendes Wissen aktivieren, erweitern oder umstrukturieren können. Nur so kann gelernt werden" (Stern 2012). Man kann nämlich neues Wissen nur aufnehmen, „wenn man es an bestehendes Wissen anknüpfen kann" (Felten & Stern 2012, S. 34).

Eine wichtige und praktikable Möglichkeit der **Diagnose** von Lernvoraussetzungen im Chemieunterricht findet man als integrierte Form im forschend-entwickelnden Unterrichtsverfahren (vgl. Kap. 10.2.2). In der 2. Stufe sollen die Schülerinnen und Schüler die Problemsituation analysieren und Untersuchungsvorschläge erarbeiten. Hier werden viele mit ihrem jeweiligen Vorwissen auch unterschiedliche Vorschläge nennen, die zu akzeptieren und vertrauensvoll zu diskutieren sind. Dabei können Fehlvorstellungen (vgl. Kap. 8) entdeckt und korrigiert und Wissenslücken geschlossen werden, sodass jeder wissensbasiert weiter mitarbeiten kann. Eine chemiespezifische Variante zur Diagnose lässt sich anhand eines Demonstrationsexperimentes zu dem in letzter Zeit behandelten Thema durchführen: Neben einer Skizze zum Versuchsaufbau und einer Kurzbeschreibung zur Durchführung sollen die Beobachtungen und Auswertungen ausführlich dargestellt werden. Diese Aufgabe lässt sich durch Leitfragen noch strukturieren, bei besonders anspruchsvollen Aufträgen können auch Hilfestellungen mit Tipp-Karten ausgelegt werden (vgl. Kap. 12.5). Der individuelle Gebrauch der Unterstützungsmaßnahmen bietet der Lehrkraft eine gute Diagnosemöglichkeit. Ausführlichere Darstellungen zu Diagnose- und Fördermöglichkeiten sind im Abschnitt 12.6 aufgeführt.

Bei der Aktivierung von Vorwissen denkt man als Lehrperson häufig an den Stundenbeginn. Ein bloßes Nachfragen zur „Wiederholung der letzten Stunde" wirkt allerdings wenig motivierend und ruft auch keine Neugierde hervor, zumal rein mündliche „Botschaften" kaum in der Lage sind, bei vielen Schülerinnen und Schülern Neuronen im Gedächtnis optimal zu aktivieren. Besser geeignet sind z. B. Bilder oder graphische Gestaltungen. D. Wahl (2006, S. 125 f.) erläutert, wie Advance Organizer gestaltet und eingesetzt werden können. Ein Beispiel aus der Chemie zeigen Zimmer und Melle (2007).

Die **Motivationslage** ist so bedeutungsvoll, dass sie von Anfang an Beachtung erfahren soll (vgl. Kap. 7.3). „So unterschiedlich Menschen in vieler Hinsicht sind, so ähnlich sind sie sich, unter welchen drei Randbedingunen sie Lernbereitschaft zeigen: **Autonomie, soziale Akzeptanz** und **Kompetenz-er-**

12

leben" (Felten & Stern 2012, S. 17). Dieser verhaltens- und lernpsychologische Ansatz (vgl. Kap. 7.3.2) hat entscheidende Auswirkungen auf die Gestaltung der Lernumgebungen: Autonomie wird durch Wahl und Mitsprachemöglichkeiten gewährt, soziale Akzeptanz wird positiv erfahrbar beim kooperativen Lernen und Kompetenzerleben wird ermöglicht durch Lernerfolge. „Wenn Lernende sich als Verursacher ihrer Leistung erleben, steigt die Motivation." (Felten & Stern 2012, S. 17) So kann Anfangsinteresse durch lebensnahe Kontexte auch wirkungsvoll in Durchhalteinteresse mit Neugierverhalten überführt werden und als Motivation über den weiteren Handlungsprozess wirksam sein (Ziegler 1999). Dies gelingt umso eher, je passender man den Unterricht an das diagnostizierte Vorwissen anschließt, Schüler-(Fehl-)Vorstellungen thematisiert, Lern- und Arbeitsprozesse schrittweise fortführt und realistische Teilziele ansteuert. Den naturwissenschaftlichen Unterricht empfehlen Stern (2006, S. 49) und Prenzel (1994, S. 1331) (nach Beyer (2008), S. 408) so zu gestalten, dass Schülerinnen und Schüler zu Fragen und Problemen zunächst ihre eigenen Überlegungen in den Unterricht einbringen können, diese diskutiert werden, um dann in kooperativer Arbeit nach Lösungen bzw. Erklärungen zu suchen. Um möglichst alle Schülerinnen und Schüler in diesen Unterricht zu integrieren, bedarf es eines breit angelegten und eingeübten Repertoires an unterrichtssteuernden Impulsen (vgl. Kap. 12.4), an Medien (vgl. Kap. 15), Materialien (vgl. Kap. 12.3), Aufgabenbeispielen (vgl. Kap. 12.7) und schließlich Ideen für Methodenvariation.

12.1.2 Bedingungsanalyse – das situative Bedingungsfeld

Für das **situative Bedingungsfeld** hat jede Chemie-Lehrkraft eine Fülle von Informationen über Raum- und Zeit-Bedingungen sowie über vorhandene Geräte, Modelle, Medien, Bauteile und Substanzgruppen / Chemikalien im Gedächtnis. Diese subjektiven Erfahrungen gilt es, für sich zu erweitern und mit Vorschlägen am Ausbau der Sammlung mitzuwirken. Dazu gehört es auch, stets auf Ordnung, Sauberkeit und Reparaturbedarf zu achten. Eine Besonderheit im experimentellen Chemieunterricht liegt darin, dass man für fast jedes Experiment die benötigten Geräte und Chemikalien zusammenstellen und auf einem Laborwagen mit in den Fachraum nehmen muss. Sollen Schülerexperimente durchgeführt werden, erhöht sich der Materialbedarf entsprechend. Daher sollten die erforderlichen Geräte und Chemikalien für Experimente jeder Art vor dem Einsatz im Unterricht zusammengestellt und die Versuche vorab ausprobiert werden. Jeder Versuch soll sicher „gelingen" und den Schülerinnen und Schülern deutlich erkennbare Beobachtungen liefern (vgl. Kap. 13.3 und 13.6). Praktikanten und Referendare können erste Erfahrungen in den Ausbildungsschulen sammeln, Junglehrer erweitern ihr Repertoire bei Fortbildungsveranstaltungen. Je umfassender der persönliche Kenntnisstand über die situativen Rahmenbedingungen in den Fachräumen ist und je flexibler man im Zugriff auf die vorhandenen Materialien und Geräte ist, umso einfacher und umstandsloser lässt sich die konkrete Vorbereitung für Chemie-Unterrichtsstunden gestalten.

In den Kapiteln 4 und 13 ist ein weites Ideenfeld zum Einsatz von Experimenten und zur fachgerechten Gestaltung von experimentellem Chemieunterricht dargestellt. In diese Informationen gilt es, die zum Stundenthema ausgewählten Experimente einzuordnen, zu strukturieren und vorzubereiten. Da „Experiment und experimentelle Methode" kategorienübergreifend wirken, kann eine Lehrperson z. B. von hier aus individuell sogar eine Unterrichtsplanung anstreben und durch die einzelnen Unterrichtskategorien vorantreiben. Als eine Betrachtungsrichtung bietet sich ein Blick auf mögliche Funktionen der ausgesuchten Experimente im Unterrichtsprozess an (vgl. Kap. 13.4), um vielleicht schon eine erste fachdidaktische Orientierung zu gewinnen. Im forschend-entwickelnden Verfahren (Schmidkunz & Lindemann 1992) lassen sich vier didaktische Funktionen (Einführungs-, Bestätigungs-, weiterführendes und Wiederholungsexperiment) ausmachen, die sich in einem größeren Entscheidungszusammenhang auf bis zu acht (Vertiefung 2) ausweiten lassen (Hermanns & Wambach 1984).

V

Vertiefung 2: Das Experiment

- zur Weckung einer Fragestellung
- zur Überprüfung von Problemlösungsvorschlägen
- als Basis einer generalisierenden Induktion
- bei der Überprüfung eines Gesetzes, einer Theorie durch Reduktion auf einen Spezialfall (Bedingungsanalyse)
- zur Simulation eines technischen Verfahrens
- zur vergleichenden Methodendiskussion
- zur Festigung von Unterrichtsergebnissen
- zur Lernzielüberprüfung

12.1.3 Zielplanung

Zielorientierung im Unterricht ist für das Lernen und den Lernerfolg ein wichtiges Merkmal, weil nur so dem Lehr-Lernprozess eine deutliche Richtung gegeben wird und z. B. Inhalts- und Methodenentscheidungen nicht dem Zufall oder spontanen Einfällen überlassen bleiben. Ziele und Teilziele sollen realistisch und flexibel für die vorgenommene Unterrichtseinheit geplant sein und, soweit möglich, den Schülerinnen und Schülern transparent werden, damit sie nicht rätseln und selbst interpretieren müssen, worauf es der Lehrperson ankommt (Beyer 2008, S. 403). Am Ende der Unterrichtsstunde soll jeder Schülerin und jedem Schüler klar geworden sein, welches Unterrichtsergebnis erreicht worden ist, das auch einer Lernkontrolle standhalten kann.

Verbindlich für Lehrpersonen sind der **Lehrplan** (auch Kern- oder Rahmenlehrplan) des eigenen Bundeslandes (Auszüge in Kap. 5.3.2) und das **schulinterne Curriculum** mit verpflichtenden und wahlfreien Anteilen. Pädagogische Entscheidungsfreiheit hat eine Lehrperson, wenn sie einzelne Unterrichtsstunden bzw. -einheiten plant: Sie wählt aus den Vorgaben und gestaltet in eigener Verantwortung die Kategorien für die Unterrichtseinheit und muss sich u.a. für Ziele und Teilziele entscheiden (daher Entscheidungsfeld). Neben dieser Planung im Detail – wie nachfolgend im Buch entwickelt und dargestellt –, ist empfehlenswert, sich ein **persönliches Leitbild** aus verschiedenen Konzeptionen von Chemieunterricht (vgl. Kap. 10) für sein unterrichtliches Handeln aufzubauen. Anregungen aus der Fachdidaktik soll man mit Ideen aus staatlichen Institutionen, z.B. der Kultusministerkonferenz **KMK,** erweitern. Dort heißt es in der „Empfehlung zur Stärkung der mathematisch-naturwissenschaftlich-technischen Bildung" (KMK 2009): „Junge Menschen sollen lernen, verantwortungsvoll mit Natur und Umwelt, Kultur und Technik umzugehen. Sie sollen die naturwissenschaftliche Dimension unseres Daseins erkennen, sie sollen mithelfen, Probleme der Menschheit wie Klimawandel, Energieknappheit und Bedrohung natürlicher Lebensgrundlagen zu lösen; sie sollen begreifen, warum in unserer Zeit die Frage nach der Verantwortung des Wissenschaftlers aktueller ist denn je." In Diskussionen um den Bildungswert von Chemieunterricht soll Verantwortung für Natur, Umwelt, Technik, Kultur und den tätigen Einsatz bei Menschheitsproblemen wie Klima, Energie und Ressourcen sowie Ernährung deutlich werden, und so öffnet sich ein breites Feld zur Wahl geeigneter Kontexte und Ziele. Ein weiterer Blick auf Schwerpunkte in der Lehrplanentwicklung wird helfen, eigene Akzente zu schärfen und in größeren und tieferen Zusammenhängen zu denken (Wambach 2009).

Eine nationale Entwicklung hat die OECD seit 2000 mit den internationalen Vergleichsstudien über die Leistungen 15-jähriger Schülerinnen und Schüler angestoßen (vgl. Kap. 18.1). In dieser mit PISA bezeichneten Entwicklung wird **Scientific Literacy** (vgl. Kap. 5.1) als Grundbildung im naturwissenschaftlichen Unterricht begrifflich gefasst und meint „die Fähigkeit, naturwissenschaftliches Wissen anzuwenden, naturwissenschaftliche Fragen zu erkennen und aus Belegen Schlussfolgerungen zu ziehen, um Entscheidungen zu verstehen und zu treffen, welche die natürliche Welt und die durch menschliches Handeln an ihr vorgenommenen Veränderungen betreffen" (Deutsches PISA-Konsortium 2000, S. 66). Die Schülerinnen und Schüler sollen nicht nur Wissen und Konzepte (Basiskonzepte, vgl. Kap. 2), sondern auch vielfältige Kompetenzen erwerben, um diese bei Frage- und Problemsituationen aus Natur, Umwelt und Alltag anwenden und nutzen zu können.

Konkret setzt die KMK auf **Bildungsstandards,** um die Qualität schulischer Bildung und Abschlüsse zu sichern, und beschreibt so die anzustrebenden Lernergebnisse als Kompetenzen, die Schülerinnen und Schüler im Laufe der Ausbildung erwerben sollen. Diese Bildungsstandards beschreiben **fachbezogene Kompetenzen** einschließlich zugrunde liegender Wissensbestände und strukturieren die anzustrebenden Leistungen im Rahmen von **Anforderungsbereichen** (I, II, III) (vgl. Tab. 8, Kap. 5.1.4). Für das Fach Chemie werden vier Kompetenzbereiche unterschieden. Im Kompetenzbereich **Fachwissen** sollen die Schülerinnen und Schüler „chemische Phänomene, Begriffe, Gesetzmäßigkeiten kennen und Konzepten zuordnen" (KMK 2004a). Hierbei werden für die Sekundarstufe I vier **Basiskonzepte** (Stoff-Teilchen-Beziehung, Struktur-Eigenschafts-Beziehungen, chemische Reaktion, energetische Betrachtung bei Stoffumwandlungen) als grundlegend für ein Verständnis erachtet. Für die Sekundarstufen I und II werden in der Literatur sechs Basiskonzepte vorgeschlagen (Bünder et al. 2003, S. 3 f.): 1) Stoff-Teilchen-Konzept, 2) Struktur-Eigenschafts-Konzept, 3) Donator-Akzeptor-Konzept, 4) Energie-(Entropie-)Konzept, 5) Konzept des chemischen Gleichgewichts, 6) Konzept der Reaktionsgeschwindigkeit. Die Konzepte eins bis fünf sind von der KMK für die Einheitlichen Prüfungsanforderungen im Fach Chemie vorgesehen (KMK 2004b). Eine ausführliche Beschreibung der Basiskonzepte gibt Kapitel 2.

Über das Fachwissen hinaus sollen die Schülerinnen und Schüler „experimentelle und andere Untersuchungsmethoden sowie Modelle nutzen" (Kompetenzbereich **Erkenntnisgewinnung**), „Informationen sach- und fachbezogen erschließen und austauschen" (Kompetenzbereich **Kommunikation**) sowie „Chemische Sachverhalte in verschiedenen Kontexten erkennen und bewerten" (Kompetenzbereich **Bewertung**) (KMK 2004a) (Kap. 5.1.4).

In ihrer Unterrichtstheorie beschreiben Kiper & Mischke (2006, S. 97 f.) charakteristische Lernarrangements, die mit den Kompetenzbereichen, wie die KMK sie formuliert, kompatibel sind und Anregungen für die Umsetzung im Unterricht, auch im Chemieunterricht, und zur Diversifikation der Unterrichtsgestaltung bereitstellen. Analog dem Prinzip der Interdependenz im Berliner Modell betonen diese Pädagogen innere Zusammenhänge betreffend Problemstellung, Informationen, Medien und Unterrichtsmethoden. Die angesprochenen Lernbereiche sind:

- Wissen erwerben
- Experimentieren
- Problemlösen und Entdecken
- Reflexion über Inhalte und Werte

Pädagogisch bedeutungsvoll für die Unterrichtspraxis sind die charakteristischen Schwerpunkte unter den Schüleraktivitäten.

Das erste Standard-Arrangement, **Wissen erwerben**, betrifft die Kompetenzbereiche Fachwissen und Kommunikation. Unter Beachtung von Klassenstufe und Vorwissen, handelt es sich um „das Erfassen von Wörtern, Sätzen und Aussagen ... Dazu gehört auch, einen Begriff oder ein Netzwerk von Bezügen zu bilden. Es wird angenommen, dass es nicht nur um eine Benennung geht, sondern um die Bildung einer Klasse von Objekten ... durch die Analyse oder kritischen Attribute und auch die Abgrenzung gegenüber Objekten, die nicht dazu gehören“ (Kiper & Mischke 2006, S. 99 f.). Bei der Begriffsbildung und Vernetzung von Fachinhalten ist auf fachliche Stimmigkeit zu achten und dabei die inhaltliche Entwicklung im Chemieunterricht über mehrere Jahrgangsstufen oder sogar bis in Abschlussklassen zu berücksichtigen; hier kann in der Regel das eingeführte Lehrbuch eine große Hilfe sein, weil fachlich kompetente Herausgeber sich u. a. diese Zielsetzung vorgenommen haben.

V

Vertiefung 3: Anknüpfen an die Lernvoraussetzungen der Schülerinnen und Schüler
Für jede Lehrperson ist dies ein durchgängiger, weil wirkungsreicher Auftrag; er wird häufig mit dem Einstieg in eine Unterrichtsstunde geplant. Damit aber sind auch hohe didaktisch-methodische Anforderungen verbunden, denn die von den Schülerinnen und Schülern „mitgebrachte" Neugierde auf eine spannende Chemiestunde soll nicht schon zu Beginn enttäuscht werden. „Methoden zur *Vergegenwärtigung des Vorwissens* können darin bestehen, durch einen stummen Impuls [A.d.R. oder geeigneten Arbeitsauftrag] zum Sprechen [A.d.R. bzw. Schreiben] aufzufordern, eine Kenntnisfrage zu stellen, zu einem Thema Wissen zusammenzutragen (evtl. auch durch eine Kartenabfrage) oder eine individuelle Mind-Map zu einem Thema anfertigen zu lassen. ... Das Ziel besteht darin, zu einer Frage, zu einem Problem, zu einem Thema die Sicht der ... *Lerner* durch freie Gedankenäußerung einzuholen" (Kiper & Mischke 2006, S. 99 f.). So kann die Lehrperson einen ersten Eindruck über vorhandene Fachinhalte, Fragen, Unklarheiten und Widersprüche gewinnen und darauf das Weiterlernen anschlussfähig gestalten und so neues Wissen erarbeiten lassen.

Im Kompetenzbereich Erkenntnisgewinnung im Chemieunterricht steht das **Experimentieren** im Mittelpunkt. „Beim *Experimentieren* geht es um die Konfrontation mit einem Phänomen oder Problem, um das Herausarbeiten von Fragestellungen, um die Formulierung von Vermutungen über den möglichen Ablauf eines Ereignisses oder über Zusammenhänge zwischen verschiedenen Wirkungsfaktoren, die in Hypothesen gebündelt werden“ (Kiper & Mischke 2006, S. 109). Dazu gilt es, einen geeigneten Versuchsaufbau mit Durchführung und Auswertung zu planen, um die vorher entwickelte Hypothese zu verwerfen oder zu bestätigen. Soll dieses Ziel in Schülerexperimental-Übungen erfolgversprechend angesteuert werden, ist besondere Aufmerksamkeit den z. T. enttäuschenden Ergebnissen verschiedener empirischer Studien zu widmen (vgl. Kap. 12.4.2 B); experimentelle Schülerübungen sind keine „Selbstläufer“! Weitere Überlegungen zu Experimenten und zum Experimentieren sind in den Kapiteln 4 und 13 dargestellt.

Im Lernarrangement **Problemlösen und Entdecken** werden die Kompetenzbereiche Erkenntnisgewinnung und Fachwissen angesprochen. „Beim Lernen durch Problemlösen geht es um den Wissensaufbau durch aktive Generierung und Nutzung der verfügbaren Informationen. Dabei sollen sowohl neue Erkenntnisse über die Welt (deklaratives Wissen) gewonnen, als auch das Operieren und das Verwenden von Verfahren, Methoden und Heuristiken erworben werden“ (Kiper & Mischke 2006, S. 108), letzteres wird auch als prozedurales Wissen bezeichnet. Problemstellung bzw. Lernhindernisse werden als entscheidende Gelenkstellen in der Lernpsychologie (vgl. Kap. 7.4) herausgearbeitet und entsprechend gewichtet bei der Artikulation der Lernwege (vgl. Kap. 12.4.1). Einzelne Schritte können durch Hilfestellungen (z. B. gestufte Lernhilfen, vgl. Kap. 12.5.2) initiiert bzw. unterstützt werden. Unterrichtsmethodisch können Gesprächsverfahren (vgl. Kap. 12.4.2) im Mittelpunkt stehen: Das genetisch-sokratische lenkt die Lerner zum Durchdenken eines Problems an, das fragend-entwickelnde will sie schon an die Fragestellung führen und diese strukturieren, um so leichter eine Lösung oder Teillösung zu finden.

Ein weiteres Lernarrangement berücksichtigt vor allem den Kompetenzbereich Bewertung zusammen mit dem Kompetenzbereich Kommunikation. Kiper und Mischke beschreiben, wie **Reflexion über Inhalte und über Werte** strukturiert werden kann. „Hier sind die konkreten Erlebnisse zu aktivieren und ihre Bedeutung zu erkennen. ... Hilfreich ist der Perspektivwechsel, um die Veränderbarkeit der Bedeutung bei Anwendung eines anderen Bezugssystems erfahrbar werden zu lassen. ... Beim Nachdenken über Werte sind eigene Wertmaßstäbe zu explizieren und anzuwenden. In jedem Fall basiert die Reflexion ... auf der Grundlage von Bezugssystemen, die dargelegt und begründet werden und zu einer jeweiligen Positionierung herausfordern“

(Kiper & Mischke 2006, S. 103). „*Lesen* kann das Reflektieren und Bewerten von Texten unter ausgewählten Gesichtspunkten umfassen ... Der *Expertenbefragung, Besichtigung* und *Erkundung, Fallanalyse* oder *Fallstudie* ist eine Phase der Reflexion ... eingeschrieben. Dazu sind Maßstäbe für richtig / falsch, angemessen / unangemessen, legitim / illegitim heranzuziehen und zu begründen. ... Die Auswertung einer *Podiumsdiskussion* kann so durchgeführt werden, dass die unterschiedlichen Positionen zu einem Sachverhalt oder einer Streitfrage von je unterschiedlichen Experten und ihren fachlich differenzierten und moralisch unterschiedlichen Sichtweisen expliziert werden." „Das *Entscheidungsspiel,* als einfachere Variante des Planspiels, hat eine Situation zum Inhalt, die zu einer Entscheidung herausfordert. ... auf der Basis von Informationen und einer Situationsanalyse" (Kiper & Mischke 2006, S. 104 f.).

12.1.4 Planung von Inhalt und Gegenstand

A Gewinnung von Themen

„Kern des Unterrichtsgeschehens [ist] die Auseinandersetzung mit einem **Gegenstand** ..." (Kiper & Mischke 2006, S. 22). Für die Auswahl von Unterrichtsinhalten für den Chemieunterricht steht zunächst die Wissenschaft Chemie zur Verfügung; wegen der übergroßen Fülle bedarf es der Eingrenzung und Konzentrierung. Auf staatlichen Wegen beginnt eine Auswahl bei den Bildungsstandards der KMK, die wiederum die Grundlage für Lehrpläne in den Bundesländern bilden. Aus den Bildungsstandards werden dort vorgegebene Kompetenzen und Rahmenthemen hergeleitet; sie beschreiben die zu erwerbenden Fähigkeiten (Kompetenzen) als Ergebnisse (Ziele) der Lernprozesse (vgl. Kap. 5). Konkrete fachinhaltliche Angaben enthalten dann die schulinternen Curricula, die von den Fachkonferenzen Chemie aufgestellt werden. Dieser Entwicklungsweg kann nicht für jede Unterrichtsstunde durchlaufen werden, aber er soll als Hintergrundwissen bei der Lehrperson vorhanden sein. In der Praxis erfolgt eine wichtige Orientierung auch an dem eingeführten Lehrbuch, um sicherzustellen, dass fachinhaltliche Vernetzungen und Begriffsbildungen auch jahrgangsübergreifend in ein in sich stimmiges System integriert sind.

„Es hat sich in der Didaktik als zweckmäßig erwiesen, zwischen ‚Inhalt' und ‚**Thema**' zu unterscheiden" (Klafki 1994, S. 260). „‚Inhalt' kann alles sein ... Aber um zum Gegenstand des Unterrichts zu werden, muss der in Aussicht genommene Inhalt auf seine **Bildungsrelevanz** hin geprüft werden" (Beyer 2008, S. 103 f.). Auch wenn der Inhalt als Fachinhalt aus dem schulinternen

Curriculum oder Lehrbuch entnommen ist, so ist es doch erforderlich, „nach den für die Schüler bedeutsamen Kategorien (Perspektiven) zu suchen, unter denen sich der Inhalt behandeln lässt" und auf diesem Weg in ein Thema transformiert wird. In der Chemie bedeutet das z. B. Ausschau halten nach Kompetenzen und Fragestellungen, Zielen oder Experimenten, die mit diesem Inhalt angesprochen werden können. Dazu hilft ein Blick in den Lehrplan mit Auswahl prägnanter Kompetenzen, die mit diesem Inhalt besonders eingeübt oder verstärkt werden. Hier soll auch schon ein mögliches Experiment hinzugezogen werden, um eine erste Triade im Planungsprozess zu gewinnen (Abb. 4).

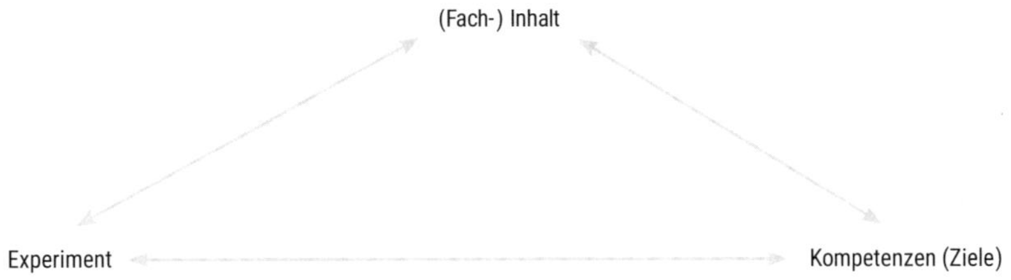

Abb. 4: Planungs-Triade zur Gewinnung eines Unterrichtsthemas

Einen durchgehenden **roten Faden** gewinnt man in der Chemie durch konkrete Betrachtungen und Untersuchungen an materiellen Stoffen (chemischen Substanzen) und an Stoffumwandlungen (chemischen Reaktionen). Dort bieten sich stets Ansatzstellen, an denen Schülerinnen und Schüler in ihrem Neugierverhalten Fragen und Vorschläge entwickeln können. Im Mittelpunkt stehen drei generelle Fragen (BLK-Expertise 1997): Welche Eigenschaften haben Stoffe? Wie sind Stoffe aufgebaut? Wie reagieren Stoffe miteinander? Mithilfe dieser fachlich aufbauenden und strukturierenden Fragen ist es möglich, nach Antworten in unterschiedlichen Bereichen wie Wissenschaft (Chemie), Lebenswelt oder Technik zu suchen, sie aufeinander zu beziehen und weiterzuführen (Kölner Modell 1982). Ebenso möglich ist eine Orientierung an Leitlinien (vgl. Kap. 6). „Das Thema des Unterrichts konstituiert sich erst dadurch, dass Schülerinnen und Schüler und Lehrpersonen sich auf eine oder mehrere Perspektiven verständigen, unter denen der Inhalt behandelt werden soll" (Beyer 2008, S. 104), endgültig also erst im Unterricht selbst.

Im Chemieunterricht geht es „heute weniger um die Frage, welches Wissen wir im Chemieunterricht favorisieren sollen, sondern wie das **Wissen strukturiert** sein muss ..." (Rossa 2005, S. 91). In der Planungsphase kann die Lehrperson zur besseren Übersicht strukturiertes und vernetztes (Fach-)Wissen durch eine Concept-Map gewinnen, z. B. zum Inhalt *Neutralisation saurer und alkalischer Lösungen* (Abb. 5). Hier soll auch erkennbar sein, wie weitere didaktische Anforderungen erfüllbar sein können, etwa Möglichkeiten zur Anwendung von Wissen (s. Scientific Literacy). Nach der Expertise (BLK-Expertise 1997) soll Unterricht so durchführbar werden, dass fortschreitendes, aufbauendes (kumulatives) Lernen möglich ist, d. h. die Inhalte aufeinander abgestimmt und anschlussfähig sind. Aus der Concept-Map zur *Neutralisation* können verschiedene Unterrichtsthemen entnommen werden: Schülerinnen und Schüler entdecken Neutralisationsreaktionen oder Salzbildung, untersuchen energetische Fragen (z. B. Streusalz im Winter), oder diskutieren Vertiefungen im submikroskopischen Bereich.

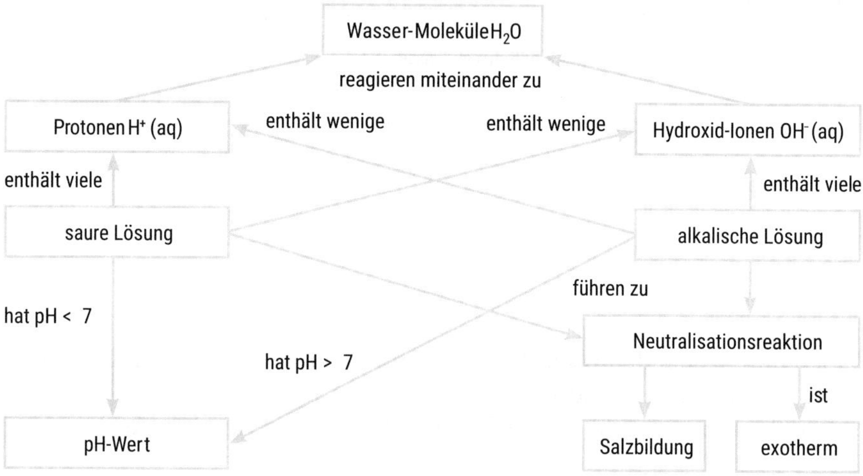

Abb. 5: Concept-Map zum Inhalt Neutralisation, abgewandelt nach Rossa (2005, S. 89)

Am Beispiel der Neutralisation kann in einem ersten Schritt ein Unterrichtsthema vorläufig formuliert werden: Schülerinnen und Schüler entdecken *Neutralisationsvorgänge*. Dieses Beispiel wird auf den folgenden Seiten parallel zu der dargestellten Planungskonzeption zum vollständigen Unterrichtsthema (12.1.7) und einem möglichen Unterrichtsverlaufsplan (12.4.3) schrittweise weiterentwickelt.

Um einen konkreten Unterrichtsplan zu erstellen, bedarf es der Entscheidung für eine spezielle saure/alkalische Lösung, z. B. Salzsäure und Natronlauge. Mit beiden Substanzen können qualitative und quantitative Experimente durchgeführt werden, bei ausreichender Verdünnung auch als Schülerversuche.

B Experimentelle Planung

In der weiteren Entfaltung des Themas wird ein passendes Experiment mit Durchführung ausgewählt, in unserem Fall z. B. ein Experiment zur Entdeckung der Neutralisationsvorgänge (Vertiefung 4). Um die Hypothesenbildung im Unterricht zu verstärken, wird – mit Anregung aus Grofe (1987) – zum Einstieg ein Lehrerversuch ähnlich zu (1) gewählt; im Anschluss sollen die Versuche 2a) und 2b) zur Überprüfung der Hypothesen als Schülerversuche durchgeführt werden. Damit lässt sich das Thema in einem ersten Schritt verfeinern: Schülerinnen und Schüler entdecken Neutralisationsvorgänge beim Mischen von Salzsäure und Natronlauge im Schülerversuch.

V

Vertiefung 4: Ein mögliches Experiment zur Entdeckung der Neutralisationsvorgänge nach Tausch & von Wachtendonk (2011, S. 180)

Schülerversuch (nach Tausch & von Wachtendonk 2011, S. 180):

1.a) Verteile verd. Salzsäure-Lösung/verd. Natronlauge jeweils auf 3 Reagenzgläser, gib einige Tropfen Bromthymolblau-Lösung als Indikator dazu.

b) Gieße tropfenweise die gelbe Salzsäure-Lösung in die blau gefärbte Natronlauge und beobachte die Farben; versuche eine „grüne" Lösung herzustellen.

c) Wiederhole den Versuch, indem du die Lösungen vertauschst.

2. Nutze folgende Lösungen: eine Salzsäure-Lösung, die 36,5 g Chlorwasserstoff in 1 Liter Wasser enthält, und Natronlauge, die 40,0 g Natriumhydroxid in 1 Liter Wasser enthält.

a) Mische jeweils 10 mL der Lösungen und versetze mit Bromthymolblau-Lösung. Gib anschließend ein Stück vom Magnesium-Band in die Lösung.

b) Mische erneut jeweils 10 mL der beiden Lösungen (ohne Indikator) und dampfe sie in einer schwarzen Porzellanschale ein. Beschreibe den zurückbleibenden Feststoff.

c) Miss die Temperatur der beiden Ausgangslösungen. Mische erneut jeweils 10 mL und notiere die Temperaturänderung."

Kurze Überlegungen zum Erwartungshorizont:

1. Mit Bromthymolblau macht man die saure (gelb) und alkalische (blau) Lösung sichtbar. Die Mischung ist entweder gelb oder blau, der grüne Übergangspunkt ist schwer zu treffen, und verhält sich anders als z. B. das Mischen von blau und gelber Farbe aus einem Farbkasten.
2. Bei gleichen Volumina erhält man eine grüne Lösung, die nicht mit Magnesium reagiert. Es ist keine saure Lösung mehr vorhanden. Beim Eindampfen resultieren weiße Salz-Kristalle. Beim Mischen beider Lösungen wird Wärme freigesetzt. Salzsäure-Lösung und Natronlauge reagieren miteinander zu einer nicht aggressiven Lösung, die den Indikator grün färbt.

C Inhaltsspektrum und (Re-)Konstruktion

Von der **bildungstheoretischen Didaktik,** hier insbesondere von W. Klafki (Klafki 1994; Kroner & Schauer 1997, S. 26), wurden viele Aspekte – er nennt sie didaktische **Grundfragen** – formuliert, um den Bildungs- und Unter-

12

richtswert von Fachinhalten bzw. Fachthemen zu analysieren und sie dann im Unterricht zur Geltung zu bringen. Klafki hat vier Schwerpunkte herausgearbeitet:
A. die didaktische Begründungsproblematik mit den Fragen:
- nach der Gegenwartsbedeutung im Leben der Kinder und Jugendlichen
- nach vermuteter Zukunftsbedeutung, u. a. Vorstellungen über Möglichkeiten technischer Entwicklungen
- nach der exemplarischen Bedeutung, um allgemeine Zusammenhänge, Beziehungen, Gesetzmäßigkeiten, Strukturen, Widersprüche, Handlungsmöglichkeiten zu erarbeiten

B. die thematische Strukturierung (Ziele, Teilziele) und Erweisbarkeit (bzw. Überprüfbarkeit)
C. die Zugangs- und Darstellungsmöglichkeiten (u. a. durch bzw. in Medien)
D. eine methodische Strukturierung für Lehr- und Lernprozesse, also Organisations- und Vollzugsformen des Lernens einschließlich gegliederter Abfolge als Interaktionsstruktur und Medium sozialer Lernprozesse.

Die Anwendung der didaktischen Grundfragen Klafkis auf das Beispiel der Neutralisation könnte zu folgenden Beispiel-Antworten führen:
A. Stichpunkte zur Begründungsproblematik:
- Gegenwartsbedeutung: Säuren und Laugen im Haushalt, Essigsäure (Salat, Konservierung), Sodbrennen, Reinigungsmittel
- vermutete Zukunftsbedeutung: Umweltprobleme, saurer Regen (Waldsterben), Übersäuerung der Meere (Kohlenstoffdioxid-Eintrag), Kalkgaben für Böden und saure Seen, pH-Skala, pH-Werte
- exemplarische Bedeutung: Neutralisation als Vorstufe für Donator-Akzeptor-Reaktionen, Titrationen (Analytik), Wasserhärte und Folgen, Salzsäure / Natronlauge exemplarisch für komplexere Beispiele

B. Thematische Strukturierung und Erweisbarkeit: Salzsäure / Natronlauge als Prototypen von Stoffgruppen, Indikatoren, charakteristische Merkmale einer Neutralisation; chemische Zusammensetzung (vgl. Kap. 2.4.3)
C. Zugangs- und Darstellungsmöglichkeiten: Mischungsexperimente, Schülerversuche, Arbeitsblätter, Modellzeichnungen (Becherglas-Skizze), Titrationen
D. methodische Strukturierung für Lehr- und Lernprozesse: s. Feststellungen in der Concept-Map (Abb. 5), Ausbau zu Erkenntnisweg (forschend-entwickelndes Verfahren), Gruppenarbeit
Dieser Fragebogen von Klafki spannt also die Planungsanalyse von didaktischen Kriterien für die Wahl der Inhalte bis zu Schüler-Aktivitätsmöglichkeiten im Lernprozess. Einige für die Unterrichtspraxis besonders relevante **Inhaltskriterien** gilt es hervorzuheben. K. Beyer hat in seiner *Pragmatischen Didak-*

tik (Beyer 2008, S. 327 ff.) dafür wichtige Hinweise gegeben: „Die Bedeutsamkeit eines Inhalts für den Schüler steigt, wenn an diesen eine **problemhaltige Frage** gerichtet wird.“ Zu den Problemen, die primär im naturwissenschaftlich-technischen Handlungsfeld behandelt werden sollen, zählt er (Beyer 2008, S. 107) Vorteile und Risiken beim Einsatz chemischer Stoffe, Sanierung und Reinhaltung von Gewässern, Minderung und Prävention von Umweltgefahren. Im Chemieunterricht bieten sich darüber hinaus Möglichkeiten zur Untersuchung und für Entdeckungen. „Auf diese Weise wird der Schüler direkter angesprochen, indem er sich aufgefordert sieht, zur Lösung des Problems beizutragen“ (Beyer 2008, S. 327). Für das Beispiel der Neutralisation lassen sich in Anlehnung an (Tausch & von Wachtendonk 2011, S. 180) folgende problemhaltige Fragen überlegen: *Säuren und Laugen wirken häufig ätzend. Was geschieht, wenn man saure und alkalische Lösungen miteinander mischt? Wird die Lösung noch ätzender?*

Felten & Stern (2012, S. 41) weisen darauf hin: „Motivieren ist nicht Spaß machen, sondern: Am Anfang steht die nachvollziehbare Frage.“ Damit wird für die Schülerseite betont, was im Berliner Modell heißt: „einen Gegenstand in den Fragehorizont einer Gruppe“ bringen. „Am Anfang von sinnstiftendem Lernen steht im Idealfall die Einsicht, dass es wichtige Phänomene gibt, die man mit seinen bisherigen Annahmen und Begriffen nicht erklären kann [Versuch 1b]. Denn nur wer erkennt, dass seine Vorstellungen nicht ausreichen, um die Wirklichkeit zu verstehen, wird bereit sein, seine Begriffe und sein Wissen neu zu strukturieren“ (Felten & Stern 2012, S. 41). Um diese Bereitschaft bei Schülerinnen und Schülern zu gewinnen, gilt es, kognitiv anregende **Einstiege** (z. B. über ein Experiment, ein Gedankenexperiment oder Phänomene an Stoffen und Stoffumwandlungen) zu überlegen, die interessant und doch so anspruchsvoll sind, dass es ohne zusätzliche Rückschlüsse / Hilfen / Informationen nicht möglich ist, Beobachtungen beim Verlauf zu „erklären“ oder den weiteren Verlauf richtig vorherzusagen (vgl. Versuch 2). Mit dieser Art Einstieg und dabei zu gewinnender Art der Formulierung von Unterrichtsthemen wird auch deutlich, „unter welcher **Perspektive** der jeweilige Inhalt behandelt werden soll und zu welchem Ziel der Unterricht führen soll“ (Beyer 2008, S. 327).

Am konkreten Beispiel der Neutralisation lässt sich somit das Unterrichtsthema weiterentwickeln und im nächsten Schritt formulieren: Was geschieht, wenn man saure und alkalische Lösungen miteinander mischt? Wird die Lösung noch ätzender? – Schülerinnen / Schüler entdecken Neutralisationsvorgänge beim Mischen von Salzsäure und Natronlauge im Schülerversuch.

Es sollte immer die **Komplexität** des zu bearbeitenden Inhalts in den Blick genommen werden, indem nach der Vielfalt an Perspektiven, Aspekten, Fragen, Hypothesen, Theorien, Urteile, Meinungen gefragt wird, die sich mit ihm verknüpfen lassen. Beyer empfiehlt zu überlegen:

- Wie viel an Komplexität muss gewahrt bleiben, „um das Thema nicht grundlegend zu verfälschen"?
- Welche Aspekte des Themas müssen unbedingt behandelt werden, „wenn die Ziele des Unterrichts erreicht werden sollen"? (Beyer 2008, S. 328)

Um sich der Schülergemäßheit anzunähern (**Schülerorientierung,** Rossa (2005), S. 90) und ihre Lernmöglichkeiten auszuloten, wird versucht, die Inhalte nach dem Prinzip der didaktischen Reduktion anzupassen (Rossa 2005, S. 99 ff.). Reduktion aber ist ein wichtiger Fachbegriff in der Chemie. In Kapitel 3.1 wird daher zutreffender von **Elementarisierung** bzw. didaktischer Konstruktion gesprochen. Man kann im Chemieunterricht beispielsweise die Zahl der Fachbegriffe reduzieren, zunächst auf quantitative Größen verzichten oder einige Vernetzungen von Faktoren vereinfachen, Komplexität abbauen. Häufig tritt bei inhaltlichen Zusammenhängen auch die Frage nach einem geeigneten Atom- und Bindungsmodell auf: Die Lerninhalte sind auf das Verständnisniveau der Lernenden zu transformieren (vgl. Kap. 3).

Als ein Beispiel aus dem Chemieunterricht kann die Neutralisation betrachtet werden mit folgenden Überlegungen zur Schülergemäßheit: Säuren und Laugen werden oft als ätzende und aggressive Stoffe auch im Haushalt, u. a. als Reinigungsmittel eingesetzt. Als Kontext dient das Thema Wasch- und Reinigungsmittel oder allgemeiner Säuren und Laugen im Alltag. Verschiedene dieser Alltagsprodukte können aggressive Inhaltsstoffe enthalten, häufig in komplexen Gemischen. Zwecks Elementarisierung werden hier Reinstoff-Lösungen eingesetzt, Salzsäure und Natronlauge sind für Überlegungen im Modellbereich (submikroskopischer Bereich) einfach aufgebaut. Saure Lösungen enthalten Protonen, notiert als $H^+(aq)$ (statt $H_3O^+(aq)$ oder $H_9 0_4{}^+$, Rossa 2005, S. 111), Laugen enthalten Hydroxid-Ionen, notiert als $OH^-(aq)$; im Mittelpunkt der Entdeckung der Neutralisation steht die Reaktion dieser Ionen. Bei der Neutralisation heben sich ätzende Eigenschaften von sauren und alkalischen Lösungen gegenseitig auf (siehe Indikatorfarbe, Zugabe von Magnesium, vgl. V2.a), auf der Modellebene reagieren Protonen und Hydroxid-Ionen zu Wasser-Molekülen. Im Konzentrationsbereich kommt es auf die je gleiche Anzahl spezifischer Ionen an. Noch bleiben definierte Konzentrationsangaben mit Stoffmengen außen vor; es folgen aber pH-Betrachtungen (z. B. Waschlotion) als Zahlenwerte auf einer Skala, deren Zuordnungen experimentell ermittelt werden können.

Neutralisationsreaktionen sind durch vier typische Merkmale gekennzeichnet: Sie verlaufen exotherm, als Reaktionsprodukte entstehen ein Salz und Wasser (s. Deutung auf Modellebene) und eine pH-Änderung verläuft in Richtung pH = 7 (in einer Anschlussstunde über pH-Skala).

„Inhalte zu reduzieren oder gar zu vereinfachen" ist eine zu schwache Formulierung für die Planungsarbeit einer Lehrperson – sie hat Zusammenhang, Vernetzung und Lernumgebung neu (nämlich schülerorientiert) zu konstruieren! Der Unterricht in der Sekundarstufe I hat „vor allem die Aufgabe, ein Verständnis für die Denk- und Arbeitsweise der Naturwissenschaften sowie anschlußfähiges Wissen für das Weiterlernen" (BLK-Expertise 1997, S. 37) zu vermitteln, dabei Schülervorstellungen zu berücksichtigen und Kompetenzerleben – möglichst individuell – zu ermöglichen, damit die Gegenstände des Chemielernens nachhaltig ins Langzeitgedächtnis eindringen können. Analyse und Neustrukturierung von (Fach-)Inhalten für den Chemieunterricht ist ein multifaktorieller Planungsschritt (Abb. 6).

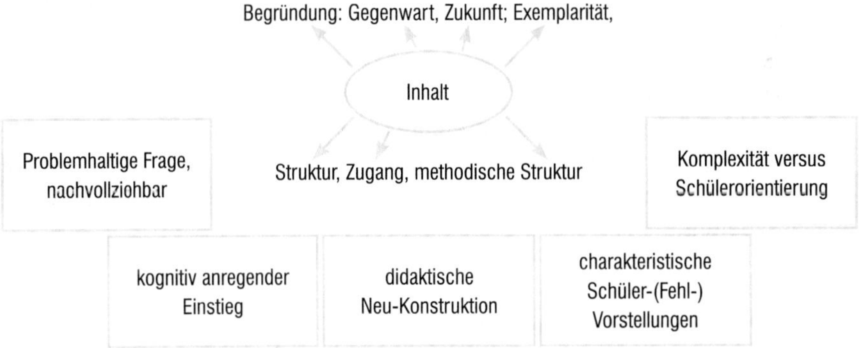

Abb. 6: Faktoren zur Inhaltsplanung

Bei der **Schülerorientierung** ist durchgängig die besondere wissenschaftstheoretische Struktur der Inhalte in der Chemie zu berücksichtigen: Jeden Stoff und jede Stoffumwandlung findet man in zwei Welten vor – in der wahrnehmbaren Wirklichkeit (Erscheinung, Tatsachen) einerseits und auf der modellhaften, submikroskopischen Ebene (Theorie, theoretische Interpretation der Tatsachen) andererseits. „Zur Deutung der makroskopisch und mikro-skopisch sichtbaren Phänomene wird jedoch immer auf die submikroskopische Ebene zurückgegriffen, nämlich auf die Vorstellung vom diskontinuierlichen Aufbau der Materie aus Teilchen und Teilchenaggregaten und von den zwischen ihnen bestehenden Wechselwirkungen" (BLK-Expertise 1997, S. 45; Weninger 1982). Hinzu kommt im Unterricht die Verankerung chemischer Gegenstände in lebensweltlichen Zusammenhängen wie z. B. Alltags- und Umweltsituationen (Wambach 1980) und die formale Ebene mit ihren Symbolen, Reaktionsgleichungen, Formeln usw. Dieser Zusammenhang kann in einem Tetraeder dargestellt werden (vgl. Abb. 2, Kap. 9.1.4).

Die dargestellten Inhaltsbereiche im Tetraeder Macroscopic / Molecular / Symbolic / Human Element bzw. makroskopische Ebene / submikroskopische Ebene / Symbole / Kontext bzw. Phänomenologische Chemie / Teilchensystem / formale Ebene / Kontext sind einerseits untereinander verzahnt (innere Zuordnung) und andererseits als je unterscheidbare Vorstellungen zu berücksichtigen. „Die Chemie unterscheidet sich von anderen Wissenschaften in mancherlei Hinsicht ... gerade dieser permanente Wechsel [gemeint ist ein Wechsel zwischen den Domänen im Tetraeder, A.d.R.] der das Lernen von Chemie so einzigartig, aber auch schwierig macht" (Eilks et al. 2010). Daher ist im Chemieunterricht auf **Transparenz** im Vermittlungsprozess zu achten; den Schülerinnen und Schülern soll stets klar sein, in welchem Bereich gedacht und diskutiert wird und warum gerade ein Bereichswechsel vorgenommen wird, damit sie ihm folgen können (vgl. Kap. 9.1.4). „Die Notwendigkeit, die beobachtbaren Phänomene durch die Existenz und das Wirken nicht beobachtbarer Teilchen zu deuten, bedingt eine spezifische Schwierigkeit des Chemieunterrichts" (Weninger & Dierks 1970). Daher kommt es darauf an, Zusammenhang und Unterschied zwischen Empirie und Theorie stets deutlich werden zu lassen: im Unterricht zwischen Beobachtung und Deutung der Beobachtung unterscheiden und die wechselseitige Beziehung herausarbeiten.

12.1.5 Planung von Methoden und Strategien

A Methode – Unterrichtsmethode

Methoden-Beispiele findet man zahlreich und vielfältig in der Literatur; „Dieser breite Bedeutungsumfang ergibt sich bereits aus der Etymologie des Begriffs, der zufolge er zunächst nichts anderes bedeutet als ‚Weg zu etwas hin', d. h. auf didaktische Zusammenhänge angewandt: ‚Weg hin zu einem Unterrichtsziel'" (Beyer 2008, S. 334). So verstanden, kann alles, was zur Erreichung von Unterrichtszielen eingesetzt wird, als Methode bzw. methodisches Mittel oder auch Methoden-Werkzeug bezeichnet werden. Methodenvielfalt ist ein oft genanntes Kriterium als Ausdruck der Flexibilität von Lehrpersonen, um Maßnahmen zur Schüleraktivierung in heterogenen Lerngruppen zu variieren. Aber sie bedarf einer systematischen Strukturierung, um fruchtbare Planungsarbeit und erfolgversprechende Differenzierungen in Unterrichtseinheiten gestalten zu können.

„Wir unterscheiden Methoden und Unterrichtsmethoden. Der Begriff *Methode* bezieht sich auf wissenschaftliche Verfahren der Erkenntnisgewinnung (durch Experimente, heuristische Verfahren der Textauslegung, durch Ideologiekritik, durch empirische Forschung) ... Dagegen thematisieren *Unterrichtsmethoden* Schritte der Vermittlung von Wissen und Können durch eine Lehrperson im Unterricht oder die (selbstständige) Aneignung von Wissen oder der Aufbau von Kompetenzen durch die Lernenden“ (Kiper & Mischke 2006, S. 92 f.). Unterrichtsmethoden sind also Verfahren zur Gestaltung der Erkenntnisgewinnung bei den Schülerinnen und Schülern. Sie dienen den Lehrpersonenn als Mittel zur Gestaltung der Erkenntnisvermittlung.

V

Vertiefung 5

Zwischen Methode und Unterrichtsmethode besteht kein Deduktionsverhältnis, die Unterrichtsmethode kann nicht aus der methodischen Struktur der Thematik hergeleitet werden. Unterrichtsmethoden sind als Formen zu sehen, „in denen einerseits unterrichtliche *Lehr*prozesse, andererseits *Lern*prozesse wechselseitig aufeinander bezogen werden“ (Klafki 1977, S. 61 f.).

Im Chemieunterricht sind naturwissenschaftliche Verfahren und experimentelle Wege der Erkenntnisgewinnung zu den **Methoden** zu rechnen (vgl. Kap. 4 & Kap. 10). Dagegen umfassen **Unterrichtsmethoden** eine Abfolge von Lernarrangements (Beyer 2008, S. 335) in verschiedenen Sozialformen (vgl. Kap. 12.2), um in Lern- und Arbeitsschritten experimentelle Erfahrungen und/oder Wissen zu erwerben, Probleme zu lösen, Entdeckungen zu machen, also Kompetenzen zu erwerben (vgl. Kap. 12.1.3). Die naturwissenschaftlichen Verfahren der Erkenntnisgewinnung bestimmen eine Phasenfolge im Chemieunterricht (vgl. Kap. 12.4.1 Artikulation), wie sie z. B. im forschend-entwickelnden Verfahren herausgearbeitet ist (vgl. Kap. 10). Diese und ähnliche Verfahren stehen in einem wichtigen Zusammenhang mit dem Erwerb von Kompetenzen.

Mit diesen Überlegungen kann das Unterrichtsthema zum Inhalt der Neutralisation in einem nächsten Entwicklungsschritt unter Einbezug methodischer Aspekte lauten: Was geschieht, wenn man saure und alkalische Lösungen miteinander mischt? Wird die Lösung noch ätzender? – Schülerinnen/Schüler entdecken Neutralisationsvorgänge beim Mischen von Salzsäure und Natronlauge nach dem forschend-entwickelnden Verfahren im Schülerversuch.

Im Praxisheft 8/63 *Gelungene Unterrichtsstunden* zeigt der Unterrichtsverlaufsplan (vgl. Kap. 12.4.3) für das Thema „Ouzo – verdünnt oder eiskalt serviert“ (Hamberg & Bley 2014, S. 14) die Zuordnung von Unterrichtsmethoden (z. B. freies Unterrichtsgespräch, gelenktes Unterrichtsgespräch, Partnerarbeit) bzw. Methoden-Werkzeugen (z. B. Lehrerdemonstrationsexperiment, Lehrervortrag, Arbeitsblatt) zu den verschiedenen Phasen nach dem problemorientierten Verfahren (Methode).

V

Vertiefung 6

Beyer (2008, S. 336 f.) schlüsselt die Komplexität des formalen Arrangements bei den **Unterrichtsmethoden** in unterschiedliche Gestaltungsformen von Unterricht auf: z. B. nach Sozial-, Interaktions-, Organisations-, Verlaufsformen. Dies gilt es zu berücksichtigen und zu integrieren, wenn „eine Unterrichtssituation entstehen soll, die den Schülern geeignete Lernmöglichkeiten" bieten kann.

B Ordnung in der Vielfalt an Unterrichtsmethoden

In der Pädagogik gibt es eine Fülle an Literatur über Unterrichtsmethoden, die meist auch eine Strukturierung aufweist – aber keinesfalls eine einheitliche. Ein Standardwerk stammt von Hilbert Meyer *Unterrichtsmethoden I Theorieband, II Praxisband* (1987). Die große Fülle an unterrichtsmethodischen Fachbegriffen ordnet er fünf Oberbegriffen zu: Handlungssituationen (z. B. einen Impuls geben), Handlungsmuster (z. B. gelenktes Gespräch, Experiment), Unterrichtsschritte (z. B. Erarbeitungsphase), Sozialform (z. B. Frontalunterricht), methodische Großformen (z. B. Lehrgang, Unterrichtseinheit) (Meyer 1987 Bd. 1, S. 115). Man findet bei ihm ausführliche Kapitel über Unterrichtseinstiege, Ergebnissicherung, Frontal-, Gruppenunterricht sowie Gesprächsformen, die viele Anregungen für die Praxis enthalten. Methodenvielfalt liegt vor, „wenn der Reichtum an Inszenierungstechniken (ca. 1000, z. B. auch viele Methoden-Werkzeuge (vgl. Kap. 12.3)), Handlungs- (ca. 250) und Verlaufsmuster (vgl. Kap. 12.4.1 Artikulationsschemata) des Unterrichts genutzt, verschiedene Sozialformen (vier Stück, vgl. Kap. 12.2) integriert und alle drei Grundformen (individualisierender, lehrgangsförmiger, kooperativer Unterricht) praktiziert werden" (Meyer & Schrader 2005, S. 17). Ein zentraler Begriff, der sich durch diese Ordnungskategorien zieht, ist das **methodische Handeln** von Lehrpersonen und Schülerinnen und Schülern, die aktiv den Unterricht jeweils mitgestalten. Dabei stellt Methodenvielfalt keinen Wert an sich dar. „Vielmehr muss in jedem Fall nach einer stimmigen Kombination von Ziel-, Inhalts- und Methodenentscheidungen gesucht werden" (Meyer & Schrader 2005, S. 18).

Wichtige Organisationselemente im Bereich der Unterrichtsmethoden stellen die wählbaren Sozialformen dar: Plenum, Gruppe, Tandem, Einzelperson (vgl. Kap. 12.2). Großen Einfluss auf die Bearbeitungsmöglichkeiten von Thema / Inhalt hat die Material- und Medienwahl und hier insbesondere der reichbestückte Pool an Methoden-Werkzeugen (vgl. Kap. 12.3). Um methodisches Handeln von Lehrpersonen und Schülerinnen und Schülern vielfältig, abwechslungsreich und möglichst wirkungsvoll zu gestalten, wird in Kapitel 12.4.2 zusammengestellt, welche **Steuermöglichkeiten** in welchen Situationen dazu besonders geeignet sind. Diese werden nach personenorientierten Aktivitäten eingeteilt:

a) lehrerzentrierter Unterricht mit Steuerung über Lehrer-Schüler-Gespräche
b) kooperative Unterrichtsmethoden mit Schülerarbeitsmaterial für Gruppenarbeit
c) schülerzentrierter Unterricht mit Einzelarbeit und Bereitstellung von Lernhilfen, um individuell ausgeprägte Lernerfolge sicherstellen zu können

Alle Praktiker sind sich weitgehend einig, dass es nicht allein die großen Strukturen (etwa Frontalunterricht versus Gruppenarbeit) sind, die über Lernerfolge, ob kurzfristig oder nachhaltig, entscheiden, oder wie erfolgreich die Schülerin bzw. der Schüler lernt. Ausschlaggebend im konkreten Unterrichtsprozess können Anschlussstellen in der Unterrichtsreihe oder einzelne situative Inszenierungstechniken sein, die den Verlauf des Unterrichtsprozesses oder die Wirksamkeit der Lernprozesse ins Stocken bringen. Diese möglicherweise nachhaltigen Stolperstellen sind schon in einer sorgfältigen Planung zu berücksichtigen.

A

Anregung

Schnellen, fachkundigen Zugriff zu einer Vielzahl an „Unterrichtmethoden im konstruktiven und systemischen Methodenpool" bietet die Internetplattform von K. Reich (2012): *Methodenpool.* Hier findet man klassische Methoden (z. B. fragend-entwickelndes Verfahren), handlungsorientierte Methoden bzw. „große Methoden" (z. B. Freiarbeit, Gruppen-, Experten- (oder Wettkampf-)Rallye, problemlösendes Vorgehen, Stationenlernen) und eher Techniken/„kleine Methoden" (z. B. Ein-/Ausstiege, Mindmapping, Organizer, Wandzeitung). Diese Unterrichtsmethoden werden gegliedert nach: Kurzbeschreibung, Quellen, Begründungen, Darstellung, Beispiele, Reflexion, Praxiserfahrung.
Konkrete Unterrichtsbeispiele für das Fach Chemie haben Kranz & Schorn (2012) mit einer Fülle an Methoden und Unterrichtsmethoden in ihrem Buch *CHEMIE-Methodik* dargestellt. Dabei werden diese nach Kompetenzbereichen gegliedert und mit Kompetenzentwicklung verzahnt. Unter Methoden zur Kommunikation (eigentlich Unterrichtsmethoden, A.d.R.) findet man z. B. Stationenlernen, Gruppenarbeit, Gruppenpuzzle, Texte verstehen und gestalten; bei den Methoden zur Erkenntnisgewinnung werden verschiedene Verfahren im Experimentalunterricht erläutert: z. B. induktives, deduktives Vorgehen, genetische Methode.

Als pädagogische Hilfestellung für die Wahl von Unterrichtsmethoden oder Inszenierungstechniken soll noch ein Ausblick auf die Wirksamkeit des Lernens der Schülerinnen und Schüler gerichtet werden, und zwar in Form einer Lernpyramide (Abb. 7).

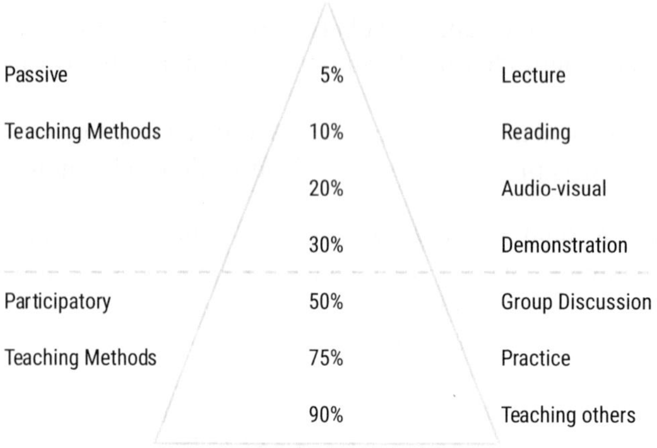

Abb. 7: Learning Pyramid nach Green (2005, S. 29)

12.1.6 Planung von Medien und Materialien

Beim Medieneinsatz im Unterricht sind nicht nur moderne (technisch-aktuelle) Medien gemeint, sie bilden einen Ausschnitt (vgl. Kap. 15). Bei Planungen für konkrete Unterrichtseinheiten soll der Rahmen weitergespannt werden und jede Form von (Lern-, Unterrichts-)Materialien und damit auch Methoden-Werkzeugen (vgl. Kap. 12.3) einschließen, insgesamt also **Medien, Methoden-Werkzeuge und Arbeitsmaterialien** umfassen. Sie dienen im Unterricht zur „Erarbeitung und Auswertung der in ihnen gespeicherten Informationen" (Beyer 2008, S. 341) durch Aufnahme über verschiedene Wahrnehmungskanäle. Zusammen mit dem Medium „mündliche Beiträge" bilden sie das wichtige und breitgefächerte Instrumentarium der Lehrperson zur Entwicklung von Inhalten und Schüleraufträgen. Bei der Kommunikation sind Medien und Materialien wichtige Mittel zur Unterstützung von Unterrichtsgesprächen, weil sie neben zusätzlicher Vermittlung insbesondere zu einer hilfreichen Veranschaulichung beitragen können (z. B. Modelle im Chemieunterricht, statische und bewegte Bilder). Bei **Modellen** und noch mehr bei **Symbolen** tritt ein nicht unerheblicher Abstraktionsgrad auf, der schon in der Unterrichtsvorbereitung zusammen mit Hilfestellungen auf Lernvoraussetzungen und Abstraktionsvermögen der Schülerinnen und Schüler abzustimmen ist (Barke & Harsch 2001, S. 92, vgl. auch Kap. 14).

„Angesichts der großen Bedeutung der Medien für den Lernerfolg der Schülerinnen und Schüler und damit für den Erfolg des Unterrichts ist eine systematische Planung ... erforderlich. Die Systematik besteht darin, dass *alle* **Teilprozesse des Lernens** daraufhin geprüft werden, wie sie medial ... unterstützt werden können“ (Beyer 2008, S. 341). „Analoges gilt für die auf die Lernprozesse der Schüler ausgerichteten Unterrichtsprozesse“ (Beyer 2008, S. 341), wie z. B. der Einstieg in eine Unterrichtsstunde bzw. Unterrichtseinheit, als Organizer, Input / Präsentation von Inhalten, als Versuchsaufbau, Gewinnung einer Problemstellung und Bearbeitung, Sammeln und Ordnen von Schülerbeiträgen, Veranschaulichen und Strukturieren von Inhalten bzw. Lernergebnissen, Üben, Anwenden, zur Kontrolle von Lernergebnissen. Plant man Medien und Materialien gezielt auf Interessen und heterogene Leistungsfähigkeiten der Schülerinnen und Schüler, so ergeben sich vielfältige Möglichkeiten zur Differenzierung und Individualisierung des Unterrichts (vgl. Kap. 12.4.2 & 12.5). Neben Unterrichtsmethoden sind also Medien und Materialien wichtige Säulen zur konkreten Gestaltung eines gelingenden Unterrichts. Leisen spricht von materialer Unterrichtsgestaltung: Lerner bearbeiten an „passender Stelle Lernmaterialien, indem sie Aufgabenstellungen bearbeiten, Informationen auswerten, sich mit den fachlichen Inhalten auseinandersetzen und dabei Kompetenzen entwickeln“ (Leisen 2014a, S. 111; Übersicht konkret zu gestaltender Medien und Materialien Abb.8).

12

Abb. 8: Beispiele von Medien und Materialien zur Planung von Unterricht

Unter den Medien gehört das **Experiment** als einziges zur Untergruppe der Primärerfahrungen (vgl. Kap. 15) und wird ausführlich in den Kapiteln 4 und 13 behandelt. Es gibt einfache Versuche von der Stoffuntersuchung bis zur Analyse von Stoffgemischen, ferner Synthese-Reaktionen neuer Stoffe und deren Untersuchung; mit Experimenten können im forschend-entwickelnden Verfahren Kompetenzen im Bereich Erkenntnisgewinnung gefördert werden (vgl. Kap. 4 und 13). Je nach konkreter Auswahl und didaktischer Funktion

(Hermanns & Wambach 1984; vgl. Kap. 13.4), ist ein Experiment also in unterschiedliche Lern- bzw. Unterrichtsphasen einzuplanen: Vom Einstieg als Experiment zur Diagnose von Schüler-Kompetenzen oder zur Gewinnung einer Problemstellung über „Problem-Bearbeitung mit Beobachtungen und damit Anlässen zur Auswertung und ggf. zur Kontrolle des Ergebnisses.

Bei der Auswertung kommt i. Allg. der Schritt in die Teilchenwelt (vgl. Kap. 14) und damit über die Schülervorstellungen hinaus auch zu konkreten **Modellen** als Hilfen bei der Veranschaulichung abstrakter Symbole und Formeln und zur Unterstützung der Denk- und Kombinationssituationen (vgl. Kap. 8). „Diese für den Zugang zum submikroskopischen Bereich erforderliche besondere Form der Modellbildung und die deutliche Unterscheidung dieser beiden Betrachtungsebenen (sowie die wechselseitige Zuordnung von Objekten aus diesen Ebenen) ist ein Spezifikum des Chemieunterrichts“ (BLK-Expertise 1997, S. 45). Im forschend-entwickelnden Verfahren (vgl. Kap. 10.2) wird deutlich hervorgehoben, wie bei der Abstraktion der Versuchsergebnisse in drei Stufen vorzugehen ist: einer bildhaften, einer verbalen und erst dann in symbolhafter Form; alle drei Stufen sind auf Unterstützung durch Medien angewiesen. Auch das fachdidaktische Tetraeder (Abb. 2, Kap. 9.1.4) betont, dass die phänomenologische (makroskopische) Ebene, die Teilchensysteme (submikroskopische Ebene) und die formale Ebene mit ihren Symbolen bei der Auswertung von Versuchsergebnissen jeweils ausführlich zu behandeln sind.

Zu jedem Experiment sind in der Regel **Arbeitsblätter** erforderlich. Sie sollten nicht extensiv eingesetzt und im Typ variiert werden (vgl. Kap. 15). Die Fachsprache (vgl. Kap. 9) ist ein wichtiges Gestaltungsmittel; auch unter dem Aspekt der Sprachförderung (vgl. Kap. 18.3). Die Erfahrung zeigt Lernvorteile, wenn Informationen unterschiedlich gestaltet und vermittelt werden, z. B. mit Text, Grafik, Bildern, in übersichtlichem Design, und sie zusätzlich noch auf verschiedenen Kanälen präsentiert werden. Auch ein mögliches **Tafelbild** soll in diesen Zusammenhang vorgeplant werden: Welche Inhalte und Unterrichtsergebnisse werden mit Arbeitsmaterialien transportiert, welche erscheinen auf der Tafel bzw. werden dort entwickelt und gesammelt? Eine wesentliche Rolle kann das eingeführte **Lehrbuch** (vgl. Kap. 15) übernehmen, sei es beim Einstieg, zur Information, zur Erarbeitung, zur Steuerung, zur Ergebnissicherung und Übung. Schüler-Chemiebücher sind mittlerweile mehr oder weniger streng nach Landesrichtlinien aufgebaut und mit den dort verpflichtenden Kompetenzen abgestimmt. Teilweise überblicken sie die gesamte oder einzelne Stufen der Schullaufbahn und haben stimmig definierte und vernetzte Fachbegriffe eingeführt. Hier findet man zu den Unterrichtsinhalten auch passende Experimente, Bilder, Graphiken, Tabellen und vielfältige Aufgaben.

Das bisher verfolgte Unterrichtsthema zum Fachinhalt „Neutralisation“ kann jetzt umfassend formuliert werden: Was geschieht, wenn man saure und alkalische Lösungen miteinander mischt? Wird die Lösung noch ätzender? – Schülerinnen/Schüler entdecken Neutralisationsvorgänge beim Mischen von Salzsäure und Natronlauge nach dem forschend-entwickelnden Verfahren in Gruppenarbeit mit Schülerversuch und Auswertungsbogen.

Mit diesem Thema können folgende **Kompetenzen** aus den KMK-Bildungsstandards (2004a) eingeübt und erweitert werden: F1.1, F2.1, F2.3, F3.1, E1, E2, E3, E4, E5, E7, K4, K6, K7, K8. Schwerpunkte sind hierbei: Die Schülerinnen und Schüler ...

F 2.1 beschreiben und begründen Ordnungsprinzipien für Stoffe, z. B. mit ihren typischen Eigenschaften oder mit charakteristischen Merkmalen der Zusammensetzung und Struktur von Teilchen,

F 2.3 schließen aus den Eigenschaften der Stoffe auf ihre Verwendungsmöglichkeiten und auf damit verbundene Vor- und Nachteile,

F 3.3 kennzeichnen in ausgewählten Donator-Akzeptor-Reaktionen die Übertragung von Teilchen und bestimmen die Reaktionsart,

E 2 planen geeignete Untersuchungen zur Überprüfung von Vermutungen und Hypothesen,

E 7 nutzen geeignete Modelle, um chemische Fragestellungen zu bearbeiten,

K 8 argumentieren fachlich korrekt und folgerichtig.

12.1.7 Concept-Map einer kompetenzorientierten Lernsituation

Zusammenfassend lassen sich die Kategorien von Unterricht in einer Concept-Map zum Entwerfen einer **kompetenzorientierten Lernsituation** darstellen. „Soll kompetenzorientierter Unterricht ... in den Blick genommen werden, braucht es ein Verfahren, mit dem wesentliche Elemente des Unterrichts nicht nur nacheinander oder nebeneinander bearbeitet, sondern aufeinander verweisend entworfen werden können“ (Tschekan 2014, S. 49). Mithilfe des erweiterten und auf den Chemieunterricht übertragenen Schemas nach Tschekan (Abb. 9, s.a. Online-Ergänzung) kann eine kompetenzorientierte Lernsituation entwickelt werden. Wer als Chemie-Lehrperson schon in der Lerngruppe unterrichtet, gewinnt aus der bisherigen Unterrichtssituation in der Regel erste fachliche oder fachdidaktische Gedanken, zumindest jedoch einen zentralen Fachinhalt oder Fachbegriff, an dem der Unterricht fortgesetzt werden soll – hier z. B. Neutralisation von sauren und alkalischen Lösungen. Zur weiteren Entwicklung der Concept-Map können dann die Fragen an den Pfeilen weiterhelfen.

Dabei ist der Startpunkt relativ frei wählbar, alle Felder bedingen sich. „Wird beispielsweise von den zu erreichenden Kompetenzen ausgegangen, dann stellt sich die Frage: Woran werden diese sichtbar?“ (Tschekan 2014, S. 51). Hier gilt es nun einerseits eine bedeutungsvolle Anwendungsaufgabe zu konstruieren, in der die Schülerinnen und Schüler ein Problem bewältigen sollen, indem sie ihre erworbenen Kompetenzen anwenden und Kompetenzerleben erfahren. Andererseits kann man von dieser Kompetenz ausgehend unter Berücksichtigung der Ausgangslage Kernziele für die konkrete Unterrichtsstunde entwickeln und mit abgestimmten Experimenten und Inhalten den Lernprozess/Erkenntnisweg entfalten.

Dieses Schema unterstützt Anfänger, ihre Intentionen zu differenzieren. Die Kernziele einer Stunde sind zwar kompetenzorientiert, konkretisieren sich aber auf der inhaltlichen Ebene und sind Grundlage für die endgültige Festlegung eines Themas. Ansatzpunkte für die Entwicklung der Lernsituation sind vielfältig und können neben dem angestrebten Kompetenzerwerb oder einer attraktiven Problemstellung u. a. auch ein geeignetes Experiment oder ein sachlogisches Vorgehen mit passendem Inhaltsbezug sein (Leisen 2014a, S. 116).

Für die zu planende Unterrichtseinheit zur *Entdeckung von Neutralisationsreaktionen* könnte eine Concept-Map nach Abbildung 9 folgende Aspekte beinhalten (Tab. 1)

Fachinhalt	Neutralisation von sauren und alkalischen Lösungen
Kompetenzen	Schülerinnen und Schüler • „führen hypothesengeleitete Experimente zur Wirkung von Säuren und Laugen durch, • erklären die Neutralisation auf der Modellebene sowie in der Formelsprache, • nutzen ihr Wissen über Säuren und Laugen im Alltag.“ Lehrplan Chemie von Rheinland-Pfalz (Ministerium für Bildung, Wissenschaft, Weiterbildung und Kultur 2014, S. 78)
Anwendung/ bedeutungsvolle Aufgabe	Bei Sodbrennen produziert der Magen zu große Mengen an Magensäure (Salzsäure). Antazida verringern die überschüssige Menge. Überlege, wie Antazida funktionieren könnten, welche Eigenschaften sie besitzen müssten und welche Produkte bei der Reaktion mit Magensäure entstehen könnten. Überprüfe deine Vorschläge experimentell mit einem Antazida-Produkt.

Fachinhalt	Neutralisation von sauren und alkalischen Lösungen
Kernziele	Die SuS können • Hypothesen zur Beobachtung beim Mischen von sauren und alkalischen Lösungen entwickeln • Experimente zur Überprüfung der Hypothesen entwickeln und durchführen • aus den Beobachtungen folgern, dass eine Reaktion stattgefunden hat, bei der ein Salz entstanden ist • auf Teilchenebene folgern, dass Wasserstoff-Ionen mit Hydroxid-Ionen reagiert haben
Ausgangslage	Saure Lösungen färben Indikator Bromthymolblau, wirken ätzend, reagieren mit Magnesium; alkalische Lösungen färben Indikator Bromthymolblau, wirken ätzend, reinigen; saure Lösungen enthalten Wasserstoff-Ionen, alkalische Lösungen enthalten Hydroxid-Ionen.
Experimente	Mischung von Salzsäure und Natronlauge, Indikator Bromthymolblau, Mischungsversuche mit gleichen Stoffmengen Chorwasserstoff-Lösung und Natriumhydroxid-Lösung (Zugabe Magnesium; Verdampfen der Lösung)
Kontext	Säuren und Laugen in Reinigungsmitteln
Inhalte (Bildungswert)	Entdecken der Neutralisationsvorgänge Gegenwartsbedeutung: Säuren, Laugen im Haushalt, Essigsäure (Salat), Sodbrennen ... vermutete Zukunftsbedeutung: Umweltprobleme, saurer Regen (Waldsterben), Übersäuerung der Meere (CO_2-Eintrag), Kalkgaben für Böden, Seen, pH-Skala, pH-Werte ... exemplarische Bedeutung: Neutralisation als Vorstufe für Donator-Akzeptor-Reaktionen, Titrationen (Analytik), Salzsäure/Natronlauge exemplarisch für komplexere Beispiele
Thema	Was geschieht, wenn man saure und alkalische Lösungen miteinander mischt? Wird die Lösung noch ätzender? – Schülerinnen/Schüler entdecken Neutralisationsvorgänge beim Mischen von Salzsäure und Natronlauge nach dem forschend-entwickelnden Verfahren in Gruppenarbeit mit Schülerversuch und Auswertungsbogen.
Lernprozess/ Erkenntnisweg	• Problemhaltige Frage/Methode: Was geschieht, wenn man saure und alkalische Lösungen miteinander mischt? Wird die Lösung noch ätzender? forschend-entwickelndes Verfahren • Unterrichtsmethode(n)/Sozialform: Demonstrationsexperiment, Unterrichtsgespräch im Plenum, Gruppenarbeit mit Schülerversuch und Auswertungsbogen • Medien und Materialien/Methoden-Werkzeuge: Schülerversuch: Mischungsversuche von Salzsäure/Natronlauge (Arbeitsblatt), Auswertungsbogen mit Leitfragen, Bilderfolge: Bechergläser mit Modell-Skizzen • Möglichkeiten zur Individualisierung/Differenzierung: Murmelphasen, zwei Experimente (ggf. je ein Experiment) in Gruppenarbeit, Auswertung in Gruppenarbeit, mit Auswertungsbogen, Modell-Skizzen, Schülervortrag

Tab. 1: Aspekte einer kompetenzorientierten Lernsituation am Beispiel der Entdeckung von Neutralisationsreaktionen

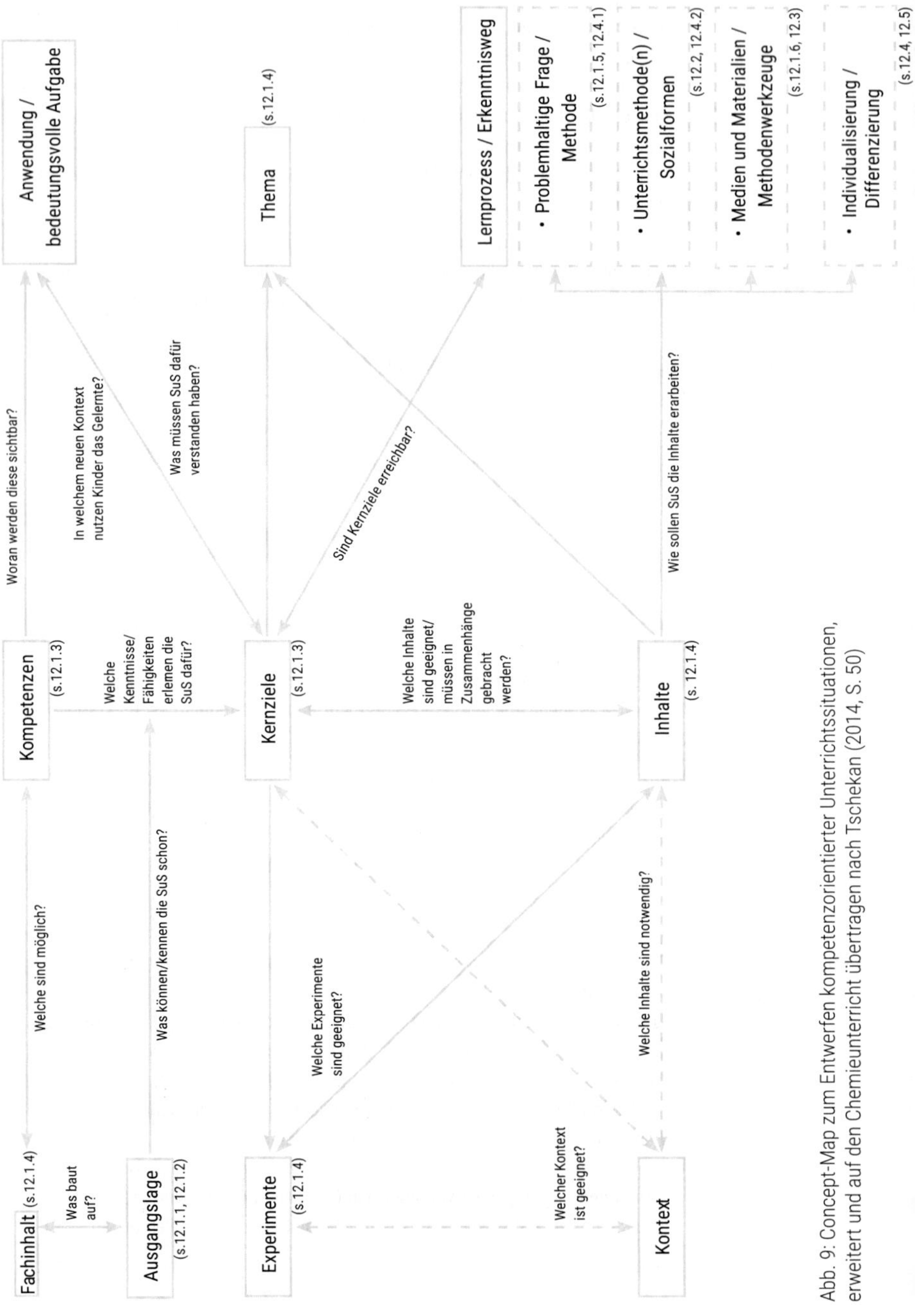

Abb. 9: Concept-Map zum Entwerfen kompetenzorientierter Unterrichtssituationen, erweitert und auf den Chemieunterricht übertragen nach Tschekan (2014, S. 50)

12.2 Sozialformen

Inhaltliche Schwerpunkte

- Man unterscheidet vier Sozialformen: Einzel-, Partner-, Gruppenarbeit und Frontalunterricht.
- Die Einzelarbeit berücksichtigt Individualisierung und Differenzierung des Unterrichts, die Leistungsfähigkeit, das Interesse und das Arbeitstempo einer Schülerin oder eines Schülers.
- Die Partnerarbeit bindet Schülerinnen und Schüler aktiv in den Unterrichtsprozess ein und fördert die Selbstständigkeit und Kooperationsfähigkeit.
- Als Gruppenarbeit oder -unterricht wird die selbstständige Tätigkeit von Kleingruppen verstanden, die sich kooperativ um die Lösung von Aufgaben bemühen.
- Der Frontalunterricht spricht die Klasse bzw. die Gruppe als Ganzes an. Der Schwerpunkt der unterrichtlichen Aktivität liegt bei der Lehrkraft, man unterscheidet zwischen dem traditionellen und dem integrierten Frontalunterricht.

12.2.1 Begriffsdefinitionen: Sozialformen und kooperatives Lernen

Der Begriff Sozialformen wurde 1965 erstmals von Schulz verwendet. Nach seiner Definition variieren Sozialformen „das Verhältnis zwischen dem Lernen von etwas und dem Lernen mit anderen“ (Schulz 1965, S. 32). Schulz betont die Wechselwirkung zwischen Unterrichtsinhalten und den Lehrpersonen und Schülerinnen und Schülern. Allerdings ist diese Definition wenig hilfreich, da hiernach jede Handlungsweise im Unterricht als Sozialform bezeichnet werden kann. Nach Meyer beschreibt der Begriff Sozialform das Verhalten von Lehrpersonen und Schülerinnen und Schülern bei der Bearbeitung von Lerninhalten und damit die „Beziehungsstruktur des Unterrichts“ (Meyer 2013, S. 136). Meyer unterscheidet vier Sozialformen: die Einzelarbeit (auch: Still- oder Alleinarbeit), die Partnerarbeit (auch: Tandemarbeit), die Gruppenarbeit (auch: Gruppenunterricht) und den Frontal- oder Klassenunterricht (Meyer 2013). Teilweise findet man in der Literatur noch weitere Sozialformen. Diese zählen genau genommen zu den Aktionsformen (gegenstandsbezogene Aktivitäten wie z. B. darbietend-aufnehmend, zusammenwirkend, aufgebend-ausführend) oder sind eine spezielle Variante der vier hier aufgeführten Sozialformen (Unterscheidung nach dem Sozialverband wie z. B. Großklasse, Klasse oder Abteilung) (Göckel 1999).

12

Der Begriff des kooperativen Lernens ist mit dem Begriff Sozialform unweigerlich verknüpft, da zahlreiche Methoden der Partner- und Gruppenarbeit darauf basieren. „Kooperatives Lernen ist eine Interaktionsform, bei der die Beteiligten gemeinsam und in wechselseitigem Austausch Kenntnisse und Fertigkeiten erwerben. Im Idealfall sind alle Gruppenmitglieder gleichberechtigt am Lerngeschehen beteiligt und tragen gemeinsam Verantwortung" (Konrad & Traub 2010, S. 5).

Die im Unterricht eingesetzten Methoden basieren auf der Theorie der sozialen Interdependenz. Demnach hat der Einzelne die Möglichkeit, mit seinem Verhalten das Erreichen der Lernziele aller Beteiligten zu steuern (Johnson & Johnson 2006). Diese Theorie kommt vor allem im Bereich der Partner- und Gruppenarbeit zum Tragen, da in solchen Situationen die Schülerinnen und Schüler sich gegenseitig Lerninhalte näherbringen (vgl. Kap. 12.2.3 und 12.2.4).

Empirische Untersuchungen zeigen (Hage 1985; Ganser 2005; Huwendiek 2008), dass der Frontalunterricht über alle Fächer und Schulformen Spitzenreiter bei der Wahl der Sozialformen im Unterricht ist, auch wenn sein Anteil zurückgeht (1985: 77 %; 2004: 47 %). Erst auf den folgenden Rängen findet man die Einzelarbeit (1985: 10 %; 2004: 18 %), die Gruppenarbeit (1985: 7 %; 2004: 13 %) und die Partnerarbeit (1985: 3 %; 2004: 16 %). Dass der Frontalunterricht nach wie vor vielfach das Mittel der Wahl bleibt, lässt sich mit seinen je nach Unterrichtsschritt und -ziel durchaus lernförderlichen Auswirkungen erklären (vgl. Kap. 12.2.5 und 12.4.2A).

12.2.2 Einzelarbeit

Die Phase des Unterrichts, in der Schülerinnen und Schüler eine Aufgabenstellung allein bearbeiten, wird als Einzelarbeit bezeichnet. Diese Phase ist häufig dadurch gekennzeichnet, dass die Schülerinnen und Schüler in dieser Phase nicht sprechen, sodass alternativ auch der Begriff Stillarbeit verwendet wird. Eine Einzelarbeitsphase kann sich über wenige Minuten bis hin zu einer ganzen Unterrichtsstunde erstrecken. Die Einzelarbeit verfolgt das Ziel einer Individualisierung und Differenzierung des Unterrichts, da sie u. a. die Leistungsfähigkeit, das Interesse und das Arbeitstempo einer jeden Schülerin und eines jeden Schülers berücksichtigt.

Man unterscheidet zwei Formen der Einzelarbeit. Bei der *arbeitsgleichen* Einzelarbeit (auch themengleiche oder konkurrierende Einzelarbeit) bearbeiten die Schülerinnen und Schüler die gleiche Aufgabe bzw. das gleiche Thema. Die *arbeitsteilige* Einzelarbeit (auch themenverschiedene Einzelarbeit) ermöglicht die Bearbeitung thematisch unterschiedlicher Aufgaben, die jedoch inhaltlich nicht zu weit voneinander entfernt liegen sollten. Die Einzelarbeitsphase ist durch einen hohen Grad an Selbstständigkeit und -tätigkeit gekennzeichnet. Die unmittelbare Lenkung und Leitung durch die Lehrperson ist nicht gegeben. Sie wird lediglich durch die Lehrperson eingeleitet. Aus diesem Grund sollten die Arbeitsaufträge präzise formuliert sein. Vor Beginn der Einzelarbeitsphase müssen den Schülerinnen und Schülern Ziel, Methodik sowie zeitliche Dauer zur Bearbeitung der Aufgabe bekannt sein. Diese Rahmenbedingungen sollten durch eine Visualisierung (z. B. an der Tafel) zusätzlich verdeutlicht werden.

Die Einzelarbeit muss nicht zwingend in der Erarbeitungsphase erfolgen. Ist sie jedoch hier eingebunden, kann sie u. a. zur Bearbeitung von Texten, zur Auswertung von Versuchsbeobachtungen oder zum Zeichnen von Molekülformeln genutzt werden. Schülerinnen und Schüler, die sich beim praktischen Arbeiten sonst nicht beteiligen, können durch gezielte experimentelle Einzelarbeitsphasen aktiviert werden. Dabei kann auch eine Benotung der experimentellen Tätigkeit erfolgen. Leider überschreitet die Durchführung von Experimenten in Einzelarbeit allerdings manchmal die Anzahl an Arbeitsplätzen, sowie die zur Verfügung stehenden Geräte und Chemikalien in den Chemieräumen. Die Einzelarbeit kann auch unterrichtsvorbereitend genutzt werden, beispielsweise, wenn Inhalte recherchiert oder Beobachtungsaufgaben übertragen werden. Im Zuge der Hausaufgabe werden Einzelarbeitsphasen zur selbstständigen Wiederholung und Übung der Kenntnisse praktiziert. In diesem Rahmen kann den experimentellen Hausaufgaben ein größerer Stellenwert zukommen (Sgoff & Bader 1996; Efing et al. 2015). Bei schriftlichen Übungen und Klausuren ist der Einsatz der Einzelarbeit zur Überprüfung des individuellen Lernfortschritts unbedingt erforderlich.

12.2.3 Partnerarbeit

Die Partnerarbeit ist eine Sozialform, bei der zwei Schülerinnen und Schüler eine Aufgabenstellung innerhalb eines Lernprozesses selbstständig und kooperativ bewältigen. Diese Methode ist in ihrer Umsetzung sehr variantenreich. So kann sie in Form eines Partnerbriefings, Partnerpuzzles, Kugellagers, Partnerinterviews oder als Lerntempoduett umgesetzt werden. Das Ziel der Partnerarbeit ist es, die Schülerinnen und Schüler aktiv in den Unterrichtsprozess zu integrieren, sowie die Selbstständigkeit und Kooperationsfähigkeit zu fördern.

In der Phasenabfolge des kooperativen Lernens geht der Partnerarbeit zunächst eine Einzelarbeit voraus. Hier wird die Problemstellung zunächst eigenständig reflektiert. Die Phase der Partnerarbeit kann als *gleichberechtigte* Partnerarbeit organisiert sein. Das bedeutet, dass nur ein geringer Niveauunterschied zwischen den Schülerinnen und Schülern besteht (Schell 1972;

Coppes 1972). Wellenhofer gliedert die gleichberechtigte Partnerarbeit zusätzlich nach Art und Intensität (Wellenhofer 1999):

- *koaktive Partnerarbeit:* Interaktion und Kommunikation treten nur zeitweise und aufgrund eines spontanen Bedürfnisses auf.
- *arbeitsteilige Partnerarbeit:* Die Schülerinnen und Schüler teilen sich die Aufgabe. Jeder Partner arbeitet selbstständig an einem Aufgabenteil, bevor es zu einer gemeinsamen Lösung kommt.
- *interaktive Partnerarbeit:* Beide Partner arbeiten gleichzeitig und gemeinsam an der gestellten Aufgabe. Eine intensive Zusammenarbeit zeichnet diese Form der Partnerarbeit aus.

In der Partnerarbeitsphase können durch die Lehrkraft gezielt heterogene Paare gebildet werden, um eine Binnendifferenzierung, bei der leistungsstärkere Schülerinnen und Schüler leistungsschwächere Schülerinnen und Schüler unterstützen, zu forcieren. Auch kann hier eine individuelle Förderung in Form eines nach Schwierigkeit differenzierten Materials oder durch zusätzliche Hilfen stattfinden. Die Vorstellung der Ergebnisse im Plenum kann die Partnerarbeitsphase beenden.

Die Partnerarbeit kann beispielsweise im Unterricht innerhalb des vorgestellten Dreischritts „Denken – Austauschen – Vorstellen“ (Think – Pair – Share) und innerhalb der Erarbeitungsphase erfolgen. Idealerweise kann das Schülerexperiment in Partnerarbeit durchgeführt werden. Auch wenn die oft begrenzte Ausstattung im Chemieunterricht auch hier problematisch sein kann, wird die praktische Tätigkeit des einzelnen Schülers / der einzelnen Schülerin durch diese Sozialform gefördert.

Auch in der Einstiegsphase sind Partnerarbeiten denkbar, z. B. bei der Wiederholung von Inhalten oder beim Vergleich der Lösung von Hausaufgaben. Während einer sogenannten Austauschphase gibt man den Schülerinnen und Schülern zu Beginn des Unterrichts wenige Minuten Zeit (im Sinne des stofflichen Aufwärmens nach Meyer), die Inhalte der letzten Stunde zu rekonstruieren und dann im Plenum wiederzugeben. Insbesondere in Fächern wie Chemie, die häufig nur einmal wöchentlich im Rahmen einer Doppelstunde unterrichtet werden, kann die Partnerarbeit einen großen Anteil bei der Wiederholung der Unterrichtsinhalte leisten.

In der Sicherung können Partnerarbeitsphasen ihren Platz finden, indem z. B. Tandemkarten genutzt (Bathen 2011), Protokolle kooperativ erstellt (Eilks et al. 2005) oder Methodenwerkzeuge (Freimann & Schlieker 2001) eingesetzt werden. Die Partnerarbeit ist für die Schülerinnen und Schüler ein wichtiger Schritt auf dem Weg zur Teamfähigkeit. In Einzel- und Partnerarbeitsphasen erwerben die Schülerinnen und Schüler Kompetenzen, die sie für eine Gruppenarbeit benötigen.

12.2.4 Gruppenarbeit

In der Phase der Gruppenarbeit arbeiten die Schülerinnen und Schüler (Gruppengrößen zwischen drei und sechs Schülerinnen und Schüler, in der Praxis sind drei bis vier Schülerinnen und Schüler je Gruppe optimal) eigenverantwortlich und kooperativ an einer Aufgabenstellung. Die Gruppenarbeit fördert neben dem Erwerb von Sachkompetenzen auch den Aufbau und die Festigung sozialer Kompetenzen. Sie regt darüber hinaus kognitive und metakognitive Prozesse an, sodass Sachverhalte mit eigenen Worten beschrieben und erklärt werden, um sie in die eigene Wissensstruktur zu integrieren. Zu den metakognitiven Prozessen gehört u. a. die kritische Wahrnehmung und Kontrolle eigener Argumentationen sowie der Erwerb von Lern- und Problemlösefähigkeiten.

Die Gruppenarbeit wird in der Regel von der Lehrperson geplant, lässt den Schülerinnen und Schülern aber eigene Gestaltungsspielräume. Ähnlich wie bei der Partnerarbeit kann je nach Ziel aus verschiedenen Formen der Gruppenarbeit ausgewählt werden. Hierzu zählen u. a. das Placemat, das Schreibgespräch, das Gruppenpuzzle oder das Gruppenmixverfahren (zur Vertiefung siehe auch: Brüning & Saum 2009; Brenner & Brenner 2005). Damit eine Gruppenarbeitsphase für Lernende lernwirksam ist, müssen nach Wellenreuther drei Bedingungen erfüllt sein (Wellenreuther 2004):

- *Erfahrung mit Gruppenarbeit:* Die Schülerinnen und Schüler müssen die Regeln bei diesen Arbeitsphasen kennen. Sie lernen, unterschiedliche Varianten der Gruppenbildung zu akzeptieren und mit unterschiedlichen Arten des gegenseitigen Helfens und Erklärens vertraut zu sein. Verfahren zur Gruppenbildung sind z. B. Zufallsverfahren, Setzverfahren, leistungsdifferenzierte Gruppenbildung, leistungshomogene Gruppenbildung oder Laisser-faire.
- *Angemessenheit des Schwierigkeitsgrades:* Für die Schülerinnen und Schüler muss ein Zeitrahmen für die Arbeitsphase vorgegeben werden und die Lehrperson muss sicherstellen, dass alle Gruppenmitglieder die Aufgabe verstanden haben. Der Leistungsstand der einzelnen Gruppenmitglieder sollte berücksichtigt werden, um die Motivation aller Gruppenmitglieder zu erreichen.
- *Ergebnisse zusammenführen:* Für die Vorstellung und Diskussion des Produktes der Gruppenarbeit muss ausreichend Unterrichtszeit zur Verfügung stehen. Auch müssen die Ergebnisse, insbesondere bei arbeitsteiliger Gruppenarbeit, in angemessener Form gesichert werden. Empirische Untersuchungen von Gruppenarbeitsprozessen belegen bei der Sicherung oft erheblichen Nachsteuerungsbedarf (Haag et al. 2000).

In der Gruppenarbeit werden bzgl. der Themen- bzw. Aufgabenstellung zwei Formen unterschieden, nämlich die *themengleiche (aufgabengleiche) Gruppenarbeit* und die *themenverschiedene (aufgabenverschiedene) Gruppenarbeit.* Die themengleiche Gruppenarbeit wird im Vergleich zur Einzel- oder Partnerarbeit im experimentellen Chemieunterricht stärker der Notwendigkeit zur Reduktion des Platz- und Materialbedarfs aufgrund oftmals begrenzter Ressourcen gerecht. Dort werden von allen Gruppen dieselben Lerninhalte bearbeitet.

Die themenverschiedene Gruppenarbeit gliedert einen komplexen Unterrichtsinhalt nach dem Prinzip der Arbeitsteilung und weist den einzelnen Gruppen verschiedene Teilaufgaben zu. Die Bedeutung der einzelnen Teilaufgaben wird dadurch im Vergleich zur themengleichen Gruppenarbeit stärker betont. Dabei ist allerdings zu beachten, dass bei dieser Form die einzelnen Unterthemen nicht zu weit auseinanderliegen. Insbesondere bei themenverschiedenen Experimenten ist sicherzustellen, dass jede Schülerin und jeder Schüler die entscheidenden Beobachtungen für den Erkenntnisgewinn machen kann!

Aus didaktischer Sicht sprechen viele Gründe für die Bildung von Gruppen. Sowohl beim Aufbau als auch bei der Durchführung und Auswertung der Experimente können sich die Mitglieder einer Gruppe gegenseitig unterstützen. Sie lernen in einem Team zu arbeiten, aufeinander Rücksicht zu nehmen und Erfolg oder Misserfolg gemeinsam zu erleben. Darüber hinaus kann bei der themengleichen Gruppenarbeit über das Gruppen-Konkurrenz-Denken eine zusätzliche Antriebskraft erzeugt werden. Es besteht jedoch die Gefahr, dass innerhalb der Gruppe eine einseitige Rollenverteilung stattfindet und sich manifestiert. Hierbei können einzelne Schülerinnen und Schüler die Rolle des Experimentators einnehmen, ohne andere Schülerinnen und Schüler zum Zuge kommen zu lassen. Andere sind hingegen möglicherweise Protokollant und führen theoretische Arbeiten aus, während wieder andere schlimmstenfalls die Rolle des Zuschauers einnehmen und eher passiv die Aktivitäten der anderen Gruppenmitglieder rezipieren. Solche eher passiven Schülerinnen und Schüler profitieren dann bei der Leistungsbewertung möglicherweise im Sinne von Trittbrettfahrern unverdient von den guten Leistungen der anderen Gruppenmitglieder. Es bietet sich an, bereits zu Beginn des Experimentalunterrichts mit den Schülerinnen und Schülern die verschiedenen Rollen innerhalb einer experimentellen Gruppenarbeit zu erörtern. Dabei kann die Einführung von Rollenkarten mit festgelegten Arbeitsaufträgen innerhalb der Gruppe die angesprochenen negativen Effekte mildern, insbesondere dann, wenn die Rollenverteilung stetig wechselt. Das setzt aber eine ernsthafte Wahrnehmung der Rollen voraus. Problematisch ist die Gruppenarbeit auch im Bereich der Leistungsbewertung. Einerseits setzt man durch die Wahl dieser

Sozialform auf Teamfähigkeit, während man andererseits die Leistungen der einzelnen Schülerinnen und Schüler individualisiert. Bohl schlägt u. a. vor, dass man die Note für eine Gruppenarbeit in jedem Fall auch individuell begründen können sollte. Andernfalls begibt man sich mit der Erteilung von Teamnoten auf ein juristisch schwieriges Feld (Bohl 2009).

12.2.5 Frontalunterricht bzw. Plenums- und Klassenunterricht

Der Begriff Frontalunterricht wird in der Fachliteratur synonym zum Klassen- oder Plenumsunterricht verwendet (Meyer 2013). Meyer definiert Frontalunterricht als einen „thematisch orientierten und sprachlich vermittelten Unterricht, in dem der Lernverband gemeinsam unterrichtet wird und in dem die Lehrperson – zumindest dem Anspruch nach – die Arbeits-, Interaktions- und Kommunikationsprozesse steuert und kontrolliert“ (Meyer 1987).

Die entscheidende Rolle bei der Interaktion im Unterricht spielt demnach die Lehrperson. Ihre Medien sind Sprache, Tafel bzw. Whiteboard, Schulbuch oder speziell im Chemieunterricht das (Lehrerdemonstrations-)Experiment. Dabei zählen unterschiedliche Gesprächsformen zum Frontalunterricht wie z. B. das fragend-entwickelnde Unterrichtsgespräch, der Lehrervortrag oder das Schülerreferat. Während in individualisierten, oft kooperativen Lernarrangements die Steuerung der Lernprozesse meistens über die Variablen wie Materialauswahl, didaktische Reduktion, Binnendifferenzierung oder Gruppeneinteilung für die Schülerinnen und Schüler eher unterschwellig wahrnehmbar geschieht, werden die Informationen beim Frontalunterricht von einer eindeutig identifizierbaren Informationsquelle (Lehrpersonen, Schülerinnen und Schüler, Medium, Experiment) an jeden Lernenden einer Klasse, gleichzeitig, auf demselben Anspruchsniveau, in derselben Geschwindigkeit und Zeit übermittelt (Köck 2000).

Die Stärken des Frontalunterrichts sind v. a. in der effektiven Organisation des Lehr- und Lernprozesses zu finden sowie in der strukturierenden Präsentation von Sinn-, Sach- und Problemzusammenhängen. Der Frontalunterricht bietet sich insbesondere für naturwissenschaftliche Fächer, die durch einen fachsystematischen Zugang geprägt sind, an, da hierdurch die Ordnung und Struktur eines Faches wie Chemie (z. B. durch das Thema Periodensystem der Elemente) sich günstig auf das Verstehen und Behalten des Stoffes auswirkt (Merzyn 2013). Jedoch kann die Kombination aus Frontal- und fachsystematischem Unterricht auch einige Risiken bergen:

- Schülervorstellungen werden nur im geringen Maße berücksichtigt
- altersspezifisches Erkenntnisvermögen wird nur unzureichend bedacht und führt zur Überforderung

- geringer Kontextbezug, der sich negativ auf das Interesse der Schülerinnen und Schüler auswirkt, da Wissen abgelöst von seinen Anwendungen gelernt wird und in (Alltags-)Situationen nicht verfügbar ist
- Differenzierung und soziales Lernen, welches zur Ausbildung von Selbstständigkeit, Kommunikations-, Urteils- und Handlungsfähigkeit beiträgt, finden kaum statt

Forschungsergebnisse zeigen, dass ein hochstrukturierter (wie z. B. fachsystematischer Unterricht) und lehrerzentrierter (z. B. Frontalunterricht) Unterricht von selbstbewussten, selbstsicheren und leistungsstarken Schülerinnen und Schülern als bevormundend und demotivierend empfunden wird, während leistungsängstlichere Schülerinnen und Schüler einen solchen Unterricht wiederum schätzen (Helmke 2004).

Ein Frontalunterricht, der durch eine hohe Dominanz der Lehrperson geprägt wird (u. a. durch Sprachanteile von bis zu 80 %) wird auch als traditioneller Frontalunterricht bezeichnet (Gudjons 2011). Hierbei treten, wie bereits ausgeführt, soziale, kommunikative und moralische Kompetenzen in den Hintergrund. Gudjons unterscheidet neben dem „traditionellen Frontalunterricht" ein neueres Konzept, das als „integrierender Frontalunterricht" bezeichnet wird. Es setzt auf ein Zusammenspiel von frontalunterrichtlichen Phasen und mit eigenständigen, selbstverantworteten und selbstgesteuerten Schülerarbeitsformen. Dieses Konzept trägt weiteren didaktischen Forderungen (z. B. von Meyer 2004) Rechnung, dass Gruppen- oder Projektarbeiten durch Frontalunterricht eingeleitet, begleitet und aufgefangen werden müssen.

12.2.6 Wirksamkeit

In den letzten Jahrzehnten ist die Frage nach der Wahl der richtigen Sozialform in den Vordergrund der Schulforschung gerückt. Das Repertoire an Sozialformen scheint bei Lehrpersonen heute um einiges größer geworden zu sein, zumindest lassen das empirische Studien vermuten (s. o.). Welche Sozialform ist nun am effektivsten? Terhart meint: „Die beste Lehrmethode, den effektiven Unterricht gibt es nicht! Wohl aber sind bestimmte Lehrmethoden für die Erreichung bestimmter Unterrichtsziele und Lernqualitäten vorteilhafter als andere" (Terhart 1989, S. 85).

Die Vorteile von kooperativen Lehrmethoden, wie sie beispielsweise in Partner- oder Gruppenarbeit angewendet werden können, werden auch in Studien immer wieder hervorgehoben. Die Schülerinnen und Schüler erhalten hierbei eine positivere Einstellung zum Unterrichtsfach, das Sozialklima verbessert sich, Kommunikations- und Kooperationsfähigkeiten werden entwickelt und Schülerinnen und Schüler erhalten einen höheren kognitiven Lernerfolg (u. a. Green & Green 2005; Eilks et al. 2005).

Für Aufsehen sorgte die von Hattie (2008) veröffentlichte Meta-Studie zur Frage: *Was ist guter Unterricht?* Seine Ergebnisse betonen die entscheidende Relevanz der individuellen Lehrerpersönlichkeit. Ein lehrergeleiteter Unterricht sei ein wichtiger Faktor für lernwirksamen Unterricht. Die Medien übersetzten die hier angesprochene Notwendigkeit einer Anleitung von Lernprozessen fälschlicherweise mit dem Begriff des Frontalunterrichts. Hattie meint mit dem Begriff „lehrergeleiteter Unterricht“ vielmehr das Konzept der direkten Instruktion nach Adams und Engelmann (1996). Es ist geprägt durch Klarheit aufseiten der Lehrperson im Hinblick auf die Ziele, Medien, Inhalte und Methoden. Diese Klarheit muss auch aufseiten der Schülerinnen und Schüler herrschen. Ein Teil dieser direkten Anleitung kann frontal erfolgen, es ist aber kein traditioneller Frontalunterricht im Sinne einer Dominanz der Lehrerzentrierung im Unterrichtsgeschehen gemeint.

Im Bereich der chemiedidaktischen Forschung existieren bislang wenige Untersuchungen zur Effektivität einzelner Sozialformen. Am besten ist die Gruppenarbeit in Kombination mit der Methode des Gruppenpuzzles untersucht. Zwei Studien sollen näher vorgestellt werden. Bei ihnen muss man bedenken, dass sich die Ergebnisse nicht pauschalisieren lassen, sondern immer auf das jeweilige Gruppenpuzzle beziehen.

Eilks hat Schülermeinungen zur Methode des Gruppenpuzzles erhoben (Eilks 2005). Hierzu setzte er ein Gruppenpuzzle zum Thema Atombau bei Schülerinnen und Schülern der 9. und 10. Klasse unterschiedlicher Schulformen ein. Im Anschluss an den Unterricht sollten sie ihre Meinung in Form eines offenen und eines geschlossenen Fragebogens mit vorgegebenen Items äußern. Die meisten Probanden fanden die Arbeit im Gruppenpuzzle besser als konventionellen Unterricht (60 bis 90 %). 40 bis 60 % fanden die Arbeit in Kleingruppen gut und ebenso viele schätzten das selbstständige Arbeiten als positiv ein. Eilks schließt daraus, dass Schülerinnen und Schüler Chemieunterricht positiver empfinden, wenn kooperative und schülerorientierte Methoden eingesetzt werden. Sie verbessern kognitive und soziale Kompetenzen.

Tepner et al. führten eine Studie mit insgesamt 413 Probanden nach einem randomisierten Matched-Pairs-Prinzip durch (Tepner et al. 2009). Hierbei wurde das Thema Seife (Tepner & Melle 2005) sowohl in Form eines Gruppenpuzzles als auch im traditionellen Frontalunterricht der 10. Klasse des Gymnasiums unterrichtet und sowohl der Wissenserwerb als auch Einstellungsänderungen untersucht. Die Studie zeigt, dass ein höherer Wissenszuwachs durch das Gruppenpuzzle erzielt wurde. In zwei von drei Teiluntersuchungen konnte gezeigt werden, dass eine positivere Einstellung zum Chemieunterricht er-

12

folgt ist, nachdem kooperative Methoden angewandt wurden. Zudem lässt sich das Problem der Leistungsbewertung bei Gruppenarbeiten bzw. -puzzles aufgrund der deutlich erkennbaren Einzelleistungen umgehen.

Die Überlegenheit einzelner Sozialformen gegenüber anderen ist bis heute empirisch nicht nachgewiesen (Meyer 2013). Erwähnenswert ist eine Studie von Bauer (2002), die sich mit den Aspekten Sozialformen und Lehrergesundheit auseinandersetzt. Er stellt in seiner Untersuchung fest: „Lehrkräfte sind umso leistungsfähiger, je mehr sie mit ihren Klassen diskutieren, je häufiger sie Gruppenarbeit einsetzen, [...], je häufiger bei ihnen Schüler im Unterricht selbstständig arbeiten können und je öfter die Schülerinnen und Schüler im Unterricht selbst Untersuchungen durchführen können" (Bauer 2002; S. 51). Wenn Lehrpersonen unter den häufig praktizierten Unterrichtsformen leiden, kann die Einschränkung des Frontalunterrichts zur Lehrerentlastung und -gesundheit beitragen (Gudjons 2011).

12.3 Methoden-Werkzeuge

Inhaltliche Schwerpunkte

- Methoden-Werkzeuge sind Gestaltungsmittel, mit denen man anregende, herausfordernde und die Bedürfnisse der Lernenden berücksichtigende, konstruktive Lernsituationen gestalten kann.
- Methoden-Werkzeuge nutzen Wechsel der Darstellungsform, das Zerlegen von Informationen und die Suche nach Lösungen in ihren vielfältigen Aufgabenformaten, um die Lernenden gezielt kognitiv zu aktivieren.
- Methoden-Werkzeuge bringen Lernende inhaltsgebunden in kommunikative und kooperative Situationen, in denen sie aktiv handeln müssen. Empirisch abgesichert führt dies zu einem signifikant höheren Lernzuwachs in der Unterrichtssprache und in der chemischen Fachsprache als bei Lerngruppen, die mit herkömmlichen Lernmaterialien gefördert werden.

12.3.1 Methoden / Methoden-Werkzeuge – Begriffsklärung

Methoden-Werkzeuge sind Gestaltungsmittel der Lehrperson („kleine Methoden"), die den alltäglichen Unterricht abwechslungsreich, anregend, herausfordernd und bedürfnisgerecht im Hinblick auf die jeweilige Lernsituation gestalten, mit dem Ziel das Lernen zu befördern (Hepp et al. 2003). Der Begriff „Methoden-Werkzeuge" wurde in den 1990er-Jahren von einer Gruppe von Lehrpersonen an deutschen Auslandsschulen um Josef Leisen geprägt. Auf Basis des didaktischen Dreiecks (Abb. 10) werden zwei methodische Pole unterschieden. Die sog. Know-how-Werkzeuge dienen eher der direkten Vermittlung von Lerninhalten im klassischen Sinn, z. B. als Lehrervortrag oder Unterweisung. Die sog. Methoden-Werkzeuge nutzen den indirekten Weg, indem sie Lernsituationen gestalten, in denen die Lernenden selbst aktiv werden können und müssen. Im Methoden-Handbuch (Leisen 2003) findet sich eine detaillierte Beschreibung der verschiedenen Methoden-Werkzeuge mit Anwendungsbeispielen aus verschiedensten Fächern (für Chemie in: Freiman & Schlieker 2001; Stäudel 2010; ALP 2004). In Abbildung 11 sind ausgewählte Methoden-Werkzeuge (für den Chemieunterricht) nach zunehmender Komplexität, sowie nach ihrer Verwendung im Kommunikationsprozess geordnet, in Vertiefung 7 nach ihrem Einsatz in didaktischen Standardsituationen geordnet.

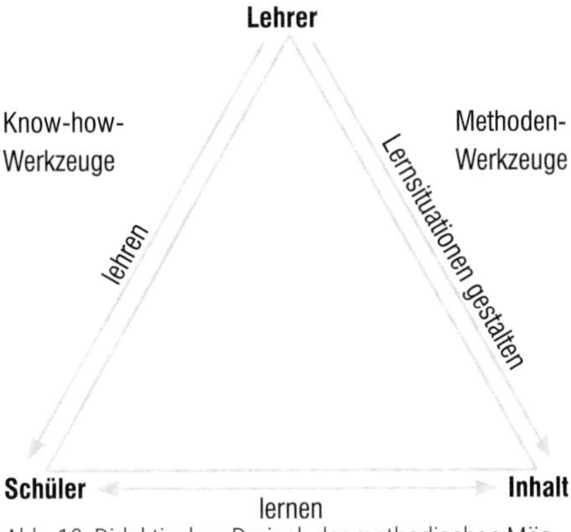

Abb. 10: Didaktisches Dreieck der methodischen Möglichkeiten im Unterricht (verändert nach Stäudel 2010)

Komplexität ↑

Informieren	Strukturieren	Kommunizieren	Kontrollieren
Lernplakat	Concept map/ Begriffsnetz	Thesentopf	Fehlersuche
Abgestufte Lernhilfen	Strukturdiagramm	Aushandeln	Begriffe raten
Schaufensterbummel	Flussdiagramm	Expertenkongress/ Expertenkarussell	Fragemuster
Archive	Kärtchentisch	Kugellager	Kartenabfrage
Schwarzes Brett	Matrix	Drehbuch schreiben	(Würfel-)Spiele
Dialog	Mindmap	Stille Post	(Bild-)Puzzle
Filmleiste	Ideennetz	Heißer Stuhl	Zwei aus Drei
Bildsequenz	Kartenabfrage	Merkzettel	Der große Preis
Bildergeschichte	Zuordnung	Satzbaukasten	Partnerkärtcher
Denk- und Sprechblasen	Memory	Satzmuster	Worträtsel
	Domino	Textpuzzle	Kettenquiz
		Wortfeld	
		Wortgeländer	
		Lückentext	

Abb. 11: Ausgewählte Methoden-Werkzeuge sortiert nach zunehmender Komplexität und Verwendung im Kommunikationsprozess

12

V

Vertiefung 7: Gezielter Einsatz von Methoden-Werkzeugen in Standardsituationen (nach Hepp et al. 2003)

Charakteristika der Standard-situation	Anforderungen an die Metho-den-Werkzeuge	Geeignete Methoden-Werkzeuge
Vorgänge und Experimente beschreiben Einhalten der zeitlichen und logischen Reihenfolge, Genauigkeit und Präzision bei angemessenem Umfang, Klarheit der Gedankenführung, Bezug zu Bildern und Vorgängen, korrekte Verwendung der Fachsprache, Nutzung fachsprachlicher Muster	führen zu regelgeleitetem Bearbeiten der Aufträge, schulen das konvergente Denken, haben hohen Formalisierungs- und Vorgabegrad, Materialvorgaben haben meist Arbeitsblattcharakter, Bilder oder Listen mit Fachbegriffen werden als Lernhilfen beigegeben	**Wortliste:** Liste wichtiger Wörter und Fachbegriffe als Sprachstütze **Wortgeländer:** Grundgerüst für die Textkonstruktion aus vorgegebenen Wörtern **Wortfeld:** Menge ungeordneter Fachbegriffe und Satzbruchstücke, aus denen z. B. eigene Sätze zu bilden sind **Textpuzzle:** ungeordnete Sätze, Satzteile oder Einzelwörter, die sinnvoll zusammengesetzt werden müssen **Bildsequenz:** Veranschaulichung von Abläufen, Anordnungen und Zusammenhängen **Filmleiste:** Veranschaulichung zeitlicher Abläufe in einer Bildsequenz mit optischer Filmstreifen-Einzelbildumrahmung **Satzbaukasten:** Satzelemente in Blöcken, die als Sprach- und Schreibhilfe dienen **Bildergeschichte:** Kombination aus Bild- und Textmaterial zu einem chemischen Vorgang
Auf Ideen kommen Brainstorming-Situation, Offenheit für Ideen, Kreativität ermöglichen, vielfältige Lösungswege ermöglichen, ungesteuerte Beteiligung aller Lernenden	müssen offen gehalten sein, zum Brainstorming und divergentem Denken einladen, Lehrer treten zurück, nur Impulsgeber, bieten bei Ideenmangel, abgestufte Impulsgeber an, stimulieren die Gruppe so, dass sie auf Ideen kommt, die dem Einzelnen nicht/nur selten einfallen	**Denk-/Sprechblasen:** Spontan Gedachtes wird sichtbar gemacht, indem zu vorgegebenem Material (Texte, Bilder, Formeln ...) Denk- oder Sprechblasen ergänzt werden. **Themen-ABC:** Zu jedem Buchstaben des ABC ist möglichst schnell ein Begriff aufzuschreiben, der einem zu einem neuen Thema einfällt. **Kartenabfrage:** Ideen, Anregungen, Vorschläge aus der ganzen Klasse werden jeweils auf einzelne Kärtchen geschrieben, gesammelt und dann gemeinsam strukturiert. **Ideennetz:** Ein Begriff wird als Kern vorgegeben, die zugehörigen Ideen und Einfälle dann astartig an den Kern notiert. **Abgestufte Lernhilfen:** Zu einer Aufgaben- oder Problemstellung werden unterschiedlich weit gehende Denkanstöße (Hilfen) und Lösungshinweise, die bis zur Musterlösung reichen, gegeben. Die Entscheidung, ob und wann die Hilfen genutzt werden, liegt bei den Lernenden.

Charakteristika der Standard-situation	Anforderungen an die Metho-den-Werkzeuge	Geeignete Methoden-Werkzeuge
Neues erarbeiten Informationsangebot erforderlich, Steuerung durch Materialien, zeitintensiv, angemessener Beschäftigungsgrad aller erforderlich, unterschiedliche Bearbeitungstempi, unterschiedliche Niveaus des Verstehens	bieten Information und Ansätze zur Bearbeitung an, ermöglichen dabei gleichzeitig Binnendifferenzierung (unterschiedliche Zugangsarten oder Schwierigkeitsgrade), ermöglichen verschiedene Sozialformen, bewirken intensive Beschäftigung mit den Inhalten, beziehen Schülervorstellungen mit ein	**Mind-Map:** Ausgehend von einem zentralen Begriff, wird eine verzweigte hierarchische Struktur von Begriffen, Stichworten, Bildern z. B. ausgehend von einem Lehrbuchtext hergestellt. Die Äste stellen Aspekte des Oberbegriffs im Zentrum dar. **Lückentext/Lückenbilder:** In Fachtexte oder Zeichnungen werden gezielt Lücken eingebaut, in denen Fehlendes ergänzt werden muss. **Archive:** Angebot von Informationsbausteinen, aus denen Texte, Tabellen, Collagen ... zu erstellen sind **Textpuzzle:** Ungeordnete Satzelemente, die zu sprachlich sinnvollen Sätzen zusammengesetzt und in eine sachlogische Reihenfolge gebracht werden sollen. **Expertenkongress/-karussell:** Gruppenarbeitsform, bei der in der ersten Runde (Expertengruppe) arbeitsteilig unterschiedliche Aspekte eines Themas bearbeitet werden. Die Ergebnisse werden in der zweiten Runde den Mitgliedern der anderen Gruppen präsentiert (Mischgruppe), indem gemeinsam neue Aufgaben zu lösen sind, die das Expertenwissen aus den ersten Runden voraussetzen. Expertenkarussell und Expertenkongress unterscheiden sich in der Organisation des Informationsaustausches in der 2. Phase. Beim Expertenkarussell wandert jeweils nur eine Schülerin oder ein Schüler aus Gruppe A in die Gruppe B bzw. C.
Über Chemie reden kommunikative Situationen erforderlich, diskursives Argumentieren, verschiedene Perspektiven, Pro-Kontra-Situationen, zusammenhängende Rede, rhetorische Elemente, Plenum oder Gruppenarbeit	Freiraum für eigene Gedanken, Argumente, Wertungen bieten, aber gleichzeitig angemessene Redeunterstützung anbieten, um Reden über Chemie in Fluss zu halten, nützlich sind orientierende Raster und Sprechhilfen	**Satzmuster:** Standardisierte Redewendungen der Fachsprache werden an Beispielen variiert. **Fragemuster:** Sammlung von standardisierten Fragesätzen mit Leerstellen, mit deren Hilfe Dialoge, Gruppengespräche oder Fragespiele weiterentwickelt werden können. **Thesentopf:** Sammlung von Pro- und Kontra-Argumenten, die von den Lernenden gezogen werden und als Ausgangspunkt für ein Streitgespräch oder eine Fachdiskussion dienen. **Dialog:** Fachliche Fragen werden dialogisch entweder über vorgegebenen Lesetext oder durch Dialog der Lernenden erörtert.

		Kugellager: Schülerinnen und Schüler in einem Innen- und Außenkreis referieren jeweils kurz selbst über ein vorbereitetes Thema oder hören zu, danach gibt es eine Frage-Antwort-Runde, bevor sich der Austausch mit anderen Paarungen wiederholt. **Aushandeln:** Zu einem Sachverhalt wird ein Konsens über Einzelarbeit, Partnerarbeit, Vierergruppenarbeit, Achtergruppenarbeit ausgehandelt. **Drehbuch schreiben:** Umsetzen chemischer Sachverhalte in Text für z. B. Filmclip, Theaterstück, Hörbuch **Stille Post:** Zwischen verschiedenen Gruppen läuft Post in Form von Arbeitsaufträgen, die einen fachlichen Sachverhalt in verschiedenen Darstellungsformen verdeutlichen, von Station zu Station bis sie zur Korrektur und Kontrolle wieder zur Ausgangsgruppe zurückkommt.
Charakteristika der Standardsituation	**Anforderungen an die Methoden-Werkzeuge**	**Geeignete Methoden-Werkzeuge**
Ordnung hineinbringen umfangreicher Begriffs- oder Faktenbestand erforderlich, materialintensiv, klassifizieren, strukturieren, hierarchisieren, verschiedene Ordnungssysteme sinnvoll	ermöglichen das eigenständige Ordnen, bieten großen Begriffs- und Faktenbestand an und regen zum Klassifizieren, Strukturieren und Hierarchisieren an, visualisieren die gedankliche Struktur, evtl. verschiedene Darstellungen möglich, die verglichen werden können	**Zuordnung (Domino, Kärtchentisch):** Satz von Kärtchen, Gegenständen, Bildern, Fachbegriffen, Fragen und Antworten wird in einen sachlogischen Zusammenhang gebracht. Je nach Umfang sind Einfach- oder Mehrfachzuordnungen möglich, sodass es eindeutige Musterlösungen oder variable Lösungen geben kann. **Begriffsnetz (Concept-Map):** Begriffe und Beziehungen werden bildhaft in einer Netzstruktur dargestellt. **Flussdiagramm:** Pfeildiagramm zur graphischen Darstellung von Vorgängen, Handlungen oder Lösungswegen mit einem zeitlichen Ablauf oder einem funktionalen Zusammenhang (Ursache/Wirkungsketten oder Ja/Nein-Entscheidungen). **Matrix:** In eine vorgedachte Struktur (z. B. in Tabellenform, als Prozessdiagramm) werden Begriffe eingeordnet, dabei werden bewusst Analogien genutzt bzw. aufgedeckt. **Zwei aus Drei:** Aus einem Kärtchensatz werden je drei ausgewählt, von denen zwei über eine Gemeinsamkeit verbunden werden müssen.

Charakteristika der Standardsituation	Anforderungen an die Methoden-Werkzeuge	Geeignete Methoden-Werkzeuge
Gelerntes üben interaktiv spielerisch, abwechslungsreich, selbsttätig, routinebildend, handlungsorientiert, differenzierend	oft Spiel- oder Wettbewerbscharakter, mehrere Durchläufe wirken routinebildend, handlungsorientierte Werkzeuge vorziehen, Binnendifferenzierung ermöglichen	**Fehlersuche:** An gezielt präpariertem, fehlerhaften Bild- oder Textmaterial müssen Fehler gesucht werden. **Begriffe raten:** Ratespiel, bei dem es darum geht, einen Begriff möglichst schnell, evtl. unter Nichtverwendung bestimmter Begriffe, zu erraten; vgl. Spiel TABU **Worträtsel:** Sicherung von (Fach-)Begriffen, z. B. in Form von Kreuzwort-, Silben-, Wortsuch-, Verschlüsselungs-/Zuordnungsrätseln oder Wortpuzzle. **Kettenquiz/Partnerkärtchen:** Frage-Antwort-Spiel entweder mit allen Schülerinnen und Schülern der Klasse als durchlaufende Kette oder nur zwischen zwei Partnern. **Würfelspiel:** auf verschiedenen Spielfeldern müssen fachliche oder fachsprachliche Aufgaben gelöst werden. **Heißer Stuhl:** Wettkampfartiges Lernspiel, bei dem eine Schülerin oder ein Schüler möglichst viele Fragen seiner Mitschülerinnen und Mitschüler zu vorgegebenem Inhalt oder Begriffen richtig beantworten muss.
Erfolgreich präsentieren zusammenhängende Rede, Präsentationshilfen nutzen, Gliederungshilfen nutzen	unterstützen Ergebnispräsentation in Form zusammenhängender Rede und/oder materialgeleiteter Darstellung, wichtigstes Kriterium: Wirkung auf das Publikum	**Lernplakat:** Lehr- und Lernmittel zur Visualisierung von Unterrichtsinhalten und -prozessen, in der elektronischen Fortführung z. B. in Form einer PowerPoint-Präsentation. Wird in Gruppen erstellt. **Merk-/Spickzettel:** In Gruppen werden die wichtigsten Erkenntnisse aus einer vorangegangenen Unterrichtssequenz in übersichtlicher Form zusammengefasst, dokumentiert und dann präsentiert. **Strukturdiagramm:** Wichtige Fachbegriffe werden in einer verzweigten Struktur so dargestellt, dass daraus ihre Logik und innere Struktur hervorgeht. Das Strukturdiagramm wird als Grundlage für einen Vortrag genutzt.

12

Im Nachgang zu den Ergebnissen von TIMSS, der dritten internationalen Mathematik- und Naturwissenschaftsstudie, hielten die Methoden-Werkzeuge rasch Einzug in den sog. SINUS-Schulen (BLK-Modellversuchsprogramm zur Steigerung der Effizienz des naturwissenschaftlichen Unterrichts) (vgl. Kap. 18.1), da sie – ganz im Sinne des Konstruktivismus – die kognitive Auseinandersetzung jeder einzelnen Schülerin und jedes einzelnen Schülers mit den Lerninhalten einfordern. Dies gelingt, indem sie gezielt

- den **Wechsel der Darstellungsform** (vgl. Kap. 9 und 18.3) zur Methode machen und so Übersetzungsleistungen von einer in eine andere Darstellungsform einfordern, verschiedene Wahrnehmungskanäle nutzen und somit verschiedene Lernertypen ansprechen und die Sprachkompetenz fördern. Im Chemieunterricht werden zur Deutung von Reaktionsverläufen auf der Teilchenebene häufig Filmleisten oder Bildsequenzen genutzt, deren Inhalt in andere Darstellungsformen, z. B. Formelgleichungen oder Texte „übersetzt" werden soll (Abb. 12).
- **Wissensstrukturen (Informationen) in Fragmente zerlegen,** die in verschiedenen Sozialformen unter Nutzung verschiedener Darstellungsformen wieder zu einer Gesamtstruktur zusammengesetzt werden müssen. Dadurch wird die Auseinandersetzung mit den Lerninhalten gefördert, Unverstandenes tritt deutlich hervor, der Konstruktionsprozess im Schülerkopf wird angeregt, Unverstandenes wird hinterfragt. Kärtchentische oder Textpuzzle (Abb. 13) sind häufig eingesetzte Methoden-Werkzeuge, mit denen sich das sachlogische Strukturieren von Informationen sowohl in Einzel-, als auch in Partner- oder Gruppenarbeit einüben lässt.
- **Zur Lösungssuche anregen,** indem Begriffe in Beziehung gesetzt sowie Lösungswege (nach-)entdeckt werden müssen und auf diese Weise Zusammenhänge hergestellt, neue Denkwege durch Nachdenken gegangen und dadurch die Freude am Denken, die Denklust, gesteigert wird. So können die Lernenden durch die Aufforderung, Begriffsnetze (Conceptmaps) aus vorher erarbeiteten oder vorgegebenen Begriffen zu erstellen, dazu angeregt werden, die Inhalte einer Unterrichtssequenz zusammenzufassen, zu strukturieren und die Beziehungen zwischen den Begriffen zu visualisieren (Abb. 14) (Freiman & Schlieker 2001).

Methoden-Werkzeuge schaffen Möglichkeiten, die Unterrichtschoreographie des fragend-entwickelnden Unterrichts und anderer Unterrichtsverfahren aufzubrechen, sind dabei aber nicht an bestimmte Sozial- und Aktionsformen (vgl. Kap. 12.2) gebunden. Sie haben Aufforderungscharakter, sprechen verschiedene Wahrnehmungskanäle an, lassen die Selbsterschließung durch die Lernenden zu und fordern sie ein. Sie bringen die Lernenden in kommunikative und kooperative Situationen, in denen sie aktiv handeln

Versuch

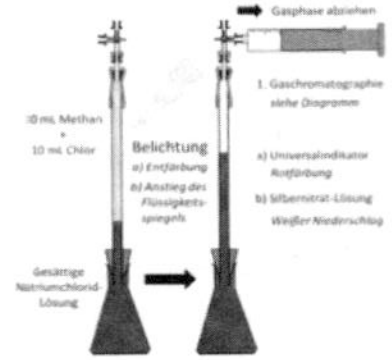

Arbeitsaufträge

1. Erkläre die Beobachtungen, indem du die modellhaft dargestellten Vorgänge in Valenzstrichformeln übersetzt.
2. Schreibe dann einen zu den Bildern passenden Text. Verwende dabei folgende Begriffe: Radikal, Atom, Molekül, UV-Licht, homolytisch, reagieren zu, rekombinieren, spalten.
3. Finde passende Überschriften zu den einzelnen Reaktionsschritten.

Idealisiertes Ergebnis der Gaschromatographie

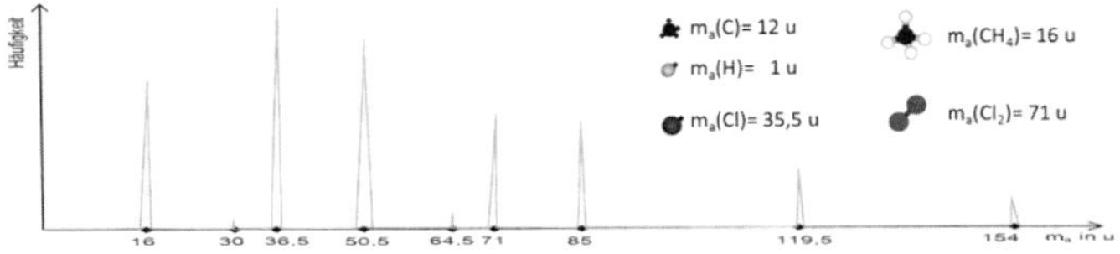

Filmleiste

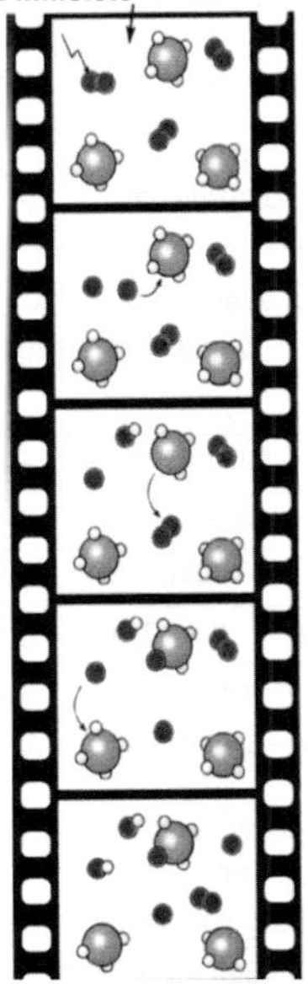

Reaktionsschritte in Valenzstrichschreibweise	Erklärender Text

Abb. 12: Filmleiste zur Radikalischen Substitution (verändert nach Freiman & Sch ieker 2001)

Textpuzzle: So gehe ich beim Entzünden eines Gasbrenners vor.

a) Bilde aus den Satzbruchstücken jeweils sinnvolle Sätze.
b) Bringe die Sätze anschließend in die richtige Reihenfolge.
c) Kontrolliere die Reihenfolge der Arbeitsschritte mit dem Lösungswort.

S	halte sie über – die Feuerzeugflamme – ich – entzünde – die Öffnung des Brennerrohres – und
N_1	ich – an meinem Arbeitsplatz – den Gashahn – öffne
B	bereit – ich – lege – den Brennerschlauch – am Gashahn an – schließe – das Feuerzeug – und
N_2	ich – drehen der Luftzufuhrscheibe – stelle – durch – den gewünschten Flammentyp – ein
U	am Gasbrenner – geschlossen sind – ich – die Gaszufuhrregulierung – kontrolliere – ob die – Luftzufuhr und
E	am Gasbrenner – die Gaszufuhrregulierung – öffne – ich

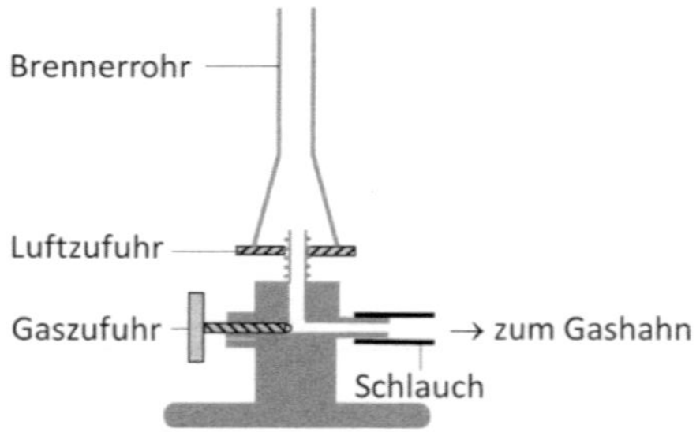

Lösungsvorschlag:
Textpuzzle: So gehe ich beim Entzünden eines Gasbrenners vor.

4	S	Ich entzünde die Feuerzeugflamme und halte sie über die Öffnung des Brennerrohres.
3	N	Ich öffne den Gashahn an meinem Arbeitsplatz.
1	B	Ich schließe den Brennerschlauch am Gashahn an und lege das Feuerzeug bereit.
6	N	Ich stelle den gewünschten Flammentyp durch Drehen der Luftzufuhrscheibe ein.
2	U	Ich kontrolliere, ob die Lufzufuhr- und die Gaszufuhrregulierung am Gasbrenner geschlossen sind.
5	E	Ich öffne die Gaszufuhrregulierung am Gasbrenner.

Abb. 13: Textpuzzle zur Inbetriebnahme eines Gasbrenners

müssen und fördern auf diese Weise die Weiterentwicklung der entsprechenden Kompetenzen.

Reaktionsrate	Stoßzahl	Katalysator	Mindestenergie
Reaktions-geschwindigkeit	Temperaturerhöhung	Bewegungsenergie der Teilchen	Zahl reaktionsfähiger Teilchen
anderer Reaktionsweg	Konzentrationserhöhung	Bindungslockerung	Oberflächen-vergrößerung
Aktivierungsenergie	Orientierung	Adsorption	Zwischenprodukt

Arbeitsaufträge zum Erstellen eines Begriffsnetzes zum Themenbereich Reaktionsgeschwindigkeit

Begriffsnetz: Reaktionsgeschwindigkeit
a) Zerschneiden Sie die Tabelle in einzelne Begriffskärtchen.
b) Sortieren Sie die Begriffskärtchen nach Zugehörigkeit zur „Stoffwelt“ und zur „Teilchenwelt“.
c) Entwickeln Sie ein Begriffsnetz, indem Sie die Begriffe durch Pfeile zueinander in Beziehung setzen.
d) Beschriften Sie die Pfeile z. B. durch folgende Verben: erhöht, erniedrigt, bewirkt, beeinflusst, liefert, schreibt

Sie können je nach Leistungsniveau der Lernenden unterschiedliche Abstraktionsniveaus einfordern, ermöglichen also die Binnendifferenzierung im Unterricht. Durch die gezielte Anwendung von Methoden zur Informationsbeschaffung, -aufbereitung und -präsentation tragen sie zum Methodenlernen bei (Stäudel & Werber 2001). Methoden-Werkzeuge, die kommunikative Standardsituationen im Unterricht hervorrufen, können zur gezielten Sprachförderung im Fach eingesetzt werden, indem aufeinander aufbauende Werkzeuge zu den vier Sprachkompetenzbereichen „Wissen sprachlich darstellen“, „Wissenserwerb sprachlich begleiten“, „Wissen mit anderen sprachlich verhandeln“ und „Text- und Sprachkompetenz ausbauen“ im Unterricht eingesetzt werden (Leisen 2013) (vgl. Kap. 9 und 18.3). Ergebnisse einer Evaluationsstudie bei Schülerinnen und Schülern, die mit solchen Materialien gelernt haben, belegen einen höheren sprachlichen und inhaltlichen Lernzuwachs als für Lernende, die mit herkömmlichen Übungsaufgaben gefördert worden sind (Sumfleth et al. 2013). Außerdem sind Methoden-Werkzeuge vielseitig und variabel einsetzbar und können deshalb gut ausgetauscht und weitergegeben werden, da sie in unterschiedliche Unterrichtschoreographien eingebettet werden können.

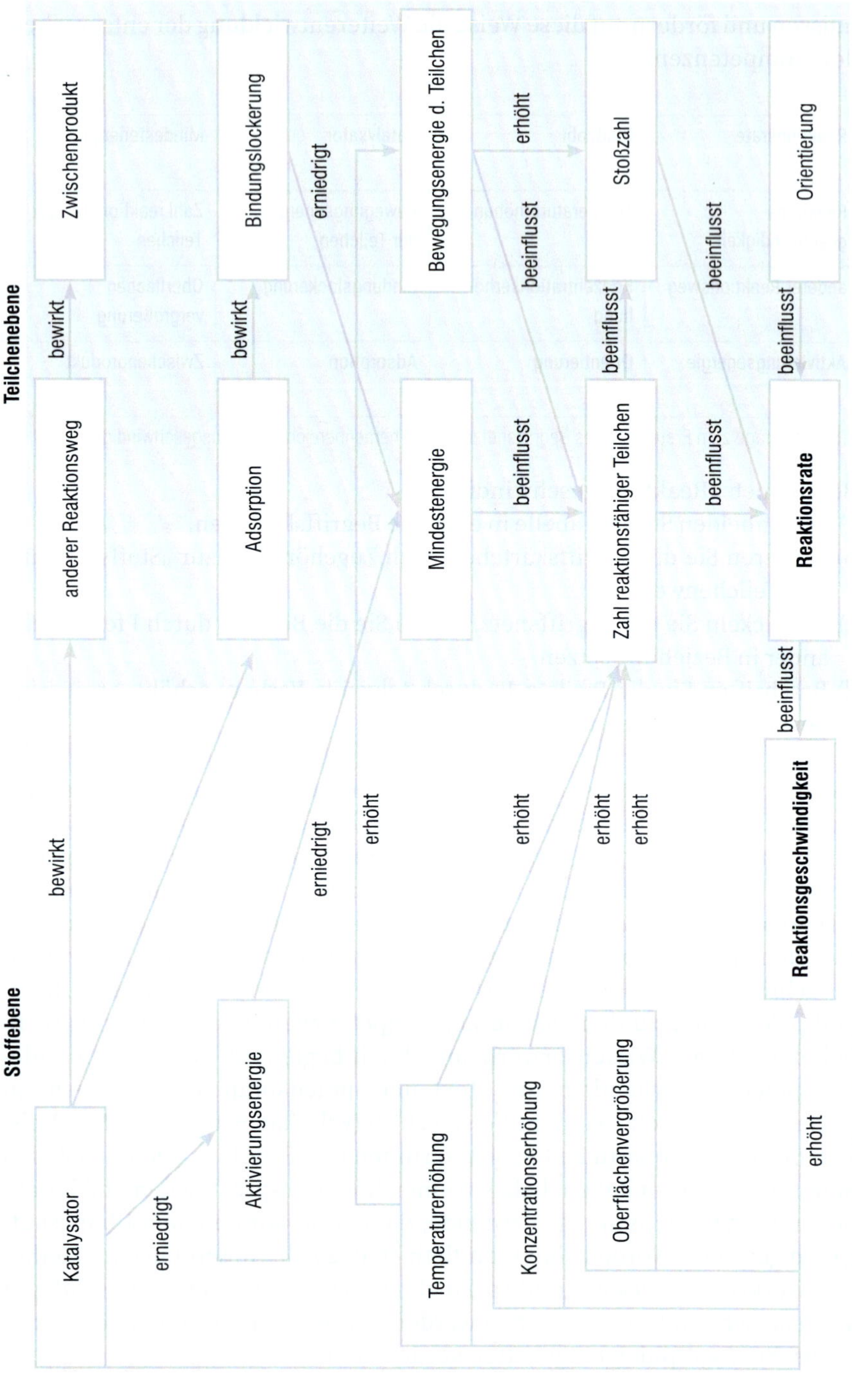

Abb. 14: Mögliche Lösung für ein Begriffsnetz zum Themenbereich Reaktionsgeschwindigkeit

12.3.2 Einsatz von Methoden-Werkzeugen

Beim Einsatz von Methoden-Werkzeugen gilt das Primat der didaktischen Situationsbewältigung vor der methodischen Gestaltung. Es muss sichergestellt werden, dass das Werkzeug der Sache und dem Verstehen der Sache dient. Dazu müssen die Charakteristika der jeweiligen Standardsituation erfasst und dafür angemessene Methoden-Werkzeuge ausgewählt bzw. entwickelt werden. Deshalb empfiehlt es sich, vorher zu klären:

- Wozu brauche ich das Methoden-Werkzeug?
- Was will ich erreichen?
- Welche Unterrichtssituation habe ich mit den Lernenden zu bewältigen?

Die Nutzung von Methoden-Werkzeugen darf nicht zur inhaltlosen Methodenschulung, bei deren nicht zielgerichtetem Gebrauch von den chemischen Inhalten weggeleitet wird, verkommen. Ein didaktisch begründeter Einsatz schützt vor dieser Gefahr. Beim Einsatz von Methoden-Werkzeugen besteht außerdem die Gefahr des extensiven Zeitverbrauches, sowohl in der Vorbereitungsphase durch die Lehrkraft, als auch im unterrichtlichen Einsatz, die durch die folgenden Überlegungen gebannt werden kann:

- Setze ich das Werkzeug zeitökonomisch verantwortbar ein?
- Gibt es zeitsparendere Alternativen?
- Stehen Aufwand und Ertrag in einem guten Verhältnis? (Hepp et al. 2003)

Methoden-Werkzeuge wie Denk- und Sprechblasen oder Textpuzzle (Text kopieren und zerschneiden) können spontan entwickelt und eingesetzt werden. Sie können aber auch, wie Kärtchentische, gestufte Lernhilfen, Filmleisten oder Concept-Maps sehr aufwendig in der Gestaltung und Vorbereitung sein. Der Aufwand zahlt sich aus, weil

- gutes Methodenmaterial die Lehrperson während des Unterrichts stark entlastet,
- durch das selbstständige Arbeiten der Lernenden Zeit für die Betreuung einzelner Schülerinnen und Schüler bleibt,
- gutes Methodenmaterial vielfach in unterschiedlichen Lernarrangements wiederverwendbar ist und dadurch methodisch innovativ und zeitlos bleibt (Freiman & Schlieker 2001).

Methoden-Werkzeuge lassen sich im Anforderungsniveau sehr leicht variieren, indem man z. B. die Zahl und den Umfang der Informationsfragmente verändert, Informationen vorgibt oder erschließen lässt, Bildmaterial durch Texte unterstützt oder diese weglässt, Strukturierungshilfen vorgibt oder finden lässt, das Abstraktionsniveau der Information senkt oder erhöht, indem man den Sprachstil oder die Darstellungsform entsprechend auswählt. Die Auswahl der Methodenwerkzeuge erfolgt aber immer im Hinblick auf das angestrebte Lernziel und den angestrebten Kompetenzzuwachs.

12.4 Unterrichtssteuerung und Verlaufsplan

Inhaltliche Schwerpunkte

- Für Unterricht bzw. Chemieunterricht als kumulativem Lernprozess werden verschiedene Stufenmodelle zur Artikulation möglicher Lernphasen auf lernpsychologischer und wissenschaftstheoretischer Grundlage erläutert.
- Vielfältige Möglichkeiten zur Steuerung von Unterricht als Interaktionsprozess werden durch personenorientierte Systematik in der Darlegung von Unterrichtsmethoden aufbereitet. Darin wird gezeigt, wie eine strukturierte Planung für verschiedene dynamische Handlungssituationen im Chemieunterricht möglichst optimal gestaltet werden kann. Im Mittelpunkt stehen Unterrichtsgespräche, kooperatives Lernen und Einzelarbeit.
- Lernprozess und Erkenntnisweg werden mit den analysierten Kategorien in einem Unterrichtsverlaufsplan vernetzt und als Interaktionsprozess in Unterrichtsphasen auf einer Zeitachse dargestellt.

12.4.1 Artikulationsschemata

Erkenntniswege basieren auf Lernvorgängen, die gegliedert von einer Ausgangslage aus verlaufen. „Das Erreichen eines Lernziels vollzieht sich in *Phasen* oder *Stufen*" (Apel & Grünfeld 1982, S. 172). Die Gliederung im Ablauf wird als **Artikulation** bezeichnet (Kiper & Mischke 2006, S. 59 f.), weil mithilfe eines solchen Schemas die „bei den Schülern vermuteten Lernphasen ‚artikuliert', d. h. auseinandergefaltet werden sollen" (Meyer 1987 Bd. 1, S. 132). Bereits J. F. Herbart (1776–1841) hatte ein allgemein anerkanntes **Stufenmodell** mit drei Phasen eingeführt: die darstellende, die analytische und die synthetische Phase. Dieser deutliche Bezug zum Denk- und Lehr-Lernprozess hat ihn zum Begründer der pädagogischen Psychologie werden lassen.

Das in Deutschland vielleicht verbreitetste lernpsychologisch basierte Schema stammt von Heinrich Roth (1966, S. 223 f.), der den Lernprozess nicht mit der Beantwortung der Problemfragen enden lässt, sondern das Unterrichtsergebnis durch Üben, Transfer und Integration ins Gedächtnis einfügt, um so das Lernen für die Schülerinnen und Schüler nachhaltiger werden zu lassen. Er formuliert sechs Stufen (Tab. 2).

1.	Stufe der Motivation
2.	Stufe der Schwierigkeiten
3.	Stufe der Lösung
4.	Stufe des Tuns und Ausführens
5.	Stufe des Behaltens und Einübens
6.	Stufe des Bereitstellens, der Übertragung und Integration

Tab. 2: Stufen des Lernprozesses nach Heinrich Roth

Zu beachten sind insbesondere die Stufen 5 und 6: In der Praxis entstehen manche Wissenslücken bei Schülerinnen und Schülern dadurch, dass z. B. aus Zeitmangel diese beiden Stufen zu oft vernachlässigt und übersprungen werden. Auch bei den Einstiegsstufen ist die Lernerseite nach Roth besonders zu beachten. Die Schülerinnen und Schüler sollen auf den Unterrichtsprozess positiv eingestimmt werden (Stufe 1) und sich mit „Schwierigkeit" (Stufe 2) in eine Situation manövrieren, in der intensives Nachdenken und anstrengende Lösungssuche als erforderlich erlebt werden. Die Stufen 2 bis 4 lassen sich gut erläutern am konkreten Kompetenzmodell zur Problemlösung (vgl. Kap. 7.4):

1 *Verstehen und Charakterisieren des Problems,* u. a. Informationen zusammenstellen, relevante Basiskonzepte anwenden
2 *Formulieren und Repräsentieren des Problems,* u. a. Probleme und Teilprobleme strukturieren, Identifizieren der Problemfrage
3 *Lösen des Problems,* u. a. planen und anwenden von Lösungsstrategien, übertragen in chemische Experimente
4 *Reflektieren und Kommunizieren der Problemlösung,* u. a. Rückbezug zur Problemfrage, Kombination gelöster Teilprobleme

Aufseiten der Lernenden sind besonders folgende Kompetenzen im Problemlöseprozess wirksam: schlussfolgerndes Denken, Fach- und Strategiewissen (d. h. deklaratives und prozedurales Wissen), Gedächtniskapazität, fachliches Selbstkonzept, Motivation im fachlichen Kontext.

Basierend auf Lernpsychologie und Wissenschaftstheorie, haben Schmidkunz & Lindemann (1992) mit dem forschend-entwickelnden Verfahren ein Artikulationsschema mit fünf Denk- und Handlungsstufen formuliert (vgl. Kap. 10.2.2):

1 Problemgewinnung und -erfassung
2 Analyse des Problems, Überlegungen und Vorschläge zur Problemlösung
3 Durchführung eines Lösungsvorschlags: Planung und praktische Durchführung des Experiments mit Erörterung der Ergebnisse
4 Abstraktion der gewonnenen Erkenntnisse in graphischer, verbaler, symbolhafter Darstellung
5 Wissenssicherung durch Anwendung und Transfer

Unter Berücksichtigung der Lernvoraussetzungen der Schülerinnen und Schüler sind zwei verschiedene Varianten des forschend-entwickelnden Verfahrens von besonderer Bedeutung: Entweder haben die Schülerinnen und Schüler viele Voraussetzungen aus der Chemie zur Problemlösung auf der Grundlage bekannter Theorien bzw. Modelle oder sie bringen zumindest genügend Voraussetzungen mit, um gemeinsam eine schöpferische Problemlösung anzugehen (vgl. Kap. 10.2.2). Das forschend-entwickelnde Verfahren als Artikulationsschema mit ausgeprägter Orientierung an den Phasen empirischer Erkenntnisgewinnung (Weninger 1971; Marohn 2015) dient dazu, dass Schülerinnen und Schüler vielfältige Kompetenzen im Bereich der Erkenntnisgewinnung erstreben und einüben können. Dieses Verfahren gehört in eine Gruppe ähnlicher Konzepte unter dem Oberbegriff Entdeckendes Lernen (Neber 1981) bzw. Forschendes Lernen (Marohn 2015; Martius et al. 2016, vgl. Kap. 10.2.2). Praxisrelevant ist die wichtige Planungshilfe, wie man Schüleraktivitäten schrittweise zu mehr Offenheit und selbstständiger Arbeit entwickeln kann (Martius et al. 2016, S. 222): Zur Einübung gibt die Lehrperson die Fragestellung (Problem), Materialien und einen Lösungsweg vor und nur das Ergebnis bleibt offen. Dann überlässt sie den Schülerinnen und Schülern schrittweise vorgelagerte Phasen. Als Nächstes sollen sie selbst einen Lösungsweg entwickeln, schließlich auch eigenständig eine Problemstellung finden und dazu eine chemische Untersuchung planen und durchführen. Je nach Lehrervorgabe bzw. Schülereinsatz, unterscheidet man zwischen vorstrukturiertem, geleitetem oder offenem Forschenden Lernen (Marohn 2015, S. 15).

Um auch Unterricht zum Kompetenzerwerb in weiteren Bereichen, insbesondere Kommunikation und/oder Bewertung, zu planen, hat sich in der Praxis das Lehr-Lern-Modell nach Leisen bewährt (2014c, S. 169; Studienseminar Koblenz 2016). Mit Blick auf die Kompetenzentwicklung werden folgende Phasen formuliert, die eine von der Lernpsychologie begründete Schrittfolge darstellen (Tab. 3).

1)	Problemstellung entdecken/im Lernkontext ankommen
2)	Vorstellungen entwickeln
3)	Lernmaterial bearbeiten/Lernprodukt erstellen
4)	Lernprodukt diskutieren
5)	Sichern und vernetzen, Lernzugewinn definieren
6)	Transferieren und festigen

Tab. 3: Phasen zum Kompetenzerwerb nach dem Lehr-Lern-Modell, (Leisen 2014c, S. 169 ff.) (Studienseminar Koblenz 2016)

Von den Phasen ausgehend, erweitert Leisen das Modell um pädagogische Materialien und Lehrer-Aktivitäten für die Unterrichtspraxis. Die Lehrkraft hat notwendige Aufgabenstellungen und erforderliche Informationen (z.B. Beobachtungen aus Experimenten / Materialien) vorzubereiten. Einen wichtigen didaktisch-methodischen Anteil stellen dabei Lernaufgaben (vgl. Kap. 12.7) dar, insbesondere als Arbeitsmaterial auf dem Weg zur Erstellung von Lernprodukten (Leisen 2010).

Das Thema des Unterrichtsbeispiels aus Kapitel 12.1 lautet: „Was geschieht, wenn man saure und alkalische Lösungen miteinander mischt? Wird die Lösung noch ätzender? – Schülerinnen / Schüler entdecken Neutralisationsvorgänge beim Mischen von Salzsäure und Natronlauge nach dem forschend-entwickelnden Verfahren in Gruppenarbeit mit Schülerversuch und Auswertungsbogen." Mit einem Artikulationsschema, hier forschend-entwickelndes Verfahren, ist ein wichtiges Gerüst für den Lehr-Lern-Prozess ausgewählt. Dazu lässt sich mit inhaltlichen Vorarbeiten zum Thema ein möglicher Weg konstruieren, wie Schülerinnen und Schüler die Problemfrage bearbeiten bzw. neues Wissen entwickeln können. Bezogen auf schon bekanntes Vorwissen, lassen sich essenzielle Zwischenschritte in ihrem Denken und Handeln von der Problemstellung bzw. -findung bis zum Lernprodukt durch die Lehrperson vorausschauen. „Diesen Weg vom Start zum gemeinsamen Ziel bei der Lösung eines Problems bezeichnet man als ‚Lernpfad'" (Toczkowski & Ralle 2017). Die Aufstellung dieses Pfades erfolgt entlang der Artikulationsphasen, wobei für jede Zeile prognostiziert wird, welche fachinhaltlichen Denk- und Handlungsschritte möglich bzw. erforderlich sind. So entsteht ein zweidimensionales Flussdiagramm über den Lehr-Lern-Prozess – daher hier als **Lehr-Lern-Pfad** gekennzeichnet. Dieser knüpft an die Concept-Map über die Struktur des Fachwissens und die gewählten Experimente aus Kapitel 12.1.4 sowie den Erkenntnisweg in der kompetenzorientierten Lernsituation (Kap. 12.1.7, Tab. 1) an und ist später eine Grundlage für die Gestaltung des Unterrichtsverlaufplans mit der Vernetzung aller Unterrichtskategorien, wie er in Kapitel 12.4.3 ausgeführt wird.

In diesem Flussdiagramm sollen bereits bekannte bzw. zu erwartende Schüler-Beobachtungen und -Vorstellungen berücksichtigt werden; es kann aber im Unterricht auch vorkommen, dass Schülerinnen und Schüler von diesem Pfad abweichen, neue Vorschläge bzw. neue Wissenslücken auftreten und dann Abweichungen unvermeidlich werden – was nicht zwangsläufig einen schlechteren Verlauf ergeben muss. Bei der Aufstellung der einzelnen Arbeitsschritte ist es möglich, einen bewussten Wechsel zwischen den Verstehensebenen nach Johnstone (Toczkowski & Ralle 2017, S. 77) herauszustellen. „Denn der Übergang von einer Beobachtung oder einem Messwert (beides Makroebene) hin zur Deutung (Sub-Mikro-Ebene) oder weiter zur Notation (Repräsentationsebene) wird durch unterschiedliche Items dargestellt" (Toczkowski & Ralle 2017, S. 80) (s. untere Zeile in Abb. 15). Insgesamt führt der Lehr-Lern-Pfad die einzelnen Arbeitsschritte und Abläufe in ihrer fachinhaltlichen Vielfalt vor Augen und lässt sichtbar werden, welche kognitiven Anforderungen an die Schülerinnen und Schüler gestellt werden. So kann in der Unterrichtsvorbereitung überlegt werden, wie auf diese Anforderungen hin angemessen zu planen ist. Auf das gewählte Beispiel zur Neutralisation (s. o. und vgl. Kap. 12.1.) angewandt, könnte ein Lehr-Lern-Pfad gestaltet sein, wie in Abbildung 15 dargestellt.

12.4.2 Lernprozess-Steuerung und Differenzierung durch Unterrichtsmethoden

Mit den inhaltlichen und materiellen Vorarbeiten (Abb. 15) sowie der Festlegung einer Stufung (Artikulationsschema, Kap. 12.4.1) für den Problemlöseprozess bzw. Erkenntnisweg kann nun ein gewünschtes Interaktionsgeschehen zwischen Lehrperson und Schülerinnen und Schülern und damit der Lehr-Lern-Prozess im Hinblick auf eine **Steuerung** detaillierter aufgeschlüsselt werden. Zu beachten ist, dass der Unterrichtsprozess, ob nun in einer konkreten Artikulationsphase oder bei einem Wechsel zu einer nachfolgenden Stufe, nicht von selbst verläuft und auch nicht einem spontanen Einfall im Stundenablauf überlassen bleiben kann.

Es bedarf der konkreten Vorbereitung von Ideen, Aufgaben, Impulsen und Materialien, die im Unterricht eingesetzt eine Dynamik der Handlungssituationen bewirken und zu fortschreitendem Lernen bis hin zu eigentätiger Auseinandersetzung mit fachlichen Inhalten führen sollen, um so eine Integration des Problemzusammenhangs in die kognitive Struktur der Lernenden zu erreichen. Zur Unterstützung der Prozesssteuerung helfen zahlreiche **Methoden-Werkzeuge**, wenn man sie und die dabei eingesetzten Materialien und Medien zur Außensteuerung vorbereitet hat. Hilfreich ist eine Zusammenstellung von Standardsituationen im Chemieunterricht mit jeweils geeigneten Methoden-Werkzeugen (vgl. Kap. 12.3 Vertiefung 7).

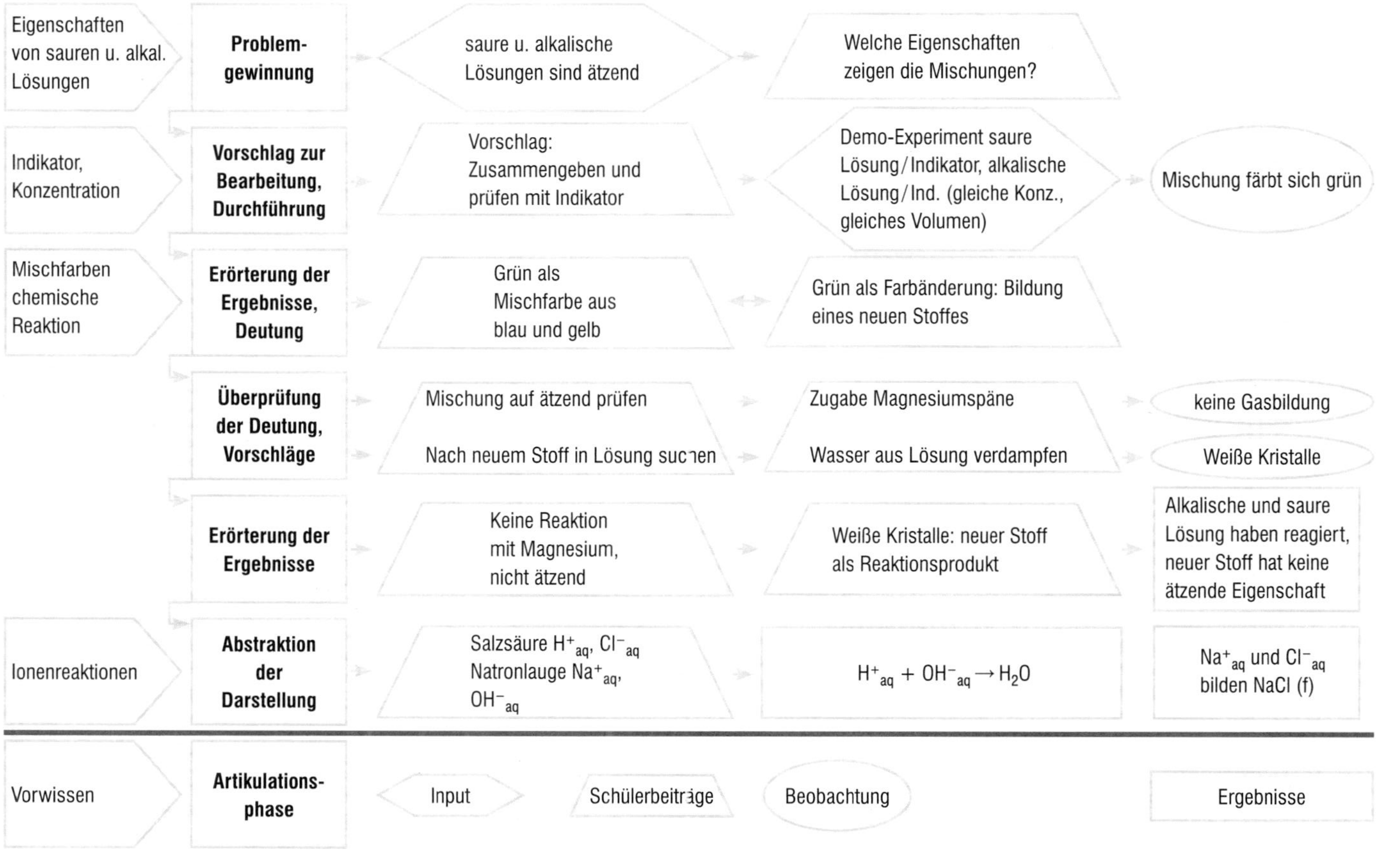

Abb. 15: Lehr-Lern-Pfad zum Unterrichtsthema: Schülerinnen und Schüler entdecken Neutralisationsvorgänge beim Mischen von Salzsäure und Natronlauge.

12

„Kognitive Aktivierung bei Schülern auszulösen, das heißt, ihre Aufmerksamkeit auf die entscheidenden Aspekte des Schulstoffs zu lenken, ist mit Abstand die wichtigste Aufgabe und professionelle Kompetenz von Lehrpersonen" (Felten & Stern 2012, S. 41). Für einen **geistig anregenden Einstieg** stehen ein schülernaher Kontext (vernetzt mit chemischen Inhalten, z. B. Waren im Supermarkt), ein „erlebtes" Phänomen, ein vorgeführtes Experiment – im Unterrichtsbeispiel ein Demonstrations-Experiment mit Lehrer-Impuls – oder die Schilderung eines Gedankenexperiments zur Wahl. „Wichtig ist nur, dass den Lernenden etwas präsentiert wird, was sie mit ihrem bisherigen Wissen nicht vorhersagen oder erklären können" (Felten & Stern 2012, S. 42). Dieser Eindruck aber muss in einer nachvollziehbaren Frage (einem nachvollziehbaren Problem) ausgedrückt werden. Nur wer erkennt, dass Wissen und Vorstellungen „nicht ausreichen, um die Wirklichkeit zu verstehen, wird bereit sein, seine Begriffe und sein Wissen neu zu strukturieren" (Felten & Stern 2012, S. 42; vgl. Kap. 7). Nach dem ersten Lernschritt (auch Einstieg) „Ankommen im Kontext und die Problemstellung/-frage entdecken" dienen weitere Arbeitsschritte im Unterricht dazu, Schülervorstellungen zu aktivieren und (weiter) zu entwickeln, Informationen aufzunehmen und auszuwerten und schließlich den Unterrichtprozess so fortzusetzen, dass Lernprodukte (Unterrichtsergebnisse) erstellt und diskutiert, eingeübt und transferiert werden. Dies wird in der Regel nicht in einem Schritt erfolgen; also gilt es, auch Möglichkeiten einer internen Verstärkung zu nutzen. Dazu gehört vor allem „**Kompetenzerleben**". „Um bei einer Sache zu bleiben, muss man Erfolge und Fortschritte erleben" (Felten & Stern 2012, S. 57) – im Unterrichtsbeispiel Hypothesenentwicklung und Schülerexperimente.

Unterrichtsmethoden helfen, den Unterricht zu inszenieren und Handlungsprozesse in Gang zu setzen; sie bieten in Verbindung mit Materialien und Methoden-Werkzeugen organisatorische Ansätze, um Unterricht als Vermittlungsprozess (Barke & Harsch, 2001) differenziert zu gestalten. Unterricht soll zur Aneignung von Wissen und zum Erwerb von Kompetenzen führen: Das Spektrum reicht für Lernende von Übernehmen und Einüben bis zu selbstständiger Erarbeitung, für Lehrende von direkter bis zu indirekter Steuerung. Steuermittel sind **Lerninstruktionen** (Wasmuth 2006, S. 133) in unterschiedlichen Formen und Darstellungen. Sie sind definiert als „Aufforderungen an die Lernenden, mit Hilfe einiger Informationen bestimmte Lernresultate selbst zu erzielen" (Grzesik 1976, S. 35) und werden im **Grad der Steuerung** stark differenziert: von eher offen und herausfordernd bis zu präzise und kleinschrittig. Führung durch die Lehrperson und Selbstständigkeit der Lernenden sind im Unterrichtsprozess dialektisch miteinander verbunden; zur Auswahl stehen demzufolge **lehrer- oder schülerzentrierte** Unterrichtsmethoden mit jeweils dafür charakteristischen Lerninstruktionen (mündliche oder schriftliche Arbeitsaufträge); in Kap. 12.2 wird nach Sozialformen strukturiert.

A Lehrerzentrierter Unterricht – Unterrichtsgespräche

Die Lehrperson steht im Zentrum des Vermittlungsprozesses und steuert die Aktivitäten so, dass sie möglichst jede Schülerin und jeden Schüler mit seinen individuellen Lernfortschritten im Blick hat, in der Regel steht sie vor der Klasse, daher auch Frontalunterricht genannt. Kiper & Mischke (2006) schreiben vom Konzept des lehrergeleiteten Unterrichts bzw. der direkten Instruktion. Alle Interaktionen laufen über die Lehrperson; sie steuert den Lernprozess durch Vorzeigen, Vormachen, Vortragen, Erklären, d. h. darbietend-informativ, oder durch eigene Impulsgebung, in der Regel im Rahmen von **Unterrichtsgesprächen** (Wasmuth 2006). „Die Welt ist dem Denken nur zugänglich, soweit sie sprachlich erschlossen ist" (Merzyn 2016). Leisen (o. J.) reiht sie unter personaler Steuerung ein, die noch durch geeignete Medien verstärkt werden kann. **Lehrerimpulse** können von kleinschrittigen Fragen und Hinweisen bis zu offenen Impulsen reichen, entsprechend können die Schülerreaktionen von Wissensfragmenten oder gestuft bis hin zu eigenständigen (Teil-)Problemlösungen reichen, im Idealfall werden sie durch Intervalle mit Schüler-Schüler-Kommunikation unterstützt. Ferner gibt es Methoden-Werkzeuge, um die Choreographie von Unterrichtsgesprächen aufzubrechen (vgl. Kap. 12.3).

Die Lehrperson plant diese Unterrichtsgestaltung zur Erarbeitung neuer Inhalte, zur Lösung von Problemstellungen oder zur Diskussion kontroverser Positionen. Forschendes Lernen und Unterrichtsgespräche können erfolgreiche Allianzen bilden, weil zahlreiche Gesprächsanlässe in Gestalt der Probleme und ihrer Teilelemente bzw. einer Folge von Teilfragen genutzt werden können. Je nach Impulsqualität lassen sich zwei Gesprächsformate identifizieren: ein kleinschrittiges bzw. **fragend-gelenktes** mit determinierten Fragen, die über vorgedachte Schritte zum geplanten Ergebnis führen, oder ein **fragend-entwickelndes Gespräch** im problemlösenden Unterricht (Wasmuth 2006), an dem sich Schülerinnen und Schüler mit eigenen Fragen und Ideenentwicklung bis hin zu selbstständiger Steuerung stärker beteiligen; dafür sind Anregungen im Gesprächsverlauf zu bieten, z. B. über Leitfragen, offene Impulse oder Anschauungsmittel. Im Chemieunterricht kommen noch fachspezifische Anlässe und Unterstützungsmöglichkeiten im problemlösenden Unterricht dazu: Beobachtungen an Phänomenen oder Experimenten, konkrete Modelle oder Skizzen, Modellvorstellungen; auch das Tafelbild mit fixierten Entwicklungsschritten kann anregende Impulse zur Fortsetzung des Klassengesprächs liefern.

Als besonders aktivierend gelten Demonstrationsexperimente und **kognitive Konflikte**, die nach konstruktivistischer Sichtweise eine entscheidende Rolle spielen für erfolgversprechende Lernstituationen (Duit 1995). Dafür müssen Schülerinnen und Schüler den Konflikt erkennen und für bedeutend halten. So kann es gelingen, dass sie ihre Alltagskonzepte (Pfundt 1975) oder Schüler-(Fehl-)Vorstellungen (Barke 2006) überwinden. Allerdings: Dieses „Lernen als Konzeptwechsel gehört zu den anspruchsvollsten geistigen Tätigkeiten und erfordert professionelle, institutionalisierte Lerngelegenheiten“ (Stern 2003). Damit die kognitive Konfliktsituation deutlich erlebbar werden kann, müssen die Schülerinnen und Schüler vor der Demonstration des ausgewählten Experimentes ihre Vorstellungen zu den zu erwartenden Versuchsbeobachtungen oder Versuchsergebnissen öffentlich machen können, um dann Abweichungen beim tatsächlichen Ergebnis deutlicher entdecken und artikulieren zu können. Alternativ werden Schülerinnen und Schüler „mit den Phänomenen ausführlich bekannt gemacht und es wird ihnen die Möglichkeit gegeben, ihre Vorstellungen zur Deutung der Phänomene zu entwickeln und miteinander auszutauschen. Es folgt eine Phase, in der die wissenschaftliche Sichtweise eingeführt wird und in der dann kognitive Konflikte arrangiert werden“ (Duit 1995, S. 914). Widersprüchliche Inhalte werden oft von Schülerinnen und Schülern ausgeblendet, solange nicht explizit darauf hingewiesen wird. Dies sind charakteristische Schritte, wie eine Lehrperson einen Wechsel im Konzeptverständnis auf diskontinuierlichem Lernweg bei Schülerinnen und Schülern steuern und so einen geeigneten Weg zum Konzeptwechsel planen kann (Duit 1995; Heinecke 1997). Ralle (1993) betont die Bedeutung der „Falsifikationsexperimente, deren Ergebnisse im Widerspruch zu den von den Schülern gesetzten Erwartungen stehen“, und schildert, wie im Chemieunterricht ein Falsifikationserlebnis gestaltet sein kann. Für Lindt (1984) haben diese Erlebnisse eine herausgehobene Funktion bei der Entwicklung und Steigerung von Sachmotivationen im naturwissenschaftlichen Unterricht.

A

Anregung

Schroedter & Körner (2015) haben in einer umfangreichen empirischen Studie festgestellt, dass Experimente mit anomalem Ausgang (d. h. unerwartetem Ergebnis) geeignet sind als Initiator von Lernprozessen, die einen kritischen Umgang mit den eigenen Präkonzepten (vgl. Kap. 8) zum Gegenstand haben. Im Unterricht haben sie u. a. das Experiment „Brennendes Eisen“ mit der Frage nach Konstanz oder Veränderung der Masse des Eisens beim Brennen eingesetzt. Viele Schülerinnen und Schüler vermuten entsprechend der „Vernichtungsvorstellung“ eine Massenabnahme, die man an der Waage überprüfen kann. Aber die meisten Schülerinnen und Schüler änderten ihr Präkonzept auch dann nicht um, wenn ihre

Beobachtungen diesem diametral widersprochen haben. Für eine Umdeutung ist das individuelle Vertrauen in das experimentelle Ergebnis und damit die Überzeugungskraft der experimentellen Daten wesentlich, die im langfristigen Experimentalunterricht erworben wird.

Duit (1995) verweist auf eine häufig zu erlebende Möglichkeit, wie es zu einer produktiven Konfliktsituation im naturwissenschaftlichen Unterricht kommen kann, wenn nämlich die Vorstellungen verschiedener Schülerinnen und Schüler einander konträr sind. Die Unterrichtspraxis zeigt bei geschickter Gesprächsführung mit Inszenierung von Schülererwartungen, wie unterschiedliche Vorstellungen oder Vermutungen zutage treten. Mit einer mündlichen Abfrage durch Aufzeigen kann die konträre Meinungssituation abgeklärt werden, um sie dann im Unterrichtsgang aufzuarbeiten, zu einem verständlichen und möglichst einvernehmlichen Lernprodukt.

Die Wirkung des Unterrichtsgesprächs bei Schülerinnen und Schülern ist nicht zu unterschätzen. „Im Idealfall leistet das Unterrichtsgespräch folgendes: Es hilft den Schülern, die Fachsprache zu erlernen und Einsicht [zu] gewinnen in die gedanklichen Konzepte, die sich in ihr ausdrücken. Die Schüler erhalten im eigenen Sprechen Gelegenheit, die neuen Begriffe und Erkenntnisse in ihre kognitive Struktur einzugliedern und sie sich dauerhaft und flexibel anzueignen. Sie erwerben Kompetenz in der fachlichen Kommunikation" (Merzyn 2016). Man muss aber auch Nachteile sehen und zu mindern versuchen; Schülerinnen und Schüler sollen sich zwar „um die Lösung von Problemen bemühen, Zusammenhänge herstellen und überdenken, Analogien nutzen, Vermutungen äußern; aber ihre Äußerungen sollen möglichst passend und zutreffend sein und sie werden bereits durch das Aufgreifen bewertet, besonders aber durch Kommentierungen. Die Erarbeitungsphase ist damit keine Lernphase, bei der es selbstverständlich ist, dass Falsches gesagt und gedacht wird, sondern eine Leistungssituation, bei der man lieber keine Fehler machen sollte" (Prenzel 2000). Unterrichtsgespräche können zur Aktivierung vieler Schülerinnen und Schüler beitragen. Kritiker betonen, dass sie allerdings nur als Stichwortgeber in Erscheinung treten, wenn die Gespräche zu eng geführt werden. Merzyn hat mehrere empirische Studien ausgewertet und zu wichtigen Ratschlägen zusammengefasst (Tab. 4) und folgert: „Ein gelingendes Unterrichtsgespräch fördert sprachliche Kompetenzen und kritisches Denken der Schüler stärker als die meisten anderen Methoden" (Merzyn 2016).

Weite der Lehrerfrage	„Enge oder Weite der Lehrerfragen hat einen entscheidenden Einfluss auf das sprachliche Niveau und die kognitive Aktivierung der Schüler" (Merzyn 2016) – sobald eine Lehrperson die Impulsgebung offener gestaltet, reagieren auch die Schülerinnen und Schüler mit längeren Beiträgen. Wählt sie schwierigere Themen oder zu offene Fragen, geht die Mitwirkung der Schülerinnen und Schüler stark zurück. Eine positiv wirksame Impulsgebung kommt nicht ohne Vorbereitung aus, um rechtzeitig visuelle Hilfsmittel vorzuhalten, mit denen man ggf. Fragen und Ideen veranschaulichen kann.
Wartezeiten	Im Unterricht üben die Wartezeiten zwischen Gesprächsbeiträgen, also von Lehrerimpuls zu Schülerbeitrag und von diesem zu einer Reaktion darauf, einen großen Einfluss aus. Bei längeren Wartezeiten (ca. 3 bis 5 Sek.) verbesserten sich die Gespräche: Mehr Schülerinnen und Schüler meldeten sich, ihre Beiträge wurden länger, es konnten mehrere Schülerinnen und Schüler zu Wort kommen mit unterschiedlichen Erklärungen; auch die Lehrpersonen fragten variantenreicher und reagierten flexibler. „Geduldiges Abwarten bei sich verzögernden Schülerantworten" (Kiper & Mischke 2006, S. 32) lohnt sich.
Gesprächsatmosphäre und fachbezogenes Selbstkonzept	Die Gesprächsatmosphäre zeigt große Wirkung (Kiper & Mischke 2006, S. 166 f.): Die Lehrpersonen sollen auf Schüler-Äußerungen anerkennend und mit Fehlertoleranz reagieren, d. h. Fehlerkorrektur in der Sache durch Rückfragen zur Auffassung der Schülerinnen und Schüler anregen und dabei nicht die Person angreifen oder herabsetzend sprechen. Dann steigt der Lerneffekt, gerade auch zum Aufbau eines fachbezogenen Selbstkonzepts; hierfür sind sowohl Erfolge notwendig als auch die Wertschätzung des eigenen Denkens durch andere Personen.

Tab. 4: Gelingensbedingungen zum Unterrichtsgespräch nach Merzyn (2016).

B Schülerzentrierter Unterricht – kooperativ lernen

„Kooperatives Lernen ist eine Form der Instruktion (des Lehrens und Lernens), die die Zusammenarbeit der Lernenden in Gruppen beinhaltet mit dem Ziel, gemeinsame Ziele zu erreichen" (Konrad & Traub 2005). Damit dies gelingen kann, muss kooperatives Lernen mehr darstellen als nur Lernen in Gruppen; Schülerinnen und Schüler müssen individuell und gemeinsam arbeiten und sich gegenseitig anregen und unterstützen – idealerweise gelingt dies durch einen Wechsel von Einzel-, Partner- und Gruppenarbeit. Dabei kann es sich um sehr verschiedene Aktivitäten handeln wie z. B. das Entwickeln und Bearbeiten von Fragen und Aufgaben, das Aufbauen und Durchführen von Experimenten, das Sammeln und Erklären von Beobachtungen, das Abbauen und Reinigen von Apparaturen, das Erstellen von Versuchsprotokollen, das Bearbeiten von Informations- und Lerntexten. „Lernen ist kein rein individueller Prozess der Informationsaufnahme und -verarbeitung, sondern auch einer des Informationsaustausches mit anderen, insbesondere den Mitlernenden" (Eilks et al. 2010, S. 124f.). Durch Interaktion und Austausch können dabei gruppenspezifische Ziele angestrebt werden: Kommunikative Kompetenzen ausbauen, soziale Fertigkeiten einüben, Meinungsaustausch betreiben, Lernen von Mitschülerinnen und Mitschülern.

Wenn die Lehrperson die Klasse/den Kurs in Kleingruppen aufteilt, geschieht das oft mit dem Ziel, die Anzahl der aktiv mitarbeitenden Schülerinnen und Schüler zu erhöhen im Vergleich mit manchem Unterrichtsgespräch im Plenum. Aber schon die **Gruppeneinteilung** kann eine Herausforderung werden, wenn sich in der Arbeitsphase Kleinstgruppen bilden oder zu dominante Mitglieder auftreten. Dem kann eine Einteilung nach Zufallsprinzip (z. B. Auslosen, Abzählen, Farbkarten ausgeben) entgegenwirken. Ebenso kann die Verteilung einzelner Tätigkeiten innerhalb einer Gruppe (Sprecher, Protokollant, Regel-, Zeitwächter, Sicherheitsbeauftragter ...) und der turnusmäßige Wechsel innerhalb größerer Zeiteinheiten Abhilfe schaffen (Klinger 2000).

Im Gruppenunterricht gibt die Lehrperson ihre zentrale Position als direkter Impulsgeber ab und schaltet zu **indirekter Steuerung** um, die sie in der Regel planen und vorbereiten muss, um sie den Schülerinnen und Schülern vorlegen zu können. Diese erfolgt als mündlicher Impuls oder besser als Aufgabe oder Informationsmaterial mit Instruktionen in schriftlicher Form. Soll Kompetenzentwicklung bei jedem Lernenden nachhaltig erfolgen, dann müssen mindestens zeitlicher Rahmen und Strukturierung der Aufgabe stimmig sein. Lernpsychologisch „lässt sich die Entwicklung von Kompetenzen als ‚Umbau neuronaler Strukturen' beschreiben, der im Schüler-Kopf stattfindet. Dies braucht Zeit und kann als ‚Reifung' interpretiert werden. Diese ‚Reifung' ist aber ein höchst individueller Prozess, der auf individuellen Wegen mit einer jeweils eigenen Geschwindigkeit stattfindet. **Lernaufgaben** bieten hier die erforderlichen, individuell passenden Lernumgebungen – sofern sie mit abgestuften Lernhilfen versehen sind" (Leisen 2010, S. 11) (Vertiefung 8). Leisen nennt es Unterricht durch **materiale Steuerung:** Sie erfolgt über Aufgabenstellungen und Arbeitsaufträge sowie Lernmaterialien. Diese materiale Unterstützung kann mit zum Ergebnis führenden Hilfsfragen, Hilfekarten, möglichst als gestufte Hilfen mit Zusatzinformationen, erfolgen (vgl. Kap. 12.5). Alle Gruppen können das gleiche Unterrichtsergebnis (Lernprodukt) anstreben, jedoch mit unterschiedlichen Unterstützungsangeboten und auf unterschiedlichen Wegen; so ist Binnendifferenzierung über den Grad an Selbstständigkeit und nach Anspruchs- bzw. Leistungsniveau (vgl. Kap. 12.5.1) in den Gruppen möglich. „Der Erfolg von Gruppenarbeit ist ... eng gekoppelt an die ‚Regiekompetenz' des Lehrers, die sich konkretisiert in der Bereitstellung möglichst zeitgleich zu bewältigender Themenbereiche, klaren Aufgabenstellungen, der Sicherstellung zügiger Organisationsabläufe sowie der ‚Verschränkung' der Gruppen in der Auswertungsphase" (Kroner & Schauer 1997, S. 73).

V

Vertiefung 8: Gestaltung einer Lernaufgabe zur fotochemischen Bromierung

Die folgende Unterrichtseinheit zeigt, wie eine Lernaufgabe mit Experimenten in kooperativer Arbeit zur Aufklärung eines Reaktionsmechanismus nach dem Modell des Lehr-Lern-Prozesses (vgl. Kap. 12.4.1) gestaltet sein kann (Wambach-Laicher 2013, S. 99–117). Anhand der fotochemischen Bromierung von Heptan (Demonstrationsexperiment mit Heptan, Brom und Silbernitrat-Lösung in drei Petrischalen auf dem OHP, die gemeinsam abgedeckt sind) sollen die Schülerinnen und Schüler mit Unterstützung durch geeignete Aufgaben und Materialien die Beobachtungen bei den Reaktionen sammeln, auswerten und einen Reaktionsverlauf im submikroskopischen Bereich entwickeln.

Thema: Die fotochemische Bromierung von Heptan – Aufklärung des Mechanismus der radikalischen Substitution.

1. *Problemstellung entdecken* (Plenum, EA): Die Schülerinnen und Schüler erhalten Informationen zum Kontext sowie dem (Lehrer-)Demonstrationsversuch.
2. *Vorstellungen entwickeln* (GA, EA): Mit den Arbeitsaufträgen für die Gruppenarbeit suchen die Schülerinnen und Schüler gemeinsam nach Erklärungen für die Beobachtungen und entwickeln ihre Vorstellungen. Leitfragen strukturieren den Auswertungsprozess und Tippkarten können Anregungen bei Gruppendiskussionen bieten.
3. *Informationen erarbeiten, Lernprodukt erstellen* (PA): Um die Frage nach der Auslösung der Reaktion zu klären und damit einen möglichen Mechanismus der Substitution zu erarbeiten und ein Lernprodukt zu erstellen, erhalten sie weitere experimentelle Ergebnisse und fachliche Informationen.

Vergleich, Diskussion und Präsentation der Lernprodukte erfolgen im 4. Schritt (Plenum). Jede Schülerin und jeder Schüler soll seinen eigenen *Lernzugewinn definieren* (5. Schritt) und sich mit Aufgaben verschiedener Anforderungsbereiche erproben (Einzelarbeit). Um *sicherer* zu werden, das neu Gelernte zu *dekontextualisieren* und auch in einem anderen Kontext *anzuwenden,* also flexibles Wissen zu erwerben (6. Schritt), können sie abschließend ein Arbeitsblatt mit den Aufgaben einzeln bearbeiten und mit ihrem Partner vergleichen.

Eine klassische Form für kooperatives Lernen stellen im Chemieunterricht **experimentelle Schülerübungen** dar (abgekürzt Schülerversuche bzw. Schülerexperimente, vgl. Kap. 13.6). Hier sind besonders **Arbeitsblätter** zu empfehlen, um so auch Gefahrstoff- und Sicherheitshinweise schriftlich festzulegen (vgl. Kap. 13.6.3 und 13.9). Aufgrund der Sicherheitsanforderungen in der Schule sind in der Literatur i. Allg. Arbeitsanweisungen mit konkreten Anleitungen zur Durchführung zu finden. Im Vordergrund stehen dann die Förderung manueller Fähigkeiten und praktischer Zusammenarbeit. Dennoch kann und soll die Lehrkraft den Erkenntnisweg als einen Schwerpunkt beim Kompetenzerwerb hervorheben: nachvollziehbare Fragestellung, gegebenenfalls Hypothese oder Vermutung, genaue Beobachtung und Datenerfassung, Auswertung unter Einbezug des submikroskopischen Bereichs. Wer den chemischen Erkenntnisweg als Schwerpunkt für die Schülerübung setzen will, sollte unbedingt eine Abwägung mit den Rahmenbedingungen für ein Demonstrationsexperiment (vgl. Kap. 13.5) vornehmen.

Häufig wird bei dieser traditionellen Art der Laborarbeit die Frage nach der **Offenheit** von Arbeitsaufträgen und damit nach der Schüler-Selbstständigkeit gestellt. Hier ist zu berücksichtigen, wie weit Offenheit und freie Formulierung zu Unsicherheit und Chaos führen können. Empfehlenswerte Möglichkeiten für Schülerplanungen im Rahmen der Experimentierphase ergeben sich z. B. beim Übergang von der Fragestellung zum Aufbau und Durchführen der Experimente und dann wieder von den Beobachtungen und Ergebnissen zur Auswertung derselben. Beide Übergänge sind für Schülerinnen und Schüler dennoch nicht alltäglich, und daher ist im Detail zu reflektieren, welches Repertoire dazu bei ihnen vorhanden ist. Als Hilfestellung gibt es z. B. **Interaktionsboxen** (Marohn 2014a, S. 4), in denen die Schülerinnen und Schüler nur aus den vorhandenen Geräten und Chemikalien wählen können und sich dann über deren Funktion beim Planungsdenken steuern lassen. Bewährt hat sich auch die **Methode der gestuften Hilfen:** Hier werden zu einer Folge von Arbeitsaufträgen Hilfekarten mit Impulsen zur Diskussion auf der Vorderseite und einer möglichen Antwort auf der Rückseite gegeben, falls der Impuls allein zur Weiterarbeit nicht ausreicht. Interessante Beispiele für die Sekundarstufe I findet man in „Aufgaben mit gestuften Hilfen“ (Stäudel et al. 2008), die experimentell zu bearbeiten sind, z. B. „Wie viel Salz löst sich?“, „5-Cent-Münze aus Kupfer oder nicht?“ (vgl. Kap. 12.5, Vertiefung 12), „Welches Gas ist im Feuerzeug?“

Bei der **Auswertung von Experimenten** führen Impulse wie: „Wertet in Partnerarbeit das Experiment und die Beobachtungen aus“ oder „Formuliere die Reaktionsgleichung“ leicht zu allgemeiner Resignation mit Unruhe in der Lerngruppe. Stattdessen kann ein reichhaltiges Repertoire an Denkoperationen und Impulsen zur Auswertung von Experimenten eingesetzt und aktiviert werden. Schülerinnen und Schüler können Beobachtungsergebnisse systematisieren, klassifizieren, vergleichen (auch mit früheren Erfahrungen), vorgegebenen Kriterien zuordnen, verallgemeinern, abstrahieren und Modellvorstellungen hinzuziehen. Dann gilt es insbesondere darauf zu achten, dass zwischen Phänomen- und Teilchenebene deutlich unterschieden und so für Transparenz in den wechselseitigen Beziehungen gesorgt wird. Zur Umsetzung helfen Instrumente wie Lernhilfen, Lernimpulse, Impuls-Antwort-Karten oder Leitfragen mit Tipp-Karten bei den Versuchsauswertungen, damit die Schülerinnen und Schüler im Diskurs in der Gruppe konstruktiv zu Erfolgserlebnissen kommen können. Im Chemieunterricht der Sek. II können so z. B. die Fragen „Wie färbt sich Wäsche mit Rotkohlextrakt?“ (Wittek 2012) „Wie ‚kommt‘ Strom durch die Lösung?“ (Marohn 2012) „Ouzo – verdünnt oder eiskalt serviert“ (Online-Ergänzung; Hamberg & Bley 2014, S. 11 f.) bearbeitet werden.

In der folgenden Tabelle 5 sind die angesprochenen Möglichkeiten zur Offenheit in Arbeitsaufträgen zusammengestellt.

Fragestellung, Hypothese, Überlegungen zum Versuch	Versuchsaufbau, Durchführung	Beobachtung/Ergebnis, Auswertung
• Arbeitsblätter • Text, Skizze, Kontext • Arbeitsaufträge (eng) • offene Arbeitsaufträge mit gestuften Hilfen • Interaktionsbox	• Gruppenarbeit • Demonstrationsexperiment • „Kochbuch“ • Anleitung • Interaktionsbox	• Beobachtungen notieren, systematisieren, vergleichen, verallgemeinern, abstrahieren, • Modelle hinzuziehen • Phänomen-/Teilchenebene differenzieren • Impulse mit gestuften Hilfen

Tab. 5: Öffnungs- und Unterstützungsmöglichkeiten bei Schülerexperimenten

In **experimentellen Schülerübungen** können Schülerinnen und Schüler anschaulich und handlungsorientiert arbeiten und denken; gemäß der Lerntheorie sollten sie eigentlich erfolgreich sein. Schließlich soll „ein Stück der Faszination der Naturwissenschaften erlebt werden, die zur Entwicklung eines Interesses an dem Fach beitragen kann“ (Prenzel & Parchmann 2003). Aber „ungünstigerweise tendieren Schülerexperimente auffällig oft dazu, anders zu verlaufen, als vom Lehrer erwartet. ... Selbst einfache Versuche sind störungsanfällig“ (Mühlhausen 2015). Lehrpersonen, insbesondere Anfänger, sind oft irritiert über erwartungswidrige Ergebnisse aufgrund mangelnder Sorgfalt von Schülerinnen und Schülern beim Experimentieren oder über Missverständnisse durch unklare Arbeitsanweisungen. Oder „Schüler arbeiten die Anleitungen ab, ohne groß über Sinn und Zweck der Aktivitäten nachzudenken“ (Prenzel & Parchmann 2003) (vgl. Kap. 13.3 und 13.6).

V

Vertiefung 9: Lernzuwachs bei Schüler- und Demonstrationsexperimenten

In Unterrichtstudien wurde der Lernzuwachs bei verschiedenen Experimentierszenen verglichen: Schülerexperiment mit detaillierter Instruktion (Kochbuch), Schülerexperiment mit einem anleitenden Arbeitsauftrag (guided) und Demonstrationsexperimente (Demo) (Winkelmann & Erb 2014) „Der Vergleich des Lernerfolgs ... lässt den Schluss zu, dass es für das Erlernen fachlicher Inhalte weitgehend unerheblich ist, mit welcher Experimentiermethode im Physikunterricht gearbeitet wird ... Insbesondere leistungsschwache Schüler scheinen stärker von Demonstrationsexperimenten profitieren zu können“ (Winkelmann & Erb 2014, S. 400). Bei leistungsstärkeren Schülerinnen und Schülern spielte es keine große Rolle, in welcher Gruppe sie unterrichtet wurden.

Auch wenn diese Ergebnisse im Physikunterricht und bei einem speziellen Thema festgestellt wurden, so sind sie doch auch für den experimentellen Chemieunterricht zu bedenken. Ergänzt werden kann diese Untersuchung durch Ergebnisse aus Meta-Analysen: „Hinsichtlich der Vermittlungsstrategie stellen sich Studien, in denen Demonstrationsexperiment und kognitive Konflikte zur Vermittlung ... eingesetzt werden, als besonders erfolgreich dar. Entgegen der Erwartung haben Schülerexperimente keine positive Wirkung auf den Lernerfolg der Schülerinnen und Schüler" (Härtig 2016, S. 3).

Bei der Messung von inhaltlichen Lernerfolgen kommt es auf jede einzelne Schülerin und jeden einzelnen Schüler an, und darauf, dass er einen Beitrag zum Klassenergebnis leisten kann. Jeder hat Lernverantwortung für sich selbst und für das gemeinsame Lernen in der Gruppe. Dazu gehört die Förderung von Sozial- und Fachkompetenz. Letztere soll sicherstellen, dass alle Schülerinnen und Schüler am Ende der Unterrichtseinheit gleiche oder mindestens ähnliche Lernfortschritte vorweisen können. Um diese doppelte Verantwortung einer jeden Schülerin und eines jeden Schülers deutlich herauszustellen, bedarf es eines komplexeren Unterrichtsarrangements, wie es z. B. beim **Gruppenpuzzle,** auch Jigsaw-Methode (Sliwka 2000), durch höhere Eigenaktivität und soziale Interdependenz erreicht werden soll. Hat die Lehrperson ein Thema für eine Unterrichtseinheit, das sie in (vergleichbar umfangreiche) Teilthemen zerlegen kann (z. B. verschiedene experimentelle Wege, den Gehalt an Vitamin C durch Titration zu bestimmen (Hilgers 2012)) oder zu dem sie mehrere, gleichberechtigt nebeneinander stehende Erschließungswege entdeckt und Arbeitsunterlagen gefunden hat (z. B. Betrachtung von Benzol aus den Perspektiven: Wissenschaftsgeschichte, Chemisches Denken (Strukturformel), Literatur, Quantitative Analyse, Gesundheitsaspekte im Alltag (Kremer 2013)), dann kann sie mit den SuS den Vermittlungsprozess als Gruppenpuzzle gestalten (Vertiefung 10).

V

Vertiefung 10: Ablauf eines Gruppenpuzzles

Phase 1 Stammgruppe mit individuellem Einstieg: Es werden Gruppen gebildet mit so vielen Teilnehmern, wie es Teilthemen, Erschließungswege oder experimentelle Variationen gibt; die Lehrperson bestimmt das Verfahren zur Gruppenbildung und teilt die Arbeitsunterlagen aus. Jede Schülerin und jeder Schüler arbeitet sich in den Kontext des Themas und einen Gesamtüberblick ein. Nachdem verhandelt wurde, welchen Teilauftrag (Teilthema, Erschließungsweg, Experiment) der einzelne bearbeiten will, beginnt die Einzelarbeit mit den entsprechenden Materialien.

Phase 2 Expertengruppe und gemeinsame Vertiefung: Alle Schülerinnen und Schüler mit dem gleichen Teilauftrag bilden diese neue Gruppe. Sie klären gemeinsam Unklarheiten aus den jeweiligen Materialien, ergänzen bzw. bearbeiten die Arbeitsaufträge und planen eine Vermittlungsstrategie, wie dieser Teilauftrag verständlich und sachgerecht den Mitschülerinnen und Mitschülern erklärt werden kann.
Phase 3 Stammgruppe mit interner Vermittlung: Die Experten gehen zurück in ihre Stammgruppe, in der jede Schülerin und jeder Schüler das Ergebnis aus seinem Teilauftrag den übrigen Mitgliedern vermittelt. So muss einerseits jedes Gruppenmitglied zeigen, dass es seinen Teilauftrag beherrscht, und wird andererseits über das vollständige Thema informiert. Gemeinsam sollen Kernaussagen zusammengefasst werden.
Phase 4 Einzelarbeit/Partnerarbeit zur individuellen Ergebnissicherung – Plenum: Um das zuletzt erreichte Unterrichtsergebnis zu sichern, bedarf es einer individuell fordernden Anwendungssituation. Das kann z. B. eine Aufgabe in Einzel- oder Partnerarbeit sein, zu deren Bearbeitung jedes Teilthema einen Beitrag beisteuern muss. Anschließend erfolgt noch eine Ergebnisüberprüfung, z. B. im Plenum, die es jedem ermöglicht, die fachliche Richtigkeit seines individuellen Lernproduktes festzustellen oder nachzukorrigieren.

Experimentelle Gruppenpuzzles bieten sich an, wenn durch Parallelversuche eine größere Basis für ein induktives Vorgehen aufgebaut werden kann (z.B. Synthese von Salzen, gleiche Reaktionen bei verschiedenen Konzentrationen oder Temperaturen, analytische Bestimmungen). Um Schwierigkeiten vorzubeugen, stellen Leerhof et al. (2010) ein „abgeändertes" Gruppenpuzzle vor. Sie empfehlen Doppelbesetzungen für Teilthemen innerhalb jeder Stammgruppe, setzen Lernhilfen ein und führen einen Test zum Abschluss der Expertengruppe durch, um so Einblick in die Qualität der erarbeiteten Inhalte zu erhalten.

Weitere wichtige kooperative Unterrichtsmethoden sind **Think – Pair – Share** (Heckt 2008; Landesakademie für Fortbildung und Personalentwicklung an Schulen, 23.3.18), eine eingedeutschte Variante als 1-2-4-Alle-Methode (Vertiefung 11); auch bei **Stationenlernen** (Stäudel 2010, S. 7f., vgl. Kap. 13.6.8) und **choice2learn** (Marohn 2009) (vgl. Kap. 10.4.1): Hier finden die zentralen Erarbeitungsphasen in Schülergruppen statt. Inzwischen sind wichtige Grundlagenthemen des Chemieunterrichts unter Einsatz neuerer kooperativer Unterrichtsmethoden in der Literatur ausgearbeitet und machen deutlich, wie kooperativ gestalteter Unterricht zwischen individuellem Lernen und Frontal-Unterricht eingeordnet werden kann. Kriterien für erfolgreiche Gruppenarbeit fasst Tabelle 6 zusammen.

V

Vertiefung 11: Think – Pair – Share

Think (Write) – **Pair** (Square) – **Share** (oder 1-2-(4)-Alle Methode) beschreibt eine grundlegende Organisationsstruktur, wie sie bei den verschiedenen Formen des kooperativen Lernens auftreten kann;

Zunächst erfolgt eine individuelle Einarbeitung in eine Aufgabe/Text/Problem, dabei soll jeder das Problem überdenken sowie schriftlich bzw. mündlich ein Zwischenergebnis erstellen (Think).

Es erfolgt ein Austausch der individuellen Zwischenergebnisse mit dem Partner (Kontrolle, Ergänzung, Vertiefung, auch durch weiterführende Aufgaben) (Pair).

Es kann auch noch ein Austausch zwischen zwei Tandems zwecks Abstimmung zu einem gemeinsamen Ergebnis bzw. weiterer Vertiefungsaufträge erfolgen (Square).

Mit diesem Ergebnis können die SuS in die Öffentlichkeit (Plenum und Lehrperson) treten und mit Bericht oder Demonstration die eigenen Ergebnisse vorstellen und mit anderen austauschen (Share).

Rahmenbedingungen für Vorbereitung/ Einstieg	• klare Zielsetzung/Ergebnisse • unmissverständliche Arbeitsaufträge (schriftlich) • geeignete Materialien bereitstellen • genaue Vereinbarungen über die Art und Weise der Ergebnissicherung • klare Zeitangaben, auch für Pausen • Raumeinteilung vorbereiten • Gruppengröße und -einteilung vorgeben • Entscheidung für klare Organisationsstruktur
Strukturierende Arbeitshilfen bei der Durchführung	• schüleraktive Werkzeuge (Kärtchentisch, Literatur, Computer, Modelle ...) • Funktionsverteilung zur Förderung des Interaktionsprozesses (Karten, Rotation) • individuelle Verantwortung deutlich sicherstellen • festgelegte Organisationsstruktur durchhalten
abwechslungsreiche Auswertung/Ergebnissicherung	• Anwendungsaufgaben • Mind-Map, Concept-Map, Wandzeitung, Berichte, Plakate, Collagen, Vorträge • Aufgaben für Mitschülerinnen und Mitschüler erstellen, Lückentext und Kontrollblatt entwerfen, Fragenkartei mit Lösungen anlegen, Rätsel, Quiz, Ratespiel ...

Tab. 6: Kriterienliste für erfolgreiche „Gruppenarbeit" in Anlehnung an Klippert (2005)

C Schülerzentrierter Unterricht – Einzelarbeit

„Einzelarbeit ist immer dann angezeigt, wenn es nicht auf einen Gedankenaustausch ankommt, sondern darauf, dass jeder Schüler eine Aufgabe eigenständig bearbeitet, indem er eine komplette äußere Handlungsfolge oder einen vollständigen Denkprozess vollzieht und nicht nur bestimmte Teile oder gar nur Fragmente zum Gesamtvollzug beisteuert" (Wasmuth 2006, S. 109). Nach konstruktivistischer Erkenntnistheorie ist zur Aufnahme von Wissen und Erwerb von Kompetenzen stets eine Konstruktionsleistung jedes einzelnen erforderlich.

Eigentlich wünscht sich jede Lehrkraft, dass ihre Impulse von jedem Lerner aufgegriffen und verarbeitet werden: „Aufmerksamkeit auf die entscheidenden Aspekte des Schulstoffs zu lenken, ist wichtigste Aufgabe von Lehrpersonen" (Felten & Stern 2012, S. 41). Jede Schülerin und jeder Schüler soll aktiv mitwirken unabhängig von der praktizierten Unterrichtsmethode. Aber nicht alle Schülerinnen und Schüler sind dazu ausreichend aufmerksam und nicht immer kann jeder einzelne ohne Störungen durch andere an seinem Denk- und Arbeitsauftrag arbeiten. Hier kann Einzelarbeit entgegenwirken und zugleich die Konstruktion des eigenen Wissens absichern.

Es sind nicht die Leistungsüberprüfungen mit Benotung gemeint, auch wenn sie in der Regel in Einzelarbeit erstellt werden. Für einen erfolgreichen Fortgang im Unterrichtsprozess sind zwei wichtige Aktivitätssituationen in Einzelarbeit von großer Bedeutung: die Diagnose des Vorwissens (vgl. Kap. 12.6) und die Vergewisserung über das Ausmaß an Beherrschung des Unterrichtsergebnisses, also den Kompetenzfortschritt (vgl. Kap. 5.2 und 5.3). Vergewissern sollen sich nicht nur die Lehrperson (gleichzeitig als Diagnose für die Fortsetzung) sondern auch die Lernenden, um sich über Lernzuwachs und eigene Fähigkeiten/Fertigkeiten ein Bild machen zu können.

Vom Kompetenzbereich Kommunikation aus gesehen, sollen individuell ausgerichtete Phasen mit Kommunikation verknüpft werden. Von der Lerner-Verantwortung aus sollen Einzelarbeiten in kooperative und lehrerzentrierte Unterrichtsmethoden integriert werden. Besonders wichtige Situationen für individuellen Einsatz bestehen beim Einstieg, wenn es darum geht, sich in **Materialien** und **Arbeitsunterlagen** einzuarbeiten, und abschließend, wenn Bilanz zu ziehen und das Lernprodukt auszuwerten und der **Lernzuwachs** sicherzustellen ist. Diese Situationen werden deutlich sichtbar im Ablauf eines Gruppenpuzzle (s. o.). Wer dabei als Schülerin oder Schüler individuell aufgefordert wird, in Einzelarbeit seinen Lernzuwachs darzulegen, der wird sich – so die Annahme – auch bei den verschiedenen Schritten der Erarbeitung des Lernproduktes konzentrierter einsetzen, zumal die Lehrperson jede Schülerin und jeden Schüler beim Gruppenpuzzle ausgedehnt beobachten kann. Wie die Puzzlemethode zur Aktivierung jedes Einzelnen über das Lernprodukt in besonderer Weise gestaltet werden kann, zeigt Dittmar (2010) anhand eines Beispiels zur Reaktion verschiedener Metalle mit verschiedenen Säuren. Hier trägt jeder Lerner sein Ergebnis auf ein Papierpuzzleteil ein, das dann mit anderen zusammengelegt wird und so öffentlich macht, wie jeder einzelne Beitrag Anteil am Gesamtergebnis hat.

Im Rahmen des Unterrichtsformates Einzelarbeit liegt die umfangreichste und intensivste Form der **Individualisierung** des Lernen vor. Leistungsbereitschaft, Zeitbedarf und Resignationsrisiko können bei einzelnen Schülerinnen und Schülern so unterschiedlich auftreten, dass Kompetenzerleben und damit Erfolgserlebnisse bei ihnen behindert oder unmöglich werden. Daher sind Fingerspitzengefühl und methodische Hilfen bei der Gestaltung der Einzelarbeit notwendig. Wer unterschiedlich schwere oder unterschiedlich viele Aufgaben bzw. Arbeitsaufträge (Lerninstruktionen) anbietet, läuft Gefahr, die Heterogenität in der Klasse noch zu vergrößern. Also bietet sich auch hier das inhaltliche Angebot von **Lernhilfen** sowie Tipp- und Info-Karten an (vgl. Kap. 12.4.2. B und 12.5). Dies ermöglicht es jeder Schülerin und jedem Schüler, trotz Wissenslücken die Bearbeitung des Arbeitsmaterials fortzusetzen; zugleich erfährt er, an welcher Stelle noch persönliche Wissens- bzw. Kompetenzdefizite vorliegen, um sie dann nacharbeiten zu können. „Am Ende sollte ... jeder Lerner ein Lernprodukt abliefern mit dem er sich in den Diskussionsprozess einbringen kann“ (Studienseminar Koblenz 2018, S. 4).

Man kann im Unterricht auch ausgearbeitete Lernaufgaben (d. h. Aufgaben mit sog. Musterlösung) einsetzen, um individuelles Lernen erfolgreich zu unterstützen (vgl. Kap. 12.7). Zu einer Aufgabenstellung sind die einzelnen Lösungsschritte aufgeführt, „die mehr oder weniger elaboriert ausgearbeitet sein können“ (Kölbach et al. 2015, S. 7). Da der Begriff der Lösung in der Chemie zu den wichtigen Fachbegriffen gehört, sollte anstelle von Lösungsbeispielen besser von **Beispielaufgaben** (Mackensen-Friedrichs 2009) bzw. (Teil-)Ergebnissen, Antworten oder insgesamt vom Erwartungshorizont gesprochen werden. In einem Erwartungshorizont können trotz gleicher Vorgaben die Anzahl von Bearbeitungsschritten und der Grad ihrer Ausarbeitung, einschließlich argumentativer Belege und visualisierender Skizzen, sehr unterschiedlich ausfallen. Hier setzt nun die kognitive Aktivierung der Schülerinnen und Schüler ein: Sie können aufgefordert werden, die Bearbeitungsschritte nachzurechnen bzw. zu überdenken, dabei verschiedene Teilergebnisse über eigene Modellvorstellungen in eigenen Worten erläutern oder Teilergebnisse in Form einer Selbsterklärung des Zusammenhangs formulieren. Bei dieser intensiven Beschäftigung mit den Bearbeitungsschritten wird explizites und auch implizites Wissen aktiviert, und neue Assoziationen im Begriffsnetz können entwickelt werden. Schülerinnen und Schüler „stellen kontinuierlich Beziehungen her zwischen dem, was sie in der gerade bearbeiteten Beispielaufgabe lesen, und dem, was sie bereits über die jeweilige Thematik wissen. Durch diese Interaktion wird neue Information in das bestehende Wissen integriert und neues Wissen konstruiert“ (Mackensen-Friedrichs 2009, S. 157). Schülerinnen und Schüler lernen darüber hinaus ähnliche Problemstellungen zu bearbeiten, indem sie einzelne Schritte aus der Beispielaufgabe durchgehen und übernehmen. „Aufgrund ihrer Effektivität [beim Lernerfolg, A.d.R.] und ihrer Beliebtheit stellen Lösungsbeispiele [d. h. Beispielaufgaben, A.d.R.] ein mögliches Format für die Förderung von individuellem Lernen in vielfältigen Bereichen dar (Selbstlerneinheiten, Langzeithausaufgaben, Stoffwiederholungen, Förderunterricht, Wahlpflichtfächer etc.)“ (Kölbach et al. 2015, S. 15).

Die Frage, ob Einzelarbeit **erfolgreicher** sein kann als gewöhnlicher Unterricht, haben Tepner et al. (2010) bei einem stöchiometrischen Thema untersucht. Dazu wurden „in nahezu jeder Unterrichtsstunde Aufgaben sowohl zur Erarbeitung als auch zur Anwendung und Übung eingesetzt“ mit Arbeitsblättern in schriftlicher Form und klar in den Formulierungen, sodass „eine eigenständige Bearbeitung ohne eventuell störende Rückfragen gewährleistet“ war. Außerdem konnten die Schülerinnen und Schüler auf Lösungs- und Info-Blätter zurückgreifen, gelegentlich auch auf gestufte Hilfen; nur wenn jemand nicht mehr zurecht kam, war Partnerarbeit zulässig. In den Kontrollklassen wurde nach „Gewohnheit“ unterrichtet, beim Einsatz von Aufgaben vor allem im Plenum unter Anleitung an der Tafel. Die Studie zeigte höhere Lernerfolge in den Klassen mit Einzelarbeit; dies führen die Autoren „insbesondere (auf) die Selbstständigkeit der Bearbeitung“ zurück.

Die organisatorische **Kombination** von Einzel- mit Partnerarbeit hat sich in einigen Formaten als besonders hilfreich und gut praktizierbar gezeigt. Dazu gehören **Sortieraufgaben** (Wahl 2006, S. 305): Man schreibt zentrale Begriffe eines Themas bzw. Inhaltsfeldes auf Kärtchen, die jeder Einzelne für sich sortiert: ein Stapel mit den Begriffen, die sicher erklärt werden können, der andere Stapel enthält die unklaren Begriffe. Im nächsten Schritt werden die Informationslücken geschlossen, was in Einzelarbeit durch Recherche oder in Partnerarbeit mit gegenseitigen Erklärungen erfolgen kann. Dieses Methodenformat ist eine gute Vorbereitung für die **Strukturlegetechnik:** Die verstandenen Begriffe sollen in eine fachlich begründbare Struktur gelegt und diese anschließend erklärt werden. Dabei kann die Lehrperson allen Schülerinnen und Schülern volle Freiheit lassen (mit möglicherweise sehr individuellen Strukturen) oder ihnen eine vorstrukturierte Vorlage austeilen, um vergleichbare Übersichten zu erhalten. Diese können ohne Weiteres in Partnerarbeit abgeglichen und überarbeitet werden; die ganz offen gefertigten Strukturen können in Partnerarbeit gegenseitig erläutert und so überprüft werden. Für den Chemieunterricht der Sekundarstufe II bieten sich hierfür

z. B. die Themen Säure-Base-Reaktionen oder Redoxreaktionen an, Beispiele finden sich bei Wambach & Wambach-Laicher (2013, S. 12, S. 32). Auch das Lerntempoduett (Wahl 2006, S. 293) ist auf eine Kombination von Einzel- und Partnerarbeit ausgerichtet und kann in Wiederholungsphasen sowie zur Erarbeitung eines Themas und zum Wissenstransfer eingesetzt werden.

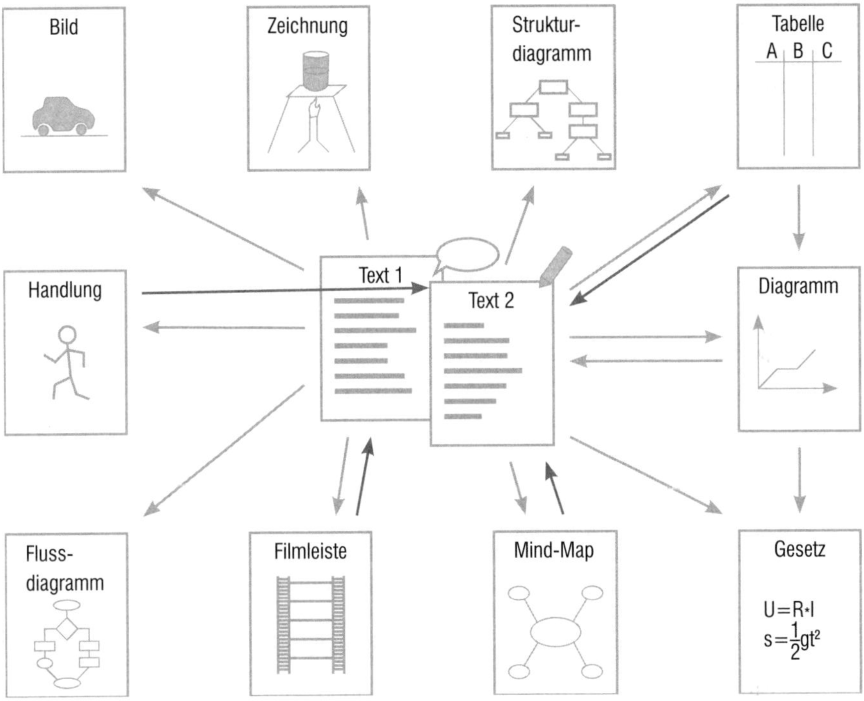

Abb. 16: Mögliche Darstellungsformen, in die Texte übertragen werden können (Studienseminar Koblenz 2009, S. 18)

In der individuellen Aneignungsphase hat sich die Notwendigkeit einer methodischen Unterstützung der Schülerinnen und Schüler bei der **Texterschließung** gezeigt, wie sie Leisen in seinen zehn Lesestrategien für Sachtexte darstellt (Studienseminar Koblenz 2009, S. 18 ff.). Besonders die Aspekte

- Fragen zum Text beantworten,
- Fragen an den Text stellen und
- den Text in eine andere Darstellungsform übertragen, z. B. Tabelle, Versuchs-Skizze, Mind-Map ... (Abb. 16)

bieten sich als Anregung für strukturierte, dichte, naturwissenschaftliche Texte an. Beispiele für einen Wechsel in der Darstellungsform zeigt Abbildung 12 in Kapitel 12.3.

12.4.3 Unterrichtsverlaufsplan

Die Concept-Map über die kompetenzorientierte Lernsituation aus Kapitel 12.1.7 gilt es, mit dem Lehr-Lern-Pfad aus Kapitel 12.4.1 und einer oder mehreren ausgewählten Unterrichtsmethode(n) aus Kapitel 12.4.2 in einem Unterrichtsverlaufsplan vernetzt zu organisieren. Die Ziele und Materialien werden in einem Lernarrangement zu einer Folge von einzelnen, aneinandergereihten Unterrichtsschritten koordiniert, in denen erkennbar wird, welche Wege die Schülerinnen und Schüler gehen sollen, um sich die Unterrichtsgegenstände anzueignen. Dabei muss die große Fülle verschiedener Einzelmaßnahmen aus der Planung in ein geregeltes, fachlich und lernpsychologisch aufbauendes Interaktionsmuster auf einer Zeitachse organisiert werden: Das sind auf die gewählten Materialien und die spezielle Schülergruppe abgestimmte Aufgabenstellungen, Arbeitsaufträge oder Lehrerimpulse zu verschiedenen Lernaktivitäten wie Experimentieren, Problemlösen, Erarbeiten, Diskutieren, Präsentieren, Üben und Festigen sowie vorbereitete Lernhilfen, um gegebenenfalls auftretenden Lern- und Verstehens-Schwierigkeiten begegnen zu können. Ausgang und Abschluss der Unterrichtseinheit (Unterrichtsstunde) bewegen sich um die zu untersuchende Problemfrage, die zu erwerbenden bzw. zu entwickelnden Kompetenzen und das angestrebte Lernprodukt, das in der Regel zu den Höhepunkten im Lehr-Lern-Proezss gehört.

Start für das Verlaufskonzept ist der vorgesehene Einstieg mit dem ausgewählten Artikulationsschema, dessen Phaseneinteilung hilft, den Unterrichtsablauf kompatibel zum Erkenntnis- und Arbeitsprozess der Schülerinnen und Schüler zu gestalten. In den einzelnen Phasen werden Interaktionen aus Lehrerimpulsen und Schüleraktivitäten so geplant, dass diese folgerichtig und lernwirksam in Richtung Lernprodukt verlaufen, jeweils unterstützt und variabel gestaltet durch die vorbereiteten Materialien, Medien und Methoden-Werkzeuge. Strukturiert und organisiert wird dann der konkrete Unterrichtsgang durch eine passende Unterrichtsmethode (aus Kapitel 12.4.2. A, B, C) und die darin festgelegte(n) Sozialform(en). Diese Unterrichtmethoden können mit unterschiedlichen Akzenten gewählt und geplant werden. Sie sollen so eingesetzt werden, dass die ausgewählten Unterrichtsziele realisiert werden können. Ein so konstruierter Phasenverlauf wird übersichtshalber entlang einer Zeitachse in verschiedenen Spalten dargestellt: Zeitachse – Artikulationsphase – Lehrerimpuls – Schüleraktivität – Sozialform, Unterrichtsmethode – Materialien, Medien, Methoden-Werkzeuge.

Um den roten Faden durch den Unterrichtsgang zum angestrebten Lernprodukt nicht zu verlieren, gilt es, konkrete fachliche Inhalte aufzugreifen und sie in Arbeits- und Denkprozesse einzubauen, sie insbesondere dem Lehrerimpuls, den Schüleraktivitäten und den Materialien/Medien/Methoden-Werkzeugen zuzuordnen. Beispielsweise sollten Materialien mit ihrem Thema angegeben werden; ferner wichtige Impulse und mögliche Reaktionen besonders an Gelenkstellen ausformuliert werden; Arbeitsanweisungen, Lernprodukte und Zwischenergebnisse formuliert werden. **Die Unterrichtsskizze soll so umfangreich sein, dass sie erkennbar nur für diese spezielle Unterrichtsstunde aufgestellt ist und die Lehrperson in gedanklicher Vorschau auf mögliche Lern- und Verstehenshindernisse aufmerksam machen kann.** Dadurch können in der Planung noch Problemstellen ermittelt und alternative Unterrichtsschritte vorbereitet werden, um ein Gelingen dieser speziellen Stunde zu optimieren. Mit einem Unterrichtsthema, also Inhalte und Ziele in einem oder mehreren Kompetenzbereichen, und einem möglichen Unterrichtsverlauf kann so der Unterrichtsprozess in tabellarischer Form dargestellt werden. Ein Beispiel zum Thema „Ouzo – verdünnt oder eiskalt serviert?“ nach Hamberg & Bley (2014) zeigt Tab. 17 (Online-Ergänzung). Praxistaugliche Materialien für den Unterricht findet man auch bei Wittek & Wambach (2010).

Einen möglichen Unterrichtsverlaufsplan zum Thema „Entdecken von Neutralitätsreaktionen“ in Fortsetzung und Zusammenbau der Überlegungen aus den Abschnitten 12.1.4, 12.1.7, 12.4.2 zeigt Tabelle 7. Diese Tabelle enthält eine kürzere Version – in der Online-Ergänzung sind ein ausführlicherer Verlaufsplan (Tab. 18) sowie Vorschläge für die Arbeitsblätter M1, M2 aufgeführt.

Das Fazit bildet ein Qualitätsmaßstab, den Höfer & Steffens aus Hattie (2012) so zusammenfassen: „Bei der Unterrichtsplanung geht es um ein ausgewogenes Verhältnis von Informationsvermittlung (neues Fakten-Wissen – (sog.) Oberflächenstrukturen), Verstehensprozessen (Zusammenhänge, Begründungen, Transfermöglichkeiten – (sog.) Tiefenstrukturen) und konzeptueller Einbindung des Gelernten (Integration in Modelle, Konzeptionen und Theorien). Im Unterricht wird eine kognitive Aktivierung durch herausfordernde Aufgabenstellung und Materialien angestrebt. Die Klassenführung wird durchdacht angelegt und konsequent umgesetzt, wobei auf ein positives Unterrichtsklima Wert gelegt wird“ (Höfer & Steffens 2012, S. 2).

Thema: Was geschieht, wenn man saure und alkalische Lösungen miteinander mischt? Wird die Lösung noch ätzender?
Schülerinnen/Schüler entdecken Neutralisationsvorgänge beim Mischen von Salzsäure und Natronlauge nach dem forschend-entwickelnden Verfahren in Gruppenarbeit mit Schülerversuch und Auswertungsbogen.

Phasen (Artikulation)	Lehrer-Impuls	erwartete Schüler-Reaktion	Unterrichtsmethode, Sozialform	Materialien, Medien, Methoden-Werkzeug
Problemgrund	Was geschieht, wenn man saure und alkalische Lösungen miteinander vermischt? Wird die Lösung noch ätzender? Beispiel Salzsäure und Natronlauge, Indikator Bromthymolblau Experiment	Vorschlag: Lösungen zusammengießen, ausprobieren Vermutungen: Farbe der Mischung gelb, blau oder grün? SuS beobachten: Lösungen vorher mit Indikator gelb bzw. blau nach Zusammengießen Farbänderung nach grün	Fragend-entwickelndes Gespräch, Plenum Lehrerdemo.-Experiment, fragend-entwickelndes Gespräch, Plenum	100 mL Salzsäure, 100 mL Natronlauge (gleiche Konz.), mit Bromthymolblau-Lösung versetzt, Vergleichslösungen vorhalten Demo-Experiment Salzsäure und Natronlauge werden zusammengegeben
Problemerfassung und -formulierung	evtl. mögliche Impulse • Welche Eigenschaften erwartet man bei Gemischen? • Welche Vermutung lässt eine Farbänderung noch zu?	SuS überlegen und sichern Problemfrage: • grün ist Mischfarbe von gelb und blau, Eigenschaften der Partner bleiben im Gemisch erhalten bzw. verstärken sich • Farbänderung deutet auf eine chemische Reaktion hin, es müssten neue Stoffe entstanden sein	Murmelphase (auf Ideen kommen) Fragend-gelenktes Gespräch, Plenum	Tafel: **Problem:** Gibt man Salzsäure und Natronlauge zusammen – entsteht ein **Gemisch** oder findet eine **chemische Reaktion** statt?
Überlegungen zur Problemlösung	Formuliert Vermutungen. Wie kann man einzelne Hypothesen überprüfen?	SuS entwickeln Vorschläge: I. Mischung – noch ätzend: mit unedlem Metall prüfen II. chemische Reaktion: neuer Stoff in Lösung suchen – Wasser verdampfen	Fragend-entwickelndes Gespräch, Plenum Fragend-gelenktes Gespräch auf Hypoth. I, II	Tafel: Hypothese: I: Die Lösungen mischen sich – ätzende Eigenschaft bleibt erhalten/verstärkt sich: mit Magnesium prüfen II: saure und alkalische Lösungen reagieren zu neuen Stoffen: Wasser aus der Lösung verdampfen

Durchführung der Prüfexperimente und Beantwortung der Probefragen	Nennt Vorschläge zur Durchführung der Versuche Lehrer teilt Gruppen ein, Verteilung Arbeitsblätter, leere Folien	• Schüler entwickeln Vorschläge zur konkreten Durchführung • Schüler führen beide Experimente durch, notieren Beobachtungen: I) Keine Reaktion mit Magnesium II) Weißer, kristalliner Stoff nach Verdampfen des Wassers übrig • und überlegen eine mögliche Deutung: I) „grüne" Lösung ist nicht mehr ätzend, II) Salz ist ein neuer Stoff, chem. Reaktion hat stattgefunden.	experimentelle Schülerübungen als Gruppenarbeit Auswertung in Gruppenarbeit	Arbeitsblatt M1 für die experimentelle Prüfung Arbeitsblatt M2 mit Leitfragen zu „Bestandteilen" in den Lösungen, zum Skizzieren der Vorgänge in „Becherglas-modellen"
Sicherung der Ergebnisse	Lehrkraft fordert eine Gruppe zur Präsentation auf,	Ein Gruppe präsentiert ihre Beobachtung und Deutung, weitere Schülerinnen und Schüler ergänzen, korrigieren.	S-Vortrag Unterrichts-gespräch, Plenum	Tafel, Folie Modellskizze, z. B. Becherglasmodell (um Vorgänge zu visualisieren)
Abstraktion der Untersuchungs-ergebnisse	Lehrer fordert Schüler auf, die Ergebnisse in Worten und vertiefend in Reaktionsgleichungen zusammenzufassen und weitergehende Fragen zu überlegen. L benennt Neutralisation	SuS formulieren Reaktionsgeschehen und entwickeln Reaktionsgleichung mit Ionen „grüne" Lösung ist weder saure Lösung noch Lauge, es ist eine Salz-Lösung. mögliche Fragen könnten sein: • Was passiert, wenn die Anzahl Wasserstoff- und Hydroxid-Ionen nicht gleich ist? • Wie viele Wasserstoff- und Hydroxid-Ionen waren in den Lösungen enthalten? • Wie kann man die Anzahl bestimmen?	Unterrichts-gespräch, Plenum	Tafel Salzsäure + Natronlauge → Wasser + Salz-Lösung $H^{+}_{aq} + OH^{-}_{aq} \rightarrow H_2O$ Diese Reaktion heißt **Neutralisations-reaktion.** Was passiert, wenn die Anzahl Wasserstoff- und Hydroxid-Ionen nicht gleich ist?

Tab. 7: Unterrichtsverlaufsplan in tabellarischer Form zum Entdecken einer Neutralisationsreaktion

12

12.5 Innere Differenzierung und Individualisierung

Inhaltliche Schwerpunkte

- Um jedem Lerner gerecht werden zu können, sein eigenes Wissen zu konstruieren und neu Gelerntes abzuspeichern, ist ein Unterricht notwendig, der individualisiertes Lernen ermöglicht.
- Gestufte Lernhilfen können zur Förderung und Diagnose eingesetzt werden.
- An charakteristischen Stellen im Gang des Chemieunterrichts lohnt sich ein differenzierter Blick auf die Lernenden besonders.

12.5.1 Innere Differenzierung im Unterrichtsprozess

„Alle gleichaltrigen Schüler haben zum gleichen Zeitpunkt beim gleichen Lehrer im gleichen Raum mit den gleichen Mitteln die gleichen Ziele gut zu erreichen!" So beschreibt Helmke (2013) den 7-G-Unterricht als „Lernen im Gleichschritt". Diesen gilt es, in Richtung differenziertes Lernen zu verändern, um den vielen individuellen Lernern eher gerecht werden zu können, damit jeder sein eigenes Wissen konstruieren und neu Gelerntes abspeichern oder demonstrieren kann: Ein erstes Szenarium mit Möglichkeiten der Individualisierung aus methodischer Sicht wurde bereits im Kapitel 12.4.2 dargestellt. Vertiefend ist ein Blick ins breite Spektrum lernrelevanter Merkmale: Vorwissen, Sachinteresse, Ausprägung von Kompetenzen, Motivation, Lernpräferenzen, Geschlecht, Aufmerksamkeit u. a., womit zugleich eine Fülle an Individualisten zu erkennen ist und so viele Differenzierungsmöglichkeiten im Unterricht eröffnet werden können. „Mit Individualisierung oder individualisiertem Unterricht (präzise: **individualisiertes Lernen ermöglichendem und förderndem Unterricht**) sind Lehr-Lern-Szenarien gemeint, die der Unterschiedlichkeit der Lernvoraussetzungen dadurch Rechnung tragen, dass es eine Vielfalt an Lernangeboten, Lernwegen, Lernmethoden und Lernorten gibt, dass also differenziert wird" (Helmke 2013). Er empfiehlt als praktikabel und in der Praxis leistbar **schülergesteuerte Formen** der Individualisierung, bei denen die Schülerinnen und Schüler aktiv werden, ohne sich ausklinken zu können und so ihren Lernprozess selbst regulieren, wie z. B. bei Projekten, Aufgaben mit unterschiedlichen Einstiegs- und Bearbeitungswegen sowie Verarbeitungstiefen, gestuften Lernhilfen, kooperatives Lernen in Gruppen, Nutzung von geeigneter Lernsoftware. So soll im Unterricht ein Szenario von sequenziellem Abwechslungsreichtum dargeboten werden können.

Auch jede Unterrichtsszene lässt sich situativ variabel anspruchsvoll planen, um dadurch in der Durchführung möglichst vielen Individuen in der Klasse eine bessere Chance im Unterricht zur Mitarbeit und zum Verstehen zu bieten. Folgende fachspezifische Entscheidungen in verschiedenen **Unterrichtskategorien** können flexibel nach Komplexität und Differenzierungen von der Lehrperson in der Planung getroffen werden (Tab. 8). Mit dem ein oder anderen lehrergesteuerten Instrument lassen sich so Vorwissen, Anforderungen, Abstraktion, Vernetzung und letztlich schülergerechtes Verstehen ausgestalten.

Unterrichts-kategorien	fachspezifische Entscheidungen zur Differenzierung
Kontexte	• enthalten mehr oder weniger Komplexität • sind alltags- oder fachinhaltsnäher oder -ferner gewählt
Fachinhalte	• können von verschiedenen Fragestellungen aus erarbeitet werden • lassen sich durch mehrere Experimente erschließen • können mit verschiedenen Modellen schülergerecht erklärt werden • lassen Konzeptwandelprozesse erwarten
Materialien	• unterschiedliche Gestaltung in Format, Graphik, Bildern, Vorgaben • ansprechen mehrerer Wahrnehmungskanäle • Texterschließung über verschiedene Darstellungsformen
Arbeitsaufträge	• können in den Anforderungsbereichen I, II oder III formuliert werden • von konkret detailliert bis unterschiedlich offen
Aufgaben	• können auf verschiedene Kompetenzbereiche gerichtet werden • lassen sich in verschiedenen Komplexitätsstufen formulieren (Fakten/Zusammenhänge, Konzept(e) (Walpuski et al. 2010, S. 177) • als Beispielaufgaben zum Üben
Lernprodukte	• unterschiedliche Verarbeitungsprozesse, z. B. graphisch (Skizze, Plakat ...), verbal (Protokoll, Bericht, Thesen ...), symbolhaft (Formel, Mind-Map ...), medial (Fotos, Video, Puzzle ...), (s. a. Abschnitt 12.3 und Kap. 9 Fachsprache) • unterschiedliche Anforderungen (Struktur, Optik, Komplexität, Abstraktion)
vorausgesetzte Kompetenzen	• können mehr oder weniger umfangreich erforderlich sein
Ziele, Kompetenzen	• können mehr oder weniger umfangreich und niveauvoll ausgewählt werden • mit oder ohne Konzeptwandelprozesse
Materialien zur Individualisierung des Arbeitsprozesses	• können vorbereitet werden, z. B. gestufte Hilfen als Lernimpulse oder Informationskarten, vorgestaltete Arbeitsunterlagen, Lösungsraster, Musterergebnis(se), Zusatzaufgaben • können mehr oder weniger eingesetzt werden • können jeweils in Anspruch, Strukturierung und optischer Gestalt veränderbar erstellt sein

Tab. 8: Fachspezifische Entscheidungen in verschiedenen Unterrichtskategorien zur Differenzierung bei Planungsentscheidungen

12

Dieses fachspezifische Instrumentarium soll eingesetzt werden, um möglichst jede Schülerin und jeden Schüler im Chemieunterricht zu aktivieren und so die Heterogenität zu reduzieren. Das kann aber nur gelingen durch „systematische Verbesserung der lernrelevanten Vorkenntnisse, das gezielte Schließen von Wissenslücken, die damit verbundene Möglichkeit der Vermittlung wirksamer Lernstrategien (metakognitive Kompetenzen) und die Beeinflussung der Lernmotivation (durch attraktive Lernanreize, durch differenzielle Beschäftigungen und durch angstfreies, stimulierendes und aufgabenorientiertes Klassenklima)" (Weinert 1997).

Stäudel (2014) kategorisiert Möglichkeiten zur **inneren Differenzierung,** indem er vier Bereiche im Unterrichtsprozess festmacht, in denen jeweils die **Gleichheit** aufgelöst werden kann zugunsten individualisierender Lern- und Arbeitsprozesse; dies sind Zugangsweisen, Anspruchsniveau, Lerntempo und Lerninhalt/Ziele (Tab. 9). Dabei betont er eine gemeinsame Basis für alle Schülerinnen und Schüler mit verbindlichen Anforderungen.

Bereiche im Unterrichts-prozess	Möglichkeiten zur Auflösung der Gleichheit
Zugangsweisen	• Wahl unterschiedlicher Methodenwerkzeuge (vgl. Kap. 12.3) • Erarbeitung von unterschiedlichen Lernprodukten • unterschiedliche Aufträge zur Texterschließung (vgl. Kap. 12.4.2 B)
Lerntempo	• methodische Entscheidungen für Lernzirkel, Lernstationen, Wochenplanarbeit
Anspruchsniveau	• unterschiedliche Anforderungsbereiche • fachsprachliches Fähigkeitsniveau • Aufgaben mit gestuften Hilfen
Lerninhalt/Ziele	• Zusätzliche Lernmöglichkeiten • ergänzende oder alternative Aufgaben • Wahlmöglichkeiten im Angebot von Lernstationen

Tab. 9: Möglichkeiten zur inneren Differenzierung in verschiedenen Unterrichtsprozessen

Brüning und Saum (2010) empfehlen, das Repertoire im **kooperativen Lernen** (vgl. Kap. 12.4.2) zu nutzen: „Im Kooperativen Lernen können alle Schüler einer Klasse ihr Wissen individuell konstruieren und im Austausch mit anderen vertiefen. Das Kooperative Lernen trägt aber nicht allein durch seine Struktur den Forderungen nach Individualisierung Rechnung. Es bietet auch unterschiedliche Möglichkeiten, einzelne Förderschwerpunkte in der Klasse zu bilden, unterschiedliche Lerngeschwindigkeiten gerecht zu werden oder den Neigungen der Schüler Raum zu geben."

Boller und Lau (2010) erweitern insbesondere die Liste **schülergesteuerter Kategorien** und machen dafür geeignete Methodenvorschläge (Tab. 10).

Innere Differenzierung durch	methodische Vorschläge
Einbringen eigener Strategien	Projektarbeit, Portfolio, Wochenplanarbeit, Lernen durch Lehren
individuelle Verantwortung	gestufte Lernhilfen
Inhalts(-aus)wahl	Gruppenpuzzle, Markt der Möglichkeiten, Projektarbeit, Freiarbeit
Leistungsniveau	Gruppenpuzzle, forschendes Lernen, gestufte Hilfen, Stationenlernen
eigene Interessenschwerpunkte	forschendes Lernen, entdeckendes Lernen, Fallmethode
individuelles Lerntempo	Stationenlernen, Wochenplanarbeit, Lerntempoduett

Tab. 10: Methodenvorschläge zur inneren Differenzierung nach Boller & Lau (2010, S. 50 f.)

12.5.2 Individualisierung mit gestuften Lernhilfen

Ein methodisch übergreifender „Schlüssel" als „Allzweckwaffe" zur Individualisierung stellen **gestufte Lernhilfen** (Boller & Lau 2010) für jede Phase im Lernprozess dar. Sie können als „Indikator" bei der Kompetenzentwicklung eingesetzt werden und so auch die Lernstände am Ende einer Unterrichtseinheit anzeigen, um Rechenschaft bei der Outputorientierung zu ermöglichen. Dabei gilt: Wer eine Lernphase mit Defiziten verlässt, hat suboptimale Voraussetzungen für den Lernfortschritt; dies gilt es daher zu minimieren. Anders betrachtet: Zu Beginn einer Unterrichtssequenz sind die Lernvoraussetzungen sehr unterschiedlich, mit gestuften Hilfen kann man hier Abhilfe schaffen und Möglichkeiten zur integrierten Wiederholung anbieten.

Gestufte Lernhilfen sind „so gestaltet, dass die Schülerin bzw. der Schüler zunächst eine Frage, einen Handlungs- oder Denkimpuls erhält und anschließend bei Bedarf den Lösungsschritt überprüfen kann" (Boller & Lau 2010, S. 64). So kann erreicht werden, dass einerseits keine einzelne Schülerin oder Schüler (bzw. keine Kleingruppe) an der Komplexität einer Aufgabe oder an Wissenslücken scheitern muss und andererseits für kompetente Schülerinnen und Schüler noch Anreiz zum selbstständigen Arbeiten bleibt. Ein Beispiel für den Anfangsunterricht zeigt Vertiefung 12.

V

Vertiefung 12: Eine Aufgabe mit gestuften Lernhilfen nach Stäudel (2008, S. 24 ff.)

Die 5-Cent-Münze sieht aus, als ob sie nur aus Kupfer gefertigt ist. Aber ist sie das wirklich? Die Münze wird von einem Magneten angezogen. Dies spricht gegen reines Kupfer. Wie könnt ihr – ohne die Münze zu beschädigen – auf eine zweite Weise zeigen, dass die Münze nicht aus reinem Kupfer besteht? Entwickelt dazu einen Versuch.

Zusatzinformation: Tabelle mit spezifischem elektrischen Widerstand, Dichte und Schmelztemperatur jeweils von Kupfer, Aluminium, Silber, Eisen.

mögliche Hilfen:

1. Betrachtet die Eigenschaften von Kupfer in der Tabelle. Wie könntet ihr überprüfen ob das Material, aus dem die Münze besteht, die Eigenschaften von Kupfer hat?
   Die Schmelztemperatur der Münze bestimmen, die Dichte der Münze ermitteln, ihre elektrische Leitfähigkeit überprüfen.
2. Welche dieser Eigenschaften lässt sich am einfachsten bestimmen?
   Schmelztemperatur: hohe Temperaturen, Münze verformt; Leitfähigkeit: Spannungsquelle, Amperemeter, Voltmeter, Form der Münze ungeeignet; Dichte: Bestimmung Masse und Volumen.
3. Welche Messwerte benötigt man, um die Dichte der Münze zu bestimmen?
   Masse, Volumen
4. Wie kann man das Volumen der Münze bestimmen?
   Bestimmung des Volumens der Portion Wasser, das von der Münze verdrängt wird.
5. Die Messwerte bei einer Münze sind ziemlich klein, das Ergebnis könnte ungenau sein. Wie kann man die Messung durchführen, um genauere Ergebnisse zu erhalten?
   Durchführung der Messung von Masse und Volumen mit zehn Münzen anstelle von einer.

Gestufte Lernhilfen stellen methodisch einen flexibel handhabbaren Kompromiss zwischen „Instruktion und Konstruktion" dar (vgl. Offenheit bei Aufträgen, S. 385). Durch Informationen und einzelne Aufträge aus den Aufgaben (Arbeitsblatt) und durch geeignete Impulse aus gestuften Hilfen (je nach Bedarf) wird erforderliches Wissen beim Lernenden aktiviert, erweitert oder umstrukturiert. So kann jede Schülerin und jeder Schüler individuell Erfolge verbuchen und einzelne Kompetenz-Entwicklungsschritte erfolgreich absolvieren. „Selbst wenn man eine Sache nicht übermäßig prickelnd oder wichtig findet, bleibt man eher dabei, wenn man die eigenen Fortschritte sieht" (Stern 2012, S. 453).

Zur Entwicklung gestufter Hilfen muss eine Aufgabenstellung so **komplex** sein, dass „mehrere aufeinanderfolgende Lösungsschritte" (Boller & Lau, 2010) erforderlich sind; also kann die Lehrperson eine Sequenz von Teilproblemen aufstellen und dazu Bearbeitungsschwierigkeiten und mögliche Wissenslücken antizipieren, um jeweils Fragen oder Aufforderungen und Antworten oder Erläuterungen als Lernhilfe zu formulieren. Schülerinnen und Schüler können so nicht nur individuell eine Aufgabenstellung bearbeiten, sondern auch eigene Erfolgserlebnisse in gestufter Form verbuchen. Damit kann man den Gebrauch von Lernhilfen zugleich als lernprozessbezogene Diagnose nutzen und notwendige Fördermaßnahmen individuell besprechen. Weniger hilfreich ist der Einsatz bei einfachen Aufgaben, wenn Hilfekarten lediglich Informationen zum erarbeiteten Vorwissen aus der Unterrichtsreihe enthalten, die auch im Arbeitsheft dokumentiert sind und auf die die SuS zurückgreifen können und sollen. So kann z.B. die Verwendung einer, mit den Schülerinnen und Schülern im Unterrichtsgang entwickelten Concept-Map hilfreicher und lernwirksamer sein als manche zusätzliche Info-Karte.

Die Ergebnis- und **Kompetenzsicherung** liegt in der Verantwortung von Lernenden und Lehrenden. Ein informatives und strukturiertes Tafelbild zeigt den Schülerinnen und Schülern an, was im Unterricht behandelt wurde, aber noch nicht, was ein Lerner (jeder einzelne) an Kompetenzzuwachs erreicht haben soll. Mit einer lernprozessbezogenen Diagnose durch Einsatz gestufter Hilfen in Anwendungs- und Transferaufgaben können diese pädagogischen Defizite angegangen und Unterrichtsergebnisse gesichert werden.

12.5.3 Ein differenzierter und fachspezifischer Blick auf die Lerner

Unterstützung kann Schülerinnen und Schülern auch dadurch gewährt werden, dass die Lehrperson Möglichkeiten der Elementarisierung und didaktischen (Re-)Konstruktion (vgl. Kap. 3) ausnutzt. „Der Schüler folgt dem Unterricht motiviert und verständig, doch plötzlich hakt es bei ihm aus, er fühlt sich abgehängt, er kommt nicht mehr mit ... Das Bemühen, den Lerngegenstand, das Objekt, mit dem Schüler, dem Subjekt, durch Unterricht zur Deckung zu bringen, wird in der Fachdidaktik als Elementarisierung bezeichnet“ (Pfeiffer et al. 1992, S. 197).

Wenn im Chemieunterricht der „Faden“ reißt, dann möglicherweise in Situationen, in denen es an unterstützender Visualisierung mangelt, oder solchen mit übermäßiger Fülle an selten benutzten Fachbegriffen oder an vorzeitig verallgemeinerten oder zu stark differenzierten Fachbegriffen. Diese Situationen betreffen auch vorschnelle Verallgemeinerungen bei der Entwicklung von Fachbegriffen oder bei der Wahl geeigneter Modellvorstellungen unter Berücksichtigung adäquater Visualisierungen. Bei der Ausgestaltung und Vernetzung der Fachinhalte in den ausgewählten Kontexten kann es vorkommen, dass Schülerinnen und Schüler den Durchblick verlieren, wenn sie z. B. keine oder zu geringe Vorerfahrungen mitbringen.

Systematische Anregungen bietet ein Blick in Kapitel 12.1.3 über vier typische Lernarrangements (nach Kiper & Mischke 2006, S. 97 ff.) mit wichtigen Momenten zur Interdependenz didaktischer Kategorien. Hier werden deutliche Anknüpfungspunkte erkennbar, in denen der Kontakt zwischen kognitiver Struktur einzelner Schülerinnen und Schüler einer Klasse und den Lerngegenständen einerseits leicht abbrechen oder andererseits eine Kompatibilität angemessener berücksichtigt und vorbereitet werden könnte (Tab. 11).

Lernarrangement	Mögliche Anknüpfungspunkte
Wissen erwerben	Vernetzung bei der Begriffsbildung Visualisierung bei der Modellbildung
Experimentieren	Reichhaltigkeit der Vermutungen Nachvollziehbarkeit der Hypothesenentwicklung Entwicklung der Deutungen aus den Beobachtungen Schrittfolge: makroskopische – submikroskopische – formale Ebene
Problemlösen und Entdecken	Komplexität der Bearbeitungsprozesse Umfang zu nutzender Informationen
Reflexion über Inhalte und Werte	Aktivierung von Erlebnissen und jeweils schülerspezifischen Wertemaßstäben Perspektivenwechsel Lese- und Diskussions-Kompetenz

Tab. 11: Mögliche Anknüpfungspunkte im Chemieunterricht, bei denen ein differenzierender Blick auf die Lerner sinnvoll ist.

12.6 Diagnostizieren und Fördern

Inhaltliche Schwerpunkte

- Möglichst individuelle Förderung der Schülerinnen und Schüler ist eine zentrale Aufgabe beim kompetenzorientierten Unterrichten.
- Lehrpersonen machen sich über den Lernstand ihrer Schülerinnen und Schüler häufig zu optimistische Vorstellungen.
- Diagnostizieren macht Unterricht transparenter und effektiver.
- Bei der Planung von Unterrichtseinheiten und -stunden müssen Diagnoseanlässe und dazu geeignete Mikro- und Makromaßnahmen bedacht werden.
- Notwendige Folgen von Diagnostik bei den Lernern: Möglichst individuelle Förderung, bei den Lehrenden: Reflektieren und evtl. Umgestaltung des eigenen Unterrichts.

12.6.1 Individuelle Förderung im kompetenzorientierten Unterricht

Seitdem der Fokus beim Unterrichten noch stärker auf das einzelne Individuum gerichtet wird, rücken politische Vorgaben das möglichst individuelle Fördern weiter ins Zentrum. Im ersten kompetenzorientierten Bildungsplan Deutschlands (Ministerium für Kultus, Jugend und Sport in BW 2004) heißt es unmissverständlich: „Jeder junge Mensch hat ein Recht auf Erziehung und Bildung. Die öffentliche Schule schuldet ihm jede zur Erfüllung dieses Rechts nötige Hilfe [...]. Kein Kind darf fallengelassen werden." Das Forum Bildung der Bund-Länder-Kommission für Bildungsplanung und Forschungsförderung macht bereits 2001 in seinen Empfehlungen (Arbeitsstab Forum Bildung) darauf aufmerksam, dass Förderung nicht nur in eine Richtung gedacht werden darf: „Individuelle Förderung ist gleichermaßen Vo-raussetzung für das Vermeiden und den rechtzeitigen Abbau von Benachteiligungen wie für das Finden und Fördern von Begabungen." Die wichtigste Gelegenheit, Schülerinnen und Schüler mit Förderbedarf in die eine oder andere Richtung zu entdecken, bietet der Unterricht. Die vielfältigen Aspekte, die beim Thema Förderung zu beachten sind, werden in Abbildung 17 vorgestellt, wobei die meisten für alle Fächer gelten.

Abb. 17: Aspekte möglichst individueller Förderung nach MNU (2009)

Gerade die Chemie bietet jedoch im **außerunterrichtlichen Bereich** zahlreiche Möglichkeiten der Förderung, die in Kapitel 17 und 18.5 vorgestellt werden, außerdem in Greiten (2016) und Gardyan (2008) sowie Staatl. Seminar für Didaktik u. Lehrerbildung (2014). Letzteres enthält auch ein Angebot für „durchschnittliche" Schülerinnen und Schüler (vgl. auch Kap. 18.5). Auf sie sollte im Unterricht eingegangen werden.

Für den Unterrichtsalltag von weit höherer Bedeutung sind Möglichkeiten der **Förderung im Unterricht,** denen allerdings eine diagnostische Phase vorausgehen sollte.

12.6.2 Diagnostizieren versus Prüfen und Benoten

Zu den Aufgaben der Schule und damit aller Lehrenden gehört zweifellos die Leistungsbewertung, durch die Schullaufbahnen gesteuert und spätere berufliche Positionen zugewiesen werden (Hänze & Jurkowski 2011). Gleichzeitig verspricht man sich durch sie Erkenntnisse über Lernschwierigkeiten und -begabungen sowie Hinweise zur Verbesserung der Unterrichtsgestaltung (Paradies et al. 2007, S. 26). In der Praxis werden aber die in benoteten Prüfungen erkannten Defizite selten erfolgreich angegangen, da die SuS schwer dafür zu motivieren sind und sich, falls es doch geschieht, alter und aktueller Stoff überlagern. Das Diagnostizieren findet dagegen nicht erst am Ende einer Unterrichtseinheit, sondern vor allem zu Beginn und während des Lernprozesses statt, um der Lehrperson wie auch jedem Lerner einen Überblick über den jeweiligen Fortschritt beim Kompetenzerwerb zu verschaffen. Um zu ehrlichen Ergebnissen zu gelangen, ist es unbedingt notwendig, das Diagnostizieren im leistungsfreien Raum anzusiedeln. Auch anonyme Verfahren sind oftmals hilfreich. Während die bundesweit angestellten Vergleichsstudien (vgl. Kapitel 18.1) mithilfe statistischer Verfahren präzise Messungen ermöglichen, und die „pädagogische Diagnose“ nach Paradies et al. (2007, S. 33) entwicklungsbezogene Fragestellungen ebenso einbeziehen muss wie die Frage nach der Entstehung bzw. Verhinderung von lernbereichsspezifischer Motivation sowie die Einflussfaktoren der Umwelt, genügen für den schulischen Alltag einfachere Maßnahmen. Die Diagnostik im Chemieunterricht wird über das bereits Gesagte hinaus durch folgende Aussagen charakterisiert:

- Sich als Lerner (Was kann ich eigentlich wirklich?) bzw. Lehrperson (Was kann meine Schülerin oder mein Schüler eigentlich wirklich?) diese Frage häufiger und ernsthafter zu stellen, ist ein Merkmal des kompetenzorientierten und nachhaltigen Unterrichts.
- Diagnose soll „Wissen über Wissen und Förderbedarf“ transparent werden lassen.
- Schülerinnen und Schüler sollen mit zunehmendem Alter mehr Eigenverantwortung für ihren Lernfortschritt übernehmen. Dazu müssen möglichst passende Förderangebote bereitgestellt werden.
- Durch Diagnosemaßnahmen erhält die Lehrperson wertvolle Informationen über den Erfolg seines Unterrichts, die sie für die zukünftige Gestaltung ihres Unterrichts nutzen kann.

- Für den Unterrichtsalltag benötigt man keine standardisierten Tests, es kommen andere Instrumente und Untersuchungsdesigns zum Einsatz.
- Man muss nicht immer und überall diagnostizieren und fördern. Schlüsselstellen genügen, wobei die überfachlichen Kompetenzen nicht übersehen werden dürfen (vgl. Kap. 13.3 und 14.7).
- Jeder Diagnose muss sich eine machbare Förderung anschließen. Individuelle Förderungen werden im Alltag nur selten möglich sein.
- Es gibt Diagnosemethoden für alle Kompetenzbereiche, für Abschnitte größerer Unterrichtseinheiten wie auch für Phasen einer einzelnen Unterrichtsstunde.
- Der Austausch von Diagnosematerialien und -ergebnissen in der Fachkonferenz ist ein wichtiger Beitrag zur Arbeitserleichterung und zur Schulentwicklung.
- Der Erwerb von Diagnosekompetenzen ist elementarer Bestandteil der Aus- und Weiterbildung aller Lehrpersonen.

12.6.3 Diagnostizieren und Fördern in Unterrichtseinheiten (Makromethoden)

Bei der Planung einer Unterrichtseinheit ist immer auch an diagnostische Maßnahmen zu denken: Im Unterrichtskonzept des Förderkreises (Ragusc et al. 2013) etwa zu Beginn, um die Schülervorstellungen und das Vorwissen zu ermitteln, als Zwischenbilanz zur Ermittlung des erreichten Kompetenzstandes in Bezug auf die angestrebten Ziele, und am Ende, um den Lehr-Lernprozess zu reflektieren. Dabei sind jeweils geeignete Fördermaßnahmen ein Bestandteil.

Zur **Ermittlung der Ausgangssituation** (Präkonzepte, Schülervorstellungen vgl. Kap. 8) sind einfache Ankreuzbögen als Diagnoseinstrument („Ich kann ...“), Fragebögen oder Multiple-Choice-Aufgaben gut geeignet, die im Konzept choice2learn (Marohn 2014b) auch zur Initiierung von Lernprozessen genutzt werden (vgl. Kap. 4.1). Zur **Ermittlung des erreichten Kompetenzstands bieten sich Selbsteinschätzungsbögen** (Abb. 18) an, die auch als Partneraufgabe geeignet sind (Krumm et al. 2008; Landesinstitut für Schulentwicklung 2009).

Neben den dort formulierten zu diagnostizierenden Kompetenzen sind auch Förder- und Hilfsangebote (z. B. Hinweise auf entsprechende Abschnitte im Schulbuch oder auf bereitliegende Aufgaben) zu finden. Der Diagnosebogen wird dadurch zugleich zum Förderbogen. Dabei ist ein Angebot auf verschiedenen Niveaustufen sinnvoll, um innerhalb der Lerngruppe zu differenzieren.

Bogen zur Selbsteinschätzung, Thema „Chemische Gleichgewichte“

Bücher zum Nachschlagen sowie Partneraufgaben zur Beschäftigung und Selbstüberprüfung mit den ausgewählten Themen liegen bereit. Lösungshinweise und Erwartungshorizonte dazu gibt es beim Lehrer

Kompetenz des Schülers/ der Schülerin mit Angabe des Kompetenzbereiches: F: Fachwissen, E: Erkenntnisgew., K: Kommunikation, B: Bewertung		sicher	ziemlich sicher	unsicher	Fachbegriffe zum Nachschlagen	Aufgabe
Ich kann die Einstellung eines chemischen Gleichgewichtes an einem Beispiel beschreiben.	F				Umkehrbare Reaktion, Geschwindigkeit der Hinreaktion/ der Rückreaktion, dynamisches Gleichgewicht	1 2
Ich kann die Voraussetzungen für die Einstellung eines chemischen Gleichgewichtes nennen.	F				Geschlossenes System, gleichzeitiger Ablauf von Hin- und Rückreaktion	2
Ich kann ein Modellexperiment zur Gleichgewichtseinstellung durchführen.	E				Modellexperiment (Stechheberversuch, Kugelspiel, ...)	3
Ich kann Beispiele für Reaktionen und ihre Umkehrreaktion benennen.	F				Umkehrbare Reaktionen	4
Ich kann begründen, warum bei der Gleichgewichtseinstellung beide Reaktionen selbsttätig („freiwillig“) ablaufen.	F				Minimum der freien Enthalpie, Maximum der Gesamtentropie, Mischungsentropie	5
Ich weiß, welche Rolle ein Katalysator für die Gleichgewichtseinstellung spielt.	F				Energiediagramm, Katalyse	6 7
Ich kann für ein Gleichgewicht das Massenwirkungsgesetz formulieren.	F				Stoffmengen-Konzentration, Gleichgewichtskonstante, MWG	8
Ich weiß, von welchen Parametern die Gleichgewichtskonstante abhängt.	F				Massenwirkungsgesetz	8
Ich kann den Reaktionsgleichungen entnehmen, ob sich die Gleichgewichtszusammensetzung bei einer Druckänderung ändern wird oder nicht.	F				Teilchenanzahl, Satz von AVOGADRO	8
Ich kann den Wert der Gleichgewichtskonstanten berechnen, wenn ich die Reaktionsgleichung und die Gleichgewichtskonzentrationen kenne.	F				Teilchenanzahl, Satz von AVOGADRO	9

Ich kann mithilfe des Massenwirkungsgesetzes die Auswirkung einer Konzentrationsänderung abschätzen.	F				Massenwirkungsgesetz	10
Ich kann das Prinzip von Le Chatelier in einem verständlichen Satz formulieren.	K				Konzentrationsänderung	11
Ich kann das Prinzip von Le Chatelier zur Beurteilung der Auswirkung von Konzentrations-, Druck- und Temperaturänderungen anwenden.	F				Prinzip „vom kleinsten Zwang", Le Chatelier, Gleichgewichts-Verschiebung	7 8 12
Ich kann Vorschläge zur technischen Problemlösung bei der Ammoniaksynthese beurteilen.	B				Gleichgewichtsverschiebung, Satz von Avogadro Haber-Bosch-Verfahren	6 7 12
Ich kann ein Experiment planen, durchführen und auswerten, das das Prinzip von Le Chatelier an einem Beispiel bestätigt.	E				Prinzip von Le Chatelier	13
Ich kann Faktoren nennen, die die Gleichgewichtseinstellung bei der Ammoniaksynthese beeinflussen.	F				Ammoniak-Synthese	6 14
Ich kann die gesellschaftliche Bedeutung der Ammoniak-Synthese erläutern.	K				Ammoniak, Verwendung	15
Ich kann einen Kurzvortrag zu den Leistungen von Fritz Haber und Carl Bosch halten.	K B				Haber, Fritz Bosch, Carl	16

Abb. 18: Beispiel eines Diagnosebogens nach Wambach & Wambach-Laicher (2012)

Wird der Kompetenzzuwachs am Ende einer Unterrichtseinheit in den Blick genommen, eignet sich das Concept Mapping insbesondere dann, wenn wichtige Basisbegriffe im Zentrum standen.

Das Erstellen von Concept Maps bedarf der Berücksichtigung lediglich dreier Regeln: Knoten bestehen aus einzelnen Begriffen; Knoten werden durch Pfeile verbunden, wobei jeweils in Pfeilrichtung gelesen wird; Pfeile werden so beschriftet, dass der Zusammenhang der verbundenen Begriffe deutlich wird. Das Erstellen von Concept Maps sollte eingeübt werden (Sumfleth et al. 2010) und ist laut (Lüthjohann & Parchmann 2011) auch gut im NaWi-Unterricht an Regional- und Gemeinschaftsschulen als Diagnoseinstrument einzusetzen.

Für das Ende einer Unterrichtseinheit sollte, wie z. B. in Petermann et al. (2008) und Dubs (2014) beschrieben, Raum zur **Metakognition** vorgesehen werden, damit alle Schülerinnen und Schüler ihren individuellen Lernfortschritt reflektieren können. Gibt man Schülerinnen und Schülern in dieser Phase – natürlich anonymisiert – richtige und falsche Aussagen, die man in der Lerngruppe aus Aufgabenlösungen gesammelt hat, zur Diskussion, führt dies zur Auseinandersetzung mit bisherigen und neu entwickelten Vorstellungen. Gleichzeitig werden **Fehler als Lernanlass** erkannt und enttabuisiert.

Zur Planung einer Unterrichtseinheit gehört auch die Frage, welche Kompetenzbereiche außer dem Fachwissen in den Blick genommen werden sollen. **Experimentelle Kompetenzen** lassen sich etwa mithilfe in Di Fuccia & Ralle (2009) beschriebener Instrumente zur Beurteilung (unvollständige Versuchsdurchführung, eigenständige Planung eines Experiments oder „Zwang zur Prognose") diagnostizieren (vgl. Kap. 12.8). Zur Erhöhung der Transparenz sollen Beurteilungskategorien (Meier 2014) erstellt und offengelegt werden. **Kommunikative und Bewertungskompetenzen** werden z. B. anlässlich eines Rollenspiels deutlich durch die Anzahl der verwendeten Quellen, die Fähigkeit, Argumente gegenüberzustellen und eine persönliche Stellungnahme zu formulieren. Besonders wichtig als Feedback ist hier die abschließende Metareflexion, wie sie z. B. in Feierabend & Eilks (2009) beschrieben wird. Das Verbalisieren von Gedanken, z. B. in kleinen Aufsätzen und in Schüler-Schüler-Interaktionen, fördert oftmals Präkonzepte (vgl. Kap. 8) und Missverständnisse zutage und ist gleichzeitig der erste Schritt zu deren Bearbeitung.

12.6.4 Diagnostizieren und Fördern in Unterrichtsstunden (Mikromethoden)

Jede Lehrkraft möchte sich während des Unterrichts immer wieder versichern, ob ihre Lerngruppe auch verstanden hat, worum es gerade geht. Floskeln wie „Klar?" oder „Habt ihr das verstanden?" sind daher an der Tagesordnung, jedoch völlig nutzlos. Um ehrlichere Auskunft darüber zu bekommen, was die Schülerinnen und Schüler wirklich denken, überlegt man sich schon bei der Vorbereitung „diagnostische Fragen" (Hüttner 1994), bei denen das erlernte Konzept angewendet und nicht nur der neue Begriff wiedergegeben werden muss. Einen motivierenden Stundeneinstieg bieten Faltblätter (Abb. 19), bei denen zunächst verdeckt zwei Schülerinnen und Schüler richtige von falschen Aussagen unterscheiden, dann ihre Ergebnisse vergleichen und sich einigen müssen. Um schnell zu klären, ob bestimmte Sachverhalte gut verstanden sind, bietet sich ein **Concept cartoon** (Barke et al. 2009) an. Wie Abbildung 20 zeigt, werden dabei vier Äußerungen angeboten, diese zunächst in Gruppen diskutiert, um die völlig korrekte herauszufinden, und dann im Plenum verglichen.

Es kommt bei der Erstellung darauf an, die bekannten, üblichen Irrtümer in die Distraktoren (möglichst „verführerische“ Falschantworten) aufzunehmen.

Gewinnbringend ist zum Stundenschluss eine Rückbetrachtung durch eine aus den USA stammende CAT (Classroom assessment technique, Angelo & Cross 1993) wie z. B. „the muddiest point“, also die Frage „Was war der unklarste Punkt in dieser Stunde?“ Mit den Schüleräußerungen dazu kann die folgende Stunde zielgenau vorbereitet werden.

Kleine Faltblatt-Diagnose

1. Wenn du als Erste(r) das Blatt erhältst, kreuze die richtigen Aussagen in der ganz *rechten* Spalte an (O) und knicke dann das Blatt an den gestrichelten Linien nach hinten (erst 1., dann zur Sicherheit 2.). Gib es dann weiter.
2. Wenn du als Zweite(r) das Blatt erhältst, falte nicht auf und kreuze die richtigen Aussagen auf der rechten Seite an (◊).
3. Faltet dann das Blatt gemeinsam auf, diskutiert miteinander die Ergebnisse und tragt dann zusammen die Kreuze bei den richtigen Aussagen in der linken Spalte ein (□)

□	1. Die kleinen Teilchen von Schwefel sind gelb.	◊	0
□	2. Beim Lösen von Salz in Wasser verschwinden kleine Teilchen.	◊	0
□	3. Zwischen den kleinen Teilchen eines Kristalls ist Luft.	◊	0
□	4. Die Bewegung der kleinen Teilchen kommt nie zum Stillstand.	◊	0
□	5. Kleine Teilchen können nicht schmelzen.	◊	0
□	6. Kleine Teilchen sehen aus wie Tischtennisbälle.	◊	0
□	7. Bei Zuckerwasser schwimmen kleine Zuckerteilchen in Wasser.	◊	0
		2.	**1.**

Abb. 19: Diagnose-Faltblatt zum Teilchenmodell (Ausschnitt) nach (Landesinstitut für Schulentwicklung 2009)

Sehr beliebt bei Schülerinnen und Schülern ist auch eine einfache elektronische Abfrage mithilfe kostenloser Apps wie z.B. *Plickers* (https://plickers.com) oder *Kahoot* (https://kahoot.com), die die anonyme Auswertung sofort im Unterricht ermöglichen.

Abb. 20: Concept-Cartoon zum Thema Elektronenpaarbindung (Kremer)

V

Vertiefung 13: Erstellen von Diagnosematerial

Wie Treagust (1988) gezeigt hat, sind richtige Antworten von Schülerinnen und Schülern noch keine Garantie für tragfähige Vorstellungen bei ihnen. Zahlreiche Beispiele dieser Art, insbesondere zur Existenz der Ionen und Struktur der Salze, hat Barke (2006, S. 105 ff.) gesammelt. In Klinger (2011) werden zur Klärung der Schülervorstellungen daher zweistufige Tests vorgeschlagen, bei denen auch nach der richtigen Begründung für die gegebene Antwort gefragt wird.

Nach der inhaltlichen Bestimmung und Information zu Präkonzepten (z. B. in Barke 2006) formuliert die Lehrperson den ersten Teil als Multiple-Choice-Frage mit zwei bis drei Auswahlantworten. Der zweite Teil bietet vier bis fünf Begründungen an, bei denen außer der fachlich richtigen auch typische Schülervorstellungen vertreten sind. Für solche Multiple-

Choice-Aufgaben werden in Marohn (2014, S. 161) weitere wichtige Kriterien genannt: Jeder Distraktor repräsentiert nur eine Vorstellung, die Auswahlantworten sind voneinander unabhängig, schließen sich gegenseitig aus, sind bezüglich Länge, Konstruktion und Sprache in etwa vergleichbar, wobei auf verdächtige Wörter wie „immer" oder „nur" verzichtet wird. Beispiele für mehr und weniger gelungene Aufgaben finden sich in Kallweit et al. (2015).

1. Erstellen Sie mithilfe dieser Angaben einen zweistufigen Diagnosetest zu einer Kompetenz einer Schlüsselstelle im Chemieunterricht (z. B. chemisches Gleichgewicht).
2. Setzen Sie den Test bei Nicht-Chemikern in Ihrem Umfeld und bei Schülerinnen und Schülern ein.
3. Optimieren Sie danach die Formulierungen im Test.
4. Besprechen Sie in der Fachgruppe, welche Ursachen die entdeckten Schülervorstellungen haben könnten, und wie im Unterricht darauf reagiert werden könnte.

V

Vertiefung 14: Effektivität von Selbsteinschätzungsbögen, auch ein chemiedidaktisches Forschungsprojekt

An der TU Dortmund geht eine Forschungsgruppe der Frage nach, ob es effektiv ist, dass Schülerinnen und Schüler ihre Kompetenzen zunächst selbst einschätzen, bevor sie danach ihr Aufgabenmaterial auswählen und bearbeiten (Kallweit & Melle 2014). Bisher konnte die Effektivität von Methoden zur individuellen Förderung nicht allgemein gezeigt werden (Blaes et al. 2012).

Forschungshypothesen:

Der Einsatz des Selbsteinschätzungsbogens im Rahmen einer Fördereinheit führt im Vergleich zu einer bezüglichen Lernzeit und Inhalten identischer Übungsphase zu

- einem höheren Fachwissenszuwachs,
- einem nachhaltig höheren Fachwissenszuwachs.

Instrumente, Design:

Für die Studie wurde eine 90-minütige Fördereinheit für siebte Klassen an Gymnasien zum Basiskonzept Chemische Reaktion entwickelt. Für neun konzeptbezogene Kompetenzen schätzen die Hälfte der SuS ihre individuellen Fähigkeiten ein. Außerdem gab es eine direkte Verknüpfung zu den Lernmaterialien, die aus Erklärungstexten, Aufgaben und besonders anspruchsvollen Aufgaben bestanden. Getestet wurde mit einem Multiple-Choice-Test mit 35 Items.

Festgelegt wurde das Kontrollgruppendesign aus ca. 200 Schülerinnen und Schülern mit Pre, Post- und Follow-up-Messzeitpunkten. Beide Gruppen arbeiteten zur gleichen Zeit, mit den gleichen Materialien, allerdings räumlich voneinander getrennt.

Auswertung:
Alle Lernenden erzielen einen unmittelbaren Lernerfolg.
Mit dem Selbsteinschätzungsbogen ließ sich direkt nach der Fördereinheit und auch nach einiger Zeit ein höherer Lernerfolg erzielen.
Es treten keine Interaktionseffekte der Gruppen mit dem Geschlecht oder den kognitiven Fähigkeiten auf.

Zusammenfassung und Ausblick:
Die Ergebnisse der Hauptuntersuchung bestätigen die Forschungshypothesen.
Die Effektstärken waren allerdings schwach, vermutlich aufgrund der kurzen Interventionsdauer (90 Minuten) und der großen Ähnlichkeit der beiden Gruppen.

Weitere Forschungsvorhaben:
Auswertung von Videoaufnahmen und der eingescannten Arbeitsmaterialien der Lernenden; Auswertung der Selbstkonzepttests und Analyse des Zusammenhangs zwischen Lernerfolg und Einschätzungsgenauigkeit.

12.7 Lernaufgaben

Inhaltliche Schwerpunkte

- Lernaufgaben basieren auf einem Verständnis von Lernen als einem selbstgesteuerten, konstruktiven Aneignungsprozess, der auf der intrinsischen Motivation der Lernenden beruht und den didaktischen Prinzipien wie Kontext-, Problem- und Handlungsorientierung entspricht.
- Struktur und Zieltransparenz des Aufgabensettings und die damit verbundenen Leistungserwartungen sind grundlegende Voraussetzungen für eine erfolgreiche Bearbeitung.
- Unterschiedliche Unterstützungsformate helfen, die Motivation der Lernenden aufrechtzuerhalten und die Kompetenzentwicklung über Experimente und passgenaue Materialien zu befördern.
- Ein experimentgestütztes Aufgabenset verdeutlicht die Strukturierung des Lernprozesses gegliedert in „Einstieg“, „Erarbeitung“, „Übung“ und „Anwendung zur Problemlösung“.

12.7.1 Kennzeichen von Lernaufgaben

Nach dem schlechten Abschneiden deutscher Schülerinnen und Schüler bei den ersten internationalen Vergleichsstudien TIMSS und PISA in den naturwissenschaftlichen Fächern wurde mit der Hinwendung zu standardbezogenen und kompetenzorientierten Unterrichtskonzepten eine neue Aufgabenkultur entwickelt. Dem Unterricht und den Aufgaben kommt die Funktion zu, inhaltsbezogene und allgemeine Kompetenzen zu vermitteln und damit zur Qualitätssteigerung des Lernens beizutragen.

Bei Lernaufgaben handelt es sich um Lernumgebungen zur Kompetenzentwicklung, die den Lernprozess durch eine Folge von gestuften Aufträgen und Materialien steuern (Leisen 2007). Lernaufgaben basieren auf einem Verständnis von Lernen als einem selbstgesteuerten, konstruktiven Aneignungsprozess. Im Idealfall initiieren sie einen kritischen und selbstständigen Umgang mit lebensweltlichen Kontexten, die eine schrittweise Erarbeitung von wissenschaftlichen Konzepten und somit den kumulativen Wissensaufbau ermöglichen. Über Lernaufgaben sollen curriculare Vorgaben in Lernprozesse transferiert werden. Wesentliche didaktische Prinzipien, wie Kontext-, Problem- und Handlungsorientierung, sind daher auch bestimmend bei der Konstruktion und der Analyse bereits vorhandener Aufgaben.

In vielen empirischen Untersuchungen konnte nachgewiesen werden, dass die intrinsische Motivation eine wichtige Bedingung für qualitativ anspruchsvolle Formen des Lernens darstellt (Krapp & Ryan 2002). Wird der Kompetenzerwerb über Lernaufgaben gesteuert, tritt die personale Steuerung durch die Lehrperson weitgehend in den Hintergrund. Wie kann es gelingen, Lernende so zu motivieren, dass sie in der Lage sind, umfangreiche Aufgabenstellungen **selbstständig** und **erfolgreich** zu bearbeiten? Bei den Schülerinnen und Schülern setzt dies eine hohe Bereitschaft zur Anstrengung, zum Durchhalten und zur Überwindung von Lernbarrieren voraus. Sie müssen deswegen wirksam im Lernprozess unterstützt werden.

12.7.2 Unterstützungsformen

Formale Gestaltung

Über ein ansprechendes Layout kann ein erstes Interesse an einer Aufgabe geweckt werden. Wiederkehrende Muster in Layout und Aufbau sorgen für Orientierung und tragen daher zur effektiven Nutzung der Lernzeit bei. Im Schulalltag haben sich bewährt:

a) die deutliche Abgrenzung von Informationsanteilen und Bearbeitungsaufträgen

b) der enge Zusammenhang zwischen dem Text, den Grafiken und Bildern sowie Experimenten
c) die Verwendung von Operatoren zur Kennzeichnung der unterschiedlichen Anforderungsniveaus (KMK 2013)
d) der gestufte Aufbau mit Teilaufgaben zu allen Anforderungsniveaus (I–III).

Transparenz

Transparenzschaffende Maßnahmen, wie die Klärung von Lernzielen und Leistungsansprüchen, die inhaltliche und zeitliche Strukturierung von Arbeitsabläufen sowie ein lernförderliches Feedback, lösen motivationale Prozesse der Lernenden aus und sind somit von Bedeutung für die Gestaltung von und den Umgang mit Lernaufgaben.

Diese Prozesse können im Umgang mit Lernaufgaben initiiert werden, wenn Schülerinnen und Schülern bewusst ist, in welche größeren thematischen und konzeptbezogenen Zusammenhänge die Lernaufgabe eingebettet ist. Zur Visualisierung und Orientierung bieten sich der Advance Organizer an (Wahl 2006). Die Schülerinnen und Schüler nutzen den Advance Organizer, um sich über Inhalt und Ablauf der Unterrichtssequenz zu informieren, um inhaltliche Fragen zu stellen und um persönliche Ziele zu ihrem Arbeitsprozess zu formulieren (Abb. 21).

Erwartungen an die Qualität der Arbeitsergebnisse müssen verhandelt und klar formuliert werden. Nur wenn Schülerinnen und Schüler Kenntnis darüber haben, in welcher Weise die unterschiedlichen Lernprodukte in der Lerngruppe zusammengeführt und diskutiert werden sollen, kann ein selbstgesteuerter, konstruktiver „Aneignungsprozess" in Gang gesetzt werden und der „handelnde Umgang mit Wissen" geübt werden (Leisen 2007).

Authentische Probleme

Kompetenzen werden vor allem in authentischen Problemlösesituationen erworben (Weinert 2001, vgl. Kap. 7), in denen dem Experiment eine zentrale Rolle zukommt. Daher kommt der Anbindung der Lernaufgabe an die Lebensnähe der Lernenden ein besonderer Stellenwert zu (Parchmann & Bernholdt 2016). Lebensweltliche Kontexte vermögen situationales Interesse zu erzeugen (Kölbach & Sumfleth 2013) und damit auch Lernmotivation zu schaffen (Abb. 22 & 23). Wird der Kontext als Aufhänger für fachimmanente Aufgaben gebraucht, ist er unrealistisch oder gar unübersichtlich, schwindet das Interesse der Schülerinnen und Schüler am Kontext. Die Motivation der Lernenden, sich intensiv mit dem Problemlöseprozess auseinanderzusetzen, geht verloren, und die Qualität der Bearbeitung sinkt (Deci & Ryan 1993).

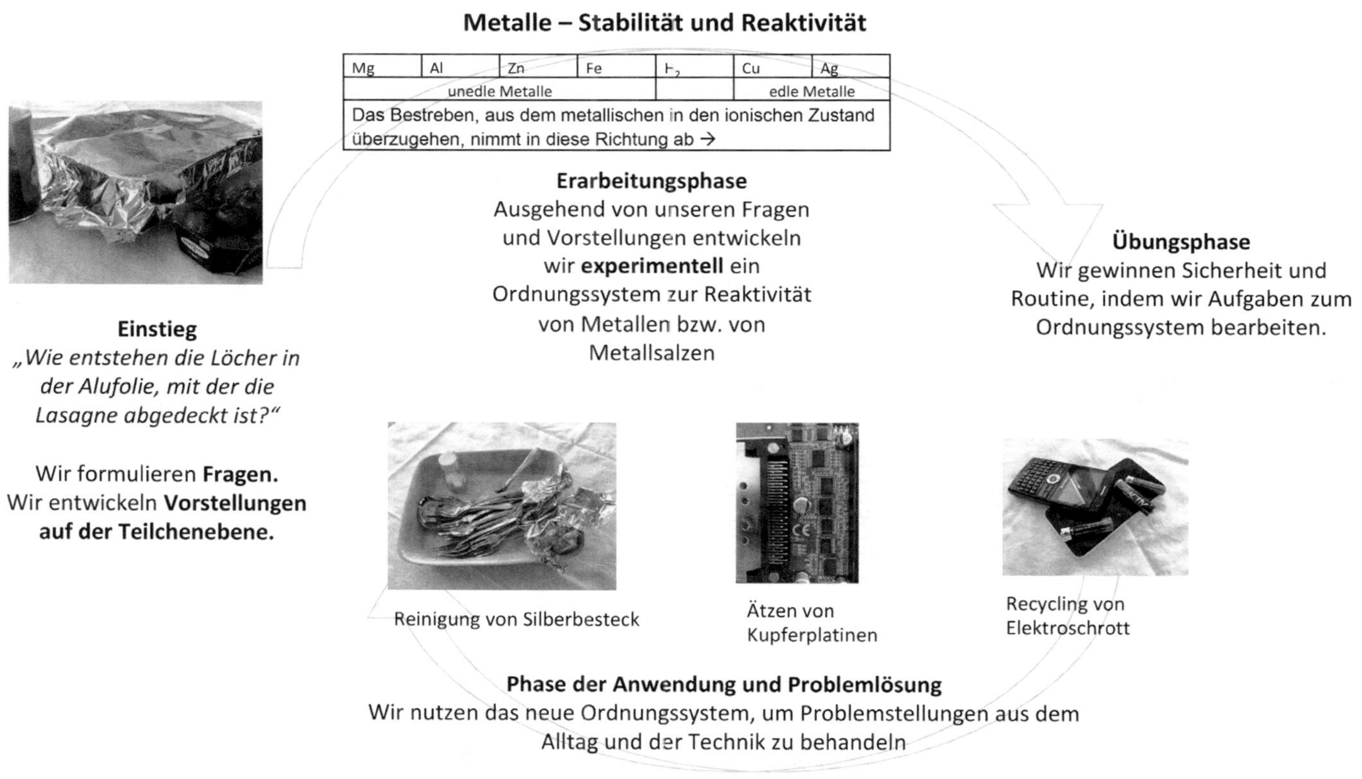

Abb. 21: Beispiel eines Advance Organizer zur Information über die Unterrichtssequenz

Für den Chemieunterricht bieten sich viele reale Kontexte an, die technische, biologische, ökologische oder lebenspraktische Bereiche der Chemie aufgreifen (Stäudel & Rehm 2013; Christiansen et al. 2004) und das Interesse der Lernenden wecken. Problemstellungen, die sich aus lebensweltlichen Kontexten ergeben, sind in der Regel hochkomplex und fachübergreifend. Bei ihrer Auswahl sollte darauf geachtet werden, welche der aufgeworfenen Fragen mit fachspezifischen Methoden beantwortet werden können.

Aspekte der inhaltlichen Gestaltung

Die Motivation der Lernenden bei der Problemlösung ist eng verknüpft mit dem optimalen Anforderungsniveau einer Aufgabe. Wird das Anforderungsniveau als zu hoch oder zu niedrig empfunden, verschlechtert sich die Qualität der Arbeitsergebnisse und die Motivation der Lernenden lässt deutlich nach (Deci & Ryan 1993). Für den Kompetenzerwerb ist es vorteilhaft, wenn Lernaufgaben **Schwerpunktsetzungen in der Kompetenzförderung** erkennen lassen. Ausgewiesene Lerngelegenheiten zu jeweils nur einer konzeptbezogenen sowie einer prozessbezogenen oder einer personalen Kompetenz unterstützen die Ziel- und Strukturtransparenz und tragen so zur Orientierung im Lernprozess bei. Um Überforderung zu vermeiden, sollten bisher erworbenes Faktenwissen, grundlegende Konzepte, erforderliche Fertigkeiten und Wissen über Lernstrategien aktiviert werden, damit sie in einer unbekannten Situation neu strukturiert werden können.

Kognitive Prozesse werden in der Kognitionsforschung unterschiedlich hierarchisiert und mit verschiedenen Modellen beschrieben (Maier et al. 2013). Für den schulischen Alltag bieten die Anforderungsbereiche der Bildungsstandards (KMK 2004a) bzw. die Einheitlichen Prüfungsanforderungen für die Abiturprüfung (KMK 2004b) praktikable Orientierungsrahmen für gestufte kognitive Prozesse. Lernaufgaben sollten Arbeitsaufträge zu allen Anforderungsniveaus enthalten, wie an den verwendeten Operatoren erkennbar sein kann.

Die **Komplexität** von textbasierten Aufgaben kann ausgehend von der diagnostizierten Lernausgangslage gezielt variiert werden. Die Komplexität wird gesteigert, wenn

1. Textinformationen und Reihenfolge in den Aufgaben nicht übereinstimmen,
2. Informationen, die zum Verständnis eines Textes benötigt werden, schwer zugänglich sind,
3. Informationen aus unterschiedlichen Darstellungsformen, wie Bildern, Grafiken oder Modellen, erschlossen werden müssen,
4. die Aufgabe eine andere Präsentationsform (Text, Reaktionsgleichung, Grafik usw.) aufweist als die geforderte Lösung,

5 ein Wechsel der Betrachtungsebenen (Phänomenebene, Teilchenebene, Repräsentationsebene) im Lösungsprozess erforderlich ist (Stäudel & Rehm 2013).

Das Ausmaß der Notwendigkeit selbstgesteuerten Lernens lässt sich über den **Grad der Offenheit** und die Form der Lernunterstützung regulieren (Wilhelm et al. 2015). Ist der Arbeitsauftrag eindeutig, und gibt es nur eine Lösung, handelt es sich um eine geschlossene, eher lenkende Aufgabe. Wird der Lernende mit einer Situation konfrontiert, die gleich mehrere Fragestellungen und Lösungswege zulässt, handelt es sich um eine offene Aufgabe mit hohem Anspruch an die Selbststeuerung. Zahlreiche Ideen für offene Lernaufgaben liefern beispielsweise die Chemiewettbewerbe der Länder. Stellvertretend kann hier der vom Förderverein Chemieolympiade e.V. in Hessen ausgeschriebene Experimentalwettbewerb „Chemie mach mit" genannt werden.

Halboffene Aufgaben werden über konkrete Arbeitsaufträge gesteuert. Innerhalb eines abgesteckten Erwartungshorizontes entwickeln die Lernenden eigenständige Lösungen (Aufgabenbeispiele).

Die Arbeit mit Schülervorstellungen (Abb. 21 & 22) ist entscheidend für den kumulativen Wissensaufbau und die individuelle Kompetenzförderung. Überforderung resultiert häufig daraus, dass alternative Schülervorstellungen in den Aufgaben unberücksichtigt bleiben. Nur über die reflexive Arbeit mit den eigenen Vorstellungen kann es Lernenden gelingen, wissenschaftlich korrekte Vorstellungen zu rekonstruieren (Barke 2006; Marohn 2008; Petermann et al. 2008; vgl. Kap. 8).

Lernaufgaben sprachsensibel zu gestalten, gewinnt angesichts des heterogenen Sprach- und Schriftvermögens der Lernenden zunehmend an Bedeutung (vgl. Kap. 9 und 18.3).

Differenzierung und Individualisierung

Der Mehrwert von materialgesteuerten gegenüber überwiegend personalgesteuerten Lernprozessen liegt nicht zuletzt in den vielfältigen Möglichkeiten, über bedarfsgerechte Differenzierungsangebote Lernenden individuelle Zugänge zum Lerngegenstand zu ermöglichen (vgl. Kap. 12.5).

Die Komplexität von geschlossenen Aufgaben kann beispielsweise über **Lösungsbeispiele** (Kölbach et al. 2015) gemindert werden. Neben der Problemstellung erhalten Schülerinnen und Schüler in diesem Aufgabenformat auch den ausgearbeiteten Lösungsweg für eine vergleichbare Aufgabenstellung. Werden die Lösungsschritte durch metakognitive Impulse angereichert, scheint diese Form der Lernunterstützung für die Bearbeitung von Aufgabenstellungen mit algorithmischem Charakter besonders geeignet zu sein. Vielleicht kann dadurch der Angst vieler Schülerinnen und Schüler vor mathematischen Operationen im Chemieunterricht entgegengewirkt werden.

Den Lernprozess unterstützende Maßnahmen zu konzipieren, bedeutet, Stolpersteine im Lernprozess zu antizipieren und dafür geeignete weiterführende Impulse – **Scaffolds** – anzubieten. Weil Lernende frei darüber entscheiden, ob und wann sie diese Hilfen in Anspruch nehmen, fördert dieses Differenzierungsangebot das selbstgesteuerte Lernen. Als Begleiter zur Bearbeitung von komplexen, aber eher geschlossenen Aufgaben kann Unterstützung in Form von **Hilfekarten** (Stäudel 2008) angeboten werden. Es ist darauf zu achten, neue Lerninhalte im Informationsteil einer Aufgabe zu platzieren und für alle zugänglich zu machen. Denn es muss möglich sein, die Aufgabe auch ohne Hilfestellung zu lösen. In der Praxis zeigt sich, dass Hilfekarten dann lernwirksam sind, wenn sie als Impulse zum Erinnern an Fakten oder Methoden oder als lernstrategische Hinweise genutzt werden können (Stäudel 2008). Das macht sie für Anwendungsaufgaben besonders geeignet.

Unterrichtserfahrungen zeigen, dass sich ein Vergleich der eigenen Lösung mit einer **Musterlösung** positiv auf den Kompetenzerwerb auswirkt, vor allem, wenn der Vergleich durch metakognitive Impulse gesteuert wird. Die Impulse leiten die kriteriengeleitete Reflexion des Arbeitsprozesses an. Es eignen sich Fragen wie: „In welchen Punkten weicht meine Lösung von der Musterlösung ab?“, „Was habe ich nicht bedacht?“, oder „Welche Ideen, Gedanken oder Fehler haben den Lösungsprozess ins Stocken gebracht?“ Über diesen Weg haben die Lernenden die Chance, Lernhürden selbstständig ausfindig zu machen und zu bewältigen (Mallek et al. 2011).

Komplexe Aufgaben können **niveaudifferenziert** bearbeitet werden. Bei dieser Form der Differenzierung wird die Lernzielgleichheit aufgehoben, weil der mögliche Lösungsweg in Teiloperationen zerlegt wird. Für jede Teiloperation wird eine eigene Teilaufgabe formuliert, die den Lernenden in der Regel zugeordnet wird. Ein eindeutiger Nachteil der Arbeit mit parallelen Aufgaben auf unterschiedlichem Niveau ist die Zerstückelung des Inhalts und damit der Verlust der Komplexität. Vorzugswürdig ist es, die Komplexität zu erhalten und Wege zur Unterstützung des Lernprozesses anzubieten (Stäudel & Wodzinski 2008).

Die hier diskutierten Einflüsse auf den jeweiligen Charakter einer Lernaufgabe decken sich weitgehend mit dem von Wilhelm et al. (2015) entwickelten Kategoriensystem für kompetenzfördernde Lern- und kompetenzorientierte Leistungsaufgaben. Dieses kann im Schulalltag als praktikables Analyseinstrument für die qualitative Überprüfung vorhandener Lernaufgaben genutzt werden.

V

Vertiefung 15: Kategoriensystem für Lernaufgaben

H. Luthiger, M. Wilhelm und C. Wespi von der Pädagogischen Hochschule Luzern haben ein Kategorienmodell entwickelt, das Qualitätsmerkmale von Aufgaben übersichtlich wiedergibt. Als lernrelevante Merkmale sind die Bereiche Authentizität, Kognition, Komplexität und Differenzierung definiert, die sich wiederum in verschiedene Kategorien mit jeweils unterschiedlichen Ausprägungen untergliedern. Mithilfe dieses Modells können die in der Aufgabe angestrebten Kompetenzen und die Stufen der Kompetenzerreichung ermittelt werden, um sie ggf. zu optimieren. Das Kategoriensystem bietet auch eine Orientierung bei der Entwicklung von Lernaufgaben (Luthiger et al. 2014).

12.7.3 Strukturierung des Lernprozesses

Ein systematischer Kompetenzaufbau stellt einen langfristigen Prozess dar, der über Aufgaben gesteuert werden kann, die lernwirksam in einer Unterrichtsreihe sequenziert sind (Wilhelm et al. 2015). Eine einzelne Lernaufgabe trägt zwar zum intendierten Kompetenzerwerb bei, ihr didaktisches Potenzial erschließt sich aber erst über die Verortung im Unterrichtsprozess.

Dies kann an einem Beispiel verdeutlicht werden, nämlich an einer unterrichtlichen Sequenz mit den Phasen „Einstieg“, „Erarbeitung“, „Übung“ und „Anwendung zur Problemlösung“. Angelehnt an gängige Prozessmodelle (Reusser 1999), durchlaufen die Schülerinnen und Schüler einen vollständigen Lernzyklus, in dem sie Schritt für Schritt neues Wissen und Kompetenzen aufbauen. Der Einstieg kann dabei in Form der Konfrontation stattfinden. Die dazu korrespondierenden Lernaufgaben bilden ein sogenanntes Aufgabenset (Wilhelm et al. 2015).

12

V

Vertiefung 16: Strukturierung des Lernprozesses

Unterricht wird als Aufeinanderfolge didaktisch aufeinander abgestimmter Phasen verstanden, die an die individuellen Lernschritte der Lernenden angepasst sind. Dabei werden feststehende Sequenzen von kognitiven Operationen festgelegt, die dem Erreichen eines Kompetenzziels dienen. Beispielsweise sieht das Prozessmodell von H. Luthiger, M. Wilhelm und C. Wespi (s. o.) die folgenden Phasen vor: Konfrontation bzw. Einstieg, Erarbeitung, Übung und Anwendung. Mit Lernaufgaben kann man diese Phasen schülerbezogen und -aktivierend gestalten. Zudem bietet das Modell Unterstützung bei der Entwicklung von Sets und hilft dabei, Aufgaben aus bestehenden Beständen auszuwählen.

12.7.4 Beispiel Metalle – Stabilität und Reaktivität

Die Beispielsequenz zum Thema „Metalle – Stabilität und Reaktivität" ist schwerpunktmäßig im Basiskonzept Donator-Akzeptor-Prinzip verortet und zielt darauf ab, dass die Lernenden unbekannte alltagsrelevante Reaktionen als Elektronenübertragungsvorgänge deuten. Die Schülerinnen und Schüler entwickeln experimentell in einer ersten Unterrichtsphase ein Konzept, das sie in einer weiteren Phase zur Problemlösung nutzen – in diesem Beispiel eine Skala, die die Reaktivität von Metallen abbildet (Stäudel 2006). Den Übergang von der Erarbeitung zur Anwendung bildet eine Übungsphase zur Festigung des Konzeptwissens (Advance Organizer, Abb. 21). Im Sinne einer Schwerpunktsetzung (s. o.) wird nur die Reaktivität der Metalle thematisiert, d. h. die Tendenz der Atome zur Elektronenabgabe bzw. der Metallionen zur Elektronenaufnahme. In Anlehnung an Flint & Rossow (2009) erfolgt der Konzeptwechsel zum erweiterten, elektronenbezogenen Redoxbegriff erst in einer anschließenden Unterrichtsreihe im alltagsnahen Kontext „Batterien". In dieser didaktisch reduzierten Form ist die Unterrichtssequenz am Übergang von der Sekundarstufe I zur Sekundarstufe II zu verorten. Die gewählten Sozialformen tragen zur Förderung der Kooperationsfähigkeit bei, auf die hier aber nicht näher eingegangen werden kann.

In den Phasen „Einstieg", „Erarbeitung" und „Anwendung zur Problemlösung" kommen experimentelle Lernaufgaben zum Einsatz. Wie im Chemieunterricht üblich, stellen Experimente auch in diesen Aufgaben das Medium der Problemlöse- und Erkenntnisprozesse dar. Die Experimente geben Anlass zu Vermutungen bzw. Hypothesen, und experimentelle Befunde zeigen, ob eine Hypothese tragfähig ist oder verworfen werden muss (Schmidkunz 2003). Mit diesem Vorgehen werden auch Fähigkeiten im Bereich der Erkenntnisgewinnung gefördert, was eine zentrale Forderung der Bildungsstandards darstellt (KMK 2004a). Die angewendete experimentelle Methode fordert zum Wechsel der Betrachtungsebenen (phänomenolo-gische Ebene, Teilchen- und Repräsentationsebene) auf, was die Komplexität der Aufgabenstellungen erhöht. Deswegen kann bei Übungsaufgaben auch auf Kontexte verzichtet werden, wenn es um die Festigung von Konzeptwissen geht.

Einstieg: Konfrontationsaufgabe: „Löcher in der Alufolie durch Tomatensauce"
Im Sinne eines kumulativen Kompetenzerwerbs ist es sinnvoll, zu Beginn einer neuen Unterrichtssequenz an das Vorwissen der Schülerinnen und Schüler anzuknüpfen. Diese kennen bereits aus ihrem bisherigen Unterricht das Phänomen, dass Säuren mit unedlen Metallen unter Bildung von Wasserstoff reagieren. In der Konfrontationsphase setzen sie sich mit einem Phänomen

aus ihrem Alltag auseinander: Zerstörung von Alufolie durch Tomatensauce (authentische Problemstellung). Über die Wissensanwendung hinaus, sollen (Prä-)Konzepte auf Teilchenebene aktiviert und visualisiert werden. Die Lernenden werden auf diesem Wege motiviert, ihren Blick auf den neuen fachlichen Schwerpunkt „Elektronenübertragung" zu richten. Die Visualisierungen dienen dazu, ein erstes Problembewusstsein zu schaffen und für den weiteren Wissens- und Kompetenzaufbau Fragen zu formulieren, wie z. B.: „Wie bilden sich neutrale Wasserstoffmoleküle aus Protonen?" „Werden Teilchen bei der Lochbildung zerstört?" oder „Welche Atome oder Ionen sind an der Reaktion beteiligt?" In der folgenden Erarbeitungsphase werden die Schülervorstellungen und Fragen erneut aufgegriffen. Es werden Lerngelegenheiten zum Konzeptwechsel angeboten und Antworten auf die Fragen formuliert (Barke 2006).

Einstieg
Wie entstehen die Löcher in der Alufolie, mit der die Lasagne abgedeckt ist?

Alufolie ist als Verpackungsmaterial für Lebensmittel, die Tomatensauce enthalten, ungeeignet. Kommt z. B. Lasagne mit der Folie in Kontakt, so bilden sich nach längerer Zeit darin Löcher.

Deine Aufgabe für 3er- oder 4er-Gruppen:

1. Untersucht den pH-Wert der Tomatensauce.
2. Plant ein Modellexperiment, das die Entstehung der löchrigen Alufolie verdeutlicht. Lasst euch nach Absprache mit der Lehrkraft die erforderlichen Chemikalien und Geräte geben. Führt das Experiment durch.

Deine Aufgabe für die Einzelarbeit:

3. Zeichne auf ein Plakat, wie du dir ausgehend von der Versuchsbeobachtung die Zerstörung der Alufolie auf Teilchenebene vorstellst.

Abb. 22: Aufgabe zum Einstieg in die Unterrichtssequenz mit dem Kontext Alufolie als Verpackungsmaterial für Lebensmittel

Erarbeitungsaufgaben: Die Funktion der Lernaufgaben besteht in dieser Phase darin, die Schülerinnen und Schüler zur Erweiterung ihrer Wissensstruktur, zum Aufbau eines sog. Konzepts, anzuregen (Krabbe et al. 2015). Die Metalle sollen nach steigender Tendenz, Elektronen abzugeben, in einer Reihe angeordnet werden. Ein Metall fällt alle Ionen der rechts von ihm stehenden Metalle aus einer Lösung aus (Ropohl 2010) bzw. ein Metall reagiert mit allen Metall-Ionen der rechts von ihm stehenden Metalle. Dabei werden die Metall-Ionen zu Metall-Atomen reduziert. Die Vorkenntnisse über edle und unedle Metalle bieten Ansatzpunkte für Vermutungen zu deren Reaktionsfähigkeit. In einer einleitenden Erarbeitungsaufgabe geht es zunächst nur um die Verkupferung eines Eisennagels mithilfe einer Kupfersalzlösung. Im anschließenden Unterrichtsschritt können die Schülerinnen und Schüler eine Reaktivitätsreihe exemplarischer Metalle experimentell erarbeiten. Ihnen wird der Auftrag in einer Lernaufgabe erteilt, die Elemente Eisen, Kupfer, Zink, Magnesium, Aluminium und Silber sowie deren Salze entsprechend zu ordnen. Um adäquat auf die eingangs geäußerten Schülervorstellungen zur durchlöcherten Alufolie eingehen zu können, wird auch das Paar „H^+/H_2" in der Reihe berücksichtigt, indem die Reaktivität der Metalle mit Salzsäurelösung getestet wird. Das Prinzip, das dem einfachen Beispiel „Eisennagel in Kupfersalzlösung" zugrunde liegt, wird zur Entwicklung eines komplexen Konzepts angewendet, in dem die Reaktivität von typischen Metallen (bzw. Wasserstoff) und ihren Salzen (bzw. Säuren) dargestellt ist. Die Lernaufgabe zur Erarbeitung der Reaktivitätsreihe zeichnet sich vor allem durch den Umfang und den Vernetzungsgrad des erforderlichen Wissens aus. Dadurch wird an die Lernenden ein höherer kognitiver Anspruch gestellt (Parchmann & Bernholdt 2016). Um die Anschlussfähigkeit für spätere Lernprozesse zu gewährleisten, sind unterstützende Maßnahmen als strategische Hilfen zu erwägen (Differenzierung). Häufig entbehren die Lernaufgaben in der Erarbeitungsphase einer Lebensnähe, da es vorrangig darum geht, fachliches Basiswissen zu erarbeiten. Das ist für die Lernenden sehr anspruchsvoll, aber dennoch motivierend, da sie sich beim Experimentieren und Auswerten als selbstwirksam erleben können (Filmer 2015).

Erarbeitungsaufgabe

Inwiefern kann eine Kupfersalzlösung (Cu^{2+}_{aq}) zum Verkupfern eines Eisennagels (Fe) genutzt werden?

Deine Aufgabe für 3er- oder 4er-Gruppen:

1. Formuliert eine begründete Hypothese zur oben formulierten Fragestellung.
   Nutzt dabei eure Kenntnisse über die Tendenz zur Elektronenabgabe von Atomen relativ unedler Metalle.
2. Führt das Experiment durch.
   Nutzt die ausliegenden Informationen zu eventuell erforderlichen Nachweisreaktionen.
3. Protokolliert eure Ergebnisse.
   Falls ihr Unterstützung benötigt, nutzt die Hilfekärtchen, die ihr euch am Lehrerpult abholen könnt.

Abb. 23: Erarbeitungsaufgabe

Übungsaufgaben: Aufgaben werden im Chemieunterricht auch genutzt, um systematisch zu wiederholen und zu üben. Zwischen Erarbeitung und alltagsbezogenem Problemlösen sollen die unterschiedlichen Aspekte eines Konzeptes flexibilisiert und konsolidiert werden (Keller & Reintjes 2016). In dem hier aufgeführten Unterrichtsbeispiel gilt es vor allem, die Anwendung der

Reaktivitätsreihe auf mögliche Elektronenübertragungsreaktionen zu festigen, was insbesondere konvergente Denkprozesse erfordert, z. B.

1 Vergleicht die Metallatome Zink und Kupfer bzw. ihre Ionen Cu^{2+} und Zn^{2+} hinsichtlich ihrer Bereitschaft, Elektronen abzugeben bzw. aufzunehmen.
2 Erklärt die Position des Nichtmetalls Wasserstoff in der Reaktivitätsreihe der Metallatome bzw. -ionen.
3 Überprüft folgende Aussage auf ihre Richtigkeit und korrigiert sie gegebenenfalls: „Kupfer-Ionen entziehen Silber-Ionen Elektronen. Dabei entstehen Silber-Ionen und Kupfer-Atome."
4 Entwickelt einen experimentellen Untersuchungsweg, um Zinn in die vorliegende Reaktivitätsreihe einordnen zu können.

Anwendungsaufgaben zur Problemlösung: Da die Gefahr besteht, dass dekontextualisiert gewonnenes Wissen von den Schülerinnen und Schülern nicht angewendet werden kann und damit träge bleibt (Reusser 2005), zielen die Aufgaben in der Anwendungsphase wieder auf eine Verortung der fachlichen Probleme in möglichst authentischen Alltagskontexten ab: Ziel ist eine situationsgerechte Problemlösung, die dem Weinert'schen Verständnis von kompetentem Handeln entspricht (Weinert 2001). In diesen Lernaufgaben wird in einem einleitenden Text das Problem dargestellt. Dieses soll im Sinn des forschend-entwickelnden Unterrichts deduktiv über die Anwendung des gewonnenen Konzeptes erarbeitet werden (Nerdel et al. 2013).

Zum Thema „Reaktionen von Metallen" bieten sich folgende Kontexte an, die explizit oder implizit auf Problemstellungen verweisen: Recycling von Edelmetallen aus Smartphones; „Reinigung" von Silberbesteck (Stäudel 2008); Ätzen von Kupferplatten in der Elektronikindustrie. Als kognitive Prozesse fordern die Beispiele neben Reproduktion auch Transferleistungen. Insgesamt unterscheiden sich die Aufgabenstellungen also nicht wesentlich in ihrem Schwierigkeitsgrad und bieten sich für eine Differenzierung nach Interessen an (Kleinknecht et al. 2014).

Für Schülerinnen und Schüler mit wenig Erfahrung im selbstständigen Arbeiten sind zunächst geschlossene Formate zu bevorzugen (Aufgabenbeispiel zum Recycling von Smartphones, Abb. 24) mit dem Ziel, die Lenkung zurückzunehmen und damit die Aufgaben zu öffnen. In diesem Beispiel könnte dies geschehen durch Arbeitsaufträge wie: „Verfasse einen Artikel für die Schülerzeitung zum Thema Recycling von Handys."

Anwendungsaufgabe Aufgabe 3

Welche Stoffeigenschaften der im Smartphone verwendeten Metalle kann man für den Recyclingprozess nutzbar machen?

Ein Smartphone besteht zu rund 25 % aus Metallen. Im Schnitt können pro Gerät u. a. 25 mg Gold, 150 mg Silber und 9 g Kupfer recycelt werden. Dazu werden Althandys gesammelt, mechanisch zerkleinert, die Metalle aussortiert und anschließend als Ionenverbindungen in Lösung gebracht. Um die Edelmetalle zurückzugewinnen, lässt man die Lösungen durch Behälter mit Metallschrott fließen.

Eure Aufgabe für die Partnerarbeit:

1. Formuliert zu dem Recyclingprozess eine Hypothese, die sich mit einem Modellexperiment überprüfen lässt.
2. Halte deine Überlegungen zum experimentellen Vorgehen begründet fest (Einzelarbeit). Tausche dich mit deinem Partner aus. Einigt euch auf ein gemeinsames Vorgehen.
3. Führt das Experiment durch und notiert eure Beobachtungen.
4. Deutet das Experiment auch im Hinblick auf die Hypothese.
5. Reflektiert eure Arbeitsschritte beim Lösen der Arbeitsaufträge.
6. Erkundigt euch, ob es an eurer Schule eine „Handy-Sammelbox" gibt.

Abb. 24: Aufgabenbeispiel zum Recycling von Smartphones als mögliche Anwendungsaufgabe

A

Anregung: Überlegungen zur Implementierung von Lernaufgaben

Die Konstruktion und Überarbeitung vorhandener Lernaufgaben ist zweifelsohne mit Arbeitsaufwand verbunden. Empfehlenswert ist daher eine Zusammenarbeit in Fachschaften, die gemeinsam einen Aufgabenpool entwickeln und im Austausch stehen. Gute Hilfestellungen leisten bereits vorhandene Aufgabenbeispiele, z. B. aus dem Projekt Chemie im Kontext (Online 1) und dem Sinusprojekt (Online 2). In Unterrichtsphasen, die durch Lernaufgaben strukturiert werden, können Lehrende die freiwerdenden Kapazitäten besonders für diagnostische Aufgaben und für ein lernwirksames Feedback nutzen.

12.8 Möglichkeiten zur Bewertung von Schülerleistungen

Inhaltliche Schwerpunkte

- Definition von Bewertung: Bewertung ist mehr als eine reine Feststellung des Leistungsstands. Im Gegensatz zur Diagnose sucht die Bewertung nicht nach einer Ursache für die festgestellte Leistung, sondern ordnet sie wertend ein.
- Funktionen der Leistungsbewertung: Die Leistungsbewertung erfüllt im schulischen Alltag eine ganze Reihe von Funktionen, manche davon erscheinen offensichtlich, manche entfalten ihre Wirkung eher indirekt. Diese Funktionen werden durch unterschiedliche Bezugsnormen der Leistungsbewertung angesprochen und sind der Grund dafür, dass bestimmte rechtliche Rahmenbedingungen eingehalten werden müssen.
- Bezugsnormen und rechtliche Rahmenbedingungen: Einem festgestellten Leistungsstand kann auf verschiedene – aber eben nicht beliebige – Weisen ein Wert zugeordnet werden. Die Leistung wird dazu mit einer Vergleichsskala, der Bezugsnorm, verglichen, wobei verschiedene Bezugsnormen zu unterschiedlichen Effekten bei der Leistungsbewertung führen.
- Konkrete Maßnahmen: Aus der großen Fülle möglicher Maßnahmen zur Leistungsbewertung werden einige beispielhaft mit Blick auf den Chemieunterricht vorgestellt und präzisiert.

12.8.1 Begriffsklärung und Funktionen der Leistungsbewertung

Unter einer Bewertung von Schülerleistungen versteht man die wertende Einordnung der Leistungen einer Schülerin oder eines Schülers. Die Bewertung baut damit auf einer – zunächst wertfreien – Erhebung des Leistungsstands der Schülerin oder des Schülers auf. Das Ergebnis einer solchen Erhebung des Leistungsstands ist erst einmal eine reine Beschreibung des Leistungsspektrums der betreffenden Schülerin oder des Schülers im Sinne eines „diese Kompetenz zeigt der Schüler in diesem Ausmaß, jene Frage kann er nicht beantworten" (Rheinberg 2002, S. 59). Bei der Leistungsbewertung vergleicht die Lehrkraft den festgestellten Leistungsstand der Schülerin oder des Schülers nun mit einer Bezugsnorm und leitet daraus ein wertendes Prädikat ab, das in Form einer Note oder aber einer entsprechend versprachlichten Rückmeldung ausgedrückt werden kann. Die Bewertung fußt damit – ebenso wie die individuelle Förderung – auf dem festgestellten Leistungsstand einer Schülerin bzw. eines Schülers, leitet aus ihm aber keine direkte, weitere unterrichtliche Maßnahme in Form eines Förderangebotes ab, sondern fasst das von der Schülerin bzw. dem Schüler Erreichte wertend zusammen (Mietzel 2007, S. 420). Anders als die Diagnose, die eine Begründung für eine festgestellte Schülerleistung sucht, um entsprechende Fördermaßnahmen einleiten zu können, ist die Leistungsbewertung also typischerweise retrospektiv-beschreibend ausgerichtet (Bovet & Huwendiek 2008, S. 336), wenngleich ihr auch implizit lernförderliche Funktionen zugeschrieben werden können (s. u.).

Die historisch betrachtet bedeutendste Funktion der Leistungsbeurteilung ist die sogenannte **Berechtigungs-, Zuteilungs- oder Selektionsfunktion** (Paradies et al. 2012, S. 30 ff.): Mit der Einführung und breiten gesellschaftlichen Akzeptanz des Leistungsprinzips erwuchs in preußischer Zeit die Notwendigkeit, die individuelle Leistung Einzelner so zu beschreiben, dass anhand dieser Beschreibung Berechtigungen zum Weiterlernen oder zum Besuch höherer Schulen erteilt und ablehnende Entscheidungen begründet werden konnten. Deutlich wird diese Funktion der Leistungsbewertung heute zum Beispiel in der Vergabe einer Hochschulzugangsberechtigung. Unterschiedlich schwere Prüfungen und / oder unterschiedliche Bewertungsmaßstäbe führen angesichts dieser Funktion der Leistungsbewertung z. B. bei der Studienplatzvergabe nach dem NC-Verfahren unweigerlich zu einem Gerechtigkeitsproblem, auf das in jüngster Zeit mit einer zunehmenden Zentralisierung zumindest zentraler Prüfungen reagiert wird. (Tillmann & Vollstädt 2000, S. 27)

Weitere Funktionen der Leistungsbewertung stehen insofern im Zusammenhang mit der Berechtigungs- und Selektionsfunktion, als sie ihre Wirkung vor allem mit Blick auf die Antizipation einer Berechtigungsvergabe oder einer Selektionsentscheidung entfalten.

Diese Funktionen sind (Paradies et al. 2012, S. 30 ff.): Die **Sozialisationsfunktion.** Sie meint, dass die Schülerinnen und Schüler in der Schule das Leistungsprinzip kennenlernen und damit auf dessen Gültigkeit bei der Ordnung des gesellschaftlichen Zusammenlebens als Ganzem vorbereitet werden.

Damit unauflöslich verwoben ist die **Anreiz- und Disziplinierungsfunktion** der Leistungsbewertung. Diese meint, dass die Schülerinnen und Schüler dadurch, dass sie bestimmte Berechtigungen erwerben bzw. Einschränkungen der Möglichkeiten des Weiterlernens vermeiden wollen, external motiviert werden und dadurch dem Unterricht aufmerksamer folgen und dem Lernen im eigenen Leben eine höhere Bedeutung zumessen, als es ohne die Erwartung einer Bewertung der Fall wäre.

Eine nicht zu vernachlässigende Funktion, die der Leistungsbewertung gerade bei jüngeren Schülerinnen und Schülern darüber hinaus zukommt, ist die **Berichtsfunktion** an die Eltern, die über die Bewertungsergebnisse Aus-

kunft über das Lern- und Arbeitsverhalten ihrer Kinder erhalten und ggf. entsprechende Maßnahmen ergreifen können.
Schließlich wird der Leistungsbewertung noch die **Rückmeldefunktion** an die Schülerinnen und Schüler selbst derart zugeschrieben, dass Bewertungen der Schülerin oder dem Schüler Auskunft über seinen Leistungsstand geben und es ihm damit ermöglichen, seine Stärken und Schwächen nicht nur auf Basis des eigenen Selbstbildes einzuschätzen.

12.8.2 Bewertung von Schülerleistungen: rechtliche Aspekte und mögliche Bezugsnormen (zum WIE der Leistungsbeurteilung – Teil 1)

Weil mit der Bewertung von Schülerleistungen eine Berechtigungs- und Selektionsfunktion verbunden ist, das Bewertungsergebnis also dazu führen kann, dass einer Schülerin oder einem Schüler z. B. der Besuch der Universität erschwert oder unmöglich gemacht wird, stellt die Bewertung mit ihren Folgen u. U. einen beträchtlichen Eingriff in Lebensplanung und die beruflichen Möglichkeiten einer Schülerin oder eines Schülers dar. Die Leistungsbewertung hat sich dementsprechend (im Gegensatz zur reinen Diagnostik) an rechtlichen Vorgaben zu orientieren. Da die Rechtslage in diesem Bereich zeitlichen und, wegen der Kulturhoheit der Länder, auch räumlichen Unterschieden und Entwicklungen unterliegt oder z. B. im Rahmen von Modellversuchen auch anders geregelt sein kann, können hier nur einige grundsätzliche Aspekte angesprochen werden, wobei die detaillierte rechtliche Orientierung jeder Lehrkraft selbst obliegt.

Grundsätzlich gilt, dass die Bewertung das alleinige Recht und die Pflicht der Lehrkraft ist, die Bewertung also nicht z. B. an die Schülerinnen und Schüler delegiert werden kann (z. B. Land Hessen 2015). Schülerinnen und Schüler dürfen also weder sich noch andere bewerten, die Lehrperson darf die Schülerinnen und Schüler lediglich aus diagnostischen Gründen um ihre Einschätzung bitten. Zudem darf nur das in eine Bewertung einfließen, was prinzipiell erlernbar ist und was im Unterricht zuvor auch gelernt werden konnte (Kirk 2004, S. 114). Jedes Prüfungsformat (z. B. Referat) ist mithin erst mindestens einmal zu üben, bevor es zur Bewertung herangezogen werden darf. Um eine Überprüfung der Leistungsbewertung zu ermöglichen, müssen die Bewertung und die ihr zugrunde liegenden unterrichtlichen Prozesse z. B. durch Klassen- und Kursbucheinträge zudem hinreichend und nachvollziehbar dokumentiert sein. Sollte die Leistungsfeststellung nicht z. B. in Form von Klausuren oder Tests schriftlich erfolgt sein, sondern sich auf mündliche Beiträge der Schülerin oder des Schülers beziehen, ist die nachträgliche rechtliche Würdigung der Bewertung natürlich erschwert. Die Lehrperson hat deshalb dafür Sorge zu tragen, dass die Bewertung auf hinreichend vielen Betrachtungen der mündlichen Beiträge der Schülerin oder des Schülers beruht und dass die fortlaufende Bewertung der mündlichen Schülerleistungen nachvollziehbar dokumentiert wurde (Kirk 2004, S. 83 u. 90). Soweit unterrichtspragmatisch möglich, kann zudem versucht werden, die im Verlauf des Unterrichts z. B. durch Kurzreferate oder kurze mündliche Abfragen vorgenommenen Bewertungen zu formalisieren (s. dazu unten).

Da die Berechtigungs- und Selektionsfunktion der Leistungsbewertung jeder Schülerin bzw. jedem Schüler individuell bestimmte Möglichkeiten einräumt oder verweigert, muss sich die Bewertung immer auf die einzelne Schülerin bzw. den Schüler beziehen. Auch in Gruppenarbeiten ist daher sicherzustellen, dass jede Schülerin bzw. jeder Schüler eine individuelle Bewertung seiner Leistungen erhält, die Vergabe von Gruppennoten ist – mit Ausnahme des Vorgehens in einigen Schulversuchen – rechtlich ebenso kritisch zu bewerten wie das Delegieren der Bewertung an die Schülerinnen und Schüler derart, dass Schülerinnen und Schüler innerhalb einer Gruppe ihre Noten untereinander ausdiskutieren (Bohl 2009, S. 106 und Bovet & Huwendiek 2008, S. 347). Abgesehen von Inklusionsklassen, in denen lernzieldifferentes Unterrichten ausnahmsweise erlaubt ist, muss gerade vor dem Hintergrund der Berechtigungs- und Selektionsfunktion zudem darauf geachtet werden, dass alle Schülerinnen und Schüler möglichst gleiche Lernmöglichkeiten und Prüfungsanforderungen erhalten (Mietzel 2007, S. 446). Insbesondere kritisch zu sehen sind dabei unterschiedlich schwierige Klausurversionen, aus denen die Schülerinnen und Schüler wählen dürfen.

Diese Überlegungen zeigen, dass aus rechtlicher Perspektive im Allgemeinen, sofern nicht besondere Rahmenbedingungen wie z. B. Schulversuche oder lernzieldifferentes Unterrichten vorliegen, die sog. kriteriale Bezugsnorm für die Bewertung von Schülerleistungen von besonderer Bedeutung ist, wobei die individuelle Entwicklung der Schülerin bzw. des Schülers über die Zeit in der Regel mit zu berücksichtigen ist (z. B. Land Hessen 2016).

Ganz allgemein werden festgestellte Schülerleistungen zum Zwecke der Bewertung mit einer sog. Bezugsnorm verglichen, wobei im theoretischen Diskurs die folgenden drei Extrem- bzw. Idealtypen unterschieden werden (Rheinberg 2002, S. 59 ff.), in der unterrichtlichen Praxis aber nicht selten unbewusst Mischformen zur Anwendung kommen (Rheinberg 2002, S. 68; Terhart 2000, S. 42):

Kriteriale Bezugsnorm: Wird diese Bezugsnorm zur Bewertung herangezogen, vergleicht man die Schülerleistungen mit einem normativ gesetzten Erwartungshorizont, der auf der Grundlage des im Unterricht Behandelten sowie entsprechender formaler Vorgaben (wie z. B. Bildungsstandards) entwickelt wurde. Es kann dann z. B. das Ausmaß bewertet werden, in dem eine Schülerin bzw. ein Schüler einen speziellen, im Unterricht angebahnten Kompetenzstandard erfüllt. Sprachlich wird diese Bezugsnorm in Formulierungen wie: „Der Schüler hat die Anforderungen in vollem Umfang erfüllt" ausgedrückt. **Soziale Bezugsnorm:** Bei dieser Bezugsnorm vergleicht die Lehrperson die von der Schülerin bzw. vom Schüler gezeigte Leistung mit den Leistungen anderer Schülerinnen und Schüler, z. B. im gleichen Kurs, gleichen Jahrgang oder in vorangegangenen Jahren. Sprachlich weisen Formulierungen wie: „Der Schüler zeigt überdurchschnittliche Leistungen" auf diese Bezugsnorm hin.

Individuelle Bezugsnorm: In diesem Falle wird die aktuell festgestellte Schülerleistung mit den Leistungen vergleichen, die die Schülerin bzw. der Schüler in der Vergangenheit gezeigt hat und das Ausmaß der Veränderung bzw. Weiterentwicklung bewertet. Sprachlich zeigt sich diese Bezugsnorm in Formulierungen wie: „Der Schüler hat sich in beträchtlichem Maße weiter entwickelt" aus.

12.8.3 Konkrete Maßnahmen zur Bewertung von Schülerleistungen (Zum WIE der Leistungsbeurteilung – Teil 2)

Werden nun konkrete Maßnahmen zur Bewertung von Schülerleistungen betrachtet, so ist zweierlei voraus zu schicken: Zum einen müssen nicht nur die Inhalte von Bewertungen zuvor im Unterricht geübt werden, sondern auch die Formate der Leistungsbewertung als solche (Bohl 2009, S. 83). Jenseits der rechtlichen Notwendigkeit, so zu verfahren (s. o.) kann nur auf diese Weise sichergestellt werden, dass das Ergebnis der Bewertungssituation wirklich etwas über die abgefragten Kompetenzen der Schülerin bzw. des Schülers aussagt und nicht z. B. dadurch beeinträchtigt wurde, dass die Schülerin oder der Schüler das Format der Bewertung bis dato noch nicht kannte und daher nicht wusste, welche Leistung konkret erwartet wurde. Eng mit diesem Punkt verknüpft ist der zweite wichtige Aspekt, der allgemein für Leistungsbewertungen zu berücksichtigen ist: Um eine möglichst große Validität der Leistungsbewertung gerade hinsichtlich der kriterialen Bezugsnorm zu erreichen, ist es wichtig, dass die Schülerinnen und Schüler die Kriterien der Bewertung vor der eigentlichen Bewertungssituation kennenlernen, also wissen, welche Leistung in der Bewertungssituation von ihnen gewünscht ist bzw. erwartet wird (Bohl 2009, S. 76). Dies gilt dabei sowohl für die inhaltlichen als insbesondere auch für die prozeduralen Kompetenzen. Die Lehrkraft sollte den Schülerinnen und Schülern also vorab deutlich machen, welche fachliche Inhalte Gegenstand einer Bewertung sein können, aber auch, welches Handeln in den Kompetenzbereichen Erkenntnisgewinnung, Kommunikation und Bewerten gewünscht ist, wodurch sich also z. B. eine hohe Kompetenz im Bereich der Erkenntnisgewinnung zeigt. Mindestens ist den Schülerinnen und

Schülern bei der Darlegung der Bewertungskriterien vor der Durchführung der Leistungsbewertung dabei die Möglichkeit der Nachfrage einzuräumen, idealerweise kommt es zu einer diskursiven Klärung der Kriterien im Sinne einer kommunikativen Validierung (Grunder & Bohl 2001, S. 39 ff.).

Bezüglich der konkreten Durchführung der Leistungsbewertung sind nun Maßnahmen, die losgelöst vom eigentlichen Unterrichtsgeschehen durchgeführt werden, von solchen zu unterscheiden, die noch im Laufe eines Unterrichtsprozesses und in diesem eingewoben angewendet werden können. Bei letzteren werden oft nicht alle Schülerinnen und Schüler einer Bewertung unterzogen, sondern abwechselnd verschiedene Schülerinnen und Schüler bewertet. Bei diesen Maßnahmen kann es sich um kurze Abfragen einzelner Schülerinnen und Schüler z. B. zu Beginn einer Unterrichtsstunde, um die Bewertung eines Referats, die bewertete Erstellung einer Concept Map zu einem Stationenlernen oder auch die Beobachtung der Schülerinnen und Schüler beim Experimentieren handeln. Um durch diese Bewertungsmaßnahmen die lernförderliche, kreative Atmosphäre in unterrichtlichen Erarbeitungsphasen nicht zu gefährden, ist es wichtig, Lern- und Prüfungssituationen für die Schülerinnen und Schüler ersichtlich voneinander zu trennen (Mietzel 2007, S. 413). Konkret bedeutet das, dass die Lehrkraft im Unterricht deutlich machen muss, ob sie eine Frage in einem erarbeitenden Kontext stellt, womit nicht korrekte Schülerantworten tolerabel sind und ggf. sogar einen wichtigen Beitrag zur Erarbeitung leisten können, oder ob die Frage im Sinne einer Abfrage oder eines Ausfragens gemeint ist, die Schülerin bzw. der Schüler im Falle einer falschen Antwort also mit entsprechender sanktionierender Bewertung zu rechnen hat.

Die seit Einführung der Bildungsstandards (KMK 2004a) in der fachdidaktischen Diskussion zunehmend deutlicher betonte Unterscheidung zwischen Lern- und Leistungsaufgaben weist dabei explizit auf diese verschiedenen unterrichtlichen Situationen hin. Unterbleibt eine klare Trennung von Lern- und Prüfungssituation, können Schülerinnen und Schüler dazu verleitet werden, auch in Lernsituationen mit einer Bewertung zu rechnen und sich daher im Zweifelsfall lieber nicht am Unterrichtsgespräch zu beteiligen. Um neben der rechtlichen Sicherheit auch die Transparenz der in den Unterrichtsverlauf eingebetteten Leistungsbewertungen zu erhöhen, bietet es sich an, diese Bewertungsformate so weit wie im Unterricht pragmatisch möglich zu formalisieren, auch, um die Aufmerksamkeit der Lehrperson bewusst auf das wertende Handeln zu lenken und dieses nicht nebenbei geschehen zu lassen. Eine solche Formalisierung kann beim Abfragen z. B. dadurch geschehen, dass die befragten Schülerinnen und Schüler ihre Antworten auf der Tafel oder auf einem Zettel notieren, dass die Lehrkraft erstellte Concept Maps einsammelt und für den Fall von Schülernachfragen eine Weile aufbewahrt oder dass die Bewertung von Referaten oder experimentellem Handeln auf der Grundlage von Beobachtungsbögen erfolgt (z. B. Lütgert 2000, S. 53). Der im Unterricht oft vergleichsweise geringe Grad an Formalisierung dieser Bewertungsmaßnahmen lässt es sinnvoll erscheinen, jede Schülerin bzw. jeden Schüler entsprechend häufiger mithilfe unterrichtsbegleitender Maßnahmen zu bewerten (Bohl 2009, S. 107 sowie Mietzel 2007, S. 444 f.).

Sowohl die Formalisierung dieser Bewertungsmaßnahmen als auch ihre häufigere Durchführung kann zudem dazu führen, dass die emotionale Belastung der Lehrpersonen in Bewertungssituationen, die daraus erwächst, dass Lehrpersonen die Basis für ihre Bewertung häufig als nicht ausreichend empfinden, verringert wird (Oelkers 2001, S. 2).

V

Vertiefung 17: Konkrete Möglichkeiten zur Leistungsbewertung im Chemieunterricht, die damit einen Beitrag zur Bewertung der „Sonstigen Mitarbeit" liefern können:

- Mini-Tests zu Beginn jeder Stunde. Hier werden zwei Schülerinnen und Schüler zur Beantwortung von fünf bis zehn wiederholenden Wissensfragen aus dem Bereich des absoluten Basiswissens an die Tafel gebeten. Es ist darauf zu achten, dass dieses Ritual immer durchgeführt wird und dass alle Schülerinnen und Schüler mehrfach an der Reihe sind, wodurch sich der Einfluss einer einzelnen auf diese Weise gebildeten Bewertung relativiert. Positiver Nebeneffekt dieser Bewertungsmethode ist, dass die anderen Schülerinnen und Schüler kognitiv mit aktiviert werden und dies für sie als übende Wiederholung dient. Dieses Bewertungsverfahren spricht insbesondere den Kompetenzbereich Fachwissen an (Bovet & Huwendiek 2008, S. 345).
- Das Bewerten von durch Schülerinnen und Schüler erstellten Concept Maps ist eine Möglichkeit, wenn der Unterrichtsgegenstand hoch vernetzt und die Darbietung schülerorientiert und materialgebunden (z. B. in Stationenarbeit) erfolgt. Die in die Concept Map eingebauten Fakten lassen Schlüsse darüber zu, wie gut die Schülerinnen und Schüler aus den Materialien wichtige Informationen entnehmen konnten, die Vernetzung der Informationen innerhalb der Concept Map zeigt, wie es ihnen gelungen ist, die einzelnen Inhalte zusammenzuführen und ggf. eigene Schlüsse zu ziehen. Diese Maßnahme kann damit die Kompetenzbereiche Kommunikation und Erkenntnisgewinnung ansprechen (Duit et al. 2002, S. 177).
- Maßnahmen der Leistungsbewertung im unmittelbaren Kontext von Schülerexperimenten, können z. B. sein (Di Fuccia 2007):
  - Prognose von erwarteten Beobachtungen. Hier notieren die Schülerinnen und Schüler kurz, welche Beobachtungen sie bei einem Experiment erwarten (Fachwissen und Erkenntnisgewinnung), ggf. erhalten Sie die Möglichkeit, ihre Prognose nach Durchführung des Experiments noch zu kommentieren, wodurch auch Aspekte des Kompetenzbereichs „Bewerten" angesprochen werden.

- Verwendung von veränderten Versuchsvorschriften, z. B. solchen, die Lücken enthalten, oder bei denen die Schritte der Durchführung nicht in der korrekten Reihenfolge sind. Durch die dem Experiment nun vorausgehende Arbeit an der Versuchsvorschrift können Aspekte des Fachwissens und die Erkenntnisgewinnungskompetenz beobachtet werden. (Es ist darauf zu achten, dass die Schülerinnen und Schüler nicht ohne vorherige Rücksprache mit der Lehrkraft mit dem Experimentieren beginnen.)
- Vergleich/Entscheidung zwischen verschiedenen vorgeschlagenen Experimenten zur Beantwortung einer Frage. Hier wägen die Schülerinnen und Schüler mehrere, alternative Experimente, die entweder von der Lehrperson ausgewählt oder von den Schülerinnen und Schülern recherchiert wurden, hinsichtlich ihrer Eignung zur Beantwortung einer Fragestellung ab. Dieses Instrument kann auch als Teil von Klausuren eingesetzt werden und spricht Aspekte aller Kompetenzbereiche an.

Schließlich besteht die Möglichkeit, Schülerinnen und Schüler eigene Vorschläge für Experimente zu einem bestimmten Thema entwickeln zu lassen, wobei berücksichtigt werden muss, dass dazu umfangreiches Wissen über Stoffeigenschaften und Experimentiertechnik vonnöten ist. Neben dem Kompetenzbereich Fachwissen gibt das Zueinander von zu klärender Fragestellung und Experiment zudem einen Hinweis auf Aspekte der Erkenntnisgewinnungskompetenz. Werden von Schülerinnen und Schülern verschiedene Experimente vorgeschlagen, kann deren Diskussion (s. o.) sich anschließen.

Leistungsbewertungen wie Klassenarbeiten und Klausuren, die losgelöst vom Unterrichtsgeschehen stattfinden, oder dieses, wie schriftliche Überprüfungen des Lernstands (Tests), für alle Schülerinnen und Schüler zeitgleich für eine Weile unterbrechen, weisen hingegen per se ein höheres Maß an Formalisierung auf. Dies darf aber nicht zu der Annahme verleiten, dass solche Maßnahmen der Leistungsmessung damit automatisch ein höheres Maß an Objektivität, Reliabilität und Validität aufweisen würden (Bohl 2009, S. 73 f.) (Vertiefung 18). Es ist vielmehr Aufgabe der Lehrkraft, das eigene bewertende Handeln auch bei diesen Maßnahmen der Leistungsbewertung durch ein hohes Maß an kritischer Selbstreflektion zu begleiten.

V

Vertiefung 18: Objektivität – Reliabilität – Validität (Mietzel 2007, S. 446 ff.)

Objektivität meint im Zusammenhang mit Leistungsbewertungen, dass das Ergebnis der Bewertung nicht von demjenigen abhängt, der die Bewertung vornimmt. Konkret zum Beispiel, dass zwei unterschiedliche Lehrpersonen die Klausur einer Schülerin bzw. eines Schülers gleich benoten.

Reliabilität beschreibt den theoretischen Anspruch, dass die Wiederholung einer Messung das gleiche Ergebnis liefert – ein in der Schulwirklichkeit kaum realisierbares Konzept, da sich durch den fortschreitenden Unterricht auch die zu messenden Kompetenzen der Schülerin bzw. des Schülers beständig ändern und eine wirkliche „Wiederholung" einer Messung nicht stattfinden kann.

Die Validität bedeutet, dass das Messinstrument auch wirklich das erfasst, was gemessen werden soll. Im Zusammenhang mit Klausuraufgaben, die umfangreiches Material beinhalten, stellt sich hinsichtlich der Validität zum Beispiel nicht selten die Frage, ob diese Aufgaben nicht eher die Lesekompetenz als fachbezogene Kompetenzen messen.

Zur Verbesserung der Objektivität solcher Leistungsbewertungen sind, insbesondere bei Abschlussprüfungen, inzwischen an vielen Stellen Zweitkorrekturen eingeführt worden, bei Zweifeln hinsichtlich der Reliabilität ist es ratsam, dass die Lehrkraft die Prüfungsinhalte bewusst noch einmal zum Gegenstand unterrichtsbegleitender Bewertungen macht, um das Klausur-/Testergebnis abzusichern oder ggf. durch eine andere Bewertung zu relativieren. Die Frage der Validität der Leistungsbewertung ist insbesondere mit Blick auf die Bewertung der prozeduralen Kompetenzen in letzter Zeit verstärkt in den Blick geraten, da sich eine hohe Abhängigkeit der in diesen Kompetenzbereichen gezeigten Leistungen vom Fachwissen der Schülerinnen und Schüler zeigt (Schecker & Parchmann 2006, S. 53; Hostenbach & Walpuski 2013, S. 150). Um in den Prüfungsteilen, die auf die prozeduralen Kompetenzen abzielen, den Einfluss des Kompetenzbereichs Fachwissen auf die Schülerleistungen einzudämmen, findet sich in den Aufgaben inzwischen entsprechend umfangreiches fachliches Material, auf das die prozeduralen Kompetenzen dann anzuwenden sind. Zudem erlaubt ein solches Material die kontextuelle Einbindung des Prüfungsgegenstands und damit eine Anpassung der Leistungsbewertung an einen zunehmend kontextorientierten unterrichtlichen Zugang (KMK 2004b).

Für die konkrete Konzeption von Klausuraufgaben ist neben den anzusprechenden Kompetenzbereichen dann noch zu berücksichtigen, auf welchem Niveau diese abgeprüft werden sollen. Dabei unterscheiden die Einheitlichen Prüfungsanforderungen für das Abitur (KMK 2004b) drei Stufen, die sog. Anforderungsbereiche. Aufgaben, bei denen Gelerntes in dem Zusam-

12

menhang abgefragt wird, in dem es erlernt wurde oder eingeübte Prozesse einfach angewendet werden können, gehören dabei zum Anforderungsbereich I. Anforderungsbereich II wird angesprochen, wenn Bekanntes unter vorgegebenen Gesichtspunkten und in vergleichbaren Situationen übertragen werden muss. Hat die Schülerin bzw. der Schüler schließlich in kreativer Weise selbstständig nach Lösungen komplexerer Probleme zu suchen oder muss Gelerntes in neuen Situationen anwenden, handelt es sich um eine Aufgabe des Anforderungsbereichs III. In den Abiturprüfungen soll der Schwerpunkt der Aufgaben den Anforderungsbereich II ansprechen, wobei auch die Bereiche I und III enthalten sein sollten – davon I aber in höherem Maße als III. Insofern in Leistungsbewertungen also auf diese Prüfungen vorbereitet werden soll, können die Anforderungsbereiche sowie ihr Verhältnis entsprechend berücksichtigt werden.

Ähnlich viel Sorgfalt wie bei der Konzeption einer Leistungsbewertung sollte aufgewandt werden, wenn es darum geht, das Ergebnis einer Leistungsbewertung an die betreffende Schülerin bzw. den Schüler zurückzumelden. Hierzu kann die Attribuierungstheorie von Weiner (Mietzel 2007, 367 ff.) eine praktische Hilfe sein, die – auf die konkrete Situation der Leistungsbewertung an Schulen angewandt – im Wesentlichen darauf hinweist, dass die Schülerin bzw. der Schüler das Ergebnis einer Leistungsbeurteilung als internal oder external und stabil oder variabel einschätzen kann. Internal-stabil bedeutet dabei, er oder sie sieht die Ursachen der erhaltenen Bewertung bei sich und hält sie für prinzipiell nicht veränderbar („Ich habe von Chemie keine Ahnung"), external-variabel heißt, er oder sie sieht die Ursachen nicht bei sich (external) und glaubt daran, dass diese sich mit der Zeit auch zu seinen Gunsten ändern könnten („Diese Klausur war ausnahmsweise besonders schwer, die nächste wird wieder normal"). Die Art der Rückmeldung einer Bewertung durch die Lehrperson kann nun dazu beitragen, wie die Schülerin bzw. der Schüler die Leistung attribuiert, ein extremes Beispiel wäre eine Aussage wie „Du kannst es einfach nicht", die eine internal-stabile Zuschreibung durch die Schülerin bzw. den Schüler nahelegt und dabei vermutlich seine Motivation zum weiteren Lernen nicht erhöht, da es sich ja um einen „stabilen" Fakt handelt. Welche Attribuierung die Lehrperson durch ihre Rückmeldung nahelegt, muss diese im Einzelfall entscheiden, allgemein scheint aber eine internal-variable Attribuierung besonders förderlich für die Schülerin bzw. den Schüler (etwa „Da hast du dieses Mal wirklich gut gelernt"), da sie der Schülerin bzw. dem Schüler deutlich macht, dass er oder sie verantwortlich für seine Leistungen ist, diese aber durch Anstrengung auch wirklich beeinflussen kann.

12.9 Raster zur Unterrichtsanalyse

Inhaltliche Schwerpunkte

- Unterrichtsbeobachtung ist die Basis für Analyse und Beurteilung von Unterricht. Sie dient der Diagnose und Förderung bzw. Weiterentwicklung der persönlichen, fachlichen, didaktisch-methodischen und pädagogischen Kompetenzen der (angehenden) Lehrperson.
- Ausgewählte Kriterien für guten Unterricht (Chemieunterricht) bilden die Basis für die Entwicklung geeigneter Beobachtungsinstrumente.
- Fachübergreifende Kriterien werden durch chemiespezifische Qualitätskriterien ergänzt.
- Instrumente der Unterrichtsanalyse sind standardisierte Beobachtungsbögen auf Basis der Standards für die Lehrerausbildung.

„Ohne eine fundierte Standortbestimmung ist Unterrichtsentwicklung in der Gefahr, ein ‚Stochern im Nebel' zu sein. Nur wenn man über eigene Stärken und Schwächen im Bilde ist, kann man den Unterricht gezielt verbessern." (Helmke et al. 2016, KMK 2014)

Die Basis für die Analyse und Beurteilung von Unterricht ist die genaue Unterrichtsbeobachtung (begutachtende Beobachtung). Sie dient der Diagnose und Förderung bzw. Weiterentwicklung der persönlichen, fachlichen, didaktisch-methodischen und pädagogischen Kompetenzen der (angehenden) Lehrperson. Konkrete Ziele sind z. B.

- Hilfestellungen zur Optimierung von Unterrichtsplanung und Durchführung
- Erweiterung des eigenen Handlungsrepertoires
- Förderung der Selbstreflexion
- Sensibilisierung für die Vielfalt von Lernvoraussetzungen und Interaktionen innerhalb einer Klasse
- ...

Damit Unterrichtsbeobachtungen nicht auf subjektiven und willkürlichen Maßstäben beruhen, bedarf es für die Entwicklung von geeigneten Beobachtungsinstrumenten allgemeingültiger, standardisierter Kriterien für die Qualität von Unterricht. Dazu hat die aktuelle empirische Unterrichtsforschung in den letzten Jahren Merkmale guten Unterrichts untersucht und festgestellt (z. B. Drei-Faktoren-Modell nach Klieme, COActiv-Studie, Hattie-Studie). Auf Basis dieser Untersuchungen wurden Gütekriterien für die Erhebung der Unterrichtsqualität entwickelt. Die international bekannteste Zusammenstellung stammt von Brophy (2000). Im deutschen Sprachraum sind die Darstellungen von H. Meyer (2004) und A. Helmke (2009) weit verbreitet (Tabelle 12). Sie werden in vielen Bundesländern als Grundlage für die Beobachtung von Unterricht sowohl bei der Qualitätsanalyse von Schulen als auch in der Lehrerausbildung genutzt. Um die verschiedenen Qualitätskriterien (Merkmale) durch Unterrichtsbeobachtungen zu erfassen, müssen sie durch Indikatoren konkretisiert werden. Darunter versteht man die Festlegung von beobachtbaren Verhaltensweisen, die einen Rückschluss auf das Qualitätsmerkmal und somit eine differenzierte Unterrichtsbeobachtung und -analyse ermöglichen.

Hilbert Meyer (2004)	Andreas Helmke (2009)
• klare Strukturierung des Unterrichts	• Klassenführung
• hoher Anteil echter Lernzeit	• Klarheit und Strukturiertheit
• inhaltliche Klarheit	• Konsolidierung und Sicherung
• transparente Leistungserwartung	• Aktivierung
• Methodenvielfalt	• Motivierung
• lernförderliches Klima	• lernförderliches Klima
• sinnstiftendes Kommunizieren	• Schülerorientierung
• individuelles Fördern	• Kompetenzorientierung
• intelligentes Üben	• Umgang mit Heterogenität
• vorbereitete Lernumgebung	• Angebotsvariation

Tab. 12: Merkmale der Unterrichtsqualität

Indikatoren für das Kriterium bzw. Merkmal „Strukturiertheit" sind z. B. (Akademie für Lehrerfortbildung und Personalführung 2014):
- Der Unterricht knüpft an bisher Gelerntes an.
- Informationen werden klar strukturiert präsentiert.
- Die Lehrkraft drückt sich gut verständlich aus.
- Die Fachsprache wird angemessen verwendet.
- Die Aufgabenstellungen sind so präzise formuliert, dass den Schülerinnen und Schülern klar ist, was sie tun sollen.
- Das Unterrichtstempo ist angemessen.

Der Ausprägungsgrad eines Indikators reicht i. d. R. tabellarisch auf Skalen von „trifft überhaupt nicht zu" bis „trifft vollständig zu" (Tab. 13) oder wird frei formuliert in Feldern für Notizen und Kommentare erfasst.

Merkmal	Indikatoren	trifft voll zu	trifft eher zu	trifft eher nicht zu	trifft nicht zu
hoher Anteil echter Lernzeit	Die vorhandene Zeit wird effektiv genutzt.				
	Störungen werden zügig behoben.				
inhaltliche Klarheit	Die Arbeitsaufträge sind verständlich formuliert.				
	Die Lernperson geht konstruktiv auf Schülerfehler ein.				
transparente Leistungserwartungen	Die Lehrperson bespricht ihre Leistungserwartungen mit den Schülerinnen und Schülern in angemessener und verständlicher Form.				
	Die Lehrperson gibt den Schülerinnen und Schülern zügig Leistungsrückmeldungen.				
Methodenvielfalt	Die Methoden passen zu den Inhalten.				
	Die Schülerinnen und Schüler werden dazu angehalten, über den Methodeneinsatz zu reflektieren.				
lernförderliches Klima	Vereinbarte Regeln werden erkennbar eingehalten.				
individuelles Fördern	Die Lehrperson gibt differenzierte, dem individuellen Leistungsvermögen angepasste Arbeitsaufträge.				
	Schülerinnen und Schüler mit Sprachdefiziten oder anderen Handicaps erhalten Hilfe.				
intelligentes Üben	Die Übungsaufgaben passen zur Zielsetzung der Stunde.				
	Es gibt ausreichend Zeit für Übungsphasen.				

Tab. 13: Beobachtungsbogen (Ausschnitt) basierend auf den zehn Merkmalen guten Unterrichts von Hilbert Meyer (2012)

Ziel der Lehrerausbildung ist es, den zukünftigen Lehrkräften Fähigkeiten und Fertigkeiten zu vermitteln, die es ihnen ermöglichen, Unterricht nach den oben genannten Qualitätskriterien zu planen, durchzuführen und zu evaluieren. Deshalb wurden vor dem Hintergrund der Merkmale für gelingenden Unterricht von die KMK 2004a (aktualisiert 2014) Standards für die Lehrerbildung formuliert (Tab. 14). Sie beschreiben die Anforderungen an das Handeln der Lehrkräfte und beziehen sich auf Kompetenzen in den Bereichen Unterrichten, Erziehen, Beurteilen und Innovieren, über die eine Lehrkraft zur Bewältigung der beruflichen Anforderungen verfügen sollte. An diesen Kompetenzen und den dazugehörigen Standards orientiert sich die Lehrerausbildung in den einzelnen Bundesländern. Sie sind der Bewertungsmaßstab für die Beurteilung der Unterrichtsqualität. Aufbauend auf den Standards, haben die meisten Bundesländer standardisierte Beobachtungsbogen entwickelt (Tab. 15), die die im Unterricht beobachtbaren und beurteilbaren Kompetenzen erfassen und damit die Voraussetzungen für eine fundierte Unterrichtsanalyse schaffen.

Kompetenzbereiche	Kompetenzen: Lehrerinnen und Lehrer ...
Unterrichten: Lehrerinnen und Lehrer sind Fachleute für das Lehren und Lernen.	• planen Unterricht unter Berücksichtigung unterschiedlicher Lernvoraussetzungen und Entwicklungsprozesse fach- und sachgerecht und führen ihn sachlich und fachlich korrekt durch. • unterstützen durch die Gestaltung von Lernsituationen das Lernen von Schülerinnen und Schülern. Sie motivieren alle Schülerinnen und Schüler und befähigen sie, Zusammenhänge herzustellen und Gelerntes zu nutzen. • fördern die Fähigkeiten der Schülerinnen und Schüler zum selbstbestimmten Lernen und Arbeiten.
Erziehen: Lehrerinnen und Lehrer üben ihre Erziehungsaufgaben aus.	• kennen die sozialen und kulturellen Lebensbedingungen, etwaige Benachteiligungen, Beeinträchtigungen und Barrieren von und für Schülerinnen und Schüler(n) und nehmen im Rahmen der Schule Einfluss auf deren individuelle Entwicklung. • vermitteln Werte und Normen, eine Haltung der Wertschätzung und Anerkennung von Diversität und unterstützen selbstbestimmtes Urteilen und Handeln von Schülerinnen und Schülern. • finden Lösungsansätze für Schwierigkeiten und Konflikte in Schule und Unterricht.
Beurteilen: Lehrerinnen und Lehrer beraten sach- und adressatenorientiert und üben ihre Beurteilungsaufgabe gerecht und verantwortungsbewusst aus.	• diagnostizieren Lernvoraussetzungen und Lernprozesse von Schülerinnen und Schülern; sie fördern Schülerinnen und Schüler gezielt und beraten Lernende und deren Eltern. • erfassen die Leistungsentwicklung von Schülerinnen und Schülern und beurteilen Lernen und Leistungen auf der Grundlage transparenter Beurteilungsmaßstäbe.
Innovieren: Lehrerinnen und Lehrer entwickeln ihre Kompetenzen ständig weiter.	• sind sich der besonderen Anforderungen des Lehrerberufs bewusst. Sie verstehen ihren Beruf als ein öffentliches Amt mit besonderer Verantwortung und Verpflichtung. • verstehen ihren Beruf als ständige Lernaufgabe. • beteiligen sich an der Planung und Umsetzung schulischer Projekte und Vorhaben.

Tab. 14: Kompetenzen der Lehrerausbildung (KMK 2014)

Qualitätsindikatoren für Kompetenzen zur Gestaltung von Unterricht und Lernprozessen unter Berücksichtigung der Rahmenvorgabe, der Kriterien guten Unterrichts (z. B. von Hilbert Meyer), der Indikatoren der Qualitätsanalyse an Schulen sowie der Ausbildungsprogramme der Seminare **(Ausschnitt)**		
3. Durchführungskompetenz		
Die Lehramtsanwärterin/Der Lehramtsanwärter ...		Notizen und Aussagen zu markierten Indikatoren
3.1	stimmt durch den Stundeneinstieg die Lerngruppe auf das Thema ein und motiviert für den Lernprozess.	
3.2	sorgt für Zieltransparenz.	
3.3	organisiert den Ablauf der Stunde so, dass die Strukturen klar erkennbar sind.	
3.4	teilt die Zeit hinsichtlich des geplanten Unterrichtsvorhabens effizient ein.	
3.5	formuliert Aufgaben, Problemstellungen und Arbeitsanweisungen inhaltlich klar und sprachlich verständlich/adressatenbezogen.	
3.6	fördert durch den methodischen Ablauf eine Zusammenarbeit zwischen den Schülerinnen und Schülern.	
3.7	bietet den Schülerinnen und Schülern Möglichkeiten zu eigenen Lern- und Lösungswegen und unterstützt selbstgesteuertes Arbeiten.	
3.8	macht differenzierte/individualisierte Lernangebote.	
3.9	initiiert Lernprozesse, in denen Schülerinnen und Schüler verbale, mediale oder schriftliche Produkte erstellen, die als angemessene Lösungen der gestellten Aufgaben gelten können.	
3.10	setzt Methoden und Medien zielführend ein.	
3.11	unterstützt die Anschaulichkeit mit geeigneten Arbeitsmitteln.	
3.12	wertet erarbeitete Zwischen- und Endergebnisse der Aufgabenstellungen zielorientiert aus und sichert sie effizient.	
3.13	regt die Schülerinnen und Schüler an, ihren eigenen Lernprozess zu reflektieren.	

Tab. 15: Qualitätsindikatorenbogen NRW (Bezirksregierung Düsseldorf 2008)

Die Qualitätsindikatoren sind in der Regel fächerübergreifend formuliert und müssen gegebenenfalls fachspezifisch konkretisiert, aufgeschärft oder ergänzt und in Beobachtungsinstrumente entsprechend integriert werden. Merzyn (2013) hat dazu die Expertenmeinungen zu gutem Chemieunterricht in elf Merkmalen zusammengefasst (Tab. 16). Neben den Kriterien, die grundsätzlich für guten Unterricht gelten (Tab. 12), ist für das Fach Chemie u. a. das Lernen in lebensnahen Kontexten besonders wichtig, denn die Kontexte dienen nicht nur der Motivation, sondern verdeutlichen die Bedeutung der Chemie für unser Leben und dienen nach dem Ansatz des Situated Learning dazu, chemisches Fachwissen zu erwerben, zu verankern und in neuen Kontexten anzuwenden (Mandl et al. 2002).

Neben dem Lernen in Kontexten sind insbesondere Experimente zentraler Bestandteil eines guten Chemieunterrichts. Dazu wurden in einer Studie der Universität Duisburg-Essen (Schulz 2011) experimentierspezifische Qualitätsmerkmale des Chemieunterrichts untersucht. Es hat sich gezeigt, dass

- eine klare Problemfrage,
- das Einbringen von Vorwissen und die Schülererklärung,
- hypothesenüberprüfendes Experimentieren in Kleingruppen,
- Instruktionseffizienz,
- problemlösender Unterricht und Nachvollziehbarkeit des Experiments

wichtige Kriterien für einen sinnvollen und erfolgreichen Einsatz des Experiments im Chemieunterricht sind und somit bei der Beobachtung von Experimentalunterricht berücksichtigt werden müssen (vgl. Kap. 13). Darüber hinaus spielen Sicherheitsaspekte – z. B., ob eine Gefährdungsbeurteilung erstellt oder die Regeln für sicheres Arbeiten befolgt werden – eine wichtige Rolle.

Me 1	lernförderliches Klima
Me 2	vielfältige Motivierung
Me 3	verständliche, gut strukturierte Darbietung des Stoffes
Me 4	Lernen eingebettet in alltagsnahen Kontexten
Me 5	vielfältige Unterrichtsmethoden
Me 6	verständnisfördernde Unterrichtskommunikation
Me 7	Förderung aktiven, selbstgesteuerten Lernens
Me 8	Individualisierung und Differenzierung
Me 9	intelligentes Üben und Wiederholen
Me 10	angemessene Leistungserwartung und Kontrollen
Me 11	klare Klassenführung und Strukturierung des Unterrichts

Tab. 16: Merkmale guten Chemieunterrichts (Merzyn 2013)

Abschließend bleibt festzuhalten, dass die Beobachtung von Unterricht ein ausgesprochen komplexer Prozess ist und von den Wahrnehmungen des Beobachters abhängt. Trotz objektivierbarer standardisierter Kriterien sind Beobachtungsfehler (Vertiefung 19) nicht auszuschließen.

Verbindliche und transparente Qualitätsmerkmale des Unterrichts und die Kompetenzen der Lehrerausbildung sind die Basis für die Beobachtung und somit für die Analyse von Unterricht. Die Beobachtung selbst sollte aber offen bleiben für Wahrnehmungen, deren Bedeutung wir noch nicht ganz durchschauen, und nicht im Urteil festgelegt sein. „Die Beobachterrolle trainieren – das gilt für Lehrpersonen ebenso wie für Fachleiter – heißt auch üben, für Reflexion und Beurteilung genügend Zeit zu lassen, Unsicherheiten und Irrtümer nicht auszublenden" (Jacob 2010).

V

Vertiefung 19: Typische Beobachtungsfehler (Kretschmer & Stary 1998)

- Primacy-Effekt (Erst-Eindruck): Der erste Eindruck, den man von einer Person oder Situation hat, führt zu einem spontanen Urteil, das dann die folgenden Beobachtungen und Bewertungen beeinflussen kann.
- Rosenthal-Effekt (Vorurteile und Voreinstellungen): Vorinformationen, Zuneigung oder Ablehnung von Personen und/oder Situationen können zu bestimmten Erwartungshaltungen führen und so eine objektive Beobachtung verhindern.
- Ähnlichkeits- / Kontrast-Effekt: Eigene Persönlichkeitsmerkmale bzw. deren Gegenteil werden auch der beobachteten Person zugeschrieben.
- Interferenz-Effekt: Aus beobachteten Verhaltensweisen wird auf Charaktereigenschaften der beobachteten Person geschlossen.
- Halo-Effekt: Einzelne Eigenschaften bzw. Merkmale werden als so markant wahrgenommen, dass sie die anderen Beobachtungen beeinflussen.
- Hawthorne-Effekt: Beobachtete Personen können ihr natürliches Verhalten ändern, wenn sie wissen, dass sie beobachtet werden.
- Logischer Fehler: Ein beobachtetes Merkmal wird aufgrund von Alltagstheorien mit weiteren Eigenschaften verknüpft.

12

12.10 Fazit mit Empfehlungen für gelingenden Chemieunterricht

Inhaltliche Schwerpunkte

- Es werden vier Merkmal-Felder mit spezifischen Unterrichtsempfehlungen für gelingenden, individuell erfolgreichen Chemieunterricht dargelegt.
- Bedeutend sind die unterhalb der Durchführungsebene im Unterricht wirkenden Denk-, Verstehens- und Lernprozesse (Tiefenstruktur) sowie die Emotionen der Beteiligten.
- Zentral für erfolgreiches Verstehen und Lernen ist nach J. Hattie eine kognitive Aktivierung mit konstruktiver Unterstützung.
- Insgesamt resultiert als Aufgabe der Lehrperson, den Schülerinnen und Schülern Erfolgserlebnisse zu schaffen.

Dieses Buch enthält ein Fülle von Ratschlägen, um Chemieunterricht professionell zu planen und durchzuführen. Die Unterrichtsforschung hat viele Merkmale für guten Unterricht aufgezeigt, aber nicht jeder in Vielfalt geplante Unterricht erfüllt die Erwartungen, die die Beteiligen, Lehrperson und jeder Lernende, im Innersten an die Wirkung der Durchführung stellen. Ständig werden Botschaften über (Un-)Beliebtheit des Chemieunterrichts als Ergebnisse aus empirischen Studien verbreitet. Hier werden vier Merkmal-Felder mit spezifischen Unterrichtsempfehlungen für gelingenden, individuell erfolgreichen Chemieunterricht dargelegt.

12.10.1 Sicht- und Tiefenstrukturen

Als Charakteristikum einer Ideallehrkraft wird an vielen Stellen die „adaptive Lehrkompetenz" empfohlen; diese „bezeichnet die Fähigkeit einer Lehrperson,

- ihren Unterricht mit Bezug zum Berufswissen über guten Unterricht, den individuellen Voraussetzungen der Schülerinnen und Schüler entsprechend zu planen und
- ihr Handeln während des Unterrichts so anzupassen, dass für möglichst viele Schülerinnen und Schüler möglichst optimale Lernbedingungen geschaffen werden" (Guldimann 2006, S. 8).

Diese o. ä. Ausführungen sind allerdings noch keine praktikable Anregung oder ein praxisnahes Rezept. Konkreter werden die Empfehlungen, die auf die große Bedeutung der kognitiven Aktivierung mit zwei wichtigen Schwerpunkten setzen:

1 die „Passung“, das ist der herausfordernde Charakter in Abhängigkeit von den Lernenden, und
2 umfangreiche Phasen „subjektiver“ Aneignung im Unterricht mit Sprech- und Schreibgelegenheiten (Leisen 2014b).

In vielen Studien suchen Forscher auf der Sichtstruktur von Unterricht nach Merkmalen, die den Unterschied bei Schülerleistungen erklären können. Für das Fach Mathematik hat man im Zusammenhang mit den PISA-Studien in sieben verschiedenen Ländern über Videoanalysen versucht, Erklärungen für Unterschiede in Schülerleistungen zu finden. Ergebnis war die Feststellung, dass die Unterschiede nicht mit direkt beobachtbaren Merkmalen der **Sichtstruktur,** wie Unterrichtsstile, Sozialformen usw. zu erklären sind; man muss zum Verständnis von Unterrichtsqualität die unterhalb der Durchführungsebene wirkenden **Denk-, Verstehens- und Lernprozesse,** also die **Tiefenstruktur,** näher ansehen und die Wechselwirkungen mit der Sichtstruktur berücksichtigen (Leisen 2014b).

Die unterhalb der Durchführungsebene wirkenden Denk- und Lernprozesse finden im Gehirn der Lernenden statt. Dabei gilt, mit großer Chance für den Chemieunterricht: „Wissen und Denken sind und bleiben an die Anschauung, also an unsere sinnlichen Eindrücke gebunden“ (Kiefer 2012). Daher helfen Experimentalunterricht, Modelle, Medien und Methoden-Werkzeuge bei der Unterrichtsverbesserung. Ferner stellt Kiefer fest: „Gefühle sind ganz zentral, wenn es um die Steuerung unserer Handlungen geht. … Und diese Gefühle sind die Manifestation gemachter Erfahrungen mit ähnlichen Situationen, die angenehm oder unangenehm waren.“ Nun lernen Schülerinnen und Schüler i. Allg. das Fach Chemie als letztes im Schulkanon kennen und haben oft schon Frust in anderen Fächern erfahren müssen. Glücklicherweise sind die meisten Schülerinnen und Schüler im Anfangsunterricht Chemie noch neugierig, was auf sie in den neuen Räumen zukommen wird. Diese Situation gilt es zu nutzen; in der Kognitionspsychologie weiß man „mittlerweile, dass neue Erfahrungen das Belohnungssystem in unseren Gehirnen anstacheln“ und dass nur die selbstgemachte Erfahrung die Unmittelbarkeit hat, die unser Gehirn sofort versteht (Kiefer 2012). Eine neue Unterrichtsstrategie kann sein:

- jede Chemiestunde auf Lernen mit transparenten Lernprodukten statt auf Prüfen mit Misserfolgen auszurichten,
- dem Experimentalunterricht eine Schlüsselstellung zu gewähren.

12.10.2 Die Bedeutung der Emotionen

J. Hattie (2013) schreibt von der Notwendigkeit, viel tiefer in die Gedankenwelt der Lernenden einzutauchen. Eisner et al. (2017) nennen es die „innere Welt der Lernenden", die es gilt, konsequent in den Blick zu nehmen und folgerichtig von dort aus naturwissenschaftlichen Unterricht zu planen und durchzuführen.

Kognitive Psychologen betonen stets die wichtige Rolle der Emotionen. Nach Spitzer (2002, 2006) ist diese Beobachtung damit zu erklären, dass „neutrales" Material je nach Kontext, in dem es gelernt wird, in zwei verschiedenen Bereichen des Gehirns gespeichert wird. Diese unterscheiden sich auch in Funktion und Mechanismus, die der Mensch rational nicht steuern kann. Einspeichern mit positiv emotionalem Kontext erfolgt im Hippocampus; dagegen erfolgt es bei negativ emotionalem Kontext im Mandelkern. „Der Hippocampus speichert Einzelheiten ab, ruft sie nachts wieder auf und transferiert sie innerhalb von Wochen und Monaten in die Gehirnrinde, den ‚langsamen Lerner', wo sie langfristig gespeichert werden. Die Funktion des Mandelkerns ist hingegen, bei Abruf von assoziativ in ihm gespeichertem Material den Körper und den Geist auf Kampf und Flucht vorzubereiten" (Spitzer 2006, S. 440). Vielfach bekannt ist die Situation bei Prüfungsangst, wenn dem Prüfling die simple Antwort nicht einfällt, die er normalerweise leicht gefunden hätte. Wenn dagegen keine Angst da ist, werden die Gedanken viel freier und offener. Im Chemieunterricht können manche Situationen mit negativen, Angst erzeugenden Gefühlen besetzt sein, in denen eine Schülerin oder ein Schüler nur wenig oder gar nichts versteht und vielleicht noch dabei auffällt. Dagegen führen Verstehen und Erfolge zu positiven Emotionen und die behandelten Lernergebnisse werden im Hippocampus und letztlich in der Gehirnrinde gespeichert.

12.10.3 Erfolgreiches Verstehen und Lernen

Damit erfolgreiches Verstehen gelingen kann und positive Emotionen erzeugt werden können, genügt es nicht, nur mit Geschick eine motivierende Sichtstruktur für den Unterricht vorzubereiten, vielmehr ist es erforderlich, die schon vorliegenden Vorstellungen und Kenntnisse der Schülerinnen und Schüler in den Blick zu nehmen, denn „Wissenserwerb" kann „nur durch aktiven Beitrag des Individuums und die Berücksichtigung bereits vorhandener Wissensstrukturen gelingen" (Häußler et al. 1998). Diese Wissensstrukturen der Schülerinnen und Schüler gilt es, in geeigneter Weise zu diagnostizieren und schon in der Unterrichtsvorbereitung aufzugreifen, um mit jeweils geeigneten Anknüpfungsstrategien darauf zu reagieren (Kap. 8 und 12.6). Denn nach J. Hattie (2013) sind vor allem zwei Merkmale besonders wirksam im Hinblick auf effektiven Unterricht:

1 Art und Weise der kognitiven Aktivierung
2 Möglichkeiten der konstruktiven Unterstützung nutzen.

Nach (1) gilt es, den Unterrichtsgegenstand auf den Lernstand der Schülerinnen und Schüler auszurichten und an das Vorwissen anzuknüpfen sowie den Unterricht mit dem Lernniveau der Schülerinnen und Schüler abzustimmen und doch intellektuell anspruchsvoll zu bleiben. Zu (2) gehört vor allem eine positive Fehlerkultur mit Sensibilität für Verstehensprobleme und Lernschwierigkeit. „Die Umsetzung kognitiv aktivierender und konstruktiv unterstützender Lernprozesse ... ist deutlich schwerer zu realisieren, als ein methodisch abgestimmter Unterricht auf der Ebene der Sichtstrukturen. Hier muss allerdings beachtet werden, dass im Idealfall beide Ebenen ineinander greifen" (Rehm et al. 2017, S. 10).

12.10.4 Erfolgserlebnisse schaffen

Chemieunterricht hat Aussichten, für Schülerinnen und Schüler erfolgreich zu sein, wenn er so geplant und durchgeführt wird, dass es gelingt, sie über Lernerfolge langfristig zu motivieren. „Schüler werden durch Erfolge beim Lernen zu weiterer Beschäftigung mit Lerngegenständen motiviert. Lernerfolg in einem Fach führt zur Freude an diesem Fach. Unterricht wird langfristig wirksam, wenn es gelingt, im Jugendlichen das Selbstbild einer Person aufzubauen, die fähig ist zu lernen. ... Hohe Lernbereitschaft führt zu Lernerfolgen und Lernerfolge erhöhen ihrerseits die Lernbereitschaft. Eine Aufwärtsspirale entsteht: Nichts ist erfolgreicher als Erfolg" (Merzyn 2008, S. 103).

Die Lehrperson muss also auf „Lernzuwächse hinarbeiten und diese den Schülerinnen und Schülern deutlich bewusst machen. Kurze Motivationsphasen am Beginn einer Unterrichtsstunde mögen schön und gut sein; sie können die Freude der Schülerinnen und Schüler nicht ersetzen, zu erleben, wie sich die eigene Kompetenz vergrößert. Unterricht muss Erfolgserlebnisse schaffen" (Merzyn 2008, S. 103). Merzyn empfiehlt daher eine neue Perspektive für die Unterrichtsplanung, nämlich die Ausgangsfrage:

„Mit welchem Inhalt und mit welcher Methode kann ich in der nächsten Stunde vielen Schülern zu einem Erfolgserlebnis verhelfen?" (Merzyn 2008, S. 144). Einige Aspekte sind hierbei zu bedenken (Merzyn 2008):

- Sprechen die *Inhalte* wirklich die Adressatengruppe an oder wecken sie nur das Interesse eines Kreises von Fachleuten? Werden möglichst alle Schülerinnen und Schüler angesprochen? Werden Verbindungen zu Alltagssituationen, Nachbardisziplinen „gelegentlich bis hin zu wirtschaftlichen, gesellschaftlichen oder historischen Gesichtspunkten" hergestellt? (Merzyn 2008, S. 142)
- Sind die *Unterrichtsmethoden* so gewählt, dass sich die Schülerinnen und Schüler einbringen und ihre erworbenen Kompetenzen erleben können?

Können sie neue Zusammenhänge erarbeiten, möglichst selbsttätig entdecken oder nur „vorgesetzte" Inhalte nachvollziehen?

- Ist das *Schwierigkeitsniveau* angepasst? Können „die Schüler das Geforderte bewältigen?" (Merzyn 2008, S. 143). Wird zu früh zu abstraktes Wissen verlangt? Steht genügend Zeit zur Erarbeitung, Veranschaulichung, Übung und Vertiefung zur Verfügung? Ist das kognitive Niveau an die Schülerinnen und Schüler angepasst? Ist echtes Verstehen möglich oder nur Auswendiglernen?

Die eigenen Kompetenzen erleben; Gelerntes nutzen, um Zusammenhänge zu entdecken; Erfolgserlebnisse haben – diese Lerngelegenheiten sind zu schaffen, auch um das eigene Selbstbild der Schülerinnen und Schüler im Fach Chemie zu stärken.

Literatur

Adams, G.L. & Engelmann, S. (1996). *Research on Direct Instruction: 25 years beyond DISTAR*. Seattle, WA: Educational Achievement Systems.

Akademie für Lehrerfortbildung und Personalführung (ALP) (2014). *Methodensammlung Individualfeedback.* https://bscw.alp.dillingen.de/pub/bscw.cgi/d5243275/Methodensammlung.pdf

Akademie für Lehrerfortbildung und Personalführung (ALP) (2004). *Offene Lernformen im Chemieunterricht.* Akademiebericht Nr. 395, Dillingen: ALP.

Angelo, T. A. & Cross, K. P. (1993). *Classroom assessment techniques: a handbook for college teachers* (2. Aufl.), San Francisco: Josey-Bass.

Apel, H.-J. & Grünfeld, W. (1982). *Unterrichtsformen, Unterrichtsverfahren.* Kulmbach: Baumann.

Arbeitsstab Forum Bildung in der Geschäftsstelle der Bund-Länder-Kommission für Bildungsplanung und Forschungsförderung (2001). *Empfehlungen des Forum Bildung.* Bonn.

Barke, H.-D. & Harsch, G. (2001). *Chemiedidaktik HEUTE.* Berlin: Springer.

Barke, H.-D. (2006). *Chemiedidaktik, Diagnose und Korrektur von Schülervorstellungen.* Berlin: Springer.

Barke, H.-D. & Yitbarek, S. (2009). Zur Diskussion gestellt. Concept-Cartoons – Hilfen zur Diagnose und Korrektur von Schülervorstellungen. In *Der mathematische und naturwissenschaftliche Unterricht,* **62** (6), S. 364–371.

Barke, H.-D., Harsch, G., Marohn, A. & Krees, S. (2015). *Chemiedidaktik kompakt.* Berlin: Springer.

Bathen, B. (2011). Mit Tandemkarten in der Oberstufe wiederholen. *Raabits Chemie.*

Bauer, K.-O. (2002). Unterrichtsentwicklung, pädagogischer Optimismus und Lehrergesundheit. In *Pädagogik,* **1,** S. 48–52.

Beyer, K. (2008). *Pragmatische Didaktik.* Baltmannsweiler: Schneider.

Bezirksregierung Düsseldorf (2008). *Handreichung zur Unterrichtsnachbesprechung.* http://www.zfsl-krefeld.nrw.de/Seminar_BK/Download/Handreichung_Unterrichtsnachbesprechung_BR.pdf

Blaes, C., Anus, S., Kallweit, I., Naeve, S. & Melle, I. (2012). Individuelle Förderung im Chemieunterricht. In *Der mathematische und naturwissenschaftliche Unterricht,* **65** (5), S. 293–300.

BLK-Expertise (1997). *Gutachten zur Vorbereitung des Programms „Steigerung der Effizienz des mathematisch-naturwissenschaftlichen Unterrichts" Heft 60.* Bund-Länder-Kommission für Bildungsplanung und Forschungsförderung. Bonn.

Bohl, T. (2009). *Prüfen und Bewerten im offenen Unterricht.* Weinheim: Beltz.

Boller, S. & Lau, R. (Hrsg.) (2010). *Innere Differenzierung in der Sekundarstufe II.* Weinheim: Beltz.

Bovet, G. & Huwendiek, V. (2008). *Leitfaden Schulpraxis.* Berlin: Cornelsen Scriptor.

Brenner, G. & Brenner, K. (2005). *Fundgrube Methoden I Für alle Fächer.* Berlin: Cornelsen.

Brophy, J. E. (2000). *Teaching (Educational Practices Series, Vol. 1).* Brüssel: International Academy of Education & International Bureau of Education. Abgerufen unter www.ibe.unesco.org

Brüning, L. & Saum, T. (2009). *Erfolgreich unterrichten durch Kooperatives Lernen.* Essen: Neue Deutsche Schule.

Brüning, L. & Saum, T. (2010). Individualisierung und Differenzierung. In *Praxis Schule 5–10. Kompetenzorientierter Unterricht,* **1,** S. 8–11.

Bünder, W., Demuth, R. & Parchmann, I. (2003). Basiskonzepte. In *Praxis der Naturwissenschaften – Chemie in der Schule,* **52** (1), S. 2–6.

Christiansen, D., Steinhoff, B. & Nentwig, P. (2004). Aufgaben zur Kompetenzentwicklung – Kriterien und Beispiele der Aufgabengestaltung nach Chemie im Kontext. In *Praxis der Naturwissenschaften – Chemie in der Schule,* **53** (8), S. 21–25.

Coppes, K.-H. (1972). *Partnerarbeit im Unterrichtsgeschehen der Grund- und Hauptschule.* Basel: Beltz.

Deci, E. & Ryan, R. (1993). Die Selbstbestimmungstheorie der Motivation und ihre Bedeutung für die Pädagogik. In *Zeitschrift für Pädagogik,* **39** (3), S. 223–238.

Deutsches PISA-Konsortium (Hrsg.) (2000). *Schülerleistungen im internationalen Vergleich –* eine neue Rahmenkonzeption für die Erfassung von Wissen und Fähigkeiten. Berlin: MPI für Bildungsforschung. (Deutsche Übersetzung der internationalen Ausgabe von OECD, 1999). http://www.mpib-berlin.mpg.de/PISA/Rahmenkonzeptiondt.pdf

Deutscher Verein zur Förderung des mathematischen und naturwissenschaftlichen Unterrichts e. V, MNU. (2009). *Individuelle Förderung im naturwissenschaftlichen Unterricht. Themenreihe Bildungsstandard.*

Di Fuccia, D.-S. (2007). *Schülerexperimente als Instrument der Leistungsbeurteilung.* Berlin: uni-edition.

Di Fuccia, D. & Ralle, B (2009). Schülerexperimente und Leistungsbeurteilung. In *Der mathematische und naturwissenschaftliche Unterricht,* **62** (2), S. 72–79.

Dittmar, M. (2010). Puzzle zur Integration aller Schüler und Schülerinnen in die Gruppenarbeit. In *Praxis der Naturwissenschaften – Chemie in der Schule,* **59** (7), S. 24–27.

Dubs, R. (2014). Lernschwierigkeiten: Unterricht mit Blick auf die Ausgestaltung von Lernverläufen gestalten In A. Fischer, C. Hößle, S. Jahnke-Klein, V. Niesel, H. Kiper, M. Komorek & J. Sjuts (Hrsg.), *Diagnostik für lernwirksamen Unterricht* (S. 51–67). Baltmannsweiler: Schneider.

Duit, R. (1995). Zur Rolle der konstruktivistischen Sichtweise in der naturwissenschaftlichen Lehr- und Lernforschung. In *Zeitschrift für Pädagogik,* **41** (6), S. 905–924.

Duit, R. (1996). Lernen als Konzeptwechsel im naturwissenschaftlichen Unterricht. In R. Duit & C. von Rhöneck, Ch. (Hrsg.), *Lernen in den Naturwissenschaften* (S. 145–162). Kiel: IPN.

Duit, R., Häußler, P. & Prenzel, M. (2002). Schulleistungen im Bereich der naturwissenschaftlichen Bildung. In F.E. Weinert (Hrsg.), *Leistungsmessungen in Schulen.* Weinheim: Beltz.

Efing, N., Kakoschke, A. & Sommer, K. (2015). Experimentelle Hausaufgaben. Vernetzung von Schule und Elternhaus am Beispiel des Projektes KEMIE. In *Unterricht Chemie,* **26** (147), S. 24–29.

Eilks, I. (2005). Experiences and reflections about teaching atomic structure in a jigsaw classroom in lower secondary school chemistry lessons. In *Chemical Education,* **82** (2), S. 313–319.

Eilks, I., Witteck, T., Rumann, S. & Sumfleth, E. (2005). Kooperatives Lernen – Konzept, Anspruch und Wirklichkeit. In *Unterricht Chemie,* **16** (88/89), S. 6–11.

Eilks, I., Bräuner, M. & Byers, B. (2010). Methodische Innovationen für die Chemielehre. In *CHEMKON,* **17** (3), S. 124–130.

Eisner, B., Kattmann, U., Kremer, M., Langlet, J., Plappert, D. & Ralle, B. (2017). Bildung stärken: Naturwissenschaftlichen Unterricht verändern. In *Der mathematische und naturwissenschaftliche Unterricht,* **70** (3), S. 2–6.

Feierabend, T. & Eilks, I. (2009). Bioethanol. Bewertungs- und Kommunikationskompetenz Schulen in einem gesellschaftskritisch-problemorientierten Chemieunterricht. In *Der mathematische und naturwissenschaftliche Unterricht,* **62** (2), S. 92–97.

Felten, M. & Stern, E. (2012*). Lernwirksam unterrichten.* Berlin: Cornelsen.

Filmer, M. (2015). *Selbstreguliertes Lernen im Chemieunterricht. Entwicklung und Erprobung von Unterrichtsmaterialien im Rahmen einer Aktionsforschungsstudie.* Berlin: uni-edition.

Flint, A. & Rossow, M. (2009). Die „Erweiterung" des Redoxbegriffs mit Stoffen aus dem Alltag. *Chemkon* **16** (2), S. 83–89.

Freiman, T. & Schlieker, V. (Hrsg.) (2001). Methoden-Werkzeuge. In *Unterricht Chemie,* **12** (64/65).

Ganser, B. (2005). *Kooperative Sozialformen im Unterricht. Ein unverzichtbarer Beitrag zur inneren Schulentwicklung.* Universität Nürnberg-Erlangen, Dissertation.

Gardyan, H.-J (2008). Individuelle Hochbegabtenförderung in segregativen und integrativen Lernverbänden der Sekundarstufe II. In C. Fischer, F.J. Mönks & Westphal, U. (Hrsg.), *Individuelle Förderung: Begabungen entfalten – Persönlichkeit entwickeln* (S. 266–291). Berlin: Lit.

Glöckel, H. (1999). Unterrichtsformen – Erläuterungen zu Aktions- und Sozialformen. In *Unterricht Chemie,* **10** (53), S. 46.

Glöckel, H. (2003). *Vom Unterricht. Lehrbuch der allgemeinen Didaktik* (4. Auflage). Bad Heilbrunn: Klinhardt.

Green, N. u. Green, K. (2005). *Kooperatives Lernen im Klassenraum und Kollegium.* Seelze: Friedrich.

Greiten, S. (2016). Das „Drehtürmodell" im Schulentwicklungsprozess der Begabtenförderung. Studie und Praxisbeispiele, In *Karg,* **9,** S. 6–51.

Grofe, T. (1987). *Anfangsunterricht Chemie Sekundarbereich I Unterrichtsbeispiele für das zweite Jahr*. Köln: Aulis Verlag Deubner

Grunder, H.-U. & Bohl, T. (2001). *Neue Formen der Leistungsbeurteilung in den Sekundarstufen I und II.* Baltmannsweiler: Schneider.

Grzesik, J. (1976). *Die Steuerung von Lernprozessen im Unterricht.* Heidelberg: Quelle & Meyer.

Gudjons, H. (2011). *Frontalunterricht – neu entdeckt.* Bad Heilbrunn: Klinkhardt.

Guldimann, T. (2006). Adaptive Lehrkompetenz – und wie entwickelt man sie? Referat von Dr. Titus Guldimann 6.6.2006. https://www.learninginstitute.ch/pdfs/ph-st.gallen-adaptive-lehrkompetenz.pdf (28.02.2018)

Günther, K. (2012). Lehre durch Massenvorlesungen? Ein Blick auf neurowissenschaftliche Erkenntnisse. In *Forschung und Lehre,* **19** (6), S. 462–464.

Haag, L., Fürst, C. & Dann, H.-D. (2000). Lehrervariablen erfolgreichen Gruppenunterrichts. In *Psychologie in Erziehung und Unterricht,* **47,** S. 266–279.

Hage, K. (1985). *Das Methodenrepertoire von Lehrern. Eine Untersuchung zum Schulalltag der Sekundarstufe I.* Opladen: Leske und Buderich.

Hamberg, R. & Bley, L. (2014). Ouzo – verdünnt oder eiskalt serviert. In *Praxis der Naturwissenschaften – Chemie in der Schule,* **63** (8), S. 11–14.

Hänze, M. & Jurkowski, S. (2011). Diagnostizieren in Lern- und Prüfungssituationen. In *Unterricht Chemie,* **22** (124/125), S. 2–4.

Härtig, H. (2016). *Experimentieren lernen,* IPN Blätter, **33** (1), S. 1,3.

Hattie, J. (2008). *Visible learning. A synthesis of over 800 meta- analyses relating to achievement.* London: Routledge.

Hattie, J. (2012). *Visible learning for teachers: maximizing impact on learning.* London, New York: Routledge

Hattie, J. (2013). *Lernen sichtbar machen.* (Überarbeitete deutschsprachige Ausgabe von „Visible Learning“ besorgt von Wolfgang Beywl und Klaus Zierer). Baltmannsweiler: Schneider.

Häussler, P., Bünder, W., Duit, R., Gräber, W. & Mayer, J. (1998). *Naturwissenschaftsdidaktische Forschung – Perspektiven für die Unterrichtspraxis.* Kiel: IPN.

Heckt, D. H. (2008). Das Prinzip Think-Pair-Share. In *Friedrich Jahresheft XXVI,* S. 31–33.

Heimann, P. (1962). Didaktik als Theorie und Lehre. In *Die Deutsche Schule,* **54,** S. 407–427.

Heimann, P., Otto, G. & Schulz, W. (1968). *Unterricht – Analyse – Planung.* Hannover: Schroedel.

Heinecke, C. (1997). Lernen im Chemieunterricht als Vorstellungswechsel. In *Der mathematische und naturwissenschaftliche Unterricht,* **50** (6), S. 330–335.

Helmke, A. (2004). *Unterrichtsqualität erfassen, bewerten, verbessern.* Seelze: Friedrich.

Helmke, A. (2007). *Was wissen wir über guten Unterricht? Wissenschaftliche Erkenntnisse zur Unterrichtsforschung und Konsequenzen für die Unterrichtsentwicklung.* Bielefeld: Bertelsmann. http://www.bildung.koeln.de/imperia/md/content/selbst_schule/downloads/andreas_helmke_.pdf

Helmke, A. (2009). *Unterrichtsqualität und Lehrerprofessionalität – Diagnose, Evaluation und Verbesserung des Unterrichts.* Seelze: Friedrich.

Helmke, A. (2013). Individualisierung: Hintergrund, Missverständnisse, Perspektiven. In *PÄDAGOGIK,* **65** (2), S. 34–37.

Helmke, A. et al. (2016). *Evidenzbasierte Methode der Unterrichtsdiagnostik und -entwicklung (EMU).* http://www.unterrichtsdiagnostik.info/

Hepp, R., Krüger, A. & Leisen, J. (2003). Methoden-Werkzeuge. In *Unterricht Physik,* **14** (75/76).

Hermanns, R. & Wambach, H. (1984). Funktionen des Experiments im Chemieunterricht. In *Der Chemieunterricht,* **15** (2), S. 29–53.

Hilgers, U. (2012). Gehalt einer Vitamin C Tablette. In H. Wambach & J. Wambach-Laicher (Hrsg.), *Individualisieren und Aktivieren im Chemieunterricht SII,* Band 1 (S. 66–75). Hallbergmoos: Aulis.

Höfer, D. & Steffens, U., (2012). *„Visible learning for teachers – maximizing impact of learning“ – Zusammenfassung (21 S.) der praxisorientierten Konsequenzen aus der Forschungsbilanz von John Hattie „Visible Learning“ (Hattie, J. 2012).* www.visiblelearning.de/wp-content/uploads/2013/04/Hattie-2_Veroeff_Zsfa_2012_09_26.pdf (letzter Zugriff am 01.12.16)

Hostenbach, J. & Walpuski, M. (2013). Untersuchung der Einflussfaktoren auf die Bewertungskompetenz im Fach Chemie. In *Zeitschrift für Didaktik der Naturwissenschaften,* **19,** S. 129–157.

Hüttner, R. (1994). Herkömmliches und diagnostisches Fragen beim Lehren der Umkehrbarkeit einer chemischen Reaktion. In *Chemie in der Schule,* **41** (4), S. 134–136.

Huwendiek, V. (2008). Unterrichtsmethoden. In G. Bovet & V. Huwendiek (Hrsg.), *Leitfaden Schulpraxis.* Berlin: Cornelsen.

Jacob, F. (2010): *Unterricht beobachten, besprechen, beurteilen als Kernaufgabe der Lehrerbildung.* http://www.bak-online.de/lvb/saarland/060-Vortrag-Unterricht-beobachten-bewerten-besprechen.pdf

Johnson, D.W. & Johnson, R. (2006). New developments in social interdependence theory. In *Genetic, social and general psychology monographs,* **131** (4), S. 285–358.

Kallweit, I. & Melle, I. (2014). Effektivität des Einsatzes von Selbsteinschätzungsbögen. Individuelle Förderung durch selbstreguliertes Lernen. In S. Bernholt (Hrsg.), *Naturwissenschaftliche Bildung zwischen Science- und Fachunterricht* (S. 228–230). Kiel: IPN.

Kallweit, I., Anus, S. & Melle, I. (2015). Diagnose und individuelle Förderung, Inhalte und Ergebnisse einer Lehrerfortbildung. In M. Emden, J. Koenen & E. Sumfleth (Hrsg.), *Chemieunterricht im Zeichen von Diagnostik und Förderung.* Münster: Waxmann.

Keller, S. & Reintjes, C. (2016). Aufgaben als Schlüssel zur Kompetenz: eine Einleitung. In S. Keller & C. Reintjes (Hrsg.), *Aufgaben als Schlüssel zur Kompetenz, Didaktische Herausforderungen, wissenschaftliche Zugänge und empirische Befunde* (S. 15–25). Münster: Waxmann.

Kiefer, M. (2012). Denken ist die Simulation gemachter Erfahrungen. ZEIT online (Interview 3.5.2012) in Zeit.de (18.10.2017)

Kiper, H. & Mischke, W. (2006). *Theorie des Unterrichts.* Weinheim: Beltz.

Kirk, S. (2004). *Beurteilung mündlicher Leistungen.* Bad Heilbrunn: Klinkhardt.

Klafki, W. (1977). Zum Verhältnis von Didaktik und Methodik. Landesinstitut für schulpädagogosche Bildung N-W (Hrsg.), *Probleme stufenbezogener Didaktik* (S. 61 f.). Düsseldorf.

Klafki, W. (1994). *Neue Studien zur Bildungstheorie.* Weinheim: Beltz.

Kleinknecht, M., Bohl, T., Maier, U. & Metz, K. (2014). Aufgaben und Aufgabenkulturen. In *Unterricht Chemie,* **25** (142), S. 10–13.

Klingberg, L. (1982). *Einführung in die Allgemeine Didaktik.* Berlin: Volk und Wissen.

Klinger, U. (2000). Teamfähigkeit ist Übungssache. *Friedrich Jahresheft „Üben&Wiederholen" XVIII,* S. 78–81.

Klinger, U. (2011). Was können Schülerinnen und Schüler wirklich? In *Unterricht Chemie,* **22** (124/125), S. 9–13.

Klippert, H. (2004). *Lehrerbildung. Unterrichtsentwicklung und der Aufbau neuer Routinen.* Weinheim: Beltz.

Klippert, H. (2005). *Teamentwicklung im Klassenraum. Übungsbeispiele für den Unterricht.* Weinheim: Beltz.

KMK (2004a). *Bildungsstandards im Fach Chemie für den Mittleren Bildungsabschluss. Beschluss vom 16.12.2004.*

KMK (2004b). *Einheitliche Prüfungsanforderungen in der Abiturprüfung Chemie, Beschluss der Kultusministerkonferenz vom 01.12.1989 i. d. F. vom 05.02.2004.*

KMK (2009). *Empfehlungen zur Stärkung der mathematisch-naturwissenschaftlichen Bildung. Beschluss vom 7.5.2009.*

KMK (2013). *Operatorenliste Naturwissenschaften (Physik, Biologie, Chemie) Endfassung, 265. BLASchA.* http://www.kmk.org/fileadmin/Dateien/pdf/Bildung/Auslandsschulwesen/Kerncurriculum/engl_Operatoren_Ph_Ch_Bio_25_Maerz_2014.pdf (letzter Zugriff am 10.02.2017).

KMK (2014). *Standards für die Lehrerbildung: Bildungswissenschaften.* http://www.akkreditierungsrat.de/fileadmin/Seiteninhalte/KMK/Vorgaben/KMK_Lehrerbildung_Standards_Bildungswissenschaften_aktuell.pdf

Köck, P. (2000). *Handbuch der Schulpädagogik für Studium – Praxis – Prüfung.* Donauwörth: Auer.

Kölbach, E. & Sumfleth, E. (2013). Analyse von Kontexteffekten beim Lernen mit Lösungs-beispielen im Fach Chemie. In *Zeitschrift für Didaktik der Naturwissenschaften,* **19,** S. 159–188.

Kölbach, E., Maier-Richter, A. & Sumfleth, E. (2015). Lösungsbeispiele – eine besondere Form von Lernaufgaben zur Unterstützung individuellen Lernens in den Naturwissenschaften. In *CHEMKON,* **22** (1), S. 7–14.

Kölner Modell (1982). Chemie-Technik-Lebenswelt. In *Der mathematische und naturwissenschaftliche Unterricht,* **35** (4), S. 244–246.

Konrad, K. & Traub, S. (2005). *Kooperatives Lernen. Theorie und Praxis in Schule, Hochschule und Erwachsenenbildung.* Hohengehren: Schneider.

Konrad, K. & Traub, S. (2010). *Kooperatives Lernen: Theorie und Praxis in Schule, Hochschule und Erwachsenenbildung.* Hohengehren: Schneider.

Krabbe, H., Zander, S. & Fischer, H. E. (2015). *Lernprozessorientierte Gestaltung von Physikunterricht. Materialien zur Lehrerfortbildung.* Münster: Waxmann.

Kranz, J. & Schorn, J. (Hrsg.) (2012). *Chemie Methodik. Handbuch für die Sekundarstufe I und II.* Berlin: Cornelsen.

Krapp, A. & Ryan, R. (2002). Selbstwirksamkeit und Lernmotivation. Eine kritische Betrachtung der Theorie von Bandura aus der Sicht der Selbstbestimmungstheorie und der pädagogischen-psychologischen Interessentheorie. In M. Jerusalem & D. Hopf (Hrsg.), *Selbstwirksamkeit und Motivationsprozesse in Bildungsinstitutionen* (S. 54–82). Weinheim: Beltz.

Kremer, M. (2013). Benzol – ein Aromat mit vielen Rätseln. In H. Wambach & J. Wambach-Laicher (Hrsg.), *Individualisieren und Aktivieren im Chemieunterricht SII,* Band 2, (S. 132–159). Hallbergmoos: Aulis.

Kretschmer, H. & Stary, J. (1998). *Schulpraktikum. Eine Orientierungshilfe zum Lernen und Lehren.* Berlin: Cornelsen.

Kroner, B. & Schauer, H. (1997). *Unterricht erfolgreich planen und durchführen.* Köln: Aulis.

Krumm, B., Zimmerer, E. & Kremer, M. (2008). *Diagnostizieren und Fördern im Chemieunterricht.* Frankfurt am Main: GDCh.

Land Hessen (2015). *Hessisches Schulgesetz i. d. F. von 14. Juni 2005, zuletzt geändert durch Gesetz vom 24. März 2015.* https://kultusministerium.hessen.de/sites/default/files/media/hkm/lesefassung_schulgesetz_mit_inhaltsverzeichnis_stand_20170116.pdf (letzter Zugriff am 24.08.2017).

Land Hessen (2016). *Abitur- und Oberstufenverordnung (OAVO) vom 20. Juli 2009, zuletzt geändert durch Verordnung vom 13. Juli 2016.* Abgerufen am 24.08.2017 von https://kultusministerium.hessen.de/sites/default/files/media/2016-08-09_textfassung_oavo_zuletzt_geaendert_durch_verordnung_vom_13._juli_2016.pdf (letzter Zugriff am 24.08.2017).

Landesakademie für Fortbildung und Personalentwicklung an Schulen https://lehrerfortbildung-bw.de/st_if/bs/if/unterrichtsgestaltung/methodenblaetter/thinkpairshare.html (letzter Zugriff am 23.3.18),

Landesinstitut für Schulentwicklung (2009). *Diagnose und Förderung in den Naturwissenschaften – Methoden, Instrumente und Techniken mit Beispielen aus den Unterrichtsfächern Biologie, Physik und Chemie.* Stuttgart.

Lattmann, U. P. (1972). *Unterrichtsvorbereitung.* Hitzkirch: Comenius.

Leerhof, G., Kinast, S., Markic, S. & Eiks, I. (2010). Das abgesicherte Gruppenpuzzle. In L. Stäudel (Hrsg.), *Methoden.* Naturwissenschaften im Unterricht Chemie 22, Sammelband.

Leisen, J. (2003). *Methoden-Handbuch Deutschsprachiger Fachunterricht (DFU).* Bonn: Varus.

Leisen, J. (2007). Problemorientierter Unterricht und Aufgabenkultur. In S. Mikelskis-Seifert & T. Rabe (Hrsg.), *Physik Methodik für die Sekundarstufen* (S. 82–94). Berlin: Cornelsen.

Leisen, J. (2010). Lernprozesse mithilfe von Lernaufgaben strukturieren. In *Naturwissenschaften im Unterricht-Physik,* **21,** (117/118), S. 9–13.

Leisen, J. (2013). *Handbuch Sprachförderung im Fach: Sprachsensibler Fachunterricht in der Praxis;* Stuttgart: Klett.

Leisen, J. (2014a) Wie soll ich meinen Unterricht planen? – Lehr-Lern-Prozesse planen am Beispiel Elektrizitätslehre. In U. Maier (Hrsg.), *Lehr-Lernprozesse in der Schule: Referendariat* (S. 102–117). Bad Heilbronn: Klinkhardt.

Leisen, J. (2014b). Was ist guter Unterricht? josefleisen.de (1.12.2016)

Leisen, J. (2014c). Ein guter Lehrer kann beides: Lernprozesse material und personal steuern. In G. Höhle (Hrsg.), *Was sind gute Lehrerinnen und Lehrer? Zu den professionsbezogenen Gelingensbedingungen von Unterricht* (S. 168–183). Magdeburg: Prolog.

Leisen, J (o. J.) *Unterrichtsgespräch: Fragend-entwickelnden Unterricht, sokratischer Dialog und Schülergespräche.* http://www.josefleisen.de/downloads/lehrenlernen/03%20 Unterrichtsgespr%C3%A4ch%20-%20Fragend-entwickelnder%20Unterricht.pdf (letzter Zugriff am 23.03.2018)

Lindt, G. (1984). Sachbezogene Motivation im IPN-Lehrgang „Stoffe und Stoffumbildungen". In *Der mathematische und naturwissenschaftliche Unterricht,* **37** (1), S. 8–15.

Lütgert, W. (2000). Leistungs-Rückmeldung – Anforderungen, Innovationen, Probleme. In S.-I. Beutel & W. Vollstädt (Hrsg.), *Leistung ermitteln und bewerten.* Hamburg: Bergmann und Helbig.

Luthiger, H., Wilhelm, M. & Wespi, C. (2014). Enwicklung von kompetenzorientierten Aufgabensets. *journal für lehrerInnenbildung.* H. 3, S. 56 - 66.

Lüthjohann, F. & Parchmann, I. (2011). Konzeptverständnis ermitteln. In *Unterricht Chemie,* **22** (124/125), S. 76–81.

Mackensen-Friedrichs, J. (2009). Die Rolle von Selbsterklärungen aufgrund vorwissensangepasster, domänenspezifischer Lernimpulse beim Lernen mit biologischen Beispielaufgaben. In *Zeitschrift für Didaktik der Naturwissenschaften,* **15,** S. 155–172.

Maier, U., Bohl, T., Kleinknecht, M. & Metz, K. (2013). Allgemeindidaktische Kategorien für die Analyse von Aufgaben. In U. Maier, T. Bohl, M. Kleinknecht & K. Metz (Hrsg.), *Lern- und Leistungsaufgaben im Unterricht – Fächerübergreifende Kriterien zur Auswahl und Analyse* (S. 9–45). Bad Heilbrunn: Klinkhardt.

Mallek, E., Raguse, K. & Weber-Peukert, G. (2011). Lernstraße durch die Stoffeigenschaften, Beispiele aus einem Portfolio auf der Basis eines Kompetenzrasters. In *Unterricht Chemie,* **22** (124/125), S. 56–62.

Mandl, H., Gruber, H. & Renkl, A. (2002). Situiertes Lernen in multimedialen Lernumgebungen. In L.J. Issing & P. Klimsa (Hrsg.), *Information und Lernen mit Multimedia und Internet* (S. 138–148). Weinheim: Beltz.

Marohn, A. (2008). Schülervorstellungen zum Lösen und Sieden – Auf der Suche nach ‚elementaren' Vorstellungen. In *Der mathematisch und naturwissenschaftliche Unterricht,* **61** (8), S. 451–457.

Marohn, A. (2009). Schülervorstellungen individuell erkennen und verändern. In *Praxis der Naturwissenschaften – Chemie in der Schule,* **58** (8), S. 25–29.

Marohn, A. (2012). Wie „kommt" der Strom durch die Lösung? In H. Wambach & J. Wambach-Laicher (Hrsg.), *Individualisieren und Aktivieren im Chemieunterricht SII, Band 1* (S. 83–93). Hallbergmoos: Aulis.

Marohn, A. (2014a). Interaktionsboxen. In *Praxis der Naturwissenschaften – Chemie in der Schule,* **63** (6).

Marohn, A. (2014b). Von der Diagnose zur Veränderung. In A. Fischer, C. Hößle, S. Jahnke-Klein, V. Niesel, H. Kiper, M. Komorek & J. Sjuts (Hrsg.), *Diagnostik für lernwirksamen Unterricht* (S. 157–175). Baltmannsweiler: Schneider.

Marohn, A. (Hrsg.) (2015). Naturwissenschaftliche Erkenntnisgewinnung. In *Praxis der Naturwissenschaften – Chemie in der Schule,* **64** (6).

Martius, T., Delvenne, L. & Schlüter, K. (2016). Forschendes Lernen – Verschiedene Konzepte, ein gemeinsamer Kern? In *Der mathematische und naturwissenschaftliche Unterricht,* **69** (4), S. 220–228.

Max-Planck-Institut für Bildungsforschung (2009). *Ergebnisse der COACTIV-Studie.* https://www.mpib-berlin.mpg.de/coactiv/studie/ergebnisse/index.html

Meier, M. (2014). Wie lassen sich Experimentierfähigkeiten von Schülerinnen und Schülern diagnostizieren und beschreiben? In A. Fischer, C. Hößle, S. Jahnke-Klein, V. Niesel, H. Kiper, M. Komorek & J. Sjuts (Hrsg.), *Diagnostik für lernwirksamen Unterricht* (S. 127–143). Baltmannsweiler: Schneider.

Merzyn, G. (2008). *Naturwissenschaften Mathematik Technik – immer unbeliebter?* Baltmannsweiler: Schneider.

Merzyn, G. (2013). Guter Chemieunterricht. Die Sicht von Schülern, Lehrern, Wissenschaftlern. In *Praxis der Naturwissenschaft – Chemie in der Schule,* **1** (62), S. 37–41.

Merzyn, G. (2016). Das Unterrichts-Gespräch – Eigenschaften, Probleme, Mängel. In *Der mathematische und naturwissenschaftliche Unterricht,* **69** (1), S. 51–56.

Meyer, H. (1980). *Leitfaden zur Unterrichtsvorbereitung.* Königsstein: Scriptor

Meyer, H. (1987). *Unterrichtsmethoden, I Theorieband, II Praxisband.* Berlin: Cornelsen Scriptor.

Meyer, H. (2004). *Was ist guter Unterricht?* Berlin: Cornelsen.

Meyer, H. (2007). *Ergänzungen zum Leitfaden Unterrichtsvorbereitung – Beobachtungsbogen.* http://www.member.uni-oldenburg.de/hilbert.meyer/28639.html

Meyer, H. (2012). *Leitfaden Unterrichtsvorbereitung.* Berlin: Cornelsen.

Meyer, H. (2013). *Unterrichts-Methoden I: Theorieband.* Berlin: Cornelsen.

Meyer, H. & Schrader, J. (Hrsg.). Norddeutsches GÜTE-Konsortium (2005). *Merkmale guten Unterrichts.* Oldenburg: Oldenburger VorDrucke 473.

Mietzel, G. (2007). *Pädagogische Psychologie des Lernens und Lehrens.* Göttingen: Hogrefe.

Ministerium für Bildung, Wissenschaft, Weiterbildung und Kultur (2014). Lehrpläne für die Naturwissenschaftlichen Fächer für die weiterführenden Schulen in Rheinland-Pfalz. Mainz. https://lehrplaene.bildung-rp.de/ (letzter Zugriff 10.06.2018)

Ministerium für Kultus, Jugend und Sport Baden-Württemberg (2004). *Bildungsplan 2004. Stuttgart.*

Mühlhausen, U. (2015). Wenn Aktivierungskonzepte nicht die erwünschte Wirkung zeigen. *Zeitschrift für Pädagogik,* **67** (5), S. 32–35.

Neber, H. (Hrsg.) (1981). *Entdeckendes Lernen.* Weinheim: Beltz.

Nerdel, C., Neumann, K. & Stäudel, L. (2013). Fachdidaktische Analyse von Aufgaben in den Naturwissenschaften. In M. Kleinknecht, T. Bohl, U. Maier & K. Metz (Hrsg.), *Lern- und Leistungsaufgaben im Unterricht* (S. 95–100). Bad Heilbrunn: Klinkhardt.

Oelkers, J. (2001). *Leistungsbeurteilung als Problem und Chance der Schulentwicklung.* https://www.phil-fak.uni-duesseldorf.de/fileadmin/Redaktion/Institute/Sozialwissenschaften/BF/Lehre/WiSe13_14/Reformpaedagogik/oelkers-leistungsbeurteilung_neu.pdf (letzter Zugriff am 24.08.2017).

Paradies, L., Linser, H. J. & Greving, J. (2007). *Diagnostizieren, Fordern und Fördern.* Berlin: Cornelsen.

12

Paradies, L., Wester, F. & Greving, J. (2012). *Leistungsmessung und -bewertung.* Berlin: Cornelsen.

Parchmann, I. & Bernholdt, S. (2016). Aufgaben als Brücke zwischen Lebenswelt und Fachunterricht. In S. Keller & C. Reintjes (Hrsg.), *Aufgaben als Schlüssel zur Kompetenz, Didaktische Herausforderungen, wissenschaftliche Zugänge und empirische Befunde* (S. 41–51). Münster: Waxmann.

Petermann, K., Friedrich, J. & Oetken, M. (2008). Das an Schülervorstellungen orientierte Unterrichtsverfahren. In *CHEMKON,* **15** (3), S. 110–118.

Pfeifer, P., Häusler K. & Lutz, B. (Hrsg.) (1992), *Konkrete Fachdidaktik Chemie* (1. Auflage). München: Oldenbourg.

Pfundt, H. (1975). Ursprüngliche Erklärungen der Schüler für chemische Vorgänge. In *Der mathematische und naturwissenschaftliche Unterricht,* **28** (3), S. 157–162.

Prange, K. (1986). *Bauformen des Unterrichts.* Bad Heilbronn: Klinkhardt.

Prenzel, M. (1994). Mit Interesse in das dritte Jahrtausend. Pädagogische Überlegungen. In H. Seibert & H.J. Serve (Hrsg.), *Bildung und Erziehung an der Schwelle zum dritten Jahrtausend.* Marquartstein: Wittich.

Prenzel, M. (2000). *Stand und Entwicklung des mathematisch-naturwissenschaftlichen Unterrichts an Gymnasien.* Vortrag am 21.01.2000 im Wissenschaftszentrum Bonn (BDA Workshop).

Prenzel, M. & Parchmann, I. (2003). Kompetenz entwickeln. Vom naturwissenschaftlichen Arbeiten zum naturwissenschaftlichen Denken. In *Unterricht Chemie,* **14** (76/77), S. 15–19.

Raguse, K., Weber-Peukert, G., Woldt, P. & Lotz, A. (2013). Individuelle Förderung im Chemieunterricht – Der Förderkreis am Beispiel der Unterrichtseinheit „Laborführerschein". In *CHEMKON,* **20** (4), S. 183–190.

Ralle, B. (1993). Das chemische Experiment – fachdidaktische Diskussion und Unterrichtspraxis. In *Chemie in der Schule,* **40** (1), S. 2–8.

Rehm, M., Ropohl, M., Steffensky, M. & Parchmann, I.(2017). Schülervorstellungen nutzen. In *Unterricht Chemie,* **28** (159), S. 9–12.

Reich, K. (Hrsg.) (2012). *Methodenpool.* http://methodenpool.uni-koeln.de (letzter Zugriff am 30.11.2016).

Reusser, K. (1999). *KAFKA und SAMBA als Grundfiguren der Artikulation des Lehr-Lerngeschehens.* Skript zur Vorlesung „Allgemeine Didaktik". Zürich: Pädagogisches Institut der Universität Zürich.

Reusser, K. (2005). Problemorientiertes Lernen – Tiefenstruktur, Gestaltungsformen, Wirkung. In *Beiträge zur Lehrerinnen- und Lehrerbildung,* **23** (2), S. 159–182.

Rheinberg, F. (2002). Bezugsnormen und schulische Leistungsbeurteilung. In F. E. Weinert (Hrsg.), *Leistungsmessungen in Schulen.* Weinheim: Beltz.

Ropohl, M. (2010). *Modellierung von Schülerkompetenzen im Basismodell Chemische Reaktion. Entwicklung und Analyse von Testaufgaben.* Berlin: Logos.

Rossa, E. (Hrsg.) (2005). *Chemie-Didaktik.* Berlin: Cornelsen.

Rossow, M. & Flint, A. (2009). Die „Erweiterung" des Redox-Begriffs mit Stoffen aus dem Alltag. In *CHEMKON,* **16** (2), S. 83–89.

Roth, H. (1966). *Pädagogische Psychologie des Lehrens und Lernens.* Hannover: Schroedel.

Schecker, H. & Parchmann, I. (2006). Modellierung naturwissenschaftlicher Kompetenz. In *Zeitschrift für Didaktik der Naturwissenschaften,* **12,** S. 45–65.

Schell, C. (1972). *Partnerarbeit im Unterricht. Psychologische und pädagogische Voraussetzungen.* München: Reinhardt.

Schmidkunz, H. & Lindemann, H. (1992). *Das forschend-entwickelnde Unterrichtsverfahren: Problemlösen im naturwissenschaftlichen Unterricht.* Magdeburg: Westarp Wiss.

Schmidkunz, H. (2003). *Das Forschend-Entwickelnde Unterrichtsverfahren, Problemlösen im naturwissenschaftlichen Unterricht.* Hohenwarsleben: Westarp.

Schroedter, S. & Körner, H.-D. (2015). Experimentelle Daten und Lernprozesse. In *Der mathematische und naturwissenschaftliche Unterricht,* **68** (5) S. 300–307.

Schulz, A. (2011). *Experimentierspezifische Qualitätsmerkmale im Chemieunterricht.* Berlin: Logos.

Schulz, W. (1965). Unterricht – Analyse und Planung. In P. Heimann, G. Otto & W. Schulz (Hrsg.), *Unterricht – Analyse und Planung.* (S. 13–47). Hannover: Schroedel.

Sgoff, M. & Bader, H.-J. (1996). Experimente als Hausaufgabe – Darf man das überhaupt? In *Der mathematische und naturwissenschaftliche Unterricht,* (**3**), S. 184–185.

Sliwka, A. (2000). Individualität zulassen – Kooperation fördern. In *PÄDAGOGIK,* **3,** S. 29–32

Spitzer, M. (2002). *Lernen – Gehirnforschung und die Schule des Lebens.* Heidelberg, Berlin: Spektrum.

Spitzer, M. (2006). Wie lernt das Gehirn? Vortrag beim forum Schule – Fachkongress „Praxis der individuellen Förderung“ Essen (21.10.2006), schriftlich in *Schule NRW* 11/06.punkt, S. 438–442.

Staatliches Seminar für Didaktik und Lehrerbildung (Gymnasien) (2014). *Mach MI(N) T. Stuttgarter Hefte. Schriftenreihe für Pädagogik und Didaktik,* (4).

Stäudel, L. & Werber, B. (2001). *Informationen beschaffen, aufbereiten, präsentieren. Methodenlernen in den Naturwissenschaften.* Seelze: Friedrich.

Stäudel, L. (2006). Die Spannungsreihe der Metalle. In H. Gropengießer, D. Höttecke, T. Nielsen & L. Stäudel (Hrsg.), *Mit Aufgaben lernen, Unterricht und Material 5–10* (S. 56–60). Seelze: Friedrich

Stäudel, L. (2008). *Aufgaben mit gestuften Hilfen für den CHEMIE-Unterricht.* Seelze: Friedrich.

Stäudel, L. (2008). Aufgaben machen den Unterschied. In L. Stäudel (Hrsg.), *Aufgaben mit gestuften Hilfen für den Chemieunterricht – Aufgabensammlung mit Lernhilfen in unterschiedlichen Schwierigkeitsgraden.* Seelze: Friedrich.

Stäudel, L., Blum, S. Franke-Braun, G., Hänze, M., Schmidt-Weigand, F. & Wodzinski, R. (2008). *Aufgaben mit gestuften Hilfen für den Chemieunterricht.* Seelze: Friedrich.

Stäudel, L. (2010). Methoden (Sammelband). *Unterricht Chemie,* **22.**

Stäudel, L. & Wodzinski, R. (2008). Aufgaben als Katalysatoren im Lernprozess – Das Beispiel Naturwissenschaften. In J. Thonhauser (Hrsg.), *Aufgaben als Katalysatoren von Lernprozessen* (S. 183–196). Münster: Waxmann.

Stäudel, L. & Rehm, M. (2013). Fachdidaktische Aufgabenanalyse in Chemie. In M. Kleinknecht, T. Bohl, U. Maier & K. Metz (Hrsg.), *Lern- und Leistungsaufgaben im Unterricht – Fächerübergreifende Kriterien zur Auswahl und Analyse* (S. 127–145). Bad Heilbrunn: Klinkhardt.

Stäudel, L. (2014) *Lernen fördern Naturwissenschaften.* Stuttgart: Klett.

Stern, E. (2003). *Intelligentes Wissen als Schlüssel zum Können.* https://eldorado.tu-dortmund.de/bitstream/2003/31310/1/008.pdf (letzter Zugriff am 06.12.2015)

Stern, E. (2006). Lernen: Was wissen wir über erfolgreiches Lernen in der Schule. In *Pädagogik,* **58** (1), S. 45–49.

Stern, E. (2012). Entscheidend ist das Vorwissen. In *Forschung & Lehre,* **19** (6), S. 452–453.

Studienseminar Koblenz (Hrsg.) (2009). *Sachtexte lesen im Fachunterricht der Sekundarstufe.* Seelze: Friedrich.

Studienseminar Koblenz (Hrsg.) (2016). *Guter Unterricht schafft Lerngelegenheiten.* Ein Lehr-Lern-Modell für die Lehrerausbildung und das Lehrercoaching. Norderstedt: BooD.

Studienseminar Koblenz (2018). Lernprozesse planen und gestalten I: Planen vom Herzstück aus. http://studienseminar.rlp.de/fileadmin/user_upload/studienseminar.rlp.de/gy-ko/Pflichtmodule_18-19/04-1_Lernprozess_I_-_05.02.2018/02_Planen_vom_Herzstueck_aus__Skript_.pdf (letzter Zugriff 23.3.2018)

Sumfleth, E., Neuroth, J. & Leutner, D. (2010). Concept Mapping – eine Lernstrategie muss man lernen. In *CHEMKON,* **17** (2), S. 66–70.

Sumfleth, E., Emden, M. & Özcan, N. (2013). Kommunikative Standardsituationen – Förderung fachsprachlicher Kompetenzen im Chemieunterricht. In *Naturwissenschaften im Unterricht Chemie,* **24** (138), S. 30–35.

Tausch, M. & von Wachtendonk, M. (Hrsg.) (2011). *Chemie 2000+ SI.* Bamberg: Buchner.

Tepner, M. & Melle, I. (2005). Saubere Sache! Ein Gruppenpuzzle zum Thema Seifen. *RAABits Chemie Sekundarstufe I* (S. 1–26). Stuttgart: Raabe, I/F.

Tepner, M., Roeder, B. & Melle, I. (2009). Effektivität des Gruppenpuzzles im Chemieunterricht der Sekundarstufe I. In *Zeitschrift für Didaktik der Naturwissenschaften,* **15,** S. 7–29.

Tepner, O., Roeck, B. & Melle, I. (2010). Effektivität von Aufgaben im Chemieunterricht der Sekundarstufe I. In *Zeitschrift für Didaktik der Naturwissenschaften,* **16,** S. 329–340.

Terhart, E. (1989). *Lehr-Lernmethoden.* Weinheim: Beltz.

Terhart, E. (2000). Schüler beurteilen – Zensuren geben / Wie Lehrerinnen und Lehrer mit einem leidigen aber unausweichlichen Element ihres Berufsalltags umgehen. In S.-I. Beutel & W. Vollstädt (Hrsg.), *Leistung ermitteln und bewerten.* Hamburg: Bergmann und Helbig.

Tillmann, K.-J. & Vollstädt, W. (2000). Funktionen der Leistungsbeurteilung – Eine Bestandsaufnahme. In S.-I. Beutel & W. Vollstädt (Hrsg.), *Leistung ermitteln und bewerten.* Hamburg: Bergmann und Helbig.

Toczkowski, T. & Ralle, B. (2017). Von der Komplexität „einfacher" Experimente. In *Der mathematische und naturwissenschaftliche Unterricht,* **70** (2), S. 1–7.

Treagust, D. F. (1988). Development and use of diagnostic tests to evaluate students' misconceptions in science. In *International Journal of Science Education,* **10** (2), S. 159–169.

Tschekan, K. (2014). *Kompetenzorientiert unterrichten: eine Didaktik.* Berlin: Cornelsen.

Wahl, D. (2006). *Lernumgebungen erfolgreich gestalten.* Bad Heilbronn: Klinkhardt.

Waibel, R. (2002). Wissenschaftlich fundierte Instrumente für die Beurteilung von Unterrichtsqualität. In H. Buchen, L.G. Horster & H.G. Pantel (Hrsg.), *Unterrichtsentwicklung nach PISA.* Stuttgart: Raabe.

Walpuski, M., Kauertz, A., Fischer, H. E., Kampa, N., Mayer, J., Sumfleth, E. & Wellnitz, N. (2010). ESNaS – Evaluation der Standards für die Naturwissenschaften in der Sekundarstufe I. In A. Gehrmann, U. Hericks & M. Lüders (Hrsg.), *Bildungsstandards und Kompetenzmodelle – Eine Verbesserung der Qualität von Schule, Unterricht und Lehrerbildung.* (S. 171–184). Bad Heilbrunn: Klinkhardt.

Wambach, H. (1980). Zwei Brennpunkte im Chemieunterricht: Problemballung im Anfangsunterricht und Inhaltsauswahl. In *Der mathematische und naturwissenschaftliche Unterricht,* **33** (8), S. 486–494.

Wambach, H. (2009). Lehrplanempfehlungen: von Stoffplänen bis zu Erschließungsbereichen und methodischen Maßnahmen. In *Praxis der Naturwissenschaften-Chemie in der Schule,* **58** (2), S. 6–10.

Wambach, H. & Wambach-Laicher, J. (Hrsg.) (2012). *Individualisieren und Aktivieren im Chemieunterricht der Sekundarstufe II.* Band I. Köln: Aulis.

Wambach, H. & Wambach-Laicher, J. (Hrsg.) (2013). *Individualisieren und Aktivieren im Chemieunterricht der Sekundarstufe II,* Band II. Hallbergmoos: Aulis.

Wambach-Laicher, J. (2013). Die fotochemische Bromierung von Heptan. In H. Wambach & J. Wambach-Laicher (Hrsg.*), Individualisieren und Aktivieren im Chemieunterricht SII,* Band 2, (S. 99–117). Hallbergmoos: Aulis.

Wasmuth, K.-U. (2006). Unterrichtsmethodik. In K. Beyer, R. Wisbert & W. Plöger (Hrsg.), *Schulpraktikum* (S. 103–138). Baltmannsweiler: Schneider.

Weinert, F.E. (1997). Notwendige Methodenvielfalt. In M. A. Meyer, U. Rampillon, G. Otto & E. Terhard (Hrsg.), *Lernmethoden – Lehrmethoden* (S. 50–52). Friedrich Jahresheft XV. Seelze: Friedrich.

Weinert, F. E. (2001). Vergleichende Leistungsmessung in Schulen – eine umstrittene Selbstverständlichkeit. In F. E. Weinert (Hrsg.), *Leistungsmessungen in Schulen.* (S. 17–31). Weinheim: Beltz.

Wellenhofer, W. (1999). *Unterricht heute. Aufgaben – Möglichkeiten – Probleme.* Ainring: Gruenstein.

Wellenreuther, M. (2004). *Lehren und Lernen – aber wie? Empirisch-experimentelle Forschungen zum Lehren und Lernen im Unterricht. Grundlagen der Schulpädagogik Band 50.* Hohengehren: Schneider.

Weninger, J. & Dierks, W. (1970). Chemieunterricht heute und morgen. In *Der mathematische und naturwissenschaftliche Unterricht,* **23** (3), S. 129 ff.

Weninger, J. (1971). Über das methodische Vorgehen in den empirischen Wissenschaften und in den empirischen Unterrichtsfächern. In *Der Chemieunterricht,* **2** (1), S. 82 ff.

Weninger, J. (1982). Das Denken im Kontinuum und Diskontinuum. In *Der mathematische und naturwissenschaftliche Unterricht,* **35** (4), S. 193–200.

Wilhelm, M., Wespi, C., Luthiger, H. & Rehm, M. (2015). Mit Aufgaben Kompetenzen und Vorstellungen erfassen. In *Unterricht Chemie,* **26** (149), S. 9–15.

Winkelmann, J. & Erb, R. (2014). Lernzuwachs durch Schüler- und Demonstrationsexperimente. In *Der mathematische und naturwissenschaftliche Unterricht,* **67** (7), S. 394–401.

Wittek, T. & Wambach, H. (2010). Der Louche-Effekt zum „Struktur-Eigenschafts-Konzept“ mit der 2-4-Alle-Methode. In *Raabits Chemie, November 2010, IIc, Beitrag 21.* Stuttgart: Raabe

Wittek, T. (2012). Wie färbt sich Wäsche mit Rotkohlextrakt? In H. Wambach & J. Wambach-Laicher (Hrsg.), *Individualisieren und Aktivieren im Chemieunterricht SII,* Band 1 (S. 178–186). Hallbergmoos: Aulis.

Ziegler, A. (1999). Motivation. In C. Perleth & A. Ziegler (Hrsg.), *Pädagogische Psychologie* (S. 103–112). Bern: Huber.

Zimmer, M. & Melle, I. (2007). Advance Organizer. In *Unterricht Chemie,* **18** (97), S. 46–48.

12

Online

(1) Chemie im Kontext. http://www.chik.de/index2.html. (letzter Zugriff am 13.04.2017).
(2) Sinus-Transfer. http://www.sinus-transfer.de/startseite.html. (letzter Zugriff am 13.04.2017).

13 Experimente

Inhaltliche Schwerpunkte

- Das Experiment ist die Basis naturwissenschaftlicher Erkenntnisgewinnung und somit auch unverzichtbarer Bestandteil des Chemieunterrichts.
- Die Auswahl geeigneter Schulexperimente basiert auf folgenden Kriterien: fachliche Richtigkeit, eindeutige Effekte, erfolgreiche Durchführung, Angemessenheit an das Alter und das Vorwissen der Lernenden sowie Aspekte der Arbeitssicherheit, des zeitlichen und des sächlichen Rahmens.
- Experimente können als Demonstrations- oder als Schülerexperimente Eingang in den Chemieunterricht finden. Die Wahrnehmungsgesetze liefern empirisch belegte Hilfestellungen für den Aufbau und die Durchführung von chemischen Demonstrationsexperimenten.
- Bei der Vorbereitung von Schülerexperimenten sind verschiedene Entscheidungsfelder zu berücksichtigen: Bezug zum Lehrplan, Konzeptionelle Ausrichtung, Handhabung, Aufwand, Organisationsformen sowie Sicherheitsbestimmungen. Dabei gilt es auch, besondere apparative Möglichkeiten für Schülerexperimente (z. B. Low-cost-Versuche oder Halbmikrotechnik) in den Blick zu nehmen.
- Schlüsselstellen verorten zentrale Stufen der chemiespezifischen Verständnisentwicklung mit denjenigen Experimenten, die in diesen Situationen eine kognitive Aktivierung ermöglichen. Charakteristische Stufen werden angegeben und geeignete Experimente zugeordnet, die in der Schulpraxis helfen, zentrale Begriffe und Konzepte der Chemie zu entfalten oder zu erweitern.
- Die Chemielehrkraft muss vollumfänglich Kenntnis von Sicherheitsbestimmungen und vom Umgang mit Gefahrstoffen im Chemieunterricht haben.

13.1 Legitimation des Experiments für den Chemieunterricht

Erkenntnisgewinn in der Naturwissenschaft Chemie ist ohne das Experiment nicht denkbar (vgl. Kap. 4). Dies gilt, auch wenn heute der schnelle Zugriff auf eine Vielzahl von Daten möglich ist und theoretische Konzepte sowie die Nutzung von Informationstechnologien die Voraussage vieler Synthesemöglichkeiten und Eigenschaften chemischer Verbindungen erlauben. Allgemein entscheiden erst die Ergebnisse von Experimenten darüber, inwieweit etwa eine Synthesestrategie tatsächlich die gewünschten Ergebnisse liefert oder eine Theorie verworfen werden muss. Eine besondere und nicht ersetzbare Funktion hat das Experiment bei analytischen Fragestellungen. Welche Stoffe in welcher Konzentration beispielsweise in einer Wasserprobe gelöst sind, lässt sich anhand theoretischer Erwägungen nicht beantworten.

Da es ein grundlegendes Ziel des Chemieunterrichts ist, Lernenden das Wesen der Naturwissenschaft Chemie, ihrer Vorgehens- und Arbeitsweisen zu vermitteln (vgl. Kap. 6.5), ist das Experiment auch dort unabdingbarer Bestandteil. Dabei steht das Experiment nicht isoliert, sondern ist Bestandteil des Erkenntnisprozesses, der aus schulischer Sicht dem Kompetenzbereich Erkenntnisgewinnung zugeordnet wird, aber auch z. B. den Bereich Kommunikation beinhaltet: Das Erkennen und Entwickeln einer Fragestellung, die nur durch ein Experiment beantwortet werden kann, steht am Anfang. Darauf baut die Planung des Experiments auf, wobei die Kontrolle der Variablen wesentlich ist, um sinnvolle Ergebnisse zu erhalten. Die Versuchsdurchführung selbst, die Beobachtung der auftretenden Phänomene, gegebenenfalls auch die Durchführung von Messungen schließen sich an. Das Protokollieren, die Diskussion der Ergebnisse und die Verknüpfung mit der Theorie können zu neuen Fragestellungen überleiten.

Es ließe sich nun argumentieren, es sei ausreichend, im unterrichtlichen Prozess über Versuche zu sprechen, sie an der Tafel zu skizzieren oder sie als Videofilm zu betrachten. Der einfache Zugang zu Videofilmen und die einfache Handhabung führen zu Ansätzen, Versuche durch solche Darstellungen zu ersetzen. Es ist für den Lehrenden zunächst verlockend, Zeit, Arbeit und Chemikalien auf diese Weise zu sparen. Dagegen sprechen jedoch mehrere Überlegungen:

- Jeder Videofilm vermittelt nur die subjektive Sichtweise des Erstellers und bietet nicht das unmittelbare Erlebnis eines ablaufenden Experiments. (Filme haben aber durchaus ihre Berechtigung, wenn Reaktionen gezeigt werden sollen, die nur schwer zu beobachten oder in der Schule aus Gründen eines komplexen Versuchsaufbaus und aus Sicherheitsgründen nicht durchführbar sind.) Der freiwillige Verzicht auf die Realbegegnung durch das Experiment erscheint als pädagogisch zweifel-

13

haft – zumal in einer Zeit, in der unmittelbares Erleben immer mehr durch Sekundärerfahrungen ersetzt wird.

- Chemische Kenntnisse beruhen weiterhin zu einem beträchtlichen Teil auf einem Wissen, das durch Anschauung erworben wird. Nur durch eigene Erfahrung kann gelernt werden, etwa wichtige von unwichtigen Beobachtungen zu unterscheiden.
- Bei der Durchführung von Schülerexperimenten begreifen die Lernenden selbst Chemie im Sinne des Wortes. Diese Eigentätigkeit lässt sie unmittelbar am Prozess der Erkenntnisgewinnung teilnehmen. Die verschiedenen Möglichkeiten, beim Experiment aktiv zu werden, stehen auch im Einklang mit einer konstruktivistischen Sicht des Lernens. Chemie ist eines der wenigen Unterrichtsfächer, in denen auch manuelles Geschick vermittelt wird. Die Leistung beim Experimentieren wird bei der Leistungsbeurteilung berücksichtigt.
- Verschiedene ältere empirische Untersuchungen haben gezeigt, dass der sonst recht unbeliebte Chemieunterricht dann als positiv erlebt wird, wenn einerseits ein Alltags- und Gegenwartsbezug der Inhalte besteht, andererseits aber auch Experimente durchgeführt werden (Bader 1986; Gaertner 1971; Otto & Garbe 1976; Häusler 1986). Nun ist die Motivation ein wesentlicher Faktor für den Erfolg jedes Unterrichts. Es wird aber in der neueren Literatur (u. a. Prenzel & Parchmann 2003) der Lernerfolg infrage gestellt, wenn nur Arbeitsvorschriften nachgekocht werden, sich die Lernenden aber wichtige Schritte wie Versuchsplanung, Variablenkontrolle und Schlussfolgerungen aus den Ergebnissen nicht aneignen. Auf diesen Gesichtspunkt wird im Kapitel 13.6 noch einmal eingegangen.

13.2 Experiment im Chemieunterricht versus Experiment in der Forschung

Experimente, die im Chemieunterricht durchgeführt werden, sind grundsätzlich in ihren Ergebnissen aus der Fachwissenschaft Chemie bekannt. Sie haben auf den ersten Blick vielfach den äußeren Charakter von Experimenten, wie sie von der Fragestellung her auch in der Forschung und bei der Entwicklung von Verfahren in der Industrie durchgeführt werden könnten, bzw. oftmals – historisch gesehen – auch wurden, heute jedoch dort keine Bedeutung mehr haben. Durch die schnelle Weiterentwicklung der Chemie rückt dieser Gesichtspunkt immer mehr in den Vordergrund. Dies schränkt jedoch nicht ihren Wert im Lernprozess ein, da sie vielfach nicht nur einfach durchführbar und grundlegend für ein Verständnis chemischer Inhalte sind, sondern auch zu unmittelbar einsichtigen Ergebnissen führen. Trotz dieser Problematik sollte der Chemieunterricht möglichst oft den Bezug zu modernen Entwicklungen herstellen, was auch von der Lehrkraft verlangt, sich ständig mit Neuem auseinanderzusetzen.

Gegenüber Experimenten in der Forschung ergeben sich durch die speziellen Anforderungen des Chemieunterrichts Abweichungen in der Intention und oft der Art der Ausführung und im Maßstab. Dies ist unmittelbar einsichtig, wenn man sich vergegenwärtigt, dass der Unterricht nicht das Ziel hat, neues Fachwissen zu generieren. Im Gegensatz zur Realität der Forschung weiß eine Lehrerin oder ein Lehrer immer, welche Reaktion ablaufen wird, insofern handelt es sich nur aus Sicht der Lernenden um subjektiv neues Wissen. Des Weiteren sind die nutzbare Zeit begrenzt, die apparativen Möglichkeiten eingeschränkt, und aus Gründen der Arbeitssicherheit steht nur ein bestimmtes Repertoire an Chemikalien und an durchführbaren Reaktionen zur Verfügung. Durch diese Randbedingungen ergeben sich spezielle Anforderungen an Schulexperimente, die weiter unten ausführlich behandelt werden.

Oftmals ergeben sich in der Wissenschaft Chemie erst aus einer großen Zahl von Versuchen befriedigende Ergebnisse. Obwohl man beispielsweise viele Reduktionsmittel zur Umwandlung von Ketonen in sekundäre Alkohole kennt, muss erprobt werden, welches Reagenz unter welchen Bedingungen die besten Ausbeuten liefert. Auch wenn Forschung und Entwicklung in der Chemie in weitaus höherem Maße planbar sind als früher, ist dieser Weg notwendig. Spekulation, Intuition und manuelles Geschick spielen dabei auch heute noch eine Rolle – man denke nur an die Entdeckung des Graphens. Das Schulexperiment verdeckt diesen Gesichtspunkt meistens. Ebenso wird vernachlässigt, dass viele Reaktionen eben nur in einem gewissen Prozentsatz zu den erwünschten Produkten führen. Gerade in der organischen Chemie entspricht es ist nicht der Realität, quantitative Umsetzungen vorauszusetzen.

In der Schulchemie wird oft der Eindruck erweckt, hinter jedem Experiment stehe die Absicht, eine Gesetzmäßigkeit oder eine Theorie zu bestätigen oder zu falsifizieren. Die fachdidaktische Forschung lenkt die Aufmerksamkeit in den letzten zwei Jahrzehnten nahezu ausschließlich auf diesen Gesichtspunkt. Tatsächlich liegt aber ein Schwerpunkt der praktischen chemischen Arbeit auf anderen Gebieten, z. B. auf der Reinigung und Trennung von Reaktionsprodukten. Diesem Aspekt könnte im Unterricht eine noch größere Aufmerksamkeit geschenkt werden – vor allem vor dem Hintergrund der gewünschten Berufsorientierung im Fach Chemie.

13.3 Anforderungen an ein Schulexperiment

Zu fast jedem im Chemieunterricht relevanten Thema steht heute eine Auswahl an Experimenten zur Verfügung. Besonders in den letzten drei Jahrzehnten wurde eine Fülle von Versuchen zu Themen aus der Lebens- und Alltagswelt der Lernenden neu entwickelt. Dies darf jedoch nicht dazu verleiten, jedes beschriebene Experiment kritiklos in den Unterricht zu übernehmen. Es stellt sich vielmehr die Frage, welche Experimente unter welchen Voraussetzungen sinnvoll einsetzbar sind.

Die Beurteilung eines Experiments auf seine Eignung für den Unterricht kann – wie es bereits Kotter (1975) dargestellt hat – aus sehr unterschiedlichen, sich aber ergänzenden Blickwinkeln geschehen:

Fachliche Richtigkeit

Ein Experiment muss vom fachlichen Standpunkt aus gesehen das, was erarbeitet werden soll, tatsächlich zeigen. So darf ein Reagenz nur dann als spezifisch bezeichnet werden, wenn es dies tatsächlich ist. Es ist etwa fachlich richtig, Sauerstoff durch die Glimmspanprobe nachzuweisen. Hingegen bedarf der Wasserstoffnachweis durch die Knallgasprobe einer differenzierten Auseinandersetzung mit anderen explosionsfähigen Gas-Luft-Gemischen. Nicht vertretbar ist, dass das Brennen einer Substanz mit rußender Flamme als Nachweis für aromatische Verbindungen eingeführt wird.

Leider wurden einige Experimente, die die gewünschten Ergebnisse gar nicht zeigen können, über Jahrzehnte in der fachdidaktischen Literatur tradiert. Es kann eine halbquantitative Bestimmung des Sauerstoffanteils der Luft nicht durch Verbrennen einer schwimmenden Kerze unter einer Glasglocke erfolgen. Wiederholt (1994) hat durch gaschromatographische Untersuchungen nachgewiesen, dass der Sauerstoffanteil in der Restluft unter der Glasglocke noch 16 % beträgt. Damit kann die Verringerung des Gasvolumens um 1/5 nicht mit der vollständigen Reaktion des Sauerstoffs erklärt werden. Oder: so kann ebenfalls kein richtiges Ergebnis erhalten werden, wenn im Zuge der Strukturaufklärung von Ethanol die Wasserstoffentwicklung bei der Reaktion zwischen Ethanol und Natrium quantitativ ausgewertet wird. Natriumethanolat kristallisiert bei der Umsetzung aus und lagert dabei Ethanol ein, das dann nicht mehr für die Reaktion zur Verfügung steht. Die gefundenen Werte sind deshalb immer zu niedrig (Flint et al. 1987). Der Versuch lässt sich nur qualitativ, nicht aber sinnvoll quantitativ auswerten.

Deutliche Effekte

Experimente sollten einen deutlichen Effekt zeigen. Es ist von geringer Überzeugungskraft, wenn aus einer farblosen Flüssigkeit durch Zugabe eines farblosen Reagenzes eine farblose Lösung entsteht. Die Effekte sollten vor allem von jüngeren Lernenden unmittelbar zu erkennen sein (Farbumschläge, Fällungen, Gasentwicklungen, in Einzelfällen auch akustische Effekte wie die Knallgasprobe). Wenn die Reaktionen keinen deutlichen, optisch wahrnehmbaren Effekt zeigen, kann man durch geeignete Maßnahmen die Wahrnehmung unterstützen. Beispielsweise kann das farblose Reaktionsprodukt der Veresterung durch einen lipophilen Farbstoff optisch noch besser sichtbar gemacht werden. Oder: Ist bei der Reaktion von Salicylsäure mit Acetanhydrid zu Acetylsalicylsäure aus dem farblosen Edukt ein farbloses Produkt isoliert worden, ist es notwendig, die Änderung der chemischen Eigenschaften (z. B. durch die Reaktion mit Eisen(III)-Ionen) hervorzuheben (Latzel 1985).

Erfolgreiche Durchführung

Ein Experiment sollte gelingen. Oftmals führen triviale Gründe, wie unreine Reagenzien oder verschmutzte Geräte, zu Misserfolgen. Auch werden einfach erscheinende Arbeitsvorschriften vielfach unterschätzt oder Mengenangaben nicht beachtet. Anfänger sollten selbst einfache Arbeitsvorschriften vorab erproben. Beispielsweise gelingt der allgemein bekannte Springbrunnenversuch oft nicht. Erst mit dem Trick, das in den Kolben ragende Kapillarrohr anzufeuchten, läuft das Experiment zuverlässig ab. Experimente, die man bisher noch nicht selbst durchgeführt hat, sind bereits aus Gründen der Sicherheit auszutesten. Es wäre allerdings sinnlos und unökonomisch, bei ausreichender Erfahrung vor jeder Unterrichtsstunde jeden Versuch neu zu erproben.

Angemessenheit an die Altersstufe der Lernenden

Ein Experiment muss hinsichtlich des kognitiven Anforderungsprofils der Altersstufe der Lernenden angemessen sein (vgl. Kap. 8). Zum einen sollten die Inhalte der Experimente für die Lernenden durchschaubar sein. Zum anderen kann eine komplizierte Apparatur (z. B. Bildung von Chlorwasserstoffgas im Gasentwickler, Trocknen des Gases in konzentrierter Schwefelsäure und abschließend reaktive Nutzung des Gases in einer durchlaufenden Apparatur) bereits einen Großteil der geistigen Kapazität der Lernenden beanspruchen (vgl. Kap. 7.2). Aebli formuliert dies sehr treffend (1971, S. 48): „Es ist, als wenn das Kind oder der Erwachsene eine bestimmte geistige Kraft zur Verfügung hätte, um die Operationen an einem bestimmten Gegenstand zu vollziehen. Stellt der Gegenstand höhere Anforderungen, so sinkt die Güte der Operationen um eine entsprechende Quantität ab, wird der Gegenstand einfacher, so kann mit ihm eine komplexere Operation vollzogen werden."

Vorwissen der Lernenden

Ein Experiment muss auf den Vorkenntnissen der Lernenden aufbauen. Ist das nicht der Fall, ist die angestrebte Erkenntnisgewinnung nicht möglich, die Ergebnisse können nicht sinnvoll gedeutet werden. Das sei am Beispiel des „Brummenden Gummibären“ – einem Versuch, bei dem Gummibärchen in einer Kaliumnitratschmelze (oder Kaliumchloratschmelze) unter lebhafter Feuererscheinung und Rußentwicklung oxidiert werden – erläutert (Roesky & Möckel 1994). Es lässt sich an die Kenntnisse bei Verbrennungsreaktionen anschließen, bei denen Sauerstoff ein zentraler Reaktionspartner ist. Im vorliegenden Experiment müssen die Funktion von Kaliumnitrat als Oxidationsmittel sowie die in den Gummibärchen enthaltenen organischen Verbindungen (Gelatine, Zucker, Farbstoffe) als Brennstoff entschlüsselt werden.

Arbeitssicherheit und Gefährdungsbeurteilung

Auch wenn zunächst didaktische und methodische Erwägungen bei der Auswahl eines Experiments im Vordergrund stehen mögen, sind die mit der Durchführung verbundenen Gesichtspunkte der Arbeitssicherheit ein gleichbedeutendes Kriterium. Das gilt zum einen für die eingesetzten Chemikalien, ihre Menge (teilweise auch die Konzentration von Lösungen) sowie deren Unbedenklichkeit für Schüler- bzw. Demonstrationsexperimente und zum anderen für den Versuchsaufbau, die Verwendung intakter und geeigneter Laborgeräte und Sicherheitseinrichtungen, wie z. B. Schutzscheiben und Schutzbrillen. Die Ergebnisse dieser Überlegungen werden im Rahmen einer Gefährdungsbeurteilung eines jeden Versuches festgehalten (vgl.Kap. 13.9).

Zeitlicher Rahmen

Experimente müssen in den zeitlichen Rahmen des Unterrichts passen. Dabei ist die Zeit zur Vor- und Nachbereitung mit einzuplanen. Auf keinen Fall sollte eine Unterrichtsstunde mit einem nicht abgeschlossenen Experiment oder einem Experiment, dessen Beobachtung nicht festgehalten werden konnte, beendet werden. Eine Ausnahme sind Langzeitversuche, deren Fortgang von Stunde zu Stunde – unterstützt durch Arbeitsaufträge – verfolgt werden kann.

Räumliche Gegebenheiten und Ausstattung

Die äußeren Gegebenheiten müssen die Durchführung eines bestimmten Versuches zulassen. Hierzu gehört einerseits die Ausrüstung der Fachräume, andererseits die Ausstattung mit geeigneten Geräten und Chemikalien. Bei einer längerfristigen Planung der Gerätebeschaffung sollte geprüft werden, ob Standardgeräte vom Laborfachhandel – wie sie in jedem Chemielabor Verwendung finden – preislich günstiger sind als die Geräte spezieller Firmen für den Schulbedarf. Dies gilt sinngemäß auch für Chemikalien. Es lassen sich oftmals verblüffend einfache und preiswerte Wege finden, um Versuche zu realisieren (vgl. Kap. 13.7).

13.4 Funktion des Experiments in der Unterrichtsstunde

Ein Schulexperiment steht nicht isoliert, sondern ist immer im Zusammenhang mit dem gesamten Unterrichtsprozess zu sehen. Dabei können mit einem Versuch durchaus unterschiedliche Ziele verfolgt werden: Der zu beobachtende Effekt soll die Lernenden in einen Konflikt mit ihren vorwissenschaftlichen Vorstellungen bringen, eine Hypothese soll bestätigt oder falsifiziert werden oder zur Wiederholung ein Versuch noch einmal durchgeführt werden. Je nach Planung des Unterrichts kann somit aus methodisch-didaktischer Sicht ein und demselben Versuch eine unterschiedliche Funktion zukommen. Diese ist also nicht – wie etwa die fachliche Zuordnung zu einem Teilgebiet der Chemie – bereits vorab festgelegt. Für die Funktion des Experiments in der Unterrichtsstunde gibt es keine verbindliche Terminologie, sondern eine beträchtliche Zahl sich teilweise überschneidender Begriffe. Im Folgenden wird auf vier grundlegende didaktische Funktionsformen eingegangen (teilweise spricht man vom didaktischen Ort des Experiments; vgl. auch Barthel 1980):

Der Versuch als Einstieg („Problemexperiment")

Versuche dieser Art stehen meist am Beginn einer Unterrichtsstunde und sollen einen Zugang zu einer Thematik vermitteln. Durch ein experimentelles Phänomen, das in der Regel nicht aus dem Vorwissen der Lernenden erklärt werden kann, wird zunächst ein Problem aufgezeigt. Dieses soll Interesse an der Thematik wecken, zum Nachdenken anregen und Anlass für ein Unterrichtsgespräch sein, in dem die Lernenden – aufbauend auf einer adäquaten Formulierung des Problems – im weiteren Verlauf des Unterrichts eine Lösungsstrategie entwickeln. Einstiegsversuche sollten keine lange Zeit in Anspruch nehmen, keinen großen Aufwand erfordern und einen unmittelbar erfassbaren Effekt zeigen. Es kann durchaus empfehlenswert sein, den Versuch zu wiederholen und die Lernenden noch einmal zu genauer Beobachtung aufzufordern. Einstiegsversuche sollen das Unerwartete zeigen (Vertiefung 1) und möglichst bei den Lernenden einen kognitiven Konflikt zwischen Erwartung und experimentellem Ergebnis erzeugen. Allerdings muss die Spannung und das geweckte Interesse durch eine geschickte Weiterführung der Unterrichtsstunde aufrechterhalten werden. In der Regel wird ein Einstiegsversuch von der Lehrkraft durchgeführt.

Vertiefung 1: Beispiele für einen Einstiegsversuch

Als Einstieg in die Behandlung der Oxidation wird Eisenwolle auf einer austarierten Balkenwaage verbrannt. Sowohl die Massenzunahme als auch die Tatsache, dass Eisenwolle unter Aufglühen verbrennt, stimmt nicht mit der lebensweltlichen Erfahrung der Lernenden überein (vgl. Kap. 8.4.1).

Versuche zur Arbeit am neuen Stoff

a) Der Versuch als Teil der Problemlösestrategie

Der klassischen naturwissenschaftlichen Vorgehensweise entsprechend (vgl. Kap. 4.2) dient das Experiment der Überprüfung von Hypothesen (Vertiefung 2). Diese Strategie wird oftmals auch in den Unterricht übernommen. Dabei sollen die Lernenden in einer Forscherrolle (vgl. Kap. 10.2.2) die gestellten Probleme aktiv durch fachlich und logisch begründete aufeinanderfolgende Schritte mithilfe der Lehrkraft lösen und nach Möglichkeit auch in die Versuchsplanung einbezogen werden (Erkundungsexperiment).

Allerdings wird sich die Erwartung, dass Lernende, ausgehend von einem Problem, den gesamten Weg von der Versuchsplanung über das Experiment bis zu seiner Auswertung und theoretischen Einordnung weitgehend selbstständig bewältigen, nur im Idealfall am Ende der Schulzeit erfüllen. In der Literatur wird deutlich, dass es sich hier um einen Entwicklungsprozess handelt. Es ist ja gerade das Ziel des Unterrichts, dass diese Kompetenzen Schritt für Schritt erworben werden.

Das Experiment sollte in seiner Rolle als Teil der Problemlösestrategie wahrgenommen werden und offen für die Verifizierung und Falsifizierung von Hypothesen sein. Verschiedene Hypothesen sollten berücksichtigt und nach Möglichkeit einer experimentellen Prüfung unterzogen werden. Erst durch den experimentellen Befund kann die Suche nach alternativen Wegen fruchtbar werden. Zugleich erlangen die Lernenden einen realistischeren Einblick in den naturwissenschaftlichen Erkenntnisprozess – einschließlich der Falsifizierung von Hypothesen (vgl. Kap. 4 und Kap. 6.5).

V

Vertiefung 2: Wasserhärte

Bei der Mischung einer ethanolischen Kernseifenlösung mit destilliertem Wasser erhält man im Ergebnis eine klare Lösung. Fügt man der Lösung Leitungswasser zu, ist eine deutliche Trübung zu beobachten. Es wird die Hypothese aufgestellt, dass es sich bei der Trübung um ein schwer lösliches Salz handelt, das bei Zugabe des Leitungswassers entsteht. Für die experimentelle Untersuchung werden verschiedene Lösungen der im Leitungswasser enthaltenen Salze mit der ethanolischen Kernseifenlösung versetzt. Nur bei Calcium- oder Magnesium-Salzlösungen tritt eine Trübung auf. Bei der beobachteten Trübung handelt es sich um schwerlösliche Verbindungen von Calcium- bzw. Magnesium-Ionen mit den der Kernseife zugrunde liegenden Carboxylat-Ionen.

b) Erarbeitungsversuche

Sie dienen der systematischen Untersuchung eines unbekannten Sachverhaltes, wobei die Erarbeitung von Wissen vorwiegend lehrerzentriert erfolgt. Bei ausgeprägter Lehrerzentrierung kann man nur noch von Illustrationsversuchen sprechen. Die Vorgehensweise gleicht dann eher einer Experimentalvorlesung.

Die Vorgehensweise ist meist induktiv, wobei sowohl Demonstrations- als auch Schülerversuche zum Einsatz kommen. Es besteht die Gefahr, dass zwar die induktive Vorgehensweise angestrebt, aber nur aufgrund von Einzelergebnissen verallgemeinert wird. Nach Schmidkunz & Lindemann (1976) werden Erarbeitungsversuche mit analytischer Ausrichtung als Untersuchungsexperimente bezeichnet. Den Lernenden muss dabei die Fachmethode geläufig und die Untersuchung überschaubar bleiben.

Übungsversuche und Wiederholungsversuche

Schülerversuche zu bekannten Inhalten, die sich lediglich durch die Veränderung der Versuchsparameter oder eine Variation der eingesetzten chemischen Substanzen von Vorangegangenem unterscheiden, werden als Übungsversuche bezeichnet. Ziel solcher Versuche ist zum einen die Festigung, Einübung und Vertiefung des Gelernten. Zum anderen dienen solche Experimente auch der Verbesserung bzw. dem Erwerb manueller Fähigkeiten und grundlegender experimenteller Techniken. Durch die für den Chemieunterricht begrenzte zur Verfügung stehende Zeit dürften Übungsversuche im Regelunterricht nur selten durchgeführt werden.

Experimente zur Leistungskontrolle

Bei einer Leistungskontrolle ist zunächst zu fragen, was kontrolliert werden soll: Ziel des Unterrichts ist die theoretische Durchdringung, die praktische

Leistung tritt dahinter zurück. Der in der Chemieausbildung übliche Ansatz, nur das Ergebnis des Experimentierens isoliert zu beurteilen (Ausbeute und Reinheit einer Substanz, Analysenergebnisse), sollte nicht in den Chemieunterricht übernommen werden. Vielmehr sollte gleichzeitig der Weg dorthin (Planung des Experiments, Aufbau, Durchführung unter Sicherheitsaspekten und Auswertung) im Fokus stehen. Voraussetzung ist weiterhin Übung im Experimentieren und somit ausreichend Gelegenheit zum Erlernen der Arbeitstechniken. Eine Leistungskontrolle kann somit einen praktischen Anteil enthalten, der zum Gesamtergebnis beiträgt. Voraussetzung ist eine intensive Beobachtung durch die Lehrperson, was etwa durch Arbeiten an Stationen mit nur einer Experimentierstation erreicht werden kann.

V

Vertiefung 3: Der Wunderversuch

Versuche, die die Zuschauer – und manchmal auch der Experimentator – nicht durchschauen und die gleichzeitig verblüffende Phänomene zeigen, werden Wunderversuche genannt. Man kann diese Definition auch abändern: Versuche, die für den Betrachter bei seinem momentan vorhandenen Wissen völlig unerklärliche Phänomene zeigen, stellen sich für diesen als sogenannte Wunderversuche dar.

Chemieshows mit zahlreichen dieser Wunderversuche, die das Ziel haben, Chemie populär zu machen, Interesse zu wecken und zu unterhalten, werden in den letzten Jahren verstärkt angeboten (u. a. Schiessl et al. 2006, Schiessl et al. 2007). Sicher verfehlen sie diese Ziele nicht, sie können aber kaum Vorbild für den Chemieunterricht sein. Zwar haben vor allem in der Vertretungsstunde, der letzten Stunde vor den Ferien und auf dem Schulfest die Durchführung solcher Experimente Tradition und auch ihre Berechtigung, schließlich steht in diesen Fällen der Showcharakter im Vordergrund. Einen didaktischen Wert wird man ihnen im regulären Unterricht kaum zuordnen können – es sei denn, diese Versuche werden entmystifiziert und die zugrunde liegenden chemischen Konzepte für die Lernenden erfahrbar.

Allerdings muss auch der ab und an zu hörende Vorschlag abgelehnt werden, die erste Chemiestunde des Anfangsunterrichts mit Wunderversuchen zu bestreiten. Hier würde ein völlig falsches Bild chemischen Experimentierens vermittelt und es würden falsche Erwartungshaltungen aufgebaut.

13.5 Demonstrationsexperimente

Besonders bedeutungsvolle Sachverhalte der Chemie sollten nach Ralle (1994) in Form von Demonstrationsversuchen vermittelt werden. Primär wird der Demonstrationsversuch mit dem Lehrerdemonstrationsversuch assoziiert; es ist aber auch möglich, dass ein Demonstrationsversuch von Lernenden vorgeführt wird. Jeder Versuch, der für die Schulchemie geeignet ist, kann als Demonstrationsversuch durchgeführt werden. Die Auswahlkriterien wurden bereits behandelt (vgl. Kap. 13.3) und verdeutlichen die sehr speziellen Anforderungen an ein für den Chemieunterricht geeignetes Experiment.

13.5.1 Wahrnehmungsgesetze

Nach Arnheim (1972) besteht ein direkter Zusammenhang zwischen der visuellen Wahrnehmung und den anschließend ablaufenden Denk- und Lernprozessen. Prägnant wahrgenommene Objekte – man denke an die Gestaltung von Verkehrsschildern – und Sachverhalte bleiben besonders gut im Gedächtnis haften und können deshalb mental gut verarbeitet werden. Anders ausgedrückt, stellen prägnant wahrgenommene Anordnungen und Vorgänge die Voraussetzungen für bessere Lernleistungen dar. Diese Forderung wird auch an Demonstrationsexperimente gestellt.

Metzger (1953) hat die visuellen Wahrnehmungsgesetze, die auch als Gesetze des Sehens bezeichnet werden, beschrieben. Diese Gesetze sind nicht als naturwissenschaftliche Gesetze zu sehen, vielmehr sind es aus einer großen Zahl psychologischer Untersuchungen abgeleitete erfahrungsbasierte Regeln mit hoher praktischer Bedeutung für Werbung und Produktgestaltung.

H. Schmidkunz schlug 1983 vor, diese Wahrnehmungsgesetze auch dem Aufbau und der Durchführung von Demonstrationsexperimenten zugrunde zu legen. In zahlreichen Fallstudien wurde die Existenz der Gesetze im Kontext Demonstrationsexperimente sowie deren Wirksamkeit untersucht (Becker 1977; Nehring et al. 2017; Plaß 1993; Plaß 1994; Schmidkunz & Klaetsch 1986; Schmidkunz 1992; Sumfleth et al. 1993). Als geeignetes Untersuchungsinstrument erwiesen sich Schülerzeichnungen, die nach der Demonstration zu unterschiedlichen Zeitpunkten aus dem Gedächtnis von den Probanden angefertigt wurden (u. a. Plaß 1993; Schmidkunz & Klaetsch 1986; Sumfleth et al. 1993). Diese Zeichnungen spiegeln natürlich das Ergebnis von Wahrnehmungs-, Erinnerungs- und Verarbeitungsprozessen wider. Heute bietet sich mit dem Eye-Tracking die Möglichkeit, die Wahrnehmung direkt zu erfassen (Nehring et al. 2017). Alle Studien kommen zu dem Ergebnis, dass die Beachtung der Gesetze unverzichtbar ist:

Gesetz des Figur-Grund-Kontrastes

Eine Versuchsanordnung muss sich deutlich vom Hintergrund und von der Umgebung abheben, d. h., sie muss als eigenständiges Objekt deutlich sichtbar sein. So ist eine vollgeschriebene Tafel ein störender Hintergrund, der die

Wahrnehmung der eigentlichen Versuchsanordnung behindert. Darüber hinaus ist die Farbe des Hintergrunds zu beachten. Für die Wahrnehmung von Glasgeräten sind dunkle, matte Hintergründe vorzuziehen, wie sie die meisten Schultafeln bieten. Soll ein besonderer Farbeffekt bei einer Reaktion gezeigt werden, sollte eine weiße Pappe hinter das Reaktionsgefäß gestellt werden.

Gesetz der Einfachheit

Einfache Apparaturen sind besser wahrnehmbar als komplexe. Die Komplexität beruht sowohl auf der Anzahl der verwendeten Teile als auch auf der Gleichartigkeit der Geräte. So steigert eine Vielzahl von Stativen und Klammern die Komplexität einer Versuchsanordnung, was wiederum eine deutliche Schwächung der Wahrnehmung bewirkt (Abb. 1).

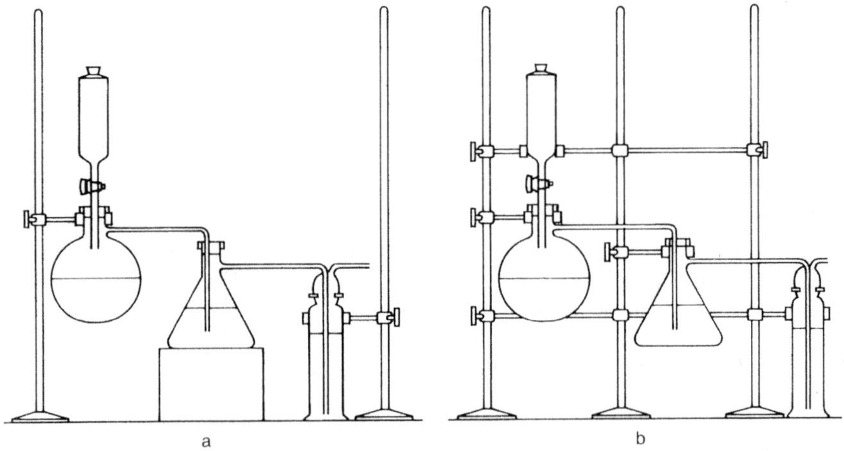

a b

Abb. 1: Die Erhöhung der Komplexität durch Verwendung von Stativen (links: gestaltpsychologisch richtig, rechts: gestaltpsychologisch falsch) (Schmidkunz & Büttner 1992, S. 8)

Eine Analyse von Schülerzeichnungen zeigt, dass gerade im Anfangsunterricht eine Differenzierung zwischen der eigentlichen Apparatur und den Befestigungselementen nur eingeschränkt stattfindet (Plaß 1993; Plaß 1994). Der Versuchsaufbau wird als Ganzes gesehen, Wesentliches von Unwesentlichem nicht unterschieden. Ziel muss es sein, Versuchsaufbauten so einfach wie möglich zu gestalten. Ein Problem ist allerdings die Standfestigkeit von Apparaturen, die trotz der gestaltpsychologischen Erfordernisse nicht vernachlässigt werden darf.

Gesetz der Gleichartigkeit

Gleichartige Geräte führen zu Objektzusammenschlüssen, d. h., ein Beobachter vermutet gleichartige Vorgänge in gleichartigen Geräten. Die Gleichartigkeit liegt vor allem in der Form, Größe und der Farbe der Teile. Unterschiedliche Funktionen verlangen deshalb auch unterschiedliche Geräte. So sollte sich eine Gasentwicklungsapparatur (Rundkolben mit Tropftrichter) vom anschließenden Reaktionsgefäß (Erlenmeyerkolben) und einem dahinter geschalteten Gefäß zur Absorption des überschüssigen Gases (Waschflasche) in der Form unterscheiden. Damit wird deutlich zwischen Herstellung des Reagenzes, der Reaktion und der Entsorgung auch optisch getrennt.

Gesetz der Nähe

Nahe beieinander stehende Objekte werden als zusammengehörig empfunden. Vor allem Gefäße, die denen gleichen, die in der Versuchsanordnung verwendet werden, werden von Lernenden unbewusst mit ins Gedächtnis aufgenommen und mit dem eigentlichen Experiment in Verbindung gebracht. Deshalb sollten auf dem Experimentiertisch nur die Versuchsanordnung und die dazugehörigen Chemikalien stehen.

Umgekehrt kann das Gesetz der Nähe genutzt werden, um Zusammenhänge zu verdeutlichen: Die Schwefelsäureflasche neben einem Reagenzglas mit einer farblosen Flüssigkeit ist ein optischer Hinweis auf den Reagenzglasinhalt, trotzdem sollte das Reagenzglas entsprechend beschriftet sein.

Gesetz der glatt durchlaufenden Kurve (Linie)

Glatt durchlaufende Linien (Stative, Rohrleitungen, Schläuche) sind besonders wahrnehmungsaktiv. Sind solche Linien unterbrochen oder unvollständig, so werden sie trotzdem von Lernenden als durchgehend wahrgenommen. Sie beziehen auch Teile in diese Linien mit ein, die nicht dazugehören, die Linien jedoch scheinbar weiterführen oder ergänzen.

Stative sind für eine bestimmte Altersgruppe der Lernenden besonders wahrnehmungsaktiv. Man sollte also sparsam mit Stativen umgehen. Besonders empfehlenswert sind einrahmende Stative links und rechts des Versuchs (Abb. 1). Stative hinter den Glasgeräten sind außerordentlich störend, weil die Beobachtung der Vorgänge in den Glasgeräten behindert wird. Außerdem verbinden die Lernenden im Gedächtnis häufig die Stative mit Rohrleitungen zu einer ungewollten Einheit.

Schläuche und Rohre, die nach dem Einleiten in ein Reaktionsgefäß und Ausleiten aus dem Gefäß auf gleicher Höhe liegen, werden als durchgehend wahrgenommen, wie zahlreiche Fallstudien zeigen: Zwischen 20 und 50 % der Lernenden gaben das in ihren Zeichnungen so wieder. Es sollte deshalb eine deutliche Stufung der Ein- und Ausleitungsrohre vorgenommen werden.

Klammern und Verbindungsleitungen werden auch dann miteinander als eine Einheit wahrgenommen, wenn die Geräteteile aus unterschiedlichen Materialien bestehen. Beim Aufbau von Demonstrationsversuchen sollte deshalb ein möglichst großer Abstand zwischen diesen Teilen der Apparatur eingehalten werden.

Gesetz der Symmetrie

Symmetrisch aufgebaute Anordnungen oder Anordnungsteile sind besonders wahrnehmungsaktiv. In der Schulchemie werden Apparaturen, bei denen ein symmetrischer Aufbau gewählt wird, eher selten eingesetzt. Beispiel: Ein in einem Gasentwickler erzeugtes Gas wird in zwei Erlenmeyerkolben geleitet. Dort liegen entsprechende Reaktionspartner vor, sodass zwei Reaktionen, z. B. ein Indikatorumschlag und eine Fällungsreaktion, zu beobachten sind. Die Gleichheit der beiden Reaktionsgefäße ist hier gerechtfertigt, weil es sich um zwei Reaktionen des gleichen Gases handelt. Auf beiden Seiten muss dann das überschüssige Gas in Waschflaschen entsorgt werden. Diese gleichen Funktionen werden ebenfalls in gleichen Geräten vorgenommen.

Gesetz der Dynamik von links und rechts

Unsere abendländischen Kulturtechniken verlaufen überwiegend von links nach rechts, insbesondere lesen und schreiben wir von links nach rechts. So ergibt sich eine bevorzugte Arbeitsrichtung und eine Richtung, in der Bilder erfasst werden, die als angenehm empfunden wird. In anderen Kulturkreisen, etwa im arabischen Sprachraum, sind die Vorzugsrichtung und die Sehgewohnheiten umgekehrt.

Entsprechend unserer Gewohnheiten, ist die Anordnung eines Versuchsaufbaus von links nach rechts vom Betrachter aus gesehen vorzuziehen. Wird hintereinander mit mehreren Gefäßen experimentiert, so ist mit dem links stehenden zu beginnen. Wie wenig gewohnt, eher verwirrend eine Versuchsanordnung ist, wenn das Gesetz der Dynamik von links nach rechts nicht berücksichtigt wird, zeigt Abbildung 2. Hier verläuft die Reaktionsrichtung von rechts unten nach links oben.

Versuche, die aufeinander folgen und vor der Unterrichtsstunde vorbereitet worden sind, sollten auf dem Experimentiertisch ebenfalls in einer links beginnenden Reihenfolge durchgeführt werden, wobei auf einen deutlichen Abstand zwischen den einzelnen Anordnungen geachtet werden muss, sonst kommt es zu Objektzusammenschlüssen. Anfänglich erfordert dies etwas Übung, da ja aus Lehrersicht gerade umgekehrt, nämlich von rechts nach links, aufgebaut und gearbeitet wird.

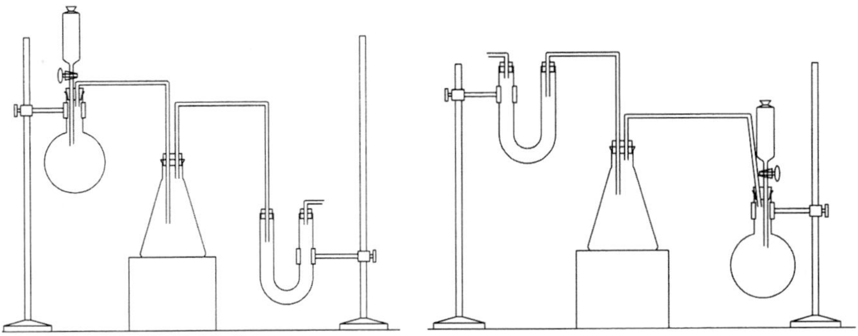

Abb. 2: Gesetz der Dynamik von links nach rechts (links: berücksichtigt, rechts: nicht berücksichtigt) (Schmidkunz & Büttner 1992, S. 8)

Gesetz der objektiven Einstellung

Gegenstände mit charakteristischen Formen, deren typische Funktion der Mensch kennt, werden in vielen Situationen wieder mit genau dieser Funktion in Verbindung gebracht. Werden also für gleiche Arbeitsoperationen, wie etwa die Entwicklung eines Gases, in Form und Aufbau identische Anordnungen gewählt (z. B. der Gasentwickler aus Rundkolben und Tropftrichter), erleichtert dies den Lernenden die funktionale Zuordnung des Aufbaus.

Die Wahrnehmungsgesetze liefern empirisch belegte Hilfestellungen für den Aufbau und die Durchführung wahrnehmungsaktiver Demonstrationsexperimente im Chemieunterricht. Sie bieten der Lehrkraft darüber hinaus die Möglichkeit, den Versuchsaufbau selbst zu überprüfen. Alternativ können Videoaufnahmen zum Einsatz kommen, um die Vorführung des Experimentes zu beurteilen. Für die Praxis muss festgehalten werden, dass nicht immer alle Gesetze gleichzeitig berücksichtig werden können.

13.5.2 Präsentation von Demonstrationsexperimenten

Jeder Beobachtende sollte ein Demonstrationsexperiment in allen seinen Einzelheiten gut verfolgen können. Dabei hat die unmittelbare Beobachtung durch die Lernenden in der Praxis die größte Bedeutung. Erforderlich ist eine ausreichend große Dimensionierung der Versuchsapparaturen und damit verbunden der eingesetzten Chemikalienmengen. So kann man üblicherweise nicht auf Reagenzgläser der Größe 200 x 30 mm verzichten. Ebenso verbietet sich ein Arbeiten in 100-ml-Kolben, 100-ml-Bechergläsern oder noch kleineren Gefäßen. Weitere Maßnahmen bestehen darin, Geräte erhöht aufzubauen und bei ungefährlichen Versuchen die Lernenden an den Experimentiertisch zu holen. Es sollte für jede Lehrkraft selbstverständlich sein, hinter einem Versuchsaufbau zu stehen und keine Apparaturen durch ihren Körper zu verdecken. Im Zweifel sollte überprüft werden, ob von der hintersten Tischreihe des Chemieraums eine gute Beobachtung des Experimentierens gewährleistet ist.

Guter Beobachtbarkeit steht allerdings ein gravierender Nachteil gegenüber: Die eingesetzten Chemikalienmengen sollten aus Gründen des Umweltschutzes und der Arbeitssicherheit möglichst gering gehalten werden. Auch hat die Anschaffung, Bevorratung und Entsorgung kleiner Chemikalienmengen finanzielle Vorteile.

So ist es durchaus von Vorteil, wenn bei Nachweisreaktionen mit stark verdünnten Lösungen gearbeitet wird. Oftmals sind Fällungen oder Farbumschläge bei niedrigen Konzentrationen sogar effektvoller als bei hohen. Da der genannte Kunstgriff nicht universell anwendbar ist, stellt sich die Frage, wann und wie in einem kleinem Maßstab gearbeitet werden kann, und welche Möglichkeiten es gibt, die Lernenden trotzdem am Geschehen teilhaben zu lassen.

Da der Maßstab ein relativer Begriff ist, wird in Tabelle 1 zunächst anhand einer gängigen Zuordnung gezeigt, wie sich Experimente nach den eingesetzten Chemikalienmengen klassifizieren lassen.

Methode	Eingesetzte Mengen an Chemikalien	
	fest	flüssig
Makrotechnik	> 0,1 g	> 5 ml
Halbmikrotechnik	0,1–0,01 g	5–0,5 ml
Mikrotechnik	0,01–0,001 g	0,5–0,05 ml
Ultramikrotechnik	< 0,001 g	< 0,05 ml

Tab. 1: Einteilung von Arbeitstechniken nach Ackermann (1959)

Verlässt man im Demonstrationsexperiment die Stufe des Makromaßstabes, ist es notwendig, neue Beobachtungsmöglichkeiten zu schaffen. Dies kann durch den Einsatz einer **Videokamera und eines Beamers** zur Wiedergabe erfolgen (Vertiefung 4).

V

Vertiefung 4: Einsatz von Videokamera und Beamer beim Experimentieren

Durch den Einsatz einer Videoeinrichtung eröffnet sich die Möglichkeit, in Maßstäben zu arbeiten, die etwa im Bereich der Halbmikrotechnik (Tab. 1) angesiedelt sind. Die dazu notwendigen Apparaturen eignen sich nicht nur für Demonstrationsexperimente, sondern auch für Schülerversuche, was finanziell vorteilhaft sein kann. Weiterhin kann sich der Zeitbedarf für die Durchführung von Experimenten verringern, da das Aufheizen von Proben, Arbeitsoperationen wie Destillieren, Absaugen oder Filtrieren sehr rasch vonstatten gehen. Eine ausführliche Zusammenstellung eindrucksvoller Experimente, die sich für die Videoprojektion eignen, findet sich u. a. bei Roesky (1998). Die Experimente müssen allerdings vor dem Hintergrund geltender Bestimmungen hinsichtlich der dort eingesetzten Chemikalien auf ihre Durchführbarkeit in der Schule in jedem Einzelfall überprüft werden.

Durch die Aufzeichnung eines Versuchs auf Video sind wichtige Details wiederholt der Beobachtung zugänglich. Es ist auf diese Weise möglich, Experimente gleich welchen Maßstabs, die aus Sicherheitsgründen unter dem Abzug durchgeführt werden müssen, allen Lernenden gleich gut sichtbar zu machen. Auch können schnell ablaufende Experimente oder im Gegensatz Langzeitversuche durch Zeitlupe oder Zeitraffer besser beobachtbar gemacht werden.

Nachteilig ist die Einstellung der Kamera, die – wenn man niemanden, der sie bedient, zur Verfügung hat – vor Beginn des Experiments, im Idealfall vor Stundenbeginn, erfolgen muss. Es kann so nur ein fester Ausschnitt des Geschehens visualisiert werden. Versuchsaufbauten und Kamera dürfen nicht verschoben werden, ohne dass ein erneutes Scharfstellen und Festlegen des Bildausschnittes notwendig wird. Es kann allerdings auch mit Kameras gearbeitet werden, die nur einen kleinen Ausschnitt des Experimentiertisches zeigen. Reagenzgläser, Kolben usw., in denen wichtige Effekte zu beobachten sind, werden in das Bildfeld der Kamera gehalten.

Es können Versuche auch in Apparaturen durchgeführt werden, die eine Projektion (z. B. mit Diaprojektor) auf eine Leinwand erlauben. Ansätze und Vorschläge hierzu sind bereits lange bekannt (z. B. Stock & Ramser 1929; Kuhnert 1965; Schäfer 1968; Struck 1973), heute aber nicht mehr von großer Bedeutung. Demgegenüber sind Präsentationen von Demonstrationsexperimenten **mittels Overheadprojektion** nach wie vor relevant. Mit dem Durchlicht des Overheadprojektors lässt sich in Gefäßen mit planem Boden, wie etwa Petrischalen, eine Reihe einfacher Experimente projizieren. Voraussetzung bei den durchgeführten Versuchen mit oder in Flüssigkeiten ist, dass mit geringen Schichtdicken von wenigen Millimetern gearbeitet wird. Sonst erscheinen farbige Lösungen auf der Leinwand schwarz. Fällungs- oder Lösungsvorgänge können im Allgemeinen nur gut beobachtet werden, wenn sich geringe Mengen an Feststoffen bilden bzw. lösen. Im anderen Fall erscheint das Projektionsbild ebenfalls schwarz. Feststoffe eignen sich nur wenig für die Projektion, es sei denn, man zeigt auf diese Weise die Umrisse einzelner Kristalle. Insofern nehmen Projektionsversuche eine Sonderstellung ein. Sie sind nicht dazu geeignet, die ganze Breite chemischen Experimentierens im Unterricht darzustellen, haben aber dann Vorteile, wenn sich besondere Effekte gerade durch diese Art der Vergrößerung besonders gut optisch erfassen lassen.

Full (1996) führt in einer Übersicht etwa vierzig gängige Schulversuche auf, die sich für diese Art der Versuchsdurchführung eignen. Diese reichen von der Emulsionsbildung aus Wasser und zwei Tropfen Öl, das mit Sudanrot eingefärbt wurde, bis zur Beobachtung der Bildung von Kalkseifen. Besonders eindrucksvolle Versuche für die Overheadprojektion wurden unter dem unterhaltenden Aspekt der vier Jahreszeiten zusammengestellt (Full & Ruf 1998).

Folgende Vorteile sind – neben den bereits oben genannten – aufzuführen:

- Aufgrund des einfachen Experimentalaufbaus gestaltet sich die Versuchsdurchführung zumeist recht unproblematisch und nimmt relativ wenig Zeit in Anspruch.
- Das Projektionsbild zeigt das Wesentliche des Reaktionsgeschehens. Die Betrachter werden nicht durch eine Vielfalt von Geräten und Bauelementen abgelenkt.
- Die erhebliche Vergrößerung und die Abbildungsschärfe erlauben eine eindrucksvolle Darstellung von Details: Schlierenbildung beim Verdünnen von Säuren und Laugen sowie beim Auflösen von Kristallen, Grenzschichten zwischen nicht miteinander mischbaren Flüssigkeiten, Gasblasenentwicklung und Stoffabscheidungen an Elektroden, Wachsen transparenter Kristalle.
- Das Licht der Projektionslampe ermöglicht die Durchführung von Experimenten, anhand derer der Einfluss des Lichtes auf die Auslösung chemischer Reaktionen nachgewiesen werden kann (z. B. radikalische Bromierung von Alkanen) (vgl. Kap. 12.4.2, Vertiefung 8).
- Projizierte Experimente entbehren nicht einer gewissen Ästhetik und vermögen die Betrachter durchaus zu motivieren.

Aber auch die Nachteile dürfen nicht verschwiegen werden:

- Reaktionen, die bei erhöhter Temperatur ablaufen oder gekühlt werden müssen, können mit den zur Verfügung stehenden Geräten nur eingeschränkt projiziert werden. Reaktionen mit Feststoffen bzw. in Schmelzen lassen sich – bis auf Ausnahmen – nicht projizieren.
- Eine Licht- und Wärmeempfindlichkeit von Substanzen setzt unter Umständen dem Einsatz des Mediums Grenzen.

- Mit dem einfachen Versuchsaufbau und der raschen Versuchsdurchführung erreicht das Projektionsexperiment nicht selten eine Abstraktionsstufe, die dem Lerngeschehen entgegenstehen kann. Das präparative Arbeiten kann im Projektionsexperiment weder realisiert noch veranschaulicht werden.

Für die gesamte Projektionschemie ist es wichtig, die für den Einsatz im Unterricht geplanten Experimente vorher zu erproben, auch wenn man sie im Makromaßstab mit normalen Glasgeräten bereits oftmals durchgeführt hat. Viele Effekte wirken optisch deutlich anders, als man zunächst erwartet, und optimale Ergebnisse lassen sich – wie überall – nur mit Erfahrung erreichen. Wichtig ist, dass bei Reaktionen auf dem Overheadprojektor beschriftete Folien untergelegt oder die Petrischalen direkt beschriftet werden, was eine einfache Zuordnung der durchgeführten Reaktionen erlaubt. Neue Möglichkeiten der Projektionschemie ergeben sich mit dem Visualizer, einer Dokumentenkamera; es gelten die identischen Kriterien für eine erfolgreiche Projektion wie beim Overheadprojektor.

13.6 Schülerexperimente im Chemieunterricht

13.6.1 Das Schülerexperiment und seine Bedeutung im Chemieunterricht

Unabdingbares Charakteristikum des Schülerexperiments (synonym Schülerversuch, Schülerübung) ist die Selbsttätigkeit der Lernenden. Diese sollte schon bei der Planung des Experiments beginnen. Die Lernenden sollten auch bei der Vor- und Nachbereitung des Experiments aktiv eingebunden sein, jedoch nur so weit dies möglich und zulässig ist. In jedem Fall ist aber dem Lernenden die selbsttätige Durchführung des Experiments zu ermöglichen.

„Erzähle mir und ich vergesse. Zeige mir und ich erinnere mich. Lass es mich tun und ich verstehe“ (Konfuzius, 553–473 v. Chr.). So alt diese Weisheit ist, bestätigt sie sich doch zumindest im Grundsatz auch heute immer wieder in Lehr-Lern-Situationen. Jedoch muss das Schülerexperiment im naturwissenschaftlichen Unterricht didaktisch und methodisch in verschiedenen Perspektiven kritisch betrachtet werden, um es weiter zu legitimieren.

Fachdidaktische Untersuchungen der letzten Jahre betonen den Wert und die hohe Effektivität von didaktisch und methodisch gut geplanten und in den Unterricht eingebundenen Schülerexperimenten zur Förderung von Interesse und Motivation als Prädiktoren der Lernbereitschaft. Zudem wird eine affektive Beeinflussung beschrieben, die Lernenden zu einer positiveren Einstellung gegenüber dem Unterrichtsfach Chemie führen (Demuth 1981, Gräber 1992, Hildebrandt 1999, Wanjek 2000). Das regelmäßige selbsttätige Experimentieren wird als unabdingbar für das Erlernen und Üben allgemeiner und fachspezifischer psychomotorischer Fertigkeiten und Fähigkeiten gesehen. In der pädagogischen Perspektive wird die soziale und kommunikative Bedeutung des Schülerexperiments herausgestellt, insbesondere durch die Kooperation in der Gruppe. Die kognitive Perspektive, d. h. der Wissenszuwachs, den die Lernenden durch das selbsttätige Experimentieren erreichen, wird zumindest im Vergleich zum Demonstrationsexperiment, das durch die Lehrkraft vorgeführt wird, kontrovers diskutiert (Toczkowski & Ralle 2017, Klos et al. 2008). Bei der Entwicklung vielschichtiger Kompetenzen, insbesondere in den Bereichen Erkenntnisgewinnung und Kommunikation, kommt dem Schülerexperiment eine hervorgehobene Bedeutung zu (vgl. Kap. 5.1). Dabei werden der Prozess der Erkenntnisgewinnung und damit die Grundprinzipien naturwissenschaftlichen Arbeitens beim Experimentieren in den Vordergrund gestellt. Kritisch werden jedoch Schülerexperimente gesehen, die wenig Eigeninitiative hinsichtlich Versuchsplanung, Durchführung und Auswertung verlangen. Solche Experimente könnten wie ein Rezept abgearbeitet werden: „They are handling chemicals but not ideas!"

Nun wird man letztgenannten Experimenten nicht grundsätzlich einen Beitrag zur Erkenntnisgewinnung abstreiten können, und durch geeignete Einbettung in den Unterrichtsgang lassen sich die geforderten Bezüge durchaus darstellen. Auch muss sowohl aus zeitlichen Gründen als auch aus inhaltlichen Gründen ein großer Teil der Schülerexperimente so gestaltet sein, dass die Versuchsdurchführung stark gelenkt ist. Für Lernende ist es – um Beispiele zu nennen – kaum möglich, selbst einen Versuch mit dem Ziel zu planen, Nylon durch Grenzflächenkondensation herzustellen oder geeignete Bedingungen zur Verseifung eines Fettes zu finden. Selbstverständlich spielt das Alter der Schülerinnen und Schüler dabei eine wesentliche Rolle. Untersuchungen der Fähigkeiten von Lernenden spiegeln erwartungsgemäß im Grundsatz bekannte entwicklungspsychologische Theorien, etwa von Piaget, wider (vgl. Kap. 7.1).

13.6.2 Entscheidungsfelder für Schülerexperimente

Schülerexperimente sind didaktisch und methodisch kritisch auszuwählen. Dazu sind verschiedene Entscheidungsfelder in den Blick zu nehmen (Abb. 3) (vgl. auch Pfeifer et al. 2011).

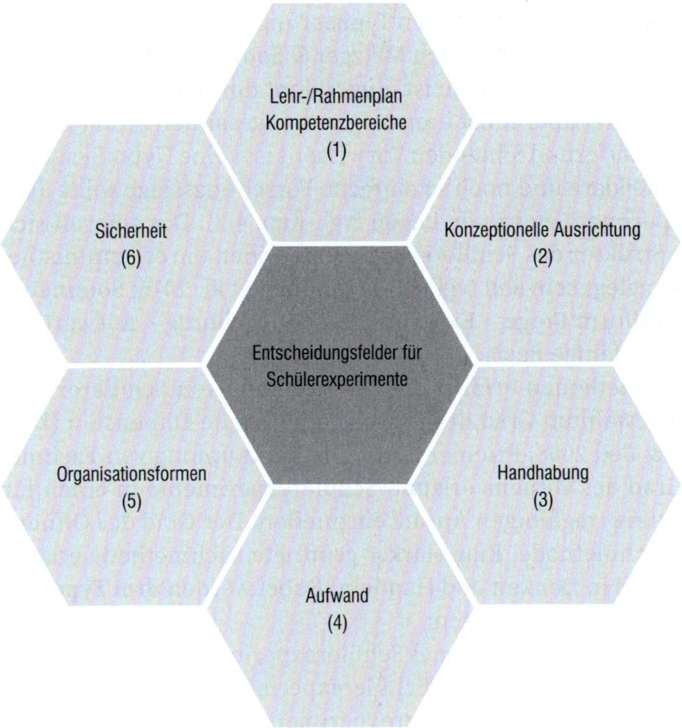

Abb. 3: Entscheidungsfelder für Schülerexperimente (in Anlehnung an Pfeifer et al. 2011)

(1) Lehr-/Rahmenplan, Kompetenzbereiche

Der Stellenwert des Schülerexperiments ist in den Lehrplänen bzw. Rahmenrichtlinien der Bundesländer unterschiedlich, wird aber meistens als verpflichtend oder optional expliziert. Die an der Kompetenzentwicklung orientierten Curricula betonen das Schülerexperiment in stärkerem Maße im fachspezifischen Kompetenzbereich Erkenntnisgewinnung. Der Stellenwert des Schülerexperiments wird an den Schulen in erster Linie durch das Schulprofil und das Fachkollegium bestimmt.

(2) Konzeptionelle Ausrichtung

Die Zielsetzung, mit der ein Schülerexperiment eingesetzt werden soll, bestimmt dessen konzeptionelle Ausrichtung.

Herzstück des Schülerexperimentes ist die zum Einsatz kommende Fachmethode bei gegebenem konkretem Fachinhalt. Fachmethoden sind die Methoden des Experimentierens (vgl. Kap. 6.5.1), durch die Beobachtungs- und Messdaten gewonnen werden. Dieser Bedeutung entsprechend, liegen die

Fachmethoden dem hier vorzustellenden Typisierungsvorschlag für Schülerexperimente zugrunde (verändert nach Metzger & Sommer 2010).

Die Anwendung der Fachmethode ist eingerahmt durch den Weg der Erkenntnisgewinnung, der aber nicht immer in seiner gesamten Struktur zum Tragen kommt (z.B. aufgrund fehlenden Vorwissens ist keine Hypothesenbildung möglich). Eine klare und noch so einfache Forschungsfrage sollte aber jedem Schülerexperiment zugrunde liegen (vgl. Kap. 4.3). Das spiegelt sich dann auch in der Struktur des Schülerexperiments wider, die erkenntnistheoretisch richtig angelegt sein soll (vgl. 6.5.1) (Koenen et al. 2016; Sommer et al. 2013). Die Grundform Frage – Experiment – Beobachtung – Auswertung bietet dafür eine tragfähige Basis.

Neben den Fachmethoden erfährt die Beschreibung von Schülerexperimenten mit dem gewählten Grad des Öffnens eine zweite Dimension (Herron 1971, Banchi & Bell 2008, Priemer 2011). Die Verknüpfung von Fachmethode mit dem Grad des Öffnens erlaubt, Schülerexperimente in einen für Praxis und Forschung tragfähigen Ansatz einzuteilen. Der Grad des Öffnens bezieht sich auf Fachmethode. Eine stärker geöffnete Fachmethode erlaubt mehr Schüleraktivität in Denken und Handeln. Dabei werden **drei Typen an Schülerexperimenten** unterschieden:

- Typ 1: fachmethodisch geschlossenes Schülerexperiment
- Typ 2: fachmethodisch halboffenes Schülerexperiment
- Typ 3: fachmethodisch offenes Schülerexperiment

Das **fachmethodisch geschlossene Schülerexperiment** (Typ 1) bietet auf der Basis einer detaillierten Versuchsanleitung den Lernenden die Möglichkeit, den Versuch Schritt für Schritt durchzuführen. Die Versuchsvorschrift wird also nachgearbeitet. Diese Form des Experimentierens dient vor allem dem Erlernen und Einüben chemischer Fachmethoden (z. B. Destillieren als Trennverfahren, Glimmspanprobe als Nachweisreaktion, Synthese eines Esters), spezieller Arbeitstechniken (z. B. dem pneumatischen Auffangen eines Gases) sowie Kontrolltechniken (z. B. Einsatz der Blindprobe) (vgl. Kap. 4.3). Dieser Typ 1 kann an einem konstruierten (z. B. chromatographische Trennung eines vorab hergestellten Farbstoffgemisches) oder an einem authentischen Beispiel (z. B. chromatographische Trennung von Blattgrün, Filzstift oder gefärbten Lebensmitteln (Frage 1; Abb. 4)) umgesetzt werden. In beiden Fällen steht die zu erlernende Fachmethode im Vordergrund. Der fachinhaltliche Ertrag der verschiedenen Beispiele dürfte sich nicht unterscheiden, lediglich die Reichweite des Ergebnisses in die Lebenswelt sollte beim authentischen Beispiel größer sein.

Unabhängig vom Beispiel muss durch entsprechende didaktisch-methodische Maßnahmen sichergestellt sein, dass das Nacharbeiten einer Versuchsvorschrift nicht unreflektiert geschieht. Die konsequente Verknüpfung mit dem Weg der Erkenntnisgewinnung ist deshalb unverzichtbar. Schließlich sollte auch das Kennenlernen einer Fachmethode nicht zum Selbstzweck und losgelöst von einer Fragestellung erfolgen.

Frage 1: Ist die grüne Farbe der Limonade ein einzelner Farbstoff?

Geräte: 2 Filterpapiere (d=12 cm), Schere, Kapillare, Fön, Kristallisierschale, Messzylinder

Chemikalien: Grüne Limonade (in Ethanol), Fließmittel (2,5%ige Natriumacetat-Lösung: 25%ige Ammoniak-Lösung = 4:1)

Durchführung:

1. Bereite die Filterpapiere für die Untersuchung wie folgt vor: Schneide in die Mitte des einen Filterpapieres (Filterpapier 1) ein max. 1 cm großes Loch. Drehe das andere Filterpapier (Filterpapier 2) zusammen, sodass es als Docht fungieren kann.
2. Trage mit einer Kapillare die Limonade auf das Filterpapier 1 ca. 0,5 cm vom inneren Kreis kreisförmig auf. Trockne die Probe mit einem Fön. Wiederhole beide Schritte fünfmal.
3. Fülle 5 ml Fließmittel in die Kristallisierschale.
4. Stecke das Filterpapier 2 in das Filterpapier 1, und stelle es in die Kristallisierschale mit dem Fließmittel.

Abb. 4: Beispiel für eine fachmethodisch geschlossene Schülerübung mit authentischem Beispiel (verändert nach Metzger & Sommer 2010)

Das **fachmethodisch halboffene Schülerexperiment** (Typ 2) zielt darauf ab, theoretische Kenntnisse und Fertigkeiten der Fachmethode verstärkt auf authentische Fragestellungen anzuwenden. Voraussetzung für Schülerexperimente dieses Typus sind fachmethodische Grundkenntnisse, die üblicherweise im Typ 1 erworben wurden. Zugleich bietet Typ 2 die Möglichkeit zu einem größeren Grad an Offenheit, wie Abbildung 5 beispielhaft zeigt. Es werden nur die spezifischen, unverzichtbaren Informationen (z. B. Benennung der Proben, Vergleich zweier Proben, Zusammensetzung des Fließmittels) bereitgestellt, um die Fachmethode für die Beantwortung der konkreten Fragestellung anzuwenden.

Frage 2: Stammt die grüne Farbe der Limonade vom Blattgrün?
Geräte: Filterpapier (d =12 cm), Schere, Bleistift, 2 Kapillaren, Fön, Kristallisierschale, Messzylinder
Chemikalien: Blattgrün-Extrakt (in Ethanol), Grüne Limonade (in Ethanol), Fließmittel (Petroleumbenzin : Aceton = 4:1)
Durchführung:
1. Bereite das Filterpapier für eine Papierchromatographie vor, bei der zwei Proben verglichen werden sollen.
2. Trage jeweils die Proben (Blattgrün-Extrakt sowie grüne Limonade) mit Kapillaren an den markierten Stellen auf das Filterpapier auf und trockne sie mit einem Fön. Wiederhole diese Schritte fünfmal.
3. Führe die Papierchromatographie durch.

Abb. 5: Beispiel für eine fachmethodisch halboffene Schülerübung

Ein fachmethodisch offenes Schülerexperiment (Typ 3) stellt wohl den anspruchsvollsten Typus dieser konzeptionellen Ausrichtung dar. Es wird davon ausgegangen, dass die Lernenden über alle notwendigen fachmethodischen (und die dazugehörigen fachinhaltlichen) Kenntnisse verfügen, um die aus der Fragestellung (z. B. Stammt die grüne Farbe der Limonade von der Waldmeisterpflanze?) abgeleitete Hypothese (Wenn die grüne Farbe von der Limonade stammt, müsste es sich um Blattgrün handeln) selbstständig experimentell zu bearbeiten.

Die Lernenden wählen eine geeignete Fachmethode (z. B. Dünnschicht- oder Papierchromatographie) incl. der Details (u. a. Auswahl der Proben, geeignete Untersuchungsbedingungen etc.) aus, sodass sie die Arbeitstechnik durchführen können. Das setzt beispielsweise Kenntnisse über die Polaritäten der Proben und Fließmittel sowie deren Zusammenspiel im Zuge der chromatographischen Trennung voraus.

Bei der gewählten Bedingung, die zur chromatographischen Auftrennung der Bestandteile von Blattgrün führt, ließe sich bei der Probe von Limonade keine Auftrennung beobachten (experimentelles Ergebnis von Frage 2). Das lässt den Schluss zu, dass die Farbe der Limonade nicht vom Blattgrün stammt. Erst eine weiterführende Untersuchung unter Nutzung anderer Bedingungen (siehe Frage 1) führt zu der Erkenntnis, dass die grüne Farbe aus einem Gemisch aus blauem und gelbem Farbstoff entsteht. Diese konzeptionelle Ausrichtung ist auf erkenntnistheoretischer Seite durch das Zusammenwirken von Fragestellung, Voraussagefähigkeit und Hypothesenbildung, experimenteller Überprüfung sowie schlussfolgerndem Denken bestimmt. Häufig führen dabei Experimentalbefunde zu neuen Fragestellungen, sodass ein zirkulärer Prozess entsteht. Für die drei Typen an Schülerexperimenten gilt, dass natürlich fließende Übergänge zwischen den Typen möglich und z.T. auch erstrebenswert sind.

(3) Handhabung

Die Anforderungen an das manuelle Geschick beim Aufbau und der Durchführung des Experiments müssen den Fähigkeiten der Lernenden entsprechen. Die Experimente sollten besonders im Unterricht der Sekundarstufe I robust gegenüber Fehlern bei der Durchführung sein (Schröder 2017). Über- oder Unterdosierung von Reagenzien, zu starkes oder zu geringes Erhitzen sollten immer noch zu eindeutigen Ergebnissen führen. So sind etwa viele Fällungsreaktionen gut für einfache analytische Versuche geeignet. (Beispiel: Nachweis von Sulfat-Ionen mit Calcium-Ionen, Nachweis von Chlorid-Ionen mit Silber-Ionen). Dagegen sind komplexometrische Titrationen, die eine gewisse Übung bei der Erkennung des Umschlagpunktes erfordern, allenfalls für den Einsatz in der Sekundarstufe II sinnvoll.

(4) Aufwand

Oft erscheinen Schülerexperimente in der Vor- und Nachbereitung sowie in der Durchführung mit einem hohen Aufwand an Zeit, Chemikalien, Materialien und damit auch Kosten verbunden. Der Aufwand hinsichtlich dieser Faktoren kann durch verschiedene Organisationsformen des Schülerexperiments (Anschnitt (5)) reduziert werden.

(5) Organisationsformen

Es lassen sich die materielle Organisation, die Sozialform und die arbeitsmethodische Organisation unterscheiden.

Die **materielle Organisation** von Schülerversuchen umfasst die Raumsituation und die Ausstattung. Problemlos stellt sich die Situation dar, wenn spezielle Fachräume für Schülerübungen vorhanden sind, die sich in der Ausstattung an Laboratorien orientieren. Aufbau und Durchführung von Experimenten sind dort sehr einfach, da gängige Chemikalien und Geräte direkt in diesem Raum aufbewahrt werden können. Auch die Arbeitssicherheit lässt sich in einem speziellen Übungsraum leicht gewährleisten. In vielen Fällen sind aber an Schulen nur Chemieräume vorhanden, die für alle Arten von Unterrichtsstunden, von theoretischen Erarbeitungen bis zu Schülerexperimenten, genutzt werden. In einem solchen Fall bedarf es einer unter den Fachlehrerinnen und Fachlehrern abzustimmenden Grundkonzeption für die Organisation von Schülerexperimenten. Drei Konzepte bieten sich im Wesentlichen an:

a) Das für die Versuche notwendige Experimentiermaterial wird im Vorbereitungs- bzw. Sammlungsraum aufbewahrt und getrennt für alle Arbeitsgruppen vor jeder Unterrichtsstunde neu zusammengestellt. Die Lernenden erhalten somit – meist in einem Kasten – einen Satz der für die durchzuführenden Versuche benötigten Materialien. Alternativ können

Geräte und Chemikalien in der benötigten Anzahl und Menge bereitgestellt werden, ohne dass eine Aufteilung nach Arbeitsgruppen stattfindet. Jede Arbeitsgruppe holt sich entsprechend der Arbeitsanweisung die benötigten Experimentiermaterialien. Nach dem Unterricht wird es von den Lernenden gereinigt, zurückgegeben und von der Lehrkraft aufgeräumt. Diese Organisationsform ist sehr arbeitsintensiv, erlaubt aber die vollständige Übersicht über vorhandenes Material, defekte Geräte und ausgegebene Chemikalien.

b) Für die gängigen Schülerexperimente werden die Materialien in verschließbaren Schülerarbeitstischen bereitgehalten. Dies erspart zunächst Zeit für die Ausgabe. Da aus Sicherheitsgründen in den Unterschränken jedoch keine Chemikalien aufbewahrt werden dürfen, müssen diese jeweils ausgegeben werden. Der Vorteil dieses Konzepts liegt in der geringeren Arbeitszeit für die Bereitstellung und das Einsammeln/Einräumen der Geräte. Auf der anderen Seite ist es in regelmäßigem Abstand notwendig, die Arbeitstische zu überprüfen, zu reinigen und defekte Geräte zu ersetzen. Nachteilig ist, dass am Ende der Stunde nicht kontrolliert werden kann, ob die Geräte sauber, vollständig und in verwendbarem Zustand wieder in die Schränke zurückgestellt wurden. Verschmutzte Reagenzgläser, fehlende Spatel, entwendete Geräte verursachen oft Mehrarbeit und unliebsame Störungen des Unterrichts.

c) Eine dritte Möglichkeit ist zwischen den beiden eben beschriebenen Organisationskonzepten angesiedelt. Abschließbare Schränke mit den üblicherweise benötigten Geräten und Chemikalien befinden sich im Chemiesaal. Die Lernenden holen sich für das Experimentieren anhand der Versuchsvorschrift die erforderlichen Arbeitsmaterialien. Dieses Organisationskonzept kann sehr effektiv sein, da die Schülerinnen und Schüler nach wenigen Stunden wissen, wo welche Geräte zu finden sind. Beim Aufräumen muss die vorgegebene Ordnung eingehalten werden, besonders dürfen keine verschmutzten oder defekten Geräte in die Schränke geräumt werden.

Eine klare Empfehlung für eine dieser drei materiellen Organisationskonzepte oder für Varianten von diesen kann nicht gegeben werden. Letztlich werden die Tradition der Schule und die persönlichen Vorlieben ausschlaggebend sein.

Häufig steht als Argument gegen das Schülerexperiment der hohe Kostenaufwand für Geräte und Chemikalien, insbesondere wenn man die klassischen Experimentiersets der Lehrmittelverlage betrachtet. Neuere Entwicklungen und Experimentiervorschläge zeigen hier kostengünstige Alternativen. Besondere Beachtung finden sogenannte Microscale-Experimente und Experimentiermaterialien, die aus der Medizintechnik stammen (vgl. Kap. 13.7). So lassen sich Chemikalienmengen drastisch reduzieren und Geräte kostengünstig in großer Stückzahl bereitstellen.

Schülerexperimente können in unterschiedlichen **Sozialformen** (vgl. Kap. 12.2) organisiert werden, was sich auch auf die materielle Organisation auswirken kann. Schülerinnen und Schüler können Experimente allein oder in Gruppen verschiedener Größe durchführen. Was ist empfehlenswert und welche Vor- und Nachteile ergeben sich daraus?

- **Einzelarbeit:** Experimentiert jeder Lernende für sich, erfordert das eine große Zahl Arbeitsplätze, und es entsteht ein hoher Bedarf an Geräten und Chemikalien. In vielen Fällen wird dies die Möglichkeiten der Schule überschreiten, wenn es sich nicht um Klassen mit geringer Schülerfrequenz oder um zahlenmäßig schwach besetzte Kurse handelt. Bei geringer praktischer Erfahrung fehlt die Möglichkeit der gegenseitigen Unterstützung, die beim Arbeiten in Gruppen gegeben ist.

  Es sprechen auch einige Gründe dafür, die Lernenden ab und zu allein experimentieren zu lassen:
  - Es ist auf diese Weise möglich, auch Schülerinnen und Schüler, die sich beim praktischen Arbeiten in Gruppen nicht beteiligen, zu aktivieren.
  - Die Benotung experimenteller Tätigkeit – etwa in Form von Analysen – kann so am einfachsten und am gerechtesten durchgeführt werden.
  - Neben dem Lernen und Arbeiten in Gruppen muss es auch das Ziel sein, völlig selbstständig eine Aufgabe bearbeiten zu können.
- **Partner- oder Gruppenarbeit:** Es ist im Chemieunterricht üblich, beim Experimentieren Zweier-, Dreier oder Vierergruppen zu bilden. Dies hat einmal rein pragmatische Gründe: Die Anzahl der Arbeitsgeräte und Chemikalien und der Platzbedarf verringern sich dadurch. Das einzelne Gruppenmitglied kann den Versuchsverlauf gut verfolgen, die Größe der Gruppe wirkt sich hier nicht nachteilig aus. Allerdings ist bei einfachen Experimenten und Gruppengrößen von mehr als zwei Lernenden nur wenig praktische Arbeit für den Einzelnen vorhanden.

  Es sprechen auch didaktische Gründe für die Bildung von Schülergruppen. Sowohl beim Aufbau als auch bei der Durchführung und Auswertung der Experimente können sich die Mitglieder einer Arbeitsgruppe gegenseitig unterstützen. Dabei lernen sie, in einem Team zu arbeiten, gegenseitig aufeinander Rücksicht zu nehmen und Erfolg oder Misserfolg gemeinsam zu erleben. Nicht zuletzt wirkt es motivierend, in einer Gruppe zu arbeiten. Allerdings besteht die Gefahr, dass sehr bald eine **Rollenverteilung** stattfindet (Scharfenberg et al. 2008). Da gibt es den Experimentator, der alle Schlüsseloperationen ausführt und seine Gruppenmitglieder höchstens den Bunsenbrenner anzünden lässt. Aber auch der Theoretiker, dessen Aufgabe in der Interpretation und dem Protokollieren liegt, und der Zuschauer, der froh über die Aktivität der anderen ist, gehören zu diesem Bild. Diese Fixierung kann durch Rollenkarten (Zeitnehmer, Protokollant, Sicherheitsbeauftragter, Sprecher der Gruppe ...) vermieden werden. Alternativ kann eine regelmäßig durchgeführte gezielte Änderung der Zusammensetzung der Arbeitsgruppen diesen Effekt mildern.

Als dritte Organisationform ist die **arbeitsmethodische Organisation** von Schülerexperimenten anzusprechen.

a) Die einfachste Form besteht darin, alle Gruppen jeweils dasselbe Experiment durchführen zu lassen (**arbeitsgleich**). Dabei ist der Aufwand für die Vorbereitung – Ausgabe des benötigten Materials, Erstellung der Arbeitsvorschriften – für die Lehrkraft gegenüber anderen methodischen Varianten gering. Zu bedenken ist aber, dass die benötigte Anzahl gleicher Geräte hoch ist. Man wird diese Organisationsform besonders dann wählen, wenn in einer Klasse noch nie oder selten Schülerexperimente durchgeführt wurden. Die Schülerinnen und Schüler sind in diesen Fällen noch unsicher bei der Vorbereitung und Durchführung der Versuche und benötigen oft die Hilfe der Lehrkraft. Zusätzlich kann die ungewohnte Unterrichtsform auch zu Disziplinproblemen führen. Bei gleichen Arbeitsaufträgen ist es verhältnismäßig einfach, als Lehrender den Überblick zu bewahren. Gleichzeitig können sich die Gruppen gegenseitig unterstützen. Auch die Situation des Lehrenden sollte nicht unerwähnt bleiben: Gerade wenn die Unterrichtserfahrung noch gering ist, kann man sich mit dieser einfachen Variante der Schülerexperimente in die methodischen Probleme einarbeiten. Neben organisatorischen Überlegungen können auch methodische Erwägungen dazu führen, arbeitsgleiche Versuche durchführen zu lassen. So kann ein Messwert – etwa die Siedetemperatur einer Flüssigkeit – von allen Arbeitsgruppen ermittelt werden und die Ergebnisse werden verglichen. Dabei kann es das Ziel sein, mögliche Fehler bei der Bestimmung einer Siedetemperatur zu erkennen.

b) Wesentlich vielfältiger sind die Möglichkeiten, wenn Schülergruppen unterschiedliche Arbeitsaufträge erhalten (**arbeitsverschieden**). Dabei ergibt sich eine Spannweite von nur zwei Experimenten, von denen jeweils die Hälfte aller Gruppen eines durchführt, bis zu individuellen Versuchen für jede Arbeitsgruppe.

Wo liegen nun die Vorteile dieser Organisationsform? Zunächst ist es möglich, zu einem bestimmten Stoffgebiet mehrere Experimente in kurzer Zeit durchzuführen. So kann die Bildung von Salzen aus Säuren und Laugen parallel mit Salzsäure / Natronlauge, Salzsäure/Kalilauge, Schwefelsäure/Natronlauge usw. durchgeführt werden. Dadurch ergibt sich eine größere Breite der stofflichen Präsentation. Dies sollte gerade im Hinblick auf eine induktive Vorgehensweise (vgl. Kap. 4.2) als wichtiger Gesichtspunkt erachtet werden.

Eine weitere Möglichkeit besteht darin, alle Gruppen die gleiche chemische Reaktion durchführen zu lassen, wobei aber die Reaktionsbedingungen oder Konzentrationen der Reaktionspartner geändert werden. Diese Vorgehensweise kann der Erarbeitung allgemeiner Gesetzmäßigkeiten dienen. Als Beispiel sei auf die Erarbeitung der quantitativen Analyse durch Titration eingegangen. Den Schülergruppen werden unterschiedlich konzentrierte Proben von Salzsäure ausgeteilt. Anhand des Verbrauchs an Natronlauge bekannter Konzentration wird die Konzentration der Salzsäure berechnet und der allgemeine Weg der Berechnung abgeleitet. Ein weiteres Beispiel ist die Erarbeitung der Faraday'schen Gesetze.

Auch analytische Probleme eignen sich für differenzierte Schülerversuche. So können Lösungen ausgegeben werden, die auf unterschiedliche Ionen zu prüfen sind. Auch die oben angesprochene Titration lässt sich, nachdem die Grundlagen erarbeitet wurden, als analytische Untersuchung durchführen. Diese Art der Aufgabenstellung eignet sich auch für eine Leistungsüberprüfung.

Idealtypisch wird das Schülerexperiment häufig explizit in didaktisch methodischen Konzeptionen, Unterrichtsverfahren und methodischen Großformen vorgeschlagen, die einen hohen Öffnungsgrad in der Phase der Erkenntnisgewinnung anstreben, so zum Beispiel im forschend-entwickelnden Unterrichtsverfahren (vgl. Kap. 10.2), im Unterrichtsverfahren nach Chemie im Kontext (vgl. Kap. 10.3) und im Projektunterricht (vgl. Kap. 10.5). Die Schülerinnen und Schüler sollen hier die Freiheit bekommen, eigenen naturwissenschaftlichen Ideen, Fragestellungen und Lösungsvorschlägen experimentell nachzugehen. In der pragmatischen Unterrichtsplanung kann jedoch ein offenes Experimentieren der Schülerinnen und Schüler nur in wenigen Fällen realisiert werden.

Mit dem selbsttätigen Experimentieren in offenen Unterrichtskonzepten sind Lernende schnell überfordert. Durch Stufung des Öffnungsgrades kann dem begegnet werden. Dabei können Teilschritte des Experimentierens entweder explizit vorgegeben oder verschiedene Lösungswege zur Wahl gestellt werden. Im besten Fall kann ein Teilschritt des Experimentierens völlig offen im Sinne des forschenden Lernens gehalten werden (Priemer 2011).

c) Für wahldifferenzierte Unterrichtskonzeptionen sind Schülerexperimente sehr geeignet. Die Schülerinnen und Schüler haben hier zumindest die Freiheit, nach ihrem Interesse verschiedene Experimente zu einem Unterrichtsthema auszuwählen und durchzuführen. Das **Lernen an (Experimentier-)Stationen** lässt sich in der Regel gut von der Lehrperson vorbereiten. Der Materialaufwand ist verhältnismäßig gering, insbesondere da nicht jedes Gerät im Klassensatz benötigt wird. Dabei ermöglicht dieser Öffnungsgrad auch die Möglichkeit einer Binnendifferenzierung. Den Kompetenzen der Schülerinnen und Schüler entsprechend, können Stationen mit unterschiedlichen experimentellen Schwierigkeitsgraden bereitgestellt werden. Als Beispiel sei die Aufgabe der quantitativen Bestimmung der Konzentration einer Säure durch Titration mit Natronlauge ($c = 0{,}1$ mol/l) gewählt. Einer schwächeren Gruppe kann dann beispielsweise eine Salzsäure der Konzentration $c = 0{,}1$ mol/l ausgegeben werden, was die Bestimmung sehr vereinfacht. Einer leistungsfähigeren Gruppe hingegen wird man etwa mit einer Salzsäure beliebiger Konzentration eine deutlich schwierigere Aufgabe erteilen.

Den aufgeführten Vorteilen unterschiedlicher Versuche für Schülergruppen stehen aber auch Nachteile gegenüber: Je stärker differenziert die Versuche sind, umso höher ist der Aufwand für die Vorbereitung. Es müssen im Allgemeinen nicht nur unterschiedliche Geräte und Chemikalien ausgegeben, sondern auch unterschiedliche Versuchsvorschriften erstellt werden. Die Versuche müssen so ausgewählt werden, dass der Zeitaufwand für ihre Durchführung etwa gleich ist. Doch nicht nur der Aufwand für die Unterrichtsvorbereitung ist höher, es ist auch schwieriger, im Unterricht die Übersicht zu behalten. Somit eignet sich ein differenziertes Experimentieren besonders für Schulklassen, deren Schülerinnen und Schüler bereits Erfahrung bei der Durchführung von Versuchen gesammelt haben.

Neben den bisher aufgeführten Möglichkeiten ist ein Arbeiten an Stationen, bei denen sich theoretische und experimentelle Arbeitsaufgaben abwechseln, eine weitere Alternative. Ein Beispiel wäre, dass es in einem Lernzirkel nur eine oder zwei Experimentierstationen gibt, sodass die Lehrperson diese besser im Blick hat. Anregungen hierzu findet man in großer Breite in der angegebenen Literatur.

(6) Sicherheitsbestimmungen

Eine Gefährdung der Schülerinnen und Schüler muss weitgehend ausgeschlossen sein. So sind Experimente mit cancerogenen, mutagenen oder stark toxischen Substanzen im Allgemeinen nicht statthaft. Hierbei ist allerdings nach Schulstufe und Schulart zu differenzieren. Während auf der Sekundarstufe I starke Einschränkungen bestehen, muss in den Ausbildungsgängen für Chemieberufe der Berufsschulen auch der sichere Umgang mit gefährlichen Chemikalien erlernt werden (vgl. Kap. 13.9).

13.6.3 Das Protokollieren des Schülerexperiments

Das **Arbeitsblatt** als Unterrichtsmedium erhält im Schülerexperiment eine besondere Beachtung und muss fachlich und fachdidaktisch mit großer Sorgfalt angefertigt werden. Zum einen enthält es die Experimentiervorschrift, zum anderen dient es meist auch als Protokollvorlage für die Lernenden. Damit dient das Arbeitsblatt der absolut notwendigen Sicherheitsaufklärung und Vorbereitung der Schülerinnen und Schüler auf das Experimentieren. Es ist zu beobachten, dass sie allzu oft voreilig mit dem Experimentieren beginnen, ohne die Experimentiervorschrift ausreichend gründlich gelesen und verstanden zu haben. Deshalb sollte die Lehrperson die Einbindung des Arbeitsblattes in die Experimentierphase methodisch gut planen, sodass zunächst das Arbeitsblatt von den Lernenden konzentriert gelesen und ggf. bearbeitet wird, bevor das Experimentieren beginnt. Auch die Gestaltung des Arbeitsblatts trägt maßgeblich zum Verständnis des Experiments und der Experimentierschritte bei. Im Aufbau und der Gestaltung des Arbeitsblattes für das Schülerexperiment sind einige grundlegende Elemente zu bedenken (Abb. 6):

- Das Arbeitsblatt bzw. das darin vorgestellte Experiment soll einen **Titel** haben. Dieser macht möglichst schon eine Aussage über die Zielsetzung des Experiments. Der Titel kann aber auch eine interessante Fragestellung formulieren, sodass die Schülerinnen und Schüler Interesse an dem Arbeitsblatt und dem darin weiter vorgestellten Experiment gewinnen.
- Ein kurzer **Einleitungstext**, in dem nähere Informationen zu der experimentellen Fragestellung gegeben werden, eine Kontextualisierung erfolgt und eine Bedeutsamkeit für die Schülerinnen und Schüler herausgestellt wird, ist sinnvoll.
- In jedem Fall müssen die **Geräte und Chemikalien** übersichtlich und vollständig aufgelistet sein. Bei Gefäßen und Volumenmessgeräten müssen die Volumengrößen und Stückzahlen angegeben werden. Bei Chemikalien sind die entsprechenden Mengenangaben und ggf. Konzentrationsangaben zu machen. Im Besonderen sind auf deutliche und vollständige Angaben zur Arbeitssicherheit zu achten. Auf mögliche Gefahren beim Experimentieren und wie diesen zu begegnen ist, muss hingewiesen werden. Schutzmaßnahmen müssen genannt sein. Es ist anzuraten, das Gefährdungspotenzial von Chemikalien mit den Gefahrensymbolen anzugeben.
- Oft ist es sinnvoll, eine **Skizze des Versuchsaufbaus** in das Arbeitsblatt aufzunehmen, damit dieser von den Lernenden verstanden wird. Diese muss mit den angegebenen Geräten und Materialien übereinstimmen.
- Die **Durchführung** bzw. Experimentiervorschrift ist auf dem Arbeitsblatt operationalisiert zu formulieren. Prinzipiell sollten kurze, klar struktu-

rierte und instruierende Satzkonstruktionen formuliert werden. Eine numerische Gliederung im Sinne einer Arbeitsschrittfolge ist oft sinnvoll. Die Formulierungen sind der Altersstufe und den Sprach-/Lesekompetenzen der Lernenden angemessen zu gestalten (Sommer et al. 2013). Genau zu überprüfen ist, dass die in der Durchführung genannten Geräte, Materialien und Chemikalien bereits in der vorherigen Liste stehen. Mengen- und Konzentrationsangaben bei den verwendeten Chemikalien und die Handhabung von Geräten müssen so präzise wie möglich sein.
- Meist schließt im Arbeitsblatt an die Durchführung bzw. Experimentiervorschrift eine Protokollvorlage an, die von den Schülerinnen und Schülern auszufüllen ist. Diese gliedert sich in die Dokumentation der **Beobachtungen** und die Formulierung einer Erklärung der Beobachtungen (**Auswertung**). Abschließend wird mit dem Ergebnis des Experiments der Bezug zur Zielsetzung des Experiments bzw. zur Fragestellung hergestellt.

Auch bei der Gestaltung der Protokollvorlage sind die Sprach-/Schreibkompetenzen der Schülerinnen und Schüler zu beachten. Die Darstellung der Beobachtungen und der Erklärung durch eine Zeichnung ist in Betracht zu ziehen. Neben dem Schriftprotokoll als Bestandteil des Arbeitsblatts sind auch alternative Dokumentationsmöglichkeiten, wie zum Beispiel Foto- und Videoaufnahmen, für das Schülerexperiment möglich (Anregung). Diese Alternativen sind insbesondere für heterogene Lerngruppen einerseits und für die Förderung eines multimedialen Unterrichts andererseits interessant.

A

Anregung

Groß & Reiners (2012) stellen alternative Dokumentationsmöglichkeiten für Schülerexperimente vor.

Name:____________________ Klasse:____________ Datum:____________

Kühlwirkung eines Kältepacks
Nicht selten zieht man sich beim Sport eine Prellung zu, zum Beispiel am Knie. Dann ist es wichtig, dass diese sofort und lange gekühlt wird. Ein Kältepack ist hier eine praktische Hilfe. Das Pack enthält einen körnigen Feststoff, oft das Salz Ammoniumnitrat, und einen kleinen Beutel mit Wasser. Wird dieser zum Platzen gebracht, mischen sich Feststoff und Wasser.

Frage: Welche Minimaltemperatur wird beim Mischen von Ammoniumnitrat mit Wasser im Kühlpack erreicht?

Geräte: Becherglas (100 ml), Messzylinder (10 ml), Chemikalienlöffel, Thermometer, Waage

Chemikalien: Ammoniumnitrat  , dest. Wasser

Achtung! Arbeite besonders sauber und vorsichtig, denn Ammoniumnitrat reizt stark die Augen.
Immer Schutzbrille und Schutzhandschuhe tragen!

Durchführung:

1. Wiege mithilfe des Chemikalienlöffels 10g Ammoniumnitrat in das Becherglas ab.
2. Stelle das Thermometer vorsichtig in das Becherglas mit dem Feststoff, notiere die Temperatur.
3. Miss im Messzylinder 10 ml dest. Wasser ab.
4. Gieße das Wasser langsam auf das Ammoniumnitrat.
5. Beobachte den Temperaturverlauf, bis die Temperatur nicht weiter sinkt. Notiere diesen Messwert als Minimaltemperatur.
6. Nach dem Beenden der Messungen werden die Chemikalien in den Sammelbehälter gegeben, die Versuchsmaterialien und Arbeitsplätze gereinigt.

Beobachtung:
Temperatur vor Zugabe des Wassers: 22 °C, gemessene Minimaltemperatur: -1 °C

1. Nach der Zugabe von Wasser ist der weiße Feststoff nicht mehr sichtbar, die Lösung ist klar und farblos.
2. Die Lösung wird kälter, die Temperatur sinkt auf ca. -1°C Minimaltemperatur.

Auswertung:
1. Nach dem Mischen der beiden Stoffe löst sich das Salz Ammoniumnitrat in Wasser.
2. Beim Lösen wird Energie benötigt und der Umgebung entzogen. Es handelt sich um eine endotherme Reaktion.

Weiterführung: Versuche, den Sachverhalt auf Teilchenebene modellhaft mit einer Skizze darzustellen.

Abb. 6: Beispiel für ein Arbeitsblatt mit Experimentiervorschrift

13.7 Besondere apparative Möglichkeiten für Schülerexperimente

13.7.1 Einleitung

Anfang der 1990er-Jahre war der Ruf nach Experimenten mit geringem Chemikalieneinsatz und abfallarmer Entsorgung laut geworden. Diese beiden Aspekte führten zu einer Miniaturisierung der Versuchsaufbauten. Hierfür wurde medizinisches Zubehör verwendet, das neben der Miniaturisierung auch eine erhöhte Sicherheit beim Experimentieren gewährleistet, da die Behältnisse aus Kunststoff gefertigt sind und somit ein bedeutend geringeres Bruchrisiko besteht, was sich besonders bei Schülerversuchen positiv bemerkbar macht. Außerdem sind diese Geräte Massenprodukte und damit kostengünstig zu erwerben. Dieser Ansatz wird mit Blick auf die geringen Kosten „low-cost“ genannt oder „Microscale“, wenn man den geringen Materialeinsatz betonen möchte.

Ein Pionier auf diesem Gebiet war Viktor Obendrauf (Kickuth & Stephani 2015). Er hat die experimentelle Schulchemie durchforstet und an vielen Stellen gezeigt, dass ein **Microscale-Ansatz** möglich ist. Die Versuche hat er minutiös ausgearbeitet und beschrieben. Seine Arbeiten wurden durch verschiedene Gruppen aufgegriffen (Achter et al. 2012; v. Borstel et al.: http://lcu.creos.de/index.php?alias=Startseite). Auch die **Halbmikrotechnik** nach Klaus-Günther Häusler erfüllt die Forderung nach vermindertem Chemikalieneinsatz und geringerem Abfall, besteht aber aus Glas und muss als Komplett-System in verschiedenen Kästen erworben werden (siehe auch www.halbmikrotechnik.de). Eine weitere Entwicklung im Rahmen von Schülerexperimenten sind die **Interaktionsboxen**. Hierbei handelt es sich um Experimentierkästen, die für einen problemlösenden Unterricht mit forschend-entwickelndem Vorgehen vorbereitet sind (Marohn 2014).

Eine wesentliche Voraussetzung für das Experimentieren der Lernenden ist die apparative Ausstattung. Eine Liste mit einer Grundausstattung für Schülerexperimente haben Schaffer & Pfeifer (2011) zusammengestellt. Eine solche Grundausstattung sollte an jedem Schülerarbeitsplatz oder in Wandschränken entsprechend der Anzahl der Arbeitsplätze bereitgehalten werden. In das Handhaben, Aus- und Einräumen sowie Reinigen der Geräte müssen die Schülerinnen und Schüler eingewiesen werden. Schülerübungen gelingen in der zur Verfügung stehenden Unterrichtszeit nur, wenn die Materialien griffbereit sind und die Handhabung geübt ist.

13.7.2 Low-cost-Versuche nach Viktor Obendrauf

Die Materialien für die Low-cost-Versuche sind im Folgenden zu den einzelnen Versuchen aufgeführt. Dabei ist zu berücksichtigen, dass Weichgummistopfen der Fa. Verneret, grau, 18D, und die Kanülen mit der Abmessung 1,2 × 40 mm verwendet werden müssen. Denn nur diese Gummistopfen umschließen die Kanüle gasdicht, selbst nach einem Kanülentausch. Damit das entstehende Gas gut in die Spritze strömen kann, ist der Durchmesser der Kanüle von 1,2 mm notwendig. Ein zu geringes Lumen kann einen erhöhten Druck im Gasgenerator bewirken.

Herstellung und Handhabung von Gasen – einfach und gefahrenarm

Gase stehen in den Chemiesammlungen in Druckflaschen bereit oder müssen mithilfe einer chemischen Reaktion entwickelt werden. Die Gewinnung reiner Gase durch eine chemische Umsetzung erfordert mit herkömmlichen Apparaturen einen hohen Geräteaufwand, einen großen Einsatz an Chemikalien sowie eine längere Vor- und Nachbereitungszeit. Außerdem zeichnen sich diese Apparaturen durch ein großes Totvolumen aus, was sowohl den großen Einsatz an Chemikalien bedingt als auch die große Vor- und Nachbereitungszeit. Der **Low-cost-Gasgenerator nach Obendrauf** ist ein wesentliches Versuchsgerät, das auch im Schülerversuch eingesetzt werden kann (Abb. 7). Er besteht aus einem Reagenzglas, einem zweikanüligen Stopfen, einer 2-ml- und einer 20-ml-Spritze und kann leicht selbst gebaut werden. Bei ihm ist das Gasvolumen auf 20 ml bei einer Portion begrenzt. Dementsprechend gering sind auch die eingesetzten Mengen an Chemikalien. Reaktant 1 wird im Reagenzglas in den meisten Fällen als Feststoff vorgelegt und Reaktant 2 mithilfe einer Spritze hinzugefügt. Dieser Gasentwickler ist bei entsprechender Pflege langlebig und – wenn notwendig – auch leicht zu reparieren. Die Lebensdauer hängt entscheidend von der Pflege der Kanülen ab. Nach ein- bis zweimaligem Üben beherrschen die Lernenden die Handhabung gut. Lässt man die Lernenden die Gase so darstellen, muss die Verständnisebene der ablaufenden Reaktion im Vorfeld mit den Lernenden geklärt werden.

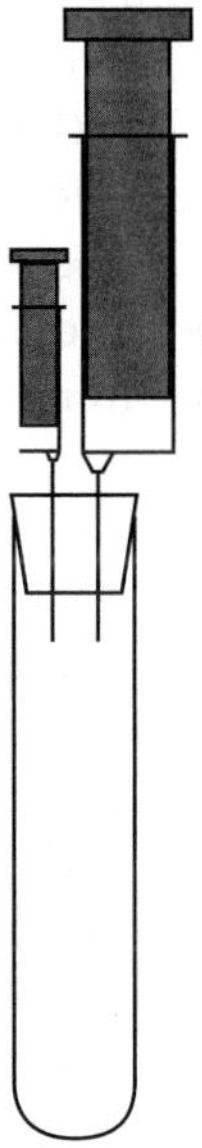

Abb. 7: Gasgenerator

Bauanleitung:

Material: 1 Reagenzglas Fiolax 16/160 mit Bördelrand, 1 Weichgummistopfen (Fa. Verneret, grau, 18D), 2 Kanülen (1,2 × 40 mm), eine 2-ml-Spritze ohne Gummidichtung (Fa. HSW oder Braun), eine 20-ml-Spritze mit Gummidichtung (Fa. HSW-Softject bzw. ONCE), Eisenwolle (000), Siliconöl (dickflüssig), Seitenschneider.

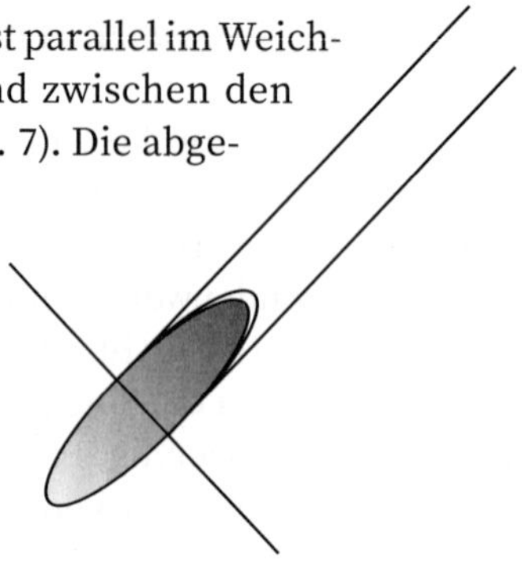

Herstellung: Die zwei Kanülen werden möglichst parallel im Weichgummistopfen positioniert, wobei der Abstand zwischen den Kanülen mindestens 0,5 cm betragen soll (Abb. 7). Die abgeschrägten Spitzen der Kanülen werden mit dem Seitenschneider sofort nach dem Durchstechen des Stopfens gekappt, um die Verletzungsgefahr mit den Kanülen zu minimieren (Abb. 8). Die 2-ml-Spritze wird mit der Eisenwolle schwergängig gemacht. Dazu wird der Spritzenstempel vorübergehend entfernt, ein passendes Stück Eisenwolle zu einem Docht gedreht. Dieser Docht wird in die 2-ml-Spritze hineingeschoben, zweimal umgedreht und wieder entfernt. Dadurch ist die Innenwand der 2-ml-Spritze etwas aufgeraut. Die 20-ml-Spritze wird durch das Einfetten der Gummidichtung des Spritzenstempels mit Siliconöl leichtgängig gemacht. Mit dieser Spritze wird das bei der entsprechenden Reaktion entstehende Gas aufgefangen. Da das Totvolumen des Reagenzglases mit 20 ml sehr gering ist, wird die erste Spritzenfüllung verworfen. Die zweite Spritzenfüllung enthält das entwickelte Gas schon in sehr reiner Form. Mit dieser Gasportion kann dann experimentiert werden.

Abb. 8: Kappen der Kanüle

Mit solch einem Low-cost-Gasentwickler kann man in wenigen Minuten ein Gas zum weiteren Experimentieren entwickeln. Für den ersten Umgang mit dem Gasentwickler eignen sich die Gase Wasserstoff und Sauerstoff. Mit dem entwickelten Wasserstoff könnten sich folgende Untersuchungen anschließen:

- Nachweis von Wasserstoff durch die Knallgasprobe,
- Reduktion von Kupferoxid auf der Oberfläche eines dünnen Kupferblechs,
- Kundt'sche Röhre im Reagenzglas (Vertiefung 5).

V

Vertiefung 5: Kundt'sche Röhre

Die Kundt'sche Röhre erlaubt, stehende Wellen durch Korkmehl in einem Glasrohr sichtbar zu machen. Mit Musikinstrumenten wie Flöten oder Pfeifen kann man bevorzugt stehende Wellen erzeugen. Die stehenden Wellen werden durch das Korkmehl dynamisch dargestellt, im Knallgas-Experiment erscheinen an der Reagenzglaswand Ringmuster durch kondensiertes Wasser.

Man düst dazu 15 ml Wasserstoff in ein trockenes Fiolax-Reagenzglas (16 x 160 mm) und zündet diesen an. Es ertönt der übliche Knall. (Hinweis: Das Reagenzglas sollte nicht durch langes Halten in der Hand erwärmt werden.)

Abb. 9: Aktivkohleröhrchen

Um Ethin, Ammoniak und Chlorwasserstoff mit dem Gasentwickler herzustellen, müssen der Umgang mit dem Gasentwickler und vor allem der Wechsel von Spritzen, z. B. durch das Herstellen von Wasserstoff oder Sauerstoff, geübt worden sein. Bei diesen Gasen ist es nicht tragisch, wenn der Gasentwickler etwas Überdruck hat und eine kleine Portion des Gases in den Raum ausströmt. Da man die Reaktion durch tropfenweises Zugeben des Reaktanten aus der 2-ml-Spritze sehr genau steuern kann, schafft man es, einen Spritzenwechsel ohne Überdruck im Reagenzglas durchzuführen. Arbeitet man mit toxischen Gasen, kann man statt einer Spritze zum Auffangen des Gases auch eine 10-ml-Spritze, die mit Aktivkohle gefüllt ist, auf die Kanüle aufsetzen, an der das Gas austritt. Das Aktivkohleröhrchen (als mobiler Abzug) (Abb. 9) wird wie folgt hergestellt: Der Stempel der 10-ml-Spritze wird entfernt. Die Spritze wird mit gekörnter Aktivkohle (1–3 mm Körnung) so weit gefüllt, dass ein Gummistopfen festsitzend eingepasst werden kann. Dieser Gummistopfen ist mit einer Kanüle zu versehen, um das Aktivkohle-Adsorptionsröhrchen gasdurchlässig zu machen.

Solche Gasentwicklersets können in Eigenarbeit zusammengebaut werden und als themenbezogenes Experimentierset in einem Behältnis an die Lernenden ausgegeben werden.

Die Wasserelektrolyse im Schülerexperiment

Obendrauf diskutiert (Kickuth & Stephani 2015, S. 86 ff.) die unterschiedlichen Elektrolyte, die zur Wasserelektrolyse möglich sind, auf der Grundlage der Abscheidungspotenziale und stellt dabei die Vorteile einer gesättigten Sodalösung mit Edelstahl-Elektroden klar heraus. Im Gegensatz zum Standardgerät des Hofmann'schen Wasserzersetzungsapparates ist es mit einer Low-cost-Elektrolyseapparatur (Bau: Kickuth & Stephani 2015, S. 90 ff.) (Abb. 10) oder auch der Küvettentechnik nach Kometz (in: Kometz & Krech (1997)) Schülerinnen und Schülern möglich, die Elektrolyse von Wasser in Partnerarbeit durchzuführen und Wasser als Verbindung aus den Elementen Wasserstoff und Sauerstoff zu begreifen. Was eine chemische Verbindung, eine chemische Reaktion und ein Element sind, wird hier experimentell erfahren. Reduktion, Oxidation und Redoxreaktion können besprochen werden. Letztlich lässt sich mit dieser Wasserelektrolyse die Faraday-Konstante experimentell in guter Näherung bestimmen.

Knallgasreaktionen – eine besondere experimentelle Herausforderung

Mit der Elektrolyseapparatur lässt sich auch Knallgas gewinnen. Hierzu polt man um, wenn sich an der Anode 4 ml und an der Kathode 8 ml Gas gesam-

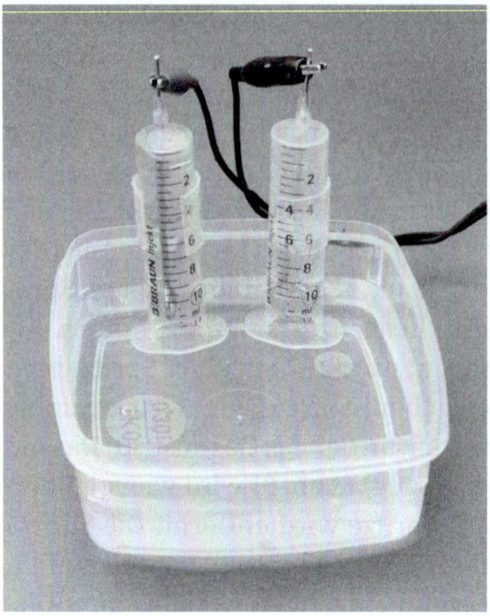

Abb. 10: Elektrolyseapparatur

melt haben, und elektrolysiert weiter, bis sich in beiden Elektrodenräumen 12 ml Gas gebildet hat. Zum Zünden des Knallgasgemisches nimmt man die Spritzen mit der Öffnung nach unten aus der Sodalösung und entzündet das Gasgemisch mit einem Feuerzeug an der Öffnung (Kickuth & Stephani 2015, S. 92). Das direkte Sammeln eines Wasserstoff-Sauerstoff-Gemisches durch Elektrolyse mit Wechselstrom ist nicht anzuraten. Auch zum Zünden von anderen Gasen und stöchiometrischen Gasgemischen gibt es ausgearbeitete Versuchsvorschriften (Kickuth & Stephani 2015, S. 264).

13.7.3 Interaktionsboxen

Interaktionsboxen eröffnen im Chemieunterricht die Möglichkeit zu einem schüler- und handlungsorientierten Arbeiten an einem Thema. Dabei ist es bei diesem selbstständigen Vorgehen der Schülerinnen und Schüler von Vorteil, ein möglichst geringes Gefahrenpotenzial durch die Geräte zu haben. Aus diesem Grund setzt man vorzugsweise medizintechnisches Material ein. Vorbilder für solche Boxen sind *Lebensmittelkonservierung früher und heute* (Hermanns 2014a), *Schülerorientierter Einstieg in die Elektrochemie* (Dettweiler et al. 2014), *Tatort Chemieraum – Schüler als Filmrequisiteure. Die Beeinflussung des Gleichgewichtes* (Heyser & Weiß 2014), *Biosprit – Interaktionsboxen zu den Themen Destillation und Teilchenmodell* (Rölleke 2014), *Kohlenstoff und seine Verbindungen* (Hermanns 2014b) oder *Interaktionsboxen Säure und basische Lösungen* (Walpuski & Sumfleth 2014). Solche themenbezogenen Arbeitskisten stehen – einmal hergestellt – für den weiteren Einsatz zur Verfügung, sodass Schülerinnen und Schüler sich ein Thema problemorientiert möglichst selbstständig und kooperativ experimentell erarbeiten können (Rumann 2005; Rumann et al. 2005). Kleine Whiteboards (Abb. 11), an speziellem Stativmaterial befestigt, erlauben durch die stabile Befestigung der Geräte mit Magneten einen problemlosen Versuchsaufbau. An dieser Magnettafel können auch gut die Geräte der Halbmikrotechnik (Online 2) angebracht werden. Im Vergleich zu normalem Stativmaterial ist die Anordnung auf dieser Tafel sehr flexibel (Online 3).

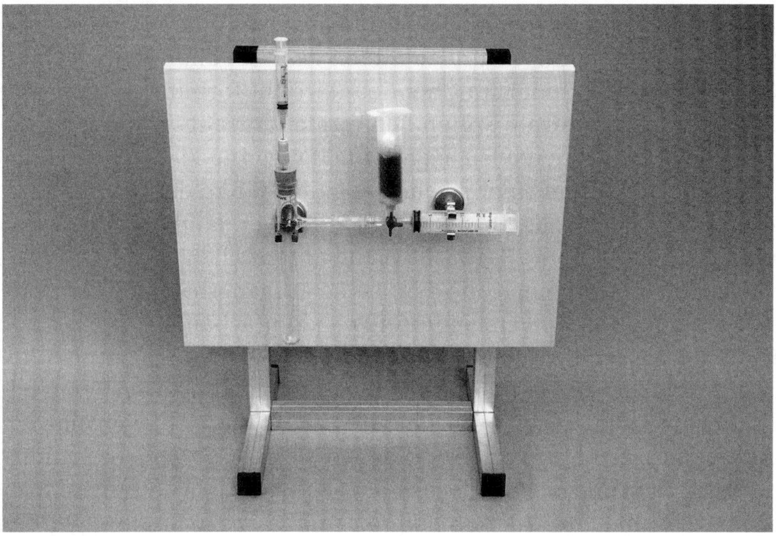

Abb. 11: Magnettafel (© www.magmed.de)

13.8 Schlüsselstellen und -experimente für die Verständnisentwicklung von Schülerinnen und Schülern im Chemieunterricht – eine Auswahl

Eine konstruktive Einordnung von **Schlüsselexperimenten** beschreibt Tausch (2001, S. 1) in zwei Begriffs- und einer Erlebnis-Kategorie:

- Versuche, „die im Chemielehrgang eine weichenstellende Funktion haben, indem sie Fakten liefern, die neue Erklärungsmuster und Modellvorstellungen einleiten. Sie bilden Gelenkstellen bzw. Kreuzungen im Unterricht, weil sie dazu zwingen, neue Richtungen und Wege im Lern- und Denkprozess einzuschlagen." (z. B. Zunahme der Masse bei Verbrennung eines Stoffes)
- Experimente, „die Brücken zu neuen Begriffen, Modellen etc. bauen oder Passübergänge zugänglich machen, die zu gesuchten Formeln von Verbindungen, Gleichungen zwischen Größen etc. führen." (z. B. Ermittlung der Verhältnisformel einer Verbindung in der Sek. I)
- **„Schlüsselerlebnis im Chemieunterricht,** an das man sich noch lange nach der Schulzeit erinnert." (z. B. Züchtung von Kristallen)

Parchmann & Wlotzka (2016, S. 1) verorten diejenigen Experimente als Schlüsselexperimente „die bei den Lernenden einen ‚**kognitiven Konflikt**' auslösen und diese dazu anregen, ihre Beobachtungen zu interpretieren und fachliche Kompetenzen aufzubauen". Im Chemieunterricht findet man sie dort, wo „insbesondere die **zentralen Erkenntnishürden** der Schülerinnen und Schüler" auftreten können.

13

Diesen direkten Bezug von Schlüsselexperimenten, die eine kognitive Aktivierung ermöglichen, zu den zentralen Stufen der Verständnisentwicklung der Schülerinnen und Schüler im Chemieunterricht formulieren Marohn et al. (2016, S. 2): „Für **zentrale Stufen der Verständnisentwicklung** haben sich verschiedene experimentelle Zugänge und Fragen zu Modellvorstellungen als ‚Schlüssel' im Sinne einer solchen kognitiven Aktivierung bewährt. Schlüsselexperimente ... sollen **für entscheidende Verständnisschritte des Chemieunterrichts** das eigene Beobachten und Untersuchen mit einem (staunenden) Nachdenken verbinden und damit eine Ausgangsbasis für Lernfortschritt im Sinne von Konzeptverständnisentwicklung schaffen."

Daher können die Schlüsselstellen konkretisiert werden: Aus Sicht des Chemielehrgangs verorten sie zentrale Stufen der chemiespezifischen Verständnisentwicklung mit denjenigen Experimenten, die an diesen Stellen eine kognitive Aktivierung ermöglichen. Somit haben sie eine besondere Stellung im Chemieunterricht und fachspezifische Bedeutung für den Lernfortschritt.

Mit jedem Experiment wird der Umfang der stoffbasierten Erfahrungen der Schülerinnen und Schüler vergrößert, mit jedem Schlüsselexperiment werden wichtige Stufen zur Erkenntniserweiterung und damit wichtige Schritte in der Entwicklung auf chemiespezifischen Stationen im Theorieverständnis beschritten. Dieses Vorgehen ist vergleichbar dem Konstrukt der Steil- und Plateauphasen von Leisen (2014, S. 178). Das in Steilphasen neu erworbene Wissen und die erweiterte Fachkompetenz sind zunächst in zeitlicher Nähe zum Entwicklungsprozess zu sichern. Jede Schülerin und jeder einzelne Schüler muss den Lerngewinn definieren, „ihm wird bewusst, was er jetzt mehr und besser kann als vorher (Könnenserleben schaffen) ... Die Sicherung sollte in zeitlicher Nähe zum Lernakt liegen, die Festigung und Transfer hingegen sollten vom Lernakt durch Schlafphasen getrennt sein, um Interferenzen zu vermeiden" (Leisen 2014, S. 181).

Da der Lernfortschritt der Schülerinnen und Schüler an den Schlüsselstellen entscheidend für den weiteren Lernerfolg ist, bieten sich diese Stellen auch zur Diagnose und differenzierten Analyse an (z. B. Krumm et al. (2008) und Kap. 12.6).

Im Folgenden wird versucht, charakteristischen Stufen der fachspezifischen Verständnisentwicklung mögliche geeignete Experimente zuzuordnen, also Experimente anzugeben, die in der Schulpraxis helfen, zentrale Begriffe und Konzepte der Chemie zu entfalten oder zu erweitern. Diese chemiespezifischen Verstehensstufen wurden für die Sekundarstufe I erstmals als Problemfelder deutlich herausgestellt in den MNU-Lehrplanempfehlungen (MNU 1984, 1990). Über dieses Konzept schreiben Häussler et al. (1998): „Bereits im Jahr 1983 hat der Förderverein MNU für den Chemieunterricht in der Sekundarstufe I sechs Problemfelder in den Mittelpunkt der Empfehlungen

gestellt, die auch heute noch Gültigkeit haben und sich in den Rahmenplänen vieler Bundesländer wiederfinden." In Anlehnung dazu werden folgende sechs Stufen der fachspezifischen Verständnisentwicklung herausgestellt:
I. Kontinuum – Diskontinuum
II. Quantitative Betrachtungen – chemische Symbole, Formeln
III. Elektrische Erscheinungen – Atombau, Ionen
IV. Moleküle – Dipole, Teilchenstrukturen
V. Elektrischer Stromfluss – Elektrolyse, galvanisches Element
VI. Chemisches Gleichgewicht

In der Sekundarstufe II wird die Stufe VI vertieft und kann mit der nächsten Stufe – Das aromatische System (Farbstoffe) – erweitert werden. Die hier gewählten Schlüsselstellen sind phasen- und stufenweise angeordnet; mit jeder neuen Stufe steigt der Erfahrungs- und Verständnisumfang. Darin unterscheiden sie sich von einem System der Basiskonzepte, die einer „kumulativen Entwicklung und Anwendung" unterliegen (Parchmann et al. 2004, S. 168).

Diesen charakteristischen Stufen der fachspezifischen Verständnisentwicklung werden mögliche geeignete Experimente zugeordnet. Die Auflistung (Tab. 2) stellt nur einen Ausschnitt dar und erhebt keinen Anspruch auf Vollständigkeit. Empfehlenswert und nützlich kann ein Blick in Chemielehrbücher sein; erfahrene Autoren überzeugen oft mit ihren Vorschlägen, welche Experimente und Gedankengänge man für charakteristische Stufen in der fachspezifischen Erkenntnisentwicklung heranziehen kann.

Für die schulische Praxis ist wichtig zu betonen, dass ein Konzeptwechsel nur bei den wenigsten Schülerinnen und Schülern in einer Unterrichtsstunde mithilfe eines geeigneten Experimentes herbeigeführt werden kann, – es sind eher „Wochen und Monate eines problemorientierten Unterrichts unter Einsatz von Strukturmodellen und Modellzeichnungen erforderlich" (Barke et al. 2015, S. 22). Auch hat jedes Experiment Vor- und Nachteile, die die Lehrkraft bei der Auswahl abwägen muss, um eine Entscheidung passend zur Lerngruppe, den räumlichen Bedingungen, der eigenen Persönlichkeit treffen zu können (vgl. Kap. 13.3 und 13.6). Hilfreiche Unterstützung liefern auch empirische Studien (Tab. 3), in denen u.a. auch von Lern- und Lehrschwierigkeiten berichtet wird.

Schlüsselstellen (Auswahl)	Mögliche Experimente (Auswahl)
Stufe I: Kontinuum – Diskontinuum	
Kennzeichen chemischer Reaktionen (Stoff- und Energieumsatz)	Reaktion von Eisen (Kupfer, Zink) mit Schwefel, z. B. Schmidkunz (2011, S. 10, S. 69), Sieve (2012), Akademie für Lehrerfortbildung (2012, Versuch 06–5)
Unterscheidung Element – Verbindung	Analyse Silberoxid, z. B. Schmidkunz (2011, S. 158), Synthese und Analyse Silbersulfid (Großmann & Schwab 2008), Synthese und Zerlegung von Kupfer(I)-iodid (Asselborn 1994)
Luft – ein Gemisch	Bestimmung des Sauerstoffanteils in der Luft (Schmidkunz 2011, S. 196)
Wasser – eine chemische Verbindung	Wasseranalyse und -synthese (qualitativ), Reaktion von Wasser mit Magnesium, z. B. Tausch & von Wachtendonk (2010, S. 76), Verbrennung von Wasserstoff in reinem Sauerstoff, z. B. Dannenfeldt & Wesche (1976, S. 28 f.)
Verbrennung als Reaktion mit Sauerstoff, Oxidation	Problematisierung der Verbrennung von Eisenwolle bzw. Anzünden einer Kerze an der Balkenwaage (Gerdes 2003), Massenänderung bei einer brennenden Kerze z. B. Akademie für Lehrerfortbildung (2012, Versuch 06–17), Freytag et al. (2002, S. 12 f.), Experimentelle Erarbeitung der chemischen Reaktion am Beispiel der Verbrennung (Heimann & Harsch 2007)
Reduktion	Kupfergewinnung aus Kupferoxid und Eisen (Schmidkunz 2011, S. 143), Reduktion von Kupferoxid mit Eisen bzw. mit Kohlenstoff (Pfeifer & Schmidkunz 2008)
Gesetz von der Erhaltung der Masse	Entzünden von Streichhölzern im geschlossenen System, Boyle-Versuch mit Kohlenstoffverbrennung (Johannsmeyer et al. 2001), Boyle-Versuch mit Eisenwolle (Jansen et al. 1986), Experimentelle Erarbeitung der chemischen Reaktion am Beispiel der Verbrennung (Heimann & Harsch 2007)
Kugelteilchenmodell	Siedekurve Wasser, Schmelzkurve Stearinsäure (Tausch & von Wachtendonk 2010, S. 18), Alkohol-Wasser-Mischversuch, Brown'sche Bewegung, Kondensation von gasförmigem Paraffin, Lösen eines Kupferkristalls in Wasser und Rückgewinnung von Kupfersulfat (Petermann et al. 2009b), Volumenkontraktion Ethanol-Wasser-Mischungen (Schmidkunz 2011, S. 20)
Teilchen haben unterschiedliche Größe	Diffusion von Gasen durch einen porösen Tonzylinder (Freytag et al. 2002, S. 9 f.)

Schlüsselstellen (Auswahl)	Mögliche Experimente (Auswahl)
Stufe II: Quantitative Betrachtungen – chemische Symbole, Formeln	
Gesetz der multiplen Proportionen (J. Dalton, 1808)	Untersuchung von grünem Malachit und schwarzem Kupferoxid (Jansen et al. 1986)
Gesetz der konstanten Massenverhältnisse der Elemente in chemischen Verbindungen (J.-L. Proust), chemische Verhältnisformel (Dalton), Kennzeichen chem. Reaktion: Umgruppierung von Atomen	Kupfer(I)-sulfidsynthese quantitativ im Reagenzglas (Akademie für Lehrerfortbildung 2012, Versuch 10–19), Bildung verschiedener Kupferoxide (Akademie für Lehrerfortbildung 2012, Versuch 04–2), Herstellung von Magnesiumoxid (Freytag et al. 2002, S. 13 ff.), quantitative Reduktion von Kupferoxid, quantitative Oxidation von Kupfer (Dannenfeldt & Wesche 1976, S. 35 f.)
Atommodell von Dalton (vgl. Kap. 14.7)	Der Weg zum Dalton'schen Atommodell (Jansen et al. 1986)
Durchmesser eines Kugelteilchens	Der Ölfleckversuch „auf einen Blick" (als Lehrerversuch in der Overhead-Projektion, Full 1995)
Gasgesetze, ideale Gase, Hypothese von Avogadro	experimentelle Bestimmung von Litergewichten verschiedener Gase, Vergleich mit ihren Atommassen und Entdeckung der Zweiatomigkeit ausgewählter Gase
Formel von Wasser-Molekülen	Wassersynthese im Schlaucheudiometer (Häusler et al. 1991; Freytag et al. 2002, S. 38 f.), experimentgestützte Erarbeitung der Molekülformel des Wassers (Pfangert-Becker 2013), Erstellung von Molekülformeln (Kircher & Teßmann 1977, S. 71 f.), Wasserelektrolyse, Knallgasreaktion (Low-Cost-Versuch nach V. Obendrauf, vgl. Kap. 13.7.2)
Elementaranalyse – chemische Formelschreibweise	Modellexperiment zur Elementaranalyse mit Butan und Kupfer (Barke 2013), Unterrichtsgang zur Ermittlung der chemischen Formel von Isobuten (Woock 2001)
Stufe III: Elektrische Erscheinungen – Atombau, Ionen	
elektrische Aufladung, Anziehung, Abstoßung, „Rosinenkuchenmodell" (Thomson, vgl. Kap. 14.7)	elektrostatische Aufladung von Polyethen (Schmidkunz 2011, S. 129), elektrostatische Experimente mit Luftballon, PVC-Folie, Wolllappen, Styroporkügelchen, Influenzmaschine, Bandgenerator, Elektroskop (Kircher & Teßmann 1977, S. 91 f.)
Atommodell Rutherford (Kern-Hülle-Modell, vgl. Kap. 14.7)	historisches Rutherford-Experiment und mögliche Ergebnisse, z. B. Wißner (2004), der Streuversuch interaktiv (Schmitz & Tausch), Flammenfärbungen
Ionen, Ionengitter	elektr. Leitfähigkeit von Salzschmelzen (Bsp. Kaliumnitrat in Schmidkunz (2011, S. 12)), Ionenwanderung in der Petrischale (Akademie für Lehrerfortbildung 2012, Versuch 07–10)
Ionen in sauren Lösungen	Messung Leitfähigkeit von verschiedenen sauren Lösungen, Versetzen mit Magnesium, Auffangen des entstehenden Gases, Knallgasprobe, Messung Leitfähigkeit von Citronensäure/Essigsäure vor/nach Zugabe von Wasser (Flint & Michaelis 2016)

Schlüsselstellen (Auswahl)	Mögliche Experimente (Auswahl)
Feinbau der Atomhülle, Atomspektren, Bohr'sches Atommodell (vgl. Kap. 14.7)	z. B. optische Spektren, Wasserstoff-Spektrum (Dehnert & Greiner 1978, S. 27 f.), (Christen 1972, S. 15 f.), Franck-Hertz-Versuch (Dehnert & Greiner 1978, S. 32 f.)
Stufe IV: Moleküle – Dipole, Teilchenstrukturen	
unpolare Elektronenpaarbindung	Wasserstoff in Methylenblau-Lösung: Vergleich atomarer und molekularer Wasserstoff (Tausch & von Wachtendonk 2006, S. 146)
Elektronenpaarbindung, Oktettregel, Elektronenpaar-Prinzip auf der Valenzschale, Energieniveau-Schema	Ionisierungsenergien (Dehnert & Greiner 1978, S. 34 f.), Schalenmodell und Oktettregel (Eckhardt 1966, S. 30 f.), die Oktettregel (Irmer & Stalke 2008)
Elektronenpaar-Abstoßungsmodell (vgl. Kap. 14.7)	Erklärung und Zeichnungen (Dehnert & Greiner 1978, S. 54 f.)
polare Elektronenpaarbindung, Elektronegativität	Ablenkung Wasserstrahl, z. B. mit Luftballon/geriebenem Hartgummi-Stab (Kühmstedt 2001)
Wasserstoffbrücken	z. B. Sockentest: Wasserstoffbrückenbindungen werden fühlbar (Schmidkunz 2011, S. 186)
Ionen in alkalischen Lösungen	thermische Zersetzung von Ammoniumchlorid (Schmidkunz 2011, S. 280)
Neutralisation	Neutralisation – exothermer Charakter und Salzbildung, Wassernachweis (Akademie für Lehrerfortbildung 2012, Versuch 12–15, 12–16)
Übertragung von Wasserstoff-Ionen	Erhitzen von Ammoniumchlorid (Pfeifer 2008), Ammoniak-Springbrunnen, z. B. (Schmidkunz 2011, S. 249), Visualisierung von Donator-Akzeptor-Reaktionen (Herdt 2016)
Stufe V: Elektrischer Stromfluss – Elektrolysen, galvanische Elemente	
Elektronenübertragungs-Reaktionen zwischen Metallatomen und -ionen (Zementation)	z. B. Reaktion von Zink in Kupfersulfat-Lösung, Eisen wird schnell verkupfert (Schmidkunz 2011, S. 82, S. 215), Abscheidung von Silber an einem Zinkspan (Freytag et al. 2008, S. 76 f.)
Spannung und elektrischer Stromfluss	Modell-Versuch (Zinkblech/Bierdeckel mit verdünnter Schwefelsäure/Kupferblech) zur VOLTA-Säule (Dehnert & Greiner 1978, S. 18)
Elektrolyse, elektrische Leitfähigkeit	Elektrolyse von Kupferchlorid-Lösung (Kircher & Teßmann 1977, S. 100 f.), „Elektronenpumpe“ (Tausch & von Wachtendonk 2010, S. 133)
Faraday-Gesetze	Hofmann'scher Wasserzersetzungsapparat, Elektrolyse von Kupfersulfat-Lösung in Kombination mit Silbernitrat-Lösung (Tausch & von Wachtendonk 2010, S. 144 ff.)
galvanisches Element	Daniell-Element, z. B. Brand (2015)

Schlüsselstellen (Auswahl)	Mögliche Experimente (Auswahl)
einfache Batterie	Zink-Iod-Batterie (Schmidkunz 2011, S. 122), Zink-Luft-Batterie (Schmidkunz 2011, S. 123), Eisen-Luft-Batterie (Venke & Busker 2016)
Konzentrationszelle, Nernst-Gleichung	Konzentrationszelle 2 (Akademie für Lehrerfortbildung 2012, Versuch 23–33)
Akkumulatoren	Vertiefung: Lithium-Ionen-Akku, z. B. Hasselmann & Oetken (2014), Brennstoffzelle
Redox-Reaktionen als Elektronen-Übertragung	Reaktion von Ethanol mit Kupferoxid (Tausch & von Wachtendonk 2010, S. 23), (Schmidkunz 2011, S. 217), Wärmepflaster mit Eisenpulver und Aktivkohle (Venke & Busker 2016), Konzeptwechsel anhand der Untersuchung handelsüblicher Batterien (Rossow & Flint 2009)
Änderung der Oxidationszahlen	Silberspiegel-Probe (Tausch & von Wachtendonk 2007, S. 25), (Schmidkunz 2011, S. 153)
Stufe VI: Chemisches Gleichgewicht	
chemisches Gleichgewicht	allgemeine Estersynthese und -hydrolyse (Schmidkunz 2011, S. 328, S. 331) und Essigsäureethylester-Synthese und -Analyse bei gleich konzentrierten Ansätzen (jeweils 0,25 mol/L) (Tausch & von Wachtendonk 2007, S. 36)
Druckabhängigkeit Temperaturabhängigkeit	Bildung und Zerfall von Hirschhornsalz (Freienberg 2008), Temperaturabhängigkeit der Protolyse von Kohlensäure (Schmidkunz 2011, S. 247), pH-Wert einer Ammoniumchlorid-Lösung bei verschiedenen Temperaturen (Schmidkunz 2011, S. 257)
(alternative) Herleitung des MWG	pH-Werte (erwartet/gemessen) in einer Verdünnungsreihe von Essigsäure (Braun 1987)
Für Stufe VII: Systeme delokalisierter Elektronen – Aromaten	Reaktion von Heptan, Cyclohexen und Toluol (als Ersatz für Benzol) mit Brom (Baars 2015)

Tab. 2: Stufen der fachspezifischen Verständnisentwicklung: Schlüsselstellen und mögliche Experimente (eine Auswahl)

Nachfolgend wird auf charakteristische Situationen verwiesen, in denen Schülerinnen und Schüler und die Lehrperson gemeinsam Schüler-Fehlvorstellungen aufdecken und zu überwinden versuchen. Es kommt schließlich darauf an, dass jede Schülerin und jeder Schüler in der jeweiligen Stufe den Kompetenzschritt in der Verständnisentwicklung beherrschen lernt und sich dann in der Fortsetzung aktiv beteiligen kann. In Tabelle 3 wird eine Auswahl an Literaturstellen über empirische Studien zu den Stufen angeführt, in denen charakteristische Fehlvorstellungen oder Lücken im Verständnisumfang aufgedeckt werden.

Stufe I: Kontinuum – Diskontinuum
• Ursprüngliche Erklärungen der Schülerinnen und Schüler für chemische Vorgänge (Pfundt 1975) • Umgang mit der Teilchenvorstellung im Chemieunterricht der Sek. I (Heimann et al. 2009) • Schülervorstellungen zum „Molekularen Sieben" (Petermann et al. 2009) • Diagnosetest über Schülervorstellungen zum Teilchenkonzept (Petermann et al. 2009b)
Stufe II: Quantitative Betrachtungen – chemische Symbole, Formeln
• Die chemische Formelsprache – (un-)vermeidbare Hürden auf dem Weg zu einer Verständnisentwicklung? (Bernholt et al. 2012) • Wirrwar um die chemische Formelsprache (Sieve 2012b) • Verständnisprobleme mit der Formelsprache im Chemieunterricht (Harsch et al. 2002)
Stufe III: Elektrische Erscheinungen – Atombau, Ionen
• Der Ionenbegriff – historischer Spätzünder und gegenwärtiger Außenseiter? (Barke & Pieper 2008) • Ionenbegriff: Diagnose und Korrektur von Schülervorstellungen (Barke 2006) • Chemische Strukturen und Raumvorstellung im Chemieunterricht (Barke & Engida 2001)
Stufe IV: Moleküle – Dipole, Teilchenstrukturen
• Strategisches Vorgehen und Faktorenkontrolle bei der pratkischen und theoretischen Untersuchung organischer Moleküle mit funktionellen Gruppen (Harsch & Heimann 1996) • Fragebogen zur chemischen Formelsprache. Aus: (Fischer 2008) • Anregungen für eine präzisere Formelsprache in der Organischen Chemie. (Fernberg & Martens 2006) • Entwicklung von Schülervorstellungen im Laufe der Schulzeit am Beispiel der Säure-Base-Thematik (Sumfleth & Geisler 2001)
Stufe V: Elektrischer Stromfluss – Elektrolysen, galvanische Elemente
• Mehrfachwahlaufgaben als Instrument zur Erforschung von Schülervorstellungen. Zur Methodik der Entwicklung einer Mehrfachwahlaufgabe zum Aspekt „Stromfluss in wässrigen Lösungen". (Marohn & Schmidt 2003) • Wie „kommt" der Strom durch die Lösung? Choice2learn-Diagnose und Veränderung (mit Experimenten) (Marohn 2012) • Zur Entwicklung des Chemieverständnisses bei Schülerinnen und Schülern – eine Längsschnittuntersuchung zur Redox-Thematik an einem Gymnasium. (Todtenhaupt 1995)
Stufe VI: Chemisches Gleichgewicht
Das chemische Gleichgewicht – Diagnose und Korrektur von Fehlvorstellungen (Barke 2012).

Tab. 3: Stufen der fachspezifischen Verständnisentwicklung: empirische Studien (Auswahl) zu Verständnishürden bzw. Schüler-Fehlvorstellungen

13.9 Sicheres Arbeiten im Umgang mit Chemikalien im Chemieunterricht

Die Grundlagen der Arbeitssicherheit erlangen angehende Chemielehrkräfte im Verlauf des Fachstudiums. Im Folgenden werden deshalb nur zentrale Aspekte des Experimentierens im Chemieunterricht thematisiert – ein Anspruch auf Vollständigkeit besteht in keinem Fall.

A

Anregung

Als Fundgrube für aktuelle Regularien und deren Umsetzung erweist sich das von Venke et al. herausgegebene Themenheft *Gefahrstoffe im Blick* (2016) der Zeitschrift *Unterricht Chemie*.

Das **Chemikaliengesetz** samt der Gefahrstoffverordnung (GefStoffV) und den Technischen Regeln für Gefahrstoffe (TRGS) regelt die Arbeit mit Gefahrstoffen in Deutschland. In dem Regelungsbereich sind – neben Beschäftigten in der Industrie – explizit auch Schülerinnen und Schüler aufgenommen. Für Schulen ist insbesondere der Abschnitt 3 der GefStoffV relevant, in dem folgende Punkte für die Planung und Durchführung von Experimenten gefordert werden:

- Durchführung und Dokumentation einer Gefährdungsbeurteilung, inkl. Substitutionsprüfung
- regelmäßige Unterweisung der Lernenden und Beschäftigten (z. B. Reinigungspersonal) anhand einer Betriebsanweisung bezüglich der festgestellten Gefahren und getroffenen Schutzmaßnahmen
- Erstellung eines Gefahrstoffverzeichnisses (es stellt im Falle eines Notfalls sowohl für die Feuerwehr als auch die Rettungskräfte eine wertvolle Informationsgrundlage dar)
- Bereitstellung geeigneter technischer Schutzmaßnahmen, z. B. Abzüge
- Feststellung angemessener organisatorischer Maßnahmen, z. B. Zutrittsbeschränkungen
- Bereitstellung geeigneter persönlicher Schutzausrüstung, z. B. Schutzbrille (Schaffer & Abke 2016)

Ergänzend zu den Technischen Regeln, enthält die GDUV-Information 213-098 eine Liste der Stoffe (u. a. mit Tätigkeitsbeschränkungen), die im schulischen Unterricht verwendet werden dürfen. Diese Stoffliste soll zukünftig ausschließlich als Online-Fassung erscheinen, um Änderungen zeitnah einarbeiten zu können und wirksam werden zu lassen. Diese verschiedenen ge-

setzlichen Vorgaben finden ihren Niederschlag in der **RiSU – den Richtlinien zur Sicherheit im Unterricht.**
Neben der Kenntnis und Anwendung der rechtlichen Grundlagen stellen sich weitere Anforderungen an die Lehrkraft, die für ein sicherheitsbewusstes Experimentieren erfüllt sein müssen. So übernimmt die Lehrkraft ein hohes Maß an Verantwortungsbewusstsein, schließlich darf die Gesundheit von Lehrenden und Lernenden nicht gefährdet werden. Im Falle einer besonderen Situation, etwa eines Unfalls, kann kaum auf sachkundige Hilfe Dritter gerechnet werden, da in einer Schule nur sehr wenige Personen – meist nur die Chemielehrerinnen und -lehrer – umfassend mit Sicherheitsaspekten vertraut sind. Das sicherheitstechnische Wissen wird benötigt, um räumliche und apparative Voraussetzungen für das Experimentieren einschätzen zu können. Ein umsichtiges Verhalten als Lehrkraft ist besonders vor dem Hintergrund nötig, dass Lernende den Umgang mit Geräten und Chemikalien üben müssen. Gerade aus Unerfahrenheit und mangelndem Geschick kann es zu Unfällen kommen (Vertiefung 6). Außerdem muss eine Belastung der Umwelt so gut wie möglich vermieden werden.

V

Vertiefung 6: Häufige Unfalltypen und ihre Ursachen im Chemieunterricht

Kommt es jedoch zu Unfällen, sind die folgenden Ereignisse dominierend:

- Verbrennungen und Verbrühungen, z. B. durch siedendes Wasser
- Verätzungen durch Säuren, Laugen
- Schnittwunden als Folge unsachgemäßen Umgangs mit Glasgeräten
- Blendung durch Magnesiumbrände

Weshalb passieren Unfälle? Einige Ursachen werden im Folgenden näher ausgeführt:

Nichtbeachten von Fachwissen

Grundvoraussetzung ist, dass das Fachwissen bei der Planung von Experimenten unbedingt zu berücksichtigen ist. Während die Synthese von Eisensulfid kontrolliert verläuft, reagieren Zink bzw. Magnesium mit Schwefel wesentlich heftiger, fast explosionsartig. Deshalb ist ein bloßes Ersetzen des Metalls nicht ratsam. Gefährlich ist auch die Verwendung von Metallpulver anstelle von Granalien bei der Wasserstoffdarstellung. Während die Reaktionen von Zink- oder Aluminiumgranalien mit halbkonzentrierter Salzsäure nur schwach exotherm und mit mäßiger Gasentwicklung verlaufen, reagieren die entsprechenden Metallpulver durch die vergrößerte Oberfläche in entsprechender Weise sehr viel heftiger. Die Reaktionsmischung kann sich dabei so weit aufheizen, dass sich der Wasserstoff entzündet.

Leichtsinniges Verhalten
Gerade die langjährige Erfahrung beim Experimentieren führt oftmals zu leichtsinnigem Verhalten, etwa zum Verzicht auf das Tragen einer Schutzbrille, eines Kittels oder des Aufstellens einer Schutzscheibe. Problematisch ist die Durchführung von gefährlichen Experimenten, ohne mindestens eine zweite Person in der Nähe zu wissen. Dies betrifft vor allem Lehrerinnen und Lehrer, die nachmittags Versuche vorbereiten. Hier kann die oft entscheidende erste Hilfe zu spät kommen.

Unwissenheit bei der Bedienung von Sicherheitsgeräten
Jeder Lehrende sollte nicht nur wissen, wo Schaumlöscher, Notdusche, Brandschutzdecke, die Haupthähne für Gas und Wasser sowie der Notschalter für elektrischen Strom zu finden sind, sondern auch, wie man diese bedient. Im erweiterten Sinne gehört hierzu auch die erste Hilfe bei Unfällen.

Nervosität des Experimentators
Gerade jüngere unerfahrene Lehrpersonen lassen sich leicht durch Lernende ablenken. Zittrige Finger beobachtet man aber auch bei Lehrproben oder Prüfungsstunden und bei der Durchführung von Versuchen, die als gefährlich gelten. Nervosität lässt sich durch Üben und gute Vorbereitung entscheidend abbauen. Weiterhin sollte genügend Zeit für die Ausführung der Versuche eingeplant werden.

Unordnung im Schullabor
In Schullaboren, Vorbereitungs- und Sammlungsräumen sollte stets auf Ordnung Wert gelegt werden. Unbeschriftete Gefäße mit Chemikalien, nicht aufgeräumte und ungespülte Geräte können leicht zu Verwechselungen und in deren Folge zu Unfällen führen. Schlecht gereinigtes Experimentiergerät trägt oftmals auch zum Misslingen von Versuchen bei. Gefährlicher als Nichtbeschriftung ist Falschbeschriftung. Um beim Abfüllen von Chemikalien Fehler zu vermeiden, beschriftet man Gefäße deshalb immer im Vorhinein. Eine vollständige Liste aller Chemikalien mit sicherheitsrelevanten Angaben ist verpflichtend (vgl. GefStoffV).

Aus den Betriebsanweisungen für Lehrkräfte können die folgenden **Arbeitsregeln** abgeleitet werden:
- Lehrpersonen müssen mit den Sicherheitseinrichtungen der Schule und des Laborbereichs vertraut sein. Die Einrichtungen müssen regelmäßig überprüft und instandgehalten werden. Eine ständige Information über neue Entwicklungen und Vorschriften ist dringend notwendig.
- Nie allein experimentieren. Bei Vor- und Nachbereitung außerhalb der Unterrichtszeit den Hausmeister informieren.

- Schutzbrille und Kittel, bei Einwirkung von Chemikalien auf die Hände auch Schutzhandschuhe tragen.
- Chemikaliengefäße auch bei kurzfristiger Nutzung beschriften. Allgemein Gefäße mit den vorgesehenen Gefahrensymbolen versehen.
- Chemikalien nie in Lebensmittelgefäßen aufbewahren.
- Chemikaliengefäße sofort nach Substanzentnahme wieder verschließen. Dabei immer passende und dichte Stopfen verwenden.
- Verschmutzte Arbeitsgeräte umgehend reinigen und Chemikalien sofort ordnungsgemäß entsorgen. Unbekannte Chemikalienreste lassen sich nicht vorschriftsmäßig beseitigen.
- Druckgasflaschen gegen Umfallen sichern, auch bei kurzzeitigem Gebrauch.
- Glasabfälle getrennt sammeln (Verletzungsgefahr bei der Entleerung der Abfallbehälter!)
- Nach dem Arbeiten Hände waschen. Beim Experimentieren nicht essen oder trinken.
- Die gesetzlichen Vorschriften hinsichtlich der Aufsichtspflicht und der Arbeitssicherheit sowie der Entsorgung von Chemikalien unbedingt beachten.

A

Anregung

Hilfe – ich übernehme eine Chemiesammlung! lautet der gleichnamige Beitrag von Ruppersberg (2015) mit zahlreichen praktischen Hinweisen für die Übernahme dieser zentralen Funktion im Fach Chemie.

Literatur

Achter, M., Freundl, B. Gunzenheimer, G., Haberl, H., Mulzer, J. & Islinger, N. (2012). *Anschauliche Experimente für den modernen Chemieunterricht.* (Akademiebericht 456). Dillingen: Akademie für Lehrerfortbildung und Personalführung.

Ackermann, G. (1959). *Einführung in die qualitative anorganische Halbmikroanalyse.* Berlin: VEB.

Aebli, H. (1971). *Über die geistige Entwicklung des Kindes.* Stuttgart: Klett.

Akademie für Lehrerfortbildung und Personalführung (2012). In *Chemie? – Aber sicher!* (Akademiebericht 475). Dillingen.

Arnheim, R. (1972). *Anschauliches Denken.* Köln: Du Mont.

Asselborn, W. (1994). Alternativen zur Thermolyse von Quecksilberoxid bei der Einführung der Begriffe Element und Verbindung. In *Der mathematische und naturwissenschaftliche Unterricht,* **47** (6), S. 368–370.

Baars G. (2015). Systeme delokalisierter Elektronen – ein experimenteller Zugang. In *Praxis der Naturwissenschaften – Chemie in der Schule,* **64** (3), S. 21–26.

Bader, H.J. (1986). Auswirkungen der Thematik „Recycling" auf die Einstellungen der Schüler zum Chemieunterricht, zur Chemie und zu Umwelt- und Energieproblemen. In *Chimica didactica,* **12** (1), S. 65–99.

Banchi, H. & Bell, R. (2008). The many levels of inquiry. In *Science and children,* **46** (2), S. 26–29.

Barke, H.-D. & Engida, T. (2001) „Imagination ist more important than knowledge" Chemische Strukturen und Raumvorstellung im Chemieunterricht. In *Praxis der Naturwissenschaften – Chemie in der Schule,* **50** (3), S. 30–35.

Barke, H.-D. (2006). *Chemiedidaktik – Diagnose und Korrektur von Schülervorstellungen.* Berlin: Springer.

Barke, H.-D. & Pieper, C. (2008). Der Ionenbegriff – historischer Spätzünder und gegenwärtiger Außenseiter. *CHEMKON,* **15** (3), S. 119–124.

Barke, H.-D. (2012). Das chemische Gleichgewicht – Diagnose und Korrektur von Fehlvorstellungen. *Praxis der Naturwissenschaften-Chemie in der Schule,* **61** (2), S. 15–18.

Barke, H.-D. (2013). Wenn Liebig einen Kolbenprober gehabt hätte – Ein einfaches Modellexperiment zur Elementaranalyse. In *Praxis der Naturwissenschaften – Chemie in der Schule,* **62** (8), S. 21–23.

Barke, H.-D., Harsch, G., Marohn, A. & Krees, S. (2015). *Chemiedidaktik kompakt.* Berlin: Springer.

Barthel, H. (1972). *Untersuchungen über die Entwicklung von Denkleistungen der Schüler durch Einsatz der experimentellen Methode, dargestellt an Beispielen aus dem Chemieunterricht der 7. und 8. Klassen.* Dissertation, Universität Potsdam.

Barthel, H. (1980). *Methodik des Chemieunterrichts. Teil I: Das Experiment im Chemieunterricht.* PH Potsdam.

Becker, H.-J. (1977). Die Beobachtungsmöglichkeiten der Schüler bei chemischen Demonstrationsversuchen. In *Naturwissenschaften im Unterricht – Physik/Chemie,* **25**, S. 148.

Bernholt, S., Fischer, I., Heuer, S., Taskin, V. Martens, H. & Parchmann, I. (2012). Die chemische Formelsprache – (un-)vermeidbare Hürden auf dem Weg zu einer Verständnisentwicklung? In *CHEMKON,* **19** (4), S. 171–178.

Brand, B.-H. (2015). Von der Redoxreaktion zum galvanischen Element. *Praxis der Naturwissenschaften – Chemie in der Schule,* **64** (2), S. 36–41.

Braun, M. (1987). Das Massenwirkungsgesetz – eine alternative Ableitung. In *Praxis der Naturwissenschaften – Chemie in der Schule,* **36** (5), S. 17–19.

Braune, A. (1995). Anisol (Methylphenylether) – Ersatz für Benzol? In *CHEMKON,* **2,** S. 163.

Christen, H.R. (1972). *Atommodelle.* Frankfurt: Diesterweg.

Dannenfeldt, G. & Wesche, G. (1976). *CHEMIE-Lehrplan – Vorbereitung – Unterricht,* Weinheim: Beltz.

Dehnert, K. & Greiner, E. (1978). *Atombau und chemische Bindung.* Hannover: Schroedel.

Demuth, R. (1981). Schülerexperimente im Chemieunterricht. Zur Frage der Schülermotivation für das Fach Chemie. In *Naturwissenschaften im Unterricht – Chemie/Physik,* **7,** S. 256–259.

Dettweiler, Y., Sieve, B. & Fechner, S. (2014). Schülerorientierte Einstiege in die Elektrochemie. In *Praxis der Naturwissenschaften – Chemie in der Schule,* **63** (6), S. 5–9.

Eckardt, H. (1966). Aufbau und Struktur der *Atomhülle – Periodensystem und Bindung.* Stuttgart: Klett.

Fernberg, H. & Martens, J. (2006). Anregungen für eine präzisere Formelsprache in der Organischen Chemie. In *CHEMKON,* **13** (4), S. 180–183.

Fischer, I. (2008). *Untersuchungen zum Schülerverständnis über die chemische Formelsprache.* Bachelorarbeit. Universität Oldenburg.

Flint, A., Jansen, W., Peper, R. & Fickenfrerichs, H. (1987). Die Strukturaufklärung des Ethanols – eine an der geschichtlichen Entwicklung orientierte Unterrichtseinheit. In *Naturwissenschaften im Unterricht – Physik/Chemie,* **35**, S. 28.

Flint, A. & Michaelis, J. (2016). *„Chemie fürs Leben", am Beispiel von Zitronensaft und „Rohrfrei".* https://www.didaktik.chemie.uni-rostock.de/fileadmin/uni-rostock/Alle_MNF/Chemie_Didaktik/Forschung/Sekundarstufe_I/Saeuren_Laugen_Salze_Teil_1.pdf (letzter Zugriff am 28.3.2017).

Förderverein MNU (1984). Empfehlungen zur Gestaltung von Chemielehrplänen. MNU 37 (3), S. 161–174.

Förderverein MNU (1990). Empfehlungen zur Gestaltung von Chemielehrplänen. MNU 43 (3), Beilage S. I-VII.

Freienberg, J. (2008). Backen und chemische Rückreaktion. In *Unterricht Chemie,* **19** (104), S. 10–13.

Freytag, K., Scharf, V. & Thomas, E. (Hrsg.) (2002). *Handbuch des Chemieunterrichts Sek. I,* Bd. 3.: Teilchen – Formeln – Redoxreaktionen. Köln: Aulis.

Freytag, K., Schaft, V. & Thomas, E. (Hrsg.) (2008). *Handbuch des Chemieunterrichts Sek. I,* Bd. 4.1: Säuren – Basen/Laugen. Köln: Aulis.

Full, R. (1995). Der Ölfleck-Versuch „auf einem Blick" – Bestimmung von molekularen und molaren Größen in einer Overhead-Projektion für die ganze Klasse. In *Praxis der Naturwissenschaften – Chemie in der Schule,* **44** (8), S. 16.

Full, R. (1996). Lichtblicke – Petrischalenexperimente in der Overhead-Projektion – Experimente in neuem Licht. In *Chemie in unserer Zeit,* **30** (6), S. 286.

Full, R. & Ruf, W. (1998). Die vier Jahreszeiten – chemisch inszeniert, musikalisch kommentiert. In *CHEMKON,* **1**, S. 55.

Gaertner, K.H. & Nathow, R. (1971). Einstellungs- und Interessenmessung bei der Entwicklung des IPN-Curriculum-Chemie für die Orientierungsstufe. In *Der Chemieunterricht,* **2**, S. 26.

Gerdes, A. (2003). Experimente entwickeln. In *Unterricht Chemie,* **14** (76/77), S. 33–34.

Gräber, W. (1992). Interesse am Unterrichtsfach Chemie, an Inhalten und Tätigkeiten. In *Praxis der Naturwissenschaften – Chemie in der Schule,* **39** (10), S. 354–358.

Groß, K. & Reiners, C. S. (2012). Experimente alternativ dokumentieren. Ein Beitrag zur Möglichkeit der Differenzierung und Diagnose im Chemieunterricht. In *CHEMKON,* **19** (1), S. 13–20.

Großmann, I. & Schwab, M. (2008). Silber – Silbersulfid und zurück. In *Unterricht Chemie,* **19** (104), S. 50–53.

Harsch, G. & Heimann, R. (1996). Strategisches Vorgehen und Faktorenkontrolle: Erfahrungen im Lehramtsstudiengang Chemie SI. In *Chimica didactica,* **22** (2), S. 145–167.

Harsch, G., Heimann, R. & Kipker, A. (2002). Verständnisprobleme mit der Formelsprache im Chemieunterricht. In *Chimica didactica,* **28** (3), S. 251–266.

Hasselmann, M. & Oetken, M. (2014). Versuche zu Lithium-Ionen-Akkus. In *Chemie in unserer Zeit,* **48** (2), S. 102–113.

Häusler, K. (1986). Anregungen zur Einführung in den Chemieunterricht. In *Der mathematische und naturwissenschaftliche Unterricht,* **37**.

Häusler, K. Rumpf, H. & Reichelt, R. (1991). *Experimente für den Chemieunterricht.* München: Oldenbourg.

Häussler, P., Bünder, W., Duit, R., Gräber, W. & Mayer, J., (1998) *Naturwissenschaftsdidaktische Forschung – Perspektiven für die Unterrichtspraxis.* Kiel: IPN.

Heimann, R. & Harsch, G. (2007). Die chemische Reaktion im Chemieanfangsunterricht – eine experimentelle Erarbeitung am Beispiel der Verbrennung. In *CHEMKON,* **14** (2), S. 75–83.

Heimann, R., Merge, V. & Harsch, G. (2009). Teilchenvorstellung. In *Praxis der Naturwissenschaften – Chemie in der Schule,* **58** (7), S. 34–39.

Herdt, C. (2016). Visualisierung von Donator-Akzeptor-Reaktionen. In *Praxis der Naturwissenschaften – Chemie in der Schule,* **65** (7), S. 5–11.

Hermanns, J. (2014a). Lebensmittelkonservierung früher und heute. In *Praxis der Naturwissenschaften – Chemie in der Schule,* **63** (1), S. 32–36.

Hermanns, J. (2014b). Der Kohlenstoff und seine Verbindungen. In *Praxis der Naturwissenschaften – Chemie in der Schule,* **63** (6), S. 24–27.

Herron, M.D. (1971). The nature of scientific enquiry. In *School review,* **79** (2), S. 171–212.

Heyser, R. & Weiß, M. (2014). Tatort Chemieraum – Schüler als Filmrequisiteure. Die Beeinflussung des chemischen Gleichgewichts durch Änderung der Konzentration – erarbeitet in einer Interaktionsbox zum Thema „Theaterblut". In *Praxis der Naturwissenschaften – Chemie in der Schule,* **63** (6), S. 16–18.

Hildebrandt, H. (1999). Das Schülerexperiment in der chemiedidaktischen Lehre und in der Schulwirklichkeit. In *Praxis der Naturwissenschaften – Chemie in der Schule,* **46** (1), S. 47–49.

Irmer, E. & Stalke, D. (2008). Die Oktettregel – Forschung und Schule im Dialog. In *Praxis der Naturwissenschaften – Chemie in der Schule,* **57** (6), S. 10–15.

Jansen, W., Ulses, R., Matuschek, C. Fickenferichs, H. & Peper, R. (1986). Der Weg zum Dalton'schen Atommodell. Eine chemiegeschichtliche Unterrichtskonzeption. In *Praxis der Naturwissenschaften – Chemie in der Schule,* **35** (2), S. 34–40.

Johannsmeyer, F., Bley, L., Fiedrich, J. & Oetken, M. (2001). Die Masse des „Nichts" – der Boyle-Versuch im neuen Lichte. In *CHEMKON,* **8** (3), S. 156–157.

Kickuth, R. & Stephani, R. (Hrsg.) (2015). *Viktor Obendraufs schöne Experimente.* Bd. 1, Gaiberg: Rubikon.

Kircher, E. & Teßmann, A. (Hrsg.) (1977). *Atommodelle im Unterricht.* IPTS – Schriftenreihe 12. Kiel: Schmidt und Klaunig.

Klos, S., Henke, C., Kieren, C., Walpuski, M. & Sumfleth, E. (2008). Naturwissenschaftliches Experimentieren und chemisches Fachwissen – zwei verschiedene Kompetenzen. In *Zeitschrift für Pädagogik,* **54** (3), S. 304–321.

Koenen, J., Emden, M. & Sumfleth, E. (2016). *Chemieunterricht im Zeichen der Erkenntnisgewinnung.* Münster: Waxmann.

Kometz, A. & Krech, K. (1997). Küvettentechnik und Minilabor: Schülerexperiment bei Kombination verschiedener Halbmikrotechnik-Gerätesysteme. In *Chemie in der Schule,* **(4)**, S. 144–148.

Kotter, L. (1975). *Das Experiment im Chemieunterricht.* München: Strumberger.

Krumm, B., Zimmerer E. & Kremer, M. (2008). *Diagnostizieren und Fördern im Chemieunterricht.* Frankfurt a. M.: GDCh.

Kühmstedt, J. (2001). Kindergeburtstag im Chemiesaal. Auf der Suche nach Polaritäten – mit einem Luftballon. In *Praxis der Naturwissenschaften – Chemie in der Schule,* **50** (3), S. 17–19.

Kuhnert, R. (1965). *Untersuchungen zur Durchführung chemischer Experimente nach der Halbmikrotechnik im Chemieunterricht erweiterter Oberschulen.* Dissertation. Martin-Luther-Universität Halle Wittenberg.

Latzel, G. (1985). Synthese eines Arzneistoffes als Schülerversuch. In *Praxis der Naturwissenschaften – Chemie,* **6** (34), S. 9.

Leisen, J. (2014). Ein guter Lehrer kann beides: Lernprozesse Material und personal steuern. In G. Höhle (Hrsg), *Was sind gute Lehrerinnen und Lehrer? Zu den professionsbezogenen Gelingensbedingungen von Unterricht* (S. 168–183). Magdeburg: Prolog.

Marohn, A. & Schmidt, H.-J. (2003). Mehrfachwahlaufgaben als Instrument zur Erforschung von Schülervorstellungen – Zur Methodik der Entwicklung einer Mehrfachwahlaufgabe zum Aspekt „Stromfluss in wässrigen Lösungen". In *Chimica didactica,* **29** (1/2), S. 38–51.

Marohn, A. (2012) Wie „kommt" der Strom durch die Lösung?. In H. Wambach & J. Wambach-Laicher (Hrsg.), *Individualisieren und Aktivieren im Chemieunterricht der Sek. II.* Hallbergmoos: Aulis.

Marohn, A. (2014). Interaktionsboxen. In *Praxis der Naturwissenschaften – Chemie in der Schule,* **63** (6), S. 9–13.

Marohn, A., Parchmann, I. & Wlotzka, P. (2016). Schlüsselexperimente – hier macht's klick. In *Unterricht Chemie,* **27** (153), S. 2–7.

Metzger, S. & Sommer, K. (2010). „Kochrezept" oder Experimentelle Methode – Eine Standortbestimmung von Schülerexperimenten unter dem Gesichtspunkt der Erkenntnisgewinnung. In *Der mathematische und naturwissenschaftliche Unterricht,* **63** (1), S. 4–11.

Metzger, W. (1953). *Gesetze des Sehens.* Frankfurt am Main: Kramer

Nehring, A., Springfeld, H. & Taubert, Chr. (2017). Die Gestaltgesetze für Demonstrationsexperimente unter der Lupe. In *Der mathematische und naturwissenschaftliche Unterricht,* **70** (6), S. 422–427.

Otte, R. & Garbe, J. (1976). Einstellung zum naturwissenschaftlichen Unterrichtsfach Chemie, Teil 1: Eine dimensionsanalytische Untersuchung. In *Chimica didactica,* **2** (4), S. 215–230.

Parchmann, I., Schmidt, S. & Buck, P. (2004). Chemie im Kontext– Von sinnlichen Wahrnehmungen zu ersten Teilchenvorstellungen – eine Unterrichtssequenz aus dem Projekt Chemie im Kontext mit Anregungen zur Erweiterung der Modelldiskussion. In *Chimica didactica,* **29** (3), S. 165–180.

Parchmann, I. & Wlotzka, P. (2016). Schlüsselexperimente (Editorial). In *Unterricht Chemie,* **27** (153), S. 1.

Pauli, R. (1978). *Projektions-Chemie.* Bonn: Lehrmittelbau Maey.

Petermann, K., Hunn, L., Friedrich, J. & Oetken, M. (2009). Schülervorstellungen zum „Molekularen Sieben". In *Praxis der Naturwissenschaften – Chemie in der Schule,* **58** (7), S. 10–15.

Petermann, K., Friedrich, J. & Oetken, M. (2009b). Test zur Diagnose von Schülervorstellungen zum Teilchenkonzept. In *Praxis der Naturwissenschaften – Chemie in der Schule,* **58** (7), S. 41–44.

Pfangert-Becker, U. (2013). Eine Unterrichtsreihe zur experimentgestützten Erarbeitung der Molekülformel des Wassers in der Sekundarstufe I des Gymnasiums. In *CHEMKON,* **20** (2), S. 79–84.

Pfeifer, P. (2008). Sauer oder alkalisch? In *Unterricht Chemie,* **19** (104), S. 14–16.

Pfeifer, P. & Schmidkunz, H. (2008). Kupfer entstehen lassen. In *Unterricht Chemie,* **19** (104), S. 16–20.

Pfeifer, P., Schaffer, S. & Sommer, K. (2011). Schülerexperimente im Unterricht – Auswahlkriterien und Beispiele. In *Unterricht Chemie,* **22** (126), S. 2–9.

Pfundt, H. (1975). Ursprüngliche Erklärungen der Schüler für chemische Vorgänge. In *Der mathematische und naturwissenschaftliche Unterricht,* **28** (3), S. 157–162.

Plaß, Chr. (1993). *Fallstudien über die visuelle Wahrnehmung von Demonstrationsexperimenten im Chemieunterricht aus der Sicht der Kognitionspsychologie.* Dissertation, Universität Dortmund.

Plaß, Chr. (1994). Kognition bei chemischen Demonstrationsexperimenten. In *Unterricht Chemie,* **5** (24), S. 12–17.

Prenzel, M. & Parchmann, I. (2003). Kompetenz entwickeln – Vom naturwissenschaftlichen Arbeiten zum naturwissenschaftlichen Denken. In *Unterricht Chemie,* **14** (76/77), S. 15–19.

Priemer, B. (2011). Was ist das Offene beim offenen Experimentieren? In *Zeitschrift für Didaktik der Naturwissenschaften,* **17,** S. 315–337.

Ralle, B. (1994). *Die Schlüsselfunktion des Experiments im problemorientierten und nachforschenden Chemieunterricht – dargestellt an Beispielen aus dem Unterricht der gymnasialen Oberstufe.* Habilitation, Carl von Ossietzky Universität Oldenburg.

Roesky, H.W. & Möckel, K. (1994). *Chemische Kabinettstücke.* Weinheim: Wiley-VCH.

Roesky, H.W. (1998). *Chemie en miniature.* Weinheim: Wiley-VCH.

Rölleke, R. (2014). Biosprit Interaktionsboxen zu den Themen Destillation und Teilchenmodell. In *Praxis der Naturwissenschaften – Chemie in der Schule,* **63** (6), S. 16–19.

Rossow, M. & Flint, A. (2009). Die „Erweiterung" des Redoxbegriffs mit Stoffen aus dem Alltag. In *CHEMKON,* **16** (2), S. 83–89.

Rumann, S. (2005). Säuren und Basen – Kooperatives Arbeiten beim Schülerexperiment mit Interaktionsboxen. In *Unterricht Chemie,* **16** (88/89), S. 57–59.

Rumann, S., Kucharski, S. & Hüllen, R. (2005). Kommunizieren und Kooperieren im Chemieunterricht – Ausgewählte Beispiele zum Thema Einflussfaktoren des chemischen Gleichgewichts. In *Praxis der Naturwissenschaften – Chemie in der Schule,* **54** (8), S. 22–25.

Ruppersberg, K. (2015). Hilfe – ich übernehme eine Chemiesammlung! In *Chemie in unserer Zeit,* **49** (4), S. 279–281.

Schäfer, H., Bauer, D. & Brendel, C. (1986). Chemische Experimente in Projektion. In *Chemie in unserer Zeit,* **2,** S. 109.

Schaffer, S. & Pfeifer, P. (2011). Ziele von Schülerexperimenten. Von einer Ist-Standanalyse zur Unterrichtsentwicklung. In *Unterricht Chemie,* **22** (126), S. 10–13.

Schaffer, S. & Abke, J. (2016). Sicherheit im Chemieunterricht. In *Unterricht Chemie,* **27** (156), S. 2–6.

Scharfenberg, F.-J., Bogner, F.X. & Klautke, S. (2008). A category-based video analysis of students` activities in an out-of-school hands-on gene technology lesson. In *International Journal of Science Education,* **30** (4), S. 451–467.

Scherpelz, A.R. (1974). Die elementare experimentelle Operation – Grundlagen der Bewertung experimenteller Fähigkeiten. In *Chemie in der Schule,* **21,** S. 131.

Schiessl, W., Dücker-Benfer, C., Summa, N., Brausam, A., Pfeifer, P. & van Eldik, R. (2006). Zaubervorlesung mit Salvador Dalí – Chemie-Edutainment. In *Chemie in unserer Zeit,* **40** (3), S. 184–193.

Schiessl, W., Pfeifer, P. & van Eldik, R. (2007). Chemie-Edutainment auf dem Prüfstand: Evaluierung der „Zaubervorlesung mit Salvador Dalí". In *CHEMKON,* **14** (2), S. 84–89.

Schmidkunz, H. (1983). Die Gestaltung chemischer Demonstrationsexperimente nach wahrnehmungspsychologischen Erkenntnissen. In *Naturwissenschaften im Unterricht – Physik/Chemie,* **31,** S. 360.

Schmidkunz, H. & Klaetsch, H. (1986). *Schülerzeichnungen als Mittel zur Beurteilung der visuellen Wahrnehmung bei chemischen Demonstrationsexperimenten.* Alsbach: Leuchtturm.

Schmidkunz, H. (1992). Die Symmetrie als Prägnanzbildender Faktor bei chemischen Experimenten. In *Unterricht Chemie,* **3** (11), S. 12–16.

Schmidkunz, H. & Büttner, D. (1992). Aufbau und Wirkungsweise chemischer Demonstrationsexperimente. In *Unterricht Chemie,* **3** (14), S. 7–11.

Schmidkunz, H. & Lindemann, H. (2003). *Das forschend-entwickelnde Unterrichtsverfahren – Problemlösen im naturwissenschaftlichen Unterricht. Didaktik, Naturwissenschaften Bd. 2,* 6. unveränderte Auflage. Essen: Westarp.

Schmidkunz, H. (2011). *Chemische Freihandversuche Bd. 1.* Köln: Aulis.

13

Schmidt, H.J. (1981). *Fachdidaktische Grundlagen des Chemieunterrichts.* Braunschweig: Vieweg.

Schmitz, R.P. & Tausch, M.W. (o. J.). Streuversuch von Rutherford – Chemie interaktiv. http://www.chemie-interaktiv.net/html_flash/ff_rutherford.html (letzter Zugriff am 28.3.2017).

Schröder, Th.Ph. (2017). *Validierungsparameter für Schulexperimente – dargestellt an Modellexperimenten für Industrielle Prüfverfahren.* Dissertation, Ruhr-Universität Bochum (https://hss-opus.ub.ruhr-uni-bochum.de/opus4/frontdoor/index/index/docId/5399)

Sieve, B. (2012). Ist die Reaktion von Eisen mit Schwefel wirklich exotherm? In *Unterricht Chemie,* **23** (128), S. 49.

Sieve, B. (2012b). Wirrwar um die chemische Formelsprache. In *Praxis der Naturwissenschaften – Chemie in der Schule,* **61** (2), S. 41–45.

Sommer, K., Strippel, C., Schaffer, S. & Wieczorek, R. (2013). *Umgang mit fachmethodischen Begriffen in Versuchsvorschriften. Beiträge zur Qualitativen Inhaltsanalyse Bd. 21.*

Sommer, K., Russek, A., Kleinhorst, H., Kakoschke, A. & Efing, N. (2013). KEMIE – Kinder erleben mit ihren Eltern Chemie. In *CHEMKON,* **20** (5), S. 209–348.

Stock, A. & Ramser, H. (1929). Epidiaskop für Vorlesungsversuche. In *Angewandte Chemie,* **42**, S. 1165.

Struck, W. (1973). *Chemische Demonstrationsversuche in Projektion.* Hannover: Schroedel.

Sumfleth, E., Schmidkunz, H., Schoel, S. & Körner, H.-D. (1993). Der Experimentaufbau – Zeichnen und Verstehen. In *Unterricht Chemie,* **4** (17), S. 4–8.

Sumfleth, E. & Geisler, A. (2001). Entwicklung von Schülervorstellungen im Laufe der Schulzeit am Beispiel der Säure-Base-Thematik. In *Chimica didactica,* **27** (2), S. 122–157.

Tausch, M. (2001). Kreuzungen, Brücken und Pässe im Chemieunterricht. In *Praxis der Naturwissenschaften – Chemie in der Schule,* **50** (3), S. 1.

Tausch, M. & von Wachtendonk, M. (2006). *Chemie Stoff Formel Umwelt Sekundarstufe I.* Bamberg: C.C. Buchner.

Tausch, M. & von Wachtendonk, M. (2007). *Chemie 2000+S II.* Bamberg: C.C. Buchner.

Tausch, M., von Wachtendonk, M. (2010). *Chemie 2000+ SI.* Bamberg: C. C. Buchner.

Toczkowski, T. & Ralle, B. (2017). Von der Komplexität „einfacher“ Experimente. In *Der mathematische und naturwissenschaftliche Unterricht,* **70** (2), S. 76–82.

Todtenhaupt, S. (1995). *Zur Entwicklung des Chemieverständnisses bei Schülern.* Frankfurt a. M.: Lang.

Venke, S. & Busker, M. (2016). Alles nur Eisen. In *Unterricht Chemie,* **27** (153), S. 42–45.

Venke, S., Schwarzer, St., Ruppersberg, K. & Proske, W. (2016). Gefahrstoffe im Blick – Sicher experimentieren. In *Unterricht Chemie,* **27** (156).

Walpuski, M. & Sumfleth, E. (2014). Interaktionsboxen Säure und basische Lösungen. In *Praxis der Naturwissenschaften – Chemie in der Schule,* **63** (6), S. 28–31.

Wanjek, J. (2000). *Einflüsse von Alltagsorientierung und Schülerexperimenten auf den Erfolg von Chemieunterricht.* Dissertation, Westfälische Wilhelms-Universität Münster.

Wiederholt, E. (1994). Gaschromatographie bei Raumtemperatur in Modultechnik. In *CHEMKON,* **1** (2), S. 75–82.

Wißner, O. (2004). Das Öffnen von Aufgaben. In *Unterricht Chemie,* **82/83**, S. 42–45.

Woock, M. (2001). Gasförmige Kohlenwasserstoffe: Schlüsselexperimente bei der Formelermittlung. In *Praxis der Naturwissenschaften – Chemie in der Schule,* **50** (3), S. 21–25.

Online

(1) v. Borstel, G. et al. *Lebensnaher Chemieunterricht.* http://lcu.creos.de/index.php?alias =Startseite (letzter Zugriff 19.01.2016).
(2) http://www.halbmikrotechnik.de (letzter Zugriff am 12.01.2016)
(3) http://www.bhbrand.de (letzter Zugriff am 12.01.16)

14 Modelle und Modellexperimente im Chemieunterricht

Inhaltliche Schwerpunkte

- Die erkenntnistheoretische Definition des Modellbegriffs ist Grundlage für das Modell als Lehrwerkzeug und Forschungswerkzeug. Das Modellieren als wissenschaftliche Methode gründet auf dem Zusammenspiel von Original, Denkmodell und Anschauungsmodell. Es ermöglicht Erkenntnisse über das Original durch Denken und Handeln. Praktisch besteht die Aufgabe in der Wissenschaft wie beim Lernen, passende Muster für bestimmte reale oder experimentell erzeugte stoffliche Phänomene zu finden bzw. zu entwickeln. Dieser Prozess, der oft Ähnlichkeiten mit bereits Bekanntem einbezieht und sich auf naheliegende Schlussfolgerungen stützt, kann als „Modellieren" bezeichnet werden.
- Das Erkennen von Analogien unter Nutzung von Modellen spielt für das Chemieverständnis eine zentrale Rolle.
- Ein Modellexperiment zeichnet sich durch drei Kriterien aus: den Bezug zum Experiment, zum Original und zum Modell. Die Nutzung von Modellexperimenten im Lehr-Lern-Prozess ist aufs Engste mit dem Denken in Analogien verbunden.
- Denken in Modellvorstellungen ist ein Charakteristikum der chemischen Wissenschaft und des Chemieunterrichts. Modell-Entwicklung statt Modell-Mitteilung ist lernpsychologisch von entscheidender Bedeutung. Eine mögliche Einführung von Atommodellen im Chemieunterricht der Sekundarstufe I wird vorgestellt.

14.1 Modelle und Erkenntnis

14.1.1 Definition Modell

Der **Modellbegriff** hat seine Wurzeln in der Architektur und in den schönen Künsten der Antike. Nach Vitruv (etwa 100 v. Chr.) werden die als ideal geltenden Proportionen des menschlichen Körpers auf die Säulenordnung in Tempeln übertragen. Später wird im Italienischen das Wort „modella" für ein verkleinertes, dreidimensionales Bauwerk eingeführt. Letztlich wird mit „modulus" (Verkleinerungsform von modus (lat.): Maß, Grundmaß) die relative Maßeinheit bezeichnet, die den Proportionen eines Gebäudes zugrunde liegt. Davon leitet sich das althochdeutsche Wort „modul" ab, was im abstrakten Sinn eine geordnete Aufteilung von Systemen bedeutet. Es findet im Attribut „modular" seinen Niederschlag im aktuellen Sprachgebrauch. Heute wird der Begriff „Modell" für Sachverhalte unterschiedlicher disziplinärer Kontexte verwendet (Mahr 2008). Vielfach handelt es sich um Verkleinerungen makroskopischer Objekte (z. B. der Baukunst) oder um idealisierte Darstellungen vielschichtiger Zusammenhänge (Abstraktion); der Modellbegriff wird aber auch im Kontext mathematischer Modelle, z. B. zur Prognose des Wetters, oder im Zusammenhang mit einem Theoriegebäude, z. B. didaktische Modelle oder Lerntheorien, verwendet.

In der Chemie kommt der Modellbegriff zur Anwendung, wenn großtechnische Anlagen in ihrem Aufbau und ihrer Funktion durch Vereinfachungen transparent gemacht werden (z. B. Hochofenmodell). Des Weiteren bedarf es beim Studium der Strukturen und Dynamik im atomaren und molekularen Bereich entsprechender Modelle – hierbei handelt es sich um ein Spezifikum der Chemie (Banse 1973; Christen 1990; Keller 1977). In dieser Dimension ist eine Originalbetrachtung aus prinzipiellen Gründen nicht möglich und eine mathematische Behandlung extrem aufwändig. Außerdem nehmen Modelle in der wissenschaftlichen Theoriebildung und in den praktischen Verfahren des Entwerfens und Entwickelns einen zentralen Platz ein.

Aus erkenntnistheoretischer Sicht wird ein **Modell** wie folgt definiert: „Das Modell ist ein dem Original analoges System, das von einem Subjekt ausgewählt oder hergestellt wird, um von den Informationen über Modelleigenschaften unter Ausnutzung der Informationen über die vorliegende Analogierelation solche Informationen über das Original abzuleiten, die an letzterem nicht oder nur mit unzulässigem Aufwand direkt zugänglich sind, aber für die Durchführung einer gegebenen Aufgabe vom Subjekt benötigt werden" (Wüstneck 1966, S. 1452). Das Subjekt S (Wissenschaftler, Ingenieur, Lehrperson, Lernende) kann neue Erkenntnisse über das Original (O) in vielen Fällen nicht direkt erhalten, nur der Umweg über das Modell (M) vermittelt entsprechende Einsichten. Das Modell M ist somit der Vermittler (Mittler) zwischen dem Subjekt S und dem Objekt O, dem Original. Es muss sich überprüfen lassen, ob bestimmten Elementen aus M Elemente aus O entsprechen. Wenn sich Verknüpfungen zwischen diesen Elementen bestätigen lassen, kann M als ein sinnvolles Modell von O gelten. Die Begriffe Original und Objekt werden in der Literatur teilweise synonym gebraucht. Während Steinbuch (1977) und Stachowiak (1973) von Original sprechen (wird auch hier verwandt), bevorzugen Kircher et al. (2014) im Sinne der realistischen Auffassung der Naturwissenschaften die Bezeichnung Objekt.

A

Anregung

Für eine vertiefte erkenntnistheoretische Auseinandersetzung mit dem Modellbegriff sei auf Mahr (2008) verwiesen. Er vertritt u. a. die Auffassung, dass eine allgemeine Modelltheorie, die der methodischen Bedeutung von Modellen und der Vielfalt ihrer Erscheinungen gerecht wird, nicht existiert.

Theoretische Modelle (Denkmodelle) und gegenständliche Modelle (Anschauungsmodelle) entstehen als Ergebnis eines hypothesen- und theoriegeleiteten Modellierungsprozesses. Modelle erlauben die Ableitung weiterer naturwissenschaftlicher, zu prüfender Fragestellungen und Hypothesen (Upmeier zu Belzen & Krüger 2010). Damit nimmt das Denken in Modellen über das Veranschaulichen und Erklären hinaus im Kompetenzbereich Erkenntnisgewinnung neben der Experimentellen Methode eine entscheidende Position ein.

14.1.2 Charakterisierung und Funktion von Modellen

Für didaktische Belange ist auf die **Modelltheorie** von Stachowiak (1973) zu verweisen, die einen pragmatischen und einen methodisch gut zu handhabenden Ansatz darstellt. Zugleich wird deutlich, dass die Merkmale von Modellen aufs Engste mit ihren Funktionen verknüpft sind (Vertiefung 1). Nach Stachowiak weist ein Modell drei Merkmale auf (vgl. auch Reiners 2017):

- das Abbildungsmerkmal: „Modelle sind stets Modelle von etwas, nämlich Abbildungen, Repräsentationen natürlicher oder künstlicher Originale, die selbst wieder Modelle sein können.“ (Stachowiak 1973, S. 131)
- das Verkürzungsmerkmal: „Modelle erfassen im Allgemeinen nicht alle Attribute des durch sie repräsentierten Originals, sondern nur solche, die

den jeweiligen Modellschaffern und / oder Modellbenutzern relevant erscheint." (Stachowiak 1973, S. 132)
Beispiel: Synthese von Wasserstoffiodid (Iodwasserstoff):

$$H_2 + I_2 \rightleftarrows 2\ HI + \text{Energie}$$

Zur Ableitung der Gleichgewichtsbedingungen bei der Synthese von Wasserstoffiodid kann angenommen werden, dass es sich um eine bimolekulare Reaktion handelt. Von dieser Modellvorstellung darf aber nicht zwingend auf ein Modell für den Mechanismus geschlossen werden. Es konnte gezeigt werden, dass die Reaktion bei höheren Temperaturen im Sinne einer Reaktionskette über Iodatome und Wasserstoffatome – also radikalisch – verläuft (Pauling 1972) und es nicht einfach zu einer Neukombination von Iod- und Wasserstoffatomen bei einem Zusammenstoß der Ausgangsmoleküle kommt. Insofern weist diese modellhafte Darstellung eine Verkürzung auf.

- das pragmatische Merkmal: Das Modell kann, je nachdem für wen (Aspekt Subjekt), wann (Aspekt Zeit) und wozu (Aspekt Zweck) es erschaffen wurde, unterschiedliche Gestalt annehmen (Upmeier zu Belzen & Krüger 2010).

V

Vertiefung 1: Sieben Charakteristika naturwissenschaftlicher Modelle (van Driel & Verloop 1999; Borrmann et al. 2014)

1. Ein Modell steht immer in Beziehung zu einem Original, das durch das Modell repräsentiert wird. Das Original kann ein Objekt, Phänomen, ein Prozess oder ein System sein.
2. Ein Modell ist ein Forschungswerkzeug, um Informationen über das Original zu erhalten, die nicht direkt gewonnen werden können.
3. Ein Modell kann nicht direkt mit dem Original interagieren, welches es repräsentiert.
4. Ein Modell besitzt bestimmte Analogien zum Original, welche es erlauben, Hypothesen von dem Modell abzuleiten und zu testen. Dieser Vorgang führt zu neuen Informationen über das Original.
5. Im Allgemeinen ist ein Modell so einfach wie möglich. Das führt dazu – auch in Abhängigkeit vom wissenschaftlichen Interesse, dass im Modell nicht alle Merkmale vom Original enthalten sind.
6. Die Schaffung eines Modells ist immer das Ergebnis eines Kompromisses im Umgang mit Ähnlichkeiten und Unterschieden zum Original; der Prozess der Aushandlung wird durch die Forschungsfragen geleitet.
7. Ein Modell wird durch einen iterativen Prozess entwickelt, in dem empirische Daten zu einer Überarbeitung des Modells führen. Das führt nachfolgend zum erneuten Überprüfen des Modells im Hinblick auf die Forschungsfrage.

14.1.3 Denken in Modellen – Erkenntnisgewinnung über das Original

Die Auswahl bzw. Herstellung von Modellen, die Gewinnung von Informationen über das Modell, der Analogieschluss zum Original sowie die Verifizierung der Informationen am Original sind als ein System von Operationen zu verstehen, welche die eigentliche Erkenntnisgewinnung über das Original ermöglichen (Wüstneck 1966). Die zugrunde liegende wissenschaftliche Methode wird als **Modellmethode** (Wüstneck 1966; Klaus & Buhr 1972) bezeichnet und weist Analogien zur Experimentellen Methode auf. Die Modellmethode ist der „wirkliche Vorgang der Modellierung" (Wüstneck 1966; vgl. Kap. 14.5). Der erste Schritt der Auswahl bzw. Herstellung von Modellen lässt sich mit dem Konzept von Steinbuch (1977) – dem Denken in Modellen – fassen (Abb. 1). Abbildung 1 zeigt die Schritte zur Bildung eines Modells nach Steinbuch, indem Unwesentliches ausgefiltert und die Essenz – mit Zusatzinformationen angereichert – zu einem nur im Bewusstsein vorhandenen Denkmodell führt. Aus diesen „inneren Scheinbildern", wie sie Hertz nennt (Denkmodelle), werden zur Veranschaulichung konkrete gegenständliche Modelle (Anschauungsmodelle), wie das Kochsalzgitter, hergestellt. Das geschieht oft unter Einbeziehung irrelevanter Zutaten, z. B. Stäbe, die zum Halten der Kugeln (symbolisieren die Ionen) notwendig sind, um ein Gitter zu erzeugen. Mahr (2008) differenziert an der Stelle zwischen Modell und Modellobjekt (Vertiefung 2). Das Modellobjekt ist das vergegenständlichte Modell (Anschauungsmodell), das Modell ist die zugrunde liegende Idee (Denkmodell) (Upmeier zu Belzen & Krüger 2010).

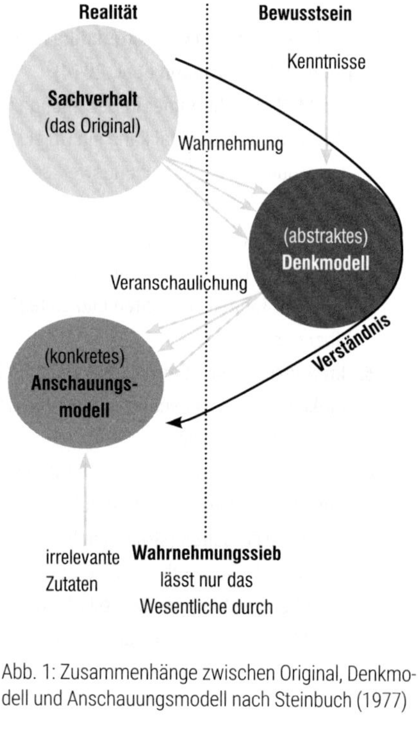

Abb. 1: Zusammenhänge zwischen Original, Denkmodell und Anschauungsmodell nach Steinbuch (1977)

V

Vertiefung 2: Modelle – bloße Abbilder der Natur?

Chr. Meinel (2011) charakterisiert chemische Modelle als kulturelle Objekte. Modellieren ist also eine Kulturleistung und somit ein Beitrag zur Annäherung von Geistes- und Naturwissenschaften. „Modelle und theoretische Begriffe sind nicht bloße Abbilder der äußeren Natur. Natur wird im Wissenschaftsprozess erst mit Hilfe von Prozeduren, Instrumenten, Terminologien und Darstellungsverfahren in sichtbare, zählbare, benennbare und manipulierbare Objekte, d. h. in kulturelle Objekte, verwandelt. Auch Atome, Benzolringe und Molekülorbitale und die DNS-Helix sind in diesem Sinne kulturelle Objekte, die sich bestimmten Zwecksetzungen, Untersuchungs- und Darstellungstechniken verdanken. Sie verkörpern bestimmte Eigenschaften von ‚natürlichen' Objekten, besitzen aber auch Eigenschaften, die nur dem Modell zukommen und keine Entsprechung in der Natur haben, und sind mit zeitgebundenen Anschauungen behaftet; denn auch Theorie ist stets kulturell geprägt (und damit wandelbar. Anm. der Verf.)." (ebd., S. 75).

Die Identität des Modellobjektes als Modell hängt von zwei „konstruktiven Beziehungen" (Mahr 2008) ab: Die erste Beziehung besteht in der Herstellung des Modells von einem Ausgangsobjekt (Modell von etwas), die zweite Beziehung entsteht durch die zweckgerichtete Anwendung des Modellobjektes (Modell für etwas). Damit ist ein Modellobjekt sowohl ein Modell *von* etwas (Repräsentant), es wird entsprechend hergestellt (Herstellungscharakter), als auch ein Modell *für* etwas (Anwendungscharakter, Funktion) (Abb. 2).

Herstellungs- und Anwendungsperspektive des Modells beinhalten wichtige Anregungen für den Umgang bzw. den Einsatz von Modellen im Chemieunterricht – sowohl in konkreten Kontexten als auch im Hinblick auf die Schulung des Denkens in der Auseinandersetzung mit chemischen Problemen. So ist der Schritt der Anwendung „wofür" stets mit einem deduktiven Denkschritt verknüpft, wodurch das Modellobjekt die Funktion einer Hypothese besitzt. Sie selbst kann auf der Basis induktiver Beziehungen zum Objekt gefunden worden sein. Denkmodell und Modellobjekt (Anschauungsmodell) sind also Teil der Modellmethode und somit Teil der Erkenntnisgewinnung. In diesem Sinne werden Modelle als zweckbezogene Rekonstruktionen und als Ausgangsobjekt für eine bestimmte Anwendung verstanden. Nach Mahr (2008) sind demnach Modelle im Zusammenhang des Wissens und der Erkenntnis Annahmen, Hypothesen oder Ersatzobjekte, aber auch Abstraktionen, die es erlauben, Komplexitäten zu bewältigen, die ohne das Hilfsmittel der Modellierung nicht fassbar wären. Die Dimension Modellbildung umfasst auch den Umgang mit Modellen im Modellierungsprozess (vgl. Kap. 14.5). Wichtige Fortschritte auf dem Gebiet der Modellbildung resultieren aus dem Zusammenwirken von Theorie, hochleistungsfähigen instrumentellen Fach-

14

methoden (z. B. STM, scanning tunnelling microscope), Rechenleistungen von Computern und Bildgebungsverfahren.

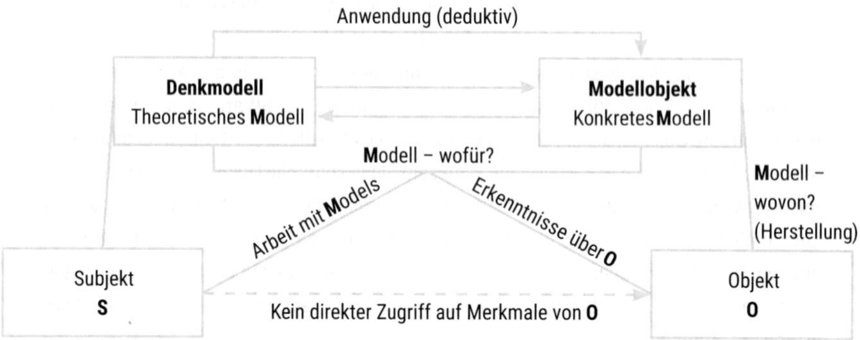

Abb. 2: Zusammenhang von Subjekt, Objekt, Modellbildung und Modellfunktion (abgeändert nach Mahr 2008)

14.2 Klassifikation von Modellen

Mit dem Anliegen, Modelle zu klassifizieren, wird stets eine pragmatische Perspektive der Modellauffassung tangiert (Mahr 2008) (vgl. Kap. 14.1.3). Grundlegend für eine Klassifikation von Modellen (Abb. 3) ist die Unterscheidung zwischen Modell als Idee (spezifische Theorie, theoretisches Modell, Denkmodell) und dem Modellobjekt als konkretem Gegenstand der Auffassung (konkret gedacht, konkret vorhanden) (Graf 2002), entsprechend dem Ansatz „Denken in Modellen" nach Steinbuch in Abbildung 3 ist dieser Sachverhalt durch den Pfeil von den **Denkmodellen** zu den Anschauungsmodellen veranschaulicht. Der Pfeil in die umgekehrte Richtung verdeutlicht, dass natürlich auch neue Erkenntnisse, die mit dem Anschauungsmodell gewonnen werden, in die Entwicklung des Denkmodells zurückwirken (Vertiefung 2).

Die Unterteilung der **Anschauungsmodelle** basiert auf den nach Bruner formulierten Repräsentationsebenen enaktiv (handelnd) – ikonisch – symbolisch (vgl. Kap. 9.1). Damit wird zugleich der Teilkompetenz Eigenschaften von Modellen (vgl. Kap. 14.3) Rechnung getragen. Diese Teilkompetenz drückt sich in einem Verständnis für verschiedene Repräsentationsebenen zwischen Modellobjekt und Original aus. Die Abstraktion beginnt bei naturgetreuen Abbildern (Anschauungsmodell im engeren Sinne) und reicht bis zu mathematischen Rekonstruktionen (symbolische Modelle). Diese verschiedenen Formen nutzen verschiedene Dimensionen der Darstellung – sowohl zweidimensionale als auch dreidimensionale. Beide weisen aber reale oder fiktive Beziehungen zum Ausgangsobjekt (Größe, Prozess, Idee) auf (Kircher et al. 2014). Es eignen sich verschiedene Anschauungsmodell-Typen für den identischen Sachverhalt. Beispielsweise kann die Darstellung der Aktivierungsenergie als „Berg“ sowohl bildhaft (ikonisches Anschauungsmodell) als auch in einem Funktionsmodell (bei: Tausch & Wachtendonk 1996) (materielles Anschauungsmodell) dargestellt werden. Oder: Für die Darstellung chemischer Reaktionen können Strukturmodelle (konkret: Molekülbaukästen) genutzt werden, um die Reaktion der Ausgangsstoffe über ggf. entstehende Zwischenprodukte bis zu den Reaktionsprodukten zu veranschaulichen. Analog kann dieser Ablauf auch unter Nutzung von Formeln (symbolisches Anschauungsmodell) auf Papier gezeichnet werden.

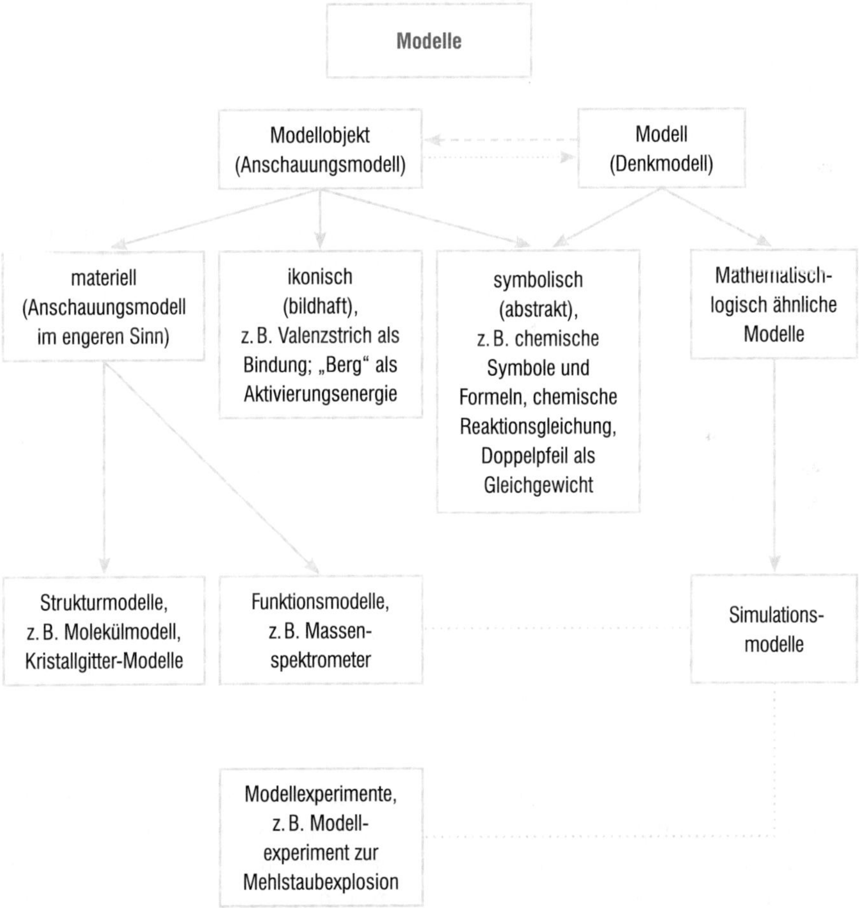

Abb. 3: Klassifizierung von Modellen unter Nutzung der Repräsentationsebenen

Eine weitere Unterscheidung der Anschauungsmodelle im engeren Sinne liefert ihre Einordnung in statische und dynamische Modellobjekte: **Strukturmodelle** und **Funktionsmodelle**. Während Strukturmodelle den Aufbau darstellen, veranschaulichen Funktionsmodelle Prozessabläufe. Im Zusammenhang mit den Funktionsmodellen sei auf die damit in Beziehung stehenden Modellexperimente in der Chemie verwiesen, die im Kapitel 14.6 separat betrachtet werden. Strukturmodelle können ganz unterschiedlich materiell umgesetzt werden – Atome als kompakte Kunststoffkugeln (siehe Molekülbaukästen) oder als Styropor-Kugeln, die mit Draht, Schaschlikspießen oder durch Klebstoff direkt miteinander verbunden werden (Barke & Harsch 2011) (vgl. Kap. 15.2.5; Online-Ergänzung).

Zeitgemäße Beispiele für dynamische Modellobjekte liefert die **Simulation** mithilfe von Computern (Harsch 1985; Schnitker 2016; Sumfleth & Hollstein 1999; vgl. Kap. 15). Unter Simulation versteht man ein Verfahren angewandter Mathematik, das in enger Beziehung zu einem mathematischen Modell der Realität und zur mathematischen Optimierung steht. Simulationen müssen den realen Prozessen in entscheidenden Punkten möglichst nahekommen (Lenzen 2016) und interaktiv sein – im Unterschied zu Animationen. Aufgrund ihrer Ähnlichkeit zu Realexperimenten werden Simulationsmodelle auch als **computerbasierte Experimente** bezeichnet. Sie besitzen außer im molekularen und atomaren Bereich besondere Bedeutung im chemisch-technischen Bereich, vor allem, wenn es darum geht, dass technische Prozesse möglichst effizient verlaufen. Je nach Leistungsfähigkeit des Programms und des Computersystems sind statische und/oder dynamische Darstellungen möglich, z. B. Darstellung von Änderungen der Konformation biologisch aktiver Moleküle in Wechselwirkung mit den Lösungsmittelmolekülen, Stofftransport durch biologische Membranen, sowie Solvatationsprozesse (Feresin & Havenith 2017).

A

Anregung

M. Black (1962), J. Gilbert (1994) sowie A. Harrison & D. Treagust (2000) bieten weitere, über die Chemie hinausgehende Ansätze zur Klassifikation von Modellen, auch mit Bezug zu den Repräsentationsformen (Gilbert 2004).

Aus dieser Mannigfaltigkeit erwachsen zugleich Herausforderungen an die Unterrichtsplanung – wann kommt welcher Modelltyp zum Einsatz (Vertiefung 3) (vgl. Kap. 14.7). Zugleich bedarf es bei der sprachlichen Begleitung der Repräsentationsebenen einer besonderen Sorgfalt, um Fehlvorstellungen bei den Schülerinnen und Schülern zu vermeiden (vgl. Kap. 8).

V

Vertiefung 3: Sequenz von Strukturmodellen am Beispiel der Molekülverbindung Cyclohexan

Modellobjekte wie Atom-, Bindungs- und Strukturmodelle gelten als näherungsweise Abbildungen der „atomaren Natur der Materie“ – vermittelt durch eine Theorie. Für das Cyclohexan-Molekül können ausgehend vom abstrakten Atomzahlenverhältnis, welches empirisch ermittelt wird, verschiedene strukturelle Aussagen in entsprechenden Strukturmodellen zum Ausdruck kommen (Abb. 4) (vgl. Kap. 9.1). Es sind die Summenformel, die Konstitution des Cyclohexanrings (in der Papierebene), die Konfiguration in der Sesselform und die Konformationsdynamik zwischen Sessel- und Wannenform modellhaft dargestellt. Diese Darstellungsformen sind abhängig vom Kenntnisstand über das Original, also den Stoff Cyclohexan, und andererseits von der didaktischen Absicht, zu deren Zweck ein bestimmter Modelltyp zur Anwendung kommt. Auf der Ebene der Veranschaulichung kann von jeder dieser ikonischen Darstellungen der Schritt zu einem materiellen Molekülmodell, im einfachsten Fall zu einem Skelettmodell, getan werden. Im Skelettmodell des Cyclohexanmoleküls bleiben die Wasserstoffatome unberücksichtigt, die 6 C-Atome entsprechen den Ecken des Sechseckes.

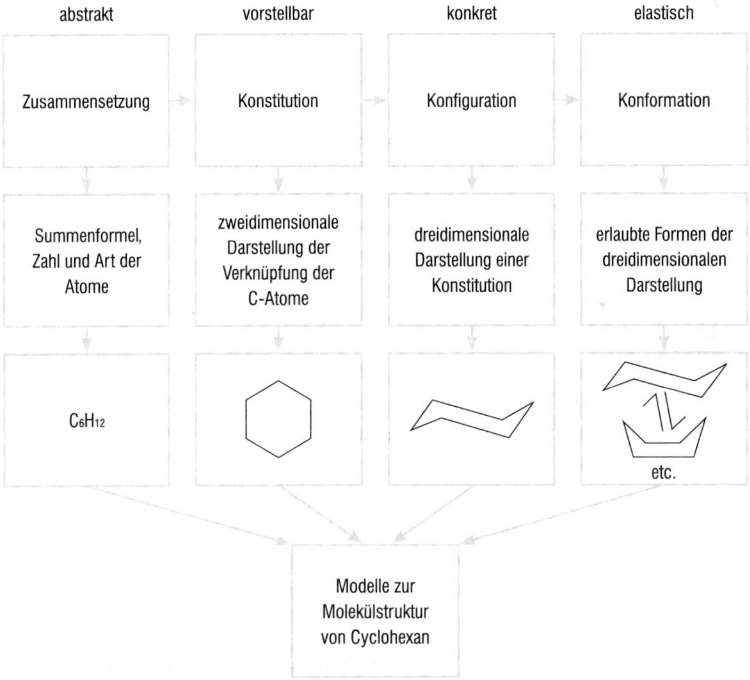

Abb. 4: Cyclohexan – von der Summenformel zur Konformation des Moleküls (abgeändert nach Turro 1986)

14.3 Modelle und Analogien

Das Erkennen von **Analogien** (Ähnlichkeiten) zwischen Modell und Original ist Voraussetzung einerseits für die Entwicklung eines Modells (durch den Modellentwickler, z. B. die Lehrkraft) und andererseits für die Wirksamkeit eines Modells hinsichtlich des Lernens (vgl. Kap. 14.6). Aus kognitiver Sicht handelt es sich immer um eine Mustererkennung. Die Analogie zwischen Modell und Original kann hinsichtlich verschiedener Merkmale bestehen – konkret sind es Gestalt (Aussehen), Zustand und Struktur, Verhalten und Eigenschaften, Funktion und Prozess (Rossa 1975) (vertiefend in Kap. 14.6).

In der Chemie sind die Analogien in der chemischen Struktur von zentraler Bedeutung. So weisen die chemischen Strukturen von Chlorwasserstoffsäure, Bromwasserstoffsäure und Iodwasserstoffsäure derartige Ähnlichkeiten auf, gleiches gilt für die in Abbildung 5 exemplarisch dargestellten Fälle. Das Erkennen von Analogien in der chemischen Struktur (vgl. Kap. 2.3) kann auch unter Nutzung verschiedener Formeltypen unterstützt werden (Abb. 5). Diese **Mustererkennung** ist eine Grundvoraussetzung für das Chemieverständnis. Gelingt es nicht, diese Analogien zu erkennen, so bleiben Fakten isoliert und werden unverstanden auswendig gelernt, z. B. Formeln für verschiedene chemische Substanzen.

Für die Veranschaulichung von Prozessen auf der submikroskopischen Ebene werden vielfach – meist als ikonische Modelle – Anthropomorphismen eingesetzt (vgl. Kap. 3 und 11.6). Als Beispiele seien die enzymatische Spaltung von Substanzen, veranschaulicht durch mechanische Kräfte unter Nutzung von comicartig dargestellten Werkzeugen, die Polyethen-Darstellung mit Mickey-Maus-Pärchen sowie den Strom- oder Ladungstransport in Lösungen durch „Männchen mit Rucksack“ zu nennen. Anthropomorphismen können Anlass zu Fehldeutungen geben und sind deshalb bezüglich ihrer Lernwirksamkeit kritisch zu hinterfragen.

Darüber hinaus kommen verschiedene Funktionsmodelle zum Einsatz, um Prozesse oder Phänomene zu veranschaulichen. So wird das Original (feiner Wasserstrahl wird durch einen vorher geriebenen Kunststoffstab abgelenkt, ein Hexanstrahl nicht) mit folgendem Modell in Beziehung gebracht: An einem Glasstab und einem Eisenstab wird ein Magnet vorbeigeführt. Während der Glasstab von dem Magneten nicht angezogen wird, lässt sich dieses Phänomen beim Eisenstab beobachten. Die Analogie beruht hier auf Oberflächenmerkmalen (vgl. Kap. 14.6), die Strukturmerkmale von Modell und Original ähneln sich nicht. Mit derartigen Analogien kann man ein chemisches Phänomen zwar illustrieren, erklären kann man es nicht. Schülerinnen und Schüler orientieren sich empirischen Untersuchungen zufolge zunächst an der Ähnlichkeit von Oberflächenmerkmalen. Das geht soweit, dass die Rolle von theoretischen Modellen im Erkenntnisprozess häufig nicht wahrgenommen wird und Modellobjekte als naturgetreues Abbild der Realität verstanden werden.

Ammoniak
NH_3

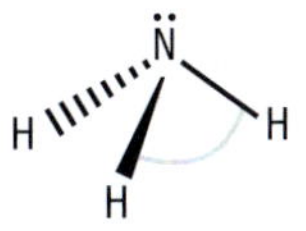

Phosphin
PH_3

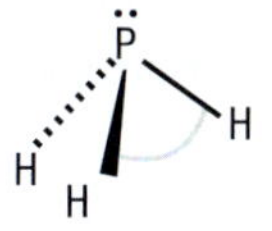

Arsin
AsH_3

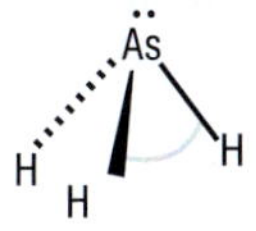

Ammoniumchlorid
$NH_4^+ Cl^-$

Tetraalkyl-ammonium-Salze
$NR_4^+X^-$ (R: Alkyl-Rest)

Tetraederstrukturen des Phosphat-Ions (links) und des Sulfat-Ions (rechts) (Irmer & Stalke 2017)

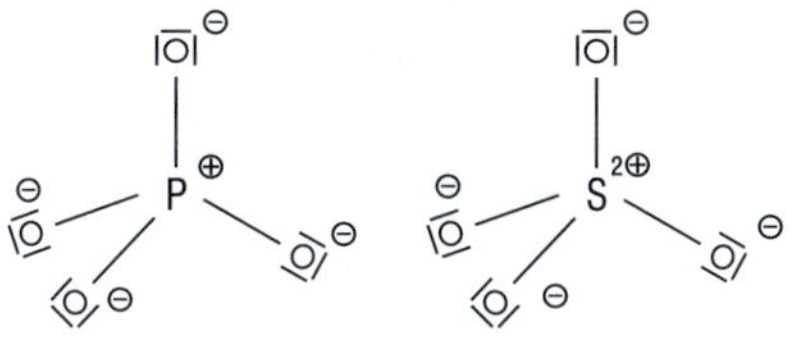

Beispiele für Festkörperstrukturen: Struktur einer Legierung (Cu-Au) (links) und eines Salzes (NaCl) (rechts) – in beiden Fällen liegt eine kubisch-flächenzentrierte Struktur vor (Wambach 1996)

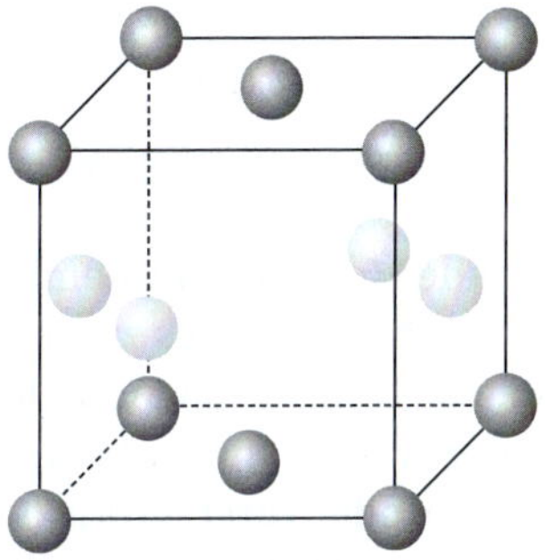

a) Legierung aus Kupfer und Gold:
Gleichverteilung von Kupfer- und Goldatomen;
Anordnung schichtweise abwechselnd;
Stöchiometrische Zusammensetzung: CuAu

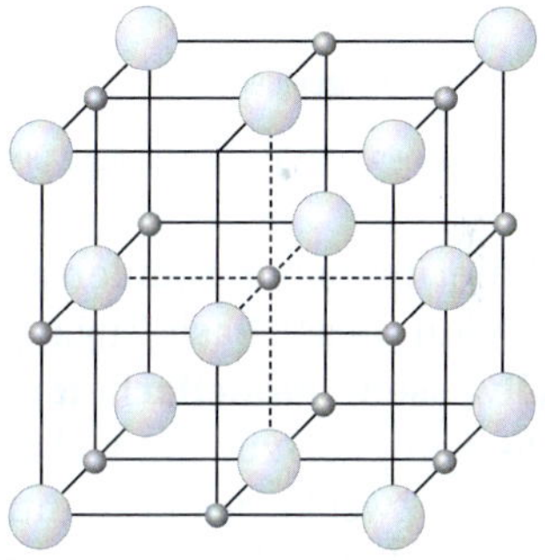

b) Gittertyp „Natriumchlorid“;
kubisch dichteste Packung;
z.B. NaCl

Abb. 5: Beispiele für Analogien in der chemischen Struktur

14.4 Modelle im Lehr-Lern-Prozess

Modellkompetenz der Lernenden zeigt sich in der Fähigkeit, mit Modellen Erkenntnisse zu gewinnen, über Modelle zu urteilen und den Prozess der Erkenntnisgewinnung modellbezogen vollziehen und reflektieren zu können (Wellnitz et al. 2012). Diese verschiedenen Aspekte lassen sich in drei Teilkompetenzen beschreiben (Abb. 6) (Meisert 2008).

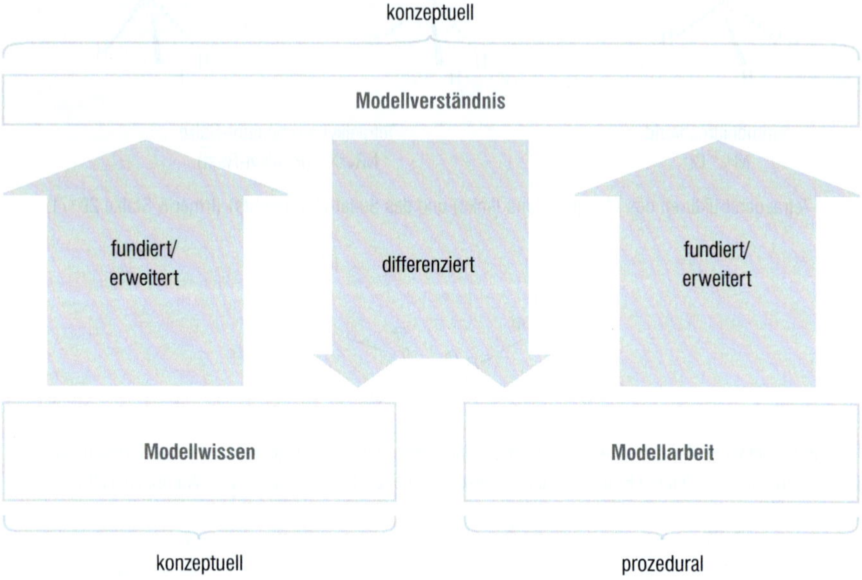

Abb. 6: Dimensionen der Modellkompetenz und entsprechende Wechselwirkungen (Meisert 2008)

Die Schülerinnen und Schüler sollen grundlegende Modelle der Chemie kennen, um auf dieser Basis Zugang zu den Konzepten des Faches zu erhalten **(Modellwissen)**. **Modellarbeit** umfasst sowohl das Nutzen von Modellen als auch die Fähigkeit zur Entwicklung und Weiterentwicklung von Modellen – beides zum Zwecke des Erkenntnisgewinns. Das **Modellverständnis** ist den beiden grundlegenden Bereichen (Modellwissen und Modellarbeit) übergeordnet. Es spiegelt sich in einer reflektierten Auseinandersetzung und dem Verstehen der Bedeutung von Modellen und Modellarbeit wider und knüpft an die Diskussion um „nature of science“ an.

Daraus lassen sich zwei zentrale didaktische Funktionen für den Einsatz von Modellen im Chemieunterricht ableiten:

- **Modelle als Lehrmittel:** Modelle werden eingesetzt, um fachliche Inhalte **anschaulicher** zu vermitteln. Hier dient das **Arbeiten mit Modellen** der Erkenntnisvermittlung. Das Modell ist dabei ein Lehrmittel (mediale Funktion). Im Sinne der Bildungsstandards steht der Kompetenzbereich Fachwissen im Fokus.

- **Modelle als Forschungswerkzeug:** Modelle werden eingesetzt, um - aus Sicht der Schülerinnen und Schüler subjektiv - neue Erkenntnisse über das Original zu gewinnen. Dabei kommt die Modellmethode (Modellieren) zum Einsatz (vgl. Kap. 14.1.3) und darin dem Prozess des **Denkens in Modellen** eine zentrale Rolle zu. Die Modelle selbst können genutzt werden, um Hypothesen abzuleiten, Realexperimente zu entwerfen oder Parameter bzw. Beziehungen in komplexen Systemen aufzufinden. Damit ist originär der Kompetenzbereich Erkenntnisgewinnung in den Bildungsstandards betroffen.

Die genannten Schwerpunkte hinsichtlich der didaktischen Funktion von Modellen lassen sich quer durch den Chemieunterricht - vom Anfangsunterricht bis zum Übergang zum Fachstudium - einlösen (Vertiefung 4) und so einen zentralen Beitrag für Chemieverständnis erzielen, sodass die Aufgabe in Abbildung 7 problemlos bearbeitet werden kann.

Aufgabe zum Aspekt Funktionalität
Komplexitätsstufe: V / kognitiver Prozess: integrieren

Modelle des Wassermoleküls
Jutta sucht im Internet nach einem Modell für das Wassermolekül und findet nun folgende Abbildungen:

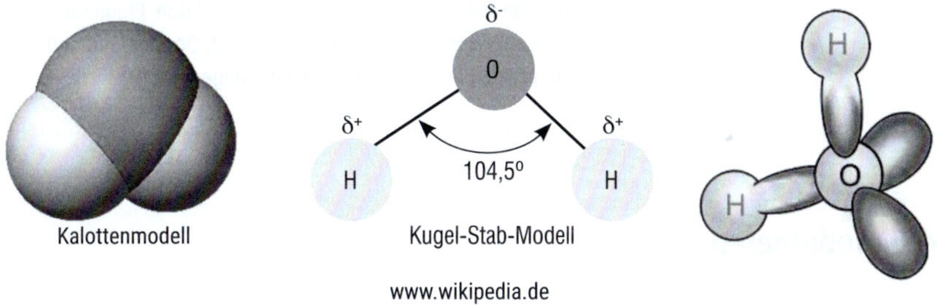

www.wikipedia.de

Sie wundert sich, dass die Abbildungen so verschieden aussehen. Welche Erklärung dafür ist richtig? Kreuze an:

- ☐ Nur eines der Modelle ist das richtige Modell für das Wassermolekül, die anderen enthalten Fehler.
- ☐ Die Wissenschaftler sind noch gar nicht sicher, wie das Wassermolekül genau aufgebaut ist, daher gibt es verschiedene Modelle.
- ☐ Die Modelle zeigen verschiedene Arten von Wassermolekülen, daher sehen sie alle unterschiedlich aus.
- ☐ Die Modelle auf den Bildern sollen verschiedene Eigenschaften des Wassermoleküls verdeutlichen und unterscheiden sich daher.

Abb. 7: Aufgabenbeispiel für den Teilkompetenzbereich Naturwissenschaftliche Modellbildung (nach Wellnitz et al. 2012, S. 276)

V

Vertiefung 4: Die kognitiven und prozessorientierten Ansprüche an die Lernenden

Bei Wellnitz et al. (2012) werden theoretisch formulierte Komplexitätsstufen für die Aspekte (**F**) Funktionalität, (**M**) Modellanwendung und (**G**) Grenzen präsentiert. Daraus lassen sich zugleich erste Vorstellungen über die deklarativen und prozeduralen Ansprüche an die Lernenden hinsichtlich der Modellkompetenz ableiten.

I	1 Fakt	F M G	eine (Anschauungs-)Funktion eines Modells eine Eigenschaft eines Modells ein Unterschied zum Original
II	2 Fakten	F M G	zwei (Anschauungs-)Funktionen eines Modells zwei Eigenschaften eines Modells ein Unterschied und eine Gemeinsamkeit zum Original
III	1 Zusammenhang	F M G	Bezug zwischen Modell und Verwendung Modell, z. B. für Hypothese oder Schlussfolgerung Grund für Modellgrenzen
IV	2 Zusammenhänge	F M G	Funktionen und Verwendung verschiedener Modelle mehrere Modelle, z. B. für Hypothese oder Schlussfolgerung oder Modell für Hypothesen oder Schlussfolgerungen Begrenzung des Modells und Optimierungsmöglichkeiten
V	übergeordnetes Konzept	F M G	Eigenschaften des Modellierungsprozesses (Modellvorstellung, Problemlösung) Testen von Modellen (alternative Rekonstruktion, Eignung) Modellkritik (Begrenzung und Vorläufigkeit, Optimierung und Veränderung, Entsprechungen, Verkürzungen und Beiwerk)

14.5 Modellieren

Ziel des Modellierens ist es, Eigenschaften und Vorgänge möglichst widerspruchsfrei erklären bzw. Schlussfolgerungen ziehen zu können, nachdem man bekannte Fakten in geeigneter Weise miteinander in Beziehung gesetzt hat. So lässt sich z. B. die Zunahme der Leitfähigkeit einer Lösung dadurch erklären, dass man beim Lösungsprozess die Bildung geladener, beweglicher Teilchen annimmt; umgekehrt liefert eine Modellierung auch Ansatzpunkte für die Überprüfung des angenommenen Zusammenhangs, etwa beim Rosten von Eisen: dass (Luft-)Sauerstoff allein dazu nicht ausreicht, lässt sich leicht experimentell bestätigen, wenn man Feuchtigkeit ausschließt. Ein prominentes Beispiel aus dem Feld der Wissenschaften sind die computergestützten Modellierungen zum Treibhauseffekt.

Mit Blick auf die Chemie kann man sagen, dass sich der Begriff Modellieren auf den Prozess bezieht, bei dem ein geistiges oder reales Modell eines stofflichen Zusammenhangs oder einer materiellen Struktur entwickelt wird. Im Unterricht werden die Lernenden dabei zunehmend auf Wissenselemente zurückgreifen, die ihnen bereits bekannt sind und für sie als bestätigt gelten können, z. B. Vorstellungen von Teilchen, Modelle des Atombaus, typische Wechselwirkungen usw. Aus lernpsychologischer Sicht gelingt die Anwendung bereits bekannter Elemente auf neue, ähnliche Zusammenhänge umso besser, je intensiver die ursprüngliche Aneignung des jeweiligen Modells stattgefunden hat.

14.5.1 Modellieren als Verknüpfen von Denken und Tun

Praktisches Tun und gedankliche Arbeit müssen in engem Zusammenspiel stattfinden, wenn sich Verständnis für die stoffliche Welt entwickeln soll. So betonte etwa die Baumert-Expertise (1997), dass „Beobachten und Experimentieren (...) erst dann zum naturwissenschaftlichen Arbeiten (werden), wenn sie Teil des spezifisch naturwissenschaftlichen Argumentierens sind" (Bund-Länder-Kommission 1997, S. 74). Schon 150 Jahre zuvor hatte J. v. Liebig (1803–1873) auf die enge Beziehung des Experimentierens und der Entwicklung mentaler Modelle hingewiesen, und R. Arendt (1828–1902), einer der Väter des experimentellen Chemieunterrichts, stellte wenig später klar, dass „selbst (dann) wenn man mit dem einfachsten Experiment beginnt, die Vorstellung nur durch eine gleichzeitige Verstandesoperation (...) gewonnen (wird)" (Arendt 1868, S. 14).

Heute klingt dies vor dem Hintergrund eines konstruktivistischen Verständnisses von Lernen sehr vertraut: Beobachtungen und Handlungen gelten als Basis der Bildung eines inneren Modells für die äußere Welt. Für die Naturwissenschaften und speziell die Chemie kommt aber noch ein Spezifikum hinzu, denn hier entziehen sich die Objekte auf Teilchenebene, also Atome, Moleküle, Elektronen, der unmittelbaren Beobachtung, sodass mehr oder weniger unabhängig „konstruierte" Modelle mit realen Erscheinungen verknüpft werden müssen.

Phänomen und Vorstellung: Reaktionen in der Petrischale

Das Zusammenspiel von Tun und Denken und wie man es fürs Lernen fruchtbar machen kann, kann ein einfaches Beispiel aus dem Anfangsunterricht demonstrieren:

Gibt man ein Körnchen Kaliumpermanganat in Wasser, dann sind die anschließenden Lösungsprozesse wegen der intensiven Färbung der Lösung gut zu beobachten. Oft wird ein größerer Kristall dazu in einen Faltenfilter gegeben, der in einen wassergefüllten Standzylinder eintaucht. Eindrucksvoll ist auch die Verwendung einer Petrischale: Gibt man hier etwas festes Kaliumpermanganat in die Mitte der Schale, dann ist – waagerechter Untergrund vorausgesetzt – eine nahezu ideal-kreisförmige Ausbreitung der gefärbten Zone zu beobachten. Diese symmetrische Ausbreitung kann bekanntlich als Effekt der Brown'schen Molekularbewegung interpretiert werden, also mithilfe eines vergleichsweise komplexen Modells. Im Folgenden geht es aber nur um die phänomenologische Ebene, eine elementare Modellierung und deren Anwendung.

Voraussetzung für diesen nahen Transfer ist zum einen die beschriebene Beobachtung der Auflösung von festem Kaliumpermanganat, zum anderen müssen die Lernenden bereits erfahren haben, dass Silbernitrat zum Nachweis von Chlorid, etwa in einer Kochsalzlösung, verwendet werden kann und dass dabei ein weißer Niederschlag entsteht. Dann können sie mit der Frage konfrontiert werden, was passiert, wenn je einige Kristalle Natriumchlorid und Silbernitrat an den gegenüberliegenden Rändern einer wassergefüllten Petrischale in die Flüssigkeit gegeben werden. Die Aufforderung: „Wo wird eurer Meinung nach eine Reaktion stattfinden?" ist unmittelbar Ausgangspunkt für eine entsprechende Modellierung. Die gedankliche Arbeit kann unterstützt werden, indem man den Lernenden vorschlägt, ihre Vorstellungen in eine Skizze umzusetzen (Stäudel 2010, S. 20 ff.) (Abb. 8).

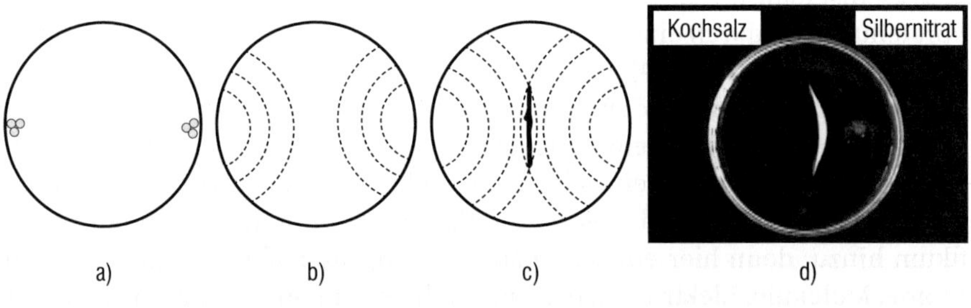

Abb. 8: Auflösung und Reaktion von Silbernitrat und Kochsalz, a, b c: Modellierung im zeitlichen Verlauf, d: Ausbildung der Reaktionszone im realen Experiment (Video unter www.stäudel.de/ressourcen/petrischale_1.avi)

Die Modellierungsleistung besteht darin, dass zunächst eine abstrahierende Verallgemeinerung der vorausgegangenen Beobachtung erfolgen muss in dem Sinne, dass sich vermutlich alle Stoffe beim Lösen kreisförmig ausbreiten werden. Dann muss dieses mentale Modell auf den neuen Sachverhalt übertragen werden, deren Lösungen farblos (also gewissermaßen „unsichtbar") sind, mit einer eingeschränkten Möglichkeit der Ausbildung eines Kreises, und weiter unter Heranziehung der Vorstellung, dass die beiden Lösungen nur reagieren können, wenn sich ihre Ausbreitungsfronten berühren.

Weitere Randbedingungen, wie die Annahme ähnlicher Ausbreitungsgeschwindigkeiten, können im Anschluss an das real durchgeführte Experiment diskutiert werden, ebenso die Übertragung auf weitere mögliche Reaktanten oder reale Prozesse, etwa in geologischen Zusammenhängen (z. B. die Bildung von Quarzgängen oder Erzadern, vgl. Hlawatsch et al. (2005)). Je nach Jahrgangsstufe kann auch näher auf den statistischen Charakter der thermischen Teilchenbewegung eingegangen werden – als Ausgangspunkt für weitere Modellierungsschritte.

A

Anregung

Das Thema Reaktionen in der Petrischale wird u. a. bei Full (1996), Minssen (o. J.), Seilnacht (Online 1) näher ausgeführt.

14.5.2 Modellieren als didaktisches Element

Für das „Modellieren" als Element didaktischen Handelns gilt, ähnlich wie für die „Aufgabenkultur", dass es begrifflich einen Ursprung in der Mathematik-Didaktik hat. Weil man am weniger Vertrauten oft besser erkennen kann, wie Konzepte oder Instrumente funktionieren, sei zunächst ein Blick auf den Mathematikunterricht gestattet.

Durchgängig wird dort zwischen „der Mathematik" und „dem Rest der Welt" unterschieden. Schließlich soll mittels Mathematik ein bestimmter Aspekt der Welt erfasst bzw. in seiner Struktur und / oder Dynamik verstanden werden. Ausgehend von einer Realsituation, einem praktischen Problem wird zunächst herausgearbeitet, was daran überhaupt der mathematischen Sicht zugänglich ist, dann erfolgt die Modellierung im engeren Sinn, also die Erfassung des Kerns mittels eines geeigneten mathematischen Ansatzes. Mit diesem Ansatz können bestimmte Ergebnisse gewonnen werden, die schließlich interpretiert und am konkreten Fall auf ihre Sinnhaftigkeit überprüft werden. Ist das Ergebnis nicht zufriedenstellend, muss der Kreislauf ein weiteres Mal begonnen werden. Je nach Autor sind die Vorstellungen dieses **Modellierungskreislaufs** mehr oder weniger differenziert. Blum und Leiß (2005) etwa unterscheiden sieben Schritte, die teils fachlichen Charakter haben, teils lernpsychologisch begründet sind (Abb. 9).

Die Parallelen zum naturwissenschaftlichen Arbeiten sind auffallend, insbesondere zu den Vorstellungen eines Inquiry Based Science Learning (Nati-

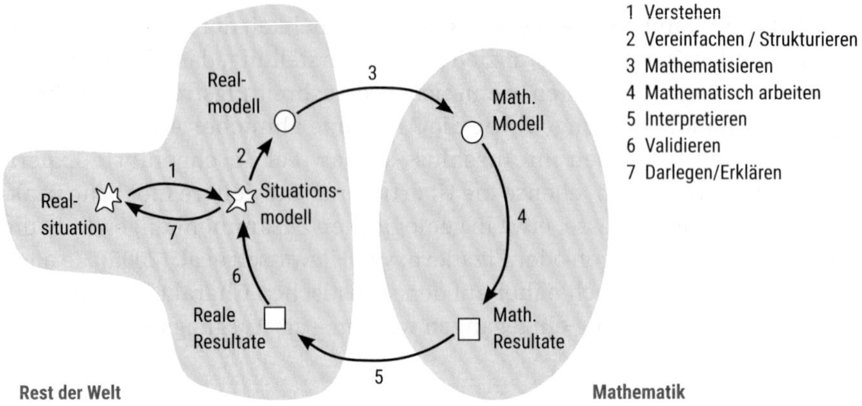

Abb. 9: Der Modellierungskreislauf aus mathematischer Sicht (nach Blum & Leiß 2005)

onal Research Council 1996). Festzuhalten ist an dieser Stelle aber zunächst, dass hier Schüleraktivitäten im Zentrum stehen, also weniger der Umgang mit einem ganz bestimmten Konzept oder Modell, sondern vielmehr der kognitive Abgleich eines Problems oder Realobjekts mit verfügbaren gedanklichen Instrumenten.

Das Beispiel „Der Öltröpfchenversuch und die atomare Dimension"
Das Zusammenspiel von Fachlichem mit allgemeinerer gedanklicher Arbeit kann anschaulich am Beispiel des Öltröpfchenversuchs gezeigt werden.

Lässt man eine definierte sehr kleine Menge von Ölsäure – verdünnt mit leicht flüchtigem Petrolether – auf eine Wasserfläche tropfen, dann bildet sich ein kreisrunder Fleck (Abb. 10). Damit der besser sichtbar wird, bestreut man das Wasser zuvor mit Bärlappsporen oder Ähnlichem. Da bei gleicher Tropfenmasse stets ein Fleck gleicher Größe entsteht – bei z. B. doppelter Masse eine doppelt so große Fläche –, kann man davon ausgehen, dass es sich stets um eine Schicht mit maximaler Ausdehnung handelt. In ihr sollten die Ölsäuremoleküle in monomolekularer Schicht vorliegen. Wenn dies zutrifft, dann ist die Dicke dieser Schicht von gleicher Größenordnung wie die Dimension (komplexerer) Moleküle (Freiman & Schlieker 2001).

Abb. 10: Der Öltröpfchenversuch

Ein erster Schritt zur Modellierung und anschließenden Berechnung der Schichtdicke besteht darin, den Fleck nicht als zweidimensionales Gebilde zu betrachten, sondern als sehr flachen Zylinder, dessen Volumen in einem einfachen Verhältnis zur Ausdehnung und seiner Dicke (bzw. Höhe) steht. Ggf. müssen noch Zwischenschritte einbezogen werden wie die Umrechnung von Masse zum Volumen unter Benutzung bekannter Daten für die Dichte. Auf der chemischen Seite des Problems finden sich demgegenüber Konzepte mit Annahmen über Moleküle, z. B. deren Raumfüllung, Kohäsionskräfte, Wechselwirkungen zwischen den Molekülen und mit denen des Wassers u. a. m.

Dieses Beispiel im Schnittfeld von Chemie, Physik und Mathematik zeigt recht gut, dass es beim Modellieren nicht darauf ankommt, ein bestimmtes einzelnes Konzept zu benutzen. Es müssen Wissenselemente und Modelle aus ggf. recht verschiedenen Bereichen gefunden und (re-)aktiviert werden, mit deren Hilfe dann eine Frage strukturiert und geklärt werden kann. Tatsächlich folgen Schülerinnen und Schüler nicht unbedingt dem idealtypischen Verlauf eines Modellierungskreislaufs, sondern wechseln zwischen Konzept und Anwendung, Ansatz und Ausprobieren nach Bedarf hin und her. Da der Modellierungskreislauf selbst Modellcharakter hat, ist er ein Modell für den Prozess der kognitiven Durchdringung der realen Welt in einem besonderen Bereich.

A

Anregung

Bei Geisler et al. (2017) wird das Mathematische Modellieren mit Experimenten vorgestellt. Zahlreiche der bei Höttecke (2010) versammelten Beiträge berühren die Wechselwirkungen von Denken und Beobachtung, die Entwicklung mentaler Modelle vor dem Hintergrund von Wahrnehmung und Beobachtung – oft aus Forschungssicht, teilweise aber auch mit unterrichtspraktischer Ausrichtung.

14.5.3 Modellieren einer chemischen Reaktion

Im Kern des Chemieunterrichts stehen naturgemäß die Stoffe in ihrer ganzen Vielfalt, ihre Eigenschaften und Wechselwirkungen. Aus den Kombinationen der Stoffe ergeben sich Reaktionen in kaum überschaubarer Zahl, auch wenn die zugrunde liegenden Basiskonzepte und Reaktionstypen klar beschränkt sind. Nahezu jede Reaktion eröffnet Möglichkeiten zur Modellierung, sei es in der Vorbereitung und Planung eines Experiments oder im Zuge der Auswertung und Interpretation. Die folgenden Beispiele beziehen sich bewusst auf wohlbekannte Experimente bzw. Reaktionspartner. Sie sollen als Beispiele für die Gestaltung ähnlicher Aufgaben in einem Unterricht dienen, der das Lernen der Schülerinnen und Schüler in den Mittelpunkt stellt.

Beispiel: Schwefelsäure verkohlt Zucker

Bei diesem beliebten Demonstrationsexperiment (2) – wegen der Verwendung von konzentrierter Schwefelsäure ist es nicht für die Schülerhand (SI) geeignet – wird Saccharose mit konzentrierter Schwefelsäure zur Reaktion gebracht: Aus dem Reaktionsgefäß wächst ein schwarzer poröser Pilz, gleichzeitig steigen Dämpfe auf, die sich aber schnell verflüchtigen.

Ohne dass dies hier den Lernenden gegenüber besonders herausgestellt werden müsste, geht eine analysierende Modellierung von der Betrachtung der Reaktion als System aus: Um welche Stoffe handelt es sich? Was wissen wir bereits über diese Stoffe? Was kann beobachtet werden und welche Beobachtung kann leicht evidenzbasiert interpretiert werden?

Der Weg zu einer (vorläufigen) Lösung kann ebenso im Unterrichtsgespräch realisiert werden wie mittels einer Aufgabe, die in Kleingruppen gelöst werden soll. Am Ende könnte eine Wortgleichung stehen, die gewissermaßen die Bedeutung des Stoffklassenbegriffs Kohlenhydrate entschlüsselt, oder eine Summengleichung. Mit Blick auf den von der Mathematik entlehnten Modellierungskreislauf wie auch das Vorgehen beim Inquiry based learning, sieht man unmittelbar mögliche bzw. notwendige gedankliche und laborpraktische Schleifen: Wie können wir uns vergewissern, dass es sich bei den aufsteigenden Dämpfen (hauptsächlich) um Wasser handelt? Wenn der schwarze Pilz aus Kohlenstoff besteht, müsste er dann nicht brennen können?

Damit Modellierungsstrategien, wie im Beispiel vorgestellt, auch bei komplexeren Fragestellungen als strukturierendes Instrument, sozusagen als „chemische Brille“ (Kaiser & Henn 2015) zur Verfügung stehen, ist es notwendig, mit den Schülerinnen und Schülern darüber zu sprechen. Bei dieser Form der Metakommunikation sollte es sowohl darum gehen, allen die benutzten fachlichen Wissenselemente und Konzepte als solche bewusst zu machen als auch die lernstrategischen Überlegungen zu thematisieren: Haben wir nach ähnlichen (Reaktions-)Mustern gesucht? Haben wir die Reaktionskomponenten in eine Skizze umgesetzt? usw.

Beispiel: das Blue-Bottle-Experiment

Das Blue Bottle-Experiment beruht auf einem doppelten Redox-System (Pfeifer 2012), dessen jeweilige Zustände durch Schütteln bzw. Stehenlassen erzeugt werden: Nach dem Ansetzen (Abbildung 11) und Verschließen des Erlenmeyerkolbens färbt sich die Lösung beim Schütteln intensiv dunkelblau. Lässt man das geschlossene Reaktionsgefäß ruhen, entfärbt sich die Lösung wieder. Dieser Wechsel lässt sich mit dem beschriebenen Ansatz mehr als zwanzig Mal wiederholen.

Voraussetzung zur Lösung der folgenden Modellierungsaufgabe auf Seiten der Lernenden sind die Grundzüge der Redox-Prozesse sowie das Wissen darum, dass es Farbstoffe wie Indigo gibt, die, abhängig vom Redox-Potenzial ihres stofflichen Umfeldes, in verschiedenen Formen vorliegen können und sich dabei hinsichtlich ihrer Farbigkeit unterscheiden.

Zur Initiierung des Modellierungsprozesses werden die Zutaten des Experiments ohne deren konkrete Bezeichnung vor den Augen der Schülerinnen und Schüler zusammengegeben, Wasser, zwei weiße Pulver, eine Spatelspitze einer dunklen Substanz. Danach werden die Lernenden aufgefordert, „herauszufinden, wie dieser Farbwechsel prinzipiell zustande kommt, welche Stoffe bzw. welche Arten von Stoffen daran beteiligt sind und welche Rolle sie dabei spielen" (Stäudel 2010, S. 40 f.). Auch diese Aufgabe kann mit Hilfen unterstützt werden; eine erste wäre wiederum, das verschlossene System zu betrachten und die Zustände in eine Grafik umzusetzen.

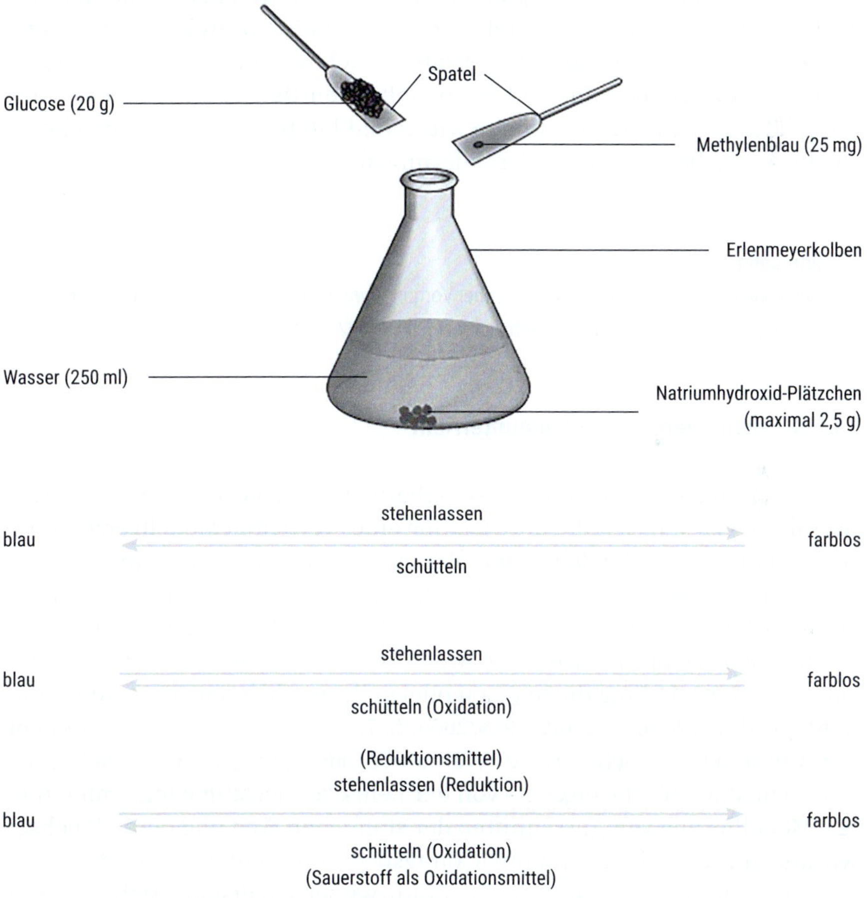

Abb. 11: Versuchsdurchführung des Blue Bottle-Versuchs

Die Modellierung folgt dann etwa diesem Weg:

- Was beobachtet werden kann und was die Bestandteile des Systems sind: Wasser, Luft, ein Farbstoff, weitere gelöste Stoffe.
- Was beim Schütteln passiert: Durchmischung von flüssiger und gasförmiger Phase, vermutlich Oxidation durch Luftsauerstoff
- Entfärbung beim Stehenlassen: Umkehrung, Reduktion, gelöste weiße Stoffe sind vermutlich Reduktionsmittel

Schlussfolgerung betreffend die Wiederholbarkeit:
Bei jedem Zyklus wird ein Teil der jeweils den Farbstoff oxidierenden bzw. reduzierenden Stoffe verbraucht. Wenn einer davon ganz verbraucht ist, kommt das System in einen stabilen Zustand.

Mit entsprechenden Strategien einer iterativen Annäherung lassen sich, auch ohne Kenntnis der konkret beteiligten Stoffe, zahlreiche andere Prozesse modellieren und damit im Ansatz verstehen. In weiteren Unterrichtsschritten können dann die chemisch-stofflichen Details erarbeitet werden. Das gilt für gekoppelte Reaktionen wie beim Blue-Bottle-Experiment ebenso wie für einfachere stoffliche Veränderungen.

A

Anregung

Die Modellierung papierchromatografischer Vorgänge war mehrfach Gegenstand didaktischer Überlegungen. Zwei Varianten finden sich bei Eilks (2002) und Stäudel (2007).

14.5.4 Modellieren im Chemieunterricht

Untersuchungen in den naturwissenschaftlichen Fächern haben in den letzten Jahren gezeigt, dass die Entwicklung eines vertieften Modellverständnisses zum einen vom Modellwissen abhängt, in höherem Maße aber von der Modellarbeit (Meisert 2008, S. 245 f.). Das entspricht weitgehend der Überzeugung des Konstruktivisten R. N. Giere, der fertigen Modellen nur dann Potenzial für die Erkenntnis zuschreibt, wenn sie aktiv durch den Nutzer rekonstruiert werden. „Judjing the fit of a model to the world is a matter of decision, not logical inference“ (Giere 1999/2006, S. 7). Was so für die Feststellung einer Ähnlichkeit zwischen realer Welt und Modell gilt, gilt in vielleicht noch höherem Maße für die eigene – von der Lehrkraft begleitete und unterstützte – Modellierung von Ausschnitten der stofflichen Welt und deren Wechselwirkungen. Dass hier noch Entwicklungsbedarf besteht, hat zuletzt die Auswertung von PISA 2015 festgestellt: „Naturwissenschaftsunterricht, der sich durch die Kombination von sozialen Aktivitäten wie der Erklärung von Ideen und prozeduralen Aktivitäten wie dem Durchführen und Entwickeln von Experimenten auszeichnet, findet sich deutlich seltener“, insbesondere im gymnasialen Bereich (Reiss et al. 2016, S. 161).

Für den Chemieunterricht heißt das, wann immer sich eine Möglichkeit ergibt, einerseits die Benutzung von Modellvorstellungen zu thematisieren und andererseits modellhafte Ansätze von den Lernenden entwickeln zu lassen, auch mit experimenteller Perspektive. Dabei spielt die Reflexion des Prozesses eine herausragende Rolle, unterstützt durch eine von der Lehrkraft geförderte Metakommunikation.

14.6 Modellexperimente

14.6.1 Begriffsbestimmung

Modellexperimente (Synonym: Modellversuche) zählen zu den etablierten Unterrichtsmitteln im Chemieunterricht. Sie kommen zum Einsatz, wenn die originalen Sachverhalte (Originale) aufgrund der Komplexität, der Zugänglichkeit, des Gefahrenpotenzials oder aus Kostengründen nicht zugänglich sind. So vielfältig und klar ihre Einsatzmöglichkeiten sind, so herausfordernd ist eine begriffliche Fasslichkeit. Konsensfähig sind die Schlüsselbegriffe (materielles) Modell und Experiment (vgl. Kap. 4.2) sowie unabdingbar der Bezug zum Original. Sommer et al. (2017) identifizieren für Modellexperimente mit dem Fachbezug Chemie drei Kriterien, die bei allen Modellexperimenten gelten

Kriterium 1: Das Modellexperiment ist ein Experiment (Bezug zum Experiment).

Erläuterung: Beim Modellexperiment wird eine experimentelle Handlung mit bzw. an einem materiellen Modell unter Nutzung der Methoden des Faches Chemie (kurz: Fachmethoden, vgl. Kap. 6.5.1) ausgeführt. Die Fachmethoden sind das experimentelle Instrumentarium zur Erkenntnisgewinnung. Der hohe Stellenwert der Fachmethoden zeigt sich darin, dass chemisches Wissen nicht von den „zur Anerkennung führenden technischen Maßnahmen der Forschung getrennt werden kann“ (Janich 1992, S. 3).

Kriterium 2: Das Modellexperiment verfügt über einen originalen Zielbereich (Bezug zum Original).

Erläuterung: Unter einem Original werden sowohl die natürlich entstandenen (z. B. Tropfsteinhöhle) als auch im Sinne von Janich (1992) die von Menschenhand entwickelten Geräte (z. B. Hochofen), Produkte oder Phänomene angesehen, die als Kulturleistung aus der Fachwissenschaft Chemie hervorgegangen sind.

Kriterium 3: Im Modellexperiment ist das Objekt (der Gegenstand) nicht das Original selbst, das Original wird durch das Objekt materiell modelliert (Bezug zum Modell).

Erläuterung: Es wird der Definition des Modellbegriffs nach Wüstneck (1966, S. 1452) gefolgt (vgl. Kap. 14.1.1). Für die Beurteilung dieses Kriteriums sind die Merkmalsausprägungen der gestalterischen Umsetzung des Modellexperiments (vgl. S. 544) von zentraler Bedeutung.

Die Kriterien geleitete Identifizierung von Modellexperimenten wird beispielhaft an der Modellierung der Roheisengewinnung (Hochofenprozess) dargestellt (Steff & Sommer 2012): Das Kriterium 1 (Bezug zum Experiment) ist bei diesem Beispiel erfüllt, da eine experimentelle Tätigkeit unter Nutzung der chemischen Fachmethode, konkret der Reduktion von Eisen(III)-oxid unter Verwendung von Holzkohle, durchgeführt wird. Das zugrunde liegende Original für dieses Modellexperiment ist der technische Hochofenprozess, der aus Gründen der Komplexität und der Zugänglichkeit für die Schülerinnen und Schüler nicht unmittelbar im Chemieunterricht erfahrbar ist. Das Kriterium 2 (Bezug zum Original) ist realisiert. Eine Modellierung erfolgt u. a. durch die eingesetzten Substanzen (Eisen(III)-oxid als Modellsubstanz anstelle des originalen Eisenerzes und die Holzkohle als Modellsubstanz für den originalen Steinkohlenkoks). Auf diese Weise ist auch Kriterium 3 (Bezug zum Modell) umgesetzt. Da alle drei Kriterien erfüllt sind, kann das vorgestellte Beispiel als Modellexperiment bezeichnet werden.

Wendet man diese Kriterien auf weitere „Modellexperimente“ an, so kann es zur Folge haben, dass bislang als Modellexperiment etablierte Beispiele nicht mehr mit diesem Label bezeichnet werden sollten. So ist beim „Modellexperiment“ der Volumenkontraktion von Flüssigkeitsgemischen unter Verwendung unterschiedlich großer Teilchen (Erbsen und Senfkörner) (Asselborn et al. 2010) das Kriterium 1 nicht erfüllt; das vermeintlich experimentelle Vorgehen ist keiner Fachmethode zuzuordnen. Damit scheidet die Bezeichnung Modellexperiment aus. Der bestehende Modellcharakter des Beispiels legt aber nahe, dieses Beispiel in Zukunft als Funktionsmodell zu bezeichnen (Anregung).

A

Anregung:

Eine umfassende Erläuterung der Kriterien an weiteren Beispielen ist bei Sommer et al. (2017) zu finden. In dieser Publikation wird auch die Beziehung zwischen Modellexperiment und Funktionsmodell diskutiert.

14.6.2 Klassifikationsmöglichkeiten

Modellexperimente lassen sich vor dem Hintergrund ihrer inhaltlichen Fokussierung oder ihrer Merkmalsausprägung bei der gestalterischen Umsetzung klassifizieren.

In Anlehnung, aber auch in Ergänzung zu Neuhäuser (1975) und Bader (2002) werden folgende **Inhaltsfelder** als zentral für den Einsatz von Modellexperimenten im Chemieunterricht angesehen:

- **Stoff-Struktur-Eigenschaften**
  Diese Leitlinie (vgl. Kap. 6.3) ist prägend für den Chemieunterricht. Modellexperimente stellen dabei ein wichtiges Unterrichtsmittel dar, um den Gegenstand dieser Leitlinie zu veranschaulichen. So soll mit dem Beispiel „Veränderung der Werkstoffeigenschaften von Stahl durch Erhitzen" gezeigt werden, wie bei einem Stahl veränderte Stoffeigenschaften wie Biegsamkeit, Elastizität und Härte erreicht werden können. Die Viskosität eines Duschbades wird maßgeblich durch die Zugabe von Kochsalz beeinflusst. Dieser Zusammenhang lässt sich auch nutzen, um den Kochsalzgehalt im Duschbad zu bestimmen (Schröder et al. 2013). Die Wirkungsweise eines Sanierputzes lässt sich mit einem Modellexperiment erkunden (Steff & Sommer 2015). Sogar in den Nano-Bereich lässt sich mit Hilfe von Modellexperimenten vordringen, so stellt Röder (2012) auf der Basis einer modifizierten Tollens-Reaktion (Silberspiegelprobe) Silber-Nanopartikel her, die aufgrund ihrer antimikrobiellen Wirkung medizinisch hoch interessant und in so manchem Pflaster enthalten sind.

  Stehen nur die Phänomene im Blickpunkt, so handelt es sich um die Beziehung Stoff-Eigenschaften; sobald man eine Erklärung für die Eigenschaftsänderungen sucht, ist eine Einbindung der submikroskopischen Ebene und damit struktureller Aspekte unverzichtbar.
- **Großtechnische Prozesse und Technologien**
  Häufig werden Modellexperimente im Chemieunterricht eingesetzt, mit denen industrielle, technische und großtechnische Verfahren im kleinen Maßstab nachvollzogen werden, z. B. Hochofenprozess und weitere metallurgische Verfahren, Technologien zur Herstellung von Lebensmitteln (Sommer & Pfeifer 2012) und Kosmetika (Sommer et al. 2013), industrielle Prüfverfahren (Sommer et al. 2017) sowie Recyclingverfahren.

  Der Ausgangspunkt für diese und andere Modellexperimente ist das ausgereifte Verfahren in der industriellen Praxis. Daraus wird das Modellexperiment entwickelt (modelliert), das die Grundprinzipien des Verfahrens entsprechend den Anforderungen des Chemieunterrichts aufzeigt. So kann die technische Herstellung von Spiegeln auf die Silberspiegelprobe (Tollens-Reaktion) reduziert bzw. mit ihr modelliert werden. Ohne diesen Bezug (Kriterium 2) handelt es sich nicht um ein Modellexperiment, sondern um einen chemischen Grundversuch zum qualitativen Nachweis reduzierend wirkender Substanzen. Typische Merkmale des industriellen Verfahrens, etwa die kontinuierliche Arbeitsweise oder die Reinigung und Konfektionierung des Endproduktes, entfallen meist aus praktischen Gründen und auch im Sinne einer didaktischen Reduktion.

Interessanterweise nutzt auch die Industrie das Format eines Modellexperiments – nur mit umgekehrter Zielsetzung: Im industriellen großtechnischen Bereich geht die Entwicklung vom einfachen Laborexperiment über eine Optimierung und meist eine Vergrößerung des Maßstabs bis zur Produktionsanlage. Bis auf die letzte Stufe – also die Produktionsanlage selbst – ist jede Stufe eine Art Modellexperiment. Diese Experimente können allerdings, etwa bei einer Pilotanlage, bereits sehr ausgereift sein.

- **Arbeitssicherheit**
  Für die Veranschaulichung von Aspekten der Arbeitssicherheit kommen vielfach Modellexperimente zum Einsatz. Das Spektrum reicht von der Demonstration der Gefahren (z. B. Fettbrand, Staubexplosion oder Verdünnung von Säure durch Wasser) bis zu Maßnahmen der Gefahrenbekämpfung (z. B. Feuerlöscher) oder Gefahrenprophylaxe (z. B. Rückschlagsicherung).
- **Komplexe Themen mit Chemie als Querschnittswissenschaft**
  Vor allem komplexe Sachverhalte (mit Bezug zur Lebenswelt) lassen sich durch geeignete Modellexperimente erschließen. Beispielhaft seien geochemische Prozesse (z. B. Tropfsteinhöhle (Schmidkonz 2008) oder Ozonbildung (Pfeifer & Zurawski 2005), biochemische Prozesse (z. B. Atmungskette (Pfeifer & Laier 1996)), pharmazeutische Anwendungen (z. B. schleimlösende Wirkung von Acetylcystein (Salzner et al. 2003)) sowie Fragen der Energieversorgung (z. B. Brennstoffzelle) und Katalyse (z. B. Photokatalyse (Tausch 2011)) genannt.
- **Fachmethoden**
  Darüber hinaus lassen sich nicht nur Inhaltsfelder der Chemie, sondern auch die Fachmethoden durch Modellexperimente erschließen. Beispielhaft seien die Modellierung der Prinzipien des Soxhlet-Apparates (erschöpfende Extraktion, Kreislaufprinzip …) (Bienholz & Sommer 2006) sowie die Veranschaulichung der Wirkungsweise eines Glucose-Teststäbchens unter Verwendung der entsprechenden Reagenzien im Reagenzglas (Sommer et al. 2011, S. 95) genannt.

Unabhängig von diesen Inhaltsfeldern lassen sich die Modellexperimente (mit dem Fachbezug Chemie) auch nach der Merkmalsausprägung bei ihrer **gestalterischen Umsetzung** klassifizieren. Man unterscheidet mindestens drei materielle Merkmale (Substanz, Material, fachmethodisch relevante Bedingung) (Barke & Harsch 2001; Bader 2002) und ein konzeptionelles Merkmal (Fachmethode), die einzeln jeweils in der Ausprägung Original oder Modell auftreten (Sommer et al. 2017). Mindestens eines der Merkmale muss in der Ausprägung Modell vorliegen, so dass das Kriterium 3 (Bezug zum Modell) erfüllt ist.

- **Substanz:** Chemie ist die Lehre von den Stoffen. Das Merkmal Substanz (Synonym: Stoff) betrachtet die stoffliche Basis für die Realisierung der experimentellen Handlung (vgl. Kriterium 1), es bezieht sich auf die direkt an der Fachmethode beteiligten Chemikalien. Deshalb ist das Merkmal Substanz bei Modellexperimenten mit dem Fachbezug Chemie von besonderer Relevanz.
- **Material:** Das Merkmal Material umfasst alle Baumaterialien, welche für die Konstruktion des materiellen Modells notwendig sind. Materialien sind – im Gegensatz zu Substanzen – nicht an der Fachmethode beteiligt. Die stoffliche Natur der Materialien ist dabei nicht relevant.
- **fachmethodisch relevante Bedingung:** Dieses Merkmal subsumiert alle Bedingungen (z. B. Temperatur, Druck, Konzentration, pH-Wert), unter denen die Fachmethode abläuft.
- **Fachmethode:** Dieses Merkmal beruht auf der Klassifikation der Methoden des Experimentierens (vgl. Kap. 6.5). Es wird zwischen den Methoden zur Ermittlung von Stoffeigenschaften, Methoden zur Trennung von Stoffgemischen bis hin zum Reinstoffkonzept, Methoden der instrumentellen Analytik sowie Methoden, wie Analyse oder Synthese, auf der Basis des Begriffs der chemischen Reaktion, unterschieden.

Der **Modellierungsgrad** des Modellexperiments lässt sich aus der Anzahl der Merkmale bestimmen, die in der Ausprägung Modell vorliegen. Dieser Sachverhalt soll erneut am Beispiel der Modellierung der Roheisengewinnung (Hochofenprozess) erläutert werden (Steff & Sommer 2012): So wird anstelle des originalen Eisenerzes, bei dem es sich um ein Stoffgemisch handelt, die Modellsubstanz (MS) Eisen(III)-oxid, ein Reinstoff, verwendet. Die hitzebeständigen Schamottesteine, die den originalen Hochofen auskleiden, werden durch das Modellmaterial (MM) Ton ersetzt. Im Modellexperiment werden Reaktionstemperaturen von ca. 800 °C erreicht – im Gegensatz zu den ca. 2000 °C des analogen Originals, sodass ebenfalls Modellbedingungen (MB) vorliegen. Dem Modellexperiment liegt eine Redoxreaktion zugrunde, die der originalen Fachmethode (OF) entspricht. Somit weist dieses Modellexperiment die Merkmalskombination MS/MM/MB/OF und einen hohen Modellierungsgrad auf. Es sind drei der vier Merkmale modelliert. Dieses Beispiel weist darüber hinaus darauf hin, dass eine detaillierte Analyse des Originals, welches modelliert wird bzw. werden soll, unerlässlich ist. Nur so lässt sich die Merkmalsausprägung (Original vs. Modell) und daraus folgend der Modellierungsgrad klar bestimmen.

14.6.3 Modellexperimente und Analogiebildung

Modellexperimente wirken nicht per se. Es müssen von Schülerinnen und Schülern verschiedene Denkleistungen erbracht werden, damit die Modellexperimente im Lernprozess wirksam werden können. Werden Modellexperimente durch die Lernenden selbst entwickelt, kommt es zur Anwendung des Modellierungskreislaufes (vgl. Kap. 14.5).

Von besonderer Bedeutung ist der Vergleich zwischen Modellexperiment und Original, es geht um die Identifizierung von Analogien. **Analogien** sind Ähnlichkeiten zwischen zwei Bereichen, hier Modellexperiment und Original. Zwei Bereiche sind analog, wenn sie sich über das Beziehungsmuster ihrer einzelnen Elemente ähneln, wobei die Elemente selbst nicht identisch sind. Ähnlichkeiten können sich auf **Strukturmerkmale** und **Oberflächenmerkmale** beziehen. Wenn man sich auf die Substanz beschränkt, gehören zu den Strukturmerkmalen funktionelle Merkmale, z. B. die (physikalischen und/oder chemischen) Eigenschaften einer Substanz sowie deren chemische Struktur. Oberflächenmerkmale sind sichtbare Merkmale (Kircher 1995), z. B. die wörtliche Bezeichnung der Substanz und die äußere Erscheinungsform (z. B. Farbe). Dieser Sachverhalt soll am Beispiel potenzieller Substanzen für die Demonstration einer Mehlstaubexplosion (Schröder et al. 2015) verdeutlicht werden. Es kommen alle pulverförmigen, brennbaren Stoffe infrage – beginnend bei der Originalsubstanz Weizenmehl bis zu den Modellsubstanzen Maismehl, Bärlappsporen oder Toner. Alle Modellsubstanzen stimmen in den relevanten Strukturmerkmalen mit der Originalsubstanz Weizenmehl überein: Sie sind brennbar und pulverförmig, d. h., sie weisen aufgrund ihres Zerteilungsgrades eine große (innere) Oberfläche auf. Die divergierende chemische Struktur der Modellsubstanzen (z. B. Maismehl auf Stärkebasis, Bärlappsporen auf Eiweißbasis, Toner auf Kunstharzbasis) im Vergleich zum Weizenmehl ist unerheblich. Bei den Oberflächenmerkmalen lassen sich größere und geringere Ähnlichkeiten der verschiedenen Modellsubstanzen zur Originalsubstanz feststellen: Beispielsweise besitzt das leicht gelb gefärbte Maismehl sowohl mit der wörtlichen Bezeichnung („-mehl“) als auch der äußeren Erscheinungsform eine große Oberflächenähnlichkeit mit dem weißen Weizenmehl; demgegenüber unterscheidet sich beispielsweise der schwarz gefärbte Toner sowohl in der wörtlichen Bezeichnung als auch in der äußeren Erscheinungsform grundlegend vom Weizenmehl. Allerdings ist diese Ähnlichkeit von Oberflächenmerkmalen für das Verständnis des zugrunde liegenden fachlichen Konzeptes nicht relevant; ausschließlich die Strukturmerkmale sind relevant für das Verständnis des zugrundeliegenden fachlichen Konzeptes (Kircher 1995; Beller & Bender 2010, S. 135).

Die Erkenntnisgewinnung über das Original mit Hilfe des Modellexperiments erfolgt durch den Analogiedenkprozess (Falkenhaier et al. 1989; Holyoak & Thagard 1989; Holyoak 2005; Schwering et al. 2009). Der Analogiedenkprozess gliedert sich in verschiedene Phasen (Abb. 12).

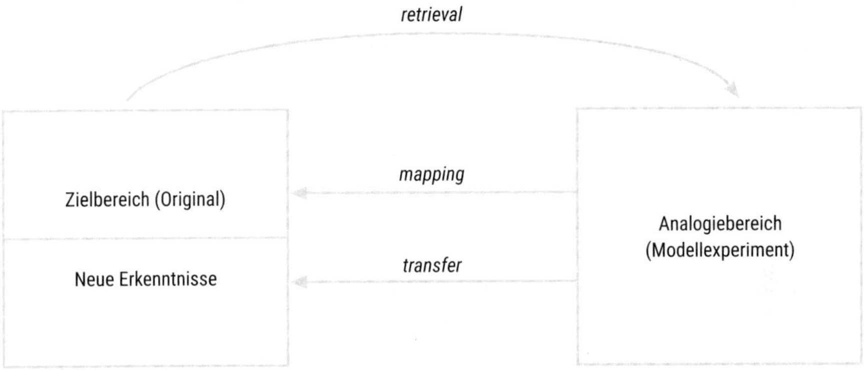

Abb. 12: Phasen des Analogiedenkprozesses (verändert nach Holyoak 2005)

Kern des Analogiedenkprozesses ist das **analogical mapping**. Durch den systematischen Vergleich zwischen einzelnen Elementen des Analogiebereiches (Modellexperiment) und des Zielbereiches (Original) sollen die Ähnlichkeiten vor allem hinsichtlich der Strukturmerkmale identifiziert werden. Auf dieser Basis sind Erkenntnisse über das Original möglich. Im Unterricht werden häufig bereits fertig entwickelte Modellexperimente zur Veranschaulichung und Erklärung von Sachverhalten eingesetzt. Die Entwickler dieser Modellexperimente haben auf der Basis eines Originals dessen relevante Strukturmerkmale identifiziert und ein Modellexperiment konzipiert, das dem Original in diesen Strukturmerkmalen analog ist. Diese Analogien sind somit intendiert (Clement 1987; Duit 1995). Für die Lernenden steht das fertig entwickelte Modellexperiment am Anfang des Lernprozesses. Sie setzen es mit dem entsprechenden Original in Beziehung. Beim anschließenden mapping vergleichen die Lernenden das Modellexperiment mit dem Original und erkennen idealerweise die vom Entwickler genutzten (intendierten) Analogien in den Strukturmerkmalen. Dieses Erkennen von Analogien ist die Grundlage für einen erfolgreichen Erkenntnisprozess über das Original. Deshalb muss auf das mapping – als Teil des Analogiedenkprozesses – in der Unterrichtspraxis großer Wert gelegt werden.

14.7 Modellentwicklung im Chemieunterricht der Sekundarstufe I

Im Chemieunterricht der Sekundarstufe I ist eine historisch orientierte Einführung der Atommodelle möglich und mit den Prinzipien der Didaktischen Reduktion (Kap. 3) vereinbar. Ein spiralcurricularer Gang am Beispiel des Atombaus kann nach M. Dittmer (2009, S. 38) folgendermaßen erfolgen (Tab. 1).

1.	Stoffe bestehen aus Teilchen (Diskontinuum).	Klasse 6/7/8
2.	Dalton: Atome sind kugelförmige, nicht weiter teilbare, nach außen elektrisch neutrale Teilchen, Elemente bestehen aus Atomen.	
3.	Atome besitzen eine Masse.	
4.	Die Massen einzelner Atome sind so klein, dass sie zu Stoffmengen zusammengefasst werden.	
5.	Thomson: Atome bestehen aus Elektronen und Protonen (Masse-Ladungs-Modell) – nach außen sind sie elektrisch neutral.	Klasse 9/10
6.	Rutherford: Atome bestehen aus einer elektrisch negativ geladenen Hülle und einem elektrisch positiv geladenen Kern (Kern-Hülle-Modell).	
7.	Bohr: Elektronen bewegen sich in Kreisbahnen um den Kern. Die Kreisbahnen besitzen unterschiedliche Energieniveaus (Schalen-Modell).	
8.	Periodensystem der Elemente: Atome können geordnet werden.	

Tab. 1: Spiralcurriculum am Beispiel des Atombaus nach M. Dittmer (2009, S. 38)

Bei der methodischen Erarbeitung einer Teilchenhypothese (Diskontinuum) im Unterricht ist eine gründliche Behandlung notwendig, insbesondere muss die Lehrkraft auf das Entwickeln mithilfe von Experimenten und auf ein allmähliches Vertrautwerden der Schülerinnen und Schüler mit den gedanklichen Vorstellungen achten (vgl. Kap. 4.5). „Der Schüler darf zur Übernahme nicht gedrängt werden. Der Modellwechsel muß behutsam erfolgen. Er muß durch geeignete Experimente unterstützt werden; die Chemielehrerin bzw. der Chemielehrer muß so oft wie möglich gedankliche Selbstständigkeit der Schüler fördern und verstärken“ (Becker et al. 1992, S. 410). Hierbei kann ein Modell nie wahr oder falsch sein, vielmehr ist ein Modell brauchbar oder unbrauchbar. Es ist brauchbar, solange experimentelle Beobachtungen und Erfahrungen damit erklärt werden können. Wenn neue experimentelle Befunde auftreten, die durch das bislang benutzte Modell nicht mehr erklärt werden können, „muß dieses erweitert oder durch ein neues Modell ersetzt werden“ (Becker et al. 1992, S. 411). Atommodelle sind keine Abbilder der Wirklichkeit, sondern als „Erklärungs- und als Forschungshilfen zu begreifen“. Somit „hatte jedes Modell, eingebettet in die historische Entwicklung, eine bedeutende Aufgabe und steht für die damalige Denkweise. Aus diesem Grunde spiegelt die historische Behandlung der Atommodelle naturwissenschaftlich orientierte Denkprozesse wider." (Becker et al. 1992, S. 414).

Am Beispiel der Atommodelle (Tab. 2) wird aufgeführt, „in welchen Phasen des Chemielehrgangs Modellübergänge angebracht sind. Der Unterricht kann dabei der historischen Entwicklung folgen" (Becker et al. 1992, S. 410).

„Denken in Modellvorstellungen" ist ein Charakteristikum der chemischen Wissenschaft und des Chemieunterrichts. Die Modellentwicklung (Modellmethode, vgl. Kap. 14.1.3) statt Modellmitteilung ist **lernpsychologisch** von entscheidender Bedeutung im Umgang mit Schülerpräkonzepten und -fehlvorstellungen. Schülerinnen und Schüler sollen erfahren, dass es verschiedene Modellvorstellungen zu ein und demselben Objekt gibt, die man nach Fragestellungen auswählen bzw. nach Erfahrungsbasis konstruieren und anwenden kann. Diese Entwicklung erfolgt nicht in einem einzigen Schritt, sondern in Form eines stufenweisen Wechselwirkungsvorgangs. So erleben die Schülerinnen und Schüler im Unterricht, dass und wie Modelle und Wirklichkeit (Realität) zwei getrennte Wahrnehmungs- und Sprachbereiche darstellen und sie daher nicht gleichgesetzt werden dürfen: Eigenschaften von Stoffen im Phänomenbereich sind nicht übertragbar auf Teilchen im Diskontinuumbereich: Schwefel-Atome sind nicht gelb gefärbt, Quecksilber-Atome sind nicht flüssig (Pfundt 1978). „Atome haben keine Stoffeigenschaften" (Beerenwinkel et al. 2007).

Schülerinnen und Schüler experimentieren mit Stoffen und stellen Fragen, sie wollen die beobachteten Phänomene besser verstehen (mit ihren Vorstellungen in Einklang bringen). Mit Ergebnissen aus Löse-, Diffusions- und Destillations-Experimenten entwerfen sie erste Vorstellungen vom diskontinuierlichen Aufbau der Materie aus kleinsten Teilchen. Diese Vorstellung bleibt aber oft sehr vage. So kann bei nächster Gelegenheit, z. B. bei Verbrennungsvorgängen, sich doch wieder das Präkonzept der Vernichtungsvorstellung in den Vordergrund drängen. Daher gilt es, gezielte Fragen an die Welt der Stoffe zu stellen und sich zur Beantwortung Experimente mit den Stoffen auszudenken. Diese betreffen die Phänomenebene, aber basieren auf dem diskontinuierlichen Aufbau der Stoffe; die Teilchen werden zwar nicht sichtbar in ihren Eigenschaften, aber sie zeigen Wirkungen. Mit diesen Beobachtungen kann die Modellvorstellung weiterentwickelt werden, um dann erneut Analogien zwischen experimentellem Ergebnis und theoretischen Überlegungen zu finden und so ein leistungsfähigeres Modell zu konstruieren – bis zum Erleben der nächsten Grenzen, wenn das Modell nicht mehr brauchbar ist. Dann muss die Erfahrungsbasis wieder erweitert werden im Umgang mit der Welt der Stoffe durch weitere Experimente und Beobachtungen (Tab. 2). Unmittelbare Antworten vom Original sind nicht zu erwarten, sondern nur mittelbare, mit denen die Modellvorstellung von der Atomstruktur verfeinert werden kann.

Überlegungen/Fragen zur Entwicklung	mögliche Experimente zur Entwicklung	mögliche Skizze
Atomhypothese: Wieso reagieren chemische Elemente immer in bestimmten, ganzzahligen Verhältnissen miteinander? Wieso kann man Edukte wieder gewinnen? (Rückreaktion)	Quantitative Betrachtung: Kupfer reagiert mit Schwefel, Sauerstoff reagiert mit Wasserstoff. Vergleich der Litermassen gasförmiger Elemente mit den Massen der Atome.	
Woraus bestehen Atome?	Reiben eines Hartgummistabs zur Erzeugung elektrischer Ladung elektrostatische Experimente (Ladungen, Kräfte), Influenzmaschine; Elektrolysen	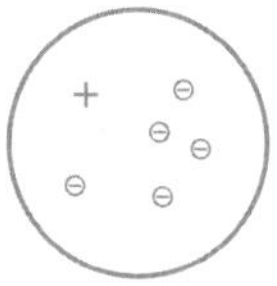
Wie sind Protonen und Elektronen im Atom verteilt?	Streuversuch an einer Goldfolie mit α-Strahlen (Modellexperiment),	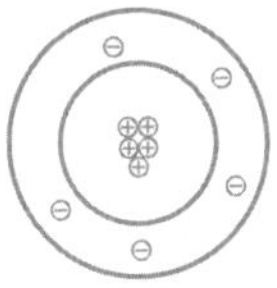
Welche Energie ist erforderlich, um ein 1., 2., 3.... Elektron aus einem Atom zu entfernen?	Flammenfärbung, Linienspektrum von Wasserstoff, Diagramm von Ionisierungsenergien,	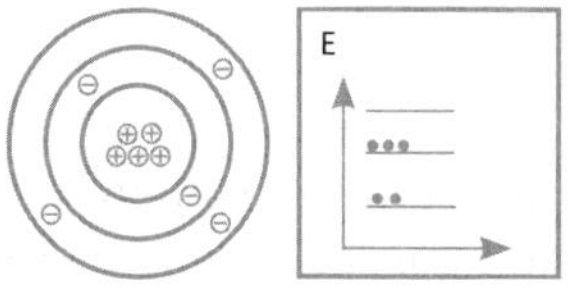
Wie sind Elektronen auf der Valenzschale verteilt?	Modellversuch zum Methan-Molekül mit Luftballons, Ablenkung eines Wasserstrahls durch geriebenen Kunststoffstab	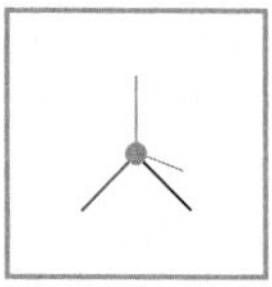

Tab. 2: Atommodelle (und Bindungsmodelle) für die Sekundarstufe I in der Reihenfolge ihrer Einführung im Chemieunterricht (erweitert nach Barke & Harsch 2001, S. 149; Christen 1975, Dämmgen & Keune 1986, Dehnert & Greiner 1978, Kircher & Teßmann 1977, Pfeifer et al. 2002, S. 55 f., Wagner 1978)

Was kann man erklären? (Auswahl)	Was kann man nicht erklären? (Auswahl)	Atommodelle
Atom, chem. Element, Verbindung, Chemische Reaktionen als Umgruppierung von Atomen, Atommasse, Massenerhaltung, Gesetz der konstanten und multiplen Proportionen, Stöchiometrie, Gasgesetze, Wasserdampfsynthese/Formel von Wasserteilchen, Moleküle, Hypothese von Avogadro, Formelschreibweise,	Auftreten elektrischer Ladungen z. B. bei Reiben eines Luftballons; Aufbau eines Atoms, Bindungen der Atome untereinander;	Masse-Modell, John Dalton, 1808
Elektronen, elektr. Ladung, Ionen, elektrischer Stromfluss. Elektrische Leitfähigkeit in Elektrolyten	Aufenthalt der Elektronen, Aufenthalt der positiven Ladung(en)	Masse-Ladungs-Modell, W. Thomson, 1902 (Kelvin), „Rosinenkuchenmodell"
Atomkern: Protonen, Neutronen, Hülle: Elektronen; Metall-Nichtmetall-Reaktionen, Elektronenübertragungen, Ionenbindung, Ionengitter	Erklärung unterschiedlicher Ionenladungen	Kern-Hülle-Modell Ernest Rutherford, 1911
Aufbau des PSE, Ionenladungszahl, Ionenverbindungen, Atomspektren, Energieniveaus, Oktettregel, inerte Edelgase, Moleküle, Lewis-Formel (Elektronenpaarbindung)	3-Dimensionalität von Molekülen	Schalen-Modell der Elektronenhülle, Niels Bohr, 1913
Tetraederanordnung der Elektronenpaare, räumliche Struktur von Molekülen, Bindungswinkel, Dipolmoleküle H_2O, NH_3,	Struktur-Eigenschafts-Fragen bei „Cyclohexatrien" und Benzol	Bindungsmodell: Elektronenpaar-Abstoßungsmodell, Gillespie, 1966

Bei dieser Vorgehensweise – zumindest abschnittsweise – erleben Schülerinnen und Schüler wichtige Funktionen von Modellen (Kircher 1976, S. 251 f.):

- **Erkenntnisgewinnung** kommt durch Experimente und Modellerweiterung zustande als Konstrukt der menschlichen Fantasie und durch Antwort aus der Realität. Darin enthalten ist die **prognostische Funktion** von Modellen, nämlich Voraussagen über Modellobjekte zu machen.
- Modelle dienen der **Veranschaulichung** von Eigenschaften der unsichtbaren Atome, wobei stets zwischen Modell und Wirklichkeit zu unterscheiden ist. In atomaren Dimensionen gelten nicht mehr makroskopische Begriffe, aber die Modelle zur Veranschaulichung erleichtern das Verständnis von Zusammenhängen.
- **Lernökonomische Bedeutung:** Modelle speichern eine Vielzahl an Informationen, die bei der Visualisierung in Anschauungsmodellen mit einem Blick erfasst (und durchschaut) werden können. In Unterrichtsgesprächen sind dann drei Begriffsebenen zu unterscheiden: Begriffe der Substanzebene, der Ebene der Denkmodelle und der Anschauungsmodelle (Sachmodelle); dabei ist zu beachten, dass man jeweils nur Begriffe einer Ebene sinnvoll in Sätzen verknüpfen kann (Barke & Harsch 2001, S. 176). Diese Trennung der Ebenen muss in Vorstellung und in Sprache erfolgen und dann auch in der Symbolik beibehalten werden.

Literatur

Arendt, A. (1868): *Organisation, Technik und Apparat des Unterrichts in der Chemie an niederen und höheren Lehranstalten.* Leipzig: Kessinger.

Asselborn, W., Jäckel, M. & Risch, K.T. (Hrsg.). (2010). *Chemie heute S 1, Gesamtband Nordrhein-Westfalen.* Braunschweig: Schroedel.

Bader, H.J. (2002). Das Experiment im Chemieunterricht. In P. Pfeifer, B. Lutz & H.J. Bader (Hrsg.), *Konkrete Fachdidaktik Chemie.* (S. 294 ff.). (3. Auflage). München: Oldenbourg.

Banse, G. (1973). Modell und Erkenntnis in der Chemie. In *Chemie in der Schule,* **(5),** S. 179–189.

Barke, H.-D. & Harsch, G. (2001). *Chemiedidaktik Heute – Lernprozesse in Theorie und Praxis.* Berlin: Springer.

Becker, H.J, Glöckner, W., Hoffmann, F. & Jüngel, G. (1992). *Fachdidaktik Chemie.* Köln: Aulis.

Beerenwinkel, A., Parchmann, I. & Gräsel, C. (2007). Chemieschulbücher in der Unterrichtsplanung – Welche Bedeutung haben Schülervorstellungen? In *CHEMKON,* **14** (1), S. 7–14.

Beller, S. & Bender, A. (2010). *Allgemeine Psychologie – Denken und Sprache. Reihe: Bachelorstudium Psychologie – Band 3,* Göttingen: Hogrefe.

Bienholz, A. & Sommer, K. (2006). Teebeutel statt Soxhlet-Apparat. In *Unterricht Chemie,* **17** (94/95), S. 48–51.

Black, M. (1962). *Models and metaphors: studies in language and philosophy.* New York: Cornell University Press.

Blum, W. & Leiß, D. (2005). Modellieren im Unterricht mit der „Tanken"-Aufgabe. In *Mathematik lehren,* **128,** S. 18–21.
Borrmann, J.R., Reinhardt, N., Krell, M. & Krüger, D. (2014). Perspektiven von Lehrkräften über Modelle in den Naturwissenschaften. In K. Krüger, P. Schmiemann, A. Dittmer & A. Möller (Hrsg.), *Erkenntnisweg Biologiedidaktik 13.* (S. 57–72.). www.bcp.fu-berlin.de/biologie/arbeitsgruppen/didaktik/Erkenntnisweg/2014/Borrmann_JR_Reinhardt-Krell.pdf.
Bund-Länder-Kommission für Bildungsplanung und Forschungsförderung (Hrsg.) (1997). *Gutachten zur Vorbereitung des Programms „Steigerung der Effizienz des mathematisch-naturwissenschaftlichen Unterrichts„* (Materialien Heft 60). Bonn.
Christen, H.R. (1975). *CHEMIE – Atommodelle, Periodensystem, Chemische Bindung.* Frankfurt: Diesterweg, Salle.
Christen, H.R. (1990). *Chemieunterricht – eine praxisorientierte Didaktik.* Basel: Birkhäuser.
Clement, J. (1987). Overcoming students' misconceptions in physics: The role of anchoring intuitions and analogical validity. In J. Novak (Hrsg.), *Proceedings of the 2nd International Seminar Misconceptions and Educational Strategies in Science and Mathematics.* (S. 84–97). Ithaca: Cornell University Press.
Dämmgen, U. & Keune, H. (1986). *Atomvorstellungen.* Köln: Aulis.
Dehnert, K. & Greiner, E. (1978). *Atombau und chemische Bindung.* Hannover: Schroedel.
Dittmer, M. (2009). „Das hatten wir noch nie". Spiralcurriculum durch schülergerechte Integration am Beispiel des Atombaus. In *Praxis der Naturwissenschaften – Chemie in der Schule,* **58** (2), S. 38–39.
Duit, R. (1995). Analogien unter der Lupe. In *Naturwissenschaften im Unterricht – Physik,* **6** (27), S. 11–14.
Eilks, I. (2002). Ein Modell zur Chromatografie. In *Unterricht Chemie,* **13** (67), S. 27–29.
Falkenhainer, B., Forbus, K. D. & Gentner, D. (1989). The structure-mapping engine: Algorithm and examples. In *Artificial Intelligence,* **41** (1), S. 1–63.
Feresin, E. & Havenith, M. (2017). Solvatationsforschung ermittelt Rolle des Solvens. In *Chemie in unserer Zeit,* **51** (1), S. 18–24.
Freiman, T. & Schlieker, V. (2001). Abgestufte Lernhilfen. In *Unterricht Chemie,* **64–65,** S. 10–17; siehe Videoclips dazu auf der CD zum Heft.
Full, R. (1996). Lichtblicke – Petrischalenexperimente in der Overhead-Projektion – Experimente in neuem Licht. In *Chemie in unserer Zeit,* **30** (6), S. 286–294.
Geisler, S., Rolka, S. & Beumann, S. (2017). Mathematisches Modellieren mit Experimenten. In *Der mathematische und naturwissenschaftliche Unterricht,* **70** (2), S. 99–101.
Giere, R.N. (1999). *Science without laws.* Chicago: University of Chicago Press.
Giere, R.N. (2006). *Scientific perspectivism.* Chicago: University of Chicago Press.
Gilbert, J.K. (Hrsg.) (1994). *Models and Modelling in Science Education.* Hatfield: Association for Science Education.
Gilbert, J.K. (2004). Models and modelling: routes to more authentic science education. In *International journal of science and mathematics education,* **(2),** S. 115–130.
Graf, E. (2002). Modelle im Chemieunterricht. In *Unterricht Chemie,* **13** (67), S. 4–9.
Harrison, A.G. & Treagust, D.F. (2000). A typology of school science models. In *International Journal of Science Education.* **22** (9), S. 1011–1026.
Harsch, G. (1985). *Vom Würfelspiel zum Naturgesetz – Simulation und Modelldenken in der Physikalischen Chemie.* Weinheim: Wiley-VCH.
Hlawatsch, S., Venke, S. & Bayrhuber, H. (Hrsg.) (2005). *Der Kreislauf der Gesteine. Themenheft.* In *Unterricht Chemie,* **16** (86).
Holyoak, K. J. & Thagard, P. (1989). Analogical mapping by constraint satisfaction. In *Cognitive science,* **13** (3), S. 295–355.

14

Holyoak, K. J. (2005). Analogy. In K. J. Holyoak & R. G. Morrison (Hrsg.), *The Cambridge Handbook of thinking and reasoning*. Cambridge: Cambridge University Press, S. 117-142.

Höttecke, D. (Hrsg.) (2010). *Entwicklung naturwissenschaftlichen Denkens zwischen Phänomen und Systematik. GDCP-Jahrestagung Dresden 2009.* Berlin: LIT.

Irmer, E. & Stalke, D. (2017). Chemische Bindung unterrichten – ein Plädoyer für die Oktettregel. In *Der mathematische und naturwissenschaftliche Unterricht,* **70** (4), S. 227–234.

Janich, P. (1992). *Grenzen der Naturwissenschaft. Erkennen als Handeln.* München: Beck.

Kaiser, G. & Henn, H.-W. (Hrsg.) (1996). *Werner Blum und seine Beiträge zum Modellieren im Mathematikunterricht.* Wiesbaden: Springer.

Kauffman, C.W. (1982). Agricultural dust explosions in grain handling facilities. In J.H.S. Lee & C.M. Guirao (Hrsg.), *Fuel-air Explosions.* Waterloo: University of Waterloo Press.

Keller, G. (1977). *Über das Denken in Modellen.* Frankfurt am Main: Diesterweg.

Kircher, E. (1976). Modellbegriff und seine Bedeutung. In Weninger, J. & Brünger, H. (Hrsg.), *Atommodelle im naturwissenschaftlichen Unterricht.* Band 1. Weinheim: Beltz.

Kircher, E. & Teßmann, A. (Hrsg.) (1977). *Atommodelle im Unterricht.* IPTS-Schriftenreihe 12. Kiel: Schmidt und Klaunig.

Kircher, E. (1995). *Studien zur Physikdidaktik. Erkenntnis- und wissenschaftstheoretische Grundlagen.* Kiel: IPN.

Kircher, E., Girwidz, R. & Häußler, P. (2014). *Physikdidaktik: Theorie und Praxis.* Berlin: Springer.

Klaus, G. & Buhr, M. (1972). *Philosophisches Wörterbuch.* Leipzig: Bibliographisches Institut.

Lenzen, M. (2016). Weltbilder aus der Denkfabrik. In *Friedrich-Forschungsmagazin der FAU.* **41** (116), S. 60–63.

Mahr, B. (2008). Ein Modell des Modellseins – ein Beitrag zur Aufklärung des Modellbegriffs. (S. 1–3 ff.). In U. Dirks & E. Knobloch (Hrsg.). *Modelle.* Frankfurt am Main: Lang.

Meinel, C. (2011). Kugeln und Stäbchen – Vom kulturellen Ursprung chemischer Modelle. In R. Burmester (Hrsg.), *Kekulés Traum – Von der Benzolformel zum Bonner Chemiepalast.* (S. 75–87). Bonn: Deutsches Museum Bonn.

Meisert, A. (2008). Vom Modellwissen zum Modellverständnis – Elemente einer umfassenden Modellkompetenz und deren Fundierung durch lernerseitige Kriterien zur Klassifikation von Modellen. In *Zeitschrift für Didaktik der Naturwissenschaften,* **14,** S. 243–261.

Minssen, M. (Hrsg.) (o.J). *Strukturbildende Prozesse bei chemischen Reaktionen und natürlichen Vorgängen,* Kiel: IPN.

National Research Council (Hrsg.) (1996). *National science education standards.* Washington: National Academies Press.

Neuhäuser, A. (1975). Modellexperimente und Funktionsmodelle im Unterricht. In *Chemie in der Schule,* **12,** S. 538–545.

Pauling, L. (1972). *Grundlagen der Chemie.* Weinheim: Wiley-VCH.

Pfeifer, P. & Laier, B. (1996). Riboflavin, Reduktion und Reoxidation – nur ein Zauberversuch? In *Unterricht Chemie,* **7** (31), S. 28–29.

Pfeifer, P., Lutz, B. & Bader, H.J. (Hrsg.) (2002). *Konkrete Fachdidaktik Chemie.* München: Oldenbourg.

Pfeifer, P. & Zurawski, A. (2005). Elemente einer naturwissenschaftlichen Untersuchung – Ozongenerator. In: V. Frederking, H. Heller & A. Scheunpflug (Hrsg.), *Nach PISA.* (S. 163–195). Wiesbaden: Springer.

Pfeifer, P. (2012). Vom „Blue Bottle“ zum Baumannschen Versuch. Didaktische Analyse von Modellversuchen zur Biokatalyse. In *Unterricht Chemie,* **23** (132), S. 41 ff.

Pfundt, H. (1978) Zur Einführung der Atomhypothese. In Weninger, J. & Pfundt, H. (Hrsg.) *Atommodelle im naturwissenschaftlichen Unterricht,* Band 2. Weinheim: Beltz.

Reiss, K., Sälzer, C., Schiepe-Tiska, A., Klieme, E. & Köller, O. (Hrsg.) (2016). *PISA 2015. Eine Studie zwischen Kontinuität und Innovation.* Münster: Waxmann.
Röder, Th. (2012). Die antimikrobielle Wirkung von Silber. In *Unterricht Chemie,* **23** (132), S. 47–48.
Rossa, E. (1975). *Methodik Chemieunterricht.* Berlin: VEB.
Salzner, J., Drechsler, B. & Bader, H.J. (2003). Acetylcystein als Hustenlöser – Ein einfaches Modellexperiment zur schleimlösenden Wirkung einer Aminosäure. In *Unterricht Chemie,* **14** (3), S. 18–19.
Schmidkonz, B. (2008). Tropfsteine. In *Unterricht Chemie,* **19** (104), S. 21–25.
Schnitker, J. (2016). Das Unsichtbare sichtbar machen. In *Der mathematische und naturwissenschaftliche Unterricht.* **69** (6), S. 292–297.
Schröder, Th.Ph., Schäfer, A., Schmiedel, P., Kluthke, K. & Sommer, K. (2013). Wie viel Kochsalz ist im Shampoo? In *Unterricht Chemie,* **24** (137), S. 24–30.
Schröder, Th.Ph., Steff, H. & Sommer, K. (2015). Die Low-Cost-Hartmannapparatur – selbst gebaut. In *Praxis der Naturwissenschaften – Chemie in der Schule,* **64** (5), S. 10–14.
Schwering, A., Krumnack, U., Kühnberger, K.U. & Gust, H. (2009). Syntactic principles of heuristic-driven theory projection. In *Journal of cognitive systems research,* **10** (3), S. 251–269.
Sommer, K., Pfeifer, P. & Reiß, J. (2011). *Praktische Alltagschemie.* Köln: Aulis.
Sommer, K. & Pfeifer, P. (2012). Lebensmittel und Modellexperimente. In *Unterricht Chemie,* **23** (132), S. 10–16.
Sommer, K., Pfeifer, P. & Förster, Th. (Hrsg.) (2013). Körperpflege. In *Unterricht Chemie,* **24** (137).
Sommer, K., Toschka, Chr., Schröder, L., Schröder, Th.Ph., Steff, H. & Fischer, R. A. (2017). Modellexperimente im Chemieunterricht – Ein Beitrag zur Definition des Begriffes Modellexperiment und zur Bestimmung des Modellierungsgrades. In *CHEMKON,* **24** (1), S. 13–19.
Sommer, K., Krupp, U., Toschka, Chr. & Schröder, Th. Ph. (2017). Für Lernprozesse modelliert: Physikalisch-chemische Prüfverfahren der Industrie an den Beispielen Klebefestigkeit, Viskosität und Waschleistung. In *CHEMKON,* **24** (4), S. 227–240.
Stachowiak, H. (1973). *Allgemeine Modelltheorie.* Berlin: Springer.
Stäudel, L. (2007). Vom Nutzen unähnlicher Modelle. In *Unterricht Chemie,* **18** (100/101), S. 27–29.
Stäudel, L. (Hrsg.) (2010). *Aufgaben mit gestuften Hilfen für den Chemieunterricht.* Seelze: Friedrich.
Steff, H. & Sommer, K. (2012). Roheisen aus der Dose – Schüler modellieren den Hochofenprozess. In *Unterricht Chemie,* **23** (132), S. 26–33.
Steff, H. & Sommer, K. (2015). Sanierputze und Dichtungsschlämme – Anwendungsbeispiele im Modellexperiment. In *Unterricht Chemie,* **26** (150), S. 32–35.
Steinbuch, K. (1977). Denken in Modellen. In G. Schäfer, G. Trommer & K. Wenk (Hrsg.), *Denken in Modellen.* Braunschweig: Westermann.
Sumfleth, E. & Hollstein, A. (1999). Entwicklung eines Simulationsprogramms für den Themenbereich Kugelteilchenmodell. In *Naturwissenschaften im Unterricht Chemie,* **10** (53), S. 39–42.
Tausch, M. & von Wachtendonk, M. (1996). *Chemie 1.* Bamberg: C.C. Buchner.
Tausch, M. (2011). Photokatalyse – reif für den Schulunterricht. In *Praxis der Naturwissenschaften-Chemie,* **60** (1), S. 29–32.
Turro, N.J. (1986). Geometrisches und topologisches Denken in der Organischen Chemie. In *Angewandte Chemie,* **98,** S. 872–892.

Upmeier zu Belzen, A. & Krüger, D. (2010). Modellkompetenz im Biologieunterricht. In *Zeitschrift für Didaktik der Naturwissenschaften,* **16,** S. 41–57.
Van Driel, J. & Verloop, N. (1999). Teachers' knowledge of models and modelling in science. In *International journal of science education,* **21,** S. 1141–1159.
Wagner, A. (1978). Betrachtung zur genetischen Einführung von Atomodellen. In Weninger, J., Pfundt, H. (Hrsg.), *Atommodelle im naturwissenschaftlichen Unterricht.* Band 2. Weinheim: Beltz.
Wambach, H. (Hrsg.) (1996). *Materialien – Handbuch Kursunterricht Chemie, Bd. 1; Atome – Bindungen – Strukturen.* Köln: Aulis.
Wellnitz, N., Fischer, H.E., Kauertz, A., Mayer, J., Neumann, I., Pant, H.A., Sumfleth, E. & Walpuski, M. (2012). Evaluation der Bildungsstandards: eine fächerübergreifende Testkonzeption für den Kompetenzbereich Erkenntnisgewinnung. In *Zeitschrift für Didaktik der Naturwissenschaften,* **18,** S. 261–291.
Wüstneck, K.D. (1966). Einige Gesetzmäßigkeiten und Kategorien der wissenschaftlichen Modellmethode. In *Deutsche Zeitschrift für Philosophie,* **14** (12), S. 1452.

Online

(1) Seilnacht, Thomas: Stoff a & Stoff b, http://www.seilnacht.com/versuche/stoffab.html
(2) http://www.chemieunterricht.de/dc2/tip/zucker.htm

15 Klassische und digitale Medien im Chemieunterricht

Inhaltliche Schwerpunkte

- Medien für Unterrichtszwecke sind Mittler zwischen Lehrpersonen und Schülerinnen und Schülern, indem sie Lerninhalte präsentieren, aber auch Lern- und Denkprozesse unterstützen. Das folgende Kapitel gibt einen Überblick über allgemeine Grundlagen des Medieneinsatzes, stellt verschiedene Medien vor und gibt praktische Hinweise zu Medieneinsatz und -gestaltung.

15.1 Begriffe

Man stelle sich einen leeren (Lern-)Raum vor. Er ist nicht unbedingt nötig und könnte vielen anderen Zwecken dienen. Der Einfachheit halber nennen wir ihn Klassenzimmer. Hinein setzen wir das Didaktische Dreieck: ein paar Personen, deren gemeinsame Absicht es ist, etwas zu lernen (wir nennen sie Schülerinnen und Schüler) und eine Person, die ihnen dabei helfen soll (wir nennen sie Lehrperson). Der Inhalt, um den man sich bemühen möchte, ist zwar weiter nicht anfassbar, aber virtuell anwesend. Alles, was sich nun zum Zweck des Lehrens, Lernens oder Erfahrbarmachens der Information im Raum ändert, kann als Medium im Sinne von Unterricht bezeichnet werden (nähere Begriffsbestimmung siehe unten).

Einordnung. Es gibt kaum ein Medium, das allein schulischen Zwecken dient. So ist z. B. in der Menge aller Bücher die Untermenge derer enthalten, die allein schulischen Zwecken dienen, die Schulbücher. Im Sinne des fachdidaktischen Einsatzes erscheint es aus rein pragmatischen Gründen hilfreich (Praxisebene der Operationen; Terhart 1999), sich auf solche Funktionen von Medien zu beschränken, die hauptsächlich unterrichtlichen Zwecken dienen (**Unterrichtsmedien,** Abb. 1). Ihr unterscheidendes Kennzeichen ist die didaktische Funktion, realisiert durch einen Autor im Hinblick auf Unterricht. Deshalb scheidet die Klasse der Massenmedien (Fernsehen, Radio,

Kinofilm) im Wesentlichen aus, weil sie entweder der Unterhaltung dienen (Kinofilm) oder nur sporadisch im Unterricht eingesetzt werden (Zeitung, Primärpublikation). Reine Informationsmedien geraten zunehmend in die Unterklasse der elektronischen Massenmedien (Primärpublikationen WWW, Wissensdatenbanken, Nachschlagewerke als Online-Dienste) und werden teilweise behandelt, weil sie zwar zögerlich und am Rande, aber dennoch zunehmend zu Unterrichtszwecken eingesetzt werden. Ähnlich verhält es sich mit der Klasse der sozialen Medien: ursprünglich zum Zweck der Verbreitung oder Kommunikation konzipiert, können sie aber zu ähnlichen Zwecken auch im Unterricht eingesetzt werden. Wir behandeln sie im Anschluss an „klassische" Unterrichtsmedien.

Der Unterklasse Experimente (vgl. Kap. 13) und den Modellen (vgl. Kap. 14) sind eigene Kapitel gewidmet. Das vorliegende Kapitel beschränkt sich auf Sekundärerfahrungen (Medien im engeren Sinn).

Unterrichtsmittel wäre der besser fassbare Begriff (Glöckel 1996). Dass dennoch der weniger exakte Begriff verwendet wird, hat wiederum praktische Gründe: Der Begriff Medien ist Teil von Wortneuschöpfungen (Multimedia, neue Medien, Hypermedia) geworden, sodass er in letzter Konsequenz sowieso nicht vermeidbar wäre. Klassifikation der vielen Einzelmedien wäre für Schülerinnen und Schüler hilfreich. Man muss sich aber im Klaren sein, dass die Bezeichnungen stets mindestens zwei Bedeutungen haben:

- Alltagssprache bezeichnet sehr heterogen ein Gerät (Computer), einen Informationsträger (Folie, Stick, DVD) oder eine didaktische Funktion (Arbeitsblatt) und kann deshalb zur Klassifikation nicht beitragen.
- Erhebt man die gleichen Bezeichnungen zur Fachsprache, meint man damit das **Medium in seiner unterrichtlich relevanten Ganzheit** (Glöckel 1996), z. B. Computer in Abbildung 1.

Deshalb wird im Folgenden stets versucht, die Elemente dieser Medien-Ganzheit zu identifizieren. Die Zusammenfassung zu Mediengruppen erfolgt in erster Linie nach Urheberschaft für die Didaktische Intention (durch die Lehrpersonen selbst gestaltet oder fremd gestaltet), in zweiter nach medientechnischen Gesichtspunkten (z. B. stehendes oder bewegtes Bild). Geräte, die nur der technischen Realisierung dienen, sowie Informationsträger werden zwar Erwähnung, in der Regel aber keine weitere (technische) Beschreibung finden.

Medium und Methode. Es besteht eine enge Beziehung zwischen Unterrichtsmethode und Unterrichtsmedium: zum Teil bedingen sie sich gegenseitig oder schließen sich aus. **Das Medium sei dabei der Methode stets untertan.** Für

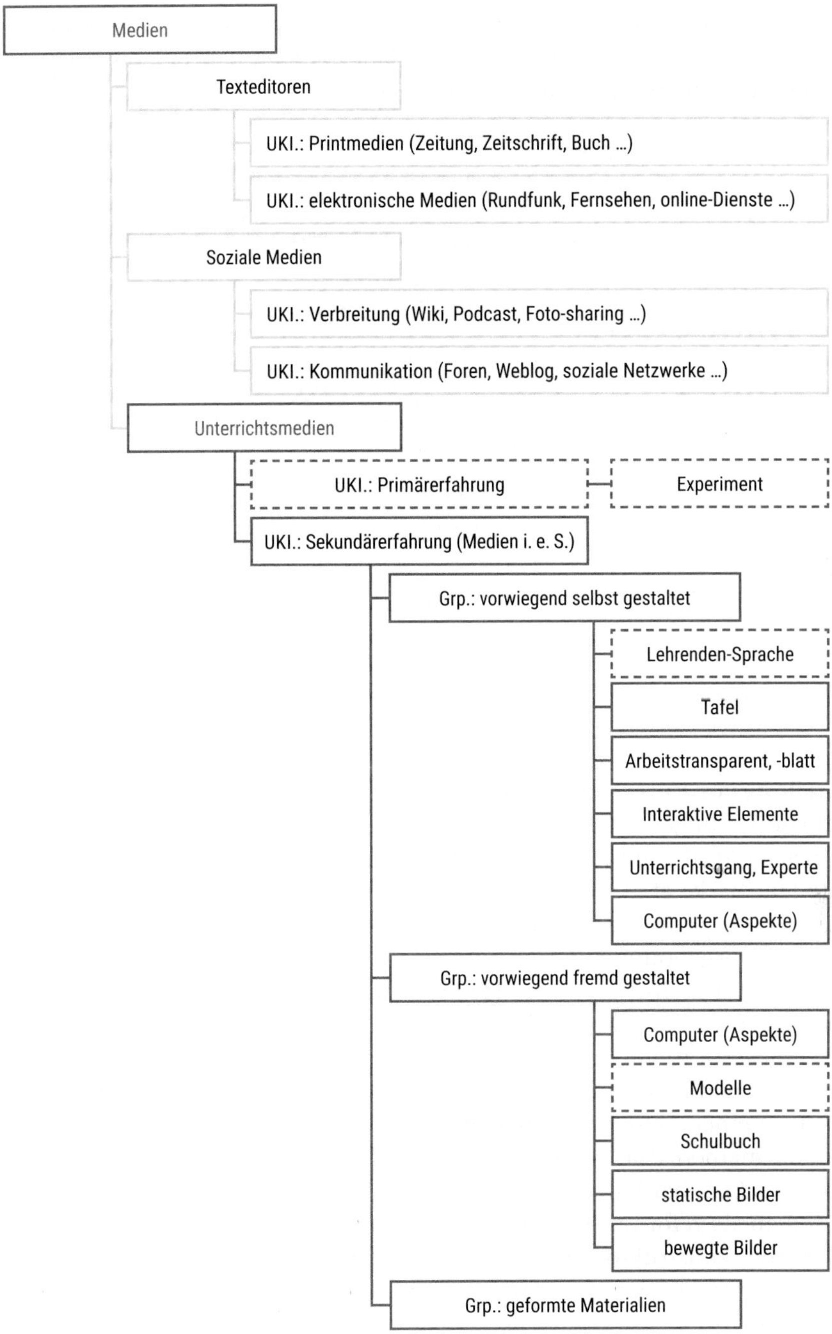

Abb. 1. Position der Unterrichtsmedien im System; gestrichelt umrahmte Medien werden in anderen Kapiteln behandelt.

die Unterrichtsplanung ist bedeutsam, ob ein Medium lehrer- oder schülerzentrierte Methoden unterstützt, ob es die jeweiligen Lehrpersonen in den Vorder- oder eher in den Hintergrund spielt.

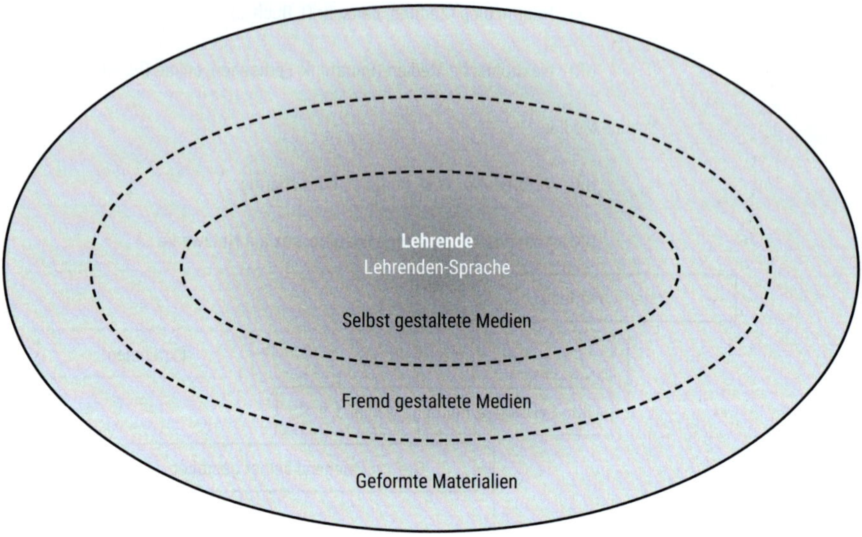

Abb. 2: Medien, von Lehrpersonen aus gesehen. Sie stehen stets im Zentrum des medialen Anteils von Unterrichtsplanung.

Einteilung von Unterrichtsmedien. Für die Systematisierung wird eine Vielzahl von Lösungen angeboten, die mehr oder weniger hilfreich sind. Man kann nach Art der Sinneserfahrung und/oder nach Art der Erfahrungsebene einteilen (Barke et al. 2015). Angelehnt an die Systematisierung durch Adl-Amini (1994), wird die Zusammenfassung in folgende Gruppen nach Autorenschaft vorgenommen:

1 Vorwiegend selbst gestaltete Medien, die Lehrpersonen als Autoren sehr passgenau für den Zweck und die Zielgruppe entwickeln können;

2 Vorwiegend fremd gestaltete Medien, vor deren Einsatz sich Lehrpersonen mit den Beweggründen (didaktische Absicht, Zielgruppe, didaktischer Ort ...) eines Autors auseinandersetzen müssen. Deshalb ist es hilfreich, wenn methodische Informationen mit dem reinen Material mitgeliefert werden (z. B. bei Arbeitsblatt- oder Methodensammlungen).

3 Medien als geformte Materialien. Dies ist eine Mediengruppe eher für offeneren, konstruktivistisch geprägten Unterricht, in dem nicht im Detail vorbestimmt ist, was Schülerinnen und Schüler mit dem Material machen (sollen).

Die Abgrenzung der Gruppen ist, wie jede andere, nicht scharf zu treffen. Dies wird in Abb. 2 durch den Farbverlauf verdeutlicht. Auf der Grenze zwischen vorwiegend selbst und vorwiegend fremd gestaltet befindet sich z. B. das Medium Computer: Programmiert eine Lehrperson auf seinem Computer etwa in Visual Basic eine Lernsequenz zur Funktionsweise von Enzymen, handelt es sich um ein selbst gestaltetes Unterrichtsmedium. Wird dieselbe Sequenz käuflich erworben, ist es ein fremd gestaltetes. Nicht thematisiert wird in diesem Kapitel Lehrenden-Sprache (vgl. Kap. 9).

Diese Gruppierung ist aus mehreren Gründen sehr leistungsfähig:

- Sie geht vom Hauptbenutzer aus: einer den Lehrprozess planenden Lehrperson.
- Sie beleuchtet den Schwierigkeitsgrad der Einsetzbarkeit, da selbst erstellte Medien größtmögliche Gestaltungsfreiheit für ihn als alleinigem Autor bieten, bei fremd gestalteten dessen Didaktische Absichten berücksichtigt werden müssen.
- Sie berücksichtigt auch Medien (von Fremdautoren), die ansonsten in kein anderes System passen, denen keine didaktische Absicht mitgegeben wurde bzw. denen eine eigene didaktische Wirkung zugeschrieben wird, die nur von Schülerinnen und Schülern und nicht so sehr von Lehrpersonen abhängt.
- In das System passen ältere Medien (Tafel, Bild, Film) genauso gut wie neuere digitale Formen (interaktive Tafel, Projektionen, Computer) und auch solche mit klar konstruktivistischer Zielrichtung (Montessori-Material, Erfahrungskisten).

Es ist wichtig, im Blick zu behalten, dass es zwischen den skizzierten Kategorien fließende Übergänge gibt, die Grenzen verwischen: Das Arbeitsblatt ist zwar in der Regel selbst gestaltet, man kann aber auch fremd gestaltete erwerben, beim Film ist es umgekehrt. Die Darstellung der einzelnen Medien erfolgt unter Nutzung der Deskriptoren (Vertiefung 1).

V

Vertiefung 1: Beschreibung von Medien mit Deskriptoren

- **Information.** Damit ist zunächst die Basisinformation im kybernetischen Sinn gemeint, der ohne Vorkenntnisse erschließbare Anteil des Inhaltes. Information ist immateriell und wird gern mit der Software eines Computers verglichen. Informationen sind Aussagen über die reale Welt, jedenfalls mehr als reine Vermutung. Sie stammt von einem Autor, wurde zum Zweck der Übermittlung oder Aneignung in Form gebracht und wird beim Empfänger eine Reaktion verursachen, je nachdem wie er sie klassifiziert: neu (meist gleichgesetzt mit bedeutend), bekannt (unbedeutend), richtig oder falsch.

15

- **Didaktische Intention.** Sie ist Metainformation, also Information, die erst Bedeutung erlangt, wenn man einen Zusammenhang, eine Absicht, kennt. Als Teil des Inhaltes ist sie nur für den geschulten Beobachter entschlüsselbar, entfaltet aber eine klare Wirkung im Dienst eines Lehrzieles und wird vom Anwender des Mediums (Lehrpersonen) bewusst zu diesem Zweck eingesetzt. Sie steht auf der gleichen, breiten und vieldimensionalen Grundlage wie die Wissenschaft Didaktik selbst.
- **Informationsträger.** Damit sind materielle, physikalische Formen gemeint, die Information dinglich, anfassbar, transportabel, langfristig lagerbar machen. Die Form wird durch die gewählte Technik bestimmt.
- Meistens ist darüber hinaus ein **Gerät** erforderlich, um die Information vom Träger für menschliche Sinne erfahrbar zu machen. Es wird gern mit der Hardware eines Computers verglichen.

Dieses System der Beschreibung hat sich als sehr leistungsfähig erwiesen, da es gleich mehrere Aspekte der Mediendefinition aus den Medienwissenschaften erfasst.

15.2 Vorwiegend selbst gestaltete Unterrichtsmedien

15.2.1 Die Tafel

Beschreibung. Informationsträger ist eine Schreibfläche, die in der Regel noch frontal vor einem Auditorium angebracht ist und deren Oberfläche entweder für die Benutzung von Kreide oder von Filzstiften optimiert ist.

Bei **Kreidetafeln** besteht die Schreibfläche heute fast ausschließlich aus mit rauem Kunststoff beschichtetem oder emailliertem Stahlblech. Im Einsatz sind allerdings noch rau angeätzte Glastafeln. Der dunkelgrüne Hintergrund kontrastiert mit weißer Kreide optimal und kann Hilfslinien oder Gittermarkierungen aufweisen.

Weißtafeln (whiteboards) bestehen in der Regel auch aus Stahlblech und sind entweder mit Speziallack oder Emaille beschichtet, selten sind sie ganz aus Glas. Dafür gibt es Filzstifte (Whiteboard Marker) unterschiedlicher Farbe und Stärke, die mithilfe von Löschpapier oder -schwämmen trocken oder mit Lösemittel entfernt werden können. Die Bauweisen unterscheiden sich nicht; für beide Typen gibt es einfache Tafeln (an der Wand befestigt), Rolltafeln, Wendetafeln (wendbar um die Längsachse), Schiebetafeln, oder Klapptafeln, bei denen zwei halbgroße Flügel vor einer weiteren Fläche zu den Seiten hin aufgeklappt werden können.

Daneben gibt es eine Vielzahl von Varianten:
- Mit Stahlblech versehene oder aus Stahlblech gefertigte Tafeln erlauben das Anbringen magnetischer Applikationen.
- Flanelltafeln erlauben Klett-Applikationen.
- Umblättertafeln (Flipcharts) aus großformatigem Papier
- Anschlagtafeln aus Kork, Faserplatten, Pappe, Styropor zur Befestigung von Blättern mithilfe von Anstecknadeln oder Reißzwecken
- große Grafik-Tabletts zur gleichzeitigen elektronischen Erfassung handschriftlicher Präsentationen mit Hilfe spezieller Stifte unterschiedlicher Bauart, die gleichzeitig Interaktionen mit Software erlauben
- interaktive Tafeln, also weiße Projektionsflächen als virtuelle Tafeln, bei denen ein Computer Handbewegungen oder Spezialstifte als Bedienbefehle erkennt

Die didaktische Absicht stammt voll und ganz vom Nutzer, der auch die Informationen liefert.

Interaktive Tafeln finden zunehmend Verbreitung in Schulen – manche Länder sind bereits flächendeckend ausgestattet. Der Begriff Interaktivität ist dabei etwas übertrieben – Software hilft höchstens bei der Konstruktion geometrischer Figuren oder Schrifterkennung, aber der Begriff hat sich bereits verselbstständigt. Man kann Interaktivität über verschiedene Gerätekombinationen erreichen, z. B.:
- Spezialtafel mit Ultra-Kurzdistanz-Projektor und Computer
- freie Fläche (Wand oder Tisch) mit interaktivem Projektor und Computer
- großformatige, berührungsempfindliche Bildschirme und Computer

Aktuelle Geräte erlauben mehrere Nutzer gleichzeitig und sind unempfindlich gegenüber Tageslicht. Leider hält sich die Kompatibilität zwischen den Herstellern in Grenzen. Sehr wertvoll ist eine Reihe von weiteren Gerätschaften, die man anschließen kann, um die Funktionalität zu erhöhen: Videokameras, Handys und Dokumentenkameras, mit denen man Bilder, 3D-Modelle und bestimmte Experiment-Formen projizieren kann.

Vergleich verschiedener Tafelformate:

<table>
<tr><th>Grüne Kreide-Tafel</th><th>Weiße Filzstift-Tafel</th><th>Interaktive Tafeln</th></tr>
<tr><td colspan="3">Das Format weicht erheblich von dem einer Heftseite ab.
Hilfestellung für junge Schülerinnen und Schüler erforderlich.</td></tr>
<tr><td>Die Sichtbarkeit von Inhalten unterscheidet sich zum Heft: Gelb kontrastiert an der Tafel gut, im Heft kaum.</td><td colspan="2">Farben kontrastieren genauso wie im Heft.
Schwarz ist auf der Tafel wie im Heft verwendbar.</td></tr>
<tr><td colspan="3">Arbeitsskizzen (z. B. Entwurf von Versuchsapparaturen), bei denen Korrekturen absehbar sind, müssen als solche angekündigt werden. Kreide und Stift lassen sich entfernen, Kugelschreiber im Heft hingegen überhaupt nicht.</td></tr>
<tr><td colspan="3">Wischphasen können gezielt eingesetzt werden: sie verschaffen die nötige (produktive) Auslöschungsphase zwischen zwei Lehrzielen.</td></tr>
<tr><td>Nasse Tafel muss trocknen.</td><td colspan="2">Sofort wieder einsetzbar.</td></tr>
<tr><td colspan="2">Tafelbild wird von Grund auf gefertigt.</td><td>Tafelbild kann vorbereitet und ggf. nur in Teilbereichen weiter entwickelt werden.</td></tr>
<tr><td colspan="2">Tafelbild nach der Unterrichtseinheit verloren.</td><td>Tafelbild kann abgespeichert und wieder aufgerufen werden.</td></tr>
<tr><td>Bei ungeübten Nutzern kann die Kreide Geräusche erzeugen.</td><td>Ungeübte Nutzer empfinden sie häufig als zu glatt.</td><td>Ungeübte Nutzer benötigen Eingewöhnungszeit.</td></tr>
<tr><td>Staubentwicklung beim Schreiben und Wischen; es wird Wasser benötigt.</td><td>Manche Nutzer finden die alkoholischen Lösemittel bedenklich.</td><td>Je nach Technik kann das stete Vorliegen von Stiften problematisch sein.</td></tr>
<tr><td colspan="2">Direkt nutzbar ohne technische Kenntnisse.</td><td>Vertrautheit mit Soft- und Hardware erforderlich. Kompatibilität bei Herstellerwechsel nicht gesichert.</td></tr>
</table>

Einsatz. Eine Tafel ist in irgendeiner Form in jedem Klassenzimmer verfügbar, ihr Einsatz bedarf keiner besonderen vorbereitenden Maßnahmen (etwa Geräte anschalten). Sie unterstützt in der Regel lehrerzentrierte Unterrichtsformen in frontaler Situation. Lehrpersonen konzipieren das Tafelbild während der Unterrichtsplanung, wobei eine Reihe von Überlegungen angestellt werden:

1 Angestrebte didaktische Funktionen, in alleiniger oder kombinierter Form:
- Angeben des Unterrichtsziels und / oder des Themas
- Setzen von Impulsen
- Festhalten einer Gliederung für die Unterrichtseinheit

- Sammeln von Diskussionsmaterial, Argumenten, Hypothesen …
- Anfertigen einer beschrifteten Versuchsaufbauskizze
- Protokollieren eines Versuchs mit Zielangabe, Beobachtung, Interpretation …
- Notieren von Definition, Grundwissen-Begriff, Diskussionsergebnis
- Entwickeln von Skizzen zur Visualisierung
- Informieren
- Zusammenfassen, Festigen
- Vorgeben des Hefteintrages in unterschiedlich intensiver Weise (Graf 1997)
- Lösen von Prüfungs- oder Übungsaufgaben durch Schülerinnen und Schüler

2 Umfang: In der Regel stehen zwei, eine vordere und eine hintere Tafel, zur Verfügung. Für Schülerinnen und Schüler ist die vordere Tafel einfacher zu benutzen. Lehrpersonen wissen, welchen Platzbedarf sie aufgrund ihrer Schreibgewohnheiten und Schriftgröße haben. Bei einer ungeraden benötigten Anzahl sollte vorn, bei einer geraden hinten begonnen werden. Durch eine geschickte Kombination aus der Auswahl der Tafel, mit der man beginnt, und Wischphasen kann man vermeiden, zusammengehörige, aber umfangreiche Tafelbilder zu sehr formell zu isolieren.

3 Gestaltung: Dazu gehören gestalterische Grundsätze, wie sie auch für Arbeitstransparente gelten: Bild/Text-Verhältnis, Position des beschrifteten Bildes, Verwendung einer Farb-Legende, Sichtbarkeit verschiedener Farben auf grünem bzw. weißem Hintergrund.

4 Organisatorische Hinweise: Schülerinnen und Schüler benötigen vorausgehende Hinweise, wenn sie das Tafelbild während der Entstehung übernehmen sollen, z. B. wenn Überschriften erst später angegeben, Skizzen nicht unten begonnen und nach oben fortgesetzt oder auf der linken Seite auch beschriftet werden. Generell sollte der Platzbedarf von zusammenhängenden Skizzen angekündigt werden.

5 Umfang der Übernahme: Das Abschreiben langer Passagen sollte ebenso vermieden werden wie die Nutzung dieser Abschreibphasen für die Vermittlung weiterer, neuer Informationen. Das kann vermieden werden, indem man

a) überlegt, welche Inhalte fertig, etwa als Arbeitsblatt, präsentiert werden könnten, ohne die Bedeutungszumessung dadurch zu verringern,
b) die gedanklichen Schritte klein genug wählt und
c) begleitend bei der Entwicklung umfangreicher Skizzen soweit irgend möglich Einträge zulässt.

d) In der Übernahmephase sollten keine Informationen auf anderen Kanälen geboten werden, damit sich Schülerinnen und Schüler gedanklich mit dem Inhalt auseinandersetzen können.

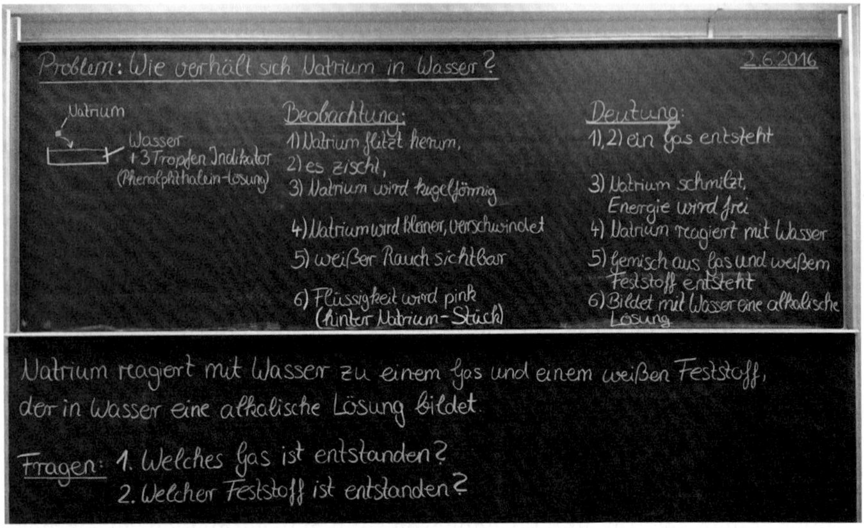

Abb. 3: mögliches Tafelbild mit Überschrift, Datum, Versuchsskizze, Raum für Beobachtungen und zugeordneten Deutungen sowie weiterführenden Fragen.

Ein Beispiel eines Tafelbildes zeigt Abbildung 3. Für die Schülerinnen und Schüler sehr hilfreich ist die direkte Zuordnung von Beobachtungen und ihrer jeweiligen Deutung. Wichtig für den Anfänger ist dabei, dass auch alle Beobachtungen erklärt werden.

Zur Gestaltung des Tafelbildes gelten sehr ähnliche gestaltpsychologische Kriterien (Vertiefung 3), wie sie im Kapitel für Versuchsaufbauten (vgl. Kap. 13.5) beschrieben und für selbst gestaltete Medien angewandt werden. Skizzen werden i. d. R. als Schnittzeichnung angefertigt. Zeichnen im Chemieunterricht soll eine geistige Auseinandersetzung mit dem Inhalt sein. Meistens fällt erst bei lernpsychologischen Tests oder bei Aufgaben zur Leistungsmessung auf, dass maßgebliche Aspekte nicht verstanden wurden. Abbildung 4 zeigt dies am Beispiel der Darstellung eines Liebig-Kühlers. Schülerinnen und Schüler, die nicht verstanden haben, dass es sich hier um eine Schnittzeichnung (Vertiefung 2) handelt, haben Probleme zu erklären, wie das Kühlwasser von 1 nach 2 gelangt.

Die Gefahr, das Unterrichtstempo medienbedingt zu hoch anzusetzen, ist im Vergleich zum Arbeitstransparent eher gering.

V

Vertiefung 2: Schnittzeichnungen

Für eine Tafelskizze und einen Hefteintrag stellt man sich vor, das Gerät in einer Ebene, die durch alle wesentlichen Teile geht, zu halbieren und auf den Schnitt zu schauen. Die nun sichtbaren Glaswände werden als einfache Striche gezeichnet. Als Beispiel ist die Schnittzeichnung eines Liebigkühlers abgebildet:

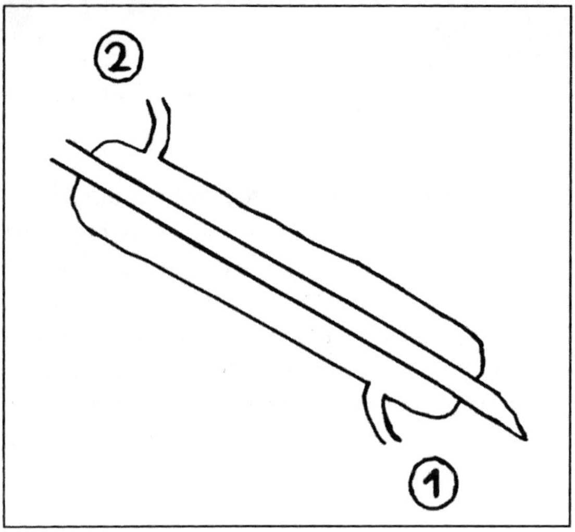

Abb. 4: Schnittzeichnung eines Liebig-Kühlers (nach Wagner & Keusch 2002, S. 271)

Applikationen. Neben der Verwendung in Zusammenhang mit Kreide und Stiften können auch Applikationen angebracht werden: schematische Figuren mit Modellcharakter, aus unterschiedlichen Materialien, die dem Zweck der Veranschaulichung dienen (Abb. 5).

In der Literatur werden viele für den Einsatz von Applikationen geeignete Themen beschrieben, unter anderem Aggregatzustände, Diffusion, Osmose, Atombau, Schalenbesetzung, Ionisierung, Redoxreaktionen als Elektronenübergänge, Atombindung, Ionenbindung, metallische Bindung, Enzymwirkung, Bildung von Makromolekülen (Kunststoffe, Proteine, Polysacharide, DNA ...).

Magnetapplikationen haften ohne weitere Maßnahmen an den Stahltafeln, Styropor- und Moosgummi-Applikationen müssen mit Wasser an der Rückseite befeuchtet werden. Wenn letztere bewegt werden müssen, empfiehlt es sich, eine Trägerplatte aus Styropor nass anzuheften und die zu bewegenden Teile mit Stecknadeln zu befestigen.

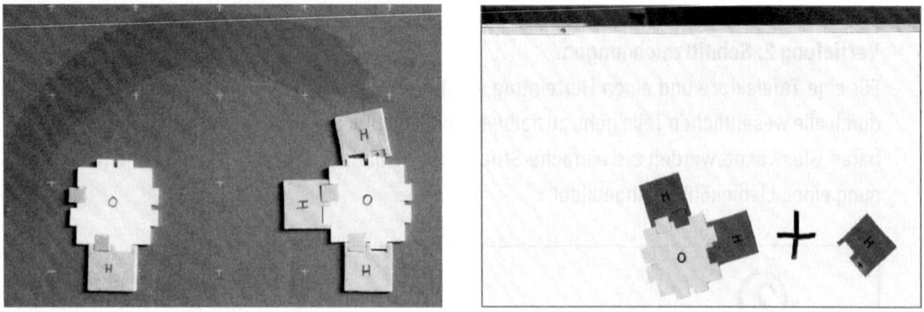

Abb. 5: Moosgummi auf der grünen (links) und weißen (rechts) Tafel. Wischspuren zeigen Möglichkeiten der Animation.

Ausblick. In dem Maß, in dem digitale Informationstechnologie auf Seiten der Schülerinnen und Schüler verwendet wird (Tablet-, Laptop-Klassen), wird die Nachfrage nach Tafelformen noch stärker steigen, die die direkte Übernahme von Inhalten auf persönliche Speichermedien ermöglicht. Für diesen Fall ist noch ein Ersatz für die lernaktiven Reorganisationsprozesse zu schaffen, die bei der Übernahme von Tafelbildern ablaufen. Auch ist abzusehen, dass das Medium interaktive Tafel mit elektronischen Folien verschmelzen wird. Es werden Schnittstellen zur Präsentation von Experimenten sichtbar (Dokumenten-Kamera).

15.2.2 Das Heft

Beschreibung. Das Heft (genauer: die Form Schülerheft) steht meistens in engem Zusammenhang mit dem Einsatz der Tafel durch Lehrpersonen. Das liegt auch an den sehr ähnlichen Mediencharakteristika: Zu Beginn der Unterrichtseinheit steht nur der leere Informationsträger zur Verfügung, am Ende ist es ein didaktisch selbst gestaltetes Medium. Es sind keine weiteren Geräte erforderlich.

Neben dem geklammerten (Fach-)Heft kommt mittlerweile bis in den Primarbereich hinab das (Sammel-)Ringbuch zunehmend zum Einsatz. Das erleichtert sicherlich die Zuordnung von Materialien unterschiedlicher Formate und Herkunft (Arbeits- und Aufgabenblätter, schriftliche Erfolgskontrollen, gesammelte Bilder, Zeitungsausschnitte) zu den Mitschriften und minimiert das Gewicht des Schultascheninhalts, erfordert aber eine erhöhte Ordnungsdisziplin: Blätter müssen mit Datum versehen werden, um die Sortierung zu ermöglichen, sie müssen nach Fächern geordnet werden.

Neben dem Schülerheft für Mitschriften kommen im Chemieunterricht Protokollhefte, Notiz- und Übungsheft, Aufgabenhefte oder selbst erstellte Datensammlungen (Steckbriefe für Elemente und Verbindungen, Glossare,

Sammlung von Definitionen oder Vereinbarungen über Grundwissen) zum Einsatz. Zur Unterstützung selbstständigerer Arbeitsformen findet man noch das Lerntagebuch (formatiert z. T. in schulspezifischer Form, fachspezifisch oder übergreifend), das Labortagebuch (Protokoll- oder Experimentierheft) oder z. B. den Laborführerschein (enthält Bedienungsanleitungen und Sicherheitshinweise für den Umgang mit Geräten und zu grundlegenden Laborverfahren, eventuell Platz für Testate).

Einsatz. Im Unterschied zur Tafel unterstützt das Heft eher schülerzentrierte Unterrichtsformen: Sie lösen Aufgaben in Einzel- oder Partnerarbeit, sammeln geplante Diskussionsbeiträge vorweg in stiller Beschäftigung, üben selbstständig, um dann das Ergebnis mit der lehrerbetreuten Tafelversion zu vergleichen. Im Heft werden, gegebenenfalls zusammenwirkend mit dem Arbeitsblatt, Hausaufgaben gefertigt oder Aufgaben im Dienst der Differenzierung bearbeitet. Je nach Aufgabentyp werden Ergebnisse oder Lösungswege oder Vorschläge dazu zunächst selbstständig fixiert, um später als Erfolgskontrolle, als Tätigkeitsnachweis, zur Präsentation im Plenum oder als Diskussionsgrundlage zu dienen. Der Inhalt des Heftes ist in der Regel neben dem des Schulbuches die verlässlichste Prüfungsgrundlage. Um dies sicherzustellen, sind regelmäßige Heftkontrollen durch Lehrpersonen mit Feedback über die festgestellte Qualität und Vollständigkeit auf jeden Fall sinnvoll.

Der bequeme Einsatz von Arbeitsblättern drängt manuelles Zeichnen manchmal in den Hintergrund. Meistens fällt erst bei lernpsychologischen Tests oder bei Aufgaben zur Leistungsmessung auf, dass maßgebliche Inhalte nicht verstanden wurden. Das Selberzeichnen im Chemieunterricht soll eine geistige Auseinandersetzung mit dem Inhalt sein.

Ausblick. Das Heft wird so lange nicht maßgeblich an Bedeutung verlieren, wie die Kulturtechnik des manuellen Schreibens nicht vollständig überflüssig wird. Nicht übersehen sollte man dabei auch die Freiräume, die das langsame, automatisierte Schreiben dem Gehirn einräumt. Sie können zur Entspannung oder für Reflexionen genutzt werden, was wiederum die Auseinandersetzung mit Inhalten fördert.

15.2.3 Projektionsvorlagen: Arbeitstransparent und Arbeitsblatt

Beschreibung. Arbeitstransparent (Folie), **Arbeitsblatt** und **elektronische Präsentation** unterscheiden sich grundsätzlich nur durch den Informationsträger: transparente Kunststofffolie (Polyester oder Polyacetat), Papier und

Speicher oder Datenträger. Interessanterweise bezeichnet man das Medium auch in letzterem Fall als Folie. Von der Art des Trägers hängt das nötige Gerät ab: **Tageslichtprojektor** (Overheadprojektor, OHP, Polylux), Dokumentenkamera (Visualizer) oder Computer, gegebenenfalls in Zusammenhang mit einem Datenprojektor (Beamer). Die **Tageslichtprojektion** ist eine Durchlichttechnik, das heißt, es eignen sich nur transparente Objekte zur Projektion. Nicht lichtdurchlässige (z. B. Gestein, Metall, Suspension) oder wenig Licht durchlässige (z. B. intensiv gefärbte Lösung) sowie spiegelnde Objekte und gekrümmte Glasflächen (z. B. Wasser in einem Reagenzglas) erscheinen schwarz. Als Lösung für diese Fälle bietet sich die **Dokumentenkamera** an, die Overheadprojektoren zunehmend ersetzt. Sie funktioniert in Auflichttechnik, besitzt in der Regel eine integrierte Lichtquelle zur Objektbeleuchtung, einen schwenkbaren Kamerakopf, der auch waagerechte Experimentprojektionen erlaubt, sowie eine Vielzahl von Komfortfunktionen (z. B. Zoom, Autofokus, automatische Belichtung, Aufzeichnung, Texterkennung ...). Bereits vorhandene Transparentfolien können zwar projiziert werden, man hat jedoch öfter mit Spiegelungen zu kämpfen. Es wird interessant zu beobachten, welcher Begriff sich für die Papiervorlagen für die Präsentation in der Praxis etablieren wird. In diesem Kapitel wird der Begriff Projektionsvorlage benutzt.

Die Information stammt in der Regel von den das Material/das Medium einsetzenden Lehrpersonen selbst. Fremderstelltes Material hat wie immer den Nachteil, dass Zielgruppe, Thema und Einsatzzweck nicht immer optimal auf die Bedürfnisse der gewünschten Situation abgestimmt sein können, ist aber häufig professioneller gestaltet und enthält teilweise ansonsten schwer zugängliches (Bild-)Material (z. B. die Folienserien des Fonds der Chemischen Industrie).

Die Technik zur Selbstgestaltung von Projektionsvorlagen für Dokumentenkamera und Präsentationsprogramme unterscheidet sich nicht. In beiden Fällen ist der elektronische Entwurf zu empfehlen. Ergebnisse können dann entweder elektronisch präsentiert (z. B. PowerPoint) oder ausgedruckt werden, sei es zur Bearbeitung vor der Klasse an der Dokumentenkamera, sei es zum Austeilen als Arbeitsblatt. Von Vorteil ist, dass beim Entwurf von Präsentationen die Einsatzform noch nicht feststehen muss, sodass alle Möglichkeiten der späteren Präsentation gewahrt bleiben: Aus einer fertigen Präsentation können Vorlagen für unterschiedliche didaktische Orte mühelos generiert werden. Eine fertige Folie wird durch Kopieren vervielfältigt, dann löscht man nicht benötigte Bereiche. Die so gewonnenen Arbeitsblatt- oder Projektions-Vorlagen dienen z. B. der Zusammenfassung, Erfolgskontrolle, Leistungsmessung oder dem Wiedereinstieg. Das Verfassen im DIN-A4-Format quer statt im Folienformat erleichtert die unterschiedlichen Verwendungen. Bei Bedarf können dann zwei Präsentationsfolien auf ein Arbeitsblatt gedruckt werden. Dieses Vorgehen vermeidet einen weitverbreiteten Fehler, entweder die Schriftgröße in der Präsentation zu klein (z. B. 12 statt 28 pt) zu wählen oder Platz auf dem Arbeitsblatt zu verschwenden, und spart Papier. Eine detaillierte Anleitung, wie man schrittweise vorgehen kann, findet sich in Wagner (2016a).

Für die **Markierungs- und Ergänzungstechnik** (nachträgliches Unterstreichen, Markieren mit Einkreisung oder Pfeilen, Einrahmen, Ausfüllen von Lückentext zu didaktischen Zwecken) ist die Projektion von Papierausdrucken mit der Dokumentenkamera ideal. Nutzen Sie auch die Markierfunktionen des Präsentationsprogramms, vor allem, wenn Sie einen Laptop mit Touchscreen und Stift oder ein Tablet benutzen. Tablets lassen sich auch gut einzelnen Schülerinnen und Schülern in den Sitzblock reichen. Bei der **Abdecktechnik** erscheinen sukzessive Inhalte der Projektion vortragsbegleitend, indem Zeilen oder Absätze zur Sicht freigegeben werden. Wie die anderen Präsentationstechniken dient sie der Fokussierung der Aufmerksamkeit von Zuhörern. Wie jede der Präsentationstechniken kann auch diese durch exzessiven Gebrauch ad absurdum geführt werden: Wenn ein halbes Dutzend Klappen, mit Klebefilm oder selbstklebend angeheftet, auf einer Vorlage an verschiedenen Stellen mehrmals auf- und wieder zugeklappt werden, wirkt eine an sich vorteilhafte Technik albern.

Einsatz. Bezüglich der didaktischen Intention unterscheiden sich Folie und Arbeitsblatt durchaus: Folien können fertig sein, also die Komplettinformation enthalten, während dies für das Arbeitsblatt die Ausnahme sein sollte (daher ja Arbeitsblatt). Folien synchronisieren Tätigkeiten von Schülerinnen und Schülern maximal und fokussieren die Aufmerksamkeit auf die Projektionsfläche. Arbeitsblätter findet man eher im gegenteiligen Bereich: in Einzel- bis Gruppenarbeit oder sogar im Dienst der Differenzierung bei individuellen Lerntempi. Im Fall der Anwendung von **Aufbautechnik** erscheint ein Folieneinsatz gern als Ersatz für die Entwicklung einer Tafelskizze. Bei niedrigen Schwierigkeitsstufen (Ausblick oder Überblick) ist das sicher sinnvoll. Für einen generellen Ersatz der Tafel in all ihren Funktionen besteht kein didaktischer Grund.

Das Arbeitsblatt sollte nicht so extensiv eingesetzt werden, dass es zum Ersatz für selbst gestaltete Hefteinträge wird. Probleme mit diesem Medium haben nichts mit dem Medium selbst zu tun, sehr wohl aber mit Unterrichtsmethodik. Wird der **Arbeitsblatttyp** hinreichend variiert, kann man damit über weite Strecken arbeiten, ohne dass sich Überdruss einstellt. Eckert (1980) unterscheidet für den naturwissenschaftlichen Unterricht die folgenden Typen:

1 Das Schülerversuchsblatt. Es sollte einen in klarer Sprache abgefassten Arbeitsauftrag, die Versuchsaufbauskizze, eine Liste aller erforderlichen Geräte und Chemikalien (vgl. Kap. 13. 6), Beobachtungsaufträge und Raum für die Beschreibung der Beobachtung, Anregungen zur Interpretation der Beobachtung, Platz für das bereinigte Ergebnis aus der Abschlussbesprechung, Sicherheitshinweise sowie Hinweise zur Entsorgung enthalten. Das zu untersuchende Problem und mögliche Hypothesen sollten auch, wenn möglich, aufgenommen werden.

2 Das Erarbeitungsblatt. Informationstext und eine unfertige Skizze mit Platz zur Beschriftung dienen der selbstständigen Erarbeitung z. B. von Versuchsaufbauten durch Schülerinnen und Schüler. Unvollständige oder in Teilen falsche Versuchsskizzen, redundante Information mit oder ohne Distraktoren im Text erhöhen den Anforderungsbereich, das Markieren von Fachbegriffen oder eine Liste von unbedingt zu identifizierenden Komponenten erniedrigen ihn. Weitere Möglichkeiten zur Erschließung von Informationstexten außer einer Beschriftung von Skizzen werden in den Kap. 9 und 12 aufgezeigt.

3 Das Ergebnissicherungsblatt. Lückentext und fertige Skizze zur Beschriftung können nach erfolgter Erarbeitung der Festigung von Fachsprache dienen. Weitere Möglichkeiten sind in Kap. 18.3 aufgezeigt.

4 Das Übungsblatt. Es dient der Sicherung des längerfristigen Kompetenzerwerbs. Es soll unterschiedliche Aufgaben enthalten, z. B.:
- Pflicht und Kür
- leichte und schwere Aufgaben
- ältere und jüngere Aufgaben
- einfache und komplexe Aufgaben
- Text-, Rechen- und Beschriftungsaufgaben
- Aufgaben in Spiel-Form (Eckert 1980)

Einsatzempfehlungen.
- Bequeme Einsetzbarkeit und breite Verfügbarkeit verführen gern zu einer hohen Foliendichte oder zu einem schnellen Folienwechsel, was Unterricht leicht auf die Ebene von Vorträgen absinken lässt: Monologisierung, Lehrerzentriertheit, unangemessen hohes Tempo, Informationsüberfrachtung.
- Die Verwendung des Computers verleitet ebenfalls zu Fehlern: Schriftgrößen unter 20 Punkt sind nur aus kurzer Distanz ermüdungsfrei lesbar, etwa beim Arbeitsblatt oder wenn Schülerinnen und Schüler selbst am Bildschirm sitzen.
- Handschriftliche Ergänzungen erfordern auf Arbeitsblättern viel mehr Platz als gedruckter Text. Sehen Sie Platz für 20 Punkt große Zeichen vor.
- Des Weiteren ist grundsätzlich eine kräftige, serifen- und schnörkellose Schriftart (z. B. Arial, Calibri) zu empfehlen. Helle Farben kontrastieren

mit der weißen Projektionsfläche schlecht: gelb, braun, orange sollten für die Schrift nach Möglichkeit gemieden werden.

- Weiterhin gelten die gestaltpsychologischen Kriterien (Vertiefung 3).

Fast jede **Applikation,** die in Zusammenhang mit der Tafel erwähnt wurde, lässt sich aus Moosgummi fertigen und auf einer Fläche manipulieren, die mit einer Dokumentenkamera projiziert wird. Insbesondere wenn die Teile einer Applikation passgenau herumgeschoben werden müssen (z. B. bei der Demonstration des Schlüssel-Schloss-Prinzips), sind Materialien mit einer gewissen Höhe besser geeignet als Papierausschnitte.

V

Vertiefung 3: Gestaltungsprinzipien für selbst gestaltete Medien

Für selbst gestaltete Medien kann es sehr hilfreich sein, gestaltpsychologische Kriterien anzuwenden, wie sie auch in Kap. 13.5 beschrieben werden. Wichtige Elemente sind z. B.

- Gesetz der Dynamik von links nach rechts
- Gesetz der Gleichartigkeit:
  - gleiche Farbe suggeriert verwandten Inhalt bzw. gleiche Bedeutung
  - die Form besitzt Bedeutung – so unterscheiden sich im Fließschema für einen technischen Prozess Rauten (Prozessschritte) und Kreise (Produkte)
- Gesetz der objektiven Einstellung: Gebogene Pfeile sollten immer die gleiche Information bieten, z. B. den Weg des Elektronenpaares zu seinem Zielort. Will man auf besondere Stellen im Molekül aus anderem Grund hinweisen, empfiehlt sich die Verwendung einer anderen Farbe.
- Gesetz der Einfachheit: Hierbei sollte beachtet werden, dass eine Abkürzung von unbeteiligten Molekülresten z. B. mit -R, -Ph für eine ungeübte Schülerin oder ein Schüler i. d. R. keine Vereinfachung ist, sondern mehrfacher, ausführlicher Erklärung bedarf. Ebenso müssen verkürzende Schreibweisen für Strukturformeln erst intensiv geübt werden, bevor sie auch für die Schülerinnen und Schüler eine Vereinfachung darstellen.

Ausblick. Elektronische Projektion wird den Unterricht in zunehmendem Maß bestimmen. Der höhere technische Aufwand (Software, Computer, Datenprojektor, Dokumentenkamera) hat die Verfügbarkeit nicht behindert. Die Vorteile der neueren Formen überzeugen im Chemieunterricht besonders durch verbesserte Präsentierformen für manche Experimente, Demonstrationsobjekte und kleinere Modelle.

Das Problem der weniger gut gelungenen Folien hat sich durch Einzug der Präsentationstechnik eher verschärft. Nutzer greifen gern unkritisch auf durch Hersteller der Software angebotene Vorlagen zurück. Präsentationssoftware wurde nicht mit dem Ziel des schulischen, sondern des betriebswirtschaftlichen Einsatzes konzipiert, wobei die Absichten der Präsentation meistens denen von Werbung gleichkommen. Für diesen Zweck sind auch Layoutvorschläge optimiert, die den Zielen des schulischen Einsatzes oft in gravierender Weise widersprechen. Auch führt die nur begrenzte Beherrschung zeichnerischer Möglichkeiten der Software durch Nutzer häufig zu sachlich nicht gerechtfertigten Abstrichen bei der Gestaltung im Dienst didaktischer Maßnahmen.

15.2.4 Interaktive Elemente

Beschreibung. Zu den interaktiven Elementen zählt man zurzeit Umfrage-Systeme. Sie bieten echte Interaktivität, d. h. Informationsfluss in beide Richtungen zwischen einem System und Schülerinnen und Schülern. Zu einem Umfragesystem gehören in der Regel

- ein Eingabegerät, das, je nach Ausstattung, die Eingabe von den Zahlen 0–9 oder alphanumerischen Text erlaubt. Nutzer kontrollieren bei modernen Geräten ihre Eingabe über mehrzeilige Farbdisplays. Das Eingabegerät sendet die Daten.
- ein Empfänger, der an einen Computer angeschlossen ist. Eine spezielle Software ordnet u. U. den Sender einer Schülerin oder einem Schüler zu. Die Antworten aller Teilnehmer an der Umfrage werden gleich graphisch ausgewertet.

Jede Frage einer Umfrage kann mithilfe der Software konfiguriert werden, z. B. ob die Antwort innerhalb einer Zeitspanne kommen muss, oder ob eine simple Ja / Nein-, eine Multiple-Choice- oder eine aufwändigere Texteingabe (z. B. Verhältnisformel oder ein Fachbegriff) erwartet wird.

Ausblick. Es sind Apps für Smartphones in der Erprobung, die plattformunabhängig ähnliche Funktionalitäten wie Umfragesysteme bieten. Andere interaktive Elemente zeichnen sich in der Zusammenarbeit von drahtloser Übertragung von Bildschirminhalten auf Projektionsflächen ab.

15.2.5 Selbst gestaltete Aspekte der Computernutzung

Beschreibung. Der Computer ist durch seine vielfältigen Möglichkeiten medial nicht leicht fassbar. Allerdings liefert uns die gewählte Systematik der Beschreibung eine leistungsfähige Handhabung: Das Wort bezeichnet zunächst ein Gerät, die Hardware

- zum Erstellen von Medien (z. B. Lehrbüchern wie diesem hier, Folien, Arbeitsblättern),
- zum Abspielen von Filmen (z. B. von DVD),
- zum Lesbarmachen von Information der verschiedenen Dienste des Internet, von Arbeitsblättern oder Schulbüchern auf verschiedenen Datenträgern und aus verschiedenen Formaten, zur Präsentation von Medien (z. B. elektronische Folien, Projektionen).

Die Inhalte stammen entweder von Drittanbietern oder werden von Lehrpersonen oder Schülerinnen und Schülern selbst erstellt, was im Folgenden erläutert wird.

Messwerterfassung

Durch die Messwerterfassung können Experimente in den Chemieunterricht integriert werden, die aufgrund der hohen Anzahl an Werten nicht manuell erfasst werden können, zu lange dauern, um in einer Unterrichtsstunde durchgeführt zu werden, oder wenn der Versuch eine möglichst exakte Erfassung der Messwerte erfordert. Beispiele hierfür sind

- die Verfolgung der Reaktion von Magnesium mit Salzsäure über die Änderung des pH-Wertes (manuelle Messung langsam),
- die Bestimmung der Verdunstungswärme verschiedener leichtflüchtiger Stoffe (durch die Zeitersparnis sind mehr Stoffe vergleichbar),
- ein Modellversuch zum Treibhauseffekt (zwei Temperaturen sind gleichzeitig verfolgbar, die Differenz leicht darstellbar).

Die Messwerte müssen im Anschluss an die Versuchsdurchführung ausgewertet werden. Dazu können die Auswertroutinen der Messwerterfassungssysteme genutzt, aber auch das Arbeiten mit einem Tabellenkalkulationsprogramm geübt werden.

Mithilfe der Messwerterfassung können vielseitige Unterrichtsansätze verfolgt werden (Lampe et al. 2015), die ein Aspekt besonders verbindet: Im Gegensatz zu händischer Messwerterfassung stehen bei der computergestützten Variante stets die Daten im Mittelpunkt.

Formel-Editoren

Beschreibung. In Abb. 6 werden Formel-Editoren als Anwenderprogramme eingeordnet. Sie besitzen besondere Bedeutung für das Fach Chemie, weshalb ihre Anwendung kurz beleuchtet wird. Allen Editoren ist gemeinsam, dass alles, was eine chemische Struktur darstellen soll, mit chemischen Werkzeugen gezeichnet werden muss. Auf den ersten Blick sind eine Linie (Zeichenwerkzeug) und eine C-C-Einfachbindung (chemisches Werkzeug) nicht zu unterscheiden, aber das Programm unterscheidet diese beiden Formen. Werden Elementsymbole beispielsweise mit dem Textwerkzeug statt mit dem Elementwerkzeug geschrieben, hat das zur Folge, dass die Struktur nicht mehr als Molekül, sondern als Zeichnung behandelt wird.

Einsatz. Formel-Editoren (auch: Molekülzeichenprogramme), z. B. ChemSketch (ACDLabs 2016), BIOVIA Draw (BIOVIA 2016) oder Struktomat (Prams 2007), können für 2D- oder 3D-Darstellungen eingesetzt werden. Sollen damit zweidimensionale Strukturen oder (falls entsprechende Funktionen zur Verfügung stehen) Laborgeräte gezeichnet werden, liegt der Haupteinsatzbereich sicherlich im Umfeld der Unterrichtsvorbereitung. Wenn die Schülerinnen und Schüler mit dieser Software arbeiten sollen, muss man eine entsprechende Einarbeitungszeit berücksichtigen. Dies kann sicherlich zu Hause geschehen, weil die im Folgenden vorgestellten Programme leicht zu bedienen sind, auch wenn sie nur auf Englisch zu erhalten sind. Damit haben die Jugendlichen in der Regel keine Probleme; es könnte allerdings ungeübte Nutzer abschrecken. Gerade bei weiterführenden Schulen kommt es den Jugendlichen zugute, rechtzeitig mit Formeleditoren zu arbeiten. Auch wenn nur relativ wenige Schülerinnen und Schüler eine Seminar- oder Facharbeit mit chemischen Inhalten verfassen oder später einen chemiebezogenen Beruf anstreben, so fördert der Umgang mit diesen Programmen das Selbstvertrauen, den Computer vielfältig zu nutzen.

Gerade beim Betrachten der submikroskopischen Ebene ist man darauf angewiesen, mit Modellen zu arbeiten. Um räumliche Sachverhalte zeigen zu können, werden in der Regel Molekülbaukästen oder fertige Modelle (z. B. Ionengitter) eingesetzt. Doch wie alle Modelle sind sie in ihrer Funktionalität beschränkt und können nicht alles zeigen, was man gern zeigen möchte. Daher bietet es sich an, zusätzlich zu den Molekülbaukästen computerbasierte, räumliche Moleküldarstellungen einzubinden. Der Vorteil der elektronischen Moleküldarstellungen liegt darin, dass die Darstellung des Moleküls verändert werden kann und somit der Modellcharakter eines Molekülmodells deutlicher wird. So kann z. B. durch die Wahl unterschiedlicher Maßstäbe für Abstand und Radius bei Gittermodellen eine Kugel- in eine Kugel-Stäbchen-Darstellung stufenlos überführt werden. Je nach Fragestellung wird die passende Darstellung ausgewählt, bzw. Schülerinnen und Schüler müssen begründet eine Darstellungsform auswählen. Somit kann deutlich werden, dass es nicht **das eine** richtige Modell eines Moleküls gibt. Zudem lassen sich zusätzliche Informationen wie Lipophilie oder eine elektrostatische Oberfläche anzeigen, um hydrophile / hydrophobe bzw. elektronenreiche oder -arme Bereiche im Molekül zu identifizieren und mit den Eigenschaften der Verbindung in Beziehung zu setzen. Gerade für Makromoleküle bieten die computergestützten Visualisierungen vielfältige Möglichkeiten. So können etwa ein Enzym und sein Substrat oder ein Coenzym in unterschiedlichen Darstellungsformen angezeigt werden. Darüber hinaus können die Sekundär- und Tertiärstruktur eines Proteins unterschiedlich eingefärbt werden, was die Untersuchung der Proteinstruktur wesentlich vereinfacht. Eine der bedeutsamsten Quellen für Protein- und Enzymdarstellungen ist die Protein Data Bank der Research Collaboratory for Structural Bioinformatics (Research Collaboratory for Structural Informatics 2016), die zusätzlich zu den Strukturen viele Fachinformationen zu den jeweiligen Proteinen und Enzymen bereitstellt.

WebQuests

Oft wird der Computer dazu genutzt, um Informationen aus dem Internet zugänglich zu machen und sie bei der Vermittlung neuer Inhalte zu nutzen. Falls die Schülerinnen und Schüler nach Informationen suchen sollen, die ihnen mehr oder weniger unbekannt sind, beinhaltet das Vorgehen die Gefahr, dass sie nur schlecht oder gar nicht beurteilen können, ob die von ihnen gefundenen Informationen auch korrekt sind. Auf der anderen Seite sollen Schülerinnen und Schüler gerade lernen, gute von schlechten Quellen zu unterscheiden; es sollte also nicht auf Internetrecherchen verzichtet werden. Zudem sind über das Internet Originalquellen sowie aktuelle Informationen zugänglich, die in Büchern nur mit Zeitverzögerung nachgelesen werden können; als Beispiel sind aktuelle Umweltdaten zu Chemikalien zu nennen. Um nicht auf die Internetrecherche verzichten zu müssen und gleichzeitig Schülerinnen und Schülern eine Chance zu geben, gute Informationen zu finden, ist ein WebQuest die optimale Lösung; sie wurden von Dodge (1997) erstmals vorgestellt und von Moser (2000) weiterentwickelt.

Ein wesentlicher Unterschied zwischen einer unstrukturierten Internetrecherche und einem WebQuest besteht darin, dass der Schwerpunkt der Arbeit auf der Informationsverarbeitung und -aufbereitung liegt und nicht auf der Informationssuche, denn die Internetquellen werden während der Vorbereitung des WebQuests von der Lehrkraft ausgewählt; werden andere Quellen verwendet, müssen die Gruppen zunächst mithilfe der vorgegebenen prüfen, ob die Informationen korrekt sind. WebQuests enthalten in der Regel umfangreichere Arbeitsaufträge, die das Klassifizieren, Analysieren, Umstrukturieren, Verknüpfen und Aufbereiten der Informationen erfordern. Aus diesem Ansatz resultiert, dass die Kleingruppen kooperativ arbeiten müssen (Schöpf 2003). Das Wissen wird in eigenständiger, individueller Arbeit in einem situativen Lernprozess konstruiert (Gerber 2003), was dem konstruktivistischen Bild des Lernens entspricht (Fiedler 2002). Der Einsatz eines WebQuests kann also insgesamt dazu dienen, die Kompetenzen von Schülerinnen und Schülern, vor allem im Bereich der Kommunikation und Lernorganisation, weiterzuentwickeln (Wagner 2004).

Im Sinne der Medienerziehung ist es durchaus sinnvoll, Quellen wie Lexika, Zeitungsartikel oder Experimente in ein WebQuest einzuarbeiten. Auf diese Weise können Schülerinnen und Schüler erfahren, wie man mit allen gängigen Informationsquellen arbeitet, und sie sind nicht auf das Internet als Informationsquelle fixiert. Auch wenn mit Internetquellen gearbeitet wird, so muss das WebQuest nicht unbedingt in HTML geschrieben oder gar aufwändig gestaltet sein. Man kann genauso gut ein Textdokument einsetzen, wenn die eingefügten Links aktiv sind.

15.3 Vorwiegend fremd gestaltete Unterrichtsmedien

Fremdgestaltete Medien sind vorkonzipiert und bedürfen deswegen einer intensiven vorbereitenden Reflexion. Sie übernehmen unweigerlich Lehrerfunktionen, indem sie von sich aus Informationen im Sinn bestimmter didaktischer Absichten liefern und mischen sich in die Methodenwahl ein, indem sie Sinnzusammenhänge herstellen oder Vorgehensfolgen festlegen. Meyer (1993) spricht von „‚tiefgefrorenen' Lernarrangements", die „durch das methodische Handeln des Lehrers und der Schüler ‚aufgetaut' werden" müssen.

Fremdgestaltete Medien sind **wertvoll.** Man ist sich zwar einig, dass Lehrpersonen für den Unterricht unverzichtbar sind. Setzt man die Betonung aber etwas anders ein – **eine** Lehrperson –, so erhält das fremdgestaltete Medium auch die Funktion, allzu stark dominierende, lehrerspezifische und eventuell eingeschränkte Methodenwahl zu relativieren.

15.3.1 Das Schulbuch

Beschreibung. Schulministerien definieren das Schulbuch etwa wie folgt (naturgemäß jedes Bundesland etwas anders):
„§ 4 (1) [1]Schulbücher sind ... Druckerzeugnisse, die

1 eigens für Unterrichtszwecke zur Erreichung der in den Lehrplänen festgelegten Lernziele herausgegeben sind,
2 die zum Lernergebnis führenden Überlegungen, Ab- und Herleitungen darlegen,
3 als Lehr- und Nachschlagewerk dienen und
4 für ein bestimmtes Unterrichtsfach den gesamten Stoff eines Schuljahres oder Halbjahreskurses enthalten ...

[2]Die Schulbücher müssen nach ihrer äußeren Beschaffenheit für einen mehrjährigen Gebrauch geeignet sein. [3]Sie dürfen insbesondere keinen Raum für Eintragungen durch den Schüler vorsehen. ...“ (Land Bayern 2008).

Schulbücher durchlaufen ein Genehmigungsverfahren der Schulministerien in den Bundesländern, in denen sie zugelassen werden sollen. Keine Schulbücher im gesetzlichen Sinn sind **Lehrerhandbücher.** Vom Schulbuch abzugrenzen sind Arbeitsblatt-, Daten-, Formel- und Experimente-Sammlungen sowie Repetitorien.

„§ 2 (1) Arbeitshefte und Arbeitsblätter sind Druckerzeugnisse, welche nicht die Aufgabe eines Schulbuches ganz oder teilweise erfüllen sollen, sondern den Zweck haben, durch Aufbereitung, Wiederholung und Vertiefung des in den Schulbüchern zu behandelnden Stoffes zur Erreichung des Lernzieles beizutragen“ (Bayerisches Schulfinanzierungsgesetz 2000). Somit fallen sie nicht unter die Lernmittelfreiheit. Bezüglich des Stoffumfanges unterscheidet Bamberger (1988):

Das **Maximum-Lehrbuch**. Hierzu werden die meisten der heute verwendeten Bücher gezählt, sofern sie Lehrpersonen Auswahlmöglichkeiten bieten. Es kann passieren, dass es Lehrpersonen und Schülerinnen und Schülern schwerfällt, grundlegende Inhalte von Erweiterungen zu unterscheiden.

Das **Minimum-Lehrbuch** erleichtert Schülerinnen und Schülern das Unterscheiden von Wichtigem und Unwichtigem. Stoffkürzung wird durch Lehrpersonen aber oft als Niveausenkung missverstanden, sodass diese Variante kaum Verbreitung findet.

Das **Schulbuch** unterstützt eher die Schülerzentrierung: Wenn damit gearbeitet wird, ist die Aufmerksamkeit jedes Einzelnen weniger auf einen zentralen Punkt (Tafel, Projektionsfläche, Lehrpersonen) als auf das persönliche Buchexemplar gerichtet.

Ein gutes Schulbuch im Fach Chemie muss auf die Lehrpläne des zutreffenden Bundeslandes abgestimmt, fachlich und sachlich richtig, adressatengerecht und ansprechend gestaltet sein. Es sollte alle Kompetenzbereiche berücksichtigen und Möglichkeiten zum experimentellen Erkenntnisgewinn aufzeigen. Zudem sollte eine umfassende didaktische Konzeption erkennbar bleiben sowie Möglichkeiten zum Üben und Anwenden bieten.

Einsatz. Das Schulbuch ist als einziges Medium in den meisten Bundesländern lernmittelfrei und steht somit Schülerinnen und Schülern jederzeit und kostenlos zur Verfügung (Bayerisches Schulfinanzierungsgesetz 2000).

- Es bietet eine mittlere Informationsdichte. Neben linearem Text stehen statische Grafiken und Farbbilder zur Verfügung (Vertiefung 4). Die Geschwindigkeit, mit der Information aufgenommen werden muss, ist voll und ganz durch den Benutzer steuerbar: Wenn schnell und konzentriert gelesen wird, ist sie verhältnismäßig hoch, wird nur überflogen oder langsam gelesen, ist sie niedrig. Die Informationsdichte kann sich erhöhen, sobald elektronische Schulbücher erscheinen: In diesem Fall könnte der Text verzweigt angeboten werden (Hypertext), Grafiken könnten teilweise animiert und einige Bilder durch Videosequenzen hoher Informationsdichte ersetzt werden. Dennoch hätte der Benutzer stets die Kontrolle: Er würde entscheiden, ob er einer Verzweigung folgt oder die Animation bzw. das Video startet und er könnte letzteres stets selbst anhalten, rückwärtslaufen lassen und / oder wiederholen.

V

Vertiefung 4: Gestaltungs- bzw. Strukturelemente von Schülerbüchern (nach Meyendorf 1974 und Sujew 1986)

Bei den Gestaltungs- bzw. Strukturelementen von Schulbüchern unterscheidet man Texte und außertextliche Komponenten.

Die Kategorie **Texte** lässt sich in Grundtexte (Texte mit grundlegenden Begriffen und Zusammenhängen, Merkstoff, Einleitungstext) und Ergänzungstexte (festigen bzw. vertiefen die Aussagen des Grundtextes durch z. B. Infotexte, Arbeitsaufträge) unterteilen.

Die Kategorie **außertextliche Komponenten** umfasst den Apparat zur Organisation der Aneignung (AOA; Tabellen, Experimentierbeschreibungen, Aufgaben und Fragen), Illustrationsmaterial (z. B. bildhafte, schematische und grafische Darstellungsformen sowie fachwissenschaftliche Zeichen) und den Orientierungsapparat (OA; Vorwort, Inhaltsverzeichnis, Stichwortverzeichnis und Anhang).

- Das Schulbuch erfüllt Einstiegs- und Stimulationsfunktionen, weil es eine jederzeit verfügbare Quelle für lehrplanbezogene Farbbilder, professionell gestaltete Schemazeichnungen (z. B. Hochofen) oder historische Texte und Bilder darstellt.
- In der Informationsphase dient es ebenfalls als mögliche Quelle für Abbildungen sowie Zahlenmaterial (z. B. Fest- und Siedepunkte von Alkenen). Das gleiche Material kann in der Festigungsphase unter anderen didaktischen Gesichtspunkten verwendet werden. Gute Schulbücher bieten darüber hinaus Zusammenfassungen von Basiskompetenzen, Concept Maps, vielfältige Übungsaufgaben mit Hinweisen zur Lösung oder Anregungen für Transfer.
- In Erarbeitungsphasen steht das Arbeiten mit Experimenten, Diagrammen und Tabellen im Dienst des Kompetenzerwerbs aus dem Bereich Erkenntnisgewinnung.
- Die Experimentbeschreibungen und Aufbauskizzen dienen als Anregungen und Vorbereitung von experimentellem Vorgehen, teilweise auch als sichere Anleitungen für selbstständige, explorative Schülerübungen.

- Manchmal werden auch die Steuerungs- und Strukturierungsfunktion (Bamberger 1988) betont: Das Schulbuch gibt Anregungen zur Unterrichtsplanung durch Einteilung in Kapitel, Gewichtung des Inhaltes etwa durch das Angebot an Beispielen sowie die Formulierung von Merksätzen oder Erfolgskontrollen.
- Fächerunabhängige Arbeitstechniken stehen auch im Dienst der Kompetenzbereiche Erkenntnisgewinnung und Kommunikation. Typisch wissenschaftliche Arbeitsweisen werden dann unterstützt, wenn das Arbeiten mit Begriffsdefinitionen, das Benutzen von Inhalts-, Stichwort- und Quellenverzeichnis oder Glossar eingeübt wird.
- Für die Nacharbeit zu Hause und die Vorbereitung von Schülerinnen und Schülern auf Prüfungssituationen ist das Schulbuch zusammen mit dem Schülerheft die verlässlichste Informationsbasis.

V

Vertiefung 5: Verwendung von Schulbüchern

Beerenwinkel et al. (2007) untersuchten die Nutzung von Schulbüchern durch die Lehrkräfte. Insgesamt nutzen 80 % der Lehrkräfte die Schulbücher zur Vorbereitung neuer Unterrichtseinheiten; nur der Lehrplan wurde noch häufiger genannt. Aus Schulbüchern holen sich Lehrpersonen bevorzugt Anregungen für Kontexte und Anwendungsbeispiele, für Hausaufgaben und sie nutzen sie als Hilfestellung bei der Auswahl von Inhalten (Härtig et al. 2012). Bezogen auf den Unterricht zeigten Bamberger & Boyer (1988), dass Lehrkräfte Schulbücher eher selten direkt im Unterricht einsetzen.

Ausblick. Das papierene Schulbuch (Vertiefung 5) erhält Konkurrenz. Elektronische Schulbücher können die Vorteile von Hypertext, nämlich Vernetzung mit Lexika, Grundwissens-Sammlungen, weiterführenden oder alternative Informationen aus dem WWW (Lernvideos, s. u.) und die Navigation innerhalb des Buches nutzen.

15.3.2 Fremdgestaltete Aspekte der Computernutzung: Lehr- und Lernprogramme

Beschreibung. Lehr- und Lernprogramme sind als Programmgattung viel eher als eigenständige Medien zu behandeln als der Computer. Abbildung 6 stellt eine Typisierung von Anwenderprogrammen dar. Dabei nimmt die Komplexität der Struktur und Funktion im Lehr-Lern-Prozess von oben nach unten zu.

Elektronische Bücher sind nichts anderes als der Inhalt eines herkömmlichen Buches auf einem anderen Informationsträger, wobei den hohen Gerätekosten und Bedienproblemen einsteigender Schülerinnen und Schüler

Vorteile beim Blättern und Suchen (Hypertext) sowie Gewichts- und Raumersparnis gegenüberstehen. Beispiele: CD-Römpp (Chemie-Lexikon) und elektronische Varianten des PSE. Das Potenzial an multimedialen Angeboten wird in der Praxis bei Weitem noch nicht ausgeschöpft: Verlinkte Videos und z. B. pseudo-3D-Darstellungen fehlen, genauso wie Links zu Übungen/Lösungen und weiterführender Information.

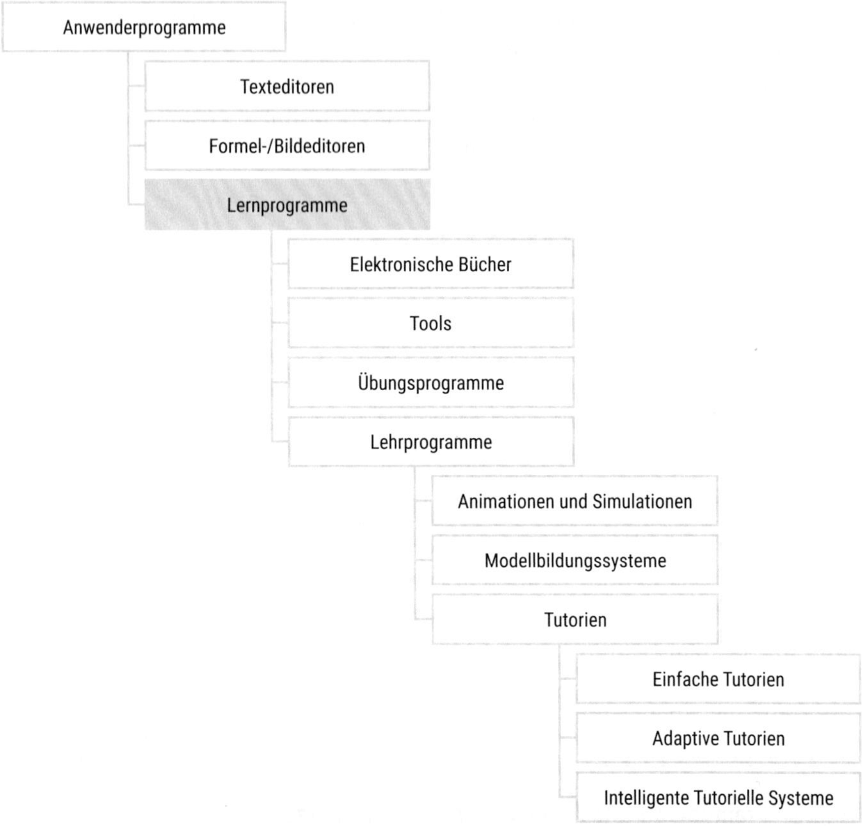

Abb. 6: Einordnung und Typen von Anwenderprogrammen in Anlehnung an Kleinschroth (1996)

Tools sind Programme, die dem Nutzer (komplizierte) Berechnungen abnehmen, dem Lernen aber nur indirekt dienen, indem z. B. Formeln mit verschieden eingesetzten Werten berechnet werden. Bei der Frage, wie die Ausgangswerte das Ergebnis beeinflussen, wird der Nutzer nicht unterstützt. Beispiele: MolGen berechnet Strukturisomere zu einer gegebenen Molekülformel, SPARTAN unterschiedliche Modellansichten zu Molekülen, OrbitalViewer Orbital- und LCAO-Funktionen.

Übungsprogramme (learnware, drill-and-practice) geben bereits einfache Rückmeldungen der Art „falsch" und „richtig" und liefern z. B. Serien von Übungen. Am besten funktionieren Nomenklaturübungen in der organischen Chemie, z. B. im Vernetzten Studium – Chemie (Gasteiger & Schunk 2002). Erst die **Lehrprogramme** (teachware) zeigen mehrere Elemente des Unterrichts, z. B. für eine relativ klar definierte Zielgruppe, für die Verwendung spezifischer Methoden, den Methodenwechsel, für Lern- und Festigungsphasen, Erfolgskontrollen, Auslöschungsphasen, Übungsaufgaben ..., sodass Schülerinnen und Schüler sich mit dieser Art von Software einen klar umrissenen, noch unbekannten Inhalt allein erarbeiten können.

Animationen und Simulationen. Sollen Prozesse, Experimente oder Reaktionsmechanismen zeitabhängig und interaktiv visualisiert werden, können Animationen und Simulationen eingesetzt werden (s. Kap. 14: Modelle und Modellexperimente im Chemieunterricht). Der Unterschied zwischen beiden Formen besteht darin, dass bei Simulationen die Reaktionsparameter durch den Nutzer verändert werden können, während Animationen eher interaktiven Trickfilmen ähneln. Will man Animationen mit Experimenten kombinieren, so können sie folgende Funktionen haben:
- Veranschaulichung des zeitlichen Ablaufs von Reaktionsmechanismen
- Visualisierungen von Experimenten auf Teilchenebene

Darüber hinaus können Animationen und Simulationen eingesetzt werden, wenn kein Experiment durchgeführt werden kann, um einen Sachverhalt zu verdeutlichen, etwa wenn
- aufgrund der Sicherheitsbestimmungen das entsprechende Experiment nicht durchgeführt werden darf,
- der Kostenaufwand für das Experiment zu groß ist, und / oder
- die erforderliche Ausstattung für das Experiment nicht vorhanden ist.

Der Einsatz von Animationen, welche die Teilchenstrukturen darstellen, kann das Modelldenken von Schülerinnen und Schülern fördern und helfen, die makroskopische und submikroskopische Ebene besser voneinander zu trennen. Doch es ist Vorsicht geboten: Gerade Animationen, die Experimente visualisieren, müssen so gestaltet sein, dass die makroskopische und die submikroskopische Ebene nicht vermischt werden, was leider oft der Fall ist. Darum muss bei der Auswahl von Animationen aus dem Internet besonders darauf geachtet werden, dass sie fachlich korrekt sind und nicht dazu beitragen, fachlich nicht belastbare Konzepte zu unterstützen. In Abbildung 7 (oben) ist ein Bild aus einer Animationen zu sehen, das die makroskopische und submikroskopische Ebene vermischt und damit entsprechende Mischvorstellungen bei Schülerinnen und Schülern fördern kann. Das untere Bild in Abbildung 7 zeigt einen Vorschlag, wie eine Animation gestaltet werden könnte, die sich in Bezug auf die an der Reaktion beteiligten Stoffe primär auf die Teilchenebene beschränkt.

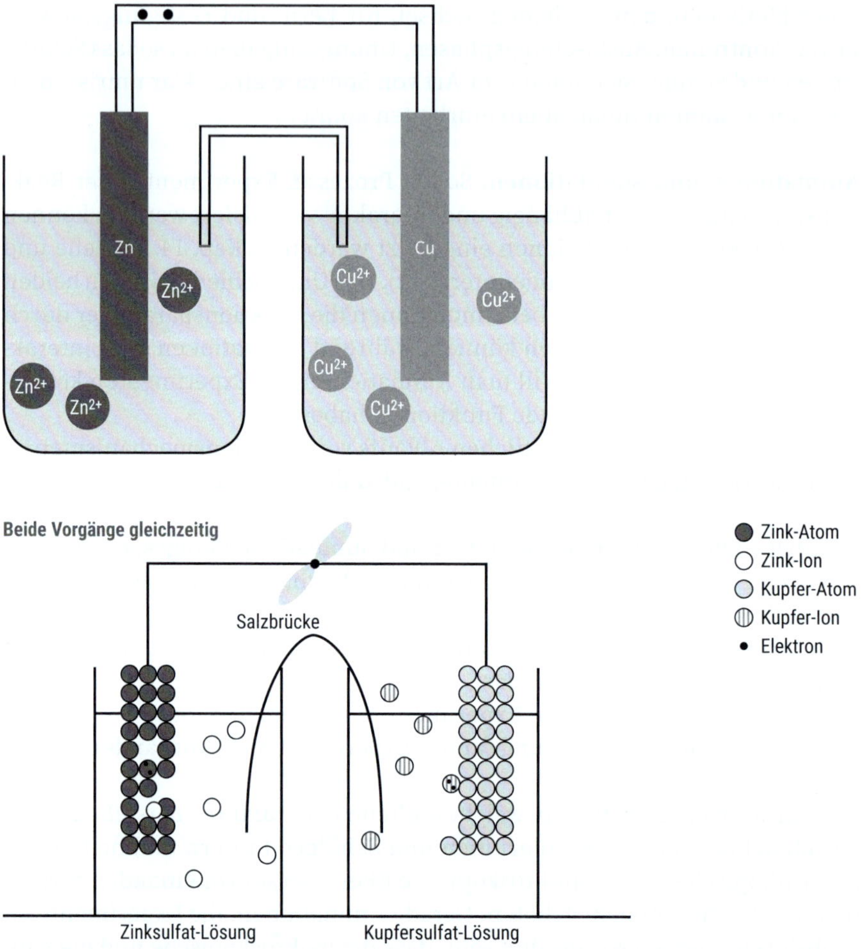

Abb. 7: Beispiel einer Animation, die fachlich nicht belastbare Konzepte fördern kann (oben: Chemgapedia 2016) sowie ein Gestaltungsvorschlag, der primär die Teilchenebene betrachtet (unten: Pietzner 2017).

Simulationen erlauben es, die Parameter von Systemen wie Temperatur oder Druck zu verändern. Dieses Spielen mit einer Reaktion im Sinne eines Wenn/Dann-Szenarios ist in der Regel unter schulischen Bedingungen nicht zu leisten. Simulationen hingegen liefern im Allgemeinen schnelle Ergebnisse und haben das Potenzial, ein vertieftes Verständnis vom Einfluss der Reaktionsbedingungen auf die Reaktion zu fördern. Ein einfaches Beispiel für eine Simulation ist die Brown'sche Molekularbewegung (Pietzner 2010).

In **Modellbildungssystemen** werden die Regeln, die einem System oder einer Simulation zugrunde liegen, erst erarbeitet. Sie führen, wie der Name sagt, zu einer Modellvorstellung zur untersuchten Thematik. Wie in der Physik ließe sich DYNASYS auch in der Chemie gewinnbringend einsetzen (radioaktiver Zerfall, chemisches Gleichgewicht, Titrationen u. Ä.).

Tutorien wiederum sind schulspezifischer: Sie betreuen Schülerinnen und Schüler in umfangreicherer Weise. **Einfache Tutorien** sind strenggeführte Lehrgänge durch einen Inhalt, ergänzt durch Navigationshilfen, Hintergrundinformation und interaktive Elemente. **Adaptive Tutorien** und **Intelligente Tutorielle Systeme (ITS)** erlauben Schülerinnen und Schülern individuelle Lernwege und stellen sich auf Vorkenntnisse, benutzertypische Fehler und Lernfortschritt automatisch ein. Sie können im optimalen Fall den einfache Methoden benutzenden Lehrer bei begrenzten Inhaltsgebieten ersetzen. Die zugrundeliegenden, anspruchsvollen Techniken befinden sich aber noch im Entwicklungsstadium.

Ein gutes Lehrprogramm sollte den gleichen methodischen Grundsätzen folgen, die für lehrergeführten Unterricht gelten. Die Übergänge zwischen den Kategorien sind fließend.

Lehrprogramme sind in gewisser Weise mit dem Schulbuch zu vergleichen, obwohl der Informationsträger ein anderer (DVD, eine Festplatte an einem Server irgendwo) ist. Die didaktische Intention ist aber die gleiche, nämlich zu einem (i. d. R. stärker begrenzten) Thema einen abgeschlossenen Lehrgang zu bieten. In diesem Sinn handelt es sich genauso um fremdgestaltete Medien.

Einsatz. Es gelten zunächst die gleichen Grundsätze, die schon beim Schulbuch beschrieben wurden. Zusätzlich tun sich neue Möglichkeiten auf, die ihren didaktischen Preis haben:

- **Hypertext** erleichtert das Blättern und das Zugreifen auf Hintergrundinformation, kann aber bei geringer Disziplin vom Lernweg bald ablenken.
- Das **Navigieren** ist zwar bequemer, erfordert aber ein Mindestmaß an Fertigkeiten zur Bedienung eines Computers, seines Betriebssystems und gegebenenfalls der Lernumgebung (andere Funktion der Mausklicks, Verschieben von Scrollbars, Bedeutung von Symbolen).
- Neue, effektive **Visualisierungshilfen** (Animationen, pseudo-3D-Formeln, Videosequenzen) sind zugänglich, wollen aber fachgerecht bedient werden (rechte Maustaste, Optionen einstellen, PlugIns installieren ...).

15.3.3 Statische Bilder

Beschreibung. Statische Bilder sind Fotos und Grafiken. In allen Fällen handelt es sich um Medien geringer Informationsdichte, da Bewegung und Ton fehlen.

Diapositive sind aus der Praxis von Lehrpersonen so gut wie verschwunden, genauso wie die Technik des Projizierens von Papierbildern über Episkope. Beide sind durch die Projektion mithilfe von **Dokumentenkameras** (Visualizer) oder **Präsentations-Programmen** (bei Serien) ersetzt worden.

Einsatz. Statische Bilder sind recht methodenneutral: Lehrpersonen können nach Belieben ein einzelnes Bild in eine frontale Situation einbauen (vergleiche Tafel) oder auch nicht.

Von **Vorteil** ist

- die kurze technische Vorbereitungszeit,
- der günstige Preis für Gerät und Träger, da Projektionsvorlagen selbst herstellbar sind,
- das allein durch den Nutzer bestimmbare Präsentationstempo,
- das einfach zu realisierende Unterbrechen der Präsentation für Ergänzungen, Wiederholungen, Klärung von Zwischenfragen ...,
- die flexible Reihenfolge und Auswahl, etwa zum Einsatz gleicher Thematiken in Parallelklassen bzw. unterschiedlichen Jahrgangsstufen,
- die prinzipielle Möglichkeit, diese Medien selbst herzustellen und
- die Projizierbarkeit von Realexperimenten.

Moderne lichtstarke Projektoren machen ein Abdunkeln des Raumes in der Regel überflüssig.

Einsatz und Ausblick. Hohe Anschaffungskosten für Medien (Dia-Serien, Folien-Serien) gehören der Vergangenheit an. Es gilt, die Haftungsbestimmungen für Bildmaterial aus dem WWW zu beachten.

15.3.4 Bewegte Bilder

Beschreibung. Bewegte und ggf. vertonte Bilder sind Medien von hoher Informationsdichte. Aus diesem Grund soll im Folgenden die Bezeichnung Film im Sinn von bewegten Bildern verwendet werden, unabhängig vom aktuellen Träger. 8-mm- und 16-mm-Filme sind verschwunden, genauso Video-Bänder (VHS).

Die neueste Technik ist Streaming bzw. Download von digitalisierten bewegten Bildern aus Datenbanken (Mebis) oder von Bildungsservern und Landesmedienzentren der Bundesländer. Nach Registrierung sind neben Unterrichtsfilmen auch andere digitale Angebote nutzbar. Neu sind **Lernvideos** (auch PSV, problem solving video), wobei es sich um teilweise einfache, selbst gemachte Videos handelt, oft auf YouTube frei angeboten, in denen es um das Lösen einer (Rechen-)Aufgabe oder eine vorgetragene Lektion geht. Der Einsatz in der Schule ist aus Urheber- und Schulrechtsgründen nicht problemlos.

Einsatz. Bewegte Bilder eignen sich für alle didaktischen Orte. Lehrpersonen müssen sich aber dessen bewusst sein, dass dann das Medium weitgehend die Methode bestimmt, außer, man verwendet gezielt Ausschnitte. Besondere Leistungen entwickelt der Film durch die verwendeten **spezifischen Techniken:**
- Zeitlupe (verlangsamte Explosionen)
- Zeitraffer (stark beschleunigte Korrosionsvorgänge)
- Trickaufnahmen (Vorstellung vom Ablauf des SN1-Mechanismus)

Ansonsten dient er häufig als **Ersatz für die Wirklichkeit:**
- Betriebsbesichtigung sind nicht immer möglich (Halbleiterproduktion, Diamantenförderung).
- Historische Begebenheiten sind prinzipiell nicht wiederholbar (Atombombenexplosion über Hiroshima, Ausbringen von DDT mit der Hand).
- Sehr teure oder gefährliche Experimente sind im Unterricht selten bzw. verbieten sich (Verbrennung von Diamanten in Sauerstoff, Reaktionen mit Fluor).
- Schwierig durchzuführende Experimente (Enzymreaktionen) gelingen im Film immer.

Der Unterrichtsfilm ist durch seine Nähe zum Spielfilm ein sehr attraktives Medium und verleitet Schülerinnen und Schüler zur rezeptiven Haltung. Arbeitsaufträge und ein relativ kurzschrittiges Vorgehen stellen sicher, dass sich ihre Aufmerksamkeit auf das Lehrziel konzentriert. Der Aufwand wird geringer und die Einsatzmöglichkeiten vielfältiger, je moderner die Abspieltechnik ist.

Lernvideos sind, trotz ihrer meist bescheidenen Methodik, bei Schülerinnen und Schülern besonders zur Vorbereitung auf Prüfungen beliebter als das Schulbuch, da sie durch die Verfügbarkeit im WWW überall und jederzeit mit Smartphones abrufbar sind und durch die vortragende Person in gewisser Weise einen Privatlehrer simulieren (Richards-Babb et al. 2014).

Ausblick. Es gehört zu den größten Sorgen von Bibliotheken und Bildstellen, dass sich Speicher- und Abspieltechniken – und damit die Informationsträger – zunehmend schnell ändern. Wird ein Buch aus dem 18. Jahrhundert vermutlich in 100 Jahren auch noch lesbar sein, ist das für Bildplatten und Videokassetten heute schon nicht sicher.

V

Vertiefung 6: Geformte Materialien

Beschreibung. Besonders bei offeneren Unterrichtsmethoden (z. B. Lernzirkel, Freiarbeit, SOL oder kooperativem Lernen) kommen Medienformen zum Einsatz, die in herkömmliche Kategorien (Film, Lernprogramm, Modell) nicht hineinpassen. Seilnacht (2016) und Wagner (2016b) formulieren in Anlehnung an Klafki bzw. Montessori eine Reihe von Anforderungen an solche Medien:

- Bezogen auf die **Information:**
  - Jeder Posten enthält Informationsmaterial (statische und bewegte Bilder, lineare und verzweigte Texte).
  - Inhalte der Chemie werden nach Möglichkeit auf beiden Erkenntnisebenen, der makroskopischen Stoffebene als Experiment und der submikroskopischen Teilchenebene mithilfe von Modellen, angeboten.
- Bezogen auf die **Ausführung** (Gerät):
  - Die äußere Beschaffenheit sollte ästhetisch ansprechend sein.
  - Es sollte eine Arbeitsanleitung enthalten sein, die eine selbstständige Bearbeitung der Aufgaben ohne fremde Hilfe ermöglicht (z. B. mehrteiliges Arbeitsblatt).
  - Jeder Posten ist in einem stabilen Kasten untergebracht (transparente Kunststoffbox, Holzkiste, Falzkarton) und enthält Arbeits-, Experimentier- oder Spielmaterial, Material zur Erfolgskontrolle, die nötigen Anleitungen und eine Inventarliste auf dem Deckel oder im Kasten.
- Bezogen auf die **didaktische Absicht**: Das Material sollte
  - einen Themeninhalt exemplarisch darstellen,
  - Selbstkontrolle ermöglichen,
  - je Posten nur ein Lehrziel (Feinziel) oder ein Problem behandeln (Isolierung der Schwierigkeiten),
  - alle Sinne, vor allem den Tast- und Greifsinn, ansprechen,
  - sich an einem festen Ort befinden,
  - nur einmal vorhanden sein (nach Maria Montessori fördert dies die Kooperation, weil sich Schülerinnen und Schüler dann untereinander absprechen müssen, wer was macht).
- Zu einem Thema sollten unterschiedliche Materialangebote aus verschiedenen Anforderungsbereichen vorliegen, damit eine individuelle Differenzierung gewährleistet ist (Wagner 2016b)

In den letzten Jahren sind Erfahrungskisten nach obigem Muster durch Lehrpersonen und Studierende entwickelt und im Unterricht erprobt worden (Wagner, 2016b). In der Praxis stoßen manche der Anforderungen dann auf Schwierigkeiten, wenn nicht konsequent offenere Unterrichtsformen (SOL, Wochenplanarbeit, Freiarbeit) vorherrschen. Bei einer 45-Minuten-Taktung und dem Anspruch, die Schülerinnen und Schüler im Gleichschritt zu führen, sind manche der Vorgaben nicht einzuhalten: Klassensätze von Erfahrungskisten treiben die Kosten in unerreichbare Höhen, wenn sich die Materialkosten für einen 30-Minuten-Unterricht (8–10 Kisten für 3er-Gruppen zu je 30–50 €) schnell auf 400 € und mehr belaufen.

Vergleicht man diese Medienbeschreibung mit derjenigen in Kapitel 15.1, erkennt man schnell, dass diese Medienform am ehesten die Bezeichnung multimedial verdient: Arbeitsblatt und Modell, Bild, Video und Experiment sind zu einer Einheit verbunden. Wieso sind geformte Materialien dann geformt? Wieso zählen sie als eigenständiges Medium? Entscheidend ist die stille Aufforderung, die von dem Material ausgeht, das didaktische Konzept der Zusammenstellung. „Nicht die Dinge auf einen Begriff zu bringen, sondern die Begriffe auf Dinge zu übertragen, darin liegt das Besondere ..." (Barke et al. 2015). Schülerinnen und Schüler erkennen das Konzept intuitiv, sie fühlen sich von den Materialien (Montessori nennt sie nicht Medien) angesprochen.

Beispiel. Im Anfangsunterricht Chemie kann man Schülerinnen und Schüler schon dadurch zur Auseinandersetzung mit Stoffen animieren, dass ihnen Zucker, Kochsalz und Zitronensäure zur Verfügung gestellt werden. Sie werden die Stoffe mit ihren Sinnen untersuchen. Die Erlaubnis, zu schmecken, dient allein der Sicherheitserziehung. Für weitergehende Untersuchungen stehen mehrere Gläser mit Wasser und ein Teelicht bereit. Die Aufforderung des Wassers ist noch verständlich, da nahe an Alltagserfahrungen: Das Löseverhalten wird verglichen. Zum Teelicht benötigen Schülerinnen und Schüler die Bedienanleitung, wie man aus Alu-Folie Rinnen faltet und darin kleine Stoffportionen erhitzt. Es entsteht ein recht umfangreicher Steckbrief für die Stoffe, ohne dass Schülerinnen und Schüler den Eindruck haben, nur eine vorbereitete Checkliste abgehakt zu haben.

Einsatz. Geformte Materialien bedingen einen offenen, stark schülerzentrierten Unterricht. Sie „... ermöglichen dem Kind, nach einem Ding zu greifen und in diesem Griff unversehens einen Begriff zu entdecken" (Barke et al. 2015). Man geht davon aus, dass diese Medienart katalytische Funktionen erfüllt, die helfen, Fähigkeiten und Fertigkeiten zu entfalten, sobald Schülerinnen und Schüler dafür bereit und reif sind.

15.4 Digitale Unterrichtsmedien und Multimediakompetenz

Der Begriff digitale Medien hat mittlerweile den mit Recht veralteten Begriff der Neuen Medien abgelöst, denn erste Ansätze zur Nutzung computerbasierter Medien in Deutschland finden sich in der Literatur bereits in den

1970er-Jahren (Pietzner 2014). Darüber hinaus hat sich das Spektrum digitaler Medien deutlich erweitert; standen in der Vergangenheit ausschließlich Desktop-PCs zur Verfügung, kann man zur Unterrichtsgestaltung mittlerweile zusätzlich auf Laptops, Netbooks, Tablet-PCs oder Smartphones zurückgreifen, die zusätzlich miteinander vernetzbar sind, was einen leichten Datenaustausch ermöglicht.

Das Bildungswesen hat die Aufgabe, für das Leben und Arbeiten in der Informationsgesellschaft vorzubereiten und zu qualifizieren; dazu muss es selbst die erforderlichen Voraussetzungen erfüllen: Es muss seine eigenen Strukturen und die Curricula flexibel an die gesellschaftlichen und technischen Entwicklungen anpassen, die technischen Voraussetzungen (Computerausstattung, Netzzugänge, Software-Angebote) müssen vorhanden sein, die Lehrpersonen müssen über die erforderliche Kompetenz verfügen. Alle diese Voraussetzungen sind zurzeit (noch) nicht gegeben.

Ein wichtiges Bildungsziel stellt die **Medienkompetenz** dar, über die auch Lehrpersonen verfügen müssen. Dazu gehört das Wissen über die fachspezifischen Leistungen von Medien und Möglichkeiten des abwechslungsreichen, methodengeleiteten Einsatzes. Medienkompetenz bei Schülerinnen und Schülern kann nicht mehr auf die Benutzung und den Einfluss der Massenmedien beschränkt bleiben, schon weil sich Massenmedien zunehmend weniger von Unterrichtsmedien unterscheiden werden. In Abbildung 8 sind die verschiedenen Stufen der Medienkompetenz dargestellt.

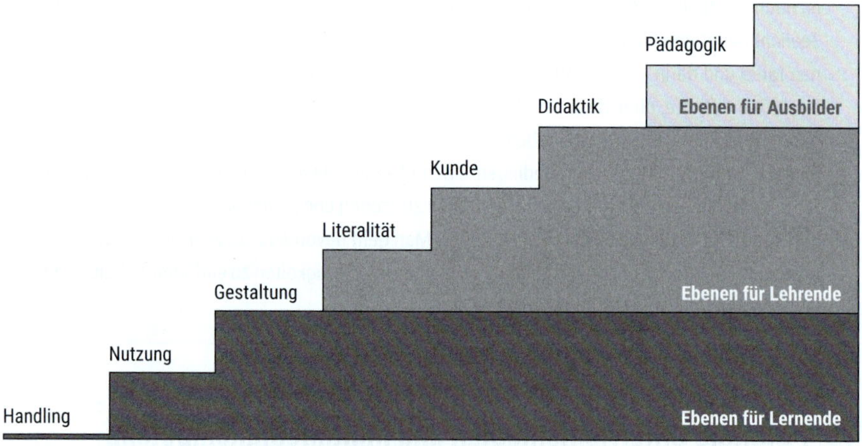

Abb. 8: Stufen der Medienkompetenz (nach Sacher 2000)

Handling bezeichnet allein das sachgerechte Bedienen, z. B. Doppelklicken, Ziehen, Schließen ...

Nutzung schließt die Fähigkeit zur vernünftigen Auswahl, den Überblick über das Angebot, Bedenken von Wirkungen, Überprüfung der Botschaft und das Reflektieren des Konsums ein. Diese Stufe sollten mündige Schülerinnen und Schüler erreichen.
Gestaltung bezieht sich auf die unterrichtsthematische Ausformung, das fachgerechte Abändern bereits konzipierter Medien (Arbeitsblätter, Folien) im Dienst eines geänderten Lehrzieles.
Literalität weitet die Kenntnisse auf Beherrschung der Gestaltungsmöglichkeiten und das Verständnis des Zusammenhangs zwischen Inhalt und Form aus.
Medienkunde ergänzt die Kenntnisse durch solche aus Mediengeschichte, -technik, -wirkung und -recht. Lehrpersonen, die kompetent Folien, Arbeitsblätter, Dias oder Filme selbst erstellen, beherrschen die Ebenen.
Mediendidaktik und -pädagogik gehen insofern darüber hinaus, als sie in unterschiedlich weitreichendem Maß Medienparameter hinterfragen, abändern, neu konzipieren bzw. negative Auswirkungen aufarbeiten (Kerres 2005).

Skeptiker äußern gern angesichts digitaler Unterrichtsmedien, man könne diese ja nicht überall einsetzen. Das ist richtig, gilt aber für alle Unterrichtsmedien: Sobald eines überbetont wird, seien es herkömmliche (Tafel, Schulbuch), oder die der letzten vierzig Jahre (Overheadprojektion, Computer), ist der Einsatz vom methodischen Standpunkt aus gesehen nicht fachgerecht. Didaktische Kontraproduktivität bei manchen Themen mischt sich mit der Langeweile, die sich bei Menschen automatisch einstellt, wenn sich Situationen zu stereotyp wiederholen. Die unterrichtliche Integration ist eine ureigene Aufgabe von Lehrpersonen, die nicht weiter delegierbar ist. Wenn man lediglich digitale Medien anstelle der traditionellen im Unterricht verwendet und diesen ansonsten unverändert lässt, wird man dieser Aufgabe nicht gerecht.

Neben der Erhöhung der Professionalität ist Medienkompetenz aus einem weiteren Grund unabdingbar. Der bedeutendste Wandel, dem Unterricht in naher Zukunft unterworfen sein wird, hat seinen Ursprung in den geänderten Anforderungen an nützliches Wissen. Nicht mehr das einmal erworbene Wissen (know what) steht an erster Stelle, sondern das Gewusst-wie (know how, z. B.: Wie findet man eine gewünschte Information im WWW, etwa zur korrekten Verwendung von Polyurethan?) und das Gewusst-wo (know where, z. B.: Wo findet man validierte Information im WWW, etwa eine nicht-tendenzielle Beurteilung der Gefährlichkeit von Neonikotinoiden?) im Verlauf des lebenslangen Lernens. Weil in diesem Zuge Lehrpersonen im Chemieunterricht nicht mehr hauptsächlich Informationsquelle sein werden, kommt der Beherrschung anderer Informationsmedien durch Schülerinnen und Schüler wie Lehrpersonen die maßgebliche Bedeutung zu. Diese Medien verwischen zunehmend die Grenze zwischen Massen- und Unterrichtsmedium und werfen damit Fragen nach Authentizität, Richtigkeit und Urheberschaft verstärkt auf, bei deren Lösung nicht ein neues Fach, sondern der Fachunterricht mit angepasster Methodik und Multimediakompetenz Antworten liefern muss. Der Chemieunterricht darf sich also nicht verweigern, auch wenn eine umfassende technische Grundbildung nicht in seinem Rahmen erworben werden kann. Es ist jedoch die Aufgabe der Unterrichtenden, sinnvolle Nutzungsmöglichkeiten aufzuzeigen und auszuschöpfen, damit Schülerinnen und Schüler den flexiblen und kritischen Umgang mit Unterrichtsmedien lernen können.

Mediendidaktische Überlegungen. Wann immer ein Medium im Unterricht eingesetzt wird, spielen medienpädagogische Aspekte eine Rolle. Die Medienpädagogik lässt sich in die drei Bereiche Mediendidaktik, Medienerziehung sowie die informations-, kommunikations- und medientechnische Bildung gliedern (Kerres 2005). Im Folgenden wird der Aspekt der Mediendidaktik näher betrachtet, die darauf fokussiert, wie Unterrichten und Lernen mithilfe von Medien effektiver gestaltet werden kann. Sie beschäftigt sich vor allem mit Fragen der Konzeption, der Entwicklung in Bezug auf den digitalen Medieneinsatz und dem Einsatz von Medien. Das Ziel der Auseinandersetzung mit mediendidaktischen Fragen ist es, einen pädagogisch begründeten Medieneinsatz zu erzielen (Vertiefung 7).

V

Vertiefung 7: Mediendidaktische Analyse während der Unterrichtsplanung

Bei der Planung einer Unterrichtseinheit unter Einsatz digitaler Medien sollte man die folgenden mediendidaktischen Fragen beachten, damit der Medieneinsatz gut vorbereitet ist. Vertiefende Informationen zum Lernen mit Medien findet man bei Kerres (2000).

- Ziel: Das Unterrichts- bzw. Lehrziel, das mit dem Einsatz des digitalen Mediums verknüpft ist, sollte mit dessen Hilfe besonders gut und anschaulich erreichbar sein. Dies ist besonders dann gegeben, wenn der eingangs erwähnte Mehrwert möglichst gut ausgenutzt wird.
- Funktion im Lernprozess: Es ist zu überlegen, ob Inhalte selbstständig erarbeitet, präsentiert oder wiederholt werden sollen. Danach richtet sich die weitere Planung, z. B. ob man den Computerraum benötigt oder nicht.
- Art der Einbettung in die Unterrichtseinheit: Das Lernen mit digitalen Medien muss genauso wie jedes andere selbstständige Arbeiten mit Arbeitsaufträgen verbunden werden. Auf diese Weise wird gewährleistet, dass ein Lernprozess initiiert und unterstützt werden kann. Das gleiche gilt für die Verknüpfung der Computerarbeitsphase mit dem weiteren Unterricht, insbesondere für die Ergebnissicherung.

> Zum Verhältnis zwischen technischem Aufwand und Nutzen für den Lehr/Lernprozess: Es ist sicherlich nicht sinnvoll, für eine kleine Zusatzinformation, die für das Erreichen des wesentlichen Lehrziels der UE nicht relevant ist, ein „Medienfeuerwerk" zu entzünden. Medieneinsatz ist nur effektvoll, wenn er wohl dosiert erfolgt.

Beim Arbeiten mit dem Computer können im Rahmen der **mediendidaktischen Analyse** drei verschiedene Dimensionen unterschieden werden (Kerres 2000; Stadtfeld 2004), in denen sich die Bereiche der Medienpädagogik wiederfinden.

Informations-, kommunikations- und medientechnische Perspektive: Der Computer stellt ein Werkzeug dar, mit dem Schülerinnen und Schüler umzugehen lernen müssen. Dies erfordert die Vermittlung erfolgreicher Strategien und die Möglichkeit, systematisches Arbeiten zu üben.

Fachdidaktische Perspektive: Die fachdidaktische Perspektive entscheidet, ob durch den Computereinsatz die Inhalte und Ziele des Unterrichts potenziell besser als mit anderen Medien vermittelt werden können. Es kann noch genauer unterschieden werden, zu welchem Zweck der Computer eingesetzt werden soll: Der Computer als Wissenswerkzeug dient dazu, sich Informationen aus dem WWW zu beschaffen oder eigene Informationen (z. B. Messwerte aus Experimenten, Referate) zu strukturieren. Wird der Computer zur Wissenspräsentation eingesetzt, kann man seinen Einsatz mit dem eines Overheadprojektors vergleichen. Es kommen verschiedene (interaktive) Materialien zum Einsatz, mit denen ein Sachverhalt visualisiert werden soll. Bei der Wissensvermittlung tritt die Lehrperson in den Hintergrund und nimmt die Rolle eines Beraters ein.

Perspektive der Medienerziehung und Persönlichkeitsbildung: Schülerinnen und Schüler müssen eine eigene Haltung zum Computer entwickeln können, damit sie den Umgang mit dem Gerät zielgerichtet planen, analysieren und kritisch reflektieren können. Dazu ist es notwendig, genügend Raum für eigene Erfahrungen zu geben.

Bei der Entscheidung, ob der Computer eingesetzt werden soll, muss man alle drei genannten Perspektiven im Blick haben und gegeneinander abwägen. Für die Lehrperson stellt es eine besondere Herausforderung dar, die drei Perspektiven so zu kombinieren, dass die mediendidaktischen Aufgaben optimal im Fachunterricht integriert werden können.

Die folgenden Beispiele dienen zur Illustration, wie die Förderung der Kernkompetenzen, wie sie in den Bildungsstandards für Chemie für den mittleren Bildungsabschluss formuliert worden sind (KMK 2004), durch den Computer unterstützt werden können.

Fachkenntnis: Man kann mithilfe des Computers die Erarbeitung von Fachinhalten fördern, indem man z. B. Animationen, Simulationen oder auch räumliche Moleküldarstellungen einsetzt. Animationen von Reaktionsmechanismen ermöglichen die Visualisierung der zeitlichen Abfolge einer Reaktion. Man kann Animationen aber auch dazu einsetzen, komplexe Versuche zunächst vorzustellen, damit die Sicherheit beim Experimentieren erhöht wird, oder auch Experimente im Unterricht zu behandeln, die man aus Sicherheitsgründen nicht selbst durchführen kann. Eine weitere Möglichkeit besteht darin, durchgeführte Experimente auf Teilchenebene zu visualisieren, um die Deutung des Versuchs zu erleichtern. Interaktive Molekülmodelle können dazu eingesetzt werden, Struktur-Eigenschaftsbeziehungen zu vermitteln, da sie Betrachtungen ermöglichen, die mit einem Molekülbaukasten nicht möglich sind (Abb. 9).

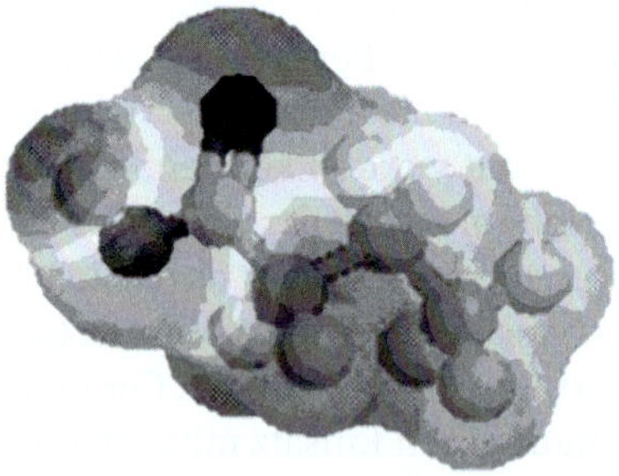

Abb. 9: Buttersäure mit elektrostatischer Oberfläche (links) und ein Protein, bei dem die Sekundärstruktur vereinfacht angezeigt wird (rechts).

Erkenntnisgewinnung: Unter dem Aspekt der Erkenntnisgewinnung soll besonders das naturwissenschaftliche Arbeiten gefördert werden; hier bietet sich das computergestützte Experimentieren an. Da normalerweise nur ein Messwerterfassungssystem (Computer und Messgerät, Smartphone- oder Tablet-App mit passenden Sensoren) zur Verfügung steht, könnten die Gruppen abwechselnd bei verschiedenen Experimenten mit dem Computer arbeiten. Auf diese Weise können sie sowohl manuell als auch computergestützt Messwerte erfassen.

Kommunikation: Schülerinnen und Schüler müssen lernen, sich über chemische Sachverhalte durch die Fachsprache adressatengerecht auszutauschen. Dazu können unter anderem Diagramme mithilfe einer Tabellenkalkulations- oder Messwerterfassungssoftware erstellt werden. Dies ermöglicht durch den Wegfall des Zeichnens eine intensivere Auseinandersetzung mit den Daten und damit mit den Inhalten.

Bewertung: Um die Fähigkeiten zur Bewertung chemischer Inhalte im gesellschaftlichen Zusammenhang zu fördern, kann das Internet hilfreich sein, da es nicht für den Unterricht aufbereitet ist. Hier können die Jugendlichen den Umgang mit ihrem Wissen üben und es festigen, indem sie z. B. die Intention des jeweiligen Autors herausarbeiten.

Digitale Medien unterstützen den schülerzentrierten Unterricht, ob sie nun im Computerraum, als eine Aufgabe im Rahmen des Stationenlernens im Chemieraum oder aber an einem außerschulischen Lernort eingesetzt werden. Die frühe Vermutung, Computer würden zu sozialer Isolation führen, hat sich in der Praxis eher ins Gegenteil verkehrt: Fast jede Arbeit am Computer zeigt Elemente des sozialen Lernens. Sofern die Lehrkraft das Arbeiten mit dem Computer durch geschickte Methodenwahl intensiviert, kann nach dem Prinzip *Lernen durch Lehren* (LdL) ein erfahrener Nutzer (Computerexperte) den anderen Gruppenmitgliedern bei der Bedienung oder unvorhersehbaren Problemen (Rechnerabsturz, Softwarebedienung, Handhabung interaktiver Sequenzen) helfen, während ein anderer (Fachexperte) die zugrundeliegenden fachlichen Inhalte schon beherrscht.

15.5 Soziale Medien

Der Begriff Web 2.0 steht für all diejenigen Portale und Programme, die es ermöglichen, kooperativ an gemeinsamen Inhalten zu arbeiten oder mediale Eigenproduktionen im Internet zur Verfügung zu stellen, z. B. YouTube, Blogs, Podcasts, ePortfolios oder Wikis. Sie werden bisher vor allem im Fremdsprachenunterricht oder in den gesellschaftswissenschaftlichen Schulfächern genutzt, doch auch im Chemieunterricht können Elemente des Web 2.0 sinnvoll integriert werden. Die zu nutzende Software ist auf dem Server installiert und kann über einen Browser bedient werden; es ist also keine zusätzliche Installation auf den PCs in der Schule oder zu Hause bei Schülerinnen und Schülern notwendig. Der fachdidaktische Nutzen des Web 2.0 liegt vor allem darin, einen emanzipatorischen Mediengebrauch mit der Vermittlung von Fachinhalten zu verknüpfen; vor allem der Einsatz von Wikis oder eLearning-Plattformen ist in dieser Hinsicht vielversprechend.

15.5.1 Wikis

Das Wort Wiki leitet sich vom hawaiianischen Wort für „schnell" ab; das bekannteste Wiki ist die Online-Enzyklopädie Wikipedia (Wikipedia 2015). Für Wikis gibt es verschiedene Softwarelösungen, die jedoch alle auf dem Schulserver installiert werden müssen; der Zugriff der Nutzer auf das Wiki erfolgt über einen Browser. Bei einem Wiki können alle angemeldeten Nutzer Artikel schreiben, mit Bildern illustrieren und mit anderen Seiten verlinken. Andere Nutzer können die Artikel kommentieren, aber auch bearbeiten. Wikis sind somit eine Art virtuelle Wandtafel, an der kooperativ gearbeitet wird, sodass sich die Beiträge stetig verbessern, aber auch verschlechtern können. Diese Kooperation verläuft zeitversetzt, sodass Lern- und Arbeitsphasen dem individuellen Alltag der Schülerinnen und Schüler angepasst sind, denn es wird nicht während des Unterrichts, sondern zu Hause am Wiki gearbeitet. Des Weiteren kann ein Wiki den Unterricht längerfristig begleiten und zum Beispiel ein gemeinsames Kompendium eines ganzen Schulhalbjahres entstehen.

15.5.2 eLearning-Plattformen am Beispiel von Moodle

Moodle steht für Modular Object-Oriented Dynamic Learning Environment (Modulare, objektorientierte dynamische Lernumgebung) (Brandl 2005) und stellt eine Lernumgebung zur Verfügung, die es erlaubt, Unterrichtsinhalte zur Verfügung zu stellen oder von den Lerngruppen erstellen zu lassen, die verschiedenen Gruppen asynchron oder synchron miteinander kommunizieren zu lassen sowie verschiedene Lernaktivitäten mit dem Inhalt zu verknüpfen. Die Inhalte können interaktiv angelegt werden, indem Bilder, Shockwave-Dateien (das sind Animationen) oder externe Links ins WWW eingebunden werden. Die Lerneinheiten können entweder thematisch oder wochenweise organisiert sein, je nachdem, welche Struktur für das eigene Vorhaben sinnvoller ist. Die Möglichkeiten, Lernaktivitäten einzubinden, sind vielfältig: Neben der Erstellung von Wikis oder eines Glossars durch die Nutzerinnen und Nutzer können Abstimmungen, Quiz (bewertet oder unbewertet), Feedbacks, die Abgabe von Lernproduken oder Foren eingerichtet werden. Da Moodle viel mit Drag & Drop arbeitet, muss man keine Programmierkenntnisse haben; die Oberfläche ist sehr intuitiv, und man kommt schnell zu guten Resultaten. Dies gilt auch für Schülerinnen und Schüler.

15.5.3 Podcasts

Podcasts bzw. Videopodcasts sind im Internet abrufbare Audio- und Videodateien, die dem Informationsaustausch dienen (Rüddigkeit 2007). Sie können von bestimmten Programmen, den Podcatchern (z. B. iTunes), automatisch heruntergeladen werden, sofern man den Podcast abonniert hat.

Podcasts und Videopodcasts sind deshalb interessant für den Unterricht, weil sie vielfältige Informationen aus Kultur, Wissenschaft und Forschung bieten und dabei aktuelle Themen aufgreifen; des Weiteren sind sie redaktionell bearbeitet und gewährleisten, anders als bei YouTube-Filmen von Privatpersonen, dass die Informationen korrekt sind. Da solche Podcasts für eine breite Hörerschaft produziert werden, sind sie in der Regel gut verständlich. Für die Eigenproduktion von Podcasts gibt es frei verfügbare Programme. Die nötige technische Ausstattung umfasst einen PC mit Soundkarte und ein Mikrofon; für Videopodcasts sind ein Camcorder sowie ein Videobearbeitungsprogramm (z. B. der kostenlose Moviemaker) notwendig. Auch Podcasts und Videopodcasts können helfen, chemische Inhalte zu vertiefen; denn nur, wer einen Inhalt gut verstanden hat, kann einen guten Podcast dazu produzieren. Chemiebezogene Videopodcasts werden zum Beispiel von der Universität Hannover (Schanze 2011) oder von Podcast.de (Podcast.de 2016) zur Verfügung gestellt, aber auch große Unternehmen wie BASF verfügen über eine größere Anzahl von Podcasts.

V

Vertiefung 8: Wissenschaftliche Erkenntnisse zum computergestützten Lernen

Seit den späten 1980er-Jahren wird zum computergestützten Unterricht geforscht, und auch die Chemiedidaktik hat dazu ihren Teil beigetragen. Grundlegende Arbeiten zum multimedialen Lernen finden sich bei Mayer (2003). Er arbeitete heraus, welches Setting am besten für eine computerbasierte Lernumgebung ist, und entwickelte seine mittlerweile weitverbreitete Multimedia-Theorie, in der er mehrere Prinzipien identifiziert, u. a. das Multimediaprinzip, das Kohärenzprinzip, das Prinzip der räumlichen Nähe und das Personalisierungsprinzip. Swellers Cognitive Load Theory (Theorie der kognitiven Belastung) (Sweller 1988) gibt eine Erklärung dafür, warum Schülerinnen und Schüler mit überdurchschnittlichen Fähigkeiten in der Regel stärker vom Computereinsatz profitieren als solche mit niedrigeren Fähigkeiten. Das heißt, sie sollten sorgfältig gestaltet werden, um eine mögliche Überforderung zu vermeiden. Mayer & Moreno (2003) bieten einschlägige Ratschläge, wie dies geschehen kann. Mittlerweile ist es anerkannt, dass der Einsatz digitaler Medien das Potenzial hat, sinnstiftendes Lernen zu fördern (Bingimlas 2009). In besonderer Weise trifft dies auf Visualisierung der Teilchenebene zu: Sie kann Schülerinnen und Schülern dabei helfen, eine Verbindung zwischen der makroskopischen und submikroskopischen Ebene herzustellen (Barnea & Dori 2000). Zusätzlich können animierte Visualisierungen dynamische Prozesse in einer sehr viel relevanteren Weise als statische Visualisierungen zeigen (Reid et al. 2000). In verschiedenen Studien konnte gezeigt werden, dass das Arbeiten mit WebQuests zu einer höheren kognitiven Aktivierung bei Schülerinnen und Schülern führt; die Arbeitsergebnisse zeichnen sich durch eine höhere Kreativität sowie ein tiefergehendes inhaltliches Verständnis aus (Lipscomb 2003; Crawford & Brown 2002). Ein guter Überblick über Forschungsergebnisse zu WebQuests findet sich bei Vanguri et al. (2004).

Literatur

ACDLabs (2016). *ACD/ChemSketch for academic and personal use.* http://www.acdlabs.com/resources/freeware/chemsketch/ (letzter Zugriff am 05.01.2016).

Adl-Amini, B. (1994). *Medien und Methoden des Unterrichts.* Donauwörth: Auer.

Bamberger, R. & Boyer, L. (1988). *Zur Gestaltung und Verwendung von Schulbüchern.* Wien: Pädagogischer Verlag.

Barke, H.-D., Harsch, G., Marohn, A. & Krees, S. (2015). *Chemiedidaktik kompakt. Lernprozesse in Theorie und Praxis.* Berlin: Springer.

Barnea, N. & Dori, Y. (2000). Computerized molecular modelling – the new technology for enhancing model perception among chemistry educators and learners. In *Chemistry Education Research and Practice,* **1,** S. 109–120.

Bayerisches Schulfinanzierungsgesetz in der Fassung vom 31.5.2000, Art. 21.

Beerenwinkel, A., Parchmann, I. & Gräsel, C. (2007). Chemieschulbücher in der Unterrichtsplanung – Welche Bedeutung haben Schülervorstellungen? In *CHEMKON,* **14** (1), S. 7–14.

Bingimlas, K. A. (2009). Barriers to the successful integration of ITC in teaching and learning environments: A review of the literature. In *Eurasia Journal of Mathematics, Science & Technology Education,* **5,** S. 235–245.

BIOVIA (2016). *No-fee BIOVIA Draw for Academic and Non-commercial Use.* http://accelrys.com/products/collaborative-science/biovia-draw/draw-no-fee.php (letzter Zugriff am 05.01.2016).

Brandl, K. (2005). Are you ready to moodle? In *Language learning & technology,* **9** (2), S. 16–23.

Chemgapedia (2016). *Animation zum Daniell-Element.* http://www.chemgapedia.de/vsengine/vlu/vsc/de/ch/13/vlu/echemie/galvanische_elemente/batterie.vlu/Page/vsc/de/ch/13/pc/echemie/galvanische_elemente/daniellapplet.vscml.html (letzter Zugriff am 12.01.2016).

Crawford, C. & Brown, E. (2002). *Focus upon higher order thinking skills: webquests and the learner-centered mathematical learning environment.* http://files.eric.ed.gov/fulltext/ED474086.pdf (letzter Zugriff am 12.01.2016).

Dodge, B. (1997). *Some thoughts about WebQuests.* http://webquest.org/sdsu/about_webquests.html (letzter Zugriff am 12.01.2016).

Eckert, R. (1988). *Das Arbeitsblatt im Unterricht.* München: Ehrenwirth.

Fiedler, R. (2002). *WebQuests: a critical examination in light of selected learning theories.* http://www.msfiedler.com/wq/fiedler.pdf (letzter Zugriff am 12.01.2016).

Gasteiger, J. & Schunk, A. (2002). *Nomenklatur organischer Verbindungen.* http://www2.chemie.uni-erlangen.de/projects/vsc/chemie-mediziner-neu/kohlenwasserstoffe/nomenklatur0.html, (letzter Zugriff am 27.7.2016).

Gerber, S. (2003). *WebQuest – ein Konzept für sinnvollen Computer- und Interneteinsatz an Schulen.* http://www.ls-bw.de/beruf/projektg/online/onews/news16/kap1.pdf (letzter Zugriff am 12.01.2016).

Glöckel, H. (1996). *Vom Unterricht.* Bad Heilbrunn: Klinkhardt.

Graf, E. (1997). Die Wandtafel im Chemieunterricht. *Naturwissenschaften im Unterricht-Chemie,* **8** (38), S. 74–79.

Härtig, H., Kauertz, A. & Fischer, H.E. (2012). Das Schulbuch im Physikunterricht. In *Der mathematisch-naturwissenschaftliche Unterricht,* **65** (4), S. 197–200.

Kappenberg, F. (2016). *Homepage des AK Kappenberg.* http://www.kappenberg.com (letzter Zugriff am 05.01.2016).

Kerres, M. (2000). Mediendidaktische Analyse digitaler Medien im Unterricht. In *Computer und Unterricht,* **10** (1), S. 26–28.

Kerres, M. (2005). Gestaltungsorientierte Didaktik und ihr Verhältnis zur Allgemeinen Didaktik. In B. Dieckmann & P. Stadtfeld (Hrsg.), *Allgemeine Didaktik im Wandel* (S. 214–234). Bad Heilbrunn: Klinkhardt.

Kleinschroth, R. (1996). *Neues Lernen mit dem Computer.* Reinbek: Rowohlt.

KMK (2004). *Bildungsstandard im Fach Chemie für den Mittleren Schulabschluss.* Online-Ressource, verfügbar unter http://www.kmk.org/schul/home1.htm (letzter Zugriff am 12.01.2016).

KMK (2012). *Medienbildung in der Schule.* http://www.kmk.org/fileadmin/veroeffentlichungen_beschluesse/2012/2012_03_08_Medienbildung.pdf (letzter Zugriff am 04.01.2016).

Lampe, H.-U., Liebner, F., Urban-Woldron, H. & Tewes, M. (2015). Innovativer naturwissenschaftlicher Unterricht mit digitalen Werkzeugen. In *Der mathematische und naturwissenschaftliche Unterricht,* Themenreihe Bildungsstandards, http://www.mnu.de/images/blog/MNU-Themenheft_digitale_Werkzeuge/MNU-Themen-heft_Innovativer_naturwissenschaftlicher_Unterricht_mit_digitalen_Werkzeugen.pdf (letzter Zugriff am 12.01.2016).

Land Bayern. *Verordnung über die Zulassung von Lernmitteln (ZLV),* § 1–2, KWMBl Nr. 24/2008 S. 549.

Lipscomb, G. (2003). „I guess it was pretty fun“: Using WebQuests in the middle school class-room. In *The Clearing House,* **76,** S. 152–155.

Mayer, R. E. (2003). The promise of multimedia learning: Using the same instructional design methods across different media. In *Learning and Instruction,* **13,** S. 125–140.

Mayer, R. & Moreno, R. (2003). Nine Ways to Reduce Cognitive Load in Multimedia Learning. In *Educational Psychologist,* **38** (1), S. 42–53.

Meyendorf, G. (1974). *Das Schullehrbuch im Chemieunterricht.* Berlin: Volk und Wissen.

Meyer, H. (1993). Das Wichtigste Medium des Unterrichts ist der Körper des Lehrers. *Unterrichtsmedien,* Friedrich Jahresheft XI, S. 36–37.

Moser, H. (2000). *Abenteuer Internet: Lernen mit WebQuests.* Zürich: Pestalozzianum.

Pietzner V. (2010). *Computer im Chemieunterricht – Eine praxisorientierte Einführung* (2. Auflage). Köln: Aulis.

Pietzner, V. (2014). Computer-based learning in chemistry classes. In *Eurasia journal of mathematics, science and technology education,* **10,** S. 297–311.

Pietzner, V. (2017). *Animation zum Daniell-Element.* http://www.chemieunterricht-interaktiv.de/animationen/elektrochemie/daniell_element/daniell.html (letzter Zugriff am 11.01.2017).

PISA-Konsortium Deutschland (Hrsg.) (2004). *PISA 2003. Der Bildungsstand der Jugendlichen in Deutschland – Ergebnisse des zweiten internationalen Vergleichs.* Münster: Waxmann.

Podcast.de (2016). *Audio- und Videopodcasts mit Bezug zu Chemie und Naturwissenschaften.* http://www.podcast.de/kategorie/Wissenschaft/Chemie (letzter Zugriff am 12.01.2016).

Prams, A. (2007). *Struktomat: Beschreibung und Download.* http://www.lehrer-online.de/struktomat.php (letzter Zugriff am 04.01.2016).

Przyhodnik, H. & Wedenig, H. (2012). *Homepage Schul-O-Mat.* http://www.schulbuch-o-mat.de/ (letzter Zugriff am 29.08.2016).

Reid, K., Wheatley, R. J., Horton, J. C. & Brydges, S. W. (2000). Using computer assisted learn-ing to teach moleclar reaction dynamics. In *Journal of Chemical Education,* **77,** S. 407–409.

Research Collaboratory for Structural Bioinformatics (2015). *Homepage of the Protein Data Bank.* http://www.rcsb.org (letzter Zugriff am 12.01.2016).

Richards-Babb, M, Curtis, R., Smith, V. & Xu, M. (2014). Problem Solving Videos for General Chemistry Review: Students' Perceptions and Use Patterns. In *Journal of Chemical Education,* **11,** S. 1796–1803.

Rüddigkeit, V. (2007). Podcasts und Videopodcasts. In *Computer und Unterricht,* **66,** S. 16–17.

Sacher, W. (2000). *Schulische Medienarbeit im Computerzeitalter.* Bad Heilbrunn: Klinkhardt.

Schanze, S. (2011). *Podcasts aus dem IDN.* http://www.idn.uni-hannover.de/podcasts.html (letzter Zugriff am 03.01.2016).

Schöpf, N. (2003). Lernen im und mit dem Internet – Die „WebQuest"-Didaktik. In H. Loebe (Hrsg.), *eLearning für die betriebliche Praxis* (S. 170–183). Gütersloh: Bertelsmann.

Seilnacht, T. (2016). http://www.seilnacht.com/Freiarb.htm, (letzter Zugriff am 07.10.2016).

Stadtfeld, P. (2004). *Allgemeine Didaktik und Neue Medien – Der Einfluss der Neuen Medien auf didaktische Theorie und Praxis.* Bad Heilbrunn: Klinkhardt.

Sujew, D. (1986). *Das Schullehrbuch.* Berlin: Volk und Wissen.

Sweller, J. (1988). Cognitive load during problem solving: Effects on learning. In *Cognitive Science,* **12,** S. 257–285.

Terhart, E. (1999). Konstruktivismus und Unterricht. Gibt es einen neuen Ansatz in der Allgemeinen Didaktik? In *Zeitschrift für Pädagogik,* **5,** S. 629–647.

Vanguri, P., Sunal, C., Wilson, E. & Wright, V. (2004). WebQuests in social science education. In *Journal of interactive online learning,* **3** (2). http://www.ncolr.org/jiol/issues/showissue.cfm?volID=3&IssueID=11 (letzter Zugriff am 12.01.2016).

Wagner, W. & Keusch, P. (2002). Medien. In P. Pfeifer, B. Lutz & H.J. Bader (Hrsg.), *Konkrete Fachdidaktik Chemie.* (3. Aufl.). München: Oldenbourg.

Wartnaby, C. & Wartnaby C. (o. J.). *SimChemistry for Windows.* http://www.simchemistry.co.uk (letzter Zugriff am 12.01.2016).

Online

Wagner, W. (2016a). http://daten.didaktikchemie.uni-bayreuth.de/f_praesentation/uebung 05_7.htm (letzter Zugriff am 07.10.2016).

Wagner, W. (2016b). http://daten.didaktikchemie.uni-bayreuth.de/umethoden/erfahrungs-kisten/0_verzeichnis.htm (letzter Zugriff am 07.10.2016).

Wagner, W. (2016c). http://daten.didaktikchemie.uni-bayreuth.de/s_didaktik/stoffe/00_kristallin.htm (letzter Zugriff am 07.10.2016).

Wagner, W.-R. (2004). *WebQuest – ein didaktisches Modell zur Veränderung der Lernkultur.* http://nline.nibis.de/elis/forum/upload/public/moderator/wagner_webquestkonzept.pdf (letzter Zugriff am 12.01.2016).

Wikipedia (2015). *Wiki.* https://de.wikipedia.org/w/index.php?title=Wiki&oldid=148099425 (letzter Zugriff am 12.01.2016).

16 Chemie entlang der Bildungskette

16.1 Chemie im Elementar- und Primarbereich

Inhaltliche Schwerpunkte

- Naturwissenschaften gelten als wichtiger Bildungsbereich im Elementar- und Primarbereich.
- Früh erworbene naturwissenschaftliche Basiskompetenzen sind entscheidend für spätere Leistungen in den Naturwissenschaften.
- Die Ziele der frühen naturwissenschaftlichen Bildung orientieren sich an einer naturwissenschaftlichen Grundbildung.

16.1.1 Interesse an naturwissenschaftlicher Bildung jüngerer Kinder

Naturwissenschaftliche Bildung von Kindern vor dem Eintritt in die Schule sowie von Kindern in der Grundschule erfahren seit den 2000er-Jahren in Deutschland ein verstärktes Interesse. Ein Auslöser für diese Entwicklung war die Veröffentlichung der vergleichenden internationalen Schulleistungsstudien (siehe „PISA-Schock“, vgl. Kap. 18.1). Vor allem aber weisen viele Forschungsbefunde auf die Bedeutung früher Bildungsprozesse für den späteren Bildungserfolg hin. So ist der frühzeitige Erwerb domänenspezifischer Basiskompetenzen entscheidend für das Lernen und spätere schulische Leistungen (Weinert & Helmke 1997). Dies ist im Bereich des Schriftspracherwerbs gut untersucht; hier ist die phonologische Bewusstheit (die Fähigkeit, lautliche Bestandteile von Wörtern zu identifizieren) im Kindergartenalter ein starker Prädiktor für den erfolgreichen Erwerb der Schriftsprache (Schneider et al. 1997). Wichtige grundlegende mathematische Kompetenzen in dieser Altersstufe sind wiederum die Fähigkeit, Mengen zu vergleichen sowie die Zählprozedur. Diese Kompetenzen sagen die mathematischen Leistungen bis zum Beginn der weiterführenden Schulen voraus (Krajewski & Schneider 2009). Auch in den Naturwissenschaften zeigt sich, dass ein grundlegendes naturwissenschaftliches Wissen prädiktiv ist für naturwissenschaftliche Leistungen in der Grundschule und zu Beginn der weiterführenden Schulen (Morgan et al. 2016). Anders als in den erwähnten Bereichen – Schriftspracherwerb und Arithmetik – ist es aber in den Naturwissenschaften bislang unklar, auf welche spezifischen Fähigkeiten oder Wissensbereiche es konkret ankommt. Nicht nur bezüglich der kognitiven Entwicklung, sondern auch hinsichtlich der Entwicklung motivationaler Orientierungen und Interessen werden frühe Erfahrungen im häuslichen und institutionellen Umfeld als bedeutsam eingeschätzt, was beispielweise im Bereich des Lesens gezeigt wurde (Lerkkanen et al. 2012). Allerdings muss hier angemerkt werden, dass es an geeigneten Untersuchungen fehlt, die dieses für die Naturwissenschaften belegen.

Neben der Bedeutung der frühen Förderung von Kompetenzen für erfolgreiche Bildungsverläufe ist vor allem das Interesse jüngerer Kinder an naturwissenschaftlichen Phänomenen und Aktivitäten ein zentrales Motiv, naturwissenschaftliche Bildungsprozesse im Elementar- und Primarbereich stärker in den Blick zu nehmen. Viele jüngere Kinder sind neugierig, ihre Umwelt zu erkunden, Dinge auszuprobieren und zu erkunden. Entsprechend wird ihr Interesse an Naturwissenschaften auch als hoch eingeschätzt (Patrick & Mantzicopoulos 2015). Die Beschäftigung mit Naturwissenschaften erlaubt es Kindern, die Welt aktiv zu ordnen, indem sie bspw. Zusammenhänge herstellen, die über einzelne Situationen hinausweisen, oder Gemeinsamkeiten und Unterschiede zwischen ähnlichen Phänomenen entdecken.

16.1.2 Naturwissenschaften im Rahmen des Sachunterrichts

Naturwissenschaften in der Grundschule werden im Rahmen des Faches **Sachunterricht** (z. T. andere Bezeichnungen wie Heimat- und Sachunterricht) unterrichtet. Der Sachunterricht ist ein mehrperspektivisches Fach, zu dem neben den Naturwissenschaften die Felder Technik, Sozialwissenschaften sowie Geschichte und Geographie sowie einige Querschnittsthemen wie Gesundheit, Mobilität oder Bildung für nachhaltige Entwicklung gehören (GDSU 2013). Entsprechend sind Sachunterrichtslehrkräfte anders als Lehrpersonen der Sekundarstufe als Generalisten und weniger als Spezialisten zu bezeichnen (Appleton 2007). Lehrplan-, Schulbuch- und Klassenbuchanalysen aus den 1980er- und 1990er-Jahren zeigen, dass Themenfelder der Chemie und Physik, also der unbelebten Natur, kaum behandelt wurden, stattdessen lag der Schwerpunkt im Bereich der Biologie und Geographie (Blaseio 2004). Mit dem oben beschriebenen verstärkten Interesse an früher naturwissenschaftlicher Bildung wurden viele Anstrengungen unternommen, um Naturwissenschaften und dabei insbesondere auch Themenfelder der unbelebten Natur wieder verstärkt in den Unterricht der Grundschule zu integrieren. Auch in den Weiterentwicklungen der Lehrpläne für die Grundschule lässt sich diese Entwicklung beobachten. Ob diese Vorgaben und Fördermaßnahmen tatsächlich mit Veränderungen im Unterrichtsgeschehen einhergehen, lässt sich bislang nur schwer abschätzen. Der Vergleich der Ergebnisse von TIMSS 2007, TIMSS 2011 und TIMSS 2015 beispielsweise zeigt keine wesentlichen Unterschiede (Steffensky et al. 2016). In den drei Studienzyklen lag Deutschland in der oberen Hälfte der Rangreihe der teilnehmenden Staaten, das Kompetenzniveau war vergleichbar mit vielen anderen EU- und OECD-Staaten, die Streuung der Kompetenzen relativ gering und die Einstellungen zum Fach Sachunterricht sowie das sachunterrichtsbezogene Selbstkonzept positiv. Weiterhin zeigen sich keine gravierenden Unterschiede zwischen den drei Inhaltsbereichen Biologie, Physik / Chemie und Geographie. Der angenommene Schwerpunkt des naturwissenschaftlichen Sachunterrichts auf die belebte Natur spiegelt sich zumindest in den Befunden der Studienzyklen 2011 und 2015 nicht wider.

16.1.3 Ziele und Inhalte früher naturwissenschaftlicher Bildung

Naturwissenschaftliche Bildung in der Grundschule oder Kita bedeutet nicht, dass Inhalte der Sekundarstufe aus dem Fachunterricht vorverlegt werden, es geht vielmehr darum, anschlussfähige Grundlagen zu legen, die im folgenden Unterricht aufgegriffen, differenziert und weiterentwickelt werden können. Die Ziele früher naturwissenschaftlicher Bildung, wie sie sich beispielsweise in Lehrplänen, dem Perspektivrahmen der Gesellschaft für Didaktik des Sachunterrichts (GDSU 2013) oder in didaktischen Konzeptionen (Möller et al. 2013) finden, sind multikriterial ausgerichtet und orientieren sich genau wie in der Sekundarstufe an einer naturwissenschaftlichen Grundbildung im Sinne von Scientific Literacy (vgl. Kap. 5.1). Es geht also um die Entwicklung von Wissen über zentrale Begriffe, Konzepte, Theorien (konzeptuelles Wissen oder naturwissenschaftliches Wissen), Wissen über naturwissenschaftliche Denk- und Arbeitsweisen und Wissenschaftsverständnis (prozedurales Wissen oder Wissen über Naturwissenschaften) sowie das Interesse an Naturwissenschaften, das Zutrauen in die eigenen Fähigkeiten, etwas herauszufinden, die Motivation, sich mit Naturwissenschaften auseinanderzusetzen (Anders et al. 2013).

Welche konkreten Kompetenzen sollen im Primarbereich angebahnt werden? Anders als im Mathematikunterricht für die Grundschule oder dem Chemie-, Physik- und Biologieunterricht der weiterführenden Schulen, gibt es für den Sachunterricht keine länderübergreifenden Bildungsstandards. Im Perspektivrahmen des Sachunterrichts (GDSU 2013), der keine bindende Funktion hat, aber als ein wichtiger Orientierungsrahmen für die Weiterentwicklung der Lehrpläne gesehen wird, werden drei übergeordnete zentrale Themen für die unbelebte Natur angegeben: 1. Eigenschaften von Stoffen/Körpern, 2. Stoffumwandlungen und 3. physikalische Vorgänge. Diese genannten Bereiche finden sich auch in den typischen chemiebezogenen Inhalten vieler Bildungspläne im Sachunterricht wieder. So werden in der Regel für die ersten beiden Klassenstufen die Inhalte Stoffe und ihre Eigenschaften (oft aufgeführte Eigenschaften: Härte, Farbe, Geruch), Luft als Stoff (Luft ist nicht „nichts") und für die Klassen 3 und 4 Lösen von Feststoffen, Verbrennung von Stoffen und die Aggregatzustände von Wasser (Wasserkreislauf) angegeben. In vielen Lehrplänen finden sich dazu sogenannte Can-do-statements, zum Beispiel Schülerinnen und Schüler untersuchen sichtbare stoffliche Veränderungen und beschreiben sie oder nennen Bedingungen für den Verbrennungsvorgang. Die Ausführungen in den Lehrplänen zielen größtenteils auf das Herstellen von Zusammenhängen zwischen Ereignissen und ihren Bedingungen ab, z. B. zwischen Temperatur und Verdunstungsgeschwindigkeit. Ob Erklärungen von Phänomenen durch einfache Modellvorstellungen auf der submikroskopischen Ebene hilfreich für das Verständnis sind oder eher zu Fehlvorstellungen wie der Übertragung makroskopischer Eigenschaften auf die submikroskopische Ebene führen, wird immer wieder diskutiert (Köhnlein 2012). Angesichts der Schwierigkeiten bei der Einführung von Teilchenvorstellungen in der Sekundarstufe (vgl. Kap. 7.1, 8 und 14), aber auch der begrenzten Stundenzahl für den naturwissenschaftlichen Sachunterricht in der Grundschule, erscheint eine Zurückhaltung gegenüber einer zu schnellen und oberflächlichen Einführung solcher Modellvorstellungen allerdings angemessen.

Über die Quantität und Qualität der Umsetzung naturwissenschaftlicher und speziell chemiebezogener Inhalte im Sachunterricht liegen aktuell kaum Erkenntnisse vor. Sachunterrichtslehrkräfte geben bei TIMSS 2015 an, dass ca. ein Drittel der Sachunterrichtsstunden auf die Naturwissenschaften entfällt. Wie sich das auf die drei Fächer Biologie, Chemie und Physik genau verteilt, ist aber unklar (Steffensky et al. 2016). Weiterhin geben fast 90 Prozent der Lehrpersonen in Deutschland an, naturwissenschaftliche Arbeitsweisen, z. B. Versuche, in ihrem Unterricht zu nutzen, was mehr als in vorherigen Studienzyklen ist (Rieser et al. 2016). International wird angenommen, dass der naturwissenschaftliche Grundschulunterricht oft eine eher oberflächliche Behandlung vieler Einzelthemen umfasst als eine Orientierung an zentralen übergeordneten Ideen oder Basiskonzepten (Krajcik et al. 2008; Appleton 2007). Eine solche Orientierung an übergeordneten Ideen wird aber als bedeutsam für die Entwicklung von vernetztem Wissen und damit auch für kumulative Lernwege von der Grundschule in die Sekundarstufe eingeschätzt (NRC 2012). Die chemiebezogenen Themen, die wie oben beschrieben in den Lehrplänen und dem Perspektivrahmen der GDSU aufgeführt werden, sind

Stoffe und ihre Eigenschaften sowie Stoffumwandlungen. Sie sind zentrale Bestandteile der Basiskonzepte Stoff-Teilchen-Beziehung und chemische Reaktion (Steffensky 2015). Um Zusammenhänge zwischen Inhalten und übergeordneten Konzepten zu erkennen, benötigen Lernende allerdings Gelegenheiten, Inhalte wie Lösungen oder Schwimmen und Sinken aufeinander zu beziehen. Zum Beispiel indem die Löslichkeit, das Schwimmverhalten und viele andere Aspekte wie Härte, magnetische Eigenschaften, Brennbarkeit etc. auch als Eigenschaften beschrieben werden können, mit denen ein Stoff (oder eine Stoffklasse) charakterisiert werden kann. Ein weiteres Beispiel wären Gelegenheiten, in denen Ähnlichkeiten und Unterschiede zwischen Stoffumwandlungen wie bei den Prozessen Verdunsten und Verbrennen hergestellt werden: In beiden Fällen verändern sich Stoffe, wird der Prozess von Faktoren der Umgebung beeinflusst, entsteht ein bzw. mehrere Produkte mit neuen Eigenschaften, das aber in einem Fall der Ausgangsstoff in anderer Form ist und in dem anderen Fall neue Stoffe sind. Erst durch das Herstellen von Gemeinsamkeiten zwischen den Inhaltsbereichen können Lernende übergeordnete zentrale Konzepte entwickeln und deren Erklärungsmächtigkeit erkennen. Ein an zentralen Konzepten orientierter Unterricht erfordert allerdings von den Grundschullehrpersonen ein hohes fach- und fachdidaktisches Wissen. Inwiefern Grundschullehrpersonen hierauf durch ihre eher breite als spezialisierte Ausbildung vorbereitet sind, ist ungewiss.

V

Vertiefung 1: Naturwissenschaften in der Kita

Das Interesse an früher Bildung hat sich auch im Elementarbereich, in dem die vorschulischen Kindertageseinrichtungen (Kitas) angesiedelt sind, niedergeschlagen. Auf der Grundlage eines Beschlusses der Jugendministerkonferenz und Kultusministerkonferenz von 2004 wurden in den Ländern erstmalig Bildungspläne für den Elementarbereich entwickelt, in denen unter anderem die Naturwissenschaften als Bildungsbereich genannt werden. Diese Bildungspläne der Länder unterscheiden sich allerdings erheblich in ihrer Konkretion (Steffensky, 2017). So werden z. T. konkrete Inhalte genannt, z. B. unterschiedliche Energieformen kennenlernen, während in anderen Plänen eher allgemeine Hinweise zu finden sind wie z. B. „Kindern Erfahrungen mit Naturphänomenen ermöglichen“. Neben den Bildungsplänen, über deren Steuerungsfunktion wenig bekannt ist, gibt es gerade für die Naturwissenschaften zudem eine Reihe von Initiativen zur Förderung dieses Bildungsbereiches, z. B. die Stiftung „Haus der kleinen Forscher“.

Wie viele naturwissenschaftliche Inhalte in der Kita in Deutschland umgesetzt werden, und in welcher Qualität, lässt sich schwer abschätzen. International zeigt sich, dass Naturwissenschaften im Vergleich zu anderen Domänen einen geringeren Anteil in der vorschulischen Bildung einnehmen (Trundle & Sackes 2015), was vermutlich in Deutschland ähnlich ist. In der NUBBEK-Studie (Nationale Untersuchung zur Bildung, Betreuung und Erziehung in der frühen Kindheit) zeigen sich in 50 % der untersuchten Einrichtungen in Deutschland eine eher unzureichende Prozessqualität, bezogen auf die Bildungsbereiche Mathematik, Sprache und Naturwissenschaften (Tietze et al. 2013). International und national wird eine Fokussierung auf eher rezeptartig eingesetzte vereinzelte Hands-on-Aktivitäten befürchtet, die vermutlich wenig geeignet sind, um Verständnis anzubahnen (Trundle & Sackes 2015). Genau wie für ältere Lerner gilt auch hier, dass Hands-on-Aktivitäten in der Regel nicht *per se* lernwirksam sind, sondern dieses erst werden, wenn sie in ein Lernangebot eingebettet werden, in dem Fragen, Vermutungen, Beobachtungen und Interpretationen gemeinsam besprochen werden.

16.1.4 Lernen von Naturwissenschaften

Das Wissen jüngerer Kinder unterscheidet sich nicht nur vom Niveau, sondern auch von der Struktur des angestrebten Wissens in der Sekundarstufe. So geht es in der Regel zunächst um das Herstellen von Zusammenhängen, z. B. indem Wenn-Dann-Beziehungen („Wenn die Kerze Luft hat, dann brennt sie") oder Je-Desto-Beziehungen („Je wärmer es ist, desto schneller verdunstet das Wasser") aufgestellt werden (Anders et al. 2013). Dieser Zusammenhang hat für Kinder die Funktion einer Erklärung (weil die Kerze keine Luft hat, geht sie aus), auch wenn es keine Erklärung im naturwissenschaftlichen Sinne ist. Die eigentliche Erklärung dieses Zusammenhangs, nämlich die ablaufende chemische Reaktion, für deren tatsächliches Verständnis man ja bereits eine Teilchenvorstellung haben muss, kann dann im Chemieunterricht entwickelt werden. Auch ist das Wissen jüngerer Kinder oft noch sehr an konkrete Beispiele oder Kontexte geknüpft („der Schneemann schmilzt, weil die Sonne scheint") und wird erst im Laufe der Zeit zunehmend generalisierter („die Temperatur beeinflusst den Vorgang des Schmelzens").

Das Lernen jüngerer Kinder unterscheidet sich nicht grundlegend vom Lernen älterer Lerner. So wirken auch hier die individuellen Voraussetzungen eines Kindes, z. B. spezifische Vorerfahrungen, und die durch die Umwelt zur Verfügung gestellten Lernangebote zusammen. Die Weiterentwicklung naturwissenschaftlicher Vorstellungen lässt sich im Sinne der Conceptual-Change-Theorien als Differenzierung (Luft besteht aus mehreren Bestandteilen), Integration (Gold und Eisen sind beides Metalle) und Umstrukturierung (bei der Verbrennung wird nicht nur ein Stoff vernichtet, sondern es entstehen auch neue Stoffe) von Vorstellungen beschreiben (vgl. Kap. 8, 9). Anzumerken ist, dass die weitverbreitete strukturalistische Entwicklungstheorie von Piaget (vgl. Kap. 7.1), die jüngeren Kindern eine beschränkte Abstraktionsfähigkeit zuschreibt, als überholt gilt (Stern

2002). Ob komplexe und abstrakte Aufgaben gelöst werden können, hängt vom Vorwissen und nicht von bereichsunspezifischen Kompetenzen wie einer allgemeinen Abstraktionsfähigkeit ab. Das unterschiedlich ausgeprägte Vorwissen von jüngeren und älteren Lernern ist der entscheidende Unterschied zwischen beiden. Altersbedingte Defizite jüngerer Kinder ergeben sich allerdings durch die Begrenzung des Arbeitsgedächtnisses (Hasselhorn & Schneider 2007). Dem Arbeitsgedächtnis wird die Steuerung zielgerichteter Handlungen zugeschrieben, indem zum Beispiel unwichtige Informationen ausgeblendet werden und wichtige Informationen mit vorhandenem Wissen verknüpft werden. Insofern steht die Begrenzung des Arbeitsgedächtnisses auch mit dem im Vergleich zu Erwachsenen geringerem Vorwissen im Zusammenhang.

Ob die Lernprozesse erfolgreich verlaufen, hängt stark von der Qualität der Lerngelegenheiten ab. Zentrale Merkmale der Unterrichtsqualität, wie sie aus der Sekundarstufe bekannt sind (Klassenführung, kognitive Aktivierung, konstruktive Unterstützung, die die emotionale Unterstützung, aber auch Maßnahmen der Strukturierung umfasst), sind ebenso für die Grundschule, aber auch für die Kita (Hardy & Steffensky 2014) relevant. Damit jüngere Kinder kognitiv aktivierende Lerngelegenheiten nutzen können, in denen Präkonzepte adressiert und weiterentwickelt werden, sind strukturierende Maßnahmen besonders zentral. Damit ist nicht die strukturierte Organisation des Unterrichts (vgl. Klassenführung) gemeint, sondern die Strukturierung des Lerngegenstandes und -prozesses, die es Lernenden ermöglicht, Aufgaben zu lösen, die sie ohne Unterstützung nicht lösen könnten. Hierzu zählen unter anderem die geeignete Sequenzierung des Lerngegenstandes, indem gefragt wird, was die Lerner zunächst verstanden haben müssen, um sich einen neuen Inhalt zu erarbeiten. Beispielsweise ist es vor der Auseinandersetzung mit Stoffen und ihren Eigenschaften wichtig, zwischen dem Gegenstand und dem Material, aus dem der Gegenstand besteht, differenzieren zu können, oder zu verstehen, dass Luft nicht nichts ist, bevor erarbeitet wird, dass Luft einen Druck ausüben kann. Auch das Nutzen geeigneter Veranschaulichungen – handelnder, ikonischer oder symbolischer Art – kann eine Maßnahme der Strukturierung darstellen, um so unter anderem das Arbeitsgedächtnis zu entlasten. Aktivitäten, mit denen ein Phänomen erfahrbar wird oder Kinder eine Idee überprüfen können, sind Beispiele für solche Veranschaulichungen. Bei der Differenzierung von Gegenständen und Materialien können beispielsweise einheitliche Materialquader hilfreich sein, die sich nicht in der Größe, der Form oder Funktion unterscheiden, sodass Kinder unterstützt werden, auf den Materialaspekt zu fokussieren, und zum Beispiel andere Gegenstände nach dem Material diesen Quadern zuzuordnen.

16.1.5 Kumulative Lernwege über die drei Bildungsstufen hinweg

Das Interesse an früher naturwissenschaftlicher Bildung und die Förderung dieser ist insgesamt positiv zu bewerten, eine Herausforderung ergibt sich allerdings dadurch, dass es nur wenige Bundesländer gibt, in denen es stufenübergreifende Lehrpläne gibt. So ist eine Differenzierung des anzustrebenden Niveaus auf den drei Stufen in den Lehrplänen, aber auch in vielen didaktischen Materialien, häufig nicht zu erkennen. Dadurch werden möglicherweise manche Inhalte schlicht wiederholt, es kommt zu Brüchen im Lernprozess und kumulative Lernwege werden nicht unbedingt angebahnt. Für Lehrpersonen der (weiterführenden) Schulen bedeutet dies zudem, dass unter Umständen sehr heterogene Lernausgangslagen vorhanden sind. Ein erster Ansatzpunkt, diesem Problem zu begegnen, sind Spiralcurricula, in denen aufeinander abgestimmte Bildungsangebote für die drei Stufen entwickelt werden (Möller et al. 2013). Um solche Ansätze erfolgreich zu implementieren, sind aber auch mehr inhaltsbezogene Kooperationen zwischen Kitas, Grundschulen sowie weiterführenden Schulen notwendig.

16.2 Naturwissenschaftlicher Anfangsunterricht

Inhaltliche Schwerpunkte

- Naturwissenschaftlicher Anfangsunterricht (5/6) bietet die Chance, die Lernenden frühzeitig an strukturiertes naturwissenschaftliches Arbeiten heranzuführen.
- Die intensiven Bezüge der Inhalte zur Alltagswelt tragen dazu bei, dass die dabei angewandten Denk- und Arbeitsweisen gut mit den lebensweltlichen Vorstellungen verknüpft werden können.
- Für den anschließenden Fachunterricht Chemie ist von besonderer Bedeutung, dass hier – auch durch praktisches Arbeiten – die Basis für den Stoffbegriff gelegt wird, einmal in Abgrenzung zu Körpern, zum anderen mit Bezug zu den je spezifischen Eigenschaften.

16.2.1 Naturwissenschaftlicher Anfangsunterricht heute

Für die Klassen 5 und 6 sehen fast alle Bundesländer naturwissenschaftlichen Anfangsunterricht vor oder eröffnen zumindest eine entsprechende Option. Ausgehend von einer Vorstellung von naturwissenschaftlicher Grundbildung, sollen den Schülerinnen und Schülern damit – im Anschluss an einen ähnlich gestalteten Sachunterricht in der Grundschule – naturwissenschaftliche Erfahrungen ermöglicht und naturwissenschaftliche Denkweisen nahegebracht werden, auf die später der Fachunterricht in den Einzelfächern aufbauen kann (Wodzinksi 2006). Mit seinen Gegenständen, in der Lebensumwelt der Lernenden verankert, soll das in dieser Altersstufe ausgeprägte Interesse an naturwissenschaftlichen Sachverhalten gestärkt werden; andererseits muss der Anfangsunterricht auch die KMK-Standards für den mittleren Bildungsabschluss im Blick haben, wenn er, bezogen auf den folgenden Fachunterricht, anschlussfähig sein will. Im Zentrum stehen daher eine Einführung in das naturwissenschaftliche Arbeiten sowie der Übergang von einer kontinuierlichen zur diskontinuierlichen Sicht der Welt durch Nutzung erster Teilchenmodelle.

16.2.2 Frühe Initiativen

Historisch betrachtet, ist der naturwissenschaftliche Anfangsunterricht in Deutschland aus einem mit Kontroversen gespickten Prozess um die Ansätze von fächerübergreifendem Unterricht hervorgegangen (Rehm & Stäudel 2017). Während im anglo-amerikanischen Bereich in den Siebzigerjahren des letzten Jahrhunderts fächerübergreifende Science-Konzepte längst Normalität waren (Häußler 1973), bestanden in Westdeutschland erhebliche Bedenken gegenüber jeder Art der Veränderung der Fächerstruktur. Dies hing zum einen mit den Widerständen gegen die Einführung der Gesamtschule zusammen, zum anderen befürchteten die jeweiligen Fachverbände eine Beschneidung ihrer Stundenzahl und zunehmend quasi fachfremd erteilten Unterricht. Dabei reichten erste Ansätze für fächerübergreifenden Unterricht im Nachkriegsdeutschland zurück bis in die Sechzigerjahre: Gerda Freise entwickelte aus ihrer Kritik eines „weltfremden und schülerfernen“ Chemieunterrichts (Freise 1969) ein Konzept für einen „Lernbereich Natur“ (Freise 1987), und beim 5. IPN-Symposion (1973) stand das *Integrierte Curriculum Naturwissenschaft* im Zentrum, samt einer umfassenden Rezeption anglo-amerikanischer Konzepte, etwa von *Science 5/13* aus England (Schwedes 1974), um nur zwei markante Daten zu nennen. Praxiswirksam wurde jedoch keiner dieser Ansätze in nennenswertem Umfang.

Vielmehr dauerte es bis Ende der Achtzigerjahre, bis sich an verschiedenen Orten neue Initiativen zum integrierten naturwissenschaftlichen Unterricht formierten:

- Am IPN in Kiel entstand das Projekt PING – Praxis integrierter naturwissenschaftlicher Grundbildung (Lauterbach & Bünder 1991), das später in einen länderübergreifenden Modellversuch der BLK mündete.

- Am Landesinstitut in Soest wurden NRW-Materialien für einen fächerübergreifenden Unterricht Naturwissenschaften (FUN) entwickelt (LSW 1990).
- In Hessen gab es erstmals einen NaWi-Lehrplan für Schulen, die fächerübergreifend unterrichten wollten (HKM 1996)

Die Materialien aus diesen Projekten fanden weite Verbreitung, die bildungspolitische Umsetzung der curricularen Konzepte hingegen fiel regelmäßig politischem Kalkül zum Opfer, u. a. ein faktisch bereits eingeführter Lehrplan für die Schulen in NRW beim Regierungswechsel im Jahr 2005. Dieser *Kernlehrplan Naturwissenschaften für die Jahrgangsstufen 5 und 6* wurde dennoch zur Blaupause, auf deren Basis die meisten inzwischen existierenden Lehrpläne für den naturwissenschaftlichen Anfangsunterricht weiterentwickelt worden sind.

A

Anregung
Verfügbare Materialien, die heute noch interessant sind
PING Themenmappen Naturwissenschaften 5–10 (Online 1), FUN Themenhefte (Online 2), Kernlehrplan Naturwissenschaften für die Jahrgangsstufen 5 und 6 (NRW 2005) (Online 3), Handreichung für den naturwissenschaftlichen Anfangsunterricht 5/6 in Hessen (HKM 2008) (Online 4) sowie die Linksammlung (Online 5)

16.2.3 PISA und Verbände fordern naturwissenschaftliche Grundbildung

Ein Umdenken fand erst mit der Ernüchterung durch die Ergebnisse der TIMS-Studie (1998) und der ersten PISA-Studie (2000) statt (vgl. Kap. 18.1). Es hatte sich gezeigt, dass deutsche Schülerinnen und Schüler zwar in hohem Maße über naturwissenschaftliches Faktenwissen verfügen, ihre Fähigkeiten im Sinne naturwissenschaftlichen Arbeitens jedoch deutlichen Entwicklungsbedarf aufweisen. Die BLK-Expertise (1998) forderte entsprechend, dass „das Formulieren von Fragestellungen und Vermutungen, die Aufbereitung und Interpretation der Ergebnisse und das Reflektieren der Vorgehensweise (...) zur Selbstverständlichkeit werden" müssten (S. 87). Zugleich wurde „ein erhebliches konzeptuelles didaktisches Defizit im Bemühen, das naturwissenschaftliche Arbeiten in den einzelnen Fächern aufeinander zu beziehen und abzustimmen", konstatiert (S. 87). Folgerichtig wurde das Modul *Naturwissenschaftliches Arbeiten* zum Kern der Entwicklungsarbeit beim anschließenden SINUS-Modellversuch (SINUS 1998–2003, SINUS-Transfer bis 2008) (vgl. Kap. 18.1).

In gleichem Sinn meldeten sich auch wichtige Verbände zu Wort, so die Gesellschaft Deutscher Chemiker (GDCh), die 2003 gemeinsam mit IHK, VCI und VDI eine „Stärkung der frühen naturwissenschaftlichen Bildung an hessischen Schulen" forderte (GDCh 2003). Neben einem Vorschlag zur „Etablierung eines integrativen Fachs ‚Naturphänomene' in der 5. und 6. Jahrgangsstufe" wurden auch Entwürfe für Standards vorgelegt, die sinngemäß vieles der im Folgejahr verabschiedeten Bildungsstandards der KMK vorwegnahmen. So gehe es „vor allem um die Erweiterung der methodischen Kompetenzen (...) sowie das Entwickeln, Erproben und Reflektieren von Problemlösungsstrategien sowie deren altersgemäße Dokumentation und Präsentation. Beim Experimentieren sollte zunehmend systematisch und zielgerichtet vorgegangen werden", beispielsweise durch „gezielte Variation der Randbedingungen, das Anfertigen von Tabellen oder die Erzeugung von Diagrammen" (S. 13).

In der 2005 nachfolgenden Empfehlung zur „Stärkung der naturwissenschaftlichen Bildung" der GDCh-Schulgruppe wurden diese Forderungen noch weiter präzisiert: Ein integratives „Fach Naturwissenschaften in der 5. und 6. Jahrgangsstufe" solle „Sachverhalte aus dem Alltagsleben, der Erfahrens- und Gedankenwelt" der Schülerinnen und Schüler nutzen, um ihnen „weiterführende Einblicke in naturwissenschaftliche Denk- und Arbeitsweisen" zu ermöglichen durch „experimentellen Zugang, unmittelbares Erleben und sorgfältige Beobachtung. (...) Problemorientierte Ausgangssituationen sollen zum handelnden Lernen Anlass geben" (GDCh-Schulgruppe 2005, S. 7).

Aktuelle Lehrpläne folgen diesen Vorstellungen in weitem Umfang. Sie beziehen sich dabei einerseits auf die thematische Grundstruktur, wie sie bereits bei PING und FUN zu erkennen sind, zum anderen auf die Kompetenzziele, die die Bildungsstandards für die naturwissenschaftliche Grundbildung definiert. Sehr anschaulich zeigt dies der Lehrplan von Rheinland-Pfalz (MBWJK 2010), der die Themen als Kontextebene betrachtet, an denen Fachinhalte zum Aufbau der Basiskonzepte erworben werden sollen, um schließlich einen Kompetenzerwerb im Sinne der Bildungsstandards zu unterstützen (Abb. 1).

Abb. 1: Anlage des Lehrplans von Rheinland-Pfalz (MBWJK 2010, S. 8)

16.2.4 Ein Blick in Lehrpläne

Während die Kompetenzentwicklung in den Bereichen Erkenntnisgewinnung, Kommunikation und Bewertung eine Aufgabe ist, die alle Themenfelder in gleicher Weise betrifft, sind die Fachwissenselemente abhängig von eben jenen Kontexten. Die Lehrpläne für die Stufen 5/6 weisen dabei, länderabhängig, geringfügige Unterschiede beim Zuschnitt der Themen auf; in der Mehrzahl gliedern sie die Inhalte in acht Themenaspekte, hier als Beispiele die Themenfelder für Rheinland-Pfalz (links) und Schleswig-Holstein (rechts) (Tab. 1).

Themenfelder der Lehrpläne der Stufen 5/6	
Von den Sinnen zum Messen	Wasser als Lebenselement
Vom ganz Kleinen und ganz Großen	Luft als Lebenselement
Bewegung zu Wasser, zu Lande und in der Luft	Sonnenenergie als Lebenselement
Pflanzen – Tiere – Lebensräume	Boden als Lebensgrundlage
Sonne – Wetter – Jahreszeiten	Pflanzen in unserer Umwelt
Geräte und Maschinen im Alltag	Tiere in unserer Umwelt
Stoffe im Alltag	Ich und andere Menschen
Körper und Gesundheit	Wir nutzen elektrische Energie

Tab. 1: Themenfelder der Lehrpläne (Stufe 5/6) für Rheinland-Pfalz (links) und Schleswig-Holstein (rechts)

Als Ausschnitte lebensweltlicher Erfahrungsräume können diese Themenbereiche zwar jeweils einem der später folgenden Unterrichtsfächer zugeordnet werden, ihre Querbezüge zu den jeweils anderen Themen und Fachaspekten sind jedoch unübersehbar. So gibt es Verwandtes zwischen *Bewegung* und *Geräte und Maschinen*, zwischen *Körper und Gesundheit* und *Pflanzen – Tiere – Lebensräume* und natürlich auch zwischen den *Stoffen im Alltag* und praktisch allen anderen Themenfeldern. Diese Konstruktion erlaubt die Aufbereitung komplexerer Themen, die dann mehrperspektivisch bearbeitet werden können.

Ein solches Beispiel könnte *Bekleidung* sein: Sie hat Beziehungen zu Körper und Gesundheit, zu Sonne, Wetter, Jahreszeiten, zu Stoffen im Alltag und ebenfalls zum Messen. Die **Fachaspekte** liegen jeweils auf der Hand, wobei stets eine alters- und entwicklungsangemessene Form und Tiefe der Bearbeitung zu berücksichtigen wäre. Bekannte experimentelle Ansätze zum Thema fokussieren auf den Wärmehaushalt beim Menschen, den Wärmedurchgang bzw. die isolierende Wirkung verschiedener Materialien, veränderliche Umweltbedingungen oder Eigenschaften der verwendeten Textilien im Sinn von Stoffeigenschaften. Hier bieten sich vielfältige Möglichkeiten für die Anbahnung und Entwicklung der **naturwissenschaftlichen Erkenntnismethode,** von subjektiven Erfahrungen und Eindrücken gelangen die Lernenden zu ersten systematischen Untersuchungsverfahren und lernen Messungen durchzuführen, Ergebnisse zielgerichtet zu vergleichen und reproduzierbare Merkmale zu identifizieren. Unter **kommunikativen** Aspekten geht es um Recherche und Orientierung im medialen Angebot zum Thema, um die Aufbereitung von Daten und qualitativen Ergebnissen und schließlich deren angemessene Darstellung in Tabellen, Graphen, eigenen Sachtexten oder in Schaubildern mit Pfeildiagrammen oder einfachen Konzeptmaps. Tatsächlich erlauben solche komplexen Ausschnitte der Wirklichkeit auch einen ersten Versuch, zu begründetem **Bewerten** zu kommen. Wo kommen die Rohstoffe her, aus denen die betrachtete Kleidung hergestellt worden ist? Sind die betreffenden Ressourcen unbegrenzt verfügbar? Was passiert mit den Sachen nach Nutzungsende? Welche Umweltrisiken sind ggf. damit verbunden? Und auch: Wie weit kann Naturwissenschaft, ihre Methoden und ihr Wissensbestand überhaupt dabei helfen, solche Urteile zu fällen?

Wie z. B. bei der Erstellung von schulinternen Unterrichtsplänen haben sich für die Vorstrukturierung eines Themenfeldes auch bei der Lehrplanentwicklung Maps als hilfreich erwiesen. Die hier wiedergegebene Mindmap zum Themenfeld Stoffe im Alltag (Abb. 2) aus dem Lehrplan von Rheinland-Pfalz zeigt neben einschlägigen naturwissenschaftlichen Inhalten und damit verknüpften Aspekten naturwissenschaftlichen Arbeitens weitere Äste auf, die für die Gestaltung des Unterrichts nützlich sein können: Typische Schülerfragen, Bezugspunkte aus Geschichte und Kultur, mögliche Anwendungen der zu erarbeitenden naturwissenschaftlichen Inhalte sowie eine Liste daraus ableitbarer Projekte im Unterricht.

Abb. 2: Themenfeld Stoffe im Alltag (Auszug des Lehrplans von Rheinland-Pfalz (MBWJK 2010, S. 43))

Dieses als Unterstützung der Planung von Unterricht gedachte Instrument kann umgekehrt im Anschluss an durchgeführten Unterricht auch als Checkliste benutzt werden, um zu überprüfen, ob die intendierten Kompetenzaspekte auch tatsächlich berührt und angemessen entwickelt worden sind.

Dies betrifft in besonderem Maß die Anbahnung der – chemie-fachrelevanten – Basiskonzepte, die hier unter die naturwissenschaftlichen Themen und Inhalte subsumiert sind. Zu nennen sind hier Stoffeigenschaften und der Stoffbegriff selbst – als Ausgangspunkt für das Basiskonzept Struktur und Eigenschaften, die Veränderbarkeit von Stoffen im Kontakt mit anderen –, das Basiskonzept Chemische Reaktion, dabei ebenfalls, insbesondere im Zusammenhang mit Feuer und Verbrennung, die Vorbereitung des Basiskonzeptes Energieumsatz bei chemischen Reaktionen und alles zusammen als Basis für eine spätere, fundierte Vorstellung vom Zusammenhang von Teilchen und den Stoffen selbst.

Die experimentellen Ansätze sollten dabei stets in den Zusammenhang von naturwissenschaftlichem Denken eingebettet werden, d. h. in Fragestellungen wie: Wie kann ein fairer Test aussehen? Was kann aus bestimmten Ergebnissen geschlossen werden und was nicht? Wie kann eine Vermutung überprüft werden?, usw. (z. B. die Aufgabe zum Cola-Dosen-Experiment Abb. 3). Dabei geht es in diesen Jahrgangsstufen keineswegs darum, den vollständigen Weg von einer Frage oder Vermutung bis hin zu einer experimentell verifizierten Aussage zu beschreiten, sondern vielmehr um den einen oder anderen Schritt auf diesem Weg, der später mit anderen zu einem Gesamtbild von (idealisiertem) naturwissenschaftlichen Denken und Arbeiten zusammengefügt werden kann, wie es z. B. Hübinger et al. vorstellen (Abb. 4).

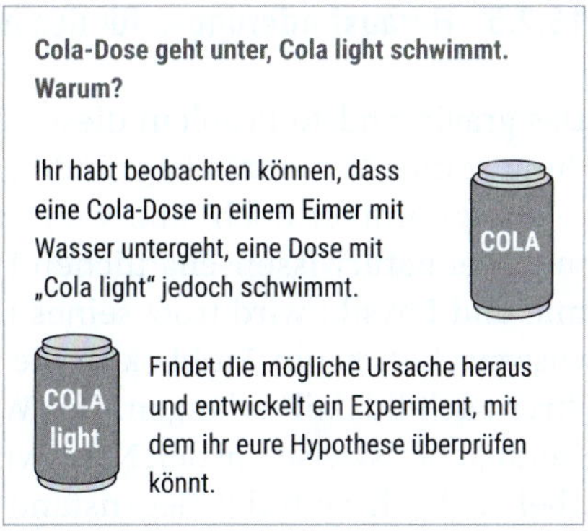

Abb. 3: Aufgabe zum Cola-Dosen-Experiment

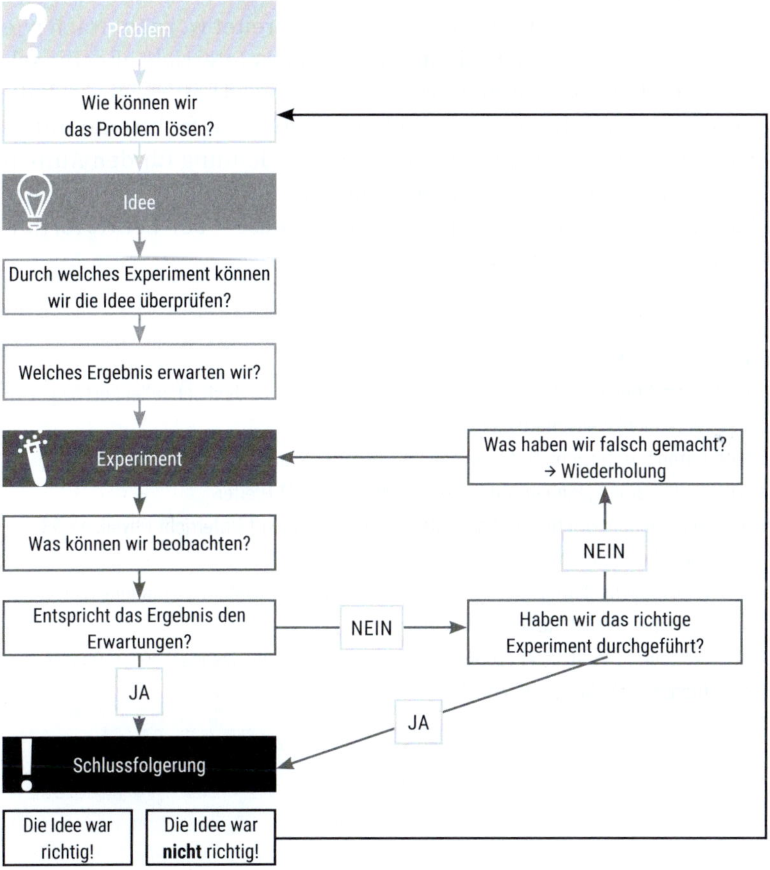

Abb. 4: Gesamtbild von (idealisierten) naturwissenschaftlichen Denken und Arbeiten, wie es Hübinger et al. (2009, S. 31) vorstellen (verändert)

16.2.5 Herausforderungen für den naturwissenschaftlichen Anfangsunterricht

Das gravierendste Problem dieses Unterrichtssegments liegt in der Ausbildung seines Personals begründet: Die Ausbildung angehender Lehrkräfte erfolgt (immer noch) überwiegend disziplinenbezogen. Ein Studierender mit zwei naturwissenschaftlichen Fächern (Chemie und Biologie bzw. Chemie und Physik) wird trotz seines intensiven Einblicks in die zweite Naturwissenschaft kaum Einblick in die dritte Naturwissenschaft einschließlich ihrer Fachdidaktik erlangen. Des Weiteren werden forschungsmethodische Herangehensweisen in den Naturwissenschaften nur selten thematisiert, die aber zugleich zentraler Gegenstand des zu erteilenden Unterrichts sein werden (Stichwort: naturwissenschaftliche Denk- und Arbeitsweisen) (vgl. Kap. 4 und 6). Insofern ist kaum eine Lehrkraft während des Studiums oder der zweiten Phase ausreichend auf diese Aufgabe vorbereitet worden. Nach wie vor sind Module zum naturwissenschaftlichen Anfangsunterricht eher die seltene Ausnahme in deutschen Studienordnungen. So wird naturwissenschaftlicher Anfangsunterricht in der Mehrzahl der Fälle quasi fachfremd unterrichtet, was weder seinem Anspruch noch seiner Bedeutung für den Aufbau einer sicheren naturwissenschaftlichen Grundbildung gerecht werden kann. Insofern kommen den Angeboten in der dritten Phase – der Lehrerfortbildung – besondere Bedeutung zu.

A

Anregung zum Weiterlesen

und als Quelle für zahlreiche unterrichtspraktische Beispiele, stets didaktisch reflektiert bzgl. des Beitrags zur naturwissenschaftlichen Grundbildung:

Themenheft Anfangsunterricht Naturwissenschaften der Zeitschrift Unterricht Chemie, H. 130/131 (2012), herausgegeben von L. Stäudel, M. Rehm & P. Pfeifer

Themenheft Vom Sachunterricht zum Fachunterricht der Zeitschrift Unterricht Physik, H. 93 (2006), herausgegeben von R. Wodzinski

Themenheft Naturwissenschaftliches Arbeiten (AT) der Zeitschrift Unterricht Chemie, H. 158 (2017), herausgegeben von M. Ropohl & M. Emden

L. Stäudel, B. Werber, R. Wodzinski (2006) Forschen wie ein Naturwissenschaftler. Das Arbeits- und Methodenbuch. Seelze: Friedrich

16.3 Chemieunterricht in der Real- und Hauptschule

Inhaltliche Schwerpunkte

- Die Schulsysteme in Deutschland sind entweder zweigliedrig mit einer eigenständigen Schulform des Sekundarbereichs I, z.B. Sachsen, oder dreigliedrig mit zwei eigenständigen Schulformen des Sekundarbereichs I, z.B. Bayern.
- In allen Schulformen wird das Fach Chemie unterrichtet. Allerdings ist Chemie nicht immer ein eigenständiges Fach; es kann auch in einem Fächerverbund – meist mit den Fächern Biologie und Physik – unterrichtet werden.
- Die Bildungsstandards für den mittleren Schulabschluss, konkret der Kompetenzbereich Fachwissen mit den vier Basiskonzepten, bilden die Grundlage für das Fach Chemie, obwohl die länderspezifischen Anforderungen durchaus unterschiedlich sein können.

16.3.1 Schulformen mit mittleren Schulabschluss (Online 6)

Weiterführende Schulformen (Synonym: Schularten), die zum mittleren Schulabschluss führten und keine Oberstufe haben, werden von Bundesland zu Bundesland unterschiedlich bezeichnet, z. B. Realschule, Regelschule, Sekundarschule, Oberschule etc. Zur gegenseitigen Abgrenzung ist zu klären, ob und gegebenenfalls wie die Hauptschule mit ihren Abschlüssen (z. B. qualifizierender Hauptschulabschluss) integriert ist. Da die Konzepte und Bezeichnungen für diese Schulformen schulpolitischen Einflüssen unterliegen, können sie von dieser Seite aus Änderungen unterliegen.

Die Schulformen der Sekundarstufe I lassen sich vor dem Hintergrund der Einbindung in das Schulsystem des jeweiligen Bundeslandes einteilen:

- In einem dreigliedrigen Schulsystem werden Hauptschule, Realschule und Gymnasium unterschieden. Jede Schulform ist eigenständig. Die Realschule führt in sechs Jahren zum mittleren Bildungsabschluss. Die Hauptschule kann über den qualifizierenden Hauptschulabschluss hinaus ebenfalls zu einem mittleren Schulabschluss führen. Zu beachten ist, dass die klassische Bezeichnung für Hauptschule mitunter in Mittelschule abgeändert wurde, wie es im Bundesland Bayern der Fall ist.
- In einem zweigliedrigen Schulsystem ist zwischen Gymnasium und einer Schulform ohne Oberstufe zu unterscheiden, in die die Hauptschule eingebunden ist. Die Bezeichnung ist je nach Bundesland verschieden (s. o.).

Einen Überblick über die eigenständigen Schulformen im Sekundarbereich I liefern die Tabellen 1 und 2 (Online-Ergänzung). Auf dieser Basis wird im Folgenden der Bereich der Naturwissenschaften an einer Schulform mit mittlerem Schulabschluss exemplarisch an den Bundesländern Bayern (dreigliedriges Schulsystem mit klassischer Realschule) und Sachsen (zweigliedriges Schulsystem mit Oberschule) dargestellt.

16.3.2 Realschule, Mittelschule und Oberschule – exemplarisch an den Bundesländern Bayern und Sachsen

In der Regel beginnt die Sekundarstufe I mit der 5. Jahrgangsstufe, nur in Berlin und Brandenburg erst mit der 7. Jahrgangsstufe. In Sachsen wird neben dem Gymnasium die Oberschule als weiterführende Schulform ohne Oberstufe geführt. Es handelt sich um eine differenzierte Schulart, die sich in einen Hauptschul- und einen Realschulbildungsgang gliedert. In Bayern gibt es, neben der als Mittelschule umbenannten ehemaligen Hauptschule, die Realschule als weitere eigenständige Schulart. Die sechsstufige Realschule umfasst die Jahrgangsstufen 5 bis 10 und verleiht nach bestandener Abschlussprüfung den Realschulabschluss. Auch an der Oberschule erhält man im Realschulbildungsgang den Realschulabschluss nach bestandener Prüfung.

Beide Schularten vermitteln fundierte und umfassende Grundlagen für eine berufliche Orientierung, aber auch für weitere schulische Bildungsgänge, welche bis hin zur Hochschulreife führen können.

Sie ist eine Schule für Kinder und Jugendliche, die aufgeschlossen sind sowohl für praktisches Tun als auch für theoretische Überlegungen. In allen Unterrichtsfächern werden die wichtigsten fachspezifischen Arbeitsweisen und Fachbegriffe in enger Verknüpfung mit ihrer sachgerechten Verwendung vermittelt. Auf konsequente Sicherung des Erlernten wird besonders geachtet. Zunehmende Bedeutung gewinnen das Lernen lernen, die Erziehung zur Teamfähigkeit und die Befähigung zu vernetztem Denken. Gerade für die zuletzt genannten Qualifikationen trägt der Chemieunterricht Entscheidendes bei. Dies gilt auch für die Sicherheits-, Gesundheits- und Umwelterziehung.

16.3.3 Chemie an Realschule, Mittelschule und Oberschule

Fachprofil Realschule

„Im Fach Chemie an der Realschule setzen sich die Schülerinnen und Schüler aktiv und auf besondere Weise handlungsorientiert mit Stoffen aus dem Alltag und der Technik auseinander. Experimentelles Arbeiten im Chemieunterricht weckt dabei Interesse und Freude am Erkunden von Naturvorgängen und technischen Abläufen. Damit erlernen sie eine wesentliche wissenschaftliche Arbeitsmethode. Ziele experimentellen Arbeitens sind das exakte Formulieren von Fragestellungen und Hypothesen unter Verwendung der chemischen Fachsprache, genaues Beobachten, klares Beschreiben und fachgerechtes Deuten der Ergebnisse. Vor allem beim eigenständigen Experimentieren erlernen die Schülerinnen und Schüler die Planung, Durchführung und Auswertung eines Experiments. Dabei werden grundlegende Arbeitshaltungen und Fähigkeiten wie Sorgfalt, Ausdauer, folgerichtiges Denken und Anwenden der chemischen Fachsprache, Teamfähigkeit und sicherheits- und umweltbewusstes Verhalten eingeübt. Dem Experiment als Methode der naturwissenschaftlichen Welterschließung kommt dabei eine ebenso zentrale Bedeutung zu wie der Verknüpfung experimenteller Ergebnisse mit Modellvorstellungen. Das Denken in Modellen fördert das Abstraktionsvermögen der Schülerinnen und Schüler. So interpretieren sie die Eigenschaften der Stoffe durch Art, Anordnung und Wechselwirkungen zwischen den Teilchen und erklären beobachtbare Stoffänderungen bei chemischen Reaktionen durch die Veränderung von Teilchen“ (Online 7).

Fachprofil Mittelschule

In der Mittelschule wird Chemie im Fächerverbund mit Biologie und Physik unterrichtet und hat die Fachbezeichnung Natur und Technik (MS). „Das Fach Natur und Technik knüpft an die Ausgangslage der Schülerinnen und Schüler aus der Grundschule an. Sie begegnen in ihrem täglichen Leben immer bewusster naturwissenschaftlichen Phänomenen und interessieren sich für deren Hintergründe und Zusammenhänge. Der naturwissenschaftliche Unterricht in der Mittelschule greift natürliche und technische Phänomene auf, die an die Lebenswelt der Schülerinnen und Schüler sowie Lehrkräfte anknüpfen und nutzt diesen schülerorientierten Zugang für den Aufbau und die Vertiefung von Kompetenzen der Erkenntnisgewinnung, des Kommunizierens und des Bewertens. Jede der drei Fachwissenschaften Physik, Chemie und Biologie trägt dazu ihre Sichtweise bei, um so eine zunehmende Vernetzung naturwissenschaftlichen Denkens, Wissens und der Erkenntnisgewinnung, die den Schlüsselfragen der Gegenwart und Zukunft Rechnung trägt, zu ermöglichen. Zu den einzelnen Inhalten bieten sich vielfältige Wege der Auseinandersetzung an, etwa durch originale Begegnung, eigenes Handeln (z. B. Experimentieren), den Einsatz der Sinne, emotionale Betroffenheit oder kooperative Lernformen und dies zunehmend selbständig. Durch unterschiedliche Herangehensweisen, eine Vielzahl an Sozialformen, handlungsorientierte Unterrichtseinheiten und offene, differenzierte Aufgabenstellungen kann den unterschiedlichen Veranlagungen, Lernvoraussetzungen und

Entwicklungsniveaus der Schülerinnen und Schüler, auch derer mit sonderpädagogischem Förderbedarf, Rechnung getragen werden. Dies ermöglicht einen individuellen Kompetenzerwerb und Lernfortschritt sowie Entwicklungs- und soziale Integrationsprozesse“ (Online 8).

Fachprofil Oberschule

Zunächst ist anzumerken, dass, obwohl die Mittelschule in Oberschule umbenannt wurde, im Lehrplan noch immer von Mittelschule gesprochen wird.

„Die Mittelschule ist eine differenzierte Schulart der Sekundarstufe I, die den Bildungs- und Erziehungsprozess der Grundschule auf der Grundlage von Fachlehrplänen systematisch fortführt. Sie integriert Hauptschulbildungsgang und Realschulbildungsgang und umfasst die Klassenstufen 5 bis 9 bzw. 5 bis 10.

Für die Mittelschule ist als Leistungsauftrag bestimmt, dass sie eine allgemeine und berufsvorbereitende Bildung vermittelt und Voraussetzungen beruflicher Qualifizierung schafft. Sie bildet einen flexiblen Rahmen für individuelle Leistungsförderung, spezifische Interessen- und Neigungsentwicklung der Schülerinnen und Schüler, die Entwicklung der Ausbildungsfähigkeit und die Schaffung von Grundlagen für lebenslanges Lernen. Als Sozialraum bietet sie verlässliche Bezugspersonen und erzieherische Unterstützung für die Heranwachsenden.

Die Klassenstufen 5 und 6 orientieren dabei auf den weiteren Bildungsgang bzw. Bildungsweg (orientierende Funktion). In den Klassenstufen 7 bis 9 steht eine auf Leistungsentwicklung und Abschlüsse sowie Neigungen und Interessen bezogene Differenzierung im Mittelpunkt (Differenzierungsfunktion). Die Klassenstufe 10 zielt auf eine Vertiefung und Erweiterung der Bildung (Vertiefungsfunktion).

Diesen Auftrag erfüllt die Mittelschule, indem sie Wissenserwerb und Kompetenzentwicklung sichert sowie auf Werte orientiert.“ (Online 4)

Zusammenfassend sind die Schulformen Realschule, Mittelschule und Oberschule in Tabelle 2 hinsichtlich der Stundentafel für das Fach Chemie erfasst.

Bayern (Online 10; 11)	BayEUG Art. 6			
	Mittelschule (ehemals Hauptschule)	Fächerverbund Physik/Chemie/ Biologie JgSt 5–7 je 2 Wochenstunden (WS) JgSt 8–9 (10) je 3 WS (momentan gültige Stundentafel)	Fachlehrplan	Aufwertung der Disziplin Chemie mit dem neuen LehrplanPlus; mit dem LehrplanPlus erhält das Fach die Bezeichnung Natur und Technik Ab SJ 2017/18 schrittweise Einführung
	Realschule	Wahlpflichtfächergruppe I JgSt 8–10 je 2 WS Andere Wahlpflichtfächergruppen JgSt 9–10 je 2 WS	Fachlehrplan	Aufhebung der strikten Trennung von AC und OC im neuen LehrplanPlus; Keine Änderung der Stundentafel mit dem LehrplanPlus Ab SJ 2020/21 schrittweise Einführung des Faches Chemie
Sachsen (Online 12)	SchulG § 4			
	Oberschule (ehemals Mittelschule)	JgSt 8–10: 2 WS	Lehrplan	Die Oberschule beinhaltet einen Haupt- und Realschulzweig

Tab. 2: Eigenständige Schularten in Bayern und Sachsen (Sek I) – Stundentafeln für das Fach Chemie

Bezüglich des mittleren Bildungsabschlusses gibt es derzeit nur in Sachsen die Möglichkeit, Chemie als schriftliches Prüfungsfach im Realschulbildungsgang zu wählen. Die Schülerinnen und Schüler können sich im Bereich der Naturwissenschaften zwischen Biologie / Chemie und Physik entscheiden. In Mecklenburg-Vorpommern und Thüringen kann das Fach Chemie für eine mündliche bzw. schriftliche Prüfung ausgewählt werden. Auch an der Mittelschule in Bayern – diese Schulart ist im Wesentlichen identisch mit der Hauptschule – kann zum Erreichen des qualifizierenden Abschlusses nach der 9. Jahrgangsstufe der Fächerverbund Physik / Chemie / Biologie für eine schriftliche Prüfung gewählt werden. In Baden-Württemberg kann der Fächerverbund Naturwissenschaftliches Arbeiten als Teilprüfung zu den fächerübergreifenden Kompetenzen gewählt werden.

In einigen Bundesländern gibt es sogenannte Kontingentstundentafeln. Jedoch gibt es auch hier Unterschiede in der Bedeutung. So ist z. B. in Berlin das Kontingent jeweils für eine Jahrgangsstufe und verschiedene Fächer vorgegeben, in Rheinland-Pfalz ist das Kontingent aber für das Fach über die Jahrgangsstufen hinweg angegeben und in Baden-Württemberg ist eine Mischform aus beidem vorhanden. Das Fach Chemie ist immer eigenständig. Allen

Ländern, die Kontingentstundentafeln haben, ist gemeinsam, dass die Schule über die Verteilung des Kontingents im Rahmen der Vorgaben entscheidet.

16.3.4 Chemieunterricht bis zum mittleren Schulabschluss

Chemieunterricht an der Realschule – am Beispiel Bayern

Der kompetenzorientierte LehrplanPlus ist in Bayern über alle Schularten hinweg gleich aufgebaut. Im Fachlehrplan werden zunächst die Kompetenzerwartungen und dann die jeweiligen Inhalte zu den Kompetenzen dargestellt. Sowohl an der Mittelschule, als auch an der Realschule ist der Lernbereich 1 *Naturwissenschaftliches Arbeiten* (Mittelschule) bzw. *Wie Chemiker denken und arbeiten* (Realschule) in jeder Jahrgangsstufe vorgeschaltet. Er ist nicht als eigenständig zu betrachten, sondern muss vielmehr in die anderen Lernbereiche integriert werden. In diesem Lernbereich sind unter anderem grundlegende Denk- und Arbeitsweisen der Naturwissenschaft Chemie zu finden.

Zentrale Aufgabe der Chemie ist es, die Zusammensetzung und den Aufbau der stofflichen Welt zu untersuchen und zu beschreiben sowie Gesetzmäßigkeiten aufzufinden, welche die Eigenschaften, die Umwandlung und die Herstellung und Verwendung von Stoffen bestimmen.

Das Kompetenzstrukturmodell des Faches Chemie (Abb. 5) enthält zwei Dimensionen, die prozessbezogenen Kompetenzen und die Gegenstandsbereiche. Die prozessbezogenen Kompetenzen beinhalten die drei Kompe-

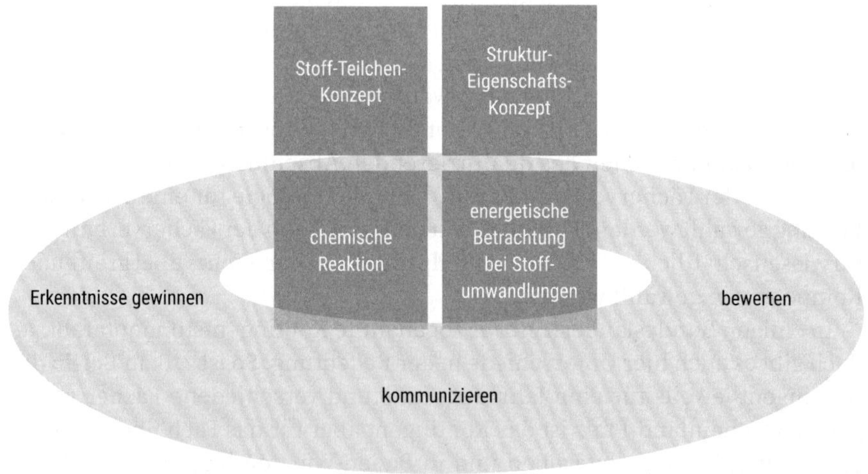

Abb. 5: Kompetenzstrukturmodell – Fach Chemie (Online 7)

tenzbereiche der KMK-Bildungsstandards für den Mittleren Schulabschluss, *Erkenntnisse gewinnen, Kommunizieren* und *Bewerten.* Gemeinsam mit dem Fachwissen bilden sie die Grundlage für den Erwerb einer naturwissenschaftlichen Grundbildung.

Die Gegenstandsbereiche bilden die inhaltliche Dimension ab und werden in Form von grundlegenden Konzepten der Chemie konkretisiert. Hierbei werden die vier Basiskonzepte (Abb. 5) der KMK-Bildungsstandards für den Mittleren Schulabschluss im Fach Chemie aufgegriffen, nämlich das Stoff-Teilchen-Konzept, das Struktur-Eigenschafts-Konzept, die Chemische Reaktion und das Energie-Konzept (vgl. Kap. 2). Sie bilden das Rückgrat für den Lehrplan über die Jahrgangsstufen hinweg. Anders als an der Mittelschule in Bayern ist das Fach Chemie an der Realschule eigenständig. Je nach Zweig (naturwissenschaftliche oder andere Ausrichtung) beginnt der Chemieunterricht in der 8. oder 9. Jahrgangsstufe und wird dann durchgehend bis zum Erreichen des Schulabschlusses mit jeweils 2 Wochenstunden unterrichtet.

Während im aktuell gültigen Lehrplan eine strikte Trennung zwischen den beiden Disziplinen anorganische und organische Chemie herrscht, wird dieser fachsystematische Aufbau mit dem neuen Lehrplan (LehrplanPlus) aufgegeben. Die Inhalte des neuen, kompetenzorientierten Lehrplans werden exemplarisch für die Wahlpflichtfächergruppe I, bei der der Chemieunterricht in der 8. Jahrgangsstufe beginnt, in Tabelle 3 dargestellt.

LB	8. Jahrgangsstufe	9. Jahrgangsstufe	10. Jahrgangsstufe
1	Wie Chemiker denken und arbeiten	Wie Chemiker denken und arbeiten	Wie Chemiker denken und arbeiten
2	Stoffe und ihre Eigenschaften (ca. 12 Std.)	Chemische Bindung (ca. 21 Std.)	Donator-Akzeptor-Konzept: Protonenübergänge II (ca. 7 Std.)
3	Aufbau der Materie (ca. 12 Std.)	Donator-Akzeptor-Konzept: Elektronenübergänge (ca. 14 Std.)	Herkunft organischer Verbindungen im Überblick – grundlegende Reaktion Fotosynthese (ca. 5 Std.)
4	Chemische Reaktion (ca. 24 Std.)	Redoxanwendungen (ca. 11 Std.)	Grundlegende Reaktionen organischer Moleküle (ca. 12 Std.)
5	Atombau und Periodensystem der Elemente (ca. 8 Std.)	Donator-Akzeptor-Konzept: Protonenübergänge I (ca. 10 Std.)	Biomoleküle (ca. 12 Std.) (Auswahl: zwei von drei Teilbereichen) Aminosäuren und Proteine Kohlenhydrate, Fette
6			Moderne Werkstoffe: Kunststoffe und Silikone (ca. 12 Std.)

Tab. 3: Übersicht der Lernbereiche (LB) für das Fach Chemie (Wahlpflichtfächergruppe I) (Online 13)

Das Experiment – auch in Form der Schülerexperimente – hat im Unterricht weiterhin eine zentrale Rolle (vgl. Kap. 13). Schülerexperimente sind verbindlich in den neuen Lehrplan an der Realschule integriert. Ein Auszug aus den Kompetenzerwartungen zum Lernbereich 9.4 der 9. Jahrgangsstufe der Wahlpflichtfächergruppe I soll dies verdeutlichen (Online 14):

„Die Schülerinnen und Schüler …

- leiten mithilfe von **Schülerexperimenten** die Reversibilität der Redoxreaktionen aus dem Zusammenhang zwischen freiwillig ablaufender Redoxreaktion und erzwungener Redoxreaktion ab und bewerten u. a. Alltagsformulierungen wie ‚volle und leere Batterie', ‚geladener und ungeladener Akku'.
- führen **Experimente** zur Reaktion von Metallen mit Metallsalzlösungen durch, leiten daraus den Begriff ‚elektrochemische Korrosion' ab und formulieren dazu die entsprechenden Redox-Gleichungen.
- leiten die Redoxreihe der Metallatome und Metallionen in **Schülerexperimenten** ab und benutzen diese, um erwünschte und unerwünschte Korrosionsreaktionen zu deuten.
- beschreiben Anwendungsmöglichkeiten der Elektrolyse und führen den Prozess des Galvanisierens im **Experiment** durch, um die Funktionsweise des Verfahrens zu erklären.
- führen **Experimente** zur Wasserstoff / Sauerstoff-Brennstoffzelle durch, um die Umwandlung von chemischer in elektrische Energie zu erklären.
- diskutieren den Einsatz von regenerativ gewonnenen Energieträgern in Brennstoffzellen, um den ökologischen Nutzen von Brennstoffzellen zu bewerten."

Das Basiskonzept Chemische Reaktion findet sich an verschiedenen Stellen im LehrplanPlus wieder. Folgende Lernbereiche (LB) können mit diesem Basiskonzept verknüpft werden: Chemische Reaktion (LB 4, Klasse 8), Donator-Akzeptor-Konzept: Elektronenübergänge (LB 3, Klasse 9), Donator-Akzeptor-Konzept: Protonenübertragung I (LB 5, Klasse 9), Donator-Akzeptor-Konzept: Protonenübertragung II (LB 2, Klasse 10), Grundlegende Reaktionen organischer Moleküle (LB 4, Klasse 10).

V

Vertiefung 2: Mittelschule in Bayern – Chemie im Fächerverbund

Bei dem Fach Natur und Technik an der Mittelschule in Bayern handelt es sich um einen Fächerverbund der Fächer Biologie / Chemie / Physik. Die Inhalte mit chemischem Bezug sind in Tabelle 4 dargestellt.

<table>
<tr><td>Lernbereich</td><td>Physik</td><td>Chemie</td><td>Biologie</td></tr>
<tr><td>5.4 Materie, Stoffe und Technik</td><td colspan="2">5.4.1 Reinstoffe und Stoffgemische
5.4.2 Stoffgemische trennen</td><td></td></tr>
<tr><td rowspan="3">6.2 Lebensgrundlagen Wasser und Boden</td><td colspan="2">6.2.1 Eigenschaften und Bedeutung von Wasser</td><td></td></tr>
<tr><td></td><td colspan="2">6.2.2 Lebensraum Gewässer</td></tr>
<tr><td></td><td colspan="2">6.2.3 Stoffkreislauf, Boden</td></tr>
<tr><td rowspan="2">R/M 7.2 Lebensgrundlage Luft</td><td></td><td>7.2.1 Zusammensetzung und Bedeutung der Luft</td><td></td></tr>
<tr><td colspan="2">7.2.2 Atommodelle und Aufbau der Materie</td><td></td></tr>
<tr><td>R/M 7.4 Materie, Stoffe und Technik</td><td colspan="2">7.4.1 Elektrische Stromstärke und Spannung</td><td></td></tr>
<tr><td rowspan="2">R/M 8.2 Lebensgrundlage Energie</td><td colspan="2">8.2.3 Energie und elektrische Leistung</td><td></td></tr>
<tr><td></td><td>8.2.5 energetische Betrachtungen von chemischen Reaktionen</td><td></td></tr>
<tr><td rowspan="4">R/M 8.4 Materie, Stoffe und Technik</td><td></td><td>8.4.1 Aufbau der Materie</td><td></td></tr>
<tr><td></td><td>8.4.2 Chemische Reaktionen</td><td></td></tr>
<tr><td></td><td>8.4.3 Saure und basische Lösungen (Säuren und Basen)</td><td></td></tr>
<tr><td></td><td>8.4.4 Salze</td><td></td></tr>
<tr><td rowspan="4">R/M 9.2 Lebensgrundlage Kohlenstoff</td><td></td><td>9.2.1 Organische Rohstoffe</td><td></td></tr>
<tr><td></td><td>9.2.2 Kohlenwasserstoffe und Alkane</td><td></td></tr>
<tr><td></td><td>9.2.3 Kunststoffe</td><td></td></tr>
<tr><td></td><td>9.2.4 Biomoleküle: Alkohole und Kohlenhydrate</td><td></td></tr>
<tr><td>R/M 9.4 Materie, Stoffe und Technik</td><td colspan="2">9.4.1 Grundlagen der Radioaktivität</td><td></td></tr>
<tr><td rowspan="2">M 10.4 Materie, Stoffe und Technik</td><td></td><td>10.4.1 Periodensystem und chemische Bindungen</td><td></td></tr>
<tr><td></td><td>10.4.2 Chemie des Kohlenstoffs</td><td></td></tr>
<tr><td colspan="4">R = Regelklasse, M = Mittlere-Reife-Klasse</td></tr>
</table>

Tab. 4: Chemische Inhalte im Fächerverbund Natur und Technik (Online 15)

Chemieunterricht an der Oberschule – am Beispiel Sachsen

„Bei der Auswahl der Inhalte berücksichtigt der Lehrplan Sachverhalte aus den Erschließungsbereichen Natur, Umwelt, Technik und Alltag. Dabei sind chemische Erscheinungen aus der Erfahrungswelt der Schülerinnen und Schüler sowohl Ausgangspunkt als auch Ziel der Erkenntnis. Die Verknüpfung der Erschließungsbereiche mit Aspekten der fachlichen Linienführung

- Stoffe – Bau / Struktur, Eigenschaften, Verwendung
- Chemische Reaktion – Merkmale und Verlauf
- Ordnungsprinzipien

bildet die fachliche Grundlage für die Lernbereichsstrukturen" (Online 9, S. 2). Eine Übersicht der Lernbereiche (LB) für das Fach Chemie zeigt Tabelle 5.

LB	8. Jahrgangsstufe	9. Jahrgangsstufe	10. Jahrgangsstufe
1	Stoffe, die uns umgeben (25 Std.)	Chemische Verbindungen im Alltag (22 Std.)	Chemische Verbindungen in Lebensmitteln (7 Std.)
2	Untersuchen von Stoffen (6 Std.)	Chemische Verbindungen als Rohstoffe und Energieträger (12 Std.)	Ordnen von Stoffen (7 Std.)
3	Stoffe wandeln sich um (19 Std.)	Experimentelles Unterscheiden von Stoffen (6 Std.)	Experimentelles Untersuchen chemischer Reaktionen (8 Std.)
4	Wahlpflichtbereich (4 Std.)	Chemische Verbindungen als Werkstoffe (10 Std.)	Erkennen chemischer Reaktionen und ihres Nutzens in der Lebenswelt (18 Std.)
		Wahlpflichtbereich (4. Std.)	Wahlpflichtbereich (4. Std.)

Tab. 5: Übersicht der Lernbereiche (LB) für das Fach Chemie (Realschulbildungsgang) (Online 9, S. 4)

16.3.5 Ausblick

Der Bezug zu realen Begebenheiten, die die Lebenswelt der Schülerinnen und Schüler beeinflussen, kann das Interesse und das Verständnis für die chemischen Zusammenhänge fördern. Die neuen (kompetenzorientierten) Lehrpläne bzw. auch die Fachanforderungen in einigen Bundesländern bieten die Möglichkeit, den Chemieunterricht noch praktischer zu gestalten, z. B. durch den Einsatz von Schülerexperimenten. Jedoch gibt es auch Grenzen des Experimentierens, denn bei fehlender Ausstattung sind auch die verbindlich geforderten Schülerexperimente (z. B. im Lehrplan der Realschule / Bayern) nicht durchführbar. Abhilfe kann hier zum Teil die Schulförderung des Fonds der chemischen Industrie (VCI) schaffen. Hier wird die Besserstellung der experimentellen Ausstattung gefördert, jedoch nicht die Anschaffung einer Grundausstattung. Bei einer Unterrichtsgestaltung dieser Art müsste allerdings gewährleistet sein, dass unter Wahrung der fachwissenschaftlichen Aspekte eine fachlich qualifizierte Auseinandersetzung mit den einzelnen Unterrichtsthemen erfolgt. Durch geschickte Steuerung der Themenauswahl könnte der Chemieunterricht allen geforderten fachwissenschaftlichen Aspekten und Kompetenzbereichen gerecht werden. Die Stofffülle wird zugunsten einer stärkeren Orientierung der Unterrichtsthemen an der Lebenswelt reduziert (Pfeifer & Rampf 2003, S. 376).

16.4 Chemieunterricht an Gesamtschulen

Inhaltliche Schwerpunkte
- Gesamtschulen vereinen alle Schulzweige und bieten alle Schulabschlüsse an.
- Der Unterricht findet in einigen Fächern während der gesamten Sekundarstufe I im Klassenverband statt und muss der heterogenen Schülerschaft durch Maßnahmen der Binnendifferenzierung und individuellen Förderung gerecht werden.
- Die Regelungen und Lehrpläne für den Chemieunterricht unterscheiden sich je nach Bundesland.
- Evaluationsstudien fallen je nach Untersuchungsziel unterschiedlich aus.

Im Gegensatz zu den Hauptschulen, den Realschulen und den Gymnasien vereinen Gesamtschulen alle Schulzweige unter einem Dach und bieten entsprechend alle Schulabschlüsse an, vom Hauptschulabschluss als erstem allgemeinbildenden Abschluss bis zum Abitur. Dabei wird zwischen der kooperativen und der integrierten Form der Gesamtschule unterschieden. Während in kooperativen Gesamtschulen die Bildungsgänge, die zu den verschiedenen Schulabschlüssen führen, in voneinander getrennten Zweigen geführt werden und nur pädagogisch und organisatorisch miteinander verbunden sind, werden die Bildungsgänge an integrierten Gesamtschulen in einem Schulzweig unterrichtet. Erst zu einem späteren Zeitpunkt werden die Schülerinnen und Schüler in einigen Fächern auf Kurse mit unterschiedlichen Anforderungsniveaus aufgeteilt. In der Regel haben Gesamtschulen eine gymnasiale Oberstufe. Für diese gelten die gleichen Lehrpläne wie für das Gymnasium.

Gesamtschulen gibt es in den Bundesländern Brandenburg, Hessen, Mecklenburg-Vorpommern, Niedersachsen, Nordrhein-Westfalen, Rheinland-Pfalz, Saarland und wenige in Thüringen und Baden-Württemberg. Abgesehen von Bayern und Sachsen haben aber alle Bundesländer der Gesamtschule ähnliche Schulformen. Dabei ist der Trend erkennbar, auf Haupt- und Realschulen zu verzichten und stattdessen Gesamt-, Gemeinschafts-, Stadtteil- oder Regionalschulen als einzige Schulform neben dem Gymnasium anzubieten (Tab. 13, Online-Ergänzung).

16.4.1 Ziele der Gesamtschule

In den 1960er- und 1970er-Jahren wurde die Forderung gestellt, insbesondere Schülerinnen und Schülern aus bildungsfernen Haushalten durch eine größere Durchlässigkeit bessere Aufstiegschancen zu ermöglichen. Dies sollte durch die Einrichtung von Gesamtschulen ermöglicht werden (Bellenberg & Forell 2014, S. 9 f.). An einer Gesamtschule besteht eine größere Durchlässigkeit als im dreigliedrigen Schulsystem, weil alle Bildungsabschlüsse an einer Schule erreicht werden können. Durch eine äußere Differenzierung in einigen Fächern ab Jahrgangsstufe 7 werden die Schülerinnen und Schüler an der integrierten Gesamtschule auf die Voraussetzungen für das Erreichen des von ihnen angestrebten Abschlusses vorbereitet. Dennoch ist der Wechsel in Kurse eines anderen Anforderungsniveaus in der Sekundarstufe I möglich, zudem können in verschiedenen Fächern Kurse mit unterschiedlichen Anforderungsniveaus besucht werden. Dadurch soll die Chancengleichheit erhöht und der Zusammenhang zwischen sozialer Herkunft und Bildung gemindert werden.

Unterricht im Klassenverband findet in der gesamten Sekundarstufe I in einigen Naturwissenschaften, in den Gesellschaftswissenschaften und Kunst, Musik und Sport statt. In diesen Fächern muss der Unterricht der heterogenen Schülerschaft durch Binnendifferenzierung und individuelle Förderung gerecht werden. An der Gesamtschule steht das längere gemeinsame Lernen im Vordergrund. Dennoch können alle Schulabschlüsse erreicht werden.

16.4.2 Das Fach Chemie an Gesamtschulen

Für den mittleren Schulabschluss hat die Kultusministerkonferenz 2004 auch im Fach Chemie Bildungsstandards beschlossen. Diese wurden von den Bundesländern zum Schuljahr 2005/2006 übernommen und bilden die Grundlage für die Lehrpläne. Dabei wurden sowohl der Beitrag des Faches Chemie zur Bildung als auch sogenannte Kompetenzbereiche mit entsprechenden Standards beschlossen. Schülerinnen und Schüler sollen die Bedeutung der Chemie für Gesellschaft, Wirtschaft und Umwelt erkennen und verantwortungsbewusst mit Ressourcen, aber auch mit Chemikalien umgehen (KMK 2005, S. 6). Neben dem Fachunterricht in Chemie, der in einigen Ländern ab Klasse 9 wahlweise zu Physik auf zwei Anforderungsniveaus stattfindet, kann an Gesamtschulen auch ein Wahlpflichtkurs Naturwissenschaften gewählt werden. In diesen Kursen, die ab Jahrgangsstufe 6, 7 oder 8 beginnen, werden naturwissenschaftliche Inhalte vertieft behandelt. Dabei soll der Wahlpflichtunterricht weder dem Fachunterricht noch dem Unterricht in der Oberstufe vorgreifen. Stattdessen steht häufig die Projektarbeit im Vordergrund.

Während an Gymnasien in Nordrhein-Westfalen die zweite Fremdsprache ab Jahrgangsstufe 6 von allen Schülerinnen und Schülern angewählt werden muss, können Schülerinnen und Schüler der Gesamtschule individuelle Schwerpunkte setzen und zum Beispiel Naturwissenschaften wählen. Für den Schulabschluss wird das Fach gleichberechtigt mit Mathematik, Deutsch und Englisch berücksichtigt. Der Kernlehrplan für den Wahlpflichtbereich Naturwissenschaften in Nordrhein-Westfalen (KLP NRW, 2017) ist mit Beginn des Schuljahres 2015/2016 in Kraft getreten. Analog zum Kernlehrplan für die naturwissenschaftlichen Fächer berücksichtigt der Lehrplan die Kompetenzbereiche *Umgang mit Fachwissen, Erkenntnisgewinnung, Kommunikation und Bewertung* und weist dazu Inhaltsfelder aus. Während in den Jahrgangsstufen 6 und 7 Inhalte der Biologie, Physik und Chemie in den Inhaltsfeldern *Boden, Recycling* und *Farben* angewandt werden, entscheiden die Schülerinnen und Schüler ab Jahrgangsstufe 8, ob sie ihren weiteren Schwerpunkt in den Fächern Physik und Chemie oder Biologie und Chemie setzen wollen. Während im ersten Fall zum Beispiel das Inhaltsfeld *Mobilität und Energie* eine Vertiefung und Verbindung der Fächer Physik und Chemie ermöglicht, bietet bei der Wahl von Biologie und Chemie als Schwerpunkt zum Beispiel das Inhaltsfeld *Medikamente und Gesundheit* Anknüpfungspunkte an beide Fächer.

16.4.3 Chemielehrpläne der Bundesländer im Vergleich

Die Vorgaben für Unterrichtsinhalte beruhen auf den Bildungsstandards des mittleren Schulabschlusses der Kultusministerkonferenz. Die Kompetenzbereiche *Fachwissen, Erkenntnisgewinnung, Kommunikation und Bewertung* sowie die Basiskonzepte Stoff-Teilchen-Beziehungen, Struktur-Eigenschafts-Beziehungen, Chemische Reaktion und energetische Betrachtung bei Stoffumwandlungen sind in fast allen Bildungs- oder Lehrplänen der Bundesländer wiederzufinden. Baden-Württemberg, Bremen, Niedersachsen und Schleswig-Holstein unterscheiden die Kompetenzbereiche explizit in inhaltsbezogene und prozessbezogene Kompetenzen. Andere Bundesländer wie z. B. Brandenburg, Hamburg, Nordrhein-Westfalen und Sachsen-Anhalt geben als Kompetenzbereich *Umgang mit Fachwissen* oder *Fachwissen anwenden* anstelle des Kompetenzbereichs *Fachwissen* an und unterstreichen damit das Ziel der Bildungsstandards, Schülerinnen und Schüler in die Lage zu versetzen, Phänomene auf der Grundlage ihrer Kenntnisse zu erklären oder zu bewerten und nicht nur wiederzugeben. Der Kernlehrplan Naturwissenschaften in Nordrhein-Westfalen (2011) gibt übergeordnete Kompetenzerwartungen an, die den einzelnen Kompetenzbereichen Umgang mit Fachwissen, Erkenntnisgewinnung, Kommunikation und Bewertung zugeordnet sind. Diese werden in zwei Progressionsstufen aufgeführt, wovon die erste nach etwa einem Drittel des in der Sekundarstufe I erteilten Chemieunterrichts erreicht wird, die zweite am Ende der Jahrgangsstufe 10.

Beispiel: Umgang mit Fachwissen: Fakten wiedergeben und erläutern
Erste Progressionsstufe: Die Schülerinnen und Schüler können Phänomene und Vorgänge mit einfachen naturwissenschaftlichen Konzepten beschreiben und erläutern.

Zweite Progressionsstufe: Die Schülerinnen und Schüler können Konzepte der Naturwissenschaften an Beispielen erläutern und dabei Bezüge zu Basiskonzepten und übergeordneten Prinzipien herstellen (Nordrhein-Westfalen 2011, S. 21 ff.).

Die übergeordneten Kompetenzerwartungen werden im Kernlehrplan außerdem mit den Inhaltsfeldern zu konkretisierten Kompetenzerwartungen verknüpft, sodass sich für jedes Inhaltsfeld angeben lässt, welche Kompetenzen anzusteuern sind. Hier ist die Outputorientierung des Lehrplans deutlich zu erkennen. Die Inhaltsfelder sollen jeweils kontextorientiert erschlossen werden, Beispiele für mögliche Kontexte stehen im Kernlehrplan.

Beispiel: Inhaltsfeld Energieumsätze bei Stoffveränderungen
Erkenntnisgewinnung: Schülerinnen und Schüler können ...

- Glut- oder Flammenerscheinungen nach vorgegebenen Kriterien beobachten und beschreiben, als Oxidationsreaktionen interpretieren und mögliche Edukte und Produkte benennen.
- Sauerstoff und Kohlenstoffdioxid experimentell nachweisen und die Nachweisreaktion beschreiben (Nordrhein-Westfalen 2011, S. 86).

Ähnlich ist der Bildungsplan 7–11 für die Hamburger Stadtteilschulen (Hamburg 2014) aufgebaut. Neben den Mindestanforderungen nach Klasse 8 mit Blick auf den mittleren Schulabschluss sowie den Mindestanforderungen für den ersten allgemeinbildenden und den mittleren Schulabschluss werden auch die Mindestanforderungen für den Übergang in die Studienstufe (Jahrgangsstufen 12 und 13) aufgeführt. Die verbindlichen Inhalte werden dann zwar nicht mit auf den jeweiligen Inhalt bezogenen Kompetenzerwartungen verknüpft, es werden jedoch Beispielkontexte angegeben.

Die Rahmenlehrpläne 7–10 in Rheinland-Pfalz (2014) entwickeln aus sieben Aspekten insgesamt 12 Themenfelder, die gleichzeitig als Grundlage für mögliche Kontexte stehen (Abb. 6; vgl. Kap. 5.3). Dabei wird immer ein Aspekt besonders ausgeschärft, die anderen Aspekte aber in der Unterrichtseinheit unterschiedlich umfangreich berücksichtigt.

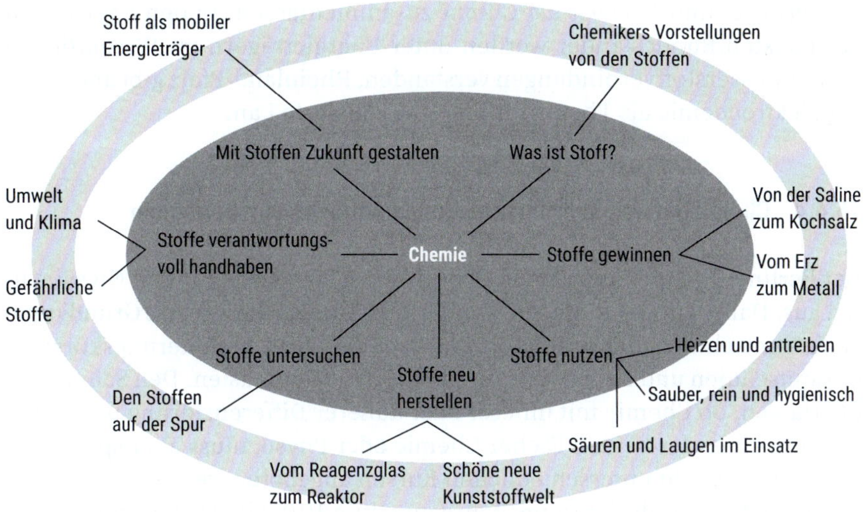

Abb. 6: Aspekte der Chemie (grau) und Themenfelder (Rahmenlehrplan Rheinland-Pfalz (2014), S. 55

Dabei wird jedes Themenfeld näher erläutert, außerdem werden sowohl die übergeordnete Form der Kompetenzerwartungen als auch der Beitrag zur Entwicklung der Basiskonzepte und wichtige Fachbegriffe angegeben. Eine Mindmap zur Erschließung der Kontextorientierung, Differenzierungsmöglichkeiten und didaktisch-methodische Hinweise sind ebenfalls für jedes Themenfeld aufgeführt.

Knapp die Hälfte der Bundesländer schlägt Kontexte zur Erschließung der Unterrichtsinhalte vor. Einen gemeinsamen Lehrplan für alle Schulformen der Sekundarstufe I nutzen fünf Bundesländer.

Inhaltlich unterscheiden sich die Lehrpläne der einzelnen Bundesländer kaum. Abbildung 6 kann hier als Überblick dienen. Nach einem Einstieg in Stoffe und Stoffeigenschaften sind chemische Reaktionen, insbesondere Redoxreaktionen, vorgesehen. Dabei werden in der Regel die Zusammensetzung der Luft sowie die Metallgewinnung thematisiert. Neben seinen Eigenschaften als Lösungsmittel und Anomalien wird die Zerlegbarkeit von Wasser in Sauerstoff und Wasserstoff genutzt, um Wasser als Verbindung einzuführen. Der Rahmenlehrplan von Mecklenburg-Vorpommern weist außerdem das Thema Nichtmetalle und Nichtmetalloxide, der Lehrplan von Schleswig-Holstein das Thema Kochsalz und andere Salze aus, bevor das Periodensystem und der Atombau angeführt werden. Außerdem stehen Säuren, Laugen und Salze einschließlich Ionenbindung und -bildung in den Lehrplänen. Die weiteren Themen der Sekundarstufen I lassen sich unter den Titeln *Stoffe als*

Energieträger und *Produkte der Chemie* zusammenfassen. In den Lehrplänen der meisten Bundesländer werden unter Energieträgern im Wesentlichen Kohlenwasserstoffverbindungen verstanden, Rheinland-Pfalz gibt aber auch die Elektrochemie als Thema für die Sekundarstufe I an.

16.4.4 Chemieunterricht in verschiedenen Anforderungsbereichen

Der Berliner Rahmenlehrplan in Chemie weist Standards auf drei Niveaustufen aus. Dabei gilt der einfache Standard für Hauptschulen und Grundkurse an Gesamtschulen, der mittlere für Realschulen bzw. Erweiterungskurse an Gesamtschulen und der erweiterte Standard für Gymnasien. Den Schulen ist überlassen, ob Chemie mit innerer oder äußerer Differenzierung unterrichtet wird, eines der beiden Fächer Chemie oder Physik muss aber spätestens ab der 9. Klasse in unterschiedlichen Kursen angeboten werden.

Beispiel: Am Ende der Doppeljahrgangsstufe 9/10 sollen Schülerinnen und Schüler Kompetenzen aus dem Bereich Fachwissen zum Stoff-Teilchen-Konzept erworben haben. Alle Schüler, egal, auf welcher Niveaustufe sie sich befinden, „erklären die Vielfalt der Stoffe auf der Basis unterschiedlicher Kombinationen und Anordnungen von Teilchen". Der erweiterte Standard setzt jedoch voraus, dass Schülerinnen und Schüler am Ende der Jahrgangsstufe 10 „begründete Voraussagen zur räumlichen Anordnung von Teilchen auf Grund von zwischenmolekularen Wechselwirkungen" machen, während der einfache Standard verlangt, dass Schülerinnen und Schüler „einfache Bindungsmodelle zur Interpretation von Teilchenaggregationen" verwenden. Im mittleren Standard wird erwartet, dass Schüler Bindungsmodelle zusätzlich zur Interpretation räumlicher Strukturen und zwischenmolekularer Wechselwirkungen verwenden können, aber eben keine Vorhersagen treffen (Brandenburg 2006, S. 16). Im Falle von äußerer Differenzierung können Kurslehrerinnen und Kurslehrer mit ihren Kursen anhand dieser Kompetenzerwartungen bei gleichen Unterrichtsinhalten unterschiedlich tief in den Stoff eindringen. Bei binnendifferenziertem Unterricht müssten Unterrichtsmaterialien auf verschiedenen Niveaustufen angeboten werden, um den unterschiedlichen Standards der Schülerinnen und Schüler Rechnung zu tragen.

Hessen gibt für den Chemieunterricht Unterrichtsinhalte und Aufgaben für Grundkurse und für Erweiterungskurse an. Die Notwendigkeit, in einem Kurs Schülerinnen und Schüler nach unterschiedlichen Standards zu unterrichten, wie es in Berlin der Fall sein kann, ergibt sich hier nicht. Entsprechend können die Fachschaften der Schulen voneinander getrennte schulinterne Curricula für beide Kurse erstellen. Inhaltlich müssen die Kurse jedoch parallel arbeiten, damit Schülerinnen und Schülern ein Wechsel ermöglicht werden kann.

Das Kerncurriculum in Niedersachsen beschreibt ebenfalls eine grundlegende und eine erweiterte Anforderungsebene, für die Jahrgangsstufe 9 auch eine zusätzliche Anforderungsebene. Diese Ebenen beziehen sich im Wesentlichen auf die in den Bildungsstandards beschriebenen Anforderungsbereiche (*Wiedergeben und Beschreiben, Anwenden und Strukturieren, Transferieren und Verknüpfen* (Niedersachsen 2012, S. 16)). Beim Basiskonzept *Stoff-Teilchen-Beziehung* wird auf der grundlegenden Anforderungsebene im Bereich *Fachwissen* erwartet, dass Schülerinnen und Schüler ein erweitertes Kern-Hülle-Modell beschreiben können, während im erweiterten Anforderungsniveau zusätzlich „die Grenzen der Gültigkeit von naturwissenschaftlichen Modellvorstellungen" (Niedersachsen 2012, S. 29) beurteilt werden sollen.

Der Lehrplan gibt allerdings auch Hinweise zur Differenzierung im naturwissenschaftlichen Unterricht, indem er Maßnahmen wie unterschiedliche Lernzeit, Komplexität, Zugangsmöglichkeit, Themenvielfalt, Hilfestellung und Aufgabendifferenzierung oder den Grad der Selbstständigkeit bei der Bearbeitung von Aufgaben vorschlägt.

In Nordrhein-Westfalen kann Chemie ab Jahrgangsstufe 9 in Grund- und Erweiterungskursen differenziert unterrichtet werden. Der Kernlehrplan gibt nur eine Niveaustufe der konkretisierten Kompetenzerwartungen an. Für den Erweiterungskurs zusätzliche Kompetenzerwartungen werden jedoch ergänzt. So ist zum Beispiel im Inhaltsfeld *Säuren und Basen* nur für den E-Kurs die konkretisierte Kompetenzerwartung: „Die Schülerinnen und Schüler können Stoffmengenkonzentrationen am Beispiel saurer und alkalischer Lösungen erklären (UF1)" (Nordrhein-Westfalen 2011, S. 87). Wird Chemie integriert unterrichtet, könnten Aufgaben zu diesen Kompetenzerwartungen zur Binnendifferenzierung genutzt werden.

Der Rahmenplan aus Mecklenburg-Vorpommern schlägt vor, die kursiv gedruckten Inhalte zur Gestaltung von Freiräumen oder zur Differenzierung zu verwenden. Ein Beispiel hierfür ist die *Erkundung der Stoffgruppe der Erdalkalimetalle,* die nicht verpflichtend vorgesehen ist (Mecklenburg-Vorpommern 2012, S. 26).

16.4.5 Mögliche Abschlüsse in der Gesamtschule

In Baden-Württemberg können an der Gemeinschaftsschule beide Hauptschulabschlüsse (nach Klasse 9 und 10), der Realschulabschluss und das Abitur abgelegt werden, sofern eine Oberstufe vorhanden ist. Auch an den Berliner Sekundarschulen können Berufsbildungsreife, erweiterte Berufsbildungsreife und mittlerer Schulabschluss erreicht werden. Ist eine Oberstufe vorhanden, auch das Abitur. In Brandenburg können an der Oberschule alle

Abschlüsse nach Klasse 10 erreicht werden. In Bremen ist die Oberschule, in Hamburg die Stadtteilschule und in Schleswig-Holstein bzw. im Saarland sind die Gemeinschaftsschulen die einzigen Regelschulformen neben dem Gymnasium. Sie bieten ebenso wie die Gesamtschule in Nordrhein-Westfalen alle Schulabschlüsse an.

In Nordrhein-Westfalen gingen laut Bericht des Ministeriums für Schule und Weiterbildung 17,7 % der Gesamtschülerinnen und Gesamtschüler mit der Hochschulreife von der Schule ab, während es am Gymnasium 79 % waren. 14,9 % der Gesamtschülerinnen und Gesamtschüler erreichten den Hauptschulabschluss nach Klasse 9, 27,5 % den Hauptschulabschluss nach Klasse 10 und 18,1 % die Fachoberschulreife (MSW NRW 2017, S. 250 ff.).

Im Bericht über die Abschlüsse des Schuljahres 2016/2017 NRW ist festgehalten, dass an den Gymnasien 97,3 % der Prüflinge das Abitur bestanden haben, während es an der Gesamtschule nur 94,4 % waren. Auch die Durchschnittsnote war am Gymnasium mit 2,4 besser als an der Gesamtschule, wo die Schülerinnen und Schüler einen Durchschnitt von 2,6 erreichten (MSW NRW 2017, S. 209). Vergleicht man die Ergebnisse der Lernstandserhebungen (VERA 8) in NRW im Fach Mathematik, lässt sich ebenfalls ein deutlicher Unterschied erkennen. Die höchsten drei Kompetenzstufen werden am Gymnasium von 86 % der Schülerinnen und Schüler erreicht, während es an der Gesamtschule im Erweiterungskurs nur 38 % sind (vgl. Online 33). Diese Ergebnisse lassen sich vermutlich teilweise dadurch erklären, dass Gesamtschulen in Nordrhein-Westfalen zu jeweils ca. einem Drittel Schülerinnen und Schüler mit Hauptschul-, Realschul- und Gymnasialempfehlung aufnehmen sollen und frühestens zu Beginn der Jahrgangsstufe 7 in Erweiterungs- und Grundkurse differenziert werden.

Der Arbeitskreis Schulformdebatte e. V. setzt sich kritisch mit der integrativen Gesamtschule auseinander und beruft sich dabei auf die Interpretation der Studie *Bildungsverläufe und psychosoziale Entwicklung im Jugendalter* (BIJU-Studie) des Max-Planck-Instituts für Bildungsforschung durch Baumert und Köller (Baumert & Köller 1998). Diese stellten fest, dass der Wissensvorsprung von Gymnasiastinnen und Gymnasiasten und Realschülerinnen und Realschülern am Ende des zehnten Schuljahres gegenüber Gesamtschülern mit vergleichbaren Ausgangssituationen bezüglich des Vorwissens und der sozialen und kognitiven Variablen mehr als zwei bzw. etwa zwei Schuljahre beträgt. Der Vergleich von Hauptschülerinnen und Hauptschülern mit Gesamtschülerinnen und Gesamtschülern ergibt hingegen keine wesentlichen Unterschiede (Baumert & Köller 1998, S. 17). Begründet wird dies mit dem Konvoi-Effekt, dass nämlich das langsamste Fahrzeug der Kolonne die Geschwindigkeit bestimmt. Ebenso seien es in heterogenen Lerngruppen die langsamsten Schülerinnen und Schüler, die die Anzahl der Wiederholungen und die Geschwindigkeit des Fortschreitens im Stoff bestimmen (Online 34). Eine von der Gewerkschaft für Erziehung und Wissenschaft NRW in Auftrag gegebene Studie kommt dagegen zu dem Schluss, dass die Gründe „vermutlich in den unterschiedlichen Lernumgebungen liegen, die durch unterschiedliche Curricula, fachliche Lehrerqualität, pädagogisches Anspruchsniveau und Unterrichtsressourcen bedingt sind" (Möller & Bellenberg 2017, S. 27). Sie fordert, Ungleiches ungleich zu behandeln und insbesondere Schulen mit heterogener sozialer und migrationsspezifischer Zusammensetzung der Schülerschaft besonders zu unterstützen (Möller & Bellenberg 2017, S. 8).

16.5 Chemieunterricht am Gymnasium

Inhaltliche Schwerpunkte

- In den meisten Bundesländern setzt das Gymnasium im 5. Schuljahr an und dauert, je nach Bundesland, 8–9 Jahre. Die westlichen Bundesländer kehren mehrheitlich zum neunjährigen Gymnasium zurück.
- Der Unterricht am Gymnasium soll eine vertiefte Allgemeinbildung, eine allgemeine Studierfähigkeit sowie eine wissenschaftspropädeutische Bildung vermitteln.
- Es gibt zwar in den Lehrplänen und Stundentafeln der Bundesländer Unterschiede, aber im Großen und Ganzen sind die Anforderungen vergleichbar.
- In der Sekundarstufe II kann der Chemieunterricht in Grund- und Leistungskursen durch die Schülerinnen und Schüler ausgewählt werden. Der Unterschied wird im Spezialisierungsgrad, im Abstraktionsniveau und der Komplexität der Sachverhalte deutlich.
- Im Vergleich mit älteren Chemie-Lehrplänen besteht insgesamt die Tendenz, dass fachliche Kenntnisse an Bedeutung verlieren, während fachbezogene Kompetenzen an Bedeutung gewinnen – was zumindest punktuell für den Anspruch einer wissenschaftspropädeutischen Bildung fragwürdig sein kann.

16.5.1 Überblick über die Schullandschaft (Gymnasium 12 oder 13 Jahre)

Seit der preußischen Schulreform des 19. Jahrhunderts umfasste das Gymnasium 9 Schuljahre (G9). Im Dritten Reich gab es ab 1936 (Müller & Volkann 1999) und in der DDR nach dem Zweiten Weltkrieg in Form der Erweiterten

Oberschule eine Verkürzung auf 8 Schuljahre (G8), während in der BRD 9 Schuljahre festgelegt waren. Seit 1999 führten zuerst einige ostdeutsche Bundesländer, die nach der Wiedervereinigung vorübergehend von G8 auf G9 umgestellt hatten, wieder das G8-Gymnasium ein. Ab 2001 folgten die ersten westdeutschen Bundesländer, beginnend mit dem Saarland, dann Hamburg und ein Jahr später Bayern und Niedersachsen. Die Umstellung auf G8 gewann an Dynamik, sodass im Jahr 2016 in allen Bundesländern die ersten G8-Abiturienten die Gymnasien verließen.

Die anhaltende Kritik von Elternverbänden und Gewerkschaften am „Turboabitur" führte seit 2011 teilweise zu einer Rückkehr zum G9-Abitur (Online 16 und 17). In Baden-Württemberg gibt es seit dem Schuljahr 2012/13 den Modellversuch G9, woran sich aktuell 44 Gymnasien beteiligen. In Hessen gibt es ab dem Schuljahr 2013/14 eine Wahlfreiheit der Gymnasien, das Abitur nach 8 oder 9 Jahren anzubieten. In Niedersachsen wurde mit dem Schuljahr 2015/16 für die Schülerinnen und Schüler das G9-Abitur wieder eingeführt – leistungsstarke Schülerinnen und Schüler dürfen aber das G8-Abitur weiterhin machen. In Schleswig-Holstein bieten 15 Gymnasien seit dem Schuljahr 2011/12 wieder das G9-Abitur an (Online 16). In Nordrhein-Westfalen gibt es ebenfalls die Option als Modellversuch das G9-Abitur anzubieten, an dem sich 13 Gymnasien beteiligen. Um die Belastung im G8-System zu vermindern, hat z. B. das Schulministerium in NRW 2015 die Zeiten für Hausaufgaben an Schulen ohne gebundenen Ganztag deutlich gekürzt. Anhaltender öffentlicher Druck führte dazu, dass die im Mai 2017 neu gewählte Landesregierung in NRW die Rückkehr zu G9 beginnend mit dem Schuljahr 2019/2020 landesweit beschlossen hat. Gymnasien können nur noch auf Antrag in G8-Form weitergeführt werden (Gesetzentwurf v. 14.11.2017 Az 2212.02.13–141535/17).

Einen nennenswerten Einfluss auf die verfügbare Wochenstundenzahl im Fach Chemie hat die Schulzeitdebatte bislang nicht, Tabelle 6 zeigt exemplarisch eine typische Stundentafel eines G8- und eines G9-Gmynasiums in Nordrhein-Westfalen.

Jg.	5	6	7	8	9	10	11	12	13	Σ
G9	–	–	2	–	2	2	**3**	**3/5**	**3/5**	15/19
G8	–	–	2	2	2	**3**	**3/5**	**3/5**	–	15/19

Tab. 6: Anzahl der wöchentlichen Chemiestunden an Gymnasien in NRW, Vergleich G8 u. G9, Chemiestunden Oberstufe fett. Grundkurs/Leistungskurs

16.5.2 Das Gymnasium: Merkmale und Ziele

Der Unterricht am Gymnasium soll eine vertiefte Allgemeinbildung, die allgemeine Studierfähigkeit sowie eine wissenschaftspropädeutische Bildung vermitteln. Von besonderer Bedeutung sind dabei vertiefte Kenntnisse, Fähigkeiten und Fertigkeiten in den basalen Fächern Deutsch, Fremdsprache und Mathematik. Darüber hinaus trägt der Unterricht in den musisch-künstlerischen, den gesellschaftswissenschaftlichen, den naturwissenschaftlich-technischen Fächern, in Sport und in Religionslehre bzw. einem Ersatzfach wesentlich zur Verwirklichung der Ziele der gymnasialen Oberstufe bei. Der Unterricht ist fachbezogen, fächerübergreifend und fächerverbindend angelegt. Er führt exemplarisch in wissenschaftliche Fragestellungen sowie Methoden ein und vermittelt eine Erziehung, die zur Persönlichkeitsentwicklung und der Führung eines eigenen Lebens in sozialer Verantwortung beiträgt.

Chemie ist im Gymnasium kein basales Fach. Es kann aber in der Oberstufe, die stets aus zwei Schuljahren Qualifikations- und einem Schuljahr Einführungsphase besteht, in der Qualifikationsphase als Grund- oder Leistungskurs gewählt werden. Bundesländerübergreifend regeln KMK-Beschlüsse die Bildungsstandards für den mittleren Bildungsabschluss (KMK 2005) und die Einheitlichen Prüfungsanforderungen in der Abiturprüfung (EPA) (Online 18).

Bei hinreichenden Leistungen in der Qualifikationsphase wird die Zulassung zur Abiturprüfung erteilt, die in allen Bundesländern (außer Rheinland-Pfalz) als Zentralabitur durchgeführt wird. Das heißt, dass die Prüfungsaufgaben für alle Abiturienten eines Bundeslandes zentral von der Kultusbehörde erstellt und von den Fachlehrkräften in den Gymnasien nach einheitlichen Vorgaben bewertet werden. Das Abiturzeugnis weist eine Gesamtnote aus, in die die Leistungen der Qualifikationsphase und der Abiturprüfung eingehen. Trotz der KMK-Beschlüsse, die die Vergleichbarkeit der Bewertung gewährleisten sollen, kommt es dabei im Einzelfall zu erheblichen Schwankungen. Ein Modellabiturient aus dem Jahr 2014, der z. B. in NRW die Gesamtnote 2,2 erhalten hat, hätte diese auch in allen Stadtstaaten bekommen. Bei identischen Leistungen hätte er in Bayern, Baden-Württemberg, Sachsen-Anhalt und Sachsen nur eine 2,7 bekommen – eine Abweichung um ½ Note (Online 19).

16.5.3 Ziele und Charakteristika des Faches Chemie am Gymnasium

Die Ziele des Faches Chemie am Gymnasium werden in Lehrplänen konkretisiert. Exemplarisch soll hier auf Baden-Württemberg (BW) und NRW eingegangen werden. In BW gelten die als **Bildungspläne** bezeichneten Lehrpläne seit 2016 (Online 20; Amtsblatt Ministerium für Kultur, Jugend u. Sport

BW 2016), die **Kernlehrpläne** in NRW gelten für die Sekundarstufe I seit 2008 (Amtsblatt Ministerium für Kultur, Jugend u. Sport BW 2016) und für die Sekundarstufe II seit 2013 (Online 21). Nennenswerte Unterschiede sind nicht feststellbar. In Tabelle 7 werden die übergeordneten Ziele verglichen.

Bildungsplan Chemie BW (2016) (5; Amtsblatt Ministerium für Kultur, Jugend u. Sport BW 2016)	Kernlehrpläne Chemie NRW (2008/2013) (Online 21 und 22)
• naturwissenschaftliche Grundbildung • das Erkennen naturwissenschaftlicher Fragestellungen • das Anwenden naturwissenschaftlichen Wissens • das Abschätzen der Folgen menschlichen Handelns • die Möglichkeit einer reflektierten [...] Teilhabe am Leben	• Sek. I: Naturwissenschaftliche Grundbildung (Scientific Literacy); Sek. II: Vertiefte chemisch-naturwissenschaftliche Bildung • Wissen anwenden • wissenschaftliche Fragen erkennen • Entscheidungen verstehen und treffen, welche die natürliche Welt und die durch menschliches Handeln an ihr vorgenommenen Veränderungen betreffen • Teilhabe an der Meinungsbildung
Übergeordnetes Fachziel: Die Naturwissenschaft Chemie untersucht den Zusammenhang zwischen Aufbau und Eigenschaften von Stoffen sowie die chemischen Reaktionen, die zum Entstehen neuer Stoffe führen. Charakteristisch für den Chemieunterricht ist das **Denken auf zwei Ebenen – der Stoff- und der Teilchenebene.** Dieses Denken wird auf verschiedenen Abstraktionsniveaus im Unterricht entwickelt. Die bis zur Klasse 10 verankerten Konzepte werden in der Kursstufe vertieft und durch das Konzept des chemischen Gleichgewichts erweitert.	Übergeordnetes Fachziel: Kennzeichnend für das Fach Chemie sind die wechselnde Betrachtung von Stoffen und Stoffumwandlungen auf der **Stoff- und der Teilchenebene** und die Verknüpfung dieser beiden Ebenen zur Erklärung von Phänomenen.

Tab. 7: Übergeordnete Ziele des Chemieunterrichts am Gymnasium

16.5.4 Chemie am Gymnasium: Stundentafeln – Lehrpläne – Kompetenzorientierung

Stundentafeln im Fach Chemie

In den Ländern wird Chemie in der Sekundarstufe I in der Regel mit insgesamt 6 Wochenstunden (WS) unterrichtet. In den Oberstufen sind 2- bis 3-stündige Grundkurse (GK) bzw. 4- bis 5-stündige Leistungskurse (LK) üblich. In Tabelle 8 werden exemplarisch die Stundentafeln von BW (Online 23) und NRW (Online 24) verglichen.

EF: Einführungsphase
Q: Qualifikationsphase
SK: Seminarkurs; PK: Projektkurs (wählbar)
* Chemieanteil am Fach BNT (Biologie – Naturphänomene – Technik)

Jg.	5	6	7	8	9	10	11	12
	Sekundarstufe I					EF	Q-Phase GK/LK	
BW	1*	1*	0	2	2	2	2/4 (+3 SK)	2/4
NRW			2	2	2	3	3/5 (+2 PK)	3/5

Tab. 8: Vergleich der Stundentafeln an G8-Gymnasien (NRW G9 vgl. Tab. 6)

Addiert man die WS, so scheint der Stundenansatz in BW in beiden Sekundarstufen geringer zu sein als in NRW. Diese Abweichung ist jedoch zu relativieren. In BW wird die geringere WS-Zahl in der Sekundarstufe I (im Jg. 7) dadurch ausgeglichen, dass das Fach Biologie – Naturphänomene – Technik (BNT) in den Jahrgängen 5 und 6 auch chemische Inhalte hat, sodass rechnerisch 1 WS dem Fach Chemie zugeordnet werden kann. Die geringere WS-Zahl in der Sekundarstufe II wird dadurch ausgeglichen, dass in BW zwei Naturwissenschaften (aus der Gruppe Biologie, Chemie, Physik) bis zum Abitur gewählt werden müssen. In NRW ist es möglich, mit nur einer Naturwissenschaft aus dieser Gruppe das Abitur durchzuführen (Online 25), wobei das Fach Biologie klar dominiert und hier die Inhaltsfelder mit ausgeprägteren chemischen Bezügen (Biologie der Zelle und Energiestoffwechsel) nicht in der Qualifikationsphase verortet sind.

V

Vertiefung 3: Schwerpunktsetzung in der Sekundarstufe I

In den Bundesländern gibt es in der Sekundarstufe I die Möglichkeit einer fachlichen Schwerpunktbildung. In BW stehen insgesamt 12 WS verteilt auf die Jahrgänge 8–10 für das Profil Naturwissenschaft-Technik zur Verfügung. Dem entspricht in NRW der mathematisch-naturwissenschaftlich-technische Wahlpflichtbereich, der im Umfang von insgesamt 4–6 WS (meist 4 WS) in den Jahrgängen 8–9 gewählt werden kann (Differenzierungskurse). Inhalte sind in BW z. B. Umwelt, Umweltanalytik, Stoffkreisläufe, Nahrungsmittelzusatzstoffe. In NRW gibt es keine verbindlichen inhaltlichen Vorgaben. Der individuelle Gestaltungsspielraum ist groß. Es werden schriftliche Arbeiten angefertigt (Online 26).

Kompetenzorientierte Unterrichtsgänge im Fach Chemie

Die Unterrichtsinhalte im Fach Chemie sind in den Ländern ähnlich. Sie beginnen mit der Beschreibung von Stoffen, Phänomenen und Reaktionen, systematisieren diese und erklären sie mit zunehmend differenzierteren Teilchenvorstellungen. In der Oberstufe kommt der Gleichgewichtsaspekt hinzu und die Vertiefung bestimmter Themen, in der Regel die Säure-Base-Theorie, Elektrochemie sowie organische Chemie mit den Schwerpunkten Kunst- und Farbstoffe. Tabelle 9 zeigt die obligatorischen Inhalte eines Unterrichtsganges in NRW und BW.

Jg.	NRW (Online 21; 22)	BW (Online 20; Ministerium für Kultur, Jugend u. Sport BW 2016)
7	1. Stoffe und Stoffumwandlungen 2. Stoff und Energieumsatz bei chemischen Reaktionen 3. Luft und Wasser 4. Metalle und Metallgewinnung	
8	5. Elementfamilien, Atombau und Periodensystem 6. Ionenbindung und Ionenkristalle 7. Elektronenübertragungen 8. Elektronenpaarbindung	1. Wichtige Eigenschaften von Reinstoffen 2. Merkmale chemischer Reaktionen 3. Quantitative Beziehungen 4. Luft-Sauerstoff-Oxide 5. Wasser und Wasserstoff 6. Metalle 7. Robert Bunsen
9	9. Saure und alkalische Lösungen 10. Energie aus chemischen Reaktionen 11. Organische Chemie	8. Atome und Periodensystem 9. Bindungstypen 10. Raumstruktur von Molekülen 11. Wasser – Lösungsmittel/ Reaktionspartner 12. Kohlenstoffdixod, Carbonate und Stoffkreislauf
10 EF	Kohlenstoffverbindungen, Alkane, Alkene, Alkohole, Aldehyde, Ketone, Carbonsäuren, Ester, Isomerie, Nomenklatur, Reaktionsgeschwindigkeit, Gleichgewichtsreaktionen, Stoffkreislauf in der Natur, Nanochemie des Kohlenstoffes, MWG, Katalyse	Kohlenwasserstoffe, Alkane, Alkene, Alkohole, Aldehyde und Ketone, Isomerie, Nomenklatur, Glucose als Aldehydalkohol, Carbonsäure und Ester, Struktur, Eigenschaften, Verwendung

Jg.	NRW (Online 21; 22)	BW (Online 20; Ministerium für Kultur, Jugend u. Sport BW 2016)
11–12 Q 1–2	Säuren, Basen und Analytische Verfahren (u. a. pH-Wert, Stärke von Säuren, Stärke von Basen (nur LK), Broenstedt-Konzept, pH-metrische Titration (nur LK), Neutralisationswärme (nur LK)) Elektrochemie (u. a. Spannungsreihe der Metalle und Nichtmetalle, Elektrolyse, galvanische Zellen, elektrochemische Korrosion, Korrosionsschutz (nur LK), Faraday-Gesetzte, Nernst-Gleichung (nur LK) Organische Produkte – Werkstoffe und Farbstoffe (u. a. Stoffklassen und Reaktionstypen, elektrophile Addition, nukleophile Substitution (nur LK), Polykondensation, radikalische Polymerisation, Eigenschaften von Makromolekülen, Benzol, Phenol (nur LK), aromatisches System, Erstsubstitution, Zweitsubstitution (nur LK), Molekülstruktur und Farbigkeit, Energiestufenmodell und Lichtabsorption, Lambert-Beer-Gesetz (nur LK))	Chemische Energetik (nur LK) Chemische Gleichgewichte Säure-Base-Gleichgewichte (nur LK) Naturstoffe Aromaten (nur LK) Kunststoffe Elektrische Energie und Chemie Elektrochemie (nur LK) Chemie in Wissenschaft, Forschung und Anwendung (nur LK)

Tab. 9: Unterrichtsgänge

Die reine Aufstellung der Fachinhalte ist noch nicht geeignet, die **Kompetenzorientierung** zu verdeutlichen, die das wesentliche Qualitätsmerkmal der neuen Lehrpläne sind. Die Kompetenzorientierung ergibt sich erst aus dem Zusammenwirken der konkretisierten Kompetenzerwartungen für die vier Bereiche **Fachwissen, Erkenntnisgewinnung, Kommunikation und Bewertung.**

Ein Beispiel aus dem Thema der Estersynthese für die Verknüpfung der vier Kompetenzbereiche im Kernlehrplan für die EF in NRW kann das verdeutlichen.

- Fachwissen: Schülerinnen und Schüler erläutern die Möglichkeiten der Gleichgewichtsbeeinflussung durch Konzentrations- und Temperaturänderung.
- Erkenntnisgewinnung: Schülerinnen und Schüler planen quantitative Versuche. Schülerinnen und Schüler erläutern das chemische Gleichgewicht mithilfe von Modellen.
- Kommunikation: Schülerinnen und Schüler recherchieren angeleitet Eigenschaften und Verwendungen ausgewählter Stoffe und präsentieren ihre Ergebnisse adressatengerecht.
- Bewertung: Schülerinnen und Schüler beurteilen Chancen und Grenzen der Beeinflussung des chemischen Gleichgewichts.

V

Vertiefung 4: Wissenschaftsorientierung

Im Einzelfall kann die Kompetenzorientierung auch fragwürdig sein und zwar, wenn Kompetenzen für Erkenntnisgewinnung, Kommunikation und Bewertung verbindlich sind, denen keine verbindlichen fachwissenschaftlichen Kompetenzen zugeordnet sind. Hier wird die Wissenschaftsorientierung verlassen und die Grenze zur Manipulation unscharf. Ein Beispiel aus dem Kernlehrplan NRW für die EF: Klimabeeinflussende Faktoren werden unter der Kompetenz *Fachwissen* weder genannt noch gewichtet. Es wird zum Treibhauseffekt keine Ursache-Wirkung-Beziehung beschrieben – das Gas CO_2 wird nicht einmal genannt. Auf dieser (fehlenden) Basis sollen im Kompetenzbereich *Erkenntnisgewinnung* laut Lehrplan Ursachen und Folgen des anthropogen erzeugtem Treibhauseffektes beschreiben und Fragestellungen zum „Problem" des Verbleibs des anthropogen erzeugten Kohlenstoffdioxids entwickeln. Im Kompetenzbereich *Bewertung* sollen Lernende „Chancen" der Verminderung des Kohlenstoffdioxidausstoßes aufzeigen und „prognostizierte" Folgen des anthropogenen Treibhauseffektes bewerten. Aber auf welcher fachlichen Basis und warum überhaupt sollen sie das? Hier finden fragwürdige Setzungen statt, die unter Fachwissenschaftlern umstritten sind, darunter der Physik-Nobelpreiträger Ivar Giaever (Nobelpreiträgertagung in Lindau 2015; Online 27) und Prof. Ewert (9. Intern. Klimakoferenz in Essen 2015; Online 28) oder etwas älteren Datums auch Graedel und Crutzen (Graedel & Crutzen 1994; Online 29 und 30). Sie widersprechen der CO_2-Theorie des federführenden Weltklimarats IPCC, dem 2010 nennenswerte Übertreibungen in Berichten und sogar Datenmanipulationen nachgewiesen wurden (Kulke 2010).

In BW heißt es im Bildungsplan 2016 (S. 14) etwas vorsichtiger: „Schüler*innen können [...] die Veränderung des CO_2-Anteils (der Luft) hinsichtlich ihrer globalen Auswirkung bewerten." Der Chemie-Lehrplan macht aber keine Aussage, welche globale Auswirkung bewertet werden soll und welcher Zusammenhang zum CO_2-Anteil der Luft besteht. Es gibt einen Verweis auf den Geographie-Lehrplan, der Maßnahmen gegen den Klimawandel postuliert. Am 1.12.2015 stellten Abgeordnete der Grünen und der SPD im Stuttgarter Landtag einen Antrag zur Verankerung der Themen Klimaschutz und Erreichung des 2-Grad-Ziels in den Bildungsplänen (Drucksache 17/7801) (Online 31). Das 2-Grad-Ziel wurde aber nicht verankert.

Diese Beispiele zeigen, dass auf Lehrpläne politisch eingewirkt wird. Die Einwirkung selbst ist nicht zu bewerten, aber ein wissenschaftsorientierter (Chemie-)Unterricht muss klar zwischen bewiesenen, wahrscheinlichen und möglichen Ursache-Wirkung-Beziehungen differenzieren, sonst wird das Bildungsziel eines mündigen Bürgers verfehlt. Das gilt ganz besonders bei Themen, die am Ende eine restriktive Gesetzgebung (Verbote, Steuern, Gebühren) begründen können.

16.5.5 Besonderheiten im Chemieunterricht der Sekundarstufe II

Chemie kann in Grund- oder Leistungskursen gewählt werden. **Grundkurse** im Fach Chemie sollen in **grundlegende Fragestellungen,** Sachverhalte, Problemkomplexe und Strukturen des Faches einführen. Sie sollen **wesentliche Arbeitsmethoden,** Fachmethoden und Darstellungsformen des Faches bewusst und erfahrbar machen sowie Zusammenhänge im Fach und über die Grenzen dessen hinaus in exemplarischer Form erkennbar werden lassen. Der Unterricht in Grundkursen fördert durch lebensweltliche Bezüge Einsicht in die Bedeutung des Fachs sowie durch schülerzentriertes und handlungsorientiertes Arbeiten die Selbstständigkeit der Prüflinge. **Leistungskurse vertiefen zusätzlich die Inhalte, Modelle und Theorien,** sodass die Komplexität und der Aspektreichtum des Faches deutlich werden. Der Unterricht ist auf eine Beherrschung der Arbeits- und Fachmethoden, deren selbstständige Anwendung, Übertragung und Reflexion gerichtet. Leistungskurse erzielen einen hohen Grad an Selbsttätigkeit der Prüflinge vor allem beim Experimentieren und bei der Wissensgenerierung.

Die Anforderungen im Grundkursfach sollen sich daher nicht nur quantitativ, sondern vor allem qualitativ von denen im Leistungskursfach unterscheiden. Dieser Unterschied wird im Spezialisierungsgrad, im Abstraktionsniveau und der Komplexität der Sachverhalte deutlich (Online 32). In Tabelle 10 werden die Anforderungen der Kursarten verglichen. In den Leistungskursen werden schriftliche Arbeiten angefertigt. In Grundkursen in NRW sind schriftliche Arbeiten verpflichtend, wenn das Fach als Abiturfach gewählt wird.

Grundkurs	Leistungskurs
Vorgaben Gegeben ist die räumliche Abbildung einer Wasserstoff-Sauerstoff-Brennstoffzelle. Die Beschriftung reduziert sich auf die Gase, welche die Elektroden umströmen.	**Vorgaben** Gegeben sind folgende Materialien: Eine Abbildung zeigt eine Wasserstoff-Sauerstoff-Brennstoffzelle. Die Beschriftung reduziert sich auf die Gase, welche die Elektroden umströmen. Eine Tabelle enthält eine Zusammenstellung verschiedener Brennstoffzellentypen mit den Brennstoffen und Betriebsbedingungen.
Aufgaben 1. Erläutern Sie das Funktionsprinzip der dargestellten Apparatur und formulieren Sie die Elektrodenreaktionen. 2. Definieren Sie an diesem Beispiel den Begriff Redoxreaktion.	**Aufgaben** 1. Zeigen Sie in Bezug auf die Abbildung, welche Vorgänge zum Aufbau einer Potenzialdifferenz führen. 2. Übertragen Sie Ihre Überlegungen auf die in der Tabelle dargestellten Zelltypen. Geben Sie die

3. Erläutern Sie die Voraussetzungen, unter denen Brennstoffzellen sinnvolle Alternativen zu bisherigen Batterien oder Akkumulatoren sein können.	jeweils entscheidenden Redoxpaare und Redoxreaktionen an. Zeigen Sie Möglichkeiten zur Ver- wendung von zwei der dargestellten Typen auf. 3. Verdeutlichen Sie Möglichkeiten und Grenzen für den Einsatz der von Ihnen gewählten Typen.

Tab. 10: Anforderungen im Grund- und Leistungskurs am Beispiel einer Aufgabe zu Brennstoffzellen

V

Vertiefung 5: Facharbeiten und „Besondere Lernleistungen"

Eine weitere Besonderheit stellen **Facharbeiten** dar, die im Verlauf der Qualifikationsphase, teilweise auch in der EF, angefertigt werden. Es handelt sich dabei um schriftliche, wissenschaftspropädeutische Arbeiten. Die Umsetzung ist in den Bundesländern sehr unterschiedlich. In BW kann sie im Rahmen eines Seminarkurses angefertigt werden, die Schülerinnen und Schüler arbeiten dabei selbstständig an einem Thema. In NRW ersetzt die Facharbeit eine Klausur, meistens im 1. Jahr der Qualifikationsphase. Auch hier können die Schülerinnen und Schüler das Thema in Abstimmung mit der Lehrkraft selbst wählen. Wichtig ist dabei eine möglichst überschaubare, konkrete Aufgabenstellung. Themenbeispiel: Modellversuche zur Säureabwasserbehandlung bei der Firma XY.

In der Qualifikationsphase ist in BW die Wahl eines **Seminarkurses als „Besondere Lernleistung"** (§ 2 Abs. 7 NVGO BW) möglich. Er erstreckt sich 3-stündig über ein Schuljahr. Es kann sich dabei auch um die Teilnahme an einem geeigneten Wettbewerb oder um ein Schülerstudium handeln. In NRW gibt es **Projektkurse** (zwei aufeinander folgende Halbjahre, 2- bis 3-stündig). Für die Kurse gelten die Standards der Lehrplanfächer (§ 11 Abs. 8 APO-GOSt). Sie werden benotet. Die Inhalte sind an das Bezugsfach gebunden, aber im Detail frei. In NRW gibt es ebenfalls die **„Besondere Lernleistung"** (§ 17 APO-GOSt) als Teil der Abiturleistung. Sie kann im Rahmen eines Projektkurses oder eines vom Land geförderten Wettbewerbs erbracht werden. Sie schließt mit einer nach Abiturstandards zu bewertenden Dokumentation und einem 30-minütigen Kolloquium ab.

16.6 Der heutige Chemieunterricht und seine Entwicklungsgeschichte

Inhaltliche Schwerpunkte

- Chemisches Wissen wurde viele Jahrhunderte an Klosterschulen und Universitäten als Bestandteil der Medizin vermittelt – weit entfernt, ein eigenes Unterrichtsfach zu sein.
- Die Anfänge des Chemieunterrichts beruhen auf der Anerkennung der Chemie als Naturwissenschaft (ab Jungius, Boyle, Lavoisier) und der neuzeitlichen Pädagogik (u. a. Comenius). Die im ersten Drittel des 19. Jahrhunderts etablierten Experimentalvorlesungen und Praktika an den Universitäten erwiesen sich als ein wichtiger Impuls für den Experimentalunterricht an der Schule.
- Der entscheidende Durchbruch zum heutigen Chemieunterricht gelang 1905 mit den Meraner Vorschlägen – etwa zeitgleich mit dessen bildungstheoretischer Begründung durch Kerschensteiner. Als ein didaktischer Schwerpunkt ab den 1960er-Jahren ist die Reform des Curriculums hervorzuheben.

Anmerkung: Das vorliegende Kapitel ist eine überarbeitete Zusammenfassung von Häusler (1992).

16.6.1 Unterricht in den Naturwissenschaften bis zum 16. Jahrhundert

Lehren und Lernen sind in jeder Gesellschaftsform zentrale Aufgaben. Deren Wurzeln gehen bis in die Antike zurück (Saalfrank 2016). Die ersten Schulen des Mittelalters waren **Klosterschulen.** Ihre Aufgabe war die Heranbildung von Klerikern, adeligem Nachwuchs sowie von Rechtsgelehrten und Medizinern. Mathematik und Naturwissenschaften hatten dabei keine Bedeutung. Neben Dom- und Klosterschulen entstanden unter Karl dem Großen auch **Stadtschulen.** Dort wurden u. a. Grammatik, Rhetorik und Dialektik, Arithmetik, Musik, Geometrie und Astronomie gelehrt. Physikalische Kenntnisse wurden in Musik und Astronomie vermittelt.

Im Laufe des 12. Jahrhunderts wurden in den Klosterschulen zwei Abteilungen gebildet, die schola interior (interne Schulen) für zukünftige Mönche und die schola exterior (externe Schulen) für weltliche Berufe. In diesen Schulen wurde auch **Medizin** unterrichtet. Damit war das Studium chemischen Wissens verbunden, denn die Medizinprofessoren waren noch jahrhundertelang auch Chemiker. Aus den externen Schulen entstanden im 13. Jahrhundert die ersten europäischen Universitäten: Padua (1222), Neapel (1224) in Italien, Salamanca (1243) in Spanien; später folgten Wien (1265), Prag (1348), Heidelberg (1386), Köln (1388), Erfurt (1392) und Ingolstadt (1472) (Pahl 1913).

Neben Mathematik, Medizin und Astronomie wurde Chemie als **Alchemie** durch die Araber von Spanien aus in Europa bekannt gemacht. Der Dominikaner Albertus Magnus (1193–1280) beschäftigte sich mit Alchemie. Davon zeugen seine Werke *De Alchymia* und *De rebus metallicis et mineralibus.* Für die Chemiedidaktik von Interesse ist ein Zeitgenosse des Albertus Magnus, der englische Franziskaner R. Bacon (1214–1294) (Schneider 1873, vgl. Kap. 4.2). Für Bacon gibt es drei Quellen der Erkenntnis: Autorität, Vernunft und Empirie. Von Letzterer gibt es zwei: die persönliche Erfahrung durch die eigenen Sinne oder selbst angestellte Experimente und Erfahrungen aus Mitteilungen anderer (Krätz 1990). Die scientia experimentalis gilt aufgrund ihrer methodischen Selbstständigkeit als ein wichtiger Ansatz für den modernen Experimentbegriff. Bacon forderte schon im Mittelalter eine naturwissenschaftliche Bildung, die sich auf Empirie stützt, und nennt konkrete Bildungsziele. Gleichwohl blieb Bacon der Alchemie ebenso verhaftet wie Albertus Magnus. Für sie war die **Transmutation der Metalle** – also Umwandlung unedler Metalle in Edelmetalle (Gold!) mithilfe des Steins der Weisen – eine feste Tatsache. Da die Sorge für die Universitäten und Schulen eine Aufgabe der Kirche war, darf es nicht wundern, wenn der Chemie eine Anerkennung als Wissenschaft versagt blieb.

Mit der **Reformation** kam für die protestantischen Länder eine Neukonstituierung des Bildungswesens unter Melanchthon (1492–1560). Luther und Melanchthon waren noch Gegner des kopernikanischen Systems. Aus diesem der Mathematik günstigen, dem rationalen Denken der Naturwissenschaften aber nicht förderlichen Geist heraus kam es zur Gründung eines **humanistischen Gymnasiums.** Schulgeschichtlich ist interessant, dass im 16. Jahrhundert die Lateinschulen „dem allgemeinen Brauch folgend den Namen ‚**Gymnasium**' annahmen", z. B. 1572 in Fulda, um 1600 in Frankfurt. Dies gilt für protestantische wie für katholische Länder.

Von den Naturforschern des 16. Jahrhunderts müssen die Zeitgenossen von Paracelsus (1493–1541), G. Agricola (1494–1555) und A. Libavius (1550–1616) erwähnt werden. Sie waren nämlich nicht nur berühmte Chemiker ihrer Zeit, sondern auch Lehrpersonen (Kopp 1844). Agricola beschäftigte sich vorzugsweise mit Mineralogie und Metallurgie; die Leistung von Libavius ist in der Herausgabe des ersten Lehrbuchs der Chemie mit dem Titel *Alchemia* zu sehen. Beide waren noch überzeugte Vertreter der Lehre von der Transmutation der Metalle.

16.6.2 Anfänge der wissenschaftlichen Chemie und des Chemieunterrichts

Meilensteine der Herausbildung der wissenschaftlichen Chemie

Für den Fortschritt der Naturwissenschaften und damit auch der Chemie war entscheidend, dass ein zuverlässiger Weg zur Erforschung der Naturerscheinungen gefunden wurde. Diesen Weg hat **F. Bacon** (1561–1626) in seinem *Novum Organum Scientiarum* aufgezeigt (Meyer 1895). Bacon ist der Begründer des methodischen Empirismus mit der Naturerkenntnis als Grundlage (Beyer 2009; Ströker 1982). Zeitgenossen Bacons waren G. Galilei (1565–1642) und E. Torricelli (1608–1647); sie gelten als die ersten modernen Experimentatoren (Schummer 1994).

Die bedeutenden Fortschritte der Chemie im 17. Jahrhundert sind vor allem mit den Namen J. R. Glauber (1604–1668) und **R. Boyle** (1627–1691) verbunden. Boyle gilt als der eigentliche Begründer der wissenschaftlichen Chemie (Pahl 1913), dessen Hauptwerk *Chemista scepticus* heißt.

Die verbreitete Meinung, Boyle hätte als erster den Begriff Element im Sinne der heutigen Chemie definiert, ist heute nicht mehr zu halten. Nach **J. Jungius** (1587–1657) sind Elemente nicht ineinander überführbar; jeder Naturkörper besteht aus Elementen, sie sind dessen Teile. Das ist ein wesentlicher Unterschied zum Elementbegriff der Alchemisten, der auf der Elementenlehre von Empedokles (um 440 v. Chr.) und Aristoteles (384–322 v. Chr.) aufbaut. Als Elemente im Sinne der Grundqualitäten galten Wasser, Feuer, Erde und Luft.

Als Meilensteine für die Entwicklung der Chemie in Deutschland gelten die Gründung **öffentlicher Chemie-Laboratorien** an den Universitäten Marburg und Altdorf (bei Nürnberg) Ende des 17. Jahrhunderts (Pahl 1913). Des Weiteren wurden an verschiedenen deutschen Hochschulen in dieser Zeit erste spezielle Vorlesungen für Chemie eingerichtet, z. B. in Jena durch W. Rolfink (1629–1673), dem ersten Professor für Chemie, oder in Marburg durch J. Hartmann (1568–1631) (Gmelin 1797).

Johann Amos Comenius und sein Einfluss auf den naturwissenschaftlichen Unterricht

Etwa zur gleichen Zeit, als der Grundstein zur modernen chemischen Forschung gelegt wurde, schufen **W. Ratichius** (1571–1635) und **J. A. Comenius** (1592–1671) die Grundlagen der modernen Pädagogik. Beide werden erstmals in der Geschichte der Pädagogik als Didaktiker bezeichnet (Kangro 1968). Ratichius wollte eine vollständige Umgestaltung des öffentlichen Unterrichtswesens durchsetzen (Ziegler 1895). Seine Kritikpunkte am traditionellen Unterricht in den Naturwissenschaften seiner Zeit waren: fehlende Anschaulichkeit, kein Experimentalunterricht, kein Bezug zu realen Gegenständen, keine Anwendung von Bildern („kosten sie viel, so nützen sie auch viel"). Comenius wurde von den Reformbestrebungen des Ratichius angeregt. Er verfasste mehrere Schulbücher, sein *Orbis pictus* wurde an vielen deutschen Schulen eingeführt. In Abbildung 7 ist dargestellt, wie Comenius Sprach- und Sachunterricht zu verbinden suchte (Comenius 1781).

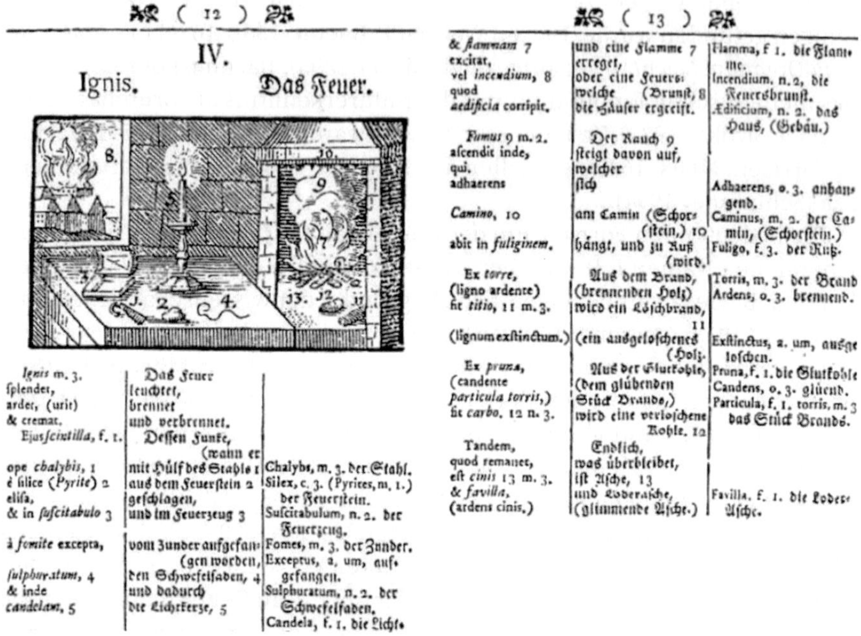

(12)

IV.

Ignis. Das Feuer.

Ignis m. 3. splendet, ardet, (urit) & cremat.	Das Feuer leuchtet, brennet und verbrennet.	
Ejus *scintilla*, f. 1.	Dessen Funke, (wann er	
ope *chalybis*, 1 è silice (*Pyrite*) 2 elisa, & in *suscitabulo* 3	mit Hülf des Stahls 1 aus dem Feuerstein 2 geschlagen, und im Feuerzeug 3	Chalybs, m. 3. der Stahl. Silex, c. 3. (Pyrites, m. 1.) der Feuerstein. Suscitabulum, n. 2. der Feuerzeug.
à *fomite* excepta,	vom Zunder aufgefangen worden,	Fomes, m. 3. der Zunder. Exceptus, a, um, aufgefangen.
sulphuratum, 4 & inde *candelam*, 5	den Schwefelfaden, 4 und dadurch die Lichtkerze, 5	Sulphuratum, n. 2. der Schwefelfaden. Candela, f. 1. die Licht-

(13)

& *flammam* 7 excitat, vel *incendium*, 8 quod *aedificia* corripit.	und eine Flamme 7 erreget, oder eine Feuersbrunst, 8 welche die Häuser ergreift.	Flamma, f. 1. die Flamme. Incendium, n. 2. die Feuersbrunst. Ædificium, n. 2. das Haus, (Gebäu.)
Fumus 9 m. 2. ascendit inde, qui, adhaerens	Der Rauch 9 steigt davon auf, welcher sich	Adhaerens, o. 3. anhangend.
Camino, 10 abit in *fuliginem*.	am Camin (Schorstein,) 10 hängt, und zu Ruß wird.	Caminus, m. 2. der Camin, (Schorstein.) Fuligo, f. 3. der Ruß.
Ex *torre*, (ligno ardente) fit *titio*, 11 m. 3. (lignum exstinctum.)	Aus dem Brand, (brennenden Holz) wird ein Löschbrand, 11 (ein ausgelöschenes Holz.	Torris, m. 3. der Brand Ardens, o. 3. brennend. Exstinctus, a. um, ausgelöschen.
Ex *pruna*, (candente *particula torris*,) fit *carbo*, 12 n. 3.	Aus der Glutkohle, (dem glühenden Stück Brands,) wird eine verloschene Kohle. 12	Pruna, f. 1. die Glutkohle Candens, o. 3. glüend. Particula, f. 1. torris, m. 3 das Stück Brands.
Tandem, quod remanet, est *cinis* 13 m. 3. & *favilla*, (ardens cinis.)	Endlich, was überbleibet, ist Asche, 13 und Loderasche, (glimmende Asche.)	Favilla, f. 1. die Loder-Asche.

Abb. 7: Aus dem **Orbis sensualium pictus** des Comenius (Comenius 1781)

1633 brachte Comenius ein Physikbuch heraus, das auch chemische Inhalte enthält. Die Inhalte der Kapitel weisen deutliche Parallelen zur damals gängigen Ansicht der Iatrochemie auf, z. B. Kapitel 6: Die vier Elemente Äther, Luft, Wasser, Erde, Kapitel 7: von den Dämpfen, Kapitel 8: Die drei Prinzipien chemischer Substanzen (Mercurius, Sulfur, Sal) als Ursache der Stoffeigenschaften. Comenius pädagogisches Hauptwerk ist die *Didacta magna* (Comenius 1913), die er 1627 in böhmischer Sprache begonnen, 1628 umgearbeitet hat und 1638 selbst ins Lateinische übersetzte (Vertiefung 6).

V

Vertiefung 6: Didaktisches Anliegen von Comenius für die Unterrichtsgestaltung (Comenius 1913)

Zuerst müssen die Kinder ihre Sinne üben (denn das ist am leichtesten), alsdann ihr Gedächtnis, darauf ihr Begriffsvermögen und endlich ihr Urteil. So folgt es nämlich stufenweise aufeinander; denn das Wissen beginnt mit der sinnlichen Wahrnehmung und geht durch die Einbildungskraft ins Gedächtnis über; dann bildet sich durch Ableitung vom Besondern (Induktion) die Erkenntnis des Allgemeinen, endlich kommt über hinreichend bekannte Dinge ein Urteil zustande zur Sicherung des Wissens.

16.6.3 Anfänge des realistischen Schulwesens in Deutschland

Forderung nach einem Unterricht in den Realien

Für die Einführung des Chemieunterrichts an Schulen blieb die von Ratichius und Comenius erhobene Forderung, die Naturwissenschaften (Realien) – und damit auch die Chemie – im Unterricht zu berücksichtigen, nicht ohne Wirkung. Ihr Einfluss lässt sich am Wirken von J. Jungius (1587–1657), E. Weigel (1625–1699) und J. C. Sturm (1635–1703) erkennen. Jungius war die letzten 25 Jahre seines Lebens Professor für Naturlehre am Hamburger Gymnasium Johanneum und brachte die Bedeutung des Experiments im Sinne von F. Bacon zur Geltung (Kangro 1968). Er sorgte für Anschauungsmittel an seiner Schule; seine Schulordnung und sein Unterrichtsbetrieb wurden zum Vorbild für andere Schulen. Ähnlich wie Jungius im Norden wirkte Weigel an höheren Schulen Sachsens und Thüringens. Weigel, seit 1654 Professor der Mathematik in Jena, trat für die Pflege der Realien an den höheren Schulen ein. Sein Schüler war Semler, der Gründer der Realschule in Halle.

Die Gründung der ersten Realschulen – Naturlehre an Schulen

Am Ende des 17. und Anfang des 18. Jahrhunderts stehen **Aufklärung** und **Pietismus** als bedeutendste Geistesrichtungen nebeneinander (Schöler 1970). Der Begründer der pietistischen Pädagogik ist A. H. Francke (1663–1727). Für die Entwicklung des realistischen Schulwesens sind die **Francke'schen Stiftungen** in Halle/S. von Bedeutung. 1695 entstand eine Armenschule, dann eine Bürgerschule; Francke gründete gleichzeitig eine höhere Schule, das sog. Pädagogium, an das sich bald eine lateinische Schule anschloss (Ziegler 1895). Auch im Pädagogium und an der lateinischen Schule wurden Naturwissenschaften unterrichtet. Zur Schulausstattung gehörten u. a. ein Naturalienkabinett, ein chemisches und ein physikalisches Laboratorium. Ein systematischer Unterricht in den Realien war von Francke allerdings nicht vorgesehen. Die Realien wurden als „**Recreationsübungen**" gepflegt. Vorbild für alle weiteren Realschulpläne lieferte Ch. Semler (1669–1740), der 1707 die erste **Realschule** in Halle gründete. Aus den Unterrichtszielen Semlers geht die Betonung des Nützlichkeitsprinzips hervor.

Der Gründer der ersten dauerhaften Realschule war Franckes Schüler J. J. Hecker (1697–1768), der nach dessen Vorbild in Berlin eine Armenschule einrichtete und diese allmählich erweiterte. 1747 wird von Hecker eine „ökonomisch-mathematische Realschule" eröffnet, die unter Friedrich dem Großen als „Königliche Realschule" anerkannt wurde (Schöler 1970; Maskus 1966). Der eigentlichen Realschule waren eine deutsche und eine lateinische Schule angegliedert. Auch diese Schulen hatten eine „realistische" Färbung (Ziegler 1895). Nun wurden auch an anderen Orten Realschulen gegründet. Für den Experimentalunterricht gab es bereits genaue methodische Vorschriften. Es galt der Grundsatz, „dass man so viel wie möglich eine Sache aus der Sache selbst zeige und lehre". Wurden zu Beginn des 18. Jahrhunderts die Realien noch als „Recreationsübungen" behandelt, so setzte sich Mitte des 19. Jahrhunderts der Begriff Naturlehre durch.

Der Pietismus wurde in Deutschland von der **Aufklärung** abgelöst. Die pädagogischen Bestrebungen der Aufklärung beruhen auf dem Prinzip Rousseaus, der Rückkehr zur Natur in Schule und Leben. Daraus entstand in Deutschland der **Philanthropinismus** (Ziegler 1895). Sein Urheber ist J. B. Basedow (1723–1790). Basedows Einfluss war groß, er zog die namhaften Pädagogen seiner Zeit in seinen Bann. Dessau wurde zum deutschen Mekka der Pädagogen (Schöler 1970). So gegensätzlich die Bestrebungen des Pietismus (Frömmigkeit) und des Philanthropinismus (Aufklärung) im Grunde waren, so einig waren sie sich in der Förderung der Naturwissenschaften im Unterricht. Noch wichtiger als die fachbezogenen Einflüsse scheint aus heutiger Sicht die im Philanthropinismus entstandene Idee einer allgemeinen Bildung. Naturwissenschaftlicher Unterricht wird als unabdingbar für die vollkommene Bildung erachtet.

Was im Unterricht der lateinischen Schule (Paulsen 1919) in der **Naturlehre** gelehrt wurde und welche Unterrichtsziele dabei verfolgt wurden, kann durch einige Beispiele aus Schulbüchern dieser Zeit verdeutlicht werden: J. Ch. P. Erxleben publiziert 1768 eine zweibändige Naturgeschichte und 1772 seine Naturlehre. In der Naturgeschichte werden u. a. die Salze und die Metalle (Au, Ag, Hg, Pb, Cu, Fe, Sn, Pt, Bi, Ni, As, Sb, Zn, Co) mit ihren Eigenschaften beschrieben. In der Naturlehre werden vorwiegend physikalische Fragen behandelt.

Methoden und Ziele des Unterrichts in Naturlehre

Bereits vor 250 Jahren wurde die Bedeutung des Experiments im Unterricht der Naturlehre betont und aus Beobachtungen Folgerungen gezogen. Naturvorgänge und Erscheinungen werden nicht nur beschrieben, sondern auch gedeutet. Auswertungen von Experimentalbefunden und Naturbeobachtungen, Anwendung von Modellvorstellungen (Teilchennatur des Wassers) und das Aufzeigen von Querverbindungen zu Alltagserfahrungen sind Hinweise dafür, dass der naturwissenschaftliche Unterricht des 18. Jahrhunderts bereits von didaktischen und methodischen Überlegungen getragen wurde. Die Philanthropinisten wandten als Mittel der Denkschulung die sokratische Methode (Mäeutik) an (Anregung): „Sie lehrt denken, nicht wissen."

A

Anregung

Wilhelm Ostwald (1919) nutzt in seinem äußerst lesenswerten Buch *Die Schule der Chemie* das sokratische Gespräch als didaktisches Element, wie das folgende Zitat zeigt:

„Schüler: Was heißt das, Leichtmetalle? Alle Stoffe haben doch Gewicht und sind doch schwer.

Lehrer: Ganz richtig. Leichtmetalle nennt man die, deren Dichte geringer ist, als die vierfache des Wassers.

Schüler: Warum hat man gerade bei vier die Grenzen gemacht? ..." (S. 74)

Wenn „Finden und Erfinden" als „das feinste, also auch das wichtigste Stück des ganzen Unterrichts" betrachtet wird (Schöler 1970), dann finden sich die **Anfänge des „entdeckenden Unterrichts"** bereits im 18. Jahrhundert. War in der ersten Hälfte des 18. Jahrhunderts noch der Utilitarismus die treibende Kraft für die Einführung der Realien in den Schulunterricht, so wird von den Philanthropinisten der Unterricht in den Naturwissenschaften mit den Erziehungszielen und Bildungsaufgaben der Schule begründet. Und darin liegt auch die besondere Bedeutung des Philanthropinismus für die Geschichte des Chemieunterrichts. Dennoch dauerte es lange, bis sich die Erkenntnis durchsetzte, dass die in den Naturwissenschaften vermittelten geistigen und sittlichen Werte ein notwendiger Bestandteil jeder Bildung und Erziehung sind. Unter allen Fächern hatten es die Naturwissenschaften – und mit ihnen die Chemie – am schwersten, die Anerkennung ihres Bildungswertes zu finden (Litt 1952). Die **Geringschätzung der Chemie hinsichtlich ihres Bildungswertes** muss überraschen, denn am Ende des 18. Jahrhunderts erlebt die europäische Chemie einen ihrer großen Entwicklungsschritte. Dafür seien stellvertretend genannt der Franzose A. Lavoisier (1743–1794), der Engländer Cavendish (1731–1810), der Schwede Bergman (1735–1784) und der Deutsche Klaproth (1743–1817). Hermbstädt (1760–1833) veröffentlichte 1800 ein Lehrbuch mit dem Titel *Systematischer Grundriss der allgemeinen Experimentalchemie zum Gebrauche bei Vorlesungen und zur Selbstbelehrung* *beim Mangel des mündlichen Unterrichts, nach den neuesten Entdeckungen entworfen* (Hermbstädt 1800). Der Begriff **Experimentalchemie** ist bemerkenswert (Vertiefung 7).

V

Vertiefung 7: Experimentalunterricht an Universitäten – Impulse für den Chemieunterricht

Mit der Errichtung von **Unterrichtslaboratorien** wurde die Ausbildung von Chemiestudenten entscheidend verbessert. Das berühmteste dieser Institute war das von J. v. Liebig 1825 in Gießen eröffnete. Es galt wegen seiner durchdachten Einrichtung für die praktische Ausbildung in Chemie über das 19. Jahrhundert hinaus – auch international – als Vorbild für alle chemischen Unterrichtslaboratorien. Darüber hinaus entstanden Laboratorien an den Universitäten Erfurt (initiiert durch J. B. Trommsdorf (1770–1837)), Göttingen (F. Stromeyer (1776–1835)), München (Gehlen (1775–1815)), Jena (J.W. Döbereiner (1780–1849)) und Marburg (R.W. Bunsen (1811–1899)) (Ferchl & Süssenguth 1936; Bugge 1979). Eine besondere Rolle spielte die **städtische Gewerbeschule in Berlin,** an der Friedrich Wöhler (1800–1882) als erster Chemielehrer (und zugleich als Forscher) wirkte. Wöhler verfasste für den Chemieunterricht an der Gewerbeschule einen „Grundriss der Chemie", der an vielen deutschen Schulen eingeführt wurde (Württemberg, Hessen, Freie Stadt Frankfurt). Wöhler (1833) schließt die Vorrede zu diesem Buch mit einigen bemerkenswerten Gedanken: „Indessen möge man bedenken, dass der Unterricht in der Chemie nicht bloß einen praktischen Zweck haben soll. Man kann ihn in der Tat mit dem mathematischen Unterricht vergleichen und ihn zugleich als ein Bildungsmittel des Denkvermögens betrachten."

16.6.4 Chemieunterricht im 19. Jahrhundert

Nach den Kriegen zu Beginn des 19. Jahrhunderts (z. B. Napoleonische Kriege) wurde **W. v. Humboldt** (1767–1835) von König Wilhelm mit der Reorganisation des höheren Schulwesens beauftragt. Seine Ratgeber wurden Wolf (1759–1824) und Süvern (1775–1829). Für Wolf waren die beschreibenden Naturwissenschaften wichtiger als Physik, denn er verlangte Anschauung im Unterricht, und die schien ihm in der Naturgeschichte am ehesten realisierbar zu sein. 1816 wurde der von Süvern verfasste Normallehrplan veröffentlicht. Danach war das Gymnasium eine 10-klassige Schule. In jeder Klasse waren zwei naturwissenschaftliche Lehrstunden vorgesehen. Chemische Lehrinhalte traten wegen ihrer Unanschaulichkeit zurück. Für die Ausbildung von Lehrpersonen in den Naturwissenschaften wurden an den Universitäten Bonn (1825), Königsberg (1834) und Halle (1837) naturwissenschaftliche Seminare eingerichtet. Etwa zeitgleich (1833) wurden in Bayern technische Unterrichtsanstalten eingerichtet. Daraus ging die Technische Hochschule

München (1877), heutige TUM, hervor. Der aus der Lehrplanrevision hervorgehende Normallehrplan von 1837 (Ziegler 1895) wurde zum Vorbild für die übrigen deutschen Staaten. Unter L. Wiese fanden die **Realschulen in Preußen** die staatliche Anerkennung. Aus dem Naturlehreunterricht entwickelten sich bereits 1820 die Fächer Physik und Chemie.

Der Mangel an ausgebildeten Chemielehrerinnen und Chemielehrern und die dürftige Einrichtung der Schulen waren das wesentliche Hindernis für die schon im 18. Jahrhundert geforderten Demonstrationen von Experimenten im Chemieunterricht. An Büchern für die Durchführung chemischer Experimente fehlte es nicht (Anregung). In der aus dem Englischen übersetzten *Vorschule der Chemie* von Reid (1848) finden sich Beispiele, die auch heute noch in Experimentierbüchern beschrieben werden, z. B. die Demonstration einer Tochterflamme. Aus internationaler Sicht ist auf das Wirken von E. Frankland (1825–1899) und H. E. Armstrong (1848–1937) zu verweisen. Frankland hat 1875 in seinem Werk *How to Teach Chemistry* Grundlegendes zu Inhalten und Methodologie des Chemieunterrichts und der Chemielehrerausbildung geleistet (Brock 1973).

A

Anregung

Besonders interessant ist *Die Schule der Chemie* von Stöckhardt, die bereits 1858 in der 10. Auflage erschien. Aus Stöckhardts Vorwort geht deutlich hervor, dass die Notwendigkeit des Experimentalunterrichts schon im frühen 19. Jahrhundert didaktisch begründet wurde. Darin heißt es u. a., dass eine „chemische Theorie nur durch Experimente verdeutlicht werden kann" (S. 25).

Zu den bedeutendsten Chemiedidaktikern des 19. Jahrhunderts gehört **R. Arendt** (1828–1902). Arendt (1895) prägt den Begriff Anschauungsunterricht und fordert eine entsprechende Gestaltung des naturwissenschaftlichen Unterrichts in Form seines Methodischen Lehrgangs (Vertiefung 8). Sein Lehrgang resultiert aus der Kritik an der „systematischen Unterrichtsmethode", bei der die Anordnung des Lehrstoffes nach den chemischen Elementen erfolgt und keine Bedenken bestehen, verwickeltere Vorgänge den einfacheren voranzustellen.

V

Vertiefung 8: Prinzipien im Methodischen Lehrgang von Arendt (1895) (zitiert aus Häusler (1992, S. 29))

1. Man schreite vom Einfachen zum Schweren fort (Comenius, Diesterweg).
2. Es sind die Stoffe zu behandeln, die aus der täglichen Lebenserfahrung bekannt sind.

16

3. Die Einführung in die Chemie geschieht in der Sprache des gewöhnlichen Lebens.
4. Die chemische Reaktion bildet den Einteilungsgrad für den gesamten Lehrgang.
5. Die Stoffveränderungen sollen stufenweise erweitert werden und das Verwickeltere muss sich dem Einfachen konzentrisch anlagern.
6. Fortwährendes Zurückgreifen auf früher Erkanntes soll zu einer Systematisierung ... führen.
7. Die Teile des Lehrganges müssen logisch miteinander verknüpft sein.
8. Die vermittelten Lehren müssen ein geschlossenes Ganzes bilden. Eine zusätzliche systematische Behandlung chemischen Wissens soll unnötig sein.
9. Der Lehrgang muss für alle Schulen passen. Kürzungen ... sollen möglich sein.
10. In passender Abwechslung und Folge ist sowohl die induktive als auch die deduktive Methode zur Anwendung zu bringen.

Arendts didaktische Prinzipien, die wir hier in seiner Sprache gebracht haben, enthalten bereits wesentliche Inhalte und Konzepte der heutigen Chemiedidaktik. Man braucht nur die entsprechenden Termini einzusetzen. Die Bedeutung des Experiments im Unterricht wird von Arendt hoch angesetzt. Schon 1881 erscheint sein *Lehrbuch der Experimentalchemie* (Arendt 1881), ein Experimentierbuch, das als *Arendt-Doermer* bereits 1910 seine vierte Auflage und 1962 seine siebte Auflage erlebte. Neben den Lehrerexperimenten nennt Arendt in seiner Didaktik auch „Klassenversuche“.

Eine weitere Alternative zu dem an der Stoffsystematik orientierten Chemieunterricht stellt der von F. Wilbrand (1840–1914) entwickelte Lehrgang dar (Just 1990). In seinem *Leitfaden für den methodischen Unterricht in Chemie* beschreibt Wilbrand (1870) die Chemie als eine Schule der induktiven Logik. In dem von ihm vorgeschlagenen Unterrichtsgang sollen Hypothesen durch Induktion gebildet und anschließend in einem deduktiven Schritt experimentell überprüft werden (Just 1990). Wie bei Arendt spielt auch bei Wilbrand das Experiment eine entscheidende Rolle im Chemieunterricht.

16.6.5 Die Meraner Vorschläge und ihre Folgen

Die Universitäten und wissenschaftlichen Vereinigungen gaben Anfang des 20. Jahrhunderts den Anstoß zur Vertiefung des naturwissenschaftlichen Unterrichts an Schulen. Besonderen Verdienst erwarb sich der Verein deutscher Naturforscher und Ärzte. Auf der Jahresversammlung in Breslau (1904) wurde eine zwölfköpfige Kommission gebildet, um die Probleme des mathematisch-naturwissenschaftlichen Unterrichts zu beraten und „einer späteren Versammlung bestimmte, abgeglichene Vorschläge zu möglichst allseitiger Abnahme“

vorzulegen. Bereits 1905 in Meran wurde das Ergebnis der Kommissionssitzungen präsentiert: die Meraner Vorschläge (Häusler 1992):

1 Die höheren Lehranstalten sollen weder eine einseitig sprachlich-geschichtliche noch eine einseitig mathematisch-naturwissenschaftliche Bildung geben.

2 Die Mathematik und Naturwissenschaft sind als den Sprachen durchaus gleichwertige Bildungsmittel anzusehen, und an dem Prinzip der spezifischen Allgemeinbildung der höheren Schulen ist festzuhalten.

3 Die tatsächliche Gleichberechtigung aller Schulen ist durchaus notwendig und vollständig durchzuführen.

Die Aktivität, die vom Verein deutscher Naturforscher und Ärzte ausging, zeigte Wirkung. 1907 entstand der Deutsche Ausschuss für den mathematischen und naturwissenschaftlichen Unterricht (DAMNU). Es wurden neue Stundentafeln und Lehrpläne erarbeitet.

Im Zusammenhang mit dieser Reform ist die Betonung der **chemischen Schülerübungen** hervorzuheben. Nach Lautenschläger (1963) gab es 1860 in Deutschland nur 19 Schulen, an denen die Schüler Gelegenheit zum selbstständigen Experimentieren hatten. Schleip (1970) hat nachgewiesen, dass die Entwicklung zum Schülerpraktikum als Bestandteil des Unterrichts nur langsam voranschritt. 1913 waren an 49 % der Realgymnasien und an 82 % der Oberrealschulen chemische Schülerübungen vorgesehen, aber nur an 9 % der Realgymnasien und Oberrealschulen jeweils waren diese Übungen auch als Bestandteil des Chemieunterrichts geplant.

Fast gleichzeitig mit den Meraner Vorschlägen verfasste **G. Kerschensteiner (1854–1932)** sein Werk *Wesen und Wert des naturwissenschaftlichen Unterrichts* (1953). Erstmals werden die Bildungs- und Erziehungsziele des naturwissenschaftlichen Unterrichts konkret dargestellt. Die Charakterisierung des logischen Denkens und die Erziehung dazu nehmen in seinem Buch einen breiten Raum ein. So erfährt die Chemie mit den anderen Naturwissenschaften ihre bildungstheoretische Begründung (vgl. Kap. 6.1). In den Zwanzigerjahren des 20. Jahrhunderts entwickelte sich eine vertiefte, auf erkenntnistheoretischen Überlegungen gestützte Didaktik des Chemieunterrichts. Die von Scheid (1913) und in den Lehrplänen propagierte, auf Empirie gegründete „induktive Methode" wurde kritisch hinterfragt (z. B. durch Winderlich 1928). Nach dem Ersten Weltkrieg werden die didaktischen und methodischen Arbeiten zur Förderung des Chemieunterrichts intensiviert. Es tauchen Forderungen und Konzeptionen auf, die auch heute aktuell sind. So wird die Frage einer „einheitlichen Naturkunde" oder einer in Fächer gegliederten Naturkunde („Fächerung") diskutiert (Karstädt 1927). In seinen Überlegungen fordert Karstädt einen altersgemäßen Unterricht unter Betonung des Schülerexperiments: Die durch Beobachtung und eigenes Experimentieren gewonnenen Ergebnisse sollten in einem mündlichen Bericht, in Tabellen oder grafischen Darstellungen festgehalten werden.

16.6.6 Chemieunterricht unter dem NS-Regime und in der Nachkriegszeit

Wenn man die Inhaltsverzeichnisse der Chemiebücher dieser Zeit liest, findet man vor allem politisch motivierte Unterrichtsziele. Im Sinne eines fanatischen Nationalsozialismus heißt es nun: „Die deutschen Salzlager und ihre Verwendung“, „Die deutsche Stickstoffindustrie und ihre Grundlagen“ und „Leunabenzin aus deutscher Kohle“ (Henninger-Franck 1940; Mittag-Schäfer 1942). In den Schulbüchern wird die Aufgabe der Chemie für die Pläne des Regimes propagandistisch begründet. Neben der Weckung mentaler Kriegsbereitschaft ging es den Nationalsozialisten um Ausweitung des nationalen „Lebensraumes“ als Basis imperialistischer Machtpolitik. Wichtiger als Lehrpläne und Schulbücher war der mitreißende „Erlebnisunterricht“ (Gies 1988).

Didaktisch wurden in der NS-Zeit keine Fortschritte erzielt. Chemie wurde als Stoffchemie überwiegend deskriptiv betrieben. Kritisches Denken und Überprüfen von Aussagen waren sicher keine wünschenswerten Unterrichtsziele. Die Beeinflussung von Haltung und Mentalität, die Erziehung zu nationalsozialistischer Gesinnung, Anpassung an das System waren Ziele der Erziehung geworden. Diese Lenkung des Denkens ist typisch für alle diktatorischen Systeme (verordnetes/genormtes Denken). „Wer die Zeiten eines solchen Staatswesen miterlebt hat, versteht Kerschensteiner besonders gut, wenn er beim logischen Denken von einem ‚absoluten Wert‘ und einem besonders hohen Gut spricht“ (Häusler 1992, S. 34).

Der Zweite Weltkrieg hat auch dem Schulwesen schwersten Schaden zugefügt. Neben einem akuten Lehrermangel in den ersten Nachkriegsjahren erschwerte das Fehlen von Schulgebäuden (Zerstörung durch Kriegseinwirkungen, Verwendung als Lazarette oder Flüchtlingsunterkünfte) einen geregelten Unterrichtsbetrieb. Der Chemieunterricht war besonders hart betroffen, weil kaum noch Geräte, Chemikalien und Fachräume zur Verfügung standen. Es dauerte an vielen Orten bis in die 1950er-Jahre, bevor einigermaßen fachgerecht Chemie unterrichtet werden konnte. Da es an Schulbüchern fehlte, entwickelte sich aus der Not geboren ein übertriebener „Heft-Tafel-Unterricht“. Was die Lehrperson an die Tafel schrieb, zeichnete oder diktierte, wurde ins Heft übertragen.

16.6.7 Chemieunterricht – seit 1960 bis heute

Die Saarbrückener Rahmenvereinbarung

Von entscheidendem Einfluss für den Chemieunterricht an den Gymnasien waren die Rahmenvereinbarungen zur Ordnung des Unterrichts auf der

Oberstufe der Gymnasien (Beschluss der KMK vom 29.9.1960), die als Saarbrückener Rahmenvereinbarung in die Schulgeschichte eingingen. Erstmals wurde den Gymnasiasten die Möglichkeit der Fächerwahl eingeräumt. Die Zahl der Pflichtfächer wurde in den beiden letzten Jahren des Gymnasiums drastisch gesenkt. Verbindlich blieben Deutsch und Mathematik; an den sprachlichen Gymnasien zwei Fremdsprachen, am mathematisch-naturwissenschaftlichen Gymnasium eine Fremdsprache und Physik. Für den naturwissenschaftlichen Anteil der Bildung war damit eine gewaltige Einbuße verbunden.

Trotz heftiger Proteste von verschiedenen Seiten ist es nicht gelungen, „das Bildungswesen in der Bundesrepublik Deutschland von diesem Mangel zu befreien" (Klein 1991). Dass in dieser Zeit der Chemieunterricht nicht zum Erliegen kam, ist neben engagierten Lehrpersonen auch den naturwissenschaftlichen Gesellschaften und der Wirtschaft zu verdanken, z. B. dem Fonds der Chemischen Industrie und der Kurt-Hansen-Stiftung zur Förderung des Chemielehrernachwuchses.

Die didaktische Wende

Der Chemieunterricht war bis in die 1960er-Jahre von methodischen Fragestellungen (u. a. Technik des Experimentalunterrichts, schüleraktivierender Arbeitsunterricht, induktive Methode) beherrscht. Zu einer **didaktischen Wende** für den Chemieunterricht kam es durch den Einfluss äußerer Faktoren (Vertiefung 9) und innerer Impulse (u. a. Weninger 1961).

V

Vertiefung 9: Sputnikschock

Als 1958 die UdSSR den Satelliten Sputnik 1 in eine Erdumlaufbahn brachte, gab es in den westlichen Ländern, zumal in den USA, ein böses Erwachen: den Sputnikschock. War die westliche Führungsmacht in den Naturwissenschaften ins Hintertreffen geraten? Man erinnerte sich in den USA der unzureichenden naturwissenschaftlichen Bildung in den Schulen und kurbelte eine Reform an, die in richtungsweisenden didaktischen Projekten, z. B. *Science – A process approach* (S-APA), ihren Niederschlag fanden.

Weninger & Dierks (1969; 1970) fassten die chemiedidaktischen Entwicklungen zusammen und stellten Forderungen an die Unterrichtsbehörden auf, die auch heute noch grundlegend für den Chemieunterricht sind:

- Einführung eines propädeutischen Chemieunterrichts in der Unterstufe
- Wegen der Bedeutung der Chemie für alle Lebensbereiche muss jeder Staatsbürger chemische Sachverhalte wenigstens „in groben Zügen überblicken".

16

- Forderung nach fachdidaktischer Forschung und Lehre an den Universitäten
- Berücksichtigung pädagogischer, psychologischer und methodologischer Erfordernisse bei der Konzeption des Chemieunterrichts
- Ersetzen der Begriffe induktive und deduktive Methode durch den erkenntnistheoretisch begründeten Begriff empirische Methode. Über Denkmethoden der Chemie unterrichtet zu werden, verlangte eine Abkehr vom systematischen Unterrichten über Elemente und ihre Verbindungen.
- Betonung der Bedeutung quantitativer Betrachtungen chemischer Vorgänge (Weninger & Bach 1964)
- Erschließung neuer Sachgebiete im Chemieunterricht

Diese Forderungen gingen in die Lehrpläne für Chemie ein, sodass die frühere Orientierung an der Stoffchemie zu einem negativen Begriff in Schule und Hochschule wurde.

Die curricularen Lehrpläne

Prägend für diesen Zeitraum war in der BRD die Verabschiedung des Bildungsgesamtplanes 1973 mit Ansätzen zur Reform der Schulorganisation und des Curriculums. Unter einem Curriculum versteht man ein System für den Vollzug von Lernvorgängen in Bezug auf definierte und operationalisierte Lernziele, Lerninhalte, Methoden zur Erreichung der Lernziele, Situationen (Gruppierung von Inhalten und Methoden) und Strategien – einschließlich der Evaluation. Sie fand in der Entwicklung curricularer Lehrpläne ihren Niederschlag. Als Leitideen galten Lernziel- und Wissenschaftsorientierung. Letztere kam in der reformierten Oberstufe in den Wahlmöglichkeiten zwischen Grund- und Leistungskursen zum Ausdruck.

Parallel zu dieser Entwicklung wurde in den meisten Bundesländern die Lehrerbildung reformiert. Die erste Phase der Ausbildung erfolgte an den Universitäten (bis auf wenige Ausnahmen wurden die Pädagogischen Hochschulen in die Universitäten integriert), die zweite Phase übernahmen Studienseminare. In die Studien- und Prüfungsordnungen aller Lehrämter wurde die jeweilige Fachdidaktik aufgenommen, umgesetzt durch die neu eingerichteten Professuren für Fachdidaktik.

Chemieunterricht in der DDR

In der DDR wurde in den 1960er-Jahren die **zehnklassige polytechnische Oberschule** als allgemeinbildende Schule aufgebaut. Das Fach Chemie wurde durchgängig ab Jahrgangsstufe 7 mindestens zweistündig unterrichtet. Es gab einen einheitlichen Lehrplan (Kaiser & Herz 1989), einheitliche Lehrwerke (erschienen beim Verlag Volk und Wissen) sowie jahrgangsbezogene Lehrerhandreichungen zur konkreten Umsetzung – von den Lehrzielen bis zum Tafelbild (Unterrichtshilfen). Der Übergang zur Abiturstufe (Erweiterte Oberschule, EOS) erfolgte nach Abschluss der Jahrgangsstufe zehn.

Mit der friedlichen Revolution 1989 und der **Wiedervereinigung 1990** begann ein Prozess der Auseinandersetzung mit den Bildungssystemen in Deutschland. Zugleich erforderten zahlreiche internationale Vergleichsstudien (z. B. TIMSS, PISA) die Sicherung der Wettbewerbsfähigkeit (u.a durch SINUS) im Bildungssegment (vgl. Kap. 18.1).

Literatur

Anders, Y.; Hardy; I., Sodian, B. & Steffensky, M. (2013). Zieldimensionen früher naturwissenschaftlicher Bildung im Grundschulalter und ihre Messung. In Stiftung Haus der kleinen Forscher (Hrsg.), *Wissenschaftliche Untersuchungen zur Arbeit der Stiftung „Haus der kleinen Forscher“* Band 5 (S. 83–146). Schaffhausen: Schubi.

Appleton, K. (2007). Elementary science teaching. In S.K. Abell & N.G. Lederman (Hrsg.), *Handbook of research on science teaching* (S. 493–536). Mahwah: Lawrence Erlbaum.

Arendt, R. (1881). *Technik der Experimentalchemie.* Leipzig.

Arendt, R. (1895). *Didaktik und Methodik des Chemie-Unterrichts.* München: C.H. Beck.

Baden-Württemberg (2015). *Bildungsplan 2016. Allgemein bildende Schulen Sekundarstufe I, Chemie, Anhörungsfassung.* Stuttgart.

Baumert, J. & Köller, O. (1998). Nationale und internationale Schulleistungsstudien – Was können sie leisten? Wo sind ihre Grenzen? In *Pädagogik,* **6,** S. 12–18.

Bellenberg, G. & Forell, M. (2014). Erhöhung der Chancengleichheit durch mehr Durchlässigkeit? In Bundesministerium für Bildung und Forschung (BMBF), Referat Bildungsforschung (Hrsg.), *Bildungsforschung 2020: Herausforderungen und Perspektiven. Dokumentation der Tagung des Bundesministeriums für Bildung und Forschung vom 29.-30. März 2012.* Bildungsforschung Band 40. Bonn.

Berlin (2006) *Rahmenlehrplan für die Sekundarstufe I, Jahrgangsstufe 7–10. Hauptschule, Realschule, Gesamtschule, Gymnasium. Chemie.* Berlin.

Beyer, L. (2009). Von den Anfängen bis zur Gegenwart. In L. Beyer, J. Reinhold & H. Wilde (Hrsg.), *Chemie an der Universität Leipzig* (S. 14). Leipzig: Passage.

Blaseio, B. (2004). *Entwicklungstendenzen der Inhalte des Sachunterrichts.* Bad Heilbrunn: Klinkhardt.

Brandenburg (2006) *Rahmenlehrplan für die Sekundarstufe I, Jahrgangsstufen 7–10. Chemie.* Berlin.

Bremen (2010). *Die Sekundarstufe I im Land Bremen. Naturwissenschaften Biologie, Chemie, Physik. Bildungsplan für die Oberschule.* Bremen.

Brock, W.H. (1973). *H.E. Armstrong and the Teaching of Science 1880–1930.* Cambridge: University Press.

Bugge, G. (1979). *Das Buch der großen Chemiker.* Weinheim: Wiley-VCH.

Bundes-Länder-Kommission (1998). *Stärkung der frühen naturwissenschaftlichen Bildung an hessischen Schulen.* http://www.ihk-hessen.de/pdf/hochschule_schule_forschung/Naturwissenschaften.pdf

Comenius, J. A. (1781). *Orbis sensualium pictus.* Wien: Trattner.

Comenius, J. A. (1913). *Didactica magna* (bearb. von V. W. Altenmöller). Paderborn: Schöningh.

16

Erxleben, J. C. P. (1768). *Anfangsgründe der Naturgeschichte.* Göttingen: Dietrich.

Erxleben, J. C. P. (1777). *Anfangsgründe der Naturlehre* (2. Auflage). Göttingen: Dietrich.

Ferchl, F. & Süssenguth, A. (1936). *Kurzgeschichte der Chemie.* Mittenwald: Nemayer.

Freise, G. (1969). Chemie in der Schule. Zur Problematik des naturwissenschaftlichen Unterrichts. In *Die Deutsche Schule,* **61,** S. 139–156.

Freise, G. (1987). Argumente für die Begründung eines Lernbereichs Natur. In *Westermanns Pädagogische Beiträge,* **39** (3), S. 26–31.

GDCh-Schulgruppe (2005). *Stärkung der naturwissenschaftlichen Bildung.* https://www.gdch.de/fileadmin/downloads/Netzwerk_und_Strukturen/Fachgruppen/Chemieunterricht/nawi_2005.pdf

GDSU – Gesellschaft für Didaktik des Sachunterrichts (2013). *Perspektivrahmen Sachunterricht (Vollständig überarbeitete und erweiterte Ausgabe).* Bad Heilbrunn: Klinkhardt.

Gesellschaft Deutscher Chemiker (GDCh) (2003). *Stärkung der frühen naturwissenschaftlichen Bildung an hessischen Schulen.* http://www.ihk-hessen.de/pdf/hochschule_schule_forschung/Naturwissenschaften.pdf

Gies, H. (1988). Geschichtsunterricht und nationalpolitische Erziehung. In P. Leidinger (Hrsg.), *Geschichtsunterricht und Geschichtsdidaktik* (S. 110–127). Stuttgart: Klett.

Gmelin, J. F. (1797). *Geschichte der Chemie* (1. Band). Göttingen: Rosenbusch.

Graedel, T. E. & Crutzen, P.J. (1994). *Chemie der Atmosphäre.* Mannheim: Spektrum.

Hamburg (2014). *Bildungsplan Stadtteilschule, Jahrgangsstufen 7–11, Chemie.* Hamburg.

Hardy, I. & Steffensky, M. (2014). Prozessqualität im Kindergarten: Eine domänenspezifische Perspektive. In *Unterrichtswissenschaft,* **42,** S. 101–116.

Hasselhorn, M., & Schneider, W. (2007). Gedächtnisentwicklung. In M. Hasselhorn & W. Schneider (Hrsg.), *Handbuch der Psychologie* (S. 26–37). Göttingen: Hogrefe.

Häusler, K. (1992). Zur Geschichte des Chemieunterrichts. In P. Pfeifer, K. Häusler & B. Lutz (Hrsg.), *Konkrete Fachdidaktik Chemie* (S. 10–46). (1. Aufl.). München: Oldenbourg.

Häußler, P. (1973). Bisherige Ansätze zu disziplinübergreifenden naturwissenschaftlichen Curricula – eine Übersicht. In K. Frey & P. Häußler (Hrsg.), *Integriertes Curriculum Naturwissenschaft; Theoretische Grundlagen und Ansätze* (S. 31–69). Weinheim: Beltz.

Henninger-Franck (1940). *Lehrbuch der Chemie 1 und 2.* Leipzig: B.G. Teubner.

Hermbstädt, S.F. (1800). *Systematischer Grundriss der Experimentalchemie.* Berlin: Rottmann.

Hessen (2015). *Handreichung zur Arbeit mit den Lehrplänen der Bildungsgänge Hauptschule, Realschule und Gymnasium. Chemie an schulformübergreifenden (integrierten) Gesamtschulen.* Wiesbaden.

Hessisches Kultusministerium (1996) (Hrsg.). *Rahmenplan Naturwissenschaften für die Klassen 5 bis 10 der allgemeinbildenden Schulen in Hessen.* Wiesbaden.

Hübinger, R., Emden, M. & Sumfleth, E. (2009). *Mein Körper und ich auf Weltreise & Wasser – die vielen Gesichter eines Stoffes.* Berlin: Schering Stiftung.

Just, N. (1990). Über die chemiedidaktischen Konzepte in der zweiten Hälfte des 19. Jahrhunderts. In *Mitteilungsblatt Nr. 15 der Fachgruppe Chemieunterricht (GDCh),* Frankfurt.

Kaiser, G. & Herz, W. (1989). *Der Lehrplan Chemie der zehnklassigen allgemeinbildenden polytechnischen Oberschule. Inhaltliche und didaktisch-methodische Erläuterungen.* Berlin: Volk und Wissen.

Kangro, H. (1968). *Joachium Jungius' Experimente und Gedanken zur Begründung der Chemie als Wissenschaft.* Hamburg: Franz Steiner.

Karstädt, O. (1927). *Methodische Strömungen der Gegenwart.* Langensalza: Beltz.

Kerschensteiner, G. (1953). *Wesen und Wert des naturwissenschaftlichen Unterrichts* (1. Auflage). München: Oldenbourg.

Klein, A. (1991). *Ringen um die mathematisch-naturwissenschaftliche Bildung.* Bonn: Dümmler.

KMK (2005a). *Bildungsstandards der Kultusministerkonferenz Erläuterungen zur Konzeption und Entwicklung.* München: Luchterhand.

KMK (2005b). *Bildungsstandards im Fach Chemie für den mittleren Schulabschluss.* München.

Koehler, F. (1837). *Die Chemie in technischer Beziehung* (2. Auflage). Berlin: Enslin.

Köhnlein, W. (2012). *Sachunterricht und Bildung.* Bad Heilbrunn: Klinkhardt.

Kopp, H. (1844). *Geschichte der Chemie, 1. Bd.* Braunschweig: Vieweg.

Krajcik, J., McNeill K. L. & Reisser, B. J. (2008). Learning-goals-driven design model: Developing curriculum materials that align with national standards and incorporate project-based pedagogy. In *Science Education,* **92,** S. 1–32.

Krajewski, K. & Schneider, W. (2009). Early development of quantity to number-word linkage as a precursor of mathematical school achievement and mathematical difficulties: Findings from a four-year longitudinal study. In *Learning and Instruction,* **19,** S. 513–526.

Krätz, O. (1990). *7000 Jahre Chemie.* München: Callway.

Kulke, U. (2010). Die verlorene Unschuld der Klimaforschung. In *Die Welt,* Ausgabe v. 20.02.2010, S. 4.

Landesinstitut für Schule und Weiterbildung NRW (Hrsg.) (1990). *Naturwissenschaftlicher Unterricht in der Gesamtschule. „Umwelt erkunden – Umwelt verstehen". Curriculumbausteine.* Soest.

Lautenschläger, K.H. (1963). *Zur Entwicklung der chemischen Schülerübungen in Deutschland.* Berlin: Volk und Wissen.

Lauterbach, R. & Bünder, W. (1991). Praxis integrierter naturwissenschaftlicher Grundbildung (PING). In K.H. Wiebel (Hrsg.), *Zur Didaktik der Physik und Chemie: Probleme und Perspektiven* (S. 99–101). Alsbach: Schroedel.

Lerkkanen, M., Kiuru, N., Pakarinen, E., Viljaranta, J., Poikkeus, A. & Rasku-Puttonen, H. (2012). The role of teaching practices in the development of children's interest in reading and mathematics in kindergarten. In *Contemporary Educational Psychology,* **37,** S. 266–279.

Litt, T. (1952). *Naturwissenschaft und Menschenbildung.* Heidelberg: Quelle & Meyer.

Maskus, R. (1966). *Zur Geschichte der Mittel- und Realschule.* Bad Heilbrunn: Klinkhardt.

Mecklenburg-Vorpommern (2012). *Rahmenlehrplan Gymnasium, Integrierte Gesamtschule, Jahrgangsstufen 7–10. Chemie. Erprobungsfassung.* Schwerin.

Meyer, E. (1895). *Geschichte der Chemie.* Leipzig: Veit & Comp.

Ministerium für Bildung, Wissenschaft, Forschung und Kultur des Landes Schleswig-Holstein (Hrsg.) (1994). *Lehrplan für die Sekundarstufe I der weiterführenden allgemeinbildenden Schulen – Gesamtschulen.*

Ministerium für Bildung, Wissenschaft, Jugend und Kultur des Landes Rheinland-Pfalz (Hrsg.) (2010). *Rahmenlehrplan Naturwissenschaften für die weiterführenden Schulen in Rheinland-Pfalz.* http://naturwissenschaften.bildung-rp.de/fileadmin/user_upload/naturwissenschaften.bildung-rp.de/_Alt/pdf-download/Rahmenlehrplan_Naturwissenschaften_OS_2010.pdf

Ministerium für Kultus, Jugend und Sport Baden-Württemberg (2016). *Bildungsplan des Gymnasiums Chemie.* Az. 32–6510.20/370/292 v. 23.3.2016, Villingen-Schwenningen: Neckar.

Ministerium für Schule und Weiterbildung Nordrhein-Westfalen (2017). *Das Schulwesen in Nordrhein-Westfalen aus quantitativer Sicht 2016/17.* Statistische Übersicht Nr. 395–1. Auflage (letzter Zugriff am 21.03.2017).

Mittag, M. & Schäfer, W. (1942). *Grundzüge der Chemie.* Hildesheim: Lax.

Möller, K., Bohrmann, M., Hirschmann, A., Wyssen, H.-P. & Wilke, T. (2013). *Spiralcurriculum Magnetismus. Naturwissenschaftlich denken und arbeiten lernen. Band 2: Primarbereich.* Seelze: Friedrich.

Möller G. & Bellenberg, G. (Hrsg.) (2017). *Ungleiches ungleich behandeln. Standortfaktoren berücksichtigen – Bildungsgerechtigkeit erhöhen – Bildungsarmut bekämpfen.* Essen.

Morgan, P.L., Farkas, G., Hillemeier, M.M. & Maczuga, S. (2016). Science achievement gaps begin very early, persist, and are largely explained by modifiable factors. In *Educational researcher,* **45** (1), S. 18–35.

Müller, R.-D. & Volkann, H. E. (1999). Die Wehrmacht. München: Oldenbourg.

Niedersachsen (2012) *Kerncurriculum für die Integrierte Gesamtschule, Schuljahrgänge 5–10. Naturwissenschaften.* Hannover.

Nordrhein-Westfalen (2011). *Kernlehrplan für die Gesamtschule – Sekundarstufe I in Nordrhein-Westfalen. Naturwissenschaften, Biologie, Chemie, Physik.* Düsseldorf.

NRC – National research council (2012). *A framework for K-12 science education: practices, crosscutting concepts, and core ideas. Committee on a conceptual framework for new K-12 science education standards. Board on science education, division of behavioral and social sciences and education.* Washington: The National Academies Press.

Ostwald, W. (1919). *Die Schule der Chemie.* Braunschweig: Vieweg.

Pahl, F. (1913). *Geschichte des naturwissenschaftlichen und mathematischen Unterrichts.* Leipzig: Quelle & Meyer.

Patrick, H. & Mantzicopoulos, P. (2015). Young children's motivation for learning science. In C. Trundle & M. Sackes (Hrsg.), *Research in early childhood science education* (S. 7–34). Dordrecht: Springer.

Paulsen, F. (1919). *Geschichte des gelehrten Schulwesens.* Leipzig: Veit.

Pfeifer, P. & Rampf, H. (2003). Chemieunterricht in der Realschule. In P. Pfeifer, B. Lutz & H.J. Bader (Hrsg.), *Konkrete Fachdidaktik Chemie.* (3. Aufl.). München: Oldenbourg.

Rehm, M. & Stäudel, L. (2017). Auf dem Weg zum integrierten naturwissenschaftlichen Unterricht. Frühe Ansätze und aktuelle Entwicklungen. In *Unterricht Physik,* **28** (161), S. 8–11.

Reid, D. B. (1848). *Vorschule der Chemie.* Stuttgart: Rieger.

Rieser, S., Stahns, R., Walzeburg, A. & Wendt, H. (2016). Einblicke in die Gestaltung des Mathematik- und Sachunterrichts. In H. Wendt, W. Bos, C. Selter, O. Köller, K. Schwippert & D. Kasper (Hrsg.), *TIMSS 2015. Mathematische und naturwissenschaftliche Kompetenzen von Grundschulkindern in Deutschland im internationalen Vergleich* (S. 205–224). Münster: Waxmann.

Ropohl, M. & Emden, M. (2017). *Naturwissenschaftliches Arbeiten (Themenheft). Unterricht Chemie,* **28** (158)

Runderlass des Ministeriums für Schule und Weiterbildung NRW v. 05.05. 2015, Az.: 223–2.02.11.03 Nr. 55826/15

Saalfrank, W.-T. (2016). Lehren – historisch betrachtet. In *Friedrich-Jahresheft,* S. 13–15.

Sachsen-Anhalt (2012) *Fachlehrplan Sekundarschule Chemie.* Magdeburg.

Scheid, K. (1913). *Methodik des chemischen Unterrichts.* Leipzig: Quelle & Meyer.

Schleip, A. (1970). *Beiträge zur Geschichte des Chemieunterrichts an allgemeinbildenden Schulen von den ersten Anfängen bis zum Beginn des 2. Weltkrieges.* Dissertation, Universität Frankfurt.

Schleswig-Holstein (2014). *Fachanforderungen Naturwissenschaften. Allgemein bildende Schulen, Sekundarstufe I.* Kiel.

Schneider, H. (1873). *Roger Bacon.* Augsburg: Kessinger.

Schneider, W., Kuespert, P., Roth, E., & Vise, M. (1997). Short- and long-term effects of training phonological awareness in kindergarten: evidence from two German studies. In *Journal of Experimental Child Psychology,* **92,** S. 284–295.

Schöler, W. (1970). *Geschichte des naturwissenschaftlichen Unterrichts.* Berlin: De Gruyter.

Schummer, J. (1994). Die Rolle des Experiments in der Chemie. In P. Janich (Hrsg.), *Philosophische Perspektiven der Chemie* (S. 27–51). Mannheim: Spektrum.

Schwedes, H. (1974). Die Struktur von Science 5/13 und Probleme der deutschen Adaption. In K. Frey & K. Blänsdorf (Hrsg.), *Integriertes Curriculum Naturwissenschaft der Sekundarstufe I: Projekte und Innovationsstrategien* (S. 148–184). Weinheim: Beltz.

Stäudel, L., Rehm, M. & Pfeifer, P. (Hrsg.) (2012). Anfangsunterricht Naturwissenschaften (Themenheft). In *Unterricht Chemie,* **23** (130/131).

Steffensky, M. (2015). Chemische Aspekte im Sachunterricht. In J. Kahlert, M. Fölling-Albers, M. Götz & A. Hartinger (Hrsg.), *Handbuch Didaktik des Sachunterrichts* (S. 128–132). (2. aktual. und erw. Aufl.). Bad Heilbrunn: Klinkhardt.

Steffensky M., Kleickmann, T., Kasper, D. & Köller, O. (2016). Naturwissenschaftliche Kompetenzen im internationalen Vergleich: Testkonzeption und Ergebnisse. In H. Wendt, W. Bos, C. Selter, O. Köller, K. Schwippert & D. Kasper (Hrsg.), *TIMSS 2015. Mathematische und naturwissenschaftliche Kompetenzen von Grundschulkindern in Deutschland im internationalen Vergleich* (S. 133–183). Münster: Waxmann.

Steffensky, M. (2017). *Naturwissenschaftliche Bildung in Kindertagesstätten. Weiterbildungsinitiative Frühpädagogische Fachkräfte.* Band 48. München: WiFF-Expertisen.

Stern, E. (2002). Wie abstrakt lernt das Grundschulkind? In H. Petillon (Hrsg.), *Individuelles und soziales Lernen in der Grundschule – Kindperspektive und pädagogische Konzepte* (S. 27–42). Opladen: Springer.

Stöckhardt, J. A. (1858). *Die Schule der Chemie.* Braunschweig: Vieweg.

Ströker, E. (1982). *Theoriewandel in der Wissenschaftsgeschichte.* Frankfurt a. M.: Vittorio Klostermann.

Tietze, W., Becker-Stoll, F., Bensel, J., Eckhardt, A. G., Haug-Schnabel, G., Kalicki, B., Keller, H. & Leyendecker, B. (Hrsg.) (2013). *NUBBEK – Nationale Untersuchung zur Bildung, Betreuung und Erziehung in der frühen Kindheit. Forschungsbericht.* Berlin: Das Netz.

Trundle, C. & Sackes, M. (2015). *Research in early childhood science education.* Dordrecht: Springer.

Weinert, F. E. & Helmke, A. (1997). *Entwicklung im Grundschulalter.* Weinheim: Beltz.

Weninger, J. (1961). Chemie ein unentbehrliches Bildungsfach! In *Der mathematische und naturwissenschaftliche Unterricht,* **13,** S. 385.

Weninger, J. & Bach, G. (1964). Die Bedeutung quantitativer Untersuchungen von Energieumsätzen für das Verständnis chemischer Vorgänge. In *Der mathematische und naturwissenschaftliche Unterricht,* **17,** S. 289.

Weninger, J. & Dierks, W. (1969). Die Notwendigkeit des Unterstufenunterrichts in Physik und Chemie. In *Der mathematische und naturwissenschaftliche Unterricht,* **22,** S. 334–344.

Weninger, J. & Dierks, W. (1970). Chemieunterricht heute und morgen. In *Der mathematische und naturwissenschaftliche Unterricht,* **23,** S. 129 ff.

Wilbrand, F. (1870). *Leitfaden für den methodischen Unterricht in Chemie.* Hildesheim: Lax.

Winderlich, R. (1928). *Handbuch des Unterrichts an höheren Schulen.* Frankfurt a. M.: Diesterweg.

Wodzinski, R. (2006). Zwischen Sachunterricht und Fachunterricht. Naturwissenschaftlicher Unterricht im 5. und 6. Schuljahr. In *Unterricht Physik,* **17** (93), S. 4–9.

Wöhler, F. (1833). *Grundriss der Chemie.* Berlin: Duncker & Humblot.

Ziegler, T. (1895). *Geschichte der Pädagogik.* München: C.H. Beck.

Online

(1) Institut für Qualitätsentwicklung an Schulen Schleswig-Holstein. PING Themenmappen Naturwissenschaften 5–10. auf dem SINUS-SH Server. http://sinus-sh.lernnetz.de/sinus/materialien/naturwissenschaften/index.php?we_objectID=111
(2) FUN Themenhefte.http://www.GuteUnterrichtsPraxis-NW.org/AG_nwu_2.html
(3) Kernlehrplan Naturwissenschaften für die Jahrgangsstufen 5 und 6 (2005). http://www.GuteUnterrichtsPraxis-NW.org/ressourcen/NAWI/Lehrplan_NW_NRW_2005.pdf
(4) Handreichung für den naturwissenschaftlichen Anfangsunterricht 5/6 in Hessen (HKM 2008) http://www.guteunterrichtspraxis-nw.org/ressourcen/NAWI/Hessen_Handr_Nawi-5_6.pdf
(5) http://www.nw-unterricht.de/
(6) https://www.kmk.org/dokumentation-statistik/informationen-zum-deutschen-bildungssystem.html
(7) http://www.lehrplanplus.bayern.de/fachprofil/realschule/chemie
(8) http://www.lehrplanplus.bayern.de/fachprofil/mittelschule/nt
(9) http://www.schule.sachsen.de/lpdb/web/downloads/lp_ms_chemie_2009.pdf?v2
(10) http://www.gesetze-bayern.de/Content/Document/BayRSO-ANL_1
(11) http://www.gesetze-bayern.de/Content/Document/BayMSO-ANL_1
(12) https://www.revosax.sachsen.de/vorschrift/11455-VwV-Stundentafeln
(13) http://www.lehrplanplus.bayern.de/schulart/realschule/fach/chemie/inhalt/fachlehrplaene
(14) http://www.lehrplanplus.bayern.de/fachlehrplan/realschule/9/chemie/wpfg1
(15) http://www.lehrplanplus.bayern.de/schulart/mittelschule/fach/nt/inhalt/fachlehrplaene
(16) https://de.wikipedia.org/wiki/Abitur_nach_der_zw%C3%B6lften_Jahrgangsstufe
(17) http://magazin.sofatutor.com/lehrer/2014/04/06/turbo-abi-ade-kehrtwende-lander-zum-g9/
(18) https://www.kmk.org/fileadmin/Dateien/veroeffentlichungen_beschluesse/1972/1972_07_07-Vereinbarung-Gestaltung-Sek2.pdf
(19) http://www.faz.net/aktuell/beruf-chance/campus/vergleichbarkeit-von-abiturnoten-13086933/ein-rechenbeispiel-fuer-die-13088717.html
(20) http://www.bildungsplaene-bw.de/,Lde/Startseite/BP2016BW_ALLG/BP2016BW_ALLG_GYM_CH
(21) http://www.schulentwicklung.nrw.de/lehrplaene/upload/lehrplaene_download/gymnasium_g8/gym8_chemie.pdf
(22) http://www.schulentwicklung.nrw.de/lehrplaene/upload/klp_SII/ch/KLP_GOSt_Chemie.pdf
(23) http://www.bildung-staerkt-menschen.de/unterstuetzung/schularten/Gym/kontingentstundentafel
(24) https://www.schulministerium.nrw.de/docs/Schulsystem/Schulformen/Gymnasium/Sek-I/Stundentafel.pdf
(25) https://www.schulministerium.nrw.de/docs/Recht/Schulrecht/APOen/GY-Oberstufe-SekII/APO-GOSt.pdf
(26) https://www.schulministerium.nrw.de/docs/Recht/Schulrecht/APOen/HS-RS-GE-GY-SekI/APO_SI.pdf
(27) https://www.youtube.com/watch?v=oGQsFoaZ6ho (abgerufen am 11.3.18)
(28) https://www.youtube.com/watch?v=uR8X2UhS0Fk (abgerufen am 11.3.18)
(29) https://www.welt.de/debatte/kommentare/article13466483/Die-CO2-Theorie-ist-nur-geniale-Propaganda.html

(30) https://www.gdch.de/fileadmin/downloads/Netzwerk_und_Strukturen/Fachgruppen/Seniorexperten/PDF/Info_und_Presse/nch61_132.pdf
(31) http://www.landtag-bw.de/files/live/sites/LTBW/files/dokumente/WP15/Drucksachen/7000/15_7801_D.pdf
(32) http://www.kmk.org/fileadmin/Dateien/veroeffentlichungen_beschluesse/1989/1989_12_01-EPA-Chemie.pdf
(33) https://www.schulentwicklung.nrw.de/e/lernstand8/materialien-und-berichte/landesweite-berichte/index.html
(34) http://www.schulformdebatte.de/contentbox/data/133.pdf

17 Außerschulische Lernorte

Inhaltliche Schwerpunkte

- Schülerlabore bieten ergänzende Lernpotenziale, wenn sie systematisch in die Planung von Lerneinheiten eingebunden und spezifisch für Zielbereiche genutzt werden, die der reguläre Fachunterricht nicht ausreichend umsetzen kann.
- Die Nachhaltigkeit eines Schülerlaborbesuchs kann durch eine Vor- und Nachbereitung im Unterricht gesteigert werden.
- Museen und Science Center sind Orte des lebenslangen Lernens und laden dazu ein, Naturwissenschaften und ihre Rolle für die Gesellschaft durch Interaktion mit Exponaten und multimediale Ausstellungen zu entdecken.
- Über den Tellerrand schauen – Exkursionen bieten vielfältige Möglichkeiten, Chemie auch außerhalb der Schule zu erleben und können dabei beispielsweise Themen des Curriculums vertiefen oder Einblick in den Berufsalltag in der chemischen Industrie geben.

17.1 Schülerlabore und Schülerforschungszentren

Die ersten als solche bezeichneten Schülerlabore wurden nach heutigen Zusammenstellungen in den 1980er-Jahren gegründet. Seitdem hat sich in der Schülerlaborlandschaft eine rasante Entwicklung vollzogen. Bis heute existieren über 320 außerschulische Lernorte dieser Art, wobei Labore mit chemischen, physikalischen oder biologischen Inhalten am häufigsten anzutreffen sind (LernortLabor 2015). Hinzu kommen Schülerforschungszentren, Science Center und andere außerschulische Lernorte, die neben dem Unterricht und dem ebenfalls wachsenden Medienangebot weitere Lernangebote bieten, um Einblicke in naturwissenschaftliche Denk- und Arbeitsweisen zu erhalten.

Deutschland nimmt in Sachen Schülerlabore eine Vorreiterrolle ein. Dies gilt sowohl für die Anzahl als auch für die getroffene nationale Kategorisierung der Labore und die Organisation unter dem Dach des Bundesverbands Lernort Labor e.V., der rund 150 Mitglieder vertritt, Tendenz steigend.

Schülerlabore bieten nicht nur größere und variablere Zeitfenster für ein themenbezogenes naturwissenschaftliches Arbeiten als der Lernort Schule, sondern oftmals auch besondere Gerätschaften, Expertisen in der Betreuung bei einem, im Vergleich mit der Schule, besseren Betreuungsschlüssel. Die konkreten Zielsetzungen außerschulischen Lernens und speziell von Schülerlaboren sind dabei jedoch sehr verschieden, wie nachfolgend näher ausgeführt wird. Gleiches gilt für die Zielgruppen, die jeweils angesprochen werden.

Im Folgenden wird auf die Definition und Ziele von Schülerlaboren (Haupt & Hempelmann 2013, S. 325 f.) eingegangen:

„Schülerlabore sind eine Teilmenge der außerschulischen MINT-Lernorte. Nur wenn die Schüler/innen eigenständig experimentieren und diese Arbeitsweise ein Schwerpunkt des außerschulischen MINT-Lernorts ist, kann man von einem Schülerlabor sprechen. (...) An mindestens 20 Tagen im Jahr wird das Labor / der Raum als Schülerlabor betrieben. Diese Zahl resultiert daraus, dass ein Schülerlabor im Jahr (abzgl. Feier- und Ferientagen) im Vollbetrieb etwa 200 Labortage anbieten könnte. Ein Labor, das weniger als 10 % dieser Zeit anbietet, wird offensichtlich nur für sporadische, singuläre Ereignisse wie Experimentieren am Tag der Offenen Tür oder Girls' Day oder Ferienkurse genutzt. Es kann somit nicht mehr als ein auf Dauer angelegtes, aktives Schülerlabor bezeichnet werden."

Als Ziele von Schülerlaboren formulieren Haupt & Hempelmann (2013, S. 326):

„Alle Schülerlabore richten ihre Arbeit an ihrem Anspruch aus, gesellschaftliche und volkswirtschaftliche Aufgaben wahrzunehmen:

- MINT-Schülerlabore wecken bzw. fördern bei Schüler/innen das Interesse an und das Verständnis für Natur- und Ingenieurwissenschaften und wollen im Hinblick darauf motivationale und möglichst auch kognitive Effekte erzielen. Das ist zwar primär die gesellschaftliche Aufgabe der Schulen, die Schülerlabore ergänzen dies aber tatkräftig.
- Schülerlabore streben Nachwuchsförderung für MINT-Berufe und MINT-Studiengänge an und übernehmen insofern eine gesellschaftlich / volkswirtschaftliche Aufgabe.
- Zwar ist auch dies vorwiegend Aufgabe der Schulen; die dabei dringend benötigte Unterstützung wird jedoch auch von Schülerlaboren erbracht."

Schülerlabore bieten die Möglichkeit, das Format des traditionellen Unterrichts zu ergänzen und Schülerinnen und Schüler sowie Lehrkräfte Eindrücke in einer andersartigen Lernumgebung sammeln zu lassen. Auch diese Lernumgebung ist didaktisch strukturiert, sie befindet sich meist außerhalb der Schule, z. B. an einer Universität oder einem Forschungszentrum, durchbricht die Schulstundentaktung und ermöglicht die intensive experimentelle

Arbeit in Kleingruppen. Ein Schülerlabor bietet regelmäßige Angebote an einer Mindestanzahl an Tagen, wie bereits ausgeführt, für einen ganzen Klassenverband an. Die inhaltsbezogenen Ziele können dabei sehr unterschiedlich sein, die Ausrichtung ist oft verbunden damit, ob die Anbieter Universitäten, Forschungseinrichtungen, Schulen, Unternehmen oder freie Träger sind. Zumeist wird als angestrebtes didaktisches Konzept das Forschende Lernen (inquiry-based learning) angegeben bzw. verfolgt. Die Ansätze reichen dabei von einem stärker strukturierten Lernprozess (guided inquiry) bis hin zu eigenem offenen Experimentieren (open inquiry, vgl. Schülerforschungszentren). Nicht selten kann aufgrund komplexer Versuche und begrenzter personeller Kapazitäten auf Anleitungen und Skripte aber nicht vollkommen verzichtet werden.

Die unterschiedlichen Stufen und Anforderungen lassen sich nach verschiedenen Mustern systematisch variieren; eine Möglichkeit ist in Tabelle 1 dargestellt.

	Fragestellung	Methodenwahl	Interpretation der Ergebnisse
Level 0: Bestätigend	Durch Lehrperson	Durch Lehrperson	Durch Lehrperson
Level 1: strukturiert	Durch Lehrperson	Durch Lehrperson	**Durch Schüler_in**
Level 2: begleitend	Durch Lehrperson	**Durch Schüler_in**	**Durch Schüler_in**
Level 3: offen	**Durch Schüler_in**	**Durch Schüler_in**	**Durch Schüler_in**

Tab. 1: Systematische Variation von Stufen und Anforderungen in Lernumgebungen (Abels & Lembens 2015; Blanchard et al. 2010)

Ein exemplarischer, organisatorischer Ablauf eines Schülerlaborbesuchs für ein stärker vorstrukturiertes Experimentieren ist in Abbildung 1 dargestellt. Viele Schülerlabortage sind als Stationsarbeit konzipiert. Methodisch können verschiedene Phasen identifiziert werden, die sich auch in unterrichtlichen Lernprozessen finden: Eine Phase der Einführung und Begegnung mit dem Thema (in einem Schülerlaborkonzept z. T. geteilt in eine schulische Vorbereitung mit vom Schülerlabor bereitgestellten Material- und Experimentierkisten (Hickmann & Schwarzer 2015) sowie eine Einführung im Labor), Phasen der thematischen Fokussierung / Problemfokussierung, kognitiven Aktivierung und Neugier (die an jeder Station stattfinden kann), Phasen der Erarbeitung der vorbereiteten Inhalte in Kleingruppen (häufig an Stationen) sowie eine abschließende Phase der Sicherung und Vernetzung (in der

Regel im Plenum sowie – idealerweise – wiederum in der schulischen Nachbereitung, z. B. in Form einer Posterpräsentation oder anderer Darstellungsformate). So können im Nachhinein aufgeworfene Fragen beantwortet und möglicherweise entstandenen Fehlinformationen begegnet werden. Übungsaufgaben und die Verknüpfung zu anderen Themen erfolgen in der Regel im nachfolgenden Unterricht. Manche Schülerlabore bieten interessierten Schülerinnen und Schülern darüber hinaus weiterführende Forschungsmöglichkeiten oder Medien wie Kurzfilme zur eigenen weiteren Beschäftigung an. Um die Lehrpersonen einzubeziehen, führen diese Lernorte vielfach korrespondierend Lehrerfortbildungen durch, die inhaltlich und anhand von Experimenten auf das Schülerlaborprogramm vorbereiten. Die Lehrkräfte erhalten auf diese Weise notwendige Hintergrundinformationen, Materialien und Anknüpfungspunkte für ihren Unterricht.

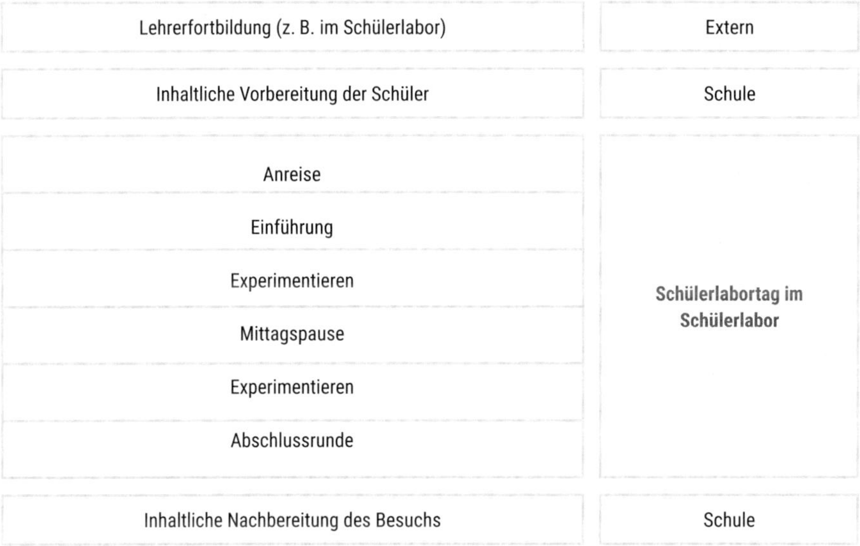

Abb. 1: Beispielhafter organisatorischer Ablauf eines Schülerlaborbesuchs im Klassenverband

Bedeutsam, aber nicht immer gewährleistet, ist die angesprochene systemische Einbettung von Schülerlaborbesuchen in den Unterricht, um die Möglichkeiten und Wirkungen des Besuchs optimal nutzen zu können. Studien haben gezeigt, dass bei einer Beteiligung des Schulunterrichts die Lernwirksamkeit zunimmt (Itzek-Greulich et al. 2014; Schwarzer et al. 2015). Die Vorteile einer Verknüpfung von beiden Lernorten sind generell vielfältig und mit einer Reihe von primären Bildungszielen verbunden. Dazu gehört es, den Schülerinnen und Schülern zu ermöglichen, Verständnis für die Naturwissenschaft und die Erzeugung von naturwissenschaftlichem Wissen zu erlangen („Nature of Science“, „Nature of Scientific Inquiry“). Dies kann vor allem an Lernorten gelingen, an denen sich die Möglichkeit bietet, mit Naturwissenschaftlern, ihren Arbeitsweisen sowie den außerschulisch häufig besseren institutionellen Rahmenbedingungen direkt in Kontakt zu treten. Neben diesem Schwerpunkt der Förderung eines Verständnisses naturwissenschaftlicher Denk- und Arbeitsweisen (Rehm & Parchmann 2015) werden weitere Ziele benannt, etwa die Vertiefung zentraler Konzepte oder die Förderung von Interessen. Viele der genannten Ziele, wenn auch allgemeiner, formulieren auch Braund und Reiss (2006) als Kennzeichen erfolgreichen außerschulischen Lernens:

- Verbesserte Entwicklung und Integration von fachlichen Konzepten
- Erweiterte und authentische praktische Arbeit
- Zugang zu seltenem Material und echter Forschung
- Einstellung gegenüber naturwissenschaftlichen Fächern in der Schule: Förderung von weiterem Lernen
- Soziale Auswirkungen: Zusammenarbeit und Verantwortung für das Lernen

Erweitert wurden die genannten Ziele für Schülerlabore um den Aspekt der zu vermittelnden Erfahrungen über Tätigkeitsfelder und Berufsbilder (Euler 2005; Euler & Weßnigk 2011):

- Ermöglichen persönlicher Kontakte mit Forschern sowie die Erfahrung von möglichen Rollenmodellen, insbesondere auch für Mädchen und junge Frauen
- Vermitteln von Erfahrungen über Tätigkeitsfelder und Berufsbilder im naturwissenschaftlich-technischen Bereich

Das Ziel, Tätigkeitsfelder und Berufsbilder aufzuzeigen, speist sich aus dem kritischen Standpunkt, dass ein Bedarf an Schülerlaboren vornehmlich an der Schnittstelle zwischen Schule und Beruf gesehen wird (Euler & Weßnigk 2011). Es gibt jedoch auch Autoren, die eine „Rückverlegung“ der Schülerlabor(-angebote), z. B. für die Grundschule, in die Schule diskutieren (Wasmann-Frahm 2008). So sollen schulintern Schülerlabore entstehen, die eine adäquate Lernumgebung für aktives Lernen in den Naturwissenschaften ermöglichen, ohne entfernt gelegene Institute und Forschungseinrichtungen besuchen zu müssen. Dies würde aber dem wichtigen Ziel der Forschungsnähe mit dem Kontakt zu Wissenschaftlern widersprechen.

Die bisher erwähnten Zielvorgaben sind vor allem auf die Schülerinnen und Schüler bezogen. Ergänzend können für weitere Gruppen Ziele formuliert werden, bspw. für (zukünftige) Lehrkräfte, für die didaktische Forschung und für die Veranstalter bzw. Institute selbst (Guderian & Priemer 2008; Schwarzer et al. 2015), wie einleitend kurz ausgeführt. Insbesondere die Nutzung von Schülerlaboren für die Lehreraus- und -fortbildung hat sich in den letzten Jahren stark etabliert und zu entsprechenden Verbünden geführt (Entwicklungsverbund Schülerlabore als Lehr-Lern-Labore).

Ergänzend stellen außerschulische Lernorte aber auch für die Lehrkräfte selbst vielfach einen Ort der Fort- und Weiterbildung dar. Sie lernen dort nicht nur fachlich neue Themen und moderne Forschungszugänge kennen, bspw. durch die bereits angeführten Fortbildungsangebote parallel zu den Schülerlaborbesuchen, sondern erhalten die Möglichkeit, vor Ort ihre Schülerinnen und Schüler zu beobachten. Dies wird vielfach von Lehrkräften als besonders bereichernd zurückgemeldet, da Lernende z. T. außerhalb des Klassenraums und schulischen Lernrahmens anders aktiv sind.

17.1.1 Kategorisierung von Schülerlaboren in Deutschland

Um die Übersicht über die Schülerlaborlandschaft zu wahren, hat sich in den letzten Jahren eine übergreifende Bezeichnung, die die Schülerlabore insbesondere im MINT-Bereich nach ihren konzeptuellen Gemeinsamkeiten einteilt, entwickelt. Seit 2007 verlief diese Begriffsschärfung und Abgrenzung in mehreren Schritten (Haupt & Hempelmann 2013). Beginnend mit einer Einteilung nach Betreiberorganisationen, nach Generationen und zuletzt der Funktion des jeweiligen Schülerlabors. In Bezug auf die Funktion wurde bisher primär zwischen fünf Schülerlabortypen unterschieden:

- Klassisches Schülerlabor: Adressiert vorzugsweise einen Klassenverband mit möglichst direktem Bezug zum Lehrplan.
- Lehr-Lern-Labor: Ist in die Lehrerausbildung an Hochschulen integriert und ergänzt den schulischen Lehrplan.
- Schülerlabor zur Wissenschaftskommunikation: Vermittelt Inhalte aus Forschung und Entwicklung der Betreiberorganisation, z. B. Universität oder Forschungszentrum.
- Schülerlabor mit Bezug zu Unternehmertum: Dient der Vermittlung von unternehmerischem Handeln und wirtschaftlichen Zusammenhängen, z. B. ein Industriekonzern.
- Schülerlabor mit Berufsorientierung: Setzt seinen Schwerpunkt im Bereich Berufsperspektive (Vertiefung 1, Beispiel 1).

Eine weitergehende Unterteilung, die z. B. auch geistes-, sozial- und kulturwissenschaftliche oder mobile Schülerlabore berücksichtigt, wurde kürzlich von LernortLabor e.V. eingeführt.

Häufig fallen Labore gleich in mehrere dieser Kategorien. Ein Labor zur Wissenschaftskommunikation kann Studierende des Lehramts in die Betreuung einbinden und daher gleichzeitig als Lehr-Lern-Labor fungieren (Vertiefung 1, Beispiele 1 und 2). Auch ist es nicht ausgeschlossen, dass ein Labor zur Wissenschaftskommunikation vielfältige Anknüpfungspunkte an den Lehrplan bietet und damit einem klassischen Schülerlabor entspricht. Darüber hinaus können Schülerlabore auch spezifische Gruppen ansprechen (Vertiefung 1, Beispiele 1 und 3) und Themen außerhalb des Lehrplans anbieten.

In die Entwicklung außerschulischer Lernorte werden zunehmend Lehrkräfte eingebunden, entweder bereits im Verlauf des Studiums als allgemeine Betreuer in den benannten Lehr-Lern-Laboren, oder aber später durch die Mitwirkung in entsprechenden Projekten. Ebenfalls sind Abordnungen für eine Lehrtätigkeit im Schülerlabor möglich. Lehr-Lern-Labore bieten wiederum einerseits eine Struktur und Raum, um im Studium erworbenes Fachwissen mit fachdidaktischem Wissen zu verknüpfen und daraus Lernangebote wie Stationen für Schülerlabore zu konzipieren (Dege et al. 2015; Schwarzer et al. 2016). Andererseits stellen sie Lerngelegenheiten für ein sogenanntes Microteaching (Steffensky & Parchmann 2007): Studierende können kleinere Gruppen von Schülerinnen und Schülern an einer Station betreuen und durch die mehrfache Wiederholung Lernwirkungen für unterschiedliche Schülergruppen und unterschiedliche Instruktionen bzw. Lernbegleitungen beobachten und auswerten. Diese Erfahrungen können eine Vorstufe oder auch eine Ergänzung zu den üblichen Schulpraxisphasen darstellen.

V

Vertiefung 1: Schülerlabore – drei Beispiele

1. **Covestro Science Lab** (bis August 2015 BayLab plastics) ein Schülerlabor zur Berufsorientierung

Das Covestro Science Lab befindet sich im Chempark in Leverkusen und steht ganzen Schulklassen für einen Besuch offen. Es wird von dem Industrieunternehmen Covestro AG, vor der Ausgründung Bayer MaterialScience AG, betrieben und ist entsprechend motiviert, Inhalte aus der Chemie, Physik und Technik zu vermitteln. Zielgruppen sind nach eigenen Angaben Schülerinnen und Schüler der Klassenstufe 9–13, Auszubildende, Studierende des Lehramts, Referendare und Lehrkräfte. Es beschreibt sich als „ein Kunststofflabor für alle Sinne". Das Konzept sieht die Bildung von vier oder fünf Inhaltsgruppen zu Themen wie Design, Kommunikation oder Forschung vor, die die Entwicklung und Fertigung eines realen Produktes, z. B. Plastikeierlöffel oder Plastiktrinkbecher, verantworten. Dieses Labor wurde über einen längeren Zeitraum empirisch begleitet und hinsichtlich seiner Auswirkungen auf die Berufsorientierung von Schülerinnen und Schülern untersucht (Weßnigk 2013). Zentrale Ergebnisse der Begleitforschung sind der belegte Erfolg des Konzepts, das sich kurz- bis längerfristig signifikant verbesserte Fähigkeitsselbstkonzept der Schüler und die sich signifikant positiv veränderte Einstellung gegenüber einer naturwissenschaftlichen Berufswahl.

2. **Kieler Forschungswerkstatt** ein Lehr-Lern-Labor zur Wissenschaftskommunikation

Die Kieler Forschungswerkstatt ist eine gemeinsame Einrichtung der Christian-Albrechts-Universität zu Kiel und des IPN. Sie adressiert ganze Klassen ebenso wie einzelne interessierte Schülerinnen und Schüler. Es kann aus den verschiedenen Inhaltsgebieten, die aktuelle Forschungsfragen der Universität Kiel und dort ansässiger Forschungscluster widerspiegeln, gewählt werden. Die einzelnen Laborprogramme befassen sich bspw. mit alternativer Energienutzung, der Versauerung der Ozeane, Nanoteilchen und chemischen Schaltern oder der Licht- und Schattenseite der Ölpalme und sind eng mit den Studiengängen der Kieler Hochschulen verzahnt (Schwarzer et al. 2015). Die Kieler Forschungswerkstatt ist ebenfalls Partner des Entwicklungsverbunds „Schülerlabore als Lehr-Lern-Labore" der Deutschen Telekom Stiftung.

3. **Alfried Krupp-Schülerlabor,** ein klassisches Schülerlabor, und das Projekt **KEMIE®** (**K**inder **E**rleben **M**it **I**hren **E**ltern Chemie)

Am Alfried Krupp-Schülerlabor an der Ruhr-Universität Bochum sind alle 20 Fakultäten der Hochschule beteiligt. Der Lernort ist inhaltlich entsprechend breit aufgestellt und nicht nur auf MINT-Themen beschränkt. Das Projektangebot umfasst Themen aus Geistes- und Gesellschaftswissenschaften, Natur- und Ingenieurwissenschaften, Mathematik, Psychologie, Medizin und Sportwissenschaft.

Das Projekt KEMIE®, durchgeführt im Alfried Krupp-Schülerlabor, ermöglicht das gemeinsame Lernen von Kindern und Eltern an naturwissenschaftlichen Fragestellungen (Sommer et al. 2013). Es werden Schülerinnen und Schüler der dritten bis sechsten Jahrgangsstufe, die mit einem Elternteil teilnehmen, adressiert. Somit hat KEMIE® zwei Zielgruppen: Kinder und Eltern. Das didaktische Konzept stellt die Begegnung mit der Chemie und mit den naturwissenschaftlichen Denk- und Arbeitsweisen in den Mittelpunkt. Experimentelle Hausaufgaben sind ein zusätzliches Element, das die Vertiefung von Gelerntem zum Ziel hat.

Kenntnisse von national und regional etablierten Netzwerken können helfen, Informationen zur Buchung einer konkreten Aktivität, durch Vermittlung des gebotenen Inhalts, der Adressatengruppe und der Ansprechpartner zur erhalten.

- Räumliche Verbünde: Mit LernortLabor e.V. existiert seit 2010 ein überregionales Netzwerk, in dem knapp die Hälfte der 320 bekannten Schülerlabore Mitglied sind (vgl. www.lernortlabor.de). Regionale Zusammenschlüsse, wie die Netzwerke GenaU in Berlin und Brandenburg oder Na LoS! in Sachsen Anhalt, gewährleisten die Sichtbarkeit der Schülerlabore und eine entsprechende Interessenvertretung, z. B. gegenüber politischen Entscheidern.
- Inhaltliche Verbünde fassen Schülerlabore mit einem thematischen Schwerpunkt zusammen. So wird beispielhaft der Verbund MINT-Umwelt-

bildung von der Deutschen Bundesstiftung Umwelt gefördert und fokussiert auf naturwissenschaftlich-technische Umweltbildung in Schülerlaboren.

- Forschungsverbünde, z. B. das „Hochschulprogramm für bessere MINT-Lehrerbildung“ der Deutschen Telekom Stiftung, untersucht Schülerlabore der Kategorie Lehr-Lern-Labore. Es wird der Frage nachgegangen, wie diese Labore weiterzuentwickeln sind, um curricular optimal in das Lehramtsstudium eingebunden werden zu können.

Die Finanzierung von Schülerlaboren und Schülerforschungszentren stellt oftmals eine große Herausforderung dar. So finden sich oft Mischfinanzierungskonzepte aus Stiftungen, staatlichen Programmen und Bildungs- und Öffentlichkeitsprojekten größerer Forschungsprogramme, auch die regionale Wirtschaft ist vielfach eingebunden. Eine dauerhaft gesicherte Finanzierung ist selten, folglich gehört die Akquise neuer Projektgelder immer wieder zu den Hauptaufgaben der Laborbetreiber.

V

Vertiefung 2: Schülerforschungszentren

Einen besonderen Stellenwert innerhalb der getroffenen Kategorisierung (Haupt & Hempelmann 2013) nehmen Schülerforschungszentren (SFZ) ein, da nicht ganze Klassenverbände über einen kurzen Zeitraum experimentieren. Stattdessen wird über Wochen und Monate in kleinen Gruppen oder einzeln einer oft selbstgewählten Fragestellung nachgegangen. Alternativ können Themen aus einer vorbereiteten Kartei des SFZ gewählt werden. Die Bearbeitung der Fragestellung ist nicht selten mit der Teilnahme an einem naturwissenschaftlichen Wettbewerb verbunden. Häufig finden auch MINT-Kooperationen mit Wettbewerbsausrichtern wie der Stiftung Jugend forscht e. V. statt. Ein weiteres Kennzeichen von SFZ ist der häufig fehlende Lehrplanbezug des bearbeiteten Themas. In der Praxis kann eine außerschulische Lerngelegenheit durchaus vormittags ein Schülerlabor und am Nachmittag ein Schülerforschungszentrum sein. Andere Zentren sind aus besonderen Engagements von Schulen oder sogar einzelnen Lehrkräften hervorgegangen.

Verschiedene Bundesländer haben bereits Schülerforschungszentren eingerichtet, unter den ersten waren das Schülerforschungszentrum Südwürttemberg in Baden-Württemberg und das Schülerforschungszentrum Kassel, neu gegründet wurde jüngst ein Zentrum in Hamburg. In Flächenländern bietet sich die Fokussierung auf nur einen Standort weniger an, daher gibt es ebenfalls Netzwerke verschiedener Einrichtungen, die in Kooperation Schülerforschung fördern und unterstützen, bspw. in Thüringen oder ganz neu in Schleswig-Holstein. Zu den Anbietern zählen auch hier wissenschaftliche Einrichtungen ebenso wie Schulen oder andere Förderzentren.

17.1.2 Schülerlaborbesuch und Chemieunterricht

Eine Aufgabe von Lehrkräften ist es, für den eigenen Unterricht sowie für die Fachgruppe in der Schule geeignete Anknüpfungspunkte für die Nutzung außerschulischer Lernorte zu finden. Es sollte darauf geachtet werden, dass ein Laborbesuch nicht zu einem Wandertag verkommt, sondern nachhaltig Wirkung entfalten kann. Damit der hohe Einsatz der Lehrkräfte und Schülerlaborbetreiber, einen Labortag durchzuführen, maximal wirksam werden kann, ist es in einer vorbereitenden Unterrichtsphase unerlässlich, die zu erwartenden Inhalte mit den Schülerinnen und Schülern zu erarbeiten. Nicht immer ist dies in vollem Umfang möglich, es soll inhaltlich nichts vorweggenommen werden. In der Regel erfährt die Lehrkraft Details zu den Experimenten vom Ansprechpartner im Schülerlabor. Häufig werden auch Boxen mit vorbereitenden Materialien angeboten und hilfreiche Informationen zur Verfügung gestellt. Zum Abschluss eines Labortages sind eine kurze Feedbackrunde oder Podiumsdiskussionen in den meisten Schülerlaboren üblich. Es können inhaltliche Fragen, die sich nicht an den Lernstationen haben klären lassen, beantwortet werden. Manchmal treten auch erst im Nachhinein Rückfragen auf. Eine Nachbereitung in der Schule räumt einer Klärung Zeit und Raum ein. Dabei sind verschiedene Formate wie Referate, Posterpräsentationen oder eine kleine Ausstellung denkbar, sodass auch Mitschülerinnen und Mitschüler anderer Schulklassen von dem Schülerlaborbesuch profitieren. Mitunter bieten Schülerlabore auch die Möglichkeit, Besuche auf mehrere, nicht zusammenhängende Tage auszudehnen.

Eine Anbindung an den Schulunterricht gelingt umso besser, je stärker ein Schülerlaborprogramm darauf abgestimmt ist. Verschiedene Programme richten sich daher spezifisch an bestimmte Jahrgangsstufen oder Schulformen. Eine explizite Ausrichtung der Schülerlaborangebote auf nicht-gymnasiale Schulformen ist jedoch selten. So finden befragte Lehrkräfte von anderen Schulformen (früher Real- und Hauptschulen) das in Schülerlaboren angebotene Material oft nicht adressatengerecht (Schmidt et al. 2011). Neben den sprachlichen Darstellungen tritt hier ein Problem vermutlich verstärkt auf, das für Schülerlaborbesuche bereits empirisch nachgewiesen wurde: der sogenannte Cognitive Load (Meissner 2010; Scharfenberg 2005). Da im Schülerlabor nicht nur die Umgebung neu und die Arbeitsweisen oftmals eigenständiger oder sogar selbstgesteuerter sind, verbunden mit ebenfalls vielfach anderen Gerätschaften und abstrakteren Modelbetrachtungen, werden je nach Lerngruppe differenzierte Hilfen und Zeitstrukturen erforderlich. Dies kann eine kognitive Überlastung vermeiden helfen, um die eingangs vorhandene hohe Lernmotivation nicht zu verlieren.

Ein weiteres Problem stellt die Fokussierung der Laborangebote auf Ballungszentren dar. In vielen Gebieten, insbesondere für den Grundschulbereich, fehlt es an (räumlicher) Ausstattung und pädagogischem/fachdidaktischem Personal, um entsprechend arbeiten zu können. Nur sehr wenige Lernorte sind finanziell in der Lage, Schulklassen einen kostenlosen Bustransfer anzubieten. Sind die Anfahrtswege lang, kann Hilfe bei der Finanzierung von Bus und Bahn beim Förderverein der Schule oder einem Unternehmen in der Region erhalten werden. Stiftungen oder der Fonds der Chemischen Industrie unterstützen bei anfallenden Fahrtkosten in der Regel nicht.

Auch die positive Entwicklung einer großen Nachfrage an Schülerlaborbesuchen stellt eine Hürde dar. So ist oftmals mit Wartezeiten von Monaten und in einigen Fällen mit bis zu einem Jahr zu rechnen. Hier bleibt abzuwarten, wie sich die Schülerlaborlandschaft zukünftig entwickeln wird.

17.1.3 Wirksamkeit von Schülerlaborbesuchen

Nach anfänglichen Selbstevaluationen hat ab 2004 verstärkt eine Begleitforschung der Schülerlaborangebote eingesetzt. Diese ist umso bedeutsamer, besuchen doch mittlerweile deutschlandweit einige 100.000 Schülerinnen und Schüler im Jahr Schülerlabore (Plasa 2013).

Prinzipiell wurde festgestellt, dass Schülerlabore das Potenzial besitzen, eine motivierende Lernumgebung zu sein. Hinsichtlich einer Einordnung des Lernorts Schülerlabor wurden Unterschiede von den Schülerinnen und Schülern im Vergleich zum Lernort Schule wahrgenommen, was Dimensionen wie Offenheit der Experimente, Material / Laborqualität, Kommunikation oder persönliche Relevanz betrifft. Als ein weiteres Ergebnis der angeführten Untersuchungen sowie Befragungen und über den häufig angeführten Faktor Spaß hinaus, kann eine Vor- und Nachbereitung des Schülerlaborbesuchs als wichtig erachtet werden. Eine hohe Bedeutung kommt ebenfalls der Lernumgebungsstruktur, d. h. der Begleitung durch inhaltlich geschultes und zahlenmäßig ausreichendes Personal zu. Die Untersuchung des Einflusses der Betreuenden auf die Schülerinnen und Schüler im Schülerlabor rückt zunehmend in den Fokus empirischer Untersuchungen.

Im Detail haben verschiedene Wirksamkeitsstudien (häufig im pre/post/follow-up-Design, z. T. mit Kontrollgruppe) in der Vergangenheit die Interessensentwicklung (Brandt 2005; Engeln 2004; Glowinski 2007; Guderian 2007; Mokhonko et al. 2014; Pawek 2009; Zehren 2009) von Schülerinnen und Schülern in Einzel- und Mehrfachbesuchen im Schülerlabor erfasst. Hierbei werden zunehmend auch Geschlechterunterschiede näher untersucht. War und ist die Interessensteigerung an Naturwissenschaften und naturwissenschaftlichen Berufen doch ein ursprüngliches Anliegen der Schülerlabore. Auch Fragen nach der Motivation (Brandt 2005; Brandt et al. 2008; Zehren 2009), dem Fähigkeitsselbstkonzept (Brandt 2005; Pawek 2009; Weßnigk 2013), Authentizität (Engeln 2004; Glowinski 2007, Sommer et al. 2018) oder dem Wissenserwerb (Glowinski 2007; Scharfenberg 2005) wurde nachgegangen. Belastbare Längsschnittstudien, die z. B. den Verbleib von Schülerinnen und Schülern, die an einem Besuch teilgenommen haben und damit die womöglich vermehrte Aufnahme eines naturwissenschaftlichen Studiums über möglichst viele Laborstandorte erheben, fehlen. Zudem lässt die Heterogenität der außerschulischen Lernorte (Plasa 2013) einen direkten Vergleich zwischen den Schülerlaboren nur schwer zu. Im Zusammenhang mit der Frage nach der hohen Wirksamkeit und angenommenen hohen Effekten auf das Interesse an Naturwissenschaften oder die Motivation von Schülerinnen und Schülern, sollten realistische Erwartungen an einen meist eintägigen Schülerlaborbesuch gestellt werden. Bisherige Befunde sind exemplarisch in Tabelle 2 zusammengefasst und hinsichtlich kurz- und längerfristiger Effekte eingeteilt, wobei sich die einzelnen Messzeitpunkte sehr heterogen darstellen.

Variable	In Studien festgestellter Effekt	
	kurzfristig	nachhaltig / längerfristig stabil
Aktuelles Interesse	(Glowinski 2007), (Guderian 2007), (Pawek 2009)	(Glowinski 2007)
Berufsinteresse bzw. -orientierung	(Brandt 2005), (Weßnigk 2013)	(Brandt 2005), (Weßnigk 2013)
Selbstkonzept	(Brandt 2005), (Pawek 2009), (Weßnigk 2013)	(Weßnigk 2013)

Tab. 2: Exemplarische Befunde ausgewählter Schülerlaborstudien (kurzfristig: direkt nach dem Schülerlaborbesuch, nachhaltig: über mehrere Wochen bis mehrere Monate stabile Effekte)

Als Reaktion auf die zum Teil ernüchternden Ergebnisse könnte eine Forderung auf eine zeitliche Ausweitung auf z. B. mehrtägige Schülerlaborbesuche oder eingehende Vor- und Nachbereitung der außerschulischen (Scharfenberg 2005) Aktivität zur Steigerung der Nachhaltigkeit gesehen werden. Auffallend häufig findet sich in Schülerlaborstudien der explizite Hinweis auf die Notwendigkeit einer Vor- und Nachbereitung des Besuchs (Brandt 2005; Domjahn 2013; Engeln 2004; Glowinski 2007; Runge et al. 2013; Scharfenberg 2005; Wilde & Bätz 2006), z. B. verbunden mit dem Hinweis, dass damit die Lernwirksamkeit zunimmt. Dies ist auch unter Beachtung der Theorien zum „Novel Field-Trip Phenomenon", zum „Novelty Space" (Guderian 2007) und zum bereits erwähnten „Cognitive Load" (Meissner & Bogner 2012) zu sehen. Sind

Lernort und Lerninhalt bekannt, können die Schülerinnen und Schüler sich besser auf das eigentliche Lernen im Schülerlabor fokussieren.

Neben der Befragung von Schülerinnen und Schülern wurden ebenfalls Lehrkräfte sowie Schulleitungen nach ihren Erwartungen, Erfahrungen und Wirkungen von Schülerlaborbesuchen befragt. Als ein Ergebnis kann in dieser Fragebogen- und Interviewstudie (Schmidt et al. 2011) ebenfalls die von Schulleitungen als unerlässlich genannte Vor- und Nachbereitung angeführt werden. Auch Lehrkräfte stimmen mit der Notwendigkeit einer Vor- und Nachbereitung in ihrem Unterricht überein. Insbesondere Real- und Hauptschulen fanden das dafür angebotene Material aber nicht immer adressatengerecht. Die im Allgemeinen positiv gegenüber Schülerlaboren eingestellten Lehrkräfte empfinden Besuche als förderlich für sich selbst sowie ihre Schülerinnen und Schüler. Gegen einen Besuch sprechen aber ihrer Einschätzung nach hohe Kosten, uninteressante Inhalte und fehlender Lehrplanbezug.

Viele Gründungen von Schülerforschungszentren erfolgten erst in den letzten Jahren. Aus diesem Grund ist diese Art von außerschulischem Lernort vergleichsweise neu, daher wenig beforscht und wenige Studien verfügbar. Es wurde aber z. B. untersucht, welche Gründe Schülerinnen und Schüler für einen freiwilligen, regelmäßigen Besuch eines SFZ haben (Plasa 2013). Sie gaben an, in einem SFZ ihrem Hobby nachgehen zu können, d. h. selbstständig forschen und damit auf hochwertiges Material zurückgreifen zu können. Noch etwas wichtiger war aber ein sozialer Aspekt, das regelmäßige Wiedersehen von gleichgesinnten Schülerinnen und Schülern.

Insgesamt gilt, dass die Wirkungen von außerschulischen Lernorten noch genauer untersucht werden müssen, um sie zielgerichtet und in Abstimmung mit schulischen Angeboten nutzen und weiterentwickeln zu können.

17.2 Museen und Science Center

17.2.1 Museen

Der Begriff Museum beschreibt eine Vielfalt an Institutionen, die sich nicht zuletzt in ihrer thematischen Ausrichtung, der Art und Größe ihrer Sammlung, ihren Besucherzahlen und ihrer konzeptionellen Ausrichtung unterscheiden. Nach dem International Council of Museums ist ein Museum „eine gemeinnützige, ständige, der Öffentlichkeit zugängliche Einrichtung im Dienst der Gesellschaft und ihrer Entwicklung, die zu Studien-, Bildungs- und Unterhaltungszwecken materielle Zeugnisse von Menschen und ihrer Umwelt beschafft, bewahrt, erforscht, bekannt macht und ausstellt“ (ICOM 2003). Naturwissenschaftliche Museen stellen dabei eine Sonderform dar. Durch Konversation mit realen Objekten und Phänomenen beabsichtigen sie für jeden Besucher Stimuli zur Auseinandersetzung mit naturwissenschaftlichem Wissen, naturwissenschaftlichen Methoden und Meinungen, die auf naturwissenschaftlichen Erkenntnissen basieren, zu liefern (Wagensberg 2005). Dabei hat sich diese aktuelle Interpretation der Funktion eines naturwissenschaftlichen Museums aufgrund von gesellschaftlichen Veränderungen entwickelt. Diese Entwicklung lässt sich in vier Phasen unterteilen (Tab. 3., Schiele 2014). Zunächst lag der Fokus von Museen auf der Sammlung und Konservation von Objekten. Museen bildeten die Vergangenheit ab. Mit zunehmender Bedeutung von technischem Fortschritt und erhöhtem Druck für Museen, relevant zu bleiben, wurden jedoch auch gegenwärtige Entwicklungen in Ausstellungen integriert. Die Ausstellungstechniken von Weltausstellungen und Kaufhäusern beeinflussten die Präsentationstechniken in Museen. Im Rahmen der Konzepte Public Understanding of Science and Humanities und Public Engagement with Science erfolgte eine zunehmende Demokratisierung der naturwissenschaftlichen Museen. Angebote zur Interaktion und Partizipation prägen moderne Museumskonzepte. Es wird angestrebt, Naturwissenschaften als Teil unserer Kultur zu begreifen und diesen Teil einer möglichst diversen Besuchergruppe zugänglich zu machen.

Phase	Fokus	Vision	Zweck	Mittel	Beispiele
1	Darstellung der Geschichte der Naturwissenschaften und Technik	Wissenschaft und Technik	Bildend	Sammlungen	Science Museum, London (1857), Deutsches Museum, München (1903)
2	Darstellung zeitgenössischer Naturwissenschaften	Naturwissenschaftlicher Fortschritt	Bildend und didaktisch	Sammlungen und Exponate	Palais de la Découverte, Paris (1937)
3	Naturwissenschaften und Technik zugänglich machen	Public Understanding of Science and Technology	Stimulation von Lernprozessen und Besucherinvolvierung	„Hands-on"-Experimente	Exploratorium, San Francisco (1969)
4	Beziehung zwischen Wissenschaft und Gesellschaft	Einfluss von Wissenschaft und Technologie auf unsere Gesellschaft	Verständnis und Bewusstsein	Temporäre Ausstellungen und Aktivitäten	Cité des sciences et de l'industrie, Paris (1986)

Tab. 3: Phasen der Entwicklung von Naturwissenschaftsmuseen und Science Centern (nach Schiele 2014)

Museumsbesuche im Rahmen des Chemieunterrichts können klare unterrichtsbezogene Lehrziele verfolgen oder rein zur Förderung von Motivation und Interesse durchgeführt werden. Häufig werden die Gründe für einen Museumsbesuch wahrscheinlich irgendwo zwischen diesen beiden Extremen liegen. Falk und Dierking beschreiben drei Kontexte, die das Museumserlebnis eines Besuchers prägen: den personalen, den sozialen und den physischen Kontext (Abb. 2).

Abb. 2: Kontexte, die das Museumserlebnis des Besuchers beeinflussen (verändert nach Falk & Dierking (1992))

Trotz zunehmender Multimedialität in Ausstellungen ist die Museumskultur stark visuell geprägt (Hooper-Greenhill 2000). Ausgestellte Objekte und entwickelte Exponate werden von Besuchern unterschiedlich wahrgenommen und interpretiert. Empirische Untersuchungen haben gezeigt, dass sowohl kognitives als auch affektives Lernen im Museum möglich ist. Lernen im Museum ist ein individueller Prozess, welcher kontextualisiert, d. h. in einem Kommunikations- und Interpretationsprozess, stattfindet, und Zeit braucht (Rennie & Johnston 2007). Aus den Ergebnissen empirischer Studien lassen sich aus Lehrerperspektive einige Gestaltungsempfehlungen ableiten (DeWitt & Storksdieck 2008):

- Eine Orientierungsphase in Museum wirkt sich lernförderlich und motivationssteigernd aus.
- Führungen hingegen sind weniger motivationsförderlich für den Lernerfolg als Kleingruppenarbeit und freies Erkunden.
- Exponate sind zwar in der Regel mit dem Ziel gestaltet, dass sie ohne weitere Informationen interpretiert werden können; jedoch kann diese Form

des selbstständigen Lernens in einer neuen Umgebung auch als Überforderung wahrgenommen werden. So gilt es für die Lehrperson, auch in dieser informellen Lernumgebung motivationsunterstützende Maßnahmen zu ergreifen, um die Lernmotivation aufrechtzuerhalten (Geyer 2008). Eine wichtige Rolle spielen die Vor- und Nachbereitung von Museumsbesuchen sowie die Transparenz von Zielen, die mit dem Besuch verfolgt werden. Um Museumsbesuche effektiv zu gestalten und Besuche auf die Bedürfnisse von Schulklassen auszurichten, bieten viele Museen museumspädagogische Informationsveranstaltungen, Fortbildungen oder Lernmaterialien zur Vorbereitung, Durchführung und Nachbereitung von Museumsbesuchen an.
- Limitierende Faktoren für die Nutzung von Museen als außerschulische Lernorte stellen die standortabhängige Entfernung (Deutscher Museumsbund) und damit verbundene Kosten zur An- und Abreise und auch die Eintrittspreise selbst dar (Geyer 2008; DeWitt & Storksdieck 2008). Dies kann als Anlass dienen, um die Zugänglichkeit zu Kulturgütern und Informationen zu aktueller naturwissenschaftlicher Forschung mit Schülerinnen und Schülern zu diskutieren. Zur kritischen Reflexion kann auch das Framing einer Ausstellung bzw. eines Museums, z. B. in Bezug auf Sponsoren oder politisch motivierte Aspekte, analysiert werden.
- Nicht zu vernachlässigen sind positive Effekte von wiederholten Museumsbesuchen (Wolins et al. 1992), Langzeiteffekte von Museumsbesuchen (Falk & Dierking 1997) sowie ihre Rolle bei der Erschließung von potenziellen Lernorten für das in vielen Kernlehrplänen angestrebte lebenslange Lernen (DeWitt & Storksdieck 2008; z. B. MSW NRW 2008).

17.2.2 Science Center

Der Trend zu interaktiven Exponaten in naturwissenschaftlichen Museen ebnete den Weg für Ausstellungshäuser, die ganz auf Sammlungen historischer Objekte sowie deren Konservierung, Kuratierung und Beforschung verzichten. Diese sogenannten Science Center sind demnach gemäß der Definition des International Council of Museums also keine Museen (vgl. Kap. 17.2.1).

Die 1888 in Berlin gegründete Urania gilt aufgrund ihrer öffentlichen Demonstrationen und ihren Experimentierstationen, bei denen die Besucher selbst aktiv werden konnten, als das erste Science Center (Anonymous 1913). Allerdings dauerte es bis in die 1960er-Jahre, dass sich diese Form der naturwissenschaftlichen Ausstellungshäuser durchsetzt. Das Exploratorium, das 1969 von Frank Oppenheimer in San Francisco gegründet wurde, gilt nicht nur als Vorbild für weitere Science Center sondern beeinflusste auch die

Museumskultur maßgeblich. Das Verknüpfen von Kunst und Naturwissenschaften ermöglichte neue Möglichkeiten bei der Gestaltung von Exponaten.

Naturwissenschaftsmuseen und Science Center verfolgen grundsätzlich ein gemeinsames Ziel. Beide möchten ihre Besucher durch Ausstellungen über naturwissenschaftliche Inhalte informieren (Durant 1992). Jedoch lassen sich nach Durant in verallgemeinerter Form auch klare Unterschiede formulieren (1992):

- Während naturwissenschaftliche Museen in der Regel mehrere in sich geschlossene Galerien mit Ausstellungen zu unterschiedlichen Themen haben, besitzen Science Center häufig offene Ausstellungsflächen mit freistehenden, nur grob nach Themen geclusterten Exponaten.
- In Museen leitet ein Narrativ, gestützt durch ein bestimmtes übergreifendes Thema aus Wissenschaft und Technik. Besucher von Science Centern können hingegen an interaktiven Exponaten Einblick in eher grundlegende naturwissenschaftliche Phänomene bekommen.
- Ausstellungen in Museen sind oft auf die Objekte der Sammlungen fokussiert, tendieren somit häufig dazu, historische Entwicklungen aufzuzeigen. Im Gegensatz dazu sind die Phänomene, die in Science Centern kommuniziert werden, meist eher zeitlos, allgemeingültig und durch spielerische Interaktion mit dem Exponat erfahrbar.
- Exponate in Science Centern sind meist im Sinne des entdeckenden Lernens ohne weitere Erklärungen und Anleitungen zugänglich, bleiben aber häufig dekontextualisiert. Exponate in Museen werden in der Regel durch Labels oder andere Medien in den Kontext der Ausstellung eingebunden.

Allerdings gibt es auch in Museen Bereiche, die von der Konzeption her eher einem Science Center gleichen (z. B. Wonderlab im Science Museum London, Kinderreich im Deutschen Museum München). Ebenso buchen Science Center Wanderausstellungen mit Objekten aus Museumssammlungen. Science Center und naturwissenschaftliche Museen werden aufgrund vieler Gemeinsamkeiten und fehlender Trennschärfe daher in den Bereichen der Interessensvertretung, Fortbildung und Forschung häufig gemeinsam betrachtet (z. B. Ecsite 2017; Schiele 2014; Geyer 2008).

Aufgrund des meist spielerischen Zugangs zu den Exponaten, den kommunizierten Phänomenen und fehlenden Einblicken in den Forschungsprozess und gesellschaftlichen Kontext, sehen Kritiker den Entertainmentfaktor bei Science Centern im Vordergrund (Champagne 1975; Shortland 1987). Um stärker auf Lernaspekte zu fokussieren, wurden zum einen Ausstellungskonzepte angepasst (Allen 2004) und zum anderen Angebote zur Vor- und Nachbereitung im Unterricht für die entsprechende Anleitung, Vertiefung und Kontextualisierung entwickelt. Alternativ oder ergänzend bieten viele Science Center, wie Museen, auch vor Ort pädagogische Programme für Schulgruppen an.

17.3 Exkursionen

Neben den bereits thematisierten außerschulischen Lernorten Schülerlabor (vgl. Kap. 17.1), Science Center und Museum (vgl. Kap. 17.2) bieten sich eine Vielzahl von weiteren Orten für Exkursionen im Rahmen des Chemieunterrichts an. Bei der Auswahl spielt natürlich die thematische Anbindung an das Curriculum eine wichtige Rolle, aber auch die Möglichkeit der Berufsorientierung kann ein überzeugendes Argument für eine Exkursion sein. Exkursionen können zudem eine gute Gelegenheit sein, um fächerverbindend oder fachübergreifend zu arbeiten. Dabei unterscheidet sich eine Exkursion von einem Ausflug oder Wandertag durch die Formulierung eines klaren Lehrziels, welches mit der Exkursion erreicht werden soll.

Die Stellung der Exkursion in der Reihenplanung, der Planungsaufwand, die Dauer und die Häufigkeit können variieren. So kann die Exkursion am Anfang einer Unterrichtseinheit stehen, um Motivation und Interesse zu wecken und Fragestellungen für den weiteren Unterrichtsverlauf zu generieren. Hierzu eignen sich besonders Exkursionsziele, bei denen Inhalte bereits didaktisch aufbereitet sind, wie etwa Lehrpfade. Es kann jedoch auch im Unterricht auf eine Exkursion hingearbeitet werden. Auf diese Weise kann benötigtes Vorwissen erworben und die Exkursion gezielt genutzt werden, um entwickelte Fragen vor Ort zu klären. Besucht man etwa einen Industriebetrieb, so können die Vorkenntnisse über die ablaufenden chemischen Reaktionen und die technischen Produktionsschritte die Orientierung erleichtern und durch Interaktion mit den Experten Lerninhalte vertieft werden. Dabei gilt es in jedem Fall, die Sicherung der erworbenen Erkenntnisse zu planen, z. B. durch gezielte Aufgaben zur Dokumentation der Exkursion in Form eines Produkts wie etwa einem Protokoll, einer Präsentation oder einem Video.

Eine für den Chemieunterricht relevante Exkursion kann als kurzer Unterrichtsgang in die nähere Umgebung (etwa zum Probensammeln), gezielter Tagesausflug oder auch als Veranstaltung im Rahmen einer Klassenfahrt gestaltet werden. Neben der inhaltlichen Planung gilt es zudem, erforderliche Genehmigungen einzuholen, entsprechende Betreuungsrelationen einzuhalten, ggfs. An- und Abreise zu organisieren, entstehende Kosten zu kalkulieren, Möglichkeiten zur Kostenübernahme (z. B. Förderverein) zu prüfen und Schülerinnen und Schüler, Eltern und Kollegen zu informieren (DGUV 2008).

Empirische Forschungsergebnisse zeigen, dass die Einbettung in den Unterricht und eine angemessene Strukturiertheit der Durchführung sowohl Gefallen als auch den Lernerfolg positiv beeinflussen (siehe Dillon et al. 2006 und Behrendt & Franklin 2014 für ein Review zu empirischen Studien zu Exkursionen oder Stäudel & Gerland 2002 für eine Fallstudie in Deutschland). Das Interesse der Schülerinnen und Schüler am Fachunterricht zeigt wenig Einfluss auf die Beurteilung der Exkursion.

Ein Klassiker im Chemieunterricht sind Werksbesichtigungen. Viele große Unternehmen der chemischen Industrie, aber auch mittelständische Unternehmen, bieten Werksbesichtigungen für Schulgruppen an. Dabei wird häufig ein Einblick in die Unternehmensgeschichte, den Einfluss der Ansiedlung des Unternehmens auf die Regionalentwicklung, Zukunftsperspektiven des Unternehmens und die chemischen Grundlagen ausgewählter Prozesse der Produktion dargestellt. Zudem können auch beispielsweise die Aspekte Logistik, Verpackung, Vertrieb, Marketing, Sicherheit oder Umweltschutz thematisiert werden.

Gewöhnlich beschäftigen Unternehmen der chemischen Industrie Mitarbeiter in einer Bandbreite von Arbeitsbereichen und so können Schülerinnen und Schüler Einblick in die Berufsbilder Chemikanten, Chemielaboranten, Chemiker oder Chemieingenieure, aber auch kaufmännisch-verwaltende Berufe erhalten.

Entsprechende Absprachen zwischen der Lehrkraft und den Verantwortlichen im Betrieb über eventuell benötigtes Vorwissen und die thematische Schwerpunktsetzung erleichtern die zielgruppengerechte Umsetzung der Exkursion.

Auch Universitäten und Fachhochschulen bieten sich für Exkursionen an. Neben Campus-Führungen bieten viele Hochschulen Schulgruppen die Möglichkeit, an einer regulären Vorlesung im gewünschten Fachbereich teilzunehmen. An manchen Standorten werden auch speziell auf Schulgruppen zugeschnittene Vorträge (z. B. im Rahmen der Kinderuni) oder Ausstellungen angeboten. In höheren Jahrgangsstufen bietet es sich an, den fachlichen Teil einer Exkursion mit Beratungsangeboten zur Studienfachwahl zu kombinieren.

Auch in industrieärmeren Regionen sind Exkursionen möglich, so können sich beispielsweise regionale Bauernhöfe, Krankenhauslabore, Forschungsinstitute oder Kraftwerke für Exkursionen mit Bezug zur Chemie eignen. Eine weitere Möglichkeit bieten Lehrpfade zu bestimmten Themen (z. B. Chem-Tracking (Spitzer & Gröger 2014), EnergieLehrpfade).

Im Sinne der Schülerorientierung empfiehlt es sich, Schülerinteressen bei der Auswahl eines Exkursionsziels von Beginn an zu berücksichtigen, so können etwa mehrere mögliche Ziele gemeinsam diskutiert werden und auch

Schülerinnen und Schüler in die Planung miteingebunden werden. Zudem sollte eine kritische Diskussion der Exkursion nicht fehlen. Dabei kann etwa die Exkursion in Bezug auf das gesetzte Lehrziel evaluiert und Kosten und Aufwand in Relation zum Nutzen der Exkursion gemeinsam diskutiert werden. Eine Betrachtung möglicher Ziele und der Motivation der besuchten Institution kann die Schülerinnen und Schüler für eine kritische Auseinandersetzung mit Bildungsangeboten sensibilisieren.

Literatur

Abels, S. & Lembens, A. (2015). Mysteries als Einstieg ins Forschende Lernen im Chemieunterricht. In *Chemie & Schule,* **2015** (1b), S. 3–5.

Allen, S. (2004). Designs for learning: Studying science museum exhibits that do more than entertain. In *Science Education,* **88** (S1), S. 17–33.

Anonymous (1913). *Denkschrift zum 25-jährigen Bestehen der Gesellschaft Urania in Berlin (1888–1913).* http://vlp.mpiwg-berlin.mpg.de/references?id=lit38653&page=a0001. (ISSN 1866–4784)

Behrendt, M. & Franklin T. (2014). A review of research on school field trips and their value in education. In *International Journal of Environmental and Science Education,* **9** (3), S. 235–245.

Blanchard, M. R., Southerland, S. A., Osborne, J. W., Sampson, V. D., Annetta, L. A. & Granger, E. M. (2010). Is inquiry possible in light of accountability?: A quantitative comparison of the relative effectiveness of guided inquiry and verification laboratory instruction. In *Science Education,* **94** (4), S. 577–616.

Brandt, A. (2005). *Förderung von Motivation und Interesse durch außerschulische Experimentierlabors* (1. Aufl.). Göttingen: Cuvillier.

Brandt, A., Möller, J. & Kohse-Höinghaus, K. (2008). Was bewirken außerschulische Experimentierlabors? Ein Kontrollgruppenexperiment mit Follow up-Erhebung zu Effekten auf Selbstkonzept und Interesse. In *Zeitschrift für pädagogische Psychologie,* **22** (1), S. 5–12.

Braund, M. & Reiss, M. (2006). Towards a more authentic science curriculum: The contribution of out-of-school learning. In *International journal of science education,* **28** (12), S. 1373–1388.

Champagne, D. (1975). The Ontario science centre in Toronto: some impressions and some questions. In *Educational technology,* **15** (8), S. 36–39.

Dege, J., Waitz, T. & Wilke, T. (2015). Von der Sonnenenergie zur Solarzelle. Ein Schule-Hochschule-Projekt über Titandioxid-Nanopartikel. In *Praxis der Naturwissenschaften – Chemie in der Schule,* **64** (4), S. 32–36.

Deutsche Gesetzliche Unfallversicherung e. V. (DGUV) (2008). *Mit der Schulklasse sicher unterwegs. Sicherheitsempfehlungen für Unterrichtsgänge, Exkursionen, Wanderungen, Klassenfahrten und Heimaufenthalte.* DGUV Information 202–047 (GUV-SI 8047). http://publikationen.dguv.de/dguv/pdf/10002/si-8047.pdf (letzter Zugriff am 15.11.2016).

Deutscher Museumsbund (2016): *Museumsverzeichnisse. Museumsbund.de.* http://www.museumsbund.de/de/links/national/museumsverzeichnisse/ (letzter Zugriff am 15.11.2016).

DeWitt, J. & Storksdieck, M. (2008). A short review of school field trips: key findings from the past and implications for the future. In *Visitor studies,* **11** (2), S. 181–197.

Dillon, J., Rickinson, M., Teamey, K, Morris, M., Young Choi, M., Sanders, D. & Benefield, P. (2006). The value of outdoor learning: evidence from research in the UK and elsewhere. In *School Science Review,* **87** (320), S. 107–111.

Domjahn, J. (2013). Integration von Schülerlabormodulen in eine längerfristige Unterrichtsreihe im Themenfeld Radioaktivität. In LernortLabor (Ed.), *LeLa magazin* (S. 5–7). Stuttgart: Klett MINT GmbH.

Durant, J. (1992). Introduction. In J. Durant (Hrsg.), *Museums and the public understanding of science* (S. 7–12). (1. Auflage). London: Science Museum in association with the Committee on the Public Understanding of Science.

Ecsite (2017). *European network of science centres and museums – Mission.* http://www.ecsite.eu/about/mission (letzter Zugriff 05.02.2017).

Engeln, K. (2004). *Schülerlabors: authentische, aktivierende Lernumgebungen als Möglichkeit, Interesse an Naturwissenschaften und Technik zu wecken. Studien zum Physiklernen: Bd. 36.* Berlin: Logos.

Entwicklungsverbund „Schülerlabore als Lehr-Lern-Labore". Deutsche Telekom Stiftung: MINT-Lehrerbildungsinitative. www.mint-lehrerbildung.de/home/#!/Schuelerlabore-als-Lehr-Lern-Labore.

Euler, M. (2005). Schülerinnen und Schüler als Forscher: Informelles Lernen im Schülerlabor. In *Naturwissenschaften im Unterricht. Physik,* **16** (90), S. 4–12.

Euler, M. & Weßnigk, S. (2011). Lernen durch Forschen und Entwickeln: Schülerlabore und die Förderung kreativer Potenziale. In *Plus Lucius.* (1–2), S. 32–38.

Falk, J. & Dierking, L. (1992). *The museum experience* (1. Aufl.). Washington: Whalesback Books.

Falk, J. & Dierking, L. (1997). School field trips: assessing their long-term impact. In *Curator: the museum journal,* **40** (3), S. 211–218.

Gerland, B. & Stäudel, L. (2002). Den Unterricht öffnen. In *Unterricht Chemie,* **13** (70), S. 85–88.

Geyer, C. (2008). *Museums- und Science Center-Besuche im naturwissenschaftlichen Unterricht aus einer motivationalen Perspektive* (1. Auflage). Berlin: Logos.

Glowinski, I. (2007). *Schülerlabore im Themenbereich Molekularbiologie als Interesse fördernde Lernumgebungen.* Dissertation, Universität Kiel.

Guderian, P. (2007). *Wirksamkeitsanalyse außerschulischer Lernorte – der Einfluss mehrmaliger Besuche eines Schülerlabors auf die Entwicklung des Interesses an Physik.* Dissertation, Humboldt-Universität zu Berlin.

Guderian, P. & Priemer, B. (2008). Interessenförderung durch Schülerlaborbesuche. Eine Zusammenfassung der Forschung in Deutschland. In *Physik und Didaktik in Schule und Hochschule,* **7** (2), S. 27–36.

Haupt, O. J. & Hempelmann, R. (2013). Schülerlabor Kategorien: Das Klassische Schülerlabor. In LernortLabor (Hrsg.), In *LeLa magazin* (S. 4). Stuttgart: Klett.

Hickmann, K. & Schwarzer, S. (2015). Nanotechnologie im Alltag: Eine Stationsarbeit. In *Der mathematische und naturwissenschaftliche Unterricht,* **68** (1), S. 35–39.

Hooper-Greenhill, E. (2000). *Museums and the interpretation of visual culture* (1. Auflage). London: Routledge.

ICOM (2003). *Ethische Richtlinien für Museen (Code of Ethics for Museums), deutsche Übersetzung der ICOM Nationalkomitees von Deutschland, Österreich und der Schweiz, Berlin/Wien/Zürich 2003.* Anhang, Artikel 2.1, S. 18.

Itzek-Greulich, H., Flunger, B., Vollmer, C., Nagengast, B., Rehm, M. & Trautwein, U. (2014). The impact of a science *center outreach lab workshop on German 9th graders' achievement in science. In ESERA (Hrsg.), 10th conference of the European Science Education Research Association, Proceedings,* (S. 97–106).

LernortLabor. (2015). *Schülerlabor-Atlas 2015: Schülerlabore im deutschsprachigen Raum.* Stuttgart: Klett.

Lewalter, D. & Geyer, C. (2005). Evaluation von Schulklassenbesuchen im Museum. In *Zeitschrift für Pädagogik,* **51** (6), S. 774–785.

Meissner, B. (2010). *Effektivität von interaktivem außerschulischem Unterricht vor dem Hintergrund der Cognitive Load-Theorie.* Dissertation, Universität Bayreuth.

Meissner, B. & Bogner, F. X. (2012). Science teaching based on cognitive load theory: Engaged students, but cognitive deficiencies. In *Studies in Educational Evaluation,* **38** (3–4), S. 127–134.

Ministerium für Schule und Weiterbildung des Landes Nordrhein-Westfalen (MSW NRW) (2008). *Sekundarstufe I – Gymnasium; Kernlehrplan Chemie.* Frechen: Ritterbach.

Mokhonko, S., Nickolaus, R. & Windaus, A. (2014). Förderung von Mädchen in Naturwissenschaften: Schülerlabore und ihre Effekte. In *Zeitschrift für Didaktik der Naturwissenschaften,* **20** (1), S. 143–159.

Pawek, C. (2009). *Schülerlabore als interessefördernde außerschulische Lernumgebungen für Schülerinnen und Schüler aus der Mittel- und Oberstufe.* Dissertation, Universität Kiel.

Plasa, T. (2013). *Die Wahrnehmung von Schülerlaboren und Schülerforschungszentren. Studien zum Physik- und Chemielernen: Vol. 152.* Berlin: Logos.

Rehm, M. & Parchmann, I. (2015). Lernvielfalt Naturwissenschaften. Ziele und Ansätze einer systematischen Vernetzung schulischen und außerschulischen Lernens. In *Unterricht Chemie,* **26** (147), S. 2–7.

Rennie, L. J. & Johnston D.J. (2007). Research on learning from museums. In H. Falk, L. D. Dierking & S. Foutz (Hrsg.), In *Principle in practice.* (S. 57–73). (1. Auflage). Walnut Creek: AltaMira Press Books.

Runge, K., Stiefs, D. & Schecker, H. (2013). Wirkungen schulischer Vorbereitung auf den Besuch des DLR_School_Lab. In LernortLabor (Hrsg.), *LeLa magazin* (S. 3–5). Stuttgart: Klett.

Scharfenberg, F.-J. (2005). *Experimenteller Biologieunterricht zu Aspekten der Gentechnik im Lernort Labor: empirische Untersuchung zu Akzeptanz, Wissenserwerb und Interesse,* Dissertation, Universität Bayreuth.

Schiele, B. (2014). Science museums and science centers. In M. Bucchi & B. Trench (Hrsg.), *Routledge handbook of public communication of science and technology* (S. 40–55). (2. Auflage). London: Routledge.

Schmidt, I., Di Fuccia, D.-S. & Ralle, B. (2011). Außerschulische Lernstandorte. In *Der mathematische und naturwissenschaftliche Unterricht,* **64** (6), S. 362–369.

Schwarzer, S., Itzek-Greulich, H., Parchmann, I. & Rehm, M. (Hrsg.). (2015). *Themenheft „Lernorte vernetzen".* In *Unterricht Chemie,* **26** (147).

Schwarzer, S., Liedtke, P. & Adelung, R. (2016). St. Pauli und das Phänomen der Wasserstrahlreflexion: Natürliche, nano- und mikrostrukturierte Oberflächen mit Lotos-Effekt inspirieren zur Untersuchung neuer Materialien. In *Unterricht Chemie,* **27** (152), S. 34–38.

Shortland, M. (1987). No business like show business. In *Nature,* **328** (6127), S. 213.

Sommer, K., Russek, A., Kleinhorst, H., Kakoschke, A. & Efing, N. (2013). KEMIE – Kinder erleben mit ihren Eltern Chemie. In *CHEMKON,* **20** (5), S. 209–352.

Sommer, K., Wirth, J. & Rummel, N. (2018). Authentizität der Wissenschaftsvermittlung im Schülerlabor – Einführung in den Thementeil. In *Unterrichtswissenschaft,* **46** (3), S. 253 – 260 (DOI: 10.1007/s42010-018-0022-z).

Spitzer, P. & Gröger, M. (2014). Chemistry to go! In *Unterricht Chemie,* **25** (144), S. 43–47.

Städel, L. & Garland, B. (2002). Den Unterricht öffnen. Exkursionen und außerschulische Lernorte. *Unterricht Chemie,* **13** (70 / 71), S. 85 – 99.

Steffensky, M. & Parchmann, I. (2007). The project CHEMOL: Science education for children – Teacher education for students! In *Chem. Educ. Res. Pract.*, **8** (2), S. 120–129.
Wagensberg, J. (2005). The „total" museum, a tool for social change. In *História, Ciências, Saúde – Manguinhos,* **12,** S. 309–321.
Wasmann-Frahm, A. (2008). Plädoyer für schulinterne Schülerlabore. In *Der mathematische und naturwissenschaftliche Unterricht,* **61** (1), S. 44–46.
Weßnigk, S. (2013). *Kooperatives Arbeiten an industrienahen außerschulischen Lernorten.* Dissertation, Universität Kiel.
Wilde, M. & Bätz, K. (2006). Einfluss unterrichtlicher Vorbereitung auf das Lernen im Naturkundemuseum. In *Zeitschrift für Didaktik der Naturwissenschaften,* **12,** S. 77–89.
Wolins, I. S., Jensen, N. & Ulzheimer, R. (1992). Children's memories of museum field trips: a qualitative study. In *Journal of museum education,* **17** (2), S. 7–27.
Zehren, W. (2009). *Forschendes Experimentieren im Schülerlabor.* Dissertation, Universität des Saarlandes.

18 Neuere schulische Entwicklungen mit Blick auf den Chemieunterricht

18.1 Internationale Vergleichsstudien als ein Motor der Entwicklung

Inhaltliche Schwerpunkte

- Die Bundesrepublik begann 1995 recht spät mit systematischen und kontinuierlichen Untersuchungen und Analysen ihres schulischen Bildungssystems, um dessen Leistungsfähigkeit im internationalen Vergleich abbilden zu können. Die TIMS-Studie von 1995–97 bescheinigte deutschen Schülerinnen und Schülern nur mittelmäßige mathematische und naturwissenschaftliche Fähigkeiten. Dies war der Anlass für einen in der Bundesrepublik bis dahin einmaligen Qualitätsentwicklungsprozess im Bildungssystem.
- Der Anschluss Deutschlands an die PISA-Studien der OECD erfolgte im Jahre 2000; seitdem nimmt die Bundesrepublik regelmäßig an PISA-Erhebungen als Teil von internationalen Vergleichsstudien teil.
- Die parallel zu den Vergleichsstudien implementierten Qualitätsentwicklungsmaßnahmen erfolgen bis heute auf verschiedenen lokalen und regionalen Ebenen.

18.1.1 Ziele und Konzeptionen ausgewählter Vergleichsstudien

Bildungsvergleichsstudien zwischen verschiedenen Volkswirtschaften dienen in erster Linie als Mittel zum Monitoring, also dazu, die Leistungsfähigkeit von Bildungssystemen festzustellen und im Sinne eines internationalen oder auch internen Vergleichs auf die Stärken und Schwächen im jeweiligen Land aufmerksam zu machen.

Bildungspolitik und Öffentlichkeit verfügten in Deutschland über lange Zeit nur über unzureichende Informationen zu Rahmenbedingungen, Prozessmerkmalen und Wirkungen des Bildungssystems auf überregionaler und nationaler Ebene. Bis Ende des letzten Jahrhunderts gab es keine regelmäßigen Untersuchungen und statistischen Analysen der Leistungsfähigkeit des Bildungssystems in der Bundesrepublik. Die letzte große Vergleichsstudie (Six-Subject-Study, FISS) mit Blick auf die naturwissenschaftlichen Fächer fand im Jahr 1972 mit insgesamt 250.000 Schülerinnen und Schülern statt; 6.000 davon wurden in Deutschland getestet (Walker 1976). Da die Ergebnisse der bundesdeutschen Schülerinnen und Schüler in Biologie, Chemie und Physik eher unterdurchschnittlich waren, erlahmte das Interesse an weiteren Teilnahmen vorübergehend. In den USA hingegen, in den Niederlanden und auch in Großbritannien und den skandinavischen Ländern ist ein solches „system monitoring“ bereits seit vielen Jahren fest und kontinuierlich implementiert und dient dort der Bildungspolitik und den Schulen als fest verankertes Feedback- und Frühwarnsystem.

Mit der im Jahre 1997 durchgeführten TIMS-Studie (Third International Mathematics and Science Study) für die Mittelstufe schickte sich die Bundesrepublik an, diesen Mangel zu beheben (Baumert & Lehmann 1997). Die Studie wurde von der International Association for the Evaluation of Educational Achievement (IEA) durchgeführt, einer weltweit kooperativ arbeitenden Forschungsorganisation. Die Studie stellte den Unterricht selbst und damit das professionelle Handeln der Lehrkräfte in den Mittelpunkt der Untersuchung. Sie orientierte sich dabei zum einen an den jeweiligen Lehrplänen der Länder. Dies war möglich, da zentrale Inhalte und Anforderungen des Fachunterrichts international recht gut übereinstimmen und so im Test abgedeckt werden konnten. Zum anderen fußte die Teilerhebung zur mathematischen und naturwissenschaftlichen Grundbildung in der Sekundarstufe II auf einem theoretischen Konzept von Grundbildung (englisch: Literacy), welches vor allem im angelsächsischen Raum entwickelt worden war.

In den vergangenen zwei Jahrzehnten hat die Bundesrepublik Deutschland an verschiedenen weiteren internationalen Schulleistungsstudien der IEA teilgenommen, z. B. in TIMSS 2011 zu mathematischen und naturwissenschaftlichen Kompetenzen von Grundschulkindern in Deutschland im internationalen Vergleich (Bos et al. 2012).

Im Sommer 1997 fassten die Kultusminister der Länder einen bedeutsamen Beschluss und vereinbarten die Durchführung von regelmäßigen Vergleichsuntersuchungen zum Leistungsstand der Schulen. Die erste PISA-Studie (Programme for International Student Assessment) der OECD fand im Jahr 2000 statt. Es wurden Erhebungen zur Lesekompetenz, zu mathematischen und naturwissenschaftlichen Fähigkeiten und zu fächerübergreifenden Kompetenzen von 15-Jährigen in den OECD-Nationen weltweit durchgeführt. In der Bundesrepublik wurden zudem Ländervergleiche angestellt (Baumert et al. 2001). Die PISA-Studie 2000 und auch die weiteren PISA-Erhebungen lehnen sich in ihrer Anlage an das TIMSS-Konzept an, erweitern dieses jedoch insofern, als sie weniger als TIMSS auf fachliches Wissen und Können entlang der Länder-Curricula ausgerichtet sind, sondern auf Kernkompetenzen, über die Jugendliche verfügen sollten, um für ihre weitere Laufbahn in Schule und Ausbildung und für ein erfolgreiches persönliches Leben gerüstet zu sein. Dazu wurde das in TIMSS angelegte Literacy-Konzept neu gefasst und operationalisiert. Zudem sollte PISA nicht nur einen einmaligen Blick auf die Leistungsfähigkeit der Bildungssysteme erlauben. Vereinbart wurde, dass die Erhebungen in einem dreijährigen Rhythmus mit wechselnden Schwerpunkten wiederholt werden, um die Folgen von zwischenzeitigen Interventionen und Veränderungen in den Bildungssystemen nachvollziehen zu können.

Die bundesdeutschen Kultusminister einigten sich weiterhin, die erste – und später weitere – PISA-Erhebungen auch für intranationale Vergleiche heranzuziehen. Die Studien wurden dazu jeweils so erweitert, dass auch Leistungsvergleiche zwischen den Bundesländern sowie zwischen Schulformen innerhalb eines Bundeslandes möglich sind. PISA konnte somit erstmals in der Geschichte der Bundesrepublik Deutschland repräsentative Daten zum Leistungsstand in Teilbereichen des Bildungssystems zur Verfügung stellen (Baumert, Klieme & Bos 2001, S. 12).

18.1.2 Ziele und zentrale Ergebnisse der TIMS-Studie 1995–1997

Die Dritte Internationale Mathematik- und Naturwissenschaftsstudie (TIMSS III) war in Deutschland der Auslöser für ein größeres Programm zur Qualitätsentwicklung im Bildungssystem, das insbesondere auf den mathematisch-naturwissenschaftlichen Unterricht ausgerichtet ist. Im Rahmen dieser Vergleichsuntersuchung wurden insgesamt ca. 500.000 Schülerinnen und Schüler aus ca. 15.000 Schulen in 46 Ländern untersucht. Dabei zielte die Untersuchung auf drei Altersgruppen (Grundschule, Sekundarstufe I, Sekundarstufe II). An der Mittelstufenuntersuchung nahmen 45, an der Oberstufenuntersuchung 24 Länder teil. An der Grundschuluntersuchung war Deutschland in diesem Zyklus nicht beteiligt.

In Deutschland wurden in der Mittelstufe (Sekundarstufe I) und in der Oberstufe (Sekundarstufe II) jeweils etwa 150 repräsentativ ausgewählte Schulen in die Untersuchung einbezogen. Die Altersgruppen wurden jeweils in zwei aufeinander folgenden Jahrgängen erfasst, wobei die Schülerinnen und Schüler der 7. und 8. Jahrgangsstufen in Deutschland zusätzlich an einer Längsschnittstudie in den Fächern Mathematik und Physik teilnahmen (ca. 7.000 Schülerinnen und Schüler aller Schulformen aus 15 Bundesländern). TIMSS-Deutschland legte zusätzliche Schwerpunkte auf die Untersuchung der motivationalen Entwicklung von Schülerinnen und Schülern sowie auf die ver-

wendeten Unterrichtsmethoden im mathematisch-naturwissenschaftlichen Unterricht (Baumert & Lehmann 1997, S. 43 ff.).
TIMSS folgte einer Rahmenkonzeption, die es erlaubte, Schülerleistungen im jeweiligen curricularen Umfeld zu erfassen und zu interpretieren. Das Curriculum eines Landes wird dabei dreistufig angenommen: i. intendiertes Curriculum, ii. implementiertes Curriculum und iii. erreichtes Curriculum (Abb. 1). Um die Testergebnisse inhaltlich zu verankern und für die Fachdidaktik und Unterrichtspraxis nutzbar zu machen, wurden Kompetenzstufen definiert, die durch typische Aufgaben (Abb. 2) angesteuert wurden. Die Definition von Teststufen und deren Beschreibung durch kognitive Anforderungen, die in konkreten Aufgaben veranschaulicht werden, war nach Klieme & Baumert (2001, S. 12 f.) wahrscheinlich der wichtigste Schritt zur praktischen Nutzung der TIMSS-Ergebnisse. Lehrkräfte und Lehrerfortbildner erhielten mit diesem Kompetenzraster und den zugeordneten Aufgaben eine Orientierung für Übungs- und Testphasen in ihrem Unterricht (Vertiefung 1). Hierin unterscheidet sich TIMSS bis heute von fast allen Schulleistungstests.

Im naturwissenschaftlichen und mathematischen Bereich wurden die in Tabelle 1 dargestellten vier Kompetenzstufen unterschieden.

Ergebnisse

Insgesamt gehörten die deutschen Schülerinnen und Schüler der 7. und 8. Jahrgangsstufen in diesem internationalen Vergleich der TIMS-Studie einer breiten Mittelgruppe an. Sie erreichten allerdings in Mathematik und Naturwissenschaften das Leistungsniveau der internationalen Mittelgruppe im Durchschnitt erst in einem um sechs bis zwölf Monate höheren Lebensalter. Die mit Deutschland vergleichbaren angelsächsischen und asiatischen Länder verfügten in diesen Fachdisziplinen damit über einen Vorsprung von etwa einem Schuljahr. Eine wesentliche Ursache für das vergleichsweise schwache Abschneiden lag darin, dass in Deutschland der Anteil jener Schülerinnen und Schüler, deren mathematische und naturwissenschaftliche Fähigkeiten sich aus dem Alltagswissen schöpfen und im Wesentlichen auf einem erweiterten Grundschulniveau liegen, mit etwa 20 % im internationalen Vergleich sehr hoch war.

Betrachtet man die chemischen Fähigkeiten etwas genauer, so zeigte sich, dass deutsche Schülerinnen und Schüler auch hier im Wesentlichen lediglich über chemisches Alltagswissen verfügten. Bei einem Fähigkeitsniveau ab 450 konnten sie beispielsweise angeben, dass zur Verbrennung Luft notwendig ist. Auf diesem Fähigkeitsniveau kann auch ein aus schwarzen und weißen Körnchen bestehendes Pulver als Mischung benannt werden. Erst ab einer Fähigkeitsstufe von 500 wurde Rosten von Eisen als Oxidationsphänomen erkannt. Dagegen war ein systematisches Verständnis des Verbrennungsvorgangs oder auch der Oxidation als chemische Veränderung erst ab einem Kenntnisniveau oberhalb von 600 Punkten erkennbar. Auch die Differenzierung von Mischungen, Lösungen und Verbindungen gelang mit einiger Sicherheit erst auf dieser Fähigkeitsstufe, die etwa 25 % der Schülerinnen und Schüler am Ende der 8. Jahrgangsstufe erreichten. Ein Verständnis von Konzepten, deren Kenntnisse eine Vorstellung von einem Teilchenmodell voraussetzen, konnte nur bei einem kleinen Teil der Schülerinnen und Schüler dieser Altersgruppe diagnostiziert werden (Baumert & Lehrmann 1997, S. 87). Bei der Interpretation der Ergebnisse ist allerdings zu beachten, dass der Chemieunterricht in der 7. und 8. Klasse nicht in allen Bundesländern im Lehrplan verankert war und ist, und dort, wo er erteilt wird, den Anfangsunterricht darstellt.

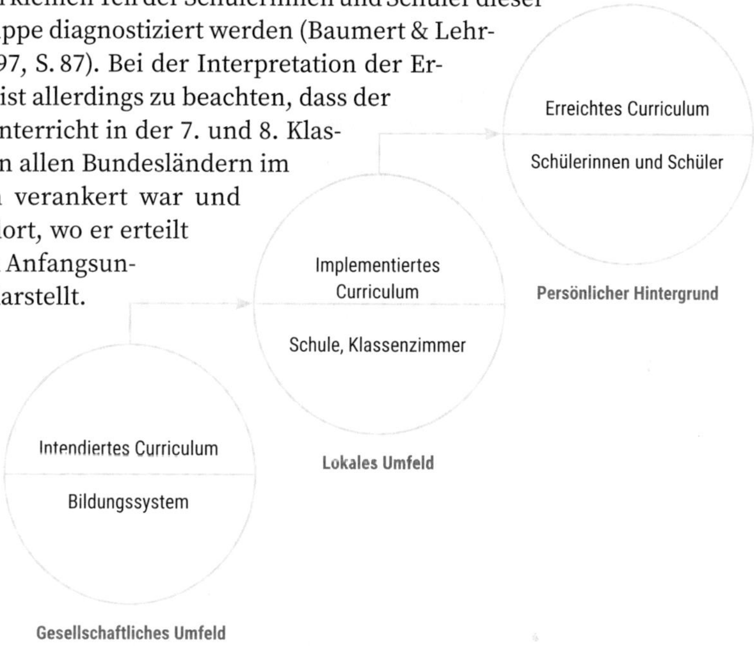

Abb. 1: TIMSS-Rahmenkonzeption (Baumert & Lehmann 1997, S. 47)

Stufe 1 (Testwert 400)	*Naturwissenschaftliches Alltagswissen* Die Wahl der richtigen Antwortalternative setzt noch keinen systematischen Schulunterricht voraus.
Stufe 2 (Testwert 500)	*Erklärung einfacher alltagsnaher Phänomene* Die zweite Kompetenzstufe markiert den internationalen Durchschnitt naturwissenschaftlicher Grundbildung.
Stufe 3 (Testwert 600)	*Anwendung elementarer naturwissenschaftlicher Modellvorstellungen* Auf dieser Kompetenzstufe werden Modellvorstellungen angesprochen, die der naturwissenschaftliche Unterricht der Mittelstufe vermittelt.
Stufe 4 (Testwert 700)	*Verfügung über grundlegende naturwissenschaftliche Fachkenntnisse* Diese höchste Stufe der naturwissenschaftlichen Grundbildung setzt korrektes Fachwissen voraus.

Tab. 1: Kompetenzstufen der naturwissenschaftlichen Grundbildung nach TIMSS (Klieme & Baumert 2001, S. 15)

Fähigkeit

750

726[1]
0,21/0,18

Die Wörter *Stoff, Faden* und *Faser* können zu folgendem Satz verbunden werden: *Stoff* besteht aus *Fäden*, die aus *Fasern* zusammengesetzt sind.
Verwende die Wörter: *Moleküle, Atome* und *Zellen*, um den folgenden Satz zu vervollständigen:
_____________ bestehen aus _____________ , die aus _____________ zusammengesetzt sind. ⑤

700

693
0,25/0,21

Was ist KEIN Beispiel für eine chemische Veränderung?
A. Kochen von Wasser
B. Rosten von Eisen
C. Verbrennen von Holz
D. Backen von Brot ④

600

656
0,37/0,24

Gymnasium

Was entsteht, wenn ein neutrales Atom ein Elektron verliert?
A. Ein Gas
B. Ein Ion
C. Eine Säure
D. Ein Molekül ③

Realschule

Gesamtschule

577
0,71/0,55

500

Wenn Du Holz verbrennst, wird die Reaktion
A. Energie freisetzen.
B. Energie aufnehmen.
C. weder Energie freisetzen noch aufnehmen.
D. je nach Holzart Energie freisetzen oder aufnehmen. ②

Hauptschule

400

300

291
0,22/0,22

Wenn eine Glasglocke über eine brennende Kerze gestülpt wird, geht die Flamme aus.

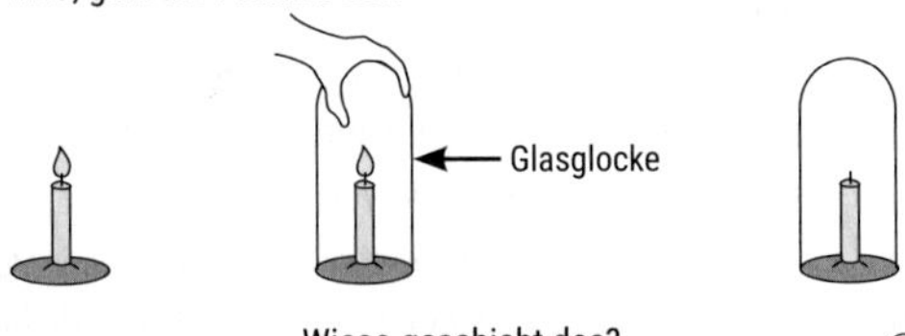

Wieso geschieht das? ①

Abb. 2: Beispiele für Aufgaben aus dem Sachgebiet Chemie nach Schwierigkeit
[1] Die drei Werte an den Verbindern geben das für eine 65-prozentige Lösungswahrscheinlichkeit erforderliche Fähigkeitsniveau und in Klammern die relativen Lösungshäufigkeiten in Jahrgangsstufe 8/7 in Deutschland wieder. (aus: Baumert & Lehmann 1997, S. 76)

Welches Grundbildungsniveau erreichten junge Erwachsene am Ende der Sekundarstufe II? Hier zeigte sich ein signifikanter Leistungsrückstand der deutschen Schülerinnen und Schüler gegenüber der durch Schweden, die Niederlande, Norwegen und die Schweiz gebildeten Spitzengruppe. Zu berücksichtigen war gleichzeitig das relativ hohe Durchschnittsalter des Absolventenjahrgangs in Deutschland mit 19,5 Jahren. Das heißt, in den meisten TIMSS-Teilnehmerstaaten erreichten die Schul- und Ausbildungsabsolventen ein vergleichbares oder höheres mathematisches und naturwissenschaftliches Grundbildungsniveau, und das in einem jüngeren Alter. Hervorgehoben wurde auch, dass die weit verbreitete Rückstellungs- und Klassenwiederholungspraxis in Deutschland sich nicht in verbesserten Leistungsresultaten zeigt. Die Besetzung der verschiedenen Kompetenzniveaus wies auch in dieser Untersuchungsgruppe eine Besonderheit in der Leistungsverteilung der deutschen Schülerinnen und Schüler auf. Im Bereich der mathematischen und naturwissenschaftlichen Grundbildung sind das unterste Fähigkeitsniveau über- und die beiden obersten Fähigkeitsniveaus deutlich unterbesetzt. Sowohl in Mathematik als auch in den Naturwissenschaften fielen große Defizite im Bereich des Anwendens grundlegender naturwissenschaftlicher Fachkenntnisse und des mathematischen Argumentierens ins Auge. Der Anteil der Alterskohorte, der dieses von den deutschen Lehrplänen vorgeschriebene Niveau erreicht, ist in vergleichbaren Ländern deutlich höher als in Deutschland (Tab. 2).

Die deutsche Bildungspolitik hat auf TIMSS mit einer Reihe von Konsequenzen reagiert. Diese betrafen drei Handlungsrichtungen:

a) Unmittelbare Umsetzung des Programms zur Steigerung der Effizienz der mathematischen und naturwissenschaftlichen Bildung (SINUS-Programm, vgl. 18.1.4)
b) eine Stärkung der empirischen Bildungsforschung mit dem Ziel, Ursachen zu analysieren und Handlungsmöglichkeiten zu erschließen
c) mit der Beteiligung am „Programme for International Students Assessment" (PISA) den Start eines systematischen Monitorings im deutschen Schulwesen, was in der Folge dann teils auf nationaler und internationaler Ebene und teils in Initiative einzelner Länder realisiert wurde.

	Deutschland	Frankreich	Niederlande	Norwegen	Schweiz
Praktisches Alltagswissen	13,6	6,6	2,7	0,0	4,5
Erklärung einfacher Phänomene	36,6	48,2	23,2	27,6	33,3
Anwendung elementarer Modellvorstellungen	36,5	37,0	43,9	45,5	40,4

18

	Deutschland	Frankreich	Niederlande	Norwegen	Schweiz
Naturwissenschaftliche Fachkenntnisse	13,3	8,2	30,3	26,9	21,8
Insgesamt	100,0	100,0	100,0	100,0	100,0

Tab. 2: Verteilung der Schülerinnen und Schüler nach Fähigkeitsniveau im Bereich naturwissenschaftlicher Grundbildung und ausgewählten Ländern (Klieme & Baumert 2001, S. 18). Bei diesen Daten ist berücksichtigt, dass die Anteile der an der Untersuchung beteiligten Schülerinnen und Schüler im mittleren Altersjahrgang der 15- bis 19-Jährigen nicht in allen Ländern gleich groß waren.

V

Vertiefung 1: TIMSS-Testaufgaben

Die TIMSS-Testaufgaben wurden für alle Teiluntersuchungen in einem mehrstufigen Verfahren pilotiert und validiert, wobei darauf geachtet wurde, dass die Tests weitestgehend lehrplan- und unterrichtsvalide gestaltet wurden, d. h. zwischen 90 und 95 % der mathematischen und naturwissenschaftlichen Testaufgaben entstammten Stoffgebieten, die nach Vorgaben der Länder-Lehrpläne bis zum Ende des 8. Jahrganges unterrichtet sein sollten. Neben der inhaltlichen Verankerung trugen auch die erstmals formulierten Kompetenzstufen dazu bei, die Testergebnisse für die Fachdidaktik und Unterrichtspraxis nutzbar zu machen. Die Kompetenzstufen wurden durch typische Aufgaben charakterisiert, die dem Fähigkeitsniveau zugeordnet sind, das man benötigt, um die Aufgabe mit ausreichender Sicherheit lösen zu können (d. h. in TIMSS mit einer Wahrscheinlichkeit von mindestens 66 %). Überwiegend wurden in den Aufgaben konzeptuelles Denken, Problemlösen und Anwenden gefordert.

Die öffentliche Diskussion der TIMS-Mittelstufenstudie ist sehr stark dadurch beeinflusst worden, dass nicht nur Testleistungen untersucht und begleitende Fragebögen eingesetzt wurden, sondern dass Deutschland gemeinsam mit Japan und den Vereinigten Staaten an einer begleitenden Videostudie teilgenommen hat. Besonders der anschauliche Vergleich zwischen deutschen und japanischen Unterrichtsstunden hat bei Wissenschaftlern und Lehrkräften zu anregenden Diskussionen geführt. Erstmals wurde hier auf breiter Basis das professionelle Handeln der Lehrkräfte in den Blick genommen. Als ein wichtiges Ergebnis konnte gezeigt werden, dass guter Unterricht durch alle drei Grunddimensionen **(Unterrichtsführung, Schülerorientierung und kognitive Aktivierung)** charakterisiert ist. Jede Dimension trägt zur Leistungs- und Motivationsentwicklung der Schülerinnen und Schüler und zur Sicherung der Arbeitsbedingungen im Klassenverband in gleichem Maße bei. Es sei daher falsch, beispielsweise Schülerorientierung und direktes, störungspräventives Verhalten der Lehrperson gegeneinander auszuspielen. Ebenso wenig sei es angezeigt, eine strukturierte Unterrichtsführung und eine konstruktivistisch motivierte kognitive Aktivierung als Antipoden zu sehen, da beide einander bedingen (Klieme & Baumert 2001).

18.1.3 Ziele und zentrale Ergebnisse der PISA-Studien

An dem Programme for International Student Assessment (PISA) nahmen im Frühsommer 2000 rund 180.000 Jugendliche aus 28 OECD-Mitgliedsstaaten sowie aus Brasilien, Lettland, Liechtenstein und der Russischen Föderation teil. In den Teilnehmerstaaten wurden jeweils zwischen 4.500 und 10.000 Schülerinnen und Schüler auf ihre Fähigkeiten im Lesen sowie in den mathematischen und naturwissenschaftlichen Kompetenzen getestet. Diese repräsentativen Stichproben wurden so ausgewählt, dass sie die Gesamtheit der 15-Jährigen, die sich in schulischer Ausbildung befinden, abbilden. Jugendliche dieser Altersgruppe unterliegen in fast allen OECD-Mitgliedsstaaten noch der Vollzeitschulpflicht. Mit der Erfassung basaler Kompetenzen der nachwachsenden Generation soll PISA eine Bestandsaufnahme von ausgewählten Erträgen schulischer Systeme leisten, die bis zum Ende der Schulpflicht erreicht werden. In Deutschland bestand die Stichprobe im Jahre 2000 aus 5073 Schülerinnen und Schülern aus insgesamt 219 Schulen. Vereinbarungsgemäß erfolgen die Studien zyklisch alle drei Jahre mit unterschiedlichen Schwerpunkten (Tab. 3).

Jahr / Schwerpunkte	2000	2003	2006	2009	2012	2015
Lesen	Haupt	Neben	Neben	Haupt	Neben	Neben
Mathematik	Neben	Haupt	Neben	Neben	Haupt	Neben
Naturwissenschaften	Neben	Neben	Haupt	Neben	Neben	Haupt
Lehrplanübergreifend	selbstgesteuertes Lernen	Problemlösen	Computer-Literacy		Problemlösekompetenz	Problemlösen im Team

Tab. 3: Erhebungswellen und Schwerpunkte der PISA-Vergleichsstudien

Die beteiligten Länder erhalten aus den Ergebnissen der Untersuchungen Informationen darüber,

- ... wie sich die Profile der Kenntnisse und Fähigkeiten von Schülerinnen und Schülern gegen Ende der Pflichtschulzeit in fachbezogenen und fächerübergreifenden Bereichen darstellen und entwickeln. Über diese Profile lassen sich die länderspezifischen Stärken und Schwächen der jeweiligen Schulsysteme erkennen;
- ... wie sich die Zusammenhänge zwischen Leistungsergebnissen und Merkmalen von Jugendlichen und Schulen darstellen. Diese können

18

ebenfalls Aufschluss über die Leistungsfähigkeit schulischer Systeme geben (z. B. inwieweit es gelingt, den Zusammenhang zwischen sozialem Hintergrund der Schülerinnen und Schüler und ihren Leistungen zu reduzieren) sowie Hinweise auf mögliche Ansatzpunkte für Verbesserungen liefern;

- ... wie sich die Ergebnisse mit der Zeit verändern (Baumert et al. 2001, S. 15).

Das Verständnis von naturwissenschaftlicher Grundbildung (Scientific Literacy) wurde für die PISA-Erhebung 2000 aus den zu dieser Zeit aktuellen Diskussionen und in Anlehnung an die Grundlagen der TIMS-Studie abgeleitet und wie folgt definiert: „Naturwissenschaftliche Grundbildung (Scientific Literacy) ist die Fähigkeit, naturwissenschaftliches Wissen anzuwenden, naturwissenschaftliche Fragen zu erkennen und aus Belegen Schlussfolgerungen zu ziehen, um Entscheidungen zu verstehen und zu treffen, welche die natürliche Welt und die durch menschliches Handeln an ihr vorgenommenen Veränderungen betreffen" (Baumert et al. 2001, S. 198). Diese Definition wurde für die Erhebungen 2000 und 2003 zugrunde gelegt. Für die PISA-Studie 2006, in der der Bereich Scientific Literacy den Erhebungsschwerpunkt bildete, wurde die bisherige Definition des Begriffs insoweit erweitert, als sie nun auch volitionale und affektive Aspekte umfasst. Scientific Literacy wurde für die ab 2006 durchgeführten Studien als die Fähigkeit definiert,

- naturwissenschaftliches Wissen anzuwenden, um Fragestellungen zu erkennen, sich neues Wissen anzueignen, naturwissenschaftliche Phänomene zu beschreiben und aus Belegen Schlussfolgerungen zu ziehen,
- die charakteristischen Eigenschaften der Naturwissenschaften als eine Form menschlichen Wissens und Forschens zu verstehen,
- zu erkennen und sich darüber bewusst zu sein, wie Naturwissenschaften und Technik unsere materielle, intellektuelle und kulturelle Umwelt formen, sowie die Bereitschaft,
- sich mit naturwissenschaftlichen Ideen und Themen zu beschäftigen und sich reflektierend mit ihnen auseinanderzusetzen (Prenzel et al. 2008, S. 65).

Die Gesamt-Rahmenkonzeption von PISA und das zugrunde liegende Kompetenzmodell für die Entwicklung der Tests sind im Kapitel 5.1 dargelegt.

PISA-Ergebnisse im Verlauf

Die Leistungen deutscher Schülerinnen und Schüler im Naturwissenschaftstest 2000 lagen mit 487 Punkten signifikant unterhalb des OECD-Durchschnittes von 500 Punkten. Während die Achtklässler in der TIMS-Studie von 1995 mit ihren naturwissenschaftlichen Fähigkeiten noch im breiten Mittelfeld rangierten, war mit der ersten PISA-Erhebung ein deutliches Absinken der Ergebnisse zu verzeichnen. Allerdings kann aus diesem Abschneiden nicht gefolgert werden, dass die deutschen Schülerinnen und Schüler seit 1995 in den Naturwissenschaften schwächer geworden sind. Ein solch direkter Vergleich verbietet sich allein wegen der jeweils zugrunde gelegten Rahmenbedingungen. So vergleicht PISA eine relativ homogene Gruppe hoch entwickelter Industriestaaten (vorwiegend OECD-Mitgliedsstaaten). Demgegenüber beteiligen sich bei TIMSS Länder aus sehr unterschiedlichen Regionen. Zudem ist ein weiterer Aspekt in Betracht zu ziehen: Während TIMSS sich 1995 vergleichsweise stark an die jeweiligen naturwissenschaftlichen Curricula der beteiligten Länder orientierte, war und ist dies bei PISA nicht der Fall. PISA betont stärker das Verständnis naturwissenschaftlicher Konzepte und Prozesse und insbesondere die Anwendbarkeit des Wissens (Vertiefung 5, Online-Ergänzung). Genau in diesen Bereichen hatten die deutschen TIMSS-Schülerinnen und Schüler ihre größten Schwierigkeiten, wogegen sie bei der Lösung von Routineaufgaben relativ stark waren (Klieme & Baumert 2001, S. 231).

Das Abschneiden deutscher Schülerinnen und Schüler beim ersten PISA-Test hat in der Bundesrepublik intensive Diskussionen hervorgerufen, weil die Detailergebnisse deutliche Mängel im Bildungssystem aufdeckten. Wie bereits aus TIMSS bekannt, war der Anteil derjenigen Schülerinnen und Schüler, die nur das tiefste Kompetenzniveau erreichten oder sogar noch darunter lagen, auch bei PISA in Deutschland größer als in vielen anderen OECD-Staaten. Dies betrifft insbesondere die Lesekompetenz, bei der Deutschland nur den fünftletzten Platz belegte. Dazu beigetragen hat die hohe Korrelation von sozialer Herkunft und Kompetenzerwerb in allen drei untersuchten Bereichen. Dies trifft insbesondere für Jugendliche aus Familien mit Migrationshintergrund zu, in deren Familien Deutsch nicht die alltägliche Umgangssprache ist. Eine schwach ausgeprägte Lesekompetenz wirkt sich signifikant negativ auch auf die Leistungen in den naturwissenschaftlichen und mathematischen Anforderungsbereichen aus (Stanat & Edele 2011). Damit stellen die Lesefähigkeiten die entscheidende Hürde beim Übergang in höhere Bildungsgänge dar.

Aus den folgenden, in jeweils dreijährigem Abstand folgenden PISA-Erhebungen zeigten die deutschen Schülerinnen und Schüler eine kontinuierlich steigende Leistung auch im naturwissenschaftlichen Anforderungsbereich. So konnten bereits 2003 in diesem Bereich 502 Punkte erzielt werden, eine Steigerung von 15 Punkten gegenüber dem Test von 2000. Die Ergebnisse aus den bisherigen Vergleichstests zeigt Tabelle 4.

Jahr	Durchschnittlich erreichte Punktzahlen von 15-jährigen Schülerinnen und Schülern		
	Lesen	Naturwissenschaften	Mathematik
2000	484	487	490
2003	491	502	503
2006	495	516	504
2009	497	520	513
2012	508	524	514
2015	509	509	506

Tab. 4: PISA – Bilanz von 2000–2015

In allen drei getesteten Kompetenzbereichen liegen deutsche Schülerinnen und Schüler nunmehr über dem OECD-Durchschnitt; dies gilt auch nach den etwas bescheideneren Ergebnissen aus dem 2015er-Testdurchgang, in dem die Naturwissenschaften den Schwerpunkt bildeten. Hinweise zu Weiterentwicklungen der jeweiligen PISA-Testdesigns findet man in den einzelnen Berichtsbänden zu den jeweiligen Untersuchungen sowie unter anderem bei Rost et al. (2005, S. 196–204), Klieme et al. (2010), Schiepe-Tiska et al. (2014) (Reiss et al. 2016). Auf die intranationalen Vergleiche zwischen den Bundesländern im Rahmen von PISA-Ergänzungsstudien kann an dieser Stelle nicht näher eingegangen werden (vgl. hierzu Baumert et al. 2002; Prenzel 2005; Prenzel et al. 2008).

Sucht man nach Erklärungen für diese insgesamt positive Entwicklung im Abschneiden der deutschen Schülerinnen und Schüler, so kann auf ein ganzes Bündel von Maßnahmen verwiesen werden, die bereits nach Bekanntwerden der TIMSS-Ergebnisse 1998 ihren Anfang nahmen.

18.1.4 Konsequenzen aus TIMSS und PISA

Die vergleichsweise enttäuschenden Ergebnisse deutscher Schülerinnen und Schüler in der TIMS-Studie gaben in der Bundesrepublik den Anstoß für eine bis dahin beispiellose konzertierte Aktion von Bildungspolitik, Schuladministration, Lehrerbildung, Unterrichtspraxis und erziehungswissenschaftlicher wie fachdidaktischer Lehr-Lern-Forschung mit dem gemeinsamen Ziel einer Qualitätsentwicklung im Bildungssystem, die bis heute anhält (Duit 2010) (Abb. 3).

Abb. 3: Initiativen zur Verbesserung des mathematisch-naturwissenschaftlichen Unterrichts in Deutschland (verändert nach Duit 2010, S. 324)

SINUS

Ausgangspunkt für die verschiedenen Maßnahmen war eine von der Bund-Länder-Kommission in Auftrag gegebene Expertise zur Steigerung der Effizienz des mathematisch-naturwissenschaftlichen Unterrichts (Bund-Länder-Kommission 1997). Aufbauend auf einer Analyse der aus der Lehr-Lern-Forschung bekannten Defizite des mathematisch-naturwissenschaftlichen Unterrichts, wurde ein Konzept für das SINUS-Projekt erarbeitet, das von der BLK über rund zehn Jahre gefördert wurde. In der ersten Phase bezog sich das Vorhaben auf den Unterricht der Sekundarstufen I und II, in einer späteren Phase kam die Förderung des Unterrichts in der Primarstufe hinzu (SINUS-Transfer). In vielen Bundesländern gab und gibt es Anschlussprojekte, um die mit SINUS erarbeiteten Erkenntnisse zur Verbesserung des Unterrichts über den Kreis der beteiligten Schulen hinaus weiter zu verbreiten. Von den in den beteiligten Schulen bearbeiteten inhaltlichen Schwerpunktsetzungen erwartete man die Entwicklung einer deutlich veränderten Kultur des mathematisch-naturwissenschaftlichen Unterrichts, die das bedeutungsvolle Lernen, das fachliches Verständnis und auch die motivationale Regulierung fördern sollte. Zudem wurden die Module auch als Instrument zur Operationalisierung einer eigenverantwortlichen Qualitätsentwicklung an Schulen verstanden. Insgesamt waren elf Module ausgeschrieben:

Modul 1: Weiterentwicklung der Aufgabenkultur
Modul 2: Naturwissenschaftliches Arbeiten
Modul 3: Aus Fehlern lernen
Modul 4: Sicherung von Basiswissen – verständnisvolles Lernen auf unterschiedlichen Niveaus
Modul 5: Zuwachs von Kompetenz erfahrbar machen: kumulatives Lernen
Modul 6: Fächergrenzen erfahrbar machen – fachübergreifendes und fächerverbindendes Arbeiten
Modul 7: Förderung von Mädchen und Jungen
Modul 8: Entwicklung von Aufgaben für die Kooperation von Schülerinnen und Schülern
Modul 9: Verantwortung für das eigene Lernen stärken
Modul 10: Prüfen: Erfassen und Rückmelden von Kompetenzzuwachs
Modul 11: Qualitätssicherung innerhalb der Schule

Das Konzept von SINUS ist nicht zuletzt durch die konzertierte Kooperation verschiedener Akteure im Rahmen von Schulsets in der deutschen Bildungsdiskussion zu einem Beispiel für Qualitätsentwicklung im Bildungssystem geworden. In den Schulsets arbeiteten Fachdidaktiker, Erziehungswissenschaftler und Lehrkräfte im Rahmen einer professionellen Lerngemeinschaft eng miteinander an der Entwicklung eines Unterrichts zusammen, der die in der oben genannten Expertise aufgeführten Defizite des mathematischen und naturwissenschaftlichen Unterrichts überwinden soll. Im Mittelpunkt steht die Entwicklung eines an Interessen und Lernfähigkeiten der Schülerinnen und Schüler orientierten Unterrichts. Ein bislang eher eng geführter, von den Aktionen der Lehrkräfte bestimmter Unterricht sollte durch Unterrichtsmethoden ergänzt werden, die das eigenständige Denken und Arbeiten der Schülerinnen und Schüler verstärkt in den Blick nehmen. Ein weiterer Schwerpunkt bestand und besteht nach wie vor darin, neben der Förderung des Lernens von Begriffen und Konzepten insbesondere die mathematische und naturwissenschaftliche Denk- und Arbeitsweisen sowie Sichtweisen zur Natur der Naturwissenschaften in den alltäglichen Unterricht einfließen zu lassen. Schließlich wird betont, dass der Fachunterricht über die engen Grenzen des betreffenden Faches hinausblicken solle.

Die Arbeiten in den Programmen SINUS und SINUS-Transfer wurden sorgfältig evaluiert. Unter anderem wurde die Entwicklung der an SINUS teilnehmenden Schulen im Rahmen der internationalen Studien PISA 2000 und 2003 untersucht. Es stellte sich heraus, dass sich für Gymnasien keine Verbesserungen nachweisen ließen, wohl aber für die anderen teilnehmenden Schularten (für einen Überblick: Ostermeier et al. 2010).

Bildungsstandards und die Förderung der Unterrichts- und Bildungsforschung

Um den mit dem SINUS Programm eingeleiteten Entwicklungsprozess der Verbesserung der Unterrichtsqualität zu unterstützen, förderte die Deutsche Forschungsgemeinschaft das Schwerpunktprogramm Bildungsqualität von Unterricht (BiQua). In den etwa 30 Forschungs- und Entwicklungsprojekten wurden Bedingungen zur Verbesserung des Unterrichts insbesondere in Mathematik und den Naturwissenschaften unter kontrollierten Bedingungen untersucht und evaluiert (Prenzel & Doll 2002; Doll & Prenzel 2004; Prenzel & Allolio-Näcke 2006). Die Bewertung des Nutzens solcher Entwicklungen im schulischen Unterricht setzt voraus, dass Kompetenzveränderungen bei Schülerinnen und Schülern valide gemessen werden können. Aus diesem Grund wurde mit dem DFG-Schwerpunktprogramm Kompetenzmessung ein weiterer Grundpfeiler für die Bildungs- und Unterrichtsforschung gelegt (vgl. Kap. 5.2).

Im Jahre 2004 wurden die Bildungsstandards für den Mittleren Schulabschluss von der Kultusministerkonferenz verabschiedet (KMK 2004). Sie sollen die eingeleiteten Prozesse der Qualitätsentwicklung unterstützen. Fachzeitschriften für die Praxis des Unterrichts haben ihre Leser über die darin formulierten Kompetenzbereiche und Standards und ihre Rolle bei der Veränderung des Unterrichts informiert (Ralle 2004; Duit & Schecker 2007; Wiesner & Schwarze 2007; Deutscher Verein für den mathematischen und naturwissenschaftlichen Unterricht 2007). Über diese Standards gibt es bis heute eine intensive Diskussion, insbesondere darüber, ob die normativ gesetzten Ziele unter realen Bedingungen des alltäglichen Unterrichts zu erfüllen sind (Walpuski 2008; Walpuski & Sumfleth 2010; Heitmann, & Schwanewedel 2014). Um dieser Frage empirisch nachzugehen, wurde das Institut zur Qualitätsentwicklung im Bildungswesen (IQB) in Berlin gegründet. Es beschäftigt sich vor allem mit der Entwicklung von Tests für Vergleichsarbeiten, die es gestatten sollen, die Kompetenzen, die in den Bildungsstandards gefordert werden, zu überprüfen (z. B. IQB 2016).

Um die mit SINUS eingeleiteten Entwicklungen durch fachspezifische Aspekte weiter zu unterstützen, förderte das BMBF die in Abbildung 3 aufgeführten drei Kontextprojekte (vgl. Kap. 10.3.1). Sie stellen ebenfalls eine wichtige Instanz in der Qualitätsentwicklung der naturwissenschaftlichen Fächer dar. In allen drei Projekten spielt der Kontext, in den das Lernen eingebettet ist, eine wichtige Rolle (vgl. Kap. 6.7).

Eine bedeutsame Rolle bei der Verbesserung der MINT-Bildung spielen ebenfalls die von Forschungseinrichtungen, Universitäten und Industrie verstärkt seit Ende der 1990er-Jahre eingerichteten Schülerlabore (Duit 2010; Haupt et al. 2013, vgl. Kap. 17.1). Diese Labore stellen mittlerweile eine bedeutsame Ergänzung zum Unterricht in den MINT-Fächern dar. Ziel der Schülerlabore ist es, (a) das Interesse und die Aufgeschlossenheit der Jugendlichen für Naturwissenschaften und Technik zu fördern, (b) selbstständige Auseinandersetzung mit naturwissenschaftlich-technischen Zusammenhängen zu aktivieren, (c) ein zeitgemäßes Bild von Naturwissenschaften und Technik und ihrer Bedeutung für die Gesellschaft zu vermitteln, (d) Gelegenheiten zu schaffen, Tätigkeitsfelder und Berufsbilder im naturwissenschaftlich-technischen Bereich kennenzulernen und (e) als Lehr-Lern-Labor an Universitäten Studierenden der Lehrämter die Möglichkeit zu bieten, erste Lehr- und Vermittlungsvorhaben in einem vergleichsweise geschützten Raum durchzuführen.

Zusammenfassend kann man festhalten, dass die zunächst wenig erfreulichen Ergebnisse aus den internationalen Vergleichsstudien für deutsche Schülerinnen und Schüler in Deutschland erhebliche Anstrengungen zur Verbesserung der mathematischen und naturwissenschaftlichen Bildung freigesetzt haben. Zwar waren die Erwartungen an die Einführung von Bildungsstandards als Regelstandards zu optimistisch, jedoch hat die Diskussion um Kompetenzen und Standards bei aller berechtigten Kritik dazu geführt, dass man nun ein wesentlich realistischeres Bild von den Bedingungen und Voraussetzungen des mathematischen und naturwissenschaftlichen Unterrichts gewonnen hat.

18.2 Mädchen und Jungen im Chemieunterricht

Inhaltliche Schwerpunkte

- Zwei Perspektiven bestimmen momentan die gendersensible Reflexion von Chemieunterricht: Geschlechterdifferenzen und Geschlechterdifferenzierungen.
- Geschlechterdifferenzen beziehen sich auf Interessen, Fähigkeiten, Fähigkeitsselbstkonzepte, Attributionen und Identifikationsmöglichkeiten bezüglich der Berufswahl.
- Geschlechterdifferenzierungen werden verstanden als interaktive Konstruktionen von Geschlechtszugehörigkeit und Geschlechterdifferenzen.

Der reflektierte Umgang mit Diversität ist ein Kennzeichen von hoher Unterrichtsqualität. Denn darauf basiert die individuelle Förderung von Mädchen und Jungen. Dafür ist eine Vertrautheit mit Konzepten und Befunden der Geschlechterforschung unabdingbar, die in der folgenden Übersicht, zusammen mit Empfehlungen für die Unterrichtspraxis, dargelegt werden.

18.2.1 Forschungsperspektiven

In der Fachdidaktik Chemie wurden bislang die Perspektiven Geschlechterdifferenzen und Geschlechterdifferenzierungen gewählt, um Chemieunterricht gendersensibel zu reflektieren (Wienekamp 1992; Adolphy 1997; Sgoff 1999; Prechtl 2006; Winheller 2007; Herriger & Ducci 2010; Lembens & Bartosch 2012; Prechtl & Sieve 2016). Vorrangig mit quantitativen Methoden (z. B. Fragebogenerhebungen) wurden Geschlechterdifferenzen ermittelt. Mithilfe qualitativer Methoden (z. B. Videoanalysen) wurde die Frage beantwortet, wie Geschlechterdifferenzierungen verlaufen, d. h. wie und warum in bestimmten Situationen die Kategorie Geschlecht für Menschen relevant wird und welche Auswirkung dies auf Interaktionen hat. Inzwischen wird erwogen, die Perspektive Geschlechterdiffraktionen in den fachdidaktischen Diskurs mit aufzunehmen (Prechtl 2016). Mit ihr soll der Einfluss von Forschungsinstrumenten auf die Entwicklung von Fragestellungen und Befunden innerhalb der Geschlechterforschung erörtert werden.

18.2.2 Perspektive I: Geschlechterdifferenzen

Geschlechterdifferenzen in Interessen. Bisweilen wurde empfohlen, vermeintliche Mädcheninteressen im Unterricht zu akzentuieren. Dieser Ansatz wird mittlerweile kritisch gesehen, da Mädchen-Curricula die Gefahr bergen, Stereotype zu verstärken. Für eine gendersensible Gestaltung von Unterricht erscheint es dennoch sinnvoll, sich vor Augen zu halten, dass Jungen sich im Mittel mehr für technische Anwendungen naturwissenschaftlicher Forschung und Mädchen mehr für humanbiologische und soziale Themen interessieren (Holstermann & Bögeholz 2007). Denn dieses Wissen kann die Lehrperson zum Anlass nehmen, um zu ergründen, ob die inhaltliche Ausrichtung des Unterrichts überwiegend den ermittelten Präferenzen einer Geschlechtergruppe entspricht. Empfehlung: Überprüfen Sie Ihr Themenspektrum. Nehmen Sie ggf. eine thematische Erweiterung vor und vermeiden Sie dabei Stereotypisierungen. Es ist nicht unbedingt notwendig, für den Einstieg in das Thema Strukturproteine das Bild eines Bodybuilders zu präsentieren. Alternativ bietet es sich an, die Dehnungsfähigkeit großer Blutgefäße aus Elastin zu thematisieren, da diese Funktion für alle Menschen bedeutsam ist.

Geschlechterdifferenzen in Fähigkeiten. Leistungsvergleichsmessungen belegen, dass Mädchen und Jungen in Deutschland im naturwissenschaftlichen Lernbereich im Mittel gleich kompetent sind (Schroeders et al. 2013). Geschlechterdifferenzen in Leistungen können sich allerdings partiell für spezifische Aufgaben herausbilden, wenn die Anforderungen mit räumlichen oder sprachlichen Fähigkeiten korrespondieren. Mehr Jungen als Mädchen erbringen sehr gute Leistungen, wenn die Fähigkeit der mentalen Rotation etwa von Kristall- und Molekülstrukturen verlangt wird (Prechtl & Sieve 2016; Prechtl 2006, S. 33 ff.). Mehr Mädchen als Jungen erschließen sich versiert Informationen aus umfangreichen Sachtexten und erreichen deshalb höhere Stufen im Kompetenzbereich Lesen. Empfehlung: Erwägen Sie bei Aufgabenwahlen, ob für die erforderlichen Fähigkeiten Geschlechterdifferenzen ermittelt wurden. Unterstützen Sie Jugendliche mit geringen Lesekompetenzen individuell mit Methodenwerkzeugen wie z. B. Wortfeldern, Aufgaben mit abgestuften Lernhilfen, Lesetechniken (PQ4R), Begriffsnetzen, Filmleisten und Storyboards. Trainieren Sie in Ihren Kursen räumliche Fähigkeiten mit Schlauchfiguren-Tests, Geometriespiegeln und Soma-Würfeln (Prechtl & Sieve 2016), damit die Jugendlichen, die damit hadern, nicht den Anschluss verlieren.

Geschlechterdifferenzen in Fähigkeitsselbstkonzepten und Attributionen. In MINT weisen Mädchen im Vergleich zu Jungen eine pessimistischere Einschätzung der eigenen Fähigkeiten auf (Kessels 2012). Eine Ursache liegt darin, wie Mädchen und Jungen (Miss-)Erfolge im naturwissenschaftlich-technischen Lernbereich subjektiv begründen. Generell lassen sich Attributionen für Leistungen danach unterscheiden, ob eine Ursache innerhalb oder außerhalb der Person liegend sowie stabil oder veränderlich angesehen wird. Jungen attribuieren Erfolge im naturwissenschaftlich-technischen Bereich im Vergleich zu Mädchen deutlich häufiger internal-stabil, d. h. sie begründen Erfolge mit den eigenen Fähigkeiten, während Mädchen die eigenen Fähigkeiten häufiger bei Misserfolgen anführen (Finsterwald et al. 2012). Insgesamt entwickeln mehr Jungen als Mädchen ein positives naturwissenschaftsbezogenes Fähigkeitsselbstkonzept. Empfehlung: Wenn die Organisationsstruktur Ihrer Schule es zulässt, unterrichten Sie Chemie zeitweilig monoedukativ. Untersuchungen haben gezeigt, dass Mädchen sich in reinen Mädchengruppen aktiver am Unterricht beteiligen und ein besseres fachbezogenes Selbstkonzept aufbauen (Hannover & Kessels 2002). Setzen Sie gezielt lernförderliche Feedbacks im Rahmen von Reattributionstrainings ein (Ziegler & Schober 2001). Diese leiten Jugendliche dazu an, ungünstige subjektive Erklärungen für Handlungsergebnisse schrittweise durch solche zu ersetzen, die das Fähigkeitsselbstkonzept festigen. Es ist übrigens nicht ratsam, sich ausschließlich auf außerschulische Angebote wie Mädchen-Schülerlabore zu verlassen. Denn diese wirken sich nicht nachhaltig auf die Förderung des Fähigkeitsselbstkonzepts aus (Mokhonko et al. 2014).

Geschlechterdifferenzen in der Berufswahl und im Zugriff auf Role Models. MINT-Berufe werden in den Medien meist stereotyp dargeboten und Chemikerinnen kommen im Fernsehen so gut wie nicht vor. So verwundert es nicht, dass die Berufswahl von Jugendlichen nach wie vor geschlechts-typisch ausfällt. Empfehlung: Informieren Sie über Mentoring-Programme (www.komm-mach-mint.de). Mentoring ist eine äußerst effektive Maßnahme, insbesondere Frauen in der Berufsorientierung zu unterstützen.

Allen Forschungsschwerpunkten, die der ersten Perspektive zugeordnet wurden, ist gemein, dass sie Statistiken hervorbringen, in denen nach Geschlecht differenziert wird. Sie liefern Mittelwerte, mit denen die Verteilung von Merkmalen zwischen den Gruppen Mädchen / Frauen und Jungen / Männern veranschaulicht wird. Daraus resultieren etwa Aussagen wie: Mädchen erzielen im Vergleich zu Jungen durchschnittlich schlechtere Leistungen in Aufgaben, die räumliche Fähigkeiten erfordern. Solche Befunde – gemittelte Werte – dürfen nicht eins zu eins auf Individuen übertragen werden und somit sind ihrer Aussagekraft Grenzen gesetzt. Gleichwohl können statistisch ermittelte Geschlechterdifferenzen Lehrpersonen dienlich sein, weil sie in der Unterrichtsplanung eine Orientierungshilfe bei der systematischen Erfassung von Lernvoraussetzungen bieten. Während des Unterrichts sollte dieser Aspekt zugunsten einer individuellen Förderung der Jugendlichen zurücktreten. Da über die Perspektive Geschlechterdifferenzen primär der Status Quo erfasst und weniger der Abbau sozial geschaffener Differenzen vorangetrieben wird, erscheint eine perspektivische Erweiterung notwendig.

Die Perspektive Geschlechterdifferenzierungen drückt mit dem Konzept Doing Gender aus, dass Geschlecht in sozialen Interaktionen situationsadäquat konstruiert, d. h. in Szene gesetzt und durch andere bestätigt wird (Gildemeister 2008). Dieses Tun wird durch vielfältige Körperpraktiken, soziale Organisationsformen, Medien etc. katalysiert – auch im Chemieunterricht. Wird Doing Gender der Reflexion zugänglich gemacht, eröffnet sich die Chance für eine Revision zugunsten von Chancengleichheit.

18.2.3 Perspektive II: Geschlechterdifferenzierungen

Geschlechterdifferenzierungen vermittels Methoden und Medien. Schülerexperimente bieten eine Bühne für stereotype Rollenmuster wie das der Pro-

tokollantin oder das Zur-Schau-Stellen von Ängstlichkeit oder Risikofreudigkeit im Umgang mit Chemikalien (Freese 2008; Spitzer & Prechtl 2015). Sie ermöglichen Jugendlichen, sich als „richtiges" Mädchen bzw. als „richtiger" Junge in Szene zu setzen, um so Anerkennung von der Peer-Group zu erhalten. Mitunter transportieren Schulbuchabbildungen und Analogien stereotype Bilder von Frauen und Männern und unterstützen so die Konstruktion von Geschlechterdifferenzen (Prechtl 2006, S. 144 ff.). Empfehlung: Mit ethnographischen Methoden, wie der Videographie oder der teilnehmenden Beobachtung, können Sie Interaktionsmuster entlarven, die auf der Hinterbühne des Unterrichts Geschlechterdifferenzen erzeugen (Prechtl & Sieve 2016). Auf dieser Grundlage können Sie proaktive Strategien einrichten, beispielsweise den Einsatz von Rollenkärtchen in Gruppenarbeitsphasen. Mit ihnen werden Verantwortlichkeiten festgelegt und ein Rotationsverfahren stellt sicher, dass jede Person jede Rolle einmal innehat. So beugen Sie einer unausgewogenen Arbeitsteilung auf der Organisationsebene vor. Sortieren Sie fernerhin Abbildungen und Analogien aus, wenn diese längst überholte Klischees tradieren.
Geschlechterdifferenzierungen vermittels Fach-Images. Chemie, Physik und Technik zählen zu den maskulin konnotierten Fächern. In Leistungssituationen wirkt sich dieses Image zuweilen negativ auf Mädchen aus. Wird während einer Prüfung die eigene Gruppenmitgliedschaft („Ich bin ein Mädchen") mit einem Stereotyp („Jungen sind besser in Chemie") verknüpft, kann dies zu Selbstzweifeln führen. Ihnen wird üblicherweise mit selbstwertschützenden Strategien begegnet. Diese beanspruchen das Arbeitsgedächtnis, und da die Aufmerksamkeit teilweise von der Aufgabe abgezogen wird, kommt es in der Folge zu einem schlechteren Leistungsergebnis. Der geschilderte Entwicklungsgang wird unter dem Begriff Stereotype Threat beforscht (Martiny & Götz 2011). Empfehlung: Wirken Sie der Bedrohung durch Stereotype entgegen, indem Sie den Mechanismus im Unterrichtsgespräch aufklären.

Geschlechterdifferenzierungen vermittels Role Models. Wie zuvor erwähnt, hängt die Wirkrichtung von Geschlechterdifferenzierungen auch davon ab, ob und welche Role Models verfügbar sind. Empfehlung: Offerieren Sie neben Informationen zu Mentoring z. B. Film- und Bildersequenzen, in denen Role Models präsentiert werden oder lassen Sie die Jugendlichen selbst herausragende lokale Persönlichkeiten aufspüren (Prechtl 2014). Last but not least: Seien Sie mit Ihrer Genderkompetenz ein Role Model für andere.

18.3 Sprachliche Interaktionen und sprachsensibler Chemieunterricht

Inhaltliche Schwerpunkte

- Chemieunterricht ist durch mündliche Interaktion zwischen Schülerinnen und Schülern und Lehrkraft bzw. den Schülerinnen und Schülern untereinander geprägt.
- Sprachförderung kann in lehrer- oder schülerzentrierten Interaktionen sowie durch Lernmaterialien erfolgen.
- Bilingualer Chemieunterricht ist in vielen Bundesländern erlaubt und erwünscht und kann verstärkend sprachsensibel wirken.

Chemieunterricht ist im Wesentlichen durch mündliche sprachliche Interaktionen zwischen der Lehrkraft und den Schülerinnen und Schülern oder zwischen den Schülerinnen und Schülern untereinander geprägt. Darüber hinaus können Arbeitsaufträge zu Sprachhandlungen führen, die in Gruppenarbeitsphasen teils mündlich erfolgen, aber oft auch durch schriftliche Sprachproduktion, z. B. in Form von Protokollen, realisiert werden.

Wie in Kap. 9.1 beschrieben, halten viele verschiedene Sprachen (Alltagssprache der Schülerinnen und Schüler, die Lehr- und Lernsprache, die chemische Fachsprache und ggf. der Laborjargon) Einzug in den Chemieunterricht. Ein Wechsel zwischen diesen Sprachen findet stetig und oft unreflektiert statt. Daraus können sich Verständnisschwierigkeiten ergeben und Situationen resultieren, in denen Lerner und Lehrende aneinander vorbei reden. Im Folgenden werden Problemfelder aufgezeigt, Hinweise für einen sprachsensiblen Chemieunterricht gegeben und konkrete sprachfördernde Maßnahmen vorgestellt.

18.3.1 Problemfelder bei sprachlichen Interaktionen im Chemieunterricht

Bezüglich der fachsprachlichen Kompetenz herrscht im Chemieunterricht grundsätzlich eine Experten-Laien-Situation vor. Lehrkräfte und Schülerinnen und Schüler befinden sich anfangs in verschiedenen Sprachwelten, die es einander anzunähern gilt. Die Fachsprache, das „Werkzeug, das man gebraucht, während man es noch schmiedet" (Butzkamm 1989), muss im Chemieunterricht aus der Alltagssprache der Schülerinnen und Schüler heraus entwickelt und in geeigneten Situationen wiederholt geübt werden.

Eine Analyse der Verwendung, Förderung und Einübung von Fachsprache im Chemieunterricht selbst fällt mitunter ernüchternd aus. Betrachtet man gängige Kommunikationsmuster im Chemieunterricht, so wird deutlich, dass der Chemieunterricht häufig durch stark überwiegende Redeanteile der jeweiligen Lehrkraft gekennzeichnet ist. Unterrichts-EKGs, das sind Säulendiagramme, in denen von Lehrpersonen und Schülerinnen und Schülern im Chemieunterricht gesprochene Sätze gegeneinander aufgetragen wurden, belegen dies (Sumfleth & Pitton 1998). Lehrer stellen oftmals enge Fragen bzw. geben sich mit Ein-Wort-Antworten oder Satzfragmenten zufrieden, wenn darin ein von ihnen anvisierter Fachbegriff enthalten ist. Ob Schülerinnen und Schüler und Lehrpersonen mit dem jeweiligen Begriff die gleichen Konzepte verknüpfen, kann aus dieser unterrichtlichen Gesprächsführung nicht hervorgehen. Damit wird die Chance, aus Schüleräußerungen Rückschlüsse auf vorliegende Schülervorstellungen zu ziehen oder Missverständnisse aufzudecken, nicht genutzt. Der Fokus der Kommunikation im Chemieunterricht liegt somit in vielen Fällen auf der Vermittlung und der Reproduktion von definitorischem Wissen, weniger auf der Bedeutungsaushandlung durch die Schülerinnen und Schüler in sprachlicher Interaktion mit der Lehrkraft oder innerhalb von Lerngruppen.

Weitere Untersuchungen zu den im Unterricht eingeführten Fachbegriffen zeigen, dass die Zahl der eingeführten Fachbegriffe die Zahl der im weiteren Verlauf notwendigen Fachbegriffe übersteigt. Merzyn (1998) konnte in einer Studie feststellen, dass traditionell pro Unterrichtsstunde ca. neun neue Fachbegriffe eingeführt werden, die teilweise im Folgeunterricht keine Anwendung mehr finden. In Hinblick auf Schulbuchtexte stellte er fest, dass jedes sechste Wort ein Fachbegriff ist und jedes 25. Wort ein neuer Fachbegriff, wobei ungefähr die Hälfte der Fachbegriffe im Buch nicht erneut verwendet wird.

Im Chemieunterricht sollte nach entsprechender Abwägung die Einführung tatsächlich für den weiteren Unterrichtsverlauf notwendiger Fachbegriffe und ihre Verwendung unter Berücksichtigung der im Folgenden angeführten Gesichtspunkte erfolgen.

18.3.2 Sprachsensibler Chemieunterricht und sprachfördernde Maßnahmen

Die Bildungsstandards für das Fach Chemie formulieren explizit das Ziel der Sprachförderung im Chemieunterricht. Mit Sprachförderung ist in diesem Zusammenhang hauptsächlich die Entwicklung und Übung der chemischen Fachsprache (vgl. Kap. 9.1) gemeint und eher nachrangig das allgemeine Bildungsziel von Schule, die Förderung der Bildungssprache in der Verkehrssprache Deutsch. Sprachförderung im Chemieunterricht kann durch einen sprachsensibel gestalteten Unterricht geleistet werden. Dafür muss bei Lehrkräften wie Lernern eine Bewusstheit über die Sprachlichkeit allen Lernens vorhanden sein und bei Lehrpersonen die Einsicht, dass sie als Sprachlehrerinnen und -lehrern der Fachsprache der Chemie fungieren.

Grundsätzlich lässt sich zunächst konstatieren: Die Fachsprache wird vor allem in Kommunikationssituationen erworben (Vygotski 1971). Durch die aktive Auseinandersetzung mit erfahrenen Sprechern, im Chemieunterricht also mit der Lehrkraft, lernen Schülerinnen und Schüler die Kultur des Faches, den Weg der naturwissenschaftlichen Erkenntnisgewinnung und Problemlösestrategien innerhalb der Domäne der Chemie kennen. Dabei vollziehen sie eine kognitive Entwicklung, lernen „chemisch" zu denken und diese Gedanken in Worte zu fassen. Unterrichtsphasen mit der Möglichkeit gezielter Sprachübung begleitet und initiiert durch die Lehrkraft, sowie Phasen mit hohen Sprechanteilen der Schülerinnen und Schüler allgemein sind dafür unerlässlich. Das kann sowohl in lehrerzentrierten als auch in schülerzentrierten Unterrichtssituationen erfolgen.

18.3.3 Förderung der Fachsprache in lehrerzentrierten Unterrichtssituationen

Bei der Vermittlung der Fachsprache im Chemieunterricht müssen Lehrkräfte zunächst Fachbegriffe einführen und dahinter liegende Konzepte vermitteln (vgl. Kap. 9.2). Dies erfolgt in der Regel im Lehrervortrag oder im Unterrichtsgespräch.

Im Folgenden werden einige Maßnahmen zur Einführung von Fachbegriffen vorgestellt, die auch fremdsprachendidaktische Aspekte berücksichtigen. Eine Konkretisierung erfolgt überwiegend am Beispiel der Einführung des Begriffs Oxidation, der im ersten Lernjahr zunächst als Aufnahme von Sauerstoff charakterisiert wird (vgl. Kap. 6.4.2).

- Entwicklung aus der Alltagssprache: Neue Begriffe sollten aus der Alltagssprache heraus entwickelt werden. Dabei wird die Alltagssprache allmählich in die Fachsprache umgewandelt (Merzyn 2008). Beispiel: „Damit etwas verbrennt, braucht es Sauerstoff aus der Luft. Die Verbrennung ist die Reaktion eines Stoffes mit dem Sauerstoff. Diesen Vorgang nennt man Oxidation."
- Sandwich-Technik (Butzkamm 2011): Für den Fremdsprachenunterricht sieht die Sandwich-Technik eine fremdsprachliche Klammer um einen muttersprachlichen Begriff vor. Daran angelehnt wird im Chemieunterricht ein fachsprachlicher Begriff das entsprechende alltagssprachliche Pendant umklammernd zweifach verwendet. Beispiel: „Bei der Oxidation – der Verbrennung – bildet sich aus den Elementen Eisen und Sauerstoff die Verbindung Eisenoxid."
- Angebot neuer Begriffe in verschiedenen sprachlichen Wendungen: Begriffe sollten in ganzen Sätzen und in verschiedenen fachsprachlichen Wen-

dungen angewendet werden. Beispiel: „Es findet eine Oxidation statt. Bei der Oxidation einer Substanz verbindet sich die Substanz mit Sauerstoff der Luft, die Substanz wird oxidiert. Das Oxid ist ein neuer Stoff mit neuen Eigenschaften. Die Oxidbildung verläuft spontan." Das kommt Forschungsergebnissen entgegen, nach denen der überwiegende Teil unseres sprachlichen Vokabulars im Kurzzeitgedächtnis in Chunks, d. h. Informationsbündeln, gespeichert ist (Miller 1956; Anton 2013). Infolgedessen sollte ein Fachbegriff nie als einzelne Vokabel vermittelt, sondern im Kontext eingebettet, in Begriffsnetzen abgespeichert, zu Gruppen zugeordnet und mit bereits vorhandenem Wissen verbunden werden.

- Betrachtung des sprachlichen Ursprungs: Bei der Einführung von Fachbegriffen sollten der sprachliche Ursprung betrachtet und – wo möglich und zielführend – Übersetzungen aus dem Lateinischen/Griechischen vorgenommen werden. Beispiel: „Der Begriff Oxidation leitet sich ab von der Bildung von Oxiden während der Reaktion eines Stoffes mit Sauerstoff, der lateinische Name für Sauerstoff ist oxygenium." Die Herleitung aus dem Griechischen (ὀξύς, oxys, „scharf, spitz, sauer" und γεννάω, gen-, „erzeugen, gebären") wäre in diesem Fall nicht hilfreich, da sich daraus die Umschreibung „Säurebildner" ergeben würde.
- Vergleich mit fachsprachlichen Antonymen (vgl. Kap. 9.2); Beispiel: „Eine Oxidation ist die Aufnahme von Sauerstoff. – Eine Reduktion ist die Abgabe von Sauerstoff."
- Zuordnung von alltags- und fachsprachlichen Begriffen; Begriffe, die in Alltags- und Fachsprache wortgleich sind, müssen zur gegenseitigen Abgrenzung den jeweiligen sprachlichen Registern zugeordnet werden. Beispiel: „sauer" als Bezeichnung einer Geschmacksrichtung oder eines Gemütszustandes in der Alltagssprache und „sauer" als Eigenschaft einer Lösung mit einem pH-Wert unter 7.

V

Vertiefung 2: Erweiterte Vokabelhefte im Chemieunterricht

Zur Übung von Fachbegriffen und der Fachsprache allgemein kann die Lehrkraft die Lernenden dazu anregen, erweiterte Vokabelhefte zu führen, in denen sie eine Übersetzung der Fachbegriffe in stärker alltagssprachlich geprägte Begriffe vornehmen oder kurze Beschreibungen formulieren und mindestens einen Satz oder einen kurzen Text bilden, in dem der jeweilige Fachbegriff in einem sinnvollen Sachzusammenhang angewendet ist. Im Gegensatz zu einem herkömmlichen Vokabelheft mit jeweils einem Begriff pro Sprache kann die Erweiterung um ganze Sätze sogar die Verwendung der Fachsprache erleichtern und ggf. sogar die Konzeptbildung unterstützen. Beispiel:

Fachbegriff	Übersetzung / Beschreibung
Oxidation	Aufnahme von Sauerstoff bei einer chemischen Reaktion. Eine Oxidation findet bei Verbrennungen statt. Auch beim Rosten findet eine Oxidation statt, allerdings viel langsamer als bei einer Verbrennung.
Oxid	Ein Oxid ist das Produkt bei einer Oxidation. Ein Stoff reagiert mit Sauerstoff und bildet damit eine Verbindung. Wenn Eisen rostet, bildet sich Eisenoxid. Wenn Kohlenstoff verbrennt, entsteht Kohlenstoffdioxid.
Reduktion	Eine Reduktion ist das Gegenteil einer Oxidation. Aus einer Verbindung mit Sauerstoff wird Sauerstoff abgegeben. Wenn Silberoxid erhitzt wird, werden Silber und Sauerstoff gebildet. Silberoxid wird reduziert.

Als eine (fach-)sprachbildende Diskursmethode sei auf die im Kontext des Fremdsprachenlernens verbreitete Initiation-Response-Feedback-Sequenz (IRF-Sequenz) hingewiesen (Sinclair & Coulthardt 1975). Grundsätzlich bildet sie einen für die meisten Unterrichtsgespräche typischen Dreiklang aus Initiation durch eine Lehrerfrage, eine Schülerantwort und ein darauf folgendes Feedback durch die Lehrkraft. Die Qualität des Feedbacks bestimmt, ob dieses Gesprächsmuster sprachbildend sein kann oder nicht. Zur Verdeutlichung diene das folgende fiktive Beispiel: Das Experiment zum Verhalten von a) trockener, b) mit destilliertem Wasser angefeuchteter und c) mit Salzwasser angefeuchteter Eisenwolle an der Luft wurde durchgeführt und soll nun zu Beginn einer Unterrichtseinheit zum Thema Korrosion und Korrosionsschutz in der Sekundarstufe II ausgewertet werden.

<table>
<tr><th>Fall A</th><th>Fall B</th><th>Phase der IRF-Sequenz</th></tr>
<tr><td colspan="2">L: Beschreiben Sie bitte, was mit der Eisenwolle passiert ist.</td><td>Initiation 1</td></tr>
<tr><td colspan="2">S: Die Eisenwolle, die mit Salzwasser behandelt war, ist gerostet.</td><td>Response 1</td></tr>
<tr><td>L: Richtig.</td><td>L: Richtig, die Eisenwolle ist gerostet. So sagen wir im Alltag. Die Chemiker sagen, sie ist korrodiert.</td><td>Feedback 1</td></tr>
<tr><td colspan="2">L: Und die anderen Eisenwolle-Proben?</td><td>Initiation 2</td></tr>
<tr><td colspan="2">S: Die sind nicht so stark korrodiert.</td><td>Response 2</td></tr>
<tr><td>L: Stimmt.</td><td>L: Stimmt, hier ist die Korrosion nicht so stark.</td><td>Feedback 2</td></tr>
<tr><td colspan="2">L: Fassen Sie doch einmal in ganzen Sätzen unter Verwendung von Fachbegriffen zusammen, unter welchen Bedingungen die Eisenwolle korrodiert.</td><td>Initiation 3</td></tr>
</table>

In Fall A belässt es die Lehrkraft bei einem kurzen affirmativen Feedback. In Fall B hingegen wirkt die Lehrkraft mit ihrem Feedback sprachbildend. Sie kontrastiert im Feedback 1 den Alltagsbegriff mit dem Fachbegriff und wendet letzteren in einem ganzen Satz an. Das würde wiederholt, wenn die Schülerin oder der Schüler seine zweite Antwort abermals eher alltagssprachlich formulieren würde („Die sind nicht so stark gerostet"). In Feedback 2 wird die Nominalform „die Korrosion" in einem ganzen Satz geliefert. Bei beiden Feedbacks führt die Lehrkraft die Lerner gemäß eines „modeling the genre" (Gibbons 2006) in das neue Sprachregister ein. Aufgrund dieser fachsprachlichen Angebote in den Feedbacks 1 und 2 und der direkten Aufforderung in Initiation 3 ist es wahrscheinlicher, dass in Fall B die Schülerantwort 3 unter Verwendung der Fachsprache, die über die Lehrerantworten in Fall B bereitgestellt wurde, formuliert wird. Anschließend kann ein die Kommunikation der Schülerinnen und Schüler anregender Arbeitsauftrag folgen, im Sinne von: „Formulieren Sie gemeinsam mit einem Partner einen fachsprachlich angemessenen Hinweistext, wie man das Rosten eines Eisenteils vermeiden kann." Bei dessen Bearbeitung erhalten alle Lerner die Gelegenheit, gleichzeitig fachsprachlich kommunikativ tätig zu werden und ihre entsprechenden Kompetenzen zu entwickeln. Nach Pfeifer ist das Erlernen der Fachsprache in diesem engen inhaltlichen Feld erfolgt, wenn das von den Schülerinnen und Schülern gelieferte Ergebnis nach Initiation 3 erfolgreich geliefert wurde (Pfeifer 2008). Der aufgeführte Ausschnitt aus dem Unterrichtsgespräch zeigt beispielhaft, wie unter Aufgreifen und Einordnen der Begriffe der Schülerinnen und Schüler sprachfördernd gearbeitet werden kann. In diesen Phasen überwiegt der Sprachanteil der Lehrkraft naturgemäß, da Beispiele gegeben werden müssen. Es ist im Anschluss essenziell, den Lernern Raum für eigene Sprachproduktion zu geben.

18.3.4 Förderung der Fachsprache in schülerzentrierten Unterrichtssituationen

Die Fähigkeit, fachsprachlichen Gepflogenheiten korrekt zu folgen, überträgt sich nicht automatisch durch reines Vorleben der korrekten Verwendung der Fachsprache, z. B. in Lehrervorträgen. Vielmehr sind schülerzentrierte Unterrichtssituationen essenziell, in denen die Schülerinnen und Schüler in Partner- oder Gruppenarbeit oder aber auch in Einzelarbeit im Unterricht tätig werden. Sehr ergiebig für die Förderung der Fachsprache können Partner- oder Gruppenarbeitsphasen sein. Alle Lerner erhalten die Gelegenheit, über einen längeren Zeitraum, ausgestattet mit geeigneten Aufträgen bzw. Unterrichtsmaterialien, sprachlich miteinander zu interagieren und diese Interaktion einzuüben.

Dies kann in verschiedenen Szenarien erfolgen:
- im Rahmen kooperativer Unterrichtsmethoden, etwa beim Stationenlernen, in Gruppenpuzzlen, in Kugellagern oder bei Problemlösungen mit der 1-2-4-alle Methode (vgl. Kap. 12),
- beim gemeinschaftlichen Verfassen einer Experimentiervorschrift zu einer vorgegebenen Fragestellung bzw. einem Problem oder eines Versuchsprotokolls,
- bei der gemeinsamen Entwicklung von Produkten wie z. B. *Concept Maps,* Postern, Blog-Einträgen, vertonten Kurzvideos oder einem Kurzvortrag,
- bei Übungsformaten, die an sprachdidaktische Formate wie Spiele und Partnerkreuzworträtsel angelehnt sind (Bohrmann-Linde 2008),
- grundsätzlich bei allen weiteren Partnerübungen.

18.3.5 Förderung der Fachsprache durch Lernmaterialien

Grundsätzlich ist eine große Breite an Materialien zur Förderung der Fachsprache einsetzbar, bei deren Gestaltung auch Aspekte des Sprachlernens mit einfließen können. Exemplarisch seien im Folgenden Materialien zum Wechsel der Darstellungsformen sowie Materialien zur Sprachförderung durch Scaffolding vorgestellt.

Beispiel 1: Wechsel der Darstellungsformen
Im Chemieunterricht bedient man sich im mündlichen wie auch im schriftlichen Sprachgebrauch verschiedener Darstellungsformen von Sachverhalten. Es besteht Konsens darüber, dass nachhaltiges Lernen und eine gelingende Entwicklung der Fachsprache durch eine Berücksichtigung aller Darstellungsformen (vgl. Kap. 9.1.4) und durch Wechsel zwischen ihnen erreichbar ist (Leisen 2015). Diese Wechsel müssen im Unterricht explizit gemacht und reflektiert werden (Bohrmann-Linde 2016). Ein Wechsel der Darstellungsformen kann sich umgekehrt auch zum Schlüssel für das Erkennen von Fehlvorstellungen erweisen. Dies geht aus Studien zu Schülervorstellungen zum Ionenbegriff und zu unterschiedlich konzentrierten Säure-Lösungen hervor, die Barke (2006) beschrieben hat. Schülerinnen und Schüler, die im Unterrichtsgespräch zunächst verbal scheinbar richtige Beschreibungen zum Lösen eines Salzes in Wasser produziert hatten, zeichneten dann beim Wechsel der Darstellungsformen Bechergläser, in denen sich ausschließlich „Salz-Moleküle“ und nicht – wie eigentlich richtig – Natrium-Ionen und Chlorid-Ionen befanden (Barke 2006).

Für den Chemieunterricht ergibt sich die Forderung nach Wechseln der Darstellungsformen im Unterrichtsgespräch sowie nach Materialien mit Ar-

1. Beschreibe und erkläre, was im Bild dargestellt ist unter Verwendung der entsprechenden Fachbegriffe. (= Umwandlung symbolisch in sprachlich)

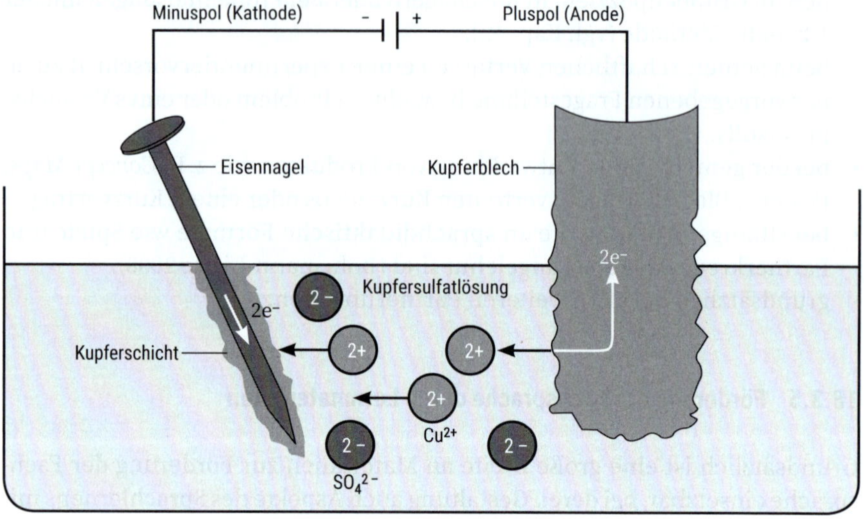

2. Erstelle für den chemischen Vorgang die Reaktionsgleichungen. (= Umwandlung symbolisch in mathematisch-formelhaft)

Abb. 4: Aufgaben zum Wechsel der Darstellungsformen

beitsaufträgen, die Wechsel der Darstellungsformen zum Gegenstand haben (Bonnet 2005; Stäudel 2008). Ein Beispiel für ein solches Material enthält Abbildung 4.

Nach der Bearbeitung der Aufgaben durch die Schülerinnen und Schüler kann in der Besprechungsphase neben dem Bezug auf die jeweils betrachtete Darstellungsform auch noch die Abbildung selbst im Unterrichtsgespräch kritisch diskutiert werden, z. B. hinsichtlich der Nutzung von Elementen aus der Stoffebene und Elementen aus der Teilchenebene.

Beispiel 2: Sprachförderung durch Scaffolding

Die Methode des Scaffolding kann als sprachförderndes Instrument sowohl mit Blick auf die Unterstützung der Lerner beim rezeptiven oder produktiven Umgang mit Texten als auch auf die mündliche Interaktion im Unterricht verwendet werden. Der Begriff Scaffolding bedeutet Baugerüst. In Hinblick auf die Sprachförderung im Chemieunterricht geht es darum, die Lerner durch Hilfestellungen im Auf- bzw. Ausbau ihrer fachsprachlichen Kompetenzen zu unterstützen (Gibbons 2002). Die Hilfestellungen bilden zunächst das Gerüst, das nach Erreichen einer Kompetenzstufe wieder abgebaut werden kann. Dazu ist es bei der Unterrichtsplanung notwendig, sowohl die aktuell vorhandenen fachsprachlichen Fähigkeiten der Lerner zu berücksichtigen als auch die durch einen Text oder in einem Unterrichtsgespräch erforderlichen sprachlichen Anforderungen zu antizipieren. Die zwischen dem aktuellen und dem potenziellen Entwicklungsstand liegende Zone, auch „Zone der proximalen Entwicklung" genannt (Vygotsky 1978), gilt es, im Rahmen der Sprachförderung zu verkleinern. An diese Analyse anschließend sind durch die Lehrkraft entsprechende sprachliche Mittel zur Verfügung zu stellen und Arbeitsaufträge zu formulieren, die zur Nutzung des neu erworbenen Fachsprachgebrauchs anregen. Abschließend sollten die Lerner in der Phase des Gerüstabbaus weitere fachsprachliche Texte ohne sprachliche Unterstützung lesen oder verfassen bzw. fachsprachliche mündliche Äußerungen tätigen.

Abbildung 5 ist ein Beispiel für ein Arbeitsblatt mit Scaffolding-Elementen. Es hat die Funktion der Anbahnung des Verfassens eines Protokolls zur durchzuführenden Elektrolyse einer Zinkiodid-Lösung unter Verwendung von Fachbegriffen und fachsprachlichen Wendungen im zweiten Lernjahr Chemie. Das Scaffolding dient hier nicht primär dazu, das Gelingen des Versuchs zu garantieren, sondern zielt auf den Fachspracherwerb bzw. die Einübung der Fachsprache ab. Im Zuge der bei der Vorbereitung und Durchführung des Versuchs notwendigen sprachlichen Interaktionen wird Sprachförderung betrieben. Konkret werden über das Arbeitsblatt sprachliche Mittel bereitgestellt, die es den Lernern ermöglichen, das Formulieren einer Versuchsdurchführung zur Elektrolyse der Zinkiodid-Lösung und der Beobachtung mithilfe der in der Chemie üblichen Sprachmuster auszuführen.

Im Zusammenhang mit Überlegungen zu den aktuell vorhandenen sprachlichen Fähigkeiten der Lerner und dem anvisierten Gebrauch der Fachsprache wurde zunächst überlegt, welche sprachlichen Mittel im Sinne eines Gerüstbaus erforderlich sind. Dazu gehören Begriffe zur Benennung der Materialien und Chemikalien. Hinzu kommen fachsprachliche Wendungen bei der Beschreibung des Versuchsaufbaus und einer Beobachtung. Konkret sind das themenspezifische Formulierungen wie „eine Spannung von ... Volt anlegen", „die mit dem Pluspol verbundene Elektrode" oder „sich abscheiden auf". Entsprechend enthält das angebotene Sprachgerüst Nomen, Verben und sprachliche Wendungen, die über verschiedene Aufgaben bereitgestellt werden. Diese sind durch aktive Sprachanwendung in Partnerarbeit zu bearbeiten, wobei die Lerner miteinander in einen Fachdiskurs eintreten und sich gegenseitig stützen und ergänzen können.

In der ersten Aufgabe geht es darum, Bildelementen Fachbegriffe zuzuordnen und letztere zu definieren. Diese und die zweite Aufgabe sind noch auf

Versuch: Elektrolyse von Zinkiodid-Lösung

Skizze:

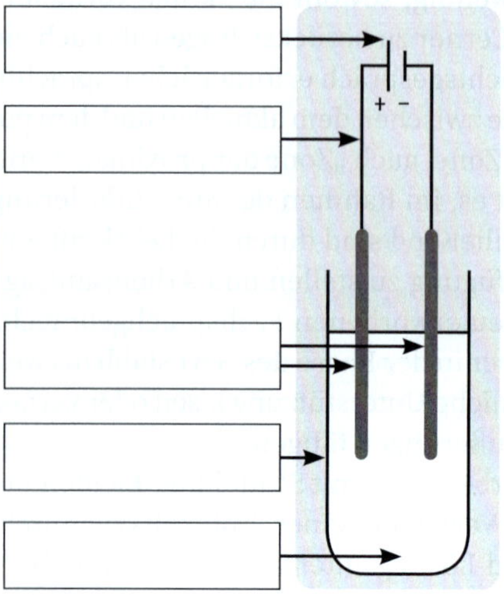

( )
eine Spannung von 5V anlegen

( )
einfüllen
die Zinkiodid-Lösung
das Becherglas

( )
verbinden
die Graphit-Elektrode
die Krokodilklemme

( )
stecken
das Kabel
die Spannungsquelle

( )
eintauchen
die Graphit-Elektrode
das Becherglas
gefüllt

Aufgaben (Partnerarbeit):

1. Erklärt euch die folgenden Fachbegriffe gegenseitig und tragt sie links in die leeren Felder in der Skizze zum Versuchsaufbau ein: Graphit-Elektrode, Zinkiodid-Lösung, Spannungsquelle, Becherglas, Kabel.
2. Diskutiert über eine sinnvolle Reihenfolge der rechts in der Skizze angedeuteten Versuchsschritte. Nummeriert die leeren Klammern entsprechend.
3. Verfasst gemeinsam eine vollständige Versuchsdurchführung mit Hilfe der Begriffe aus dem rechten Teil der Skizze sowie mit strukturierenden Beschreibungen: zuerst ... – dann ... – schließlich ... –
4. Notiert eure Beobachtungen. Nutzt dazu Beschreibungen wie: sich verfärben – sich abscheiden auf – die mit dem Pluspol/Minuspol verbundene Elektrode – die Elektrolyt-Lösung –

Abb. 5: Arbeitsblatt mit Scaffolding-Elementen

überwiegend rezeptiven Umgang mit Sprache bezogen. Die anschließenden beiden Aufgaben zielen auf den produktiven Sprachgebrauch in Schriftform ab. Das Verfassen der Versuchsvorschrift wird durch die beiden ersten Aufgaben hinreichend vorentlastet und enthält klare Vorgaben der für den Text zu verwendenden sprachlichen Elemente als Puzzlestücke, die die Lerner schließlich selbst zusammenlegen müssen. Im Sinne des Abbaus des Sprachgerüsts werden bei der vierten Aufgabe nur wenige fachsprachliche Beschreibungen vorgegeben, das Verfassen des Texts erfordert eine eigenständigere Leistung.

Das vorgestellte Material zeigt beispielhaft, wie bei der Vorbereitung des Experiments die Sprachnutzung durch Scaffolding begleitet werden kann. Alternativ lässt sich durch Scaffolding die Sprachnutzung auch bei anderen Schritten, z. B. bei der Auswertung, unterstützen. Hier wurde das Sprachgerüst für die Auswertung abgebaut, und die Auswertung und weitere Transferphasen erfolgen ohne weitere Unterstützung.

A

Anregung

Josef Leisen: Handbuch Sprachförderung im Fach – Sprachsensibler Fachunterricht in der Praxis. Ernst Klett Sprachen, Stuttgart 2013.

18.3.6 Bilingualer Chemieunterricht: offizielle Vorgaben und Verbreitung

Bilingualer Sachfachunterricht, durch die KMK als „Unterricht mit Teilen des Fachunterrichts in der Fremdsprache" definiert (KMK 2013), wird an deutschen Schulen derzeit noch vorwiegend in den gesellschaftswissenschaftlichen Fächern erteilt. Dass aber eine Verbreitung des bilingualen Angebots über diese Fächer hinaus und auch jenseits bilingualer Bildungsgänge von offizieller Stelle gewollt ist, wird z. B. durch folgende Aussage des Schulministeriums NRW deutlich: „Auch außerhalb bilingualer Bildungsgänge kann ab Klasse 9, in Gymnasien ab Klasse 8, Unterricht in Sachfächern auf Beschluss der Schulkonferenz vollständig oder zeitlich begrenzt bilingual erteilt werden. Für eine erhöhte Wochenstundenzahl im Sachfach kann die Schule eine Stunde des Unterrichts der jeweiligen Fremdsprache verwenden" (Ministerium für Schule und Weiterentwicklung des Landes Nordrhein-Westfalen 2017). Fachspezifisch ruft zur Verwendung einer Fremdsprache als Arbeitssprache explizit auch das aktuelle Kerncurriculum für das Fach Chemie (z. B. NRW Sek. I) auf: „Im Rahmen des bilingualen Angebots wird in den Fächern der Naturwissenschaften zusätzlich schrittweise auf fachsprachliches und fachmethodisches Arbeiten in der Fremdsprache hingeführt" (Qualitäts- und UnterstützungsAgentur – Landesinstitut für Schule NRW 2011).

In den Bildungsstandards für das monolingual unterrichtete Fach Chemie ist das Konzept der Scientific Literacy als Zielperspektive beschrieben. Ganz analog lässt sich als Zielperspektive für bilingualen Chemieunterricht eine mehrsprachige Scientific Literacy formulieren (Hallet 2007). Die inhaltliche Planung von bilingualem Chemieunterricht orientiert sich an den durch das Kerncurriculum vorgegebenen Inhalten und Kontexten. Hinsichtlich der Bewertung stehen beim bilingualen Chemieunterricht die sachfachlichen Leistungen im Vordergrund. Grundsätzlich dürfen Lehrkräfte mit Lehrbefähigung für ein Sachfach und eine moderne Fremdsprache bilingualen Sachfachunterricht erteilen. Zudem können auch Lehrkräfte mit einer Lehrbefähigung für ein Sachfach und nachgewiesener hoher fremdsprachlicher Kompetenz (in der Regel C1-Niveau des gemeinsamen europäischen Referenzrahmens) bilingualen Chemieunterricht durchführen. Kürzere bilinguale Sequenzen können grundsätzlich alle Lehrkräfte in der Sekundarstufe I anbieten. Genauere Angaben finden sich in den jeweiligen Verwaltungsvorschriften, Erlassen oder Rundschreiben der einzelnen Bundesländer. Aus Versicherungsgründen dürfen allerdings Sprachlehrerinnen und -lehrer ohne Fakultas für das Fach Chemie keinerlei praktischen bilingualen Chemieunterricht erteilen.

Da Englisch in den Naturwissenschaften die Lingua Franca ist, wird in bilingualen Sachfachangeboten überwiegend Englisch als Fremdsprache eingesetzt. Vereinzelt werden in Grenzgebieten, z. B. des Saarlandes, Sequenzen auch in weiteren Fremdsprachen angeboten. In der Praxis ist die Verbreitung von bilingualem Chemieunterricht immer noch gering. Bilinguale Angebote im Fach Chemie gibt es derzeit bundesweit in acht Bundesländern, wobei die Organisationsform (von etablierten Bildungsgängen hin zu kurzen Modulen) und die stundenmäßige Ausstattung stark variieren (KMK 2013). Am häufigsten wird bilingualer Chemieunterricht in Modulen erteilt, hier im Wesentlichen in der Sekundarstufe I.

18.3.7 Bilingualer Chemieunterricht: Argumente und ausgewählte Befunde

Ein gängiges Argument ist, dass Englisch die Lingua Franca der Naturwissenschaften ist und Schule die Lerner auf die aktive Teilhabe in einer globalisierten Welt vorbereiten soll. Weiter liefert die hohe Handlungsorientierung im experimentell orientierten Chemieunterricht ein wichtiges Argument für die Aufnahme des Fachs Chemie in den Kanon der bilingual unterrichteten Fächer. Es bieten sich viele Kommunikationsanlässe: Die Schülerinnen und Schüler müssen experimentelle Aufgaben gemeinschaftlich organisieren und erfolgreich bewältigen sowie gemeinsam Beobachtetes beschreiben, vergleichen, deuten und hinterfragen. Zusätzlich existiert hinsichtlich der Fachbegriffe eine gute sprachliche Zugänglichkeit, da die Elemente der Fachsprache der Chemie oft lateinischen Ursprungs sind und es viele Ähnlichkeiten zwischen deutschen und englischen chemischen Fachbegriffen gibt, z. B.: chemical reaction, reaction equation, oxidation, reduction, electron transfer, redox reaction, titration, destillation.

Im Folgenden sei aus einer Literaturanalyse zu Veröffentlichungen zu bilingualen Angeboten im Sachfach Chemie sowie aus Reflexionen erfolgter Unterrichtspraxis eine Auswahl von allgemeinen Befunden zum bilingualen Chemieunterricht angeführt.

1 Motivationale Synergieeffekte: Bilingualer Chemieunterricht spricht eine größere Gruppe von Schülerinnen und Schülern an. Er kann dazu beitragen, neben den für das Fach motivierten auch die für die Sprache motivierten Schülerinnen und Schüler zu aktivieren. Im Unterricht kommt es zu einem Aufbrechen herkömmlicher Rollenverhalten, die zugunsten neuer Koopera-

tions- und Kommunikationsformen weichen (Klingauf 2002; Rittersbacher 2006). Das neue Kompetenzerleben sprachlich begabter Schülerinnen und Schüler kann deren Einstellung zum Sachfach positiv beeinflussen.

2 Code-switching: Außer bei sozialen Problemen und in emotionale Situationen ist ein Wechsel in die Muttersprache häufig ein Symptom für fachliche Hürden. Das Gespräch bricht zusammen, da der Wechsel in die Muttersprache keinen Qualitätssprung in der Verbalisierung sachfachlicher Inhalte bewirkt: „Nicht die englischen, sondern die chemischen Vokabeln saßen nicht – die Begriffe waren inhaltsleer“ (Hegerfeld 2006).

3 Mehr explizite Spracharbeit: Zwar ist explizite Spracharbeit auch im monolingualen Chemieunterricht notwendig, findet aber häufig wenig Beachtung. Im bilingualen Chemieunterricht hingegen ist explizite Spracharbeit phasenweise unabdingbar und wird von den Lernern akzeptiert: „Mit Englisch als Unterrichtsmedium jedoch ist die Begriffsklärung notwendig, um das Gespräch fortsetzen zu können. Was in der Muttersprache als überflüssiger Umweg empfunden wird, ist in der Fremdsprache notwendiger Bestandteil des Weges zum inhaltlichen Ziel“ (Bonnet 2005). Spracharbeit sollte aber so weit wie möglich funktionell ausgerichtet und kontextuell eingebettet sein (Hülden & Kurtz 2003).

4 Neuer Zugang zum fachlichen Gegenstand: Die Fremdsprache eröffnet einen neuen Zugang zum fachlichen Gegenstand. Sie macht Unklarheiten deutlich, die in der Muttersprache durch verstanden geglaubte Termini aus der Alltagssprache nicht deutlich geworden wären. „Während muttersprachliche Lerner erst mühsam eine Trennung zwischen der alltagssprachlichen und der wissenschaftlichen Verwendung eines Begriffs vornehmen müssen, können bilinguale Lerner die Begriffe unvorbelastet füllen und bringen bei der anschließenden Rückübertragung in die Muttersprache ein präziseres Begriffsverständnis mit“ (Hegerfeld 2006).

5 Vertiefte Auseinandersetzung: Die Reflexion über die verwendete Sprache und eine Umwälzung der Fachbegriffe führt zu einer vertieften Auseinandersetzung mit der chemischen Fachsprache und über sie transportierte fachliche Konzepte. Insgesamt profitiert das sachfachliche Lernen. Somit kann bilingualer Chemieunterricht einen Beitrag zu einer größeren sachfachlichen Kompetenz leisten (Bonnet 2004; Bohrmann-Linde 2016).

18.3.8 Materialien für bilingualen Chemieunterricht

Es ist eine fast unendliche Menge englischsprachiger Print- und Online-Materialien zu chemischen Themen und viele englischsprachige Schulbücher auf dem Markt. Die wenigsten sind allerdings direkt einsetzbar, da sie nicht mit deutschen Fachcurricula kompatibel sind (Bohrmann-Linde 2013). Für einen durch die deutschen Curricula vorgesehenen zeitgemäßen Chemieunterricht, der Kontexte und Fachsystematik didaktisch integriert und das Experiment als Ausgangspunkt für Erkenntnisgewinn und Kompetenzerwerb einsetzt, lassen sich Originalquellen oft für Hintergrundinformationen und Hilfen beim Zusammenstellen des jeweils erforderlichen Wortschatzes einsetzen. Für Lehrpersonen bietet ein Vergleich deutscher und englischsprachiger Schulbücher eine interessante interkulturelle Erfahrung bezüglich möglicher Vermittlungsweisen von Chemie. Die Erstellung von passgenauen Materialien ist letztlich von den Lehrkräften selbst zu leisten. Ein Fundus an bisher erstellten Materialien, die an deutsche Curricula und das Sprachrepertoire der Lernenden im bilingualen Chemieunterricht angepasst sind, ist öffentlich zugänglich, z. B. Arbeitsblätter zu den Themen Alkalimetalle (Klingauf & Lüpke 2007), ein Stationenlernen zum Thema Zukunftssichere Energieversorgung (Bohrmann-Linde 2011), ein Lernmodul zum Thema Alternative Treibstoffe (Pfefferle 2017), Experimentiervorschriften zu allen Sachgebieten der Chemie über eine Homepage (Jäger 2012) und Arbeitsblätter und interaktive Flash-Animationen über die Homepage des Projekts „BiChem – Bilingualer Chemieunterricht" (Chemie und ihre Didaktik, Bergische Universität Wuppertal, 2015). Eine Übersicht mit Vorschlägen zu verwendbaren englischsprachigen Originalquellen liefert Aristov (2013).

Insgesamt ist zu bilanzieren, dass bilingualer Chemieunterricht derzeit noch in den Kinderschuhen steckt. Es ist zu beobachten, dass eine zunehmende Professionalisierung der Lehrkräfte in Hinblick auf bilingualen Chemieunterricht teils bereits in der ersten Ausbildungsphase stattfindet. Aktuell werden Studiengänge und Angebote für Zusatzqualifikationen eingerichtet, sodass eine Ausweitung bilingualer Angebote im Bereich des Chemieunterrichts zu erwarten ist.

18.4 Inklusion im Chemieunterricht

Inhaltliche Schwerpunkte

- Aufgrund der bildungspolitischen Forderung nach einem inklusiven Schulsystem wird eine intensive Beschäftigung mit einer heterogenen Schülerschaft notwendig.
- Die Genese der Inklusionsidee wird anhand der Entwicklungsgeschichte der Beschulung von Schülerinnen und Schülern mit Förderbedarf und unter Berücksichtigung der rechtlichen Grundlagen beschrieben.

- Die Konzepte der schulischen Integration und Inklusion werden diskutiert und auf Herausforderungen der inklusiven Beschulung hingewiesen.
- Um die Folgen einer schulischen Inklusion besser abschätzen zu können, werden die einzelnen sonderpädagogischen Förderschwerpunkte als Hintergrundinformation kurz erläutert.
- Daraufhin werden auf Grundlage der aktuellen Forschungslage einige Implikationen für einen inklusiven Chemieunterricht abgeleitet.

18.4.1 Aktuelle Veränderungen im deutschen Schulsystem als (erneuter) Anlass zur Auseinandersetzung mit Vielfalt im Klassenzimmer

Dass Lerngruppen in der Regel heterogen zusammengesetzt sind, stellt mittlerweile keine Neuigkeit mehr für den (Chemie-)Unterricht dar. Betrachten wir die Schülerschaft einer jeden Schule, so stellen wir nämlich fest, dass sich die Schülerinnen und Schüler in ihrer kognitiven Leistungsfähigkeit, ihrem Interesse, ihrer Begabung, ihren Sprachen, ihrem Vorwissen, ihrer sozialen und kulturellen Herkunft sowie in zahlreichen anderen Merkmalen voneinander unterscheiden (Prengel 2013). Da sich für jede Schülerin und jeden Schüler damit ganz individuelle Lernvoraussetzungen und -profile ergeben (Trautmann & Wischer 2011), wird im Chemieunterricht seit geraumer Zeit ein differenzierter Umgang mit **Heterogenität** gefordert. Diesem Anspruch wurde im Chemieunterricht in der Vergangenheit am deutlichsten in Bezug auf die sprachliche Diversität aufgrund von Migrationsbewegungen (Leisen 2010), dem Geschlecht bzw. Gender (Pfeifer et al. 2002; Prechtl 2006) sowie der allgemeinen Annahme über eine „Verschiedenheit der Köpfe" (Herbart 1806) mit Methodenvielfalt und Maßnahmen zur Differenzierung nachgekommen. Dass Lerngruppen sich ebenfalls im Hinblick auf das Merkmal **Behinderung** unterscheiden können und welche Konsequenzen sich für einen Chemieunterricht ergeben, in dem Schülerinnen und Schüler mit und ohne Behinderung gemeinsam unterrichtet werden, wurde bislang wenig thematisiert (Wagner & Bader 2006; Adesokan 2015).

Bisher herrscht in Deutschland ein gegliedertes Schulsystem vor, nach dem Schülerinnen und Schüler im Anschluss an die Primarstufe an weiterführenden Schulen unterrichtet werden. Parallel dazu existiert bis dato ein ausdifferenziertes Förderschulsystem, in dem Schülerinnen und Schüler mit Beeinträchtigungen meist gesondert beschult werden. Auf Grundlage der **Convention on the Rights of Persons with Disabilities** (zu Deutsch: **Behindertenrechtskonvention**), die 2006 von den Vereinten Nationen veröffentlicht wurde, wird von den Vereinten Nationen ein Schulsystem gefordert, das eine gemeinsame Beschulung von Schülerinnen und Schülern mit und ohne Behinderung als Regelfall vorsieht. Die UN-Konvention wurde 2009 vom Deutschen Bundesrat unterzeichnet (United Nations 2006). Die gleichberechtigte Teilhabe von Menschen mit Behinderung in Erziehung und Bildung wird als schulische **Inklusion** bezeichnet. Diese aktuellen Veränderungen im Schulsystem setzen eine erneute Auseinandersetzung mit Vielfalt voraus und erfordern es in einem besonderen Maße, das Lehren und Lernen von Chemie auf die Bedürfnisse der Schülerinnen und Schüler abzustimmen.

18.4.2 Zur Entwicklung eines inklusiven Schulsystems

Artikel 24 der Behindertenrechtskonvention beschreibt die Zielformulierung für ein chancengerechtes Schulsystem, in dem Schülerinnen und Schüler mit Behinderung (= **sonderpädagogischer Förderbedarf** oder kurz **Förderbedarf**) grundsätzlich von vornherein einbezogen werden sollen. Alle Schülerinnen und Schüler sollen unabhängig von ihren individuellen Fähigkeiten und Begabungen an einer inklusiven Schule künftig alle für sie notwendigen Lehr- und Lernmaterialien erhalten. Die Gründe für die normative Forderung der Vereinten Nationen liegen vor allem in der wahrgenommenen Stigmatisierung und fehlenden Chancengerechtigkeit begründet, die mit dem separierenden Schulsystem einhergehen. Da Schülerinnen und Schüler mit und ohne Förderbedarf in der Vergangenheit überwiegend getrennt voneinander beschult wurden (Abb. 6), gilt es, ein inklusives Schulsystem erst einmal zu entwickeln (Heimlich & Kahlert 2012).

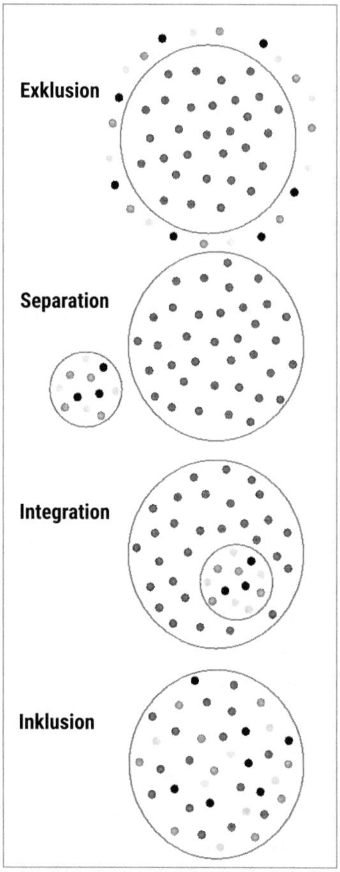

Abb. 6: Von der Exklusion bis zur Inklusion (in Anlehnung an Bürli 1997)

Von der Exklusion über die Förderschulpädagogik zum inklusiven Schulsystem

Die Beschulung von Schülerinnen und Schülern mit sonderpädagogischem Förderbedarf hat sich in den letzten Jahrzehnten deutlich verändert. Schülerinnen und Schüler mit Behinderung wurden in der Vergangenheit (z. B. zur Zeit des Nationalsozialismus) aus dem allgemeinen Bildungssystem ausgeschlossen und in sogenannten Hilfsschulen unterrichtet, was der **Exklusion** entspricht (Bürli 1997). Die Hilfsschulen wurden schließlich durch ein differenziertes Förderschulsystem abgelöst, in dem Schülerinnen und Schüler mit Förderbedarf in gesonderten Bildungseinrichtungen speziell gefördert werden, was als **Separation** bezeichnet wird. Durch eine Empfehlung der Kultusministerkonferenz (KMK 1994) wurde der Ort der sonderpädagogischen Förderung als variabel erklärt und war damit nicht mehr ausschließlich an die Förderschule gebunden. Ebenfalls wurde die ohnehin vorliegende Heterogenität jeder Lerngruppe offensichtlicher, der mit einem separierenden Schulsystem und durch die Bildung vermeintlich homogener Lerngruppen nicht mehr entsprochen werden konnte. Diese Tatsache und die angesprochene Empfehlung haben zu einer vermehrten **Integration** im Schulsystem und zur Bildung heterogener Lerngruppen geführt.

Der Begriff Integration, abgeleitet vom lateinischen Wort integratio, beschreibt die Verbindung einzelner Personen oder Gruppen zu einer gesellschaftlichen und kulturellen Einheit. Integrative Schulen nehmen (gewisse) Schülerinnen und Schüler mit Förderbedarf auf, wobei sie auf Grundlage einer differenzierten Förderdiagnostik bewusst von Schülerinnen und Schülern ohne Behinderung unterschieden werden (Wocken 2010). Die Integration brachte jedoch nicht die gewünschten Erfolge im Hinblick auf die Integrationsquoten und den Bildungserfolg der Schülerinnen und Schüler sowie hinsichtlich des Fachpersonals und der Lehr- und Lernbedingungen (Speck 2011).

Der Begriff **Inklusion** (Vertiefung 3) wurde im Bildungsbereich erstmals in der **Salamanca-Erklärung** der UNESCO (1994) zur Pädagogik von Menschen mit besonderen Bedürfnissen hervorgebracht. Abgeleitet vom lateinischen Begriff inclusio steht Inklusion für das Miteinbezogensein und die gleichberechtigte Teilhabe an etwas. Ebenso ist damit die gemeinsame Beschulung von Schülerinnen und Schülern mit und ohne Förderbedarf gemeint. Die Perspektive der inklusiven Beschulung ist, dass alle Schülerinnen und Schüler sich voneinander unterscheiden, wodurch Schülerinnen und Schüler mit Förderbedarf ihren „besonderen Status der Andersartigkeit“ (Wocken 2010) verlieren. Diesem Idealbild entsprechend, wird die **Diversität** der Schülerinnen und Schüler nicht als Bedingung verstanden, die das Lernen hemmt, sondern als Voraussetzung, die **Chancen** für das gemeinsame Lernen schafft (Werning & Arndt 2013).

Nach der vorgestellten Interpretation hebt sich das Konzept der schulischen Inklusion deutlich von der schulischen Integration ab, weshalb die Begriffe **Integration** und **Inklusion** häufig als Gegensatzpaar verwendet werden. Andere sehen darin nur eine begriffliche Veränderung (Feuser 2010), die aber keinen Wandel in der Zielsetzung, der gesellschaftlichen Sichtweise und in den Strategien zur Verbesserung der Inklusion mit sich bringt. Wie man den Inklusionsbegriff versteht, hängt grundsätzlich davon ab, wie der Integrationsbegriff interpretiert wird. Demnach könne Inklusion auch als Synonym, als eine optimierte, erweiterte oder als assimilierende Form der Integration verstanden werden (Wocken 2010). Die aktuelle schulische Praxis spiegelt diese begrifflichen und konzeptionellen Unschärfen wider. So zeigt sich in der gemeinsamen Beschulung von Schülerinnen und Schülern mit und ohne Behinderung aufgrund von ungünstigen Randbedingungen (z. B. personelle und materielle Ressourcen) ein breites Spektrum, das nicht in allen Fällen dem zuvor genannten Idealbild der Inklusion entspricht.

V

Vertiefung 3: Definitionsansätze für Inklusion

Grundsätzlich werden national und international unterschiedliche Definitionen von der schulischen Inklusion verwendet. Während sich die schulische Inklusion national überwiegend auf das Merkmal Behinderung beschränkt, finden international bei der Inklusion verschiedene Faktoren (z. B. Alter, Nationalität, sexuelle Orientierung, Gender, Religion) Berücksichtigung, in denen sich Menschen unterscheiden können (Reich 2012). National sind bisher wenige Personen bekannt, die sich am Inklusionsbegriff im weiteren Sinne orientieren und Hinweise zur Entwicklung einer inklusiven Bildungslandschaft aus der Perspektive der Pädagogik und der allgemeinen Didaktik geben (Prengel 2013; Allemann-Ghionda 2013). Je nachdem, ob ein enges oder weites Begriffsverständnis von Inklusion vorliegt, ergeben sich möglicherweise unterschiedliche Herausforderungen und Schwerpunkte in den Gestaltungsmöglichkeiten einer inklusiven Beschulung.

18.4.3 Herausforderungen der inklusiven Beschulung

Im Hinblick auf die inklusive Bildung werden nicht nur Möglichkeiten aufgezeigt, sondern auch einige Bedenken geäußert. So kann zwar in jeder Lerngruppe, von der Förderschule bis zum Gymnasium, von einem gewissen Maß an Diversität ausgegangen werden, allerdings stellt das Maß an Vielfalt, das mit der Inklusion einhergeht, die **Lehrpersonen** vor eine große **Herausforderung.** Zudem werden (zukünftige) Lehrpersonen auf den Unterricht in inklusiven Lerngruppen bisher nur unzureichend vorbereitet (Münch 2010). Ebenfalls liegen bis dato keine aussagekräftigen Handreichungen zur **praktischen Umsetzung** im Fachunterricht vor. Auch wird angemerkt, dass unter den veränderten Rahmenbedingungen die bestmögliche Entfaltung für

Schülerinnen und Schüler ohne Förderbedarf nicht gefährdet werden darf. Weiterhin ist zu bedenken, dass für eine flächendeckende Umsetzung eines inklusiven Schulsystems ein **gesamtgesellschaftliches Umdenken** vorausgesetzt werden muss. Dabei handelt es sich erwartungsgemäß um einen äußerst schwierigen und langwierigen Prozess, der letztlich als Vision zu betrachten ist (Speck 2008). Weiterhin kann davon ausgegangen werden, dass eine vollständige **Chancengleichheit** nicht erreicht werden kann, da jeder Mensch über unterschiedliche Merkmale und Voraussetzungen verfügt (Allemann-Ghionda 2013). Inklusive Bildung kann also nur eine Annäherung an ein **Idealbild** sein. Sie kann dazu dienen, ein gesellschaftliches Umdenken anzustoßen, ohne das Inklusion kaum zielführend ist. Aufgrund der hohen Verbindlichkeit der Behindertenrechtskonvention sollten jedoch alle Maßnahmen ergriffen werden, um sich einer Chancengerechtigkeit in Bildung und Erziehung anzunähern.

Da Inklusion derzeit ein äußerst häufig diskutiertes Thema darstellt, was sich deutlich in der täglich ansteigenden Zahl der Publikationen niederschlägt, kann an dieser Stelle kein Anspruch auf Vollständigkeit erhoben werden.

18.4.4 Einführung in sonderpädagogische Grundlagen

Aufgrund der voranschreitenden Inklusion ist es erforderlich, dass sich die Schulen auf eine veränderte Schülerschaft einstellen, zu denen Schülerinnen und Schüler mit Förderbedarf nun selbstverständlich dazugehören. Auch wenn bisher allgemein von Schülerinnen und Schülern mit Förderbedarf (im Schuljahr 2013/14 etwa 500.500 Schülerinnen und Schüler (Klemm 2015)) gesprochen wurde, ist die angesprochene Personengruppe keineswegs als homogen zu betrachten. Es wird zwischen sieben verschiedenen Förderschwerpunkten unterschieden: **Lernen, geistige Entwicklung, emotionale & soziale Entwicklung, Sprache, körperliche & motorische Entwicklung, Hören** und **Sehen.** Neben den Unterrichts- und Erziehungszielen, die an jeder Regelschule gelten, orientieren sich die Förderschulen und -zentren an weiteren Bildungsaufgaben, die auf den Förderschwerpunkten basieren. Grundsätzlich sind zu den jeweiligen Förderschwerpunkten sehr unterschiedliche Erscheinungsbilder bekannt, sodass an dieser Stelle nur allgemeine Tendenzen und Merkmale der Förderschwerpunkte beschrieben werden können.

- Schülerinnen und Schüler mit dem Förderschwerpunkt **Lernen** treten häufig durch Schwierigkeiten in der Merkfähigkeit, Ausdrucksfähigkeit, Motorik, Aufmerksamkeit und ein vermindertes Lerntempo in Erscheinung. Die Ursachen dafür werden auf die Basisfertigkeiten (z. B. Fertigkeiten der Informationsverarbeitung), das Vorwissen und die vorhandenen begrifflichen Schemata, die Verfügbarkeit metakognitiver Strategien und die Motivation zurückgeführt. Wichtige Prinzipien des Unterrichts sind die Handlungsorientierung, das Lernen mit konkreten Anschauungsmaterialien und allen Sinnen sowie das vielfältige Üben (KMK 1999).

- Schülerinnen und Schüler mit dem sonderpädagogischen Förderbedarf im Bereich **geistige Entwicklung** benötigen aufgrund ihrer veränderten geistigen Entwicklung (bedingt durch biologische und genetische Faktoren) besondere Unterstützung bei der Entwicklung der Kognition, Sprache, motorischen und sozialen Fähigkeiten, bei der selbstständigen Lebensführung sowie bei der Entwicklung und Entfaltung ihrer Persönlichkeit. Lebensnähe, Anschaulichkeit und Elementarisierung stellen zentrale Prinzipien des Unterrichts dar (KMK 1998a).
- Aufgrund biologischer, psychischer und sozialer Faktoren haben Schülerinnen und Schüler mit dem Förderschwerpunkt **emotionale & soziale Entwicklung** oft Schwierigkeiten damit, ihre Umwelt angemessen wahrzunehmen. Sie zeigen oppositionelles Trotzverhalten, Störungen des Sozialverhaltens wie Aggressionen sowie die Aufmerksamkeitsdefizit- und Hyperaktivitätsstörung, wodurch soziale Probleme und Lernrückstände entstehen. Bei ihnen sollen die Reflexion über eigenes Denken und Handeln, Rücksichtnahme und Toleranz gefördert sowie angemessene Verhaltensweisen und ein positives Selbstwertgefühl aufgebaut werden (KMK 2000).
- Unter dem Förderschwerpunkt **Sprache** werden Sprechstörungen (Artikulation), Sprachstörungen (Sprachentwicklungsverzögerung, Sprachverständnisstörung) und Redeflussstörungen (Stottern, Poltern) gefasst. Schülerinnen und Schülern mit dem sonderpädagogischen Förderbedarf Sprache ist gemein, dass die Kommunikation und der Gebrauch der Sprache nachhaltig gestört sind. Die Ursachen der Störungen sind oft unbekannt, sodass häufig nur nach dem Ausschlussverfahren vorgegangen werden kann (z. B. Abgrenzung zu Hör- und Lernstörung und neurologischen Störungen). Die Förderschule Sprache ist als sogenannte Durchgangsschule konzipiert. Das bedeutet, dass sie sich an den Vorgaben der Regelschule orientiert und den Schülerinnen und Schülern nach einem angemessenen Förderzeitraum den Übergang an die Regelschule ermöglicht (KMK 1998d).
- Schülerinnen und Schüler mit dem Förderschwerpunkt **körperliche & motorische Entwicklung** zeigen infolge einer Schädigung des Bewegungs- und Stützapparates, einer organischen Schädigung oder einer chronischen Erkrankung Einschränkungen in der Bewegungsfähigkeit und der Körperkontrolle. Das Erkennen eigener Handlungsmöglichkeiten und die Verbes-

serung der motorischen und koordinativen Fähigkeiten zielen auf eine Förderung der Selbstständigkeit ab (KMK 1998b).

- Infolge einer Schädigung der Hörorgane liegt bei Schülerinnen und Schülern mit dem Förderschwerpunkt **Hören** eine Einschränkung oder ein Ausfall des Hörvermögens vor. Je nach Grad und Eintrittszeitpunkt der Hörschädigung wird fachpädagogische Unterstützung beim Erlernen der Sprache benötigt. Da der Erwerb der Lautsprache für hochgradig Schwerhörige oder Gehörlose mit erheblichen Anstrengungen verbunden ist, erlernen sie stattdessen die Deutsche Gebärdensprache. Zur Lebensbewältigung kommt vor allem dem Erwerb der Schriftsprache eine besondere Bedeutung zu. Für den Unterricht spielen die Anschauung sowie die Förderung des kommunikativen Verhaltens und sprachlichen Handelns eine zentrale Rolle (KMK 1996)
- Bei Schülerinnen und Schülern mit dem Förderschwerpunkt **Sehen** liegen Sehschädigungen unterschiedlicher Art und Ausprägung vor, die auf eine Schädigung des visuellen Systems (z. B. Netzhaut, Sehnerv, visueller Cortex) zurückzuführen ist. Daher benötigen die angesprochenen Schülerinnen und Schüler besondere Unterstützung in der Seh- und Orientierungsfähigkeit, Mobilität und in der Kommunikation (wie z. B. das Erlernen der Brailleschrift) sowie bei der Bewältigung lebenspraktischer Tätigkeiten. Hierbei kommen u. a. Brillen, Lupen oder Bildschirmlesegeräte zum Einsatz (KMK 1998c).

Für Lehrpersonen an (zukünftigen) inklusiven Schulen sind die Förderschwerpunkte **Lernen, emotionale & soziale Entwicklung** und **Sprache** von besonderem Interesse, da sie momentan die höchste **Inklusionsquote** aufweisen. Schülerinnen und Schüler mit Beeinträchtigung der körperlichen und motorischen und geistigen Entwicklung oder Hör- und Sehbeeinträchtigungen sind derzeit noch häufiger an Förderschulen zu finden (Klemm 2015).

A

Anregung

Die folgenden einführenden Lehrwerke zur Sonderpädagogik und den einzelnen Förderschwerpunkten können vertiefend herangezogen werden: Borchert 2007; Werning & Lütje-Klose 2010; Fornefeld 2004; Hillenbrand 2008; Grohnfeldt 2014; Bergeest et al. 2011; Leonhardt 2010; Walthes 2014.

18.4.5 Konsequenzen für den Chemieunterricht

Die Umsetzung eines inklusiven Schulsystems setzt einerseits eine Berücksichtigung von Diversität in allen Bildungsetappen (vertikale Ebene) und andererseits in allen Fächern (horizontale Ebene) voraus. Für den **inklusiven Fachunterricht** stellt sich nun die Frage nach konkreten Handlungsweisen und Maßnahmen für die **praktische Umsetzung.** Im *Index für Inklusion* (Booth & Ainscow 2002) und der inklusiven Didaktik nach Reich (2014/2012) werden einige Regeln und Standards für eine inklusive Schule aus der Perspektive der allgemeinen Didaktik angesprochen (z. B. Chancengerechtigkeit herstellen, Evaluation, Begleitung und Beratung), die an inklusiven Schulen vorliegen oder etabliert werden müssen. Zum inklusiven Chemieunterricht liegen bisher noch **kaum Ergebnisse** und **Erfahrungsberichte** vor, auch wenn dieser in vielen Schulen bereits Realität geworden ist. Aufgrund der Neuheit und der besonderen Dynamik des Themas ist anzunehmen, dass sich einige inklusive Unterrichtskonzepte aktuell in der Entstehung befinden. Die wenigen Ergebnisse (Langermann 2006; Krauß & Woest 2013; Schmitt-Sody et al. 2015; Poppendieker 1993; Engler & Staab 2007; Menthe & Hoffmann 2015), die bisher vorliegen, stammen aus zwei unterschiedlichen Richtungen: Zum einen sind es Ergebnisse, in denen Aspekte der **sonderpädagogischen Förderung** mit Blick auf ausgewählte Förderschwerpunkte in den Chemieunterricht einbezogen werden und damit ein Beitrag für die Inklusion geleistet wird. Durch die Untersuchungen werden verschiedene Problematiken, aber auch Chancen, bei der Vermittlung chemischer Inhalte an Schülerinnen und Schüler mit Förderbedarf offenbart. Zum anderen liegen Ergebnisse vor, in denen aus den **Charakteristika des Fachs Chemie** unter Berücksichtigung aller Schülerinnen und Schüler zahlreiche Möglichkeiten, aber auch einige Herausforderungen, für die Inklusion abgeleitet wurden.

18.4.6 Aspekte sonderpädagogischer Förderung im Chemieunterricht

Aus einer Untersuchung mit Vorschülerinnen und Vorschülern mit dem Förderschwerpunkt **geistige Entwicklung** ist bekannt, dass sie großes Interesse am Experimentieren zeigen, was sich vor allem an ihrer Stimmung und der Hinwendung zu Versuchen zeigt. Sie sind in der Lage, ausgewählte **Experimente** selbstständig durchzuführen. Die Kinder mit Beeinträchtigungen der geistigen Entwicklung können sich an die Phänomene erinnern und diese zum Teil auch erklären (z. B. Erlöschen von Kerzen beim Überstülpen unterschiedlich großer Gläser mit der Menge des Sauerstoffs). Mit zunehmender **Komplexität** der Lerninhalte und Experimente ergeben sich für die Kinder aufgrund der kognitiven Entwicklung und der Motorik verständlicherweise einige Grenzen (Langermann 2006). Zur Unterstützung von Jugendlichen im Chemieunterricht in einer Studie an einem Förderzentrum **geistige Entwicklung** werden visuelle Zeichensysteme eingesetzt, um Laborgeräte und Versuchsabläufe zu beschreiben. Als besonders beeindruckend erweisen sich hier der Ideenreichtum, das Interesse und die Originalität der Schülerinnen und Schüler. Darüber hinaus wird allerdings deutlich, dass nicht alle Fachbegriffe für die Schülerinnen und Schüler zu verstehen sind und erklärt werden können. Im Hinblick auf das Erklären der Experimente zeigen die Schülerinnen und Schüler ein sehr unterschiedliches Erkenntnisniveau. So werden die Beobachtungen von Experimenten in der Studie weniger begründet, sondern stattdessen erläutert, wie diese Phänomene erzeugt wurden (z. B. die Kerze ist erloschen, da ein Glas übergestülpt wurde). Allerdings sind andere Schülerinnen und Schüler durchaus in der Lage, den makroskopischen Bereich zu verlassen und Erklärungen zu finden. So habe der Chemieunterricht positive Auswirkungen auf das Interesse und methodische Fähigkeiten und Fertigkeiten der Schülerinnen und Schüler, aber nicht in allen Fällen auf das Verständnis von Fachbegriffen und Konzepten (Krauß & Woest 2013).

Insgesamt kann in den Untersuchungen aufgezeigt werden, dass die Schülerinnen und Schüler mit dem Förderschwerpunkt geistige Entwicklung durchaus an naturwissenschaftliches Arbeiten herangeführt werden können, wenn die **Experimente** und **Inhalte** den unterschiedlichen **Lernvoraussetzungen** und dem Prinzip der **Elementarisierung** entsprechend ausgewählt werden. Auch der Einsatz **visualisierter Versuchsanleitungen** (vgl. Abb. 7) hat sich als geeignetes Methoden-Werkzeug erwiesen, um die benötigte **Anschaulichkeit** zu erhöhen.

Dass sich im Zuge der Inklusion nicht nur die Schulen, sondern auch außerschulische Lernorte auf eine veränderte Lernerschaft einstellen müssen, wird im Schülerlabor der Universität Erlangen-Nürnberg in den Blick genommen (Schmitt-Sody et al. 2015). Zielgruppe des Schülerlabors sind nun auch Schülerinnen und Schüler von Förderschulen der Jahrgänge 1 bis 6, die durch das Schülerlabor erstmals an das Experimentieren herangeführt werden und bei denen Freude und Interesse am Experimentieren geweckt werden sollte. Im Hinblick auf die Förderschwerpunkte **Hören** und **Lernen** wird eine Adaption des Zeitplans, der Auswahl der Experimente und der Versuchsanleitungen vorgenommen. Wegen der kurzen Aufmerksamkeitsspanne und den Anstrengungen von hörgeschädigten Schülerinnen und Schülern beim Absehen (= Lippenlesen) werden in den Tagesablauf **mehr Pausen** eingeplant, **mehr Experimente** durchgeführt und eine **Verkürzung des Laborbuchs** vorgenommen. Die **Auswahl der Experimente** ist dem Vorwissen der Schülerin-

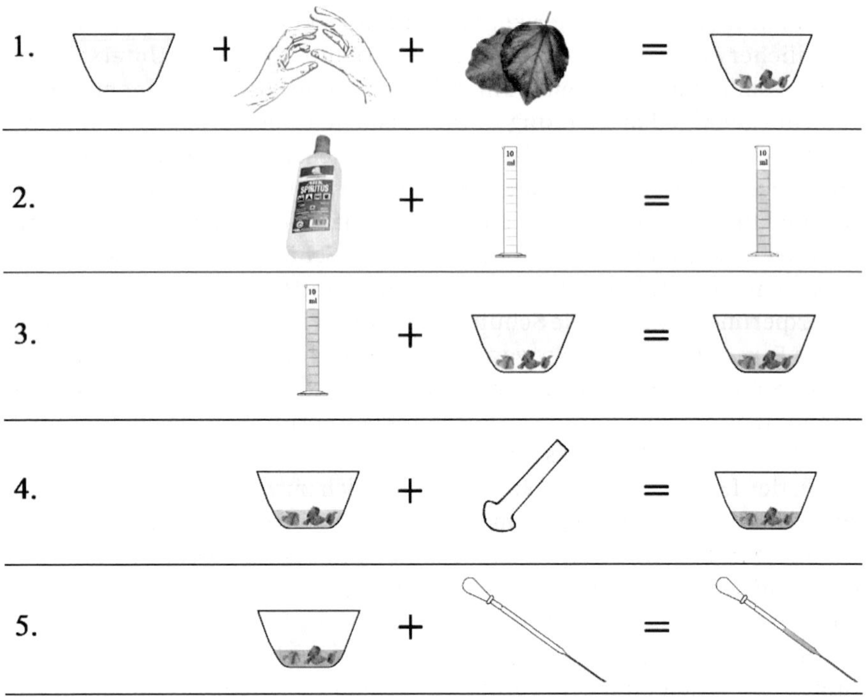

Abb. 7: Ausschnitt einer Versuchsanleitung (Krauß & Woest 2013, S. 102)

nen und Schüler entsprechend anzupassen. Die **Experimentieranleitungen** werden sprachlich vereinfacht, durch **Abbildungen** ergänzt, und die Lerninhalte didaktisch reduziert. Die Schülerinnen und Schüler der Studie zeigen auch hier großes Interesse am Experimentieren und den chemischen Phänomenen, erinnern sich jedoch im Nachhinein nicht immer an die entsprechenden Erklärungen.

Es kann dazu kommen, dass Schülerinnen und Schüler mit dem Förderschwerpunkt Hören die Phänomene des Lösens und Schmelzens häufig miteinander verwechseln, da die entsprechenden Fachgebärden eine große Ähnlichkeit aufweisen. Um diesem Defizit entgegenzuwirken, erweist es sich als sinnvoll, Fachgebärden weiterzuentwickeln und stärker auszudifferenzieren. Da die Gebärdensprache vor einigen Jahrzehnten an Förderschulen für Hörgeschädigte nicht zugelassen war, ist es nicht verwunderlich, dass sich in den fachspezifischen Bereichen kaum ein differenziertes Vokabular entwickeln konnte (Poppendieker 1993). In einer anderen Studie in Bezug auf den Förderschwerpunkt **Hören** konnten das Erlernen von Fachbegriffen sowie das Beschreiben und Erklären von Experimenten als besondere Herausforderungen des Chemieunterrichts beschrieben werden (Adesokan 2015). Es handelt sich dabei um bedeutende Aspekte naturwissenschaftlicher Arbeits- und Denkweisen, die für eine naturwissenschaftliche Grundbildung zentral sind. Die Schwierigkeiten der Schülerinnen und Schüler können mit dem veränderten sprachlichen Zugang und dem Erfahrungsmangel erklärt werden, die mit einem Hörverlust einhergehen können. Aufgrund der sprachlichen Besonderheiten von Schülerinnen und Schülern mit Hörbeeinträchtigung kann die Förderung der angesprochenen Aspekte im Chemieunterricht nicht ausschließlich auf der laut- und schriftsprachlichen Ebene erfolgen. Daher werden neben der **Sprachförderung** besonders die **Visualisierung** und **Strukturierung** als unterrichtsleitende Prinzipien genutzt.

Aufgrund der sprachlichen Herausforderungen von Menschen mit Hörbeeinträchtigung sollte allerdings keine zu starke Fokussierung auf die orthogra-

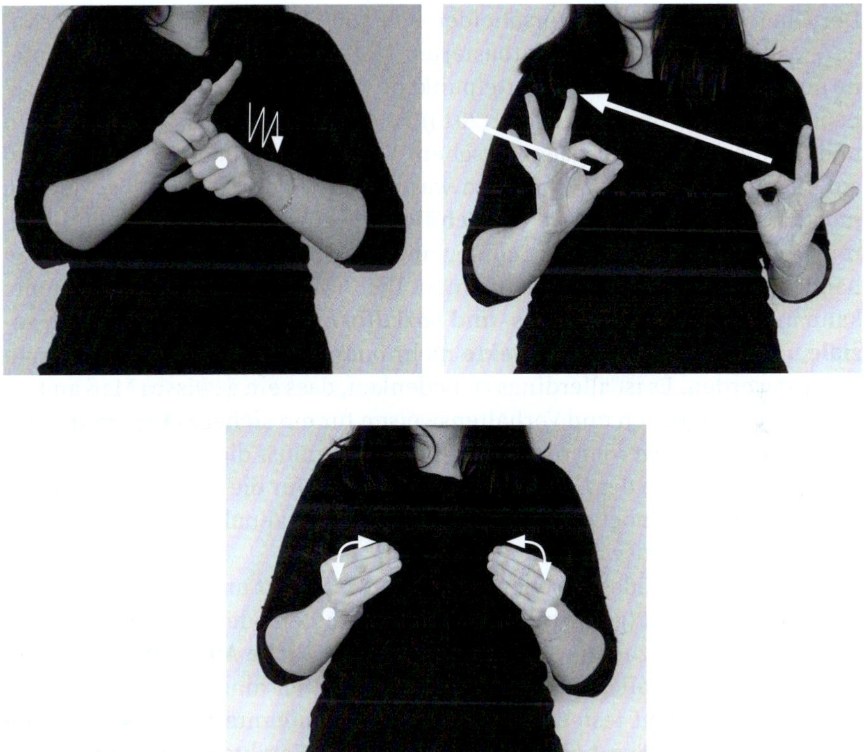

Abb. 8: Beispiele für Fachgebärden zu den zentralen Aspekten naturwissenschaftlicher Arbeits- und Denkweisen

phische und grammatikalische Korrektheit, sondern auf den sachgemäßen Gebrauch der Fachtermini gelegt werden. Um den besonderen Bedürfnissen von Schülerinnen und Schülern mit dem Förderschwerpunkt Hören im Chemieunterricht weiter entsprechen zu können, sollten **alternative Darstellungsformen** sowie **verschiedene Wahrnehmungskanäle** einbezogen werden. Zu diesem Zweck können Maßnahmen wie Piktogramme, visualisierte Versuchsanleitungen, Zeichnungen mit Beschriftungen, Fachgebärden (Abb. 8), gestufte Lernhilfen und Sachmodelle eingesetzt werden. Da Schülerinnen und Schüler mit sonderpädagogischem Förderbedarf jedoch stark heterogene Gruppen bilden, werden auch hier weitere **Differenzierungsmaßnahmen** erforderlich.

18.4.7 Charakteristika des Fachs Chemie im Spiegel der Inklusion

Der Chemieunterricht unterscheidet sich von anderen Fächern insbesondere dadurch, dass neben textbasierten Materialien **chemische Phänomene** und **Experimente** in den Mittelpunkt des Unterrichts rücken. Nach Angaben von Menthe und Hoffmann (2015) ist anzunehmen, dass Schülerinnen und Schüler mit sonderpädagogischem Förderbedarf dadurch stärker und auf vielfältige Weise angesprochen werden, als es durch reine Textquellen möglich wäre. Insbesondere das **Schülerexperiment** ist hier von besonderer Wichtigkeit. Es bietet den Schülerinnen und Schülern die Möglichkeit, zu handeln und mit allen Sinnen zu lernen. Die Durchführung der Experimente kann in verschiedenen **Arbeits- und Sozialformen** erfolgen, wobei auch **soziale** und **kommunikative Aspekte** mehr oder weniger in den Vordergrund gerückt werden. Es ist allerdings zu bedenken, dass ein gewisses Maß an Fertigkeiten, Fähigkeiten und Verhaltensweisen für ein **sicheres Experimentieren** vorausgesetzt werden muss. Darüber hinaus muss die Lehrkraft für jedes Schulexperiment in der Gefährdungsbeurteilung für die jeweilige Lerngruppe Unterstützungsmöglichkeiten abschätzen und Maßnahmen für eine sichere Durchführung auswählen.

Je nach sonderpädagogischem Förderschwerpunkt und dem durchzuführenden Experiment (ggf. wird mit offenen Flammen oder ätzenden Substanzen gearbeitet) erscheint es sinnvoll, eine **zusätzliche Aufsichtsperson** (im Idealfall ein Fachkollege) bei Schülerexperimenten hinzuzuziehen. Ebenso wie das Experiment fester Bestandteil des Chemieunterrichts ist, gehören auch **Modelle** und **Symbole** dazu. Dass in diesen Punkten der Ursprung der zentralen Lernschwierigkeiten im Chemieunterricht liegt und sich **Fehlvorstellungen** und **Mischkonzepte** entwickeln, ist bereits aus zahlreichen Lehrwerken und Unterrichtserfahrungen bekannt. Da die Herausforderungen beim Wechsel der Erklärungsebene alle Schülerinnen und Schüler betreffen, wird empfohlen, den Chemieunterricht stärker und über eine längere Zeit an der **phänomenologischen Ebene** auszurichten. Zudem ist erforderlich, dass sich der Chemieunterricht stärker an den **Präkonzepten** der Schülerinnen und Schüler orientiert, sodass je nach Leistungsvermögen ggf. nicht alle Erklärungsebenen verbindlich sind. Dazu ist es notwendig, den individuellen Lernstand zu ermitteln, um geeignete Fördermaßnahmen einsetzen zu können. Über die Präkonzepte von Schülerinnen und Schülern mit Förderbedarf im Chemieunterricht ist bisher noch nicht viel bekannt. Es gilt zu prüfen, ob der Anspruch des Chemieunterrichts, die Vorstellungen der Schülerinnen und Schüler an wissenschaftliche Konzepte anzunähern (Conceptual Change Ansatz) auch bei allen Schülerinnen und Schülern mit sonderpädagogischem Förderbedarf geltend gemacht werden kann. Zudem sollte aufgrund der unterschiedlichen Voraussetzungen der Schülerinnen und Schüler eine stärkere **Individualisierung** im Chemieunterricht vorgenommen werden. Von Menthe und Hoffmann werden zur Unterrichtsplanung **Lernstrukturgitter** vorgeschlagen, in denen Unterrichtsgegenstände dem Entwicklungsstand und den Fähigkeiten der Schülerinnen und Schüler, also einer **Lernerorientierung** entsprechend, abgestimmt werden. In den Lernstrukturgittern werden Lerninhalte in ihrer Sachstruktur analysiert und dabei **Lernaufgaben** mit **unterschiedlichen Anforderungsniveaus** und **Aneignungsformen** abgeleitet.

Von Abels (2015) wird das Verfahren des **Forschenden Lernens** für den inklusiven Chemieunterricht vorgeschlagen (vgl. Kap. 10). Im Hinblick auf Schülerinnen und Schüler mit sonderpädagogischem Förderbedarf kann angenommen werden, dass diese durch die **Selbstständigkeit, Handlungsorientierung** und **Anschaulichkeit,** die mit dem hohen experimentellen Anteil des Unterrichtsverfahrens einhergehen, besonders angesprochen werden. Gemessen an den individuellen Voraussetzungen, werden **Lern- und Strukturierungshilfen** benötigt, um Forschendes Lernen für alle zu ermöglichen. Ebenfalls ist es für alle Schülerinnen und Schüler notwendig, unabhängig davon, ob ein sonderpädagogischer Förderschwerpunkt vorliegt oder nicht, neue Unterrichtsverfahren und Methoden einzuführen und zu üben. Zu diesem Zweck werden von Blanchard und anderen (2010) unterschiedliche Abstufungen des Forschenden Lernens vorgeschlagen, in denen das Maß an Strukturierung und Unterstützung durch die Lehrperson bzw. das Maß an Selbstständigkeit der Schülerinnen und Schüler variiert. Da vermutlich nicht jede Schülerin und jeder Schüler in der Lage ist, das Forschende Lernen in seiner offensten Form durchzuführen, kann auf diese Weise auch lernzieldifferent unterrichtet werden.

Zusammenfassend kann gesagt werden, dass sich vor allem durch das Experiment und Unterrichtsverfahren wie dem Forschenden Lernen, die das Experiment und die Anschauung in den Mittelpunkt des Unterrichts rücken, besondere Chancen für einen inklusiven Chemieunterricht ergeben. Die Grenzen des inklusiven Chemieunterrichts sind dort zu suchen, wo die Abstraktion im Zentrum der Betrachtungen steht. Eine weitere Chance eines inklusiven Chemieunterrichts kann es sein, fachspezifischen Problemen des Chemieunterrichts zu begegnen und damit den Unterricht für alle zu verbessern. Hier sollte eine **Differenzierung der Lernziele** und **Anforderungsniveaus** sowie vielfältige **Aneignungsformen** in Betracht gezogen werden.

18.5 Begabtenförderung

Inhaltliche Schwerpunkte

- Dauerhafte schulische Unterforderung kann sich langfristig negativ auf die Entwicklung von Persönlichkeit und Leistungsfähigkeit auswirken.
- Erst durch günstige Umweltbedingungen wird Potenzial zu Leistung.
- Die Begabungen und Talente der jungen Menschen sind sehr vielfältig. Um sie zu entdecken und zu fördern, benötigt man ein vielfältiges und offenes Konzept.
- Möglichkeiten zur Förderung im Fach Chemie (im Unterricht, in- und außerhalb der Schule) werden aufgezeigt.

18.5.1 Notwendigkeit der Förderung begabter Schülerinnen und Schüler

Seit Jahren beobachten Lehrkräfte und Schulpsychologen, dass nicht alle Kinder und Jugendliche mit besonderen Begabungen diese immer in entsprechende Leistungen umsetzen können. Vielmehr kann sich dauerhafte schulische Unterforderung – durch zu geringe Anforderungen in der Schule oder zu geringe Berücksichtigung der Hochbegabung durch die Lehrkraft – „langfristig negativ auf die Entwicklung von Persönlichkeit und Leistungsfähigkeit eines hoch begabten Kindes auswirken. Wenn ein Kind nie oder nur sehr selten erlebt, dass es echte Herausforderungen erfolgreich bewältigen kann, so kann es kaum Sicherheit über die eigenen Fähigkeiten (und auch deren Grenzen) gewinnen" (BMBF 2015, S. 11). Daraus resultiert eine Unsicherheit über das eigene Können und damit verbunden eine Unfähigkeit, sich angemessene Ziele zu setzen. Mit einem Verlust der Lernfreude kann sowohl die Leistungsentwicklung als auch das gesamte Wohlbefinden des Kindes leiden

(BMBF 2015), Kinder und Jugendliche können sich zu „hochbegabten Leistungsversagern" (Mönks & Ypenburg 2012) entwickeln.
Auch die Gesellschaft hat ein großes Interesse daran, dass möglichst alle Kinder und Jugendliche ihr Potenzial ausschöpfen können. Allerdings zeigen die PISA-Studien (vgl. Kap. 18.1) hier Defizite. Schon im ersten Durchgang 2000 ist der Anteil der Schülerinnen und Schüler in Deutschland, die in den getesteten Bereichen Leistungen auf einem Spitzenniveau erbringen, nicht besonders groß, insbesondere im Vergleich mit anderen Ländern (Baumert et al. 2001). Aber auch für die folgenden Studien gilt: „Die Anzahl der Schülerinnen und Schüler, die es in die obersten Leistungsstufen schaffen, hat sich zudem seit der ersten PISA-Studie nicht wesentlich verändert" (KMK 2015). Daher hat im Jahr 2015 die Kultusministerkonferenz „erstmalig eine Förderstrategie für leistungsstarke Schülerinnen und Schüler beschlossen", deren Ziel es ist, diesen Kindern und Jugendlichen Lernbedingungen zu schaffen, die ihnen „eine optimale Entfaltung ihrer Potenziale ermöglichen und ihnen die ihrer individuellen Leistungsfähigkeit entsprechende bestmögliche Bildung vermitteln" (KMK 2015b, S. 3). Die Zielgruppe umfasst dabei sowohl Schülerinnen und Schüler, „die bereits sehr gute beobachtbare Leistungen erbringen", als auch Kinder und Jugendliche, „deren Potenziale es zu erkennen und durch gezielte Anregung und Förderung zu entfalten gilt" (KMK 2015 b, S. 3).

18.5.2 Begabt / Hochbegabt – Potenzial oder Leistung?

„Die Begabungen eines Menschen entwickeln sich im Wechselspiel aus angeborenen Merkmalen und Umweltfaktoren." Unter „Begabung" versteht man „bei Kindern vor allem das Leistungspotenzial, also die Entwicklungsmöglichkeiten, und unter ‚Hochbegabung' entsprechend ein extrem hoch ausgeprägtes Entwicklungspotenzial" (BMBF 2015, S. 15). Damit sich aber ein hohes Potenzial in seinen Begabungsfaktoren entfalten und hohe Leistung in den verschiedenen Leistungsbereichen zeigen kann, sind günstige Umweltmerkmale (z. B. Familienklima, Klassenklima, familiäre Lernumwelt) und nicht-kognitive Persönlichkeitsmerkmale (z. B. Stressbewältigung, Leistungsmotivation, Lernstrategien, Kontrollüberzeugungen) notwendig, wie das Münchener (Hoch-)Begabungsmodell von Heller veranschaulicht (Abb. 9).

Besonders in der schulischen Praxis kann dieses Modell helfen, mögliche Hindernisse zu erkennen und die Schülerin bzw. den Schüler durch gezielte Förderung zu unterstützen. So kann z. B. bereits ein ungünstiges Klassenklima, in dem leistungsstarke Schülerinnen und Schüler als Streber herabgesetzt werden, dazu führen, dass begabte Kinder ihr Potenzial nicht entfalten

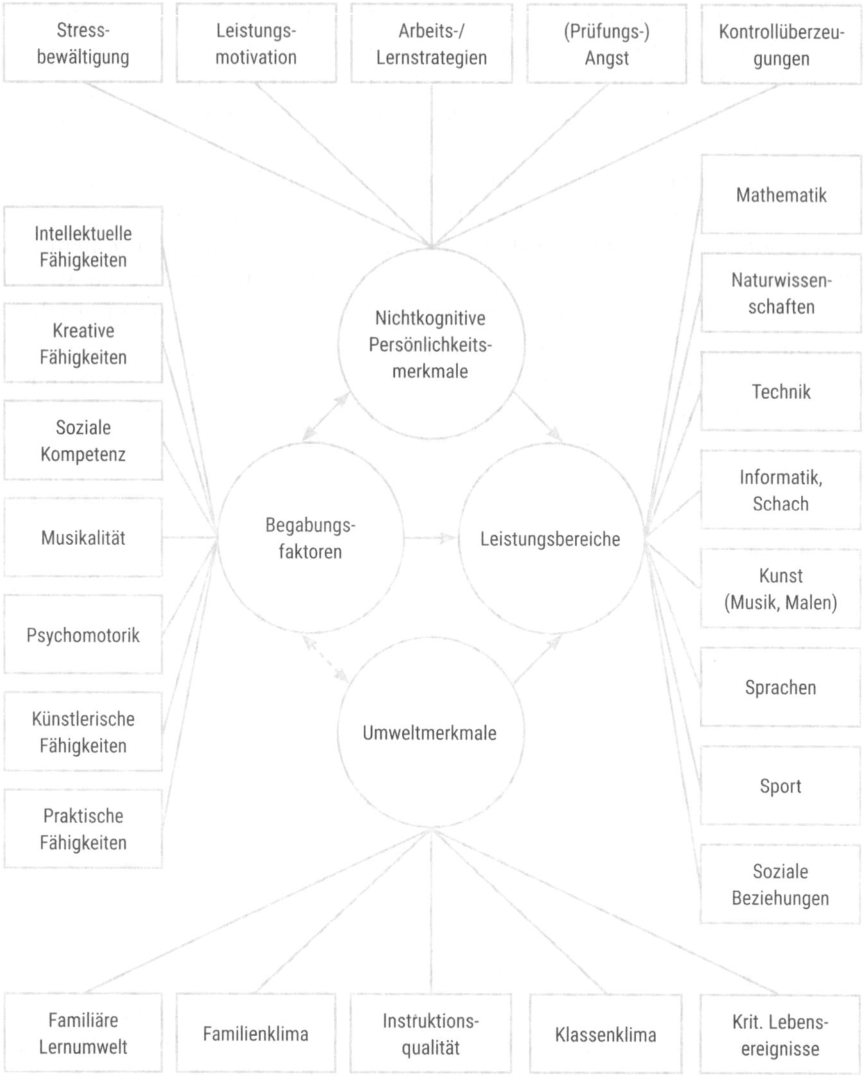

Abb. 9: „Klassifikationskonzept der Hochbegabung (Fähigkeitsdimensionen) und ausgewählter Leistungsexzellenzbereich sowie vermittelnder nichtkognitiver Persönlichkeits- und sozialer Umweltmerkmale (Moderatorvariablen) im Münchner Hochbegabungsmodell" aus Hochbegabung im Kindes- und Jugendalter von Kurt A. Heller (2001, 2. Auflage). Göttingen: Hogrefe. Nur unter günstigen Umweltmerkmalen und nichtkognitiven Persönlichkeitsmerkmalen können sich Begabungsfaktoren in hoher Leistung zeigen.

werden. Manche besonders begabte Kinder zeigen ein sehr ausgeprägtes Streben nach Perfektion. In diesem Fall kann die Angst vor einem möglicherweise in ihren Augen nicht perfekten Ergebnis dazu führen, dass sie eine Aufgabe erst gar nicht angehen.

Intellektuelle Fähigkeiten zeigen sich in einer hohen Intelligenz, die durch zahlreiche entwickelte Intelligenztests relativ gut zu messen ist. Eine Festsetzung von „Hochbegabt mit einem IQ ab 130“ und damit eine Gleichsetzung von hoher Intelligenz und hoher Begabung ist „nicht zutreffend. ... Hochbegabung ist die individuelle Fähigkeit, auf einem oder mehreren Gebieten gute oder gar ausgezeichnete Leistungen zu erbringen. Damit aus dem Potenzial Leistung entstehen kann, müssen ... sowohl in der Person wie im Umfeld unterstützende und erfolgssteigernde Faktoren gegeben sein“ (Mönks & Ypenburg 2012, S. 37).
Welche Möglichkeiten hat die Lehrkraft im Schulalltag, besonders begabte Kinder und Jugendliche zu erkennen und zu identifizieren? Neben der Bearbeitung von anspruchsvollen Aufgaben im Chemieunterricht (Anton 2013) sind Checklisten hilfreich, die allgemeine Merkmale besonders begabter Schülerinnen und Schüler, z. B.

- außergewöhnliche Sprachentwicklung
- auffallende Fähigkeiten im logischen Denken
- schnelles Erkennen von Zusammenhängen
- hohe Merkfähigkeit
- hohes Problemverständnis,

aber auch Merkmale von schulisch unterforderten Kindern aufzeigen (Vertiefung 4). Ausführlichere Checklisten können Anhaltspunkte liefern, eine genaue Diagnose ist mit Unterstützung des schulpsychologischen Dienstes möglich.

V

Vertiefung 4: Merkmale schulisch unterforderter Kinder aus Huser (2001, S. 51 ff.):

- „Bei teilweise sehr guten Leistungen Unkonzentriertheit bei Fleißarbeiten“
- „Bei teilweise sehr guten Leistungen viele Flüchtigkeitsfehler“
- „Depressives, apathisches Verhalten – Tagträumerei“
- „Aggressives, forderndes oder clownhaftes Verhalten“
- „Psychosomatische Symptome und häufiges Fehlen wegen Krankheit“
- „Nonkonformistisches Denken und Rollenverhalten“

In dieser Publikation finden sich auch weitere, ausführliche Checklisten.

18.5.3 Fördermaßnahmen im Fachunterricht Chemie

Es gibt zahlreiche Möglichkeiten zur Erweiterung des Lernangebotes (Enrichment, Anreicherung) im Fach Chemie. Ein Ansatz ist die Unterscheidung der Fördermöglichkeiten im Fachunterricht, in der Schule und außerhalb der Schule (Wambach 2013). Abbildung 10 zeigt eine Vielfalt an Fördermöglichkeiten im Fachunterricht Chemie. Im Folgenden werden einige Aspekte mit besonderem Fokus auf die begabten Schülerinnen und Schüler beleuchtet:
Differenzieren: Begabte Kinder und Jugendliche brauchen herausfordernde Aufgaben, um Sicherheit in die eigenen Fähigkeiten zu gewinnen (s. o.) und um Unterforderung vorzubeugen. Damit im Unterricht kein Kind überfordert wird, können diese anspruchsvollen Aufgaben durch geeignete, differenzierte, individuell zu nutzende Hilfestellungen ergänzt werden (vgl. Kap. 12.5).
Individualisieren: Das Flow-Konzept (Csikszentmihalyi 1995) besagt, „dass sich FLOW – ein völliges Eintauchen in eine Tätigkeit – bei einem Individuum nur dann einstellen kann, wenn Anforderungen und Fähigkeiten annähernd ein Gleichgewicht gefunden haben. Dieser individuelle Motivationszustand ist Voraussetzung für die Entdeckung wahrer Leistungsfähigkeit“ (Wambach 2013b) und damit vor allem zur Förderung besonders begabter Schülerinnen und Schüler geeignet. Insbesondere Formen des eigenverantwortlichen Ler-

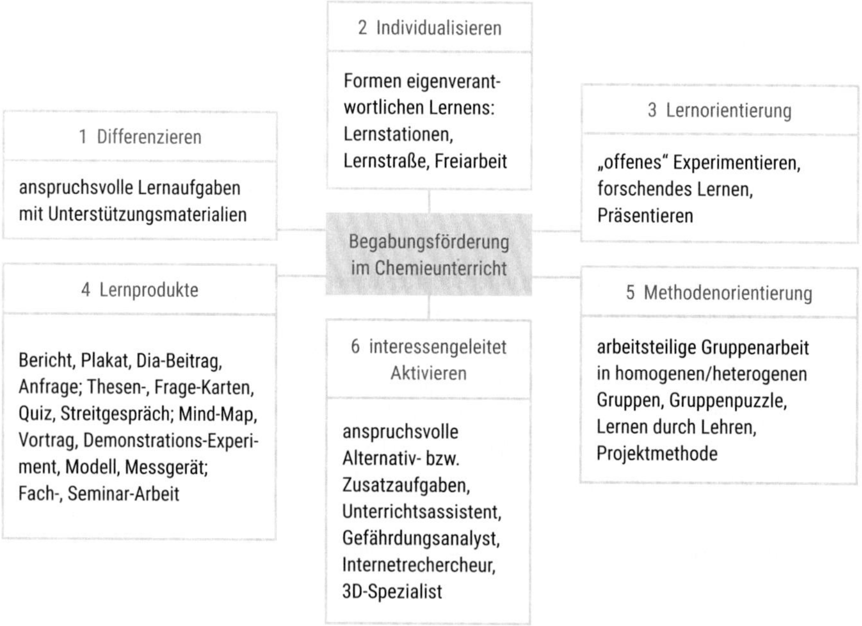

Abb. 10: Fördermöglichkeiten im Fachunterricht Chemie nach Wambach (2013, S. 7)

nens bieten sich hierbei an, wie z. B. verschiedene Angebote beim Stationenlernen, die die Schülerinnen und Schüler in Einzel- bzw. Partnerarbeit oder in homogenen Gruppen jeweils in ihrem Lerntempo bearbeiten können.
Lernorientierung: Zur Förderung besonders begabter Lerner hat sich „die Schaffung von Freiräumen für ein selbstbestimmtes und eigenverantwortliches Lernen“ bewährt (KMK 2015b, S. 6). Die „Schaffung einer kreativen und experimentellen Atmosphäre, z. B. in naturwissenschaftlichen Fächern“ ist sinnvoll, um Erfolgserlebnisse zu ermöglichen und zur vertieften Weiterarbeit zu motivieren und so die Grundlagen zu legen, dass herausragende Leistungen „durch schöpferisch produktive Tätigkeiten“ entstehen (KMK 2015b, S. 6). Gelegenheiten zum offenen Experimentieren bis hin zu forschendem Lernen (immer unter Beachtung und Einhaltung der notwendigen Sicherheitsregelungen) ermöglichen selbstständige Planungs- und Entscheidungsprozesse mit dem Anspruch wissenschaftlichen Denkens (Wambach 2013b). Diese Situationen zu ermöglichen ist eine besondere Herausforderung für die Lehrkraft, in der Literatur finden sich dazu Unterstützungsmaterialien, z. B. Beeken et al. (2009).
Lernprodukte: J. Leisen (2011) legt in der Beschreibung des Lehr-Lern-Prozesses die Bedeutung des Lernprodukts für den Lernprozess dar. Durch individuelle Aufträge zum Lernprodukt an einzelne Schülerinnen und Schüler oder auch durch Aufgabendifferenzierungen zum Lernprodukt in ganzen Lerngruppen können Möglichkeiten der Förderung geschaffen werden (Wambach, 2013b), z. B.

- für kürzere Arbeitszeiten: Berichte anfertigen, Plakate entwerfen, Film-Abschnitte erstellen, Film-Beiträge gestalten, Anfragen beantworten, Thesen mit konträren Meinungen formulieren, Quiz entwickeln, Streitgespräche führen / moderieren, Mind-(Concept-)Map entwickeln, Vortrag vorbereiten, Demonstrations-Experiment einüben, Modelle bauen, Messgeräte bauen ...
- für längere Arbeitszeiten: Jahres-, Fach- oder Seminar-Arbeit verfassen.

A

Anregung:
Beispiele zu Fach- und Seminararbeiten in der Sekundarstufe II im Fach Chemie finden sich in Wambach (2002) und Jürgensen (2002).

Methodenorientierung: Arbeitsteilige Gruppenarbeit oder Gruppenpuzzle (vgl. Kap. 12.4.2.B) sind bekannte Unterrichtsmethoden. Themen und Materialien können so zusammengestellt werden, dass eine Differenzierung im Schwierigkeitsgrad möglich wird. Notwendig ist – auch für begabte Schülerin-

nen und Schüler –, dass zeitweilig in leistungshomogenen Gruppen mit differenziertem, selbstständig überprüfbarem Arbeitsmaterial gearbeitet werden kann. So ermöglicht das „Arbeiten in leistungshomogenen Gruppen einen Fachaustausch auf gleichem Niveau ... ohne, dass ein SuS dem anderen etwas erklären bzw. einer sich dem anderen unterlegen fühlen“ muss (Dittmer 2016, S. 10). Auch wenn öfters „Lernen durch Lehren“ als Vorschlag zur Begabtenförderung in heterogenen Gruppen genannt wird, so sollte dies „nur stellenweise herangezogen werden“, denn auch leistungsstarke Schülerinnen und Schüler „haben ein Recht, mehr und auf hohem Leistungsniveau lernen zu können“ (Wambach, 2013b).
Interessengeleitet aktivieren: Durch anspruchsvolle Zusatz-, besser: Alternativ-Aufgaben können in leistungsheterogenen Lerngruppen möglichst viele Schülerinnen und Schüler, auch die begabten, einen Flow-Zustand erreichen, indem ihre Interessen und Fähigkeiten in ein Gleichgewicht gebracht werden. Zusatzangebote für leistungsstarke Schülerinnen und Schüler haben sich als echte Faktoren für erfolgreiches schulisches Lernen mit Leistungszuwachs erwiesen (Köhler 2012, S. 3). Zentral ist dabei die Attraktivität der Aufgabe aus Schülersicht, um zu einer intensiven Auseinandersetzung zu motivieren. Motivierend wirkt, wenn die anspruchsvollere Aufgabe keine Mehrarbeit beinhaltet, also dafür leichtere Aufgaben nicht bearbeitet werden müssen. Ein Unterrichtsbeispiel, bei dem gezielt Inhalte, Materialien und Anforderungen nach Interesse und Schwierigkeitsgrad differenziert werden, hat M. Kremer (2013) zum Thema Benzol ausführlich mit Materialien dargestellt (vgl. Kap. 12.4.2.B). Im Kontext der Begabtenförderung ist auch die Projektmethode zu nennen (vgl. Kap. 10.5).

Findet im regulären Unterricht eine Phase der Wiederholung oder individuellen Festigung statt, können die Leistungsträger als Alternative hierzu eine geeignete Herausforderung erhalten. Die Organisation und Umsetzung ist im regulären Unterrichtsbetrieb möglich und für alle Schülerinnen und Schüler der Lerngruppe gewinnbringend (Jainski 2013).

18.5.4 Fördermöglichkeiten in der Schule

Die möglichen Fördermaßnahmen im Fach Chemie gehen über die vielfältigen und zahlreichen Maßnahmen im eigenen Unterricht („innere Differenzierung“) hinaus. Die Vielfalt an Fördermöglichkeiten in der Schule („Modelle mit einer äußeren Differenzierung“ (KMK 2015b)) zeigt Abbildung 11. Es hilft, wenn die Fachlehrerin bzw. der Fachlehrer die Schülerinnen und Schüler über diese Chancen informiert und sie motivationserhaltend begleitet, um ihre Selbst- und Eigenständigkeit zu stärken.

Drehtürmodell: Entwickelt hat die Drehtürmethode J. Renzulli im Rahmen des schulischen Enrichment-Modells SEM (Renzulli et al. 2001). „Der Schüler verlässt den regulären Unterricht zu festgesetzten Zeiten, während bestimmter Stunden" (Mönks & Ypenburg 2012, S. 139), da er den regulären Stoff schneller durchgearbeitet hat. So soll einer Unterforderung vorgebeugt werden, die „zu Interesselosigkeit und Faulheit" (Mönks & Ypenburg, S. 139) führen kann. Es gibt verschiedene Varianten in der Schulpraxis (z. B. die Teilnahme am Fachunterricht einer höheren Stufe). Im Rahmen des Drehtürmodells können Schülerinnen und Schüler auch an einem längeren Projekt je nach Alter in der Bibliothek, im Labor oder an einem außerschulischen Lernort arbeiten. Hierbei lassen sich Doppelstunden im schulischen Alltag gut nutzen: Im zweiten Teil der ersten Doppelstunde wird der reguläre Unterricht verlassen, nach dem ersten Teil der zweiten Doppelstunde kehrt der Schüler bzw. die Schülerin wieder in den regulären Unterricht zurück und hat so einen guten Überblick über den versäumten Lernstoff (Jäger 2013). Durch die Vorstellung der Ergebnisse vor einer größeren Schulgemeinschaft ist eine Anerkennung dieser zusätzlichen Leistung möglich.

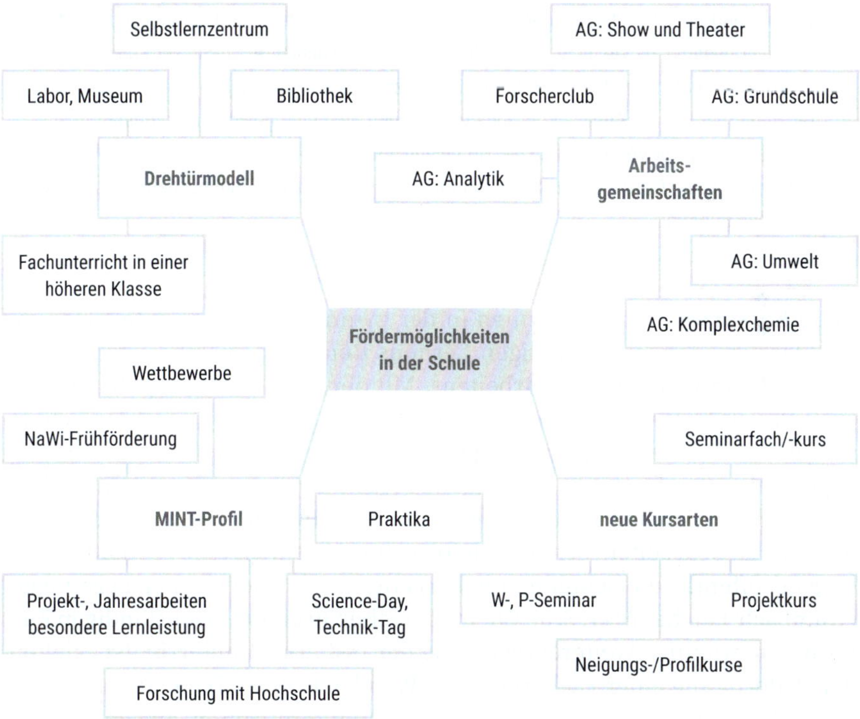

Abb. 11: Fördermöglichkeiten in der Schule aus Wambach (2013, S. 8)

Arbeitsgemeinschaften: „Arbeitsgemeinschaften werden im Rahmen der Unterrichtsverteilung und des Schulprogramms eingerichtet und sind hilfreich für Gruppen ähnlich interessierter Schülerinnen und Schüler z. B. in Chemie" (Wambach 2013b). Insbesondere an Ganztagsschulen bieten sie gute Lerngelegenheiten und Fördermöglichkeiten im Nachmittagsprogramm, um ggf. in Teams eigenständige Projekte durchzuführen oder die Teilnahme an Wettbewerben vorzubereiten. Das Fach Chemie mit seinen vielfältigen Experimentiermöglichkeiten ist dabei besonders geeignet, vielfältige Persönlichkeits-Merkmale und Begabungen bei Kindern und Jugendlichen zu fördern (Wambach-Laicher 2005).

A

Anregung: Arbeitsgemeinschaften auch für „Durchschnitts"-Schülerinnen und -Schüler
Diese Schülerinnen und Schüler sind Zielgruppe des Projekts *Mach MI(N)T* (Stuttgarter Hefte 2014). Angeboten wird eine außerunterrichtliche Arbeitsgemeinschaft „zur Verbesserung der Noten", ein vordergründiger Anlass, um die gewünschte Zielgruppe anzusprechen. Mit dem Angebot der Förderung ist die Pflicht zur kontinuierlichen Teilnahme und zur Erledigung aller im Projekt geforderter Aufgaben verbunden. Für die Konzeption der AG ist eine enge Abstimmung zwischen den auf der Klassenstufe unterrichtenden Lehrpersonen und den AG-Leitern notwendig, da sie nicht als Fachlehrerinnen und Fachlehrer auf dieser Klassenstufe unterrichten sollten, um die Arbeitsgemeinschaften als „geschützten Raum" von Notendruck frei zu halten. Bei der Auswahl der Inhalte empfiehlt sich eine geeignete Kombination aus Übungsmaterial zur Verbesserung der Noten und interessanten Fragestellungen zur Motivation für das Fach. Für die zweite Säule der Motivation, die soziale Eingebundenheit, sind Exkursionen günstig.

Neue Kursarten: Viele Reformen in der gymnasialen Oberstufe zielen auf die Stärkung des selbstständigen Lernens und des projektbezogenen, wissenschaftspropädeutischen Arbeitens. Mit der Einrichtung sog. Seminarfächer, Projektkurse, W-/P-Seminare (Wambach-Laicher 2011) werden Schülerinnen und Schüler über eine längere Zeitspanne in einer Kursveranstaltung angeleitet und unterstützt, „eine eigene Forschungsfrage selbst zu entwickeln und sie mit geeigneten strategischen Mitteln (Methoden) wissenschaftspropädeutisch zu bearbeiten; schließlich folgt zum Abschluss eine Produktdarstellung mit öffentlicher (schulöffentlicher) Präsentation der eigenen Leistungen" (Wambach-Laicher 2011, S. 5). Chemieforschen in einem eigenständigen Kurs stellt eine wichtige Weiterentwicklung der bisherigen unterrichtsbegleitenden Anfertigung einer Facharbeit dar (Wambach 2002). Die Erstellung einer qualitativ hochwertigen Facharbeit zu einem interessanten, anwendungsbezogenem Thema, die die Erkenntnisgewinnung mittels selbst geplanter und durchgeführter Experimente beinhaltet, kann sehr viel Freude bereiten, zu einem großen Kompetenzzuwachs und zu persönlichem Stolz der Schülerinnen und Schüler führen.

A

Anregung: Praxisbeispiele zu Seminararbeiten im Fachbereich Chemie

Gute Praxisbeispiele aus mehreren Bundesländern mit verschiedenen Schwerpunkten, z. B. Themen, Inhalten, Beurteilungskriterien, Ausbau zur Besonderen Lernleistung, Kooperation mit Unternehmen und Hochschulen finden sich in PdN-ChiS 7/60 Chemie in Seminarfach und Projektkurs (Wambach-Laicher 2011).

Für eine weiterführende Schule ist es vorteilhaft, ein **MINT-Profil** auszuweisen, das von allen Schulmitgliedern und -gremien getragen wird. Durch Kooperation mit Grundschulen in einem Kurs zur NaWi-Frühförderung (Schülerinnen und Schüler des Gymnasiums besuchen Grundschulen oder betreuen Grundschülerinnen und Grundschüler im Gymnasium), Organisation von Tagesprogrammen in Kooperation mit Wissenschaftlern (z.B. Science-Day) u.v.m. (Wambach 1997, Wiskamp 2004) sollen verstärkt junge Menschen die Gelegenheit haben, ihre Begabungen zu entdecken und so gut wie möglich auf das Leben in einer Wissensgesellschaft vorbereitet werden (Wambach 2013b).

18.5.5 Fördermöglichkeiten außerhalb der Schule

Die Vielfalt **außerschulischer Förderangebote** hat in den vergangenen Jahren enorm zugenommen. Neben externen Lernorten bieten vor allem außerschulische Partner wie gemeinnützige Verbände, Stiftungen, Universitäten, Wirtschaftsverbände und industrielle Unternehmen ein breites Spektrum von Bildungsangeboten. Lehrpersonen haben eine bedeutungsvolle Brückenaufgabe: einerseits als Mittler zwischen Schülerinnen, Schülern und Partnern und andererseits als ideeller Betreuer und Motivator (Wambach 2013b).

Schülerwettbewerbe für die Sekundarstufen: „Schülerwettbewerbe, an denen sich auch außerschulische Kooperationspartner wie Hochschulen und Unternehmen beteiligen, tragen dazu bei, frühzeitig das Interesse an bestimmten Fachrichtungen zu wecken, Talente zu finden und von der Breitenmotivation zur Förderung besonderer Fähigkeiten zu kommen“ (KMK, 2015b). Im Bereich der Chemie gibt es experimentelle Chemie-Wettbewerbe für die Sekundarstufe I, die **länderspezifisch** meist ab Stufe 5 mit experimentellen Aufgaben starten. Hier soll die Motivation durch Experimentieren mit Haushaltsstoffen erzeugt werden. Überregional gibt es weitere zahlreiche Wettbewerbe im Bereich der Chemie (Anregung), die teilweise über mehrere Runden laufen und von der Breitenförderung zur Spitzenförderung führen. Eine ausführlichere Beschreibung und vollständigere Auflistung findet sich in Parchmann et al. (2013) und Wambach (2013b). Grundsätzlich erhalten die Schülerinnen und Schüler vorgegebene Aufgaben/Experimente, die sie bearbeiten sollen, oder sie erstellen einzeln oder im Team eine Projekt- bzw. Facharbeit, in der eine chemische oder naturwissenschaftliche Fragestellung „wissenschaftlich" untersucht und bearbeitet wird. Gerade bei den sehr anspruchsvollen Wettbewerben bedarf es geeigneter Rahmenbedingungen und Förderkonzepte, um viele Schülerinnen und Schüler für die Chemie zu gewinnen und einer Demotivation durch zu schwierige Aufgaben entgegenzuwirken. Unterstützungsmaßnahmen für NRW beschreibt Vieler (2013).

A

Anregung: Beispiele für überregionale Wettbewerbe im Bereich der Chemie sind
- DECHEMAX (Dechema e.V., 7.–11. Jahrgangstufe),
- Chemie – die stimmt! (Förderverein Chemie-Olympiade e.V., 9.–10. Jahrgangsstufe)
- IJSO (IPN) Internationale JuniorScienceOlympiade (bis 15 Jahre),
- Schülerinnen und Schüler experimentieren (bis 14 Jahre) / Jugend forscht (Jugend forscht e.V.),
- IChO (IPN), Auswahlwettbewerb zur Internationalen Chemie-Olympiade (bis 20 Jahre).

Enrichment-Programme: In einigen Bundesländern werden schulübergreifende Kursveranstaltungen zur Begabtenförderung in Zusammenarbeit von Schulbehörden und Stiftungen während der Schulzeit außerhalb der Unterrichtszeit an ausgewählten Schulstandorten von beauftragen bzw. abgeordneten Lehrkräften angeboten (z. B. Enrichtment-Kurse, Schleswig-Holstein; Hector-Seminare, Baden-Württemberg (Hector Seminar 2010)).

Schülerstudierende / Frühstudium: Mittlerweile ermöglichen fast alle Universitäten besonders begabten Schülerinnen und Schülern noch während der Schulzeit, Veranstaltungen, auch im Fach Chemie, zu besuchen und Leistungsnachweise zu erwerben. Besonders geeignet ist diese sehr anspruchsvolle Begabtenförderung für schnelle Lerner mit großer Informationsverarbeitung und großer Einsatzbereitschaft.

Schülerlabore – Schülerforschungszentren: Schule allein wird kaum eine größere Vielfalt an praktischen, künstlerischen und intellektuellen Lerngelegenheiten bieten können, speziell für besonders begabte Schülerinnen und Schüler. Schülerlabore und Schülerforschungszentren können auch für diese Gruppe herausfordernde Projekte anbieten. Einen Überblick für den Bereich Chemie gibt Kapitel 17.

Schülerakademien – Schülervernetzung: Schülerakademien und -seminare sind häufig zeitlich befristete Bildungsangebote von Universitäten, Stiftungen, gemeinnützigen Verbänden, z. B. die Deutsche Schülerakademie für besonders leistungsstarke, motivierte Schülerinnen und Schüler der Oberstufe.

18.5.6 Weitere Fördermaßnahmen

Unter Akzeleration werden Möglichkeiten zusammengefasst, die ein schnelleres Durchlaufen der Schullaufbahn erlauben, z. B. vorzeitige Einschulung, individuelles Überspringen einer Klassenstufe bzw. Überspringen mit einer Gruppe oder Klasse. Hier sind Gelingensbedingungen zu beachten, die ausführlich untersucht und beschrieben wurden (Heinbokel 2009). Empfehlenswert ist ein stimmiges Konzept zur Vor- und Nachbereitung des Gruppenspringens, um so den Erfolg der Schülerinnen und Schüler zu steigern.

In Spezialklassen und -schulen findet der Unterricht in relativ homogenen Lerngruppen statt und kann weit über den normalen Lehrplan und das übliche Fächerspektrum hinausgehen.

„Das Erkennen von Entwicklungsständen, Lernausgangslagen, Lernpotenzialen oder auch Lernhindernissen umfasst den Einsatz geeigneter Instrumente, den Austausch mit Fachlehrkräften und professionellen Beratungskräften und die Entwicklung geeigneter Unterrichtssequenzen und Aufgabenstellungen“ (KMK 2015b, S. 13). Ein Überblick über Möglichkeiten und viele konkrete Umsetzungshilfen für die Schulpraxis geben das Österreichische Zentrum für Begabtenförderung und Begabungsforschung (özbf 2016) sowie der Begabungslotse des Zentrums für Begabungsförderung in Deutschland (Bildung und Begabung 2017).

Literatur

Abels, S. (2015). Scaffolding inquiry-based science and chemistry education in inclusive classrooms. In N.L. Yartes (Hrsg.), *New development in science education research* (S. 77–96). New York: Nova Science Pub Inc.

Adesokan, A. (2015). *Zur Förderung einer naturwissenschaftlichen Grundbildung bei Schülerinnen und Schülern mit Hörbeeinträchtigung – eine qualitative Studie als Beitrag zur Entwicklung eines inklusiven Chemieunterrichts.* Dissertation, Universität zu Köln. Verfügbar unter: http://kups.ub.uni-koeln.de/6291/

Adolphy, U. (1997). *„Wir haben uns das so vorgestellt: ...“: Konstruktivistische didaktische Prinzipien als Möglichkeit, Chemieunterricht mädchenorientierter zu gestalten?* Frankfurt am Main: Lang.

Allemann-Ghionda, C. (2013). *Bildung für alle, Diversität und Inklusion. Internationalen Perspektiven.* Paderborn: Schöningh.

Alvarez, C. (2007). *Hochbegabung: Tipps für den Umgang mit fast normalen Kindern.* München: Deutscher Taschenbuch Verlag.

Anton, M. (2013). Schnell denken langsam lernen! – Hochbegabung im Chemieunterricht. In *Unterricht Chemie,* **24** (135), S. 45–48.

Aristov, N. (2013). Wenn „bilingualer" Chemieunterricht, dann wie? In *Der mathematische und naturwissenschaftliche Unterricht,* **66** (1), S. 30–36.

Barke, H.-D. (2006). *Chemiedidaktik. Diagnose und Korrektur von Schülervorstellungen.* Berlin: Springer.

Baumert, J. & Lehmann, R. (1997). *TIMSS – Mathematisch-naturwissenschaftlicher Unterricht im internationalen Vergleich. Deskriptive Befunde.* Opladen: Leske + Budrich.

Baumert, J., Klieme, E. & Bos, W. (2001). Mathematische und naturwissenschaftliche Bildung am Ende der Schullaufbahn – Die Herausforderungen von TIMSS für die Weiterentwicklung des mathematischen und naturwissenschaftlichen Unterrichts. In E. Klieme & J. Baumert (Hrsg.), *TIMSS – Impulse für Schule und Unterricht – Forschungsbefunde, Reforminitiativen, Praxisberichte und Video-Dokumente* (S. 12). Bonn: BMBF.

Baumert, J., Klieme, E., Neubrand, M., Prenzel, M., Schiefele, U., Schneider, W., Stanat, P., Tillmann, K.-J. & Weiß, M. (Hrsg.) (2001). *PISA 2000 – Basiskompetenzen von Schülerinnen und Schülern im internationalen Vergleich.* Opladen: Leske + Budrich.

Beeken, M., Wottle, I., Lühken, A. & Parchmann, I. (2009). Interessiert und begabt – und dann? In *Unterricht Chemie,* **20** (111/112), S. 86–93.

Bergeest, H., Boenisch, J. & Daut, V. (2011). *Körperbehindertenpädagogik.* Bad Heilbrunn: Klinkhardt.

Bildung & Begabung (2017). *Begabungslotse.* https://www.bildung-und-begabung.de/begabungslotse/startseite-herzlich-willkommen (letzter Zugriff am 10.4.2017)

Blanchard, M.R., Southerland, S.A., Osborne, J.W., Sampson, V.D., Annetta, L.A. & Granger, E.M. (2010). Is inquiry possible in light of accountability? A quantitative comparison of the relative effectiveness of guided inquiry and verification laboratory instruction. In *Science Education,* **94** (4), S. 577–616.

BMBF (2015). *Begabte Kinder finden und fördern, Ein Wegweiser für Eltern, Erzieherinnen und Erzieher, Lehrerinnen und Lehrer.* Berlin: Bundesministerium für Bildung und Forschung.

Bohrmann-Linde, C. (2008). Getting Started: Einstiege in den bilingualen Chemieunterricht. In *Praxis der Naturwissenschaften – Chemie in der Schule,* **57** (7), S. 43–49.

Bohrmann-Linde, C. (2011). Here comes the sun – ein Stationenlernen zum Thema zukunftssichere Energieversorgung im bilingualen Chemieunterricht. In *Unterricht Chemie,* **22** (121), S. 22–28.

Bohrmann-Linde, C. (2013). Bilingualer Unterricht im Fach Chemie. In W. Hallet & F.G. Königs (Hrsg.). *Handbuch Bilingualer Unterricht/ Content and Language Integrated Learning.* (S. 295–302), Seelze: Friedrich.

Bohrmann-Linde, C. (2016). Funktionale Sprachwechsel und Wechsel der Darstellungsformen im bilingualen Chemieunterricht. In B. Diehr, G. Preisfeld & L.Schmelter (Hrsg.). *Bilingualen Unterricht weiterentwickeln und erforschen.* Frankfurt a. M.: Peter Lang.

Bonnet, A. (2004). *Chemie im bilingualen Unterricht: Kompetenzerwerb durch Interaktion.* Opladen: Leske + Budrich.

Bonnet, A. (2005). A twist of fate – Die Doppelhelix im bilingualen Chemieunterricht. In *Unterricht Englisch,* **39** (78), S. 34–41.

Booth, T. & Ainscow, M. (2002). *Index for inclusion – developing learning and participation in schools.* Bristol: Centre for Studies on Inclusive Education.

Borchert, J. (2007). *Einführung in die Sonderpädagogik.* München, Wien: Oldenbourg.

Bos, W., Wendt, H., Köller, O. & Selter, Ch. (2012). *TIMSS 2011 – Mathematische und naturwissenschaftliche Kompetenzen von Grundschulkindern in Deutschland im internationalen Vergleich.* Münster: Waxmann.

Bund-Länder-Kommission (1997). *Expertise „Steigerung der Effizienz des mathematisch-naturwissenschaftlichen Unterrichts".* Bonn: BLK. Verfügbar unter http://www.blk-bonn.de/papers/heft60.pdf (letzter Zugriff März 2018).

Bürli, A. (1997). *Internationale Tendenzen in der Sonderpädagogik. Vergleichende Betrachtung mit Schwerpunkt auf den europäischen Raum.* Hagen: Fernuniversität.

Butzkamm, W. (1989). *Psycholinguistik des Fremdsprachenunterrichts. Natürliche Künstlichkeit: Von der Muttersprache zur Fremdsprache.* Tübingen: Francke.

Butzkamm, W. (2011). Fremdsprachig unterrichten – wie schaffe ich das? Mit der Sandwich-Technik! In *Praxis Fremdsprachenunterricht,* (**2**), S. 5–8.

Chemie und ihre Didaktik, Bergische Universität Wuppertal (2015). *BiChem-Bilingualer Chemieunterricht.* http://www.chemiedidaktik.uni-wuppertal.de (letzter Zugriff am 28.7.2017).

Csikszentmihalyi, M. (1995). *Flow – Das Geheimnis des Glücks.* Stuttgart: Klett-Cotta.

Dittmer, M. (2016). Erarbeiten und Festigen mit heterogenen Lerngruppen. In *Praxis der Naturwissenschaften – Chemie in der Schule,* **65** (4), S. 9–15.

Doll, J. & Prenzel, M. (2004). *Bildungsqualität von Schule – Lehrerprofessionalisierung, Unterrichtsentwicklung und Schülerförderung als Strategien der Qualitätsverbesserung.* Münster: Waxmann.

Duit, R. & Schecker, H. (2007). Standards. In *Unterricht Physik,* **18** (1).

Duit, R. (2010). Fachdidaktische Forschung und Verbesserung des Physikunterrichts. In *Der mathematische und naturwissenschaftliche Unterricht,* **63** (6), S. 324–331.

Engler, E. & Staab, A. (2007). *Der Gebärdenbaukasten* (Software).

Feuser, G. (2010). Integration und Inklusion als Möglichkeitsräume. In A. D. Stein, S. Krach & I. Niediek (Hrsg.), *Integration und Inklusion auf dem Weg ins Gemeinwesen. Möglichkeiten und Perspektiven* (S. 17–31). Bad Heilbrunn: Klinkhardt.

Finsterwald, M., Schober, B., Jöstl, G. & Spiel, C. (2012). Motivation und Attributionen: Geschlechtsunterschiede und Interventionsmöglichkeiten. In H. Stöger, A. Ziegler & M. Heilemann (Hrsg.), *Mädchen und Frauen in MINT* (S. 193–212). Berlin: Lit.

Fornefeld, B. (2004). *Einführung in die Geistigbehindertenpädagogik.* Basel: Reinhardt

Freese, U. (2008). Geschlechtergerechte Experimente im Chemieunterricht? In H. Faulstich-Wieland et al. (Hrsg.), *Genus – geschlechtergerechter naturwissenschaftlicher Unterricht in der Sekundarstufe I* (S. 61–70). Bad Heilbrunn: Klinkhardt.

Gibbons, P. (2002). *Scaffolding language, scaffolding learning: teaching second language learners in the mainstream classroom,* Portsmouth: Heinemann.

Gibbons, P. (2006). Unterrichtsgespräche und das Erlernen neuer Register in der Zweitsprache. In P. Mecheril & T. Quehl (Hrsg.), *Die Macht der Sprachen. Englische Perspektiven auf die mehrsprachige Schule* (S. 269–290). Münster: Waxmann.

Gildemeister, R. (2008). Soziale Konstruktion von Geschlecht: „Doing Gender". In S. M. Wilz (Hrsg.), *Geschlechterdifferenzen – Geschlechterdifferenzierungen* (S. 167–198). Wiesbaden: Springer VS.

Grohnfeldt, M. (2014). *Grundwissen der Sprachheilpädagogik und Sprachtherapie.* Stuttgart: Kohlhammer.

Hallet, W. (2007). Scientific Literacy und Bilingualer Sachfachunterricht. In *Fremdsprachen Lehren und Lernen,* **36,** S. 95–110.

Hannover, B. & Kessels, U. (2002). Monoedukativer Anfangsunterricht in Physik in der Gesamtschule. Auswirkungen auf Motivation, Selbstkonzept und Einteilung in Grund-

und Fortgeschrittenenkurse. In *Zeitschrift für Entwicklungspsychologie und Pädagogische Psychologie,* **34** (4), S. 201–215.

Haupt, O. J., Domjahn, J., Martin, U., Skiebe-Corette, P., Vorst, S., Zehren, W. & Hempelmann, R. (2013). Schülerlabor – Begriffsschärfung und Kategorisierung. In *Der mathematische und naturwissenschaftliche Unterricht,* **66** (6), S. 324–330.

Hector Seminar, (2010). *Förderung hochbegabter Schüler.* Heidelberg.

Hegerfeld, A. (2006). Die Fremdsprache im Anfangsunterricht Chemie. In *Praxis Fremdsprachenunterricht,* **6,** S. 36–41.

Heimlich, U. & Kahlert, J. (2012). Vorwort. In U. Heimlich & J. Kahlert (Hrsg.), *Inklusion in Schule und Unterricht. Wege zur Bildung für alle* (S. 7–8). Stuttgart: Kohlhammer.

Heinbokel, A. (2009). *Handbuch Akzeleration.* Münster: LIT.; Auszug unter http://www.netzwerk-akzeleration.de/index.php?page=was-beim-ueberspringen-einer-klasse-zu-beachten-ist (letzter Zugriff am 13.06.2016).

Heitmann, P. &. Schwanewedel, J. (2014). Bewertung in Biologie, Chemie und Physik: Hintergründe und Aufgabenkonstruktion bei der Überprüfung der nationalen Bildungsstandards. In *Der mathematische und naturwissenschaftlche Unterricht,* **67** (8), S. 452–457.

Heller, K.A. (Hrsg.) (2001). *Hochbegabung im Kindes- und Jugendalter.* Göttingen: Hogrefe.

Herbart, J.F. (1806). *Allgemeine Pädagogik aus dem Zweck der Erziehung abgeleitet.* Göttingen: Röwer.

Herriger, C. & Ducci, M. (2010). „Forsche Schülerinnen forschen“. Ein Programm zur Förderung des naturwissenschaftlich-technischen Interesses von Schülerinnen. In *CHEMKON,* **17** (1), S. 13–18.

Hillenbrand, C. (2008). *Einführung in die Pädagogik bei Verhaltensstörungen.* Basel: Reinhardt.

Holstermann, N. & Bögeholz, S. (2007). Interesse von Jungen und Mädchen an naturwissenschaftlichen Themen am Ende der Sekundarstufe I. In *Zeitschrift für Didaktik der Naturwissenschaften,* **13,** S. 71–86.

Hülden, F. & Kurtz, J. (2003). Zum Zusammenspiel von fachbezogenem und sprachbezogenem Lernen in einem bilingualen Modul im Fach Chemie. In *Englisch,* **3,** S. 89–96.

Huser, J. (2001). *Lichtblick für helle Köpfe, Ein Wegweiser zur Erkennung und Förderung von hohen Fähigkeiten bei Kindern und Jugendlichen auf allen Schulstufen.* Zürich: Lehrmittelverlag Zürich.

IQB (2016). *Vergleichsarbeiten in der 3. und 8. Jahrgangsstufe (VERA).* Berlin: Institut zur Qualitätsentwicklung im Bildungswesen. https://www.iqb.hu-berlin.de/vera (letzter Zugriff März 2018).

Jäger, H.-J. (2012). *Chemie Bilingual.* http://www.bilingual-chemie.de/ (letzter Zugriff am 28.7.2017)

Jäger, M. (2013). MINT-FC am Lise-Meitner-Gymnasium. In *Praxis der Naturwissenschaften – Chemie in der Schule,* **62** (1), S. 15–16.

Jainski, J. (2013). Eigenständiges Arbeiten an Forschungsprojekten. In *Praxis der Naturwissenschaften – Chemie in der Schule,* **62** (1), S. 10–15.

Jürgensen, T. (2002). Die Facharbeit. In *Der mathematische und naturwissenschaftliche Unterricht,* **55** (6), S. 333–338.

Kessels, U. (2012). Selbstkonzept: Geschlechtsunterschiede und Interventionsmöglichkeiten. In H. Stöger, A. Ziegler & M. Heilemann (Hrsg.), *Mädchen und Frauen in MINT* (S. 163–191). Berlin: Lit.

Klemm, K. (2015). *Inklusion in Deutschland. Daten und Fakten.* Verfügbar unter: https://www.unesco.de/fileadmin/medien/Dokumente/Bildung/139-2015_BST_Studie_Klemm_Inklusion_2015.pdf

Klieme, E. & Baumert, J. (2001). *TIMSS – Impulse für Schule und Unterricht – Forschungsbefunde, Reforminitiativen, Praxisberichte und Video-Dokumente.* Bonn: BMBF.

Klieme, E., Artelt, C., Hartig, J., Jude, N., Köller, O., Prenzel, M., Schneider, W. & Stanat, P. (Hrsg.) (2010). *PISA – Bilanz nach einem Jahrzehnt.* Münster: Waxmann.

Klingauf, M. (2002). Chemie auf Englisch: Bilingualer Unterricht in einem ungewöhnlichen Sachfach. In C. Finkbeiner (Hrsg.), *Bilingualer Unterricht: Lehren und Lernen in zwei Sprachen* (S. 49–61). Hannover: Schroedel.

Klingauf, M. & Lüpke, D. (2007). Alkali Metals Go Bilingual. In *Unterricht Chemie,* **18** (98), S. 30–38.

KMK (1994). *Empfehlungen zur sonderpädagogischen Förderung in den Schulen in der Bundesrepublik Deutschland.* Verfügbar unter: http://www.kmk.org/fileadmin/veroeffentlichungen_beschluesse/1994/1994_05_06-Empfehlung-sonderpaed-Foerderung.pdf

KMK (1996). *Empfehlungen zum Förderschwerpunkt Hören – Beschluß der Kultusministerkonferenz vom 10.05.1996. Verfügbar unter: http://www.km.bayern.de/download/2941_kmk_hoeren.pdf*

KMK (1998a). *Empfehlungen zum Förderschwerpunkt geistige Entwicklung. Beschluß der Kultusministerkonferenz vom 26.06.1998.* Verfügbar unter: http://www.kmk.org/fileadmin/veroeffentlichungen_beschluesse/1998/1998_06_20_FS_Geistige_Entwickl.pdf

KMK (1998b). *Empfehlungen zum Förderschwerpunkt körperliche und motorische Entwicklung. Beschluß der Kultusministerkonferenz vom 20.03.1998.* Verfügbar unter: http://www.kmk.org/fileadmin/veroeffentlichungen_beschluesse/1998/1998_03_20-Empfehlung-koerperliche-Entwicklung.pdf

KMK (1998c). *Empfehlungen zum Förderschwerpunkt Sehen. Beschluss der Kultusministerkonferenz vom 20.03.1998.* Verfügbar unter: http://www.kmk.org/fileadmin/pdf/PresseUndAktuelles/2000/sehen.pdf

KMK (1998d). *Empfehlungen zum Förderschwerpunkt Sprache. Beschluss der Kultusministerkonferenz vom 26.06.1998.* Verfügbar unter: http://www.kmk.org/fileadmin/pdf/PresseUndAktuelles/2000/sprache.pdf

KMK (1999). *Empfehlungen zum Förderschwerpunkt Lernen. Beschluss der Kultusministerkonferenz vom 01.10.1999.* Verfügbar unter: http://www.kmk.org/fileadmin/veroeffentlichungen_beschluesse/1999/1999_10_01-FS-Lernen.pdf

KMK (2000). *Empfehlungen zum Förderschwerpunkt emotionale und soziale Entwicklung. Beschluss der Kultusministerkonferenz vom 10.03.1998.* Verfügbar unter: http://www.kmk.org/fileadmin/veroeffentlichungen_beschluesse/2000/2000_03_10-FS-Emotionale-soziale-Entw.pdf

KMK (2004). *Vereinbarung über Bildungsstandards für den Mittleren Schulabschluss für die Fächer Biologie, Chemie, Physik (Jahrgangsstufe 10).* München: Luchterhand.

KMK (2013). *Konzepte für den bilingualen Unterricht –Erfahrungsbericht und Vorschläge zur Weiterentwicklung.*

KMK (2015a). *Pressemitteilung vom 12.06.2015.* https://www.kmk.org/aktuelles/artikelansicht/kmk-praesidentin-kurth-leistungsspitze-verbreitern.html (letzter Zugriff am 10.06.2016).

KMK (2015b). *Förderstrategie für leistungsstarke Schülerinnen und Schüler, Beschluss der Kultusministerkonferenz vom 11.06.2015.* https://www.kmk.org/fileadmin/Dateien/veroeffentlichungen_beschluesse/2015/2015_06_11-Foerderstrategie-leistungsstarke-Schueler.pdf (letzter Zugriff am 10.06.2016).

Köhler, O. (2012). Mythen guter Unterrichtspraxis. In *IPN-Blätter,* **29** (2/12), S. 1–3.

Krauß, R. & Woest, V. (2013). Naturwissenschaft am Förderzentrum. In S. Bernholt (Hrsg.), *Inquiry-based Learning – Forschendes Lernen* (S. 101–103). Kiel: IPN.

Kremer, M. (2013). Benzol – ein Aromat mit vielen Rätseln. In H. Wambach & J. Wambach-Laicher (Hrsg.), *Individualisieren und Aktivieren im Chemieunterricht SII,* Band 2, (S. 132–159). Hallbergmoos: Aulis.

Langermann, K. (2006). *Akzeptanz naturwissenschaftlicher Phänomene bei geistig behinderten Vorschulkindern – Untersuchungen zur affektiven und kognitiven Rezeption naturwissenschaftlicher Experimente.* Göttingen: Cuvillier.

Leisen, J. (2010). *Handbuch Sprachförderung im Fach: Sprachsensibler Fachunterricht in der Praxis; Grundlagenwissen, Anregungen und Beispiele für die Unterstützung von sprachschwachen Lernern und Lernern mit Zuwanderungsgeschichte beim Sprechen, Lesen, Schreiben und Üben im Fach.* Bonn: Varus.

Leisen, J. (2011). *Lernprozesse nach dem Lehr-Lern-Modell planen und gestalten.* http://www.josefleisen.de/uploads2/02 Der Kompetenzfermenter – Ein Lehr-Lern-Modell/01 Lernprozesse nach dem Lehr-Lern-Modell planen und gestalten.pdf (letzter Zugriff am 13.06.2016).

Leisen, J. (2015). Fachlernen und Sprachlernen! Bringt zusammen, was zusammen gehört! In *Der mathematische und naturwissenschaftliche Unterricht,* **68** (3), S. 132–137.

Lembens, A. & Bartosch, I. (2012). Genderforschung in der Chemie- und Physikdidaktik. In M. Kampshoff & C. Wiepcke (Hrsg.), *Handbuch Geschlechterforschung und Fachdidaktik* (S. 83–97). Wiesbaden: Springer VS.

Leonhardt, A. (2010). *Einführung in die Hörgeschädigtenpädagogik.* Basel: Reinhardt.

Martiny, S. E. & Götz T. (2011). Stereotype Threat in Lern- und Leistungssituationen: theoretische Ansätze, empirische Befunde und praktische Implikationen. In M. Dresel et al. (Hrsg.), *Motivation, Selbstregulation und Leistungsexzellenz* (S. 153–178). Berlin: Lit.

Der mathematische und naturwissenschaftliche Unterricht (2007). *MNU Themenreihe Bildungsstandards – Bildungsstandards Chemie.* Neuss: Seeberger. Verfügbar unter www.mnu.de (letzter Zugriff im Juni 2016).

Menthe, J. & Hoffmann, T. (2015). Inklusiver Chemieunterricht: Chance und Herausforderung. In O. Musenberg & J. Riegert (Hrsg.), *Inklusiver Fachunterricht in der Sekundarstufe* (S. 131–141). Stuttgart: Kohlhammer.

Merzyn, G. (1998). Sprache im naturwissenschaftlichen Unterricht. In *Physik in der Schule,* **36** (9), S. 284–287.

Merzyn, G. (2008). Chemie und Sprache lernen. In *Unterricht Chemie,* **19** (106/107), S. 94–97.

Miller, G.A. (1956). The magical number seven, plus or minus two: some limits on our capacity for processing information. In *The Psychological Review,* **63,** S. 81–97.

Ministerium für Schule und Weiterentwicklung des Landes Nordrhein-Westfalen. *Bilingualer Unterricht in Nordrhein-Westfalen.* https://www.schulministerium.nrw.de/docs/Schulsystem/Unterricht/Lernbereiche-und-Faecher/Fremdsprachen/Bilingualer-Unterricht/index.html (letzter Zugriff am 25.7.2017)

Mokhonko, S., Nickolaus, R. & Windaus, A. (2014). Förderung von Mädchen in Naturwissenschaften: Schülerlabore und ihre Effekte. In *Zeitschrift für Didaktik der Naturwissenschaften,* **20,** S. 143–159.

Mönks, F. J. & Ypenburg, I.H. (2012). *Unser Kind ist hochbegabt.* München: Ernst Reinhardt.

Münch, J. (2010). Lehrerbildung neu denken – jetzt! Zu den Folgerungen für Schule und Lehrerbildung aus der „UN-Convention on the Rights of Persons with Disabilities". In A. Köker, S. Romahn & A. Textor (Hrsg.), *Herausforderung Heterogenität: Ansätze und Weichenstellungen* (S. 5–9). Bad Heilbrunn: Klinkhardt.

Ostermeier, C., Prenzel, M. & Duit, R. (2010). Improving science and mathematics instruction – the SINUS-Project as an example for reform as teacher professional development. In *International journal of science education,* (**32**), S. 303–327.

Österreichisches Zentrum für Begabtenförderung und Begabungsforschung – ÖZBF (2016). *Wege in der Begabungsförderung, eine Methodensammlung für die Praxis.* Salzburg: ÖZBF. http://www.oezbf.net (Letzter Zugriff am 6.3.2017).

Parchmann, I., Peters, H. & Sieve, B. (2013). Wettbewerbe. In *Unterricht Chemie,* **24** (136).

Pfefferle, J. (2017) *Bilinguales Unterrichtsmodul mit Experimenten zum Thema „Alternative Treibstoffe.* http://www.unterrichtsmaterialien-chemie.uni-goettingen.de/bilingual.php (letzter Zugriff am 28.7.17).

Pfeifer, P., Lutz, B. & Bader, H.J. (Hrsg.), (2002). *Konkrete Fachdidaktik Chemie.* München: Oldenbourg.

Pfeifer, P. (2008). Alltagssprache und Fachsprache. In *Unterricht Chemie,* **19** (106/107), S. 16–24.

Poppendieker, R. (1993). *Wasser. Unterrichtseinheit: Sachkunde – Natur unter besonderer Berücksichtigung von Mehrfachbehinderungen.* Seedorf: Signum.

Prechtl, M. (2006). *Doing Gender' im Chemieunterricht.* Dissertation, Universität zu Köln, http://kups.ub.uni-koeln.de/1825/.

Prechtl, M. (2014). Vorbilder für junge Frauen in den Naturwissenschaften – revisited. In V. Eisenbraun & S. Uhl (Hrsg.), *Geschlecht und Vielfalt in Schule und Lehrerbildung* (S. 131–162). Münster: Waxmann.

Prechtl, M. & Sieve, B. (Hrsg.) (2016). Boys & Girls – Gender bewusst unterrichten (Themenheft). In *Unterricht Chemie,* **27** (151).

Prechtl, M. (2016). Geschlechterdifferenzen, -differenzierungen und -diffraktionen. Lesarten von Geschlecht in der Fachdidaktik Chemie am Beispiel von substanzbezogenem Risikoverhalten. In N. Balzter, F. C. Klenk & O. Zitzelsberger (Hrsg.), *Queering MINT. Impulse für eine dekonstruktive Lehrer_innenbildung* (S. 153–169). Opladen: Budrich.

Prengel, A. (2013). *Pädagogik der Vielfalt – Verschiedenheit und Gleichberechtigung in Interkultureller, Feministischer und Integrativer Pädagogik.* Wiesbaden: Springer Fachmedien.

Prenzel, M. & Doll, J. (Hrsg.) (2002). Bildungsqualität von Schule: Schulische und außerschulische Bedingungen mathematischer, naturwissenschaftlicher und überfachlicher Kompetenzen. In *Zeitschrift für Pädagogik,* **45,** Beiheft. Weinheim: Beltz.

Prenzel, M. (Hrsg.) (2005). *PISA 2003 – der zweite Vergleich der Länder in Deutschland – Was können und wissen Jugendliche?* Münster: Waxmann.

Prenzel, M. & Allolio-Näcke, A. (2006). *Untersuchungen zur Bildungsqualität von Schule. Abschlussbericht des DFG-Schwerpunktprogramms.* Münster: Waxmann.

Prenzel, M., Artelt, C., Baumert, J., Blum, W., Hammann, M., Klieme, E., Pekrun, R. (Hrsg.) (2008). *Die Kompetenzen der Jugendlichen im dritten Ländervergleich.* Münster: Waxmann.

Prenzel, M., Baumert, J., Blum, W., Lehmann, R., Leutner, D., Neubrand, M., Pekrun, R., Rost, J. & Schiefele, U. (2008). *PISA 2006 in Deutschland. Die Kompetenzen der Jugendlichen im dritten Ländervergleich/PISA-Konsortium Deutschland.* Münster: Waxmann.

Qualitäts- und UnterstützungsAgentur – Landesinstitut für Schule (QUA-LiS NRW) (2011). Online unter: http://www.schulentwicklung.nrw.de/lehrplaene/lehrplannavigator-s-i/gymnasium-g8/chemie-g8/kernlehrplan-chemie/kernlehrplan-chemie-g8.html (letzter Zugriff am 28.7.2017)

Ralle, B. (Hrsg.). (2004). Themenheft: Kerncurricula, Bildungsstandards. In *Der mathematische und naturwissenschaftliche Unterricht,* **57** (3).

Reich, K. (2012). *Inklusion und Bildungsgerechtigkeit. Standards und Regeln zur Umsetzung einer inklusiven Schule.* Weinheim: Beltz.

Reiss, K., Salzer, C., Schiepe-Tiska, A., Klieme, E. & Koller, O. (Hrsg.) (2016). *PISA 2015. Eine Studie zwischen Kontinuität und Innovation.* Münster: Waxmann.

Renzullli, J.S., Reis, S.M. & Stedtnitz, U. (2001). *Das schulische Enrichment Modell SEM. Begabungsförderung ohne Elitebildung.* Aarau: Sauerländer.

Rittersbacher, C. (2006). We're doing Science. Bilingualer Sachfachunterricht an der Realschule. In *Praxis Fremdsprachenunterricht,* **6,** S. 31–35.

Rost, J., Walter, O., Carstensen, C. H., Senkbeil, M. & Prenzel, M. (2005). Der nationale Naturwissenschaftstest PISA 2003. In *Der mathematische und naturwissenschaftliche Unterricht,* **58** (4), S. 196–204.

Schepe-Tiska, A., Schmidtner, S. & Prenzel, M. (2014). Naturwissenschaftsleistungen 15-Jähriger – Ergebnisse aus PISA 2012. In *Der mathematische und naturwissenschaftliche Unterricht,* **67** (4), S. 202–207.

Schmitt-Sody, B., Urbanger, M. & Kometz, A. (2015). Experimentieren mit Förderschülern – eine besondere Herausforderung in einem Schülerlabor und ein kleiner Beitrag für die Inklusion. In *Chemie & Schule,* **4,** S. 5–10.

Schroeders, U., Penk, C., Jansen, M. & Pant, H. A. (2013). Geschlechtsbezogene Disparitäten. In H. A. Pant et al. (Hrsg.), *IQB-Ländervergleich 2012* (S. 249–274). München: Waxmann.

Sgoff, M. (1999). Die Situation von Mädchen im naturwissenschaftlichen Unterricht. In H. J. Bader & A. Flint (Hrsg.), *Frankfurter Beiträge zur Didaktik der Chemie,* Band 2 (S. 33–64). Frankfurt am Main: Harri Deutsch.

Sinclair, J. & Coulthard, M. (1975). *Towards an analysis of discourse.* Oxford: Oxford University Press.

Speck, O. (2008). *System Heilpädagogik. Eine ökologisch reflexive Grundlegung.* München: Reinhardt.

Speck, O. (2011). *Schulische Inklusion aus heilpädagogischer Sicht. Rhetorik und Realität.* Basel: Reinhardt.

Spitzer, P. & Prechtl, M. (2015). Risikoverhalten und maskuline Performanz von Jungen im Chemieunterricht. In J. Wedl & A. Bartsch (Hrsg.), *Teaching Gender?* (S. 137–163). Bielefeld: Transcript.

Stanat, P. & Edele, A. (2011). Migration und soziale Ungleichheit. In H. Reinders, H. Ditton, C. Gräsel & B. Gniewosz (Hrsg.). *Empirische Bildungsforschung* (S. 181–192). Wiesbaden: Springer VS.

Stäudel, L. (2008). Mit Informationen umgehen – Übersetzungen zwischen verschiedenen Darstellungsformen. In *Unterricht Chemie,* **19** (106/107), S. 40–51.

Stuttgarter Hefte (2014). *Mach MI(N)T.* Schriftenreihe für Pädagogik und Didaktik, Heft 4. Stuttgart: Staatliches Seminar für Didaktik und Lehrerbildung (Gymnasien) http://www.seminare-bw.de/site/pbs-bw/get/documents/KULTUS.Dachmandant/KULTUS/Seminare/seminar-stuttgart-gym/MachMINT/Heft04_MachMINT.pdf

Sumfleth, E. & Pitton, A. (1998). Sprachliche Kommunikation im Chemieunterricht: Schülervorstellungen und ihre Bedeutung im Unterrichtsalltag. In *Zeitschrift für Didaktik der Naturwissenschaften Biologie, Chemie, Physik,* **4** (2), S. 4–20.

Trautmann, M. & Wischer, B. (2011). *Heterogenität in der Schule: Eine kritische Einführung.* Wiesbaden: Springer VS.

UNESCO (1994). *The Salamanca Statement and Framework for Action on Special Needs Education. Adopted by the World Conference on Special Needs Education: Access and Quality, Salamanca, Spain, 7–10 June, 1994.* Verfügbar unter: http://unesdoc.unesco.org/images/0009/000984/098427eo.pdf

United Nations (2006). *Convention on the rights of persons with disabilities.* Verfügbar unter: http://www.un.org/disabilities/convention/conventionfull.shtml

Vieler, B. (2013). Begeisterung wecken – Begabung fördern. In *Praxis der Naturwissenschaften – Chemie in der Schule,* **62** (1), S. 32–36.

Vygotsky, L.S. (1971). *Denken und Sprechen.* Frankfurt: Fischer.

Vygotsky, L.S. (1978). *Mind in Society: The Development of Higher Psychological Processes.* Harvard University Press.

Wagner, L. & Bader, H.J. (2006). Probleme des Chemieunterrichts an Förderschulen. In *CHEMKON,* **13** (3), S. 111–116.

Walker, D. (1976). *The IEA Six Subject Survey: An empirical study of education in twenty-one countries.* Stockholm: Almqvist & Wiksell.

Walpuski, M., Kampa, N., Kauertz, A. & Wellnitz, N. (2008). Evaluation der Bildungsstandards in den Naturwissenschaften. In *Der mathematische und naturwissenschaftliche Unterricht,* **61** (6), S. 323–326.

Walpuski, M. &. Sumfleth, E. (2010). Überprüfung der nationalen Bildungsstandards im Fach Chemie. Wie werden die Kompetenzen der Schülerinnen und Schüler gemessen? In *Praxis der Naturwissenschaften – Chemie in der Schule,* **59** (6), S. 24–28.

Walthes, R. (2014). *Einführung in die Blinden- und Sehbehindertenpädagogik.* Basel: Reinhardt.

Wambach, H. (Hrsg.) (1997). *Förderung von Jugendlichen in Chemie.* Münster: LIT.

Wambach, H. (2002). Facharbeit und besondere Lernleistung – neue Lern- oder Leistungsform? In *Der mathematische und naturwissenschaftliche Unterricht,* **55** (6), S. 328–333.

Wambach, H. (2013a). Begabtenförderung im Fach Chemie. In *Praxis der Naturwissenschaften – Chemie in der Schule,* **62** (1), S. 7–9.

Wambach, H. (2013b). Begabtenförderung im Fach Chemie. In *Praxis der Naturwissenschaften – Chemie in der Schule,* **62** (1), Online-Ergänzung http://www.aulis.de/newspapers/supplement/403 (letzter Zugriff am 10.06.2016).

Wambach-Laicher, J. (2005). *Förderung von begabten Schülerinnen und Schülern in einer Chemie-Arbeitsgemeinschaft der Sekundarstufe I.* In Österreichisches Zentrum für Begabtenförderung und Begabungsforschung (Hrsg.), *Die Forscher/innen von morgen.* Innsbruck: Studienverlag.

Wambach-Laicher, J. (Hrsg.) (2011). Chemie im Seminar und Projektkurs. In *Praxis der Naturwissenschaften – Chemie in der Schule,* **60** (7).

Werning, R. & Arndt, A.K. (2013). *Inklusion: Kooperation und Unterricht entwickeln.* Bad Heilbrunn: Klinkhardt.

Werning, R. & Lütje-Klose, B. (2010). *Einführung in die Pädagogik bei Lernbeeinträchtigungen.* Basel: Reinhardt.

Wienekamp, H. (1992). *Mädchen im Chemieunterricht.* Essen: Westarp.

Wiesner, H. & Schwarze, H. (2007). Standards. In *Praxis der Naturwissenschaften – Physik,* **56** (6).

Winheller, S. (2007). *Geschlechtsspezifische Auswirkungen der Lehrer-Schüler-Interaktion im Chemieanfangsunterricht.* Reihe: Studien zum Physik- und Chemielernen. Band 72. Berlin: Logos.

Wiskamp, V. (2004). *Chemie-Kurse für Hochbegabte.* Frankfurt a. M.: Harri Deutsch.

Wocken, H. (2010). Integration & Inklusion. Ein Versuch, die Integration von der Abwertung und die Inklusion von der Träumerei zu bewahren. In A. D. Stein, S. Krach & I. Niediek (Hrsg.), *Integration und Inklusion auf dem Weg ins Gemeinwesen. Möglichkeiten und Perspektiven* (S. 204–234). Bad Heilbrunn: Klinkhardt.

Ziegler, A. & Schober, B. (2001). *Theoretische Grundlagen und praktische Anwendung von Reattributionstrainings.* Regensburg: Roderer.

Online

https://www.kmk.org/fileadmin/Dateien/veroeffentlichungen_beschluesse/2013/201_10_17-Konzepte-bilingualer-Unterricht.pdf (letzter Zugriff am 25.7.2017).

19 Fachdidaktische Literatur und Literaturrecherche

Warum man auf Literatur zurückgreifen sollte

Autoren jeglicher fachdidaktischer Literatur verfassen Texte, um an einem wissenschaftlichen oder unterrichtspraktischen Diskurs teilzuhaben und eigene Ideen in den Fachunterricht zu bringen (Meyer et al. 2015). Ziel ist es, das (Schul-)Fach – hier Chemie – zu gestalten und weiterzuentwickeln. In der fachdidaktischen Literatur werden Theorie und empirische Ergebnisse genauso wie konkrete Konzeptionen und methodische Vorschläge für den Unterricht beschrieben. Somit bietet Literatur Stütze und Vorarbeit für die eigene Arbeit von Lehrenden und Lernenden in der Chemiedidaktik – sowohl im wissenschaftlichen Diskurs als auch der konkreten Unterrichtsplanung: Mit Literaturbelegen kann man das eigene fachliche und fachdidaktische Wissen (unter Nutzung der fachwissenschaftlichen bzw. fachdidaktischen Literatur) erweitern, didaktische und methodische Entscheidungen treffen und nicht zuletzt Meinungen bilden. Literatur und Literaturrecherche sind also für jeden, der sich in Studium, Referendariat oder Beruf mit Chemiedidaktik beschäftigt, unumgänglich oder zumindest ein mächtiges Hilfsmittel (Gropengießer 2013).

Fachdidaktische Literatur und Recherchemöglichkeiten

Das Spektrum der **fachdidaktischen Literatur** ist sehr weitreichend:

- Fachdidaktische Lehrwerke (z. B. *Konkrete Fachdidaktik Chemie*)
- Schulbücher mit entsprechenden Lehrerhandbüchern und Schüler-Arbeitsheften
- Monographien (Experimentier-Handbücher (z. B. Häusler, K., Rampf, H. & Reichelt, R. (2001). *Experimente für den Chemieunterricht.* München: Oldenbourg), methodische Handreichungen (z. B. Schmölzer-Eibinger, S., Dorner, M. & Helten-Pacher, M.-R. (2013). *Sprachförderung im Fachunterricht in sprachlich heterogenen Klassen.* Stuttgart: Klett)
- Fachdidaktische Zeitschriften (Vertiefung 1)
- Handreichungen für Lehrkräfte (z. B. Lose-Blatt-Sammlungen als Begleitmaterialien zu Schulbüchern und zu Unterrichtsreihen wie *RAAbits*)

Darüber hinaus existieren zahlreiche Online-Angebote – vor allem für die Unterrichtspraxis. Hierunter fallen die so genannte Graue Literatur, welche nicht über den Buchhandel vertrieben wird, Online-Publikationen (wie z. B. Abschlussarbeiten an Universitäten) und andere Online-Angebote von Universitäten, Verlagen, anderen Organisationen oder Privatpersonen. Bei allen Literaturquellen – im Besonderen bei (Online-)Angeboten, denen keine erkennbare Qualitätskontrolle zugrunde liegt – ist eine Prüfung der Plausibilität der Inhalte unumgänglich. Zum einen kann dies über die Einschätzung des eigentlichen Inhalts einer Literaturquelle erfolgen, zum anderen gibt auch der Hintergrund der Autoren Aufschluss über die Verlässlichkeit einer Quelle. Darüber hinaus stellen die Verweise auf weitere Literatur einen Indikator dafür dar, wie gründlich für das Verfassen einer Literaturquelle recherchiert wurde und inwieweit die Argumentation der Autoren sich auf Ergebnisse aus anderen Publikationen stützt.

V

Vertiefung 1: Fachdidaktische Zeitschriften – deutsch- und englischsprachig

Die auf dem Markt befindlichen fachdidaktischen Zeitschriften (Tab. 1) unterscheiden sich in ihrer inhaltlichen Ausrichtung (primär fachwissenschaftlich oder empirisch, stärker unterrichtspraktisch oder experimentell-konzeptionell), ihrem Konzept sowie der Zielgruppe (Fehr et al. 2015). Sie haben den Vorteil, dass sie flexibel und zeitnah auf aktuelle Entwicklungen und Herausforderungen reagieren und entsprechendes Material anbieten können. Um eine Literaturquelle in einer Zeitschrift zu finden, sind verschiedene Informationen nötig. Neben den Namen der Autoren und dem Titel des Artikels sind drei Kennzahlen entscheidend: Jahreszahl (Angabe des Jahres, in dem das jeweilige Heft der Zeitschrift erschienen ist), Jahrgang (Angabe darüber, im wievielten Jahr seit Bestehen der Zeitschrift das jeweilige Heft erschienen ist) und Heftnummer (üblicherweise werden die Hefte pro Jahrgang gezählt; seltener ist eine fortlaufende Nummerierung seit Bestehen der Zeitschrift).

Chemie in unserer Zeit (ChiuZ) (fachwissenschaftlich/Wiley-VCH/1967) www.onlinelibrary.wiley.com/journal/10.1002/%28ISSN%291521-3781/issues
Chemie konkret (CHEMKON) (Zeitschrift der Fachgruppe Chemieunterricht der GDCh) (experimentell-konzeptionell, empirisch/Wiley-VCH/1994) www.onlinelibrary.wiley.com/journal/10.1002/%28ISSN%291521-3730
Chemie und Schule (ChemSCH) (unterrichtspraktisch/Verband der Chemielehrer/innen Österreichs (VCÖ)/1986) www.vcoe.or.at/cs/index.php
Der mathematisch-naturwissenschaftliche Unterricht (MNU) (unterrichtspraktisch, empirisch/Klaus Seeberger/1948) www.mnu.de/zeitschriften
Unterricht Chemie (UC; früher zitiert als Naturwissenschaften in Unterricht Chemie NiU-Che) (unterrichtspraktisch/Friedrich/1990 (zuvor Naturwissenschaften im Unterricht Physik/Chemie) www.friedrich-verlag.de/sekundarstufe/naturwissenschaften/chemie/unterricht-chemie/

Praxis der Naturwissenschaften – Chemie in der Schule (PdN Chemie; PdN ChidS) (unterrichtspraktisch/Aulis/1996 (zuvor zwei Zeitschriften), eingestellt 2017) www.aulis.de/items/view/praxis-der-naturwissenschaften-chemie-in-der-schule.html
Zeitschrift für Didaktik der Naturwissenschaften (ZfDN) (empirisch/Springer/1995) https://link.springer.com/journal/40573 oder www.archiv.ipn.uni-kiel.de/zfdn
International Journal of Science Education (IJSE) (empirisch/Taylor & Francis/1987 (1979–1986 als European Journal of Science Education)) www.tandfonline.com/toc/tsed20/current
Journal of Chemical Education (JCE) (fachlich, experimentell-unterrichtspraktisch/ACS Publications/ 1924) www.pubs.acs.org/journal/jceda8
Journal of Research in Science Teaching (JRST) (empirisch/Wiley InterScience/1973) www.onlinelibrary.wiley.com/journal/10.1002/%28ISSN%291098–2736
Research in Subject-matter Teaching and Learning (RISTAL) (Gesellschaft für Fachdidaktik, GFD) (empirisch/University of Vienna/2017) http://www.ristal.org/
Science Education (Sci. Ed.) (empirisch/Wiley Periodicals/1930) www.onlinelibrary.wiley.com/journal/10.1002/%28ISSN%291098–237X

Tab. 1: Ausgewählte deutsch- und englischsprachige chemiedidaktische Zeitschriften:

Name, Abkürzung (in Klammern: Informationen zur primären inhaltlichen Ausrichtung / Verlag / Erst-Erscheinungsjahr), Link zur Verlagsseite

Um fachdidaktische Literatur zu finden, stehen verschiedene Online-Suchmöglichkeiten zur Verfügung. Bekannte Suchmaschinen (wie z. B. Google) sind zwar umfassend, jedoch nicht spezifisch. Findet man mithilfe allgemeiner Suchmaschinen Literaturquellen und Material zu fachdidaktischen, fachlichen oder unterrichtspraktischen Themen, kann es sich dabei – drastisch gesprochen – nur um einen glücklichen Zufall handeln. Es existieren jedoch verschiedene Datenbanken, die von wissenschaftlichen Einrichtungen gepflegt werden und Literaturquellen aus bestimmten Fachbereichen umfassen. Alle Datenbanken basieren darauf, dass es zu jeder Literaturquelle einen sogenannten Index gibt, welcher Deskriptoren (Schlagworte) enthält. Ein Suchbegriff wird jeweils durch die Datenbank mit dem Index abgeglichen und so werden relevante Literaturquellen ausgewählt (Lorke & Sommer 2010). Folgende Datenbanken sind für die Chemiedidaktik besonders relevant:

- DChemLit: Datenbank für Artikel in deutschsprachigen Chemiedidaktik-Zeitschriften (www.dchemlit.de)
- Fachinformationssystem Bildung (FIS): Datenbank für Artikel aus Pädagogik, Psychologie und Fachdidaktiken (www.fachportal-paedagogik.de/fis)

- Education Resources Information Center (ERIC): Internationale Datenbank für Literatur der Pädagogik und Psychologie (www.eric.ed.gov)
- Scifinder: Datenbank für fachwissenschaftliche Artikel aus den Natur- und Ingenieurwissenschaften (www.scifinder.org)

Eine Video-Anleitung zur Benutzung der Datenbanken sowie weitere Informationen sind zu finden unter: https://moodle.ruhr-uni-bochum.de/m/course/view.php?id=11195 (per Google: Doors Open RUB)

Für eine umfassende Recherche werden in der Literatur verschiedene Strategien vorgeschlagen (Pianos & Krüger 2014; Franke et al. 2010). Entscheidend ist, dass die Suche ausgiebig dokumentiert wird: Mit welchem Recherchewerkzeug wurde welche Literaturquelle über welche Suchbegriffe und mit welchen Einstellungen gefunden? Oftmals ist es entscheidend, den richtigen Suchbegriff zu verwenden. Darüber hinaus sollten verschiedene Datenbanken genutzt werden, da nicht jede Datenbank die gleichen Literaturquellen oder Indices enthält.

Hat man erste Quellen gefunden, empfiehlt es sich, zunächst die Zusammenfassung und später den Text *von außen nach innen* zu lesen (Rincke 2012). Eine kurze Zusammenfassung ist meist schon in den Datenbanken hinterlegt. Wichtig ist auch, die Literaturangaben in einer gefundenen Quelle zu prüfen und ggf. ebenfalls zu lesen. Dies dient neben der Einschätzung der Plausibilität der Generierung weiterer Literaturquellen, die laut der eingesetzten Datenbanken nicht den eingesetzten Suchbegriffen entsprechen.

Zitation – Literatur angeben

Es gibt verschiedene anerkannte Systeme der Literaturangabe (Böhme & Tesch 2014), jedoch sollte das verwendete Zitationssystem den Vorgaben von Verlag, Dozenten oder Ausbildern entsprechen und zudem einheitlich sein. Außerdem sollten die Angaben zu den Literaturquellen vollständig sein. Im vorliegenden Buch wurden in Anlehnung an den APA-Style folgende Zitierregeln gewählt; die Erläuterung erfolgt – sofern möglich – an den in diesem Kapitel verwendeten Quellen.

Die Formate im Einzelnen:

Buch – ein Autor

Layout: Autor, A. (Jahreszahl). *Titel des Werkes* (Auflage). Ort: Verlag.
Beispiel:
Niedermaier, K. (2010). *Recherchieren und Dokumentieren* (1. Aufl). Konstanz: UVK/UTB.

Buch – mehrere Autoren

Layout: Autor, A., Autor, B. & Autor, C. (Jahreszahl). *Titel des Werkes* (Auflage). Ort: Verlag.
Beispiel: Pianos, T. & Krüger, N. (2014). *Erfolgreich recherchieren – Wirtschaftswissenschaften.* Berlin: De Gruyter.

Buch – eine Institution als Autor

Layout: Institution (Jahreszahl). *Titel des Werkes* (Auflage). Ort: Verlag.
Beispiel: KMK (2005): *Bildungsstandards im Fach Chemie für den Mittleren Bildungsabschluss (Jahrgangsstufe 10) – Beschluss vom 16.12.2004.* München: Luchterhand.

Herausgeberwerk

Layout: Autor, A. (Hrsg.) (Jahreszahl). *Titel des Werkes* (Auflage). Ort: Verlag.
Beispiel: Sommer, K., Wambach-Laicher, J. & Pfeifer, P. (Hrsg.) (2018): *Konkrete Fachdidaktik Chemie – Grundlagen für das Lernen und Lehren im Chemieunterricht.* Seelze: Friedrich.

Buchkapitel/Buchbeitrag

Layout: Autor, A. (Jahreszahl). Titel des Buchkapitels. In B. Autor (Hrsg.), *Titel des Werkes* (Seitenzahl des Buchkapitels). (Auflage). Ort: Verlag.
Beispiel: Gropengießer, H. (2013). Biologiedidaktische Quellen. In H. Gropengießer, U. Harms & U. Kattmann (Hrsg.), *Fachdidaktik Biologie* (S. 448–451). (9. Auflage). Hallbegrmoos: Aulis.

Zeitschriftenartikel

Layout: Autor, A. & Autor, B. (Jahreszahl). Titel des Artikels. In *Titel der Zeitschrift,* **Bandnummer** (Heftnummer), Seitenzahl.
Beispiel: Lorke, J. & Sommer, K. (2010). Literaturarbeit im Chemieunterricht – Effizient recherchieren und Quellen korrekt angeben. In *Naturwissenschaften im Unterricht Chemie,* **21** (117), S. 24–27.

Online-Formate

Beispiel: Rincke, K. (2012). *Promotion in der Physikdidaktik – Ein Leitfaden.* http://www.physik.uni-regensburg.de/forschung/rincke/Allgemeines/leitfaden_promotion.pdf (letzter Zugriff am 13.01.2016).

Literatur

Böhme, U. & Tesch, S. (2014). Zitieren: warum und wie? In *Nachrichten aus der Chemie,* **62** (9), S. 852–857.

Fehr, J., Giesemann, M., Hebben, K. & Mattiesson, C. (2015). Kommentierte Bibliographie fachbezogener und fachübergreifender Zeitschriften für Wissenschaft und Unterrichtspraxis. In K. Sommer, J. Lorke & C. Mattiesson (Hrsg.), *Publizieren in Zeitschriften für Forschung und Unterrichtspraxis – Ein Element in den Fachdidaktiken und Bildungswissenschaften* (S. 206–269). Bad Heilbrunn: Klinkhardt.

Franke, F., Klein, A. & Schüller-Zwierlein, A. (2010). *Schlüsselkompetenzen: Literatur recherchieren in Bibliotheken und Internet.* Weimar: Metzler.

Gropengießer, H. (2013). Biologiedidaktische Quellen. In H. Gropengießer, U. Harms & U. Kattmann (Hrsg.), *Fachdidaktik Biologie* (S. 448–451). (9. Auflage). Hallbergmoos: Aulis.

Lorke, J. & Sommer, K. (2010). Literaturarbeit im Chemieunterricht – Effizient recherchieren und Quellen korrekt angeben. In *Naturwissenschaften im Unterricht Chemie,* **21** (117), S. 24–27.

Meyer, A., Schnell, S. & Prediger, S. (2015). Dem Dissertationsprojekt Gehör verschaffen – Publizieren in Zeitschriften für Forschung und Unterrichtspraxis. In K. Sommer, J. Lorke & C. Mattiesson (Hrsg.), *Publizieren in Zeitschriften für Forschung und Unterrichtspraxis – Ein Element in den Fachdidaktiken und Bildungswissenschaften* (S. 22–42). Bad Heilbrunn: Klinkhardt.

Niedermaier, K. (2010). *Recherchieren und Dokumentieren* (1. Aufl.). Konstanz: UVK/ UTB.

Pianos, T. & Krüger, N. (2014). *Erfolgreich recherchieren – Wirtschaftswissenschaften.* Berlin: de Gruyter.

Rincke, K. (2012). *Promotion in der Physikdidaktik – Ein Leitfaden.* http://www.physik.uni-regensburg.de/forschung/rincke/Allgemeines/leitfaden_promotion.pdf (letzter Zugriff am 13.01.2016).

Übersicht Downloadmaterial

- Online-Ergänzung zu den Kapiteln 5.1 und 5.2: HARMOS-Kompetenzmodell
- Online-Ergänzung zu Kapitel 6: NoS-Aspekte der Delphi-Studie von Osborne et al. (2003)
- Online-Ergänzung zu Kapitel 6: Glanzlichter der Elektrochemie im 18./19. Jahrhundert (A. Coskun & N. Klinker)
- Online-Ergänzung zu Kapitel 12.1: Concept-Map zum Entwerfen kompetenzorientierter Unterrichtssituationen
- Online-Ergänzung zu Kapitel 12.4: Arbeitsblätter
- Online-Ergänzung zu Kapitel 12.4: Unterrichtsverlaufspläne
- Online-Ergänzung zu Kapitel 14.2: Strukturmodelle von Molekülen und Festkörpern – eine Übersicht
- Online-Ergänzung zu Kapitel 16.3: Überblick der (eigenständigen) Schularten im Sekundarbereich I
- Online-Ergänzung zu Kapitel 16.4: Gesamtschulen oder ähnliche Schulformen in den einzelnen Bundesländern – ein Überblick
- Online-Ergänzung zu Kapitel 18.1: Beispielaufgabe aus PISA 2000
- Gesamtliteraturverzeichnis

Verzeichnis der Autorinnen und Autoren

Dr. Adejoke Adesokan: Sonderpädagogin an der Bertolt-Brecht-Gesamtschule in Bonn, freie Autorin für die Ernst Klett Verlag GmbH

Prof. Dr. Hans Joachim Bader: Professor i. R. an der Goethe-Universität Frankfurt am Main

Jonas Blümke: Studienreferendar (Biologie, Chemie) am Max-Planck-Gymnasium Dortmund.

Prof. Dr. Claudia Bohrmann-Linde: Professorin für Didaktik der Chemie an der Universität Wuppertal

Prof. Dr. David-S. Di Fuccia: Professor (W3) für Didaktik der Chemie an der Universität Kassel

Dr. Nicolas Efing: Lehrkraft (Chemie, Mathematik) am Gymnasium Mariengarden, Borken-Burlo

Dr. Birte Güting: Schulleiterin an der Schiller-Schule in Bochum, Fächer: Chemie, Informatik, Mathematik

Waltraud Habelitz-Tkotz: Seminarlehrerin Chemie, zentrale Fachberaterin Chemie an Gymnasien in Bayern, Lehrerin (Chemie, Biologie) am Emil-von-Behring-Gymnasium Spardorf

Dr. Barbara Hank: Referentin am Staatsinstitut für Schulqualität und Bildungsforschung (ISB) und Lehrerin in München

Dr. Annette Kakoschke: Lehrerin (Chemie, Mathematik) am Carl-Friedrich-Gauß-Gymnasium Gelsenkirchen

Matthias Kremer: Prof. i. R. am Staatl. Seminar für Didaktik und Lehrerbildung (Gymnasium) Rottweil, Chemielehrer in Tuttlingen

Prof. Dr. Arnold Lohaus: Inhaber des Lehrstuhls für Entwicklungspsychologie und -psychopathologie an der Universität Bielefeld

Dr. Julia Lorke: Postdoctoral Researcher am Natural History Museum, London

Prof. Dr. Arnim Lühken: Professor für Didaktik der Chemie an der Goethe-Universität Frankfurt am Main

Prof. Dr. Ilka Parchmann: Professorin für Didaktik der Chemie am Leibniz-Institut für die Pädagogik der Naturwissenschaft und Mathematik (IPN)

Prof. Dr. Peter Pfeifer: Professor i. R. für Didaktik der Chemie an der Universität Erlangen-Nürnberg

Prof. Dr. Verena Pietzner: Professorin für Didaktik der Chemie an der Universität Oldenburg

Prof. Dr. Markus Prechtl: Professor für Fachdidaktik Chemie an der Technischen Universität Darmstadt

Karola Raguse: Fachleiterin für Chemie und pädagogische Module am STS für Gymnasien Frankfurt, Lehrerin am dortigen Heinrich-von-Gagern-Gymnasium

Prof. Dr. Bernd Ralle: zehn Jahre Gymnasiallehrer, bis 2018 Chemiedidaktiker an der TU Dortmund

Prof. Dr. Christiane S. Reiners: Inhaberin des Lehrstuhls für Chemiedidaktik an der Universität zu Köln

Prof. Dr. Björn Risch: Leiter der Arbeitsgruppe Chemiedidaktik an der Universität Koblenz-Landau

OStR Dr. Adrian Russek: Lehrer (Chemie, Geographie, Biologie) am Neuen Gymnasium Bochum und Lehrbeauftragter am Lehrstuhl für Didaktik der Chemie der Ruhr-Universität Bochum

StRin (RS) Dr. Susanne Schaffer: Lehrerin (Chemie, Mathematik, IT) an der Carl-von-Linde-Schule, Staatliche Realschule Kulmbach

Prof. Dr. Ronny Scherer: Professor für „Educational Assessment and Data Analysis“ an der Universität Oslo

Prof. Dr. Stefan Schwarzer: Chemiedidaktiker an der Ludwig-Maximilians-Universität München

Prof. Dr. Katrin Sommer: Inhaberin des Lehrstuhls für Didaktik der Chemie an der Ruhr-Universität Bochum

StD Dr. Herbert Sommerfeld: Fachleiter für Chemie (Gy/Ge) am ZfsL Paderborn und Lehrer am Gymnasium am Waldhof in Bielefeld

Dr. Lutz Stäudel: Naturwissenschafts-Didaktiker, Fortbildner & Bildungsberater, Leipzig

Dr. Henning Steff: Lehrer (Biologie, Chemie) am Gymnasium Voerde

Prof. Dr. Mirjam Steffensky: Professorin für Chemie-Didaktik am Leibniz Institut für die Pädagogik der Naturwissenschaften und Mathematik (IPN) an der Christian-Albrechts-Universität Kiel

Robert Stephani: Fachleiter Chemie Studienseminar f. Gymnasien Kaiserslautern, Schulleiter i. R., Wilhelm-Erb-Gymnasium Winnweiler

Dr. Christian Georg Strippel: Akademischer Rat am Lehrstuhl für Didaktik der Chemie und Alfried Krupp-Schülerlabor der Ruhr-Universität Bochum

Prof. Dr. Elke Sumfleth: Seniorprofessorin für Didaktik der Chemie an der Universität Duisburg-Essen

Christina Toschka: Doktorandin, wissenschaftliche Mitarbeiterin am Lehrstuhl für Didaktik der Chemie an der Ruhr-Universität Bochum

Dr. Marc Vierhaus: Promovierter Entwicklungspsychologe und Schulpsychologe im Kreis Gütersloh

Walter Wagner: Fachvertreter für Didaktik der Chemie an der Universität Bayreuth

Prof. Dr. Maik Walpuski: Professor für Didaktik der Chemie an der Universität Duisburg-Essen

Prof. Dr. Heinz Wambach: Honorarprof. für Chemiedidaktik an der Universität zu Köln, LRSD i. R. Fachdezernent für Chemieunterricht

Dr. Judith Wambach-Laicher: Fachleiterin Chemie am ZfsL Leverkusen, Lehrerin (Chemie, Mathematik) am Abtei-Gymnasium Brauweiler

Dr. Gisela Weber-Peukert: Fachleiterin für Chemie und DFB am STS für Gymnasien Gießen, Lehrerin am Landgraf-Ludwigs-Gymnasium (Chemie, Biologie) Gießen

Prof. Dr. Ariane S. Willems: Inhaberin des Lehrstuhls für Empirische Bildungsforschung mit dem Schwerpunkt Schul- und Unterrichtsforschung, Georg-August-Universität Göttingen

Prof. Dr. Joachim Wirth: Inhaber des Lehrstuhls für Lehr-Lernforschung an der Ruhr-Universität Bochum

Petra Wlotzka: Fachleiterin Chemie am ZfsL Dortmund, Lehrerin (Chemie, Biologie) am Max-Planck-Gymnasium Dortmund

Stichwortverzeichnis

B

C

D

E

19

M

N

Q

R

S

19